Gerhard Mahler

Die Grundlagen der Fernsehtechnik

Gerhard Mahler
Die Grundlagen der Fernsehtechnik
Springer-Verlag Berlin Heidelberg 2005
ISBN 3-540- 21900-5

Erratum

Im Druck sind die Abbildungen 6.47 auf Seite 237 und 8.79 auf Seite 448 unvollständig wiedergegeben.
Die korrekten Abbildungen sind hier dargestellt.

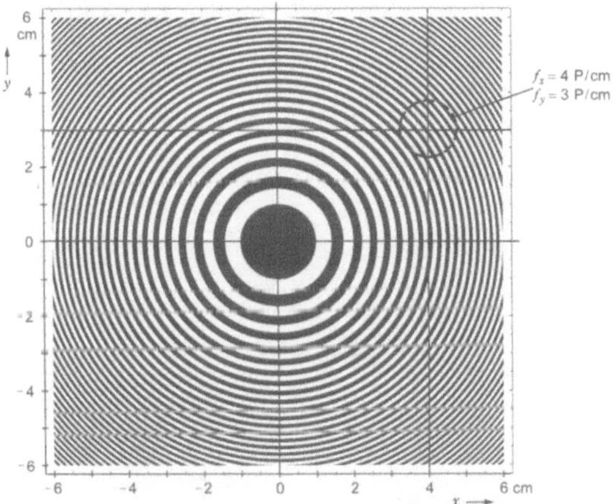

Abb. 6.47. Zonenplatte mit $f_x = x$ P/cm, $f_y = y$ P/cm

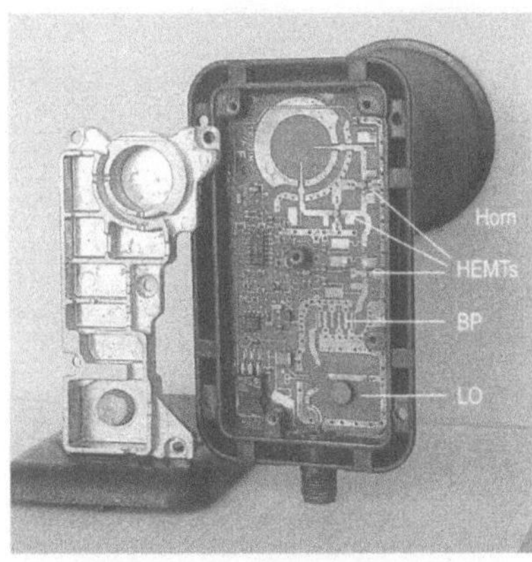

Abb. 8.79. Ein einfacher „Low Noise Block Converter" (LNB) für eine DTH-Satellitenantenne

Gerhard Mahler

Die Grundlagen der Fernsehtechnik

Systemtheorie und Technik der Bildübertragung

Mit 368 Abbildungen

Professor Dr.-Ing. Gerhard Mahler
Prinz-Otto-Str. 1d
85521 Ottobrunn
Gerhard.Mahler@munich.netsurf.de

Bibliografische Information der Deutschen Bibliothek
Die deutsche Bibliothek verzeichnet diese Publikation in der deutschen Nationalbibliografie; detaillierte bibliografische Daten sind im Internet über <http://dnb.ddb.de> abrufbar.

ISBN 978-3-540-21900-2 (Hardcover)
ISBN 978-3-642-31947-1 (Softcover)

Springer ist ein Unternehmen von Springer Science+Business Media
springer.de

Einbandgestaltung: medionet AG, Berlin
Satz: Digitale Druckvorlage des Autors
Herstellung: medionet AG, Berlin

Gedruckt auf säurefreiem Papier 7/3020 5 4 3 2 1 0

Vorwort

Das Buch wendet sich an Studenten Technischer Universitäten und Fachhochschulen und an Ingenieure in Forschung und Entwicklung, die sich in das Thema Bildübertragungstechnik einarbeiten wollen. Es werden nur die Grundkenntnisse der Elektrotechnik und Nachrichtentechnik vorausgesetzt. Zu ihren Erweiterungen und den speziellen Themen aus Disziplinen der Naturwissenschaften, die Bestandteile der Grundlagen des Fernsehens sind, liefert das Buch Einführungen.

Die ersten fünf Kapitel führen – systemtheoretisch ausgerichtet – sukzessive zur umfassenden Kenntnis aller physikalischen und technischen Anforderungen an eine Bewegtbildübertragung. Dabei werden die erweiterten Forderungen, die die Übertragung der Farbe mit sich bringt, erst im letzten Kapitel dieser Reihe entwickelt. Das Ergebnis ist die Definition eines allgemeinen Systems, in dem ein Leuchtdichtesignal und zwei Farbdifferenzsignale zu übertragen sind. Erweiterungen, die für ein dreidimensionales Fernsehen notwendig wären, werden im Kapitel 7 diskutiert.

Der zweite Teil des Buches beschreibt die Technik, die zur Realisierung gefunden wurde und eingesetzt wird, und untersucht sie hinsichtlich der gestellten Forderungen. Hier werden die digitalen ebenso wie die analogen Systeme erläutert und analysiert; im Kapitel 6 auf der Seite der Quelle und des Empfängers, dann im Kapitel 8 auf den verschiedenen Übertragungsstrecken. Im letzten Kapitel werden die wichtigsten Geräte – Kamera, Display und Recorder – mit ihren theoretischen Grundlagen bis hin zum gegenwärtigen Stand der Realisierungen vorgestellt.

Das Buch basiert zwar auf den Vorlesungen zur Fernsehtechnik, die ich an der Universität Hannover (vormals Technische Hochschule) bis zum Jahre 1998 gehalten habe, ist aber viel umfangreicher und aktualisiert. Die Vorlesungen hatte ich von *Walter Bruch* übernommen. Nach seinem Vorbild beginne ich ein Thema in der Regel mit einer bildlichen Darstellung der Aufgabe, komme dann zu möglichen Lösungen, präzisiere die Problematik und die Lösungen mit elementaren mathematischen Darstellungen, die zu einem sicheren Verständnis der

Zusammenhänge führen sollen, und veranschauliche die Ergebnisse an durchgerechneten Beispielen wieder bildlich.

Jedes aufgegriffene Thema wird möglichst umfassend und bis ins Detail behandelt. Ich hoffe, dass dadurch Irrtümer und „Halbwahrheiten“ gar nicht erst aufkommen können. Eine solche Darstellung beansprucht viel Raum, bei allem Bemühen, sie möglichst kompakt und doch leicht verständlich zu halten. Vieles musste deshalb weggelassen werden. Historisches wird nur dort gebracht, wo es unverzichtbar oder didaktisch hilfreich ist. Die Tonübertragung im Fernsehen konnte nur am Rande erwähnt werden. Studiotechnik, Produktionstechnik und Medienpolitik sind in diesem Buch keine Themen.

Es ist faszinierend, wenn man erkennt, wie so viele geniale Pioniertaten aus aller Welt und Erkenntnisse aus allen Naturwissenschaften beigetragen haben zu dem Wunder Fernsehen, das uns nun selbstverständlich geworden ist. Ich hoffe, dass ich dem Leser auch etwas von dieser Faszination vermitteln kann.

Ottobrunn, Winter 2004 *Gerhard Mahler*

Inhaltsverzeichnis

1 Die Aufgabe einer Bildübertragung

PAUL NIPKOW[1] definierte die Aufgabe seines „Elektrischen Teleskops" in dem Patent aus dem Jahre 1884 folgendermaßen:

Der hier zu beschreibende Apparat hat den Zweck, ein am Ort A befindliches Objekt an einem beliebigen anderen Ort B sichtbar zu machen.

Heute wären die Raumfahrzeuge zur Erkundung und Überwachung des Weltenraums und der Erde ohne ein solches „Teleskop" nicht denkbar. Und viele andere Anwendungen der elektronischen Bildübertragung nach dieser Vorstellung von Nipkow sind für uns unerlässlich geworden. In unserem allgegenwärtigen Fernsehen für Unterhaltung und Information sind es häufig gerade die Live-Übertragungen, die interessant und wichtig erscheinen. Allerdings wird normalerweise das heutige Unterhaltungsfernsehen nicht als Teleskop eingesetzt, denn das wiedergegebene Bild stammt in der Regel aus einer Aufzeichnung auf Magnetband oder Film, ja manchmal existiert das Aufnahmeobjekt gar nicht real, sondern wird im Computer generiert. Trotzdem wollen wir uns hier grundsätzlich der ursprünglichen Zielsetzung anschließen:

Die Aufgabe der Bildübertragung im Fernsehen ist es, dem Beobachter am Wiedergabeort den gleichen Bildeindruck zu vermitteln, den er bei Betrachtung der Szene am Aufnahmeort haben würde.

Was muss dazu übertragen werden? Wir teilen diese Frage in drei Abschnitte auf:

1. Was ist am Aufnahmeort physikalisch (messtechnisch nachweisbar) als Ursache für den Bildeindruck vorhanden?
2. Was ist von diesen physikalischen Größen für den Bildeindruck wesentlich – muss also übertragen und am Wiedergabeort reproduziert werden – und was ist unwesentlich (irrelevant) für das menschliche Auge als Nachrichtenempfänger, braucht also nicht übertragen zu werden?
3. Wie können die relevanten, den Bildeindruck bestimmenden Größen durch elektrische Signale übertragen werden?

---

[1] *22.8.1860 in Lauenburg (Pommern), †24.8.1940 in Berlin.

Zu 1:
Der Bildeindruck in der Aufnahmeszene entsteht durch das Licht, das von den Objekten in der Szene ausgeht, also durch die elektromagnetische Strahlung im Wellenlängenbereich von etwa $\lambda = 400...750$ nm. Ob dieses Licht nun von den Objekten selbst produziert wird („Selbstleuchter") oder aber durch Remission infolge der Beleuchtung durch eine Lichtquelle – jedenfalls ist die Szene charakterisiert durch eine Lichtemission in Abhängigkeit von den Ortskoordinaten x, y, z und bei einer Bewegung in der Szene auch von der Zeitkoordinaten t. Daneben ist für den Farbeindruck die Spektralverteilung, also die Abhängigkeit der Emission von der Wellenlänge λ wichtig. Bei der Bildübertragung haben wir es also mit einer *mehrdimensionalen* Signalübertragung zu tun. Mathematisch ausgedrückt: eine Funktion $f(\lambda,x,y,z,t)$ von fünf unabhängigen Veränderlichen wäre zu übertragen und am Wiedergabeort zu reproduzieren, wenn dort die physikalisch gleichen Lichtemissionen verlangt würden.

Zu 2:
In der Praxis muss man, damit das Bildübertragungssystem technisch und wirtschaftlich realisierbar wird, für den Bildeindruck Wesentliches weglassen (Informationsreduktion), beispielsweise durch die Reduktion des dreidimensionalen Bildes auf ein zweidimensionales, ferner durch die Einschränkung des Gesichtsfeldes. Eine Reduktion auf zwei Ortskoordinaten und eine Einschränkung des Gesichtsfeldes erreichen wir durch eine ebene optische Abbildung der Szene. Diese Abbildung ist somit charakterisiert durch eine Funktion $f(\lambda,x,y,t)$ von vier Veränderlichen.

Eine weitere und in diesem Falle für den Bildeindruck irrelevante Reduktion ist zulässig: es ist nicht notwendig, wiedergabeseitig die gleiche Spektralverteilung zu reproduzieren, um den gleichen Eindruck der Helligkeit und Farbart wie aufnahmeseitig gesehen zu erreichen. Dies hängt mit der Art und Weise zusammen, wie der Mensch die Spektralverteilung des in das Auge einfallenden Lichtes in eine Farbempfindung umsetzt. Anstelle der Übertragung der Funktion $f(\lambda,x,y,t)$ ist es für Schwarzweißfernsehen ausreichend, eine Funktion $F(x,y,t)$ zu übertragen, die das mit dem spektralen Hellempfindlichkeitsgrad des menschlichen Auges bewertete Spektrum in einem Integral über λ zusammenfasst. Für die Farbbildübertragung werden drei derartige integrale Zusammenfassungen des Spektrums benötigt, jeweils mit unterschiedlicher spektraler Bewertung. Anstelle einer Funktion von λ für jedes x,y,t ist also nur ein Tripel von Werten für jedes x,y,t notwendig. Die Übertragungsaufgabe farbiger Bewegtbilder reduziert sich somit auf die Übertragung von drei dreidimensionalen Funktionen.

Außerdem ist es nicht notwendig, beliebig schnelle Veränderungen im aufzunehmenden Bild oder beliebig feine Strukturierungen exakt zu übertragen und zu reproduzieren, weil die visuelle Wahrnehmung nur mit einer begrenzten zeitlichen und örtlichen Auflösung möglich ist.

Ehe wir uns dem dritten Punkt – Übertragung von $F(x,y,t)$ mit Hilfe elektrischer Signale – zuwenden, ist es zunächst erforderlich, den zuvor benutzten Begriff der „Lichtemission" zu präzisieren. Weiterhin müssen wir uns etwas genauer mit dem „Auge als Nachrichtenempfänger" befassen, damit wir die Anforderungen an das Bildübertragungssystem festlegen können.

2 Strahlungsphysikalische und lichttechnische Messgrößen

Wir gehen aus von der Spektralverteilung $\varphi(\lambda)$ der Strahlungsleistung, die ein Objekt abgibt. Man nennt $\varphi(\lambda)$ die „spektrale Dichte des Strahlungsflusses": in einem Wellenlängenintervall $\lambda \ldots \lambda + \mathrm{d}\lambda$ wird die Strahlungsleistung $\varphi(\lambda)\,\mathrm{d}\lambda$ (Maßeinheit Watt) abgegeben.

Als *Strahlungsfluss* (engl. *Radiant Flux*) bezeichnet man die über das gesamte Spektrum integrierte Strahlungsleistung:

$$\Phi_e = \int_0^\infty \varphi(\lambda)\,\mathrm{d}\lambda \qquad \text{(Maßeinheit W)} \tag{2.1}$$

Der Index e soll andeuten, dass es sich um eine strahlungsphysikalische („energetische") Größe handelt, bei der alle Teile des Spektrums gleich bewertet werden, also nicht etwa die spektrale Empfindlichkeitsverteilung eines Empfängers berücksichtigt wird.

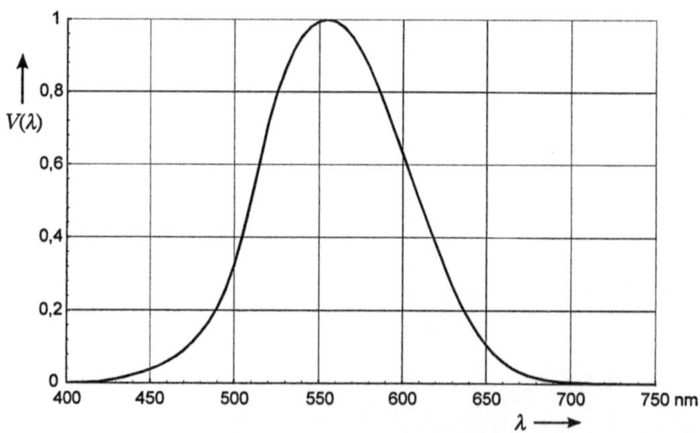

Abb. 2.1. Spektraler Hellempfindlichkeitsgrad für Tagessehen

Das Auge als Strahlungsempfänger bewertet das Spektrum mit einem *spektralen Hellempfindlichkeitsgrad* $V(\lambda)$, der bei $\lambda = 555$ nm sein Maximum (= 1) hat, s. Abb. 2.1. Die im Wellenlängenbereich 380...780 nm abgegebene Strahlung wird als „Licht" bezeichnet, nur auf Strahlung in diesem Bereich reagiert das Auge des Menschen mit einer Lichtempfindung, mit der größten Empfindlichkeit bei 555 nm, d. h. bei gelblich-grünem Farbton. Bei vorgegebener Strahlungsleistung entsteht bei dieser Wellenlänge die stärkste Helligkeitsempfindung. Die lichttechnischen (visuellen, photometrischen) Messgrößen ergeben sich aus den entsprechenden, gleichartig definierten energetischen Größen der Strahlungsphysik durch die $V(\lambda)$-Bewertung der Strahlung. Die dem strahlungsphysikalischen Begriff „Strahlungsfluss" entsprechende lichttechnische Größe

$$\Phi = K\int_0^\infty V(\lambda)\varphi(\lambda)\,\mathrm{d}\lambda \quad \text{(Maßeinheit lm)} \tag{2.2}$$

heißt *Lichtstrom* (engl. *Luminous Flux*) und wird in Lumen (lm) gemessen. Ein monochromatischer Strahler der Leistung 1 Watt bei der Wellenlänge $\lambda = 555$ nm liefert gemäß der Lumen-Definition einen Lichtstrom von 683 lm. Es ist also das „Lumen-Äquivalent"

$$K = 683 \ \text{lm/W}\,. \tag{2.3}$$

2.1 Charakterisierung der Ausstrahlung einer Punktquelle

Die Verteilung des von einer Punktquelle ausgehenden Strahlungsflusses in den umgebenden Raum, die im Allgemeinen in den jeweiligen Ausstrahlungsrichtungen unterschiedlich sein kann, wird durch die Strahlstärke gekennzeichnet.

Zur Definition ist der Begriff des *Raumwinkels* notwendig. Der Raumwinkel Ω beschreibt die Größe eines Raumausschnitts durch die Öffnung eines Kegels, der sich von der Punktquelle am Kegelscheitel bis ins Unendliche erstreckt. Auf der Oberfläche einer um den Punkt als Mittelpunkt gelegten Kugel mit dem Radius r schneide der Kegelmantel eine Fläche der Größe A aus (s. Abb. 2.2 für das Beispiel eines Kreiskegels). Der Raumwinkel ist definiert durch

$$\Omega = \frac{A}{r^2} \quad \text{(Maßeinheit sr)}\,. \tag{2.4}$$

Steradiant (sr) ist die Maßeinheit des Raumwinkels. $\Omega = 4\pi$ sr (Vollkugeloberfläche bei Kugelradius 1) umfasst den gesamten Raum.

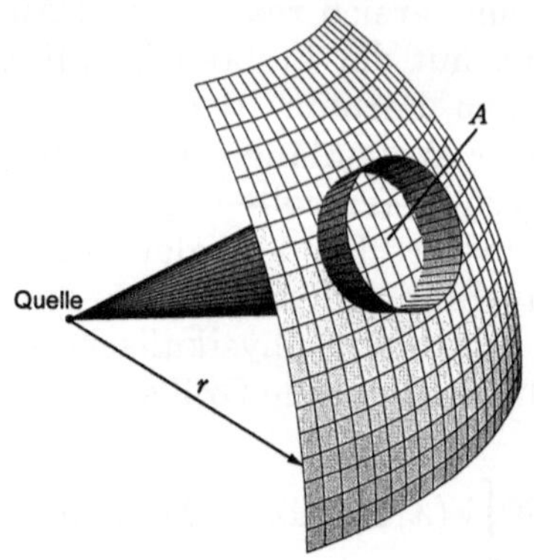

Abb. 2.2. Zur Definition des Raumwinkels

Als *Strahlstärke* I_e (engl. *Radiant Intensity*) bezeichnet man die in ein Raumwinkelelement $d\Omega$ ausgestrahlte Leistung $d\Phi_e$ in Bezug auf $d\Omega$:

$$I_e = \frac{d\Phi_e}{d\Omega} \quad \left(\text{Maßeinheit } \frac{\text{W}}{\text{sr}}\right). \tag{2.5}$$

Die entsprechende lichttechnische Größe – Betrachtung des Lichtstroms anstelle des Strahlungsflusses – nennt man *Lichtstärke* (engl. *Luminous Intensity*), mit der Einheit candela = lm/sr, abgekürzt cd:

$$I = \frac{d\Phi}{d\Omega} \quad (\text{Maßeinheit cd}). \tag{2.6}$$

2.2 Charakterisierung der Ausstrahlung aus einer Fläche

Bei einer leuchtenden Fläche kann man den Begriff der Lichtstärke auf ein infinitesimales Flächenelement dA übertragen. Die Fläche denkt man sich zerlegt in sehr kleine Flächenelemente dA, die im Grenzfall $dA \to 0$ wie Punktquellen emittieren. Unter einem Betrachtungswinkel ε, gemessen gegen die Flächennormale (Abb. 2.3), erscheint die strahlende Fläche auf $dA \cdot \cos\varepsilon$ verkleinert (zusammengezogen). Man definiert als *Strahldichte* (engl. *Radiance*) die Flächendichte der Strahlstärke aus der durch $\cos\varepsilon$ zusammengezogenen Oberfläche:

$$L_e = \frac{dI_e}{dA \cdot \cos\varepsilon} = \frac{d^2\Phi_e}{d\Omega\, dA \cdot \cos\varepsilon} \quad \left(\text{Maßeinheit } \frac{\text{W}}{\text{sr m}^2}\right) \tag{2.7}$$

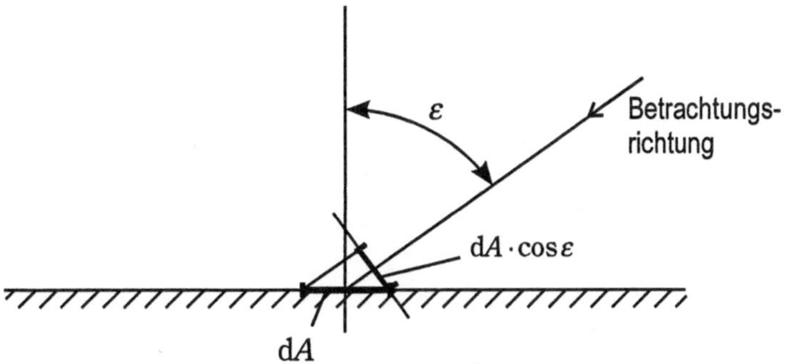

Abb. 2.3. Zur Definition von Strahldichte und Leuchtdichte

Die entsprechende visuell maßgebende Größe, ausgehend vom Lichtstrom bzw. von der Lichtstärke, nennt man *Leuchtdichte* (engl. *Luminance*[1]):

$$L = \frac{\mathrm{d}I}{\mathrm{d}A \cdot \cos\varepsilon} = \frac{\mathrm{d}^2\Phi}{\mathrm{d}\Omega\,\mathrm{d}A \cdot \cos\varepsilon} \quad \left(\text{Maßeinheit } \frac{\mathrm{cd}}{\mathrm{m}^2}\right) \tag{2.8}$$

Die Leuchtdichte ist die für die Fernsehtechnik wichtigste photometrische Größe. Denn sie bestimmt im Wesentlichen den subjektiven Eindruck der „Helligkeit" eines Objektes, wie in Abschn. 3.1 noch erläutert wird. Es ist also die Funktion $L(x,y,t)$, die vom Aufnahmeort zum Wiedergabeort zu übertragen und dort zu reproduzieren ist, wenn es sich um Schwarzweißfernsehen handelt. Für die Farbbildübertragung ist allgemeiner die *Spektralverteilung der Strahldichte* am Aufnahmeort maßgebend:

$$\ell(\lambda) = \frac{\mathrm{d}^2\varphi(\lambda)}{\mathrm{d}\Omega\,\mathrm{d}A \cdot \cos\varepsilon} \quad \left(\text{Maßeinheit } \frac{\mathrm{W}}{\mathrm{sr\ m}^3}\right) \tag{2.9}$$

2.2.1 Beispiel: Der Lambertsche Strahler

Beim Flächenstrahler nach LAMBERT[2] fällt die Lichtstärke mit $\cos\varepsilon$ ab (von α ist sie unabhängig, s. Abb. 2.4). Die größte Lichtstärke I_0 ist in Richtung der Flächennormale vorhanden:

$$I(\varepsilon,\alpha) = I_0 \cos\varepsilon\,. \tag{2.10}$$

---

[1] Manchmal noch in der Maßeinheit "footlambert" oder "lambert". 1 fL = 3,426 cd/m², 1 L = $10^4/\pi$ cd/m².

[2] Johann Heinrich Lambert, *26.8.1728 in Mülhausen (Elsass), †Berlin 25.9.1777.

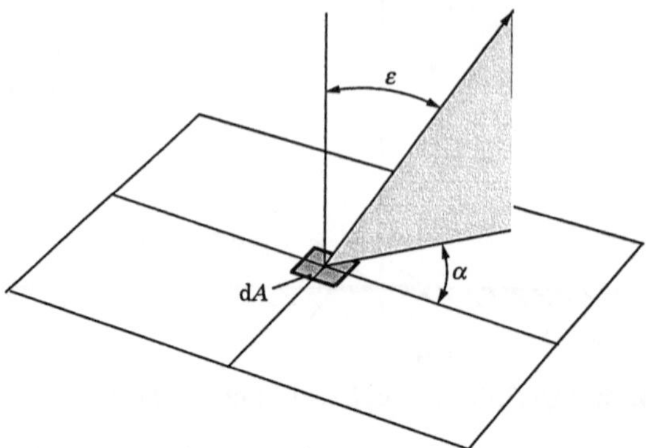

Abb. 2.4. Koordinatensystem (Kugelkoordinaten) zur Richtungsabhängigkeit einer Flächenstrahlung

Dadurch erscheint die Fläche unter allen Richtungen betrachtet gleich hell, bedingt durch das Zusammenziehen der sichtbaren Fläche auf $\mathrm{d}A\cos\varepsilon$. Die Leuchtdichte des Lambertschen Strahlers ist nach allen Richtungen des Halbraumes richtungsunabhängig konstant:

$$L(\varepsilon,\alpha)=\frac{\mathrm{d}I}{\mathrm{d}A\cdot\cos\varepsilon}=\frac{\mathrm{d}I_0}{\mathrm{d}A}=L_0 \tag{2.11}$$

Das Polardiagramm $I(\varepsilon)$, die „Lichtstärke-Indikatrix", zeigt Abb. 2.5a, das Polardiagramm $L(\varepsilon)$, die „Leuchtdichte-Indikatrix", ist in Abb. 2.5b dargestellt.

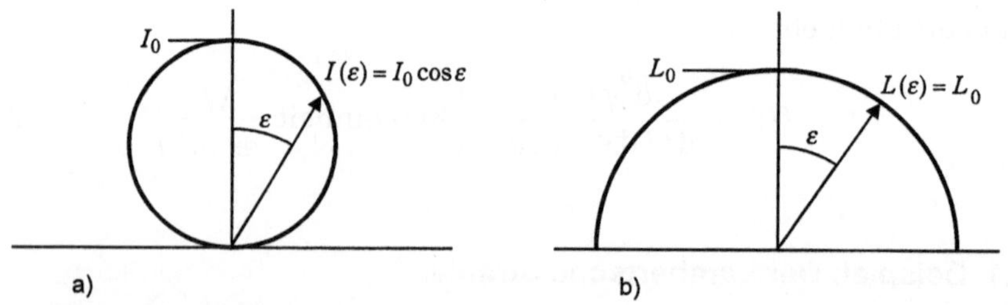

Abb. 2.5. Indikatrix der Lichtstärke (a) und der Leuchtdichte (b) beim Lambertschen Strahler

Der von dem Flächenelement dA in den gesamten Halbraum abgestrahlte Lichtstrom $\mathrm{d}\Phi$ ergibt sich unter Berücksichtigung der Beziehung $\mathrm{d}\Omega=\sin\varepsilon\,\mathrm{d}\varepsilon\,\mathrm{d}\alpha$ durch Integration von $\mathrm{d}I$ über $\varepsilon=0\ldots\pi/2$ und über $\alpha=0\ldots2\pi$ zu

$$\mathrm{d}\Phi=\pi\cdot\mathrm{d}I_0\,. \tag{2.12}$$

Ein Lambertscher Strahler entsteht bei Beleuchtung einer vollkommen matten Fläche durch die Lichtremission dieser Fläche (s. Abschn. 2.3.2). Die Lichtstärkeverteilung ist dann *unabhängig von der Einstrahlrichtung der Beleuchtung* immer durch Gl. (2.10) gegeben, d. h., die maximale Lichtstärke ist immer in Richtung der Flächennormale vorhanden.

2.3 Charakterisierung der Einstrahlung auf eine Fläche

Die Begriffe Strahlstärke bzw. Lichtstärke und Strahldichte bzw. Leuchtdichte beschreiben die Intensität der Emission aus einer Lichtquelle. Davon streng zu unterscheiden ist der Begriff „Bestrahlungsstärke" bzw. „Beleuchtungsstärke". Hiermit wird die Intensität der *Einstrahlung* auf eine Fläche beschrieben. Die *Bestrahlungsstärke* (engl. *Irradiance*) ist die Flächendichte des Strahlungsflusses, der auf eine Fläche einfällt:

$$E_e = \frac{d\Phi_e}{dA} \quad \left(\text{Maßeinheit } \frac{W}{m^2}\right) \tag{2.13}$$

In der Lichttechnik wird entsprechend mit dem Begriff *Beleuchtungsstärke* (engl. *Illuminance*[1]) die Flächendichte des Lichtstromes bezeichnet, mit der eine Fläche beleuchtet wird, in der Einheit Lux = lm/m^2, abgekürzt lx:

$$E = \frac{d\Phi}{dA} \quad (\text{Maßeinheit lx}) \tag{2.14}$$

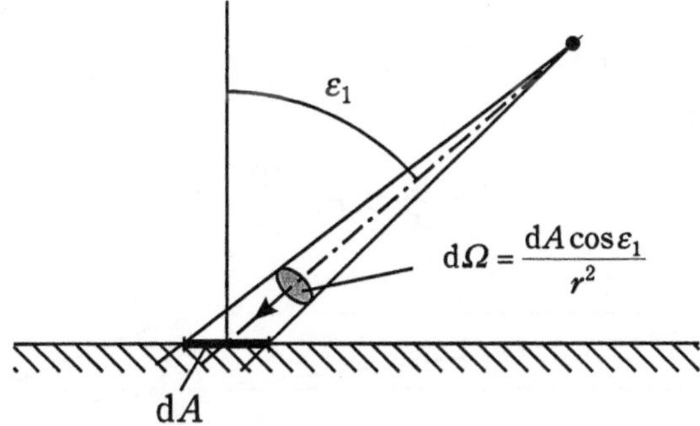

Abb. 2.6. Zur Beleuchtungsstärke bei Schrägeinstrahlung

[1] Mit der Maßeinheit "footcandle", 1 fc = 10,76 lx.

Man beachte, dass in diesen Definitionen der Einfallswinkel keine Rolle spielt. Trotzdem wird die Beleuchtungsstärke bei Schrägeinstrahlung geringer sein, weil dann der auf dA einfallende Lichtstrom dΦ geringer ist. So ist beispielsweise bei der Beleuchtung durch eine Punktquelle im Abstand r der Raumwinkel, unter dem die Einstrahlfläche dA erscheint, bei einem Einstrahlwinkel ε_1 verkleinert auf (s. Abb. 2.6)

$$\mathrm{d}\Omega = \frac{\mathrm{d}A \cdot \cos\varepsilon_1}{r^2}.$$

Der Lichtstrom von der Punktquelle der Lichtstärke I ist gegeben durch $\mathrm{d}\Phi = I\,\mathrm{d}\Omega$ und folglich die Beleuchtungsstärke

$$E = \frac{\mathrm{d}\Phi}{\mathrm{d}A} = I\,\frac{\cos\varepsilon_1}{r^2}.$$

2.3.1 Beispiel: Beleuchtungsstärke bei der optischen Abbildung

Eine Linse mit dem Durchmesser D („Eintrittspupille") entwerfe von einer im Abstand r befindlichen Fläche A_1 ($r^2 >> A_1$), die mit der Leuchtdichte L strahlt, ein reelles Bild der Flächengröße A_2 auf einem Auffangschirm (Abb. 2.7). Die Beleuchtungsstärke am Abbildungsort auf dem Auffangschirm ist zu berechnen.

Der Raumwinkel, unter dem die Linsenöffnung von der Objektfläche aus erscheint, ist gegeben durch

$$\Omega = \frac{\pi}{4} D^2 \frac{1}{r^2}.$$

Die Lichtstärke des Objektes ist $I = L \cdot A_1$, also der in die Linse eintretende Lichtstrom

$$\Phi = \frac{\pi}{4} \cdot L \cdot A_1 \cdot \frac{D^2}{r^2}.$$

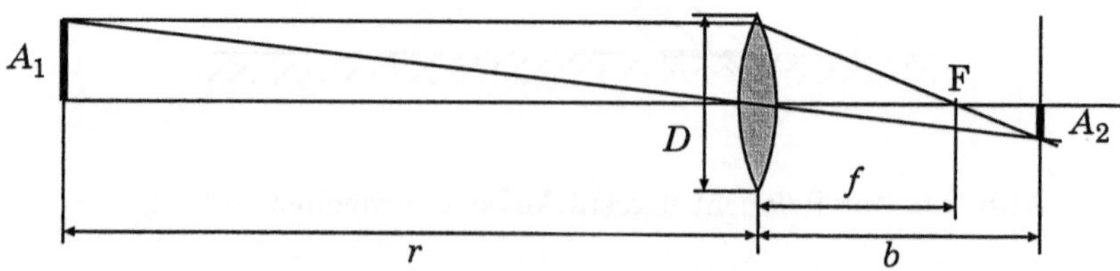

Abb. 2.7. Abbildung eines Flächenobjekts durch eine Linse

Wenn das abbildende System keine Verluste durch Reflexionen an den Glasflächen und durch Streuungen hat, trifft dieser Lichtstrom auf den Auffangschirm und verteilt sich dort auf die Fläche A_2, das Bild von A_1,

$$A_2 = \frac{b^2}{r^2} A_1$$

b/r ist das lineare Abbildungsverhältnis:

$$\frac{b}{r} = \frac{f}{r-f}$$

bei einer Brennweite f. Die unvermeidlichen Lichtstromverluste werden mit einem Faktor $\tau < 1$ berücksichtigt. Bei komplexen oder schlecht entspiegelten Systemen kann τ bis auf 0,5 zurückgehen. Die Beleuchtungsstärke des Auffangschirmes im Flächenbereich A_2 infolge der Abbildung des Objektes mit der Leuchtdichte L ist somit gegeben durch

$$E = \tau \frac{\Phi}{A_2} = \frac{\pi}{4} \cdot \tau \cdot L \cdot \frac{1}{k^2} \quad \text{mit der Blendenzahl } k = \frac{f}{D} \tag{2.15}$$

bei weit entferntem Objekt, $r >> f$. Beispielsweise erzeugt ein Objekt mit der Leuchtdichte 1 cd/m² über ein verlustloses Objektiv der Blendenzahl $k = 2,8$ in der Bildebene eine Beleuchtungsstärke von 0,1 lx.

Es ist zu beachten, dass die erzielte Beleuchtungsstärke *von der Entfernung des Objektes unabhängig* ist, maßgebend ist allein die Leuchtdichte des Objektes, obwohl der auf die Eintrittspupille treffende Lichtstrom mit dem Quadrat der Entfernung abnimmt. Das liegt daran, dass mit zunehmender Entfernung das Bild immer stärker verkleinert wird, d. h. die Bildfläche A_2, auf die der Lichtstrom konzentriert wird, ebenfalls quadratisch mit der Objektentfernung abnimmt. Allerdings sind der Verkleinerung physikalisch Grenzen gesetzt. Allein schon die Lichtbeugung infolge der endlichen Öffnung D verhindert ein beliebig kleines Bild. Hinzu kommen, je nach dem Korrekturzustand des optischen Systems, mehr oder weniger große Abbildungsfehler. Es sei die kleinste in Betracht kommende Bildfläche A_2 bezeichnet mit A_{gr}:

$$\mathrm{Min}\{A_2\} = A_{gr} . \tag{2.16}$$

Ist dieser Grenzfall für eine bestimmte Entfernung erreicht, so gilt dafür und für alle noch größeren Entfernungen r

$$E = \tau \frac{\Phi}{A_{gr}} = \tau \cdot \frac{\pi}{4} \cdot \frac{I}{r^2} \cdot \frac{D^2}{A_{gr}},$$
$$\text{falls } r \geq f \sqrt{\frac{A_1}{A_{gr}}}. \tag{2.17}$$

Die Beleuchtungsstärke auf dem Auffangschirm nimmt nun quadratisch mit der Entfernung ab, und maßgebend ist die Lichtstärke des Objektes. Die Beleuchtungsstärke wird dann also allein von dem Lichtstrom, den die Eintrittspupille auffängt, bestimmt. Wird die Grenzfläche als ein Kreis mit dem Durchmesser δ angenommen ($A_{gr} = \pi\delta^2/4$), so gilt die Gl. (2.17), wenn das Objekt unter einem Winkel von

$$\sigma \leq \arcsin \frac{\delta}{f} \tag{2.18}$$

erscheint. Das ist der Normalfall bei astronomischen Beobachtungen, aber für die Aufnahme von Fernsehbildern kann man praktisch immer von wesentlich größeren Winkeln ausgehen: die Leuchtdichte des Objektes, unabhängig von der Entfernung, bestimmt die Beleuchtungsstärke (Gl. (2.15)).

Die Beleuchtungsstärke auf einer lichtempfindlichen Schicht als Auffangschirm bestimmt die Intensität der Reaktion dieser Schicht, d. h. die Schwärzung der Photoemulsion beim Film, und solange A_2 größer als die Fläche der Sensorelemente ist, auch den Aufbau eines „Ladungsbildes" auf dem Target einer Fernsehkamera (s. Abschn. 9.1) und den die Empfindung einer Helligkeit auslösenden Reiz auf der Netzhaut (Retina) des Auges. Deshalb ist gemäß Gl. (2.15) die Leuchtdichte der Aufnahmeobjekte die für die Bildübertragung interessierende Größe. Allerdings ist die in der Leuchtdichte implizierte Bewertung des Spektrums für die meist andersartig empfindlichen Photoschichten nicht zutreffend, vor allem aber liefert für die Farbbildaufnahme ein allein nach dem Hellempfindlichkeitsgrad bewertetes Spektrum keine ausreichende Messgröße. Man muss also allgemein zunächst von der *spektralen Verteilung der Bestrahlungsstärke*

$$e(\lambda) = \tau(\lambda) \frac{\varphi(\lambda)}{A_2} = \frac{\pi}{4} \tau(\lambda) \cdot \ell(\lambda) \cdot \frac{1}{k^2} \tag{2.15a}$$

auf dem Auffangschirm ausgehen und deshalb auch von der spektralen Verteilung $\ell(\lambda)$ der Strahldichte in der Aufnahmeszene (Gl. (2.9)).

Für die Schwärzung der Photoemulsion und ebenso für den Aufbau des Ladungsbildes bei der elektronischen Kamera ist neben der Beleuchtungsstärke der Schicht auch noch die Dauer t der Lichteinwirkung maßgebend, d. h. das Produkt $H = E \cdot t$ (als „Belichtung" bezeichnet) oder allgemeiner die *spektrale Verteilung der Bestrahlung* $h(\lambda) = e(\lambda) \cdot t$. Die Intensität der Hellempfindung infolge des Reizes durch die Beleuchtungsstärke auf der Retina erhöht sich dagegen nach einiger Zeit nicht mehr durch längere Lichteinwirkung und hängt insbesondere von dem Verhältnis zur Beleuchtungsstärke in der Umgebung des Netzhautbildes A_2 ab (s. Abschn. 3.1).

2.3.2 Beispiel: Leuchtdichte einer beleuchteten Körperoberfläche

Der Lichtstrom, der von der Oberfläche eines nicht selbst leuchtenden Objektes ausgeht, ist proportional dem Lichtstrom, mit dem das Objekt beleuchtet wird. Der Reflexionsgrad ϱ (< 1) ist im Allgemeinen wellenlängenabhängig („spektraler Reflexionsgrad"). Bei einer Spektralverteilung $\varphi_1(\lambda)$ der Strahlungsleistung des einfallenden Lichtes ist die Spektralverteilung des zurückgeworfenen Lichtes

$$\varphi_2(\lambda) = \varrho(\lambda)\,\varphi_1(\lambda) \tag{2.19}$$

Bei einer „weißen" (unbunten) Fläche ist ϱ bezüglich der Wellenlänge eine Konstante („Lichtreflexionsgrad").

Eine vollkommen matte, diffus rückstrahlende Fläche verhält sich wie ein Lambertscher Strahler: Unabhängig von der Einstrahlrichtung der Beleuchtung erfolgt die Lichtabgabe immer mit der größten Lichtstärke I_0 senkrecht zur Oberfläche, also in Richtung der Flächennormalen ($\varepsilon = 0$), und diese Lichtstärke fällt mit $\cos\varepsilon$ ab, so dass die Leuchtdichte L von ε unabhängig ist und die Fläche aus allen Richtungen betrachtet gleich hell erscheint (s. Abschn. 2.2.1). Der dabei in den Halbraum von einem Flächenelement $\mathrm{d}A$ zurückgestrahlte Lichtstrom $\mathrm{d}\Phi_2$ ist gemäß Gl. (2.12) $\mathrm{d}\Phi_2 = \pi \cdot \mathrm{d}I_0$ und somit die Leuchtdichte nach Gl. (2.11)

$$L = \frac{\mathrm{d}I_0}{\mathrm{d}A} = \frac{1}{\pi}\frac{\mathrm{d}\Phi_2}{\mathrm{d}A} = \frac{1}{\pi}\varrho\frac{\mathrm{d}\Phi_1}{\mathrm{d}A},$$

also

$$L = \frac{1}{\pi}\varrho E_1 . \tag{2.20}$$

Die Leuchtdichte der diffusen Rückstrahlung ist proportional der Beleuchtungsstärke, mit der die Körperoberfläche beleuchtet wird. Ist beispielsweise die Beleuchtungsstärke in einem Fernsehstudio $E_1 =$ 2000 lx (ein typischer Wert), dann wird eine hellweiße Fläche, gekennzeichnet etwa durch $\varrho = 0{,}7$ (s. Tabelle 2.1), eine Leuchtdichte von

Tabelle 2.1. Reflexionsgrad ϱ unbunter, matter Flächen

Material	ϱ
Titanweiß (Titandioxid)	0,98
Barytweiß (Bariumsulfat)	0,95
Weißes Zeichenpapier	0,7–0,8
Schwarzes Papier	0,05
Schwarzer Samt	0,004

446 cd/m² zeigen. Bei einer Aufnahmekamera mit einem Objektiv der Blendenzahl $k = 5{,}6$ wird nach Gl. (2.15) auf der lichtempfindlichen Schicht eine Beleuchtungsstärke von $E = 11{,}2$ lx (ohne Berücksichtigung von Verlusten) durch die Abbildung der weißen Fläche entstehen.

Der Reflexionsgrad $\varrho(\lambda)$ gibt die richtungsunabhängige spektrale Strahldichte der vollkommen matten Fläche aus der spektralen Bestrahlungsstärke $e_1(\lambda)$

$$\ell(\lambda) = \frac{1}{\pi}\varrho(\lambda)e_1(\lambda). \tag{2.20a}$$

Nun ist die Lichtremission der Körperoberflächen jedoch im Allgemeinen nicht vollkommen richtungsunabhängig, wodurch die Oberfläche dann mehr oder weniger „glänzend" erscheint. Die räumliche Verteilung der Strahldichte hängt hier bei gerichteter Beleuchtung von der Einstrahlrichtung ab. Bei einem Anteil von „regulärer" Reflexion (Spiegelung, im Gegensatz zur diffusen Reflexion) ist die Strahldichte in Spiegelungsrichtung ($\varepsilon_2 = \varepsilon_1$, $\alpha_2 = \alpha_1 + 180°$, vgl. Abb. 2.4) maximal. Bei einem Anteil von „rückstrahlender" Reflexion ist die Strahldichte in der Einstrahlrichtung maximal ($\varepsilon_2 = \varepsilon_1$, $\alpha_2 = \alpha_1$). Zur Kennzeichnung der Remission einer solchen Fläche wird die spektrale Strahldichte in Beziehung gesetzt zu der spektralen Strahldichte $\ell_\mathrm{w}(\lambda)$ einer vollkommen matt-weißen Fläche, Gl. (2.20a) mit $\varrho(\lambda) = 1$, bei derselben Beleuchtung:

$$\beta(\lambda) = \frac{\ell(\lambda)}{\ell_\mathrm{w}(\lambda)}. \tag{2.21}$$

Man bezeichnet $\beta(\lambda)$ als *spektralen Strahldichtefaktor*. Er ist also im Allgemeinen von der Beleuchtungsrichtung und von der Betrachtungsrichtung abhängig. Bei Oberflächen mit hohem Reflexionsgrad und nicht-diffuser Abstrahlung ist in der bevorzugten Abstrahlrichtung $\beta(\lambda) > 1$ möglich.

Als Zusammenfassung dieses Kapitels gibt Tabelle 2.2 noch einmal eine Übersicht über die definierten strahlungsphysikalischen und lichttechnischen Messgrößen.

Tabelle 2.2. Übersicht der Messgrößen

Strahlungsphysik	Lichttechnik
Strahlungsfluss Einheit W $\Phi_e = \int_0^\infty \varphi(\lambda)\,d\lambda$	**Lichtstrom** Einheit Lumen (lm) $\Phi = K\int_0^\infty V(\lambda)\varphi(\lambda)\,d\lambda$ $K = 683$ lm/W
Strahlstärke Einheit W/sr $I_e = \frac{d\Phi_e}{d\Omega}$	**Lichtstärke** Einheit lm/sr = cd $I = \frac{d\Phi}{d\Omega}$
Strahldichte Einheit W/m² $L_e = \frac{d^2\Phi_e}{d\Omega\, dA \cos\varepsilon}$	**Leuchtdichte** Einheit cd/m² $L = \frac{d^2\Phi}{d\Omega\, dA \cos\varepsilon}$
Bestrahlungsstärke Einheit W/m² $E_e = \frac{d\Phi_e}{dA}$	**Beleuchtungsstärke** Einheit lm/m² = Lux (lx) $E = \frac{d\Phi}{dA}$

3 Örtliche und zeitliche Auflösungsfähigkeit des Auges

Ein Bildübertragungssystem, bei dem der Mensch als Beobachter am Ende der Übertragungskette die „Informationssenke" darstellt, basiert auf den Eigentümlichkeiten und Grenzen der visuellen Wahrnehmung. So wird durch die Grenze der *zeitlichen* Auflösungsfähigkeit beispielsweise beim Kinofilm die Wiedergabe der Bewegung durch die schnelle Abfolge zahlreicher Standbilder möglich, und der Fernsehbildschirm präsentiert dem Auge nur einen schnell bewegten, intensitätsgesteuerten Lichtfleck, und doch wird ein zusammenhängendes Bild gesehen. Und durch die Anpassung des Systems an die Grenzen des *örtlichen* Auflösungsvermögens kann der Aufwand der Übertragung, insbesondere der Gerätetechnik, auf das relevante Maß an Detailgenauigkeit im Bild beschränkt werden.

Die visuelle Wahrnehmung ist – ähnlich wie die des Hörens – durch die Verflechtung von physiologischen und psychologischen Vorgängen äußerst komplex. Wir müssten versuchen, Begriffe aus der allgemeinen Nachrichtentechnik wie „Übertragungsfunktion", „Linearität" oder „Nichtlinearität" auf ein System zu übertragen, in dem Empfindungen eine Rolle spielen. Es ist im Rahmen dieses Buches weder möglich noch notwendig, das Thema angemessen zu behandeln. Durch die Beschränkung auf den peripheren Bereich des visuellen Systems – auf die Physiologie des Auges mit der Netzhaut und auf die dort mit linearen Systemen noch darstellbaren Vorverarbeitungen der „Signale" – werden im Folgenden die für die Auslegung des Bildübertragungssystems notwendigen charakteristischen Daten des Sehens grob schematisch zusammengestellt. Das Thema Farbensehen wird hier ausgeklammert und später in einem besonderen Abschnitt in Hinblick auf die Anwendung im Farbfernsehen behandelt.

3.1 Aufbau und Funktion des Auges

Abbildung 3.1 zeigt einen Querschnitt durch das rechte menschliche Auge, von oben gesehen. Angenähert hat es die Form einer Kugel von etwa 24 mm Durchmesser, die größtenteils gefüllt ist mit einer gal-

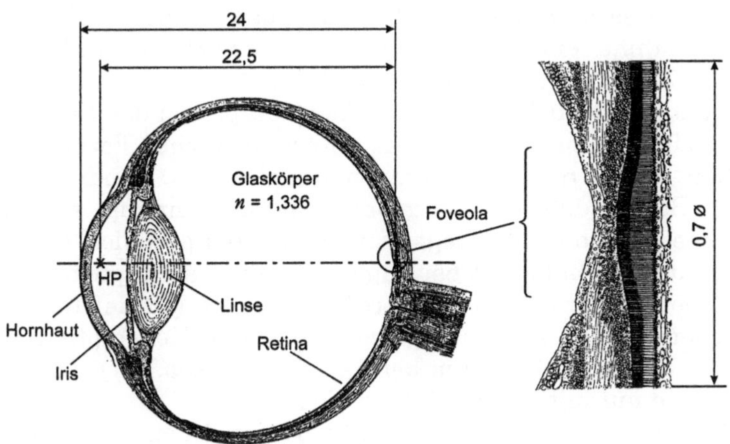

Abb. 3.1. Querschnitt durch das rechte Auge eines Menschen, von oben gesehen (nach [3.4]). Maße in mm. HP = hinterer Hauptpunkt des optischen Systems

lertartigen, durchsichtigen Substanz, dem „Glaskörper", mit einem Brechungsindex $n = 1{,}336$.

Die Innenseite des Augenhintergrundes ist ausgekleidet mit einer nur 0,2 mm dicken, fast durchsichtigen Schicht aus Nervengewebe, der Netzhaut (Retina). Auf der Rückseite der Schicht befinden sich ca. 120 Millionen lichtempfindliche Nervenzellen (Photorezeptoren), auf der Vorderseite eine Million Ganglienzellen, die mit ihren dünnen langen Fasern (Axonen) in Form eines 2 mm dicken Bündels die Verbindung zum Gehirn herstellen. Die Verbindung zwischen den Photorezeptoren und den Ganglienzellen und Querverbindungen zwischen den Photorezeptoren vermitteln Bipolarzellen (Nervenzellen mit zwei Fortsätzen). Die Retina ist ein peripherer Ausläufer des Zentralnervensystems.

Die Vorderfläche des Auges, an der das Licht eintritt, besteht aus der 0,5 mm dicken durchsichtigen, gekrümmten Hornhaut. Sie bewirkt im Wesentlichen die optische Abbildung auf die Netzhautfläche. Die Augenlinse selbst arbeitet nur ergänzend, als „Autofokuseinrichtung", d. h. zur Scharfeinstellung auf die Netzhaut bei unterschiedlichen Objektentfernungen (Akkommodation) durch unwillkürliches Strecken oder Zusammenziehen der Linse (Brennweite ohne Linse 31,0 mm, mit Linse 22,8 mm bei Fernsicht und 18,0 mm bei Nahsicht). Die Vorderfläche der Linse wird mehr oder weniger abgedeckt durch die Iris, die als kreisrunde Blende die Größe der Eintrittspupille bestimmt. Bei hellem Tageslicht zieht sich die Pupille auf bis zu 1,5 mm Durchmesser zusammen, in der Dunkelheit ist sie maximal, bis 8 mm Durchmesser, geöffnet. Der Sehwinkel σ, unter dem ein Objekt erscheint, ist wegen des optisch dichteren Mediums im Inneren des Augapfels verkleinert auf σ', wobei $\sin\sigma' = (\sin\sigma)/n$. Man kann das einfach berücksichtigen durch Annahme einer äquivalenten Brennweite in Luft von $f = 22{,}8/n = 17{,}0$ mm bei Fernsicht[1].

Zwei unterschiedliche Arten von Photorezeptoren der Netzhaut sind zu unterscheiden, nach ihrer etwas unterschiedlichen Form werden sie „Stäbchen" (engl. *rods*) und „Zapfen" (engl. *cones*) genannt. Für das „scharfe" Sehen, d. h. für die genaue Detailerkennung, sind nur die Zapfen geeignet, die allerdings weniger lichtempfindlich sind als die Stäbchen und deshalb erst bei Tageslicht aktiv sind (photopische Anpassung bei Leuchtdichten ab 10 cd/m²). Für sie gilt der für die lichttechnischen Größen zugrunde gelegte spektrale Hellempfindlichkeitsgrad $V(\lambda)$ mit dem Maximum bei $\lambda = 555$ nm (Abb. 2.1). Auch ist das Farbensehen nur mit den Zapfen möglich.

Die Netzhaut enthält ca. 6 Millionen Zapfen. In einem kleinen, zentralen Bereich der Netzhaut, in der Netzhautgrube (Fovea centralis), sind überwiegend Zapfen konzentriert (Abb. 3.1 rechts). Die Fovea centralis hat etwa einen Durchmesser von 1 mm, entsprechend einem Sehwinkel von $\sigma = 3°$. Die Mitte der Grube mit einem Durchmesser von 0,3 mm (die Foveola) ist auf der Netzhaut die Stelle des schärfsten Sehens. Hier sind ausschließlich Zapfen vorhanden, und zwar besonders dünne und lange mit einem Durchmesser von ca. 1,5 µm, etwa 40000 angeordnet in einem regelmäßigen, dichtgepackten Mosaik. Jeder Photorezeptor besitzt in diesem Gebiet seine eigene, nur von ihm allein erregte Bipolarzelle mit einer angeschlossenen Ganglionzelle, während im übrigen Bereich der Netzhaut, nach außen zunehmend, zahlreiche Sehzellen (jeweils bis zu 250 bei den Zapfen und bis zu 450 bei den Stäbchen) mit nur einer Bipolarzelle und auch noch untereinander verbunden sind. Dadurch steigt zwar die Lichtempfindlichkeit und im Falle der Zapfen-Cluster auch die Erkennbarkeit schneller Intensitätsänderungen, aber die Detailerkennung ist gering. Schwach beleuchtete oder schnell bewegte Objekte werden deshalb „aus den Augenwinkeln" eher, wenngleich unschärfer, als im zentralen Gesichtsfeld bemerkt. Obwohl die Stelle des schärfsten Sehens auf der Netzhaut rein rechnerisch nur einem sehr kleinen Gesichtsfeld von 1°×1° entspricht, so wird doch allein von diesem Gebiet aus die genaue Betrachtung eines „ins Auge gefassten" (fixierten) Objektes oder Bildes durchgeführt. Bei diesem Fixieren führt das Auge nämlich unwillkürlich kleine, sehr schnelle und ruckartige Bewegungen aus (Sakkaden), und dadurch wird der interessierende Teil des Objektes mit der Fove-

[1] Das ist der Abstand des Brennpunkts vom *Knotenpunkt* des optischen Systems. Dieser fällt wegen $n > 1$ nicht mit dem Hauptpunkt (Abb. 3.1) zusammen, sondern liegt weiter im Inneren des Auges. Die Begriffe werden in den Lehrbüchern der Optik erklärt.

ola abgetastet, so dass sich die maximale Detailerkennbarkeit auf ein viel größeres Gesichtsfeld erstrecken kann. Generell haben unwillkürliche Augenbewegungen auf die Eigenschaften des visuellen Systems einen bedeutenden Einfluss (s. unten).

Im peripheren Bereich der Netzhaut ist der Anteil der Stäbchen überwiegend. Sie haben an sich schon eine höhere Lichtempfindlichkeit als die Zapfen, und diese wird noch durch die Zusammenfassung vieler Stäbchen für die Erregung einer Bipolarzelle und durch die Versorgung einer Ganglienzelle durch mehrere Bipolarzellen erheblich gesteigert. Unterhalb einer Leuchtdichte von 10^{-3} cd/m^2 sieht man nur noch mit Hilfe der Stäbchen (Nachtsehen, skotopische Anpassung). Die Hellempfindlichkeit der Stäbchen liegt bei kürzeren Wellenlängen als bei den Zapfen. Statt mit dem Hellempfindlichkeitsgrad $V(\lambda)$ bewerten die Stäbchen das Spektrum mit einem Hellempfindlichkeitsgrad $V'(\lambda)$ mit einem Maximum bei $\lambda = 507$ nm.

Maßgebend für die Stärke der Erregung eines Photorezeptors ist der auf ihn fallende Strahlungsfluss. Zur Berücksichtigung der Spektralverteilung ist die spektrale Dichte $\varphi(\lambda)$ in Betracht zu ziehen. Ist die spektrale Bestrahlungsstärke (s. Gl. (2.15a)) der Netzhaut an der betreffenden Stelle gegeben durch $e(\lambda)$ und die Auffangfläche des Rezeptors (oder des rezeptiven Feldes bei mehreren zusammengefassten Rezeptoren) durch A_R, so ist

$$\varphi(\lambda) = A_R\, e(\lambda) = \frac{\pi}{4}\ell(\lambda)\frac{D^2}{f^2}, \tag{3.1}$$

der Lichteindruck somit *unabhängig von der Entfernung des Objektes* bestimmt durch die Strahldichte des Objektes. Das gilt, solange das abgebildete Objekt nicht zu klein ist (vgl. Abschn. 2.3.1), insbesondere nicht für „punktförmige" Objekte.

Die Absorption des Lichtes durch die „Sehpigmente" im Photorezeptor führt zu chemischen Umsetzungen in der Rezeptorzelle, die das elektrische Potential der Zellmembran von –40 mV bis auf –70 mV verändern (Innenseite in Bezug auf Außenseite), abhängig von der Lichtintensität und mit einem Maximum etwa 10...50 ms nach Beginn des Lichtreizes. Die Potentialveränderungen werden durch eine Verringerung der Neurotransmittersubstanz an der Verbindungsstelle (Synapse) zur angeschlossenen Bipolarzelle weitergeleitet (Abb. 3.2). Dadurch wird das Membranpotential der Bipolarzelle positiver. Dieser Potentialanstieg wird über die zweite Synapse zur folgenden Ganglionzelle übertragen. Der resultierende Anstieg des dortigen Membranpotentials löst dann eine Folge sehr kurzer Impulse des Potentials aus (*Aktionspotential*). Dieses in der Ganglionzelle generierte Aktionspotential wandert über das Axon zum Gehirn.

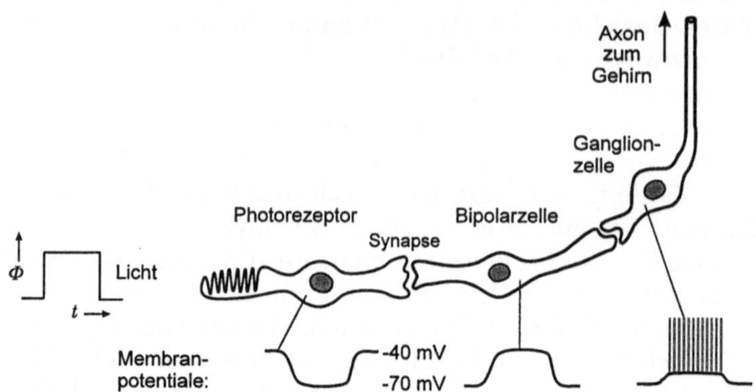

Abb. 3.2. Die Kette der neuronalen Aktivitäten, die ein Lichtreiz auslöst

Die Sehpigmente bestehen aus einer chemischen Verbindung von Retinal (einem Aldehyd) und Opsin (einem Protein). Die spektrale Empfindlichkeit der Lichtabsorption wird durch die Art des Opsins bestimmt. Bei den Zapfen kommen drei unterschiedliche Opsine vor mit maximaler Absorption jeweils bei Rot, Grün oder Blau.

Das Aktionspotential kommt dadurch zustande, dass nach Überschreiten einer Schwelle das Membranpotential kurzfristig instabil wird: Na^+-Ionen aus der Umgebung können durch Öffnung von Membrankanälen in die Zelle eindringen, wodurch das Potential noch weiter ins Positive verschoben wird und noch mehr Ionen eindringen. Schlagartig erhöht sich das Membranpotential bis auf z. B. +40 mV. Bei diesem Wert kommt der Na-Ionentransport zum Stehen, und Kalium-Ionen verlassen die Zelle. Es folgt eine ebenso schlagartige Repolarisation der Zellmembran. Erst nach einer Ruhezeit von ca. 1...2 Millisekunden („Refraktärzeit") kann wieder ein Aktionspotential gezündet werden. Dadurch ist die mögliche Impulsfrequenz begrenzt auf etwa 500 Hz. Mit der Intensität des Reizes steigt die Impulsfrequenz. Für die Reizübertragung zum Gehirn durch die Nervenfaser wird also ein *frequenzmoduliertes* elektrochemisches Signal benutzt. Der hier für das visuelle System beschriebene Vorgang läuft ebenso bei allen anderen Arten von sensorischen Rezeptoren ab.

Der Zusammenhang zwischen Reizstärke und der resultierenden „Empfindungsstärke", messbar etwa durch die Frequenz der Aktionspotentiale, ist ausgeprägt nichtlinear und lässt sich über einen weiten Bereich der Reizstärke nach WEBER-FECHNER[1] durch den Logarithmus

[1] Ernst Heinrich Weber, *1795 in Wittenberg, †1878 in Leipzig. Gustav Theodor Fechner, *1801 in Groß Särchen, †1887 in Leipzig.

der Reizstärke darstellen, im Falle des visuellen Systems bei einer gesehenen Leuchtdichte L durch

$$S \sim \log L + k. \tag{3.3}$$

S soll die Stärke der Helligkeitsempfindung symbolisieren. k ist eine Konstante. Dieser Zusammenhang lässt sich durch Differentiation von Gl. (3.3) auch darstellen durch

$$\frac{\mathrm{d}S}{\mathrm{d}L} \sim \frac{1}{L}, \qquad \Delta S \sim \frac{\Delta L}{L}.$$

Gleichmäßige Stufungen der Steigerung einer Empfindung werden danach durch fortgesetzte Multiplikation der Reizstärke mit einem konstanten Faktor erreicht. Man bezeichnet

$$\frac{\Delta L}{L} = C \tag{3.4}$$

als *Kontrast*. Experimentell leicht messbar ist der kleinste, gerade noch vom Menschen wahrnehmbare Kontrast $C_{\min}$ (Minimalkontrast, Kontrastschwelle). $C_{\min}$ ist näherungsweise konstant in einem Leuchtdichtebereich von 1 cd/m² bis 2000 cd/m² (entsprechend einer Beleuchtungsstärke der Netzhaut von 0,025...50 lx bei einem Pupillendurchmesser von 3 mm). Das ist also der Gültigkeitsbereich des Weber-Fechnerschen Gesetzes beim Sehen. Es ist etwa

$$C_{\min} \approx 0{,}01.$$

Mit dem Gesetz kommt eine wichtige Eigenschaft der sensorischen Systeme zum Ausdruck: die Anpassung (*Adaptation*) der Empfindlichkeit an die gegebene „mittlere" Reizstärke. Das Auge stellt sich nach einer gewissen Zeit in einem sehr weiten Bereich (etwa 8 Zehnerpotenzen) auf die Umgebungsleuchtdichte ein: auf das Nachtsehen durch „Umschalten" auf die Stäbchen, durch Veränderung der Pupille (entsprechend dem Quadrat des Durchmesserverhältnisses, ca. 1:25), vor allem aber durch die Anpassung der Sehpigmentempfindlichkeit, die man auch als ein reversibles „Ausbleichen" bei Steigerung und Andauern der Leuchtdichte beschreiben kann. Die Anpassung an den *zeitlichen* Mittelwert geschieht dabei mit unterschiedlichen Zeitkonstanten. Bei der Dunkeladaptation nimmt die Netzhautempfindlichkeit in den ersten 10 Minuten nur wenig zu, steigt dann aber steil an und erreicht nach 30...60 Minuten das Maximum. Bei einer sprunghaften Erhöhung der Leuchtdichte tritt andererseits bereits nach ca. 0,1 s eine Adaptation (Rückgang von S nach dem Anstieg) ein. Ebenso sind unterschiedliche Integrationsbereiche bei der *örtlichen* Mittelung maßgebend: die Anpassung an das gesamte Gesichtsfeld und die Anpassung an die unmittelbare Umgebung eines Objektes, wodurch es gegenüber seinem Umfeld hervorgehoben wird (Kontrastverstärkung).

Die Nichtlinearität des visuellen Systems tritt zunächst bei der Umsetzung der in die Sehzelle eingefallenen, vom Opsin absorbierten Strahlung in den Membranpotentialabfall der Sehzelle ein, dann durch eine weitere Nichtlinearität bei der Ausbildung des Membranpotentials der folgenden Bipolarzelle, und schließlich kommt hinzu eine Nichtlinearität in der Ganglionzelle bei der Umsetzung des Membranpotentials in die Frequenz des Aktionspotentials. Aber am Anfang der Übertragung im visuellen System erfolgt eine *Vorverarbeitung im Linearen*. Hier ist es die wellenlängenabhängige Absorption des Lichtes, die wir bezüglich der Hellempfindung als eine Integration über λ der mit $V(\lambda)$ bewerteten spektralen Strahlungsleistung beschreiben können. Erst danach folgt der Eintritt in den nichtlinearen Teil des Systems.

3.2 Die örtliche Auflösung

Die Grenze der örtlichen Auflösungsfähigkeit des Auges bei Tagessehen kann man testen mit zwei hell leuchtenden Punkten auf schwarzem Hintergrund, die man immer weiter vom Beobachter entfernt, bis er die beiden Punkte nicht mehr voneinander trennen kann. Bei einem Beobachter mit sehr guter Sehschärfe ist das z. B. bei einer Entfernung von etwa 30 m der Fall, wenn der Punktabstand 10 mm beträgt, oder bei 3 m, wenn der Punktabstand 1 mm beträgt, d. h. wenn die beiden Punkte unter einem Sehwinkel von nur noch

$$\sigma_{gr} = (1/60)° = 1' \tag{3.5}$$

erscheinen. Die Begrenzung ist zunächst durch den Abstand der Photorezeptoren in der Netzhaut bedingt. Abbildung 3.3 zeigt schematisch das Mosaik der Zapfen im Bereich ihrer größten Dichte, in der Foveola (Abb. 3.1), die für die Grenzauflösung beim Tagessehen maßgebend ist. Selbst bei einer idealen Punktabbildung könnten zwei leuchtende Punkte nicht getrennt gesehen werden, wenn sie auf eine einzige Sehzelle abgebildet würden (Punkte 1 und 2). Aber auch bei Abbildung auf unmittelbar benachbarte Rezeptoren könnten sie nicht getrennt erkannt werden (Punkte 3 und 4). Erst wenn ein Abstand dazwischenliegt, sieht man zwei getrennte Punkte (Punkte 4 und 5). Da in diesem Netzhautgebiet der Rezeptorabstand etwa 1,5 μm beträgt, ergibt sich

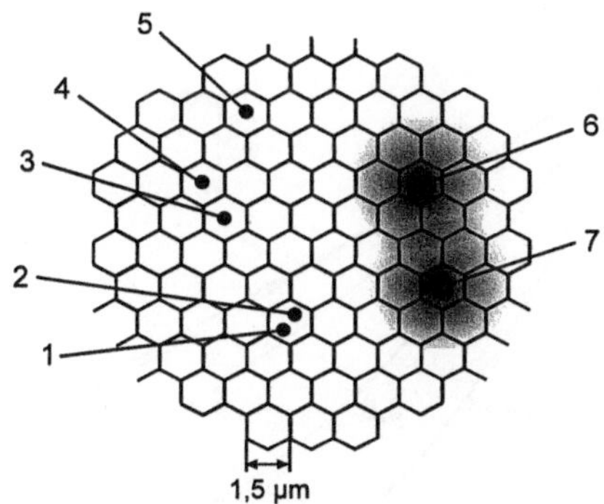

Abb. 3.3. Punktabbildung (Negativdarstellung) auf der Netzhaut im Bereich der Foveola. 1–5 idealisiert, 6–7 real unter einem Sehwinkel von einer Bogenminute

durch Umrechnung von 3 µm auf die auf Luft reduzierte Augenbrennweite von 17 mm (s. oben) ein zugehöriger Sehwinkel von $\sigma = 36''$. Durch Beugungseffekte und Abbildungsfehler des optischen Systems des Auges sind die Punktbilder auf der Netzhaut scheibchenförmig verschmiert. Hieraus kann man sich die tatsächlich auftretende Begrenzung auf $\sigma \approx 60''$ erklären (Punktbilder 6 und 7).

Eine detailliertere Charakterisierung der örtlichen Auflösungsfähigkeit erhält man durch Testfiguren in der Form von Schwarzweißstreifen (Balkenmuster), d. h. durch örtlich periodische Leuchtdichtemuster. Wenn man diese dem Auge in zunehmend größerer Entfernung präsentiert, kann man die Reaktion auf eine zunehmend größere Zahl von Perioden der Leuchtdichtevariation (d. h. Schwarzweißbalkenpaare) pro Grad Sehwinkel („Ortsfrequenz") testen. Wird an-stelle der abrupten Schwarzweißübergänge eine örtlich sinusförmige Leuchtdichteverteilung der Testvorlage realisiert, etwa

$$L(x) = L_0(1 + m \sin(2\pi f_x x))$$

bei einem senkrecht stehenden Streifenmuster, d. h. bei einer in x-Richtung mit der Ortsfrequenz f_x variierenden Leuchtdichte, mit der mittleren Leuchtdichte L_0 und der *Kontrastamplitude*

$$m = \frac{\Delta L}{L_0} \qquad (m < 1),$$

dann kann man in Analogie zu einem Übertragungskanal der Nachrichtentechnik den „Ortsfrequenzgang" des visuellen Systems bestimmen, und zwar durch Ermittlung der gerade noch erkennbaren Kontrastamplitude $m_{\min}$ (Schwellenwertmessung) in Abhängigkeit von den *Perioden pro Grad Sehwinkel* (P/°). Die tiefste Kontrastschwelle

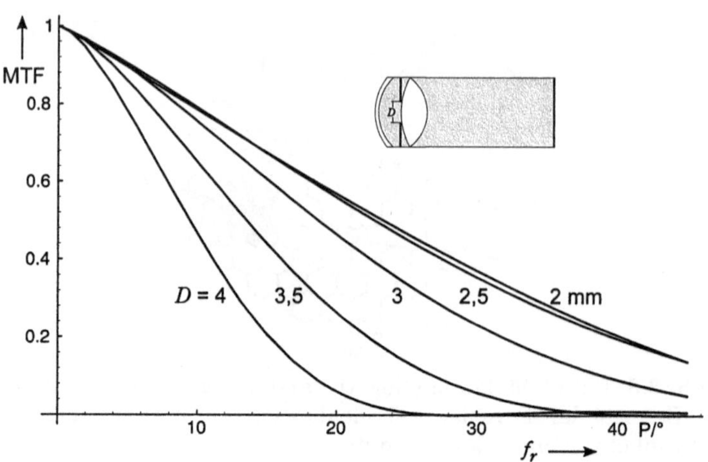

Abb. 3.4. Berechnete MTF des optischen Systems des Auges

(das niedrigste $m_{\min}$), also die beste Erkennbarkeit und damit das Maximum der Frequenzgangkurve $1/m_{\min}$ („Kontrastempfindlichkeit") liegt bei etwa 4 P/°. Dort beträgt die Kontrastempfindlichkeit etwa 200, bei sehr niedrigen Ortsfrequenzen etwa 30, und bei 30 P/° liegt praktisch die obere Grenzfrequenz[1] mit einem Abfall von $1/m_{\min}$ auf etwa 4:

$$f_{r\,\mathrm{gr}} \approx 30\ \mathrm{P}/° \tag{3.6}$$

Abbildung 3.4 zeigt das Ergebnis einer Computersimulation des optischen Systems des Auges unter der Annahme, dass die Brechflächen exakt sphärisch wären. Dargestellt ist der Ortsfrequenzgang (die „Modulationstransferfunktion", MTF), der im Fokus erreicht wird bei Pupillendurchmessern von 2,0 bis 4,0 mm. Die MTF's bei D = 2 und 2,5 mm sind durch den Einfluss der Beugungsunschärfe nahezu gleich. Ab D = 3,5 mm wird die Auflösung dagegen fast vollständig durch die sphärische Aberration begrenzt.

Diese Vorstellung eines Ortsfrequenzganges des visuellen Systems geht wieder von dem Modell einer Vorverarbeitung im Linearen am Eingang des Systems aus, also von einem linearen Tiefpass mit erst danach folgender logarithmischer Nichtlinearität (Abb. 3.5).

Die beachtliche Überhöhung der Ortsfilterkurve bei 4 P/° – man könnte eher von einer Bandpass- als von einer Tiefpasscharakteristik sprechen – lässt sich zurückführen auf eine lokale Adaptation mit einer daraus resultierenden Kontrastverstärkung an abrupten Hell-Dunkelübergängen. Sieht man beispielsweise ein helles, „punktför-

[1] In horizontaler wie in vertikaler Richtung gleich, $f_{x\,\mathrm{gr}} = f_{y\,\mathrm{gr}} \equiv f_{r\,\mathrm{gr}}$. In diagonaler Richtung ist die Grenzfrequenz wohl etwas (um 10...20 %) niedriger.

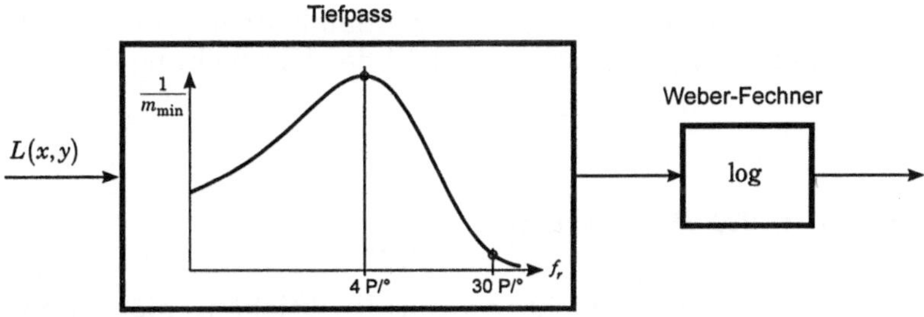

Abb. 3.5. Begrenzung der örtlichen Auflösung des visuellen Systems

miges" Objekt auf grauem Hintergrund, so breitet sich auf der Netzhaut die Anpassung (Empfindlichkeitsreduktion) an die lokale hohe Beleuchtungsstärke auf die Photorezeptoren in der Umgebung aus („laterale Inhibition"), so dass das helle Punktobjekt auf einer abgedunkelten Umgebung erscheint, der Kontrast also verstärkt wird. Diese Punktreaktion von S mit ihren negativen örtlichen Vor- und Nachläufern (Abb. 3.6 links) entspricht der Impulsreaktion eines linearen Filtersystems mit Bandpasscharakter. Der Frequenzgang ergibt sich durch Fourier-Transformation der Impulsreaktion, und aus der Fourier-Transformation des S-Verlaufs von Abb. 3.6 links folgt die bandpassartige Übertragungsfunktion. Stoßen im Blickfeld zwei gleichmäßig graue Flächen aneinander, die eine dunkelgrau, die andere hellgrau (örtlicher Leuchtdichtesprung an einer Kante, s. Abb. 3.6 rechts), so sieht man an der Kante einen dunklen Streifen im dunkelgrauen

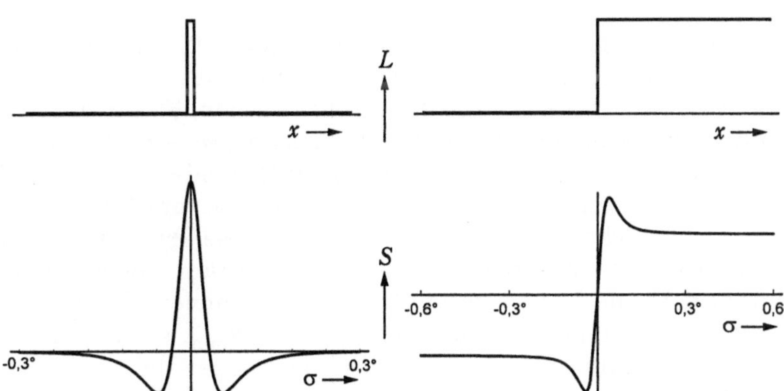

Abb. 3.6. Kontrastverstärkung berechnet nach dem Ortsfrequenzgang mit Maximum bei 4 P/°, links bei einem hellen Punkt auf grauem Hintergrund, rechts an einer Kante (MACH-Phänomen)

Gebiet und einen hellen Streifen im hellgrauen Gebiet (MACH-Phänomen[1]). Das „Überschwingen" der Helligkeitsempfindung als Reaktion auf die Sprungfunktion entspricht der Überhöhung des Ortsfrequenzganges.

3.3 Die zeitliche Auflösung

Die oben beschriebenen nichtlinearen Reaktionen, die durch den Lichteinfall auf einen Photorezeptor nacheinander ausgelöst werden, – Membranpotential im Photorezeptor wird negativer, Membranpotential der angeschlossenen Bipolarzelle wird positiver, Aktionspotential in der Ganglionzelle wird ausgelöst – benötigen alle eine mehr oder weniger große Zeit. Insgesamt entsteht so die Begrenzung der zeitlichen Auflösungsfähigkeit des Auges, die Trägheit des visuellen Systems.

Ein wichtige Rolle spielt die Erkennbarkeit von *Flimmern*, wenn eine große, unstrukturierte und gleichmäßig weiße Fläche mit periodisch schnell schwankender Leuchtdichte einer Testperson präsentiert wird. Wie hoch muss die Frequenz mindestens sein, damit man kein Flimmern mehr bemerkt? Die Testfläche soll dabei das ganze Blickfeld ausfüllen, das sich ergibt, wenn man den Kopf nicht bewegt und auch die Augen nicht willkürlich bewegt (d. h. bei einem Gesichtsfeld von etwa 30° horizontal und 20° vertikal). Die Leuchtdichte der Fläche soll zeitlich sinusförmig variiert werden:

$$L(t) = L_0\left(1 + m\cos(2\pi f_t t)\right) \tag{3.7}$$

Man könnte ähnlich wie beim Test des örtlichen Auflösungsvermögens die gerade noch erkennbare Kontrastamplitude $m_{\min} = \Delta L_{\min}/L_0$ in Abhängigkeit von f_t ermitteln. Beim eigentlichen Flimmertest wird gewöhnlich aber eine maximale Durchsteuerung, $m = 1$, angenommen und die Frequenz so weit erhöht, dass die aufeinander folgenden Hell-Dunkelphasen zu einem konstanten Lichteindruck verschmelzen; man stellt fest, bei welcher Frequenz $m_{\min} = 1$ ist. Diese kritische Flimmerfrequenz liegt aber um so höher, je größer die mittlere Leuchtdichte L_0 ist, obwohl doch die Kontrastamplitude $\Delta L/L_0$ immer gleich 1 bleibt. Ermittelt man bei einer bestimmten Frequenz $m_{\min}$, so stellt man bei Frequenzen oberhalb von etwa 30 Hz fest, dass angenähert

$$m_{\min} \sim \frac{1}{L_0}.$$

[1] Ernst Mach, *18.2.1838 in Turas (Mähren), †19.2.1916 in Haar/München.

Im Gegensatz zum Weber-Fechnerschen Gesetz ist demnach bei diesen hohen Frequenzen nicht mehr $\Delta S \sim \Delta L / L_0$, sondern

$$\Delta S \sim \Delta L . \tag{3.8}$$

Maßgebend für das Flimmern ist also nicht die Kontrastamplitude, sondern die Leuchtdichteamplitude selbst. Eine Adaptation an L_0 findet nicht statt. Als Modell könnte man sich für die höheren Frequenzen einen „Hochpasskanal" vorstellen, der den Gleichanteil L_0 gar nicht aufnimmt und deswegen auch keine Adaptation erfährt. Dieser Kanal ist parallel zu einem Kanal mit Tiefpasscharakter anzunehmen, dessen obere Grenzfrequenz höchstens bis 30 Hz reicht.

Anhaltswerte für die gerade noch sichtbaren Leuchtdichteamplituden ΔL_{min} in Abhängigkeit von der Frequenz gibt die aus Messungen von Kelly [3.3] abgeleitete Kurve in Abb. 3.7. Danach ist zur Vermeidung von störendem Flimmern bei 50 Hz eine Flimmeramplitude von höchstens etwa 20 cd/m² zulässig, bei 60 Hz etwa 70 cd/m² und bei 70 Hz etwa 250 cd/m². Beobachtet man die flimmernde Fläche nicht direkt, sondern „aus den Augenwinkeln" (im peripheren Gesichtsfeld), so bemerkt man das Flimmern noch eher. Ist die Leuchtdichtevariation nicht sinusförmig, sondern nur allgemein periodisch mit der Frequenz f_t, d. h.

$$L(t+T) = L(t) \quad \text{mit} \quad T = 1/f_t ,$$

dann ist die Amplitude der Grundschwingung für das Flimmern maßgebend, falls $L(-t) = L(t)$ also

$$\Delta L = \frac{2}{T} \int_{-T/2}^{+T/2} L(t) \cos(2\pi f_t t) \,\mathrm{d}t . \tag{3.9}$$

Oberhalb der kritischen Flimmerfrequenz wird nur noch der zeitliche Mittelwert L_0, der „Gleichanteil" in $L(t)$,

$$L_0 = \frac{1}{T} \int_{-T/2}^{+T/2} L(t) \,\mathrm{d}t \tag{3.10}$$

wahrgenommen (TALBOTsches Gesetz[1]).

[1] William Henry Fox Talbot, *1800 in Dorset, †1877 in Chippenham

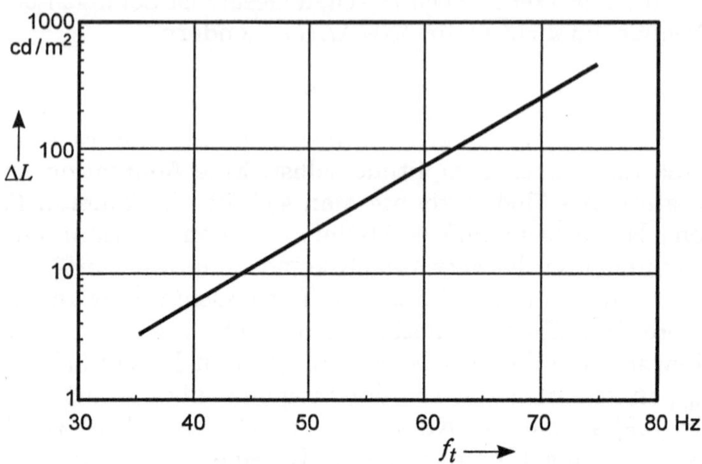

Abb. 3.7 Erkennbarkeitsgrenze von Großflächenflimmern: Leuchtdichteamplitude in Abhängigkeit von der Flimmerfrequenz

Zur Charakterisierung der zeitlichen Auflösungsfähigkeit durch einen Zeitfrequenzgang geht man von der sinusförmig schwankenden Leuchtdichte nach Gl. (3.7) aus und bestimmt in Abhängigkeit von der Frequenz f_t die Kontrastempfindlichkeit $1/m_{\min} =_{\text{def}} L_0/\Delta L_{\min}$. Die Testfläche soll dabei jedoch nur den fovealen Bereich des Gesichtsfeldes von ca. 3°x3° ausfüllen, im periphere Bereich soll die Leuchtdichte konstant gleich L_0 bleiben (in Analogie zu dem Test für das Ortsfrequenzverhalten). Die Kontrastempfindlichkeit liegt bei sehr langsamen Schwankungen etwa bei 30 und hat ein Maximum bei 6...10 Hz. Das Maximum steigt und verschiebt sich zu höheren Frequenzen, wenn die Leuchtdichte L_0 vergrößert wird (Abb. 3.8). Diesen Frequenzgängen entspricht die Reaktion des Membranpotentials eines Photorezeptors auf kurze Lichtimpulse (Abb. 3.9): die Reaktion ist träger bei schwachen Lichtimpulsen. Nach dem Weber-Fechnerschen Gesetz dürfte die Kontrastempfindlichkeit nicht von der mittleren Leuchtdichte abhängen. Das ist nach Abb. 3.8 nur bei niedrigen Frequenzen bis etwa 3 Hz der Fall, wo die Kurven zusammenfallen. Oberhalb von 20 Hz ist dagegen etwa $1/m_{\min} \sim L_0$, wie bei den Messungen zur kritischen Flimmerfrequenz. Die obere zeitliche Grenzfrequenz mit einem Abfall von $1/m_{\min}$ auf etwa 4 liegt je nach mittlerer Leuchtdichte bei

$$f_{t\,\text{gr}} \approx 20...40 \text{ Hz}. \tag{3.11}$$

Man beachte, dass diese für das kleine Gesichtsfeld ermittelte Grenzfrequenz jedenfalls niedriger liegt als die kritische Frequenz für das Großflächenflimmern.

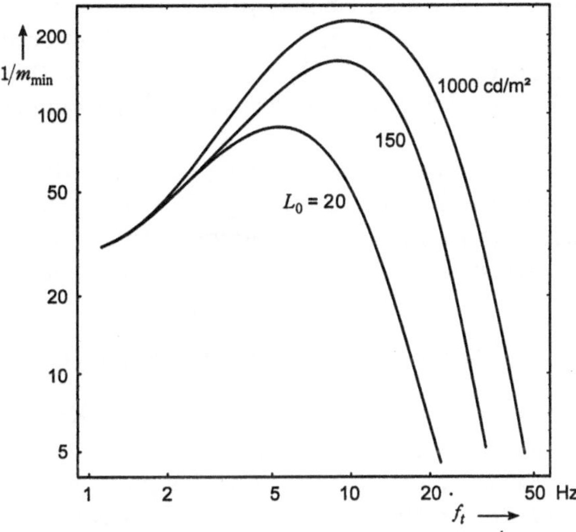

Abb. 3.8. Zeitverhalten bei Leuchtdichten von 20, 150 und 1000 cd/m^2

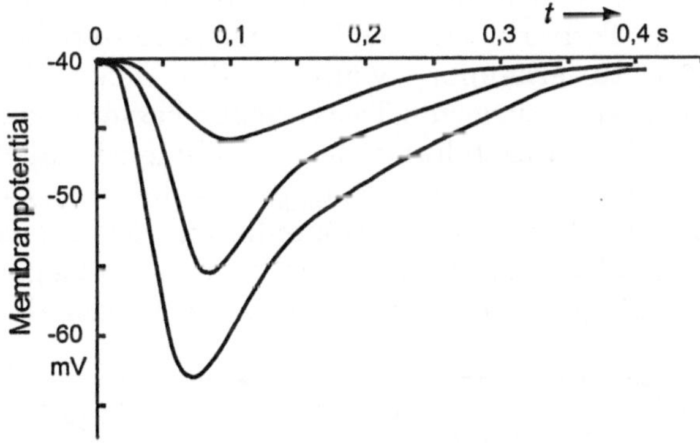

Abb. 3.9. Membranpotential eines Photorezeptors (Zapfen) nach einem kurzen Lichtimpuls bei drei Intensitäten

3.4 Das Orts-Zeitfrequenzverhalten

Das örtliche und das zeitliche Verhalten des visuellen Systems hängen voneinander ab. Der zuvor beschriebene Ortsfrequenzgang gilt für den Fall, dass nur sehr langsame zeitliche Veränderungen (etwa in der Größenordnung von 0,5 Hz) der örtlichen Leuchtdichteverteilung auftreten. Die Erkennbarkeit feiner Strukturen verringert sich erheblich bei schnellen zeitlichen Veränderungen, insbesondere bei schnellen

Bewegungen der Testvorlage. Ebenso gilt das zuvor beschriebene Zeitverhalten nur für Testvorlagen mit langperiodischen örtlichen Leuchtdichteverteilungen (etwa in der Größenordnung von 0,5 P/°). Die Erkennbarkeit zeitlicher Leuchtdichteschwankungen feinerer Strukturen ist geringer.

Der allgemeine zweidimensionale Frequenzgang des visuellen Systems, d. h. das Verhalten in Abhängigkeit von f_x, f_t oder auch von f_y, f_t (hierin wird kein Unterschied angenommen), wird beispielsweise durch eine $m_{\min}$-Bestimmung bei einer örtlich-zeitlich veränderlichen Leuchtedichte nach

$$L(x,t) = L_0\left(1 + m\cos(2\pi f_x)\cos(2\pi f_t)\right) \tag{3.12}$$

ermittelt (Bilder 3.10 und 3.11. Diese und folgende Kurven wurden aus Messungen von Robson [3.5] abgeleitet.).

Während die Erkennbarkeit hoher Ortsfrequenzen (> 10 P/°) bei einer Vergrößerung der Zeitfrequenzen ab ca. 5 Hz rapide abnimmt, sind Teststrukturen mit niedrigen Ortsfrequenzen (< 2 P/°) bei zeitlichen Veränderungen besser zu erkennen. Entsprechendes gilt auch für die Erkennbarkeit von Leuchtdichteschwankungen: hohe Zeitfrequenzen (> 4 Hz) sind in Teststrukturen mit Ortsfrequenzen oberhalb etwa 5 P/° schlechter zu erkennen, während die tiefen Zeitfrequenzen (< 2 Hz) bei feiner strukturierten Testvorlagen besser erkannt werden.

Ein umfassendere Darstellung des zweidimensionalen Frequenzganges bietet Abb. 3.12. Dort ist $1/m_{\min}$ über der $\{f_{x,y}, f_t\}$-Ebene aufgetragen, und dargestellt werden „Höhenlinien" für jeweils konstantes $1/m_{\min}$ (Konturendiagramm). Man beachte, dass im Gegensatz zu den vorhergehenden Diagrammen hier lineare Frequenzskalen verwendet

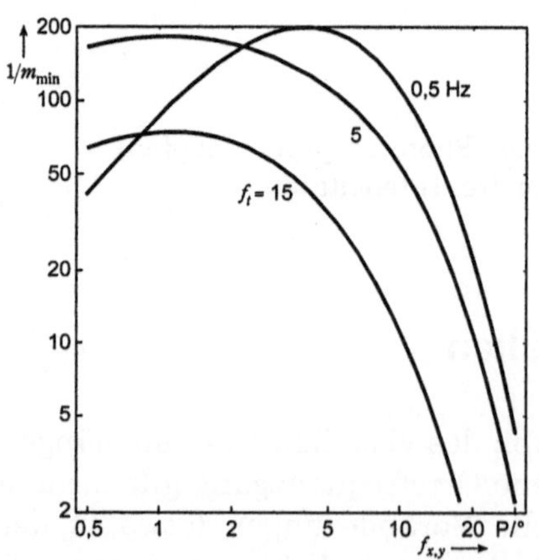

Abb. 3.10. Ortsfrequenzgang mit Zeitfrequenz als Parameter

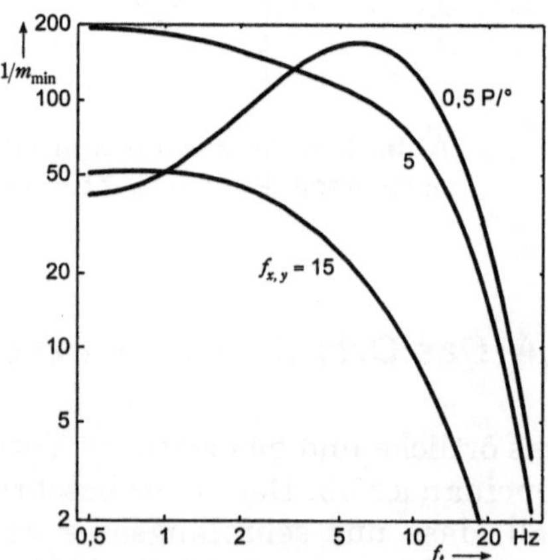

Abb. 3.11. Zeitfrequenzgang mit Ortsfrequenz als Parameter

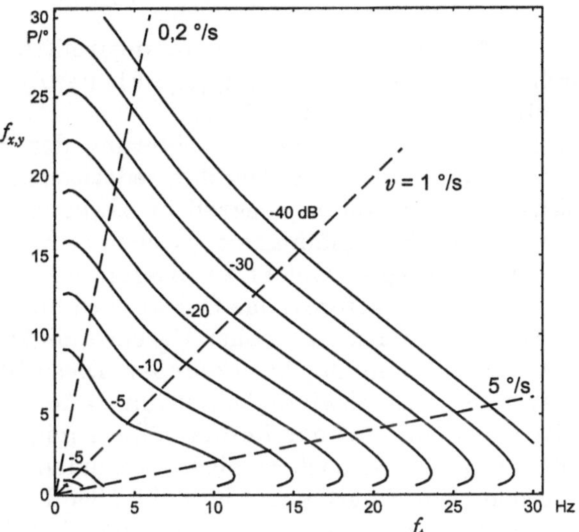

Abb. 3.12. Orts-Zeit-Frequenzgang des visuellen Systems (Retinabild nicht stabilisiert)

werden und eine dB-Stufung ($20\log(1/m_{\min})$, Maximum 0 dB) der Konturen gewählt ist.

Die nach Gl. (3.12) zugrunde liegende Testvorlage besteht aus einer ruhenden Struktur, die an den Stellen, an denen $\cos(2\pi f_x x) = 0$ ist, eine zeitlich konstante Leuchtdichte aufweist und an den Stellen, an denen $|\cos(2\pi f_x x)| = 1$ ist, maximale Leuchtdichtschwankungen $\pm mL_0$ mit der Frequenz f_t ausführt. Aus der Beziehung

$$\cos(2\pi f_x x) \cdot \cos(2\pi f_t t) = \frac{1}{2}\cos\bigl(2\pi(f_x x + f_t t)\bigr) + \frac{1}{2}\cos\bigl(2\pi(f_x x - f_t t)\bigr)$$

folgt, dass man die Testvorlage als Überlagerung eines nach rechts und eines nach links mit der Geschwindigkeit

$$v_x = \frac{f_t}{f_x} \tag{3.13}$$

laufenden Gitters der Ortsfrequenz f_x auffassen kann (zwei „Frequenzvektoren" $\vec{f}_1 = \{f_x, f_t\}$ und $\vec{f}_2 = \{f_x, -f_t\}$, s. Abschn. 4.2.4). Alternativ werden zur Ermittlung des Orts-Zeit-Frequenzgangs als Testvorlagen auch in nur einer Richtung mit konstanter Geschwindigkeit bewegte Gitter benutzt, z. B. bei einer Bewegung von links nach rechts mit der Geschwindigkeit v_x:

$$L = L_0\left(1 + m\cos\left(2\pi f_x(x - v_x t)\right)\right). \tag{3.14}$$

Nach Gl. (3.13) bedeutet das eine Frequenzgangermittlung längs einer Geraden durch den Nullpunkt in der $\{f_x, f_t\}$-Ebene (Abb. 3.12, gestrichelte Linien für v = 0,2 °/s, 1 °/s und 5 °/s).

Die hiernach zu erwartende Verschlechterung der Erkennbarkeit feiner Strukturen durch die Bewegung darf jedoch nicht dazu verführen, ein Bildübertragungssystem generell in bewegten Bildteilen mit herabgesetzter Ortsauflösungsfähigkeit auszustatten. Beim Versuch, ein interessierendes bewegtes Objekt zu fixieren, werden unwillkürliche Augenbewegungen ausgeführt, das Objekt wird mit dem Auge verfolgt (Tracking), und bei nicht zu hoher Geschwindigkeit bleiben dadurch feine Details auf dem Objekt erkennbar. Diese Blickverfolgung funktioniert etwa bis zu Geschwindigkeiten von $v = 10...20$ °/s.

Andererseits würde ein auf der Retina völlig ruhig stehendes Bild durch die Adaptation schon nach wenigen Sekunden verblassen und unsichtbar werden. Ein fixiertes, ruhig stehendes Testmuster bleibt nur deshalb sichtbar, weil beim Fixieren unwillkürlich kleine periodische Augenbewegungen ausgeführt werden, womit der „Ausbleichvorgang" verhindert wird. Systematische Experimente zur Untersuchung des örtlich-zeitlichen Verhaltens des visuellen Systems (insbesondere Kelly [3.2]) werden deshalb grundsätzlich mit apparativ stabilisiertem Retinabild durchgeführt. Dann fällt die Kontrastempfindlichkeit bei langsam modulierten Teststrukturen (etwa der oben dargestellte Ortsfrequenzgang für f_t = 0,5 Hz oder der Zeitfrequenzgang für Frequenzen unterhalb von etwa 3 Hz) erheblich ab, je nach dem erreichten Grad der Stabilität bis zu einem Faktor 30 (Kelly). Nach den Untersuchungen von Kelly kann man die für natürliches Sehen geltenden Frequenzgänge aus den mit stabilisiertem Retinabild gemessenen erhalten, wenn man die Augenbewegung mit $v = 0{,}15...0{,}2$ °/s ansetzt. Alle zuvor dargestellten Frequenzgänge beziehen sich auf das *nicht* stabilisierte Retinabild, denn nur die Verhältnisse beim natürlichen Sehen sind für unsere Zwecke von Bedeutung.

Literatur

[3.1] Hauske, G.: Systemtheorie der visuellen Wahrnehmung. Teubner, Stuttgart 1994
[3.2] Kelly, D. H.: Motion and vision, II. Stabilized spatio-temporal threshold surface. J. Opt. Soc. Am. **69** (1979), 1340–1349
[3.3] Kelly, D. H.: Visual response to time-dependent stimuli, I. Amplitude sensitivity measurements. J. Opt. Soc. Am. **51** (1961), 422–429
[3.4] Pirenne, M. H.: Vision and the eye. Chapman & Hall, London 1967
[3.5] Robson, J. G.: Spatial and temporal contrast-sensitivity functions of the visual system. J. Opt. Soc. Am. **56** (1966), 1141–1142

4 Die Bildübertragung

Die am Aufnahmeort vorhandene und dort für den Bildeindruck maßgebende physikalische Größe ist nach Abschn. 2.3.1 die Spektralverteilung der Strahldichte $\ell(\lambda)$ des Lichtes in Abhängigkeit vom Ort und von der Zeit. Daraus entsteht durch die Reduktion auf ein örtlich zweidimensionales Bild über eine optische Abbildung eine spektrale Verteilung der Bestrahlungsstärke $e(\lambda)$ auf dem Auffangschirm in Abhängigkeit von zwei Ortskoordinaten und von der Zeit.

Für die Bildübertragung muss diese Funktion umgesetzt werden in ein elektrisches Signal $s(t)$. Hierzu sind zwei Maßnahmen notwendig:

1. Die *opto-elektronische Wandlung,* das ist die Umwandlung von Licht in einen elektrischen Strom oder eine elektrische Spannung mit einer vorgegebenen spektralen Empfindlichkeit. Für Schwarzweißfernsehen sollte die Wellenlängenabhängigkeit des Wandlers mit der $V(\lambda)$-Kurve (Hellempfindlichkeitsgrad des menschlichen Auges, s. Kapitel 2) übereinstimmen.
2. Die *Bildzerlegung mit sequentieller Abtastung,* so dass aus einer Funktion von den drei Veränderlichen x, y und t eine Funktion von nur einer Veränderlichen t entsteht, $\{x,y,t\} \rightarrow \{t\}$.

Nach der Übertragung des elektrischen Signals $s(t)$ müssen auf der Wiedergabeseite die umgekehrten Vorgänge ablaufen:

1. Die elektro-optische Wandlung, die Erzeugung von Licht aus $s(t)$.
2. Der Wiederaufbau des Bildes: aus der Funktion von t muss wieder eine Funktion von x, y und t zurückgewonnen werden, $\{t\} \rightarrow \{x,y,t\}$.

4.1 Aufnahme und Wiedergabe

Die Zerlegung und die Wiederzusammensetzung des Bildes sind das eigentliche Fundamentalproblem der elektrischen Bildübertragung. Es steht zur Übertragung nur ein eindimensionales „Medium" zur Verfügung, aber eine mehrdimensionale Nachricht ist zu übertragen. Bei einer rein optischen „Übertragung" gibt es das Problem nicht: man legt beispielsweise eine transparente Bildfolie auf den Overhead-Projektor, und sofort erscheint das vollständige Bild am Empfangsort, auf der Projektionswand.

Man kann aufnahmeseitig die Abbildungsebene mit einem Mosaik aus sehr kleinen Photodioden belegen, die einzeln und unabhängig voneinander den auf ihre Fläche einfallenden Lichtstrom jeweils in ein elektrisches Signal umsetzen. Auf der Empfangsseite müsste dann ein gleichartig aufgebautes Tableau von kleinen Lichtquellen vorhanden sein, die alle über je eine Leitung mit ihren zugehörigen Photodioden der Geberseite verbunden sind. Die Aufrasterung wird unter Umständen nicht stören, wenn nämlich die Anzahl der Bildelemente nur genügend groß ist. Allerdings ist bei z. B. 10^6 Elementen eine Parallelübertragung nicht praktikabel (Abb. 4.1a). Ein Parallel-Serien-Wandler könnte die zu einem bestimmten Zeitpunkt t_i an den Positionen x_k, y_j aufgenommenen Signalwerte[1] sequentiell (d. h. zeitlich nacheinander) über eine einzige Leitung geben. Auf der Empfangsseite müsste dann ein Serien-Parallel-Wandler den Vorgang wieder umkehren (Abb. 4.1b). Sind alle Signalwerte nach Ablauf einer Zeit T_B („Bilddauer") übertragen, kann die nächste Serie von Werten – aufgenommen zur Zeit $t_{i+1} = t_i + T_B$ – übertragen werden.

Bedingt durch die Serialisierung kommt es zur *Diskretisierung der Zeitkoordinate*: Statt der ursprünglich über einer kontinuierlichen Zeitskala vorliegenden Beleuchtungsstärke[2] $E(x, y, t)$ steht nur eine Folge von einzelnen Standbildern

$$\{E_i(x, y)\} \text{ mit } E_i(x, y) =_{\text{def}} E(x, y, t_i) \quad i = 0, 1, 2 \ldots$$

zur Verfügung. (Die Bilddauer T_B muss genügend kurz sein, damit bei der Wiedergabe durch die Trägheit des visuellen Systems die Folge wieder zu scheinbar kontinuierlich veränderlichen Bildern verschmilzt.) Und bedingt durch die Zerlegung in Mosaike kommt es zu einer *Diskretisierung beider Ortskoordinaten*: eine Menge von Abtastwerten („Samples") der Beleuchtungsstärke E_i zur Zeit t_i

$$\{E_{j,k}\} \text{ mit } E_{j,k} =_{\text{def}} E_i(x_k, y_j), \quad j = 1, 2, \ldots, Z \quad k = 1, 2, \ldots, N$$

tritt an die Stelle der Funktion $E_i(x, y)$. Z bezeichnet die Anzahl der Zeilen, N die Anzahl der Bildelemente (engl.: *picture elements*, „Pixels") pro Zeile.

---

[1] von der Photodiode in der j-ten Zeile und k-ten Spalte bei matrixartiger Anordnung.

[2] Hier und im Folgenden wird beispielhaft angenommen, dass die Photodioden die Spektralverteilung $e(\lambda)$ mit dem spektralen Hellempfindlichkeitsgrad $V(\lambda)$ bewerten.

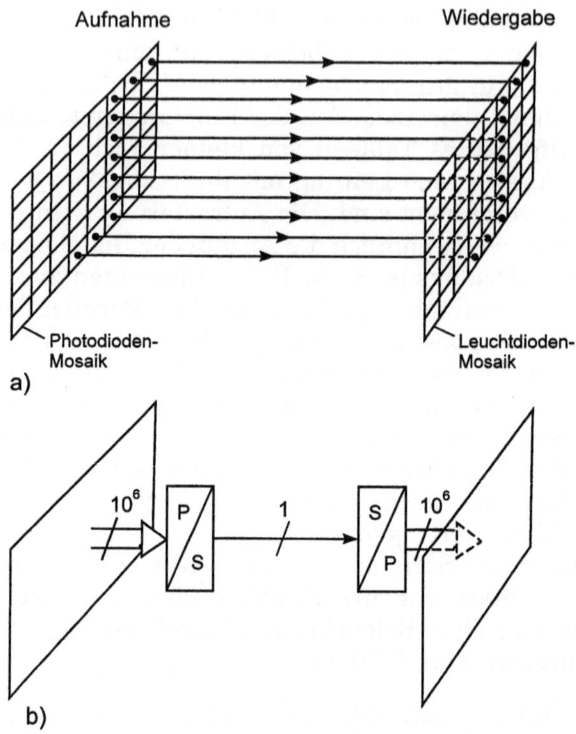

Abb. 4.1. Mosaikartige Zerlegung und Übertragung eines Bildes. a) Parallelübertragung der Bildelemente, b) sequentielle Übertragung

Das skizzierte Bildübertragungssystem kommt jedoch für das Fernsehen nicht zur Anwendung, weil es erst vor wenigen Jahren durch die Fortschritte der Halbleitertechnologie hätte realisiert werden können. Eingeführt hat sich ein einfacher zu realisierendes Abtastverfahren, bei dem die Zerlegung und Wiederzusammensetzung auch ohne eine Mosaik-Aufrasterung der Abbildungsfläche aufnahmeseitig und des Displays wiedergabeseitig möglich wird. Und für die Übertragung werden Serialisierer und De-Serialisierer ebenfalls entbehrlich. Das System ist schematisch in Abb. 4.2 veranschaulicht.

Man stelle sich bei diesem System aufnahmeseitig eine bewegte Photodiode vor, die als Sonde agiert, und wiedergabeseitig eine bewegte Lichtquelle. Die Sonde wird *zeilenweise* von links nach rechts und zugleich von oben nach unten über das Bild in der Bildebene des Aufnahmeobjektivs hinweggeführt (engl.: *scanning*) in der Art etwa, wie man eine Buchseite liest. Jeweils nach Erreichen des rechten Bildran-

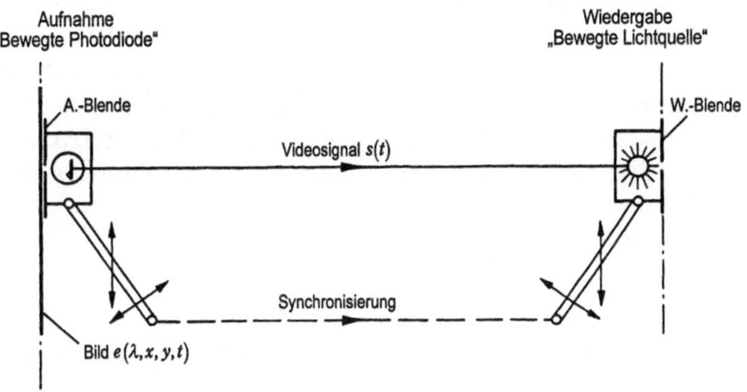

Abb. 4.2. Zerlegung und Wiederaufbau des Bildes beim Fernsehen. Schema der zeilenweisen Abtastung

des springt die Sonde an den linken Bildrand zurück („Horizontalrücklauf", „Zeilenrücklauf") und liest infolge der ständigen, aber langsameren Vertikalbewegung (vgl. Vorschub bei einer Drehbank) nun auf einer darunter liegenden Zeilenspur. Diese Bildabrasterung wird laufend wiederholt, immer wenn die Sonde die untere rechte Bildecke erreicht hat und dann zur oberen linken Bildecke zurückspringt („Vertikalrücklauf"). Die Abtastwiederholzeit ist die Bilddauer T_B . Die Sonde besteht in dieser prinzipiellen Darstellung aus einer einzelnen Photodiode hinter einer kleinen Lochblende („Apertur"). Der durch die Lochblende hindurchtretende Lichtstrom Φ wird von der Photodiode in ein elektrisches Signal s umgesetzt. Φ ist entsprechend der Beleuchtungsstärkeverteilung in der Bildebene eine Funktion der Blendenlage und infolge des Abrasterungsschemas auch eine Funktion der Zeit t allein:

$$E(x,y,t) \rightarrow \Phi(t) \rightarrow s(t).$$

Nach dem genau gleichen Abrasterungsschema wird auf der Wiedergabeseite eine Lichtquelle mit vorgesetzter Lochblende („Wiedergabeapertur") in einer Ebene bewegt, synchron zur Abtastsonde des Gebers. Die Intensität der bewegten Lichtquelle wird dabei fortwährend von dem beim Empfänger ankommenden „Videosignal" $s(t)$ gesteuert. Um eine ständige Übereinstimmung der Aperturpositionen zwischen Wiedergabe- und Aufnahmeseite sicherstellen zu können, muss vom Sender zusätzlich zu $s(t)$ eine Synchronisierungsinformation geliefert werden. Das auf diese Weise beim Empfänger entstehende „Bild" ist allerdings im Grunde genommen nur ein einzelner bewegter Leuchtfleck mit den Abmessungen der Wiedergabeapertur und mit einer entsprechend $s(t)$ zeitlich veränderlichen Leuchtdichte $L(t)$. Der Beobachter, der auf die Ebene blickt, in der sich der Leuchtfleck bewegt, hat trotzdem den Eindruck, als ob die gesamte Ebene gleichzeitig Licht abgeben würde, wenn die Leuchtfleckbewegung nur genügend schnell ist und die Bildfolgefrequenz $f_\mathrm{B} =_\mathrm{def} 1/T_\mathrm{B}$ genügend groß ist. Es ist die Trägheit des menschlichen Sehvorgangs, die hier genutzt wird und notwendig ist zur – allerdings nur scheinbaren – Wiederzusammensetzung des zerlegten Bildes:

$$s(t) \to L(t) \to L_\mathrm{m}(x,y,t)$$

Hier bedeutet L_m die gemäß dem TALBOTschen Gesetz (Gl. (3.10)) an einer Stelle x,y der Ebene über die Bilddauer T_B zeitlich gemittelte Leuchtdichte:

$$L_\mathrm{m}(x,y,t) = \frac{1}{T_\mathrm{B}} \int\limits_{t-T_\mathrm{B}}^{t} L(x,y,\tau)\,\mathrm{d}\tau \tag{4.1}$$

Die Praxis hat gezeigt, dass für die Wiedergabe von Fernsehbildern die Bildfolgefrequenz mindestens 50 Hz betragen muss ($T_\mathrm{B} \le 20$ ms). Das entspricht nach Abb. 3.7 der Erkennbarkeitsgrenze von Großflächenflimmern bei einer Leuchtdichteamplitude von 20 cd/m². Für Computer-Bildschirme wird $f_\mathrm{B} > 70$ Hz gefordert.

Im Gegensatz zu der zuvor beschriebenen mosaikartigen Bildzerlegung unterbleibt bei dieser Bildzerlegung in Zeilen eine Diskretisierung in horizontaler Richtung (x). Die zeilenweise Abtastung liefert nur eine Diskretisierung in vertikaler Richtung (y) und der Zeit t. Die Aufnahmesonde entnimmt aus der Funktion $E(x,y,t)$ Abtastwerte an den Stellen $\{x, y_j, t_i\}$, sie liest eine Funktionenfolge

$$\{E_{i,j}(x)\} \quad \text{mit} \quad E_{i,j}(x) =_\mathrm{def} E(x, y_j, t_i)$$

$$y_j = \left(j - 1 + \frac{x}{B}\right) \cdot d \qquad j = 1, 2, \ldots, Z$$

$$t_i = \left(i + \frac{y_j}{H}\right) \cdot T_\mathrm{B} \qquad i = 0, 1, 2, \ldots$$

Hierbei bezeichnet B die Bildbreite, H die Bildhöhe und $d = H/Z$ den Zeilenabstand.

Zur Veranschaulichung ist in Abb. 4.3 ein Beispiel mit nur $Z = 6$ Zeilen gezeigt. Die Rücklaufspuren sind in Abb. 4.3a als dünne Linien gezeichnet. In Abb. 4.3b bedeutet T_H die Zeilendauer, der Kehrwert

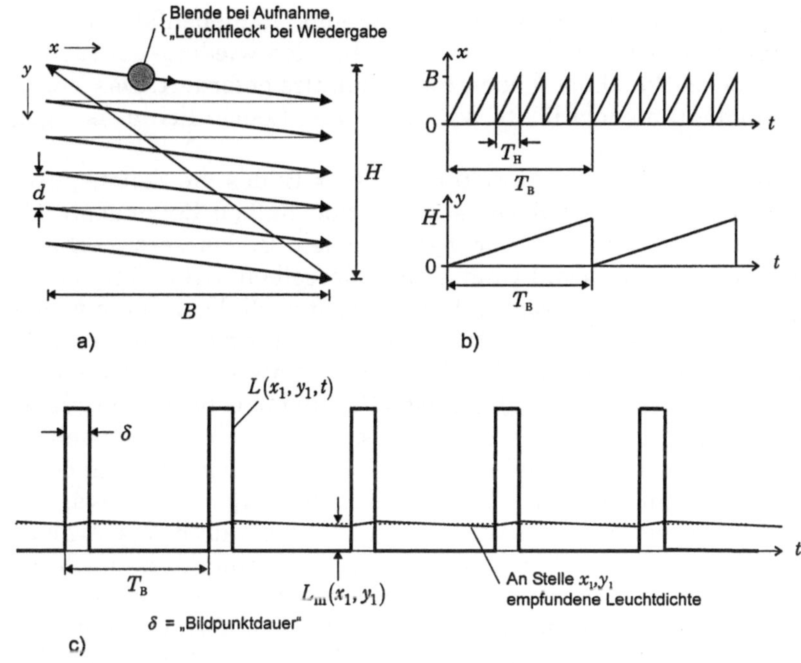

Abb. 4.3. Aufnahme und Wiedergabe eines Bildes mit 6 Zeilen bei Vollbildabtastung. a) das Bildfeld, b) horizontale und vertikale Punktbewegungen, c) Leuchtdichte bei der Wiedergabe an einer Stelle x_1, y_1

$$f_{\mathrm{H}} =_{\mathrm{def}} \frac{1}{T_{\mathrm{H}}}$$

wird als *Zeilenfrequenz* bezeichnet. In Abb. 4.3c ist der zeitliche Verlauf der Leuchtdichte an einer festgehaltenen Stelle x_1, y_1 auf der Wiedergabeebene dargestellt: kurze Impulse, die sich in Abständen von T_{B} wiederholen und den Durchgang des Leuchtflecks an der Stelle x_1, y_1 markieren. Die Impulsdauer („Bildpunktdauer") δ wird bestimmt durch die Breite b des Leuchtflecks und seiner Geschwindigkeit und bei einer Realisierung des Flecks durch Leuchtstoffanregung (s. Abschn. 9.2.2) auch durch die Nachleuchtdauer des Leuchtstoffes:

$$\delta \geq b \frac{T_{\mathrm{H}}}{B}.$$

Punktiert dargestellt ist die an der Stelle x_1, y_1 vom Beobachter wahrgenommene mittlere Leuchtdichte L_{m} (hier konstant angenommen, d. h. in einem ruhenden Bildteil). Bei einer Bildwiederholfrequenz von nur 50 Hz wird man überlagert auch noch ein leichtes Flimmern mit dieser Frequenz wahrnehmen, wie in Abb. 4.3c ebenfalls angedeutet. Für eine hinreichend große Leuchtdichte des wiedergegebenen Bildes werden beachtlich hohe Leuchtdichteimpulse gefordert. Das Verhältnis von Momentanleuchtdichte zu mittlerer Leuchtdichte ist gegeben durch T_B/δ.

Wenn man nach der Abrasterung eines Bildes die Zeilenspuren des nächsten Bildes vertikal versetzt um den halben Zeilenabstand, also *zwischen die Zeilen* des vorangegangenen Bildes setzt, erhält man praktisch ohne Mehraufwand – mit derselben Zeilenfrequenz – ein doppelt so feines Zeilenraster. Beim nächsten Bild geht man wieder auf die ursprünglichen Zeilenspuren zurück. Man bezeichnet den alternierenden vertikalen Versatz des Zeilenrasters als *Zeilensprungabtastung* (engl.: *interlaced scanning*). Es ist allerdings zu bedenken, dass jetzt die Bildwiederholfrequenz halbiert ist, erst nach der doppelten Zeit kehrt die Aufnahmesonde bzw. der Leuchtfleck der Wiedergabe an den Ausgangsort zurück. Bei z. B. $f_B = 25$ Hz bzw. $T_B = 40$ ms wäre selbstverständlich das Flimmern unerträglich, aber durch das Aufleuchten des vertikal unmittelbar benachbarten Lichtimpulses nach bereits 20 ms wird fast die gleiche Flimmerfreiheit wie ohne Zeilensprung erreicht. Das ganze Bild setzt sich aus zwei *Teilbildern* (Halbbildern) zusammen, deren Zeilen miteinander verkämmt sind, und die Teilbildwiederholfrequenz f_V (die „Vertikalfrequenz", engl.: *field frequency*) ist doppelt so groß wie die Bildfolgefrequenz f_B (engl.: *frame frequency*), bzw. ist die Teilbilddauer T_V halb so groß wie die Bilddauer T_B:

$$f_V = 2f_B, \quad T_V = T_B/2. \tag{4.2}$$

Die Vertikalfrequenz muss mit Rücksicht auf das Flimmern bei der Wiedergabe mindestens $f_V = 50$ Hz betragen.

Sehr einfach lässt sich der Zeilensprung realisieren bei einer *ungeraden* Zeilenzahl Z. Dies ist am Beispiel der Zeilenzahl 11 in Abb. 4.4 veranschaulicht. Man bricht die Horizontalbewegung in der Mitte der letzten Zeile am unteren Bildrand ab und setzt die zweite Hälfte der Zeile nach dem Vertikalrücklauf am oberen Bildrand fort. Das ist der Beginn des zweiten Halbbildes, und sein Zeilenraster wird dadurch in der erwünschten Weise mit dem Zeilenraster des ersten Halbbildes verkämmt (Abb. 4.4a). Die Zeilen mit den ungeraden Zeilennummern 1, 3, 5, ... liegen im ersten Halbbild, die mit den geraden Zeilennummern 2, 4, 6, ... im zweiten Halbbild. Weil

$$T_V = \left(n + \tfrac{1}{2}\right) T_H \quad \text{bei} \quad 2n + 1 = Z$$

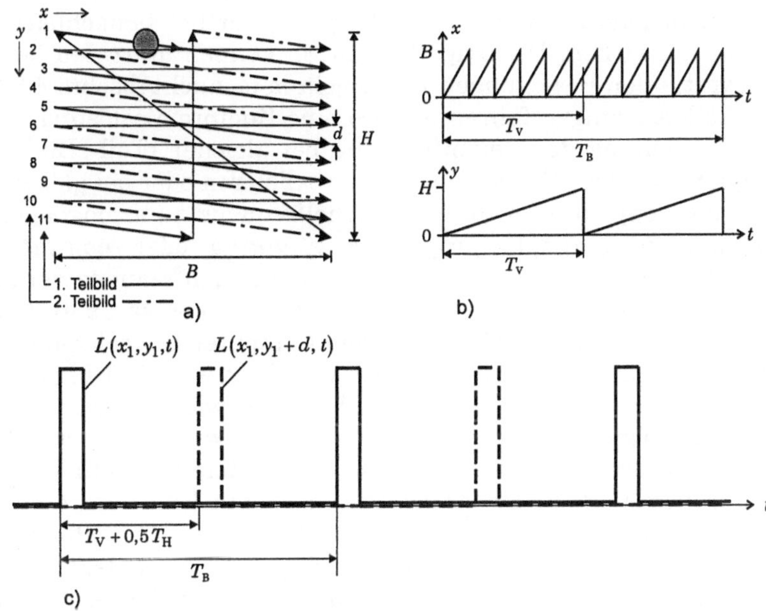

Abb. 4.4. Aufnahme und Wiedergabe eines Bildes mit 11 Zeilen bei Zeilensprungabtastung. T_V = Teilbilddauer, sonst wie in Abb. 4.3

(n ist ganzzahlig), wird trotz kontinuierlicher Abtastbewegungen $x(t)$ und $y(t)$ der Zeilensprung erreicht (Abb. 4.4b). Der zeitliche Verlauf der Leuchtdichte bei der Wiedergabe an einer bestimmten Stelle x_1, y_1 des Bildschirms ist in Abb. 4.4c (ausgezogene Kurve) dargestellt. Gestrichelt dargestellt ist der entsprechende Verlauf an der darunter liegenden Stelle $x_1, y_1 + d$ der folgenden Zeile im nächsten Halbbild. Wenn man davon absieht, dass die aufeinander folgenden Lichtimpulse nicht genau an derselben Stelle liegen, kann man als Grundfrequenz der Leuchtdichtevariation die Frequenz f_V ansetzen.

Damit beim Zeilensprungverfahren kein 25-Hz-Flimmern bemerkt wird, darf

1. der Ortsversatz d der aufeinander folgenden Teilbilder nicht bemerkt werden (genügend großer Betrachtungsabstand),
2. muss $L(x,y) \approx L(x,y+d)$ sein, weil sonst die Grundfrequenz in der Folge der Leuchtdichteimpulse nicht 50 Hz (f_V), sondern 25 Hz (f_B) wäre: in Abb. 4.4c hätten dann die gestrichelt dargestellten Impulse nicht die gleiche Höhe wie die mit der ausgezogenen Linie dargestellten. Dies tritt also auf an abrupten Hell-Dunkelübergängen in vertikaler Richtung (horizontal liegende Kanten oder Linien). Man bezeichnet die Störung als *Zwischenzeilenflimmern.*

Und damit die grobe Zeilenstruktur eines Teilbildes nicht bemerkt wird, darf sich der Zeitversatz von 20 ms (T_V) örtlich benachbarter Zeilen nicht auswirken. Derartige Störungen können auftreten bei langsamen vertikalen Bewegungen von Objekten (s. auch Abschn. 4.3.3).

Das Zeilensprungverfahren ist also eine Kompromisslösung, um ohne eine Erhöhung der Zeilenfrequenz bei gleicher (Teil-) Bildwiederholfrequenz die doppelte Zeilenzahl zu realisieren oder bei gleicher Zeilenzahl die doppelte (Teil-)Bildwiederholfrequenz zu ermöglichen. Bei Vollbildabtastung (engl.: *progressive scanning* oder *non-interlaced scanning*), wie in Abb. 4.3, müsste dazu die Zeilenfrequenz verdoppelt werden. Der Kompromiss, eingeführt bereits seit etwa 1936, hat sich seither im Fernsehen bewährt. Für den Computer-Bildschirm dagegen ist der Zeilensprung nicht akzeptabel, vor allem weil dort überwiegend die genannten abrupten Hell-Dunkelübergänge wiederzugeben sind.

Man vergleiche die beschriebene Fernsehbildwiedergabe mit der Kinofilmprojektion. Im Kino werden 24 vollständige Standbilder pro Sekunde projiziert. Beim Übergang zum nächsten Bild wird eine kurze Dunkelphase eingelegt. Es handelt sich also immer um Vollbildwiedergabe, und alle Teile des Projektionsschirms liefern im Gegensatz zum Fernsehbildschirm während der ganzen Standzeit gleichzeitig und zeitlich konstant das remittierte Licht. Ein vollständiges Bild ist also bereits real vorhanden, und muss nicht erst durch die Trägheit des visuellen Systems scheinbar aufgebaut werden. Die Trägheit wird nur benötigt, um die Sequenz der Standbilder zur scheinbar kontinuierlichen Bewegung im Bild zu interpolieren. Dazu hat sich die Folgefrequenz von 24 Hz als genügend hoch erwiesen (vgl. Gl. (3.11) und Abb. 3.8 für eine typische Leuchtdichte $L_0 = 30\ \mathrm{cd/m^2}$). Zur Vermeidung von Flimmern, hervorgerufen durch die Dunkelphasen, reicht sie aber auch beim Kinofilm nicht aus. Man legt deshalb jeweils genau in der Mitte jeder Standzeit nochmals eine Dunkelphase ein, so dass die Flimmergrundfrequenz verdoppelt wird – ohne Mehraufwand, d. h. ohne eine Verdopplung der Filmlänge.

Bei unserer Beschreibung der Aufnahme und Wiedergabe eines Fernsehbildes wird der Begriff „Abtastung" in zwei unterschiedlichen Bedeutungen benutzt: Einmal ist das „Abfühlen" der Bildvorlage durch die kontinuierlich darüber hinweggeführte Sonde gemeint oder auch das Hinwegführen des Leuchtflecks über die Bildebene bei der Wiedergabe, zum anderen ist die Diskretisierung der Veränderlichen y und t gemeint, also das Herausgreifen von Funktionswerten für eine diskrete Folge der Funktionsargumente. Im Englischen gibt es für die beiden Bedeutungen unterschiedliche Begriffe:

> *Scanning* bedeutet das „Abfühlen" der Vorlage, wodurch aus der Ortsfunktion $E(x, y)$ die Zeitfunktion $s(t)$ gewonnen wird, oder auch die Bewegung des Leuchtflecks über die Bildschirmfläche.
>
> *Sampling* bedeutet das Herausgreifen einzelner Werte (*Samples*, d. h. „Proben") einer Funktion, die über ein Kontinuum ihrer Argumente definiert ist, an bestimmten (meist gleichabständigen) Stellen, d. h. für diskrete Werte der Argumente, wodurch aus einer Funktion einer oder mehrerer kontinuierlichen Variablen eine Wertefolge gewonnen wird.

Das Abtastsystem des Fernsehens, also die Abrasterung des Bildes für Aufnahme und Wiedergabe, verbindet beide Vorgänge – Scanning und Sampling – miteinander, aber man sollte sie begrifflich auseinander halten.

4.2 Aperturverzerrung

Die Komponenten des zuvor beschriebenen Bildübertragungssystems,

- opto-elektronische Wandlung mit Rasterung aufnahmeseitig
- elektrische Übertragungsstrecke
- elektro-optische Wandlung mit Rasterung wiedergabeseitig,

liefern alle ihren Anteil an einer gewissen Verschlechterung (Degradation) des wiedergegebenen Bildes $L_m(x, y, t)$ im Vergleich zum Originalbild $E(x, y, t)$. Die Degradationen lassen sich zurückführen auf drei Ursachen:

1. Unschärfe durch große Blenden, d. h. infolge einer nicht unendlich kleinen „Apertur" beim *scan*-Vorgang der Aufnahme (Sondengröße) und Wiedergabe (Leuchtfleckgröße). Man bezeichnet den Effekt als *Aperturverzerrung*. Der Lichtstrom, der durch die Öffnung der Aufnahmeblende (Abb. 4.2) hindurchtritt, und damit auch das entstehende Signal sind zwar um so größer, je größer die Öffnung ist, aber feine Details des Bildes, die kleiner als die Blendenöffnung sind, gehen verloren: alles was von der Blende erfasst wird, wird zum Lichtstrom integriert. Ebenso kann der Leuchtfleck keine Details schreiben, die kleiner als seine Abmessungen sind.

2. Rasterungseffekte infolge der Diskretisierung der Koordinaten y und t beim *Sampling*-Vorgang der Aufnahme und Wiedergabe (Zerlegung in Zeilen und Bildsequenzen). Durch Interferenz des Zeilenmusters mit örtlich periodischem Bildinhalt können störende *Moiré*-Figuren entstehen, und durch eine Interferenz der Bildwiederholfrequenz mit schnellen Bildinhaltsveränderungen können stroboskopartige Effekte entstehen, etwa die scheinbar fast stillstehenden oder rückwärts laufenden Wagenräder. Es handelt sich um *Aliasing*-Effekte (s. Abschn. 4.3).
3. Frequenzbandbegrenzung der elektrischen Übertragungsstrecke, die zu einer Verfälschung des Videosignals $s(t)$ führen. Ist die Bandbreite zu klein, wird bei der Wiedergabe eine Unschärfe in horizontaler Richtung entstehen, und ist die untere Grenzfrequenz nicht genügend niedrig, werden ebenfalls Bildstörungen auftreten (s. Abschn. 4.4).

Der von der Aufnahmesonde bei ihrer momentanen Mittenlage registrierte Lichtstrom ist nicht nur allein von der Beleuchtungsstärke an exakt dieser Stelle bedingt, sondern bezieht in einer integralen Zusammenfassung auch noch die nähere Umgebung mit ein, entsprechend der Aperturgröße. Ein analoger Vorgang läuft zeitlich ab: Bei der Wandlung in ein elektrisches Signal erfolgt eine Speicherung über ein kleines zurückliegendes Intervall (vgl. Belichtungszeit bei der Photographie). Normalerweise ist das die Zeit T_V. Das momentane Signal zur Zeit t ist also nicht nur vom Lichtstrom bei exakt dieser Zeit bedingt, sondern ist durch die zeitliche Integration über das Intervall („zeitliche Apertur") entstanden.

Bei der Wiedergabe wird Licht nicht nur exakt an der jeweils aktuellen Bildschirmstelle (Leuchtfleckmitte) erzeugt, die der momentanen Position der Aufnahmesonde entspricht. Auch die nähere Umgebung entsprechend der Fleckgröße leuchtet. Eine zeitliche Apertur kommt bei der Wiedergabe durch das Nachleuchten des Flecks zur Wirkung.

Im vorliegenden Abschnitt sollen die Aperturverzerrungen analysiert werden. Dazu müssen die von eindimensionalen linearen Übertragungssystemen bekannten Verfahren der Faltung und der Spektralanalyse (Transformation in den Frequenzbereich nach FOURIER) auf die Verwendung bei mehreren Dimensionen (x,y,t) erweitert werden. Zuvor soll jedoch zur Einführung in die physikalischen Vorgänge die Aperturverzerrung in einem fiktiven eindimensionalen System erläutert werden.

4.2.1 Abtastung durch Spalt

Aufnahmeseitig werde ein senkrechter schmaler Spalt von links nach rechts über die Bildvorlage mit der Geschwindigkeit v hinweggeführt. Der linke Teil des Bildes sei schwarz (E = 0), der rechte Teil weiß ($E = E_1$). An der Stelle $x = x_1$ liege der abrupte Übergang von Schwarz nach Weiß (Abtastung einer senkrechten Schwarzweißkante). Der durch den Spalt hindurchtretende Lichtstrom Φ in Abhängigkeit von der Spaltmittenlage $\xi = v \cdot t$ soll ermittelt werden und damit das entstehende Videosignal:

$$E(x) \to \Phi(\xi) \to s(t).$$

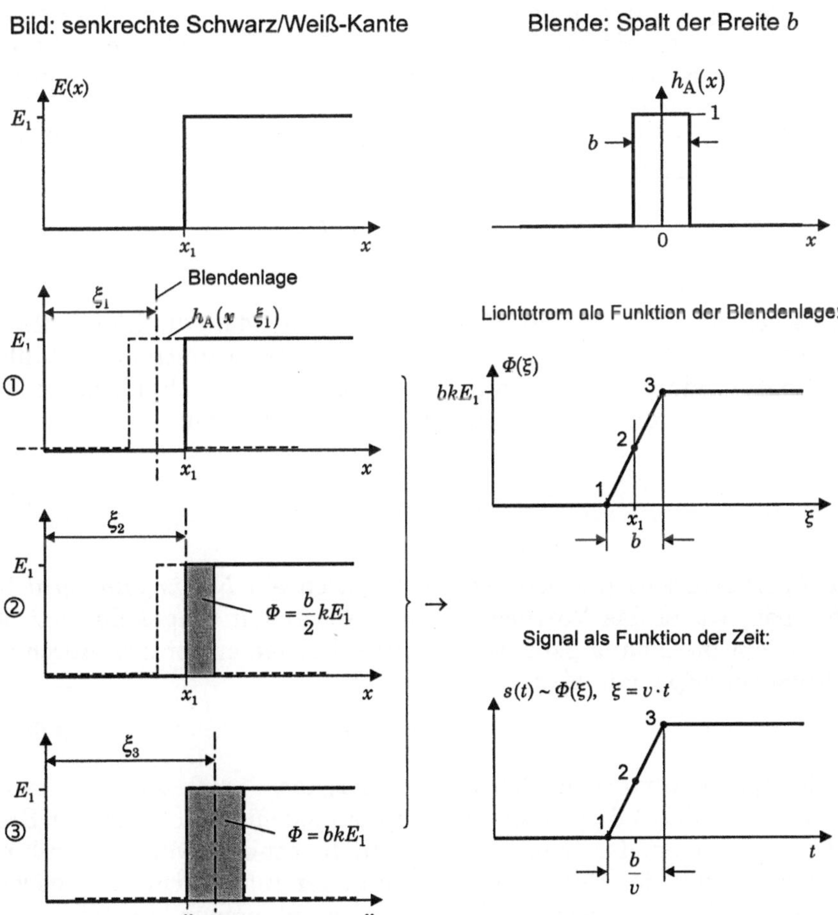

Abb. 4.5. Aperturverzerrung bei Aufnahme – Abtastung durch Spalt

Der Vorgang wird in Abb. 4.5 über x dargestellt für drei aufeinander folgende Zeitpunkte t_1, t_2, t_3, zu denen der Spalt die Mittenlagen ξ_1, ξ_2, ξ_3 einnimmt. Zur Zeit t_1 liegt der Spalt in seiner gesamten Breite über dem schwarzen Bildteil, so dass $\Phi(\xi_1) = 0$ ist, zur Zeit t_3 in seiner gesamten Breite über dem weißen Bildteil, so dass

$$\Phi(\xi_3) = kbE_1 .$$

Zur Zeit t_2 liegt nur die rechte Spalthälfte über der weißen Fläche, so dass nur die Hälfte dieses Lichtstroms erreicht wird. Mit b wird die Spaltbreite bezeichnet, k steht für die hier wegen der angenommenen Eindimensionalität nicht definierte Spaltlänge. Man erkennt, dass aus der Sprungfunktion in $E(x)$ eine Schrittfunktion (Rampenfunktion) in $\Phi(\xi)$ und damit auch in dem proportional anzunehmenden Videosignal $s(t)$ wird; die scharfe Kante wird „verschliffen". Das ist die Aperturverzerrung. Die Schrittweite ist gleich der Spaltbreite, die Schrittdauer im Videosignal gleich b/v.

Die Lichtdurchlässigkeit des Spaltes bei der Mittenlage $\xi = 0$ wird durch eine Blendenfunktion $h_A(x)$ charakterisiert:

$$h_A(x) = \begin{cases} 1 & \text{für } |x| < b/2 \\ 0 & \text{sonst} \end{cases} .$$

Ist sie gegenüber einer Verschiebung invariant, so ist die Blendenfunktion bei einer Mittenlage ξ gleich $h_A(x - \xi)$. Der Lichtstrom, der durch den Spalt hindurchtritt, kann in Abhängigkeit von der Spaltmittenlage somit durch die folgende Beziehung angegeben werden:

$$\Phi(\xi) = k \int_{-\infty}^{+\infty} h_A(x - \xi) E(x) \,\mathrm{d}x \tag{4.3}$$

Die Aperturverzerrung lässt sich also durch ein *Faltungsintegral* beschreiben, wobei das Vorzeichen im h_A-Argument umgekehrt ist: der Lichtstrom in Abhängigkeit von der Blendenlage ergibt sich durch die Faltung von $E(x)$ mit $h(-x)$:

$$\Phi = k\,h(-x) * E(x) \tag{4.3a}$$

Die Aperturverzerrung bei der Wiedergabe – $s(t) \rightarrow L_m(x)$ – wird anhand von Abb. 4.6 erläutert. Es wird ein leuchtender Spalt der Breite b angenommen, der synchron zur Aufnahmespaltbewegung von links nach rechts mit der Geschwindigkeit v in der Bildschirmebene bewegt wird und dabei in seiner Leuchtdichte vom ankommenden Videosignal proportional gesteuert wird. Der Leuchtspalt kann charakterisiert werden durch die Funktion $h_W(x)$, die seine Leuchtdichte bei einer Mittenlage $\xi = 0$ und einem Videosignal $s = 1$ angibt:

$$h_W(x) = \begin{cases} L_0 & \text{für } |x| < b/2 \\ 0 & \text{sonst} \end{cases}.$$

Allgemein ist bei einem Videosignal s und einer Mittenlage $\xi = vt$ des Spaltes seine Leuchtdichte über x (Invarianz gegenüber Verschiebung

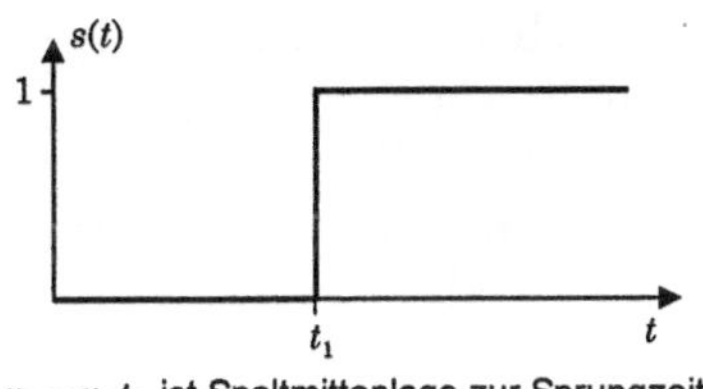

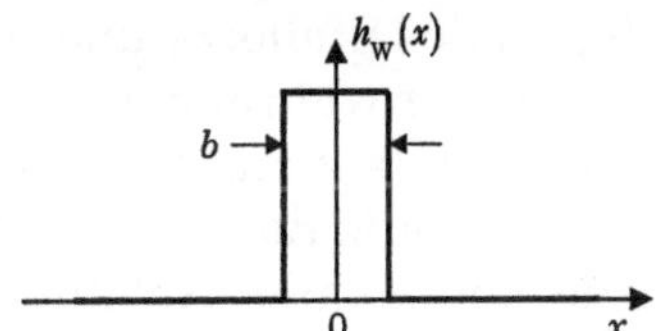

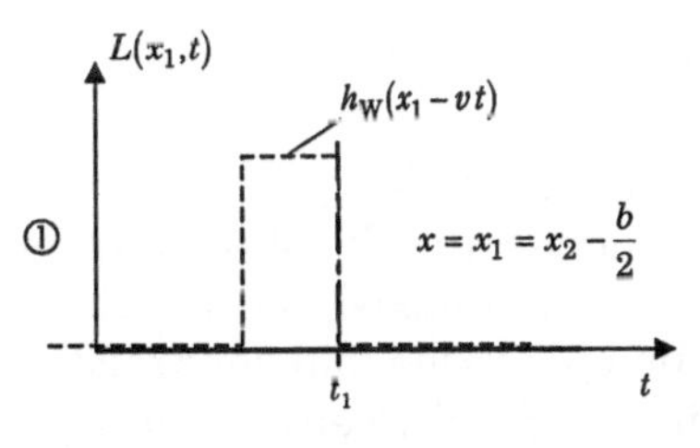

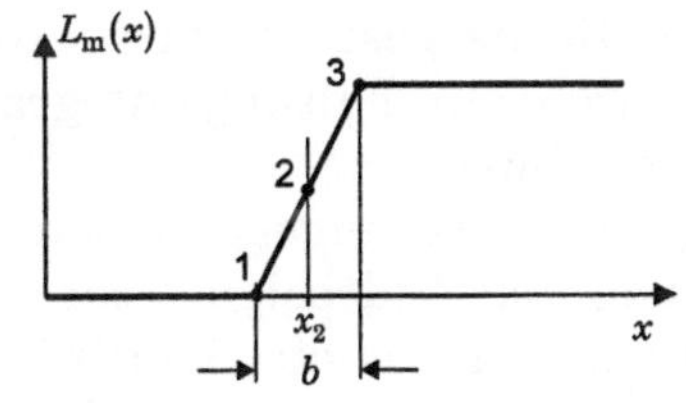

Abb. 4.6. Aperturverzerrung bei Wiedergabe durch bewegten Leuchtspalt

vorausgesetzt) $s \cdot h_W(x-\xi)$. Wir nehmen ein Videosignal an, dass zu einem Zeitpunkt t_1 von 0 auf 1 springt. In Abb. 4.6 wird der zeitliche Ablauf der Leuchtdichte an drei im Abstand $b/2$ nebeneinander liegenden Bildschirmstellen x_1, x_2, x_3 dargestellt, wobei

$$x_2 = vt_1$$

die Stelle sein soll, an der sich die Spaltmitte zur Sprungzeit t_1 befindet. Gestrichelt ist der Ablauf von h_W markiert, als ausgezogene Kurve der Ablauf von $L = s \cdot h_W$. Wenn zu Zeiten $t > t_1$ $h_W = L_0$ ist, dann ist $L = L_0$. Dies ist an der Stelle x_1 zu keiner Zeit der Fall, die Stelle bleibt dunkel. An der Stelle x_2 leuchtet der Spalt während der halben „Spaltdauer" b/v, an der Stelle x_3 und ebenso für noch weiter rechts liegende Stellen leuchtet er während der gesamten Spaltdauer.
Die an einer Stelle x empfundene Leuchtdichte ergibt sich nach dem TALBOTschen Gesetz durch zeitliche Mittelung (s. Gl. 4.1), bei periodischer Wiederholung aller Abläufe im Abstand T_B als

$$L_m(x) = \frac{1}{nT_B} \int_{-nT_B/2}^{nT_B/2} L(x,t)\,\mathrm{d}t = \frac{1}{nT_B} \int_{-nT_B/2}^{nT_B/2} s(t)\,h_W(x-vt)\,\mathrm{d}t\,, \qquad (4.4)$$

wobei n die Anzahl der Perioden bezeichnet, über die gemittelt wird. L_m ist proportional den grau gefüllten Flächen in Abb. 4.6. Man erkennt, dass bei einem sprunghaft ansteigenden Videosignal durch die Aperturverzerrung der Wiedergabe anstelle einer scharfen senkrechten Kante ein nach einer Schrittfunktion mit der Schrittweite b verschliffener Übergang von der linken schwarzen Bildfläche zur rechten weißen Bildfläche gesehen wird. Auch hier lässt sich die Aperturverzerrung durch ein Faltungsintegral darstellen, wenn man in Gl. (4.4) $n \to \infty$ annimmt.

Infolge der vorangegangenen Aperturverzerrung bei der Aufnahme kann man das Videosignal bei einer Kante nicht als ein Sprungsignal annehmen. Hat es die Schrittdauer b/v (Abb. 4.5), dann ist nach der Wiedergabe der Übergang auf $2b$ verbreitert.

4.2.2 Zweidimensionale Abtastung

Bei der Abrasterung der Bildebene werden Aufnahme- bzw. Wiedergabeaperturen nach Art von Lochblenden benutzt, wie im Zusammenhang mit Abb. 4.2 beschrieben. Ansonsten aber laufen die physikalischen Vorgänge der Zerlegung und des Wiederaufbaus des Bildes ebenso ab, wie zuvor für den fiktiven eindimensionalen Fall bei der Spaltapertur beschrieben.

Anhand von Abb. 4.7 soll die zweidimensionale Aperturverzerrung bei der Aufnahme erläutert werden. Im Beispiel wird als Apertur eine quadratische Lochblende angenommen mit den Abmessungen $b \times b$. Die Lichtdurchlässigkeit bei einer Mittenlage im Koordinatenursprung $x = 0, y = 0$ der Bildebene wird durch die zweidimensionale Blendenfunktion h_A beschrieben:

$$h_A(x, y) = \begin{cases} 1 & \text{falls } |x| < b/2 \wedge |y| < b/2 \\ 0 & \text{sonst} \end{cases}$$

Das abzutastende Bild bestehe aus einer weißen Kreisfläche ($E = E_1$) auf einem schwarzen Hintergrund ($E = 0$). Die Blende wird über die Bildebene bewegt (z. B. zeilenweise) und hat dann bei einer Mittenlage $x = \xi, y = \eta$ die Lichtdurchlässigkeit $h_A(x-\xi, y-\eta)$, Lageinvarianz vorausgesetzt. Der Lichtstrom durch die Blende ist $b^2 \cdot E_1$, wenn sie sich über der Kreisfläche befindet, und gleich 0 außerhalb. Eine Lage über dem Rand der Kreisfläche ist in Abb. 4.7a skizziert. Nur der schraffiert dargestellte Teil der Blendenfläche liegt über dem weißen Bildteil, entsprechend reduziert ist der aufgenommene Lichtstrom. Anstelle des abrupten Übergangs von Weiß nach Schwarz am Kreisrand im abgetasteten Bild zeigt der Lichtstrom Φ in Abhängigkeit von der Blendenlage ξ, η dort einen unscharfen Übergang (Abb. 4.7b). Entlang einer radialen Linie – vom Mittelpunkt des Kreises ausgehend – ist der Lichtstromverlauf in Abb. 4.7c dargestellt. Hieran erkennt man den Übergangsverlauf genauer. Da im Beispiel die Blende nicht rotationssymmetrisch angenommen wurde, ist er in diagonaler Richtung ($\varphi = 45°$) etwas anders als horizontal ($\varphi = 0°$) oder vertikal.

Berechnen kann man den durch die Blende hindurchtretenden Lichtstrom bei einer Mittenlage ξ, η entsprechend wie im eindimensionalen Fall durch Integration über die Bildfläche A in der x, y-Ebene:

$$\Phi(\xi, \eta) = \iint_A h_A(x-\xi, y-\eta)\, E(x, y)\, \mathrm{d}x\, \mathrm{d}y \tag{4.5}$$

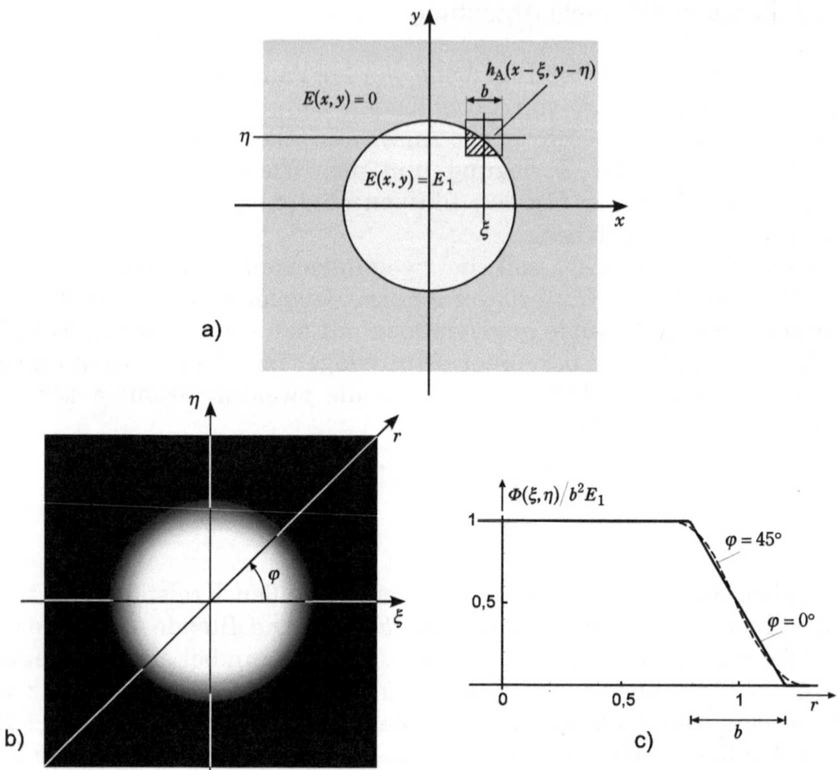

Abb. 4.7. Aperturverzerrung bei Aufnahme. a) Abtastung einer weißen Kreisfläche auf schwarzem Hintergrund durch Lochblende, b) c) aufgenommener Lichtstrom in Abhängigkeit von der Blendenlage

Aus diesem Lichtstrom folgt das Videosignal bei der betreffenden Blendenlage,

$$\Phi(\xi,\eta) \to s(\xi,\eta) \to s(t).$$

Der erste Übergangspfeil kennzeichnet die opto-elektronische Wandlung, der zweite ergibt sich aus dem Zusammenhang zwischen Blendenlage und Zeit entsprechend dem Abrasterungsschema $\xi,\eta \to t$.

Abb. 4.7a ist auch zur Veranschaulichung der Vorgänge auf der Bildschirmebene x, y bei der Wiedergabe geeignet. Hier ist die Blende der Leuchtfleck, dessen Leuchtdichteverteilung bei einem Videosignal $s = 1$ beschrieben wird durch $h_W(x,y)$, wenn seine Mitte bei $x=0$, $y=0$ liegt, und durch $h_W(x-\xi, y-\eta)$ bei einer Mittenlage $x=\xi$, $y=\eta$. Die Leuchtdichte des Flecks wird gesteuert durch das Videosignal. Wir nehmen hier wie zuvor eine proportionale Steuerung an[1]. Bei Synchronisierung mit der Blendenlage der Aufnahme erhält der Leuchtfleck bei der Position ξ,η das Videosignal $s(\xi,\eta)$, so dass in diesem Moment die Leuchtdichteverteilung in der x, y-Ebene gegeben ist durch

$$L(x,y) = s(\xi,\eta)\cdot h_{\mathrm{W}}(x-\xi, y-\eta).$$

Diese Position wird in Zeitabständen T_{B} immer wieder erreicht. Bei der Wiedergabe ist hiernach in der Anordnung von Abb. 4.7a $s(\xi,\eta)$ anstelle von $E(x,y)$ anzunehmen, d. h. die Abtastung einer Vorlage, wie sie in Abb. 4.7b dargestellt ist.

Der zeitliche Verlauf der Leuchtdichte an einer Bildschirmstelle x, y ist von Interesse, die empfundene Leuchtdichte in Abhängigkeit vom Ort ergibt sich daraus durch die zeitliche Mittelung (TALBOT):

$$L_{\mathrm{m}}(x,y) = \frac{1}{T_{\mathrm{B}}}\int_0^{T_{\mathrm{B}}} s(t)\, h_{\mathrm{W}}(x-\xi(t), y-\eta(t))\,\mathrm{d}t.$$

Bei einer Leuchtfleckbewegung mit konstanter horizontaler und vertikaler Geschwindigkeit ergibt eine örtliche Mittelung über die Bildschirmfläche A dasselbe Ergebnis:

$$L_{\mathrm{m}}(x,y) = \frac{1}{A}\iint_A s(\xi,\eta)\, h_{\mathrm{W}}(x-\xi, y-\eta)\,\mathrm{d}\xi\,\mathrm{d}\eta. \tag{4.6}$$

Die Aperturverzerrungen bei Aufnahme und ebenso bei Wiedergabe ergeben sich hiernach auch im Zweidimensionalen als *Faltung* der Bildvorlage bzw. des Videosignals mit einer Blendenfunktion. In den Gleichungen (4.5) und (4.6) kann man die Integration ins Unendliche ausdehnen, wenn $E(x,y)$ bzw. $s(\xi,\eta)$ außerhalb der abgetasteten Fläche gleich Null gesetzt werden:

$$\begin{aligned}\Phi(\xi,\eta) &= \int_{-\infty}^{+\infty}\int_{-\infty}^{+\infty} E(x,y)\, h_{\mathrm{A}}(x-\xi, y-\eta)\,\mathrm{d}x\,\mathrm{d}y \\ &= E(x,y) ** h_{\mathrm{A}}(-x,-y)\end{aligned} \tag{4.5a}$$

und

[1] Die Linearität der Ansteuerung gilt, wenn wiedergabeseitig als Signal s der Strahlstrom in der Bildröhre angesetzt wird, s. Abschn. 5.2.3.

$$L_{\mathrm{m}}(x,y) = \frac{1}{A}\int_{-\infty}^{+\infty}\int_{-\infty}^{+\infty} s(\xi,\eta)\, h_{\mathrm{W}}(x-\xi, y-\eta)\,\mathrm{d}\xi\,\mathrm{d}\eta \\ = \frac{1}{A} s(\xi,\eta) ** h_{\mathrm{W}}(\xi,\eta) \quad . \qquad (4.6a)$$

Wir sehen hier eine Anwendung der Erweiterung der Faltungsoperation auf mehrere Dimensionen. Die zweidimensionale Faltung wird durch das Symbol ** gekennzeichnet.

4.2.3 Betrachtung im Frequenzbereich

Die Aperturverzerrung lässt sich, wie gezeigt, durch eine Faltungsoperation beschreiben und somit durch die Wirkung eines *linearen* Systems auf die Eingangsgröße E bzw. s. Das System liefert die Ausgangsgröße Φ bzw. L_{m}. Die Eingangsgröße kann man als Überlagerung (Summe) *örtlich* sinusförmiger Signale darstellen, bei periodischen Vorgängen als Fourier-Reihe, sonst durch das Fourier-Integral. Sind die Reaktionen des Systems auf die einzelnen Sinuskomponenten bekannt („Frequenzgang"), dann lässt sich die Reaktion auf die gesamte Eingangsgröße wegen der Linearität durch die Überlagerung der Einzelreaktionen berechnen (Superpositionsgesetz). Dabei ist die Zerlegung in Sinuskomponenten deshalb besonders sinnvoll, weil die Sinusform die einzigartige Eigenschaft hat, dass sie nach dem Durchgang durch das lineare System erhalten bleibt und lediglich Amplitude und Phase, abhängig von der Frequenz, verändert werden. Die bei eindimensionalen Zeitsystemen in der Nachrichtentechnik übliche Charakterisierung und Analyse im Frequenzbereich kann somit auch auf die mehrdimensionalen linearen Ortssysteme angewandt werden. Eine formale Erweiterung der Fourier-Analyse auf mehrere Dimensionen ist dazu notwendig.

Zur Einführung betrachten wir wie in Abschn. 4.2.1 den eindimensionalen Fall der Abtastung durch einen Spalt. Eine Sinuskomponente der Beleuchtungsstärke $E(x)$ in der Bildvorlage werde durch den von links nach rechts bewegten Spalt der Breite b abgetastet (Abb. 4.8). Die Sinuskomponente[1] ist gekennzeichnet durch ihre Amplitude $\hat{E}$ und durch ihre „Frequenz" f_x. Hiermit ist nicht – wie sonst üblich – die

[1] Negative Beleuchtungsstärkewerte sind zwar physikalisch sinnlos, die einzelnen Komponenten dürfen aber trotzdem in ihren Abläufen negative Werte annehmen, wenn nur sichergestellt ist, dass die Summe aller Komponenten insgesamt eine überall nicht-negative Funktion $E(x)$ ergibt, z. B. wenn in der Bildvorlage noch eine ortsunabhängige Hintergrundbeleuchtungsstärke $\geq \hat{E}$ überlagert ist.

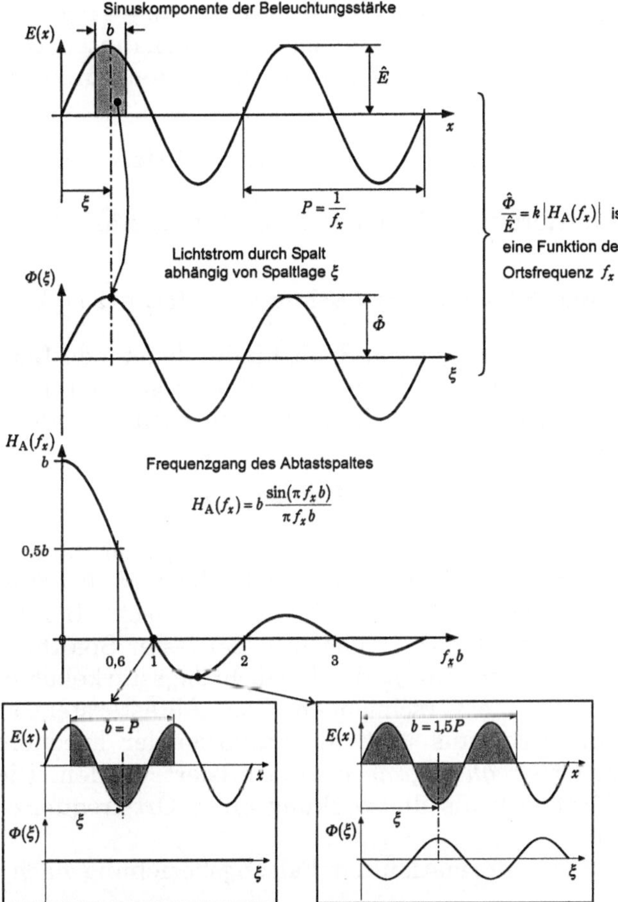

Abb. 4.8. Tiefpasswirkung eines Abtastspaltes

Häufigkeit (Anzahl) der Perioden in der Zeiteinheit gemeint, sondern die Anzahl der örtlichen Perioden P_x pro Längeneinheit (z. B. pro m oder mm), die *Ortsfrequenz*

$$f_x =_{\text{def}} \frac{1}{P_x}, \quad \dim l^{-1}, \text{ Einheit z.B. P/mm}.$$

Es gibt auch andere Einheitsbezeichnungen. In der Fernsehtechnik war früher der Begriff der „Linie" üblich (meist als Linien pro Bildhöhe), wobei eine Linie eine *halbe* Periode bezeichnete, 2 Linien/mm = 1 P/mm. Optiker benutzen als Maß ebenfalls Linien/mm, jedoch ist bei ihnen 1 Linie/mm = 1 P/mm. Häufig findet man statt dessen jetzt die weniger missverständliche Bezeichnung

„Linienpaare/mm“ (1 Lp/mm = 1 P/mm). In der englischsprachigen Literatur werden die Perioden oft als „cycles“ bezeichnet, 1 c/mm = 1 P/mm.

Die Ortsfrequenzdefinition ist analog zur bekannten Definition der Zeitfrequenz bei zeitlich sinusförmig verlaufenden Funktionen mit der Periode T:

$$f_t =_{\mathrm{def}} \frac{1}{T}, \quad \dim t^{-1}, \text{ Einheit Hz.}$$

Die über x sinusförmig verlaufende Beleuchtungsstärkekomponente ist also

$$E(x) = \hat{E}\sin(2\pi f_x x) = \hat{E}\sin\omega_x x \quad . \quad (\omega_x = 2\pi f_x).$$

In Abb. 4.8 ist der durch den Spalt hindurchtretende Lichtstrom als Funktion der Spaltlage ξ dargestellt. Wie wegen der Linearität des Systems zu erwarten war, ist dieser Verlauf ebenfalls sinusförmig mit derselben Frequenz:

$$\Phi(\xi) = \hat{\Phi}\sin(2\pi f_x \xi)$$

Die Lichtstromamplitude $\hat{\Phi}$ wird bei einer Vergrößerung der Spaltbreite nicht proportional zu b ansteigen. Vielmehr wird $\hat{\Phi}/b$ kleiner, wenn der Spalt einen größeren Teil der Periode überdeckt. Bei $b = P_x$ ist der Lichtstrom bei jeder Spaltlage gleich 0. Bei fester Spaltbreite wird $\hat{\Phi}$ mit zunehmender Frequenz f_x der Beleuchtungsstärkekomponente abfallen und für $f_x = 1/b$ verschwinden. Das Abtastsystem kann durch das Amplitudenverhältnis $\hat{\Phi}/\hat{E}$ als Funktion der Frequenz f_x, d. h. durch seinen *Ortsfrequenzgang* charakterisiert werden. Die Aperturverzerrung lässt sich als die Wirkung eines Ortsfrequenz-Tiefpasses interpretieren.

Die Fourier-Transformation der Faltungsbeziehung nach Gleichung (4.3a) ergibt

$$\mathfrak{F}(\Phi) = k\, H_{\mathrm{A}}(-f_x)\cdot\mathfrak{F}(E)\,, \tag{4.3b}$$

ersetzt also in bekannter Weise die Faltung durch das Produkt der transformierten Funktionen. $\mathfrak{F}(E)$ stellt das Ortsfrequenzspektrum der Eingangsgröße Beleuchtungsstärke dar. Das Ortsfrequenzspektrum $\mathfrak{F}(\Phi)$ der Ausgangsgröße Lichtstrom ergibt sich daraus durch die Multiplikation mit der Übertragungsfunktion $H_{\mathrm{A}}(-f_x)$, und $H_{\mathrm{A}}(f_x)$ ist die Fourier-Transformierte der Blendenfunktion $h_{\mathrm{A}}(x)$:

$$
\begin{aligned}
H_\mathrm{A}(f_x) &= \int\limits_{-\infty}^{+\infty} h(x)\mathrm{e}^{-2\pi \mathrm{j} f_x x}\,\mathrm{d}x \\
&= \int\limits_{-b/2}^{+b/2} \cos(2\pi f_x x)\,\mathrm{d}x = b\frac{\sin(\pi f_x b)}{\pi f_x b}
\end{aligned}
\tag{4.7}
$$

Hiermit ist also die Übertragungsfunktion des Tiefpasses gegeben, der die Aperturverzerrung bei der Spaltabtastung beschreibt. Wir bezeichnen

$$
\mathrm{si}(z) =_{\mathrm{def}} \frac{\sin z}{z} \quad (z = \pi f_x b) \tag{4.8}
$$

als „Spaltfunktion". Ihr Verlauf ist in Abb. 4.8 gezeigt, und dort ist auch die Abtastung im Falle der oben beschriebenen ersten Nullstelle illustriert. Bei noch höheren Frequenzen (bzw. noch breiterem Spalt) ist der Sinusverlauf des Lichtstroms umgepolt (180° Phasenverschiebung gegenüber der Eingangsgröße), wie im Falle des ersten Minimums im Ausläufer der si-Funktion dargestellt. Man beachte, dass diese Übertragungsfunktion reell ist, also außer eventueller Umpolung keine Phasenverschiebung durch den Tiefpass auftritt. Das ist immer der Fall, wenn die Blendenfunktion symmetrisch ist ($h(-x) = h(x)$).

Die „Überalles-Übertragungsfunktion", die die gesamte Aperturverzerrung in der Kette aus Aufnahme und Wiedergabe im Frequenzbereich beschreibt, ergibt sich einfach als Produkt der Übertragungsfunktionen von Aufnahme- und Wiedergabeapertur:

$$
\begin{aligned}
\mathfrak{F}(L_\mathrm{m}) &\sim H_\mathrm{ges}(f_x)\cdot\mathfrak{F}(E) \\
H_\mathrm{ges}(f_x) &= H_\mathrm{A}(-f_x)\cdot H_\mathrm{W}(f_x).
\end{aligned}
$$

4.2.4 Frequenz in mehreren Dimensionen

Der Begriff der Ortsfrequenz, wenn er aus dem bekannten Begriff der Zeitfrequenz abgeleitet wird, erfordert nicht nur den formalen Ersatz von t durch x und von T durch P_x, wie zuvor für den eindimensionalen Fall erläutert. Der Ortsbereich ist mindestens zweidimensional, und entsprechend muss auch der zugehörige Frequenzbereich mindestens zweidimensional sein. Die Darstellung durch Fourier-Reihen oder durch Fourier-Integrale muss auf mehrere Dimensionen erweitert werden.

Bei der Abtastung durch einen senkrechten Spalt nach Abb. 4.8 wurde angenommen, dass die Beleuchtungsstärke nur über x sinusförmig veränderlich ist, von y aber unabhängig ist. Dies ist ein Sonder-

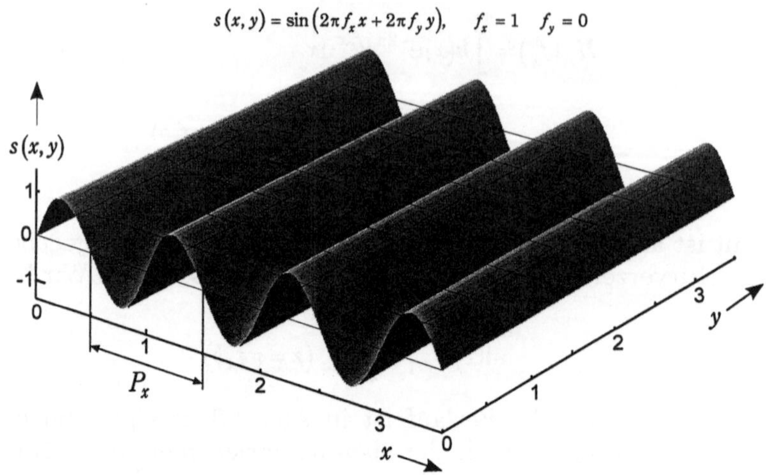

Abb. 4.9. Zweidimensionales Sinussignal, konstant über y

fall der sinusförmigen Ortsabhängigkeit einer Funktion $s(x,y)$. Wenn sie in einem dreidimensionalen Koordinatensystem über der x,y-Ebene graphisch dargestellt wird, hat sie das Aussehen eines Wellblechs, das parallel zur y-Achse ausgerichtet ist (Abb. 4.9). Wird dieses Wellblech zur y-Achse etwas verdreht, kommen wir zu dem allgemeinen Fall einer sinusförmigen Ortsfunktion, abhängig von den beiden Ortskoordinaten x und y. In einer Draufsicht auf die x,y-Ebene zeigen sich die Maxima (die „Wellblechberge") als parallele, gleichabständige Geraden. Aus ihnen können wir eine Periode in x-Richtung und eine Periode in y-Richtung ablesen (Abb. 4.10b). Zur Angabe der Frequenz dieser Sinusfunktion benötigen wir jetzt eine f_x-Koordinate und eine f_y-Koordinate,

$$f_x =_{\text{def}} \frac{1}{P_x} \qquad f_y =_{\text{def}} \frac{1}{P_y}, \tag{4.9}$$

und die zweidimensionale Sinusfunktion ist damit

$$s(x,y) = a \cdot \sin\left(2\pi f_x x + 2\pi f_y y + \varphi\right) \tag{4.10}$$

mit der Amplitude a und dem Nullphasenwinkel φ. Falls $f_x = 0$, liegen die genannten Geraden parallel zur x-Achse, bei $f_y = 0$ parallel zur y-Achse, allgemein unter einem Winkel α zur x-Achse (Abb. 4.10b):

$$\alpha = \arctan \frac{f_x}{f_y}. \tag{4.11}$$

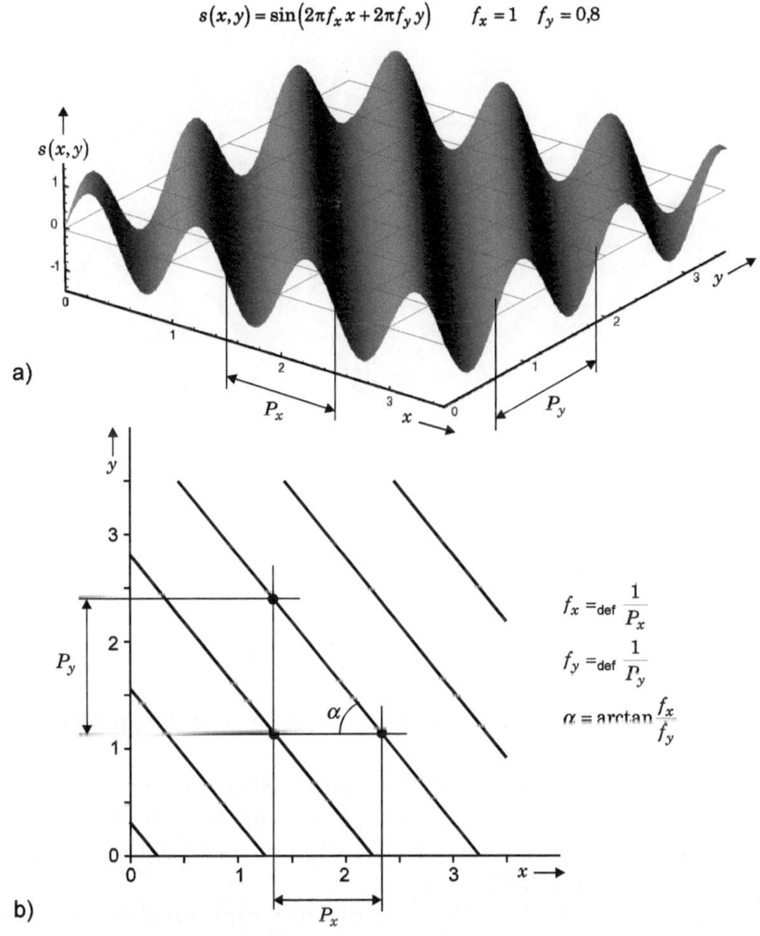

Abb. 4.10. Zweidimensionale Sinusfunktion

Man kann die Ortsfrequenz auffassen als einen zweidimensionalen *Vektor* $\vec{f}$ mit den Koordinaten f_x, f_y (bezüglich der Basis aus Einheitsvektoren im rechtwinkligen Frequenzkoordinatensystem),

$$\vec{f} = \begin{pmatrix} f_x \\ f_y \end{pmatrix}.$$

Statt dieser Schreibweise als Spaltenmatrix werden wir den Vektor einfacher durch das geordnete Paar seiner Koordinaten in einer Mengenklammer angeben: $\vec{f} = \{f_x, f_y\}$. Wenn man nun entsprechend einen Ortsvektor $\vec{r} = \{x, y\}$ definiert, dann lässt sich die zweidimensionale Sinusfunktion darstellen durch

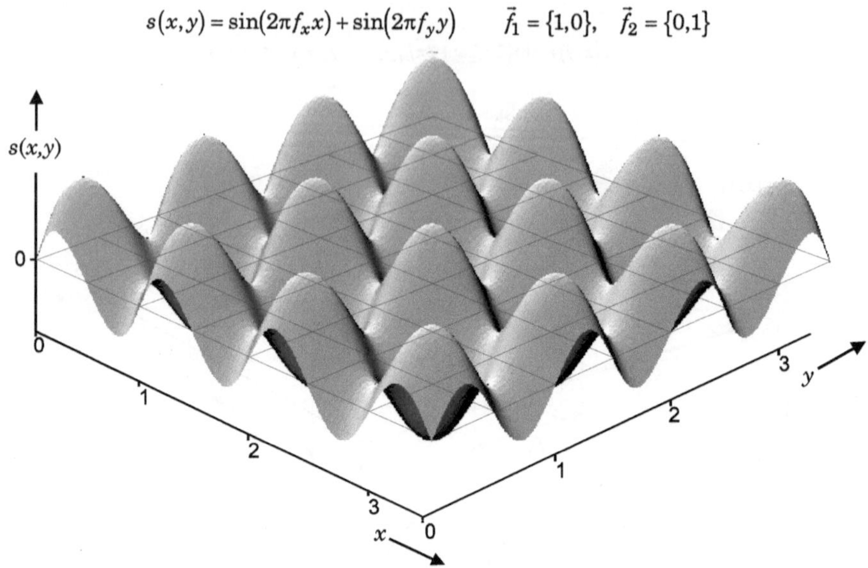

Abb. 4.11. Signal mit zwei Sinuskomponenten, die eine mit $f_y = 0$, die andere mit $f_x = 0$

$$s(x,y) = a \cdot \sin\left(2\pi \vec{f} \bullet \vec{r} + \varphi\right), \tag{4.10a}$$

also mit dem *Skalarprodukt* aus Ortsvektor und Frequenzvektor im Argument der Sinusfunktion.

Man beachte: ein Signal mit nur einer Sinuskomponente der Frequenz $\vec{f} = \{f_x, f_y\}$ ist nicht das gleiche wie ein Signal mit zwei Sinuskomponenten der Frequenzen $\vec{f_1} = \{f_x, 0\}$ und $\vec{f_2} = \{0, f_y\}$! Man vergleiche Abb. 4.11 mit Abb. 4.10a.

Bilder im quadratischen Format, die nur eine einzige Sinuskomponente der örtlichen Leuchtdichtevariation enthalten, sind in Abb. 4.12 gezeigt. Jeweils ist eine ganze Anzahl *m* von Perioden pro Bildbreite und eine ganze Anzahl *n* von Perioden pro Bildhöhe vorhanden. Insgesamt sind 121 derartige Bilder dargestellt für Werte von *m* und *n* im Bereich –5 bis +5 (vgl. dazu Gl. (4.11)).

Die Superposition von Sinuskomponenten zur Darstellung von periodischen Funktionen, wie sie von der Fourier-Reihe bei eindimensionalen Funktionen her bekannt ist, lässt sich entsprechend auf mehrdimensional-periodische Funktionen anwenden. Ein nicht-sinusförmiges, aber mit einer Periode *T* periodisches Signal $s(t)$ kann man als Summe sinusförmiger Signale ausdrücken, deren Frequenzen ganze Vielfache der Grundfrequenz $f_0 = 1/T$ sind:

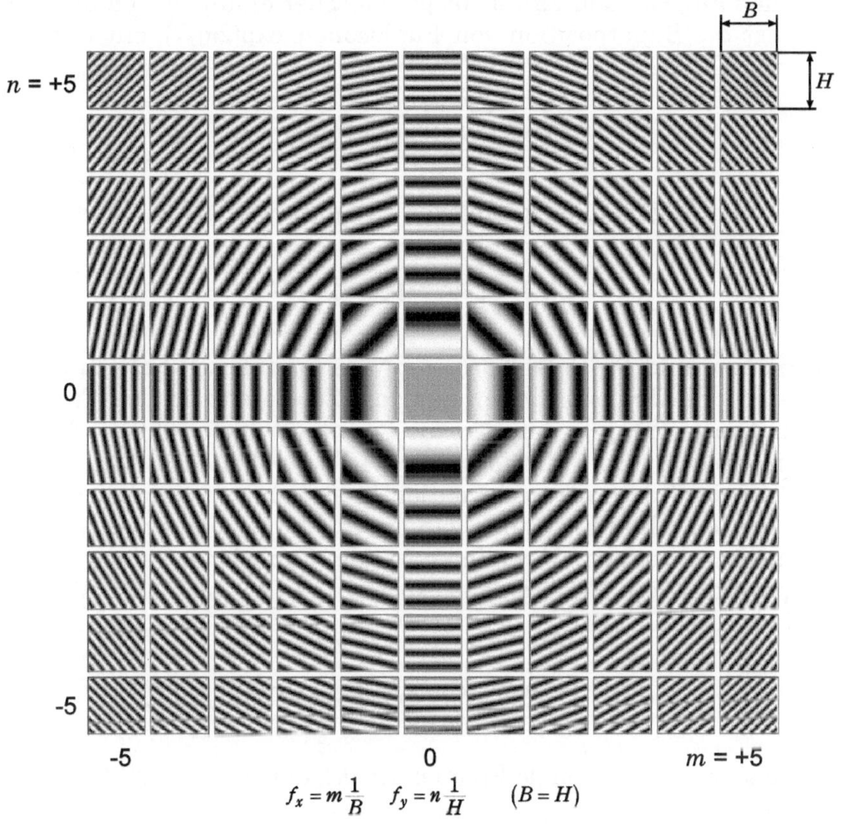

Abb. 4.12. Bilder mit nur einer Sinuskomponente der Leuchtdichteverteilung auf grauem Hintergrund

$$s(t) = \sum_n a_n \cos(2\pi n f_0 t) + b_n \sin(2\pi n f_0 t).$$

Nicht-sinusförmige Funktionen von zwei Veränderlichen x und y, die sowohl über x wie über y periodisch sind, nämlich mit der Periode P_x über x und der Periode P_y über y, lassen sich als Summe von Sinuskomponenten ausdrücken mit den Frequenzen $\{mf_{0x}, nf_{0y}\}$, also mit ganzen Vielfachen der Grundfrequenzkoordinaten $f_{0x} = 1/P_x$ und $f_{0y} = 1/P_y$:

$$s(x,y) = \sum_n \sum_m a_{mn} \cos\left(2\pi\left(mf_{0x}x + nf_{0y}y\right)\right) + b_{mn} \sin\left(2\pi\left(mf_{0x}x + nf_{0y}y\right)\right). \quad (4.12)$$

Für den allgemeinen Fall nicht-periodischer eindimensionaler Funktionen ist die Superposition von Funktionen $\exp(2\pi \mathrm{j} f t)$ mit dem Fourier-Integral möglich:

$$s(t) = \int_{-\infty}^{+\infty} S(f) \exp(2\pi \mathrm{j} f t) \, \mathrm{d} f ,$$

wobei die im Allgemeinen komplexen „Amplituden" $S(f)\mathrm{d}f$ aus

$$S(f) = \int_{-\infty}^{+\infty} s(t) \exp(-2\pi \mathrm{j} f t) \, \mathrm{d} t$$

gegeben sind und $S(f)$ als „*Spektrum*" des Signals $s(t)$ bezeichnet werden kann – die Transformation aus dem Zeitbereich in den Frequenzbereich. Dieses Integral definiert die Fourier-Transformation, das vorige die inverse Fourier-Transformation.

Die Fourier-Integraltransformation lässt sich, entsprechend wie zuvor für periodische Funktionen gezeigt, auf Funktionen mehrerer Veränderlicher erweitern. Zweidimensionale Funktionen können durch Superposition von Funktionen $\exp\left(2\pi \mathrm{j}\left(f_x x + f_y y\right)\right)$ mit der Frequenz $\{f_x, f_y\}$ dargestellt werden:

$$s(x,y) = \int_{-\infty}^{+\infty} \int_{-\infty}^{+\infty} S\left(f_x, f_y\right) \exp\left(2\pi \mathrm{j}\left(f_x x + f_y y\right)\right) \mathrm{d} f_x \, \mathrm{d} f_y , \tag{4.13}$$

wobei das zweidimensionale Frequenzspektrum gegeben ist durch

$$S\left(f_x, f_y\right) = \int_{-\infty}^{+\infty} \int_{-\infty}^{+\infty} s(x,y) \exp\left(-2\pi \mathrm{j}\left(f_x x + f_y y\right)\right) \mathrm{d} x \, \mathrm{d} y . \tag{4.14}$$

Die vektorielle Schreibweise mit Verwendung des Skalarprodukts zeigt die Verallgemeinerung der Fourier-Integraltransformation auf beliebig mehrdimensionale (k-dimensionale) Funktionen:

$$s(\vec{r}) = \int_{-\infty}^{+\infty} \cdots \int_{-\infty}^{+\infty} S\left(\vec{f}\right) \exp\left(2\pi \mathrm{j} \vec{f} \bullet \vec{r}\right) \mathrm{d} f_1 \cdots \mathrm{d} f_k \tag{4.13a}$$

mit

$$S\left(\vec{f}\right) = \int_{-\infty}^{+\infty} \cdots \int_{-\infty}^{+\infty} s(\vec{r}) \exp\left(-2\pi \mathrm{j} \vec{f} \bullet \vec{r}\right) \mathrm{d} r_1 \cdots \mathrm{d} r_k . \tag{4.14a}$$

Der dreidimensionale Fall – $\vec{r} = \{x, y, t\}$, $\vec{f} = \{f_x, f_y, f_t\}$ – ist bei der Analyse von Bewegtbildsignalen gegeben.

Die Signale s sind immer reell. Daher muss für ihr Spektrum gelten

$$S(-\vec{f}) = S^*(\vec{f}). \tag{4.15}$$

* kennzeichnet den konjugiert komplexen Wert. Die Beziehung ist formal die gleiche wie im Eindimensionalen, man beachte aber, dass $-\vec{f}$ eine Vorzeichenumkehr für *alle* Koordinaten des Frequenzvektors bedeutet.

4.2.5 Zweidimensionale Aperturtiefpässe

Die mehrdimensionale Fourier-Transformation kann auf die mehrdimensionale Faltungsoperation angewandt werden. Dadurch wird – wie im eindimensionalen Fall – aus der Faltung im Ortsbereich eine Multiplikation der in den Frequenzbereich transformierten Funktionen. Mit den Gleichungen (4.5a) und (4.6a) haben wir die Aperturverzerrung bei Aufnahme und Wiedergabe als eine Faltungsoperation beschrieben. Wie zuvor schon für die eindimensionale Aperturverzerrung (Gl. 4.3b) erhalten wir durch die Fourier-Transformation

$$\mathfrak{F}(\Phi) = H_\mathrm{A}^*(f_x, f_y) \cdot \mathfrak{F}(E) \tag{4.5b}$$

für das zweidimensionale Ortsfrequenzspektrum des aufgenommenen Lichtstroms und

$$\mathfrak{F}(L_\mathrm{m}) = \frac{1}{A} H_\mathrm{W}(f_x, f_y) \cdot \mathfrak{F}(s) \tag{4.6b}$$

für das zweidimensionale Ortfrequenzspektrum der vom Auge zeitlich gemittelten Leuchtdichte bei der Wiedergabe auf dem Bildschirm. Die Übertragungsfunktionen H_A und H_W ergeben sich aus der Fourier-Transformation der Blendenfunktionen $h_\mathrm{A}(x, y)$ und $h_\mathrm{W}(x, y)$. Sie stellen die zweidimensionalen Frequenzgänge der Tiefpässe dar, durch die die Aperturverzerrungen charakterisiert werden. Der Gesamtfrequenzgang infolge der Apertur der Aufnahme und der Wiedergabe, nach dem aus dem Ortsfrequenzspektrum des aufgenommenen Bildes das Ortsfrequenzspektrum des wiedergegebenen Bildes wird, ergibt sich durch die Kettenschaltung der Tiefpässe als Produkt ihrer Übertragungsfunktionen:

$$H_\mathrm{ges}(f_x, f_y) = \frac{k}{A} H_\mathrm{W}(f_x, f_y) \cdot H_\mathrm{A}^*(f_x, f_y), \tag{4.16}$$

wobei hier $k = s/\Phi$ die opto-elektronische Wandlung durch die Aufnahmesonde kennzeichnen soll.

An dieser Stelle müssen wir auf die unterschiedliche Bildgröße bei Aufnahme und Wiedergabe eingehen. Bisher haben wir zwischen den Ortskoordinaten der Aufnahme- und Wiedergabeseite nicht unterschieden und beide mit *x, y* bezeichnet. In Wirklichkeit sind natürlich die Bilder nur *ähnlich* (im mathematischen Sinn), nicht aber gleich groß. Das auf die Abtastebene des Gebers optisch abgebildete Bild hat z. B. eine Fläche von 1 cm^2, das wiedergegebene Bild auf dem Bildschirm des Empfängers z. B. eine Fläche von 2500 cm^2. Es ist „linear", d. h. in x und ebenso in y-Richtung, mit dem Faktor 50 vergrößert. Trotzdem können wir die gleichen Koordinaten verwenden, wenn wir sie als *normierte*[1] (bezogene, dimensionslose) Größen definieren. Als Bezugsgröße benutzen wir einheitlich die jeweilige *Bildhöhe H,* sowohl für x wie für y. Ein Bezug von x auf die Bildbreite und von y auf die Bildhöhe ist zu vermeiden. (Entsprechend verwenden wir grundsätzlich auch nur normierte Signale: der größte, z. B. bis zu den Aussteuerungsgrenzen gehende Signalwert wird mit 1 bezeichnet.) Alle Abmessungen im Bild sind im Verhältnis zur Höhe gemeint, Flächen werden im Verhältnis zu H^2 angegeben. Entsprechend werden die Ortsfrequenzen in *Perioden pro Bildhöhe* angegeben, sowohl für die f_x-Koordinate wie für die f_y-Koordinate. Der Zusammenhang zwischen den normierten und den nicht normierten (mit ~ gekennzeichneten) Größen ist somit:

$$x = \frac{\tilde{x}}{H} \quad y = \frac{\tilde{y}}{H} \quad A = \frac{\tilde{A}}{H^2}$$

$$f_x = \frac{\tilde{f}_x}{1/H} \quad f_y = \frac{\tilde{f}_y}{1/H} \quad S = \tilde{S} \cdot H^2.$$

Man erhält nun für die quadratische Lochblende, die in Abb. 4.7 angenommen wurde, die Übertragungsfunktion

$$H(f_x, f_y) = \int_{-b/2}^{+b/2} \int_{-b/2}^{+b/2} \exp\left(-2\pi \mathrm{j}(f_x x + f_y y)\right) \mathrm{d}x\, \mathrm{d}y = b^2 \frac{\sin(\pi f_x b)}{\pi f_x b} \cdot \frac{\sin(\pi f_y b)}{\pi f_y b}. \quad (4.17)$$

Sie ist *separierbar* in eine nur von f_x und eine nur von f_y abhängige Funktion, beide si-Funktionen, wie sie als Spaltfunktionen bei der eindimensionalen Abtastung auftreten (Gl. 4.7). Man beachte, dass $H(0,0) = b^2$, also gleich der Aperturfläche ist und Nullstellen bei den Frequenzen

[1] Man unterscheide die Begriffe „normieren" (engl. *normalize*) und „normen" (engl. *standardize*). Das Normen legt Standards fest (z. B. DIN-Normen), das Normieren bezieht Größen auf eine charakteristische Größe, so dass dimensionslose Relativzahlen entstehen.

$$\vec{f} = \left\{\frac{m}{b}, \frac{n}{b}\right\} \qquad (m,n = 1,2,3,\ldots) \tag{4.18}$$

auftreten. Der Frequenzgang ist über der f_x, f_y-Ebene dargestellt in Abb. 4.13a. Beim quadratischen Leuchtfleck mit der Leuchtdichte L_0 für $s = 1$ ist $H(0,0) = b^2 L_0$.

Bei einer kreisrunden Lochblende (Radius r) ergibt sich auch ein rotationssymmetrischer Frequenzgang des Tiefpasses in der f_x, f_y-Ebene (der „Sombrero" in Abb. 4.13b):

$$H(f_x, f_y) = \iint\limits_{x^2+y^2 \le r^2} \exp\left(-2\pi \mathrm{j}(f_x x + f_y y)\right) \mathrm{d}x\,\mathrm{d}y = \pi r^2 \frac{\mathrm{J}_1\left(2\pi r\sqrt{f_x^2 + f_y^2}\right)}{\pi r\sqrt{f_x^2 + f_y^2}}. \tag{4.19}$$

Hierin bezeichnet J_1 die Bessel-Funktion 1. Ordnung. Natürlich ist wieder $H(0,0) = \pi r^2$ gleich der Aperturfläche (bzw. $\pi r^2 L_0$ beim Leuchtfleck). Die Nullstellen dieser Übertragungsfunktion sind Kreislinien in der Frequenzebene, die jedoch nicht genau gleichabständig sind (bedingt durch die Nullstellen der Bessel-Funktion):

$$H(f_x, f_y) = 0 \quad \text{für} \quad \sqrt{f_x^2 + f_y^2} = \frac{1{,}22}{2r}, \frac{2{,}23}{2r}, \frac{3{,}24}{2r}, \ldots \tag{4.20}$$

Ein abrupter Übergang von 0 auf 1, wie wir ihn bei den Funktionen der Lochblenden annehmen konnten, ist bei Abtastsystemen, die mit fokussierten Elektronenstrahlen arbeiten, nicht realistisch. Insbesondere ist die Leuchtdichteverteilung des Leuchtflecks bei der üblichen Wiedergabe durch eine Elektronenstrahlröhre eher durch eine rotationssymmetrische Gauß-Funktion zu beschreiben:

$$h_\mathrm{W}(x,y) = L_0\, \mathrm{e}^{-\left(x^2+y^2\right)/r^2}. \tag{4.21}$$

Hier soll L_0 wieder die Leuchtdichte bezeichnen, die die Leuchtfleckmitte bei einem Signal $s = 1$ annimmt. Auf einer Kreislinie mit dem Radius r um die Mitte ist dann die Leuchtdichte auf L_0/e abgefallen. Die Fourier-Transformation dieser Gauß-Kreisapertur ergibt

$$H_\mathrm{W}(f_x, f_y) = \pi r^2 L_0\, \mathrm{e}^{-\pi^2 r^2\left(f_x^2+f_y^2\right)}. \tag{4.22}$$

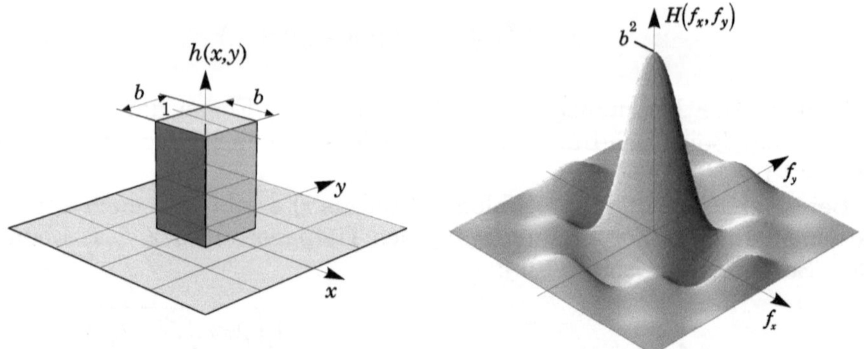

a) Quadratische Lochblende bzw. quadratischer Leuchtfleck

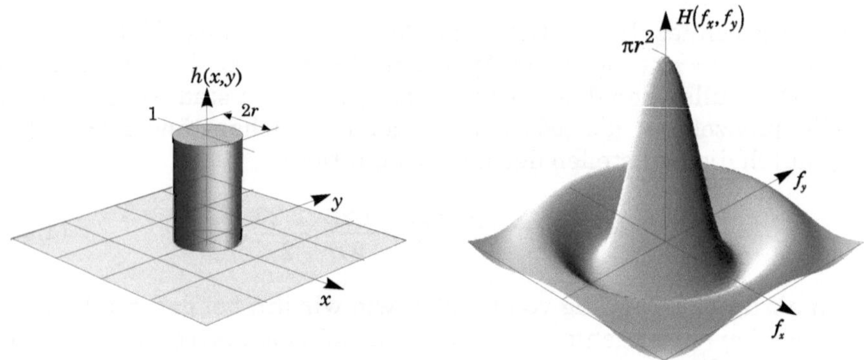

b) Kreisrunde Lochblende bzw. kreisförmiger Leuchtfleck

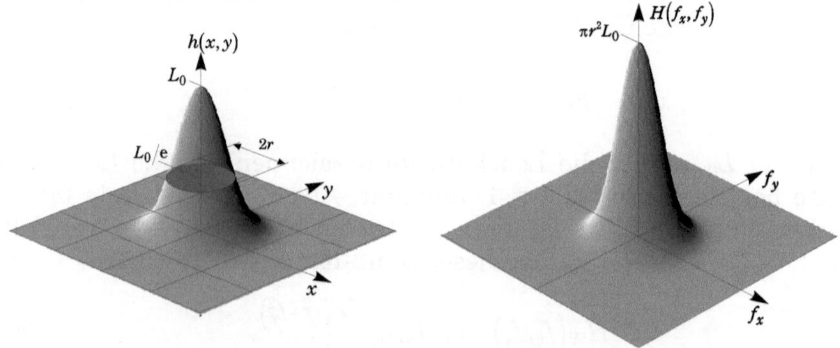

c) Rotationssymmetrische Gauß-Apertur bei Bildwiedergabe

Abb. 4.13. Aperturfrequenzgänge

Diese Übertragungsfunktion ist in Abb. 4.13c dargestellt. Sie hat keine Nullstellen und ist ebenfalls eine Gauß-Funktion. Es ist

$$\begin{aligned} \frac{H(f_x, f_y)}{H(0,0)} &= 0{,}5 \quad \text{für } \sqrt{f_x^2 + f_y^2} = \frac{0{,}530}{2r} \\ &= \frac{1}{\mathrm{e}} \quad \text{für } \sqrt{f_x^2 + f_y^2} = \frac{0{,}637}{2r}. \end{aligned} \tag{4.23}$$

Im Eindimensionalen ist eine Funktion $h(t)$, die bei Faltung mit dem Eingangssignal das Ausgangssignal eines linearen Übertragungssystem liefert, die Impulsantwort des Systems, d. h. das Ausgangssignal, wenn als Eingangsignal der Dirac-Impuls $\delta(t)$ benutzt wird. Entsprechend kann man die Aperturfunktion $h(x,y)$ als einen aperturverzerrten Punkt auffassen, die Reaktion des Übertragungssystem auf einen zweidimensionalen Dirac-Impuls $\delta(x,y)$. Man bezeichnet daher $h(x,y)$ auch als „Punktverwaschungsfunktion" (engl. *point spreading function*). Analog zum Dirac-Impuls $\delta(t)$ definiert man die mehrdimensionale δ-Funktion durch

$$\delta(\vec{r}) = 0 \quad \text{falls } \vec{r} \neq 0$$

$$\int_{-\infty}^{+\infty} \cdots \int_{-\infty}^{+\infty} \delta(\vec{r})\,\mathrm{d}r_1 \cdots \mathrm{d}r_k = 1.$$

Bei zwei Dimensionen kann man von einer Funktion $s(x,y)$ ausgehen, die nur über einen Flächenbereich ΔA mit sehr geringer Ausdehnung um den Koordinatenursprung von Null verschieden ist und dort gleich $1/\Delta A$ ist. Dann ist

$$\lim_{\Delta A \to 0} s(x,y) = \delta(x,y).$$

Beim Grenzübergang wird ΔA zum Punkt im Koordinatenursprung. Der Grenzübergang braucht nicht exakt vollzogen zu werden, und trotzdem wird die Reaktion auf die Eingangsfunktion $s(x,y)$ schon sehr gut mit $h(x,y)$ übereinstimmen, wenn ΔA nur genügend klein im Vergleich zu den Blendenabmessungen ist. Das ist bei der Aufnahmeapertur der Fall, wenn ein im Vergleich zur Aperturgröße kleines Objektbild im Koordinatenursprung der Abtastebene mit dem Lichtstrom $\Phi = 1$ erzeugt wird. Ohne Rücksicht auf die Details der Objektabbildung, d. h. den tatsächlichen Funktionsverlauf von $E(x,y)$, kann man dann diese Funktion durch $\delta(x,y)$ ersetzen, die Objektabbildung also als „Punkt" behandeln.

4.3 Aliasing

Die Zerlegung des Bildes in Zeilen kann sichtbare Störungen hervorrufen. In vertikaler Richtung nimmt die Abtastsonde den Bildinhalt nur an bestimmten („diskreten“) Stellen auf, jeweils bei ganzen Vielfachen des Zeilenabstands *d*, für die Mittenlage der Abtastsonde gibt es nur die diskreten *y*-Werte

$$y_j = \left(j - 1 + \frac{x}{B}\right) \cdot d \qquad j = 1, 2, \ldots, Z \quad x = 0 \ldots B \quad d = H/Z \,.$$

(Z = Zeilenzahl, B = Bildbreite, H = Bildhöhe). Die Zeilenrasterung wirkt sich besonders deutlich aus auf periodische Bildstrukturen. Man kann das leicht mit dem Overhead-Projektor demonstrieren. Mit einer ersten Overheadfolie wird das Originalbild projiziert, beispielsweise ein horizontal liegender „Besen“ (Abb. 4.14 oben). Das Zeilenraster wird nachgebildet durch horizontale Linien auf einer zweiten Overheadfolie. Diese schwarzen Linien simulieren die Ausblendung der Bildteile zwischen den Zeilenpositionen y_j, wenn die beiden Folien übereinander auf den Projektor gelegt werden. Abbildung 4.14 zeigt unten die durch die Rasterung entstandene Störstruktur, ein *Moiré* infolge der Interferenz des Zeilenmusters mit dem Bildinhalt. Das Übereinanderlegen der Folien bewirkt bei der Projektion eine Multiplikation von Zeilenmuster und Besen. Es entstehen dadurch die Differenzen (und Summen) der Ortsfrequenzen beider Strukturen. Die niedrigen Ortsfrequenzdifferenzen ergeben das Moiré, besonders deutlich an den

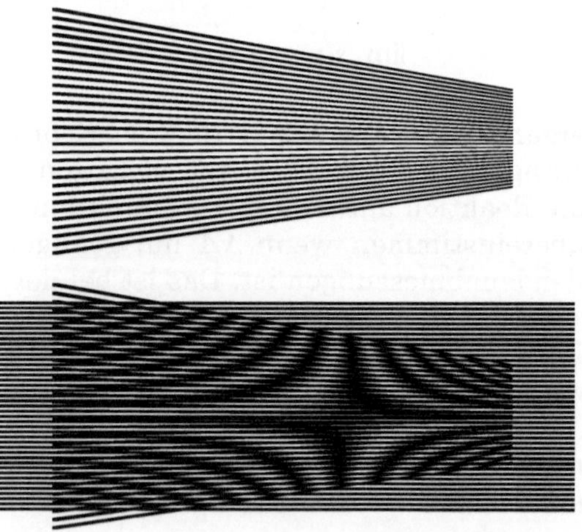

Abb. 4.14. Moiré durch Zeilenraster, ein Aliasing-Effekt

Stellen, an denen die vertikale Ortsfrequenz im Besen etwa gleich der Zeilenmusterfrequenz ist.

Entsprechende Interferenzeffekte können im Zeitbereich auftreten durch die Zerlegung in Bildsequenzen beim zeitlichen Sampling. Die zeilenweise Abtastung beim Fernsehen ist durch die Diskretisierung der y- und der t-Koordinate ein *zweidimensionaler Samplingvorgang*. Die Systemanforderungen zur Vermeidung von Samplingstörungen werden im Folgenden zunächst für den eindimensionalen Fall (Zeilenraster allein) abgeleitet und dann auf den zweidimensionalen Fall erweitert.

4.3.1 Sampling, eindimensional

Als Beispiel betrachten wir für irgendeinen festen Wert der x-Koordinate den Verlauf der Funktion $E(y)$ der Bildvorlage, also auf einer senkrechten Linie im Bild von oben nach unten. An gleichabständigen Punkten – Abstand d – werden Abtastwerte (Samples) der Funktion aufgenommen. Wie im vorigen Kapitel im einzelnen analysiert, bezieht dabei die Sonde entsprechend ihrer Apertur auch einen mehr oder weniger großen Teil aus der Umgebung der Punkte mit ein. Durch den Vorgang der Aperturverzerrung wird beschrieben, wie das Signal $s(y)$ für beliebige Sondenpositionen y aus dem $E(y)$ entsteht. Die Entnahme von Werten an den genannten Punkten und exakt nur an diesen Punkten – gilt also erst nach der Aperturverzerrung, bezieht sich also auf die Funktion $s(y)$. Diese Funktion der kontinuierlichen Veränderlichen y wird beim Samplingvorgang ersetzt durch die Wertefolge $\{s_j\}$ mit

$$s_j = s(jd) \qquad j = 0,1,2,\ldots$$

Den Abtastabstand d bezeichnet man als Abtastperiode (auch „Abtastintervall"), die Anzahl der Abtastperioden je Ortseinheit als *Abtastfrequenz* (Samplingfrequenz) oder auch als *Abtastrate*:

$$f_s = \frac{1}{d}.$$

Abb. 4.15 zeigt die Entnahme von Abtastwerten – als Punkte markiert – im Abstand von 0,2 cm aus einer Funktion $s(y)$. Nur diese Abtastwerte werden zum Empfänger übertragen, der Funktionsverlauf zwischen diesen Werten ist verloren. Die entscheidende Frage ist: Kann der ursprüngliche Funktionsverlauf $s(y)$ allein aus der Kenntnis der Abtastwerte am Empfänger wiedergewonnen werden?

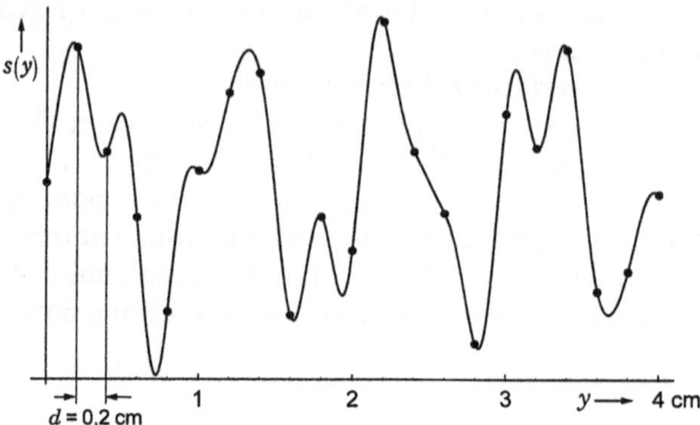

Abb. 4.15. Abtastung in Abständen von 0,2 cm (f_s = 5 P/cm)

Aus der Mathematik sind Interpolationsverfahren bekannt, mit denen die Ursprungsfunktion zumindest näherungsweise aus den gegebenen „Stützwerten“ rekonstruiert werden kann; beispielsweise mit Polynomen. Ein optimales Verfahren wurde von SHANNON[1] [4.6] und von KOTEL'NIKOV [4.4] in die Nachrichtentechnik eingeführt. Danach wird die rekonstruierte Funktion durch eine Reihe von si-Funktionen erhalten:

$$s_{\text{int}}(y) = \sum_{k=-\infty}^{\infty} s_k \cdot \text{si}\left(\pi \frac{y - kd}{d}\right) \tag{4.24}$$

mit der Definition (s. Gl. (4.8))

$$\text{si}(z) =_{\text{def}} \frac{\sin z}{z} .$$

Das ist eine mit s_k amplitudenmodulierte si-Impulsfolge. Der Impulsabstand ist *d*. An einer Stützstelle *k* hat ein Impuls sein Hauptmaximum der Höhe s_k, die anderen haben dort ihre Nulldurchgänge. Die interpolierte Funktion läuft also jedenfalls exakt durch die Stützwerte. Für die Zwischenwerte fordert die Shannon-Reihe strenggenommen die Auswertung einer unbegrenzt langen Folge von Abtastwerten.

Für das Beispiel aus Abb. 4.15 wurde hiernach das in Abb. 4.16 dargestellte Interpolationsergebnis erzielt. Der ursprüngliche Funktionsverlauf konnte somit zwischen den Stützwerten *nicht* wieder richtig zurückgewonnen werden.

Ein besseres Ergebnis ist zu erwarten, wenn die Abtastpunkte enger gelegt werden. In Abb. 4.17 wurde unsere Beispielfunktion $s(y)$ mit ei-

[1] Claude Elwood Shannon, *30.4.1916 in Petoskey (Michigan, USA), †24.2.2001 in Medford (Massachusetts).

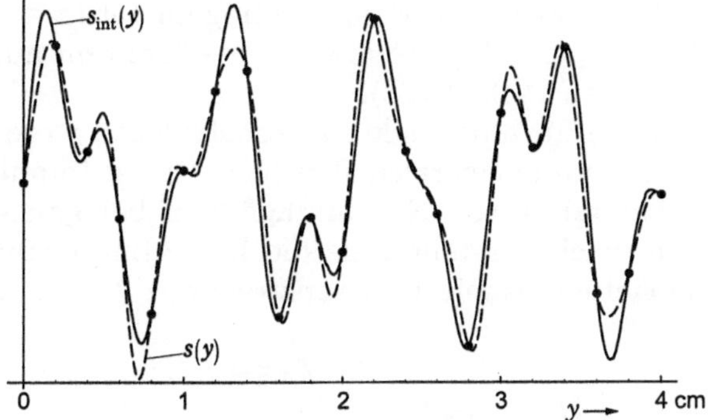

Abb. 4.16. Shannon-Interpolation der Stützwerte aus Abb. 4.14. Zum Vergleich ist die Originalfunktion gestrichelt eingezeichnet.

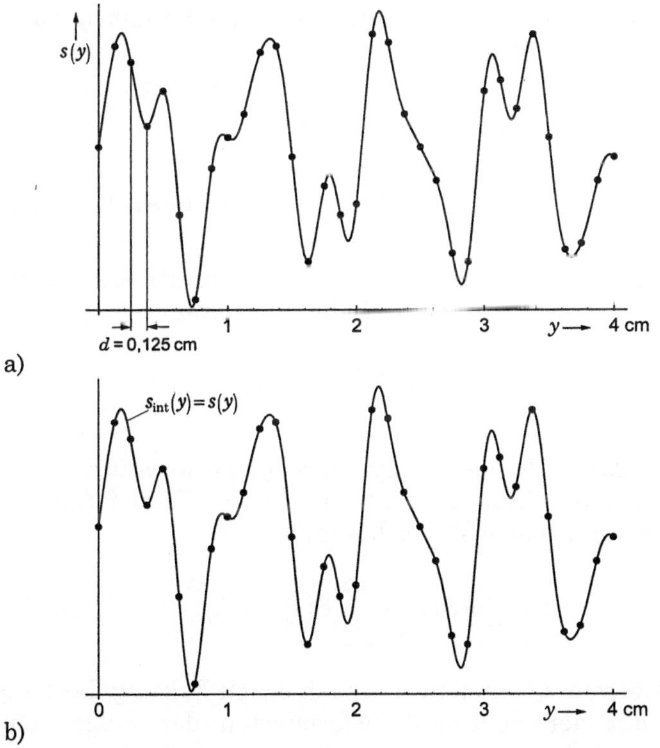

Abb. 4.17. a) Abtastung in Abständen von 0,125 cm ($f_s = 8$ P/cm), b) exakte Rekonstruktion aus den Abtastwerten durch die Shannon-Interpolation

ner auf $f_s = 8$ P/cm erhöhten Frequenz abgetastet (d = 0,125 cm). Bei dieser Samplingfrequenz konnte die Originalfunktion nun sogar exakt rekonstruiert werden (Abb. 4.17b).

Die Bedingungen für eine exakte Rekonstruktion werden durch eine Betrachtung im Frequenzbereich deutlich. Die si-Impulse der Shannon-Interpolation mit ihren Nulldurchgängen bei ganzen Vielfachen von d kann man sich vorstellen als die Dirac-Impulsantworten eines „idealisierten" Tiefpasses mit der Grenzfrequenz $f_{yg} = 1/(2d) = f_s/2$:

$$H_{\text{int}}(f_y) = \begin{cases} 1 \text{ für } |f_y| \le \frac{1}{2} f_s \\ 0 \text{ für } |f_y| > \frac{1}{2} f_s . \end{cases} \quad (4.25)$$

Dieser Tiefpass erzeugt aus einem Dirac-Impuls $\delta(y)$ den si-Impuls $f_s \operatorname{si}(\pi f_s y)$. Am Eingang dieses Tiefpasses liege die mit s_k amplitudenmodulierte Dirac-Impulsfolge

$$s_s(y) = d \sum_{k=-\infty}^{\infty} s_k \, \delta(y - kd), \quad (4.26)$$

an seinem Ausgang entsteht daraus die interpolierte Funktion $s_{\text{int}}(y)$ gemäß Gl. (4.24).

Die mit s_k amplitudenmodulierte Dirac-Impulsfolge erhält man – wegen $\delta(z) = 0$ für $z \ne 0$ – auch nach der Gleichung

$$s_s(y) = s(y) \sum_{k=-\infty}^{\infty} d\,\delta(y - kd), \quad (4.26a)$$

also aus der *Multiplikation der Ursprungsfunktion mit einer Folge von Dirac-Impulsen* der Größe d im Abstand d. Die Transformation dieser Beziehung in den Frequenzbereich[1] ergibt

$$S_s(f_y) = S(f_y) * \sum_{n=-\infty}^{\infty} \delta(f_y - n f_s). \quad (4.27)$$

Das Spektrum von s_s entsteht hiernach durch Faltung des Ursprungsspektrums mit der Fourier-Transformierten der Folge von Dirac-Impulsen

[1] Man beachte, dass die Abtastwerte s_k Funktionen von x sind. Mit

$$S(f_y), S_s(f_y) \text{ und } \mathfrak{F}(E)(f_y), H(f_y)$$

sind im Folgenden immer $S(f_x, f_y), \ldots, H(f_x, f_y)$ gemeint.

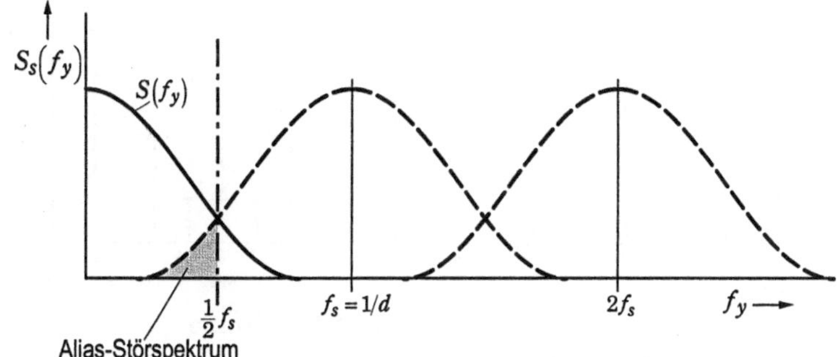

Abb. 4.18. Periodische Wiederholung des Spektrums im Abstand der Samplingfrequenz

$$\mathfrak{F}\left(\sum_{k=-\infty}^{\infty} d\,\delta(y-kd)\right) = \sum_{n=-\infty}^{\infty} \delta\left(f_y - n f_s\right)$$

Diese Faltung liefert eine *periodische Wiederholung des Ursprungsspektrums* im Abstand f_s:

$$S_s(f_y) = \sum_{n=-\infty}^{\infty} S\left(f_y - n f_s\right), \tag{4.27a}$$

wie in Abb. 4.18 veranschaulicht. Die Komponenten sind dort noch nicht addiert, um ihre Überlappungen zu zeigen. Bei der Shannon-Interpolation durchläuft dieses Spektrum den idealisierten Tiefpass mit der Grenzfrequenz $f_s/2$. Eine exakte Rekonstruktion des Ursprungssignals gelingt dann, wenn der Tiefpass alle periodischen Wiederholungen herausfiltern kann, ohne das Ursprungsspektrum selbst zu beeinträchtigen. Im Beispiel von Abb. 4.18 ist dies nicht möglich: das Ursprungsspektrum geht über die Grenzfrequenz $f_s/2$ hinaus, und aus demselben Grunde gibt es eine Überlappung des Ursprungsspektrums mit dem Ausläufer des unteren Seitenbandes der ersten Wiederholung. Die durch die spektrale Überlappung verursachte Störung wird als *Aliasing*[1] bezeichnet. Das Ursprungsspektrum muss also *bandbegrenzt* sein, es darf nicht über $f_s/2$ hinausgehen:

$$S(f_y) = 0 \text{ für } |f_y| \geq \frac{f_s}{2}. \tag{4.28}$$

[1] alias = anderer Name (Zweitname) für jemanden, hier: andere Trägerfrequenz (f_s statt 0) für $S(f_y)$.

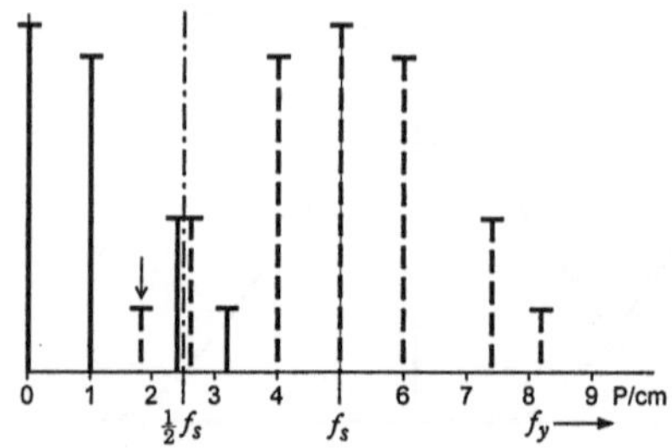

Abb. 4.19a. Zu niedrige Abtastfrequenz für die Funktion in Abb. 4.15

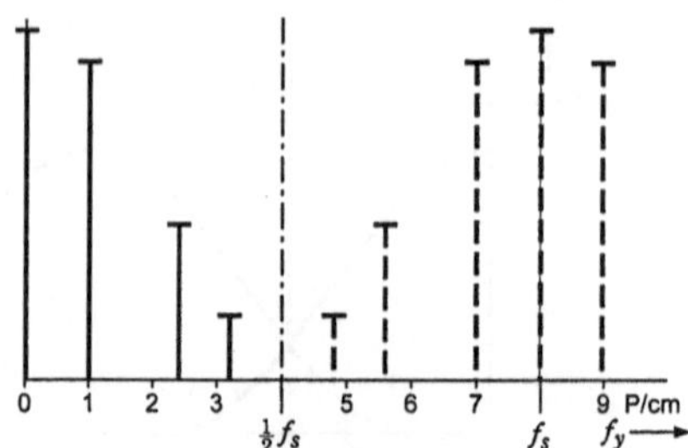

Abb. 4.19b. Keine spektrale Überlappung bei $f_s = 8$ P/cm

Die Bedingung für eine exakte Rekonstruktion lautet also: Die Abtastfrequenz muss mindestens doppelt so hoch sein wie die obere Grenzfrequenz des abzutastenden Signals. Diese minimale Abtastfrequenz, bei der Aliasing gerade nicht mehr auftritt, wird auch als „Nyquist[1]-Rate" bezeichnet. *Ein nach Gl. (4.28) bandbegrenztes Signal ist durch Abtastwerte im Abstand* $1/f_s$ *vollständig darstellbar.* Dieser Satz ist in der Nachrichtentechnik als *Abtasttheorem* bekannt, wird dort allerdings meist auf Funktionen der Zeit bezogen (daher auch der Begriff „Abtastrate").

Wir haben hier nun die Erklärung dafür gefunden, warum bei einer Abtastung unserer Beispielfunktion in Abb. 4.15 mit $f_s = 5$ P/cm die Rekonstruktion misslingen musste (Abb. 4.16), während sie mit $f_s = 8$ P/cm exakt war (Abb. 4.17). Die höchste Frequenz in $s(y)$ (im Beispiel drei überlagerte Sinusfunktionen) ist nämlich 3,2 P/cm. Mit $f_s = 5$ P/cm ergibt sich die in Abb. 4.19a dargestellte Überlappung der Spektrallinien. Der Interpolationstiefpass beseitigt die Nutzkomponente der Frequenz 3,2 P/cm, und in seinem Durchlassbereich liegt eine Komponente der Frequenz $5-3{,}2=1{,}8$ P/cm, die im Ursprungsspektrum gar nicht vorkommt (Alias-Komponente, s. Pfeil). Hingegen sind mit $f_s = 8$ P/cm die spektralen Wiederholungen genügend weit auseinander gezogen, so dass der Interpolationstiefpass ein ungestörtes Ursprungsspektrum vollständig herausfiltern kann (Abb. 4.19b).

Im Allgemeinen ist ein abzutastendes Signal nicht oder nicht hinreichend bandbegrenzt. Es müssen dann *vor* der Abtastung zu hohe Frequenzanteile mit einem Tiefpass beseitigt werden (*„Anti-Aliasing-Tiefpass"*). Es werden also zwei Tiefpässe benötigt: ein erster Tiefpass

[1] Von Nyquist bei Bell Labs USA 1928 angegeben (HARRY NYQUIST, *7.2.1889 in Nilsby, Schweden, †4.4.1976 in Harlingen, Texas).

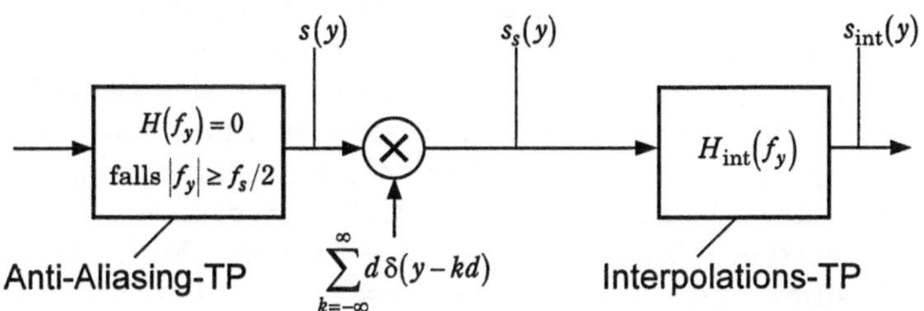

Abb. 4.20. Schema der Abtastung und Rekonstruktion nach Shannon

zur Frequenzbandbeschränkung des Signals vor der Abtastung (Vorfilter), ein zweiter Tiefpass zur Rekonstruktion nach der Abtastung (Nachfilter als Interpolationstiefpass). Das beschriebene System der Abtastung und Rekonstruktion eines Signals nach Shannon wird mit Abb. 4.20 dargestellt. Man beachte: Die Wirkung des Vorfilters wird im Spektrum des abgetasteten Signals in allen periodischen Wiederholungen des Ursprungsspektrums repliziert, das Nachfilter dagegen wirkt auf das Spektrum des abgetasteten Signals als Ganzes.

Es wäre für Bildsignale nicht sinnvoll, zur Bandbegrenzung einen idealisierten Tiefpass zu verwenden, selbst wenn er realisierbar wäre. Er würde zu Bildstörungen durch Überschwinger führen. Sein Durchlassbereich darf nicht abrupt in den Sperrbereich übergehen. Ein allmählicher Abfall der Durchlasskurve hat allerdings den Nachteil, dass auch hohe Frequenzanteile im Ursprungsspektrum abgeschwächt werden, die noch nicht zu Aliasing führen würden. In der Praxis sollte das Vorfilter einen Kompromiss verschiedener Bildstörungen erbringen: Aliasing, Unschärfe und Überschwingen. Außerdem kann man natürlich durch eine höhere Abtastfrequenz die Situation verbessern („Überabtastung"). Bei der Bildabrasterung wirkt, wie eingangs erläutert, die *Aufnahmeapertur als Vorfilter.* Keine weitere Anti-Aliasing-Maßnahme steht für die Bildübertragung normalerweise zur Verfügung. Frequenzgänge von Aperturtiefpässen wurden in Abschn. 4.2.5 abgeleitet, einige Beispiele zeigt Abb. 4.13. Grundsätzlich ist immer nur ein sehr „schleichender" Übergang vom Durchlass- in den Sperrbereich realisierbar, und Überschwingen kann nicht auftreten. Das hängt damit zusammen, dass die Impulsantwort eines Aperturtiefpasses nur positive Werte annehmen kann. Wenn also durch die Aufnahmeapertur eine nennenswerte Reduktion von Aliasing erreicht werden soll, muss die Apertur so groß sein, dass leider auch eine deutliche Reduktion der Bildschärfe in Kauf genommen werden muss (s. Abb. 4.22–4.23 und Abschn. 4.3.2). Hinzu kommt noch, dass diese dann auch horizontal auftritt, weil der Aperturtiefpass ja nicht nur auf f_y -Komponenten, sondern ebenfalls auch auf f_x-Komponenten wirkt, für die aber an sich eine Unterdrückung gar nicht notwendig ist (nur y wird diskretisiert).

Bei der Wiedergabe gibt es für die Mittenlage des Leuchtflecks in vertikaler Richtung wegen des Zeilenrasters ebenfalls nur diskrete Positionen y_j $(j=1,\dots,Z)$, die gleichen wie aufnahmeseitig, wobei die Leuchtdichte des Flecks in der j-ten Zeile mit dem zugehörigen Abtastwert s_j gesteuert wird. Der Abtastwert ist eine Funktion der horizontalen Position, $s_j(x)$. Für ein Signal $s = 1$ sei die Leuchtdichteverteilung des Leuchtflecks gegeben durch $h_W(x,y)$, wenn seine Mitte bei $x = 0$ und $y = 0$ liegt (s. Abschn. 4.2.2). Bei ständiger Wiederholung der Bildabrasterung ergibt sich die zeitliche Mittelung aus der örtlichen Mittelung

$$L_m(x,y) = \frac{1}{B \cdot H} \int_0^B \left(\sum_{j=1}^{Z} s_j(\xi) h_W(x-\xi, y-jd) \right) \mathrm{d}\xi \,. \tag{4.29}$$

Das ist die an einer Stelle x, y des Bildschirms empfundene Leuchtdichte (vgl. Gl. (4.6)). Durch die Superposition der mit s_j amplitudenmodulierten $h_W(y)$-Funktionen wird bei der Wiedergabe auf dem Bildschirm die Rekonstruktion des ursprünglichen $s(y)$-Verlaufs bewirkt. Sie treten an die Stelle der si-Funktionen beim Idealfall der Shannon-Interpolation nach Gl. (4.24). Man kann trotzdem wie bei dem systemtheoretischen Schema nach Abb. 4.20 von einer Multiplikation der abzutastenden Funktion $s(y)$ mit der Folge von Dirac-Impulsen der Größe d im Abstand d ausgehen, wenn man als Interpolationstiefpass den Aperturtiefpass mit dem Frequenzgang $H_W(f_y)/d$ anstelle des idealisierten Tiefpasses nach Shannon einsetzt. *Die Wiedergabeapertur wirkt als Nachfilter.*

Entsprechend wie bei der Vorfilterung durch die Aufnahmeapertur gehen wegen des unvermeidlich allmählichen Übergangs vom Durchlass- zum Sperrbereich bei der Nachfilterung durch die Wiedergabeapertur die höheren f_y-Komponenten des Ursprungsspektrums verloren, wenn man die periodischen Wiederholungen hinreichend unterdrücken will. Man macht deshalb die Wiedergabeapertur (die Leuchtfleckgröße) meist etwas kleiner, als für eine vollständige Interpolation nötig, so dass die Zeilenstruktur noch deutlich erkennbar ist, wenn man das Bild aus kurzer Entfernung betrachtet. Erst bei der normalen Betrachtungsentfernung sollten die Zeilen nicht mehr erkennbar sein (zusätzliche Interpolation durch die örtliche Auflösungsgrenze des Auges, siehe auch Abschn. 4.3.2).

Berechnete Beispiele von Bildstörungen durch Aliasing und Unschärfe, abhängig von der Art der Vorfilterung und Nachfilterung, sind in den Abbildungen 4.21 bis 4.23 wiedergegeben. Als Testbild wird das in Abb. 4.21a gezeigte sternförmige schwarzweiße Sektorenmuster („Siemens-Stern") benutzt. Es wird mit 100 Zeilen gerastert. Da die Vor- und Nachfilterung grundsätzlich nur in vertikaler Richtung gefordert werden, wird für beide hier zunächst ein fiktiver, nur auf f_y wirkender Tiefpass mit dem Frequenzgang

$$H(f_x, f_y) = \frac{1}{1 + \frac{(f_y H)^2}{1250}} \tag{4.30}$$

angenommen. Dieser fällt auf 1/3 ab bei der Frequenz $f_y = f_s/2$ ($f_y H = Z/2 = 50$). Bei einer Abtastung ohne Vorfilterung ergibt sich Abb. 4.21b, wenn zur Interpolation dieser Tiefpass benutzt wird. Die Aliasing-Störungen sind somit ohne eine Bandbegrenzung des abzutastendes Bildes untragbar. Bei einer Vorfilterung mit dem Frequenzgang Gl. (4.30) wird durch die f_y-Bandbegrenzung zwar in vertikaler Richtung eine Bildunschärfe sichtbar (Abb. 4.22a), die nachfolgende Abtastung – mit Interpolation wieder durch den Frequenzgang Gl. (4.30) – zeigt dafür aber nur schwaches Aliasing (Abb. 4.22b). Die Abbildungen 4.23 zeigen die Verhältnisse bei einer realen Apertur, einer quadratischen Lochblende aufnahmeseitig und einem quadratischen Leuchtfleck wiedergabeseitig, beide mit den Abmessungen $2d \times 2d$ (d = Zeilenabstand = 0,01*H*). Die Tiefpasscharakteristik wurde in Abb. 4.13a dargestellt, und nach Gl. (4.17) ergibt sich bei $f_y = f_s/2, f_x = 0$ die erste Nullstelle der si-Funktion. Die hiermit durchgeführte Vorfilterung und Interpolation bringen deutlich größere Unschärfe, insbesondere auch wegen der zusätzlichen Bandbegrenzung in horizontaler Richtung.

Die Vorfilterung wird in der Praxis in Hinblick auf eine gute Anti-Aliasing-Wirkung trotzdem etwa mit den genannten Aperturabmessungen durchgeführt (s. Abschn. 4.3.2), die Leuchtfleckgröße aber mit Rücksicht auf die Bildschärfe kleiner gewählt, so dass die Zeilenstruktur aus kurzem Betrachtungsabstand sichtbar bleibt, wie oben erwähnt, siehe z. B. Abb. 4.22b. Gegen die Unschärfe infolge der weitgehenden Vorfilterung wird aufnahmeseitig nach der Abtastung meist wieder eine Anhebung der hohen vertikalen und horizontalen Ortsfrequenzen eingesetzt (vertikale und horizontale *„Aperturkorrektur"*). Verwendet werden Filter, die auf das Videosignal wirken. Hier im Bereich

Abb. 4.21a. Abzutastendes Bild ohne Vorfilterung

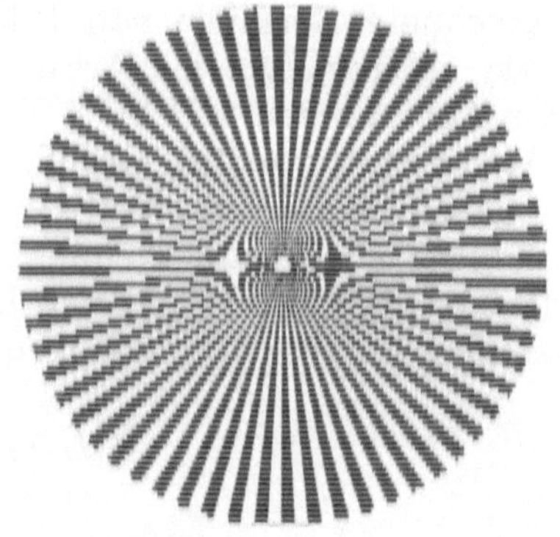

Abb. 4.21b. Rasterung mit 100 Zeilen und Interpolation durch vertikale Filterung (Gl.(4.30))

Abb. 4.22a. Abzutastendes Bild mit vertikaler Vorfilterung (Gl.(4.30))

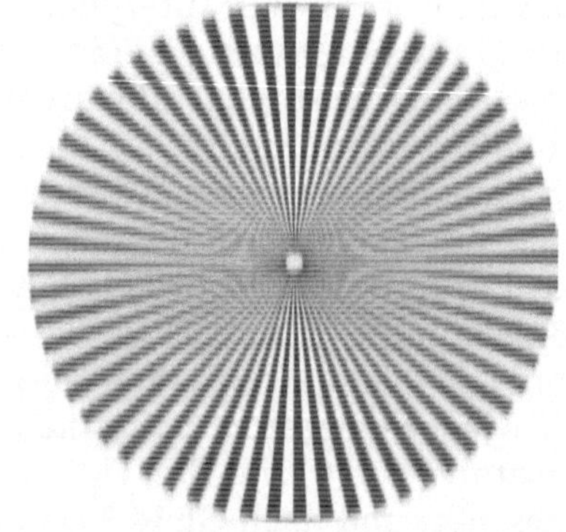

Abb. 4.22b. Rasterung mit 100 Zeilen und Interpolation durch vertikale Filterung (Gl.(4.30))

Abb. 4.23a. Abzutastendes Bild mit Vorfilterung durch Apertur $2d \times 2d$

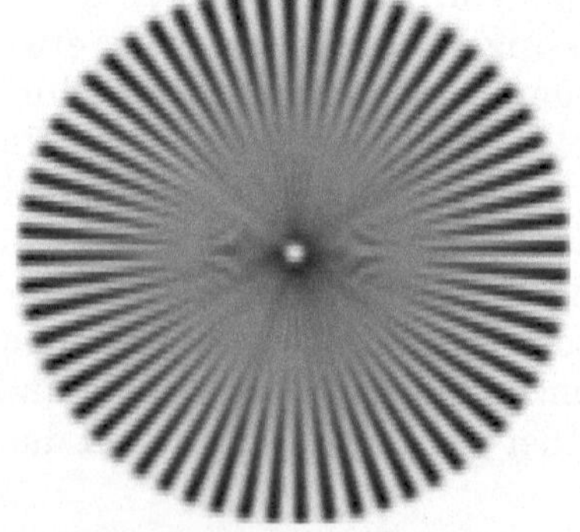

Abb. 4.23b. Rasterung mit 100 Zeilen und Interpolation durch Apertur $2d \times 2d$

elektrischer Signale lassen sich die gewünschten Frequenzgänge realisieren. Der Frequenzgang zur vertikalen Aperturkorrektur wird ein Teil der Nachfilterung, sollte deshalb oberhalb von $f_y = f_s/2$ wieder abfallen, damit er den Interpolationsprozess nicht zu sehr behindert. Aliasing wird dabei nicht provoziert, weil die Frequenzganganhebung erst nach der Abtastung geschieht, vorhandenes Aliasing kann aber deutlicher sichtbar werden.

4.3.2 Die erforderliche Zeilenzahl

Nach dem Abtasttheorem begrenzt die Zeilenzahl ($Z = f_s H$) eines Fernsehsystems die beim Empfänger maximal darstellbare Anzahl von Ortsperioden pro Bildhöhe,

$$H\, f_{y\,\max} < \frac{Z}{2}\,. \tag{4.31}$$

In der Praxis erreicht man

$$H\, f_{y\,\max} = K\frac{Z}{2} \tag{4.31a}$$

mit $K \approx 0{,}7$. Diese Überabtastung mit dem Faktor $1/K$ wird erforderlich wegen der zuvor beschriebenen nichtidealen, durch die Aufnahme- bzw. Wiedergabeapertur bedingten Frequenzgänge des Vorfilters und des Nachfilters. Man bezeichnet K als *Kell-Faktor*. R. D. KELL hatte als erster 1934 eine Definition gegeben und einen Wert von 0,64 genannt [4.3]. Später haben andere Autoren Werte im Bereich von $K = 0{,}53 \ldots 0{,}82$ angegeben. Die Unterschiede sind wohl auf unterschiedliche subjektive Beurteilung und auf jeweils etwas andere Aperturen zurückzuführen [4.2].

Wie die Verhältnisse bei $K = 0{,}7$ liegen, soll an Hand von Abb. 4.24 für eine Gauß-Kreisapertur (Gl. (4.21) und (4.22)) bei Aufnahme und Wiedergabe veranschaulicht werden. Dabei wird ein Aperturdurchmesser von $2d$ angenommen, definiert durch einen Abfall von $h(x,y)$ (Sondenapertur bzw. Leuchtfleckintensität) auf 0,3:

$$\frac{h(x,y)}{h(0,0)} = \mathrm{e}^{-1{,}204(x^2+y^2)/d^2} \qquad \frac{H(f_y)}{H(0)} = \mathrm{e}^{-8{,}197 d^2 f_y^2}\,. \tag{4.32}$$

Das entspricht etwa den in der Praxis verwendeten Aperturgrößen. Damit wird, wie in Abb. 4.24 rechts dargestellt, bereits bei jeder Teilbildabrasterung das ganze Vollbild erfasst. Das Teilspektrum der Bildvorlage über f_y sei frequenzunabhängig: $\mathfrak{F}(E)(f_y) = \text{const}$. Nach der Bandbegrenzung durch die Aufnahmeapertur ergibt sich das Abtast-

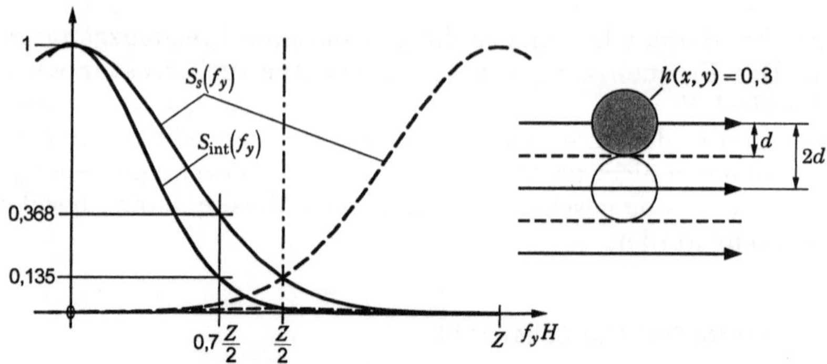

Abb. 4.24. Bandbegrenzung durch Gauß-Aperturen nach Gl. (**4**.32) bei Anti-Aliasing und Interpolation

spektrum $S_s(f_y)$ mit einem Abfall auf 1/e = 0,368 bei $f_y H = 0{,}7\,Z/2$ und am Empfänger nach der Interpolation durch die Gauß-Charakteristik des Leuchtflecks das Spektrum $S_{\text{int}}(f_y)$. Es zeigt bei vertikalen Ortsfrequenzen $f_y H = 0{,}7\,Z/2$ den „Überalles"-Abfall auf 0,135. Wieweit bei einem derartigen Abfall horizontal liegende periodische Bildstrukturen noch erkennbar sind, kann an dem in Abb. 4.25 dargestellten Ausschnitt aus dem Siemens-Stern mit vertikaler Tiefpassfilterung beurteilt werden.

Es ist daher berechtigt, die Grenze der noch erkennbar übertragbaren vertikalen Ortsperioden pro Bildhöhe bei 35 % der Zeilenzahl anzunehmen. In Europa, im größten Teil von Asien, in Afrika und Australien sowie in Argentinien, Uruguay und Paraguay wird ein „625-Zeilen-System" verwendet (s. Abschn. 8.4). Hier ist die auf die Bildhöhe entfallende Anzahl der Zeilen $Z = 575$ („aktive" Zeilen). 50 Zeilen bleiben für die Abtastung ungenutzt, sie liegen im Vertikalrücklauf (s. Abschn. 4.4.1). In den übrigen Teilen der Welt, insbesondere in Amerika und Japan, ist ein 525-Zeilen-System mit $Z = 481$ aktiven Zeilen eingeführt. Ein Vorschlag in Europa für ein „hochauflösendes Fernsehen" (HDTV, High Definition Television) sieht ein 1250-Zeilen-System mit $Z = 1152$ aktiven Zeilen vor. Die Zusammenstellung der Tabelle 4.1 gibt die mit diesen Systemen noch erkennbar übertragbaren Ortsperioden pro Bildhöhe an.

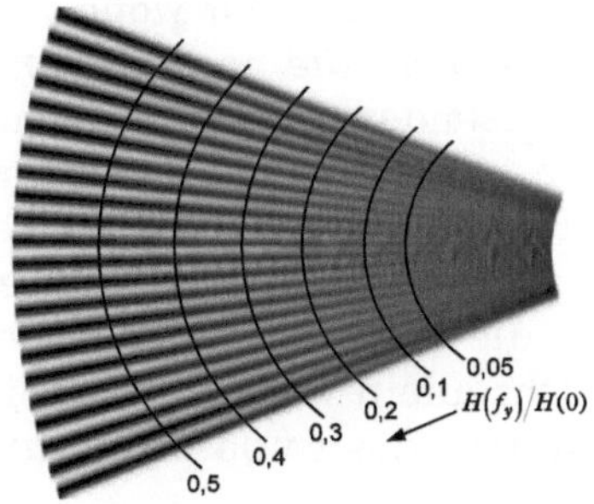

Abb. 4.25. Sichtbarkeit der Tiefpasswirkung eines Ortsfrequenzfilters.

Tabelle 4.1. Vertikalauflösung bei Kell-Faktor $K = 0{,}7$ und zulässiger minimaler Betrachtungsabstand D für 20 P/° Grenzfrequenz

System	Z	$f_{y\max}$	D
625 Zeilen	575	200 P/H	5,7H
525 Zeilen	481	170 P/H	6,7H
1250 Zeilen	1152	400 P/H	2,8H

Es stellt sich die Frage: Wie nahe darf man an den Bildschirm herangehen, ohne dass diese Begrenzung der noch erkennbar darstellbaren Ortsperioden pro Bildhöhe als störende Bildunschärfe sichtbar wird?

Maßgebend dafür ist die örtliche Auflösungsfähigkeit des Auges. Im Abschn. 3.2 (Gl. (3.6)) wurde eine obere Grenzfrequenz (Perioden pro Sehwinkelgrad) von $f_{y\,\mathrm{gr}} = f_{x\,\mathrm{gr}} = 30$ P/° angegeben. Bei nahezu ruhig stehenden Strukturen ist dabei die Kontrastempfindlichkeit auf etwa 2 % abgefallen, die Struktur deshalb kaum noch sichtbar. Die höchste Ortsfrequenz, die in einem Bild bei nahezu ruhig stehender Struktur noch wiedergegeben werden kann, sollte umgerechnet auf den Sehwinkel

$$f_{y\max} = f_{x\max} = 20\ \mathrm{P}/° \tag{4.33}$$

betragen, weil dann erfahrungsgemäß eine einwandfreie Bildschärfe gesehen wird. Höhere Werte würden sich nicht lohnen. Bei dieser Frequenz ist die Kontrastempfindlichkeit auf etwa 10 % abgefallen (s. Abb. 3.10 oder Abb 3.12). Die „Überalles-MTF" des Übertragungssystems sollte, angepasst an den Augenfrequenzgang, bei 20 P/° nicht kleiner sein als 0,1.

An dieser Stelle ist eine Bemerkung zu dem schon mehrfach genannten Begriff „Auflösung" notwendig. Wir wollen darunter immer *die maximale Ortsfrequenz verstehen, die noch erkennbar dargestellt werden kann.* Häufig aber, insbesondere zur Kennzeichnung der „Graphikauflösung" bei Computern, versteht man darunter die Anzahl der Bildelemente, in die das Bild aufgerastert ist (s. Abb. 4.1), z. B. 640 horizontal mal 480 vertikal. Nicht immer ist aber eine horizontale Rasterung vorhanden, und die noch erkennbar wiedergebbare maximale Ortsfrequenz hängt nicht allein von der Feinheit der Aufrasterung ab. Wir wollen diese Definition des Auflösungsbegriffs deshalb nicht verwenden.

Bei einer Betrachtungsentfernung D ist der Sehwinkel, unter dem die Bildhöhe H erscheint

$$\sigma_H = 2 \arctan \frac{H}{2D} \,. \tag{4.34}$$

Nach Gl. (4.33) darf dieser Winkel, der vertikale Gesichtsfeldwinkel, bei der Grenze von 200 P/H des 625-Zeilen-Systems nicht größer als 10° sein, beim 525-Zeilen-System (170 P/H) nicht größer als 8,5° und beim HDTV-System (400 P/H) nicht größer als 20° sein. Daraus ergeben sich die in Tabelle 4.1 aufgeführten minimal zulässigen Betrachtungsabstände im Verhältnis zur Bildhöhe.

Den größeren vertikalen Gesichtsfeldwinkel, den ein HDTV-System erlaubt, wird ein Fernsehzuschauer nicht dadurch nutzen, dass er an seinen Bildschirm der bisher üblichen Größe näher herangeht, sondern bei unverändertem Betrachtungsabstand durch einen entsprechend vergrößerten Bildschirm. Für einen typischen Betrachtungsabstand von $D =$ 2,30 m sind die nach Tabelle 4.1 systemgerechten Bildgrößen für Standard-TV und HDTV in Abb. 4.26 veranschaulicht. Für beide ist damit die gleiche Auflösung von 20 P/° bzw. die gleiche Auflösung pro cm^2 Bildschirmfläche realisiert. Je größer der Teil des Gesichtsfeldes ist, der vom Bild eingenommen wird, um so mehr sollte übrigens, den Sehgewohnheiten entsprechend, die Bildbreite gegenüber der Bildhöhe betont werden. Für 10° Bildwinkel vertikal ist das für Standard-TV genormte Bildseitenverhältnis (engl. *aspect ratio*) von 4:3 angemessen, für HDTV ist 16:9 festgelegt. Auch sollte das größere Bild, das ein HDTV-System ermöglicht, nicht einfach nur das Standard-TV-Bild vergrößert zeigen, sondern zu einer Weitwinkelaufnahme genutzt werden, die dem Bildeindruck am Aufnahmeort eher entspricht (s. Abb. 4.26).

Abb. 4.26. Systemgerechte Bildschirmgrößen für eine Betrachtungsentfernung von 2,30 m ($f_{y\max}$ = 20 P/°) bei Standard-TV (625 Zeilen, 4 : 3) und HDTV (1250 Zeilen, 16 : 9)

Die notwendige Zeilenzahl für ein Fernsehsystem wird somit im Grunde genommen – weil die Betrachtungsentfernung vorgegeben ist – von der in dem System vorgesehenen Bildschirmgröße bestimmt.

4.3.3 Sampling, zweidimensional

Bei einem Standbild ist die Funktion $E(x,y,t)$ der Bildvorlage von der Zeit t unabhängig, ihr Spektrum $\mathfrak{F}(E)(f_x, f_y, f_t)$ nur für $f_t = 0$ von null verschieden. Eine Zeitabhängigkeit kann durch eine Bewegung von Objekten in der Aufnahmeszene oder durch einen Kameraschwenk entstehen (Bewegtbild) oder dadurch, dass im Standbild die Leuchtdichte von Objekten zeitlich variiert.

Bei einer Bewegung mit dem (konstanten) Geschwindigkeitsvektor $\vec{v} = \{v_x, v_y\}$ werden die Ortskoordinaten des Standbildes ersetzt:

$$x \to x - v_x t \qquad y \to y - v_y t\,.$$

Damit wird im Frequenzraum das Spektrum um $f_t = -(v_x f_x + v_y f_y)$ verschoben:

$$\begin{aligned} &\text{Standbild} && \mathfrak{F}(E)(f_x, f_y, f_t) = \mathfrak{F}(E)(f_x, f_y)\,\delta(f_t) \\ &\text{Bewegtbild} && \mathfrak{F}(E)(f_x, f_y, f_t) = \mathfrak{F}(E)(f_x, f_y)\,\delta(f_t + v_x f_x + v_y f_y) \end{aligned} \qquad (4.35)$$

Die Symmetrie des Spektrums bezüglich des Nullpunktes des Frequenzraumes, die gelten muss, weil E reell ist, bleibt erhalten (vgl. Gl. (4.15)):

$$\mathfrak{F}(E)\left(-f_x,-f_y,-f_t\right)=\mathfrak{F}^*(E)\left(f_x,f_y,f_t\right) \tag{4.15a}$$

Bei einer periodischen Modulation der Leuchtdichte in der Aufnahmeszene mit einer Frequenz f, z. B. durch $\cos(2\pi f t)$,

$$E(x,y)\rightarrow\cos(2\pi f t)\cdot E(x,y),$$

wird das Spektrum jeweils mit halber Amplitude verschoben um $f_t=f$ und um $f_t=-f$:

$$\mathfrak{F}(E)\left(f_x,f_y\right)\delta(f_t)\rightarrow\frac{1}{2}\mathfrak{F}(E)\left(f_x,f_y\right)\delta(f_t-f)+\frac{1}{2}\mathfrak{F}(E)\left(f_x,f_y\right)\delta(f_t+f) \tag{4.36}$$

Daneben gilt natürlich auch die Symmetrie zum Nullpunkt des Frequenzraumes.

Die Bildzerlegung mit der sequentiellen zeilenweisen Abtastung der Vorlage führt neben der zuvor behandelten Diskretisierung der y-Koordinate auch zur Diskretisierung der t-Koordinate. Aus der über das Kontinuum $\{x,y,t\}$ der unabhängigen Veränderlichen gegebenen Funktion $E(x,y,t)$ wird eine Folge einzelner Funktionen über x herausgegriffen, jeweils an bestimmten Punkten $\{y_j,t_i\}$:

$$E_{i,j}(x)=_{\mathrm{def}}E\left(x,y_j,t_i\right),$$

wie in Abschn. 4.1 beschrieben. Die Abtastpunkte bilden in der $\{y,t\}$-Ebene ein gleichmäßiges, zweidimensional periodisches Muster. Es ist für die Vollbildabtastung in Abb. 4.27a und für die Zeilensprungabtastung in Abb. 4.27b dargestellt[1]. Das Muster der Vollbildabtastung ist in t mit $T=T_{\mathrm{B}}=20$ ms periodisch und in y mit d periodisch. Beim Zeilensprungmuster ist $T=T_{\mathrm{V}}$.

Die Abtastsonde bezieht bei der Aufnahme der Funktionswerte entsprechend ihrer Apertur auch die Umgebung der dargestellten Samplingpunkte mit ein. Neben die schon behandelte örtliche Apertur über y tritt jetzt zusätzlich die zeitliche Apertur. Der aufgenommene Signalwert ergibt sich aus der Integration über die vor dem Abtastzeitpunkt liegende „Belichtungszeit", normalerweise gleich der Halbbilddauer T_{V} (die Apertur ist in Abb. 4.27b eingezeichnet). Die Entnahme

[1] Das Muster hat genau genommen eine leichte Schräglage. y_j ist von x abhängig, t_i von y (s. Abschn. 4.1). Das wird im Folgenden vernachlässigt, wäre im Bild 4.27 auch nicht erkennbar.

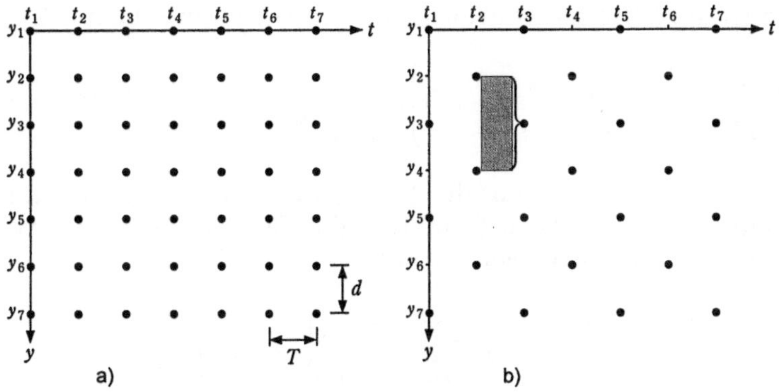

Abb. 4.27. Sampling-Muster bei Vollbildabtasung (a) und bei Zeilensprungabtastung (b).

von Werten an exakt den Punkten des Sampling-Musters von Abb. 4.27 gilt also, wie im eindimensionalen Fall, erst nach der örtlichen und zeitlichen Aperturverzerrung, bezieht sich also auf die dadurch örtlich und zeitlich vorgefilterte Funktion $s(x,y,t)$. Nur diese Werte werden zum Empfänger übertragen, die Funktionswerte zwischen den Abtastpunkten sind verloren. Es ist zu klären, ob und unter welchen Bedingungen eine Interpolation möglich ist, die den ursprünglichen Funktionsverlauf $s(x,y,t)$ über der gesamten $\{y,t\}$-Ebene rekonstruiert.

Hierzu nehmen wir analog zum eindimensionalen Samplingvorgang auf der $\{y,t\}$-Ebene zweidimensionale Dirac-Impulse $\delta(y,t)$ an allen Samplingpunkten an, jeweils amplitudenmoduliert mit den dortigen Abtastwerten, bei der Vollbildabtastung ein Signal

$$s_s(x,y,t) = T\,d \sum_{j=-\infty}^{\infty} \sum_{i=-\infty}^{\infty} s_{i,j}(x)\,\delta(y-jd,t-iT)\,. \tag{4.37}$$

Dies ist gleich der Multiplikation der Ursprungsfunktion mit dem Dirac-Impulsgitter,

$$s_s(x,y,t) = s(x,y,t) \sum_{j=-\infty}^{\infty} \sum_{i=-\infty}^{\infty} T\,d\;\delta(y-jd,t-iT)\,. \tag{4.37a}$$

Wir benutzen die Fourier-Transformation von $s(x,y,t)$, das Spektrum über $\{f_x,f_y,f_t\}$:

$$S(f_x,f_y,f_t) = \int_{-\infty}^{+\infty} \int_{-\infty}^{+\infty} \int_{-\infty}^{+\infty} s(x,y,t)\exp\left(-2\pi \mathrm{j}\left(f_x x + f_y y + f_t t\right)\right) \mathrm{d}x\,\mathrm{d}y\,\mathrm{d}t \tag{4.38}$$

Weiterhin ist die Fourier-Transformierte des Dirac-Impulsgitters

$$\mathfrak{F}\left(\sum_{j=-\infty}^{\infty}\sum_{i=-\infty}^{\infty} T d\,\delta(y-jd, t-iT)\right)=\sum_{n=-\infty}^{+\infty}\sum_{m=-\infty}^{+\infty}\delta\left(f_y-\frac{n}{d}, f_t-\frac{m}{T}\right),$$

also ein Dirac-Impulsgitter auf der $\{f_y, f_t\}$-Ebene mit Impulsen an den Stellen $\{n/d, m/T\}$. Die Transformation der Beziehung (4.37a) in den $\{f_x, f_y, f_t\}$-Frequenzbereich ergibt somit

$$S_s(f_x, f_y, f_t) = S(f_x, f_y, f_t) ** \sum_{n=-\infty}^{+\infty}\sum_{m=-\infty}^{+\infty}\delta\left(f_y-\frac{n}{d}, f_t-\frac{m}{T}\right). \tag{4.39}$$

Das Spektrum von $s_s(x, y, t)$ entsteht durch die zweidimensionale Faltung des Ursprungsspektrums (4.38) mit der Fourier-Transformierten des Dirac-Impulsgitters. Diese Faltung liefert eine *zweidimensional periodische Wiederholung des Ursprungsspektrums* auf der $\{f_y, f_t\}$-Ebene jeweils mit den Versatzzentren $\{n/d, m/T\}$:

$$S_s(f_x, f_y, f_t) = \sum_{n=-\infty}^{+\infty}\sum_{m=-\infty}^{+\infty} S\left(f_x, f_y-\frac{n}{d}, f_t-\frac{m}{T}\right). \tag{4.39a}$$

Abb. 4.28 zeigt diese Wiederholungen des Originalfrequenzbereiches in Abständen von $\Delta f_t = 1/T = 50$ Hz und $\Delta f_y H = Z = 575$ mit einem Muster der Versatzzentren, das ebenso orthogonal ist wie das verursachende Muster der Samplingpunkte (Abb. 4.27a) mit den reziproken Abständen $\Delta t = T = 20$ ms und $\Delta y/H = 1/Z$. Wird das Spektrum des abzutastenden Signals vor der Abtastung beschränkt auf den in Abb. 4.28

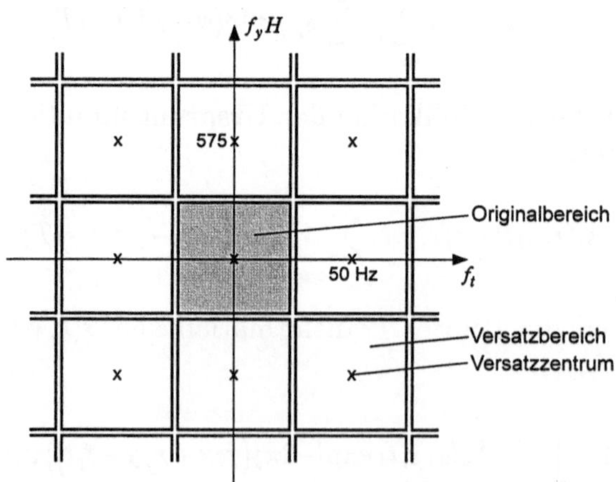

Abb. 4.28. Zulässiger $\{f_y, f_t\}$-Bereich und seine Versatzbereiche bei Vollbildabtastung.

markierten Rechteckbereich, so dass

$$S\left(f_x, f_y, f_t\right) = 0 \text{ für } \left|f_y H \geq \frac{Z}{2}\right| \vee \left|f_t\right| \geq \frac{T_\text{B}}{2}, \tag{4.40}$$

so bedecken der Originalbereich und seine Versatzbereiche die $\{f_y, f_t\}$-Ebene lückenlos und ohne Überlappungen, d. h. ohne Aliasing. Das ist somit der größte mögliche Frequenzbereich, bei dem eine fehlerfreie Interpolation zwischen den Abtastwerten über der gesamten $\{y, t\}$-Ebene gelingen könnte. Man muss dazu das mit den Abtastwerten amplitudenmodulierte Dirac-Impulsgitter – Gl. (4.37) – mit dem zweidimensionalen Interpolationstiefpass

$$H_\text{int}\left(f_y, f_t\right) = \begin{cases} 1 \text{ für } \left|f_y H\right| \leq \frac{Z}{2} \wedge \left|f_t\right| \leq \frac{T_\text{B}}{2} \\ 0 \text{ sonst} \end{cases} \tag{4.41}$$

filtern.

Zur Untersuchung der Interpolationsmöglichkeiten bei der Zeilensprungabtastung mit dem Muster der Samplingpunkte nach Abb. 4.27b nehmen wir zweidimensionale Dirac-Impulse an diesen Samplingpunkten an, eine Überlagerung des orthogonalen Musters der „ungeraden" Teilbilder ($j = 1,3,5,\ldots$) und der „geraden" Teilbilder ($j = 2,4,6,\ldots$), und multiplizieren diese mit den jeweils dort entnommenen Abtastwerten $s_{i,j}(x)$:

$$\begin{aligned} s_s(x, y, t) &= 2Td \sum_{l=-\infty}^{+\infty} \sum_{k=-\infty}^{+\infty} s_{2k+1,2l+1}(x)\,\delta(y-(2l+1)d, t-(2k+1)T) \\ &\quad + 2Td \sum_{l=-\infty}^{+\infty} \sum_{k=-\infty}^{+\infty} s_{2k,2l}(x)\,\delta(y-2ld, t-2kT) \\ &= s(x, y, t) \cdot \left[2Td \sum_{l=-\infty}^{+\infty} \sum_{k=-\infty}^{+\infty} \delta(y-(2l+1)d, t-(2k+1)T) \right. \\ &\quad \left. + 2Td \sum_{l=-\infty}^{+\infty} \sum_{k=-\infty}^{+\infty} \delta(y-2ld, t-2kT) \right] \end{aligned} \tag{4.42}$$

Die Fourier-Transformation des in eckige Klammern gesetzten Dirac-Impulsgitters ist gegeben durch

$$\mathfrak{F}([\cdots]) = \frac{1}{2}(1+\exp(-2\pi j(f_y d + f_t T))) \cdot \sum_{n=-\infty}^{+\infty} \sum_{m=-\infty}^{+\infty} \delta\left(f_y - \frac{n}{2d}, f_t - \frac{m}{2T}\right)$$
$$= \sum_{n=-\infty}^{+\infty} \sum_{m=-\infty}^{+\infty} \frac{1+(-1)^{m+n}}{2} \delta\left(f_y - \frac{n}{2d}, f_t - \frac{m}{2T}\right) \tag{4.43}$$

und die Fourier-Transformation der Multiplikation von $s(x,y,t)$ mit dem Dirac-Impulsgitter in der Gl. (4.42)

$$S_s(f_x, f_y, f_t) = S(f_x, f_y, f_t) ** \mathfrak{F}([\cdots]) . \tag{4.44}$$

Diese Faltung liefert die zweidimensional periodische Wiederholung des Ursprungsspektrums auf der $\{f_y, f_t\}$-Ebene mit den Versatzzentren

$$\left\{\frac{n}{2d}, \frac{m}{2T}\right\} \text{ falls } m+n = 2k,\ k \in \mathbb{Z}:$$

$$S_s(f_x, f_y, f_t) = \sum_{n=-\infty}^{+\infty} \sum_{m=-\infty}^{+\infty} \frac{1+(-1)^{m+n}}{2} S\left(f_x, f_y - \frac{n}{2d}, f_t - \frac{m}{2T}\right). \tag{4.45}$$

Die Versatzzentren sind in Abb. 4.29a-d durch Kreuze markiert. Sie bilden in der $\{f_y, f_t\}$-Ebene ebenso wie die Samplingstellen in der $\{y, t\}$-Ebene ein *Quincunx*[1]-Muster.

Der in Abb. 4.29a markierte rautenförmige Originalfrequenzbereich und seine Versatzbereiche bedecken die $\{f_y, f_t\}$-Ebene lückenlos und ohne Überlappungen. Wenn das Spektrum von $E(x,y,t)$ auf diesen Bereich beschränkt ist oder durch ein Vorfilter beschränkt wird, müsste mit einem entsprechenden Interpolationstiefpass

$$H_{\text{int}}(f_y, f_t) = \begin{cases} 1 \text{ für } \frac{2}{Z}|f_y H| + \frac{2}{T_V}|f_t| \le 1 \\ 0 \text{ sonst} \end{cases} \tag{4.46}$$

eine fehlerfreie Rekonstruktion der Ursprungsfunktion $s(x,y,t)$ möglich sein. Tatsächlich hat nach Abb. 3.12 der Orts-Zeit-Frequenzgang des visuellen Systems des Menschen, das die Interpolation durchführen muss, etwa diese rautenförmige Begrenzung: -20 dB von $|f_y| = 20$ P/°, $|f_t| = 0$ Hz bis $|f_y| = 0$ P/°, $|f_t| = 25$ Hz. Die geforderte Fre-

[1] lat. quincunx: die Anordnung der Augen bei der Fünf auf einem Würfel.

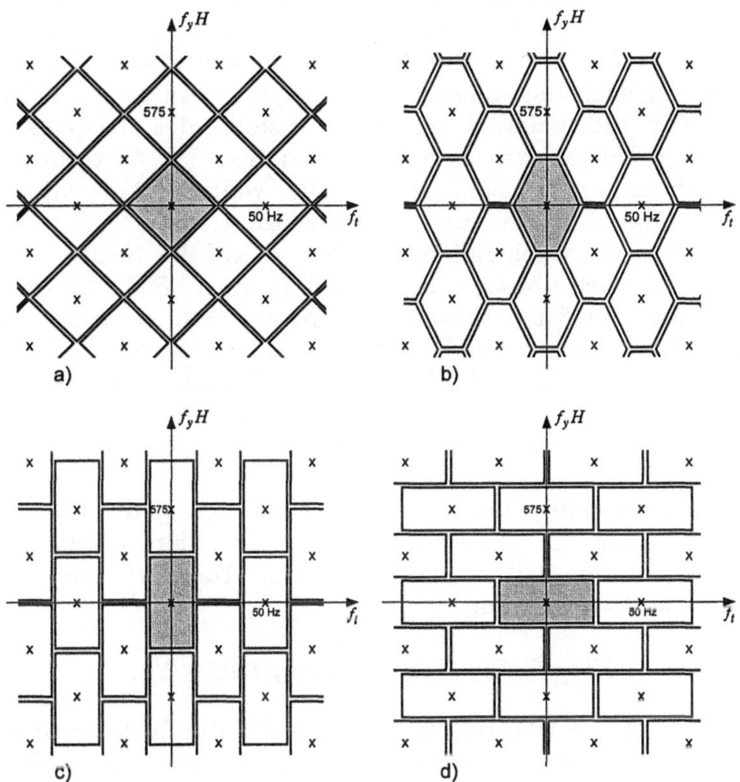

Abb. 4.29. Zulässige $\{f_y, f_t\}$-Bereiche und ihre Versatzbereiche bei Zeilensprungabtastung

quenzbereichsbeschränkung vor der Abtastung lässt hohe Ortsfrequenzen $f_y H$ bis zur theoretischen Grenze $Z/2$ nur für stillstehende Bildteile zu, und hohe Zeitfrequenzen bis zur theoretischen Grenze $f_V/2 = 25$ Hz sind nur bei senkrecht stehenden Strukturen ($f_y = 0$) erlaubt[1]. Eine derartige Beschränkung des Spektrums lässt sich allerdings mit einer Apertur als Vorfilter nicht erreichen.

Eine lückenlose Bedeckung der $\{f_y, f_t\}$-Ebene mit dem Originalfrequenzbereich und seinen Versatzbereichen – damit ein möglichst großer Frequenzbereich über $\{f_y, f_t\}$ zulässig wird – bei einer außerdem überlappungsfreien Bedeckung – damit kein Aliasing auftritt – wird nicht nur mit dem beschriebenen rautenförmigen Bereich erreicht. Andere Formen von Originalfrequenzbereichen, die diese Bedingungen ebenfalls erfüllen, sind in den Abbildungen 4.29b–d gezeigt. So kann

[1] Eine Periode einer in x periodischen Struktur wird innerhalb von 40 ms horizontal bewegt.

beispielsweise bei dem Rechteckbereich von Abb. 4.29d bei einer Beschränkung des Spektrums über f_y auf die Hälfte des bisher angenommen Bereichs, d. h. auf $f_y H = Z/4$, diese vertikale Ortsfrequenz selbst bis zur höchsten zulässigen Zeitfrequenz von 25 Hz beibehalten werden. Zur Interpolation ist dann anstelle des Tiefpasses nach Gl. (4.46) ein Tiefpass mit dem genannten, über $\{f_y, f_t\}$ rechteckförmigen Durchlassbereich einzusetzen. Die weitere Alternative nach Abb. 4.29c zeigt, dass die Ortsfrequenzgrenze $f_y H = Z/2$ für alle f_t erlaubt ist, falls der Spektralbereich über f_t auf die Hälfte des bisher angenommen Wertes beschränkt wird, d. h. auf 12,5 Hz. Im Gegensatz zum Sampling im Eindimensionalen, wo mit dem Abtasttheorem der zulässige Frequenzbereich des abzutastenden Signals eindeutig anzugeben ist, gibt es bei mehrdimensionaler Abtastung zu einem vorgegebenen Abtastmuster im Allgemeinen eine Vielzahl unterschiedlicher Bandbegrenzungsbereiche (Vorschriften für das Vorfilter) mit jeweils entsprechendem Interpolationstiefpass.

In der Praxis steht jedoch zur Vorfilterung über f_t nur die erwähnte zeitliche Apertur, die Integration über die vor dem Abtastzeitpunkt liegende Belichtungszeit T_I, zur Verfügung. Das Anti-Aliasing-Filter hat dann den Frequenzgang

$$H(f_x, f_y, f_t) = T_\mathrm{I}\, H(f_x, f_y) \mathrm{si}(\pi f_t T_\mathrm{I}) \mathrm{e}^{-\pi \mathrm{j} f_t T_\mathrm{I}}, \tag{4.47}$$

wobei $H(f_x, f_y)$ die Übertragungfunktion des durch die örtliche Aufnahmeapertur bedingten Tiefpasses ist (s. Abschn. 4.2.5). Normalerweise wird die Integrationszeit $T_\mathrm{I} = T_\mathrm{V} = 20$ ms benutzt.
Hierfür und für die oben bei Abb. 4.24 benutzte Gauß-Kreisapertur der Aufnahme (Gl. (4.32)[1]) als Beispiel wurde die Vorfilterung nach Gl. (4.47) berechnet und durch „Höhenlinien" im Originalfrequenzbereich und in den Versatzbereichen der Zeilensprungabtastung in Abb. 4.30 veranschaulicht. Erhebliche Überlappungsbereiche treten auf. Das Auge als „Interpolationstiefpass" filtert aus einer Entfernung von $\approx 6H$ etwa den markierten Bereich heraus. Größere Integrationszeiten zur Verringerung des zeitlichen Aliasing kommen praktisch nicht in Betracht, weil sonst schon bei langsamen Objektbewegungen oder Kameraschwenks die Bildschärfe verloren gehen würde. Auch schon bei unbewegten Bildern können durch Aliasing Spektralkomponenten mit $|f_t| > 0$ auftreten, wie an den Punkten A und A* in Abb. 4.24

[1] Die Abhängigkeit von f_x kann unberücksichtigt bleiben, weil in diesem Beispiel $H(f_x, f_y)$ nach f_x und f_y separierbar ist; $H(f_x, f_y)/H(f_x, 0)$ ist von f_x unabhängig.

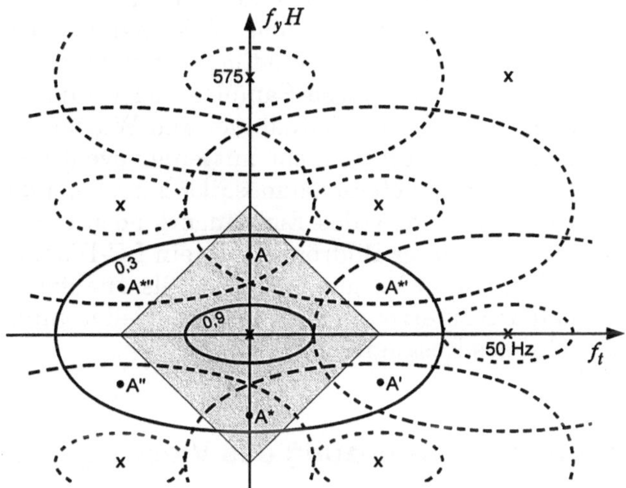

Abb. 4.30. Ergebnis einer Vorfilterung durch die örtliche und zeitliche Aufnahmeapertur bei Zeilensprungabtastung. Grenze des markierten Bereichs: -20 dB Abfall der Kontrastempfindlichkeit des Auges. Punkte A', A'': Zwischenzeilenflimmern

zu erkennen ist. Sie sind ein Beispiel für eine in y periodische Struktur (horizontal liegende Linien) in einem Standbild. Es entstehen daraus die Alias-Punkte A', A*', A'', A*''. Paarweise liegen sie um + 25 Hz neben der f_y -Achse. Wie eingangs erläutert, ist das das Spektrum einer mit 25 Hz intensitätsmodulierten ruhenden Struktur horizontaler Linien. Wir erkennen hier den früher beschriebenen Effekt des Zwischenzeilenflimmerns.

Bei der Bildaufnahme durch ein Photodiodenmosaik (Abb. 4.1, CCD-Kamera s. Abschn. 9.1.1) wird, wie in Abschn. 4.1 erläutert, auch die x-Koordinate diskretisiert. Die Bildzerlegung stellt dann einen *dreidimensionalen Samplingvorgang* dar. Hier ist ein im $\{f_x, f_y, f_t\}$-Raum verteiltes Muster von Versatzzentren anzunehmen, an denen das dreidimensionale Basisspektrum wiederholt wird. Diese „Versatzkörper" sollten sich nicht durchdringen, aber den Raum möglichst ausfüllen. Im Unterschied zum Sampling über y und t, wo die Abtastwerte bis zum Display des Empfängers weitergegeben werden und erst dort bzw. im Auge des Beobachters interpoliert werden, wird die Diskretisierung der x-Koordinate sofort nach der Signalgewinnung in der Aufnahmekamera wieder aufgehoben. Diese Interpolation geschieht also im Bereich der elektrischen Signale, so dass hier effizientere Interpolationstiefpässe eingesetzt werden können, die nicht den Einschränkungen von Aperturtiefpässen unterliegen. Für die digitale Videosignalverarbeitung im Studio und gegebenenfalls auch für die Übertragung ist außerdem ein Samplingvorgang auf das Videosignal anzuwenden (s. Abschn. 6.2.1). Primär ist das ein eindimensionaler Samplingvorgang über t, doch man kann sich diese Samples zugeordnet vorstellen zu diskreten Bildelementen in der Aufnahme- und Wiedergabeebene, wobei aber die fiktive x-Rasterung nicht mit einer eventuellen realen x-Rasterung im Falle des Photodiodenmosaiks korres-pondiert. Schließlich kann es auch im Display des Empfängers noch eine x-Rasterung geben, wenn dort statt einer Bildröhre z. B. ein LC-Display (s. Abschn. 9.2.3) benutzt wird. Dieser Vorgang ist ebenfalls unabhängig vom Raster der eventuell zuvor erzeugten und dann wieder interpolierten x-Samples (asynchrones Resampling).

4.4 Frequenzbandbegrenzung des Videosignals

Das Videosignal kann auf dem Weg zum Empfänger, auf der elektrischen Übertragungsstrecke, durch Überlagerung von Störsignalen (z. B. Rauschen), durch Nichtlinearitäten der Strecke und durch Frequenzbandbegrenzungen („lineare Verzerrungen") beeinträchtigt werden. Dadurch können dann Störungen im wiedergegebenen Bild sichtbar werden.

Hier sollen die Forderungen an den elektrischen Teil der Übertragungsstrecke hinsichtlich des Frequenzbandes, das dem Videosignal bei analoger Übertragung zur Verfügung stehen muss, untersucht und aufgestellt werden.

4.4.1 Das Videosignal

Wir bestimmen zunächst die erforderliche *Zeilenfrequenz* f_H. Sie ergibt sich einerseits aus der im System verwendeten Zeilenzahl, einschließlich der nicht sichtbaren, im Vertikalrücklauf liegenden Zeilen Z_A,

$$Z^* = Z + Z_A,$$

wobei die Anzahl Z der aktiven Zeilen wiederum von dem vertikalen Gesichtsfeldwinkel bestimmt wird, der beim Empfänger maximal zulässig sein soll, (s. Abschn. 4.3). Andererseits ist maßgebend, wie oft diese Z^* Zeilenintervalle pro Sekunde wiederholt werden, wie groß also die Bildfolgefrequenz f_B ist,

$$f_H = Z^* \cdot f_B\,, \tag{4.48}$$

wobei f_B aus der Erkennbarkeitsgrenze des Großflächenflimmerns (kleinste zulässige Flimmerfrequenz f_{Fl}, Abb. 3.7) bestimmt ist und davon, ob Zeilensprungabtastung verwendet wird (vgl. Gl. 4.2):

$$\left.\begin{array}{ll} f_B \geq f_{Fl} & \text{bei Vollbildabtastung} \\ f_V \geq f_{Fl}, \quad f_B = \dfrac{f_V}{2} & \text{bei Zeilensprungabtastung} \end{array}\right\} \tag{4.49}$$

Beim 625-Zeilensystem sind Zeilensprung und die Teilbildfrequenz (Vertikalfrequenz) $f_V = 50\,\text{Hz}$ genormt, so dass mit $Z^* = 625$ die Zeilenfrequenz wird

$$f_H = 625 \cdot \frac{50\,\text{Hz}}{2} = \mathbf{15625\,Hz} \qquad T_H =_{\text{def}} \frac{1}{f_H} = \mathbf{64\,\mu s}\,.$$

Beim 525-Zeilensystem sind Zeilensprung und die Teilbildfrequenz $f_V = 60\,\text{Hz}$ genormt[1], die Zeilenfrequenz ist

$$f_H = 525 \cdot 30\,\text{Hz} = 15750\,\text{Hz}.$$

Bei einem HDTV-System mit $Z^* = 1250$ Zeilen und Zeilensprung ergibt sich bei $f_V = 50\,\text{Hz}$ eine Zeilenfrequenz von

$$f_H = 1250 \cdot 25\,\text{Hz} = 31250\,\text{Hz}.$$

Ein Oszillogramm des Videosignals über die Dauer einer Zeile ist in Abb. 4.31 für das 625-Zeilensystem dargestellt. Es enthält das eigentliche Bildsignal und das Synchronsignal.

Für die Dauer des Zeilenrücklaufs (des Rücklaufs der Horizontalablenkung) wird das Bildsignal jeweils auf Schwarz ausgetastet. Hierfür sind T_A = 12 µs reserviert; für die aktive, im Bild sichtbare Zeile bleiben nur T_H' = 52 µs übrig. Die Horizontalaustastung wurde mit Rücksicht auf die Ablenkschaltung der Empfänger so relativ lang (19 % der Zeilendauer) ausgelegt, weil dort bei Elektronenstrahlablenkung durch magnetische Felder (s. Abschn. 9.2.6) sehr hohe Ströme (mehrere Ampere) am Zeilenende innerhalb sehr kurzer Zeit (wenige Mikrosekunden) umgepolt werden müssen.

Während der Horizontalaustastung sind die Synchronimpulse (Zeilenimpulse, H-Sync-Impulse) – nach unten hängend – hinzugefügt. Sie sollen die Synchronisierung der Horizontalablenkung beim Empfänger

[1] Bei Farbübertragung nach dem NTSC- oder PAL-Verfahren (s. Gl. (6.31)) 59,94 Hz, so dass $f_H = 15734{,}264\,\text{Hz}$.

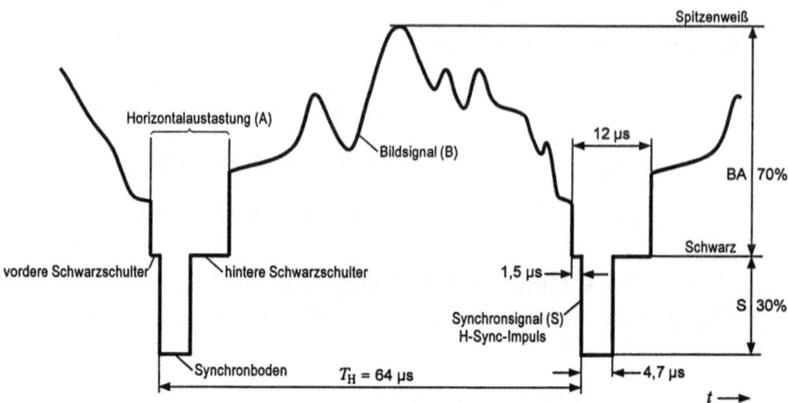

Abb. 4.31. BAS-Signal, dargestellt über eine Zeile (625-Zeilen-System).

ermöglichen. 1,5 µs nach Beginn der Austastung am rechten Bildrand liegt die Vorderflanke des H-Sync-Impulses, mit der der Rücklauf ausgelöst werden soll. Diesen Teil der Austastlücke nennt man „vordere Schwarzschulter". Der H-Sync-Impuls ist 4,7 µs lang. Den anschließenden restlichen Teil der Austastlücke nennt man „hintere Schwarzschulter".

Das Gesamtsignal wird als „BAS-Signal" bezeichnet, eine Abkürzung für **B**ildsignal-**A**ustastung-**S**ynchronsignal. Vom Aussteuerungsbereich des BAS-Signals darf das BA-Signal vom Schwarzwert $s(t) = 0$ bis zum zulässigen Maximum $s(t) = 1$ bei „Spitzenweiß" 70 % einnehmen. 30 % entfallen auf das Synchronsignal. Der Spitze-Spitze-Wert der Spannung des BAS-Signals ist für den Studiobereich auf 1 V genormt, gemessen vom „Synchronboden" bis zum Spitzenweiß-Pegel. Das S-Signal ist also 300 mV groß, das BA-Signal maximal 700 mV.

Das Oszillogramm des BAS-Signals während der Vertikalaustastlücke bei drei aufeinander folgenden Teilbildern ist in Abb. 4.32 gezeigt, wieder für das 625-Zeilen-System. Das Bildsignal ist in jedem Teilbild beim Vertikalrücklauf für die Dauer von 25 Zeilen ($+T_A$) auf Schwarz getastet ($Z_A = 50$). In dieser Zeit wird der V-Sync-Impuls (Bildimpuls) zur Synchronisierung der Vertikalablenkung übertragen. Er hat die Dauer von 2,5 Zeilen. Das erste Teilbild beginnt mit der Vorderflanke des Bildimpulses am Ende von Zeile 625[1] des vorangegangenen Teil-

[1] Im Gegensatz zu Bild 4.4 werden die *zeitlich* aufeinander folgenden Zeilen fortlaufend durchnummeriert. Für die örtliche Aufeinanderfolge gilt dann, dass unter einer Zeile n aus dem ersten, dritten, fünften, ... Teilbild die Zeile $n+(Z+1)/2$ aus dem zweiten, vierten, sechsten, ... Teilbild steht.

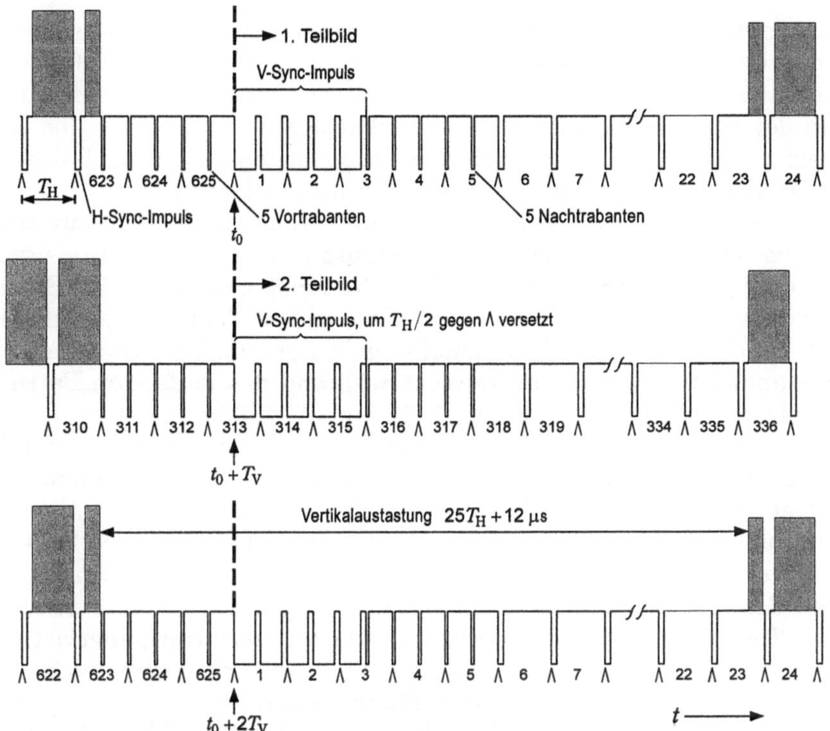

Abb. 4.32. Vertikalaustastlücke (625-Zeilen-System)

bildes. Hier soll der Vertikalrücklauf ausgelöst werden. Nach Ablauf von $T_V = 20$ ms wird mit der Vorderflanke des nächsten Bildimpulses das zweite Teilbild begonnen. Dieser Zeitpunkt liegt wegen des Zeilensprungs genau in der Mitte der Zeile 313. Entsprechend folgen jetzt die weiteren „ungeraden" und „geraden" Teilbilder. Die Lage der Vorderflanke des Bildimpulses am Ende von Zeile 625 markiert den Beginn eines ungeraden Teilbildes, die Lage bei 312,5 den Beginn des geraden Teilbildes. Die Vorderflanken der Impulse zur Zeilensynchronisierung (in Abb. 4.32 durch Λ gekennzeichnet) werden durch die ganze Austastlücke periodisch ohne Unterbrechung fortgeführt, während des Bildimpulses durch „Einsägungen". Während der 2,5 Zeilen vor Beginn eines Bildimpulses, am Beginn der Vertikalaustastung am unteren Bildrand, sind die H-Sync-Impulse auf die Hälfte verkürzt, und in der Mitte zwischen ihnen werden sie nochmals eingefügt. Man bezeichnet diese Impulse als Ausgleichsimpulse („Trabanten", engl. *equalizing pulses*). Weitere 5 Trabanten folgen nach dem Bildimpuls. Ausgeglichen werden soll das Hin- und Herspringen der Bildimpulsposition um $T_H/2$ innerhalb der gleichmäßigen Folge der H-Sync-Impulse. Damit sollen Störungen der Vertikalsynchronisierung im Empfänger verhindert werden, wenn dort die Abtrennung der Bildimpulse aus dem S-Gemisch nur mit Hilfe einer einfachen RC-Schaltung erfolgt. Ohne die Trabanten könnten dabei verbleibende Reste der Zeilenimpulse zu Beginn der geraden Teilbilder den Vertikalrücklauf um eine halbe Zeile versetzt bewirken und dadurch den Zeilensprung aufheben. Bei heutiger Schaltungstechnik werden die Trabanten nicht benötigt.

Die leeren Zeilen im Vertikalrücklauf werden gewöhnlich zur Übertragung von Zusatzinformationen genutzt. Anstelle des Bildsignals enthalten die Zeilen dann – in Abb. 4.32 nicht gezeigt – z. B. Signale zur digitalen Übertragung von Text (Fernsehtext, Videotext, engl. *Teletext*), Steuerdaten und Messsignale zur automatischen Überwachung einer analogen Übertragungsstrecke während des laufenden Betriebs. Grundsätzlich können die Zeilen 7–22 und 320–335 genutzt werden für die *Videotextübertragung.* Werden sie zum Teil mit anderen Daten belegt, so wird der Videotextdecoder im Empfänger dies erkennen. Verwendet werden binäre NRZ- (non-return-to-zero-) Signale mit einer Amplitude von 66% BA bei einer Bitrate von $444 f_H$, die pro Zeile ein „Videotextpaket" mit 40 Nutz-Bytes übertragen als Adressen für das ROM des Zeichengenerators im Decoder, der dann die 40 Zeichen in einer Textzeile der Videotextseite auf dem Bildschirm generiert. Die Seite besteht aus 24 Textzeilen, die sich so im Empfänger nach einer Reihe von Vertikalaustastlücken aufbauen kann.

Häufig wird Zeile 16 mit dem „VPS-Signal" (VPS = Video Programming System) belegt. Es soll die Programmierung von Aufzeichnungen auf Videorecordern unterstützen. Übertragen werden binäre Daten mit Biphase-Modulation (Biphase-Level, „Manchester Code", High/Low→1, Low/High→0) mit einer Amplitude von 71% BA bei einer Bit-Dauer von 0,4 μs. 120 Bits werden in der Zeile übertragen.

Die Messsignale sind genormte Testsignale im Format normaler Bildsignale des Systems. Sie werden gegebenenfalls in den Zeilen 17–20 und 330–333 übertragen. Die Zeilen 6 und 319 sollten leer bleiben für Rauschmessungen. Die Zeilen 11–18 und 324–331 können bei der Übertragung einer verschlüsselten Fernsehsendung mit Daten zur Steuerung des Verschlüsselungssystems belegt sein.

4.4.2 Die obere Frequenzgrenze

Die Abtastung einer örtlich periodischen Bildstruktur mit $f_x B$ Perioden pro Bildbreite innerhalb der Zeilenhinlaufzeit T'_{H} erzeugt im Videosignal eine Frequenz

$$f = \frac{f_x B}{T'_{\mathrm{H}}}, \tag{4.50}$$

beispielsweise bei 100 Perioden pro Bildbreite und $T'_{\mathrm{H}} = 52$ µs eine Videofrequenz von 1,92 MHz. Liegt diese Frequenz oberhalb der Grenze, die die Übertragungsstrecke zur Verfügung stellt, so wird die Struktur auf dem Bildschirm des Empfängers nicht mehr dargestellt. Eine Frequenzbandbegrenzung der Übertragungsstrecke beschränkt also die darstellbare Ortsfrequenz f_x, die horizontale Auflösung. *Auf die vertikale Auflösung, die maximal darstellbare Ortsfrequenz* f_y*, hat sie keinen Einfluss.* Wird die Zeilenfrequenz verdoppelt (z. B. durch Verdoppelung der Bildfrequenz, wenn f_{V} von 50 Hz auf 100 Hz vergrößert wird), so muss die Übertragungsstrecke ein doppelt so großes Frequenzband zur Verfügung stellen, sonst würde die horizontale Auflösung reduziert. Die horizontale Auflösung wird – abgesehen von der Aperturverzerrung – durch die obere Frequenzgrenze der Übertragungsstrecke und die Zeilenfrequenz begrenzt,

$$f_{x\max} \cdot B = f_{\max} \cdot T'_{\mathrm{H}}. \tag{4.50a}$$

Die mögliche vertikale Auflösung hingegen wird nach dem Sampling-Theorem allein durch die Zeilenzahl Z begrenzt, wie im Abschn. 4.3 erläutert.

Die Forderung an die obere Frequenzgrenze der Übertragungsstrecke ergibt sich aus der im System spezifizierten höchsten Ortsfrequenz f_x. Da die örtliche Auflösungsfähigkeit des Auges in horizontaler Richtung die gleiche ist wie in vertikaler Richtung, sollte

$$f_{x\max} = f_{y\max} \; (=_{\mathrm{def}} f_{r\max})$$

vorgesehen werden. Im 625-Zeilensystem mit einer oberen Ortsfrequenz von $f_{r\max} \cdot H = 200$ Perioden bezogen auf die Bildhöhe und einem Bildseitenverhältnis von $a = 4/3$ ergibt sich

$$f_{x\max} \cdot B = f_{r\max} \cdot H \cdot a = 267 \qquad a =_{\mathrm{def}} \frac{B}{H}.$$

Diese Begrenzung der horizontalen Auflösung kann durch die Aufnahmeapertur allein bewirkt werden; dann sollte die Übertragungsstrecke nicht eine zusätzliche Begrenzung bringen. Die Aufnahmeapertur (s. Abschn. 4.2) muss in vertikaler Richtung f_y etwa auf

$f_{y\max} \cdot H = 0{,}7 \cdot Z/2$ einschränken, damit kein Aliasing sichtbar wird (s. Abschn. 4.3). Sie wird dann die genannte f_x-Begrenzung liefern, wenn sie quadratisch oder rotationssymmetrisch ist. Ist sie horizontal schmaler, darf die Übertragungsstrecke mit ihrer oberen Grenzfrequenz die f_x-Begrenzung übernehmen.

Die notwendige obere Grenzfrequenz zur analogen Übertragung des Videosignals ist somit

$$f_{\max} \geq a \frac{f_{r\max} \cdot H}{T'_{\mathrm{H}}}, \tag{4.51}$$

im 625-Zeilensystem also

$$f_{\max} \geq \frac{4}{3} \cdot \frac{200}{52\ \mu\mathrm{s}} = \mathbf{5{,}1\ MHz}.$$

Bei der hierzu gehörigen Ortsfrequenz f_x bewirkt die kreisförmige Gauß-Apertur nach Abb. 4.24 eine Dämpfung von 8,7 dB. Im 525-Zeilensystem mit T'_{H} = 52,6 µs und $f_{r\max} \cdot H$ = 170 (s. Tabelle 4.1) ergibt sich $f_{\max}$ = 4,3 MHz. Für ein HDTV-System mit 1250 Zeilen, T'_{H} = 25,6 µs, $f_{r\max} \cdot H$ = 400 und a = 16:9 wird nach Gl. (4.51) eine Videobandbreite von 27,8 MHz benötigt.

In den Bildern 4.31 und 4.32 sind die Flanken der Synchronsignale und der Austastung mit unendlich großer Steilheit dargestellt. Tatsächlich sind die Anstiegszeiten der Flanken nach Norm festgelegt auf 0,2 µs bei den Synchronimpulsen und auf 0,3 µs bei der Austastung (10%/90%-Anstiegszeiten). Das entspricht einer Bandbegrenzung durch einen Tiefpass mit der 6dB-Grenzfrequenz von 2,5 MHz bzw. 1,7 MHz nach der Beziehung

$$\tau_{0,1/0,9} \approx \frac{1}{2 f_{-6\,\mathrm{dB}}}. \tag{4.52}$$

4.4.3 Die untere Frequenzgrenze

Das Videosignal enthält im Vergleich zur oberen Frequenzgrenze extrem niederfrequente Komponenten. Wenn diese auf der Übertragungsstrecke unterdrückt werden, ist das wiedergegebene Bild erheblich gestört oder völlig unbrauchbar. Auch der Gleichanteil ist notwendig, denn er bestimmt die mittlere Bildhelligkeit. Im Grunde genommen ist daher die untere Frequenzgrenze gleich null.

Trotzdem braucht der Gleichanteil nicht übertragen zu werden. Er kann nämlich am Ende einer Hochpassübertragungsstrecke wiederhergestellt werden auf Grund der Kenntnis, dass der Wert des BA-Signals in den Austastlücken gleich null sein muss. Der Gleichanteil ist also zwar nicht irrelevant, aber durch die a-priori-Festlegung des Schwarzwertpegels während der Austastung ist er redundant.

Die Rückgewinnung des Gleichanteils, die „Schwarzwerthaltung", ist mit einer *Klemmschaltung* möglich. Eine zeilenweise, synchrone Klemmung des BA-Signals auf den Wert null wird durch die in Abb. 4.33 oben angegebene Anordnung aus einem Kondensator (dem Klemmkondensator) mit einem nachfolgenden elektronischen Schalter erreicht. Dieser Schalter bekommt alle 64 µs, synchron zu den H-Sync-Impulsen, einen kurzen Impuls während der hinteren Schwarzschulter, der ihn einschaltet und damit das BA-Signal hier am Punkt 3 sofort auf den Wert null setzt. Dadurch entsteht am Klemmkondensator die Spannung u_K, um die das Signal gegenüber dem Eingang an Punkt 2 angehoben wird. u_K ist also der zurückgewonnene Gleichanteil. Der Schalter muss dazu während der Dauer des Klemmimpulses sehr niederohmig sein, damit er in dieser kurzen Zeit die Klemmung auf null bewirkt (Zeitkonstante ist bestimmt durch Kapazität des Klemmkondensators und Durchlasswiderstand des Schalters). Anschließend aber, nach dem Ende des Klemmimpulses, muss der Schalter sofort sehr hochohmig werden, damit die Spannung u_K am Klemmkondensator konstant stehen bleibt bis zum nächsten Klemmzeitpunkt.

Es stellt sich die Frage, wie hoch die untere Grenzfrequenz beim Einsatz der Klemmschaltung sein darf. Am Beispiel eines BA-Signals, in dem sich 3 Zeilen bei 20 % Spitzenweiß mit 3 Zeilen bei 100 % Spitzenweiß abwechseln (horizontal liegende dunkelgraue und weiße Bildstreifen), sollen die Funktion der Klemmschaltung und die durch eine zu hohe untere Grenzfrequenz verbleibenden linearen Verzerrungen in Abb. 4.33 veranschaulicht werden.

Das erste Oszillogramm zeigt das originale BA-Signal am Eingang der Übertragungsstrecke. Definitionsgemäß gibt es nur positive Signalwerte. Die Übertragungsstrecke wird hier symbolisiert durch einen Hochpass vom „Grad" 1 (d. h. das Nennerpolynom der Übertragungsfunktion ist vom Grad 1), also durch eine RC-Kombination mit der Zeitkonstanten $\tau = RC$ und der unteren 3dB-Grenzfrequenz $f_g = 1/(2\pi\tau)$. Das zweite Oszillogramm zeigt die Wirkung des Hochpasses: Das Signal bewegt sich um die Nulllinie, und man erkennt die Ausgleichsvorgänge (e-Funktionen mit der Zeitkonstanten τ) zur Einstellung des Mittelwerts 0 jeweils nach den Übergängen grau-weiß-grau. An den mit Pfeilen markierten Stellen wird der elektronische Schalter kurz eingeschaltet und klemmt dort das Signal auf null, so

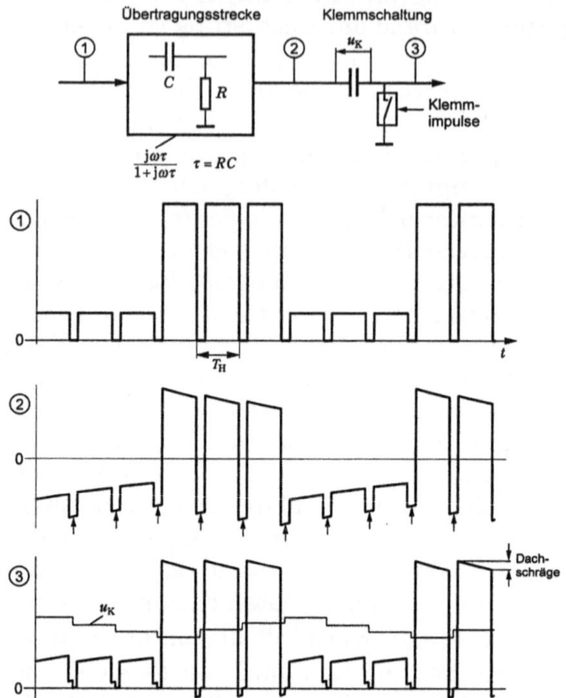

Abb. 4.33. Wirkung der Klemmschaltung gezeigt am Beispiel eines BA-Signals.

dass bis auf kleine Abweichungen das Originalsignal durch Hinzufügen der jeweils über eine Zeilendauer konstanten Korrekturspannung u_K zurückgewonnen wird (Oszillogramm 3).

Die Abweichungen sind Reste der genannten Ausgleichsvorgänge und zeigen sich als Abschrägungen (Anstieg oder Abfall) der Impulsdächer bei Rechtecksignalen. Diese *„Dachschrägen"* bewirken also, dass eine ursprünglich gleichmäßig graue Fläche zum rechten Rand hin heller bzw. dunkler wird. Der Fehler wird bemerkbar, wenn die Zeitkonstante τ zu klein ist, d. h. die untere Grenzfrequenz der Übertragungsstrecke zu groß ist. Die Impulsdächer haben beim gewählten Bildbeispiel die Dauer einer ganzen aktiven Zeile, $\Delta t = 52\ \mu s$. Die Dachschräge ist

$$D = (u_1 - u_K)\left(e^{-\Delta t/\tau} - 1\right) \approx -(u_1 - u_K)\frac{\Delta t}{\tau} = -2\pi f_g \Delta t (u_1 - u_K) \qquad (4.53)$$

bei einem Impuls der Höhe u_1. An seinem Ende hat er die Höhe $D + u_1$. Wenn auf Zeilen mit niedrigem Signalmittelwert Zeilen mit hohem

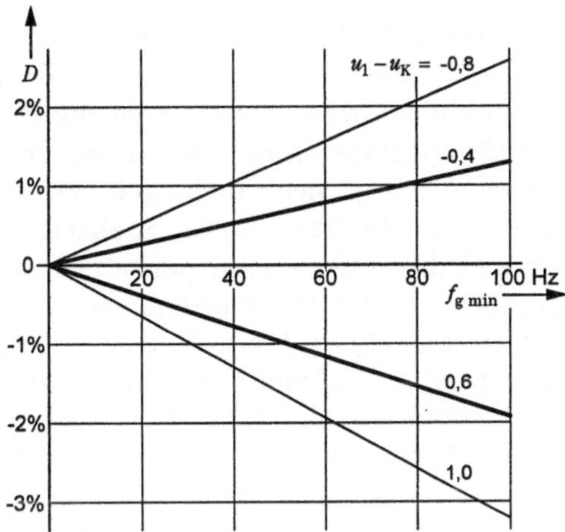

Abb. 4.34. Dachschräge über 52 µs in Abhängigkeit von der unteren Grenzfrequenz

Mittelwert folgen, ist $u_1 - u_K > 0$ und die Dachschräge negativ, im umgekehrten Fall ist sie positiv (s. Oszillogramm 3 in Abb. 4.33). Zulässig sind nur höchstens einige Prozent in Bezug auf den Spitzenweißpegel. Die auf Spitzenweiß normierten Signalwerte haben die Grenzwerte $u_1 = 0...1$, $u_K = 0...0{,}8$, so dass $u_1 - u_K = -0{,}8...1$ (Abb. 4.34). Die in Abb. 4.34 eingetragenen Werte von −0,4 und 0,6 gelten für ein Testbild, dessen obere Hälfte weiß und dessen untere Hälfte schwarz ist.

Die zulässige untere Grenzfrequenz der Übertragungsstrecke wird somit von der noch zuzulassenden Dachschräge bestimmt. Für Dachschrägen unter ± 2 % sollte sein

$$f_{g\,min} \leq \mathbf{100\ Hz}.$$

Eine Klemmung des Signals ist nicht nur im Empfänger, sondern auch vor jeder Verarbeitung auf dem Übertragungsweg notwendig, z. B. am Eingang einer Schaltung zur Gammavorverzerrung oder eines Analog-Digital-Wandlers (s. Abschn. 5.2.3 und 6.2.1). Außer der beschriebenen Wiedergewinnung des Gleichanteils erreicht man mit der Klemmschaltung auch eine Befreiung des Signals von überlagerten niederfrequenten Störsignalen, insbesondere „Brummspannungen".

4.4.4 Das Spektrum des Videosignals

Der Zusammenhang einer Videosignalfrequenz f mit der Ortsfrequenzkoordinate f_x im Spektrum des Bildes wurde zuvor abgeleitet und in Gl. (4.50) angegeben. Offen geblieben ist die Frage, wie sich die vertikale Ortfrequenzkoordinate f_y auf die f-Koordinate des Videosignalspektrums abbildet. Auch ist noch nicht geklärt, wie sich bei unbewegten Bildern eine Linienstruktur dieses Spektrums ergibt, die auftreten muss, weil dabei das Videosignal periodisch ist. Im Folgenden soll deshalb allgemein abgeleitet werden, wie aus einem Bild-Ortsfrequenzspektrum über $\{f_x,f_y\}$ ein Videosignalspektrum über f entsteht, zunächst *beschränkt auf den Fall stillstehender Bilder.*

Die Abbildung des zweidimensionalen $\{f_x,f_y\}$-Bereichs auf den eindimensionale f-Bereich kann angegeben werden, wenn die Abbildung der Ortskoordinaten x, y im Bild auf die Zeitkoordinate t des Videosignals bekannt ist (Abschn. 4.1). Im Videosignal findet sich die x-Koordinate proportional in der Zeit wieder, gerechnet vom Ende der Horizontalaustastung jeder Zeile, dem der linke Bildrand zugeordnet ist, bis zum Beginn der folgenden Austastung, dem der rechte Bildrand zugeordnet ist. Die y-Koordinate (die diskrete Skala) findet sich in den Zeilennummern wieder, beginnend mit Zeile 23 am oberen Bildrand und endend mit Zeile 623 am unteren Bildrand (ohne die Zeilen 311–335, s. Abb. 4.32). Diese komplizierte Zuordnung $\{x, y\} \rightarrow t$ ließe sich nur mühsam mathematisch ausdrücken. Mit einem Trick, der auf MERTZ und GRAY [4.5] zurückgeht, lässt sich die Zuordnung aber sehr einfach angeben.

Zunächst wird zur Berücksichtigung der Zeiten der Horizontal- und Vertikalaustastung das Bild durch einen schwarzen Streifen links und oben erweitert. Dieses fiktive Bild habe die Bildbreite B^* und die Bildhöhe H^*, während B und H Breite und Höhe des eigentlichen Bildes bezeichnen (s. Abb. 4.35 oben). Die Streifenbreiten sind den Austastzeiten proportional, das fiktive Bild wird mit den Rücklaufzeiten 0 abgetastet, B^* in 64 µs und H^* in 20 ms. Es ist

$$\frac{B^*}{B} = \frac{T_{\mathrm{H}}}{T'_{\mathrm{H}}} = \frac{64}{52} \qquad \frac{H^*}{H} = \frac{Z^*}{Z} = \frac{625}{575}. \tag{4.54}$$

Der Inhalt dieses Bildes werde beschrieben durch $s(x, y)$, d. h. durch das von x und y abhängige Signal, das nach der Aperturverzerrung der Aufnahme durch die opto-elektronische Wandlung *ohne* eine Rasterung entstehen würde. $s(x, y)$ ist nur definiert im Bereich $x = 0...B^*$, $y = 0...H^*$. Wir erweitern jetzt den Definitionsbereich auf die ganze x,y-

Ebene, indem wir außerhalb des Bildbereichs $s(x,y)=0$ setzen. Das Signal kann dargestellt werden durch sein Spektrum $S(f_x,f_y)$:

$$s(x,y)=\int_{-\infty}^{+\infty}\int_{-\infty}^{+\infty}S(f_x,f_y)\exp\big(2\pi\mathrm{j}(f_x x+f_y y)\big)\,\mathrm{d}f_x\,\mathrm{d}f_y \tag{4.55}$$

(s. Gl. (4.13)).

Weiterhin wird nun dieses Signal periodisch unbegrenzt fortgesetzt, über x mit der Periode B^*, über y mit der Periode H^*, wie in Abb. 4.35 gezeigt. Wir bezeichnen das durch die zweidimensional-periodische Fortsetzung von $s(x,y)$ entstehende Signal mit $s_\mathrm{p}(x,y)$:

$$s_\mathrm{p}(x,y)=\sum_{k=-\infty}^{+\infty}\sum_{j=-\infty}^{+\infty}s(x-jB^*,\,y-kH^*)\,. \tag{4.56}$$

Da diese Funktion periodisch ist, lässt sie sich durch eine zweidimensionale Fourier-Reihe mit den Grundfrequenzkoordinaten $f_{x0}=1/B^*$ und $f_{y0}=1/H^*$ darstellen (s. Gl. 4.12)):

$$s_\mathrm{p}(x,y)=\sum_{n=-\infty}^{+\infty}\sum_{m=-\infty}^{+\infty}c_{mn}\exp 2\pi\mathrm{j}\left(\frac{m}{B^*}x+\frac{n}{H^*}y\right) \tag{4.57}$$

Die „komplexen Amplituden" (Fourier-Koeffizienten) c_{mn} der einzelnen sinusförmigen Komponenten der Frequenz $\{mf_{x0},nf_{y0}\}$ (vgl. Abb. 4.12) ergeben sich aus dem Spektrum $S(f_x,f_y)$ der Ursprungsfunktion an den Stellen $f_x=mf_{x0}$ und $f_y=nf_{y0}$ (nach POISSON)[1]:

$$c_{mn}=\frac{1}{B^*H^*}S\left(\frac{m}{B^*},\frac{n}{H^*}\right)=f_{x0}f_{y0}\,S\left(mf_{x0},nf_{y0}\right). \tag{4.58}$$

Auf dem nun unendlich ausgedehnten Bildfeld bewegt sich die Abtastsonde geradlinig und mit konstanter Geschwindigkeit (in Abb. 4.35 gezeigt für eine Zeilensprungabtastung mit $Z^*=7$):

$$x=\frac{B^*}{T_\mathrm{H}}t \qquad y=\frac{H^*}{T_\mathrm{V}}t\,. \tag{4.59}$$

[1] Man beachte: Allein mit den diskreten „Abtastwerten" des Spektrums an den genannten Stellen ist das Spektrum über das gesamte Kontinuum $\{f_x,f_y\}$ bestimmt. Das liegt daran, dass die Funktion $s(x,y)$ auf den Ortsbereich $x=0\ldots B^*$, $y=0\ldots H^*$ begrenzt ist. Setzt man $s_\mathrm{p}(x,y)=0$ außerhalb dieses Bereichs, so erhält man $s(x,y)$ exakt zurück und damit auch $S(f_x,f_y)$: Sampling-Theorem im Frequenzbereich.

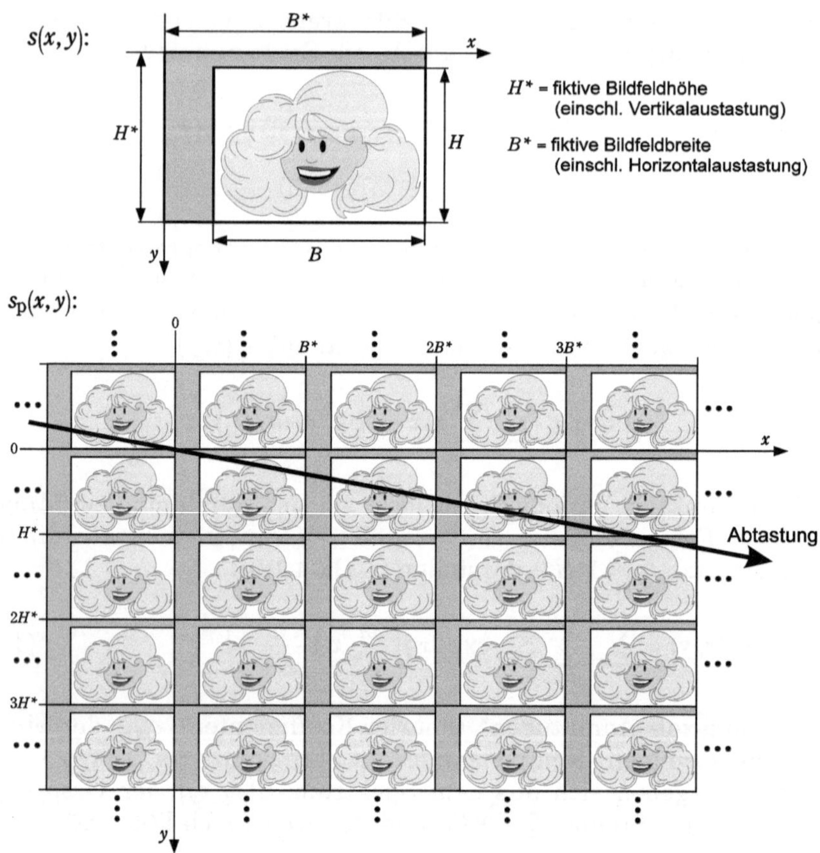

Abb. 4.35. Zur Ableitung des Spektrums eines BA-Signals nach MERTZ und GRAY.

Der Abtaster liefert mit dieser einfachen Zuordnung $\{x, y\} \to t$ dasselbe Videosignal wie bei seiner komplizierten Zick-Zack-Bewegung über dem Originalbild. Man erhält es als Funktion der Zeit durch Einsetzen der Ortskoordinaten nach Gl. (4.59) in die Gl. (4.57):

$$s_{\text{vid}}(t) = \sum_{n=-\infty}^{+\infty} \sum_{m=-\infty}^{+\infty} c_{mn} \exp\left(2\pi \mathrm{j}\left(m f_{\mathrm{H}} + n f_{\mathrm{V}}\right) t\right). \tag{4.60}$$

Danach ist das Spektrum des Videosignals ein Linienspektrum, und zwar ist

$$S_{\text{vid}}(f) = f_{x0} f_{y0} \sum_{n=-\infty}^{+\infty} \sum_{m=-\infty}^{+\infty} S\left(m f_{x0}, n f_{y0}\right) \delta\left(f - m f_{\mathrm{H}} - n f_{\mathrm{V}}\right) \tag{4.61}$$

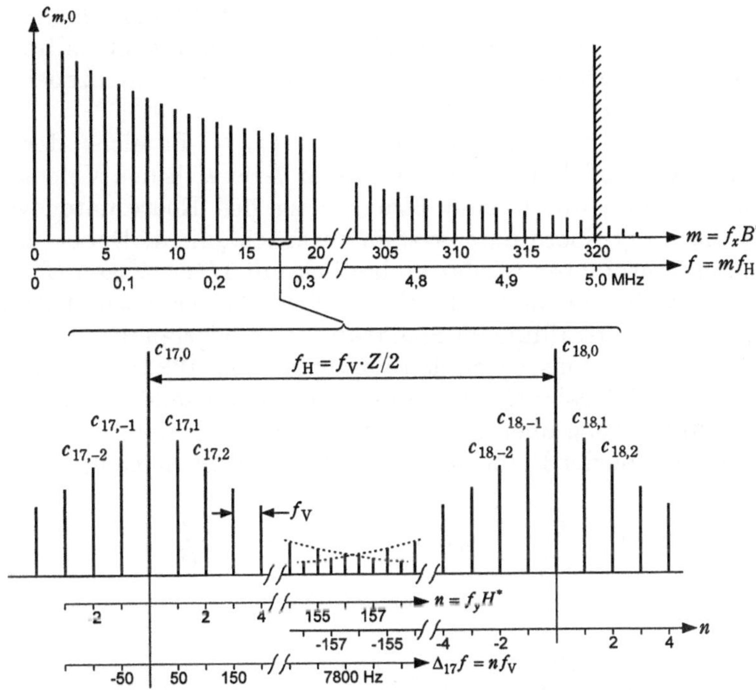

Abb. 4.36. Das Spektrum eines Videosignals mit Haupt- und Nebenspektrallinien.

mit $f_{x0} = 1/B^*$, $f_{y0} = 1/H^*$. Es ist in Abb. 4.36 dargestellt.

Das Spektrum besteht aus Hauptspektrallinien im Abstand der Zeilenfrequenz (Abb. 4.36 oben). Sie sind alle umgeben mit einer Gruppe von Nebenspektrallinien im Abstand der Teilbildfrequenz (Abb. 4.36 unten). Die Hauptspektrallinien liegen bei ganzen Vielfachen von f_H, bei $f = m f_H$, und beziehen sich auf Bild-Ortsfrequenzen f_x mit m Perioden pro fiktiver Bildbreite. Zur Grenzfrequenz von 5,0 MHz gehört $m = 320$. Die Nebenspektrallinien erscheinen bei einer Frequenzablage von $\Delta f = n f_V$ beiderseits einer Hauptspektrallinie und beziehen sich auf Bild-Ortsfrequenzen f_y mit n Perioden pro fiktiver Bildhöhe. In der Mitte zwischen zwei Hauptspektrallinien, etwa bei $n = \pm 156$, sieht man eine Überlappung des oberen Linienkamms der unteren Hauptspektrallinie und des unteren Linienkamms der oberen Spektrallinie. Das ergibt sich aus dem Zeilensprung ($f_H = 312{,}5\, f_V$). Hier liegen die Nebenlinien im Abstand von $0{,}5\, f_V = 25$ Hz. Zur höchsten zulässigen vertikalen Ortsfrequenz von 200 Perioden pro Bildhöhe bzw. $n = 217$ Perioden pro fiktiver Bildhöhe gehört der Abstand von 10,9 kHz zur Hauptspektrallinie (= $K f_H$, vgl. Gl. (4.31a)). Die Einhüllende des

Linienkamms um eine Hauptspektrallinie bei $f = mf_{\mathrm{H}}$ ist ein Abbild des Verlaufs von $S(mf_{x0}, f_y)$, also des Ortsfrequenzspektrums über f_y bei $f_x = mf_{x0}$. Die Einhüllende des Kamms der Hauptspektrallinien ist ein Abbild des Verlaufs von $S(f_x, 0)$, also des Ortsfrequenzspektrums über f_x bei $f_y = 0$.

Die Abbildung des zweidimensionalen $\{f_x, f_y\}$-Bereichs der Bild-Ortsfrequenzen auf den eindimensionalen f-Bereich des Videosignals wird in Abb. 4.37 durch eine Einlagerung des Koordinatensystems $f, \Delta f$ in das f_x, f_y-Koordinatensystem veranschaulicht. Dabei sind die Ortfrequenzkoordinaten wieder einheitlich auf $1/H$ bezogen (Perioden pro realer Bildhöhe). Jeder Punkt in dem dargestellten Gitternetz markiert eine Spektrallinie im Spektrum des Videosignals.

Für Bewegtbilder lässt sich das Vorgehen von MERTZ und GRAY zur Ableitung des Videosignalspektrums ebenfalls anwenden. Für die periodische Fortsetzung über x und y des zeitabhängigen Signals $s(x, y, t)$ ergibt sich die Fourier-Reihe der örtlich sinusförmigen Komponenten

$$s_{\mathrm{p}}(x, y, t) = \sum_{n=-\infty}^{+\infty} \sum_{m=-\infty}^{+\infty} c_{mn}(t) \exp 2\pi \mathrm{j}\left(\frac{m}{B^*}x + \frac{n}{H^*}y\right) \qquad (4.57\mathrm{a})$$

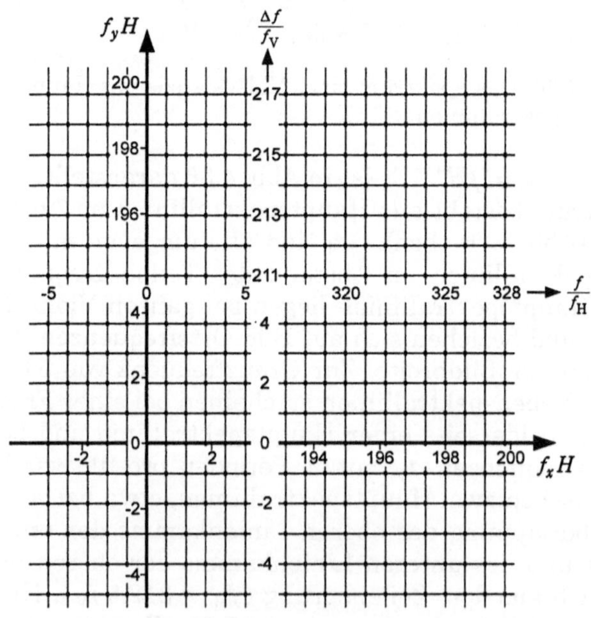

Abb. 4.37. Abbildung von $\{f_x, f_y\}$ des Bildes auf $\{f, \Delta f\}$ des Videosignals.

mit den nun *zeitabhängigen Fourier-Koeffizienten* $c_{mn}(t)$. Diese ergeben sich aus dem „Teilspektrum“ $S_t(f_x, f_y, t)$ (es wird eine Fourier-Transformation von $s(x, y, t)$ nur bezüglich x und y, nicht bezüglich t durchgeführt), wieder an den Stellen $f_x = m f_{x0}$ und $f_y = n f_{y0}$:

$$\begin{aligned} S_t(f_x, f_y, t) &= \int_{-\infty}^{+\infty}\int_{-\infty}^{+\infty} s(x, y, t) \exp\left(-2\pi \mathrm{j}\left(f_x x + f_y y\right)\right) \mathrm{d}x \, \mathrm{d}y \\ c_{mn}(t) &= f_{x0} f_{y0} \, S_t\left(m f_{x0}, n f_{y0}, t\right) \end{aligned} \tag{4.62}$$

Damit ist das Videosignal

$$s_{\mathrm{vid}}(t) = \sum_{n=-\infty}^{+\infty} \sum_{m=-\infty}^{+\infty} c_{mn}(t) \exp\left(2\pi \mathrm{j}\,(m f_{\mathrm{H}} + n f_{\mathrm{V}}) t\right), \tag{4.60a}$$

und seine Fourier-Transformation ergibt das Spektrum

$$S_{\mathrm{vid}}(f) = \sum_{n=-\infty}^{+\infty} \sum_{m=-\infty}^{+\infty} C_{mn}(f - m f_{\mathrm{H}} - n f_{\mathrm{V}}). \tag{4.61a}$$

Anstatt der Dirac-Funktionen treten nun die Fourier-Transformierten $C_{mn}(f)$ der Koeffizienten $c_{mn}(t)$ auf. An den Stellen der Linien des Videosignalspektrums des Standbildes bei $f = m f_{\mathrm{H}} + n f_{\mathrm{V}}$ (Abb. 4.36) erscheinen beim Bewegtbild hier die entsprechend $C_{mn}(f)$ „verbreiterten Linien“. Die Verbreiterung sollte kleiner als $f_{\mathrm{V}}/2$ bleiben, damit Überlappungen bei den verbreiterten Nebenlinien vermieden werden (Zeit-Aliasing bei zu schneller Bewegung, vgl. Abb. 4.29). Wenn ein Objekt mit konstanter Geschwindigkeit $\vec{v} = \{v_x, v_y\}$ vor einem schwarzen Hintergrund bewegt wird, ergibt sich ein Sonderfall: das Linienspektrum bleibt erhalten, jedoch sind die Linien gegenüber ihrer Lage beim Standbild verschoben. Die Fourier-Koeffizienten sind dann nämlich

$$c_{mn}(t) = c_{mn,0} \exp\left(-2\pi \mathrm{j}\left(m \frac{v_x}{B^*} + n \frac{v_y}{H^*}\right) t\right),$$

und das Spektrum des Videosignals ist

$$S_{\mathrm{vid}}(f) = \sum_{n=-\infty}^{+\infty} \sum_{m=-\infty}^{+\infty} c_{mn,0} \, \delta\left(f - m\left(f_{\mathrm{H}} - \frac{1}{t_{sB^*}}\right) - n\left(f_{\mathrm{V}} - \frac{1}{t_{sH^*}}\right)\right).$$

Dabei bezeichnet $c_{mn,0}$ die Fourier-Koeffizienten beim stillstehenden Bild nach Gl. (4.58), und

$$t_{sB^*} =_{\mathrm{def}} B^*/v_x, \qquad t_{sH^*} =_{\mathrm{def}} H^*/v_y$$

sind die Zeiten, in denen sich das Objekt über die ganze Breite bzw. Höhe der fiktiven Bildfläche bewegt. Die Bewegung bewirkt also eine Frequenzverschiebung der Linien um

$$\Delta f = -\frac{m}{t_{sB^*}} - \frac{n}{t_{sH^*}} . \qquad (4.63)$$

Eine periodische Gitterstruktur aus parallelen Linien mit $f_x B^* = m$ Perioden pro fiktiver Bildbreite und $f_y H^* = n$ Perioden pro fiktiver Bildhöhe werde mit einer Geschwindigkeit von einer Horizontalperiode pro Sekunde nach rechts bewegt ($t_{sB^*} = m$ Sekunden) oder – was das gleiche ist – mit einer Geschwindigkeit von einer Vertikalperiode pro Sekunde bei positivem f_y nach unten, d. h. in y-Richtung ($t_{sH^*} = n$ Sekunden). Dann ist nach Gl. (4.63) das Videosignalspektrum um 1 Hz gegenüber dem Frequenzraster des stillstehenden Bildes nach unten, zu tieferen Frequenzen, verschoben. Zeitliches Aliasing begrenzt die Maximalgeschwindigkeit, die noch dargestellt werden kann (s. Abschn. 4.3.3). Hier heißt das: bei Videospektrallinien im Abstand f_V muss jedenfalls $|\Delta f| < f_V/2$ bleiben, damit die Frequenzverschiebung eindeutig der Bewegung einer bestimmten Gitterstruktur zugeschrieben werden kann.

Der dargestellte Zusammenhang zwischen Bildinhalt und Videosignalspektrum kann auch umgekehrt benutzt werden, um die Störwirkung von Sinussignalen, die dem Videosignal überlagert sind, zu erklären. Die Störung zeigt sich auf dem Bildschirm als senkrecht stehendes, unbewegtes Streifenmuster, wenn die Frequenz exakt gleich einem Vielfachen der Zeilenfrequenz ist. Fällt sie mit einer Nebenspektrallinie zusammen, ist das Störmuster ebenfalls unbewegt, aber es liegt mehr oder weniger schräg. Liegt die Störfrequenz nicht genau bei $mf_H + nf_V$, dann bewegt sich das Muster. Untersuchungen zur Störwirkung von Sinussignalen sind wichtig bei Farbfernsehsystemen, die einen dem BA-Signal überlagerten Farbträger zur Übertragung der Chrominanz-Information benutzen (s. Abschn. 6.1.4).

Literatur

[4.1] Bamler, R.: Mehrdimensionale lineare Systeme. Springer-Verlag, Berlin 1989

[4.2] Kell, Bedford, Fredenhall: Determination of optimum number of lines in television system. RCA Rev. **5** (1940), 8–30

[4.3] Kell, Bedford, Trainer: Experimental television system – the transmitter. Proc. IRE **22** (1934), 1246–1265

[4.4] Kotel'nikov, V. A.: On the transmission capacity of "ether" and wire in electrocommunications (in russisch). Erste All-Union Konferenz zu Fragen der Nachrichtentechnik, 1933

[4.5] Mertz, P.; Gray, F.: A theory of scanning and its relation to the characteristics of the transmitted signal in telegraphy and television. Bell System Tech. J., **13** (1934), 464–515

[4.6] Shannon, C. E.: A mathematical theory of communication. Bell System Tech. J. **27** (1948), 379–423, 623–656

5 Farbfernsehen

Das Bildübertragungssystem wurde im vorangegangenen Kapitel beschränkt auf die Übertragung der empfundenen Lichtintensität (Leuchtdichte) als Funktion von Ort und Zeit. Damit konnten bereits die Fundamentalprobleme der elektrischen Bildübertragung beschrieben und ihre Verfahren grundsätzlich analysiert werden. Also wurde nur die rein quantitative Bewertung der in das Auge einfallenden Lichtstrahlung – charakterisiert durch den spektralen Hellempfindlichkeitsgrad $V(\lambda)$ nach Abb. 2.1 – berücksichtigt und eine Wiedergabe mit einem Graustufenbild angenommen (Schwarzweißfernsehen). Die qualitative Bewertung der Spektralverteilung $\varphi(\lambda)$ der Strahlung führt darüber hinaus zu den Empfindungen eines *Farbtons* – rot, grün, blau oder gelb usw. – und einer *Farbsättigung*. Diese können wir z.B. beim Farbton Rot mit Begriffen wie „tiefrot", „rosa", „weiß-rosa" beschreiben und durch die Verdünnung einer roten Tinte mit Wasser veranschaulichen.

Die *Farbe* ist der durch das Auge vermittelte Sinneseindruck, eine visuelle Empfindung, beschreibbar durch die Qualitäten Helligkeit, Farbton und Farbsättigung. Der Auslöser (der verursachende „Reiz") dieser Empfindung ist zwar eine physikalische Größe, nämlich die in das Auge einfallende Strahlung mit ihrer Spektralverteilung $\varphi(\lambda)$, die Farbe selbst ist aber kein physikalischer Begriff.

Von den Photorezeptoren des Auges sind nur die Zapfen, nicht die Stäbchen, zum Farbensehen befähigt. Denn die Zapfen kommen in drei unterschiedlichen Typen vor. Sie unterscheiden sich in den spektralen Absorptionskurven ihrer Opsine (s. Abschn. 3.1). Es gibt blauempfindliche Zapfen mit einem Maximum der Empfindlichkeit etwa bei 430 nm, grünempfindliche mit einem Maximum bei etwa 530 nm und rotempfindliche mit einer hiermit weit überlappenden Empfindlichkeitskurve mit einem Maximum bei etwa 565 nm. In der Fovea centralis, in der allein Zapfen vorkommen, sind nur 3 % vom blauempfindlichen Typ, im peripheren Bereich 10 %. Diese trichromatische Bewertung des Spektrums als Grundlage des Farbensehens wurde durch YOUNG und HELMHOLTZ[1] postuliert. Bei der Weiterleitung der durch die Absorption ausgelösten Zellmembranpotentiale kommt es über die Bipolarzellen zu einer Differenzbildung bei der Erregung der angeschlossenen Ganglienzelle infolge einer Hemmung zwischen Zentrum und Umgebung der Zapfen (s. Abschn. 3.1). So werden dann der *Rot-Grün-Gegensatz* infolge des Antagonismus der Rot- zu den Grün-Zapfen und der *Blau-Gelb-Gegensatz* infolge des Antagonismus der Blau-Zapfen zu den Grün- und Rot-Zapfen zum Gehirn übertragen. Daneben wird der *Schwarz-Weiß-Gegensatz* von achromatischen Ganglienzellen übertragen, die die Beleuchtungsstärkeunterschiede zwischen Zentrum und Umgebung auswerten. Dies entspricht der Gegenfarbentheorie von HERING[2].

Die Aufgabe der Farbbildübertragung im Fernsehen ist es, dem Beobachter am Wiedergabeort denselben Farbeindruck zu vermitteln, den er bei Betrachtung der Szene am Aufnahmeort haben würde. Unter welchen Bedingungen sind die Farbeindrücke gleich? Die Gleichheit der Farbempfindung erfordert jedenfalls nicht die Reproduktion der Spektralverteilung $\varphi(\lambda)$, denn beim Farbensehen wird das Spektrum nur mit den drei Filterkurven der Zapfen analysiert; das Auge funktioniert nicht wie ein Spcktrometer. Was zu übertragen ist, können wir erfahren, wenn es gelingt, „die Farbempfindung zu messen".

5.1 Farbmetrik

Die Farbe ist eine Sinnesempfindung und als solche eigentlich nicht messbar. Eine zahlenmäßige Spezifikation wird aber verlangt beispielsweise zur Festlegung von Lieferbedingungen beim Lackieren, bei der Textilfärberei und beim Farbdruck. Für das Farbfernsehen wird sie verlangt, damit eine Messgröße zur Verfügung steht, die zu übertragen ist. Für die „Messung der Farbempfindung" können wir uns also auf die Frage beschränken, unter welchen Bedingungen zwei Empfindungen untereinander *gleich* sind. Die Maßzahlen, die zwei Farben spezifizieren, müssen immer dann und dürfen nur dann gleich sein, wenn die Farben bei einem subjektiven Vergleich als gleich beurteilt werden. Ein Maßsystem, das diese Forderung erfüllt, wurde 1931 von der CIE (Commission Internationale de l'Éclairage) mit der Definition des „farbmetrischen Normalbeobachters" geschaffen. Wir können dar-

[1] Thomas Young, *1773 in Milverton, †1829 in London.
Hermann von Helmholtz, *1821 in Potsdam, †1894 in Berlin.

[2] Ewald Hering, *1834 in Alt-Gersdorf (Sachsen), †1918 in Leipzig.

aus ableiten, wie Wiedergabe und Aufnahme bei der Farbbildübertragung möglich werden und welche Signale zu übertragen sind.

5.1.1 Der farbmetrische Normalbeobachter

Dem CIE-Farbmaßsystem liegt der hypothetische Beobachter nach Abb. 5.1 zugrunde. Das in sein Auge einfallende Licht, gekennzeichnet durch die Spektralverteilung $\varphi(\lambda)$, ist der *Farbreiz*. Er wird parallel durch drei unterschiedliche spektrale Filterkurven $\bar{x}(\lambda)$, $\bar{y}(\lambda)$ und $\bar{z}(\lambda)$ bewertet und jeweils über alle Wellenlängen integriert:

$$\left.\begin{aligned} X &= k\int_0^\infty \varphi(\lambda)\bar{x}(\lambda)\,\mathrm{d}\lambda \\ Y &= k\int_0^\infty \varphi(\lambda)\bar{y}(\lambda)\,\mathrm{d}\lambda \\ Z &= k\int_0^\infty \varphi(\lambda)\bar{z}(\lambda)\,\mathrm{d}\lambda . \end{aligned}\right\} \quad (5.1)$$

Die resultierenden Werte X, Y, Z werden als *Farbwerte* (Normfarbwerte) bezeichnet, das Tripel als *Farbvalenz*. Die Filterkurven sind die *Normspektralwertfunktionen* nach Abb. 5.2 (tabelliert in DIN 5033, Teil 2).

Dieses Maßsystem ist empirisch entstanden mit einer Vielzahl von Beobachtern, die beurteilten, ob zwei Farbreize unterschiedlicher spektraler Zusammensetzung den gleichen Farbeindruck ergaben (s. unten im Abschn. 5.1.2). Dann musste das System für beide immer das gleiche Messergebnis liefern. Es stellte sich heraus, dass diese Bedingung „gleiche Farben ↔ gleiche Farbvalenzen" mit nur drei Farbwerten erfüllt werden kann, und zwar dann, wenn diese aus den angegebenen Spektralbewertungen der Farbreizfunktion $\varphi(\lambda)$ abgeleitet werden. Wie tatsächlich das visuelle System des Menschen das Lichtspektrum in eine Farbempfindung umsetzt, soll hingegen durch das Modell des farbmetrischen Normalbeobachters nicht beschrieben werden; das ist nicht sein Zweck. Es bezieht sich zudem ausschließlich auf den peripheren Teil des visuellen Systems, wo noch die wellenlängenabhängige Absorption als ein linearer Vorgang angesehen werden kann („Vorverarbeitung im Linearen", vgl. Abschn. 3.1 und Abb. 3.5). Der farbmetrische Normalbeobachter nach Abb. 5.1 ist ein *lineares System*.

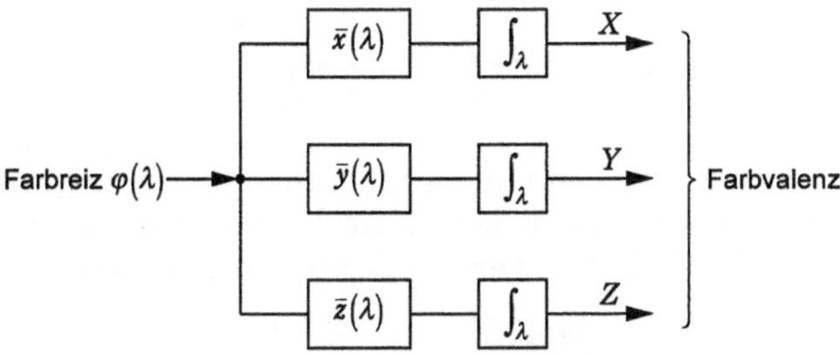

Abb. 5.1. Bewertung der Spektralverteilung des Lichtes durch das Auge eines farbmetrischen Normalbeobachters

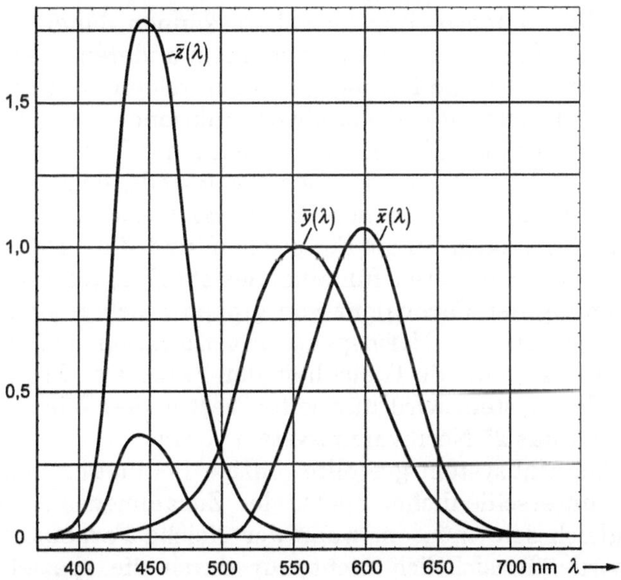

Abb. 5.2. Normspektralwertfunktionen nach DIN 5033 (CIE 1931)

Die Normspektralwertfunktion $\bar{y}(\lambda)$ ist identisch mit dem spektralen Hellempfindlichkeitsgrad $V(\lambda)$ für Tagessehen. Deshalb ist der Farbwert Y proportional zur Leuchtdichte L des gesehenen Objekts (s. Gl. (3.1)). Der Normierungsfaktor k in den Gleichungen (5.1) ist so definiert, dass die bei einer vorgegebenen Szenenbeleuchtung höchste mögliche Leuchtdichte den Farbwert $Y = 1$ ergibt.

Weiterhin ist die Größe der Spektralwertfunktionen so gewählt, dass die Flächen unter den Kurven gleich sind:

$$\int_0^\infty \bar{x}(\lambda)\,\mathrm{d}\lambda = \int_0^\infty \bar{z}(\lambda)\,\mathrm{d}\lambda = \int_0^\infty \bar{y}(\lambda)\,\mathrm{d}\lambda\,.$$

Dadurch werden für einen wellenlängenunabhängigen Farbreiz $\varphi(\lambda) = \text{const}$, d. h. bei einem kontinuierlichen „energiegleichen Spektrum“ (Weiß E) die drei Farbwerte untereinander gleich:

$$\text{Weiß E} \quad \rightarrow \quad X = Y = Z\,. \tag{5.2}$$

Der Mensch sieht mit individuellen Spektralwertfunktionen, die sich mehr oder weniger von denen des farbmetrischen Normalbeobachters unterscheiden. Zwei Farben, die von Farbreizen unterschiedlicher spektraler Zusammensetzung ausgehen, können daher für den einen Beobachter als gleich erscheinen, von einem anderen aber als ungleich beurteilt werden. Für die Farbbewertung durch ein Maßsystem war die Festlegung auf genormte Spektralwertfunktionen notwendig, die sich als Mittelwert aus den Gleichheitsurteilen einer Vielzahl von Beobachtern ergeben haben. Es wurde auch festgestellt, dass die wirksamen Spektralwertfunktionen von der Größe des Gesichtsfeldes abhängen. Die in Abb. 5.2 angegebenen Funktionen sind die „2°-Normspektralwertfunktionen“. Sie gelten für eine Gesichtsfeldgröße bis zu 4°. Für die Bestimmung der Farbvalenz von großen Flächen sind daher noch die etwas anderen „10°-Normspektralwertfunktionen“ festgelegt worden. Auch für sie gilt die Gleichheit der Farbwerte für Weiß E. Das 10°-Normvalenzsystem wird nur selten verwendet. Wir setzen im Folgenden immer das 2°-Normvalenzsystem voraus.

Die an das Maßsystem gestellte einzige Bedingung, dass bei Farbreizen mit unterschiedlicher spektraler Zusammensetzung die Farbvalenzen gleich sein müssen, wenn der gleiche Farbeindruck vorhanden ist, wird offensichtlich nicht nur durch die speziell gewählten Funktionen $\bar{x}(\lambda), \bar{y}(\lambda), \bar{z}(\lambda)$ erfüllt. Wenn nämlich diese die Bedingung erfüllen, so tut das ebenso auch jede Linearkombination hiervon:

$$\begin{pmatrix} a(\lambda) \\ b(\lambda) \\ c(\lambda) \end{pmatrix} = \boldsymbol{M} \begin{pmatrix} \bar{x}(\lambda) \\ \bar{y}(\lambda) \\ \bar{z}(\lambda) \end{pmatrix}. \tag{5.3}$$

Hier bezeichnet $\boldsymbol{M}$ eine nichtsinguläre 3x3-Matrix von wellenlängenunabhängigen Koeffizienten. Eine nichtlineare Transformation wäre dagegen unbrauchbar. Sie würde bei unterschiedlichen Farbreizen, bei denen das Normvalenzsystem gleiche Valenzen liefert, nicht mehr gleiche Valenzen liefern. Umgekehrt ist auch jeder Satz von drei Spektralbewertungskurven unbrauchbar, wenn er sich nicht durch eine Linearkombination auf die Normspektralwertfunktionen zurückführen lässt. Die scheinbar willkürliche Wahl der Funktionen $\bar{x}(\lambda)$, $\bar{y}(\lambda)$, $\bar{z}(\lambda)$ als Norm hängt mit an sich nicht notwendigen Nebenbedingungen zusammen, z.B. dass $\bar{y}(\lambda) = V(\lambda)$ und dass die Funktionen überall nur positive Werte annehmen sollen (s. auch Abschn. 5.1.2).

Nun sind auch die Forderungen an ein Farbmessgerät festgelegt, das durch eine elektronische Nachbildung des in Abb. 5.1 dargestellten Modells eines Normalbeobachters unmittelbar die drei Normfarbwerte X, Y, Z als proportionale elektrische Signale liefert (*Dreibereichsverfahren*). Man benötigt drei Photoelemente, deren spektrale Empfindlichkeitskurven $s(\lambda)$ durch vorgesetzte Lichtfilter mit Transmissionskurven $\tau(\lambda)$ so korrigiert werden, dass $\tau(\lambda) \cdot s(\lambda)$ die jeweilige Normspektralwertfunktion nachbildet, d. h. bis auf einen konstanten Faktor mit ihr übereinstimmt (Bedingung nach *R. Luther*). Ist dies nicht möglich, so müssen aber jedenfalls die drei korrigierten spektralen Empfindlichkeitskurven eine Linearkombination der Normspektralwertfunktionen gemäß Gl. (5.3) realisieren (*allgemeine Luther-Bedingung*). Bei linearer opto-elektronischer Wandlung können dann, aber nur dann die drei entstehenden Signale A, B, C so kombiniert bzw. umgerechnet werden (durch eine „elektrische Matrix" $\boldsymbol{M}^{-1}$), dass die gewünschten zu X, Y, Z proportionalen Signale entstehen.

Das System des farbmetrischen Normalbeobachters hat auch seine Grenzen. Die Farbempfindung, die die Betrachtung einer farbigen Fläche auslöst, lässt sich nicht eindeutig durch die Normvalenzen kennzeichnen, sie hängt von dem Aussehen der umgebenden Flächen ab. Hier ist vor allem die sogenannte „Farbstimmung" verantwortlich, die Anpassung des visuellen Systems an die im Gesichtsfeld im Mittel vorherrschende Farbe. So kann sich das Auge nach einiger Zeit an die Beleuchtung einer Szene mit nichtweißem Licht gewöhnen und dann die weißen oder grauen Objekte in der Szene doch wieder als weiß oder grau beurteilen. Wie weitgehend außerdem die Farbempfindung von umgebenden Flächen beeinflusst werden kann (BEZOLD-Effekt), soll an dem besonders krassen Beispiel in Abb. 5.3 gezeigt werden (aus dem Buch von M. Richter [5.9] nach I. Balinkin, 1965). Die blauen Streifen erscheinen im rechten Bildteil deutlich stärker gesättigt und dunkler als im linken. Tatsächlich aber besteht farbmetrisch und sogar spektral kein Unterschied.

Gleiche Farbvalenzen geben *unter gleichen Umgebungsbedingungen* jedoch die gleiche Farbempfindung. Die Farbmetrik soll und kann nur eine Gleichheitsaussage ohne Berücksichtigung der Umgebung liefern.

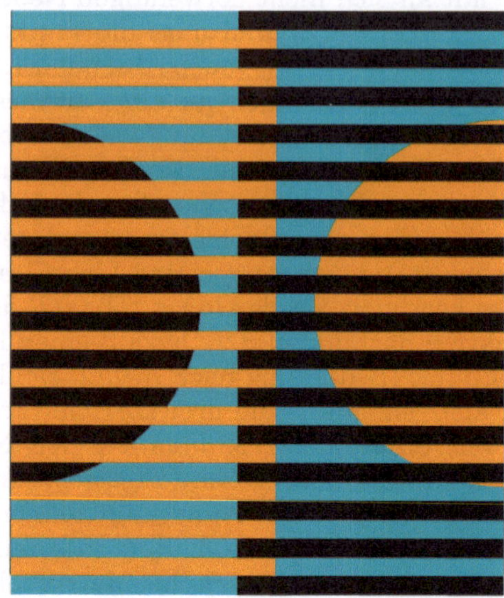

Abb. 5.3. Beeinflussung der Farbempfindung durch umgebende Flächen (BEZOLD-Effekt)

5.1.2 Auswertung des Normvalenzsystems

Zwei Aussagen der Farbmetrik sind für das Farbfernsehen entscheidend wichtig:

- die Existenz und die quantitative Beschreibung des Begriffs der *bedingt gleichen Farben*, woraus abgeleitet werden kann, welche Signale zu übertragen sind, und
- die Möglichkeit und die Bedingungen der *additiven Farbmischung*, aus der die Realisierung der farbmetrisch richtigen Wiedergabe des Bildes beim Empfänger gewonnen werden kann.

Bedingt gleiche („metamere") Farben sind Farben, die trotz unterschiedlicher spektraler Zusammensetzung der Farbreize gleich aussehen. Dass dieser Effekt bestehen muss, war aufgrund der Physiologie des Farbensehens zu erwarten. Die Farbmetrik gibt nun an, wann die unterschiedlichen Farbreize als gleiche Farben gesehen werden: sie müssen zu gleichen Farbvalenzen führen. Die Bedingung ist das Vorhandensein der Normspektralwertkurven (oder einer Linearkombination davon) beim Beobachter. Dagegen sind „unbedingt gleiche" oder „absolut gleiche" Farben von gleichen Farbreizfunktionen $\varphi(\lambda)$ verursacht worden. Sie sind auch physikalisch nicht zu unterscheiden und werden von allen Beobachtern, auch von solchen mit anormalen Spektralwertkurven als gleich empfunden. Ein bekanntes Beispiel für bedingt gleiche Farben ist die Realisierung des Farbeindrucks von Weiß E. Er kann entweder wie zuvor beschrieben durch das energiegleiche Spektrum $\varphi(\lambda) = \text{const}$ erzeugt werden oder ebenso z. B. durch drei monochromatische Strahlungen im roten, grünen und blauen Spektralbereich. Wenn diese drei Spektrallinien im richtigen Intensitätsverhältnis das Auge erreichen, so wird ein vollkommen gleicher Weißeindruck wie beim kontinuierlichen Spektrum erreicht. Trotz der extrem unterschiedlichen Spektren kann man die Farben nicht unterscheiden, die Farbvalenzen sind gleich.

Die Tatsache, dass es bedingt gleiche Farben gibt, macht das Farbfernsehen überhaupt erst praktisch möglich. Sonst müsste man ja die gesamte Farbreiz*funktion* für jedes x, y, t des aufzunehmenden Bildes übertragen. So genügt es aber, für jedes x, y, t nach Art eines Dreibereichsmessgerätes nur die drei Farb*werte* aufzunehmen und zu übertragen (Irrelevanzreduktion). Auf der Empfangsseite muss nicht die Spektralverteilung $\varphi(\lambda)$ als Funktion von x, y, t erzeugt werden, wie sie aufnahmeseitig vorhanden ist, sondern es genügt, wenn auf dem Bildschirm aus den übertragenen Farbwerten die bedingt gleichen Farben als Funktion von x, y, t reproduziert werden.

Wir zeigen nun das Prinzip der additiven Farbmischung. Ein Farbreiz $\varphi_1(\lambda)$ erzeuge die Farbvalenz $\{X_1, Y_1, Z_1\}$, ein anderer Farbreiz $\varphi_2(\lambda)$ erzeuge die Farbvalenz $\{X_2, Y_2, Z_2\}$. Nun nehmen wir an, dass beide Farbreize gemeinsam in das Auge einfallen, also ein Farbreiz $\varphi_1(\lambda) + \varphi_2(\lambda)$ zur Wirkung kommt. Das Resultat sei eine Farbvalenz $\{X_{\text{res}}, Y_{\text{res}}, Z_{\text{res}}\}$:

$$\begin{aligned} \varphi_1(\lambda) &\rightarrow \{X_1, Y_1, Z_1\} \\ \varphi_2(\lambda) &\rightarrow \{X_2, Y_2, Z_2\} \\ \varphi_1(\lambda) + \varphi_2(\lambda) &\rightarrow \{X_{\text{res}}, Y_{\text{res}}, Z_{\text{res}}\}. \end{aligned} \tag{5.4}$$

Diese additive Überlagerung der zwei Strahlungen kann man erreichen

- durch optische Superposition, z. B. mit zwei Projektoren auf einer Leinwand, oder
- durch schnelle, zeitlich nicht mehr trennbare Aufeinanderfolge (das zeitliche Auflösungsvermögen des Auges ist überschritten), z. B. mit einem Farbkreisel, oder
- durch eng benachbarte, örtlich nicht mehr trennbare Bildelemente (das örtliche Auflösungsvermögen des Auges ist überschritten), z. B. beim Farbbildschirm.

Das zu erwartende Mischungsergebnis lässt sich aus den Valenzen der Mischungskomponenten berechnen. Wir setzen dazu in den Gln. (5.1) $\varphi(\lambda) = \varphi_1(\lambda) + \varphi_2(\lambda)$ und erhalten

$$X_{res} = X_1 + X_2$$
$$Y_{res} = Y_1 + Y_2 \qquad (5.5)$$
$$Z_{res} = Z_1 + Z_2 .$$

Die Farbwerte der additiven Mischung ergeben sich durch Addition der Farbwerte der Komponenten. Hiermit kommt die Linearität des Normvalenzsystems zum Ausdruck. Man erkennt: Fassen wir die Farbwerte als Koordinaten eines dreidimensionalen Vektors auf,

$$\vec{F} =_{\text{def}} \{X, Y, Z\},$$

so dass ein solcher *Farbvektor* die Farbvalenz repräsentiert, dann ergibt sich nach den Regeln der Vektoraddition die Farbvalenz der Mischung durch die Addition der Farbvektoren der Mischungskomponenten:

$$\vec{F}_{res} = \vec{F}_1 + \vec{F}_2 . \qquad (5.6)$$

Die Länge eines Farbvektors ist proportional zur Intensität (zur Leistung) der in das Auge einfallenden Strahlung. Wird die Beleuchtungsstärke einer Szene vergrößert oder verkleinert, ohne dass dabei das Spektrum der Lichtquelle (die „Lichtart") verändert wird, dann werden die drei Farbwerte alle im gleichen Maße proportional größer oder kleiner und der Farbvektor deshalb proportional zur Beleuchtungsstärke länger oder kürzer, *ohne dass er dabei seine Richtung verändert.* Will man die Qualität einer Farbe ohne Berücksichtigung der Intensität – die *Farbart* – charakterisieren, so kann man das also durch Angabe der *Richtung* des Farbvektors. Der Begriff der Farbart umfasst die Empfindung des Farbtons und der Farbsättigung ohne Beachtung des Helligkeitseindrucks. Eine quantitative Spezifizierung der Farbart ist durch die Richtung des Farbvektors gegeben.

Der Farbvektor kann in einem dreiachsigen rechtwinkligen Koordinatensystem dargestellt werden. Die Koordinaten sind die Farbwerte X, Y, Z, wobei die Y-Achse nach oben zeigt (Abb. 5.4). Die Richtung des Vektors wird gekennzeichnet durch die Koordinaten seines Durchstoßungspunktes P der in Abb. 5.4 angegebenen Ebene $X + Y + Z = 1$:

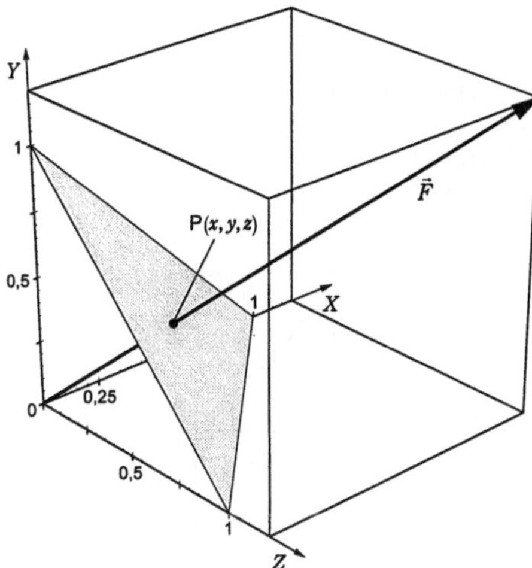

Abb. 5.4. Ein Farbvektor und Kennzeichnung seiner Richtung durch Farbwertanteile *x, y, z*

$$x = \frac{X}{X+Y+Z}$$
$$y = \frac{Y}{X+Y+Z} \tag{5.7}$$
$$z = \frac{Z}{X+Y+Z} = 1 - x - y .$$

Man bezeichnet diese Werte als *Normfarbwertanteile.* Mit den beiden Farbwertanteilen x und y wird die Farbart spezifiziert. Qualitativ wird die Farbart durch die Begriffe Farbton und Farbsättigung beschrieben, quantitativ durch x und y. Der Farbwertanteil z braucht nicht angegeben zu werden, weil er sich nach Gl. (5.7) aus x und y ergibt.

Die Darstellung einer Farbart als Punkt („Farbort") in einem rechtwinkligen x,y-Koordinatensystem („*Normfarbtafel*") ergibt sich in Abb. 5.4 durch Projektion der Durchstoßungsebene auf die X,Y-Ebene. Abbildung 5.5 zeigt eine Normfarbtafel, in der die Farbart von Weiß E als Farbort eingetragen ist. Wegen $X = Y = Z$ sind die Farbwertanteile dieses Weißpunktes gegeben durch $x = 1/3$, $y = 1/3$. Weiterhin sind in Abb. 5.5 die Farborte der monochromatischen Strahlung eingetragen. Sie ergeben sich aus den Farbwerten der Farbreizfunktion $\varphi(\lambda) = \Phi_e \, \delta(\lambda - \lambda_1)$, wobei λ_1 die Wellenlänge der betreffenden Strahlung und Φ_e ihre Leistung (Gl. (2.1)) bezeichnet:

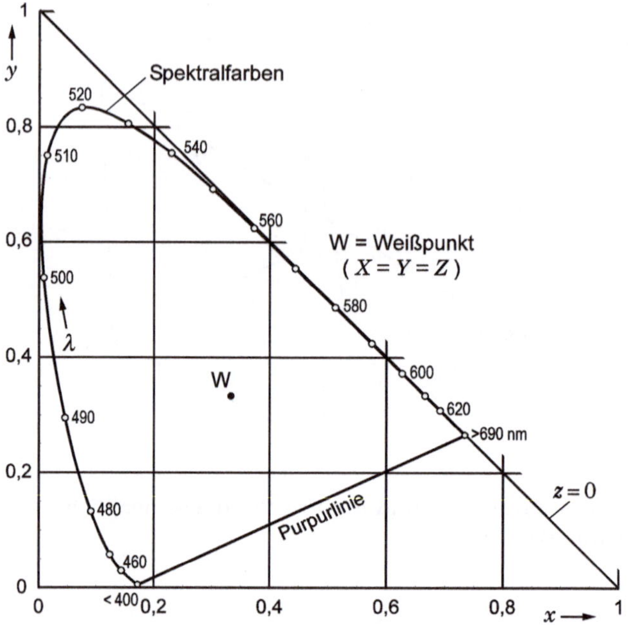

Abb. 5.5. Normfarbtafel

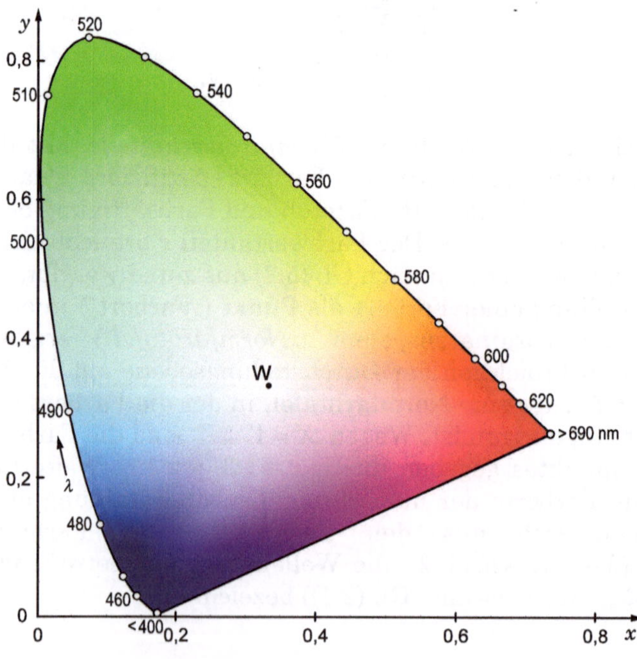

Abb. 5.6. Farben und ihre Normfarbwertanteile *x, y*

$$\vec{F}(\lambda_1) = k\Phi_e\{\bar{x}(\lambda_1), \bar{y}(\lambda_1), \bar{z}(\lambda_1)\}$$

$$x(\lambda_1) = \frac{\bar{x}(\lambda_1)}{\bar{x}(\lambda_1) + \bar{y}(\lambda_1) + \bar{z}(\lambda_1)} \qquad y(\lambda_1) = \frac{\bar{y}(\lambda_1)}{\bar{x}(\lambda_1) + \bar{y}(\lambda_1) + \bar{z}(\lambda_1)}.$$

Diese Farborte bilden in der Normfarbtafel einen hufeisenförmigen Kurvenzug, den „Spektralfarbenzug". Das kurzwellige Ende bei ca. 400 nm und das langwellige Ende bei ca. 690 nm sind mit einer geraden Linie verbunden. Auf ihr liegen die Purpurfarben. Diese sind durch die additive Mischung der an den beiden Enden liegenden monochromatischen Strahler (Blau und Rot) zu erzeugen, nicht durch eine einzige Spektrallinie. Der Spektralfarbenzug hat eine wichtige, grundsätzliche Bedeutung: Es kann keine Farbart geben, die außerhalb der Fläche des durch die Purpurlinie abgeschlossenen Spektralfarbenzugs liegt, und die Spektralfarben haben die maximal mögliche Farbsättigung (in der Farbtafel den größten Abstand zum Weißpunkt). Nicht-monochromatische Farbreize ergeben Farborte, die immer im Inneren der Fläche liegen.

Die Position der Farborte der unterschiedlichen Farben in der Normfarbtafel ist in Abb. 5.6 veranschaulicht. Die Farbtöne sind längs des Spektralfarbenzugs und der Purpurlinie aufgereiht. Die Farbsättigung nimmt zum Weißpunkt hin immer mehr ab. Am Weißpunkt selbst liegen die *„unbunten Farben"*, je nach Intensität auf einer Grauskala von Weiß, Hellgrau, Grau bis Dunkelgrau und Schwarz. Manche Farben, die man hier vermisst, entstehen durch Verminderung der Reizintensität (die Richtung des Farbvektors bleibt gleich) und sind deshalb in der intensitätsunabhängigen Darstellung durch Farbwertanteile nicht enthalten. Beispielsweise ist die Farbe Braun ein sehr dunkles Orange. Braun und Orange stellen die gleiche Farbart dar, sind aber trotzdem zwei unterschiedliche Farben.

Wir wollen jetzt untersuchen, welche Farbart bei einer additiven Mischung entsteht. Die Addition von zwei Farbvektoren $\vec{F}_1$ und $\vec{F}_2$ (Gl. (5.6)) ist im X,Y,Z-Koordinatensystem in Abb. 5.7 dargestellt. Der Farbvektor $\vec{F}_\Sigma$ des Mischungsresultats ist komplanar zu den Vektoren der Komponenten, er liegt in der Ebene des durch sie aufgespannten Parallelogramms. Dieses schneidet die „Durchstoßungsebene" $X+Y+Z=1$, und auf der Schnittlinie $\overline{1\,2}$ muss deshalb auch der Durchstoßungspunkt Σ des resultierenden Vektors liegen: *Der Farbort des Mischungsresultats liegt in der Normfarbtafel auf der geraden Verbindungslinie der Farborte der beiden Mischungskomponenten* (Abb. 5.8 links). Wo das Ergebnis dort auf der Verbindungslinie liegt, hängt vom Längenverhältnis der beiden addierten Vektoren ab, d. h. vom Intensitätsverhältnis der Mischungskomponenten. Je stärker die Komponen-

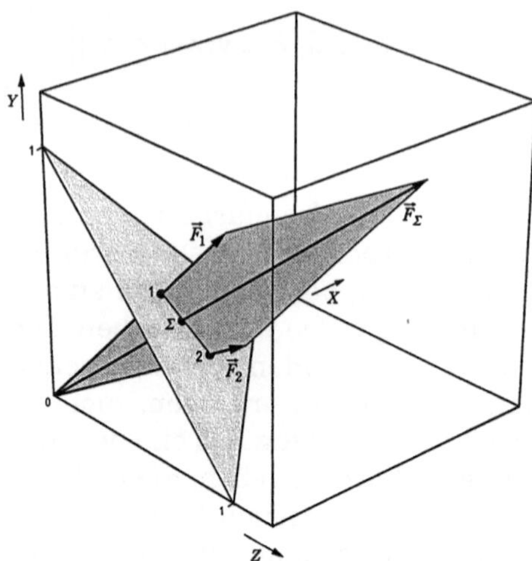

Abb. 5.7. Additive Mischung von zwei Farben in vektorieller Darstellung

te 2 wird oder je schwächer die Komponente 1, um so mehr wandert der Farbort der ermischten Farbe vom Farbort 1 zum Farbort 2. Wird nun eine dritte Farbe hinzugefügt, so liegt das Ergebnis auf der geraden Verbindungslinie zwischen dem Farbort der aus 1 und 2 ermischten Farbe und dem Farbort 3. Man erkennt: Die Farbarten der mit drei Farben *konstanter* Farbart durch Änderung ihrer Mischungsverhältnisse erzielbaren Mischfarben können nur im Inneren oder auf den Seiten eines Dreiecks liegen, dessen Eckpunkte in der Farbtafel durch die Farborte der Komponenten gebildet werden (*Farbdreieck*, Abb. 5.8 rechts). Stehen drei „Primärfarben" Rot, Grün und Blau mit den in

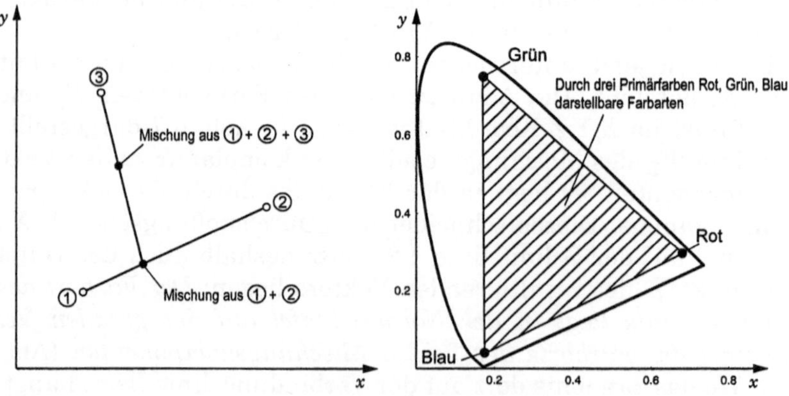

Abb. 5.8. Die durch additive Mischung von drei Farben darstellbaren Farbarten

Abb. 5.8 angegebenen Farborten zur Verfügung, so kann mit ihnen der Großteil aller Farben ermischt werden: die Fläche des Farbdreiecks umfasst den größten Teil der Hufeisenfläche. Werden jeweils nur zwei von den drei Primärfarben aktiviert, dann liegt das Mischungsergebnis auf den Dreiecksseiten, kommt noch die dritte hinzu, wandert das Ergebnis in das Innere des Dreiecks. Farbarten außerhalb der Dreiecksfläche können nicht erreicht werden, denn dazu müsste die Intensität einer Komponente negativ sein.

Ein Beispiel der additiven Mischung von zwei Farben ist die erwähnte Realisierung von Farbarten auf der Purpurlinie. Ein anderes Beispiel ist die Mischung von zwei Farben, bei der das Mischungsergebnis eine unbunte Farbe ist. Die Verbindungslinie der beiden Farborte muss dann durch den Weißpunkt laufen. Man nennt diese beiden Farben *kompensativ*[1]. Blau-Gelb, Grün-Magenta (eine spezielle Purpurfarbe) und Rot-Cyan (grünlich Blau) sind solche kompensativen Paare.

Entsättigte Farben kann man sich entstanden denken durch die Mischung einer Spektralfarbe mit Weiß. Die Wellenlänge λ_d dieser Spektralfarbe – die „*dominante*“ Wellenlänge – findet man, wenn man in der Normfarbtafel die Verbindungslinie vom Weißpunkt zum Farbort der Farbe über diesen hinaus bis zum Schnittpunkt mit dem Spektralfarbenzug verlängert. Dort ist dann λ_d abzulesen. Die dominante Wellenlänge einer Farbe charakterisiert ihren Farbton. Liegt der Schnittpunkt auf der Purpurlinie, dann bestimmt man die Wellenlänge der kompensativen Spektralfarbe und gibt sie mit negativem Vorzeichen an (Abb. 5.9). Der Farbort x, y teilt die Verbindungslinie vom Weißpunkt x_w, y_w zum Punkt x_s, y_s auf dem Spektralfarbenzug bzw. zur Pupurlinie im Verhältnis $p:(1-p)$,

$$p = \frac{x - x_W}{x_s - x_W} = \frac{y - y_W}{y_s - y_W}. \tag{5.8}$$

p ist das Maß für den spektralen Farbanteil. Mit ihm kann man die Sättigung charakterisieren. Dieser so geometrisch in der Normfarbtafel definierte Farbanteil stellt das Mischungsverhältnis einer unbunten mit einer spektralen Farbvalenz dar,

$$\vec{F} = p\vec{F}_s + (1-p)\vec{F}_W,$$

[1] Ein Sonderfall ist gegeben, wenn die Summe der beiden zugehörigen Farbreizfunktionen gleich dem Spektrum des von einer „ideal-weißen“ Fläche (Reflexionsgrad = 1 für alle Wellenlängen) kommenden Farbreizes ist. Man spricht dann von *komplementären* Farben.

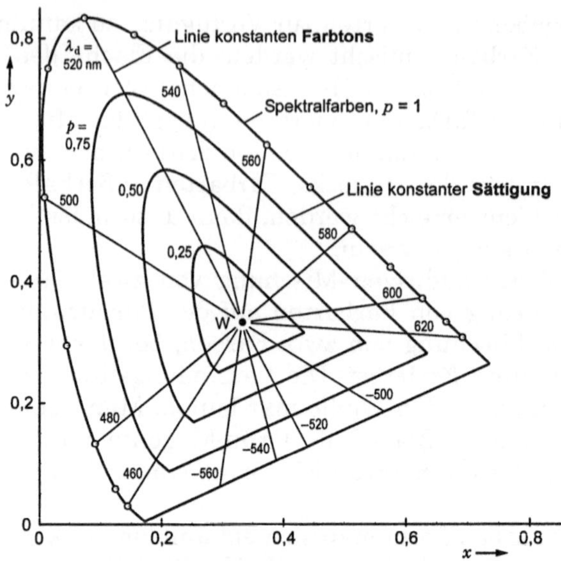

Abb. 5.9. Charakterisierung von Farbton und Farbsättigung durch die dominante Wellenlänge λ_d und den spektralen Farbanteil p

wenn die Koordinatensummen der beiden Vektoren als gleich groß angenommen werden. λ_d, p sind die *Helmholtz-Maßzahlen.* Nach ihnen sind die Linien konstanten Farbtons vom Weißpunkt ausgehende radiale Linien. Die Linien konstanter Sättigung sind die mit dem Faktor p verkleinerten, auf den Weißpunkt hin geschrumpften Abbilder des Spektralfarbenzugs mit dem Purpurlinienabschluss (Abb. 5.9). Nur hinsichtlich des Farbtons stimmt das näherungsweise mit der Empfindung überein (s. den folgenden Abschnitt).

Die Charakterisierung einer Farbe durch ihre Farbart (engl. *chromaticity*) und deren Maßzahlen, den intensitätsunabhängigen Farbwertanteilen x und y, ist anschaulicher und erschließt die praktische Nutzung des Normvalenzsystems weit besser als die ursprünglichen Farbwerte X, Y, Z. Zur vollständigen Kennzeichnung der Farbvalenz, d. h. zur Berücksichtigung der Intensität, kann man der Angabe der Farbwertanteile ja noch einen Farbwert hinzufügen. Die Spezifikation einer Farbe durch x, y, Y ist deshalb allgemein eingeführt. Eine alternative Spezifikation, die auch eine Qualität der Farbe erkennen lässt, nämlich die „Buntheit" (Stärke, engl. *chroma*) und Art der Farbigkeit, ist mit dem Begriff der *Farbdifferenz* (*Chrominanz,* engl. *chrominance*) möglich. Diese Darstellung ist vor allem für das Farbfernsehen von Bedeutung. Man gibt die Differenz einer Farbvalenz zu einem Grau mit *gleicher* Leuchtdichte an, vektoriell ausgedrückt $\vec{F}_C = \vec{F} - \vec{F}_0$ (Abb. 5.10), wobei $\vec{F}_0$ den Unbuntvektor bezeichnet, dadurch gekenn-

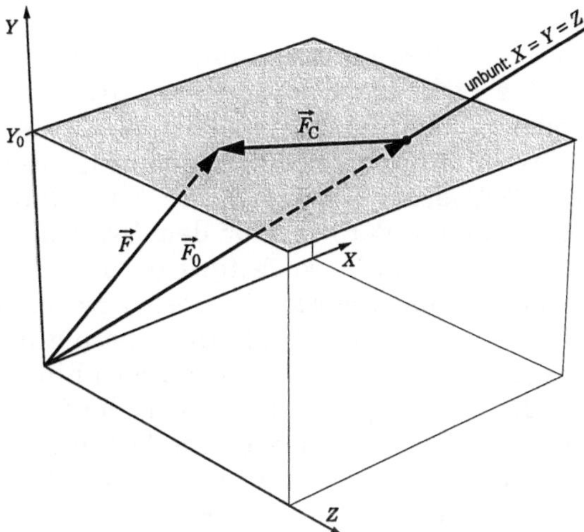

Abb. 5.10. Darstellung einer Farbvalenz durch die Differenz zu einem Unbuntvektor $\vec{F}_0$ gleicher Luminanz

zeichnet, dass seine Koordinaten alle gleich sind (sein Farbort ist der Weißpunkt E):

$$\begin{aligned} \vec{F} &= \{X, Y, Z\} \\ \vec{F}_0 &= \{Y_0, Y_0, Y_0\} \quad Y_0 = Y \\ \vec{F}_C &= \{X - Y_0,\ 0,\ Z - Y_0\}. \end{aligned} \tag{5.9}$$

Der Chrominanz-Vektor enthält die beiden Farbdifferenzen $X - Y_0$ und $Z - Y_0$, seine Y-Koordinate ist definitionsgemäß gleich null. Die Farbvalenz wird somit spezifiziert durch die zwei Farbdifferenzwerte und durch Y. Man beachte, dass die Farbdifferenzwerte im Gegensatz zu den Farbwertanteilen intensitätsabhängig sind. Bei konstanter Farbart verändern sie sich proportional zu einer Intensitätsänderung.

5.1.3 Andere Farbmaßsysteme

Das ursprüngliche von der CIE festgelegte Farbmaßsystem ging von dem subjektiven Vergleich der zu bestimmenden Farbe mit dem Ergebnis einer additiven Mischung von drei definierten Primärfarben aus (Farbmessung nach dem *Gleichheitsverfahren*). Da bei diesem Stand noch kein Valenzsystem existierte, sondern ja erst aufgestellt werden sollte, mussten die Primärfarben rein physikalisch, z. B. als monochromatische Strahler definiert werden: Rot mit $\lambda = 700{,}0$ nm, Grün mit $\lambda = 546{,}1$ nm und Blau mit $\lambda = 435{,}8$ nm. Sie sind in der Intensität kontinuierlich einstellbar von 0 bis zum Maximalwert ihrer Strahlungsleistung, angegeben jeweils durch einen Faktor R oder G oder B im Bereich 0...1. Das Licht der drei Strahler wird auf einem Schirm übereinander projiziert, und die Intensitätseinsteller werden so lange verändert, bis das Mischungsergebnis genauso aussieht wie die daneben liegende Farbfläche. Die bei dieser Einstellung gefundenen Werte R, G, B sind dann die Farbwerte in dem System. Das Verhältnis der Maximalintensitäten wurde so festgelegt, dass bei Weiß E die Farbwerte gleich sind. Sodann wurden in diesem System die Farbwerttripel von Spektralfarben gleicher Strahlungsleistung in Abhängigkeit von der Wellenlänge bestimmt. Wie wir es im nachhinein aus Abb. 5.8 erwarten, ist allerdings für die Spektralfarben die Gleichheitseinstellung mit der Mischung der Primärfarben im Allgemeinen nicht zu erreichen, vor allem nicht im Gebiet Grün-Blau ($\lambda = 450...540$ nm), wo R stark negativ sein müsste. Mit einem Trick ist jedoch der Abgleich auch hier möglich: man projiziert Rot auf die zu messende Farbfläche und verändert sie damit durch Einstellung von R derart, dass sie so aussieht wie die mit der Mischung aus Grün und Blau einstellbare Vergleichsfarbe. Der Farbwert ist dann gleich $-R$. Auf diese Weise haben W. D. WRIGHT (1928) und J. GUILD (1931) die Spektralwertfunktionen $\bar{r}(\lambda), \bar{g}(\lambda), \bar{b}(\lambda)$ als Durchschnittswerte von 17 Testpersonen bestimmt. Diese Funktionen wurden für die CIE zur Grundlage ihrer Norm. Durch eine Lineartransformation entsprechend Gl. (5.3) wurden aus ihnen drei Funktionen gebildet, die nur positive Werte annehmen und dadurch physikalisch unmittelbar realisierbar sind: die Normspektralwertfunktionen. Das alte System hat jetzt keine Bedeutung mehr. Es ist hier nur erwähnt worden, um den Ursprung des Normvalenzsystems verständlich zu machen. (Weiteres s. bei M. Richter [5.9].)

Ein Nachteil des Normvalenzsystems – vor allem bei Spezifikationen der Erkennbarkeit von Farbfehlern – ist es, dass es nicht „empfindungsgemäß gleichabständig“ ist. Gleich groß empfundene Unterschiede bei Vergleich von Farben sollten eigentlich in allen Gebieten des X, Y, Z-Farbenraumes zu gleichen Farbwertdifferenzen führen. Nun ist die zahlenmäßige Beschreibung des „Unterschieds von Empfindungen“ offenbar noch problematischer als die Messung einer Empfindung allein. In der Farbmetrik wird letzteres durch Beschränkung auf die Beurteilung der *Gleichheit* von zwei Farbempfindungen geleistet. Spezifikationen von Empfindungsunterschieden gehören an sich nicht zum Aufgabengebiet der Farbmetrik.

Nur bei Beschränkung auf sehr kleine Unterschiede, nämlich auf die Beurteilung des *gerade noch bemerkbaren* Unterschieds, sind Messwerte zu erhalten (Schwellenwertbestimmung, vgl. auch Kapitel 3). Man kann feststellen, wie weit die Farbvalenzen von zwei Vergleichsproben höchstens voneinander abweichen dürfen, ohne dass man einen Unterschied empfindet. Natürlich sind individuell unterschiedliche Ergebnisse zu erwarten. Jedenfalls aber sind diese Schwellenwerte, d. h. die gerade noch erkennbaren Abstände zu den Nachbarfarben, für jede Farbe im X,Y,Z-Farbenraum, erheblich verschieden.

Systematische Untersuchungen zu den gerade noch erkennbaren Unterschieden (just noticeable differences, JNDs) von Normfarbwert*anteilen* bei konstanter Leuchtdichte hat D. L. MACADAM [5.8] durchgeführt. Die Farborte von 25 bekannten Farben mussten von einer Versuchsperson nach dem Gleichheitsverfahren wiederholt bestimmt werden. Die dabei auftretenden mittleren Einstellfehler Δx, Δy um den Sollfarbort liegen in der Normfarbtafel auf einer Ellipse (entsprechend einer zweidimensionalen Normalverteilung der Fehler). Sie geben die Größe des Schwellenwerts wieder.

Solche Ellipsen mit dem Sollfarbort in ihrer Mitte sind – zehnfach radial vergrößert – in Abb. 5.11 dargestellt. Im Bereich von Blau sind sie sehr viel kleiner (etwa um den Faktor 10) als im Bereich von Grün. Außerdem ist ihre Schräglage unterschiedlich. Die Gleichung der Schwellenwertellipsen ist

$$g_{11}(\Delta x)^2 + 2g_{12}\Delta x\Delta y + g_{22}(\Delta y)^2 = 1\,.$$

Die Koeffizienten g als Funktionen des Sollfarborts x, y wurden von McAdam aus den Daten seiner ursprünglichen 25 Ellipsen über den

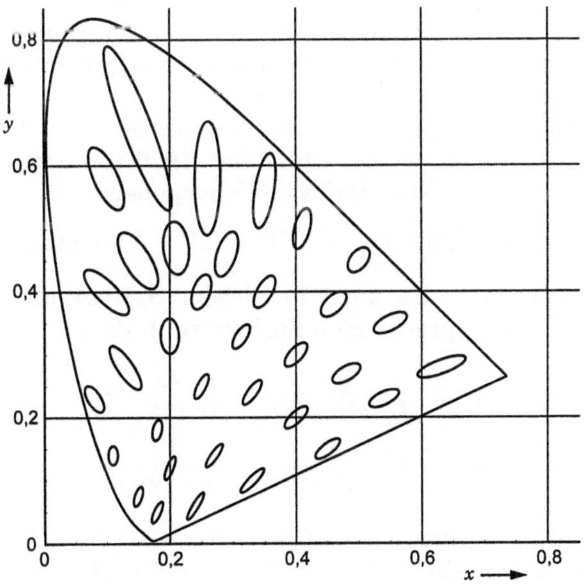

Abb. 5.11. Bemerkbarkeit von Farbartabweichungen (zehnfach vergrößert) nach McAdam

gesamten Bereich der Normfarbtafel interpoliert [5.7]. Mit

$$\Delta E_{\mathrm{AD}} = \sqrt{g_{11}(\Delta x)^2 + 2g_{12}\Delta x \Delta y + g_{22}(\Delta y)^2}$$

können dadurch für die Umgebung eines Farborts Abstände Δx und Δy in JND-Einheiten umgerechnet werden. Die Gleichung hat die Form des Abstandes auf der gekrümmten Oberfläche eines dreidimensionalen Körpers, die das Koordinatennetz *x*, *y* trägt (Riemannsche Metrik im Gegensatz zum Euklidischen Raum, wo der Satz des Pythagoras gilt). Tatsächlich ist versucht worden, mit den Mitteln der Differentialgeometrie (daher auch die dort übliche Koeffizientenbezeichnung) eine Transformation zu finden, die zu empfindungsgemäß gleichabständigen Farbartkoordinaten führt, also in der ganzen Farbtafel die Schwellenwertellipsen zu Kreisen mit gleichem Radius verformt.

Die Normfarbwerte dürfen mit einer beliebigen – auch nichtlinearen – umkehrbar eindeutigen Funktion in drei andere Farbwerte umgerechnet werden, denn bei bedingt gleichen Farben gibt auch ein solches Farbmaßsystem gleiche Messergebnisse. Während die Nichtlinearität bei einer Transformation der Spektralwertfunktionen ausgeschlossen werden muss (s. Gl. (5.3)), ist sie bezüglich der Farbwerte erlaubt. Durch nichtlineare Transformationen erhaltene Farbwerte verändern sich jedoch nicht proportional zu einer Intensitätsänderung des Farbreizes, und ihr Verhältnis zueinander bleibt dabei möglicherweise nicht konstant. Das Mischungsergebnis erhält man dann auch nicht mehr durch eine Addition der Farbwerte der Komponenten, die Angabe eines Farbvektors wäre deshalb sinnlos.

Nach vielen Versuchen, ein Maßsystem mit besseren Farbabstandseigenschaften zu finden, wurde schließlich 1976 von der CIE eine *lineare* Transformation der Normfarbwerte angegeben:

$$U' = 4X/9, \quad V' = Y, \quad W' = (2Y - X + Z)/3.$$

Der Farbwert V' ist also auch in diesem System proportional zur Leuchtdichte. Die entsprechenden Farbwertanteile

$$\begin{aligned} u' &=_{\text{def}} \frac{U'}{U' + V' + W'} = \frac{4x}{-2x + 12y + 3} \\ v' &=_{\text{def}} \frac{V'}{U' + V' + W'} = \frac{9y}{-2x + 12y + 3} \end{aligned} \tag{5.10}$$

sind die Koordinaten der „CIE-UCS-Farbtafel 1976“ (UCS = Uniform Chromaticity Scale). Mit diesen wurde dann der „$L^*u^*v^*$-Farbenraum CIE 1976“ definiert:

$$
\begin{aligned}
L^* &= 116 f(Y/Y_w) - 16 \\
u^* &= 13 L^* (u' - u'_w) \\
v^* &= 13 L^* (v' - v'_w).
\end{aligned}
\tag{5.11}
$$

L^* ist ein hier eingeführter neuer Helligkeitswert, entstanden aus einer nichtlinearen Verzerrung der Y-Skala nach der Funktion (mit $q = Y/Y_w$)

$$
\begin{aligned}
f(q) &= \sqrt[3]{q} && \text{falls } q > 0{,}008856 \\
f(q) &= 7{,}787q + 16/116 && \text{falls } q \le 0{,}008856.
\end{aligned}
\tag{5.12}
$$

wobei $q = 0{,}008856 \rightarrow L^* = 8$. Die Werte sind bezogen auf die Normvalenz X_w, Y_w, Z_w, die sich bei der beleuchtenden Lichtquelle aus einer idealen mattweißen Oberfläche (d. h. bei spektralunabhängiger und vollständiger Remission) ergibt. Der Bezug auf den Unbuntpunkt soll näherungsweise den Einfluss der Farbumstimmung des Auges auf die beleuchtende Lichtart berücksichtigen. Der Farbort x_w, y_w wird zum Nullpunkt der u^*, v^*-Koordinaten. In Abb. 5.13 und 5.14 wurde eine Beleuchtung mit „Normlichtart D65" (s. Abschnitt 5.1.4) angenommen mit den Farborten $x_w = 0{,}3127$, $y_w = 0{,}3290$ ($u'_w = 0{,}1978$, $v'_w = 0{,}4683$).

Der nominelle Maximalwert von L^* wurde auf 100 gesetzt, wie in der Farbmetrik allgemein üblich. Die L^*-Skala gemäß Gln. (5.11), (5.12) kann nach vielen Untersuchungen als die empfindungsgemäß gleichabständige Skala der Hellempfindung gelten. Der Zusammenhang mit der relativen Leuchtdichte ist in Abb. 5.12 dargestellt. Die Kurve kann mit der in der Abbildung angegebenen logarithmischen

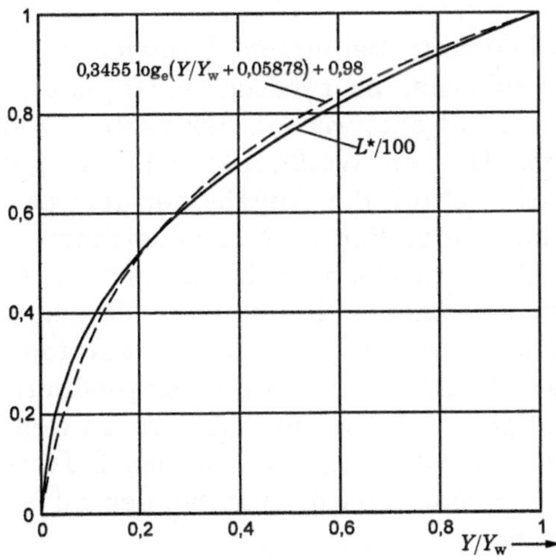

Abb. 5.12. Der Helligkeitswert L^* als Funktion der relativen Leuchtdichte

Funktion approximiert werden. Damit wird das Weber-Fechnersche Gesetz (Gl.(3.3)) bestätigt und präzisiert.

Wieweit in dem $L^*u^*v^*$-Farbenraum (sog. „CIELUV"-System) Gleichabständigkeit erreicht worden ist, kann bezüglich der Farbart beurteilt werden durch eine Übertragung der McAdam-Ellipsen aus der Normfarbtafel in das Koordinatensystem u^*/L^*, v^*/L^*, das man intensitätsunabhängig zur Kennzeichnung der Farbart bei CIELUV verwenden kann. Es besteht eine umkehrbar eindeutige Beziehung zwischen den beiden Farbtafeln, bei der insbesondere gerade Linien wieder zu geraden Linien werden (Mischungsergebnisse bleiben auf der geraden Verbindungslinie der Komponenten-Farborte). Die Ellipsen aus Abb. 5.11 zeigt Abb. 5.13 in der CIELUV-Farbtafel. Keineswegs sind sie Kreise mit gleichen Radien, aber die Unterschiede der Farbabstände sind doch deutlich geringer als in der Normfarbtafel. Das Verhältnis der Farbabstände liegt etwa bei 1:4.

Trotz der immer noch nicht empfindungsgemäß gleichabständigen Darstellung sind im LUV-Farbenraum „Farbabstandsformeln" in Analogie zu einer Raumdiagonalen definiert worden. Für die Farbfehlerbeurteilung in der Fernsehtechnik wird nach Vorschlag von Robertson [5.10] u. a. vielfach der Wert

$$\Delta E_{uv} = \sqrt{(0{,}25\Delta L^*)^2 + (\Delta u^*)^2 + (\Delta v^*)^2} \tag{5.13}$$

benutzt. Wenn die zu vergleichenden Farben gleichzeitig nebeneinander gesehen werden (Aufnahmeszene und Wiedergabe auf dem Bildschirm oder das gleiche Bild auf zwei Monitoren nebeneinander), dann wird

$$\Delta E_{uv} \leq 5 \tag{5.13a}$$

noch als sehr gut beurteilt. Bei einem Vergleich „aus der Erinnerung" sind höhere Werte zulässig, nicht jedoch bei Gesichtsfarben.

Die Koordinaten u^*, v^* entsprechen der Farbdifferenz (Gl. (5.9)) des Normvalenzsystems. Die vom Weißpunkt radial ausgehenden Geraden, die in der Normfarbtafel mit der Angabe der dominanten Wellenlänge nach Helmholtz konstante Farbtöne kennzeichnen sollen (Abb. 5.9), sind in der CIELUV-Farbtafel vom Nullpunkt ausgehende, ebenfalls gerade Linien. Mit der Angabe des Winkels, den sie mit der u^*-Achse bilden, kann man den Farbton spezifizieren („Farbtonwinkel").

Von der CIE wurde 1976 ein weiterer angenähert empfindungsgemäß gleichabständiger Farbenraum definiert. In ihm wird die Kubikwurzelverzerrung nach Gl. (5.12), wie sie bei LUV für die Skala des Helligkeitswertes verwendet wird, auch bei der Bildung der Farbdifferenzwerte eingesetzt:

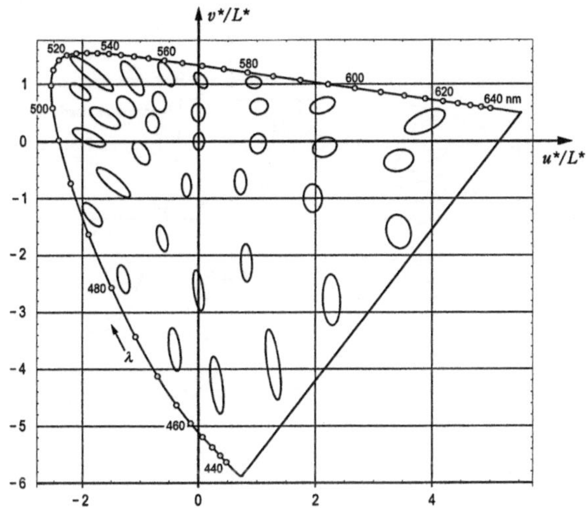

Abb. 5.13. McAdam-Ellipsen in der CIELUV-Farbtafel

$$\begin{aligned} L^* &= 116 f(Y/Y_\mathrm{w}) - 16 \\ a^* &= 500\left(f(X/X_\mathrm{w}) - f(Y/Y_\mathrm{w})\right) \\ b^* &= 200\left(f(Y/Y_\mathrm{w}) - f(Z/Z_\mathrm{w})\right). \end{aligned} \tag{5.14}$$

Die Normfarbwerte werden wieder auf die Weißwerte $X_\mathrm{w}, X_\mathrm{w}, Z_\mathrm{w}$ bezogen, die sich bei der beleuchtenden Lichtquelle aus einer idealen mattweißen Oberfläche ergeben. Sie sind hier aber alle – in gleicher Weise – nichtlinear verzerrt. Der Helligkeitswert ist mit dem bei CIELUV identisch. Alle unbunten Farben liegen im Nullpunkt der a^*, b^*-Koordinaten. Eine Abbildung unserer McAdam-Ellipsen im $L^*a^*b^*$-Farbenraum für $L^* = 50$ zeigt Abb. 5.14. Hiernach sind die Farbabstände nicht gleichmäßiger als im $L^*u^*v^*$-Farbenraum, teilweise sogar ungleichmäßiger. Das CIELAB-System wird dennoch in der industriellen Praxis bei der Herstellung von Farbmitteln und beim Farbdruck bevorzugt. Dabei geht es ausschließlich um den Vergleich von Körperfarben, und diese können nur einen kleinen Teil des CIELAB-Raumes einnehmen (s. den folgenden Abschnitt). Für $L^* = 50$ ist die maximal erreichbare Ausdehnung durch die Grenzlinie in Abb. 5.14 markiert. Für die Farbabstandsbewertung im CIELAB-System gilt die Formel

$$\Delta E_{ab} = \sqrt{(\Delta L^*)^2 + (\Delta a^*)^2 + (\Delta b^*)^2}\,. \tag{5.15}$$

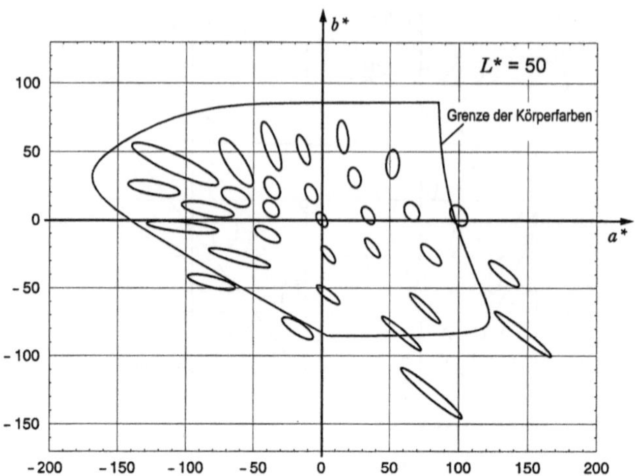

Abb. 5.14. McAdam-Ellipsen im CIELAB-Farbenraum bei $L^* = 50$

Eine von L^* unabhängige Darstellung („CIELAB-Farbtafel"), in die die Farbwertanteile aus der Normfarbtafel übertragen werden könnten, ist grundsätzlich mit den Koordinaten $a^*/f(Y/Y_w)$, $b^*/f(Y/Y_w)$ möglich. Dabei tritt jedoch eine so extreme Verzerrung des x,y-Koordinatennetzes auf, dass eine solche Darstellung wenig sinnvoll ist. Bei additiver Farbmischung würde die resultierende Farbart in einer derartigen Farbtafel auch nicht auf der geraden Verbindungslinie der Farborte liegen, die die Komponenten kennzeichnen. Aus diesen Gründen wird das LAB-System in der Fernsehtechnik kaum verwendet.

Einen Vergleich der Transformationen von Geraden in die Normfarbtafel aus CIELUV und CIELAB bei konstantem Helligkeitswert L^*

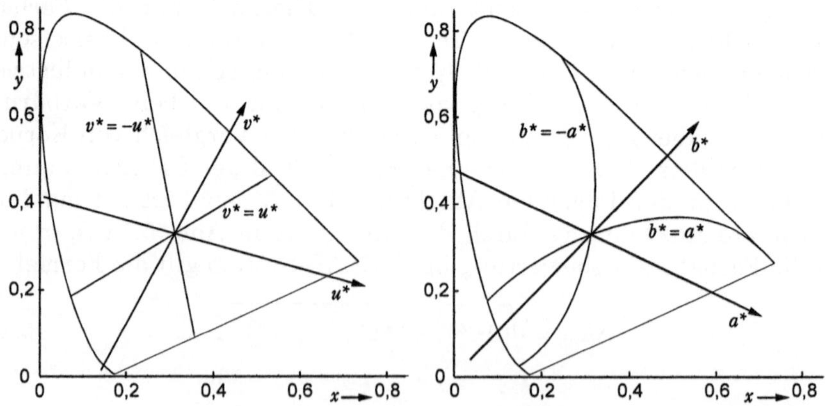

Abb. 5.15. Transformation von Geraden, die bei CIELUV und CIELAB mit $L^* = \text{const}$ durch den Koordinatenursprung laufen, in die Normfarbtafel

gibt Abb. 5.15. Die u^*- und a^*-Achsen laufen von Cyan nach Rot, die v^*- und b^*-Achsen von Blau nach Gelb. Die Achsen (und dazu parallele Geraden) bleiben auch bei Transformation aus dem LAB-System gerade Linien, aber schräge Geraden durch den Nullpunkt, z. B. die unter 45° und 135° laufenden, werden stark gekrümmt, so auch die „Linien konstanten Farbtons", wobei aber die Krümmung stärker ist, als der Empfindung eines konstanten Farbtons entsprechen würde. Bei Transformationen aus dem LUV-System bleiben alle Geraden geradlinig.

5.1.4 Körperfarben

Die Objekte in einer Aufnahmeszene sind fast immer keine Selbstleuchter. Die Objekte müssen beleuchtet werden, damit sie sichtbar werden und einen Farbreiz auslösen. Die Farbe, die eine nicht selbstleuchtende Fläche zeigt, nennt man „Körperfarbe". Sie kommt dadurch zustande, dass das Licht der Beleuchtungsquelle von der Oberfläche der Objekte wellenlängenabhängig mehr oder weniger absorbiert wird und nur ein Teil des eingestrahlten Lichtstroms gestreut oder gerichtet von der Oberfläche zurückgeworfen wird. Die Farbreizfunktion $\varphi_2(\lambda)$ einer Körperfarbe wird von zwei Größen bestimmt: erstens vom Spektrum $\varphi_1(\lambda)$ der Lichtquelle und zweitens vom spektralen Remissionsgrad $\beta(\lambda)$ der Oberfläche:

$$\varphi_2(\lambda) = \beta(\lambda) \cdot \varphi_1(\lambda). \qquad \text{.....(5.16)}$$

Hier ist $\beta(\lambda)$ der mit Gl. (2.21) definierte spektrale Strahldichtefaktor, der die spektrale Strahldichte der Oberfläche bezieht auf die spektrale Strahldichte einer gleichartig beleuchteten ideal mattweißen Fläche:

$$\beta(\lambda) = \frac{\ell(\lambda)}{\ell_w(\lambda)}. \qquad (2.21)$$

In der Farbmetrik wird meist nur die diffuse Remission durch die Annahme einer seitlichen Beleuchtung und einer Betrachtung etwa senkrecht zur Oberfläche ($\varepsilon_1 \approx 45°$, $\varepsilon_2 \approx 0$) berücksichtigt. Wir bezeichnen den so beschränkten Strahldichtefaktor im Folgenden als „spektralen Remissionsgrad". Damit bleibt $\beta(\lambda) \leq 1$.

Man könnte daher die Remission auch einfach mit dem spektralen Reflexionsgrad $\varrho(\lambda)$ (s. Gl. (2.19)) kennzeichnen, der das Verhältnis von remittierter Strahlungsleistung zur aufgenommenen Leistung angibt. Der eigentliche Farbreiz geht jedoch von der spektralen Beleuchtungsstärke auf der Retina aus, und diese ist bei flächenhaften Objekten durch deren spektrale Strahldichten bestimmt (s. Gl. (2.15a)).

Zur Charakterisierung des Farbeindrucks, den eine durch $\beta(\lambda)$ physikalisch beschreibbare Einfärbung einer Körperoberfläche bewirken kann, muss immer auch das Spektrum der beleuchtenden Lichtquelle spezifiziert werden. Zwar gibt es durch den Effekt der Farbumstimmung eine Anpassung an eine andere Lichtquelle, jedoch gilt dies natürlich nur bezüglich der Farbart des Lichtes ohne Berücksichtigung seiner Spektralverteilung. Zwei Körperfarben können z. B. bei Lampenlicht gleich erscheinen, bei Tageslicht aber deutlich voneinander abweichen. Das ist dann der Fall, wenn die Remissionsgrade der beiden Oberflächen unterschiedlich sind, bei einer bestimmten Beleuchtung die beiden unterschiedlichen Farbreize jedoch trotzdem die gleiche Farbvalenz (bedingt gleiche Farben) liefern. Bei einer Beleuchtung mit andersartiger spektraler Zusammensetzung (z. B. Linienspektrum statt kontinuierlichem Spektrum bei ansonsten gleicher Farbart) ergeben die beiden Remissionsgrade dann zwei Farbreize, die nicht mehr zu gleichen Farbeindrücken führen. Zwei Körperfarben nennt man bedingt gleich, wenn sie trotz unterschiedlicher spektraler Remissionsgrade *bei einem bestimmten Spektrum der Beleuchtung* zum gleichen Farbeindruck führen. Hier sind also *zwei* Bedingungen einzuhalten: der Beobachter muss mit den Normspektralwertfunktionen bewerten, und die spektrale Verteilung der verwendeten Lichtquelle muss mit der Spezifikation übereinstimmen.

Zum Spektrum des Lichtes für die Beleuchtung (*Lichtart)* gibt es von der CIE Normen (DIN 5033, Teil 7). Die Normlichtart D65 soll die spektrale Verteilung von Tageslicht (bei klarem Himmel) repräsentieren. Bezogen auf den Spektralwert bei $\lambda = 555$ nm ist der Verlauf von $\varphi_1(\lambda)$ nach der Tabelle in DIN 5033 in Abb. 5.16 dargestellt. Xenonlampen liefern angenähert die Lichtart D65. Die schon früher von der

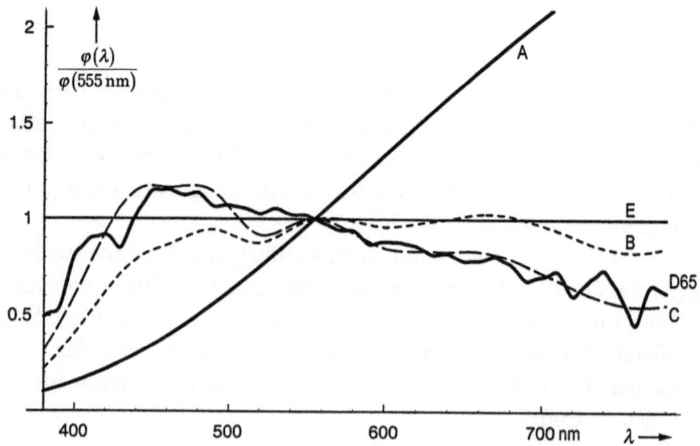

Abb. 5.16. Spektralverteilungen verschiedener Lichtarten

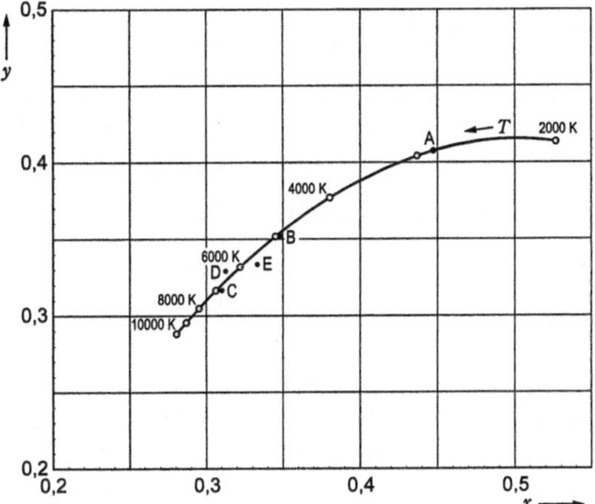

Abb. 5.17. Planckscher Kurvenzug und Farborte von Lichtarten

CIE eingeführte Normlichtart C ist eine geringfügig andere Nachbildung von Tageslicht. Die Lichtart B soll das Sonnenlicht zur Mittagszeit kennzeichnen. Normlichtart A ist die Definition von Glühlampenlicht. Sie ist das Spektrum einer gasgefüllten Wolframdrahtlampe mit einer „Verteilungstemperatur" $T_V = 2856$ K. Damit ist gemeint, dass die Spektralverteilung mit der des Planckschen Strahlers („schwarzen Körpers") bei dieser Temperatur übereinstimmt:

$$\varphi_1(\lambda) \sim \frac{1}{\lambda^5\left(e^{c/(\lambda T)}-1\right)} \qquad c = 0{,}014388 \text{ m·K}. \tag{5.22}$$

Die Farbart dieser Strahlung als Funktion der Temperatur T zeigt Abb. 5.17 in der Normfarbtafel („Planckscher Kurvenzug"). Ebenfalls eingetragen sind die Farborte der mit Abb. 5.16 definierten Lichtarten. (s. Tabelle 5.1). Man beachte aber: Lichtarten werden durch ihre Spektralverteilung definiert, die Angabe der Farborte ist nicht ausreichend. So kann der Farbort einer Lichtart zwar auf dem Planckschen Kurvenzug bei einer Temperatur T_f liegen, das Spektrum kann aber ganz anders als beim Planckschen Strahler dieser Temperatur sein. Man nennt T_f die *Farbtemperatur* der Lichtquelle. Zur Kennzeichnung der Lichtart ist sie also ebenfalls nicht ausreichend. Nur wenn auch die Spektralverteilung übereinstimmt, nennt man die Temperatur die *Verteilungstemperatur* T_V. Den Lichtarten B, C und D65 wird ebenfalls eine „Farbtemperatur" zugeordnet, obwohl ihre Farborte nur in der Nähe des Planckschen Kurvenzugs liegen. Gemeint ist dann die Temperatur am nächstgelegenen Punkt auf dem Kurvenzug. Lichtart D65 hat eine Farbtemperatur von 6500 K.

Tabelle 5.1. Farborte von Lichtquellen für die Beleuchtung

	x	y	T_f
Normlichtart A	0,4476	0,4074	2856 K = T_v
Lichtart B	0,3484	0,3516	4900 K
Normlichtart C	0,3101	0,3162	6800 K
Normlichtart D65	0,3127	0,3290	6500 K
Weiß E	0,3333	0,3333	—

Bei vorgegebener Beleuchtung liefert die ideal mattweiße Fläche mit $\beta(\lambda) = 1$ den maximal möglichen Farbreiz und damit den Farbvektor mit maximaler Länge. Die Normvalenz Y, die relative Leuchtdichte, hat dann definitionsgemäß den Wert 1. Jede andere Körperfarbe kann nur durch Absorption von Licht entstehen und muss deshalb eine geringere Intensität liefern. Die für eine bestimmte Farbart maximal mögliche Intensität ergibt sich mit einem spektralen Remissionsgrad, der in einem möglichst kleinen Teil des sichtbaren Spektrums kleiner als 1 ist. Dazu muss $\beta(\lambda)$ in einem Wellenlängenbereich $\lambda_1 ... \lambda_2$ gleich 1 sein, sonst aber 0, oder umgekehrt nur in diesem Bereich gleich 0 und sonst 1 (Abb. 5.18):

$$\begin{aligned} \beta(\lambda) &= 1 \quad \text{falls } \lambda_1 \leq \lambda \leq \lambda_2 \\ &= 0 \quad \text{sonst,} \\ \beta_c(\lambda) &= 0 \quad \text{falls } \lambda_1 \leq \lambda \leq \lambda_2 \\ &= 1 \quad \text{sonst.} \end{aligned}$$

Der komplementäre Remissionsgrad $\beta_c(\lambda)$ wird für den gesamten Bereich der Purpurfarben benötigt. λ_1 kann bis zum kurzwelligen Ende des Spektrums heruntergehen ($\lambda_{1\min} = 380$ nm), λ_2 kann bis zum langwelligen Ende reichen ($\lambda_{2\max} = 780$ nm). Derartige Körperfarben, die hellsten einer bestimmten Farbart, nennt man *Optimalfarben*. Sie sind allerdings nicht realisierbar. Alle herstellbaren und in der Natur vorkommenden Körperfarben haben spektrale Remissionsgrade, die für keine Wellenlänge den Wert 1 oder 0 genau erreichen und die auch nicht den geforderten abrupten Übergang von Absorption zu Remission bzw. umgekehrt aufweisen. Der Begriff der Optimalfarben hat systemtheoretische Bedeutung: Es kann keine Körperfarbe geben, deren Farbvalenzen außerhalb des durch die Optimalfarben begrenzten Farbraumes liegen.

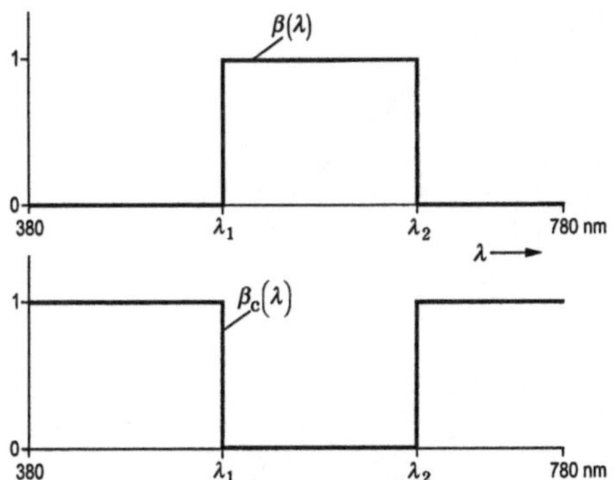

Abb. 5.18. Spektraler Remissionsgrad von Optimalfarben

Die durch Optimalfarben erreichbaren Normfarbwerte bei einer Beleuchtung mit der Spektralverteilung $\varphi_1(\lambda)$ sind nach Gl. (5.1) zu berechnen:

$$X(\lambda_1, \lambda_2) = k \int_{\lambda_1}^{\lambda_2} \varphi_1(\lambda)\bar{x}(\lambda)\,\mathrm{d}\lambda$$

$$Y(\lambda_1, \lambda_2) = k \int_{\lambda_1}^{\lambda_2} \varphi_1(\lambda)\bar{y}(\lambda)\,\mathrm{d}\lambda$$

$$Z(\lambda_1, \lambda_2) = k \int_{\lambda_1}^{\lambda_2} \varphi_1(\lambda)\bar{z}(\lambda)\,\mathrm{d}\lambda$$

mit
$$k = 1 \Big/ \int_{380\mathrm{nm}}^{780\mathrm{nm}} \varphi_1(\lambda)\bar{y}(\lambda)\,\mathrm{d}\lambda .$$

Auch die komplementären Purpurfarben ergeben sich hieraus, und zwar mit den Farbwerten X_w, X_w, Z_w der ideal weißen Fläche ($\lambda_1 = 380\,\mathrm{nm}, \lambda_2 = 780\,\mathrm{nm}.\ Y_w = 1$):

$$X_c(\lambda_1, \lambda_2) = X_w - X(\lambda_1, \lambda_2)$$
$$Y_c(\lambda_1, \lambda_2) = Y_w - Y(\lambda_1, \lambda_2)$$
$$Z_c(\lambda_1, \lambda_2) = Z_w - Z(\lambda_1, \lambda_2).$$

Jedem Paar λ_1, λ_2 kann man so eine (nur eine) Farbart zuordnen. Je höher die Farbsättigung sein soll, um so größer muss der absorbierte Wellenlängenbereich sein und umso geringer ist dann Y. Aus der Rechnung erhält man als Funktion des Farborts x, y die relative Leucht-

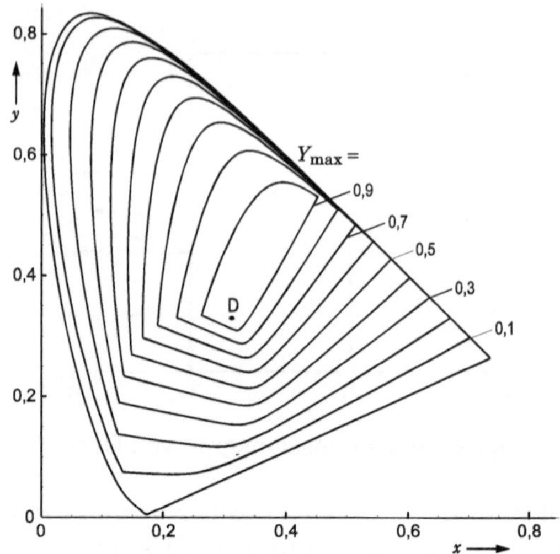

Abb. 5.19. Relative Leuchtdichte von Optimalfarben mit Normfarbwertanteilen x, y bei Beleuchtung durch Normlichtart D65

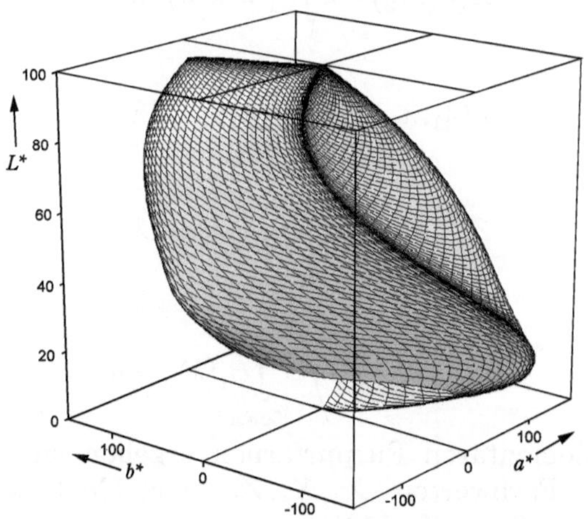

Abb. 5.20. CIELAB-Farbraum möglicher Körperfarben, begrenzt durch die Optimalfarben

dichte der Optimalfarben. Jede reale Körperfarbe kann an diesem Farbort nur eine kleinere Leuchtdichte zeigen. Die Funktion $Y_{max}(x, y)$ über der Normfarbtafel aufgetragen ist der „Farbkörper" nach Rösch [5.11]. In Abb. 5.19 ist er für eine Beleuchtung mit Normlichtart D65 durch die „Höhenlinien" dargestellt. Die berechneten Farbvalenzen geben den Vektorraum der Optimalfarben an und somit die Oberfläche eines Farbkörpers, in dessem Inneren die realisierbaren Körperfarben liegen müssen. Die Grenzen im CIELAB-Farbenraum, wieder bei Normlichtart D65, zeigt das in Abb. 5.20 dargestellte Gebilde. Ein Schnitt mit der Ebene in der Höhe $L^* = 50$ ergibt die in Abb. 5.14 eingezeichnete Grenzlinie.

Solche Beschränkungen gibt es nicht bei Farben, die durch die additive Mischung von Selbstleuchtern erzeugt werden, also bei der Wiedergabe des übertragenen Fernsehbildes auf dem Farbbildschirm. Dort gibt es lediglich Einschränkungen durch die höchste einstellbare Intensität der Primärfarben und durch die Grenzen des Farbdreiecks (s. Abschn. 5.2.1, Abb. 5.26).

Die Farbmittel, mit denen man den Körpern einen gewünschten spektralen Remissionsgrad geben kann, lassen sich mischen, zum Beispiel durch Zusammengießen von Farbstofflösungen oder Zusammenrühren von farbigen Dispersionen, in denen die unlöslichen farbgebenden Pigmente enthalten sind. Die Färbung mit solchen Mischungen zeigt eine neue, „ermischte" Farbe. Ebenso entsteht eine neue Farbe, wenn verschiedene Lasurfarben übereinander aufgetragen werden (z. B. beim Farbdruck). Man nennt eine solche Mischung eine *„subtraktive Farbmischung"*. Im Gegensatz zur additiven Mischung, bei der das Mischungsergebnis als eine neue Farbempfindung erst beim Beobachter entsteht, handelt es sich um einen physikalisch-optischen Vorgang, bei dem die Remissionsgrade der Komponenten kombiniert werden. Diese Kombination ist nicht eine Subtraktion, sondern eine Multiplikation $\beta_1(\lambda) \cdot \beta_2(\lambda)$ der Remissionsgrade.

Die Grundfarben der subtraktiven Farbmischung sind

- Cyan (oder Blau-Cyan) – es wird der rote Spektralbereich absorbiert,
- Magenta (oder Rot-Magenta) – es wird der grüne Spektralbereich absorbiert,
- Gelb – es wird der blaue Spektralbereich absorbiert.

Grün entsteht durch Mischung von Gelb und Cyan, Blau durch Mischung von Cyan und Magenta und Rot durch Mischung von Magenta und Gelb. Zwei komplementäre Optimalfarben, dargestellt durch $\beta_1(\lambda)$ und $\beta_2(\lambda) = 1 - \beta_1(\lambda)$, geben in der subtraktiven Mischung Schwarz:

$$\beta_1(\lambda)\big(1 - \beta_1(\lambda)\big) = 0\,.$$

Die Mischung der drei Grundfarben würde nur dann ein einwandfreies Schwarz liefern, wenn sie als Optimalfarben vorliegen würden. So wird in der Praxis (Farbdruck) statt dessen noch als vierte Grundfarbe Schwarz verwendet (CMYK-Farben: **C**yan, **M**agenta, **Y**ellow, Blac**k**. K auch für „Key").

Entsprechend wie bei den Aufsichtsfarben, die beleuchtete Körperoberflächen zeigen, kann man die Entstehung von Durchsichtsfarben beschreiben. Sie entstehen beim Lichtdurchgang durch wellenlängenabhängig absorbierende Schichten (Folien, Filtergläser). An die Stelle des Remissionsgrades $\beta(\lambda)$ tritt dabei der *spektrale Transmissionsgrad*:

$$\tau(\lambda) = \frac{\varphi_2(\lambda)}{\varphi_1(\lambda)} \qquad \left(\tau(\lambda) \le 1\right). \tag{5.23}$$

Auch hier kann man entsprechend die Optimalfarben definieren. Für diese ist die Leuchtdichte nach dem Lichtdurchgang in Bezug auf die Leuchtdichte bei $\tau(\lambda) = 1$ wieder durch den Rösch-Farbkörper (Abb. 5.19) gegeben. Bei einer bestimmten Farbart kann jede reale, nicht optimale Durchsichtsfarbe nur eine geringere relative Leuchtdichte zeigen.

Mit der subtraktiven Mischung von Durchsichtsfarben arbeitet die Farbphotographie. Beim entwickelten Farbphoto durchläuft das Licht drei übereinander liegende Schichten, von denen die oberste den blauen Spektralbereich mehr oder weniger absorbiert (abhängig von der Farbstoffdichte) und deshalb im durchscheinenden Licht gelb erscheint. Die darunter liegende Schicht absorbiert den grünen Spektralbereich, zeigt im Durchlicht also die Farbe Magenta, und die unterste Schicht absorbiert den roten Spektralbereich, ergibt im Durchlicht also Cyan. Der resultierende Transmissionsgrad

$$\tau(\lambda) = \left(\tau_C(\lambda)\right)^{c_1} \cdot \left(\tau_M(\lambda)\right)^{c_2} \cdot \left(\tau_Y(\lambda)\right)^{c_3}$$

liefert durch die von der Belichtung abhängigen Farbstoffkonzentrationen c_1, c_2, c_3 die gewünschte Mischfarbe. Die Farbstoffe sind beim nicht entwickelten Film in den Schichten noch nicht enthalten, sie werden erst bei der Entwicklung aufgebaut.

5.2 Farbbildübertragung

Drei Primärfarben können bei geeigneter Wahl ihrer Farbarten durch additive Mischung den größten Teil aller möglichen Farben erzeugen. Diese Aussage der Farbmetrik (s. Bild 5.8) ist die Grundlage des Bildwiedergabeverfahrens auf einem Bildschirm am Ende der Übertragungsstrecke. Die drei Signale zur Steuerung der Intensitäten der Primärfarben bei der Mischung müssen am Anfang der Übertragungsstrecke aus den Farben der Aufnahmeszene nach dem Prinzip einer Dreibereichsfarbmessung gewonnen werden. Daraus ergibt sich das zu übertragende Videosignal. Die folgenden Abschnitte behandeln in dieser Reihenfolge die genannten Schritte: Wiedergabe, Aufnahme, Signale.

5.2.1 Wiedergabe

Das Schema der elektronischen Farbwiedergabe auf einem Bildschirm zeigt Abb. 5.21. Wir benutzen drei lichtemittierende Substanzen („Phosphore", Leuchtstoffe als Selbstleuchter). Der eine Leuchtstoff emittiert bei Ansteuerung mit einem elektrischen Signal rotes Licht mit vorgeschriebener Farbart, der zweite grünes Licht und der dritte blaues Licht. Die Intensitäten sind mit den Signalen steuerbar. Die leuchtstoffspezifischen Farborte *müssen dabei unverändert bleiben.* Die Leuchtstoffe sind in einem feinen Tripelraster verschachtelt auf dem Bildschirm gleichmäßig verteilt. Aus normaler Betrachtungsentfernung verschmelzen die Tripel zu einem Gesamteindruck: wegen der zu geringen örtlichen Auflösung des Auges kommt es zum Effekt der additiven Farbmischung. Die drei Steuersignale *R, G, B* bezeichnen wir als Farbwert*signale* (nicht Farbwerte!). Sie seien mit Hilfe von Potentiometern von null bis zu einem Maximalwert am oberen Potentiometeranschlag einstellbar. Die Maximalwerte werden auf 1 normiert ange-

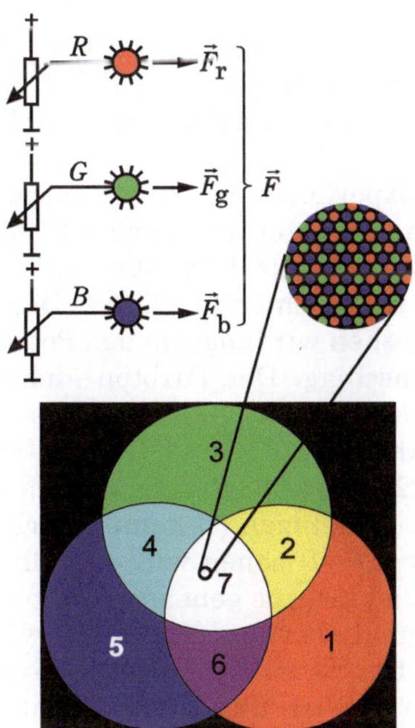

Abb. 5.21. Additive Farbmischung auf einem Bildschirm

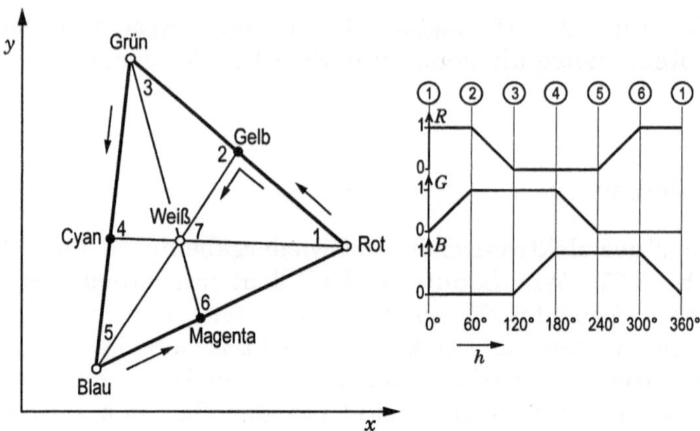

Abb. 5.22. Das Farbmischungsexperiment nach Abb. 5.21 in der Normfarbtafel

nommen. Die den Potentiometern zugeführten Spannungen werden so abgeglichen, dass Weiß auf dem Bildschirm entsteht, wenn alle Potentiometer am oberen Anschlag stehen: *Weißabgleich* auf $R = G = B = 1$.

Das Mischungsexperiment lässt sich beeindruckend mit drei Diaprojektoren demonstrieren, wenn sie ein einwandfreies Beleuchtungssystem besitzen, das eine gleichmäßige Ausleuchtung der Leinwand gewährleistet. Als „Dias“ werden Rot-, Grün- bzw. Blaufilter eingeschoben. Die Lampenintensitäten werden z.B. über Dimmer von „Aus“ bis auf „Voll“ einstellbar gemacht. Durch Überanderprojizieren kann man so die additive Farbmischung nach Abb. 5.21 ebenfalls verwirklichen.

Wir beginnen das Experiment bei zuvor ausgeschalteten Lichtern, indem wir das R-Signal am Potentiometer nach oben bis zum Anschlag bringen: $R=1, G=0, B=0$, Punkt 1 in Abb. 5.22. Wir sehen eine mit maximaler Intensität rot leuchtende Fläche. Der Farbort ist der des Rotleuchtstoffs. Nun drehen wir langsam das Potentiometer für G hoch bis schließlich zum Anschlag. Der Farbton ändert sich über Orange nach Gelb, wenn $R=1, G=1, B=0$, Punkt 2. Es ist dies die zu Blau kompensative Mischfarbe aus Rot und Grün. Um nun auf der Farbdreiecksseite (Abb. 5.22) weiter in Richtung Grün zu kommen, müssen wir Rot allmählich zurücknehmen (G kann ja nicht weiter erhöht werden), und bei $R=0, G=1, B=0$ sehen wir schließlich die reine Primärfarbe Grün, Punkt 3. Von hieraus gehen wir weiter durch Hinzunahme von Blau. Ist das B-Signal am Anschlag, haben wir den Farbton Cyan, $R=0, G=1, B=1$, Punkt 4. Es ist die kompensative Mischfarbe zu Rot. Nun nehmen wir Grün zurück und kommen mit $R=0, G=0, B=1$ zur Primärfarbe Blau, Punkt 5. Weiter über die Purpurfarben geht es mit Hinzunahme von Rot. Bei $R=1, G=0, B=1$ erreichen wir Magenta,

Punkt 6. Es ist die kompensative Mischfarbe zu Grün. Wird nun B bis auf null reduziert, kommen wir zum Ausgangspunkt unserer „Reise" zurück. Sie war ein Umlauf auf den Dreiecksseiten. Überall hatten wir deshalb die in diesem System (bei diesen Primärfarben) maximal mögliche Farbsättigung: „100% Farbsättigung" bedeutet, dass nicht mehr als zwei Primärfarben Licht abgeben: $\mathrm{Min}(R,G,B) = 0$. Zum Abschluss gehen wir nochmals nach Gelb (die Potentiometer für R und G sind am oberen Anschlag) und drehen nun zusätzlich das blaue Licht auf. Dadurch gelangen wir in das Innere des Dreiecks, die Farbsättigung wird verringert. Ist dann auch B am Anschlag, liegen wir im Weißpunkt (Punkt 7). Bei allen in dem Mischungsexperiment realisierten Farbarten hatten wir die in diesem System maximal mögliche Intensität, weil mindestens ein Potentiometer am oberen Anschlag stand: $\mathrm{Max}(R,G,B) = 1$.

Die Farbvalenz der Mischung, dargestellt als Farbvektor, ist

$$\vec{F} = \vec{F}_\mathrm{r} + \vec{F}_\mathrm{g} + \vec{F}_\mathrm{b}.$$

Die Farbvektoren der Komponenten liegen in ihrer Richtung fest durch die vorgegebenen Farbarten $\{x_\mathrm{r}, y_\mathrm{r}\}, \{x_\mathrm{g}, y_\mathrm{g}\}, \{x_\mathrm{b}, y_\mathrm{b}\}$, mit denen die Phosphore leuchten. Damit liegen auch ihre Längen fest für den Fall, dass ihre Koordinatensumme jeweils 1 ist (d. h., wenn sie auf der Ebene $X+Y+Z = 1$ enden), z. B. beim rot leuchtenden Phosphor

$$\vec{F}_\mathrm{r1} = \{x_\mathrm{r}, y_\mathrm{r}, z_\mathrm{r}\}, \quad z_\mathrm{r} = 1 - x_\mathrm{r} - y_\mathrm{r}.$$

Die Emissionsintensitäten nehmen wir im Folgenden zunächst als proportional zum jeweiligen Farbwertsignal an. So ergeben sich die Farbvektoren der Mischungskomponenten

$$\begin{aligned} \vec{F}_\mathrm{r} &= k_\mathrm{r} R \{x_\mathrm{r}, y_\mathrm{r}, z_\mathrm{r}\} \\ \vec{F}_\mathrm{g} &= k_\mathrm{g} G \{x_\mathrm{g}, y_\mathrm{g}, z_\mathrm{g}\} \\ \vec{F}_\mathrm{b} &= k_\mathrm{b} B \{x_\mathrm{b}, y_\mathrm{b}, z_\mathrm{b}\} \end{aligned}$$

und damit das Mischungsergebnis, in Matrixform geschrieben,

$$\begin{pmatrix} X \\ Y \\ Z \end{pmatrix} = \begin{pmatrix} x_\mathrm{r} & x_\mathrm{g} & x_\mathrm{b} \\ y_\mathrm{r} & y_\mathrm{g} & y_\mathrm{b} \\ z_\mathrm{r} & z_\mathrm{g} & z_\mathrm{b} \end{pmatrix} \begin{pmatrix} k_\mathrm{r} R \\ k_\mathrm{g} G \\ k_\mathrm{b} B \end{pmatrix}. \tag{5.24}$$

Die Proportionalitätsfaktoren $k_\mathrm{r}, k_\mathrm{g}, k_\mathrm{b}$ charakterisieren die elektrooptische Umsetzung Signal → Licht. Sie sind im Empfänger einstellbar an den Signalverstärkern für die Ansteuerung des Farbdisplays.

Sie werden so eingestellt, dass für $R = G = B$ die „Weißbalance“ erreicht wird, also ein Unbunt mit vorgegebenem Weißpunkt x_W, y_W auf dem Bildschirm sichtbar wird. Wir setzen $Y = 1$ für die höchste auf dem Bildschirm darstellbare Leuchtdichte. Somit führt der *Weißabgleich des Empfängers* zu

$$\{R, G, B\} = \{1, 1, 1\} \rightarrow \{X, Y, Z\} = \{X_W, Y_W, Z_W\} = \left\{\frac{x_W}{y_W}, 1, \frac{z_W}{y_W}\right\}. \quad (5.25)$$

Bei diesem Abgleich entstehen Proportionalitätsfaktoren, die man aus Gl. (5.24) berechnen kann:

$$\begin{pmatrix} k_r \\ k_g \\ k_b \end{pmatrix} = \begin{pmatrix} x_r & x_g & x_b \\ y_r & y_g & y_b \\ z_r & z_g & z_b \end{pmatrix}^{-1} \begin{pmatrix} x_W \\ y_W \\ z_W \end{pmatrix} \frac{1}{y_W}. \quad (5.26)$$

Beispielsweise ist hiernach der Faktor k_r

$$k_r = \frac{1}{y_w} \begin{vmatrix} x_W & x_g & x_b \\ y_W & y_g & y_b \\ z_W & z_g & z_b \end{vmatrix} : \begin{vmatrix} x_r & x_g & x_b \\ y_r & y_g & y_b \\ z_r & z_g & z_b \end{vmatrix}$$

$$= \frac{1}{y_w} \begin{vmatrix} x_W & x_g & x_b \\ y_W & y_g & y_b \\ 1 & 1 & 1 \end{vmatrix} : \begin{vmatrix} x_r & x_g & x_b \\ y_r & y_g & y_b \\ 1 & 1 & 1 \end{vmatrix}.$$

Die erste Determinante ist nach einer Beziehung der analytischen Geometrie gleich der doppelten Fläche D_r des Dreiecks, dessen Eckpunkte in der Farbtafel gegeben sind durch die Farborte von Blau und Grün und durch den Weißpunkt W, die zweite Determinante ist gleich der doppelten Fläche D des gesamten Farbdreiecks (Abb. 5.23). Wir erhalten also die Proportionalitätsfaktoren aus dem Verhältnis der Flächen der drei Teildreiecke, die vom Weißpunkt ausgehen, zur Gesamtfläche:

$$k_r = \frac{1}{y_W}\frac{D_r}{D}, \quad k_g = \frac{1}{y_W}\frac{D_g}{D}, \quad k_b = \frac{1}{y_W}\frac{D_b}{D}. \quad (5.26a)$$

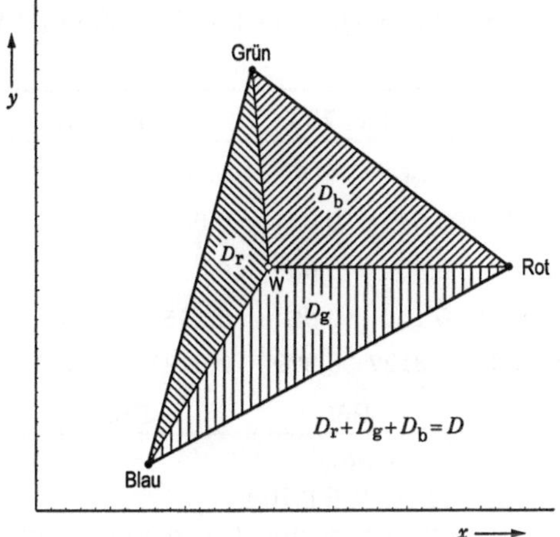

Abb. 5.23. Zum Einfluss der Lage des Weißpunkts auf die einzustellenden Verstärkungsfaktoren

Die Farbarten der Bildschirmleuchtstoffe und der Weißpunkt der Wiedergabe legen somit nach Gl. (5.24) eindeutig durch neun Koeffizienten fest, wie aus den drei Farbwertsignalen die auf dem Bildschirm gesehene Farbvalenz entsteht:

$$\begin{pmatrix} X \\ Y \\ Z \end{pmatrix} = \begin{pmatrix} x_r k_r & x_g k_g & x_b k_b \\ y_r k_r & y_g k_g & y_b k_b \\ z_r k_r & z_g k_g & z_b k_b \end{pmatrix} \begin{pmatrix} R \\ G \\ B \end{pmatrix} = \boldsymbol{W} \begin{pmatrix} R \\ G \\ B \end{pmatrix}. \tag{5.27}$$

Wir nennen das Koeffizientenschema $\boldsymbol{W}$ die *Wiedergabematrix.*

Für die Farbfernsehsysteme in Europa sind 1970 von der EBU die in Tabelle 5.2 aufgeführten Farbwertanteile der Wiedergabeleuchtstoffe genormt („empfohlen") worden. Als Weißpunkt ist die Farbart von Normlichtart D65 festgelegt. Der Weißabgleich mit $R = G = B = 1$ sollte also $X_w = x_w/y_w = 0{,}9505$, $Y_w = 1$, $Z_w = z_w/y_w = 1{,}0891$ ergeben. Auf einem Farbbildschirm der EBU-Norm erzeugen dann die Farbwertsignale nach Gl. (5.27) die folgenden Farbwerte:

$$\begin{aligned} X &= 0{,}431\,R + 0{,}342\,G + 0{,}178\,B \\ Y &= 0{,}222\,R + 0{,}707\,G + 0{,}071\,B \\ Z &= 0{,}020\,R + 0{,}130\,G + 0{,}939\,B\,. \end{aligned} \tag{5.27a}$$

Bei der Einführung des Farbfernsehens 1953 in USA waren von der FCC andere Phosphorfarbarten genormt worden. Sie ergeben eine größere Dreiecksfläche, der darstellbare Farbartbereich ist größer. Als

Tabelle 5.2. Genormte Farbarten der Leuchtstoffe und Weißstandards der Wiedergabe

	EBU		Rec. 709		SMPTE C		FCC	
	x	y	x	y	x	y	x	y
Rot	**0,64**	**0,33**	0,64	0,33	0,630	0,340	0,67	0,33
Grün	**0,29**	**0,60**	0,30	0,60	0,310	0,595	0,21	0,71
Blau	**0,15**	**0,06**	0,15	0,06	0,155	0,070	0,14	0,08
Weiß	**0,3127**	**0,3290**	0,3127	0,3290	0,3127	0,3290	0,3101	0,3162
	D65		D65		D65		C	

EBU = European Broadcasting Union
Rec. 709 = Recommendation ITU-R BT.709
SMPTE C = Society of Motion Picture and Television Engineers Color Standard
FCC = Federal Communications Commission

Weißpunkt wurde Weiß C gewählt (Tabelle 5.2, Abb. 5.24). Für die FCC-Norm ergibt sich

$$\begin{aligned} X &= 0{,}607\,R + 0{,}174\,G + 0{,}200\,B \\ Y &= 0{,}299\,R + 0{,}587\,G + 0{,}114\,B \\ Z &= 0{,}000\,R + 0{,}066\,G + 1{,}116\,B\,. \end{aligned} \tag{5.27b}$$

Vom Standpunkt der Farbmetrik ist die EBU-Norm ein Rückschritt gegenüber der ursprünglichen FCC-Norm wegen der Einschränkung

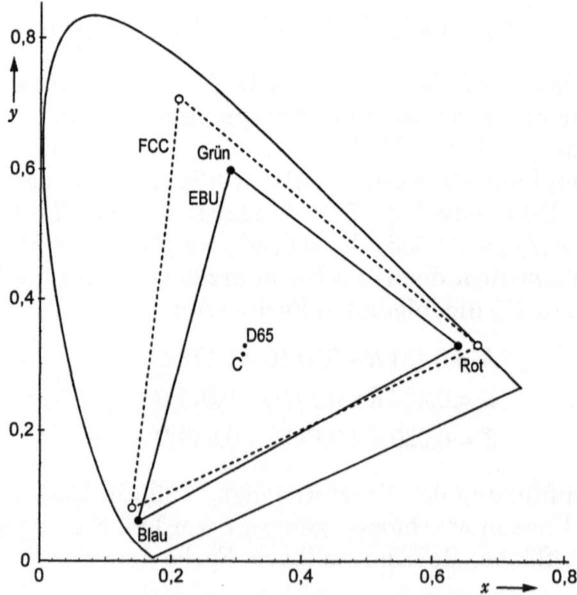

Abb. 5.24. Farbdreieck und Weißpunkt nach EBU- und FCC-Norm

der darstellbaren Farbarten, insbesondere im Bereich der Cyan-Farben. Die praktisch verwendeten Leuchtstoffe wurden jedoch tatsächlich schon bald nach der Einführung des Farbfernsehens in USA trotz der geltenden Norm etwa in Richtung der späteren EBU-Primärfarben verändert. Die Norm wurde deshalb nicht beachtet, weil die neuen Leuchtstoffe eine größere Bildhelligkeit ergeben, der frühere grüne Leuchtstoff eine zu große Nachleuchtdauer hatte, auch bei hoher Erregungsstärke der neuen Leuchtstoffe ihre Farbart unverändert bleibt und im normalen Aussteuerungsbereich keine merkliche „Sättigung" auftritt (s. Abschn. 9.2.2). In USA werden nun größtenteils die Primärfarben nach dem Standard SMPTE C (s. Tabelle 5.2) vorausgesetzt. Das dazugehörige Farbdreieck unterscheidet sich nicht wesentlich vom EBU-Dreieck. Die Primärfarben nach Recommendation ITU-R BT.709 bzw. ITU-R BT.1361 ("Worldwide unified colorimetry and related characteristics of future television and imaging systems") stimmen – bis auf eine unbedeutende Abweichung beim Grünphoshor – mit der EBU-Norm überein.

Wieweit ist es nun möglich, die in einer Aufnahmeszene vorkommenden Farben auf einem Bildschirm mit den EBU-Leuchtstoffen wiederzugeben? Die Punkte in Abb. 5.25 zeigen in der Normfarbtafel die Farborte von Aufsichtsfarben bei Beleuchtung mit Normlichtart D65. Es sind Körperfarben mit höchster Farbsättigung, die in der Natur vorkommen oder durch Farbanstriche realisiert werden können. Für

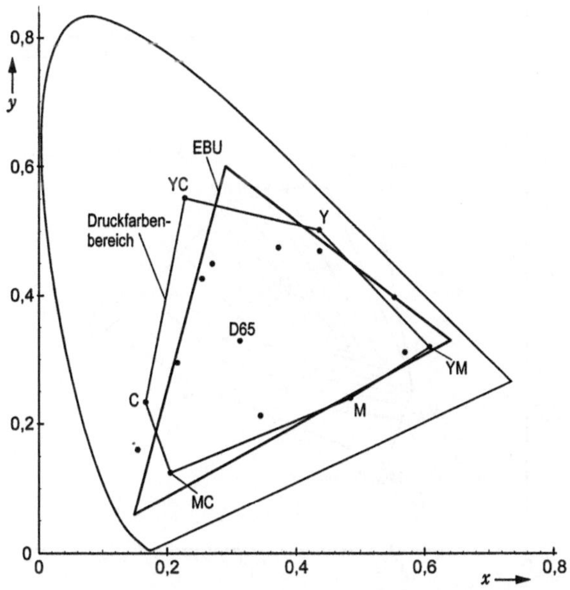

Abb. 5.25. Farborte von Körperfarben hoher Sättigung und Druckfarbenbereich im Vergleich zum EBU-Farbdreieck

diese Darstellung wurden aus den durch $\beta(\lambda)$ spezifizierten Testfarben in DIN 6169 und in der Farbenkarte nach Baumann und Prase die Farben mit größter Sättigung ausgewählt. Nur in Transmission, also mit Durchsichtsfarben, können höhere Farbsättigungen erzielt werden. Weiterhin wurde der im Vierfarbendruck (z. B. Offsetdruck) realisierbare Farbartbereich angegeben. Er ist an einigen Stellen etwas kleiner als das EBU-Farbdreieck, im Cyanbereich gibt es andererseits Druckfarben, die mit den Bildschirmfarben nicht darstellbar sind. Größtenteils aber können durch die additive Mischung der EBU-Primärfarben die vorkommenden Farbarten wiedergegeben werden.

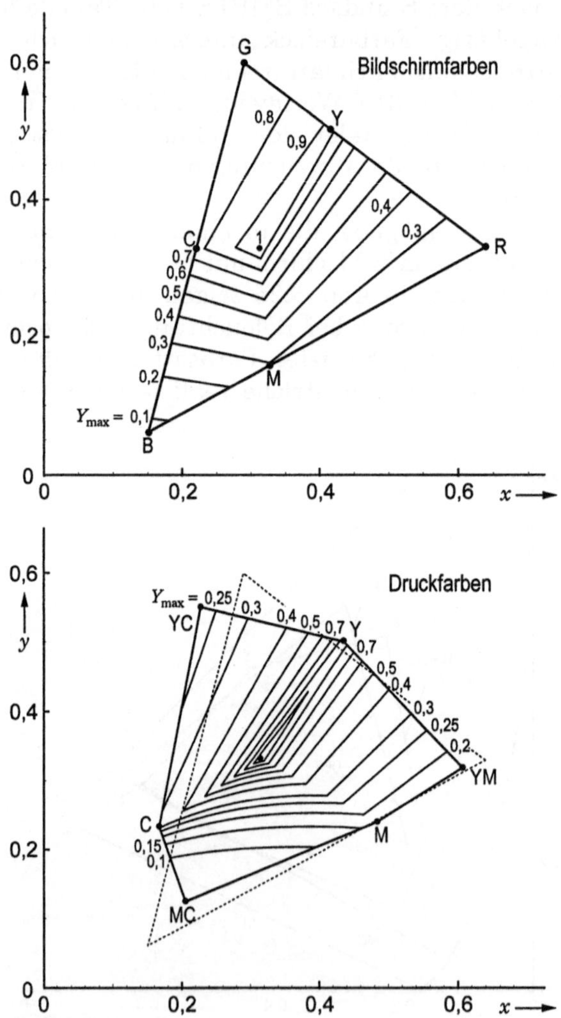

Abb. 5.26. Maximal erreichbare relative Leuchtdichte auf dem Bildschirm und beim Vierfarbendruck

Es ist auch zu klären, wieweit bei der elektronischen Farbbildwiedergabe die aufgenommenen relativen Leuchtdichtewerte der Szene reproduziert werden können. Die Begrenzung ist durch die zulässigen Maximalwerte der Farbwertsignale gegeben (Aussteuerungsgrenzen): $\mathrm{Max}(R, G, B) \leq 1$. Die Leuchtdichte wird auf die bei $R=G=B=1$ entstehende Maximalleuchtdichte bezogen. Das Ergebnis einer Berechnung von Y_{max} in Abhängigkeit von den Farbwertanteilen wird durch das Höhenliniendiagramm von Abb. 5.26 (oben) dargestellt. Die bei einer Bildaufnahme von Körperfarben zu erwartenden Höchstwerte, wieder in Abhängigkeit von den Farbwertanteilen, wurden für Optimalfarben in Abb. 5.19 angegeben. Die relative Leuchtdichte realer Körperfarben liegt niedriger. Die im Vierfarbendruck erreichbaren Werte sind im unteren Diagramm von Abb. 5.26 angegeben, bezogen auf die Leuchtdichte der in gleicher Weise mit Normlichtart D65 beleuchteten unbedruckten weißen Papierfläche. Demgegenüber sind bei jeweils gleicher Farbart auf dem Bildschirm meist höhere relative Leuchtdichten realisierbar, wie der Vergleich mit dem oberen Diagramm in Abb. 5.26 zeigt, so dass bezüglich des Leuchtdichteumfangs die Wiedergabe realer Bilder auf dem Bildschirm keine Einschränkung hinnehmen muss. Umgekehrt gelingt es häufig nicht, Bildschirmfarben im Farbendruck wiederzugeben, was zu erheblichen Schwierigkeiten bei der Druckvorbereitung auf dem Computerbildschirm führt. Es könnten zwar meist die Farbarten richtig wiedergegeben werden (bis auf die reinen Primärfarben, s. Abb. 5.25), aber die hohen relativen Leuchtdichten, die „leuchtenden Farben" der Bildschirmdarstellung, sind im Druck nicht realisierbar.

Zur Charakterisierung von Farbton, Farbsättigung und Aussteuerung *in den Grenzen der Bildschirmwiedergabe* wird manchmal das so genannte „*hsb*-System"[1] benutzt. Mit $s = 1$ ist die mit diesem Gerät (in diesem System) maximal mögliche Farbsättigung gemeint: der Farbort in der Farbtafel liegt auf den Seiten des EBU-Dreiecks, es leuchten höchstens zwei der drei Phosphorarten, d. h. $\mathrm{Min}(R, G, B) = 0$. Mit $b = 1$ wird die maximale Aussteuerung bezeichnet: $\mathrm{Max}(R, G, B) = 1$. h ist ein von 0° bis 360° laufender Winkel, der den Farbton in dem System kennzeichnet, so wie er bei dem eingangs besprochenen Farbmischexperiment beim Umlauf um das Farbdreieck entsteht, wobei $h = 0°$ den Farbton Rot des Rotleuchtstoffs bedeutet. h und s können als Polarkoordinaten in einem *Farbkreis* mit dem Weißpunkt als Mittelpunkt die Farbart beschreiben (Abb. 5.27), etwa als wäre das Farbdreieck in

[1] h = hue, s = saturation, b = brightness. Die Bezeichnung „brightness" kann zu Missverständnissen führen. Gemeint ist die Intensität bzw. der Wert des größten Farbwertsignals, nicht die relative Leuchtdichte.

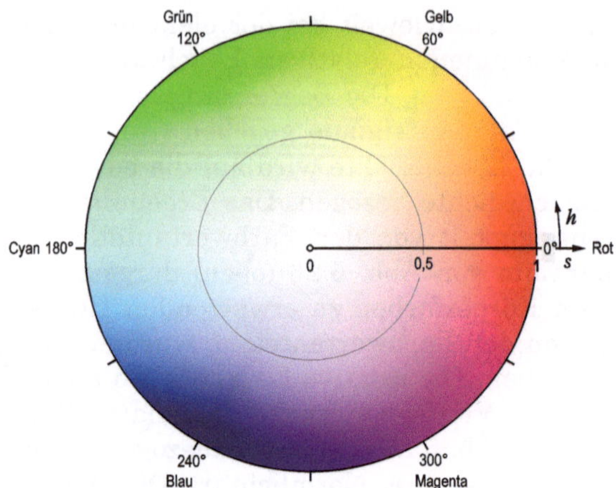

Abb. 5.27. Der Farbkreis im *hsb*-System

Abb. 5.22 zu einem Kreis verformt worden. Die *hsb*-Werte ergeben sich aus den Farbwertsignalen nach folgenden Beziehungen (vgl. Abb. 5.22, rechts):

$$\begin{aligned}
b &= \mathrm{Max}(R, G, B) \\
s &= \frac{b-w}{b} \quad \text{mit } w = \mathrm{Min}(R, G, B) \\
h &= \left(2 + \frac{B-R}{s\,b}\right) \cdot 60^\circ && \text{falls } G = b \quad (h = 60^\circ \ldots 180^\circ) \qquad (5.28) \\
&= \left(4 + \frac{R-G}{s\,b}\right) \cdot 60^\circ && \text{falls } B = b \quad (h = 180^\circ \ldots 300^\circ) \\
&= \left(6 + \frac{G-B}{s\,b}\right) \cdot 60^\circ \bmod 360^\circ && \text{falls } R = b \quad (h = 300^\circ \ldots 60^\circ)
\end{aligned}$$

Die *hsb*-Werte bzw. die Farbkreisdarstellung geben eine anschauliche Charakterisierung der Bildschirmfarben, sind aber nur dafür geeignet. Sie sind keine Alternative zum geräteunabhängigen Normvalenzsystem oder seinen Varianten. Für gegebene Primärfarbarten ist eine Umrechnung von h,s,b nach X,Y,Z möglich. Eine Abbildung der *hs*-Koordinaten auf die Normfarbtafel für den Fall der EBU-Norm ist in Abb. 5.28 gezeigt.

Die hier beschriebene Farbwiedergabe erfordert zur Darstellung eines Bildes die Kombination von drei durch Videosignale $R(t), G(t), B(t)$ separat und unabhängig voneinander ansteuerbare Displays, mit gemeinsamer Positionierung der drei Leuchtflecke. Für jedes „Teildisplay" muss das Zeilenraster geschrieben werden, wie in Kapitel 4 behandelt. Die Kombination durch Verschachteln von drei Bildschirmen nach Abb. 5.21 führt zu einer zusätzlichen Rasterung, einer Diskreti-

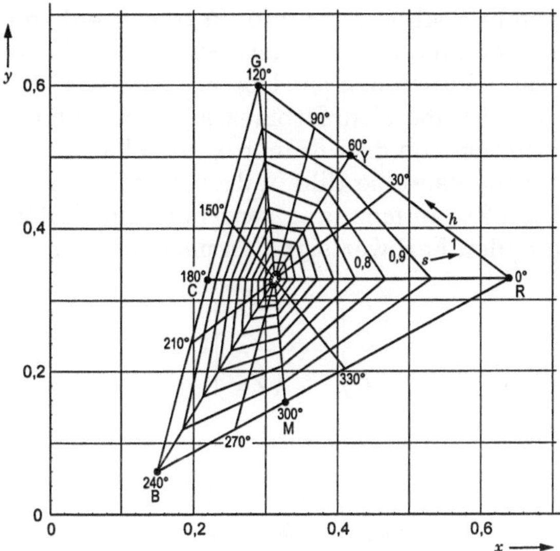

Abb. 5.28. Farbtonwinkel und Sättigung aus der Farbkreisdarstellung in der Normfarbtafel (Primärfarben und Weißpunkt nach EBU-Norm)

sierung der Ortskoordinaten x und y. Das Tripelraster der Phosphorpunkte ist mit dem Zeilenraster und einer eventuellen Rasterung in horizontaler Richtung (bei digitaler Farbsignalverarbeitung mit nicht hinreichender Interpolation) nicht verkoppelt und muss deshalb erheblich feiner sein, um Moiré zu vermeiden. Die Realisierung des Farbdisplays wird in Abschn. 9.2 beschrieben.

5.2.2 Aufnahme

Beim Empfänger steuern die drei Farbwertsignale R, G, B die Leuchtintensität der drei Bildschirmphosphore, und aus der additiven Farbmischung entsteht die Farbvalenz $\{X_W, Y_W, Z_W\}$. Wie die Farbwertsignale in die Farbwerte umgesetzt werden, wird durch die neun Koeffizienten der Wiedergabematrix $\boldsymbol{W}$ beschrieben (s. Gln. (5.27) und (5.27a)):

$$\begin{pmatrix} X_W \\ Y_W \\ Z_W \end{pmatrix} = \boldsymbol{W} \begin{pmatrix} R \\ G \\ B \end{pmatrix}.$$

Nach dem Weiß- und Pegelabgleich der Wiedergabe sind die neun Koeffizienten festgelegt durch die Farborte der drei Leuchtstoffe und durch die Lage des eingestellten Weißpunktes.

Auf der Aufnahmeseite muss die Farbfernsehkamera die Farbwertsignale R, G, B aus der in der Szene gesehenen Farbvalenz $\{X_A, Y_A, Z_A\}$ des aufzunehmenden Objekts erzeugen. Sie muss gewissermaßen wie ein Dreibereichsfarbmessgerät arbeiten. Man benötigt also eine Kombination von drei Kameras, die gleichzeitig und mit synchroner Abrasterung dasselbe Bild in drei „Farbauszügen" aufnehmen. Gefordert wird ein Zusammenhang zwischen den Farbwerten und den daraus resultierenden Farbwertsignalen nach der Beziehung

$$\begin{pmatrix} R \\ G \\ B \end{pmatrix} = \boldsymbol{A} \begin{pmatrix} X_A \\ Y_A \\ Z_A \end{pmatrix}. \tag{5.29}$$

Die Matrix $\boldsymbol{A}$ bezeichnen wir als *Aufnahmematrix.* Dann ist

$$\begin{pmatrix} X_W \\ Y_W \\ Z_W \end{pmatrix} = \boldsymbol{W} \cdot \boldsymbol{A} \begin{pmatrix} X_A \\ Y_A \\ Z_A \end{pmatrix}.$$

Dabei stellt der Farbwert Y_A die aufnahmeseitige Leuchtdichte in Bezug auf das hellste in der Szene vorkommende Weiß dar, der Farbwert Y_W die Leuchtdichte auf dem Bildschirm in Bezug auf das hellste dort wiedergebbare Weiß. Vom Standpunkt der Farbmetrik besteht die Aufgabe des Übertragungssystems darin, die Farbvalenz des Aufnahme objekts so zum Empfänger zu übertragen, dass dort auf dem Bildschirm die gleiche Farbvalenz entsteht. Aus dieser Bedingung folgt die Forderung an die Aufnahmematrix:

$$\begin{pmatrix} X_W \\ Y_W \\ Z_W \end{pmatrix} \stackrel{!}{=} \begin{pmatrix} X_A \\ Y_A \\ Z_A \end{pmatrix} \quad \rightarrow \quad \boldsymbol{A} = \boldsymbol{W}^{-1}. \tag{5.30}$$

Die Aufnahmematrix muss gleich der inversen Wiedergabematrix sein. Die neun Koeffizienten, nach denen die Farbkamera Farbwerte in Farbwertsignale umsetzen soll, sind somit vorgeschrieben durch die Norm der Wiedergabeleuchtstoffe und des Wiedergabeweißpunktes. Insbesondere ergibt sich für den Fall der EBU-Norm durch Inversion der mit Gl. (5.27a) angegebenen Wiedergabematrix

$$\begin{aligned} R &= 3{,}063 X_A - 1{,}393 Y_A - 0{,}476 Z_A \\ G &= -0{,}969 X_A + 1{,}876 Y_A + 0{,}042 Z_A \\ B &= 0{,}068 X_A - 0{,}229 Y_A + 1{,}069 Z_A. \end{aligned} \tag{5.29a}$$

Die spektralen Empfindlichkeitskurven (die Spektralwertfunktionen) der drei Teilkameras für Rot, Grün und Blau, nach denen diese aus der Spektralverteilung $\varphi(\lambda)$ die Farbwertsignale R, G, B erzeugen, müssen – wie bei jeder Dreibereichsfarbmessung (s. Gl. (5.3)) – Linearkombinationen der Normspektralwertfunktionen darstellen, beispielsweise bei der Rotkamera

$$r(\lambda)=k_{\mathrm{r}}\left(p_{11}\bar{x}(\lambda)+p_{12}\bar{y}(\lambda)+p_{13}\bar{z}(\lambda)\right) \qquad (p_{11}+p_{12}+p_{13}=1)\,. \tag{5.31}$$

Hier charakterisiert der Proportionalitätsfaktor k_{r} die opto-elektronische Umsetzung Licht→ Signal. Er ist durch die Signalverstärkung im Rotkanal einstellbar. Die p-Faktoren geben die Anteile an, mit denen die Normspektralwertfunktionen in der Spektralwertkurve $r(\lambda)$ enthalten sind. Entsprechend muss für die Spektralwertkurven der gesamten Farbkamera die verallgemeinerter Luther-Bedingung nach Gl. (5.3) gelten:

$$\begin{pmatrix} r(\lambda) \\ g(\lambda) \\ b(\lambda) \end{pmatrix} = \boldsymbol{M} \begin{pmatrix} \bar{x}(\lambda) \\ \bar{y}(\lambda) \\ \bar{z}(\lambda) \end{pmatrix}. \tag{5.32}$$

Dabei muss die opto-elektronische Wandlung linear erfolgen. Dann und nur dann kann die Kamera farbmetrisch einwandfrei sein. Sonst würde sie bei bedingt gleichen Farben unterschiedliche Farbsignale liefern, obwohl ihr ja dabei gleiche Farbwerte angeboten werden. Ein eindeutiger Zusammenhang zwischen den Farbwerten und den Farbwertsignalen wäre dann nicht gegeben, der Zusammenhang wäre noch von der im Einzelfall vorhandenen Spektralverteilung $\varphi(\lambda)$ abhängig, und eine Aufnahmematrix entsprechend Gl. (5.29) könnte gar nicht angegeben werden.

Für den als Beispiel herangezogenen Rotkanal und seine Spektralwertkurve nach Gl. (5.31) ergibt sich aus einem Lichtspektrum $\varphi(\lambda)$ durch Integration und nach den Gln. (5.1) das folgende Farbwertsignal

$$R=\int_0^\infty r(\lambda)\varphi(\lambda)\,\mathrm{d}\lambda=\frac{k_{\mathrm{r}}}{k}\left(p_{11}X_{\mathrm{A}}+p_{12}Y_{\mathrm{A}}+p_{13}Z_{\mathrm{A}}\right), \tag{5.31a}$$

entsprechend für die gesamte Farbkamera

$$\begin{pmatrix} R \\ G \\ B \end{pmatrix} = \frac{\boldsymbol{M}}{k} \begin{pmatrix} X_{\mathrm{A}} \\ Y_{\mathrm{A}} \\ Z_{\mathrm{A}} \end{pmatrix}. \tag{5.32a}$$

Somit ist der Zusammenhang zwischen der Aufnahmematrix und den mit Gl. (5.32) beschriebenen Spektralwertkurven der Kamera gegeben durch

$$A = \frac{M}{k}. \tag{5.33}$$

Hier sorgt der Normierungsfaktor k dafür, dass $Y_A = 1$ wird bei dem hellsten in der Szene vorkommenden Weiß, wie es beim *Weiß- und Pegelabgleich der Kamera* präsentiert wird: Bei einer Szenenbeleuchtung mit Normlichtart D65 wird eine voll beleuchtete weiße Fläche mit dem Remissionsgrad $\beta(\lambda)=\beta_0=$const aufgenommen („Bezugsweiß" hat $\beta_0=0{,}90$). Dabei werden die Signalverstärkungen in den drei Kanälen auf gleich große Signale und maximale Aussteuerung (z. B. bei Blende f: 5,6 und 1000 lx Beleuchtungsstärke) eingestellt entsprechend $R = G = B = 1$. Der Normierungsfaktor ist dann

$$k = \frac{1}{\int_0^\infty \beta_0\, \varphi_{D65}(\lambda)\, \bar{y}(\lambda)\, d\lambda} \tag{5.34}$$

und der Proportionalitätsfaktor k_r in Gl.(5.31a)

$$k_r = \frac{k}{p_{11} X_{Aw} + p_{12} + p_{13} Z_{Aw}}. \tag{5.35}$$

$X_{Aw} = x_w / y_w$, $Y_{Aw} = 1$, $Z_{Aw} = z_w / y_w$ bezeichnen die beim Abgleich auftretenden Farbwerte der weißen Bezugsfläche (vgl. Gl. (5.25)). Die Aufnahmematrix ergibt sich somit aus den Anteilen, mit denen die Normspektralwertfunktionen in den Spektralwertkurven der Kamera enthalten sind, und durch den Weißabgleich.

Nun können wir die notwendigen spektralen Empfindlichkeitskurven angeben, die eine Farbkamera für die EBU-Norm besitzen sollte. Sie muss die Aufnahmematrix nach Gl. (5.29a) realisieren, und die dazu erforderlichen Spektralwertkurven ergeben sich aus Gl. (5.33):

$$\begin{aligned} r(\lambda) &= k\left(3{,}063\,\bar{x}(\lambda) - 1{,}393\,\bar{y}(\lambda) - 0{,}476\,\bar{z}(\lambda)\right) \\ g(\lambda) &= k\left(-0{,}969\,\bar{x}(\lambda) + 1{,}876\,\bar{y}(\lambda) + 0{,}042\,\bar{z}(\lambda)\right) \\ b(\lambda) &= k\left(0{,}068\,\bar{x}(\lambda) - 0{,}229\,\bar{y}(\lambda) + 1{,}069\,\bar{z}(\lambda)\right) \end{aligned} \tag{5.36}$$

Diese Funktionen enthalten bereits den Weiß- und Pegelabgleich der Kamera, weil er mit der Inversion der Wiedergabematrix aus dem gleichartigen Weißabgleich der Wiedergabe in die Aufnahmematrix übernommen wurde. Abbildung 5.29 zeigt das Ergebnis bei $k = 1$. Eine

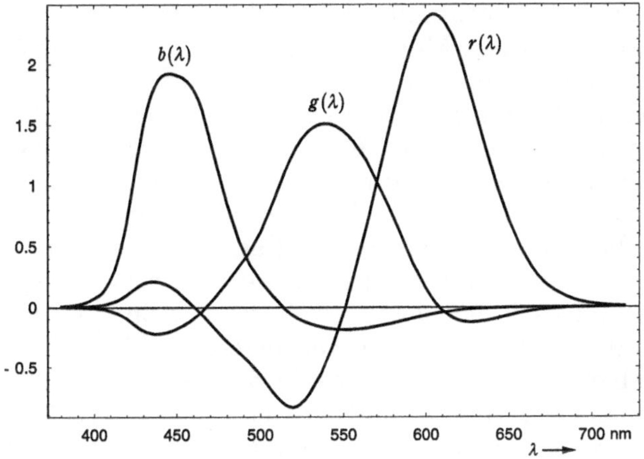

Abb. 5.29. Geforderte Spektralwertkurven einer Kamera für eine Wiedergabe nach der EBU-Norm (bei Weißabgleich und $k = 1$)

Farbkamera, die Signale für eine Wiedergabe mit Leuchtstoffen nach der FCC-Norm liefern soll, müsste entsprechend der Inversion der in Gl. (5.27b) angegebenen Wiedergabematrix andere Spektralwertkurven realisieren. Den Vergleich zeigt Abb. 5.30 in einer auf die Maxima normierten Darstellung.

Die von der Farbmetrik her geforderten negativen Teile der Empfindlichkeitskurven sind in Wirklichkeit natürlich nicht direkt realisierbar. Auf den ersten Blick könnte man sie vielleicht auch für überflüssig halten, weil ja ohnehin nur positive Farbwertsignale genutzt

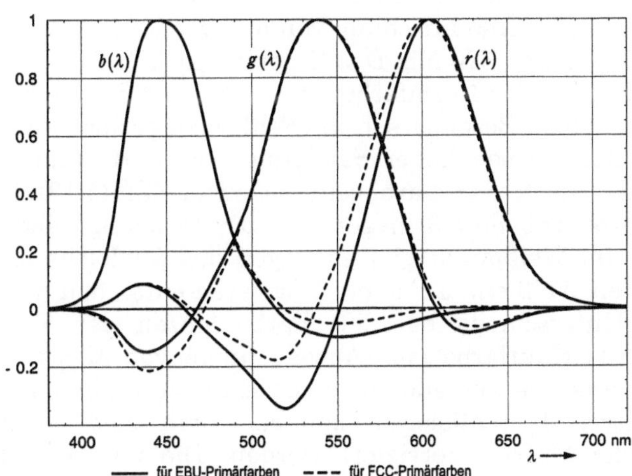

Abb. 5.30. Vergleich der geforderten Spektralwertkurven (auf Maxima normiert) einer Kamera für die EBU-Primärfarben und für die FCC-Primärfarben der Wiedergabe

werden können und eventuell erzeugte negative vor der Übertragung auf null gesetzt werden. Man erkennt leicht den Irrtum: Solange der Farbort des aufgenommenen Objekts innerhalb des darstellbaren Bereichs, also innerhalb des Farbdreiecks bleibt, werden die Farbwertsignale nicht negativ. Die negativen Teile der Spektralkurven kommen aber auch dann immer für die richtige Zusammensetzung der Signale aus dem Lichtspektrum des Objektes zur Wirkung.
Wir zeigen die Fehler an dem Beispiel einer fiktiven Kamera mit nur positiven und „einhöckerigen" Spektralwertkurven: die negativen Teile der Kurven und auch der positive Teil der Rot-Spektralwertkurve unterhalb von λ = 460 nm werden weggelassen und durch Null ersetzt, ansonsten aber habe die Kamera exakt die nach Abb. 5.29 geforderten Spektralwertkurven. (Beim Weißabgleich gibt es noch leichte Korrekturen ihrer Größenverhältnisse.) Jedenfalls aber sind durch die Abweichungen vom Sollverlauf Farbfehler (Farbart- und Leuchtdichtefehler) bei der Wiedergabe zu erwarten. Da die Spektralwertkurven nun auch nicht mehr der verallgemeinerten Luther-Bedingung genügen (es gelingt nicht, sie exakt durch Linearkombinationen der Normspektralwertkurven darzustellen), ist auch zu erwarten, dass der Darstellungsfehler nicht nur vom Farbort, sondern bei *gleicher* Farbvalenz auch noch vom Spektrum abhängt, aus dem die Farbvalenz entstanden ist („Metamerie-Fehler" der Kamera). Für die Fehlersimulation wurden bei Beleuchtung mit Normlichtart D65 wieder einige der Testfarben aus DIN 6169 herangezogen (Nr. 6, 9, 10, 11, 13, 14), und es wurde auf die weiße Bezugsfläche abgeglichen. Zur Ermittlung der Metamerie-Fehler wurden die Weißvalenz und die Valenzen aller anderen Farben außerdem auch durch möglichst extrem andersartige Spektren gebildet, nämlich durch eine Mischung von drei monochromatischen Strahlern bei 460, 530 und 620 nm. Das Ergebnis ist in Tabelle 5.3 („Kamera A") und bezüglich der Normfarbwertanteile auch in der Farbtafel von Abb. 5.31 zu sehen. Besonders große Fehler (zu geringe Sättigung) entstehen bei den Farben hoher Sättigung Nr. 9, 10, und 11. Die aus $\Delta L^*, \Delta u^*, \Delta v^*$ nach der Farbabstandsformel Gl. (5.13) berechneten ΔE_{uv}-Werte (s. Tabelle 5.3) liegen hier bei 16 bis 32, sind also sicher gravierend. Im Weißpunkt gibt es wegen des Abgleichs nur beim bedingt gleichen Weiß einen Fehler. Ansonsten entstehen noch deutliche Metamerie-Unterschiede bei den Farbvalenzen der Testfarben 10 (Gelb) und 13 („Hautfarbe") mit Abweichungen von $\Delta E_{uv} = 7...9$.

Farbkameras, die anstelle der geforderten Aufnahmematrix $\boldsymbol{A}$ eine andere Matrix $\boldsymbol{A}_0$ realisieren, können durch eine nachgeschaltete „elektronische Matrix" korrigiert werden. Die mit $\boldsymbol{A}_0$ entstehenden Farbwertsignale seien R_0, G_0, B_0:

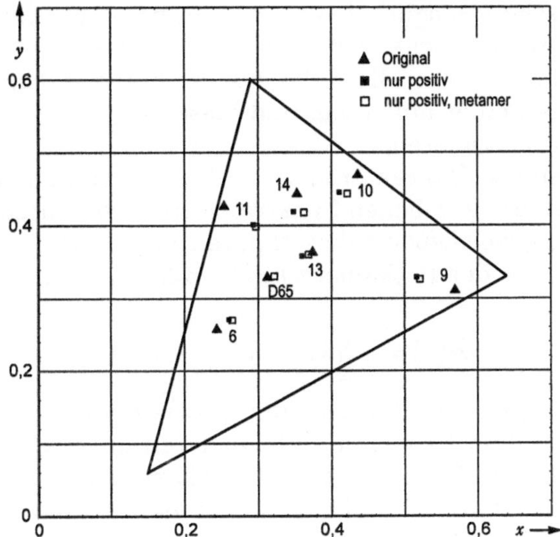

Abb. 5.31. Farbfehler durch Weglassen der geforderten negativen Teile der Spektralwertkurven

$$\begin{pmatrix} R_0 \\ G_0 \\ B_0 \end{pmatrix} = \boldsymbol{A}_0 \begin{pmatrix} X_\text{A} \\ Y_\text{A} \\ Z_\text{A} \end{pmatrix}.$$

Diese Signale lassen sich durch Linearkombinationen in die gewünschten Signale R, G, B umrechnen (z. B. durch ein Widerstandsnetzwerk in Kombination mit Operationsverstärkern oder digital). Die Umrechnung kann man mit einer Matrix $\boldsymbol{A}_\text{c}$ darstellen:

$$\begin{pmatrix} R \\ G \\ B \end{pmatrix} = \boldsymbol{A}_\text{c} \begin{pmatrix} R_0 \\ G_0 \\ B_0 \end{pmatrix}.$$

So entsteht die resultierende Aufnahmematrix als Produkt $\boldsymbol{A}_\text{c} \cdot \boldsymbol{A}_0$ aus der elektronischen Matrix $\boldsymbol{A}_\text{c}$ und der durch die Spektralwertkurven bedingten Matrix $\boldsymbol{A}_0$. Also wird $\boldsymbol{A}$ realisiert, wenn

$$\boldsymbol{A}_\text{c} = \boldsymbol{A} \cdot \boldsymbol{A}_0^{-1}. \tag{5.37}$$

Die nachgeschaltete Matrizierung ist immer notwendig, weil die geforderten Spektralwertkurven nach Abb. 5.29 wegen ihrer negativen Teile nicht realisiert werden können. Die aus dem Produkt der Transmissionskurven vorgesetzter Lichtfilter mit den spektralen Empfindlichkeitskurven der Kamerasensoren gebildeten Spektralwertkurven sollten aber schon möglichst genau die verallgemeinerte Luther-Bedingung erfüllen, so dass eine Ausgangsmatrix $\boldsymbol{A}_0$ angegeben werden kann. Häufig ist das allerdings nur grob angenähert der Fall, so dass Metamerie-Fehler auftreten, und diese lassen sich durch die Matrizierung nicht korrigieren.

Eine angenäherte Charakterisierung durch eine Matrix $\boldsymbol{A}_0$ erreicht man, wenn man die gegebenen Spektralwertkurven durch eine Linearkombination der Normspektralwertkurven approximiert. Sei z. B. die Spektralwertkurve der Rotkamera $r_0(\lambda)$, so kann man drei Koeffizienten a_r, b_r, c_r in

$$\tilde{r}_0(\lambda) = a_r \bar{x}(\lambda) + b_r \bar{y}(\lambda) + c_r \bar{z}(\lambda)$$

so bestimmen, dass die Abweichung $|\tilde{r}_0(\lambda) - r_0(\lambda)|$ „möglichst klein" wird, etwa nach dem Kriterium des mittleren quadratischen Fehlers. Auf diese Weise ist für alle Spektralwertkurven der Satz der a, b, c-Koeffizienten zu ermitteln, und damit liegt dann – bis auf den Faktor k – die Matrix $\boldsymbol{A}_0$ fest. Die Approximation wird um so besser gelingen, je besser die Spektralwertkurven der verallgemeinerten Luther-Bedingung entsprechen. Nun kann die erforderliche Korrekturmatrix nach Gl. (5.37) berechnet werden.

Die Korrekturmatrix kann man auch unmittelbar aus den gegebenen Spektralwertkurven bestimmen, indem man mit ihnen die Sollkurven nach Gl. (5.36) durch Linearkombination approximiert, z. B. für den Rotkanal

$$\tilde{r}(\lambda) = d_r r_0(\lambda) + e_r g_0(\lambda) + f_r b_0(\lambda)$$

mit Koeffizienten, die die Fehler $|\tilde{r}(\lambda) - r(\lambda)|$ minimieren. Der Koeffizientensatz d, e, f stellt die gesuchte Korrekturmatrix dar.

Nach dem letzteren Verfahren wurde das folgende Beispiel durchgerechnet. Wir gehen aus von einer Kamera, die nach dem Weißabgleich die in Abb. 5.32 oben angegebenen Spektralwertkurven besitzt ($k = 1$ angenommen). Mit ihnen werden die Sollkurven für die EBU-Norm approximiert. Das Ergebnis ist in Abb. 5.32 unten dargestellt. Man erreicht es mit einer Matrix, die die Farbwertsignale aus den Ursprungssignalen wie folgt berechnet (die Weißbalance bleibt erhalten!):

$$\begin{aligned}
R &= \ \ 1{,}700\,R_0 - 0{,}733\,G_0 + 0{,}033\,B_0\\
G &= -0{,}021\,R_0 + 1{,}108\,G_0 - 0{,}087\,B_0\\
B &= -0{,}051\,R_0 - 0{,}091\,G_0 + 1{,}142\,B_0.
\end{aligned}$$

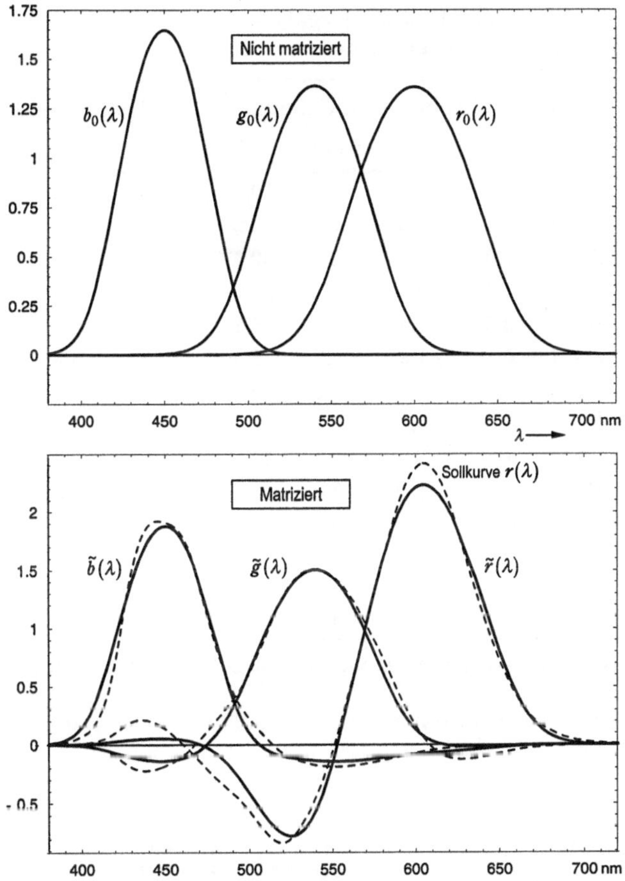

Abb. 5.32. Ergebnis einer Approximation der idealen EBU-Spektralwertkurven durch Matrizierung

Wie zuvor bei der fiktiven Kamera testen wir auch diese Kamera mit den Farben nach DIN 6169 und ihren bedingt gleichen Farben aus drei Spektrallinien. Die berechneten Ergebnisse sind in Tabelle 5.3 („Kamera B") zusammengestellt, und die wiedergegebenen Farbarten zeigt Abb. 5.33. Mit der Matrizierung ist es also gelungen, durchweg einwandfreie Farbwertsignale zu bekommen. Nur bei der DIN-Testfarbe Nr. 9 (gesättigtes Rot) tritt bei der Farbwiedergabe immer noch ein deutlicher Fehler auf (ΔE_{uv}= 13). Die Metamerie-Fehler sind nicht kleiner als bei „Kamera A", hier könnten nur bessere Ausgangskurven helfen.

Die Matrizierung der Signale verschlechtert den Signal-Rauschabstand. Denn vom Signal der jeweils für einen Kanal zuständigen

Tabelle 5.3. Einige Farbwiedergabefehler infolge von nichtidealen Spektralwertkurven der Kamera

Farbe	Kamera	Differenz gegen Original				Metamerie-Differenz			
		ΔL^*	Δu^*	Δv^*	ΔE_{uv}	ΔL^*	Δu^*	Δv^*	ΔE_{uv}
6	A	1,7	5,6	8,8	10,4	0,4	3,0	− 0,1	3,0
	B	0,1	1,2	0,3	1,2	0,0	− 3,6	2,2	4,2
9	A	− 1,0	− 32,2	− 0,2	32,2	− 0,1	2,6	− 0,4	2,6
	B	2,4	− 10,4	7,1	12,6	− 0,5	− 1,9	0,0	1,9
10	A	− 2,2	− 7,4	− 13,9	15,8	2,4	8,1	3,0	8,7
	B	− 0,1	− 1,9	0,7	2,0	1,3	− 8,8	4,0	9,7
11	A	0,7	19,2	− 2,9	19,4	0,6	1,8	− 0,1	1,8
	B	− 0,1	2,3	0,5	2,4	0,1	− 5,0	0,3	5,0
13	A	− 1,1	− 8,7	− 5,1	10,1	1,9	6,0	3,0	6,7
	B	0,0	− 1,1	1,0	1,5	1,1	− 7,8	4,8	9,2
14	A	− 0,7	2,4	− 5,5	6,0	1,3	4,6	1,6	4,9
	B	− 0,2	− 0,4	− 0,3	0,5	0,6	− 3,3	2,2	4,0
D65	A	0	0	0	0	1,7	7,6	2,8	8,1
	B	0	0	0	0	0,9	− 7,7	5,8	9,6

Kamera A: Nur positive Teile der idealen EBU-Spektralwertkurven (ohne Rot-Nebenmaximum)
Kamera B: Spektralwertkurven nach Abb. 5.32 mit Matrizierung

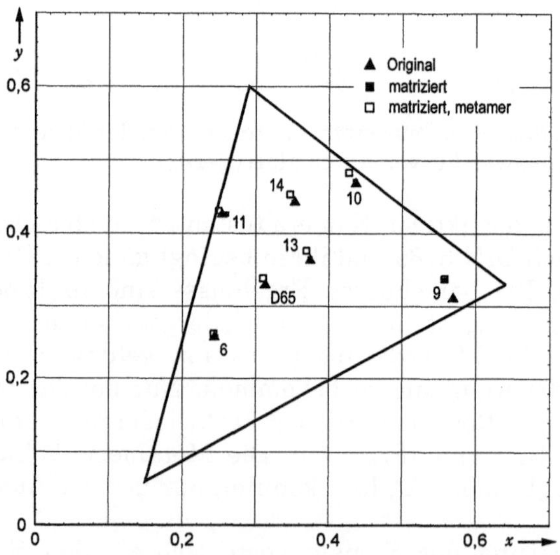

Abb. 5.33. Farbfehler der Kamera mit den Spektralwertkurven nach Abb. 5.32

Teilkamera werden mehr oder weniger große Anteile der beiden anderen Teilkameras subtrahiert (s. die obige Korrekturmatrix), aber die Rauschleistungen – bei nicht korreliertem Rauschen – werden addiert. Das ist vor allem ausgeprägt bei dem „stark matrizierten“ Rotkanal: im Beispiel ergibt sich eine Verschlechterung im Verhältnis $1{,}700^2+0{,}733^2+0{,}033^2$ zu 1, d. h. um 5,4 dB. Grundsätzlich wäre ja auch eine Farbkamera denkbar, deren Spektralwertkurven die Normspektralwertfunktionen unmittelbar realisieren („XYZ-Kamera“). In dem Fall müsste die Matrix die Koeffizienten der geforderten Aufnahmematrix nach Gl. (5.29a) haben. Im Rotkanal würde sich dadurch das Signal-Rauschverhältnis sogar um 10,6 dB verschlechtern.

Nach einwandfreiem Weißabgleich bei Aufnahme und Wiedergabe werden unbunte Farben mit der Farbart von Normlichtart D65 wiedergegeben. Dazu sollte die Aufnahmeszene auch mit Normlichtart D65 beleuchtet werden. Die Studiobeleuchtung hat jedoch normalerweise eine Farbtemperatur von etwa 3000 K, entspricht also eher Normlichtart A. Wenn unter dieser Beleuchtung der Weißabgleich der Kamera auf $R = G = B$ durchgeführt wird, sind die wiedergegebenen Farbvalenzen natürlich von denen der Aufnahme völlig verschieden. Insbesondere wird die Farbart von Normlichtart A bei der Wiedergabe zum Farbort D65 verschoben (vgl. Abb. 5.17). Trotzdem werden sie – in der Umgebung des Weißpunktes – etwa dem entsprechen, was der Betrachter aufnahmeseitig nach seiner Farbumstimmung auf die Lichtart A empfindet. Bei mehr gesättigten Farben gilt das nicht mehr. Die einfache „Farbumstimmung der Kamera“ durch Verstärkungseinstellungen beim Weißabgleich wird zwar häufig als ausreichend angesehen. Sie ist es aber nur, wenn die Spektralwertkurven – abweichend von den theoretischen Idealkurven – für einen derartigen Betrieb optimiert sind. Korrekt wäre der Vorsatz eines Filters vor den Beleuchtungsquellen mit einer Transmissionsfunktion $\varphi_{D65}(\lambda)/\varphi_A(\lambda)$ (Absenkung des langwelligen Teils des Spektrums), so dass mit dem Spektrum von Normlichtart D65 beleuchtet wird. Statt dessen kann man dieses Filter vor die Kamera setzen, so dass die Spektralwertkurven mit der Funktion multipliziert werden. Nur bei der Aufnahme von Selbstleuchtern in der Szene treten dann noch Fehler auf (z. B. erscheinen Kerzenflammen weiß).

Man beachte den grundsätzlichen Unterschied der Forderungen, den die Farbmetrik an die Aufnahmeseite und an die Wiedergabeseite stellt. Für die Photoelemente der drei Kamerafarbkanäle werden spezielle Spektralwert*funktionen* gefordert, Kurvenverläufe über λ. Für die drei Leuchtstoffarten bei der additiven Farbmischung der Wiedergabe werden hingegen lediglich spezielle Farbwertanteile, durch Zahlenwertpaare gegebene Farborte in der Normfarbtafel, gefordert, *die Spektralverteilung ihrer Emission ist ansonsten belanglos.*

5.2.3 Gammaverzerrung

Bislang haben wir bei der Bildwiedergabe immer eine proportionale Steuerung der Lichtintensität des Leuchtflecks durch das Videosignal angenommen, so z. B. schon bei der Aperturverzerrung in Abschn. 4.2.2 und dann bei der Steuerung der Emissionsintensitäten der drei Leuchtstoffe auf dem Farbbildschirm durch die Farbwertsignale. Tatsächlich gibt es eine solche lineare elektro-optische Wandlung bei der überwiegend verwendeten Bildschirmröhre nur bezüglich der Umsetzung des Elektronenstrahl*stromes* (Anodenstromes) in Strahlungsleistung des Lichtes, das von dem durch den Elektronenstrahl „beschossenen“ Leuchtstoff ausgeht. Die Strahlströme werden durch elektrische Spannungen gesteuert, dieser Vorgang ist aber nichtlinear. Eine Steuerspannung U_d ergibt etwa einen Strahlstrom proportional zu $U_\mathrm{d}^{2,8}$. So gelten alle vorstehend abgeleiteten Beziehungen für die Umsetzung von Farbwertsignalen in Farbwerte nur dann, wenn diese Farbwertsignale R, G, B wiedergabeseitig als die *normierten Strahlströme* im Inneren der Bildröhre definiert werden. Zur Unterscheidung bezeichnen wir die außen anliegenden *normierten Steuerspannungen* mit R', G', B'.

Für die Umsetzung der Farbwertsignalspannungen in die vom Auge wahrgenommene zeitlich gemittelte Strahldichte der Emission (vgl. Gl. (4.6)) gilt somit der in Abb. 5.34 dargestellte Zusammenhang, z. B. für die Rotemission

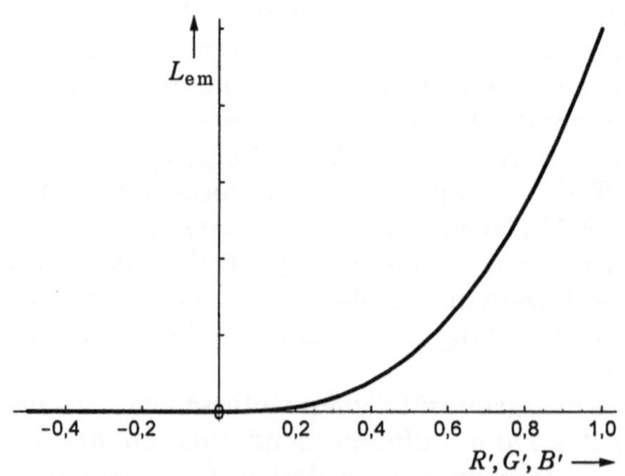

Abb. 5.34. Gammaverzerrung bei der Bildwiedergabe (Gl. (5.38))

$$L_{\mathrm{em}} = k R'^{\gamma} \quad \text{falls } R' \geq 0$$
$$= 0 \quad \text{sonst.} \tag{5.38}$$

Hier ist k eine Konstante und $\gamma \approx 2{,}8$. Man bezeichnet diese Nichtlinearität der Wiedergabe als *Gammaverzerrung.*

Eine typische Kennlinie, die den Strahlstrom I_{a} einer Farbbildröhre in Abhängigkeit von der Steuerspannung U_{d} bei „Kathodensteuerung" zeigt, ist in Abb. 5.35 doppelt-logarithmisch dargestellt. Die Spannung an der Kathode gegenüber „Gitter 1" (sog. Wehnelt-Elektrode, s. Abschn. 9.2.1) ist dabei

$$U_{\mathrm{kg1}} = U_{\mathrm{cutoff}} - U_{\mathrm{d}} ,$$

wobei U_{cutoff} die Kathodenspannung (z. B. 150 V) bezeichnet, bei der der Stahlstrom zu null wird. Weitere Einzelheiten werden bei der Beschreibung der Farbdisplays (s. Abschn. 9.2) besprochen. Bei einer Funktion mit konstantem Exponenten γ ergibt sich in der doppelt-logarithmischen Darstellung eine Gerade mit der Steigung γ. Das ist mit sehr guter Näherung im Aussteuerungsbereich der Fall. Elektronenoptisch bedingt zeigen die verschiedenen Fabrikate nur geringe Unterschiede, γ liegt immer im Bereich 2,7...2,9.

Typische Kurven der Umsetzung des Strahlstroms in die Lichtemission sieht man in Abb. 5.36. Hier ist die Strahldichte des Lichtes bezogen auf den Wert L_{em0} der für den Weißabgleich einzustellen ist. Am oberen Ende des Aussteuerbereichs neigen die Leuchtstoffe oft zu einem etwas weniger als proportionalen Anstieg der Emissionsintensität, vor allem bei Grün, aber auch bei Blau. Für Direktsichtdisplays bleibt trotzdem das über den Aussteuerungsbereich gemittelte Gamma sehr nahe bei 1.

Die Beträge der Farbvektoren, aus denen bei der additiven Mischung die resultierende Farbvalenz auf dem Wiedergabebildschirm entsteht, sind somit proportional zur 2,8ten Potenz der Farbwertsignalspannungen anzunehmen. Die für Gl. (5.24) verwendeten primären Farbvektoren sind

$$\vec{F}_{\mathrm{r}} = k_{\mathrm{r}} R'^{\gamma} \{x_{\mathrm{r}}, y_{\mathrm{r}}, z_{\mathrm{r}}\}$$
$$\vec{F}_{\mathrm{g}} = k_{\mathrm{g}} G'^{\gamma} \{x_{\mathrm{g}}, y_{\mathrm{g}}, z_{\mathrm{g}}\}$$
$$\vec{F}_{\mathrm{b}} = k_{\mathrm{b}} B'^{\gamma} \{x_{\mathrm{b}}, y_{\mathrm{b}}, z_{\mathrm{b}}\}$$

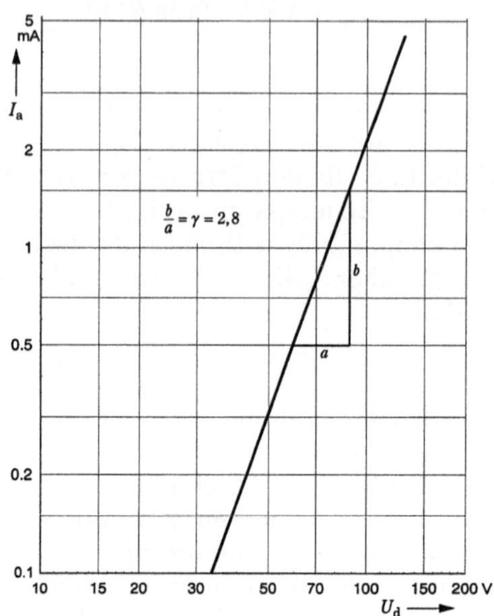

Abb. 5.35. Strahlstromkennlinie einer Farbbildröhre

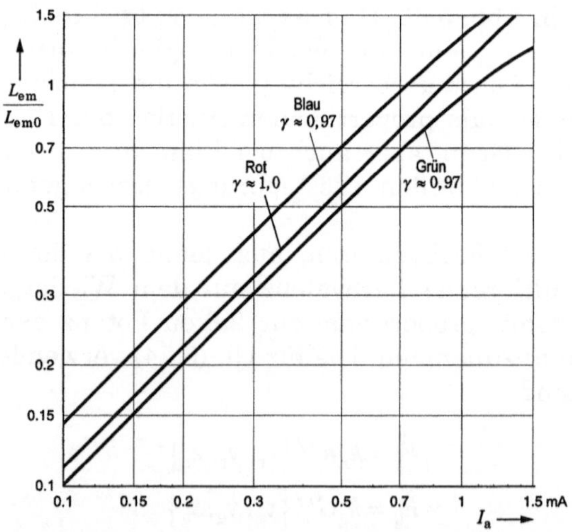

Abb. 5.36. Normierte Strahldichte der Leuchtstoffemission als Funktion des Elektronenstrahlstromes

mit $\gamma = 2{,}8$. Entsprechend ergibt sich für die Umsetzung der Farbwertsignalspannungen in die Farbwerte auf einem Farbbildschirm der EBU-Norm nach Gl. (5.27a)

$$X = 0{,}431\,R'^{\gamma} + 0{,}342\,G'^{\gamma} + 0{,}178\,B'^{\gamma}$$
$$Y = 0{,}222\,R'^{\gamma} + 0{,}707\,G'^{\gamma} + 0{,}071\,B'^{\gamma} \qquad (5.27c)$$
$$Z = 0{,}020\,R'^{\gamma} + 0{,}130\,G'^{\gamma} + 0{,}939\,B'^{\gamma} .$$

Wir wollen jetzt untersuchen, wie die Gammaverzerrung der Wiedergabe die Farben verfälscht, wenn als Farbwertsignalspannungen direkt die aufnahmeseitig gewonnenen Farbwertsignale benutzt werden:

$$R' = R_A, \quad G' = G_A, \quad B' = B_A.$$

Mit den dann wiedergabeseitig wirksamen Farbwertsignalen (den Strahlströmen entsprechend)

$$R_W = R_A^{\gamma}, \quad G_W = G_A^{\gamma}, \quad B_W = B_A^{\gamma}$$

in den Gleichungen (5.28) können wir die Bildschirmfarben im *hsb*-System charakterisieren. Ein Intensitätswert b_1, wie er sich unverfälscht bei $\gamma = 1$ ergeben würde, wird durch die Gammaverzerrung verändert in den Wert b,

$$b = b_1^{\gamma} .$$

Die Beziehung ist in Abb. 5.37 dargestellt. Sie ist unabhängig vom Sättigungswert s_1 und vom Farbton h_1 des Originals. Farben mittlerer Helligkeit werden zu dunkel wiedergegeben, Strukturen in noch dunk-

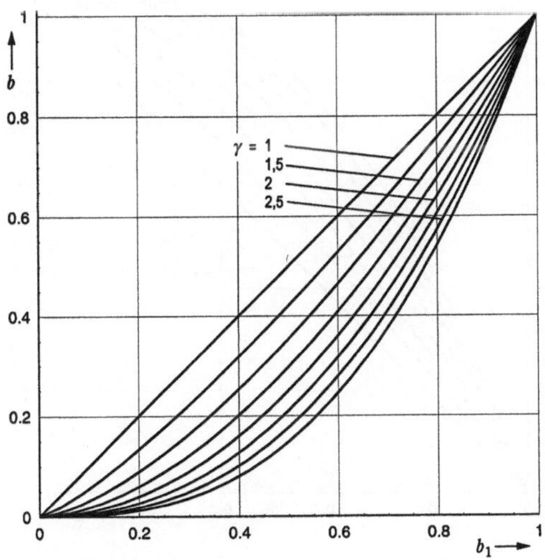

Abb. 5.37. Verfälschung des Intensitätswertes durch die Gammaverzerrung der Wiedergabe

leren Bildteilen versinken vollends im Schwarzen. Der Effekt ist der gleiche wie bei der Wiedergabe unbunter Bilder auf einem Schwarzweiß-Display, wo er abgeschwächt – etwa entsprechend $\gamma = 1{,}3$ – manchmal sogar erwünscht ist, um den Bildeindruck zu verbessern. Bei der Farbbildwiedergabe kommen jedoch noch die Verfälschungen der Farbart hinzu. Die Farbsättigung wird erhöht entsprechend

$$s = 1 - (1 - s_1)^\gamma ,$$

wie in Abb. 5.38 dargestellt (unabhängig von b_1 und h_1). Erhebliche Verschiebungen des Farbtons können auftreten, vor allem bei hoher Farbsättigung, aber nicht bei allen Farbtönen (Abb. 5.39). Der Farbton der Primärfarben wird nicht verändert, auch nicht der Farbton der dazu kompensativen Mischfarben Gelb, Cyan und Magenta, weil hier durch das Potenzieren das Verhältnis der Signale nicht verändert wird. Die dazwischen liegenden Farbtöne verschieben sich zum nächstgelegenen Farbton einer Primärfarbe. Die Farbtonverschiebung ist unabhängig vom Intensitätswert b_1.

Zur Vermeidung der Wiedergabefehler durch die Gammaverzerrung ist vor der Wiedergabe eine Signalkorrektur unerlässlich. Dazu werden die aufnahmeseitig gewonnenen Farbwertsignale entgegengesetzt verzerrt. Die zu übertragenden Signale R', G', B' sollten aus den Kamerasignalen (*nach* der Farbkorrekturmatrix!) gebildet werden entsprechend

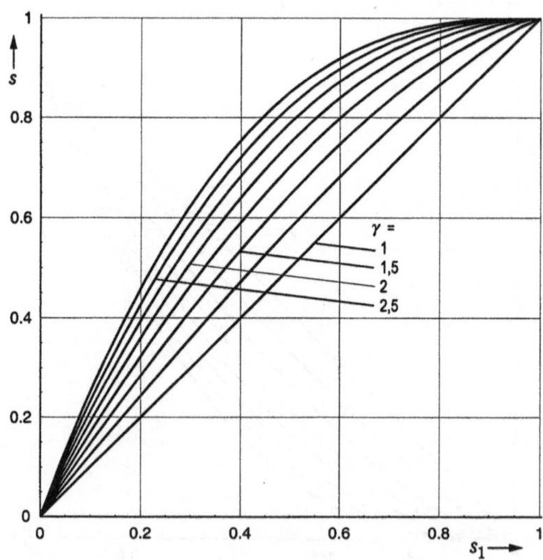

Abb. 5.38. Erhöhung der Farbsättigung durch die Gammaverzerrung der Wiedergabe

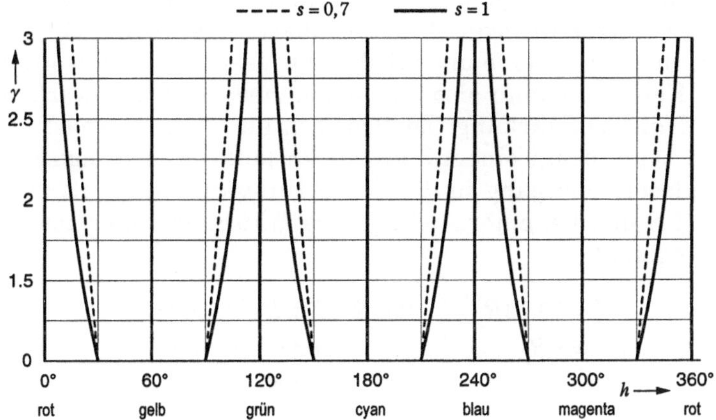

Abb. 5.39. Farbtonverschiebung durch die Gammaverzerrung der Wiedergabe

$$R' = R_A^{1/\gamma_c}, \quad G' = G_A^{1/\gamma_c}, \quad B' = B_A^{1/\gamma_c}. \tag{5.35}$$

Man bezeichnet diese Maßnahme als *Gammavorverzerrung*. Wählt man

$$\gamma_c = \gamma, \tag{5.36}$$

so wird die Gammaverzerrung gerade aufgehoben, und man erhält wieder Übereinstimmung von Wiedergabe und Aufnahme:

$$R_W = R'^{\gamma} = R_A^{\gamma/\gamma_c} = R_A, \quad G_W = G'^{\gamma} = G_A^{\gamma/\gamma_c} = G_A, \quad B_W = B'^{\gamma} = B_A^{\gamma/\gamma_c} = B_A.$$

Die Gammavorverzerrung wird auf der Aufnahmeseite durchgeführt in der Annahme, dass alle Displays Bildschirmröhren sind. Deshalb müssen andersartige Displays beim Empfänger auf das Gamma einer Bildschirmröhre korrigiert werden. Das ist aber der Ausnahmefall. Da fast immer Bildschirmröhren verwendet werden, ist es sinnvoller, die Gammavorverzerrung aufnahmeseitig einmal für alle Empfänger durchzuführen als vor dem Display in jedem Empfänger. Zudem ergibt sich der Vorteil, dass die Signalwerte infolge der Gammaverzerrung des Displays in etwa proportionale Helligkeitswerte L^* (CIELUV- bzw. CIELAB-System) umgesetzt werden, denn diese Werteskala realisiert etwa den Exponenten $1/\gamma$ (vgl. Gl. (5.12)). So erscheint eine gleichmäßig gestufte Signaltreppe als eine gleichmäßige Graustufung, und dem Signal additiv überlagerte Rauschstörungen erscheinen in dunklen wie in hellen Bildteilen gleich groß. Bei einem linearen oder einem „linearisierten“ Display (durch unmittelbar vorgeschaltete Gammaentzerrung) würde dagegen das Rauschen in dunklen Bildteilen weitaus störender sichtbar werden.

Die nach Gl. (5.35) geforderte Gammavorentzerrung verlangt am Anfang der Entzerrungskennlinie, wo diese eine unendlich hohe Steigung hat, theoretisch eine unendlich hohe Verstärkung der Kamerasignale. Die Kennlinie kann also nur angenähert realisiert werden. Praktisch wird die Verstärkung bei Schwarz auf 4...6 begrenzt, d. h. die Kennlinie beginnt mit einem linearen Verlauf dieser Steigung. Für einen knicklosen Übergang in die Entzerrungskennlinie mit dem Exponenten 1/2,8 und bei einer Anfangsverstärkung von 6 ergibt sich z. B. für das Rotsignal

$$\begin{aligned} R_1' &= 1{,}172 R_A^{1/2{,}8} - 0{,}172 && \text{für } R_A \geq 0{,}016 \\ &= 6 R_A && \text{für } 0 \leq R_A < 0{,}016 \\ &= 0 && \text{für } R_A < 0. \end{aligned} \tag{5.37a}$$

Wenn man nach dieser Verzerrung eine *„Schwarzwertanhebung"* des Signals um den Wert 0,172 mit anschließender Verstärkungskorrektur (beim Weißabgleich) durchführt, d. h.

$$R' = (R_1' + 0{,}172)/1{,}172\,, \tag{5.37b}$$

erhält man bei einem Display mit $\gamma = 2{,}8$ ein „Überalles-Gamma" von 1 fast für den gesamten Aussteuerbereich (s. Abb. 5.40). Für das Grünsignal und das Blausignal gilt das gleiche.

Eine Wiedergabe mit einem Überalles-Gamma von etwa 1,3 wird auch für Farbbilder subjektiv oft als besser beurteilt. Die Vorverzer-

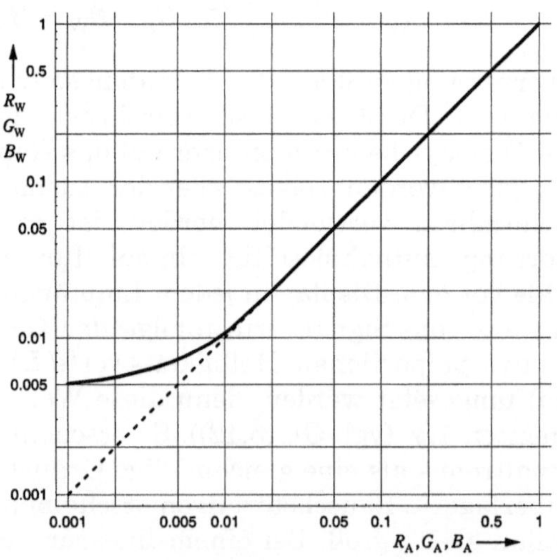

Abb. 5.40. Überalles-Kennlinie bei einem Display-Gamma von 2,8 und einer Vorentzerrung nach den Gln. (5.37a), (5.37b)

rung der Kamerasignale wird deshalb in der Praxis häufig mit einem Exponenten 0,45 durchgeführt ($\gamma_c = 2{,}2$). Die dadurch resultierenden Gradations-, Sättigungs- und Farbtonfehler sind aus den Bildern 5.37 bis 5.39 abzulesen. Die Entzerrungskennlinie bei einer Anfangsverstärkung von 4,5 sollte dafür nach der Beziehung (wieder beim Beispiel Rotsignal)

$$\begin{aligned} R_1' &= 1{,}099 R_A^{0,45} - 0{,}099 && \text{für } R_A \geq 0{,}018 \\ &= 4{,}5 R_A && \text{für } 0 \leq R_A < 0{,}018 \\ &= 0 && \text{für } R_A < 0 \end{aligned} \tag{5.37c}$$

realisiert werden. Dies wurde so auch in Recommendation ITU-R BT.709 (vgl. Tabelle 5.2) spezifiziert. Hierzu gehört eine Schwarzwertanhebung des vorverzerrten Signals um 0,099 mit entsprechender Pegelkorrekur:

$$R' = (R_1' + 0{,}099)/1{,}099. \tag{5.37d}$$

Ein Display-Gamma von 2,2 kommt bei Farbbildröhren nicht vor. Es kann bei Schwarzweiß-Bildröhren gemessen werden infolge der Überlagerung mit Streulicht, das aus dem Inneren der Röhre kommt, weil dieses durch die rückwärtige Abstrahlung des Bildschirms aufgehellt wird.

5.2.4 Signale

Farbfernsehen erfordert die gleichzeitige Übertragung von *drei* Bildsignalen, nämlich der drei Farbwertsignale R', G', B', und jedes verlangt im 625-Zeilen-System die Bandbreite von etwa 5 MHz, wie sie im Abschn. 4.4.2 für das Videosignal abgeleitet wurde. Gegenüber Schwarzweißfernsehen wird also grundsätzlich die dreifache Übertragungsbandbreite (die dreifache Kanalkapazität) benötigt.

Hier kommt eine Eigentümlichkeit des Farbensehens zu Hilfe: Die bisher genannte örtliche Auflösungsfähigkeit des visuellen Systems von etwa 30 P/° und die daraus resultierende Grenzfrequenzforderung von 20 P/° bei Fernsehbildern (Gl. (4.33)) gilt für *Leuchtdichte*kontraste, nicht aber für Details, die bei *konstanter Leuchtdichte* nur Unterschiede in der Farbart aufweisen. Für solche *Isoluminanz*kontraste ist die örtliche (und übrigens auch die zeitliche) Auflösungsfähigkeit bedeutend geringer, im Mittel etwa um den Faktor 4 (Abb. 5.41). Eine Irrelevanzreduktion sollte also möglich sein. Für die Einführbarkeit des Farbfernsehens (bei einem bereits allgemein eingeführten Schwarzweißsystem) war diese Möglichkeit entscheidend, und sie wurde von Anfang an – vom National Television System Committee (NTSC) 1954

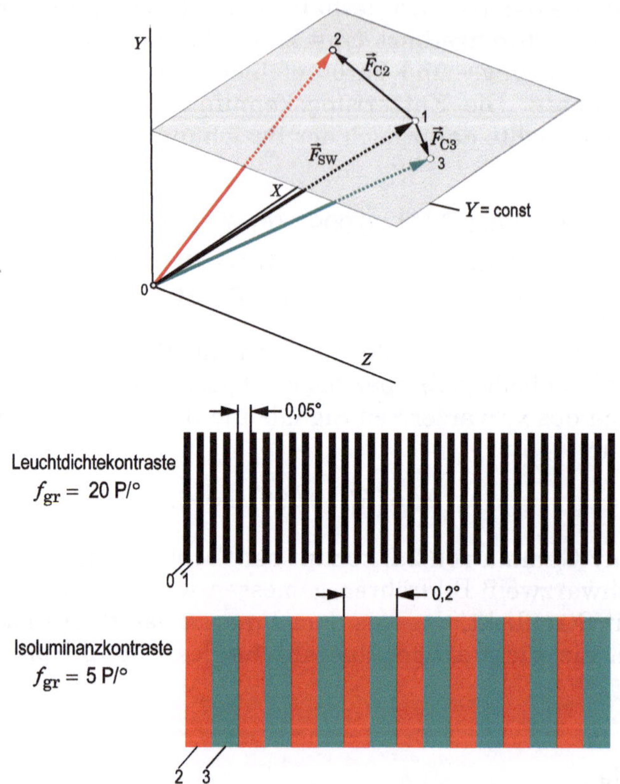

Abb. 5.41. Vergleich der örtlichen Auflösung des visuellen Systems bei Luminanz- und bei Chrominanzdetails

in USA – genutzt. Zu der Zeit waren in USA bereits 30 Millionen Schwarzweißempfänger und 415 Fernsehstationen in Betrieb.

Systematische Untersuchungen zum Ortsfrequenzgang des visuellen Systems bei Isoluminanzkontrasten wurden allerdings erst später durchgeführt, zuerst von Schade [5.12], danach u.a. von van der Horst und Bouman [5.13], Granger und Heurtley [5.3] und Glenn [5.2]. Die ermittelten Grenzfrequenzen lagen je nach Messaufbau um den Faktor 2 bis 7 niedriger als bei Luminanztestgittern, abhängig davon, wieweit es gelungen war, jede örtliche Luminanzvariation zu vermeiden. Dabei zeigte sich auch, dass die Ortsauflösungsfähigkeit für Isoluminanzkontraste bei Blau-Gelb-Gittern noch niedriger ist als bei Rot-Grün-Gittern. Dieses Verhalten des visuellen Systems hängt wahrscheinlich zusammen mit den eingangs erwähnten drei unterschiedlichen „Übertragungskanälen“ zum Gehirn (Gegenfarben Rot-Grün, Blau-Gelb und Schwarz-Weiß).

Wie ist die geringere Auflösungsfähigkeit bei Isoluminanzkontrasten für eine vom Auge nicht bemerkbare Einschränkung der Übertragungbandbreite zu nutzen? Man kann sich dazu den wiederzugebenden Farbvektor $\vec{F}$ zerlegt denken in zwei Teilvektoren, von denen der eine in einer Ebene $Y = \text{const}$ liegt. Seine Y-Koordinate ist gleich null, und seine beiden anderen Koordinaten sollten durch *zwei schmalbandige* Signale übertragbar sein. Die Y-Koordinate des anderen Teilvektors ist gleich der des Originalvektors. Nur für sie wird *ein breitbandiges* Signal benötigt. Eine Möglichkeit für eine solche Farbvektorzerlegung ist an dem Beispiel in Abb. 5.41 gezeigt. Hier wird die Farbvalenz dargestellt mit der Differenz zu einem Unbuntvektor gleicher Luminanz,

$$\vec{F} = \vec{F}_{\text{SW}} + \vec{F}_{\text{C}}$$

also mit dem Chrominanz-Vektor $\vec{F}_{\text{C}}$. Die Spezifizierung einer Farbvalenz durch zwei Farbdifferenzwerte und den Y-Wert wurde am Ende von Abschn. 5.1.2 erläutert. Die Richtung des Unbuntvektors wird hier durch den Farbort $x_{\text{w}}, y_{\text{w}}$ des Systemweißpunktes festgelegt. Es ist also

$$\vec{F}_{\text{SW}} = Y\left\{\frac{x_{\text{w}}}{y_{\text{w}}}, 1, \frac{z_{\text{w}}}{y_{\text{w}}}\right\}.$$

Wegen des Weißabgleichs des Empfängers wird dieser Unbuntvektor realisiert durch drei gleichgroße Farbwertsignale

$$R'_{\text{SW}} = G'_{\text{SW}} = B'_{\text{SW}} =_{\text{def}} E_Y ,$$

wenn ihre Größe gegeben ist durch

$$E_Y = Y^{1/\gamma} . \tag{5.38}$$

Als Signale zur Realisierung der Farbdifferenzwerte werden die Abweichungen der Farbwertsignale gegenüber jenen Signalen R'_{SW}, G'_{SW}, B'_{SW} für ein Schwarzweißbild mit der Luminanz Y benutzt:

$$C_R = R' - E_Y, \quad C_G = G' - E_Y, \quad C_B = B' - E_Y .$$

Die wiedergegebene Luminanz ist dann

$$Y_{\text{W}} = w_{21}(C_R + E_Y)^\gamma + w_{22}(C_G + E_Y)^\gamma + w_{23}(C_B + E_Y)^\gamma . \tag{5.39}$$

Hier sind die w_{jk} die für den Farbwert Y geltenden Koeffizienten aus der Wiedergabematrix $\boldsymbol{W}$ (s. Gl. (5.27a)):

$$w_{21} = 0{,}222 \quad w_{22} = 0{,}707 \quad w_{23} = 0{,}071 .$$

Voraussetzung für die Zulässigkeit einer Bandbreiteneinschränkung der Farbdifferenzsignale C_R, C_G, C_B ist es, dass diese Signale *auf die wiedergegebene Luminanz ohne Einfluss* sind, denn nur für den Isoluminanzkontrast kann die mit der Bandbreiteneinschränkung einhergehende reduzierte Ortsauflösung in horizontaler Richtung akzeptiert werden. Dieses *Constant-Luminance-Prinzip* war eine Grundlage der NTSC-Norm für die Farbfernsehübertragung [5.1, 5.5].

Bei den Überlegungen zur Realisierung des Constant-Luminanz-Prinzips ging man seinerzeit zunächst von der Wiedergabe mit einem *linearen* Display aus ($\gamma = 1$), dessen Phosphore in den damals von der FCC genormten Farbarten leuchten sollten, so dass (s. Gl. (5.27b)

$$w_{21} = 0{,}299 \quad w_{22} = 0{,}587 \quad w_{23} = 0{,}114\,.$$

Dann wäre nach Gl. (5.39) die wiedergegebene Leuchtdichte

$$Y_{\mathrm{W}} = E_Y + \underbrace{\left[0{,}299 C_R + 0{,}587 C_G + 0{,}114 C_B\right]}_{\overset{!}{=}0}.$$

Das Constant-Luminance-Prinzip fordert, dass keine Abhängigkeit von den Farbdifferenzsignalen besteht. Der in eckige Klammern gesetzte Term in Y_{W} muss also identisch gleich null sein. Es können dann anstelle der drei breitbandigen Farbwertsignale R', G', B' drei andere Signale übertragen werden:

- das breitbandige Leuchtdichtesignal (Luminanzsignal)

$$E_Y = 0{,}299 R' + 0{,}587 G' + 0{,}114 B'\,, \tag{5.40}$$

- ein erstes schmalbandiges Farbdifferenzsignal (Chrominanzsignal)

$$C_R = R' - E_Y \tag{5.41}$$

- und ein zweites schmalbandiges Farbdifferenzsignal

$$C_B = B' - E_Y\,. \tag{5.42}$$

Die beiden Chrominanzsignale werden etwa auf ein Viertel der Bandbreite des Luminanzsignals reduziert. Auf der Empfangsseite wird das dritte Chrominanzsignal aus den beiden übertragenen bandbegrenzten Chrominanzsignalen so berechnet, dass unter der Annahme $\gamma = 1$ und der FCC-Phosphore die Constant-Luminance-Bedingung erfüllt wird (s. Abb. 5.42):

$$C_G = \frac{-1}{0{,}587}\left(0{,}299 C_R + 0{,}114 C_B\right). \tag{5.43}$$

Obwohl die Annahme eines linearen Displays nicht zutrifft und auch die Farborte der Bildschirmleuchtstoffe nicht die ursprünglichen FCC-Werte haben, so dass die Leuchtdichteanteile der Primärfarben andere sind ($w_{21} = 0{,}222$; $w_{22} = 0{,}707$; $w_{23} = 0{,}071$), wurde die durch die Gleichungen (5.40) bis (5.42) vorgeschriebene lineare „Codierung" der zu übertragenden Fernsehsignalkomponenten aus den gammavorverzerrten Farbwertsignalen beibehalten und ist für alle Übertragungssysteme zu einer einheitlichen Norm geworden.

Man beachte, dass voraussetzungsgemäß in unbunten Bildteilen die Farbdifferenzsignale verschwinden. Ein Schwarzweißfernsehgerät wertet nur das Luminanzsignal E_Y aus und erzeugt aus diesem ein Schwarzweißbild mit den richtigen Grauwerten, sofern mit C_R und C_B nicht noch zusätzliche Luminanzinformation übertragen wird, d. h. solange beim Farbempfänger die Constant-Luminance-Bedingung eingehalten wird. Damit ist dann die *Kompatibilität* des Farbfernsehsystems mit einem Schwarzweißsystem möglich, was für die Einführungsphase eine weitere wichtige Voraussetzung war. Ebenso ist auch die „Rekompatibilität" gegeben: ein Farbfernsehempfänger kann auch Sendungen von Schwarzweiß-Fernsehstationen empfangen, wobei er das Videosignal als Luminanzsignal E_Y erkennt und C_R, C_B zu null annimmt. Reduktion des Bandbreitenbedarfs und Kompatiblität werden also durch die Übertragung von E_Y, C_R, C_B anstelle von R', G', B' möglich.

Die „Decodierung" im Empfänger (s. Abb. 5.42) soll aus den übertragenen Signalen E_Y, C_R, C_B die senderseitigen Farbwertsignale R', G', B' wiederherstellen. Das kann natürlich nur für die niederfrequenten Signale vollständig gelingen, oberhalb der durch die Chrominanztiefpässe gegebenen Frequenzgrenze liegt nur das Luminanzsignal vor, und die empfangsseitigen Farbwertsignale sind alle gleich, nämlich gleich E_Y; die Bilddetails mit hoher Ortsfrequenz f_x werden unbunt wiedergegeben:

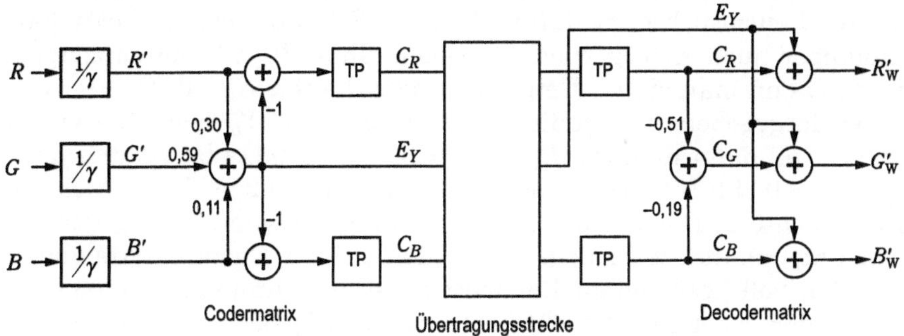

Abb. 5.42. Übertragung von E_Y, C_R, C_B anstelle von R', G', B'.

$$R'_{\mathrm{W}} = C_R + E_Y = \widetilde{R}' + E_Y - \widetilde{E}_Y$$
$$G'_{\mathrm{W}} = C_G + E_Y = \widetilde{G}' + E_Y - \widetilde{E}_Y$$
$$B'_{\mathrm{W}} = C_B + E_Y = \widetilde{B}' + E_Y - \widetilde{E}_Y.$$

Mit der übergesetzten Tilde werden die schmalbandigen, mit der Bandbreite der Chrominanzkanäle vorliegenden Signale bezeichnet. Typische Werte der Farbsignalkomponenten bei voller Aussteuerung ($\mathrm{Max}(R', G', B') = 1$) für voll gesättigte Farben ($\mathrm{Min}(R', G', B') = 0$) und Weiß sind in der Tabelle 5.4 zusammengestellt. Man beachte, dass die Chrominanzsignale sowohl positiv wie negativ sein können und sie bei den kompensativen Farben umgekehrtes Vorzeichen bei gleichen Beträgen aufweisen.

Tabelle 5.4. Werte der Farbsignalkomponenten bei Maximalaussteuerung für voll gesättigte Farben und Weiß.

	E_Y	C_R	C_B
Rot	0,299	0,701	−0,299
Gelb	0,886	0,114	−0,886
Grün	0,587	−0,587	−0,587
Cyan	0,701	−0,701	0,299
Blau	0,114	−0,114	0,886
Magenta	0,413	0,587	0,587
Weiß	1,000	0,000	0,000

In dem Übertragungsverfahren nach Abb. 5.42 kann das Constant-Luminance-Prinzip wegen der Nichtlinearität des Displays – und auch wegen der abweichenden *R,G,B*-Anteile in E_Y und Y – grundsätzlich nicht verwirklicht werden. Der Fehler ist bei Farben hoher Sättigung gravierend. Der „worst case“ ist voll gesättigtes Blau ($R = 0$, $G = 0$). Die relative Leuchtdichte ist dafür $Y = 0{,}071 B'^{\gamma}$. So wird sie beim Farbempfänger auch richtig wiedergegeben. Ohne die Chrominanzsignale jedoch (wenn man sie im Empfänger ausschaltet, $C_R = 0$, $C_B = 0$) wäre die wiedergegebene Leuchtdichte – wir wollen sie Y_0 nennen – viel geringer, weil dann nämlich $R'_{\mathrm{W}} = G'_{\mathrm{W}} = B'_{\mathrm{W}} = E_Y = 0{,}114 B'$ ist und damit $Y_0 = E_Y^{\gamma} = 0{,}114^{\gamma} B'^{\gamma}$. Das sind bei $\gamma = 2{,}8$ nur 3,2 % (!) der richtigen Leuchtdichte Y. Der weitaus größte Teil kommt somit – entgegen dem Constant-Luminance-Prinzip – aus den beiden Chrominanzsignalen. Auch bei voll gesättigtem Rot wird ohne die Chrominanzsignale nur 15,3 % der richtigen Leuchtdichte wiedergegeben (s. Tabelle 5.5). Durch die Codierung auf der Senderseite in Verbindung mit der dortigen Gammavorverzerrung wird der fehlende Luminanzanteil in die

Chrominanzkanäle eingebracht. Man beachte aber: die Ursache dafür, dass bei gesättigten Farben die *wiedergegebene* Luminanz größtenteils aus den schmalbandigen Chrominanzkanälen stammt, liegt ausschließlich auf der Wiedergabeseite, bei der Nichtlinearität des Displays; die Senderseite hat darauf keinen Einfluss.

Wir bezeichnen das Verhältnis der ohne Chrominanzsignale wiedergegebenen Leuchtdichte Y_0 zur wahren Leuchtdichte Y als *Constant-Luminance-Index F*:

$$F = \frac{Y_0}{Y} = \frac{E_Y^{\gamma}}{Y} \tag{5.44}$$

Es ist also auch zugleich das Verhältnis der Leuchtdichte bei Wiedergabe mit einem Schwarzweißempfänger im Verhältnis zur Leuchtdichte beim Farbempfänger bei gleichem γ. Gesättigtes Rot aus einer Farbfernsehsendung gibt der Schwarzweißempfänger viel zu dunkel wieder, gesättigtes Blau wird nahezu schwarz.

Bei der Umstellung der Norm auf EBU-Primärfarben war überlegt worden, ob man in dem Zusammenhang auch die Norm für das Luminanzsignal ändern sollte, damit es sich gemäß der Constant-Luminance Bedingung mit den gleichen Anteilen wie in der wiedergegebenen Luminanz aus den Farbwertsignalen zusammensetzt:

$$E_Y = 0{,}222R' + 0{,}707G' + 0{,}071B'.$$

Für $\gamma = 1$ wäre dann die Constant-Luminance-Forderung $F = \text{const} = 1$ wieder erfüllt. Für den realen Fall $\gamma = 2{,}8$ zeigt die rechte Spalte in Tabelle 5.5, was tatsächlich erreicht würde: die Werte bei Rot, Blau und Magenta wären sogar noch deutlich schlechter.

Tabelle 5.5. Constant-Luminance-Index Y_0/Y bei voll gesättigten Farben und bei Weiß, $\gamma = 2{,}8$.

	E_Y nach Norm	$E_Y = 0{,}222R' + 0{,}707G' + 0{,}071B'$
Rot	0,1533	0,0666
Gelb	0,7670	0,8758
Grün	0,3182	0,5357
Cyan	0,4754	0,6364
Blau	0,0322	0,0086
Magenta	0,2869	0,1097
Weiß	1,0000	1,0000

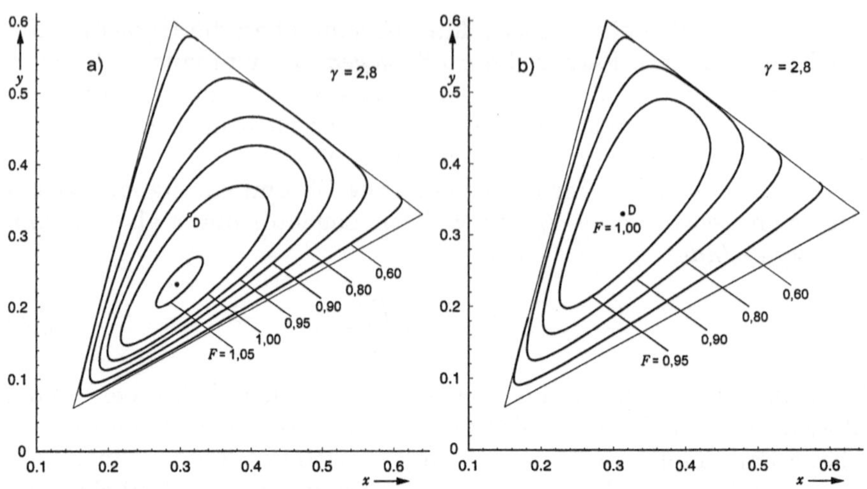

Abb. 5.43. Der Constant-Luminance-Index als Funktion der Normfarbwertanteile, a) für das genormte Luminanzsignal, b) für $E_Y = 0{,}222\,R' + 0{,}707\,G' + 0{,}071\,B'$

Allgemein lässt sich der Constant-Luminance-Index, da er von der Aussteuerung unabhängig ist, eindeutig als eine Funktion der wiedergegebenen Farbart berechnen. Eine Darstellung der Funktion $F(x,y)$ durch Höhenlinien in der Normfarbtafel ist bei $\gamma = 2{,}8$ in Abb. 5.43a für die geltende E_Y-Norm und zum Vergleich in Abb. 5.43b für den Fall der genannten Anpassung von E_Y gezeigt [5.6]. Durch die Übereinstimmung der E_Y-Koeffizienten mit den Y-Koeffizienten wird bewirkt, dass F beim Weißpunkt das Maximum $F_{max} = 1$ erreicht und eine gute, „maximal flache“ Approximation an den Optimalwert 1 für schwach gesättigte Farben besteht. Bei den genormten E_Y-Koeffizienten hingegen liegt das Maximum des Constant-Luminance-Index nicht mehr beim Weißpunkt, es ist erheblich in Richtung Magenta-Blau verschoben (Abb. 5.43a) und hat dort den Wert 1,055. Hier wird also ohne Chrominanzsignale sogar eine noch etwas höhere Leuchtdichte wiedergegeben. Die Höhenlinie $F = 1$ geht nach Voraussetzung durch den Weißpunkt D, zieht sich aber im übrigen durch einen großen Teil des Farbdreiecks. Das hat den durchaus erwünschten Effekt, dass die Approximation der Constant-Luminance-Bedingung in dem besonders kritischen Bereich der stark gesättigten Blau-Magenta-Rot-Farben deutlich verbessert wird, wie zuvor mit Tabelle 5.5 bereits belegt. Eine Änderung der Codierung des Luminanzsignals bei der Umstellung der Norm auf die EBU-Primärfarben war also nicht notwendig. Sie wäre auch schwierig gewesen mit Rücksicht auf schon verkaufte Farbfernsehempfänger, denn bei denen hätte man die Decodermatrix nachträglich überall ändern müssen.

Wir haben gesehen: Infolge der Nichtlinearität des Displays kann das Constant-Luminanz-Prinzip bis auf die schwach gesättigten Farben nicht eingehalten werden. Somit wäre eigentlich eine Banbbreiteneinschränkung der Chrominanzsignale unzulässig, wenn sie doch mehr oder weniger auf die wiedergegebene Luminanz von Einfluss sind, so dass dadurch eine *sichtbare* Reduktion der Ortsauflösung in horizontaler Richtung entsteht. Hier liegt das wesentliche Defizit der E_Y, C_R, C_B-Norm. Dass Schwarzweißempfänger die Graustufen nicht richtig wiedergeben, ist dagegen natürlich unwichtig geworden. Wir zeigen den Effekt an einer vertikalen Kante im Bild. Das gewählte Beispiel ist der Übergangsvorgang von einer Blau-Magenta-Fläche links der Kante zu einer Grün-Gelb-Fläche rechts davon, jeweils bei voller Farbsättigung:

$$R'\text{: } 0{,}1 \rightarrow 0{,}1 \quad G'\text{: } 0 \rightarrow 1 \quad B'\text{: } 1 \rightarrow 0 .$$

Die Signalübergänge werden vereinfacht als Schrittfunktionen angenommen, für die Chrominanzsignale vierfach länger andauernd als beim Luminanzsignal entsprechend dem Bandbreitenverhältnis (Abb. 5.44a). Das Luminanzsignal ist so weit verzögert, dass trotz der unterschiedlichen Anstiegszeiten die 50%-Punkte der Übergangsvorgänge zeitlich zusammenfallen.[1]

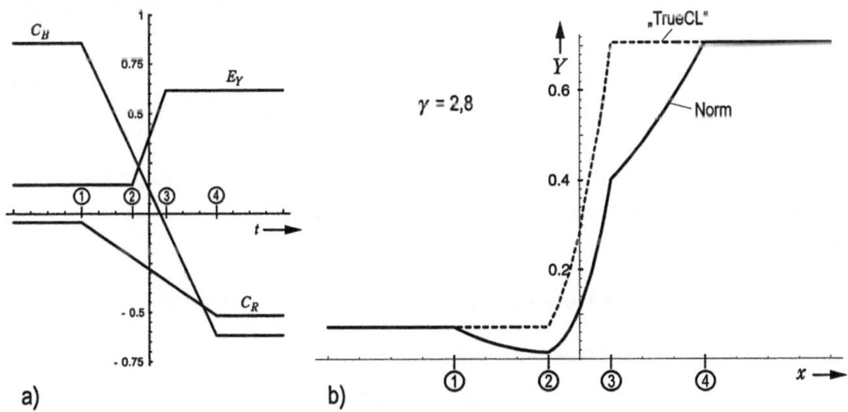

Abb. 5.44. Übergang an einer senkrechten Kante von Blau-Magenta nach Grün-Gelb: a) zeitlicher Verlauf der Farbsignalkomponenten, b) örtlicher Verlauf der Luminanz auf dem Bildschirm

[1] Die dazu notwendige breitbandige Signalverzögerung wird einerseits bei der Codierung senderseitig, andererseits in jedem Empfänger bei der Decodierung durchgeführt, s. Abschn. 6.1.

Obwohl der Übergang des E_Y-Signals auf den kurzen Zeitabschnitt $t_2 ... t_3$ begrenzt ist, dehnt sich der Luminanzübergang auf dem Bildschirm (Abb. 5.44b, ausgezogene Kurve) auf den breiten Streifen aus, der durch die gesamte Chrominanzsignalübergangszeit $t_1 ... t_4$ bedingt ist.

Für ein wahres Constant-Luminanz-System müsste die Bedingung für das Luminanzsignal nicht nur für die Luminanz bei Unbunt (Chrominanzsignale = 0) gelten (Gl. (5.38)),

$$E_Y^{\gamma} = w_{21} R_{\mathrm{SW}}'^{\gamma} + w_{22} G_{\mathrm{SW}}'^{\gamma} + w_{23} B_{\mathrm{SW}}'^{\gamma} = Y_0,$$

sondern unverändert in derselben Größe auch bei eingeschalteten Chrominanzsignalen,

$$Y = w_{21} R'^{\gamma} + w_{22} G'^{\gamma} + w_{23} B'^{\gamma} = E_Y^{\gamma}.$$

Aufnahmeseitig könnte also dieses Luminanzsignal bereits *vor der Gammavorentzerrung* der Farbwertsignale gebildet werden und danach (anstelle des Grünsignals) der Gammavorentzerrung unterworfen werden:

$$E_{Y\mathrm{T}} = \left(0{,}222\, R + 0{,}707\, G + 0{,}071\, B\right)^{1/\gamma}. \qquad (5.45)$$

Außerdem werden dort mit diesem Signal die beiden Farbdifferenzsignale gebildet,

$$C_{R\mathrm{T}} = R' - E_{Y\mathrm{T}} \qquad (5.46)$$

$$C_{B\mathrm{T}} = B' - E_{Y\mathrm{T}} \qquad (5.47)$$

und schmalbandig übertragen. Der Index T soll die Signale dieses „True Constant Luminance Systems“ kennzeichnen.

Wiedergabeseitig muss gelten

$$E_{Y\mathrm{T}}^{\gamma} = Y = Y_{\mathrm{W}} = 0{,}222\, R_{\mathrm{W}}'^{\gamma} + 0{,}707\, G_{\mathrm{W}}'^{\gamma} + 0{,}071\, B_{\mathrm{W}}'^{\gamma},$$

wobei Rot- und Blausignal gebildet werden aus

$$R_{\mathrm{W}}' = \widetilde{C}_{R\mathrm{T}} + E_{Y\mathrm{T}} \qquad (5.48)$$

$$B_{\mathrm{W}}' = \widetilde{C}_{B\mathrm{T}} + E_{Y\mathrm{T}}. \qquad (5.49)$$

Damit die Vorschrift für die wiedergegebene Leuchtdichte erfüllt wird, ist das Grünsignal zu rekonstruieren nach der Beziehung

$$G_{\mathrm{W}}' = \left(\frac{E_{Y\mathrm{T}}^{\gamma} - 0{,}222\, R_{\mathrm{W}}'^{\gamma} - 0{,}071\, B_{\mathrm{W}}'^{\gamma}}{0{,}707} \right)^{1/\gamma}. \qquad (5.50)$$

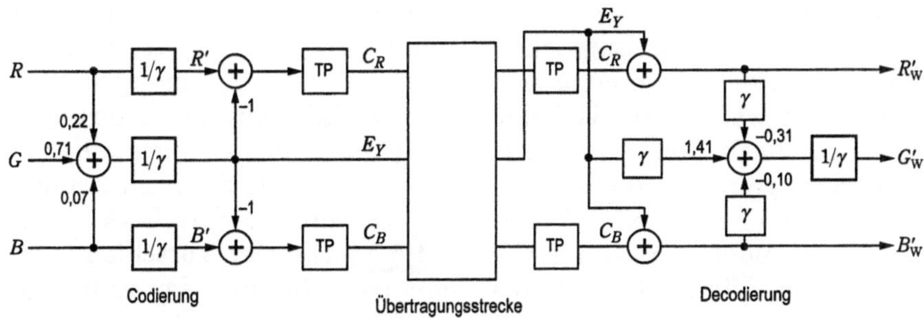

Abb. 5.45. Signale in einem „True Constant Luminance System"

Das System ist in Abb. 5.45 dargestellt.

Der gleiche Übergangsvorgang wie zuvor in dem genormten System,

$$R'\!: 0{,}1 \to 0{,}1 \quad G'\!: 0 \to 1 \quad B'\!: 1 \to 0,$$

ist zum Vergleich für unser System berechnet worden (die Signalübergänge sind hier $E_{Y\mathrm{T}}$: 0,390 → 0,884; $C_{R\mathrm{T}}$: −0,290 → −0,784; $C_{B\mathrm{T}}$: 0,611 → −0,884). Das Ergebnis für den örtlichen Verlauf der Luminanz auf dem Bildschirm ist in Abb. 5.44b gestrichelt eingezeichnet. Man erkennt, dass der Übergang von den langsamen Chrominanzsignalübergängen nicht gestört wird und in idealer Weise auf den kurzen Zeitabschnitt $t_2 ... t_3$ des Luminanzsignalanstiegs begrenzt bleibt. Der Ablauf der wiedergegebenen Farbvalenz zwischen den Zeitpunkten t_1, t_2, t_3, t_4 ist in Abb. 5.46 dargestellt, links für das genormte Signalsystem, rechts für das beschriebene True Constant Luminance System.

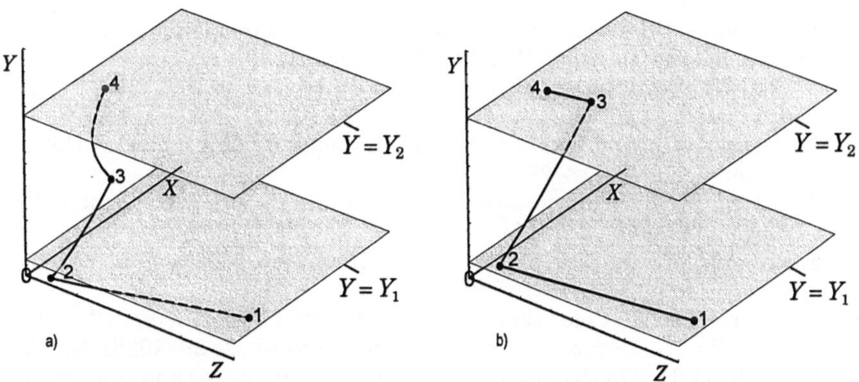

Abb. 5.46. Ablauf der Farbvalenz beim Übergang von Blau-Magenta nach Grüngelb mit Farbsignalkomponenten wie in Abb. 5.44a. a) beim genormten E_Y, C_R, C_B - System, b) in dem „True Constant Luminance System"

Die Verwendung des eigentlich richtigen Luminanzsignals E_{YT} nach Gl. (5.45) war bei der Entwicklung eines Farbfernsehsystems für Europa schon 1964 vorgeschlagen worden [5.4]. Beim damaligen Stand der Technik wäre aber die komplizierte nichtlineare Decodierung im Empfänger nach Abb. 5.45 zur Rekonstruktion des Grünsignals nicht praktikabel gewesen. Außerdem war ein Hindernis die Nichtkompatibilität zu dem bereits eingeführten Farbfernsehsystem in USA mit den Signalkomponenten nach den Gln. (5.40)–(5.42). Der Vorschlag wurde deshalb verworfen. Mit digitaler Signalverarbeitung im Empfänger und bei der Einführung eines ohnehin nicht kompatiblen *digitalen* Fernsehsytems Ende der neunziger Jahre bot sich noch einmal die Chance für ein True Constant Luminance System. Dennoch wurde das alte System beibehalten, aber die Kanalkapazität für die Chrominanzsignale nicht mehr um den Faktor vier, sondern nur noch um den Faktor zwei reduziert (s. Abschn. 6.2.1).

Literatur

[5.1] Bailey, W. F.: The constant luminance principle in NTSC color television. Proc. IRE **42** (1954), 60–66

[5.2] Glenn, W. E.; Glenn, K. G.: Signal processing for the compatible HDTV. J. SMPTE **98** (1989), 812–816

[5.3] Granger, E. M.; Heurtley, J. C.: Visual chromaticity-modulation transfer function. J. Opt. Soc. Am. **63** (1973), 1173–1174

[5.4] James, I. J. P.: Constant luminance video recording and direct satellite broadcasting. IEEE Trans. Consumer Electronics, CE-**29** No.2 (May 1983), 39–46

[5.5] Loughlin, B. D.: Recent improvements in band-shared simultaneous color television systems. Proc. IRE **39** (1951), 1264–1279

[5.6] Mahler, G.: Zur Frage der Normung der Primärfarben. FKT **25** (1971), 7–13

[5.7] McAdam, D. L.: Specification of small chromaticity differences. J. Opt. Soc. Am. **33** (1943), 18–26

[5.8] McAdam, D. L.: Visual sensitivities to color differences in daylight. J. Opt. Soc. Am. **32** (1942), 247–274

[5.9] Richter, M.: Einführung in die Farbmetrik. 2. Aufl., de Gruyter, Berlin 1980

[5.10] Robertson, A. R.: Color error formulas. J. SMPTE **89** (1980), 947

[5.11] Rösch, S.: Die Kennzeichnung der Farben. Physik. Z. **29** (1928), 83–91

[5.12] Schade, O. H.: On the quality of color-television images and the perception of color detail. J. SMPTE **67** (1958), 801–819

[5.13] van der Horst, G. S. C.; Bouman, M. A.: Spatiotemporal chromaticity discrimination. J. Opt. Soc. Am. **59** (1969), 1482–1488

6 Farbfernsehsysteme

Die Übertragungskette des Farbfernsehsystems, wie es im vorangegangenen Kapitel entwickelt worden ist, wird zusammenfassend mit Abb. 6.1 dargestellt:

Die Aufnahmekamera liefert drei Farbwertsignale R, G, B. Sie sind Linearkombinationen aus den jeweils an einer Bildstelle vorhandenen Farbwerten X_A, Y_A, Z_A. Die Kamera ist ein abtastender Wandler, der entsprechend seinen Spektralwertkurven $r(\lambda)$, $g(\lambda)$, $b(\lambda)$ die Farbwerte in Signale umsetzt. Das Koeffizientenschema der Linearkombinationen ist die Aufnahmematrix $\boldsymbol{A}$. Eine weitere Linearkombination folgt in der „Codermatrix" $\boldsymbol{C}$, die aus den drei gammavorverzerrten Signalen R', G', B' drei andere Signale bildet, die für die weitere Übertragung besser geeignet sind: das Leuchtdichtesignal E_Y, das breitbandig mit der vollen Bandbreite eines Schwarzweißvideosignals (5 MHz) zu übertragen ist, und zwei schmalbandig übertragbare Farbdifferenzsignale C_R und C_B. Ein Schwarzweißempfänger wertet nur das Leuchtdichtesignal aus. Die Übertragung der Farbsignalkomponenten E_Y, C_R, C_B anstelle von R', G', B' kann damit zwei Vorteile bringen: Bandbreiteneinsparung und Kompatibilität mit einem Schwarzweißsystem.

Beim Empfänger werden die beiden Linearkombinationen wieder rückgängig gemacht. Die „Decodermatrix" $\boldsymbol{D}$ stellt aus den Komponenten E_Y, C_R, C_B die Farbwertsignale R', G', B' wieder her, und in der

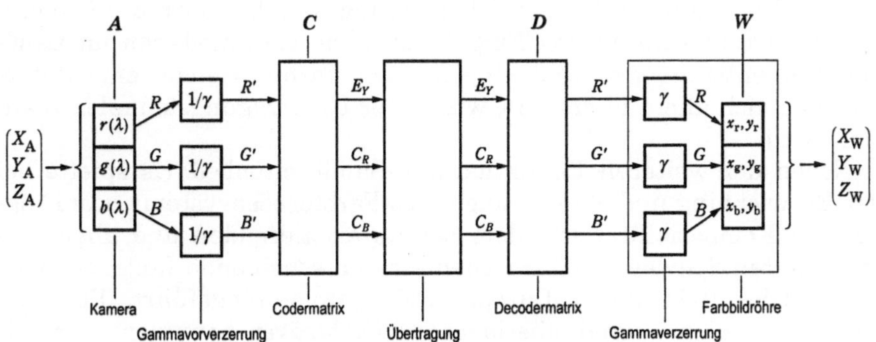

Abb. 6.1. Übertragungskette eines Farbfernsehsystems

Farbbildröhre werden aus ihnen drei Strahlströme erzeugt, die den ursprünglichen Signalen R, G, B proportional sind. Mit der durch die Strahlströme bewirkten Anregung der drei Leuchtstoffe werden schließlich über den Prozess der additiven Farbmischung die Farbwerte X_W, Y_W, Z_W auf dem Bildschirm erzeugt. Die Farbbildröhre ist ein Wandler, der entsprechend den Farbarten, in denen die Leuchtstoffe leuchten, die drei Strahlströme umsetzt in die drei Farbwerte. Sie realisiert die letzte Linearkombination im Zuge der Übertragungskette. Die Matrix, nach der die Ausgangsgrößen X_W, Y_W, Z_W mit den Eingangsgrößen R, G, B verknüpft werden, ist die Wiedergabematrix $\boldsymbol{W}$.

Vom Standpunkt der Farbmetrik besteht die Aufgabe des Übertragungssystems darin, die Farbwerte der Aufnahmeszene so zum Empfänger zu übertragen, dass dort auf dem Bildschirm der Normalbeobachter die gleichen Farbwerte sieht:

$$\{X_W, Y_W, Z_W\} \stackrel{!}{=} \{X_A, Y_A, Z_A\}.$$

Diese Bedingung für farbmetrisch richtige Übertragung zerfällt in zwei Teilbedingungen

$$\boldsymbol{D} = \boldsymbol{C}^{-1} \text{ und } \boldsymbol{A} = \boldsymbol{W}^{-1},$$

die erste für das Paar Codermatrix-Decodermatrix gilt im Bereich der gammavorverzerrten Signale, die zweite für das Paar Aufnahmematrix -Wiedergabematrix gilt im Bereich der linearen Signale. Wegen $\gamma \neq 1$ kann eine Abweichung von der einen Vorschrift grundsätzlich nicht durch eine Abweichung von der anderen kompensiert werden.

Der in Abb. 6.1 mit „Übertragung" bezeichnete Abschnitt in der Systemkette umfasst die *Verteilung* der Signale vom Sender zu den Fernsehempfängern, aber auch eine *Codierung* der Komponenten E_Y, C_R, C_B die der Verteilung vorangehen muss zur Anpassung an die Bandbreite des zur Verfügung stehenden Übertragungskanals, sowie die entsprechende Decodierung in den Empfängern. Die verschiedenen im Laufe der Zeit entstandenen und eingeführten Farbfernsehsysteme unterscheiden sich allein in der Art, wie dieser Übertragungskomplex realisiert wird.

Neben der weiteren Reduktion des Bandbreitenbedarfs spielte bei der Entwicklung und Einführung eines Farbfernsehsystems ursprünglich die Kompatibilität mit dem bereits existierenden und allgemein verbreiteten Schwarzweißfernsehen eine entscheidende Rolle. So wurden in USA 1954 und in Europa 1967 Systeme eingeführt, die einen dem Leuchtdichtesignal überlagerten *Farbträger* benutzen, der mit den beiden Farbdifferenzsignalen moduliert wird. Das Gesamtsignal darf keine größere Übertragungsbandbreite beanspruchen als ein

Schwarzweißvideosignal. Später wurden dann nichtkompatibile Systeme entwickelt, die ohne einen Farbträger die drei *Komponenten separat* übertragen, insbesondere digitale Farbfernsehsysteme mit einer so effizienten Quellencodierung, dass ohne erkennbaren Qualitätsverlust nur noch ein Bruchteil der Bandbreite eines analogen Schwarzweißfernsehsystems benötigt wird.

In diesem Kapitel werden die genormten Farbfernsehsysteme hinsichtlich der Codierung und Decodierung beschrieben und analysiert. Ihre Verteilung, drahtlos oder über Kabel, ist das Thema in Kapitel 8.

6.1 Systeme mit Farbträger

Zusätzlich zu dem Leuchtdichtesignal E_Y für die Schwarzweißwiedergabe sind zur „Colorierung“ des Bildes die beiden Farbdifferenzsignale C_R und C_B in demselben Frequenzbereich zu übertragen, der für das Videosignal eines Schwarzweißfernsehsystems zur Verfügung steht. Durch die Modulation eines Hilfsträgers (engl. *subcarrier*) mit C_R und C_B wird das von ihnen beanspruchte Spektrum an den oberen Rand des Frequenzbereichs geschoben, damit es bei einer additiven Überlagerung mit dem E_Y-Spektrum möglichst wenig stört (Abb. 6.2). Dazu sollte die Frequenz f_{sc} dieses Farbträgers jedenfalls möglichst hoch liegen, aber zuviel von seinem oberen Seitenband darf dabei durch die Frequenzbandbegrenzung des Videosignalkanals nicht verloren gehen. Für das untere Seitenband des modulierten Farbträgers muss Platz geschaffen werden durch eine Einschränkung des Luminanzsignalspektrums. Dabei wird man eine teilweise Überlappung der Spektren in Kauf nehmen müssen, damit das E_Y-Signal nicht zu schmalbandig wird (s. Abb. 6.2). Durch eine optimale Wahl der Farbträgerfrequenz

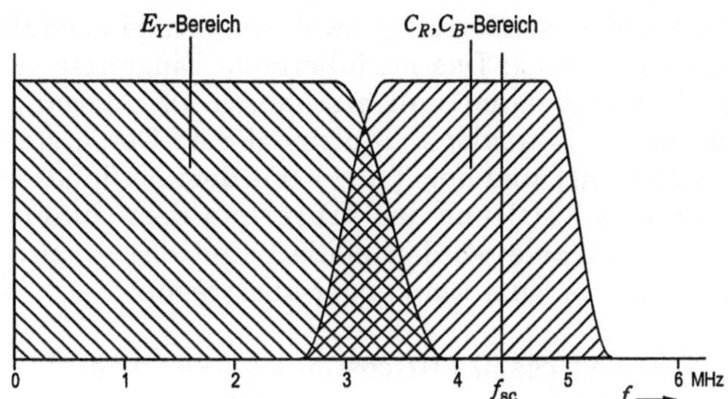

Abb. 6.2. Bandsharing bei Systemen mit Farbträger

und der Bandbegrenzungen muss ein Kompromiss gefunden werden, damit einerseits das gegenseitige „Übersprechen“ von Luminanz und Chrominanz und andererseits der Bildschärfeverlust nicht als störend empfunden werden. Das Thema wird in Abschn. 6.1.4 behandelt. Im Folgenden werden die drei eingeführten farbträgerfrequenten Systeme vorgestellt: das bis 1953 in USA entwickelte NTSC-System, das bis 1966 in Deutschland entwickelte PAL-System und das ebenfalls in dieser Zeit in Frankreich entstandene SECAM-System. Sie unterscheiden sich in der Art, wie die *zwei* Farbdifferenzsignale C_R und C_B auf *einem* Farbträger übertragen werden.

6.1.1 NTSC

Die Grundlagen des Farbfernsehsystems, wie es in der Übersicht von Abb. 6.1 dargestellt ist, wurden in den USA von Forschungsgruppen der Industrie im Rahmen des National Television System Committee (NTSC) erarbeitet [6.21]. Das Komitee wurde im Jahre 1950 gegründet in der Absicht, ein *kompatibles* Farbfernsehsystem zu ent-wickeln und bis zur Normung durch die FCC voranzubringen.

Das charakteristische Merkmal des NTSC-Systems ist die *Quadraturmodulation* des Farbträgers mit den beiden Farbdifferenzsignalen, ein Verfahren, bei dem zwei Signale einen gemeinsamen Träger amplitudenmodulieren und im Empfänger durch *Synchrondemodulation* („kohärente“ Demodulation) wieder voneinander getrennt werden können. Dieses Prinzip der Quadraturamplitudenmodulation (QAM) ist später durch den Einsatz bei der digitalen Modulation eines Trägers allgemein bekannt geworden. Die Signaltrennung wird möglich, wenn zwei Trägerkomponenten mit um 90° voneinander unterschiedlichem Nullphasenwinkel („sie stehen in Quadratur zueinander“) mit den Signalen moduliert werden, wie in Abb. 6.3 dargestellt.

Verwendet werden senderseitig zwei Amplitudenmodulatoren mit doppelter Symmetrierung: Das modulierende Eingangssignal und der Träger beim Eingangssignal null erscheinen am Ausgang nicht, die Schaltung arbeitet als analoger Multiplizierer. Der erste Modulator erhalte das Signal $a(t)$ und den Träger mit dem Nullphasenwinkel 0°, der zweite das Signal $b(t)$ und den Träger mit dem Nullphasenwinkel 90°. Die Ausgangssignale werden addiert und das resultierende trägerfrequente Signal s_{T} zum Empfänger übertragen:

$$s_{\mathrm{T}}(t) = a(t)\cos\omega t + b(t)\cos\left(\omega t + \frac{\pi}{2}\right) = \mathrm{Re}\, z(t)\,\mathrm{e}^{\mathrm{j}\omega t}\,.$$

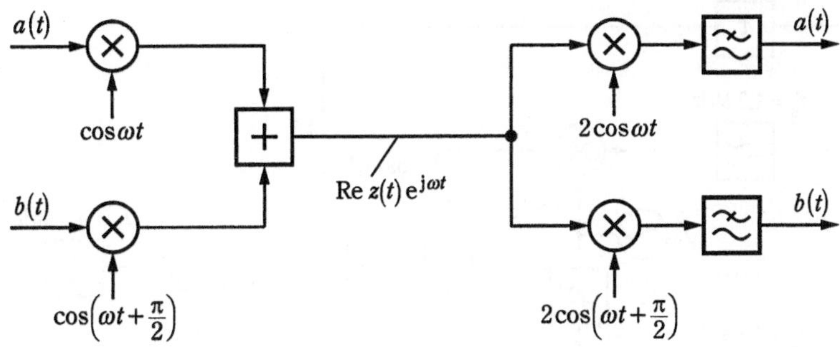

Abb. 6.3. Quadraturmodulation mit zwei Signalen und ihre separate Wiedergewinnung durch zwei Synchrondemodulatoren

Die Darstellung durch den komplexen Zeiger (die „komplexe Amplitude") $z(t)$ zur Repräsentation von Amplitude und Phase dieses Signals ist die in der elementaren Wechselstromrechnung übliche; der Zeiger ist hier aber als informationstragende Größe zeitlich veränderlich.

Der Empfänger arbeitet mit zwei Demodulatoren, die genauso wie die Modulatoren der Sendeseite eine Multiplikation des Eingangssignal mit einem Trägersignal durchführen. Der erste Demodulator erhält das Trägersignal mit dem Nullphasenwinkel 0° und das gesendete Signal s_T, der zweite das Trägersignal mit dem Nullphasenwinkel 90° und ebenfalls s_T. Durch die Multiplikation liefert der erste Demodulator

$$\begin{aligned} 2s_T\cos\omega t &= 2a(t)\cos^2\omega t + 2b(t)\cos\left(\omega t + \frac{\pi}{2}\right)\cos\omega t \\ &= a(t) + a(t)\cos 2\omega t - b(t)\sin 2\omega t \end{aligned}$$

und der zweite

$$\begin{aligned} 2s_T\cos\left(\omega t + \frac{\pi}{2}\right) &= 2a(t)\cos\omega t\cos\left(\omega t + \frac{\pi}{2}\right) + 2b(t)\cos^2\left(\omega t + \frac{\pi}{2}\right) \\ &= b(t) - b(t)\cos 2\omega t - a(t)\sin 2\omega t\,. \end{aligned}$$

Die mit a und b modulierten Signale der doppelten Trägerfrequenz werden jeweils durch einen nachfolgenden Tiefpass beseitigt. Man erkennt also: Bei der Synchrondemodulation mit dem Träger $\cos\omega t$ wird das Signal $b(t)$ vollständig unterdrückt, man erhält nur $a(t)$, und entsprechend erhält man bei der Synchrondemodulation mit dem Träger $\cos(\omega t + \pi/2)$ nur das Signal $b(t)$, während $a(t)$ vollständig unterdrückt wird. Voraussetzung für die einwandfrei getrennte Rückgewinnung von a und b aus dem mit diesen beiden Signalen modulierten

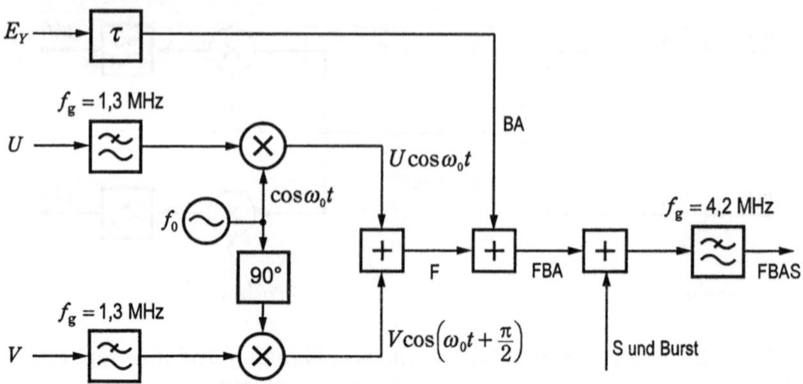

Abb. 6.4. Quadraturmodulation beim NTSC-Coder

Träger ist jedoch, dass empfangsseitig der unmodulierte Referenzträger in richtiger Phase für die beiden Demodulatoren zur Verfügung steht. Der Referenzträger muss aus Synchronisiersignalen, die vom Sender zusätzlich zu übertragen sind, im Empfänger regeneriert werden.

Der Träger mit dem Nullphasenwinkel 0° wird beim NTSC-Verfahren im Coder (Abb. 6.4) moduliert mit dem durch 2,03 dividierten Farbdifferenzsignal C_B – es wird mit U bezeichnet –,

$$U = \frac{1}{2{,}03}(B' - E_Y) = 0{,}493 C_B \,. \tag{6.1}$$

Der Träger mit dem Nullphasenwinkel 90° wird moduliert mit dem zweiten Farbdifferenzsignal V, es ist das durch 1,14 dividierte Signal C_R:

$$V = \frac{1}{1{,}14}(R' - E_Y) = 0{,}877 C_R \,. \tag{6.2}$$

Die Addition der beiden Modulationsergebnisse liefert das *„Farbartsignal“* [1] [2] (engl. *chroma signal*)

[1] Diese für den deutschen Sprachgebrauch festgelegte Bezeichnung ist an sich nicht korrekt: das Signal hängt nicht nur von der Farbart ab, sondern ändert sich auch bei konstanter Farbart, wenn alle drei Farbwertsignale um den gleichen Faktor größer oder kleiner werden.

[2] In der NTSC-Norm und nachfolgenden Publikationen wird dieses Signal – physikalisch gleichartig – beschrieben durch

$$U \sin\omega_0 t + V \cos\omega_0 t = \mathrm{Im}(U + \mathrm{j}V)\,\mathrm{e}^{\mathrm{j}\omega_0 t}.$$

$$F = U\cos\omega_0 t + V\cos\left(\omega_0 t + \frac{\pi}{2}\right)$$
$$= \mathrm{Re}\,(U + \mathrm{j}V)\mathrm{e}^{\mathrm{j}\omega_0 t}. \tag{6.3}$$

Dieses Signal wird zum Leuchtdichtesignal addiert, man erhält das „FBA-Signal"

$$E_Y + U\cos\omega_0 t + V\cos\left(\omega_0 t + \frac{\pi}{2}\right).$$

Damit dieses Summensignal die zulässigen Aussteuerungsgrenzen nicht überschreitet, wurden die genannten Pegelreduktionen der Farbdifferenzsignale vorgenommen (s. unten, Gl. (6.6)). Hinzugefügt werden noch das Synchrongemisch (die Synchronsignale zur Horizontal- und Vertikalsynchronisation) und auf der hinteren Schwarzschulter jeder Zeile jeweils ein *Farbsynchronimpuls* (Burst), bestehend aus neun Perioden des Farbträgers zur Definition der Phase 180°, womit der Empfänger eine Information zur phasenrichtigen Regenerierung des Referenzträgers erhält. Dieses Gesamtsignal, als *Farbbildsignal* oder „FBAS-Signal" bezeichnet (engl. *composite video signal*, CVBS), muss auf die zulässige Bandbreite von 4,2 MHz begrenzt werden. In Abb. 6.4 sind außerdem die beiden Tiefpässe zur Bandbegrenzung der Chrominanzsignale und die zugehörige breitbandige Verzögerung des E_Y-Signals eingezeichnet. Die Laufzeit τ wird so gewählt, dass trotz der Verzögerung durch die Chrominanztiefpässe die 50%-Punkte von Sprungübergängen zeitlich zusammenfallen (vgl. Abb. 5.44). Es ist zu beachten, dass das im Blockschaltbild mit „90°" bezeichnete Element keine Verzögerung durchführt, sondern den Nullphasenwinkel um 90° *erhöht*.

Die genormte NTSC-Farbträgerfrequenz beim 525-Zeilensystem ist f_0 = 3,579545 MHz. Sie ist aus Gründen der minimalen Störung des Bildes durch den überlagerten Farbträger so festgelegt worden. Der Farbträger ist dazu mit der Zeilenablenkung phasenverkoppelt, es wird der *Halbzeilen-Offset* verwendet (s. Abschn. 6.1.4):

$$f_0 = 227 f_\mathrm{H} + \frac{1}{2} f_\mathrm{H}. \tag{6.4}$$

Wir benutzen im Folgenden die Zeigerdarstellung des Farbartsignals:

$$F = \mathrm{Re}\, z\, \mathrm{e}^{\mathrm{j}\omega_0 t}.$$

z bezeichnen wir als *Farbträgerzeiger*. Er ist eine komplexe Zahl (engl. *phasor*), kein Vektor (jedenfalls nicht mit dem Farbvektor aus der Farbmetrik zu verwechseln), obwohl er in der Gaußschen Zahlenebene wie ein zweidimensionaler Vektor mit einem Betrag $a = |z|$ und einem

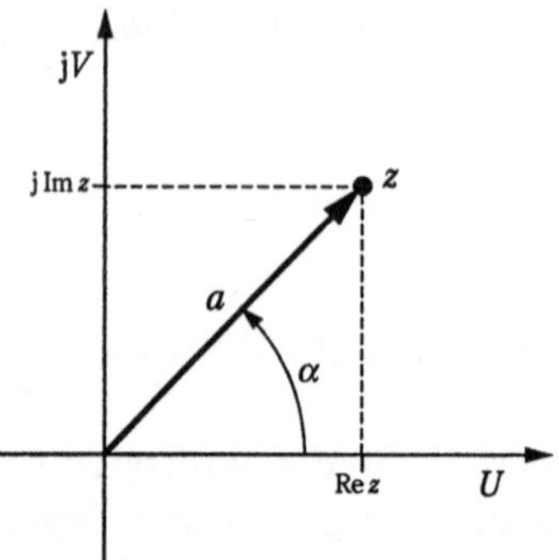

Abb. 6.5. Der Farbträgerzeiger in der Gaußschen Zahlenebene

Winkel α dargestellt wird (Abb. 6.5). Sein Realteil ist gleich U, sein Imaginärteil gleich V, sein Betrag a gibt die *Farbträgeramplitude* an, der Winkel α (das „Argument" von z) die *Farbträgerphase*:

$$z = U + \mathrm{j}V = a\,\mathrm{e}^{\mathrm{j}\alpha}, \text{ wobei}$$
$$a = \sqrt{U^2 + V^2} \tag{6.5}$$
$$\alpha = \begin{cases} \arctan\frac{V}{U} & \text{falls } U \geq 0 \\ \arctan\frac{V}{U} + \pi\,\mathrm{sgn}V & \text{falls U} < 0. \end{cases}$$

Hier ist die Signumfunktion definiert durch $\mathrm{sgn}V = +1$ bei $V \geq 0$, $\mathrm{sgn}V = -1$ bei $V < 0$.

Das Farbartsignal kann man somit auch darstellen durch $a\cos(\omega_0 t + \alpha)$. Die Quadraturmodulation ist eine Addition von zwei in Quadratur stehenden amplitudenmodulierten Trägern oder ebenso auch eine Kombination von Amplitudenmodulation $a(t)$ und Phasenmodulation $\alpha(t)$ eines einzigen Trägers. Die Phase α bestimmt im Wesentlichen den Farbton, die Amplitude a bei vorgegebener Aussteuerung die Farbsättigung. Man beachte, dass der Farbträger in unbunten Bildteilen fehlt (a = 0), weil dort beide Farbdifferenzsignale null sind.

Auf der Empfangsseite liefern die beiden Synchrondemodulatoren des Decoders (Abb. 6.6) hinter den nachfolgenden Tiefpässen die beiden Farbdifferenzsignale U und V getrennt zurück, falls die Phase des Referenzträgers stimmt. Dieser muss aus den ankommenden Burstsignalen im Trägerregenerator gewonnen werden, einer PLL-Schaltung mit spannungsgesteuertem Quarzoszillator. Nur die 9 Perioden stehen im Abstand der Zeilendauer als Führungsgröße zur Verfügung. Aus ihnen gewinnt der Regenerator die kontinuierliche Trägerschwingung

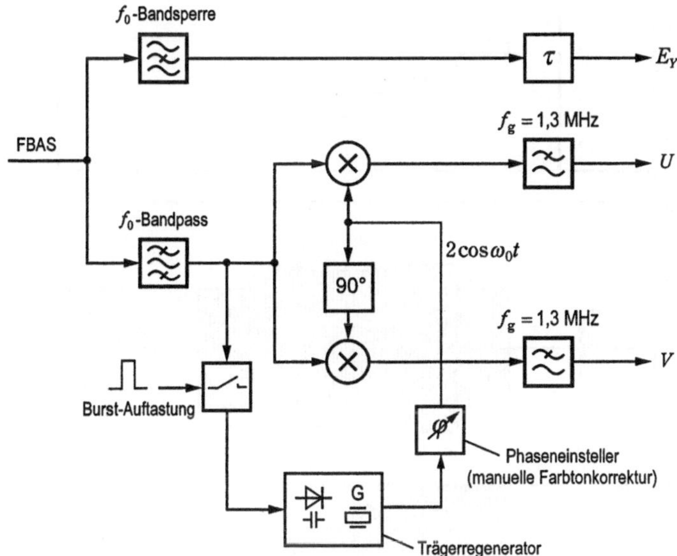

Abb. 6.6. Blockschaltbild eines NTSC-Decoders

konstanter Phase. Aus dem Farbartsignal selbst könnte der Referenzträger natürlich wegen der bildinhaltsabhängigen Phasenmodulation nicht hergestellt werden. Am Eingang des Decoders muss das ankommende FBAS-Signal durch eine Weiche spektral aufgespalten werden: durch eine Bandsperre bei f_0 für den Luminanzkanal, um ein Eindringen des Farbartsignals zu verhindern (*Cross-Luminance*-Störung), und durch einen Bandpass bei f_0 am Eingang der Farbaufbereitung, um ein Eindringen des Luminanzsignals (*Cross-Colour*-Störung) zu verhindern. Letzteres kann natürlich nur gelingen, wenn Spektralanteile des Luminanzsignals im Durchlassbereichs dieses Bandpasses im Luminanzkanal des Coders senderseitig unterdrückt werden (in Abb. 6.5 nicht dargestellt), s. Abschn. 6.1.4.

Ein Beispiel für das Oszillogramm eines FBAS-Signals, dargestellt über die Dauer einer Zeile, ist in Abb. 6.7 gezeigt. Es ist ein Signal, das für den oszillographischen Test eines FBAS-Signals eingeführt wurde.[1] Es liefert eine Folge von 8 senkrechten Farbbalken: Weiß, die Primärfarben und ihre kompensativen Mischfarben, d. h. $\mathrm{Min}(R',G',B')=0$

[1] Für visuelle Überprüfungen oder Einstellungen ist das EBU-Balkentestsignal nicht geeignet. Die Farben, die zwischen den Primärfarben oder den dazu kompensativen Mischfarben liegen, reagieren auf Signalfehler bei der Wiedergabe viel empfindlicher (s. Abb. 5.39 und Abb. 6.18).

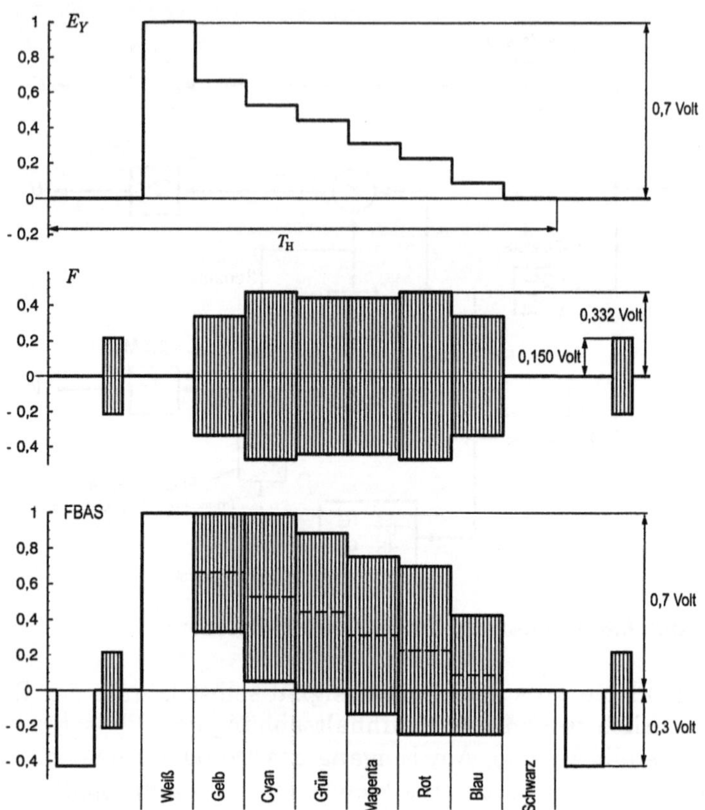

Abb. 6.7. EBU-Farbbalkentestsignal

(100% Farbsättigung) und Schwarz. Die Aussteuerung ist auf 0,75 zurückgenommen ($\mathrm{Max}(R',G',B') = 0{,}75$), um die im normalen Betrieb praktisch nicht auftretenden Übersteuerungen auszuschließen. Nur der Weißbalken wird mit voller Aussteuerung übertragen ($\mathrm{Max}(R',G',B') = 1$). Aus den Oszillogrammen ist die Zusammensetzung des FBAS-Signals aus der Addition der E_Y-Signaltreppe mit dem Farbartsignal zu erkennen. Weiterhin ist der Burst auf der hinteren Schwarzschulter zu sehen. Sein Spitze-Spitze-Wert ist gleich der Höhe des Synchronimpulses. Man vergleiche dieses Videosignal mit dem eines Schwarzweißsignals in Abb. 4.31. Die Komponenten des Testsignales sind in Tabelle 6.1 zusammengestellt. Sie zeigt die Zuordnung der Farbträgerphasen zu den Farbtönen. Sie zeigt auch, dass die Farbträgerphase bei den kompensativen Mischfarben um 180° gegenüber der Phase der entsprechenden Primärfarbe gedreht ist, weil dabei U

Tabelle 6.1. Signalwerte des EBU-Farbbalkentests.

	R'	G'	B'	C_B	C_R	U	V	E_Y	a	α
Weiß	1	1	1	0	0	0	0	**1**	**0**	—
Gelb	0,75	0,75	0	–0,664	+0,086	–0,327	+0,075	**0,664**	**0,336**	**167,1°**
Blau	0	0	0,75	+0,664	–0,086	+0,327	–0,075	**0,086**	**0,336**	**-12,9°**
Cyan	0	0,75	0,75	+0,224	–0,526	+0,110	–0,461	**0,526**	**0,474**	**-76,5°**
Rot	0,75	0	0	–0,224	+0,526	–0,110	+0,461	**0,224**	**0,474**	**103,5°**
Magenta	0,75	0	0,75	+0,440	+0,440	+0,217	+0,386	**0,310**	**0,443**	**60,7°**
Grün	0	0,75	0	–0,440	–0,440	–0,217	–0,386	**0,440**	**0,443**	**-119,3°**

durch $-U$ *und* V durch $-V$ ersetzt wird (s. Tabelle 5.4, S. 172). Diese Beziehung zu den kompensativen Farben gilt aber nur für die Primärfarben (s. unten, Abb. 6.18).

Die in den Definitionsgleichungen (6.1) und (6.2) für U und V angegebenen Faktoren zur Pegelreduktion von C_B und C_R bewirken die in Abb. 6.7 erkennbare Aussteuerungsbegrenzung des FBAS-Signals auf $F = 1$. Wegen ihres hohen Luminanzsignals sind die Farbtöne Gelb und Cyan bezüglich der Aussteuerung am meisten kritisch. Die Pegelreduktionsfaktoren k_U und k_V sind so gewählt worden, dass für voll gesättigtes Gelb und Cyan bei 75 % Aussteuerung der positive Spitzenwert gleich 1 wird:

$$E_Y + \sqrt{(k_U C_B)^2 + (k_V C_R)^2} = 1$$
$$\text{falls } \{R', G', B'\} = \{0{,}75,\, 0{,}75,\, 0\} \vee \{0,\, 0{,}75,\, 0{,}75\}. \qquad (6.6)$$

Mit den Zahlenwerten aus Tabelle 6.1 ergeben sich hieraus die beiden Bestimmungsgleichungen für die Unbekannten k_U und k_V:

$$(0{,}6645 k_U)^2 + (0{,}0885 k_V)^2 = (1 - 0{,}6645)^2$$
$$(0{,}2243 k_U)^2 + (0{,}5258 k_V)^2 = (1 - 0{,}5258)^2,$$

somit

$$k_U = \pm 0{,}492 \quad k_V = \pm 0{,}877.$$

Bei den zu Gelb und Cyan kompensativen Farben Blau und Rot erreicht dann das FBAS-Signal den negativen Spitzenwert –0,25, unterschreitet also damit den Schwarzwert (der Synchronboden liegt bei –0,429, s. Abb. 6.7). Bei voller Aussteuerung wären die entsprechenden Werte $F_{\max} = 1{,}333$ und $F_{\min} = -0{,}333$. Für alle Farbtöne sind die Signalwerte E_Y, a und $F_{\max} = a + E_Y$ in Abhängigkeit von α in dem

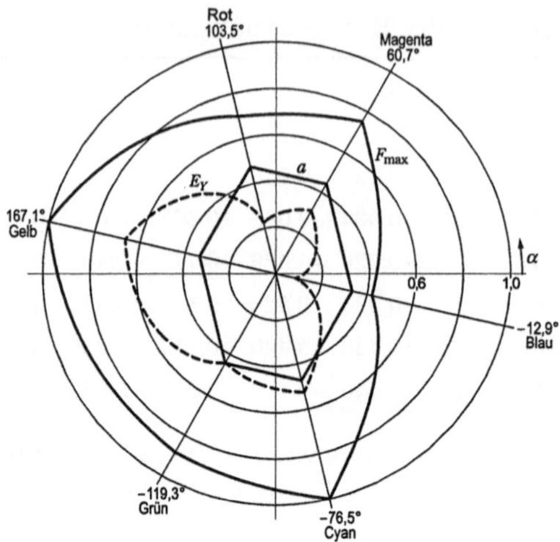

Abb. 6.8. Das Leuchtdichtesignal, die Farbträgeramplitude und der positive Spitzenwert des FBAS-Signals in Abhängigkeit von der Farbträgerphase bei voll gesättigten Farben und 75 % Aussteuerung

Polardiagramm Abb. 6.8 dargestellt, jeweils bei voller Farbsättigung – $\mathrm{Min}(R',G',B') = 0$ – und 75 % Aussteuerung – $\mathrm{Max}(R',G',B') = 0{,}75$.

Der oszillographische Test eines Coders oder einer Übertragungsstrecke mit dem Farbbalkensignal erfordert neben der FBAS-Darstellung mit einem normalen Oszilloskop entsprechend Abb. 6.7 vor allem eine Darstellung von Betrag und Phase des Farbträgers. Dies ist mit einem XY-Oszilloskop möglich in Verbindung mit einem präzisen

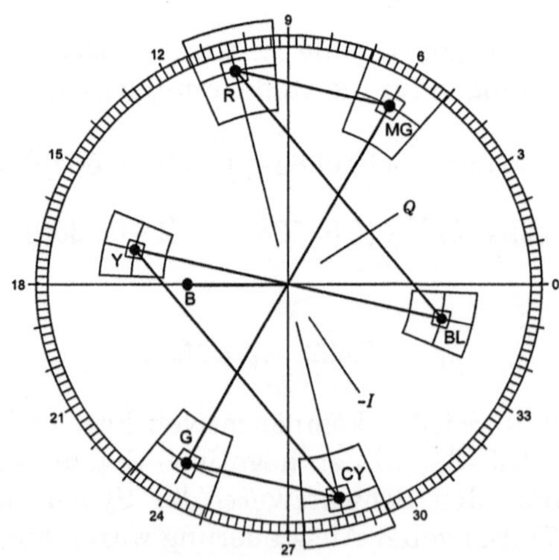

Abb. 6.9. Die Skalenscheibe eines Vectorscopes mit Anzeige eines exakten Farbbalkensignals einschließlich Burst

Messdecoder nach Abb. 6.6. Sein U-Ausgang steuert die Horizontalablenkung (X-Eingang des Oszilloskops), sein V-Ausgang die Vertikalablenkung (Y-Eingang). Ein Farbträger konstanter Amplitude und Phase erzeugt dann einen einzelnen Leuchtpunkt auf dem Display, den Endpunkt des Farbträgerzeigers. Dieses Messgerät zur Anzeige von Farbträgerzeigern unter dem Namen „Vectorscope“[1] ist für die Überwachung und Beurteilung von quadraturmodulierten Farbträgern unentbehrlich geworden. Auf der Skalenscheibe (Abb. 6.9) sind für das Balkentestsignal die Sollwertbereiche von Amplitude und Phase des Farbträgers eingraviert. Liegen die Zeigerendpunkte außerhalb der großen Felder, dann ist das Signal nicht akzeptabel.

Ein Problem entsteht bei der trägerfrequenten Übertragung der Farbdifferenzsignale durch die Frequenzbandbegrenzung des Videosignalkanals, die das obere Seitenband des modulierten Farbträgers teilweise unterdrückt, wie schon in Abb. 6.2 skizziert. So werden beim NTSC-Signal mit einer Farbträgerfrequenz von $f_0 = 3{,}58$ MHz und einer Kanalbegrenzung bei 4,2 MHz spektrale Komponenten oberhalb von 600 kHz im oberen Seitenband nicht übertragen. Es handelt sich um eine *Restseitenbandübertragung.* Dabei entstehen Quadraturkomponenten infolge der unsymmetrischen Bandpassfilterung. Für den quadraturmodulierten Farbträger bedeutet das ein Übersprechen zwischen U und V oberhalb von 600 kHz. Eine detaillierte Untersuchung der Restseitenbandprobleme wird im Zusammenhang mit der Fernsehsignalverteilung in Abschn. 8.1.1 folgen.

Ein unsymmetrisches Bandpasssystem kann man sich vorstellen als eine additive Zusammensetzung von zwei parallelen Bandpässen, der erste mit einer bezüglich der Trägerlage symmetrischen Übertragungsfunktion, der zweite mit einer bezüglich der Trägerlage antisymmetrischen Übertragungsfunktion. Hierzu zeigt Abb. 6.10 einen Bandpass mit fiktiver rechteckiger Übertragungsfunktion als Beispiel. Sein Durchlassbereich beginnt 1,3 MHz unterhalb der Trägerfrequenz und endet 0,5 MHz oberhalb. Als Eingangssignal wird ein Farbartsignal mit $V = 0$ angenommen. Hat das U-Signal Spektralanteile im Bereich 0,5...1,3 MHz, so entsteht aus ihnen über den antisymmetrischen Übertragungsfunktionsanteil (in Abb. 6.10 unten) ein Störsignal mit der Amplitude U_q in der Phasenlage 90°, das also vom V-Synchrondemodulator als V-Signal interpretiert wird. Der symmetrische Übertragungsfunktionsanteil (in Abb. 6.10 oben) lässt die Phase des Eingangssignals unverändert. Entsprechendes gilt für ein Farbartsignal mit $U = 0$. Aus dem V-Signal im Bereich 0,5...1,3 MHz entsteht ein Störsignal der Amplitude V_q mit der Phasenlage 180°, das vom

[1] ™ Tektronix Inc.

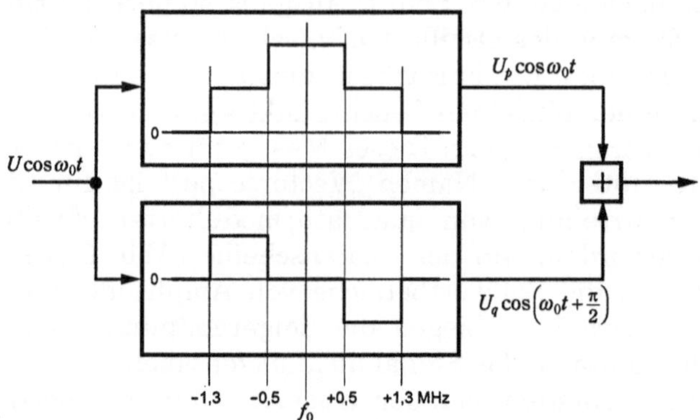

Abb. 6.10. Übersprechen von U nach V bei einem Bandpassdurchlass von $f_0 - 1{,}3$ MHz bis $f_0 + 0{,}5$ MHz

U-Synchrondemodulator als $-U$-Signal interpretiert wird. So sind im Empfänger die Farbdifferenzsignale verfälscht:

$$U_W = U_p - V_q \qquad V_W = V_p + U_q \,.$$

Wird als Eingangssignal ein Farbartsignal mit $V = 0$ angenommen, bei dem zum Zeitpunkt $t = 0$ das Farbdifferenzsignal U den Einheitssprung ausführt, also mit dem rein reellen Eingangszeiger

$$z_1(t) = \begin{cases} 0 & \text{für } t < 0 \\ 1 & \text{für } t \geq 0 \end{cases},$$

(z. B. an einer senkrechten Bildkante), so entstehe am Bandpassausgang ein Farbträgersignal mit dem komplexen Zeiger $z_2(t) = p(t) + \mathrm{j}\,q(t)$. Dabei wird der Realteil $p(t)$ durch den symmetrischen Übertragungsfunktionsanteil, der Imaginärteil $q(t)$, die Quadraturkomponente, durch den antisymmetrischen Übertragungsfunktionsanteil verursacht. $q(t)$ ist eine „transiente" Komponente; sie verschwindet wieder, wenn der Übergangsvorgang abgeklungen ist. Bei einem allgemeinen Sprung von z_A nach z_B zur Zeit $t = 0$ wird[1]

$$z_1(t) = \begin{cases} z_A & \text{für } t < 0 \\ z_B & \text{für } t \geq 0 \end{cases} \quad \rightarrow \quad z_2(t) = z_A + (z_B - z_A)\big(p(t) + \mathrm{j}q(t)\big). \tag{6.7}$$

[1] Der abrupte Sprung kommt wegen der vorangehenden Tiefpassfilter so nicht an den Eingang der Codermodulatoren (Abb. 6.4). Trotzdem kann man Berechnungen mit dem Zeigersprung durchführen, wenn man die Tiefpassfilterung ersatzweise in die Bandpassübertragungsfunktion symmetrisch zu f_0 einbezieht.

Hier ist vorausgesetzt, dass der Bandpass bei der Trägerfrequenz keine Phasendrehung und keine Dämpfung bewirkt, d. h. die tatsächliche Übertragungsfunktion muss zuvor durch den Übertragungsfunktionswert $H(f_0) = |H_0| e^{j\varphi_0}$ dividiert werden. Das entspricht auch dem praktischen Betrieb: eine eventuelle Dämpfung wird durch eine Verstärkungseinstellung korrigiert, und eine Phasendrehung φ_0 betrifft den Burst in gleichem Maße wie das übrige Signal, so dass sie sich auf die Phase in Bezug auf den Referenzträger nicht auswirkt.

In Abb. 6.11 ist oben der Betrag einer typischen, realen Bandpassübertragungsfunktion eines Coders angegeben. Der abgerundete Verlauf ist beabsichtigt, um Überschwingen in Grenzen zu halten. (Der Filterentwurf ist immer ein Kompromiss: Minimales Überschwingen erfordert einen allmählichen Übergang vom Durchlass- in den Sperrbereich, etwa nach einer Gauß-Funktion, optimale Filterwirkung einen möglichst abrupten Übergang.) Für die am Coderausgang notwendige Bandbegrenzung, beim NTSC-Signal auf 4,2 MHz, wurde ein $\cos^2$-förmiger Übergang („Roll-Off") von 1 bei 3,6 MHz bis zu 0 bei 4,5 MHz angenommen (0,25 bei 4,2 MHz). Dadurch entsteht aus dem gestrichelt eingezeichneten symmetrischen Bandpassverlauf mit –3 dB bei $f_0 \pm 1{,}3$ MHz der durch die durchgezogene Linie angegebene unsymmetrische Verlauf. Die hierdurch hervorgerufene In-Phase- und Quadraturkomponente bei einem Amplitudensprung des Farbträgers, die

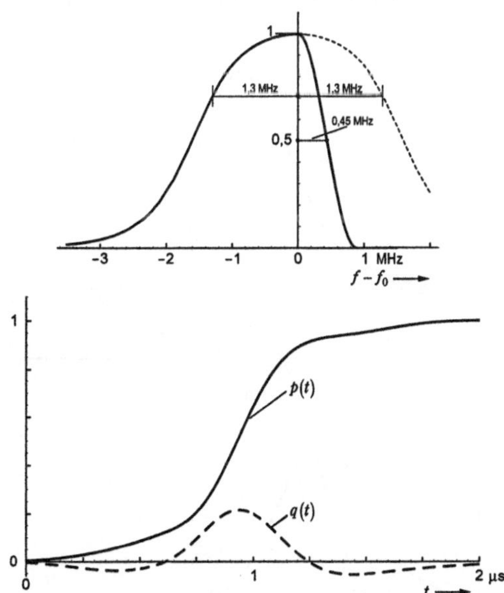

Abb. 6.11. Begrenzung des oberen Seitenbandes des Farbträgers und zeitlicher Verlauf des Farbträgerzeigers bei einem Amplitudensprung

Funktionen $p(t)$ und $q(t)$, wurden berechnet und sind in Abb. 6.11 unten dargestellt. Außer der Übersprechstörung durch die transiente Quadraturkomponente erkennt man hier einen weiteren Mangel dieser Restseitenbandfilterung: Die In-Phase-Komponente hat eine schlechte Anstiegsflanke, sie ist nur im mittleren Teil einigermaßen steil. Insgesamt ist der Übergang deutlich langsamer , als es einer Bandbreite von 1,3 MHz entsprechen würde. Hierfür ist der schmalbandige Teil in der Mitte des symmetrischen Übertragungsfunktionsanteils (s. Abb. 6.10 oben) verantwortlich. Deshalb sollte eine Restseitenbandfilterung mit der „Nyquist-Flanke" durchgeführt werden, d. i. eine Flanke mit dem 50%-Punkt bei der Trägerfrequenz und einem zu diesem Punkt zentralsymmetrischen Verlauf, beispielsweise wie in Abb. 6.12 angenommen (s. Abschn. 8.1.1). Dadurch wird der beste Übergangsvorgang der In-Phase-Komponente erzielt (die schmalbandige Mitte des symmetrischen Übertragungsfunktionanteils entfällt), aber die Quadraturkomponente wird so groß, dass diese Maßnahme beim NTSC-System nicht eingesetzt werden kann (wohl aber beim PAL-System, s. Abschn. 6.1.2). Beim Sprung von Gelb zur kompensativen Farbe Blau ergibt sich mit den entsprechenden Werten des Anfangszeigers z_A und des Endzeigers z_B nach Gl. (6.7) aus den berechneten p, q-Werten der zeitliche Ablauf des Endpunkts des Farbträgerzeigers in der Gaußschen Zahlenebene während des Übergangs, wie er in Abb. 6.13 dargestellt ist. Nur beim symmetrischen Bandpass würde der Übergang auf der

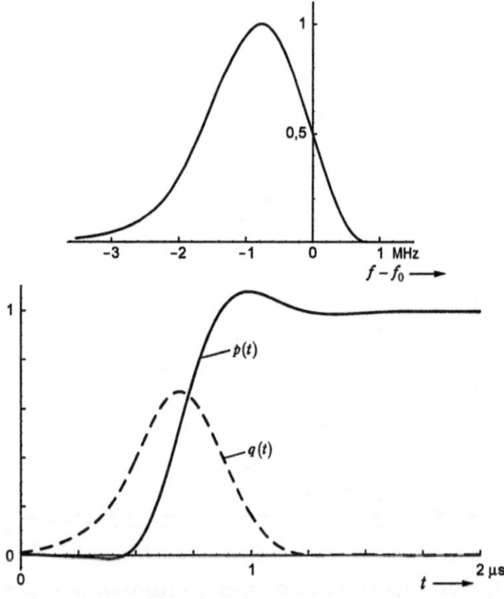

Abb. 6.12. Wie Abb. 6.11, jedoch bei Restseitenbandfilterung mit Nyquist-Flanke

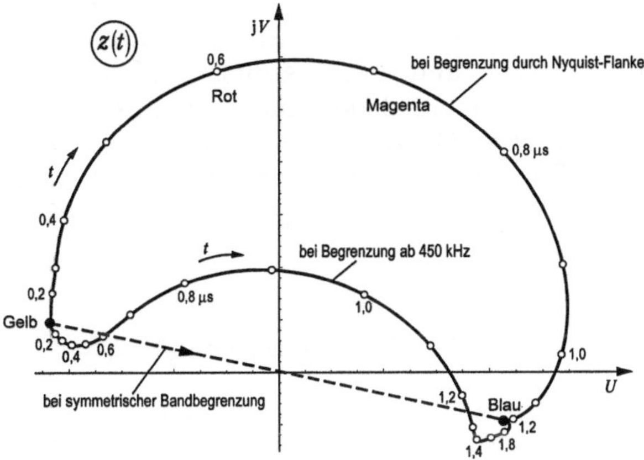

Abb. 6.13. Ortskurve des Farbträgerzeigers beim Sprung von Gelb nach Blau, Bandbegrenzung oberhalb der Trägerfrequenz nach Abb. 6.11 und Abb. 6.12

geraden Verbindungslinie zwischen Anfangs- und Endpunkt ablaufen. Durch Begrenzung des oberen Seitenbands weicht die Ortskurve nach links aus. Bei der Begrenzung durch die Nyquistflanke würde an der Kante rechts von der gelben Fläche ein fast 1 cm breiter Rot-Magenta-Streifen am Übergang zur blauen Fläche erscheinen (1 cm entspricht 1 µs bei einem 52 cm breiten Bildschirm).

Störungen durch Quadraturkomponenten kann man verhindern, wenn nur eines der beiden Farbdifferenzsignale im Restseitenbandbetrieb übertragen wird, das andere im Zweiseitenbandbetrieb. Letzteres muss dazu durch eine Bandbegrenzung am Codereingang so schmalbandig gemacht werden, dass es den Farbträger nur mit Frequenzen unterhalb 600 kHz moduliert. Die vom breitbandigen Farbdifferenzsig nal erzeugte Quadraturkomponente erscheint beim Empfänger am Ausgang des Synchrondemodulators für das schmalbandige Signal und kann dort durch einen entsprechend schmalbandigen Tiefpass unterdrückt werden. Enthält beispielsweise das Signal U in Abb. 6.10 keine Spektralanteile oberhalb von 0,5 MHz, so ist $U_q = 0$, und am V-Demodulatorausgang erscheint kein Übersprechsignal. Ist das Signal V dann breitbandiger – mit Spektralanteilen im Bereich 0,5...1,3 MHz – , so entsteht am U-Demodulatorausgang das Übersprechsignal V_q in diesem Frequenzbereich, das dort also durch einen Tiefpass unterdrückt werden darf, weil das Nutzsignal U als schmalbandig anzunehmen ist.

Nun erfordert U aber an sich dieselbe Bandbreite wie V. In Abschn. 5.2.4 wurde hingegen schon erwähnt, dass nach Messungen die örtliche

Auflösungsfähigkeit des Auges für Isoluminanzkontraste bei bestimmten Farbtonkontrasten geringer ist als bei anderen. Bei der Entwicklung des NTSC-Systems wurde ermittelt, dass offenbar für ein grünliches Gelb ($\alpha = -147°$) und ein bläuliches Magenta ($\alpha = 33°$) die geringste Erkennbarkeit von Isoluminanz-Detailkontrast besteht, die größte für ein rötliches Orange ($\alpha = 123°$) und ein bläuliches Cyan ($\alpha = -57°$) [6.15]. Für das NTSC-System wurden daher für die Quadraturmodulation des Farbträgers anstelle von U und V zwei andere Farbdifferenzsignale genormt:

$$\begin{aligned} Q &= U\cos 33° + V\sin 33° \\ I &= -U\sin 33° + V\cos 33°. \end{aligned} \tag{6.8}$$

Das Q-Signal wird auf maximal 600 kHz bandbegrenzt und moduliert den Farbträger beim Nullphasenwinkel 33°, das I-Signal erhält eine Bandbreite von mindestens 1,3 MHz und moduliert den Farbträger beim Nullphasenwinkel 123°. Dadurch entsteht das Farbartsignal

$$F = \mathrm{Re}\,(Q + \mathrm{j}I)\,\mathrm{e}^{\mathrm{j}(\omega_0 t + 33°)}. \tag{6.3a}$$

In der Gaußschen Zahlenebene des Farbträgerzeigers sind die aufeinander senkrecht stehenden Q, I- Achsen um 33° gegen die U, V-Achsen gedreht (Abb. 6.14, s. auch Abb. 6.9). Das Farbartsignal zeigt im Oszillogramm und am Vectorscope keinen Unterschied gegenüber dem mit „Äquiband"-Codierung gewonnenen Farbartsignal nach Gl. (6.3). Das Blockschaltbild des Coders ist in Abb. 6.15 dargestellt. Der Aufbau ist wegen der vorangehenden Q,I-Matrizierung und den unterschiedlichen Tiefpässen, die im I-Kanal einen Laufzeitangleich an den Q-Kanal erfordern, etwas komplizierter.

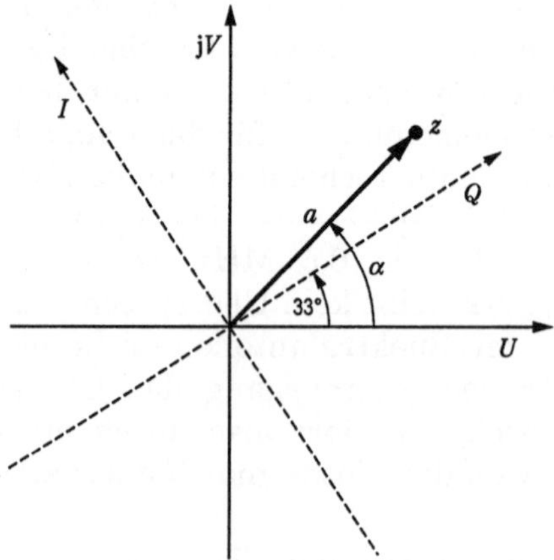

Abb. 6.14. Die Q,I-Achsen des NTSC-Systems, $Q + \mathrm{j}I = (U + \mathrm{j}V)\,\mathrm{e}^{-\mathrm{j}\,33°}$

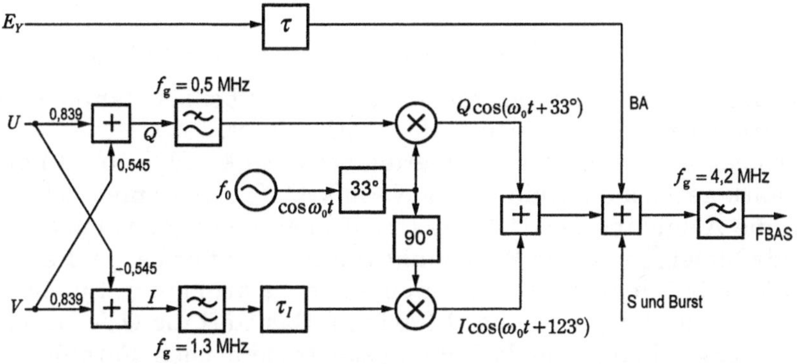

Abb. 6.15. Die Q, I-Modulation beim NTSC-Coder

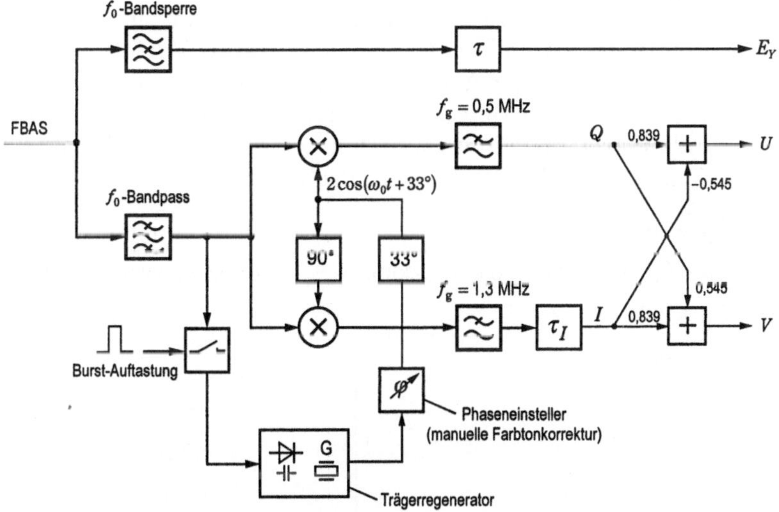

Abb. 6.16. Ein Decoder nach der NTSC-Norm

Entsprechend komplizierter ist auch der zugehörige Decoder (Abb. 6.16). Der schmalbandige Tiefpass im Q-Kanal zur Unterdrückung des Übersprechens der höherfrequenten I-Komponenten ist Voraussetzung für die Nutzung des coderseitigen Mehraufwands. Aber in der Praxis wird in normalen NTSC-Heimempfängern nur der einfache Äquiband-Decoder nach Abb. 6.6 – mit einer auf etwa 800 kHz herabgesetzten Bandbreite für U und V – eingebaut und das Übersprechen aus dem I-Kanal in Kauf genommen.

Der Zusammenhang von Phase und Amplitude des Farbträgers mit der Farbart ist infolge der Gammaverzerrung nicht so einfach zu beschreiben wie mit der eingangs genannten Faustregel

Phase → Farbton, Amplitude → Farbsättigung.

Dabei ist auch zu beachten, dass die Amplitude bei konstanter Farbart proportional zur Aussteuerung $\mathrm{Max}(R',G',B')$ ist.

Beispielsweise liegen die Farbarten bei $\alpha = \pm 90°$ (d. h. $U = 0$) auf einer stark gebogenen Linie in der Normfarbtafel, und entsprechend ist auch die Abbildung der U-Achse ($\alpha = 0° \vee 180°$) eine gekrümmte Linie. Gerade Linien durch den Weißpunkt würden sich nur bei $\gamma = 1$ ergeben. Sie wären im Weißpunkt Tangenten an den gekrümmten Linien (Abb. 6.17). Das gleiche gilt für die Q,I-Achsen. Das stört die Q,I-Konzeption der Unterscheidung von Isoluminanzkontrasten nach Farbtönen, bei denen schmalbandige und breitbandigere Chrominanzsignale zu übertragen sind. Die nach psycho-optischen Untersuchungen für eine schmalbandige Übertragung geeigneten Farbtöne lassen sich wegen der Gammaverzerrung nicht eindeutig einer bestimmten Achse zuordnen. Trotzdem wurde vom NTSC und in späteren Veröffentlichungen die Vorstellung geradliniger Achsenabbildungen herangezogen [6.10].

Die Decodermatrix des Empfängers liefert aus dem Luminanzsignal E_Y und den beiden Chrominanzsignalen $U = a\cos\alpha$ und $V = a\sin\alpha$ (s. Gln. (6.1), (6.2), (5.41)–(5.43)) die Farbwertsignale

$$\begin{aligned} R'_{\mathrm{W}} &= E_Y + 1{,}14\,a\sin\alpha \\ G'_{\mathrm{W}} &= E_Y - 0{,}581\,a\sin\alpha - 0{,}394\,a\cos\alpha = E_Y - 0{,}702\,a\cos(\alpha - 55{,}8°) \\ B'_{\mathrm{W}} &= E_Y + 2{,}03\,a\cos\alpha . \end{aligned} \tag{6.9}$$

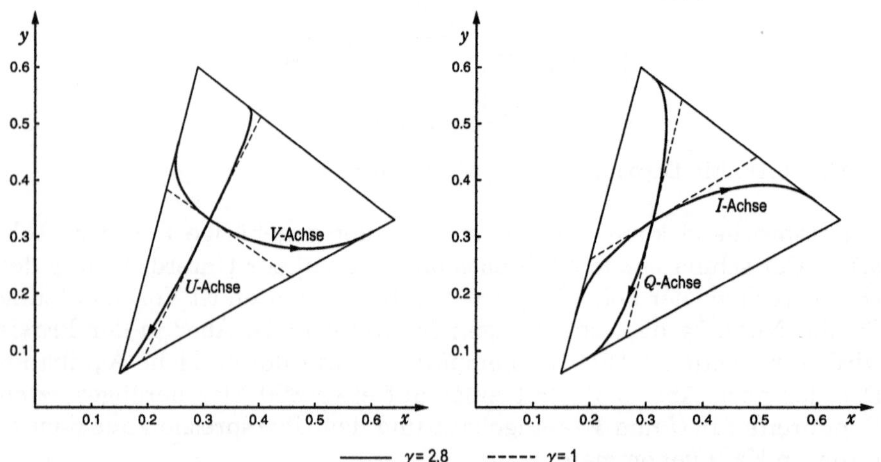

Abb. 6.17. Farbarten mit $U = 0$ („V-Achse"), $V = 0$ („U-Achse"), $Q = 0$ („I-Achse") und $I = 0$ („Q-Achse") in der Normfarbtafel

Um hieraus einen Bezug des Farbträgers zur wiedergegebenen Farbart herzustellen, d. h. zur intensitätsunabhängigen Darstellung durch Farbwertanteile, müssen wir von einer *relativen* Farbträgeramplitude ausgehen, etwa von a/E_Y oder von a/a_{max}, wobei a_{max} die Amplitude ist, die bei der betreffenden Phase und gleichem E_Y die maximale Farbsättigung ($\mathrm{Min}(R',G',B')=0$) ergeben würde. In Abb. 6.18 werden die Farbwertanteile in Abhängigkeit von

$$k =_{\mathrm{def}} a/a_{max}$$

und α dargestellt durch die Linien mit konstantem k und α in der Normfarbtafel. Das Farbdreieck wird mit zunehmender Phase entgegengesetzt zum Uhrzeigersinn umlaufen. Man erkennt allerdings, dass der Farbton auch durch eine Reduktion der Farbträgeramplitude trotz konstanter Phase im Allgemeinen geändert wird, nur nicht bei den Primärfarben und den dazu kompensativen Mischfarben und kaum bei schwach gesättigten Farben. Ebenso fällt auf, dass eine Amplitudenreduktion bei voll gesättigten Farben zunächst (bei $k=1...0{,}5$)) nur eine sehr geringe Entsättigung bringt, vor allem im Bereich $\alpha=-90°...+90°$. Verantwortlich dafür ist wieder die Gammaverzerrung. Der von ihr verursachte unerwünschte Einfluss der Chrominanzsignale auf die

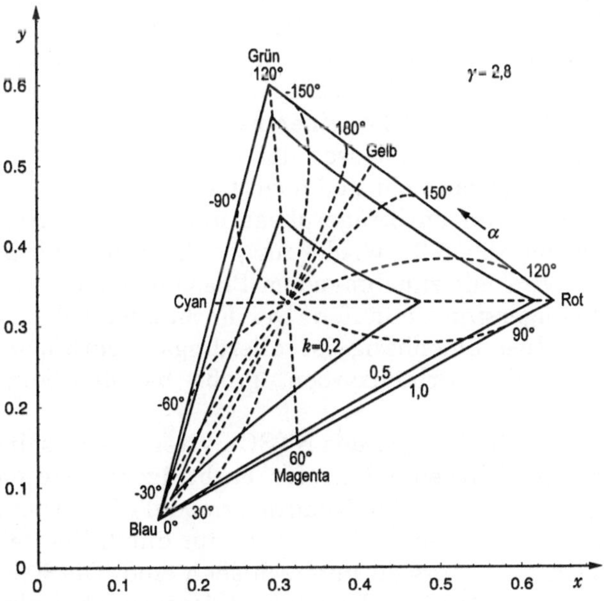

Abb. 6.18. Farbarten bei konstanter Farbträgerphase α (gestrichelt) und bei konstanter relativer Farbträgeramplitude $k = a/a_{max}$ (ausgezogene Linien)

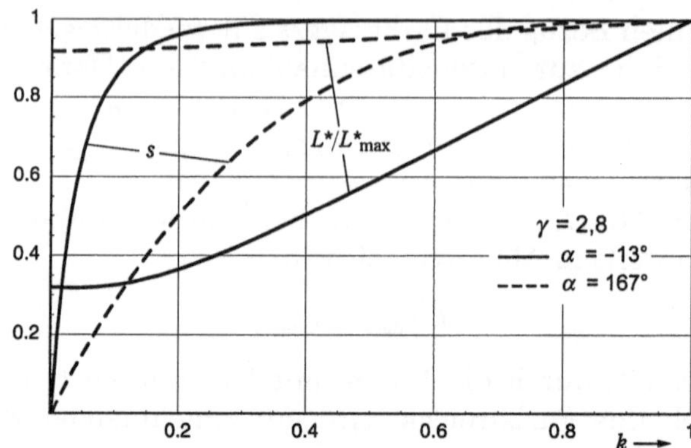

Abb. 6.19. Farbsättigung s und Helligkeitswert L^* in Abhängigkeit von der relativen Farbträgeramplitude k

wiedergegebene Leuchtdichte (s. Abschn. 5.2.4) führt hier zu dem paradoxen Effekt, dass die Reduktion der Farbträgeramplitude hauptsächlich die wiedergegebene Leuchtdichte, kaum aber die Farbsättigung reduziert. Man erkennt das an der Darstellung in Abb. 6.19. Die Sättigung wird hier mit dem Wert s aus dem *hsb*-System (Gl. (5.28)) angegeben, die Leuchtdichte ist auf den Helligkeitswert L^* des CIELUV- oder CIELAB-Systems (Gl. (5.11) bzw. (5.14)) umgerechnet. Am stärksten ausgeprägt ist der Effekt etwa bei $\alpha = -13°$ (Blau), am geringsten etwa bei $\alpha = 167°$ (Gelb). Die beiden Fälle wurden deshalb für die Darstellung ausgewählt. Im ersten Fall erkennt man, dass eine deutliche Entsättigung erst bei einer Farbträgerreduktion unter 20 % eintritt und bis dahin statt dessen der Helligkeitswert abnimmt. Das Bild wird also verschwärzlicht und nicht pastellfarben.

Eine Abbildung von Farbträgerphase und relativer Amplitude auf den Farbkreis von Abb. 5.27, wieder für $\gamma = 2{,}8$, sehen wir in Abb. 6.20. Der Farbkreis wird mit zunehmendem Phasenwinkel α im entgegengesetzten Uhrzeigersinn umlaufen. Der Farbtonwinkel h wird von α bestimmt, der Zusammenhang ist allerdings nichtlinear: kleine h-Änderungen bei den Primärfarben, große bei den kompensativen Mischfarben.

Als der wesentliche Mangel des NTSC-Systems wird seine Empfindlichkeit gegenüber Phasenfehlern des Farbträgers angesehen. Sie ist bedingt durch das Prinzip der Quadraturmodulation, wonach die beiden Chrominanzsignale im Farbartsignal nur durch Realteil oder Imaginärteil des Trägerzeigers zu unterscheiden sind. Die Erkennung geschieht durch die beiden Synchrondemodulatoren, aber eine einwandfreie Trennung von U und V gelingt hier nur, wenn keine Phasenfehler aufgetreten sind.

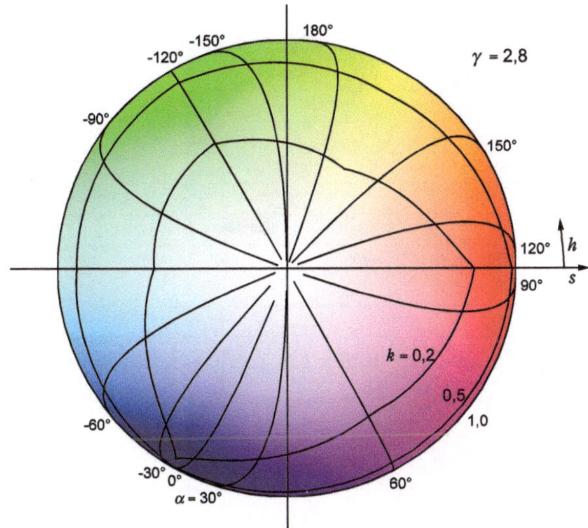

Abb. 6.20. Phase und relative Amplitude des Farbträgers im *hs*-Farbkreis

Hat der modulierte Farbträger im Empfänger aus irgendwelchen Gründen einen Phasenfehler φ gegenüber der Referenzträgerphase, in der Zeigerdarstellung also

$$z = a\,\mathrm{e}^{\mathrm{j}\alpha} \quad \rightarrow \quad z_\varphi = a\,\mathrm{e}^{\mathrm{j}(\alpha+\varphi)},$$

so entsteht am Ausgang des Synchrondemodulators, der den Realteil des Zeigers erkennt,

$$U_\varphi = a\cos(\alpha+\varphi) = U\cos\varphi \,-\, V\sin\varphi \tag{6.10a}$$

und am Ausgang des anderen Synchrondemodulators, der den Imaginärteil des Zeigers erkennt,

$$V_\varphi = a\sin(\alpha+\varphi) = V\cos\varphi \,+\, U\sin\varphi\,, \tag{6.10b}$$

also ein mit $\sin\varphi$ ansteigendes Übersprechen von V nach U und von U nach V. Der Empfänger kann nicht unterscheiden, ob die Phasenveränderung wegen eines anderen Bildinhalts gewollt ist oder ob ein Fehler vorliegt. Es wird jedenfalls ein anderer Farbton wiedergegeben entsprechend der auf $\alpha+\varphi$ veränderten Phase, bei positivem φ auf dem Farbkreis entgegengesetzt zum Uhrzeigersinn verschoben (z. B. von Orange nach Gelb, „aus Orangen werden Zitronen"), bei negativem φ im Uhrzeigersinn.

Je nach Farbsättigung und Farbton sind mehr oder weniger große Phasenfehler zulässig, bis ein Fehler visuell vermutet wird oder störend wirkt. Typische Toleranzen für Phase und Amplitude kann man

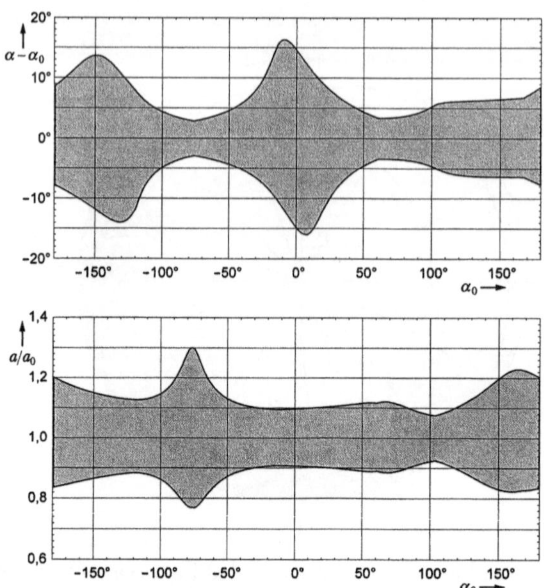

Abb. 6.21. Toleranzbereich des Farbträgers beim NTSC-System für $\Delta E_{uv} \leq 10$ ($k = 0{,}5$; maximale Aussteuerung, $\gamma = 2{,}8$)

aus Abb. 6.21 entnehmen. Hier wurden bei einer auf k = 0,5 reduzierten Farbträgeramplitude mit anschließender Erhöhung von E_Y bis zur Maximalaussteuerung die zulässige Abweichung von der Sollphase α_0 und die zulässige relative Amplitudenänderung, bezogen auf die Sollamplitude a_0, unter der Annahme berechnet, dass der mit Gl. (5.13) definierte Farbabstand ΔE_{uv} nicht größer als 10 sein darf. Die Ergebnisse sind in Abhängigkeit von α_0 dargestellt. Phasenfehler werden hiernach zunächst bemerkt im Bereich $\alpha_0 = -100°\ldots-50°$ (Cyan) und $\alpha_0 = 50°\ldots100°$ (Magenta/Rot). Hier sind nur Phasenfehler von 3° bis 5° zulässig, während bei Grün und Blau Fehler erst ab 15° bemerkt werden. Amplitudenfehler von ±10 % sind durchweg zulässig.

Phasenfehler sind Verfälschungen der Phasendifferenz zwischen Farbartsignal und regeneriertem Träger. Sie können für das gesamte Bild in gleicher Größe auftreten durch eine falsche Einstellung des Trägerregenerators im Empfänger oder durch unterschiedliche Phasenverschiebung für den Burst und für das übrige Signal auf dem Weg vom Sender zum Empfänger. In dem Fall ist eine manuelle Korrektur, allerdings nur nach dem visuellen Eindruck, durch einen Phaseneinsteller für den regenerierten Träger möglich („Tint Control" am NTSC-Empfänger, s. Abb. 6.6 oder Abb. 6.16). Dies gelingt natürlich nicht, wenn die Phasendifferenz abhängig vom Bildinhalt unterschied lich verfälscht wird, wie beispielsweise transient durch die Quadraturkomponenten der oben erläuterten Restseitenbandstörung. Ebenso können partielle Verfälschungen durch eine „differentielle Phase" (engl. *differential phase error*) entstehen. Hierbei handelt es sich um eine Nichtlinearität der Übertragungsstrecke, die die Phase eines Trägers abhängig vom Arbeitspunkt auf der Aussteuerungskennlinie verändert, hier also in Abhängigkeit von der Größe des Luminanzsignals. Dann sind blaue Bildteile nicht betroffen, weil E_Y hier so niedrig liegt, dass der Arbeitspunkt etwa der gleiche ist wie beim Burst. Dagegen bekommen gelbe und cyanfarbige Bildteile besonders starke Farbtonfehler. Weiterhin konnte man bei den ersten Quadruplex-Magnetbandmaschinen zur Aufzeichnung von Farbfernsehsignalen (s. Abschn. 9.3.1, Abb. 9.96) bei NTSC gelegentlich das so genannte „Colour Banding" beobachten, horizontale Streifen (Breite etwa $H/16$) unterschiedlicher Farbtonfehler wegen unterschiedlicher Phasenverschiebungen der vier Aufzeichnungsköpfe, die mit 240 Umdrehungen pro Sekunde rotieren. Die Gerätetechnik und die Qualität der Übertragungsstrecken sind so weit verbessert worden, dass derartige Fehler kaum noch eine Rolle spielen.

6.1.2 PAL

Das PAL-Verfahren benutzt genauso wie das NTSC-Verfahren die Quadraturmodulation, um die zwei Farbdifferenzsignale mit einem Farbträger zu übertragen. Der Unterschied besteht lediglich darin, dass in den *zeitlich* aufeinander folgenden Zeilen das V-Signal abwechselnd mit positivem und mit negativem Vorzeichen übertragen wird (PAL = **P**hase **A**lternation **L**ine). Wenn mit n die zeitlich aufeinander folgenden Zeilen unbegrenzt durchnummeriert werden, so ist bei PAL das Farbartsignal

$$F = \begin{cases} F_+ =_{\text{def}} \operatorname{Re}(U + \mathrm{j}V)\mathrm{e}^{\mathrm{j}\omega_0 t} & \text{für } n = 1,3,5,\ldots \\ F_- =_{\text{def}} \operatorname{Re}(U - \mathrm{j}V)\mathrm{e}^{\mathrm{j}\omega_0 t} & \text{für } n = 2,4,6,\ldots \end{cases} \tag{6.11}$$

Wir bezeichnen im Folgenden die Zeilen, in denen F_+ auftritt (wie bei NTSC), als „Pluszeilen", die Zeilen mit F_- als „Minuszeilen". Entsprechend kann man bei PAL den Farbträgerzeiger angeben:

$$z = \begin{cases} U + \mathrm{j}V = a\,\mathrm{e}^{\mathrm{j}\alpha} & \text{für } n = 1,3,5,\ldots \\ U - \mathrm{j}V = a\,\mathrm{e}^{-\mathrm{j}\alpha} & \text{für } n = 2,4,6,\ldots \end{cases} \tag{6.12}$$

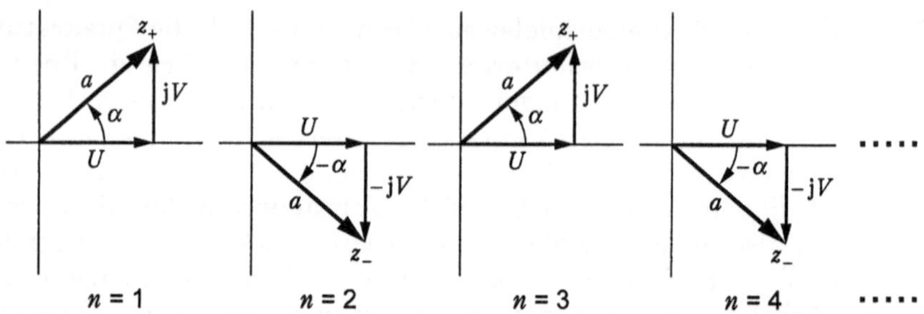

Abb. 6.22. Farbträgerzeiger in zeitlich aufeinander folgenden Zeilen des PAL-Systems

mit a und α aus Gl. (6.5). In den Minuszeilen hat der Trägerzeiger die konjugiert komplexe Form, die Farbträgeramplitude bleibt von der V-Umpolung unberührt (Abb. 6.22). Wegen des Zeilensprungs sind örtlich benachbarte Zeilen paarweise entweder Pluszeilen oder Minuszeilen, und im ersten Vollbild sind die Zeilen mit geradzahligem bzw. ungeradzahligem n (Minuszeilen bzw. Pluszeilen) die nach Abb. 4.32 geradzahlig bzw. ungeradzahlig nummerierten Zeilen, im zweiten Vollbild ist es umgekehrt. Erst dann, also nach vier Teilbildern, wiederholt sich die Zuordnung (Abb. 6.23, s. auch Abb. 6.25).

Weil das U-Signal dem Vorzeichenwechsel nicht unterworfen wird, kann man es beim Empfänger leicht vom V-Signal unterscheiden und

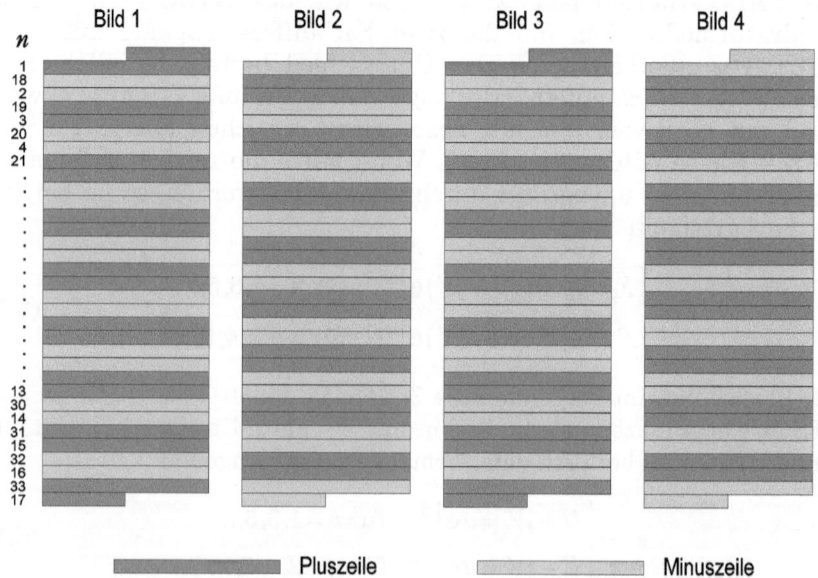

Abb. 6.23. Schema der alternierenden Zeilen, gezeigt am Beispiel eines 33-Zeilen-Systems

trennen – *auch ohne Beachtung der Phase.* Das Merkmal „Vorzeichenwechsel ja/nein“ ist viel robuster gegen Störungen als das Merkmal „Phase in Bezug auf Referenzträger 0°/90°“. Das Verfahren wurde in Deutschland von BRUCH[1] bei der Firma Telefunken in Hannover entwickelt mit dem Ziel, die Phasenempfindlichkeit des ansonsten bewährten NTSC-Systems zu vermeiden [6.2, 6.3]. Am 3. Januar 1963 wurde es als eine „NTSC-Variante“ der damaligen EBU-Ad-hoc-Gruppe Farbfernsehen vorgeführt und in den folgenden Jahren durch weltweite Demonstrationen in den meisten Ländern durchgesetzt, in denen noch kein Farbfernsehen eingeführt war.

Der PAL-Coder (Abb. 6.24) ist genauso aufgebaut wie der NTSC-Coder mit U,V-Modulation (Abb. 6.4), lediglich ergänzt durch die V-Umpolung, die in dem Blockschaltbild durch eine Umpolfunktion $g(t)$ symbolisiert wird. Sie ist ein mäanderförmiges Signal mit der Periode $2T_{\mathrm{H}}$, das zu Beginn einer Pluszeile den Wert +1 annimmt und zu Beginn der nächsten Zeile – der Minuszeile – auf den Wert –1 springt. Statt der Umpolung des V-Signals schaltet man im Coder die Trägerphase für den V-Modulator von 90° auf –90° (der Träger ist $\cos(\omega_0 t + g(t)\pi/2)$). Das bewirkt das gleiche, ist aber leichter zu realisieren. Dem Empfänger muss signalisiert werden, wann eine Pluszeile und wann eine Minuszeile gesendet wird. Diese Information wird mit dem vorangehenden Burst (jeweils 10 Farbträgerperioden auf der hinteren Schwarzschulter) übertragen, seine Phase springt dazu von Zeile zu Zeile um ±45° um den Sollwert 180° („*alternierender Burst*“). Eine

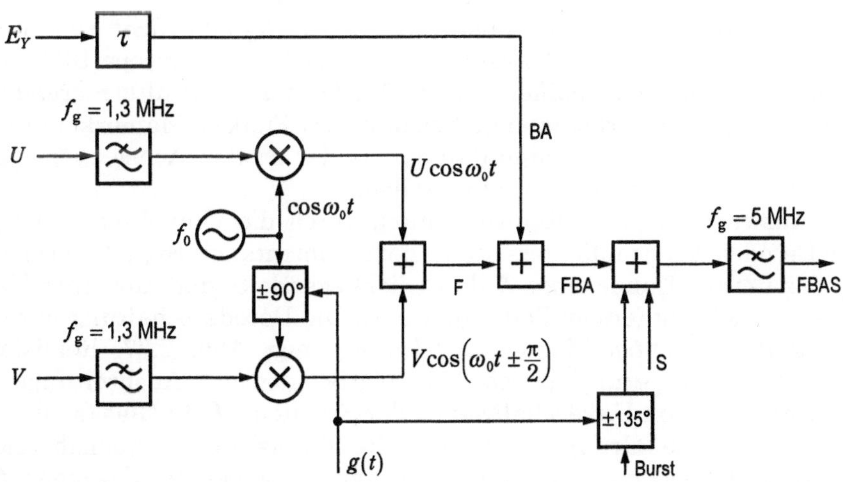

Abb. 6.24. Der PAL-Coder

[1] Walter Bruch, *2. 3. 1908 in Neustadt/Weinstraße, †5. 5. 1990 in Hannover.

Pluszeile ist durch die Burstphase 135°, eine Minuszeile durch die Burstphase –135° zu identifizieren.

Die Bandbreite des FBAS-Signals wird in dem Coder nach Abb. 6.24 für ein 625-Zeilen-System auf 5 MHz begrenzt. Die genormte PAL-Farbträgerfrequenz beim 625-Zeilensystem ist $f_0 = 4{,}43361875$ MHz. Sie ist wie beim NTSC-System mit der Zeilenablenkung phasenverkoppelt, jedoch muss bei PAL der *Viertelzeilen-Offset* verwendet werden. Beim 625-Zeilensystem muss hiergegen noch ein *25-Hz-Versatz* durchgeführt werden. Es ist

$$f_0 = 284 f_\mathrm{H} - \frac{1}{4} f_\mathrm{H} + \frac{1}{2} f_\mathrm{V} = 88672 f_\mathrm{V} + \frac{3}{8} f_\mathrm{V} \,. \qquad (6.13)$$

Der $f_\mathrm{V}/2$ -Versatz darf bei einem PAL-System mit 525 Zeilen – wie es in Brasilien eingesetzt wird – nicht erfolgen (s. Abschn. 6.1.4).

Die Zuordnung der Farbträgerphase zu den Synchronisiersignalen der Ablenkung wiederholt sich erst nach jeweils *acht* Teilbildern, weil nach Gl. (6.13) die Farbträgerfrequenz um 3/8 von einem ganzen Vielfachen der Teilbildfrequenz abweicht. So werden acht unterschiedliche Teilbilder definiert, bei deren Anfang $\mathrm{O_V}$ an der Vorderflanke des V-Sync-Impulses die Phase des Referenzträgers von Teilbild zu Teilbild (im Abstand von $T_\mathrm{V} = 1/f_\mathrm{V}$) jeweils um $3 \cdot 360°/8 = 135°$ größer wird. Diese „PAL-Achtersequenz“ in Bezug auf $\mathrm{O_V}$ ist in Abb. 6.25 links dargestellt. Das Zuordnungsschema wird benötigt für die Synchronisierung von Magnetbandaufzeichnungen.

Das Oszillogramm eines PAL-FBAS-Signals, dargestellt über die Dauer einer Zeile, ist von dem eines NTSC-Signals nicht zu unterscheiden. Sichtbar wird der Unterschied erst im Vectorscope-Bild, beispielsweise beim Farbbalkentestsignal (Abb. 6.26, mit alternierendem Burst). Zu jedem Farbbalken gibt es nun *zwei* Punkte. Man erkennt die konjugiert komplexen Endpunkte der an der reellen Achse gespiegelten Farbträgerzeiger in den Minuszeilen.

Zur Auswertung der *V*-Kennzeichnung durch die Umpolung benötigt der Decoder des Empfängers außer dem momentanen Signal gleichzeitig das um die Dauer einer Zeile zurückliegende Signal aus einer Verzögerungsleitung (einem Zeilenspeicher). Die Decoderschaltung mit einer *trägerfrequenten Verzögerungsleitung* zeigt Abb. 6.27. Realisiert wird die Verzögerung durch die relativ niedrige Ausbreitungsgeschwindigkeit von Ultraschallwellen der Frequenz f_0 in Glas (s. unten, Abb. 6.29). Die Gruppenlaufzeit sollte 64 μs im Frequenzbereich $f_0 \pm 1{,}3\,\mathrm{MHz}$ betragen, die Phasenverschiebung bei der Frequenz f_0

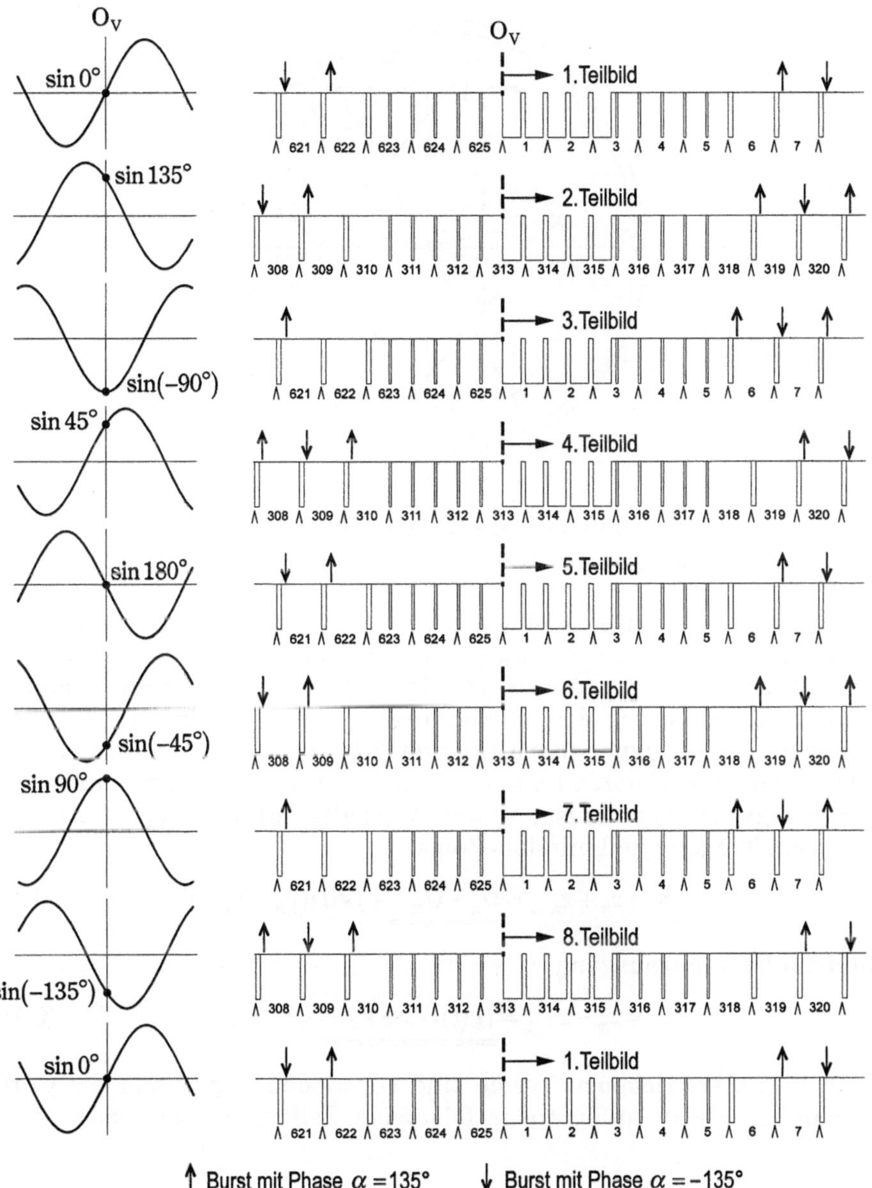

Abb. 6.25. Die PAL-Achtersequenz und die Vertikalaustastung und Zeilenzuordnung des alternierenden Bursts

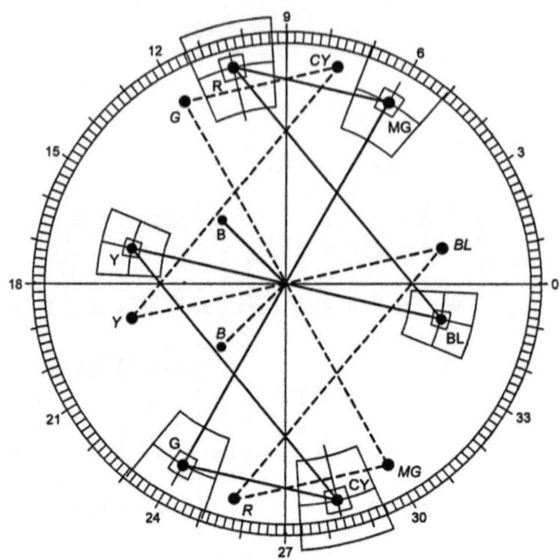

Abb. 6.26. Das Vectorscope-Bild eines PAL-Signals beim EBU-Farbbalken (vgl. Abb. 6.9)

muss exakt ein ganzes Vielfaches von –360° sein[1]. Die Dämpfung der Leitung von etwa 10 dB muss mit äußeren Schaltungsmaßnahmen ausgeglichen werden (Abb. 6.46). Damit kann man durch Summen- und Differenzbildung der momentanen mit der verzögerten Zeile die trägerfrequente Signalaufspaltung nach U und V – *also bereits vor den Synchrondemodulatoren und ohne Rücksicht auf die Trägerphase* – erreichen. Am Summenausgang der Aufspaltschaltung (Abb. 6.27) entsteht ein Trägersignal mit dem Zeiger

$$z_\mathrm{S} = z_n + z_{n-1} = \underline{\underline{U_n + U_{n-1}}} + \mathrm{j}g(t)(V_n - V_{n-1}) \tag{6.14}$$

und am Differenzausgang

$$z_\mathrm{D} = z_n - z_{n-1} = \underline{\underline{\mathrm{j}g(t)(V_n + V_{n-1})}} + U_n - U_{n-1}\,. \tag{6.15}$$

Nur die unterstrichenen Terme sind von Bedeutung. Wenn die Chrominanzsignale in aufeinander folgenden Zeilen nahezu gleich sind,

---

[1] Die Ultraschallverzögerungsleitung ist ein Bauelement mit Bandpasscharakteristik. Es funktioniert nur im Frequenzbereich des Farbartsignals. Ein Zusammenhang zwischen der Phase bei $f = f_0$ und der Gruppenlaufzeit $\tau_\mathrm{g} = -\mathrm{d}\varphi/\mathrm{d}\omega$ kann deshalb nicht angegeben werden. Insbesondere führt die Phasenbedingung $\varphi_0 = -2\pi k$ *nicht* zwangsläufig auf $\tau_\mathrm{g} = 64{,}056$ µs, wie es bei einem Verzögerungselement mit Tiefpasscharakteristik bei linearem Phasenverlauf infolge des Viertelzeilen-Offsets der Fall wäre.

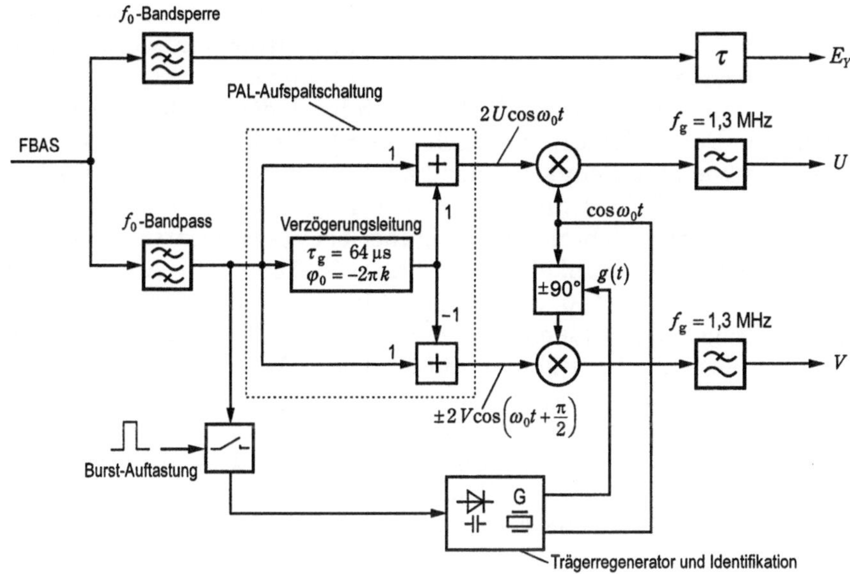

Abb. 6.27. Der PAL-Decoder mit trägerfrequenter U, V-Aufspaltung

$U_n \approx U_{n-1}$, $V_n \approx V_{n-1}$, also bei nicht zu hohen vertikalen Ortsfrequenzen, verschwinden die V-Komponenten wegen ihrer Umpolung im Summensignal und entsprechend die U-Komponenten im Differenzsignal, weil sie nicht umgepolt werden. Das Summensignal wird dem 0°-Synchrondemodulator zugeführt, das Differenzsignal dem ±90°-Synchrondemodulator. Sollten vertikal doch Chrominanzunterschiede vorhanden sein, so werden diese nun bei der Demodulation verschwinden (wenn keine Phasenfehler vorhanden sind), weil sie jeweils in Quadratur stehen. Bei einem Phasenfehler φ des Farbartsignals, also für

$$z_n \to z_n \,\mathrm{e}^{\mathrm{j}\varphi}, \quad z_{n-1} \to z_{n-1}\,\mathrm{e}^{\mathrm{j}\varphi},$$

liefert der Summensignaldemodulator

$$U_{\mathrm{res}} = \underline{\underline{\frac{U_n + U_{n-1}}{2}\cos\varphi}} - g(t)\frac{V_n - V_{n-1}}{2}\sin\varphi \tag{6.16}$$

und der Differenzsignaldemodulator

$$V_{\mathrm{res}} = \underline{\underline{\frac{V_n + V_{n-1}}{2}\cos\varphi}} + g(t)\frac{U_n - U_{n-1}}{2}\sin\varphi\,. \tag{6.17}$$

Man erkennt den entscheidenden Vorteil von PAL gegenüber dem NTSC-System: Bei einem Phasenfehler gibt es kein Übersprechen zwischen U und V, das Verhältnis $V_{\text{res}}/U_{\text{res}}$ bleibt erhalten, so dass in erster Näherung kein Farbtonfehler entsteht. Stattdessen werden beide Chrominanzsignale mit dem Faktor $\cos\varphi$ reduziert, so dass in erster Näherung ein Farbsättigungsfehler entsteht. Jedoch fällt $\cos\varphi$ erst bei sehr großen Phasenfehlern merklich unter 1. Ein Phasenfehler φ wirkt sich so aus wie eine Reduktion der Farbträgeramplitude mit dem Faktor $\cos\varphi$ beim NTSC-System. Bei schwach gesättigten Farben kommt es dadurch zu der leichten Entsättigung, bei stark gesättigten Farben zu einer leichten Verdunkelung der Farbe (s. Abb. 6.19). Aus den Toleranzkurven für $\Delta E_{uv} \leq 10$ in Abb. 6.21 (unterer Teil) kann man die zulässigen Trägeramplitudenfehler von 10% bei NTSC ablesen, woraus sich ein zulässiger Phasenfehler von ±26° bei PAL errechnet.

Die vom PAL-Empfänger decodierten Chrominanzsignale U_{res} und V_{res} nach Gl. (6.16) und (6.17) sind die Mittelwerte aus der momentanen und der zeitlich vorangegangenen Zeile. Dadurch wird die Vertikalauflösung hinsichtlich der „Bildcolorierung" reduziert. Die Verzögerungsleitungsschaltung wirkt in vertikaler Bildrichtung wie ein Tiefpass mit der Übertragungsfunktion

$$\cos\left(2\pi f_y d\right) \exp\left(-2\pi \mathrm{j} f_y d\right),$$

wobei d den Abstand der örtlich aufeinander folgenden Zeilen bezeichnet[1]. Dadurch liegt die auf die vertikale Ortsfrequenz umgerechnete 6-dB-Grenze der Chrominanzsignale bei $f_{yg} = 1/(6d) = 96$ P/H. Sie beträgt nur noch die Hälfte der vertikalen Luminanzbandbreite. Die für den Isoluminanzkontrast zulässige Reduktion irrelevant hoher Bandbreiten (s. Abschn. 5.2.4) wird bei PAL somit auch in vertikaler Richtung genutzt; dafür erhält man ein gegen Phasenfehler unempfindliches System. Diese Reduktion ist immer noch schwächer als in horizontaler Richtung, wo ja infolge der 1,3-MHz-Tiefpässe der Chrominanzkanäle nur ein Viertel der Luminanzbandbreite zur Verfügung steht. Außerdem wird durch die Mittelung das Chrominanzbild um d nach oben gegen das Luminanzbild verschoben, wie die genannte Übertragungsfunktion zeigt. Dieser Effekt ist jedoch praktisch ohne Bedeutung.

Im Decoder wird die zeilenfrequente Umpolung des V-Signals durch eine zeilenfrequente Umschaltung der Trägerphase von 90° auf –90° und zurück für den Differenzsignaldemodulator rückgängig gemacht

---

[1] Die für ein bestimmtes x im Abstand $\Delta y = 2d$ aus dem Bild entnommenen Abtastwerte liefern eine Zahlenfolge $\{U_n - \mathrm{j}(-1)^n V_n\}$, auf die die Verzögerungsleitungsschaltung als FIR-Filter vom Grad 1 wirkt, vgl. auch die Kammfilterdarstellung in Abschn. 6.1.4.

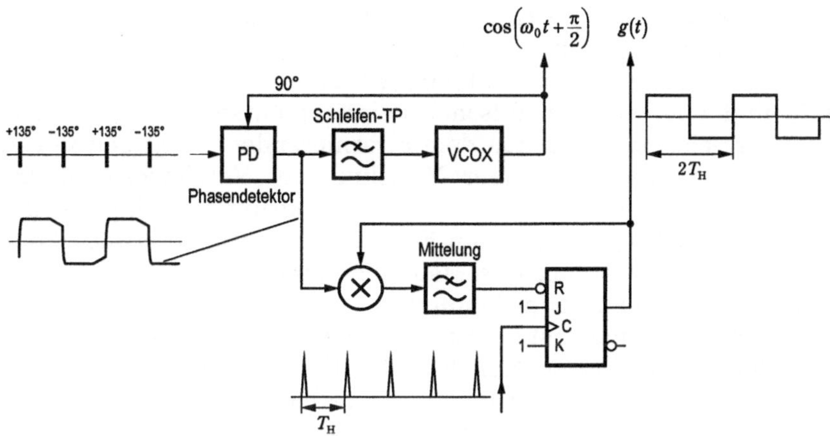

Abb. 6.28. Trägerregenierung und PAL-Identifikation aus dem alternierenden Burst

(s. Abb. 6.27 und Gl. (6.17)). Wichtig ist es, dass während der Pluszeilen die Trägerphase auf +90° und während der Minuszeilen auf –90° steht, – und nicht etwa umgekehrt. Denn dann würde der Demodulator ständig $-V$ liefern, und Farben mit $V \neq 0$ würden falsch wiedergegeben werden. (Es wären nicht die kompensativen Farben, weil U das richtige Vorzeichen behalten würde). Abbildung 6.28 zeigt eine Möglichkeit, wie der alternierende Burst das Umpolsignal synchronisieren kann. Die PLL-Schaltung des Trägerregenerators erhält die Burstsignale als Führungsgröße. Die Phasenvergleichsschaltung (der Phasendetektor) sollte sein während der Burstdauer aufgebautes Messergebnis bis zum nächsten Burst halten (ein Multiplizierer wie bei einem Synchrondemodulator würde das nicht tun). Es entsteht dann infolge der alternierenden Komponente im Burst ein Mäandersignal, aus dem das Umpolsignal in richtiger Polarität abgeleitet werden kann.

Das Mäandersignal ist positiv nach einem +135°-Burst, negativ nach einem –135°-Burst. Über den Schleifentiefpass erhält der spannungsgesteuerte Quarzoszillator (VCOX) praktisch nur den Gleichanteil in dem Mäandersignal. Der Oszillator macht deshalb die Phasensprünge des Burstsignals nicht mit, sondern stellt sich in erwünschter Weise auf den Mittelwert zwischen +135° und –135°, also auf $\alpha = 180°$ ein (bzw. durch den Phasendetektor bedingt auf $\alpha = 90°$). Das Mäandersignal wird nicht direkt zur Umpolung eingesetzt. Das Umpolsignal muss störsicher selbst in sehr ungünstigen Empfangslagen weiterlaufen. Das war vor allem während der Einführung des PAL-Systems bei den vergleichenden Feldversuchen eine wichtige Voraussetzung. Sicher ist jedenfalls die Erzeugung aus den empfängereigenen Rücklaufimpulsen der Horizontalablenkung (s. Abschn. 9.2.6). Wenn diese Impulse ein geeignetes Flip-Flop takten (Abb. 6.28), so liefert es ein störungsfreies Umpolsignal. Ohne weitere Maßnahmen könnte es aber natürlich, vom Zufall abhängig, auch in falscher Polarität entstehen. Durch einen Phasenvergleich mit dem aus dem alternierenden Burst gewonnenen Mäandersignal und nach einer Mittelung des Vergleichsergebnisses mit sehr großer Zeitkonstante – zur Störungsunterdrückung – kann über den Reset-Eingang des Flip-Flops eine eventuelle falsche Polarität richtiggestellt werden. Das Mäandersignal wird also nur zur gelegentlichen Synchronisierung benutzt.

Das Schlüsselbauelement eines PAL-Empfängers, die 64-μs-Verzögerungsleitung, war ursprünglich prohibitiv teuer, was die Bemühungen zur Einführung des Systems sehr erschwerte. Die relativ lange Verzögerungszeit (entsprechend etwa 284 Perioden des Farbträgers) wird bei analoger Signalverarbeitung nach einer Umwandlung des elektrischen Signals in eine 4,4-MHz-Schallwelle realisiert. Diese breitet sich in Glas mit einer Geschwindigkeit von 2,5 km/s aus (Wellenlänge daher nur $\lambda = 0{,}56$ mm), so dass 16 cm Weglänge für 64 μs ausreichen. Danach setzt ein gleichartiger Wandler den Schall wieder in das Farbträgersignal um. Abbildung 6.29 zeigt oben den 16 cm langen Glasstab mit den Wandlern an den Enden, mit dem die ersten Verzögerungsleitungen aufgebaut waren. Das Element geht zurück auf ein Telefunken-Patent aus dem Jahre 1940, gedacht zur Selektion von bewegten Zielen auf Radarbildern [6.20]. Die Wandler bestehen aus der piezoelektrischen Keramik PLZT (polykristallines Blei-Zirkonat-Titanat). Ihre Dicke ist gleich $\lambda/2$, wodurch sie auf 4,4 MHz abgestimmt sind. Das Bauelement erhält hierdurch sein Bandpassverhalten. Sie sind mit 7 mm relativ lang, so dass sie den Schall stark gebündelt abstrahlen oder empfangen. Das PLZT ist so polarisiert, dass der Wandler durch das vom Signal erzeugte elektrische Feld Scherschwingungen ausführt. Sie führen zu den transversalen Schallwellen. Die gezeigte Stabkonstruktion erlaubte nach der Herstellung keinen Laufzeitabgleich mehr. Die trägerfrequente Addition und Subtraktion verlangt aber eine Phasengenauigkeit von etwa $\pm 5°$ entsprechend einer Laufzeittoleranz von ± 3 ns. Eine abgleichbare elektrische Zusatzleitung wurde erforderlich, der Fertigungsausschuss trotzdem sehr groß.

Der Durchbruch zu einem bezahlbaren Massenprodukt kam durch die Einführung von reflektierenden Flächen auf dem Weg des Schallstrahls und die Herstellung eines großen Glasblocks, aus dem dann viele dünne Scheiben (wie Brotscheiben) ausgeschnitten werden. Die Rauigkeit der Sägeflächen muss durch Ätzen mit Fluss-Säure (HF) beseitigt werden. Letztlich wurden sieben Reflexionen eingesetzt. So ent-

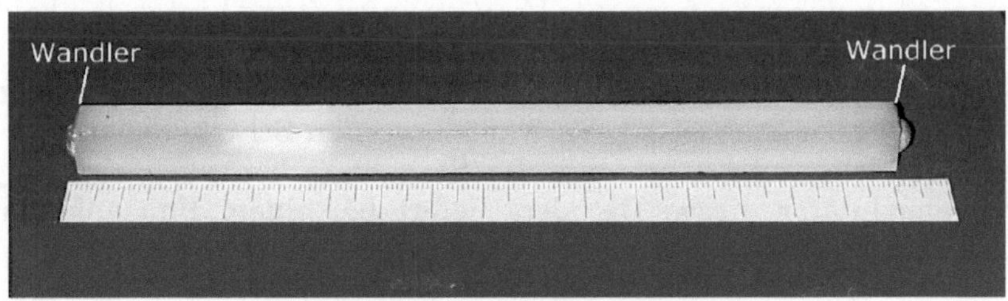

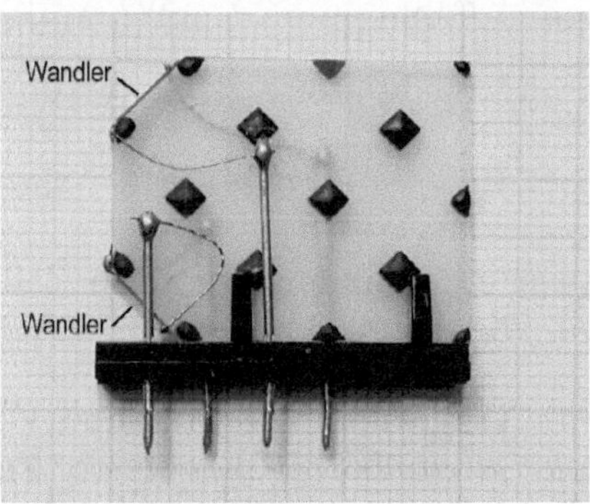

Abb. 6.29. Ultrachall-Verzögerungsleitung als Glasstab (oben) und als dünne Glasplatte mit mehrfachen Reflexionen

stand das in Abb. 6.29 unten gezeigte Verzögerungselement. Die schwarzen Dämpfungs-Pads sollen ein Übersprechen zwischen den Schallwegen verhindern. Der Glasblock hat an zwei seitlichen Flächen durchgehend die Sende- und Empfangswandler. Sie werden schon vor dem Sägen für einen Phasenfeinabgleich in Betrieb genommen. Dieser erfolgt durch Schleifen des Glasblocks an einer der Reflexionsflächen. Diese Abgleichmöglichkeit ist der entscheidende Vorteil des geknickten Schallwegs. Daneben ist natürlich auch der geringere Glasbedarf vorteilhaft.

Die extreme Phasenkonstanz, die die trägerfrequente PAL-Aufspaltschaltung fordert, erschien zunächst utopisch. Die unvermeidbare Ausdehnung des Glases bei Temperaturerhöhung musste ja die Laufzeit vergrößern. Die Lösung des Problems kam durch die Verwendung einer speziellen Glassorte, bei der sich die Ausbreitungsgeschwindigkeit des Schalls mit einer Temperaturerhöhung im gleichen Maße vergrößert wie die Längenausdehnung, so dass die Laufzeit temperaturunabhängig ist.

Auf die trägerfrequente *U,V*-Aufspaltung kann verzichtet und trotzdem eine Unterdrückung der Übersprechkomponenten bei Phasenfehlern erreicht werden, wenn die demodulierten Signale der momentanen Zeile zu denen aus der vorangegangenen Zeile addiert werden.

Dazu wird *je eine videofrequente Verzögerungsleitung* hinter den beiden Synchrondemodulatoren benötigt. Diese Verzögerungselemente müssen Signale im Frequenzbereich $f = 0...1{,}3$ MHz mit einer Laufzeit $\tau = T_\mathrm{H}$ verzögern (Abb. 6.30). Verwendet werden Schieberegister in integrierten Schaltungen bei digitaler Signalverarbeitung. Der 0°-Synchrondemodulator dieses Decoders liefert bei einem Phasenfehler φ (vgl. Gl. (6.10a))

$$U_{\mathrm{res1}\varphi} = \frac{U_n}{2}\cos\varphi - g(t)\frac{V_n}{2}\sin\varphi \tag{6.18}$$

und der ±90°-Synchrondemodulator (vgl. Gl. (6.10b))

$$V_{\mathrm{res1}\varphi} = \frac{V_n}{2}\cos\varphi + g(t)\frac{U_n}{2}\sin\varphi\,. \tag{6.19}$$

Die Addition von zwei aufeinander folgenden Zeilen ergibt hiernach das gleiche Resultat wie beim Decoder mit PAL-Aufspaltschaltung, Gln. (6.16), (6.17).

Die zeilenfrequente Trägerumpolung für den *V*-Demodulator wirkt genauso, als hätte man einem NTSC-Decoder die Farbträgerzeiger der Minuszeilen konjugiert komplex zugeführt, also die an der reellen Achse gespiegelten Zeiger wieder zurückgespiegelt. Auf dieser Vorstellung beruhte die ursprüngliche PAL-Idee von Walter Bruch: Ein Phasenfehler verdreht den gespiegelten Zeiger in die gleiche Richtung wie den nicht gespiegelten. Nach der Rückspiegelung sind die beiden Zeiger in

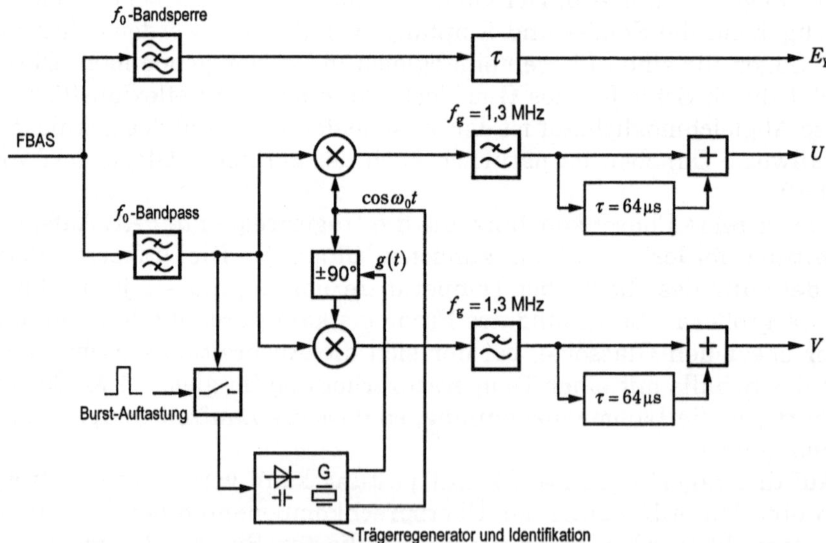

Abb. 6.30. PAL-Decoder mit zwei videofrequenten Verzögerungsleitungen zur Fehlerkompensation

entgegengesetzter Richtung verdreht, und durch die Addition (nach der Demodulation) müssen sich die Fehler aufheben.

Nach dieser Vorstellung wird auch am einfachsten verständlich, weshalb bei PAL die transienten Quadraturkomponenten bei Chrominanzsignalsprüngen infolge der Begrenzung des oberen Seitenbandes im Farbartsignal nicht stören: In der Pluszeile weicht die Ortskurve des Trägerzeigers während des Übergangsvorgangs nach links aus (Abb. 6.13), in der Minuszeile ebenso; aber nach der fiktiven Rückspiegelung nach rechts. Durch die Addition nach der Demodulation heben sich somit diese Quadraturstörungen vollständig auf, und der Übergangsvorgang verläuft so wie bei gerader Verbindungslinie zwischen den zwei Zeigerendpunkten – als wäre die Bandbegrenzung symmetrisch zur Farbträgerfrequenz.

Das gleiche Ergebnis entsteht in der Decoderschaltung mit der trägerfrequenten Aufspaltung (Abb. 6.27). Bei einem Sprung von U_A, V_A nach U_B, V_B in zwei zeitlich aufeinander folgenden Zeilen erhält man nach Gl. (6.7) am Summenausgang der Aufspaltschaltung

$$\begin{aligned} z_S &= z_A + (z_B - z_A)\big(p(t) + \mathrm{j}q(t)\big) + z_A^* + (z_B^* - z_A^*)\big(p(t) + \mathrm{j}q(t)\big) \\ &= 2\big[U_A + (U_B - U_A)\,p(t) + \mathrm{j}(U_B - U_A)\,q(t)\big] \end{aligned} \tag{6.20}$$

und am Differenzausgang

$$\begin{aligned} z_D &= g(t)\big[z_A + (z_B - z_A)\big(p(t) + \mathrm{j}q(t)\big) - z_A^* - (z_B^* - z_A^*)\big(p(t) + \mathrm{j}q(t)\big)\big] \\ &= 2\,g(t)\big[\mathrm{j}\big(V_A + (V_B - V_A)\,p(t)\big) - (V_B - V_A)\,q(t)\big]. \end{aligned} \tag{6.21}$$

Die Quadraturstörungen – die mit $q(t)$ multiplizierten Terme – verschwinden bei der nachfolgenden Synchrondemodulation, falls keine sonstigen Phasenfehler vorhanden sind. Es ist also bei PAL im Gegensatz zu NTSC nicht notwendig, eines der beiden Chrominanzsignale so schmalbandig zu machen, dass nach der Modulation sein oberes Seitenband vollständig übertragen werden kann. Der „Äquiband-Betrieb" ist problemlos möglich. Da auf die Quadraturstörungen keine Rücksicht genommen werden muss, ist es sogar zulässig, die Restseitenbandfilterung mit Nyquist-Flanke durchzuführen, wodurch ein optimaler Übergangsvorgang erzielt wird (s. Abb. 6.12). Dies ist ein weiterer wichtiger Vorteil des PAL-Verfahrens gegenüber dem NTSC-System.

Bei der Pluszeilenfolge wird der *hsb*-Farbkreis (Abb. 5.27) mit zunehmender Farbträgerphase entgegengesetzt zum Uhrzeigersinn umlaufen (der Farbtonwinkel *h* nimmt zu, Abb. 6.20), bei der Minuszeilenfolge in Richtung des Uhrzeigers (der Farbtonwinkel *h* nimmt ab). Ein Phasenfehler würde deshalb den Farbton in den beiden Fällen entgegengesetzt verfälschen, wenn die Ausgangssignale der beiden Synchrondemodulatoren in Abb. 6.30 *ohne elektronische Mittelung* wiedergegeben würden. Die dabei auf dem Bildschirm zeitlich aufeinander folgenden Zeilenpaare mit entgegengesetzter Farbtonverfälschung könnten dann zwar durch additive Farbmischung eventuell korrigiert gesehen werden („Mittelung im Auge"). Das setzt jedoch voraus, dass nur reine Isoluminanzunterschiede zu kompensieren sind. Die Chrominanzsignalabweichungen erzeugen jedoch wegen der Gammaverzerrung auch Luminanzabweichungen (s. Abschn. 5.2.4), und für diese ist die örtliche Auflösungsfähigkeit des Auges für eine Mittelung zu hoch. Die Pluszeilen und Minuszeilen würden bei einem Phasenfehler getrennt sichtbar, und man würde eine Hell-Dunkelstruktur etwa wie in dem Beispiel von Abb. 6.23 sehen. Da sich die Struktur von Bild zu Bild um zwei Zeilenhöhen (2*d*) verschiebt – wie in Abb. 6.23 dargestellt, wird sie durch eine scheinbare Vertikalbewegung noch auffälliger. Dieser Jalousie-Effekt ist von den ersten Versuchen her während der Einführungsphase von PAL bekannt (die EBU-Ad-hoc-Gruppe nannte ihn „Hannover blinds").

Ein Beispiel für einen Phasenfehler $\varphi = °30°$ bei einem Display-Gamma von 2,8 ist in Abb. 6.31 gezeigt. Wie für Abb. 6.21 wurden hier Farbwertsignale herangezogen, die sich bei einer auf $k = 0{,}5$ reduzierten Farbträgeramplitude ergeben, wenn anschließend E_Y bis zur Maximalaussteuerung erhöht wird. Man erkennt die je nach Farbton mehr oder weniger unvollkommene Kompensation der Farbtonfehler durch die additive Farbmischung und die in den Plus- und Minuszeilen unterschiedlichen Helligkeitswerte. Es wurde bei den Versuchen klar, dass ein solcher „Simple-PAL-Decoder" – wenngleich ohne Verzöge-

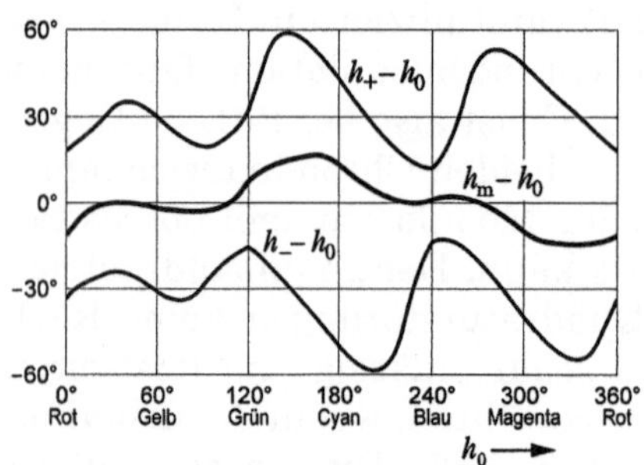

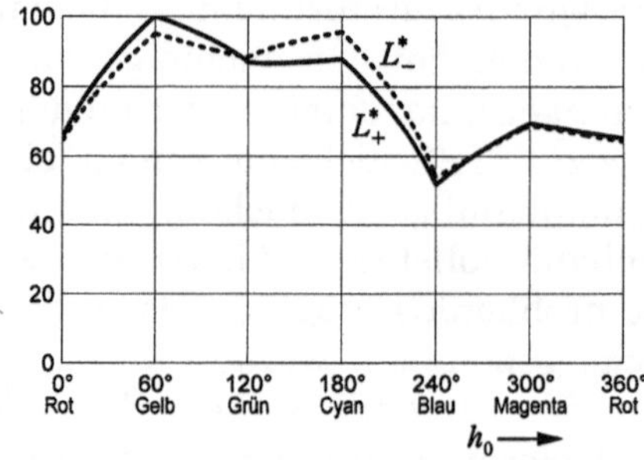

Abb. 6.31. Entgegengesetzte Farbtonwinkelverschiebung $h_+ - h_0$ und $h_- - h_0$ in den ohne Mittelung wiedergegebenen Plus- und Minuszeilen bei einem Phasenfehler $\varphi = 30°$ und Kompensationsresultat $h_m - h_0$ durch additive Farbmischung (links). Durch die Gammaverzerrung sind die Helligkeitswerte unterschiedlich (rechts). Beispiel für $k = 0{,}5$; maximale Aussteuerung, $\gamma = 2{,}8$

rungsleitungen billiger – keine Chance haben könnte. Bereits 1951 hatte Loughlin eine Verbesserung durch „Color Phase Alternation (CPA)“ vorgeschlagen [6.16]. Der Vorschlag wurde seinerzeit nicht realisiert, weil bei Umpolung einer Chrominanzkomponente von Teilbild zu Teilbild bei Phasenfehlern ein nicht akzeptables Flickern entstand und bei zeilenfrequenter Umpolung der beschriebene Jalousie-Effekt. Erst durch die elektronische Mittelung konnte das PAL-Verfahren zum Erfolg werden. Wegen der Vorarbeiten von Loughlin wurde allerdings kein Patent allgemein für ein „PAL-Farbfernsehsystem“ erteilt, sondern nur für das Decodierverfahren mit Verzögerungsleitungen [6.3].

6.1.3 SECAM

Beim SECAM-System (von „séquentiell à mémoire“) werden die beiden Farbdifferenzsignale von Zeile zu Zeile abwechselnd übertragen, in einer Zeile immer nur eins der beiden, um dadurch das Problem ihrer Trennung bei der Rückgewinnung im Empfänger zu umgehen. Das jeweils fehlende Signal wird dabei aus einem Zeilenspeicher (mémoire) zur Verfügung gestellt, einer Verzögerungsleitung wie beim PAL-Empfänger.

Die Idee stammt von DE FRANCE[1] [6.5]. Sie wurde von ihm in den Jahren 1956–1958 entwickelt und dann von der Firma CSF (Compagnie Générale de Télégraphie Sans Fils) übernommen. Dort wurde sie in mehreren Stufen (SECAM I bis III) verbessert. Insbesondere wurde *Frequenzmodulation* anstelle von Amplitudenmodulation des Farbträgers eingeführt, dann wurden in den aufeinander folgenden Zeilen unterschiedliche Mittenfrequenzen eingesetzt und noch eine Reihe weiterer kleinerer Modifikationen durchgeführt, alles hauptsächlich zur Verbesserung der Kompatibilität mit dem Schwarzweißfernsehen. Die endgültige Version („SECAM optimalisé“) wurde schließlich 1967 in Frankreich und auf Grund einer Regierungsvereinbarung auch in der Sowjetunion und damit auch in allen Ländern des damaligen „Ostblocks“ eingeführt[2], etwas später dann u. a. in manchen afrikanischen Staaten, in Griechenland und im Iran. SECAM blieb aber bei vergleichenden Feldversuchen unterlegen, so dass PAL die größere Verbreitung erlangte.

Die sequentielle Übertragung von C_R, C_B anstelle der simultanen ergibt einen wesentlichen Unterschied gegenüber PAL und NTSC: Die Farbdifferenzinformation jeder zweiten Zeile in der zeitlichen Abfolge

[1] Henri de France, *7. 9. 1911 in Paris, †29. 4. 1986 in Paris

[2] Die CCIR-Konferenz von Oslo, 1966, hatte deshalb diesbezüglich nur formale Bedeutung.

geht im Coder verloren wie bei einer Abtastung mit der halben Zeilenzahl. Diese vertikale „Unterabtastung“ wird bei hohen f_Y-Komponenten im Bild (insbesondere an horizontal liegenden Farbkanten) zu flimmernden Aliasstörungen führen, wenn nicht *vor* der Dezimation eine ausreichende Tiefpassfilterung durchgeführt wird. Eine Mittelwertbildung aufeinander folgender Zeilen bringt schon eine erhebliche Verbesserung. Bei PAL und NTSC sind dagegen die Farbdifferenzsignale *aller* Zeilen gleichzeitig vorhanden. Bei PAL wird – ohne Unterabtastung – jeweils der Mittelwert aufeinander folgender Zeilen wiedergegeben, bei SECAM wird derselbe Farbdifferenzwert in zwei aufeinander folgenden Zeilen wiederholt.

Wegen der anderen Modulationsart werden die Pegelanpassungen von C_R, C_B anders als bei NTSC und PAL (Gl. (6.1), (6.2), (6.6)) festgelegt. Bei SECAM werden anstelle von U und V die Farbdifferenzsignale

$$\begin{aligned} D_R &=_{\text{def}} -1{,}9(R' - E_Y) \\ D_B &=_{\text{def}} 1{,}5(B' - E_Y) \end{aligned} \tag{6.22}$$

verwendet. Die Faktoren sind hier so gewählt, dass die Signale bei 75 % Aussteuerung und 100 % Sättigung, d. h.

$$\text{Max}(R', G', B') = 0{,}75, \quad \text{Min}(R', G', B') = 0$$

wie beim EBU-Farbbalken, gerade ihre Grenzwerte ± 1 erreichen[1]. Wie bei PAL wird eine Bandbegrenzung bei etwa 1,3 MHz vorgenommen.

Im SECAM-Coder (Abb. 6.32) durchlaufen die Chrominanzsignale die für Frequenzmodulation übliche Preemphase. Sie bewirkt bei hohen Signalfrequenzen eine Anhebung bis zum Faktor 3:

$$H_P(f) = \frac{1 + \mathrm{j}(f/f_P)}{1 + \mathrm{j}(f/3f_P)} \qquad f_P = 85 \text{ kHz}. \tag{6.23}$$

Abb. 6.33 zeigt den Frequenzgang und die Sprungantwort im Zusammenwirken mit dem 1,3 MHz-Tiefpass (hier in einer Dimensionierung für geringes Überschwingen). Die resultierenden Signale $\tilde{D}_R$ und $\tilde{D}_B$ werden den Frequenzmodulatoren zugeführt.

Der Modulator für $\tilde{D}_R$ liefert die Mittenfrequenz

$$f_{0R} = 282 f_H = 4{,}406250 \text{ MHz} \tag{6.24a}$$

und die Frequenzvariation

[1] Die Einführung des Minuszeichens bei D_R gehört zu dem erwähnten Paket von Optimierungsmaßnahmen.

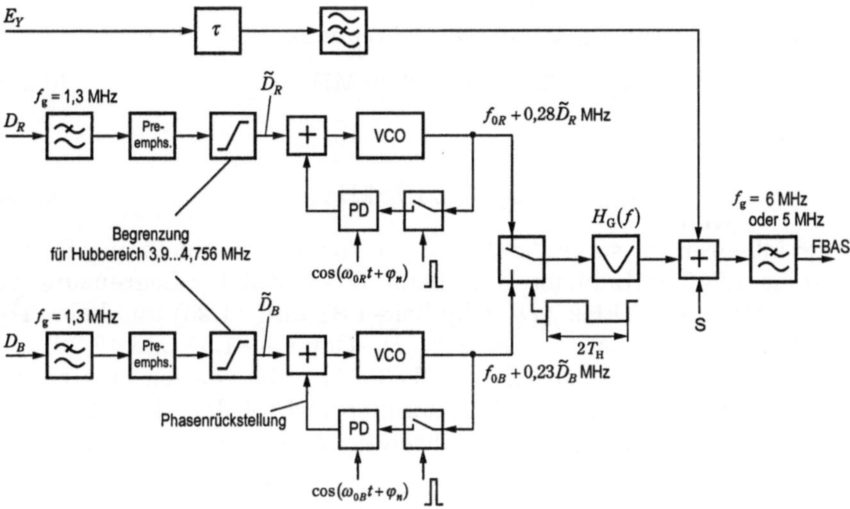

Abb. 6.32. Der SECAM-Coder

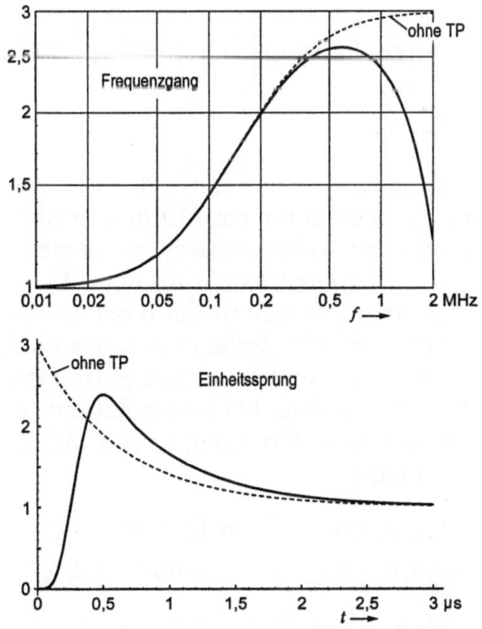

Abb. 6.33. Preemphase der SECAM-Chrominanzsignale mit Tiefpassfilterung.

$$\Delta f_{0R} = \Delta_R \tilde{D}_R = 280 \tilde{D}_R \text{ kHz}. \tag{6.24b}$$

Beim Modulator für $\tilde{D}_B$ ist die Mittenfrequenz

$$f_{0B} = 272 f_\text{H} = 4{,}250000 \text{ MHz} \tag{6.25a}$$

und die Frequenzvariation

$$\Delta f_{0B} = \Delta_B \tilde{D}_B = 230 \tilde{D}_B \text{ kHz}. \tag{6.25b}$$

Signalbegrenzer sorgen dafür, dass der Frequenzhub im Bereich 3,900 bis 4,756 MHz bleibt, d. h. beim $\tilde{D}_R$-Modulator Begrenzung auf $\Delta f_{0R} = -506\ldots+350$ kHz ($\tilde{D}_R$-Clip bei –1,81 und +1,25) und beim $\tilde{D}_B$-Modulator $\Delta f_{0B} = -350\ldots+506$ kHz ($\tilde{D}_B$-Clip bei –1,52 und +2,20).

Wenn mit n – ebenso wie bei Gl. (6.11) – die zeitlich aufeinander folgenden Zeilen unbegrenzt durchnummeriert werden, dann lässt sich das Farbartsignal bei SECAM während der aktiven Zeilenabläufe beschreiben durch

$$F = \begin{cases} F_R =_\text{def} 0{,}115 \cos\left(\omega_{0R} t + 2\pi \Delta_R \int\limits_0^t \tilde{D}_R(\tau)\,\mathrm{d}\tau + \varphi_n\right) & \text{für } n = 1, 3, 5, \ldots \\ F_B =_\text{def} 0{,}115 \cos\left(\omega_{0B} t + 2\pi \Delta_B \int\limits_0^t \tilde{D}_B(\tau)\,\mathrm{d}\tau + \varphi_n\right) & \text{für } n = 2, 4, 6, \ldots \end{cases} \tag{6.26}$$

$$\text{mit} \quad t = 0 \ldots T_\text{H} - T_A$$

$t = 0$ bezeichnet hier jeweils den Beginn der aktiven Zeile, nachdem also die Austastzeit T_A abgelaufen ist. Mit den in Abb. 6.32 angedeuteten PLL-Schaltungen wird während der Austastzeit bis zum Beginn der aktiven Zeile eine *Phasenrückstellung* der VCOs auf φ_n erzwungen, die Phasendetektoren PD halten die dazu notwendige Spannung während der folgenden aktiven Zeilendauer. Dadurch wird trotz der folgenden Frequenzmodulation immer eine definierte Startphase und Startfrequenz $282 f_\text{H}$ bzw. $272 f_\text{H}$ bei jedem Zeilenbeginn erreicht, also eine feste Verkopplung von Farbträger und Zeilenraster. Für die Startphasen sind die Folgen

$$\varphi_n = \begin{cases} \{0, 0, \pi, 0, 0, \pi, \ldots\} & \text{im Teilbild } 1, 3, 5, \ldots \\ \{\pi, \pi, 0, \pi, \pi, 0, \ldots\} & \text{im Teilbild } 2, 4, 6, \ldots \end{cases} \tag{6.27}$$

festgelegt. Die Zuordnung von D_R und D_B zu den Zeilennummern in den Teilbildern wiederholt sich wie bei PAL nach jeweils 4 Teilbildern, wegen der Dreierperiode der Startphasen wird aber erst nach 12 Teilbildern eine vollständige Wiederholung des Schemas nach Gl. (6.26) auftreten.

Die angegebene normierte Farbträgeramplitude 0,115 gilt nur bei einer Momentanfrequenz von $f_G = 4,286$ MHz, bei davon abweichenden Werten ist die Amplitude größer, bis zum Faktor 3,4 an den Hubgrenzen, wie in Abb. 6.34 dargestellt („HF-Preemphase"). Erreicht wird dies durch ein bandsperrenartiges Filter (s. Abb. 6.32) mit der Übertragungsfunktion

$$H_G(f) = \frac{1+16\,j\,\nu}{1+1{,}26\,j\,\nu} \quad \text{mit} \quad \nu = \frac{f}{f_G} - \frac{f_G}{f}, \quad f_G = 4{,}286\,\text{MHz}. \tag{6.28}$$

Bei SECAM muss zwar auch in unbunten Bildteilen ein Farbträger vorhanden sein, aber die Amplitude sollte dann so klein wie möglich sein, damit seine Sichtbarkeit bei Schwarzweißfernsehen im Vergleich zu NTSC oder PAL, wo er bei Unbunt ja ganz verschwindet, gering bleibt; ein wichtiger Punkt während der Einführungsphase des Systems. Mit der von der Momentanfrequenz abhängigen Amplitude mit einem Minimum bei den Frequenzen für geringe Farbsättigung wurde ein Kompromiss zwischen Störanfälligkeit durch Rauschen und Farbträgersichtbarkeit geschlossen. Das tatsächliche Farbartsignal bei SECAM ergibt sich also erst aus der Faltung $F * h_G$ (F nach Gl. (6.26), h_G aus der inversen Fourier-Transformation von $H_G(f)$ nach Gl. (6.28)).

Die frequenzabhängige Anhebung der Trägeramplitude wird am Eingang des Decoders (Abb. 6.35) wieder rückgängig gemacht durch die inverse Übertragungsfunktion $1/H_G(f)$ („Glocke"). Das Signal kommt dann zu der trägerfrequenten Verzögerungsleitung mit der Gruppenlaufzeit $\tau_g = 64$ µs, einer Ultraschall-Leitung wie bei PAL, jedoch ohne eine Anforderung an eine exakte Phasendrehung. Das ver-

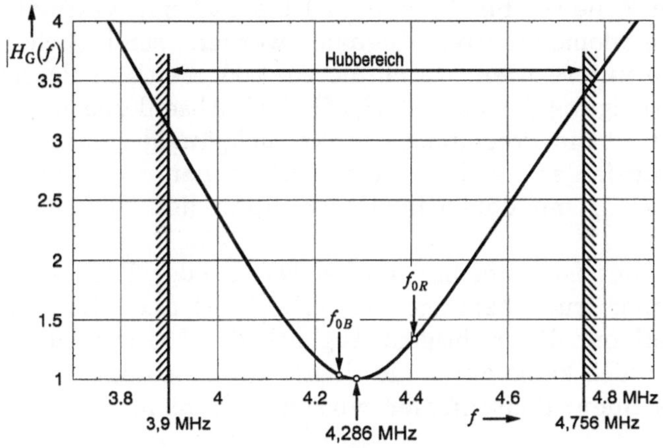

Abb. 6.34. Die „HF-Preemphase" beim SECAM-Farbartsignal

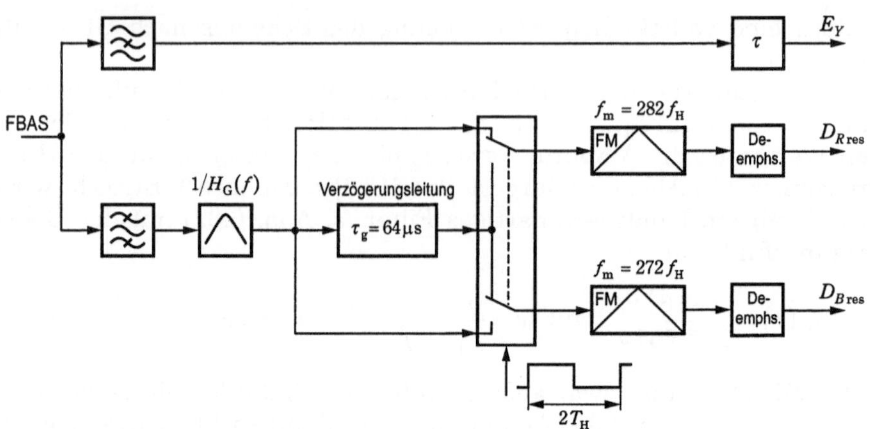

Abb. 6.35. Der SECAM-Decoder

zögerte und das direkte Signal werden über einen zweipoligen elektronischen Umschalter den zwei Frequenzdemodulatoren zugeführt. Der Demodulator für D_R, zentriert bei der Frequenz f_{0R}, erhält in den D_R-Zeilen das direkte Signal, in den D_B-Zeilen das verzögerte Signal. Umgekehrt erhält der Demodulator für D_B, zentriert bei der Frequenz f_{0B}, das verzögerte Signal in den D_R-Zeilen, das direkte Signal in den D_B-Zeilen. Für die richtige Zuordnung muss die Polarität des Mäandersignals stimmen, mit dem die Umschaltung bewirkt wird, andernfalls werden die beiden Chrominanzsignale vertauscht. Es wird also eine Identifikationsinformation wie bei PAL benötigt. Dazu wird im Coder auf der hinteren Schwarzschulter der D_R-Zeilen das Trägersignal mit der Frequenz f_{0R} hinzugefügt, bei den D_B-Zeilen mit der Frequenz f_{0B} (in Abb. 6.34 nicht gezeigt, s. auch das Oszillogramm in Abb. 6.36). Eine zusätzliche Identifikation wird in der vertikalen Austastlücke in den Zeilen 7 bis 15 und 320 bis 328 zur Verfügung gestellt [6.14]. Die demodulierten Signale werden schließlich noch der Deemphase unterworfen. Durch die zur coderseitigen Preemphase inverse Übertragungsfunktion $1/H_P(f)$ (1:3-Absenkung bei hohen Frequenzen) wird die Preemphase exakt rückgängig gemacht, und ohne Übertragungsfehler sollten die erhaltenen Chrominanzsignale $D_{R\,res}$ und $D_{B\,res}$ mit denen im Coder hinter den Tiefpässen übereinstimmen.

Der Decoder ist einfacher als bei NTSC oder PAL, es wird keine Trägerregenerierung benötigt. Das erleichtert auch die Aufzeichnung auf Magnetband. Bei richtigem Abgleich der FM-Demodulatoren gibt es grundsätzlich keine durch die Übertragung bedingten Farbton- oder Sättigungsfehler, Phasenfehler wirken sich nicht aus, es gibt kein

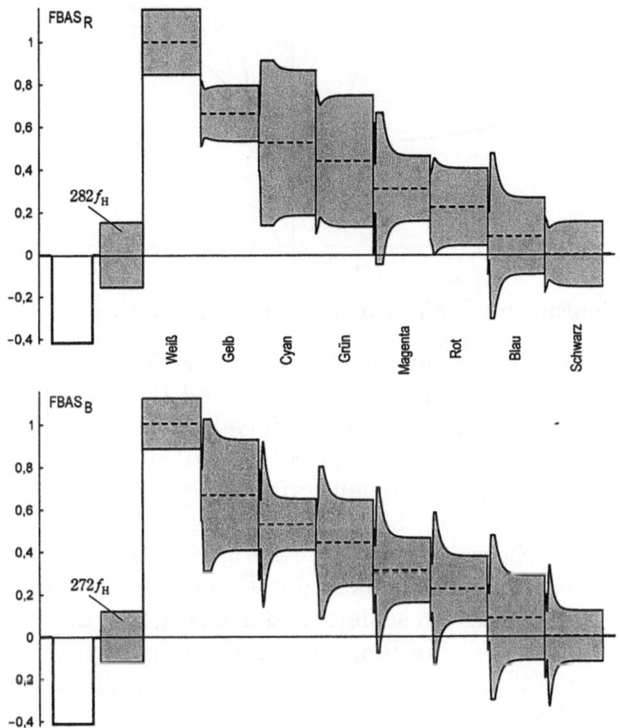

Abb. 6.36. SECAM-Farbbalkentestsignal in zwei aufeinander folgenden Zeilen

Übersprechen zwischen den beiden Chrominanzsignalkomponenten. Ein Nachteil besteht für die Studiotechnik: Überblenden und Mischen verschiedener Quellensignale sind wegen der Frequenzmodulation durch Addieren nicht möglich.

Die EBU-Farbbalken zeigen bei SECAM ein anderes Oszillogramm als bei NTSC oder PAL (Abb. 6.36). Die etwas seltsamen Amplitudenverläufe kommen durch die Preemphase in Verbindung mit der von der Momentanfrequenz abhängigen Amplitudenmodulation durch $|H_G(f)|$ zustande. Bei sehr ungünstigen Empfangslagen, wenn das Rauschen so groß ist, dass die Demodulatoren nur knapp oberhalb der FM-Schwelle (360°-Durchläufe des Signals) arbeiten, kann es durch die Amplitudeneinbrüche nach Farbkanten zu auffälligem „Feuern“ an den Kanten kommen. Aber auch bei ungestörter Übertragung können systembedingt nicht alle Farbbalken einwandfrei empfangen werden. Infolge der Preemphase kann es bei großen Chrominanzsignalsprüngen zur Übersteuerung im Coder kommen: die Begrenzung setzt ein. Man er-

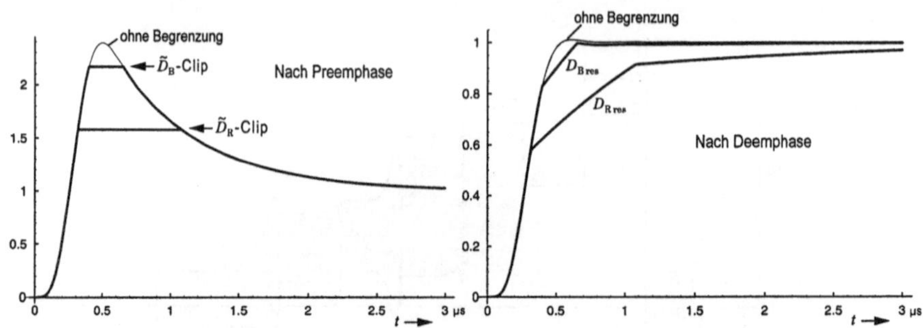

Abb. 6.37. Berechneter SECAM-Balkenübergang von Grün nach Magenta

kennt das im Oszillogramm von Abb. 6.36 für $\tilde{D}_R$ bei den Übergängen von Gelb nach Cyan, Grün nach Magenta und Rot nach Blau sowie für $\tilde{D}_B$ bei den Übergängen von Weiß nach Gelb, Cyan nach Grün und Rot nach Blau. Als Beispiel zeigt Abb. 6.37 diesen Effekt für den Übergang von Grün nach Magenta (bezogen auf eine Sprunghöhe 1). Ein großer Teil der Signalüberhöhung bei $\tilde{D}_R$ wird abgeschnitten, hier setzt die Preemphase aus. Sie wäre aber notwendig für eine einwandfreie Wiedergabe des Originalsprungs nach der Deemphase. So entsteht stattdessen über etwa 0,8 µs ein schleichender Übergang, und zwar mit verfälschtem Farbton, weil die Begrenzung des zugehörigen $\tilde{D}_B$ -Sprungs viel geringer ausfällt, so dass das Verhältnis $D_{R\text{res}}/D_{B\text{res}}$ während des Übergangs nicht stimmt.

Die Übergangsvorgänge wurden für ideale Verhältnisse berechnet, ohne Berücksichtigung von Bandbegrenzungen auf dem Übertragungsweg. Bei einer oberen Hubgrenze von 4,756 MHz bleibt aber kaum noch Platz für das obere Seitenband, wenn das Spektrum des

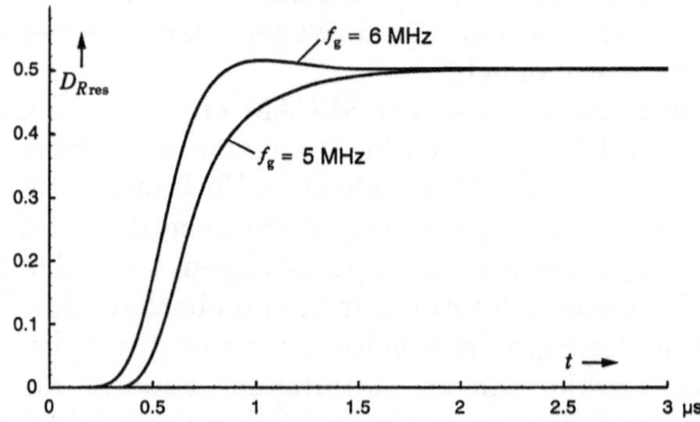

Abb. 6.38. Vergleich der Wiedergabe eines D_R- Sprungs von 0 nach 0,5 in 5-MHz- und 6-MHz-Systemen

FBAS-Signals bei 5 MHz begrenzt wird. Allerdings ist SECAM in erster Linie für 6 MHz breite Systeme entwickelt worden (Standard L in Frankreich, Standard D und K in den meisten anderen SECAM-Ländern), doch die Kombination von SECAM mit Standard B oder G (5 MHz, s. Abschn. 8.4.1) gibt es auch, z. B. in Iran und Marokko (vormals auch in der ehemaligen DDR). Ein Beispiel für einen D_R-Sprung von 0 auf +0,5, bei dem trotz Preemphase die Clip-Grenze gerade noch nicht erreicht wird, zeigt Abb. 6.38. Bei 5 MHz Bandbegrenzung (–6 dB) fällt der Sprung deutlich schlechter aus als bei 6 MHz.

Für derartige Berechnungen kann man auch bei SECAM einen modulierten Farbträgerzeiger definieren und die Wirkung der Bandbegrenzung auf ihn ermitteln, aber die praktische Bedeutung wie bei NTSC oder PAL hat er nicht. Mit

$$F_R = \mathrm{Re}\, z_R(t)\,\mathrm{e}^{\mathrm{j}\omega_{0R} t}, \quad F_B = \mathrm{Re}\, z_B(t)\,\mathrm{e}^{\mathrm{j}\omega_{0B} t} \tag{6.26a}$$

ergibt sich nach einer idealen Frequenzdemodulation

$$\tilde{D}_{R\mathrm{res}}(t) = \mathrm{Im}\,\frac{1}{z_R}\frac{\mathrm{d}z_R}{\mathrm{d}t}, \quad \tilde{D}_{B\mathrm{res}}(t) = \mathrm{Im}\,\frac{1}{z_B}\frac{\mathrm{d}z_B}{\mathrm{d}t}. \tag{6.29}$$

6.1.4 Cross-Luminance und Cross-Colour

Gegenseitige Störungen von Luminanz und Chrominanz sind bei den Systemen mit Farbträger praktisch unvermeidbar. Die überlagerten Spektren des Leuchtdichtesignals und des modulierten Farbträgers lassen sich beim Empfang nicht wieder vollständig voneinander trennen, wie schon eingangs im Zusammenhang mit Abb. 6.2 und Abb. 6.6 erwähnt. Das Spektrum der Chrominanzsignale ist zwar durch die Farbträgermodulation an den oberen Rand des Videofrequenzbereichs geschoben worden, taucht aber trotzdem noch im Luminanzkanal des Empfängers auf, denn eine Bandsperre bei f_0 ($\mathrm{BS_W}$ in Abb. 6.39) darf man dort mit Rücksicht auf die Bildschärfe nicht zu breit machen. Man bezeichnet dieses Übersprechen vom Farbartsignalkanal des Senders in den Leuchtdichtesignalkanal des Empfängers als *Cross-Luminance*. Es lässt sich durch eine *empfangsseitige* Filtermaßnahme – durch das Einfügen einer Bandsperre – reduzieren. Umgekehrt werden die hochfrequenten Luminanzanteile, die sich bei fein strukturierten Bilddetails ergeben, durch den Bandpass $\mathrm{BP_W}$ in die Farbsignalaufbereitung des Empfängers eindringen und dort dann nach der Decodierung zu einer störenden Farbstruktur führen. Dieser Effekt lässt sich durch eine *senderseitige* Filtermaßnahme – durch eine Bandsperre bei f_0

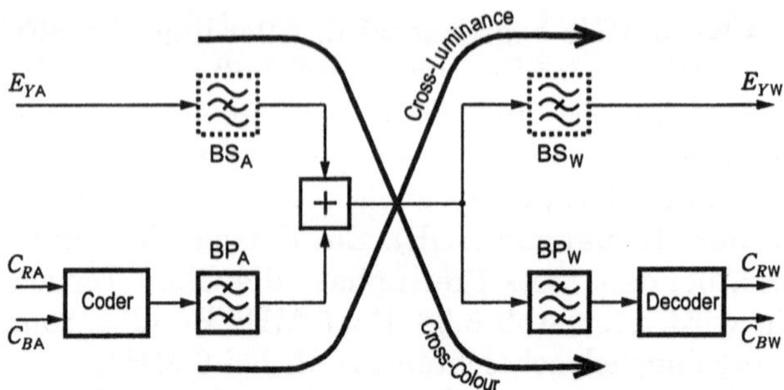

Abb. 6.39. Übersprechen von Luminanz und Chrominanz bei Systemen mit Farbträger

(BS_A in Abb. 6.39) oder einen Tiefpass – reduzieren, wieder auf Kosten der Bildschärfe. Man bezeichnet das Übersprechen vom Leuchtdichtesignalkanal des Senders in den Farbartsignalkanal des Empfängers als *Cross-Colour*.

Der Farbträger stellt sich dem Schwarzweißempfänger als ein sinusförmiges Störsignal dar, das dem Nutzsignal E_Y überlagert ist. Dieser „Sinusstörer“ – bei großer Amplitude, also in Farbflächen hoher Sättigung, – erzeugt auf dem Bildschirm ein deutlich sichtbares schwarzweißes Linienmuster, das mehr oder weniger schräg liegt und sich auch mehr oder weniger schnell bewegt. In der Einführungsphase des Farbfernsehens, als die Kompatibilität zum eingeführten Schwarzweißfernsehen entscheidend war, kam es bei der Systementwicklung darauf an, diese Störwirkung des Farbträgers so gering wie möglich zu halten. In den Farbfernsehempfängern tritt die Bildstörung als Cross-Luminance ebenso auf, wenn keine Bandsperre verwendet wird. Mit Bandsperre ist sie in den Flächen zwar unterdrückt, an Farbkanten

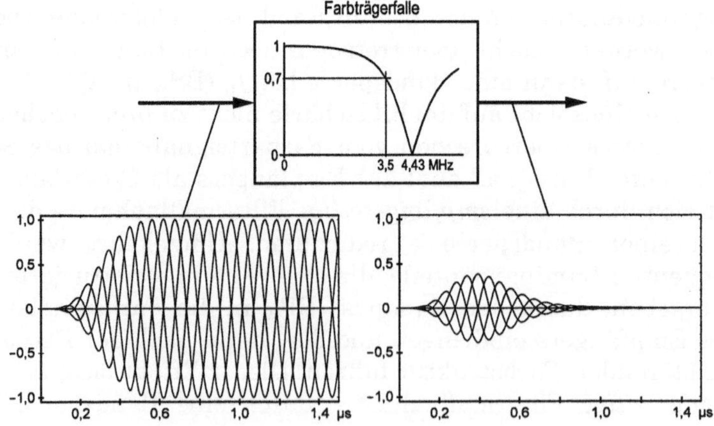

Abb. 6.40. Cross-Luminance an Farbkanten

aber bleibt sie als eine vertikal bewegte Perlschnur („Crawling Dots") dennoch erhalten. Ein Beispiel zeigt Abb. 6.40. Das Oszillogramm des Farbartsignals bei einem durch den 1,3-MHz-Tiefpass bandbegrenzten Chrominanzsprung ist dargestellt für vier um 90° unterschiedliche Trägerphasen beim Sprungbeginn. Die übliche Bandsperre vom Grad eins, ein Sperrkreis („Farbträgerfalle"), hinterlässt noch eine etwa 0,3 µs breite Störung.

Der Farbträger ist am wenigsten sichtbar, wenn der Linienabstand beim Störmuster möglichst klein ist und wenn es sich möglichst schnell bewegt. Der Linienabstand in horizontaler Richtung ist um so kleiner, je höher die Farbträgerfrequenz ist,

$$f_x \sim f_0 \,,$$

s. Gl. (4.50). Ist die Frequenz dabei gerade ein ganzes Vielfaches der Zeilenfrequenz, so ergibt sich ein stillstehendes senkrechtes Streifenmuster. Das ist der ungünstigste Fall. Denn bei vorgegebenem Horizontalabstand wird der Linienabstand (senkrecht zu den Linien gemessen) um so kleiner, je stärker die Schräglage ist. Der Abstand ist

$$1\Big/\sqrt{f_x^2 + f_y^2} \;.$$

Es ist deshalb zweckmäßig, eine möglichst große Ablage der Frequenz von ganzen Vielfachen der Zeilenfrequenz zu wählen, damit f_y möglichst groß wird. Dabei wäre es ungünstig, wenn die Frequenz gerade mit einer Nebenspektrallinie des Videosignals zusammenfällt oder sehr nahe daneben liegt, weil dann das Störmuster stillsteht oder sich langsam kriechend über den Bildschirm bewegt und dadurch besonders auffällig wird. Der Zusammenhang zwischen Frequenz und Störmuster ergibt sich durch die Umkehrung der in Abschn. 4.4.4 abgeleiteten Beziehungen zwischen dem Spektrum des Bildinhalts und dem Spektrum des Videosignals:

Ein sinusförmiges Störsignal, das dem Videosignal überlagert ist, gibt ein senkrecht stehendes, unbewegtes Streifenmuster auf dem Bildschirm, wenn die Frequenz exakt gleich einem ganzen Vielfachen m der Zeilenfrequenz ist. Wird die Störfrequenz um 1 Hz verringert, bewegt sich das Muster langsam nach rechts, und zwar mit einer Ortsperiode pro Sekunde. Bei weiterer Verstellung der Frequenz wird die Bewegung immer schneller, 25 Hz unterhalb von mf_{H} ist sie am schnellsten ($f_{\mathrm{V}} = 50$ Hz vorausgesetzt), dann wird sie wieder langsamer und läuft nun nach links, bei 50 Hz Verstellung ist das Muster wieder stillstehend mit einer leichten Schräglage: die Frequenz hat die Position der ersten Nebenlinie ($n = -1$) unterhalb von mf_{H} erreicht. Das wiederholt sich bei weiterer Erniedrigung der Störfrequenz, wobei die Schräglage ständig größer wird. Jeweils bei einem Frequenzabstand δ zur nächstgelegenen Nebenspektrallinie bewegt sich das Störmuster um δ Ortsperioden pro Sekunde, nach links wenn die Frequenz oberhalb der Linie liegt, nach rechts wenn sie darunter liegt. Der Neigungswinkel α des Streifenmusters gegenüber der Horizontalen nach Abb. 4.10 (y wird aber jetzt nach unten gerechnet) ergibt sich aus

$$\alpha = \arctan\frac{f_x}{f_y} = \arctan\frac{m}{n}\frac{H^*}{B^*} = \arctan 0{,}662\frac{m}{n}, \tag{6.30}$$

wobei das H^*/B^* - Verhältnis der 625-Zeilensysteme eingesetzt wurde. Die größte Schräglage (kleinstes $|\alpha|$) eines stillstehenden Streifenmusters ergibt sich in der Mitte zwischen zwei Hauptspektrallinien bei $n = -156$. Wegen der Zeilenrasterung ist es allerdings nicht zu unterscheiden von einem Muster, das bei n = +156 mit umgekehrter Neigung auftritt. Unterhalb der Mitte kommt man in den Bereich der oberen Nebenlinien der (m–1)-Hauptspektrallinie. Die Schräglage ist hier umgekehrt und nimmt wieder ab.

Der *Halbzeilen-Offset* der Farbträgerfrequenz liefert somit das Optimum, wie es beim NTSC-System mit 525 Zeilen (s. Abschn. 6.1.1) genormt ist:

$$f_0 = 227 f_H + \frac{1}{2} f_H \,. \tag{6.4}$$

Wegen $f_H/2 = f_V Z^*/4 = 131 f_V + f_V/4$ ist auch ein großer Frequenzabstand zur nächstgelegenen Nebenspektrallinie gegeben und somit eine schnelle Bewegung der Streifen. Ihre Neigung ergibt sich mit m = 227, $n = 131$, $H^*/B^* = 0{,}678$ zu $\alpha = 49{,}6°$.

Neben der Cross-Luminance-Störung war bei der Einführung des NTSC-Farbfernsehens die Interferenz zwischen Farbträger und Tonträger zu beachten. Dieser überträgt den zum Fernsehbild gehörigen Ton in Frequenzmodulation (s. Abschn. 8.3.1). Seine Mittenfrequenz ist im 525-Zeilen-System auf $f_S = 4{,}5$ MHz festgelegt. Bei den damaligen Schwarzweißempfängern konnte eine Bildstörung durch ein Signal mit der Differenzfrequenz $f_S - f_0$ (ebenfalls mit dem Ton frequenzmoduliert) entstehen. Auch dieses Störmuster ist am wenigsten sichtbar, wenn die mittlere Differenzfrequenz im Halbzeilen-Offset steht. Das erfordert also wegen des Halbzeilen-Offsets des Farbträgers eine *Tonträgermittenfrequenz, die ein ganzes Vielfaches der Zeilenfrequenz ist.* Mit der für das Schwarzweißfernsehen genormten Zeilenfrequenz $f_H = 525 f_V/2 = 15750$ Hz bei $f_V = 60$ Hz ist aber $f_S = 286 f_H/1{,}001$ = $285{,}714 f_H$. Eine notwendige Erhöhung der Tonträgermittenfrequenz um 4,5 kHz konnte mit Rücksicht auf die Tondemodulatoren in den vorhandenen Empfängern nicht in Frage kommen. Daher wurde für das Farbfernsehen im 525-Zeilensystem eine etwas erniedrigte Zeilenfrequenz festgesetzt, so dass

$$f_{\rm H} = \frac{f_{\rm S}}{286} = 15{,}734266 \text{ kHz} \quad f_{\rm V} = \frac{2 f_{\rm H}}{Z^*} = \frac{60 \text{ Hz}}{1{,}001} = 59{,}94 \text{ Hz}. \tag{6.31}$$

Man beachte, dass entsprechend auch die Teilbildfrequenz nicht mehr genau 60 Hz ist, sondern mit dem Faktor 1,001 erniedrigt wird. Die NTSC-Farbträgerfrequenz ergibt sich nun aus Gl. (6.4) zu

$$f_0 = \mathbf{3{,}579545\ MHz.} \tag{6.32}$$

Durch die Modulation des Farbträgers mit den Chrominanzsignalen besteht das Spektrum des Farbartsignals aus Linien beiderseits der f_0-Linie. Diese Linien sind genauso wie beim Spektrum des Luminanzsignals Hauptspektrallinien im Abstand der Zeilenfrequenz und Nebenspektrallinien im Abstand der Teilbildfrequenz, nur ist dieser Linienkamm um $f_{\rm H}/2$ gegenüber dem des Luminanzsignals verschoben. Die beiden Spektren sind verschachtelt, die Linien des NTSC-Farbartsignals sind in die Lücken in der Mitte zwischen den Hauptspektrallinien des Luminanzsignals eingefügt (Abb. 6.41).

Aus der Spektralverteilung des Farbartsignals kann man mit der Abb. 4.37 in Abschn. 4.4.4 den Ortsfrequenzbereich ableiten, den die Cross-Luminance-Störung bei der Bildwiedergabe belegt (Abb. 6.42).

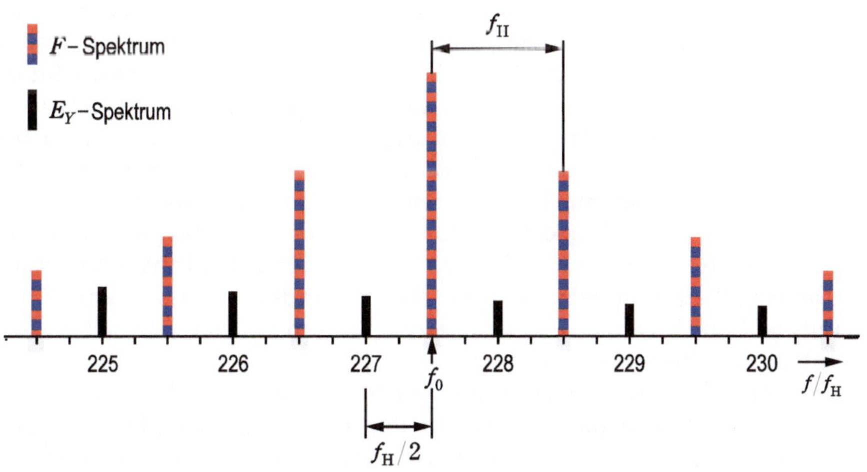

Abb. 6.41. Die Verschachtelung der Spektren von E_Y und F beim Halbzeilen-Offset des NTSC-Systems

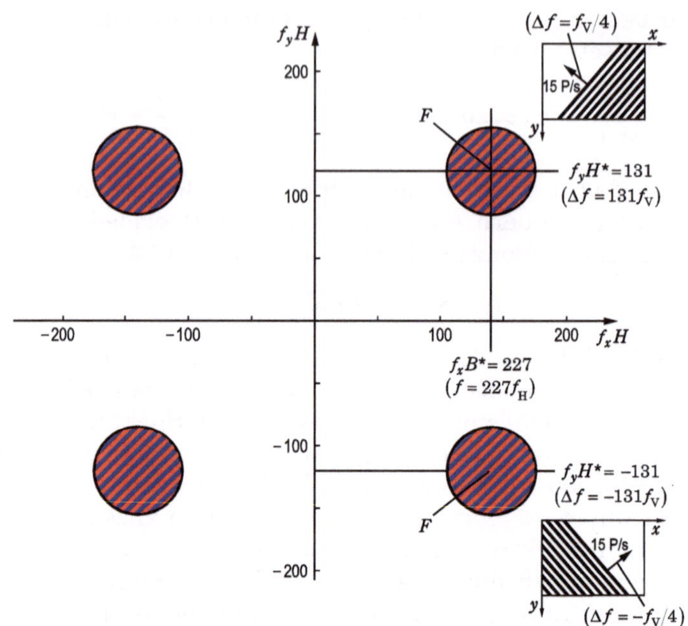

Abb. 6.42. Ortsfrequenzspektrum der Cross-Luminance-Störung bei NTSC

f_0 liegt nicht nur um $131 f_V + f_V/4$ oberhalb von $m = 227$, sondern zugleich um denselben Betrag unterhalb von $m = 228$. Dadurch sind die Spektren in Abb. 6.42 symmetrisch zur f_x-Achse, und die Streifen des Störmusters erscheinen zugleich unter $\alpha = 46{,}9°$ wie unter $\alpha = -46{,}9°$. Wegen der genannten Ablagen zu den Nebenspektrallinien bewegt sich das Muster mit 15 P/s nach links bzw. nach rechts, wie in Abb. 6.42 dargestellt. Zur Vermeidung der Cross-Luminance-Störung würde es ausreichen, wenn die Bandsperre im Luminanzkanal des Empfängers nur die markierten Spektralbereiche unterdrückt statt den gesamten Bereich oberhalb von $f_xH \approx 100$, so dass jedenfalls an senkrechten Kanten die Luminanzauflösung nicht beeinträchtigt würde. Dazu müsste eine mit f_H periodische Bandsperre, ein Kammfilter (s. unten, Abb. 6.46), eingesetzt werden, das die Lücken zwischen den Hauptspektrallinien bereinigt.

Die optimale Farbträgerfrequenz zu finden, ist bei PAL schwieriger als bei NTSC. Das Problem entsteht durch die zeilenfrequente Umpolung des V-Signals: Die Multiplikation von V mit der Umpolfunktion $g(t)$, also mit einem Signal der Grundfrequenz $f_H/2$, verschiebt das F_V-Spektrum um diese Frequenz nach oben und nach unten in Bezug auf f_0. Für das F_U-Spektrum gibt es diese Verschiebung nicht. Dadurch ist das Farbartsignalspektrum aufgespalten in zwei gegeneinander um $f_H/2$ versetzte Teilspektren. Der Halbzeilen-Offset wäre also nur für das F_U-Spektrum optimal, wie bei NTSC. Das F_{gV}-Spektrum dagegen würde dann genau mit den Linien des Luminanzsignalspektrums zusammenfallen, der ungünstigste Fall („Null-Offset") mit einem Störmuster aus senkrecht stehenden Streifen. Es ist deshalb als Kompromiss der *Viertelzeilen-Offset* notwendig, der Versatz von f_0

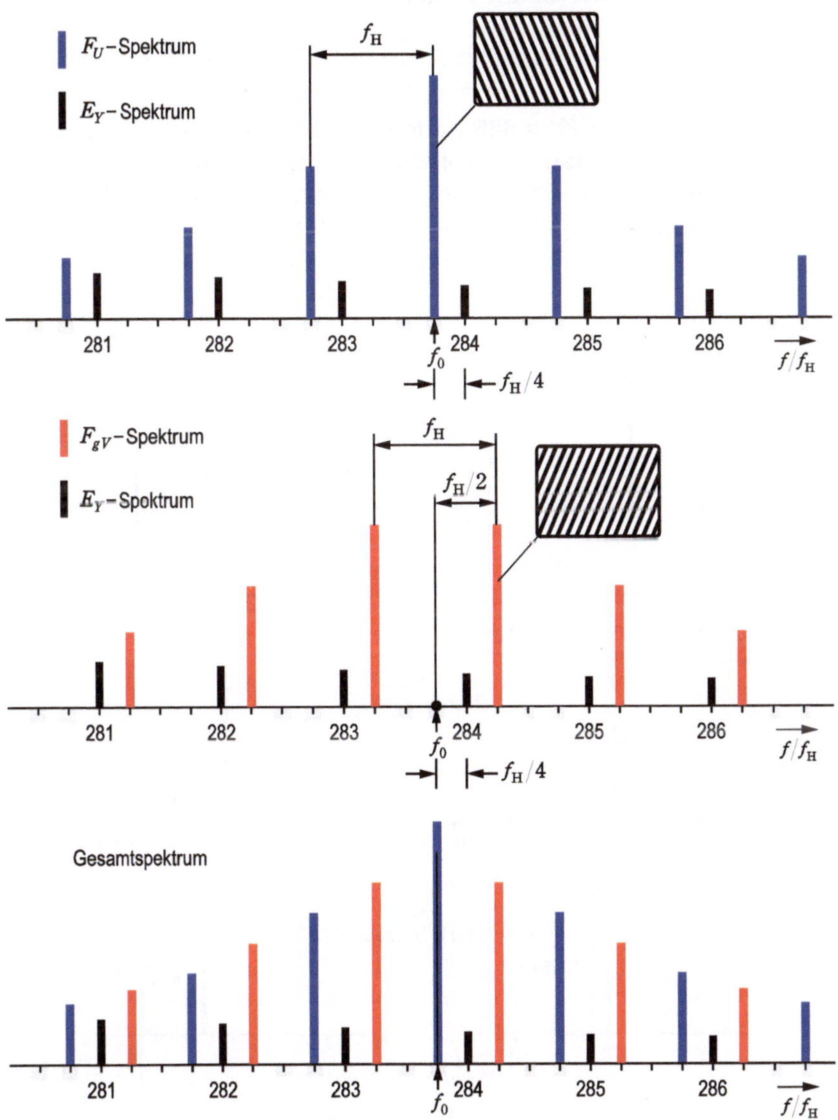

Abb. 6.43. Die Spektren von E_Y, F_U und F_{gV} beim Viertelzeilen-Offset des PAL-Systems

um $f_H/4$ gegenüber mf_H. Dadurch liegen die Linien der beiden Teilspektren jeweils um $f_H/4$ beiderseits der E_Y-Spektrallinien. Abbildung 6.43 zeigt das Spektrum bei den 625-Zeilensystemen mit einer Farbträgerfrequenz von $f_0 = 284 f_H - f_H/4$. U-Signale ergeben ein Streifenmuster mit dem Neigungswinkel $\alpha = -67°$ (Schräglage von links oben nach rechts unten), V-Signale $\alpha = +67°$ (Schräglage von links unten nach rechts oben). Wegen

$$\frac{f_H}{4} = \frac{Z^*}{8} f_V$$

würde sich jedoch bei $Z^* = 625$ Zeilen durch $625/8 = 78\,1/8$ nur ein Abstand von 6,25 Hz zu den E_Y-Nebenlinien ergeben, die Streifenmuster würden sich dementsprechend langsam kriechend über den Bildschirm bewegen. Deshalb wird zusätzlich zum Viertelzeilen-Offset noch ein

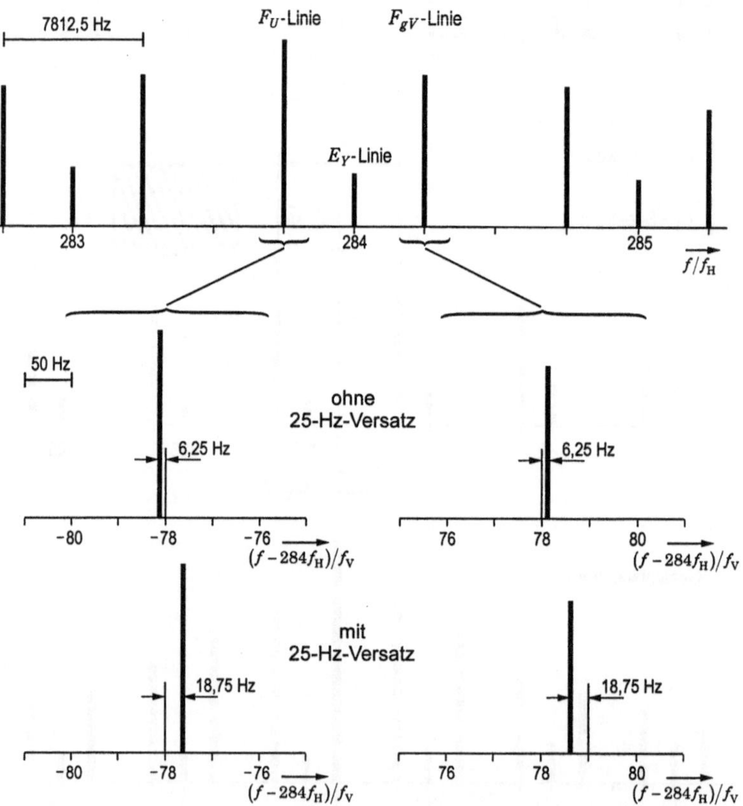

Abb. 6.44. Zum 25-Hz-Versatz des PAL-Farbträgers in 625-Zeilensystemen

Versatz um $f_V/2$ eingeführt:

$$f_0 = 284 f_H - \frac{1}{4} f_H + \frac{1}{2} f_V = 284 f_H - 78 f_V + \frac{3}{8} f_V$$
$$f_0 = \mathbf{4{,}43361875\ MHz.} \qquad (6.33)$$

Durch diesen *25-Hz-Versatz* wird für die U-Störstruktur und die V-Störstruktur die maximal mögliche Bewegungsgeschwindigkeit erreicht, der Abstand zur nächsten Nebenlinie beträgt 18,75 Hz bei beiden Teilspektren (Abb. 6.44). Man beachte, dass die Versatzfrequenzen mit den H-Sync- und den V-Sync-Signalen phasenverkoppelt sind (s. auch die PAL-Achtersequenz nach Abb. 6.25).

Bei PAL mit Viertelzeilen-Offset in einem 525-Zeilensystem (nur in Brasilien vorhanden) wird $Z^*/8 = 525/8 = 66 - 3/8$, so dass ohne einen weiteren Versatz der Optimalzustand erreicht ist. Hier würde ein $f_V/2$-Versatz gerade die langsame Kriechbewegung erzeugen, die im 625-Zeilensystem ohne den Versatz auftritt. Ob der $f_V/2$-Versatz eingesetzt werden muss oder nicht eingesetzt werden darf, hängt somit von der Zeilenzahl ab: bei $Z^* \bmod 8 = 1$ oder 7 ist er notwendig. Die Farbträgerfrequenz für das PAL-System in Brasilien (PAL mit Standard M) beträgt

$$f_0 = 227 f_H + \frac{1}{4} f_H = 227 f_H + 66 f_V - \frac{3}{8} f_V$$
$$f_0 = \mathbf{3{,}575612\ MHz.} \qquad (6.34)$$

Die Zeilenfrequenz ist hier die gleiche wie bei NTSC (s. Gl. (6.31)).

Aus dem Spektrum des PAL-Farbartsignals nach Abb. 6.43 ergeben sich die in Abb. 6.45 dargestellten Ortsfrequenzbereiche der Cross-Luminance-Störmuster. Die vom F_U-Signal stammenden Streifen bewegen sich mit 18,75 P/s nach links, die vom F_{gV}-Signal stammenden mit 18,75 P/s nach rechts.

Eine Eigentümlichkeit des PAL-Verfahrens ist in der Spektraldarstellung des Farbartsignals in Abb. 6.43 zum Ausdruck gekommen: die zeilenweise V-Umpolung bewirkt, dass die zwei Farbdifferenzsignale im Frequenzbereich voneinander getrennt übertragen werden, obwohl sie ja beide denselben Farbträger modulieren. Man müsste sie also beim Empfang im Trägerfrequenzbereich voneinander getrennt zurückgewinnen können durch Filter, die jeweils das eine der beiden um $f_H/2$ gegeneinander verschobenen Teilspektren ausblenden. Genau dieses tut tatsächlich die PAL-Aufspaltschaltung des Decoders. Ihre Funktion wurde im Zusammenhang mit Abb. 6.27 im Zeitbereich erläutert. Eine Analyse der Schaltung im Frequenzbereich ist in Abb. 6.46 veranschaulicht.

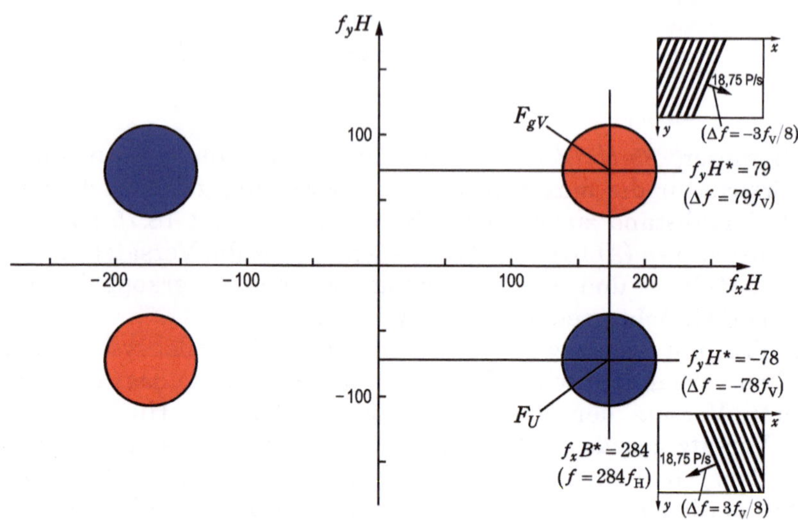

Abb. 6.45. Ortsfrequenzspektrum der Cross-Luminance-Störung bei PAL

Eine idealisierte Verzögerungsleitung (konstante Gruppenlaufzeit τ, keine Dämpfung) hat die Übertragungsfunktion

$$H(f) = \exp\left(-\mathrm{j}(\omega\tau + \varphi_0)\right).$$

Die Ortskurve in der Gaußschen Zahlenebene ist der Einheitskreis um den Nullpunkt. Bei einer Frequenzänderung $\Delta f = 1/\tau$ gibt es einen Kreisumlauf. Die Addition des verzögerten und des direkten Signals liefert für den Summenausgang die Übertragungsfunktion

$$H_{\mathrm{S}}(f) = 1 + \mathrm{e}^{-\mathrm{j}(\omega\tau + \varphi_0)}, \tag{6.35a}$$

die Subtrakion des verzögerten Signals von dem direkten am Differenzausgang

$$H_{\mathrm{D}}(f) = 1 - \mathrm{e}^{-\mathrm{j}(\omega\tau + \varphi_0)}. \tag{6.35b}$$

Die Ortskurven dafür ergeben sich aus dem um 1 nach rechts verschobenen Einheitskreis (Abb. 6.46).

Die Frequenzgänge sind Sinushalbbögen. Sie haben Nullstellen im Abstand $1/\tau$. Durch den Phasenabgleich (Einstellung von φ_0, Abb. 6.46), so dass $(\omega_0\tau + \varphi_0) \bmod 2\pi = 0$, wird bei richtigem Amplitudenabgleich (zur Berücksichtigung einer Dämpfung der Verzögerungsleitung) am Differenzausgang eine Nullstelle genau bei der Trägerfre-

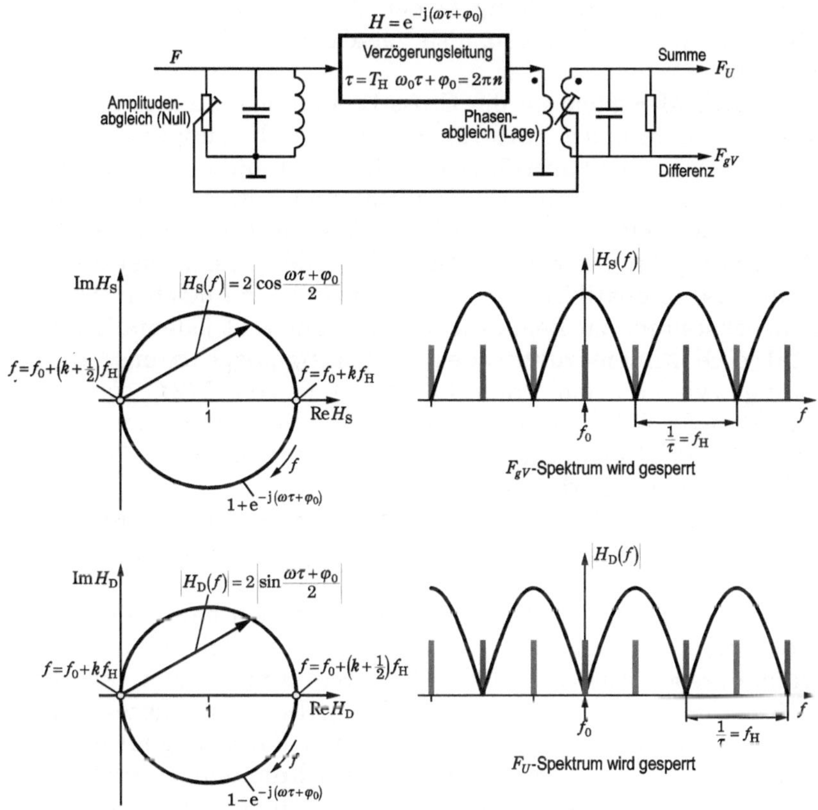

Abb. 6.46. Die PAL-Aufspaltschaltung wirkt als Kammfilter.

quenz auftreten, und dann werden alle Hauptspektrallinien des F_U-Spektrums unterdrückt, wenn die Gruppenlaufzeit der Verzögerungsleitung $\tau = T_H$ ist. Zugleich werden dann am Summenausgang, wo die Sperrstellen um $f_H/2$ versetzt auftreten, alle Hauptspektrallinien des F_{gV}-Spektrums unterdrückt. Wie allgemein bei „Transversalfiltern", die aus Verzögerungselementen mit der Laufzeit τ aufgebaut sind, ergibt sich ein mit der Frequenz $1/\tau$ periodischer Frequenzgang, ein *Kammfilter*. Die Minima werden durch den Amplitudenabgleich auf null gezogen, der Phasenabgleich verschiebt den Kamm auf der Frequenzskala, und die Gruppenlaufzeit bestimmt den Sperrstellenabstand.

Wenn man mit der Bandsperre im Luminanzkanal des PAL-Empfängers nur das Cross-Luminance-Spektrum ausfiltern will, also durch ein Kammfilter wie zuvor beim NTSC-Signal erwähnt, dann muss man zur Unterdrückung *beider* Teilspektren die Sperrbereiche im Abstand $f_H/2$ wiederholen, also Verzögerungselemente mit $\tau = 2T_H$ verwenden.

Beim SECAM-System ist die Cross-Luminance-Situation wegen der Frequenzmodulation des Farbträgers grundsätzlich ungünstiger als bei NTSC oder PAL. Der Farbträger ist selbst in unbunten Bildteilen noch vorhanden, und eine definierte Struktur und Bewegung des Störmusters lässt sich nicht erreichen. Wie in Abschn. 6.1.3 erläutert, wurde bei der Entwicklung der endgültigen SECAM-Version viel unternommen, um das Kompatibilitätsproblem erträglich zu machen. Durch die Phasenrückstellung zu Beginn jeder Zeile entsteht jedenfalls auch bei SECAM eine Linienstruktur des Farbartsignalspektrums. Die Umschaltung zwischen den Trägermittenfrequenzen $272f_H$ und $282f_H$ mit der Periode $2T_H$ und die Phasenrückstellungen mit einer Periode von $3T_H$ (s. Gl. (6.27)) führen zu Hauptspektrallinien im Abstand von $f_H/6$ beim SECAM-Farbartsignal.

Zum Abschluß sollen nun noch die zu erwartenden Cross-Colour-Störungen diskutiert werden. Welche Bildstrukturen Luminanzsignale bewirken, die in den Farbartsignalkanal des Empfänger eindringen und dann zu farbigen, mehr oder weniger schnell bewegten Störmustern decodiert werden, lässt sich aus den vorstehend abgeleiteten Ortsfrequenzspektren der Cross-Luminance-Störungen abschätzen (Abb. 6.42 für NTSC, Abb. 6.45 für PAL). Dort wird gezeigt, welche Luminanzstrukturen aus dem empfangenen Farbartsignal entstehen. Umgekehrt wird damit auch klar, dass Chrominanzstrukturen aus dem empfangenen Luminanzsignal entstehen, wenn die Luminanzstrukturen im aufnahmeseitigen Bild Spektralanteile in den markierten Ortsfrequenzbereichen enthalten. Zur Veranschaulichung dieses Zusammenhangs wird hier das Videotestsignal aus einem sogenannten „*Zonenplattengenerator*" benutzt. Dieser erzeugt auf dem Bildschirm eine unbunte, stillstehende Struktur, bei der sich die horizontale Ortsfrequenz proportional zur horizontalen Ortskoordinate verändert und ebenso die vertikale Ortsfrequenz proportional zur vertikalen Ortskoordinate:

$$f_x = \varkappa x, \quad f_y = \varkappa y \tag{6.36}$$

Dabei soll der x, y- Koordinatenursprung in der Bildmitte liegen. Eine derart von x, y abhängige Ortsfunktion ist das Analogon zu einem frequenzmodulierten Signal im Zeitbereich. Dieses wird bekanntlich mit einem verallgemeinerten Begriff der Frequenz beschrieben, einer zeitabhängigen „Augenblicksfrequenz". Lässt sich das Signal darstellen durch eine zeitabhängige Phase $\varphi(t)$ in $\sin\varphi(t)$ oder $\exp(\mathrm{j}\varphi(t))$, so ist die Augenblicksfrequenz definiert durch

$$f(t) = \frac{1}{2\pi} \frac{\mathrm{d}\varphi}{\mathrm{d}t}.$$

Entsprechend lässt sich bei mehrdimensionalen Signalen, die etwa mit einer Phase $\varphi(x,y,z,t)$ in $\sin\varphi$ oder $\exp(\mathrm{j}\varphi)$ dargestellt werden können, ein verallgemeinerter Frequenzvektor definieren:

$$\vec{f} =_{\mathrm{def}} \frac{1}{2\pi} \operatorname{grad}\varphi. \tag{6.37}$$

Ein Zonenplattenbild mit der ortsabhängigen Frequenz nach Gl. (6.36) ist somit gegeben durch

$$s(x,y) = 1 + \sin\left(\varkappa\pi\left(x^2+y^2\right)+\varphi_0\right). \tag{6.38}$$

Ein Beispiel mit $\varkappa = 1\ \mathrm{P/cm}^2$ zeigt Abb. 6.47, wobei die Sinusfunktion durch eine Rechteckfunktion ersetzt wurde. Die Bezeichnung Zonenplatte stammt aus der Optik. Dort versteht man darunter eine Platte mit abwechselnd durchsichtigen und undurchsichtigen konzentrischen Ringen. Eine ebene Welle wird durch diese Struktur gebeugt und geht in eine Kugelwelle über, deren Zentrum der Brennpunkt dieser „Zonenlinse" ist.

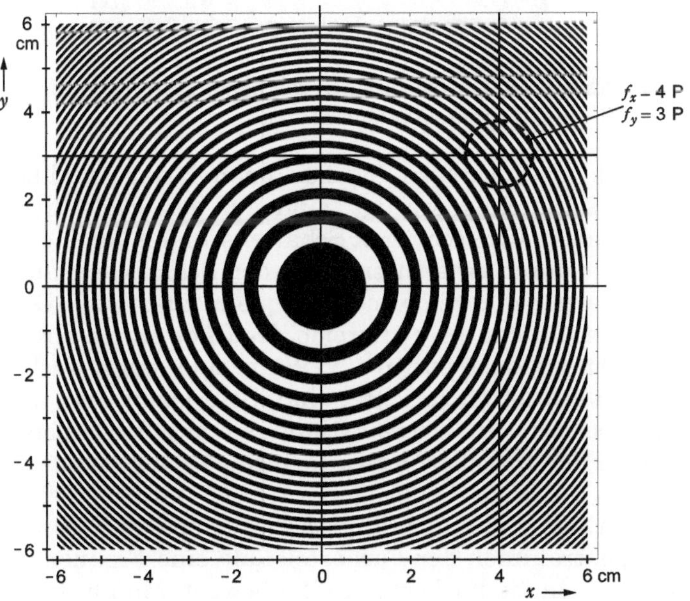

Abb. 6.47. Zonenplatte mit $f_x = x$ P/cm, $f_y = y$ P/cm

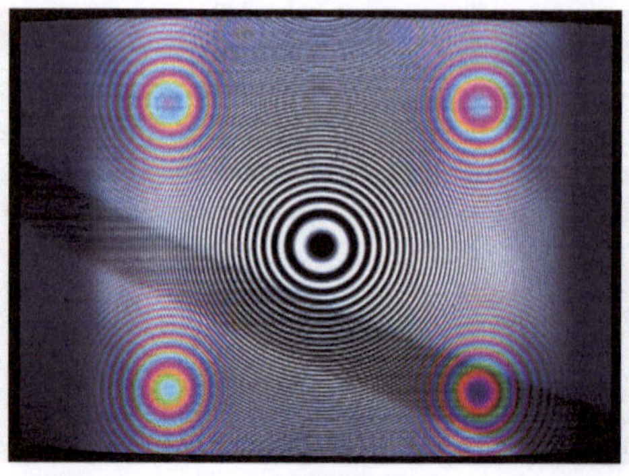

a) NTSC

b) PAL

Abb. 6.48. Cross-Colour durch Zonenplattensignal (Farbsättigung angehoben)

Die Cross-Colour-Störungen, die das Zonenplattensignal beim NTSC- und beim PAL-Empfang erzeugt, sind auf den Bildschirmphotos in Abb. 6.48 zu sehen. (Die schrägen Schattenstreifen kommen bei kurzer Belichtungszeit durch eine Interferenz der Schlitzverschlußbewegung in der Kamera mit der Bildwechselfrequenz zustande). Der $\{f_x, f_y\}$-Bereich ist hier auf den $\{x, y\}$-Bereich des Bildschirms abgebildet, wobei zu beachten ist, dass positive y-Werte und damit auch die positiven f_y-Werte nach unten gerichtet sind. So erkennt man die Lage der Ortsfrequenzbereiche in Übereinstimmung mit den Abbn. 6.41 und 6.44, die nach der Decodierung zu farbigen Zonenplatten werden, die um die zu f_0 gehörige Ortsfrequenz $\{f_y, f_y\}$ zentriert sind. Da alle Spektrallinien des Videosignals einer stillstehenden Zonenplatte zu den Nebenspektrallinien der Farbartsignale eine Frequenzablage aufweisen, erscheinen die Farbringe radial bewegt. Man beachte, dass bei PAL die Cross-Colour-Störung je nach Vorzeichen der f_y-Koordinate in U- und V-Farben aufgespalten ist. In der Praxis sind die Cross-

Colour-Störungen in Bildern mit schräg liegenden Schwarzweißgittern oder fein karierten Flächen bekannt. Man könnte sie vermeiden, ohne die Wiedergabe von senkrecht stehenden Strukturen zu beeinträchtigen, wenn man die coderseitige Bandsperre BS_A (Abb. 6.39) als Kammfilter ausbildet, wie zuvor für eine empfängerseitige Bandsperre zur Unterdrückung von Cross-Luminance beschrieben.

6.2 Systeme ohne Farbträger

Die Übertragung der beiden Farbdifferenzsignale C_R und C_B mit einem Farbträger, der dem Leuchtdichtesignal überlagert ist, bot die Möglichkeit, kompatibel zu einem bereits etablierten Schwarzweißfernsehsystem und innerhalb der dafür vorhandenen Kanäle Farbfernsehen einzuführen. Wie im Abschnitt 6.1 dargelegt, erfordern aber die Systeme mit Farbträger immer Kompromisse: Die Signalbandbreiten müssen eingeschränkt werden, und Übersprechen von Luminanz und Chrominanz kann auftreten.

Gibt man die Forderung nach Kompatibilität auf, so hat man bessere Möglichkeiten. Man kann die drei Komponenten E_Y, C_R, C_B im *Zeitmultiplex* übertragen. Für die herkömmliche analoge Signalübertragung wurde das System der „Multiplexed Analogue Components" (MAC) entwickelt und über eine Reihe von Jahren auf Satellitenkanälen eingesetzt. Das digitale Farbfernsehsystem DVB (Digital Video Broadcasting) bringt neben dem Vorteil der separaten Komponentenübertragung durch eine sehr effiziente Quellencodierung (MPEG-2) die Möglichkeit, in einem Fernsehkanal bis zu zehn Programme zu übertragen, meist ohne erkennbaren Qualitätsverlust. Aus diesem Grunde konnte es erfolgreich eingeführt werden.

Ein Empfang mit Geräten für PAL, NTSC oder SECAM ist nicht unmittelbar möglich. Zur Demodulation und Decodierung wird ein Vorsatzgerät benötigt, eine „Set-Top Box". Im Falle des Satellitenempfangs (s. 8.3.3) kann ein ohnehin separater Receiver dieses Vorsatzgerät enthalten.

Codierung und Decodierung bei DVB und MAC werden nachfolgend kurz zusammengefasst dargestellt. Die Verteilung der DVB-Signale (Kanalcodierung und HF-Modulation) über Satelliten, Kabel und terrestrische Sender wird im Kapitel 8 vorgestellt.

6.2.1 DVB

Digitale Fernsehsignale liefern die Information – wie grundsätzlich alle Digitalsignale – als durch *Ziffern* repräsentierte Daten, im Gegensatz zu Analogsignalen, bei denen Amplitude, Phase oder Frequenz eines elektrischen Signals in Abhängigkeit von der Information kontinuierlich, z. B. proportional, verändert worden sind. Die Repräsentation durch Zeichen aus einem begrenzten Vorrat, etwa alle ganzen Zahlen von 0 bis 255, ist eine *wertdiskrete* Darstellung, im Gegensatz zur wertkontinuierlichen Darstellung der Analogsignale. Die Folge von Daten kann zudem immer nur einzelne aufeinander folgende Abtastwerte repräsentieren, es ist nur eine *zeitdiskrete* Darstellung möglich.

Die Umsetzung eines Analogsignals in ein Digitalsignal ist der Ersatz einer kontinuierlichen Funktion einer kontinuierlichen Veränderlichen durch eine diskrete Funktion einer diskreten Veränderlichen. Die folgenden drei Maßnahmen sind notwendig:

- Signalabtastung: die Entnahme von Samples in z. B. gleichmäßigen Zeitabständen.
- Quantisierung der Abtastwerte.
- Umsetzung der quantisierten Abtastwerte in Zahlenwerte.

Abbildung 6.49 zeigt eine Abtast-Halte-Schaltung. In gleichmäßigen Zeitabständen T, gegeben durch das Taktsignal (clock signal CLK), wird das Analogsignal $u_1(t)$ abgetastet. Die Abtastwerte werden jeweils bis zum Beginn einer neuen Abtastung am Ausgang festgehalten. Es entsteht das Signal $u_2(t)$. Die Werteskala ist noch kontinuierlich, die Stufen sind die Folge des Abtast-Halte-Vorgangs. Solange das Abtasttheorem eingehalten wird, entsteht durch die Zeitdiskretisierung kein Informationsverlust. Durch Interpolation lässt sich dann das Ursprungssignal $u_1(t)$ über einer kontinuierlichen Zeitskala fehlerfrei wiedergewinnen, wie für den Ortsbereich in Abschn. 4.3.1 gezeigt wurde. Die Halteschaltung, wenn sie den Abtastwert für eine Dauer δ hält, wirkt auf das interpolierte Signal wie ein Tiefpass mit einer rechteckigen Impulsantwort der Dauer δ, also mit der Übertragungsfunktion $\left(1-\exp(-\mathrm{j}\omega\delta)\right)/\mathrm{j}\omega$. Ist wie in Abb. 6.49 die Haltezeit gleich dem Abtastintervall, $\delta = T$, dann hat der si-förmige Frequenzgang die erste Nullstelle bei der Abtastfrequenz. Eine Korrektur ist nach der Interpolation durch eine entsprechende Anhebung des Spektrums bei hohen Frequenzen leicht möglich.

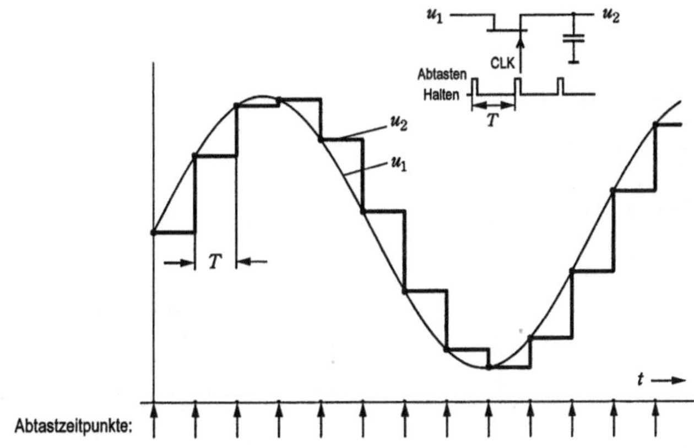

Abb. 6.49. Wirkung einer Abtast-Halte-Schaltung

Im Vergleich dazu zeigt Abb. 6.50 das Ergebnis einer Quantisierung des analogen Signals $s(t)$. Die Werteskala wird hier in gleich große Intervalle Δs eingeteilt, abgegrenzt durch Entscheidungsschwellen. Das quantisierte Signal $s_q(t)$ kann nur Werte in der Mitte zwischen zwei Schwellen annehmen, jeweils wenn das Signal $s(t)$ die untere der beiden überschritten hat. So entsteht ein Signal mit gleich hohen Stufen (*gleichmäßige* Quantisierung). Die Quantisierung verfälscht das Signal im Allgemeinen, sie ist irreversibel. Damit hat man sich allerdings einen wichtigen Vorteil erkauft: überlagerte Störsignale können als solche erkannt werden, sofern ihr Betrag kleiner als $\Delta s/2$ bleibt. Dann ist durch eine Rücksetzung auf die nächstgelegene Quantisierungsstufe die Störung beseitigt.

Ein Analog-Digital-Umsetzer (Abb. 6.51) vereint in sich die Funktionen Abtasten, Halten, Quantisieren und Umsetzen in einen Zahlencode. Für eine gleichmäßige Quantisierung z. B. mit 8 Stufen werden

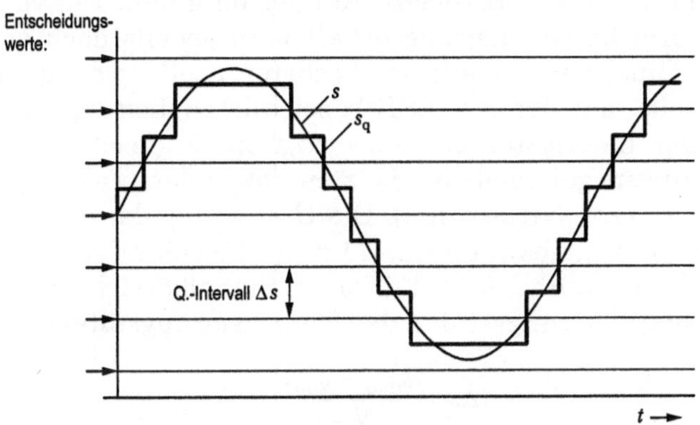

Abb. 6.50. Quantisierung eines Analogsignals

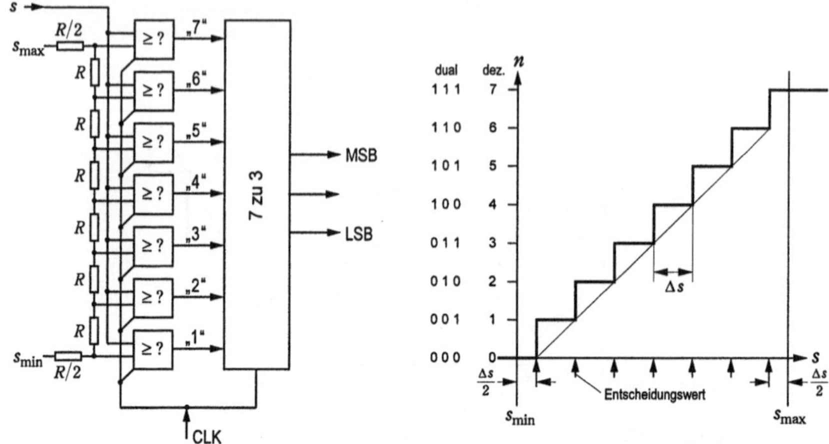

Abb. 6.51. Ein Analog-Digital-Umsetzer mit 8 Quantisierungsstufen (3 bit)

7 Komparatoren benötigt. Sie erhalten alle das analoge Eingangssignal $s(t)$ und im Abstand Δs abgestufte Vergleichsspannungen (Entscheidungswerte). Die Komparatoren liefern ein positives Ausgangssignal, wenn $s(t)$ gleich oder größer als die jeweilige Vergleichsspannung ist. Wird die erste Schwelle, beim untersten Komparator, gerade erreicht oder überschritten, so signalisiert er durch seine positive Ausgangsspannung die Zahl 1, sonst 0, und bei der nächsthöheren Schwelle durch Ansprechen des darüber liegenden Komparators wird die Zahl 2 signalisiert. Schließlich wird bei Erreichen oder beliebig großem Überschreiten der obersten Schwelle die Zahl 7 signalisiert. Die hier durch Dezimalzahlen beschriebenen Ergebnisse werden in einen *dualen Zahlencode* umgesetzt, also durch Binärelemente (z. B. die Symbole 0 und 1) mit Stellenwertigkeiten dargestellt, von rechts nach links, 2^0, 2^1, 2^2. Die Dualzahl wird auf drei Leitungen durch niedrige bzw. hohe Spannungspegel für 0 bzw. 1 realisiert. Auf der im linken Teil von Abb. 6.51 mit MSB bezeichneten Leitung erhält man jeweils nach einem Taktimpuls das Binärelement mit der höchsten Stellenwertigkeit 2^2 (most significant bit), auf der mit LSB bezeichneten Leitung das Binärelement mit der niedrigsten Stellenwertigkeit 2^0 (least significant bit). Die Spannungspegel bleiben bis zum folgenden Taktimpuls stehen (non-return to zero, NRZ-Signal). Die Umsetzung des analogen Signals s in die Zahlen 0,...,7 bzw. 000,...,111 zeigt die Quantisierungskennlinie im rechten Teil von Abb. 6.51. Für einen Signalbereich von s_{min} bis s_{max} ist bei N Quantisierungsstufen das Quantisierungsintervall

$$\Delta s = \frac{s_{max} - s_{min}}{N-1}, \tag{6.39}$$

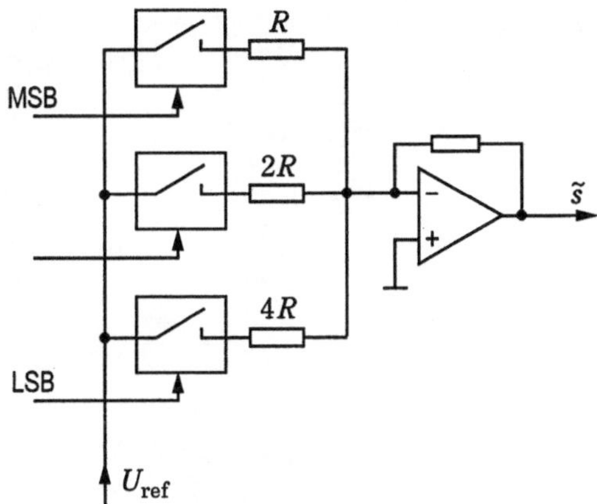

Abb. 6.52. Ein 3-bit Digital-Analog-Umsetzer

und die ≥-Abfrage der Komparatoren zusammen mit der in Abb. 6.51 gezeigten Widerstandskette, die Vergleichsspannungen $s_{min} + \Delta s/2$, $s_{min} + 3\Delta s/2$, ... liefert, ergibt am Ausgang des Umsetzers die Zahlenwerte

$$n = \mathrm{Round}\left(\frac{s - s_{min}}{\Delta s}\right) \quad (n \in \mathbb{Z}) . \tag{6.40}$$

Die Funktion Round erzeugt die zu ihrem Argument nächstgelegene ganze Zahl, bei einem Wert genau in der Mitte die größere ganze Zahl.

Eine Schaltung zur Rückgewinnung des analogen Signals zeigt Abb. 6.52[1]. Die NRZ-Signale auf den drei Leitungen, die im Dualcode die Zahlen n parallel übertragen, schalten mit drei elektronischen Schaltern die Ströme U_{ref}/R, $U_{ref}/2R$ und $U_{ref}/4R$, und diese werden mit dem folgenden Operationsverstärker addiert. Aus dem Ausgangssignal $\tilde{s}$ (nach der oben erwähnten si-Korrektur oder nach Umwandlung in Kurzzeitimpulse) kann man durch einen Interpolationstiefpass das analoge Ursprungssignal – bis auf die durch die Quantisierung verursachten Fehler – wiederherstellen.

Bei zu grober Quantisierung von Videosignalen entstehen aus den Stufen deutlich sichtbare Konturen im Bild („contouring“). Besonders kritisch sind dabei Bilder mit über große Flächen ausgebreiteten Schattierungen, beispielsweise ein über das gesamte Bild verteilter Übergang von Schwarz nach Weiß oder der Übergang vom Spotlicht zum dunklen Hintergrund (Abb. 6.53). Eine Quantisierung etwa mit nur 16 Stufen, wie in Abb. 6.53 rechts dargestellt, wäre dabei keines-

[1] Zur Realisierung als integrierte Schaltung werden andere Anordnungen benutzt.

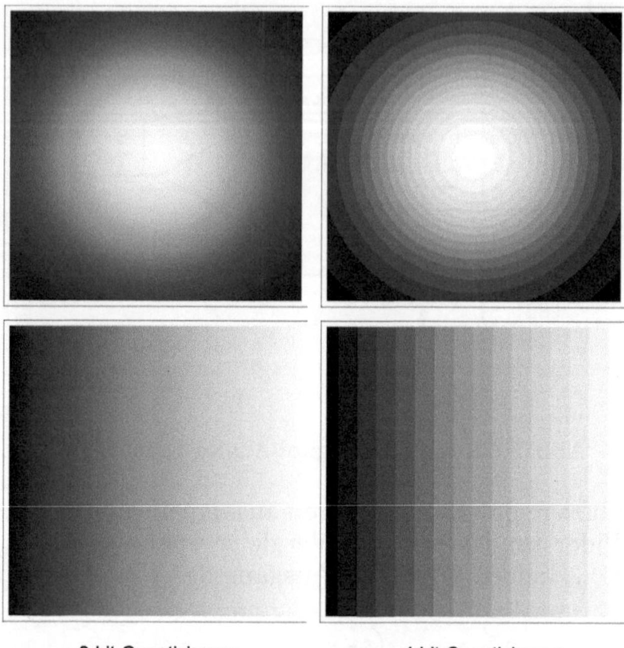

Abb. 6.53. Contouring durch zu grobe Quantisierung

wegs ausreichend. Der Effekt wird noch verstärkt sichtbar durch das Mach-Phänomen (s. Abschn. 3.2). Eine Quantisierung mit 256 Stufen, wie im Bild links dargestellt, ist dagegen von einer wertkontinuierlichen Wiedergabe selbst bei kritischem Bildinhalt nicht mehr zu unterscheiden. Diese 8-bit-Quantisierung wird deshalb für Videosignale als hinreichend angesehen. Obwohl Leuchtdichtesprünge gleicher Höhe in dunklen Bildteilen eher wahrgenommen werden als in hellen (Weber-Fechnersches Gesetz, Abb. 5.12), ist die Quantisierung der Signale trotzdem gleichmäßig durchzuführen. Denn die Gammaverzerrung des Displays – sie ist Voraussetzung – sorgt dafür, dass eine gleichmäßig gestufte Signaltreppe zu einer als gleichmäßig empfundenen Graustufung führt (s. Abschn. 5.2.3).

Digitale Komponentensignale

Digitale Fernsehsignale wurden zuerst ausschließlich im Studiobereich – etwa ab 1982 – eingesetzt, insbesondere wegen der vielen „Generationen" von Bandaufzeichnungen, die dort in der Regel im Zuge der Bearbeitung einer Produktion notwendig werden (s. Abschn. 9.3.1). Nach jeder erneuten Aufzeichnung wird bei Analogbetrieb das Signal verschlechtert, bei Digitalbetrieb ist selbst nach mehreren Generationen kein Unterschied zum Original festzustellen[1]. Die weltweit gültige Studionorm für digitale Komponentensignale wurde mit den Recommendations ITU-R BT.601 und BT.656 [6.13] festgelegt.

Der Wertebereich der E_Y-Komponente ist $0\ldots1$. Bei C_R ist er –0,701...0,701, bei C_B ist er –0,886...0,886, jeweils bis zur vollen Aussteuerung ($\mathrm{Max}(R',G',B')=1$) und bis zur maximalen Farbsättigung ($\mathrm{Min}(R',G',B')=0$, vgl. Abschn. 6.1.1. und 6.1.3). Gemäß Rec. ITU-R BT.601 wird vor der Digitalisierung der Wertebereich beider Farbdifferenzsignale durch eine entsprechende Pegelanpassung auf –0,5...0,5 gesetzt; es werden daher die Signale

$$\begin{aligned} C_{R\mathrm{D}} &=_{\mathrm{def}} 0{,}713\,(R'-E_Y) \\ C_{B\mathrm{D}} &=_{\mathrm{def}} 0{,}564\,(B'-E_Y) \end{aligned} \tag{6.41}$$

benutzt.

Bei einer Darstellung der Digitalsignale mit 8-bit-Dualzahlen, also 0000 0000 bis 1111 1111, ist der Dezimalzahlenbereich $n = 0\ldots255$. Die Werte 0 und 255 bleiben für Synchronisierungszwecke vorbehalten (s.u.). Um etwas Platz für Über- oder Untersteuerung ($s > s_{\max}$ bzw. $s < s_{\min}$) zu lassen, werden für das nominelle Leuchtdichtesignal nur $N = 220$ Stufen vorgesehen, und es soll mit $n = 16$ beginnen. Mit $s_{\max} - s_{\min} = 1$ wird dann nach Gl. (6.39) die Signalstufung von E_Y $\Delta s = 1/219$, und nach der Digitalisierung entstehen die Zahlenwerte (vgl. Gl. (6.40))

$$n_{EY} = \mathrm{Round}(219\,E_Y) + 16\,. \tag{6.42}$$

Der Zusammenhang ist im oberen Teil von Abb. 6.54 dargestellt.

Für die nominellen Farbdifferenzsignale sind jeweils $N = 225$ Stufen vorgesehen, und wenn sie null sind, soll $n = 128$ entstehen. Wieder mit $s_{\max} - s_{\min} = 1$ ergibt sich für die Stufung der Farbdifferenzsignale $\Delta s = 1/224$ und damit nach ihrer Digitalisierung (s. Abb. 6.54 unten)

$$\begin{aligned} n_{CR} &= \mathrm{Round}(224\,C_{R\mathrm{D}}) + 128 \\ n_{CB} &= \mathrm{Round}(224\,C_{B\mathrm{D}}) + 128. \end{aligned} \tag{6.43}$$

[1] Dazu könnte man sogar auf die Trennung der Komponenten verzichten – wie auch verschiedentlich geschehen – und das PAL-FBAS-Signal als Ganzes digitalisieren („geschlossene Codierung“, *composite coding*).

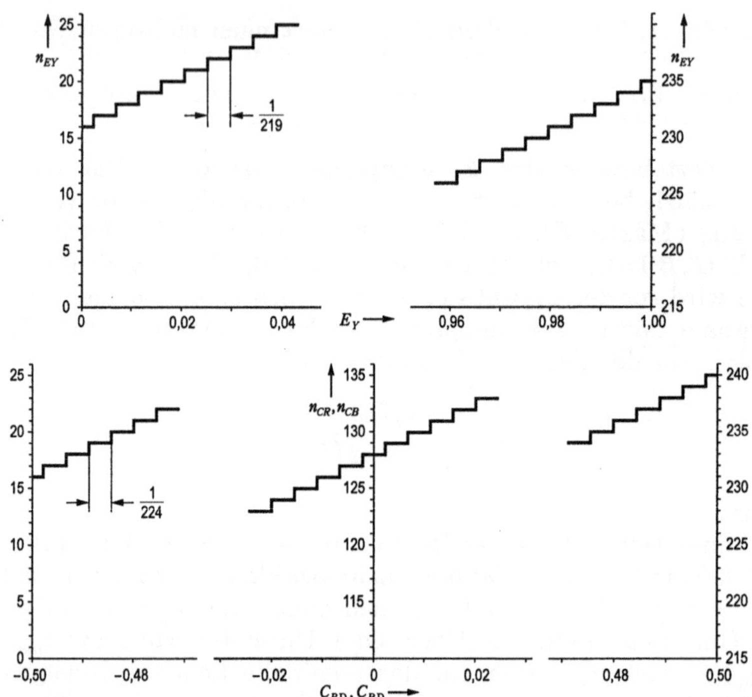

Abb. 6.54. Quantisierung nach Rec. ITU-R BT.601

Drei Analog-Digital-Umsetzer jeweils mit 255 Komparatoren entsprechend Abb. 6.51 werden für die Digitalisierung der analogen Komponentensignale eingesetzt. Dabei wird das Leuchtdichtesignal mit der Frequenz

$$f_{\mathrm{CLK}\,Y} = 13{,}5\ \mathrm{MHz}$$

abgetastet, die Farbdifferenzsignale werden mit der Hälfte dieser Frequenz abgetastet:

$$f_{\mathrm{CLK}\,C} = 6{,}75\ \mathrm{MHz}.$$

Deshalb ist die Bandbreite von C_R, C_B nur auf die Hälfte der Bandbreite von E_Y zu reduzieren und nicht auf ein Viertel wie bei den Systemen mit Farbträger. Die digitalen Komponentensignale nach der Studionorm ITU-R BT.601 bezeichnet man nach dem Verhältnis der drei Abtastfrequenzen auch als Signale im „4:2:2-Format".

Die Abtastfrequenzen sind phasenstarr mit der Zeilenfrequenz verkoppelt, sie sind ein ganzes Vielfaches von f_{H}. In den 625-Zeilen-Systemen mit $f_{\mathrm{H}} = 15625\ \mathrm{Hz}$ gilt

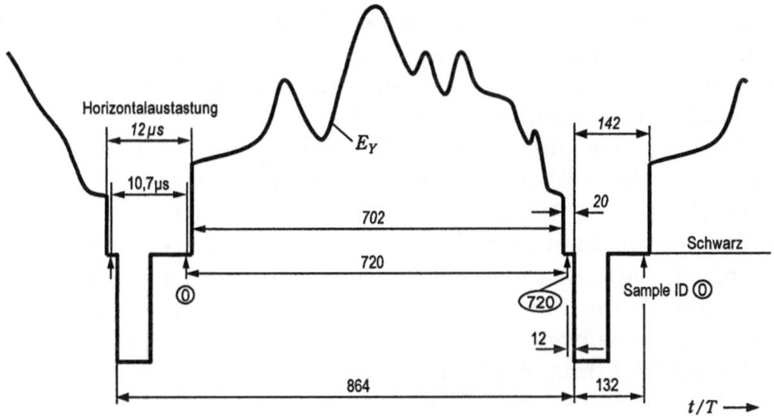

Abb. 6.55. Abtastzeitpunkte beim Leuchtdichtesignal über die Dauer einer Zeile (625-Zeilen-System)

$$f_{\mathrm{CLK}\,Y} = 864 f_{\mathrm{H}}$$
$$f_{\mathrm{CLK}\,C} = 432 f_{\mathrm{H}}. \qquad (6.44a)$$

Auf die Dauer jeder Zeile, 64 µs, entfallen also genau 864 Abtastwerte des Leuchtdichtesignals, wie in Abb. 6.55 über der auf das Abtastintervall $T = 1/f_{\mathrm{CLK}\,Y}$ bezogenen Zeit dargestellt.

Dabei sollen 720 Abtastwerte (Samples 0...719) auf den „aktiven" Teil der Zeile (die sichtbare Bildbreite) entfallen, die restlichen 144 auf die Horizontalaustastung. Diese ist hier auf 10,7 µs gegenüber 12 µs beim analogen Signal verkürzt, die aktive Dauer von 52 µs auf 53,3 µs verlängert (vgl. Abb. 4.31), wie in Abb. 6.55 mit den kursiv dargestellten Zahlen zu erkennen ist[1].

In den 525-Zeilen-Systemen ergibt sich bei einer Zeilenfrequenz von $f_{\mathrm{H}} = 15750/1{,}001$ Hz ebenfalls ein ganzzahliges Vielfaches für die Abtastfrequenzen:

$$f_{\mathrm{CLK}\,Y} = 858 f_{\mathrm{H}}$$
$$f_{\mathrm{CLK}\,C} = 429 f_{\mathrm{H}}. \qquad (6.45b)$$

Der Reduktionsfaktor 1,001 ist ursprünglich beim NTSC-Signal eingeführt worden, damit die Tonträgermittenfrequenz von 4,5 MHz ein ganzes Vielfaches der Zeilenfrequenz ist, so dass ein Halbzeilenoffset des Farbträgers auch bezüglich jener Frequenz besteht (s. Abschn. 6.1.4). Dadurch aber ergeben sich 13,5 MHz und 6,75 MHz ebenfalls

[1] Auch die Vertikalaustastung ist gegenüber der des analogen Signals (Abb. 4.32) etwas verändert, s. ITU-R BT.656. Im 625-Zeilen-Standard enthält ein Bild 576 aktive Zeilen.

als ganze Vielfache der Zeilenfrequenz. Die Horizontalaustastung wird bei den 525-Zeilen-Systemen auf $138T$ festgesetzt. Damit wird erreicht, dass auch bei diesen Systemen 720 Abtastwerte auf die aktive Zeile entfallen, also *weltweit einheitlich*.

Man beachte, dass die zur Digitalisierung durchgeführten Signalabtastungen im *Zeitbereich* erfolgen, nicht im Ortsbereich. Durch die feste Beziehung der Abtastfrequenzen zur Zeilenfrequenz kann man jedoch die gewonnenen Samples eindeutig bestimmten Orten des Bildes zuordnen. Man kann deshalb so tun – und das ist allgemein üblich –, als ob die Samples schon ursprünglich im Ortsbereich genommen worden wären. Tatsächlich ist es nur die Diskretisierung in vertikaler Bildrichtung, die Zeilenabtastung, die sich im digitalisierten Signal wiederfindet; eine bei der Bildaufnahme gegebenenfalls auch horizontal durchgeführte Rasterung (in der CCD-Videokamera, s. Abschn. 4.1 und 9.1.1) ist durch Interpolation im analogen Signal verschwunden und hat keinen Bezug zu den Samples des digitalen Signals.

Die Zuordnung der zeitlichen Samples zu den örtlichen Positionen ist in Abb. 6.56 dargestellt. Es ergibt sich wegen der ganzzahligen Verhältnisse der Abtastfrequenzen zur Zeilenfrequenz ein *orthogonales* Abtastmuster: 720 Samples horizontal mal 576 Samples vertikal beim Luminanzsignal, 360 Samples horizontal mal 576 Samples vertikal für jedes Chrominanzsignal, paarweise an der gleichen Stelle liegend und mit jedem zweiten Luminanz-Sample in der Zeile zusammenfallend.

Die Chrominanzsignale werden vor den Eingängen der Analog-Digital-Umsetzer durch Anti-Aliasing-Tiefpässe auf eine Bandbreite von 3 MHz begrenzt (Dämpfung größer als 6 dB bei 3,375 MHz), das Luminanzsignal auf 6 MHz (Dämpfung größer als 12 dB bei 6,75 MHz), s. Abb. 6.57. Die schmalbandigen Chrominanzfilter bewirken bei ansonsten gleicher Auslegung eine doppelt so große Signalverzögerung

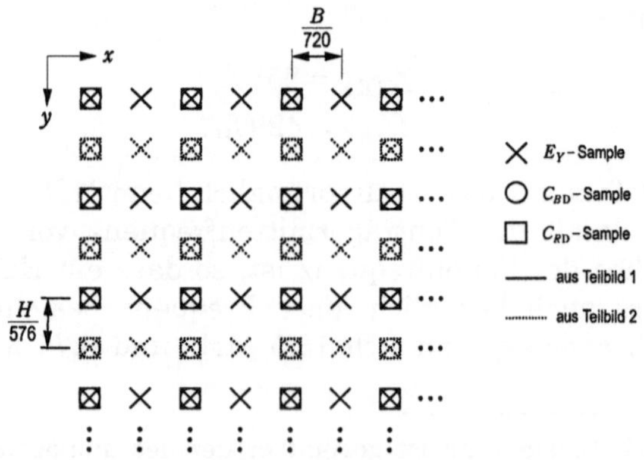

Abb. 6.56. Das Abtastmuster beim 4:2:2-Format nach Rec. ITU-R BT.601

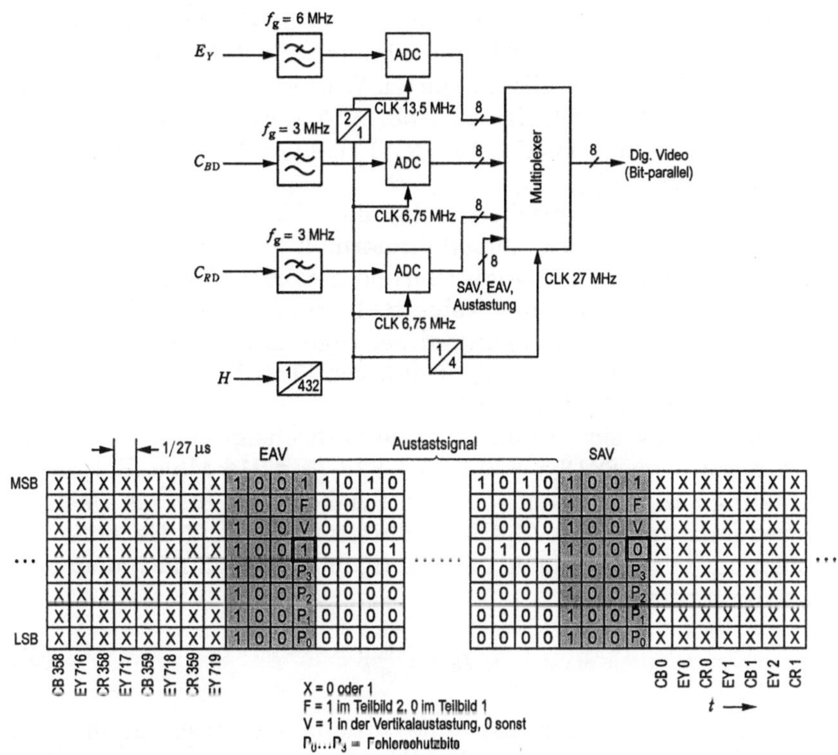

Abb. 6.57. Die Umsetzung der analogen Komponentensignale in ein digitales Signal im 4:2:2-Format nach ITU-R BT.601/656

im Vergleich zum Luminanzfilter. Entsprechend muss für das Luminanzsignal eine Verzögerung eingeführt werden (in Abb. 6.57 nicht dargestellt). Die von den Umsetzern gelieferten 8-Bit[1]-Datenworte n_{EY}, n_{CR}, n_{CB} werden zeitlich nacheinander übertragen. Der Multiplexer liefert auf acht Leitungen (Bit-parallele Übertragung) die Datenworte im 27-MHz-Takt in der Reihenfolge

$$n_{CB}, n_{EY}, n_{CR}, n_{EY}, n_{CB}, n_{EY}, n_{CR}, n_{EY}, \dots ,$$

wobei sich die Gruppe n_{CB}, n_{EY}, n_{CR} auf die zusammenfallenden Samples bezieht, das darauf folgende n_{EY}-Wort auf das nachfolgende Luminanzsample, an dessen Position keine Chrominanzsamples vorhanden sind (Abb. 6.56). Beginn und Ende der Austastzeit werden mit vier

[1] Wir bezeichnen in einem Binärsignal das Binärsymbol als „Bit" (binary digit). Die Anzahl möglicher Binärentscheidungen wird hingegen mit „bit" (abgekürzt „b") bezeichnet, z. B. in der Maßeinheit b/s.

8-Bit-Datenworten EAV (end of active video) bzw. SAV (start of active video) signalisiert. Die Folge beginnt immer mit 255, 0, 0. Positionsinformationen sind nur jeweils im vierten Wort enthalten. EAV und SAV unterscheiden sich durch das in Abb. 6.57 dick umrahmte Bit. Das digitale Austastsignal besteht aus der Folge von Werten 128, 16, 128, 16, ... entsprechend $C_{B\mathrm{D}} = E_Y = C_{R\mathrm{D}} = 0$.

Neben den hier beschriebenen digitalen Komponentensignale mit 8-bit-Quantisierung ist für Signale innerhalb eines Studios auch eine Digitalisierung mit 10-bit-Quantisierung genormt. Sie hat für unsere folgenden Betrachtungen aber keine Bedeutung. Hier wird auch meistens die Bit-*serielle* Übertragung dieser Signale über ein einziges Koaxialkabel eingesetzt, wie sie im Teil 3 von ITU-R Rec. BT.656 festgelegt ist (*SDI*, Serial Digital Interface).

Insgesamt ergibt sich für das digitale Fernsehsignal im 4:2:2-Format eine Datenrate von 8×13,5 + 8×6,75 + 8×6,75 = 216 Mb/s. Bei serieller Übertragung von R_b b/s mit binären Symbolen ist für das Basisband eine Frequenzbandbreite (6-dB-Bandbreite) von $R_\mathrm{b}/2$ Hz notwendig, allgemein bei Verwendung von 2^m-wertigen Symbolen nach dem ersten Nyquist-Kriterium

$$f_\mathrm{g} = \frac{R_\mathrm{b}}{2m}. \tag{6.46}$$

Daher erfordert beispielsweise eine serielle Übertragung mit NRZ-Signalen eine Bandbreite von 108 MHz. Gegenüber einem PAL-Signal mit 5 MHz Bandbreite ist das eine Steigerung um den Faktor 22.

Durch Weglassen der größtenteils redundanten Daten der Austastlücken kommt man auf eine Netto-Bitrate von 166 Mb/s. Aber auch auf dieser Basis wäre ein digitales Fernsehsystem wegen des enormen Bandbreitenbedarfs nicht diskutabel. Eine Datenreduktion ist daher unerlässlich.

Die komprimierende Quellencodierung darf keine erkennbare oder wenigstens keine untolerierbare Qualitätsverschlechterung mit sich bringen, und sie muss mit erträglichem Aufwand in Echtzeit – fortlaufend während der Übertragung – realisierbar sein. Je höher der geforderte Kompressionsgrad ist, um so schwieriger sind die beiden Bedingungen zu erfüllen. Erst nach 1990 standen die hochintegrierten und sehr schnell arbeitenden Bausteine zur Verfügung, die eine komplexe programmgesteuerte Datenverarbeitung in Echtzeit und in kleinen, kompakten Anlagen ermöglichten.

Quellencodierung nach MPEG-2

Im Jahre 1994 wurde unter der Bezeichnung MPEG-2 eine internationale Norm zur Quellencodierung von Bewegtbildsignalen und ihren zugehörigen Tonsignalen eingeführt [6.12]. Mehrere hundert Forscher und Entwickler aus über 20 Ländern, die „Moving Picture Experts Group“ (MPEG), hatten diese Norm auf der Grundlage vorangegangener Normen zur Speicherung auf CD (MPEG-1) und für Standbilder (JPEG, nach der „Joint Photographic Experts Group“ benannt) erarbeitet. Die Expertengruppe war von ISO (International Standardization Organisation) und IEC (International Electrotechnical Commission) eingesetzt worden und stand unter dem Vorsitz von CHIARIGLIONE[1] (bei CSELT, Centro Studi e Laboratori Telecommunicazione in Turin). Die Norm definiert einen sehr weit gefassten Rahmen einer „Familie“ („generische“ Norm) der *hybriden* Quellencodierung bestehend aus Prädiktionscodierung kombiniert mit nachfolgender Transformationscodierung. Sie legt auch nicht explizit die Codierung fest, sondern nur Syntax und Semantik des vom Coder zu liefernden Datenstromes, und die Funktionen, die ein Decoder mindestens ausführen können muss. Die Varianten der Norm werden aufgeteilt nach „Profiles“ (nach der Komplexität bzw. dem Umfang der Syntax) und „Levels“ (nach der Anwendung bzw. der Anforderung an die Auflösung).

Ein europäisches Konsortium gründete 1993 in Zusammenarbeit mit dem Normungsinstitut ETSI (European Telecommunications Standards Institute) das DVB Projekt zur Entwicklung und Normung des digitalen Fernsehens. Diese Arbeiten und die Einführungsstrategien standen unter der Leitung von REIMERS[2] (Technische Universität Braunschweig). Modulation und Kanalcodierung (s. Kapitel 8) wurden zunächst für Satellitenübertragung entwickelt und eingeführt (DVB-S), danach für Kabelübertragung (DVB-C) und schließlich für die terrestrische Übertragung (DVB-T).

Man entschied sich für eine Quellencodierung nach MPEG-2 und legte für DVB eine Untermenge aus dem großen Bereich dieser Norm fest: Main Profile @ Main Level für Standard-TV (4:2:0 bei 720×576 Luminanzsamples) und Main Profile @ High Level für HDTV (4:2:0 bei 1920×1080 Luminanzsamples) [6.9]. Aber auch mit diesen Einschränkungen gibt es noch eine große Zahl coderseitig unterschiedlich wählbarer Parameter, die dem Decoder zur Einstellung des richtigen Betriebsmodus mitgeteilt werden müssen. Im Folgenden wird eine kurze Übersicht über die Video-Quellencodierung für Standard-TV im DVB-System gegeben. Die Audiocodierung wird nicht behandelt. Eine aus-

---

[1] Leonardo Chiariglione, *30.1.1943 in Almese (Italien).

[2] Ulrich Reimers, *23.3.1952 in Hildesheim.

führlichere Darstellung ist z. B. bei Reimers [6.19], in der Zeitschrift FKT [6.6] oder bei Watkinson [6.23] zu finden.

Die Datenreduktion besteht aus folgenden Schritten:

- Beim 4:2:2-Eingangssignal wird eine *vertikale Unterabtastung* der Chrominanzsignale durchgeführt: die Chrominanzsamples in jeder zweiten Zeile werden gelöscht, so dass ihre Dichte jetzt nicht nur horizontal, sondern auch vertikal halbiert ist gegenüber den Luminanzsamples. Das Resultat bezeichnet man als „4:2:0-Format".
- *Differenzbildung* aus dem gegenwärtigen Bild und einem Prädiktionsbild, das aus dem vorangegangenen Bild *mit Bewegungskompensation* berechnet wurde. Im Ergebnis, dem Prädiktionsfehlersignal, ist die Korrelation der Bildelemente aufeinander folgender Bilder größtenteils beseitigt (*zeitliche Dekorrelation*).
- Das Prädiktionsfehlersignal enthält noch die Korrelation örtlich benachbarter Bildelemente. Es wird deshalb durch eine *zweidimensionale diskrete Cosinustransformation* (DCT) in Koeffizienten über den Ortsfrequenzbereich tranformiert. Denn in diesem Bereich benachbarte Koeffizienten sind im Wesentlichen nicht mehr miteinander korreliert, und wegen der Korrelation im Originalbereich sind viele der Koeffizienten sehr klein.
- Die vorangegangenen beiden Schritte ergeben zwar selbst noch keine Datenreduktion, liefern aber die Voraussetzung für eine effiziente Reduktion in den folgenden Codierungsschritten – bei nur geringen Qualitätseinbußen. Zunächst werden die von der DCT gelieferten Koeffizienten mehr oder weniger grob *quantisiert*, bei hohen Ortsfrequenzen mit nur wenigen Stufen.
- Die quantisierten Koeffizienten bilden meist lange Nullfolgen, wenn sie in einer geeigneten Reihenfolge angeordnet werden. Gibt man statt dieser Nullen nur ihre *Anzahl* in den Folgen an, kann man viele Symbole einsparen: *„Lauflängencodierung"* (run-length coding).
- Die von der Lauflängencodierung gelieferten Daten werden durch unterschiedlich lange Worte dargestellt: die häufig vorkommenden Daten durch kurze Worte, die seltenen Daten durch längere Worte (variable-length coding nach Huffman).

Ein Coder, der diese Schritte ausführt, ist in Abb. 6.58 gezeigt. Der Decoder (Abb. 6.59) macht sie, in umgekehrter Reihenfolge, wieder rückgängig.

Im Vorverarbeitungsteil am Codereingang sind die zeitlich nacheinander eintreffenden Samplewerte des einlaufenden 4:2:2-Signals (Abb. 6.57) in Bildspeicher für das Luminanzsignal und die beiden Chrominanzsignale abzulegen. Die Speicher können jeweils ein Vollbild aufnehmen, wobei aber zu beachten ist, dass es aus 20 ms auseinander

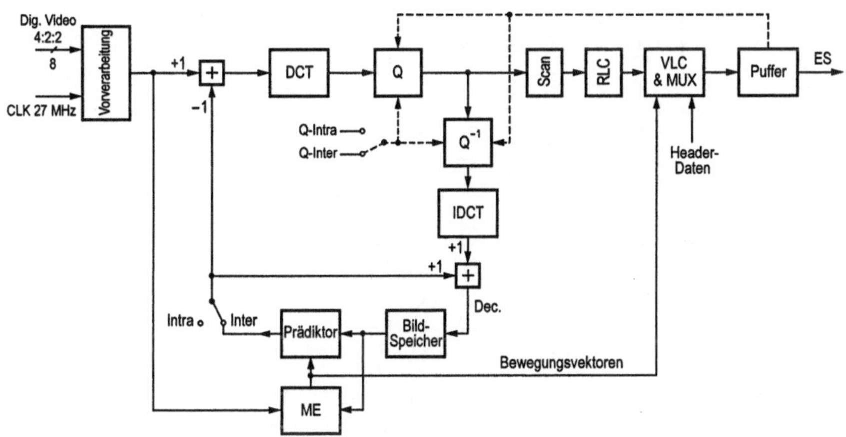

Abb. 6.58. Vereinfachtes Blockschaltbild eines MPEG-2-Videocoders für DVB

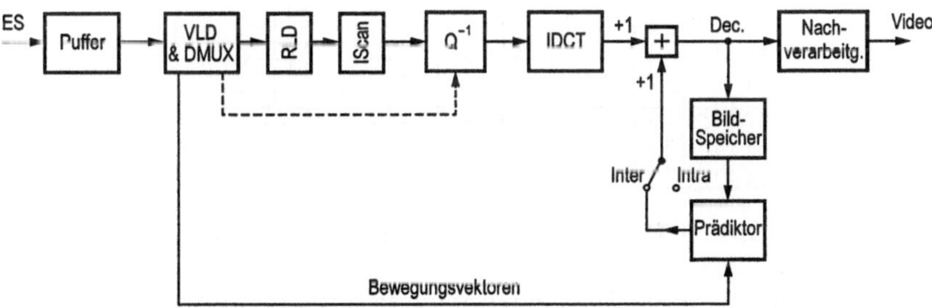

Abb. 6.59. Der MPEG-2-Videodecoder

liegenden Teilbildern zusammengesetzt wird. Anti-Aliasing-Filter als vertikal wirkende digitale Tiefpässe sind für die Chrominanzsamples zur Vorbereitung auf die 1:2-Dezimation bei der Umsetzung auf das 4:2:0-Format notwendig. Sie wird mit Rücksicht auf den Rekonstruktionsaufwand am Decoderausgang nicht im Vollbild, sondern teilbildweise durchgeführt. Zusammen mit der Tiefpassfilterung wird eine vertikale Verschiebung um einen halben Zeilenabstand eingeführt, so dass sich das Abtastmuster nach Abb. 6.60 ergibt[1]. Der gestrichelte Rahmen markiert eine Gruppe aus vier Luminanzsamples mit dem ihnen zugeordneten Chrominanzsamplepaar.

---

[1] Man beachte den Unterschied gegenüber SECAM (s. Abschnitt 6.1.3): in zeitlich aufeinander folgenden Zeilen wird bei SECAM abwechselnd jeweils nur eines der beiden Farbdifferenzsignale übertragen, beim 4:2:0-Format werden entweder beide oder gar keine Farbdifferenzsignale übertragen.

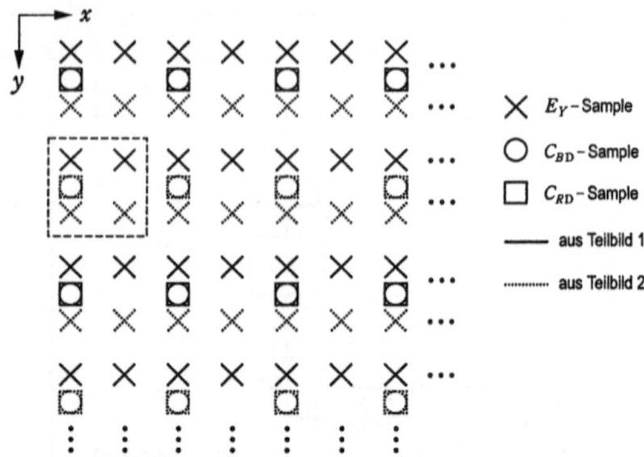

Abb. 6.60. Das Abtastmuster nach der 1:2-Dezimation der Chrominanzsamples am Codereingang (4:2:0-Format)

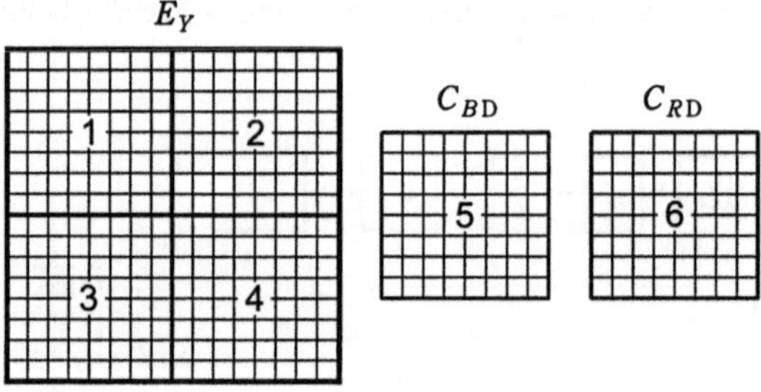

Abb. 6.61. Ein Makroblock beim 4:2:0-Format

Die zweidimensionale DCT wird jeweils auf nur kleine quadratische *Blöcke aus 8×8 Samples* angewandt (s. u.), die in dieser Form nacheinander vom Vorverarbeitungsteil geliefert werden, und zwar geordnet als *Makroblöcke*, bestehend aus 2 × 2 Luminanzblöcken (also 16 × 16 Samples) und je einem C_{BD}- und C_{RD}-Block (Abb. 6.61).

Die nachfolgende Differenzbilderzeugung aus dem gegenwärtigen und einem vorhergesagten Bild wird makroblockweise durchgeführt. In unbewegten Bildteilen liefert das vorangegangene Bild – in einem Bildspeicher zu diesem Zweck aufbewahrt – die richtige Vorhersage. In bewegten Bildteilen würde eine derartige Vorhersage zu erheblichen Fehlern führen, die im Folgenden eine effiziente Datenreduktion unmöglich machen würde. Zur Prädiktionsverbesserung wird entsprechend einer geschätzten Bewegung die gesamte Samplegruppe im Makroblock verschoben, unter Hinzunahme von Samples aus benachbarten Blöcken. Vom gegenwärtigen Makroblock wird der so gewonnene, bewegungskompensierte Vorhersageblock subtrahiert. Größe und Richtung der Verschiebung werden von einem „Bewegungsschätzer“ (ME in Abb. 6.58) ermittelt. Beim üblichen Verfahren wird „Blockmatching“ eingesetzt: ein probeweises Verschieben, bis dass die beste

Übereinstimmung mit dem gegenwärtigen Bildteil erreicht wird. Das Ergebnis ist ein *Bewegungsvektor*. Er steuert den Prädiktor zur Bewegungskompensation. Er muss aber auch dem Empfänger zur Decodierung zur Verfügung stehen und wird dazu zusammen mit den komprimierten Daten des Makroblocks übertragen. Je besser das Bewegungskompensationsverfahren eines Coders ist, um so größer ist der mögliche Reduktionsfaktor. Die Bewegungsschätzung macht einen Großteil des Aufwandes in einem MPEG-2-Videocoder aus. Prädiktionsfehler sind trotzdem immer zu erwarten. Häufig sind nur Teile eines Makroblocks von der Bewegung betroffen, die Kompensation erfasst jedoch alle Samples des Blocks gleichermaßen, so dass der feststehende Teil verfälscht wird. Ebenso kann sich ein bewegtes Objekt bei der Bewegung verändern oder neue, bisher nicht sichtbare Teile des Hintergrundes aufdecken. Bei schnellen Bewegungen sind erhebliche Unterschiede zwischen den Teilbildern vorhanden. Dann darf die Kompensation nicht vollbildweise durchgeführt werden, sondern muss für die Teilbilder separat erfolgen. Als „Bild" kann im Folgenden also entweder ein Vollbild oder ein Teilbild gemeint sein.

Differenzbilder (predictive coded pictures, P-Bilder) können nicht ausschließlich verwendet werden, jedenfalls am Anfang muss ja einmal als Referenzbild ein Bild ohne Differenzbildung übertragen werden, also ohne zeitliche Dekorrelation, nur mit örtlicher Dekorrelation (nur innerhalb eines Bildes codiert, intra-coded picture, I-Bild). In Abb. 6.58 und 6.58 sind die beiden Betriebsmodi mit den Schalterstellungen „Inter" (Differenzbildung) und „Intra" (keine Differenzbildung) gekennzeichnet. Ein neues Referenzbild muss auch zur Verfügung stehen nach einem Bildschnitt, beim Einschalten des Decoders und zur Vermeidung von Fehlerfortpflanzung nach einer Störung. I-Bilder werden deshalb in Abständen von höchstens 0,5 s eingesetzt (jedes zwölfte Vollbild beim 50-Hz-System).

Prädiktionsfehler, vor allem solche, die beim Aufdecken bisher nicht sichtbarer Bildteile entstehen, können weitgehend reduziert werden, wenn man auch zukünftige Bilder zur Vorhersage heranzieht (bidirectional coding, B-Bilder). So werden meist zwei B-Bilder aus einem vorangehenden I- oder P-Bild und dem folgenden P- oder I-Bild vorhergesagt. Dazu muss natürlich die Bildreihenfolge am Codereingang (unter Verwendung weiterer Bildspeicher) umsortiert werden, damit dem Prädiktor das „zukünftige" Bild schon vor dem gegenwärtigen zur Verfügung steht (Abb. 6.62). Am Decoderausgang muss dann die ursprüngliche Reihenfolge wiederhergestellt werden. Man bezeichnet die mit einem I-Bild beginnende und vor dem nächsten I-Bild endende Folge als *Group of Pictures* (GOP). Der am Anfang eines Bildes übermittelte „Header" (picture header, s.u.) gibt dem Decoder an, ob es sich

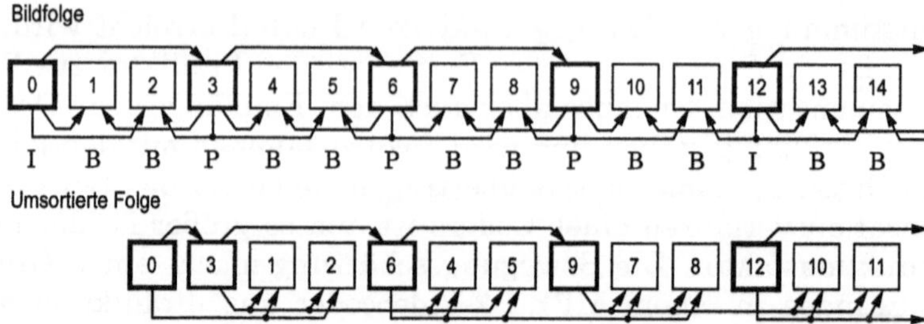

Abb. 6.62. Beispiel einer Group of Pictures: Prädiktionsbezüge und Umsortierung

um ein I-, P- oder B-Bild handelt. In Abb. 6.58 und 6.58 ist die bidirektionale Codierung bzw. Decodierung nicht dargestellt.

Auf die jeweils 4 Luminanzblöcke und 2 Chrominanzblöcke der Makroblöcke (Abb. 6.60) in den I-, P- oder B-Bildern wird nun nacheinander die zweidimensionale diskrete Cosinustransformation angewandt.

Durch die DCT wird ein Block von $N \times N$ Werten $s(x.y)$ über $N \times N$ Ortspositionen x, y transformiert in einen Block von $N \times N$ Werten $S(u,v)$ über $N \times N$ Frequenzpositionen u,v:

$$S(u,v) = \frac{2}{N} C(u) C(v) \sum_{x=0}^{N-1} \sum_{y=0}^{N-1} s(x,y) \cos\frac{(2x+1)u\pi}{2N} \cos\frac{(2y+1)v\pi}{2N} \qquad (6.47)$$
$$x, y, u, v = 0, 1, \ldots N-1$$

mit

$$C(u), C(v) = \begin{cases} \frac{1}{\sqrt{2}} & \text{falls } u=0 \text{ bzw. } v=0 \\ 1 & \text{sonst.} \end{cases} \qquad (6.48)$$

Dabei entspricht die diskrete Frequenzskala u der horizontalen Ortsfrequenzkoordinate f_x bei der zweidimensionalen Fourier-Transformation (s. Gl. (4.14)), die diskrete Frequenzskala v der vertikalen Ortsfrequenzkoordinate f_y.

Die inverse Transformation, die $S(u,v)$ in $s(x.y)$ transformiert, ist gegeben durch

$$s(x,y) = \frac{2}{N} \sum_{u=0}^{N-1} \sum_{v=0}^{N-1} S(u,v) C(u) C(v) \cos\frac{(2x+1)u\pi}{2N} \cos\frac{(2y+1)v\pi}{2N}. \qquad (6.49)$$

Bei der DCT und der inversen DCT (IDCT) sind die gleichen Basisfunktionen $\cos(f(x,u)) \cdot \cos(f(y,v))$ (Abb. 6.63 für $N = 8$) zu verwenden. Die IDCT zeigt, dass jeder Wert $s(x.y)$ (= $s_{y,x}$ in einer quadratischen

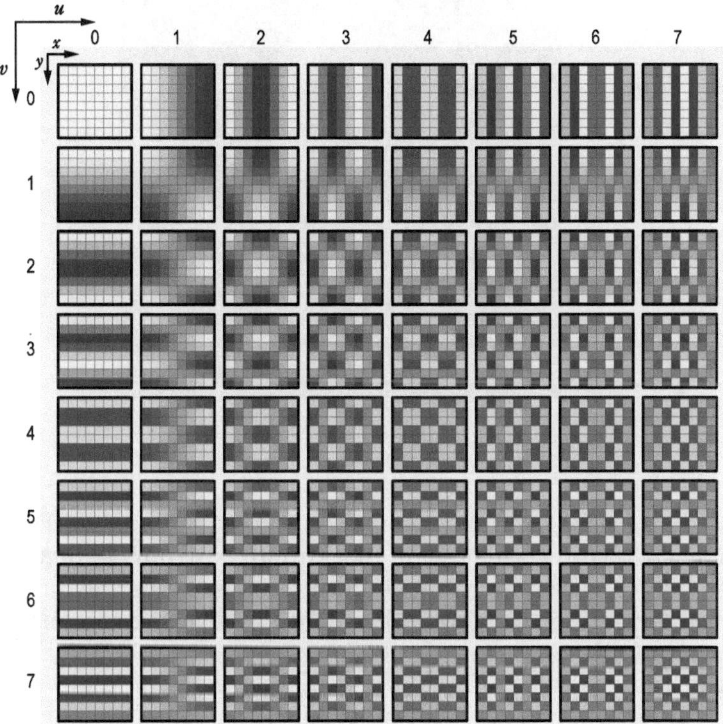

Abb. 6.63. Die Basisfunktionen der zweidimensionalen DCT für $N = 8$

$N \times N$- Matrix) dargestellt wird durch die Superposition von $N \times N$ Basisfunktionen über u, v mit den Koeffizienten $S(u,v)$ (= $S_{v,u}$ in einer quadratischen $N \times N$- Matrix).

Man beachte, dass die Basisfunktionen *separierbar* sind, sie sind das Produkt aus nur von x,u und nur von y,v abhängigen Funktionen. Das erleichtert die Berechnung der DCT: Sie kann durch zwei gleichartige eindimensionale Transformationen ausgeführt werden.

Die zweidimensionale DCT lässt sich aus der Fourier-Transformation eines zweidimensionalen periodischen Musters aus Abtastwerten ableiten. Der zu transformierende $N \times N$-Block wird über die gesamte Ebene zweidimensional *spiegelsymmetrisch* fortgesetzt. Damit ist gemeint, dass mit dem Block durch horizontale und vertikale Spiegelung zunächst eine Gruppe aus vier Blöcken gebildet wird, die dann mit der Periode $2N$ zweidimensional fortgesetzt wird. Durch die spiegelsymmetrische Fortsetzung werden Sprünge an den Blockgrenzen

Abb. 6.64. Testbild Lena mit Markierung der beiden ausgewählten 8 × 8 - Blöcke

vermieden[1]. Man kann nachweisen (z. B. [6.8]), dass die DCT nahezu optimal das Ziel erreicht, den Blockinhalt auf nur wenige und nicht korrelierte Koeffizienten zu konzentrieren („Energiekonzentration" und Dekorrelation), jedenfalls bei hoher örtlicher Korrelation der Abtastwerte $s(x.y)$.

Das Ergebnis der DCT bei einem I-Bild soll an einem Beispiel gezeigt werden. Zwei 8 × 8 - Blöcke wurden aus dem Testbild „Lena"[2] herausgegriffen (Abb. 6.64), einer mit vielen Details (Augenbereich), der andere mit wenigen Details (Schulterbereich). Die Tabelle 6.2 zeigt die Abtastwerte in den beiden Blöcken und die Frequenzbereichblöcke mit den durch die Transformation entstandenen und auf ganze Zahlen gerundeten Koeffizienten Round$(S(x,y))$. Im Schulterbereich finden sich keine hochfrequenten Komponenten, in der nahezu gleichmäßig grauen Fläche dominiert der „Gleichstromkoeffizient" (DC-Koeffizient) $S(0,0)$. Er ist um den Faktor N größer als der Signalmittelwert des Blocks (s. Gl. (6.47)), kann daher in einem Spitzenweißblock im Ex-

---

[1] Bei einfacher Fortsetzung, wie z. B. in Bild 4.35, mit der Periode N in beiden Dimensionen würde sich die diskrete Fourier-Transformation ergeben mit

$$\cos\left(2\pi(xu+yv)/N\right) \text{ und } \sin\left(2\pi(xu+yv)/N\right)$$

als Basisfunktionen (vgl. Bild 4.12).

[2] Es hat 256 × 256 Samples mit 8-bit-Quantisierung. „Lena" ist das über Jahrzehnte hinweg am häufigsten benutzte Testbild (auch mit 512 × 512 Samples) bei der Untersuchung digitaler Signalverarbeitungsverfahren für Standbilder. Es ist ein quadratischer Ausschnitt aus einem Photo der Lena Söderberg als „Playmate" des Monats November 1972.

Tabelle 6.2. Abtastwerte und zugehörige DCT-Koeffizienten vor und nach der Quantisierung für die beiden 8×8 - Blöcke aus Abb. 6.64

	Augenblock									Schulterblock								
	y \ x	0	1	2	3	4	5	6	7	y \ x	0	1	2	3	4	5	6	7
$s(x,y)$	0	88	39	54	59	55	31	97	198	0	110	108	114	111	120	121	121	127
	1	86	82	46	31	42	94	176	193	1	107	109	108	117	120	123	125	129
	2	81	101	96	90	117	167	183	190	2	109	112	113	114	117	117	121	125
	3	68	83	99	115	127	139	155	164	3	108	116	117	120	119	117	122	126
	4	91	71	81	62	91	103	102	109	4	110	115	117	115	112	120	119	122
	5	98	84	90	69	96	105	99	89	5	111	107	112	116	112	115	121	126
	6	107	106	103	95	99	106	107	105	6	105	109	116	113	113	115	119	123
	7	109	113	111	108	110	113	122	124	7	107	115	113	113	115	114	119	122
	v \ u	0	1	2	3	4	5	6	7	v \ u	0	1	2	3	4	5	6	7
$S(u,v)$	0	816	-151	100	-11	1	-3	6	13	0	928	-38	4	-10	1	-2	0	0
	1	24	107	-89	35	-24	-3	5	0	1	-7	7	1	-6	-3	2	-1	-1
	2	-33	19	55	-34	31	6	-7	0	2	-4	-5	0	3	1	-2	1	3
	3	115	-52	-17	5	-36	-2	-14	-16	3	2	1	-2	-1	-1	-3	-6	0
	4	-18	8	-19	-25	40	1	7	6	4	3	6	-1	-1	-3	-3	0	0
	5	-31	-1	39	19	-22	2	-4	3	5	0	-1	2	4	0	0	-1	-4
	6	20	2	-24	2	7	-7	11	3	6	-2	2	3	1	2	1	0	2
	7	1	-10	0	-4	-3	0	-11	0	7	3	4	1	-1	4	1	-3	-1
	v \ u	0	1	2	3	4	5	6	7	v \ u	0	1	2	3	4	5	6	7
$S(u,v)$ quant.	0	102	-9	5	-1	0	0	0	0	0	116	-2	0	0	0	0	0	0
	1	2	7	-4	1	-1	0	0	0	1	0	0	0	0	0	0	0	0
	2	-2	1	2	-1	1	0	0	0	2	0	0	0	0	0	0	0	0
	3	5	-2	-1	0	-1	0	0	0	3	0	0	0	0	0	0	0	0
	4	-1	0	-1	-1	1	0	0	0	4	0	0	0	0	0	0	0	0
	5	-1	0	1	1	-1	0	0	0	5	0	0	0	0	0	0	0	0
	6	1	0	-1	0	0	0	0	0	6	0	0	0	0	0	0	0	0
	7	0	0	0	0	0	0	0	0	7	0	0	0	0	0	0	0	0

tremfall bis auf den Wert $8 \cdot 255 = 2040$ ansteigen, also bis auf eine elfstellige Dualzahl.

Die eigentliche Datenkompression beginnt nun mit der *Quantisierung* der berechneten DCT-Koeffizienten, indem diese durch einen Gewichtungsquotienten W dividiert werden und dann wieder auf ganze Zahlen gerundet werden. Bei I-Bildern ist W von der Frequenz $\{u,v\}$ abhängig entsprechend Tabelle 6.3. $W(u,v)$ ist die Quantisierungsstufe. Sie wird bei den I-Bildern zu höheren Frequenzen hin immer weiter vergrößert. Das ist zulässig, weil man grobe Quantisierungen der DCT-Koeffizienten hoher Ortsfrequenzen nicht bemerkt (Irrelevanzre-

Tabelle 6.3. Die Standard-Quantisierungstabelle $W(u,v)$ für I-Bilder

v \ u	0	1	2	3	4	5	6	7
0	8	16	19	22	26	27	29	34
1	16	16	22	24	27	29	34	37
2	19	22	26	27	29	34	34	38
3	22	22	26	27	29	34	37	40
4	22	26	27	29	32	35	40	48
5	26	27	29	32	35	40	48	58
6	26	27	29	34	38	46	56	69
7	27	29	35	38	46	56	69	83

duktion). Bei P- und B-Bildern ist der Gewichtungsquotient frequenzunabhängig $W=16$.

Weiterhin können alle Gewichtungsquotienten, bis auf $W(0,0)$ für den DC-Koeffizienten in I-Bildern, noch mit einem gemeinsamen Skalierungsfaktor Q_S vergrößert oder verkleinert werden, wenn sich das auf Grund des momentanen Füllstandes des Puffers am Coderausgang (s. u.) als zweckmäßig erweist, um einen Überlauf durch zahlreiche Prädiktionsfehler (bei sehr unruhigen Bildteilen) oder einen Leerlauf bei sehr ruhigen Bildteilen zu vermeiden. Q_S kann Werte $n/8$ annehmen mit $n=1,\ldots,31$. Die quantisierten DCT-Koeffizienten $S_q(u,v)$ sind also nach folgenden Gleichungen zu berechnen, für die Chrominanzdaten ebenso wie für die Luminanzdaten:

Bei I-Bildern

$$\begin{aligned} S_q(u,v) &= \text{Round}\frac{S(u,v)}{W(u,v)} \quad \text{falls } u=0 \wedge v=0 \\ &= \text{Round}\frac{S(u,v)}{Q_S W(u,v)} \quad \text{sonst,} \end{aligned} \tag{6.50a}$$

bei P- und B-Bildern

$$S_q(u,v) = \text{Round}\frac{S(u,v)}{16 Q_S}\,. \tag{6.50b}$$

Die Umschaltung der beiden Quantisierungsmodi ist in Abb. 6.58 durch die Schalterstellungen „Q-Intra“ und „Q-Inter“ symbolisiert.

Tabelle 6.2 zeigt im unteren Teil das Ergebnis der Quantisierung der DCT-Koeffizienten nach Gl. (6.50a) bei $Q_S=1$. Man beachte, dass selbst in dem detailreichen Augenblock viele Koeffizienten auf null gesetzt wurden.

Die bei der Quantisierung entstehenden Fehler der DCT-Koeffizienten können nicht wieder rückgängig gemacht, diese Codierung ist „verlustbehaftet". Im Decoder kann man durch eine Reskalierung[1] der empfangenen Koeffizienten durch $Q_S W S_q(u,v)$ die ursprünglichen Koeffizienten im Allgemeinen nicht exakt zurückgewinnen, und nach der inversen Cosinustransformation ergibt sich deshalb ein Signal $\tilde{s}(x,y) \neq s(x,y)$. Nur dieses aber steht dem Decoder zum Aufbau der bewegungskompensierten Prädiktion und damit zur Bildsignalrekonstruktion zur Verfügung. Da beim Coder und Decoder die gleichen Prädiktionswerte verwendet werden müssen[2], muss die Prädiktionsschleife im Coder auch die entsprechenden Decoderfunktionen enthalten: die Reskalierung „Q^{-1}", die inverse DCT „IDCT" und die Addition des Prädiktionssignals zu $\tilde{s}(x,y)$ zur Gewinnung des decodierten Sig-nals „Dec." (Abb. 6.58). Im Prädiktionsfehlersignal ist dadurch eine von $\tilde{s}(x,y) - s(x,y)$ abhängige Komponente enthalten (Rückkopplung des Quantisierungsfehlers [6.18]), und das rekonstruierte Bildsignal ist um $\tilde{s}(x,y) - s(x,y)$ verfälscht.

Die Ausführung der DCT über jeweils nur kleine Blöcke hat zwei Vorteile:

- Der Rechenaufwand bleibt bei $N = 8$ relativ gering, so dass eine Echtzeitrealisierung leicht möglich wird.
- Bei großen Blöcken könnten hochfrequente Komponenten aus wichtigen, aber nur in einem kleinen Blockbereich vorhandenen Details verloren gehen, weil sie zu sehr kleinen Koeffizienten führen, die dann durch die Quantisierung auf null gesetzt werden.

Ein Nachteil der Blockbildungen zeigt sich bei sehr grober Quantisierung, wie sie sich zur Vermeidung eines Pufferüberlaufs bei sehr unruhigem Bildinhalt (z. B. bei stark verrauschten Quellen) einstellen kann. In dem Fall fällt die Blockstruktur deutlich störend auf infolge der Signalsprünge an den Blockgrenzen nach der Decodierung (Abb. 6.65, Ausschnitt aus Lena[3]).

Die nun folgenden Kompressionsschritte verfolgen das Ziel, die quantisierten DCT-Koeffizienten *ohne weitere Verluste* mit möglichst wenigen Bits darzustellen („Entropiecodierung"). Dazu ist es zweckmäßig, zuvor die 64 Koeffizienten in einem Block in einer solchen

[1] Da die Quantisierung irreversibel ist, sollte die Bezeichnung „Requantisierung" oder „inverse Quantisierung" vermieden werden.

[2] Unterschiede würden sich wegen des rekursiven Ablaufs der Bildrekonstruktion im Decoder über aufeinander folgende Bilder als Störung fortpflanzen.

[3] Die Blockeffekte werden hier gezeigt an einer JPEG-Codierung mit der extremen Kompression 1:90. JPEG verwendet wie MPEG die DCT von 8×8-Blöcken mit Quantisierung der Koeffizienten.

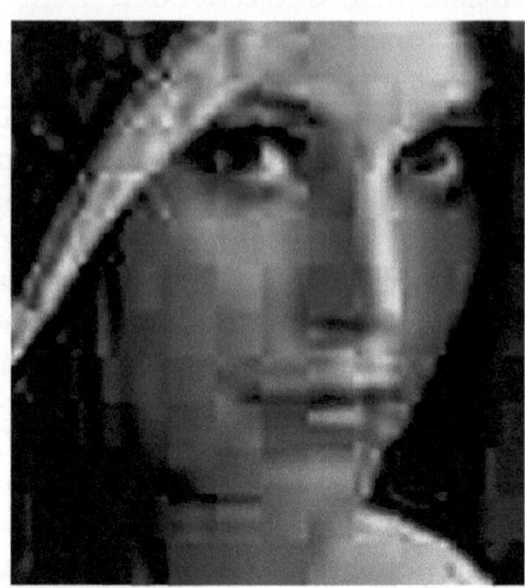

Abb. 6.65. Blockeffekte bei zu grober Quantisierung der DCT-Koeffizienten

Reihenfolge weiterzugeben („Scan“ in Abb. 6.58), dass möglicht lange Nullfolgen entstehen (vgl. Tabelle 6.2 unten). Günstig ist im Allgemeinen eine Reihenfolge entlang einer Zick-Zack-Spur in der Koeffizientenmatrix (Abb. 6.66a), beginnend beim DC-Koeffizienten und endend bei der höchsten Ortsfrequenz. Wird die DCT nicht im Vollbild, sondern im Teilbild ausgeführt, ist meist eine andere Reihenfolge nach Abb. 6.66b besser. Dem Decoder ist mitzuteilen (im picture header, s. u.), welche der beiden Alternativen der Coder verwendet, damit dort die Matrixanordung wiederhergestellt werden kann („IScan“ in Abb. 6.59).

Mit Ausnahme des DC-Koeffizienten $S_q(0,0)$ in den I-Blöcken werden die nach dem Zick-Zack-Scan der Blöcke entstehenden Zahlenfolgen mittels der oben erwähnten Lauflängencodierung („RLC“ in Abb. 6.58) durch Zahlenpaare $\{r,l\}$ kompakt dargestellt. Dabei bezeichnet r („run“) die Anzahl der Nullen bis zum nächsten von Null verschiedenen Koeffizienten mit dem Wert l („level“). Am Blockende, oder wenn nur noch Nullen folgen, wird der Code für „End of Block“ (EOB) geliefert.

Die DC-Koeffizienten in den I-Blöcken sind meist relativ groß, jedenfalls größer als null. Für sie nutzt man ihre Ähnlichkeit in benachbarten Blöcken des I-Bildes aus. Man gibt statt ihres tatsächlichen Wertes die Differenzwerte zwischen den Blöcken an. Jeweils nach einer vom Coder bestimmten Anzahl von Makroblöcken – sie bilden einen als „*Slice*“ bezeichneten Bildausschnitt – wird dabei ein Referenzwert (z. B. 128) eingeführt. In den P- und B-Blöcken verfährt man mit den dort anfallenden Bewegungsvektoren ebenso.

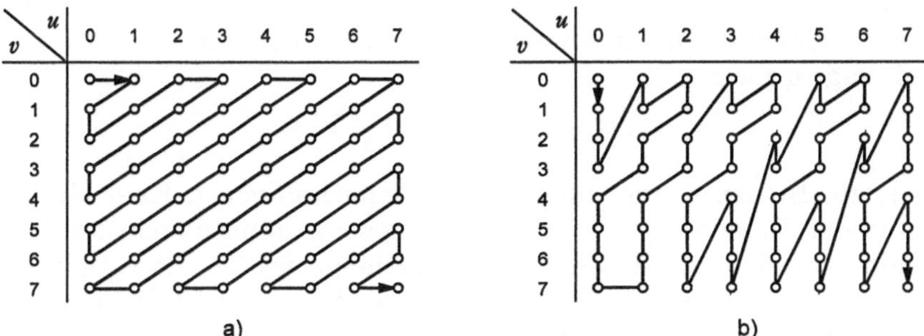

Abb. 6.66. Reihenfolge der DCT-Koeffizienten entlang einer Zick-Zack-Spur in der Matrix (a), alternative Reihenfolge geeignet bei einer DCT im Teilbild (b)

Die lauflängencodierten DCT-Koeffizienten $\{r,l\}$ und die Differenzwerte der Intra-DC-Koeffizienten bzw. der Bewegungsvektoren werden nun durch *Worte variabler Länge* möglichst bitsparend codiert („VLC" in Abb. 6.58). Verwendet wird ein Prinzip, das man in einfachster Form schon beim Morse-Code findet: Die am häufigsten vorkommenden Zeichen (e und t) werden mit den kürzesten Worten dargestellt (nur ein Punkt bzw. nur ein Strich). Codiert wird nach einer Tabelle, die von den Auftrittswahrscheinlichkeiten der zu codierenden Zahlenwerte ausgeht. Die Codeworte folgen – anders als bei Morse – ohne Unterbrechung aufeinander. Deshalb muss der Decoder aus dem Codewort selbst die Wortlänge erfahren. Die Codiertabelle muss so aufgestellt sein, dass die Codeworte trotz ihrer variablen Länge eindeutig decodierbar sind („Präfixcode", Huffman-Code [6.11]).

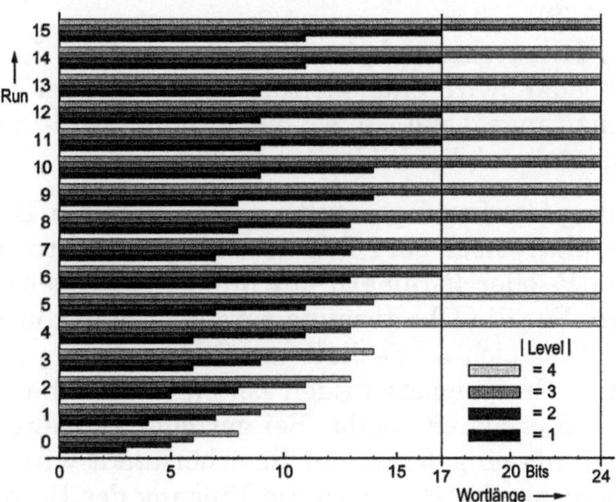

Abb. 6.67. Wortlängen nach der VLC der lauflängencodierten DCT-Koeffizienten

Ein Ausschnitt aus der Codiertabelle für $\{r,l\}$ ist in Abb. 6.67 graphisch dargestellt. Die kürzesten Codeworte, 3 Bit lang, sind $\{0,1\}$ und $\{0,-1\}$ zugeordnet:

$$\{0,1\} \rightarrow 110\,, \ \{0,-1\} \rightarrow 111\,.$$

Das letzte Bit bezeichnet immer das Vorzeichen von l. Kein längeres Wort in der Tabelle darf mit 1 1 beginnen, sonst könnte nicht eindeutig decodiert werden. Als längste VLC-Wortlänge ist 17 Bit vorgesehen. Nicht alle vorkommenden $\{r,l\}$-Werte können deshalb in der VLC-Tabelle enthalten sein. Solche seltenen Fälle werden mit einer festen Wortlänge von 24 Bit codiert.

Der Datenstrom wird in einem Multiplexer (Abb. 6.58) durch eingefügte Header „hierarchisch" strukturiert. Die in den Headers enthaltenen Informationen sollen dem Decoder die zur Decodierung notwendigen Parameter liefern:

- Den jeweils 6 Blöcken eines Makroblocks wird ein „macroblock header" vorangestellt, in dem u. a. der VL-codierte differentielle Bewegungsvektor enthalten ist, gegebenenfalls auch eine Aktualisierung des Skalierungsfaktor Q_S der Quantisierung (Gl. (6.50)).
- Den zu einem Slice zusammengefassten Makroblöcken wird ein „slice header" vorangestellt. Er dient zur Synchronisierung und enthält den Code für den Skalierungsfaktor Q_S.
- Die Daten eines Bildes, zusammensetzt aus den verschiedenen Slices, erhalten den „picture header". Hier wird u. a. angegeben, ob es sich um ein I-, P- oder B-Bild handelt und welche Scan-Reihenfolge (Abb. 6.66) verwendet wird.
- Ein „GOP header" markiert jeweils den Beginn einer Group of Pictures (Abb. 6.62).
- Die höchste Hierarchiestufe ist die Videosequenz. Im zugehörigen „sequence header" wird eine Vielzahl grundlegender Merkmale der Videosequenz angegeben, u. a. die profile@level-Indikation, die Vollbildfrequenz und das Bildseitenverhältnis.

Aus der Entropiecodierung resultiert eine variable Bitrate. Sie ist beispielsweise relativ hoch bei I-Bildern mit fein strukturierten Details und niedrig bei P- oder B-Bildern mit nur langsam bewegten rauscharmen Inhalten. Für die Übertragung wird aber eine konstante Bitrate verlangt. Zum Ausgleich ist deshalb am Coderausgang ein *Pufferspeicher* erforderlich. Er speichert in den Zeiten eines hohen Bitratenaufkommens mehr Bits als er abgibt. Bei geringer Eingangsbitrate wird mehr ausgelesen als eingelesen, der Speicherinhalt wird wieder abgebaut. Ein entsprechender Puffer ist am Eingang des Decoders notwendig. Er nimmt den Datenstrom mit konstanter Bitrate auf und gibt die

Daten mit unregelmäßiger, vom Decoder je nach momentanen Bildinhalt angeforderter Bitrate wieder ab. Dadurch bilden sich im Decoderpuffer die gleichen Füllstandsschwankungen wie im Coderpuffer. Die im Coder erzeugte Schwankungsamplitude, also die geforderte Speichertiefe, darf nicht größer als der Decoderpuffer sein. Die vorauszusetzende Mindestgröße des Decoderpuffers ist in den Profile@Level-Spezifikationen festgelegt. Am Coder wird zur Überwachung des Pufferstandes ein „video buffering verifier" (VBV) benutzt, der von einem hypothetischen Decoderpuffer der Minimalgröße ausgeht. Damit wird über die Einstellung des Skalierungsfaktors Q_S die Eingangsbitrate des Coderpuffers derart geregelt, dass ihr Mittelwert gleich der Ausgangsbitrate ist und die Schwankungsamplituden die zulässige Größe nicht überschreiten.

Der vom Coder letztendlich abgegebene Bitstrom wird als Elementarstrom („elementary stream", ES) bezeichnet. Die nachfolgenden Multiplexbildungen und die Übertragung werden in der Form von *Datenpaketen* mit jeweils vorangestelltem Header durchgeführt. Ein erster Schritt dazu ist die Unterteilung des ES in Pakete mit möglicherweise unterschiedlicher Länge bis zu maximal 8×65535 Bits = 65535 Byte. Darin ist der Header mit einer Länge von mindestens 9 Byte eingeschlossen. Außer dem Startcode enthält er u. a. Angaben über die Art des ES (Video oder Audio) und über die Verschlüsselung (s. u.). Das Ergebnis nennt man „packetized elementary stream" (PES). Diese Paketbildung wird beim ES des MPEG-Audiocoders ebenso ausgeführt wie beim Videocoder (s. Abb. 6.68).

Mit Rücksicht auf die Korrekturmöglichkeiten von Übertragungsfehlern (s. Abschn. 8.2.1) sollten die zu übertragenden Pakete möglichst kurz sein und eine konstante Länge haben. Deshalb werden aus dem Video-PES und dem Audio-PES in einem Multiplexer die Transportpakete des MPEG-Transportstroms („transport stream", TS) mit *fester Länge von 188 Byte* gebildet. Davon entfallen 4 Byte auf den Header. Er beginnt zur Kennzeichnung des Paketanfangs mit dem Sync-Byte `01000111`.

Normalerweise werden die Transportströme aus mehreren Quellencodern, d. h. mehrere Programme, in einem Kanal gebündelt (multiple program TS). In den TS-Headern befindet sich jeweils eine 13 Bit lange „packet identification" (PID), die es dem Decoder erlaubt, aus dem ankommenden TS die richtigen, zu einem Programm gehörigen Pakete herauszusuchen. Dazu gibt es Pakete, gekennzeichnet durch PID = 0, die eine Programmzuordnungstabelle enthalten („program association table", PAT). Hier erfährt der Decoder, unter welcher PID er die „program map table" findet, die für ein gewünschtes Programm die PIDs für die Video- und Audiopakete auflistet. Weiterhin befinden sich im

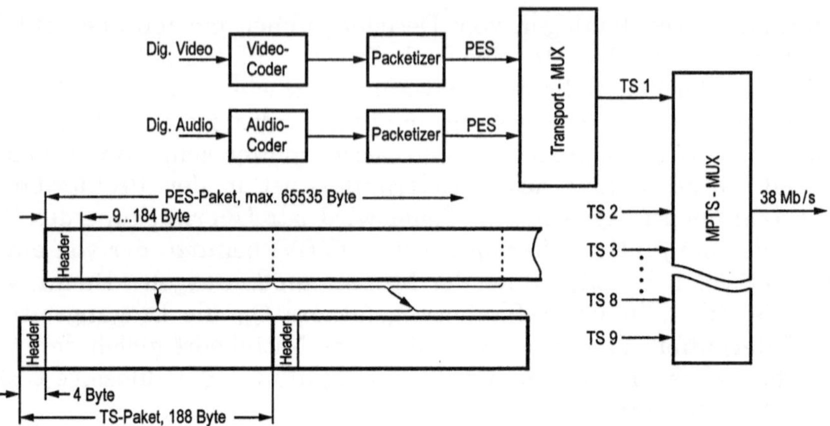

Abb. 6.68. Paketbildung im Anschluss an die MPEG-Quellencodierung

TS Pakete, erkennbar an PID = 1, die die Zugangsdaten für verschlüsselte Programme enthalten („conditional access table“, CAT).

Die Video- und Audiopakete der zu verschlüsselnden Programme durchlaufen, ohne ihre Header, einen zweistufigen Scramblingprozess. Der erste führt, durch ein Schlüsselwort gesteuert, eine Verwürfelung von 8-Byte-Blöcken durch. Dazu muss die Länge der Nutzlast in den Paketen ein ganzes Vielfaches von 8 Byte sein ($184 = 23 \times 8$). Zu der entstandenen Bitfolge wird eine Pseudozufallsfolge von Bits modulo 2 addiert, erzeugt mit einem rückgekoppelten Schieberegister, das von einer bestimmten Startsequenz ausgeht. Diese wird durch ein zweites Schlüsselwort vorgegeben. Die beiden Steuerworte werden, ebenfalls in verschlüsselter Form, in der CAT übertragen. In diese Tabelle werden außerdem von dem Programmanbieter Daten eingebracht („entitlement management messages“, EMM), die individuell für jeden Abonnenten – aber nur für ihn – eine Entschlüsselung der beiden Steuerworte zulässt. Dazu wird ein Vergleich der zuletzt empfangenen EMM mit der Decodernummer bzw. mit den Angaben einer „Smart Card“ im Decoder durchgeführt. Mit den Steuerworten können dann die beiden Scramblingprozesse wieder rückgängig gemacht werden.

Das MPEG-2-Quellencodierverfahren erlaubt eine Kompression bis auf 4–6 Mb/s (einschließlich Ton), ohne dass die Bildqualität schlechter als bei einem einwandfreien PAL-Signal beurteilt wird. So zeigt das typische Beispiel in Abb. 6.68 die Bündelung von 9 Programmen zu einem Datenstrom von 38 Mb/s. Dieser kann – nach Hinzufügung weiterer Daten zur Fehlerschutzcodierung (s. Abschn. 8.2) – in einem einzigen, für nur ein analoges Programm ausreichenden Kanal übertragen werden: bei der Satellitenübertragung in einem 33 MHz breiten Transponderkanal, bei der Kabelübertragung in einem 8 MHz breiten Kanal.

Geht man vom Main Profile @ High Level aus, so kann man mit einer Kompression bis auf etwa 22 Mb/s noch eine HDTV-Bildqualität bekommen.

6.2.2 MAC

Eine *analoge* Übertragung von Luminanz- und Chrominanzsignalen im Zeitmultiplex bietet das System der „Multiplexed Analogue Components“. Dazu werden die Komponenten *zeitlich komprimiert,* so dass sie in den Zeilenintervallen nacheinander untergebracht werden können. Am Anfang der Zeile wird ein Chrominanzsignal der Zeile im Verhältnis 3:1 zeitkomprimiert angeordnet, danach kommt das Luminanzsignal der Zeile mit einer Kompression im Verhältnis 3:2 (s. Abb. 6.69).

Die zeitliche Kompression entsteht durch schnelles Auslesen der zuvor langsam in einen Speicher eingelesenen Samples. Für die drei Signale werden je zwei Schieberegister benutzt, zeilenweise abwechselnd zum Einlesen und Auslesen. Während innerhalb einer Zeile die Samples in das eine mit der Taktfrequenz von 13,5 MHz (Luminanz) bzw. 6,75 MHz (Chrominanz) eingelesen werden, werden aus dem anderen die Samples aus der vorangegangenen Zeile mit der Taktfrequenz von 1,5×13,5 MHz = 20,25 MHz ausgelesen. Dieser MAC-Systemtakt ergibt sich also aus den Taktfrequenzen nach ITU-R BT.601 der digitalen Studionorm des Formats 4:2:2 (s. Abb. 6.57). Er ist gleich 1296f_H. Werden digital arbeitende Schieberegister eingesetzt, müssen die Signale am Ausgang wieder in Analogsignale umgesetzt werden. Die Samples sind danach durch Bandbegrenzung nicht mehr voneinander getrennt erkennbar.[1] Die Kompression erhöht die Signalbandbreite im Verhältnis des Kompressionsfaktors. So wird aus einem 6 MHz breiten Luminanzsignal nach ITU-R BT.601 ein komprimiertes Luminanzsignal von 9 MHz Bandbreite, und aus den 3 MHz

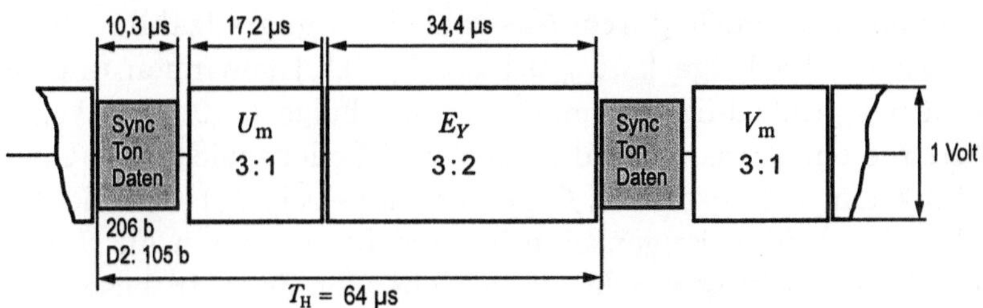

Abb. 6.69. Das D/D2-MAC-Signal

[1] Ein bestimmter „Systemtakt“ ist daher zur Ausführung der Kompression und Expansion nicht zwingend, sofern die Nyquist-Rate nicht unterschritten wird.

breiten Chrominanzsignalen werden die ebenfalls 9 MHz breiten MAC-Chrominanzsignale.

Auf der Empfangsseite werden die Signale durch zeitliche Expansion 1:3 bzw. 2:3 wieder in den Ursprungszustand und in zeitliche Koinzidenz gebracht. Ebenso wie senderseitig werden jeweils zwei Schieberegister eingesetzt, abwechselnd zum schnellen Einlesen (Takt 20,25 MHz) und zum langsamen Auslesen (13,5 MHz bzw. 6,75 MHz).

Die beiden Chrominanzsignale werden wie bei SECAM von Zeile zu Zeile abwechselnd übertragen. Ihr Wertebereich ist durch entsprechende Pegelreduktionsfaktoren für C_R und C_B auf -0,5...0,5 begrenzt unter der Annahme einer maximalen „elektrischen Farbsättigung" von 77 % ($s = 0{,}77$ nach Gl. (5.28) für $\gamma = 1$) bei 100 % Aussteuerung, d. h. $\mathrm{Min}(R',G',B') = 0{,}23$ und $\mathrm{Max}(R',G',B') = 1$. Das ist gleichwertig mit der Annahme einer maximalen Aussteuerung von 77 % bei voller Farbsättigung, d. h. $\mathrm{Max}(R',G',B') = 0{,}77$ und $\mathrm{Min}(R',G',B') = 0$. Dafür liegt C_R im Bereich –0,540...0,540 und C_B im Bereich –0,682...0,682. So ergeben sich die notwendigen Pegelreduktionsfaktoren 0,927 und 0,733. Die Chrominanzsignale bei MAC sind deshalb festgelegt durch

$$\begin{aligned} U_\mathrm{m} &=_\mathrm{def} 0{,}733\,(B' - E_Y) \\ V_\mathrm{m} &=_\mathrm{def} 0{,}927\,(R' - E_Y)\,. \end{aligned} \tag{6.51}$$

U_m wird in den ungradzahlig nummerierten aktiven Zeilen eines jeden Vollbildes (s. Abb. 4.32) übertragen, V_m in den gradzahlig nummerierten. Vertikal wirkende Anti-Aliasing-Filter für die Chrominanzsig-nale sind vor der alternierenden Unterdrückung der Zeilen senderseitig erforderlich. Um im Empfänger beide Signale in allen Zeilen zur Verfügung zu haben, kann dort wie beim SECAM-Decoder (Abb. 6.34) ein zweipoliger elektronischer Umschalter mit einem Zeilenspeicher eingesetzt werden. Damit wird in den Zeilen, in denen U_m bzw. V_m nicht übertragen wird, das Signal aus der vorhergehenden Zeile be-nutzt. Man kann aber auch durch Auswahl der ungradzahlig nummerierten Zeilen die Folge $\{\ldots, U_\mathrm{m}, 0, U_\mathrm{m}, 0, U_\mathrm{m}, 0, \ldots\}$ gewinnen und durch Auswahl der gradzahlig nummerierten die Folge $\{\ldots, 0, V_\mathrm{m}, 0, V_\mathrm{m}, 0, V_\mathrm{m}, \ldots\}$. Durch je ein Transversalfilter aus zwei Zeilenspeichern – Übertragungsfunktion $0{,}5 + \exp(-2\pi \mathrm{j} f T_\mathrm{H}) + 0{,}5 \exp(-4\pi \mathrm{j} f T_\mathrm{H})$ – erreicht man dann bei den beiden Folgen eine bessere Interpolation als durch die einfache Wiederholung aus der vorhergehenden Zeile. Insbesondere ist damit eine optimale Zuordnung des rekonstruierten Chrominanzzeilenrasters zu dem Luminanzzeilenraster möglich, wenn dieses (schon senderseitig) um eine Zeile nach unten verschoben wird (Verzögerung

Tabelle 6.4. Interpolationsergebnisse bei alternierender *U/V*-Übertragung

Zeilen-Nr.:	....	3	4	5	6	7	8	....
Empfangen	....	$U3$ 0	0 $V4$	$U5$ 0	0 $V6$	$U7$ 0	0 $V8$	....
Interpoliert 1	....	$U3$ $V2$	$U3$ $V4$	$U5$ $V4$	$U5$ $V6$	$U7$ $V6$	$U7$ $V8$	....
Interpoliert 2	....	$\frac{U1+U3}{2}$ $V2$	$U3$ $\frac{V2+V4}{2}$	$\frac{U3+U5}{2}$ $V4$	$U5$ $\frac{V4+V6}{2}$	$\frac{U5+U7}{2}$ $V6$	$U7$ $\frac{V6+V8}{2}$	....

Interpoliert 1: Wiederholung aus vorangegangener Zeile (SECAM-Decoder)
Interpoliert 2: Verwendung von $\{1,2,1\}$-Transversalfiltern

von E_Y um T_H). Die Interpolationsergebnisse werden in der Tabelle 6.4 gegenübergestellt.

Verschiedene Versionen des MAC-Verfahrens – A-MAC, B-MAC, C-MAC, D- und D2-MAC – unterscheiden sich nur in der Art, wie das Tonsignal übertragen wird. Abgesehen von A-MAC wird der Ton immer in den horizontalen Austastlücken, anstelle von Sync-Impuls und Burst, *digital* übertragen (Abb. 6.69). Wir betrachten nachfolgend D-MAC und D2-MAC.

Die analogen Tonsignale werden meist mit 32 kHz abgetastet und mit 14 bit gleichmäßig quantisiert. Die codierten Werte werden seriell mit dem Systemtakt von 20,25 MHz (D-MAC) bzw. mit der halben Systemtaktfrequenz von 10,125 MHz (D2-MAC) in Gruppen von je 206 bzw. 105 Symbolen in den 10,3 µs der Austastlücken des Zeilenrücklaufs untergebracht. Verwendet wird dabei die *Duobinärcodierung*. Obwohl bei dieser Codierung auch nur ein bit pro Symbol übertragen wird, ist der Bandbreitenbedarf bei gleicher Bitrate doch geringer als bei Binärsignalen. Erreicht wird dies durch eine Mittelung von jeweils zwei aufeinander folgenden Binärwerten (im rechten Teil von Abb. 6.70 dargestellt). Um eine einfache und sichere Decodierung ohne Rekursion zu ermöglichen, geht der Mittelung eine „Vorcodierung" voran. Hier werden die logisch invertierten 0,1-Eingangssignale rekursiv mit den um einen Takt verzögerten Ausgangssignalen modulo 2 addiert (Exklusiv-Oder-Verknüpfung der logischen Werte, s. Abb. 6.70 links). Anschließend wird der 1 der Signalwert 1 und der 0 der Signalwert −1 zugeordnet (oder ± 0,4 V, s. u.). Das Duobinärsymbol kann dann drei Werte annehmen: 1, 0 oder −1 , es ist „pseudoternär". Der Wert 0 repräsentiert eine 0 im Eingangssignal, die Werte 1 oder −1 stellen eine 1 aus dem Eingangssignal dar. Zur 0,1-Detektion genügen also zwei Dioden. Jeweils nach einer ungraden Anzahl von Nullen wechselt die

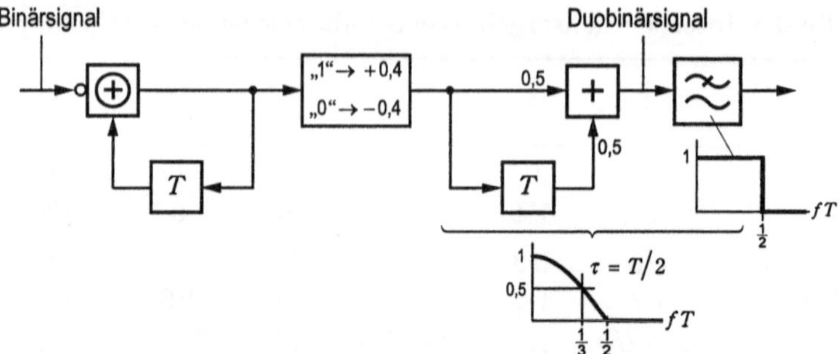

Abb. 6.70. Die Duobinärcodierung der digitalen Ton- und Datensignale bei D-MAC mit $T = (1/20{,}25)$ µs und bei D2-MAC mit $T = (1/10{,}125)$ µs

Polarität der Eins-Darstellung, nach einer graden Anzahl bleibt sie erhalten. Bei Verletzung dieser Regel kann man auf einen Übertragungsfehler schließen.

Die Mittelung wirkt wie ein Tiefpass mit der Übertragungsfunktion

$$\big(1+\exp(-\mathrm{j}\omega T)\big)/2 = \cos(\pi f T)\exp(-\mathrm{j}\omega T/2)\,.$$

Wenn außerdem alle Spektralanteile oberhalb der halben Taktfrequenz unterdrückt werden, ergibt sich das in Abb. 6.70 unten rechts dargestellte Duobinärfilter. Seine 6-dB-Grenzfrequenz liegt bei einem Drittel der Taktfrequenz – also bei 6,75 MHz bzw. 3,375 MHz –, während sie bei einem Tiefpass für ein einfaches Binärsignal gleich der halben Taktfrequenz sein müsste. Das hiermit erreichte Augendiagram zeigt Abb. 6.71. Verwendet wird beim MAC-Signal eine Amplitude von 0,4 V (s. Abb. 6.69). Die drei Entscheidungswerte 1 (0,4 V), 0 und −1 (−0,4 V) sind frei von Intersymbolstörungen.

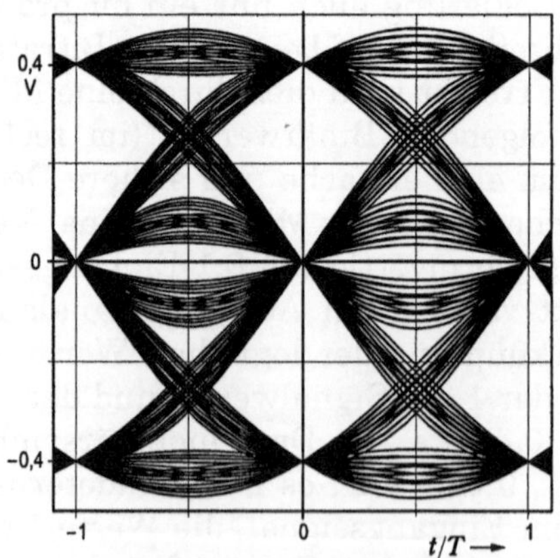

Abb. 6.71. Das Augendiagramm der Duobinärsymbole bei D-MAC bzw. D2-MAC

In einer Weiterentwicklung von C-MAC und D/D2-MAC wurde eine Paketstruktur zur Übertragung digitaler Zusatzdaten (Videotext, Verschlüsselungsparameter u.a.) zusammen mit den digitalen Tonsignalen festgelegt [6.7]. Die Pakete haben eine Länge von 751 bits und beginnen mit einem 23-bit-Header. Sie werden aufgeteilt auf die „Datenbursts" in den Horizontalaustastzeiten, und zwar jeweils in zwei Gruppen von je 99 bit (bei D2-MAC nur eine Gruppe). 2×82 Pakete (1×82 Pakete bei D2-MAC) werden so pro Vollbild übertragen. Jedem Datenburst werden 6 bit zur Zeilensynchronisierung vorangestellt. Hiermit können bis zu acht Tonkanäle (einschließlich Fehlerschutz) bei C-MAC und D-MAC realisiert werden, bei D2-MAC nur vier.

Der Unterschied von C-MAC gegenüber D-MAC liegt in der Art der Übertragung der Datenbursts. Sie werden bei D-MAC zusammen mit den komprimierten Videosignalen durch Frequenzmodulation des HF-Trägers übertragen. Bei C-MAC bleibt im Gegensatz zu Abb. 6.69 die Horizontalaustastlücke im Basisbandsignal frei. Die Datenbursts, in einfacher Binärcodierung, modulieren den Träger in dieser Zeit in einem separaten PSK-Modulator. Verwendet wird eine „2-4 PSK", bei der der Träger bei konstanter Amplitude vier um 90° unterschiedliche Phasen annehmen kann. Jedoch wird im Gegensatz zu QPSK (s. Abschn. 8.1.3) nur ein bit pro Symbol übertragen: Bei „1" wird die Phase gegenüber dem vorangegangenen Takt um +90° verändert, bei „0" um −90° (Phasendifferenzumtastung, DPSK).

Der erste Vorschlag zu einer analogen Zeitmultiplexübertragung von Chrominanz und Luminanz innerhalb einer Zeile durch zeitliche Kompression stammt von W. BRUCH (bei Telefunken in Hannover, nach seiner Erfindung und Einführung des PAL-Systems) [6.4]. Bei den damals vorgeführten Experimenten wurden zur Kompression und Expansion analoge Schieberegister in der Form von „Eimerkettenschaltungen", dann auch die erstmals zur Verfügung stehenden CCDs verwendet. Als Anwendung war an eine Aufzeichnung mit einfachen Magnetbandgeräten oder an eine Bildtelefonübertragung gedacht, wobei ein Farbträger nicht eingesetzt werden konnte. Noch weitergehende Ähnlichkeit mit dem späteren MAC-Verfahren zeigte das seit 1973 bei H. SCHÖNFELDER an der TU Braunschweig entwickelte „Timeplex"-Verfahren [6.1]. Das MAC-Verfahren hat seinen Ursprung in der Forschungsabteilung der Independent Broadcasting Authority (IBA) in Winchester (England), wo A-MAC und C-MAC seit 1981 mit Hinblick auf die zu erwartende Satellitenübertragung entwickelt wurden [6.17].[1] Über einen Satellitentransponder mit einer Kanalbandbreite von 27 MHz kann man die PSK-modulierten Datenbursts von C-MAC

[1] Zu der Zeit kam auch gerade die erste Version der Studionorm für digitale Komponentensignale heraus.

übertragen, und bei Frequenzmodulation des Trägers kann eine Basisbandbreite von bis zu 8,4 MHz (–3 dB) für die Übertragung der zeitkomprimierten Videosignale mit dem Transponder zugelassen werden, entsprechend einer Bandbreite von 5,6 MHz des wieder expandierten Luminanzsignals.

Man dachte auch – vor allem in Frankreich und Deutschland – an eine MAC-Übertragung in Kabel-TV-Netzen. Das wäre aber mit C-MAC wegen der PSK-Modulation durch die Datenbursts nicht möglich gewesen. Deshalb wurde stattdessen die Duobinärcodierung vorgesehen und das D-MAC-System etabliert. Das Signal sollte im Kabelkanal mit Restseitenband-Amplitudenmodulation (s. Abschn. 8.1.1) übertragen werden. Dazu wäre – nur wegen der Datenbursts – eine Kanalbandbreite von 12 MHz erforderlich gewesen. Tatsächlich war zu der Zeit die Einrichtung von Kanälen mit dieser Bandbreite geplant. Zur Verfügung standen aber nur Kabelkanäle mit 7 und 8 MHz Bandbreite. Bei letzteren wäre eine Übertragung mit bis zu 6,5 MHz Basisbandbreite bei Restseitenbandmodulation möglich gewesen. Die Rate in den Datenbursts wurde deshalb halbiert: bei D2-MAC sind 6,5 MHz voll ausreichend für die Datenbursts (s. o.). Die Bandbreite des wieder expandierten Luminanzsignals wäre dann 4,3 MHz. Allerdings ist es schließlich überhaupt nicht zu einer Kabelübertragung von MAC-Signalen gekommen. Die Entwicklung von D/D2-MAC und insbesondere der Paketstruktur für die Daten stand unter der Führung von CCETT in Frankreich (Centre Commun d'Études de Télédiffusion et de Télécommunication).

Die Bemühungen um eine Durchsetzung des MAC-Systems gerieten ab Mitte der achtziger Jahre mehr und mehr auf die politische Ebene. Immerhin waren ja auch für diese „europäische Initiative“ erhebliche finanzielle Mittel von der EU und vielen Regierungen geflossen. Ende 1986 wurde sogar eine „Direktive“ der EEC (European Economic Community) erlassen, nach der die Mitgliedstaaten verpflichtet wurden, für die Rundfunksatelliten (Direct Broadcasting Satellites, DBS) ausschließlich das C-MAC/Paket- oder das D2-MAC/Paket-System zuzulassen. Gemeint waren die bereits 1977 auf der „World Administration Radio Conference“ (WARC) für Europa geplanten DB-Satelliten hoher Sendeleistung (s. Abschn. 8.3.3). Die danach für Frankreich 1988 (TDF 1) und 1990 (TDF 2) und für Deutschland 1989 (TV-SAT 2) eingerichteten „staatlichen“ Satelliten benutzten von Anfang an das D2-MAC/Paket-System. Der TV-SAT-2 strahlte vier Programme aus, die man allerdings ohne den zusätzlichen Aufwand in PAL auch terrestrisch oder über andere Satelliten empfangen konnte. Das Interesse war so gering, dass es praktisch nicht zum Verkauf von D2-MAC-Decodern kam. TV-SAT2 wurde dann 1995 den skandinavischen Ländern überlassen. Dort wurde der Betrieb 1998 eingestellt. Frankreich nutzte TDF2 noch bis Mitte 1997, zuletzt nur mit einem Programm. 1996 wurde TDF 1 aus dem Orbit genommen, TDF 2 und TV-SAT 2 folgten 1999. Das Satellitenfernsehen kam in Europa dagegen mit den Astra-Satelliten zum Durchbruch. Sie hatten viel mehr Transponder – mit geringerer Leistung – an Bord und sendeten in PAL (s. Abschn. 8.3.3).

D-MAC, später D2-MAC, ist in größerem Umfang und über lange Zeit nur auf den von den skandinavischen Ländern betriebenen Satelliten zum Einsatz gekommen. Der Begleitton sollte hier möglichst in mehr als vier Sprachen gesendet werden, deshalb die Entscheidung für ein System mit vielen Tonkanälen, also C-MAC oder D-MAC. Nach der Umstellung auf D2-MAC blieb als Vorteil nur noch die wirkungsvollere Verschlüsselung im Vergleich zu PAL. Die etwas bessere Bildqualität bei MAC war dagegen niemals von Bedeutung.

Man hat auch versucht, HDTV-Signale mit einer MAC-Codierung zu übertragen. Nach einem Vorschlag von Philips (Eindhoven, Holland) [6.22] wird dazu das Signal einer HDTV-Quelle mit 1250 Zeilen und einer Bandbreite von 20–25 MHz bei einem Bildseitenverhältnis von 16:9 durch eine bewegungsabhängige Unterabtastung und eine anschließenden Umsetzung in ein 625-Zeilen-Signal in der Bandbreite um den Faktor 4 reduziert. Dieses durchläuft dann einen D2-MAC-Coder. Nach einer Übertragung über einen Satelliten oder gegebenenfalls über einen 12 MHz breiten Kabelkanal wird mit einem D2-MAC-Decoder zunächst das 625-Zeilen-Signal erhalten. Ohne weitere Bearbeitung könnte es dann von einem Empfänger für Standard-TV benutzt werden. In einem HDTV-Empfänger macht dagegen der HD-MAC-Decoder die Reduktionsmaßnahmen der Sendeseite entsprechend den übermittelten Informationen über die Bewegung soweit wie möglich wieder rückgängig und stellt ein HDTV-Signal mit 1250 Zeilen wieder her.

Die Kompatibilität zu dem – allerdings nicht etablierten – D2-MAC-System war ein wichtiges Argument während der intensiven Durchsetzungsbemühungen. HD-MAC wurde zum zentralen Projekt im Rahmen des europäischen Förderungsprogramms „Eureka 95“. Es war aber zum Scheitern verurteilt. Die Kopplung an das erfolglose D2-MAC einerseits und die Unmöglichkeit einer HDTV-Großbildwiedergabe im Heimbereich (gemeint ist nicht das größere Bildseitenverhältnis) ließen kein Interesse und keinen Bedarf entstehen. HDTV ist nur dann sinnvoll und wird erst dann auch notwendig, wenn die Bildwiedergabe auf einem sehr großen Display praktikabel wird (Gesichtsfeldwinkel vertikal 20° bei üblicher Betrachtungsentfernung, s. Abb. 4.26). Obwohl also die Anstrengungen verfrüht waren, wurden sie unter dem Druck der japanischen Konkurrenz mit großem Aufwand unternommen. Das Debakel legte sich in Europa wie ein Trauma auf das Thema HDTV.

Seit Mitte der neunziger Jahre sind MAC und HD-MAC durch die erfolgreiche Einführung der DVB-Normen nur noch von historischer Bedeutung.

Literatur

[6.1] Brand, G.; Schönfelder, H. et al.: „Timeplex" – ein serielles Farbcodierverfahren für Heim-Videorecorder. FKT **34** (1980), 451–458

[6.2] Bruch, W.: Das PAL-Farbfernsehübertragungsverfahren. Rundfunktechn. Mitt. **10** (1966), 1–11

[6.3] Bruch, W.: Farbfernsehempfänger für ein farbgetreues NTSC-System. DBP 1 252 731, Anmeldetag 31.12.1962

[6.4] Bruch, W.: System zur Speicherung von Farbbildsignalen. DE-PS 2056684, Anmeldetag 18.11.1970

[6.5] De France, H.: Le système de télévision en couleurs séquentiel-simultané. L'Onde Electr. **38** (1958), 479–483

[6.6] Der MPEG-2-Standard, Teil 1–5. FKT **48** (1994), 155–163, 227–237, 311–319, 364–373, 460–468, 545–553

[6.7] EBU Doc. Tech. 3258: Specification of the systems of the MAC/packet family. 2nd ed., Brüssel 1991

[6.8] Egger, Kunt et al.: High-performance compression of visual information. Proc. IEEE **87** (1999), 976–1011

[6.9] ETSI TR 101154: Digital Video Broadcasting (DVB); Implementation guidelines for the use of MPEG-2 Systems, Video and Audio in satellite, cable and terrestrial broadcasting applications.

[6.10] Howells, P.W.: The concept of transmission primaries in color television. In [6.21], 134–138

[6.11] Huffman, D. A.: A method for the construction of minimum redundancy codes. Proc. IRE **40** (1952), 1098–1101

[6.12] ISO/IEC 13818: Information Technology – Generic Coding of moving pictures and associated audio. Teil 1: Systems, Teil 2: Video, Teil 3: Audio

[6.13] ITU-R Rec. BT 601: Studio encoding parameters of digital television for standard 4:3 and wide-screen 16:9 aspect ratios.
ITU-R Rec. BT.656: Interfaces for digital component video signals in 525-line and 625-line television systems operating at the 4:2:2 level of recommendation ITU-R BT.601 (Part A).

[6.14] ITU-R Rec. BT.470-6: Conventional television systems. Ausgabe 1998

[6.15] Kell, R.D.; Schroeder, A.C.: Optimum utilization of the radio frequency channel for color television. RCA Review **14** (1953), 133 – 143

[6.16] Loughlin, B. D.: Recent improvements in band-shared simultaneous color television systems. Proc. IRE **39** (1951), 1273–1279

[6.17] Lucas, K.; Windram, M. D.: Direct television broadcasts by satellite – desirability of a new transmission standard. IBA E&D Report No. 116/81, Sept. 1981,

Windram, M. D.; Tonge, G. et al.: MAC – A television system for high-quality satellite broadcasting. IBA E&D Report No. 118/82, Aug. 1982
[6.18] Ohm, J.-R.: Digitale Bildcodierung. Springer, Berlin 1995
[6.19] Reimers, U. (Hrsg.): Digitale Fernsehtechnik: Datenkompression und Übertragung für DVB. 2. Aufl., Springer, Berlin 1997
[6.20] Roosenstein, H.; von Baeyer, H.-J.: Anordnung zur Verzögerung eines elektrischen Signals. DE Patent Nr. 759295 ab 28.11.1940
[6.21] Second Color Television Issue. Proc. IRE **42** No.1 (Jan. 1954)
[6.22] Vreeswijk, F. W. P.; Jonker, W. et al.: An HD-MAC coding system. Proc. 2nd International Workshop on Signal Processing of HDTV, L'Aquila, 29.2.–3.3.1988
[6.23] Watkinson, J.: MPEG-2. Focal Press, Oxford 1999

7 Dreidimensionales Fernsehen

Die Szene am Aufnahmeort ist örtlich dreidimensional, charakterisiert durch eine Lichtemission in Abhängigkeit von den Ortskoordinaten x,y,z. Übertragen wird aber nur eine zweidimensionale optische Abbildung, eine Funktion von nur zwei Ortskoordinaten (s. Kapitel 1). Das Ziel, dem Beobachter am Wiedergabeort denselben Bildeindruck zu vermitteln, den er bei Betrachtung der Szene am Aufnahmeort hätte, kann auch deshalb nur eingeschränkt erreicht werden.

Wenn andererseits ein Fernsehsystem am Wiedergabeort die ursprüngliche Lichtemission als Funktion von x,y,z in einem dreidimensionalen Displaykörper rekonstruieren könnte, wäre ein realitätsnäheres Bild zu erwarten. Ein solches „Volumendisplay" anstelle des üblichen zweidimensionalen Bildschirms könnte beispielsweise aus einem Gas bestehen, das zweistufig zur Fluoreszenz anzuregen ist (z. B. [7.7]). Ein Leuchtpunkt erscheint dann jeweils an der Überkreuzungsstelle von zwei Laserstrahlen. Bei dreidimensionaler Abrasterung könnte man damit ein 3D-Bild im Displayraum erzeugen. Die zu übertragenden Daten müssten durch eine entsprechende dreidimensionale Abrasterung der Aufnahmeszene gewonnen werden. Das ist in manchen Fällen möglich, beispielsweise bei der Computertomographie. Aber eine Bewegtbildübertragung, die scheinbar mitten im Raum stehende, lebensgroße Personen aus einer Aufnahmeszene wiedergibt, wird wohl für immer nur in der Phantasie von Science-Fiction-Autoren existieren.

Nun erhält das visuelle System des Beobachters am Aufnahmeort auch nur zweidimensionale Bilder angeboten, nämlich die optische Abbildung der Szene auf die Netzhaut des Auges (s. Abschn. 3.1), wenn auch – beim normalen binokularen Sehen – *zwei* derartige Abbildungen, die eine im linken und die andere im rechten Auge. Es ist somit zu vermuten, dass für den einwandfreien dreidimensionalen Bildeindruck eine Reproduktion der aufnahmeseitig vorhandenen dreidimensionalen Lichtemissionsfunktion gar nicht notwendig ist, ähnlich wie eine korrekte Farbempfindung nicht die Reproduktion der Spektralverteilung erfordert. Wir werden uns deshalb zunächst mit der Frage befassen, wie und unter welchen Bedingungen der Mensch aus den zweidimensionalen Netzhautbildern den räumlichen Bildeindruck gewinnt.

7.1 Räumliches Sehen

Bereits aus einem nur zweidimensionalen Bild kann man sich aus der Erfahrung heraus eine meist zutreffende ungefähre Vorstellung der räumlichen Verteilung der aufgenommenen Objekte machen und daraus auch schon den Ansatz einer Raumwahrnehmung erhalten. Dazu zieht man – unbewusst – für die Tiefenstaffelung typische Hinweise heran, wie etwa die Überschneidung und teilweise Verdeckung hintereinander liegender Objekte, die Perspektive (z. B. Zusammenlaufen paralleler Geraden in Fluchtpunkten), eine kleinere Darstellung entfernter Objekte, die Schattenverteilung, Vernebelung durch atmosphärischen Dunst bei weit entfernten Objekten.

Beim zweiäugigen Betrachten einer dreidimensionalen Szene ist demgegenüber eine bedeutend weitergehende Raumwahrnehmung möglich. Man sieht, wie die Objekte vor- oder hintereinander „im Raum schweben", so dass man zielsicher auf sie zugreifen kann, etwa beim Einfädeln eines Fadens in eine Nähnadel. Mehrere Faktoren kommen hier zusammen, aus denen im Gehirn – wieder auf Grund der Erfahrung – aus den beiden Netzhautbildern diese Raumwahrnehmung entwickelt wird.

Wenn man einen Punkt im Nahbereich mit beiden Augen fixiert, werden sie etwas nach innen gedreht, so dass das Bild des Punktes bei beiden Netzhäuten auf den Punkt des schärfsten Sehens, die Fovea (Abb. 3.1) fällt. Diesen Vorgang nennt man *Konvergenz*. Die Bilder von anderen Punkten fallen dann aber im Allgemeinen in den beiden Augen nicht mehr genau auf korrespondierende Netzhautstellen, d. h., sie haben einen *unterschiedlichen* Abstand (horizontale *Disparation*) zum Bild des Fixierpunktes, bedingt durch den Augenabstand im Verhältnis zur Punktentfernung. Ein Beispiel zeigt Abb. 7.1. Dort schaut man mit beiden Augen von oben auf einen Kegel, wobei man die Kegelspitze F fixiert. In den Augen entstehen unterschiedliche Bilder. Die Abbildung F′ liegt bei beiden Netzhäuten in der Fovea, die Abbildung P′ des Punktes P an der Kegelbasis hat aber im rechten Auge einen kleineren Abstand zu F′ als im linken Auge. Der in Abb. 7.1 markierte Kreuzungspunkt der Strahlen ist der Knotenpunkt in den Augen (s. Abschn. 3.1). Der Winkel der horizontalen Disparität (Querdisparität) ist

$$\Delta = \delta_{\mathrm{L}} - \delta_{\mathrm{R}}\,.$$

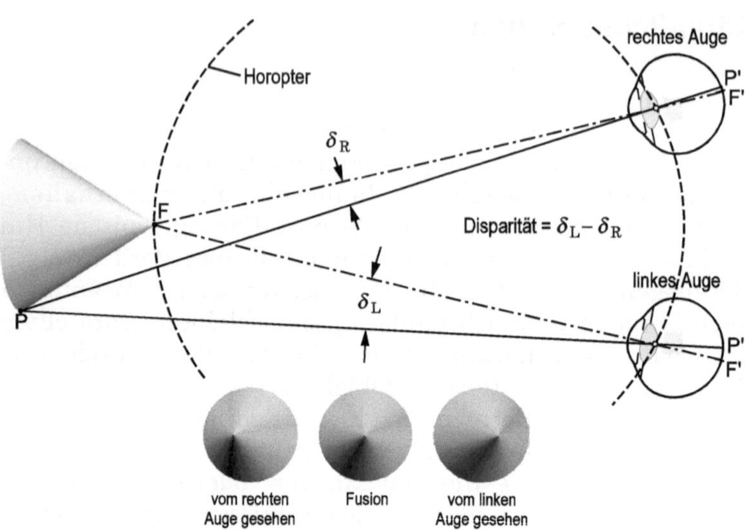

Abb. 7.1. Binokulares Sehen

Wenn der Winkelbetrag nicht zu groß ist (in Abb. 7.1 ist er viel zu groß), *verschmelzen die Doppelbilder* zu einem räumlichen Gesamtbild. Die Raumwahrnehmung entsteht dabei durch die Disparität mit Unterstützung durch die Aktion der Konvergenz und – bei Sehweiten unterhalb von etwa 2 Metern – durch die Aktion der Akkommodation (Scharfeinstellung auf den Fixierpunkt durch automatische Brennweitenverstellung der Augenlinse, s. Abschn. 3.1). Der Disparitätsbereich, in dem die Fusion gelingt, wird als „Panum-Bereich" bezeichnet (nach dem dänischen Physiologen PANUM[1]). Für Bildpunkte in der Nähe der Fovea ist der Bereich nur klein, etwa 6′, bei größerer Entfernung auf der Netzhaut erreicht er etwa 20′ [7.11], wenn das Objekt höhere Ortsfrequenzen als 2 P/° enthält, anderenfalls sind auch größere Werte möglich. Die Disparität muss aber größer als etwa 5″ sein, damit der Raumeindruck durch das binokulare Sehen eintreten kann. Bei weit entfernten Gegenständen gibt es daher keinen Unterschied gegenüber der einäugigen Betrachtung. Die „Stereobasis", normalerweise der Augenabstand von etwa 65 mm, kann künstlich vergrößert werden. Dann ist durch die binokulare Beobachtung auch noch in größerer Entfernung eine Tiefenwahrnehmung möglich, beispielsweise beim Scherenfernrohr.

In Abb. 7.1 liegen alle Objektpunkte, die keine Disparation ergeben $(\Delta = 0)$, auf einem Kreis, dem sog. *Horopter*, der durch die Knotenpunkte der Augen und den Fixierpunkt läuft. Bei dahinter liegenden

---

[1] Peter Ludvig Panum, *19.12.1820 in Rønne, †2.5.1885 in Kopenhagen.

Objekten, also bei vom Beobachter weiter entfernten (z. B. Punkt P), ist die Disparität positiv, d. h., beim rechten Auge erscheinen sie (ohne Fusion) im Vergleich zum linken nach rechts versetzt, bei davor liegenden Objekten ist die Disparität negativ, und sie erscheinen beim rechten Auge nach links versetzt. Allgemein liegen Objektpunkte mit gleicher Disparität auf Kreisen, die durch die Knotenpunkte der Augen laufen.

Selbst bei Betrachtung einer dreidimensionalen Szene mit nur einem Auge ist eine Raumwahrnehmung möglich. Neben den genannten Faktoren, die eine Tiefenabschätzung aus einem zweidimensionalen Bild ermöglichen, und der Akkommodation kommt hier hinzu, dass im Nahbereich ungleich entfernte Objekte bei einer *Bewegung* des Beobachters gegeneinander verschoben erscheinen („Bewegungsparallaxe"). Menschen, die nicht oder nicht gut mit zwei Augen sehen können, haben es gelernt, den Raumeindruck aus der Bewegungsparallaxe in Verbindung mit der Akkommodation abzuleiten, wobei sie unwillkürlich den Kopf etwas bewegen.

7.2 Aufnahme- und Wiedergabeverfahren

Der beim binokularen Sehen entstehende Raumbildeindruck sollte auch zu erreichen sein mit *zwei* photographisch oder fernsehtechnisch aufgenommenen Bildern, wenn die Aufnahmeorte wie die beiden Augen horizontal etwas versetzt sind, und bei der Bildbetrachtung sichergestellt wird, dass das vom linken Standort aufgenommene Bild nur vom linken Auge gesehen werden kann und das rechte Bild nur vom rechten Auge (*Bildtrennung*). Das Verfahren wird als „Stereoskopie" bezeichnet. Die Bildtrennung kann man durch spezielle Sehhilfen – Stereoskope oder Stereobrillen – erreichen. Es gibt aber auch Bildtrennungsverfahren, bei denen der Betrachter ohne derartige Hilfsmittel auskommt („Autostereoskopie").

Allerdings passen im Gegensatz zum natürlichen Raumsehen Akkommodation, Konvergenz und Disparität nicht in gewohnter Weise zusammen. Da auch nur die Information von zwei Bildern zur Verfügung gestellt wird, kann man durch Verändern des Beobachtungsstandpunkts kein anderes Gesamtbild sehen. Die Bewegungsparallaxe fehlt, man kann nicht um die Objekte „herumsehen", eine abgebildete Person, die man anblickt, scheint einem mit den Augen zu folgen, wenn man einen anderen Standpunkt einnimmt. Die im fusionierten Bild enthaltene Perspektive passt genau genommen nur für eine bestimmte Betrachterposition zum Raumeindruck. Alle diese Mängel werden jedoch meist nicht als störend empfunden. Ein Ausweg wäre fernsehtechnisch möglich, wenn die beiden Kameras am Aufnahmeort den Bewegungen des Beobachters am Empfangsort folgen könnten. Auch viele feststehende Kameras können verwendet werden, wenn ihre Bilder paarweise bei der Wiedergabe für das linke und rechte Auge getrennt werden (Panorama-Stereogramme).

Die Standardverfahren der Stereoskopie werden nachstehend kurz beschrieben. Eine umfassende Übersicht gibt u. a. Okoshi [7.9], und eine Zusammenstellung auch neuerer Verfahren findet sich in [7.10].

7.2.1 Verfahren mit Sehhilfen

Man geht von zwei horizontal versetzt aufgenommenen Bildern aus, die bei der Wiedergabe dem linken und dem rechten Auge – durch Sehhilfen getrennt – dargeboten werden. Hierdurch wird die horizontale Disparität künstlich hergestellt und durch die Fusion der beiden ebenen Bilder ein räumlicher Gesamtbildeindruck erzeugt. Diese Stereoskopie ist schon sehr alt und hat im Laufe der Zeit zu einer Vielzahl von Varianten geführt. Das erste Stereoskop geht auf WHEATSTONE[1] (1838) zurück [7.14]. Das Linksbild und das Rechtsbild werden beim Stereoskop den beiden Augen mechanisch getrennt gleichzeitig dargeboten. Dazu muss man in die Vorrichtung hineinsehen. Die zulässige Ausdehnung der Betrachtungszone ist dabei praktisch gleich null, und mehrere Beobachter können nicht gleichzeitig zuschauen.

Die beiden Bilder können jedoch auch übereinander gelegt werden. Zur Trennung müssen sie dann in komplementären Farben (beim *Anaglyphen*-Verfahren), in unterschiedlicher Polarisation des Lichtes (*Polarisationsverfahren*) oder schnell zeitlich abwechselnd dem Beobachter dargeboten werden. Er kann dann durch eine spezielle Brille die beiden Bilder getrennt sehen, ohne dass er dazu an einen bestimmten Standpunkt gebunden ist.

Die Bildtrennung nach dem Anaglyphen-Verfahren ist nur für unbunte Bilder praktikabel. Die Brille enthält Farbfilterfolien; für das linke Auge z. B. ein Filter, das nur den roten Spektralbereich durchlässt (Rotfilter), für das rechte Auge ein Filter, das den roten Spektralbereich sperrt (Cyanfilter). Linksbild und Rechtsbild können dann mit zwei Projektoren auf einer Bildwand übereinander projiziert werden, mit einem Rotfilter vor dem linken und einem Cyanfilter vor dem rechten Projektor („Additionsverfahren“). Bei Strichzeichnungen oder Drucken werden farbige Linien oder Konturen in den beiden Komplementärfarben auf dem weißen Hintergrund des Papiers dargestellt, und zwar jetzt das Linksbild in Cyan, das Rechtsbild in Rot. Durch die zu

[1] Sir Charles Wheatstone, *6.2.1802 in Gloucester, †19.10.1875 in Paris.

den Brillenfiltern komplementäre Einfärbung erscheinen dann die Linien oder Konturen des zugeordneten Bildes dunkel auf hellem Hintergrund abgesetzt, während sie beim nicht gewünschten Bild vom Hintergrund nicht zu unterscheiden sind („subtraktives“ Verfahren). In beiden Fällen sollte der Betrachter die beiden komplementär gefärbten Bilder zu einem unbunten Raumbild fusionieren können. Das gelingt ihm jedoch meist nur nach einiger Konzentration und nicht ständig.

Die Trennung der beiden Bilder ist dagegen beim Polarisationsverfahren problemlos möglich. Es ist ohne Einschränkung für Farbbilder anwendbar, und eine Fusion zu einem räumlichen Gesamtbild gelingt über längere Zeit ohne Ermüdung. Bei der Wiedergabe durch Projektion wird das Projektionslicht linear polarisiert, horizontal bei dem einen Projektor, vertikal beim anderen. Die Brille enthält entsprechend Polarisationsfolien mit ebenfalls zueinander orthogonaler Polarisation für links und rechts. Da kein Licht durch zwei hintereinander liegende Polarisationsfilter hindurchgeht, wenn ihre Polarisationsrichtungen senkrecht aufeinander stehen, kann eine Bildtrennung für das gesamte Spektrum erreicht werden. Der Einfluss der Kopfhaltung auf die Trennung ist bei Verwendung einer zirkularen Polarisation geringer. Oft wird auch bei linearer Polarisation statt der horizontalen und vertikalen Orientierung der beiden Polarisationsrichtungen eine dazu um 45° gedrehte Orientierung beim Projektor und den Brillen verwendet. Das Licht der beiden übereinander projizierten Bilder darf durch die Bildwand nicht wieder depolarisiert werden. Das wäre bei einer völlig diffus rückstrahlenden Projektionsfläche der Fall. Geeignet sind diffus reflektierende Metallbildwände, wie sie sonst auch zur Leuchtdichteerhöhung verwendet werden. Das Polarisationsverfahren wird erfolgreich in der Stereophotographie und vor allem im Kino (3D-Vorführungen in „IMAX-Theatern“) eingesetzt. Eine bekannte Stereokamera für Kleinbildfilm mit zwei Objektiven im Augenabstand war beispielsweise die „Belplasca“ von Zeiss mit zugehörigem Projektor. Ebenfalls wurden Versuche mit Fernsehbildern durchgeführt (s. Abschn. 7.3).

Werden die Links- und Rechtsbilder schnell zeitlich abwechselnd gezeigt, dann benötigt der Betrachter eine Brille, die entsprechend periodisch und synchronisiert die Sicht jeweils nur für das linke oder rechte Auge freigibt. Man kann dazu eine Kombination aus Polarisator und elektronisch gesteuerten Flüssigkristallen oder Platten aus PLZT-Keramik (PLZT = polykristallines Blei-Zirkonat-Titanat mit Lanthan-Zusatz) verwenden. Solche „3D-Shutter-Brillen“ werden beispielsweise als Zubehör für PC-Graphikkarten geliefert und dienen zur Betrachtung von 3D-Simulationsergebnissen („Virtual Reality“). Eine Umschaltfrequenz von mindestens 120 Hz ist erforderlich, damit Flimmern nicht sichtbar wird. Ein Problem kann dabei das Nachleuchten der Monitorleuchtstoffe sein. Insbesondere ist die Nachleuchtdauer des grünen Leuchtstoffs von CRT-*Projektoren* (s. Abschn. 9.2.5) meist zu lang.

7.2.2 Autostereoskopie

Für Fernsehanwendungen will man natürlich auf 3D-Brillen möglichst verzichten. Inzwischen sind zwar viele Verfahren vorgeschlagen und zum Teil auch realisiert worden, mit denen man ohne derartige Hilfsmittel den Raumbildeindruck gewinnen kann [7.10]. Sie erreichen aber leider nicht die Perfektion der Wiedergabe, wie sie bei der Bildtrennung durch Polarisation möglich ist.

Wir betrachten hier nur die Verfahren, die unter Beibehaltung des Grundprinzips der Stereoskopie die Bildtrennung durch schmale Zylinderlinsen oder Schlitzmasken bewirken. Linksbild und Rechtsbild werden dazu in sehr viele und sehr schmale senkrechte Streifen – horizontale Samples – zerlegt, die abwechselnd nebeneinander gelegt werden. Vor diesen verschachtelten Bildstreifen liegen die dazu passenden senkrechten Streifen des Ausblendrasters (Parallax-Stereogramm nach Ives [7.6]). Es gibt dann eine Anzahl von Beobachtungsstandpunkten, von denen aus jedes Auge nur das ihm zugeordnete Bild sieht.

Die Bildtrennung durch Linsenraster wird anhand von Abb. 7.2 erläutert. Ein Paar von schmalen senkrechten Streifen im Abstand a_S – in Abb. 7.2 blau und rot markiert – ist auf der Stereogrammebene im Abstand p_S periodisch wiederholt angeordnet. Die Periode bezeichnen

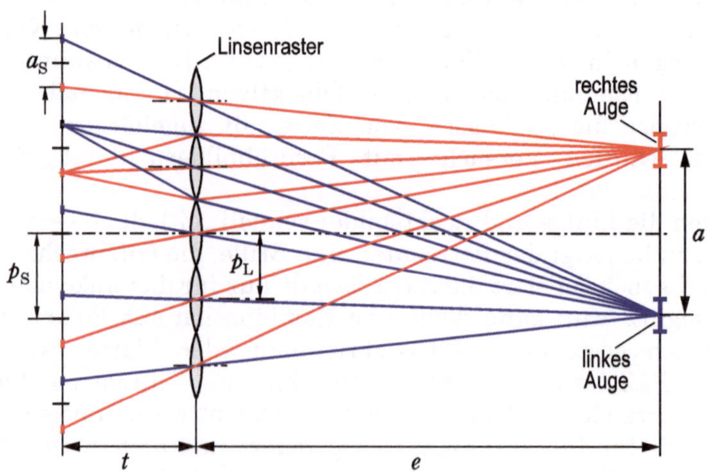

Abb. 7.2. Bildtrennung durch Zylinderlinsenraster beim Parallax-Stereogramm (Ansicht von oben)

wir als „Display-Pitch“. Im Abstand t vor der Stereogrammebene liegt zu ihr parallel die Ebene der senkrechten Zylinderlinsen. Der „Linsenrasterpitch“ ist p_L. Von jeder Linse wird ein Streifenpaar im Abstand e vom Linsenraster entfernt im Verhältnis e/t vergrößert abgebildet, wenn nach der bekannten Beziehung

$$\frac{1}{f}=\frac{1}{t}+\frac{1}{e} \tag{7.1}$$

die Linsenbrennweite f kleiner als t ist. Die beiden Linien – in Abb. 7.1 sind es Punkte –, in denen alle von den Linsen kommenden Mittelstrahlen zusammenlaufen, haben voneinander den Abstand

$$a=a_S\frac{e}{t}. \tag{7.2}$$

Hier, wo die Bildstreifen abgebildet werden, sollten die Augenpupillen liegen, und a sollte gleich dem Augenabstand sein. Es sei D der Pupillendurchmesser. Sind die Bildstreifen mindestens Dt/e breit, so wird die Pupille des rechten Auges vollständig und ausschließlich gefüllt vom Licht aller roten Bildstreifen, beim linken Auge vollständig und ausschließlich vom Licht aller blauen Bildstreifen. Vom rechten Auge gesehen erscheint das Stereogramm als gleichmäßig rote Fläche, vom linken Auge gesehen als gleichmäßig blaue Fläche. Dazu muss das Verhältnis von Display-Pitch zu Linsenrasterpitch durch den Strahlensatz festgelegt sein:

$$\frac{p_S}{p_L}=1+\frac{t}{e}. \tag{7.3}$$

Im einfachsten Fall gibt es unter jeder Zylinderlinse nur zwei Bildstreifen, der eine vom linken und der andere vom rechten Bild. Dann macht man ihren Abstand gleich dem halben Display-Pitch,

$$a_S=\frac{p_S}{2},$$

und ihre Breiten auch fast so groß, so dass die größte Kopfverschiebung nach links oder rechts zuzulassen ist, bis die Augenpupillen die abgebildeten Bildstreifen verlassen. Mit t/e verkleinert wirkt sich die Verschiebungstrecke auf die korrespondierenden Pupillenpositionen in der Stereogrammebene aus. Die Betrachterposition muss somit ziemlich genau eingehalten werden: von der optimalen Position bei der Betrachtungsentfernung e darf man höchstens um den halben Augenabstand nach links oder rechts abweichen. Die zulässige Betrachterzone ist in Abb. 7.3 markiert und als „Zone 0“ bezeichnet. Sie ist nur höchstens $2a=130$ mm breit. Die Begrenzunglinien ergeben sich aus der

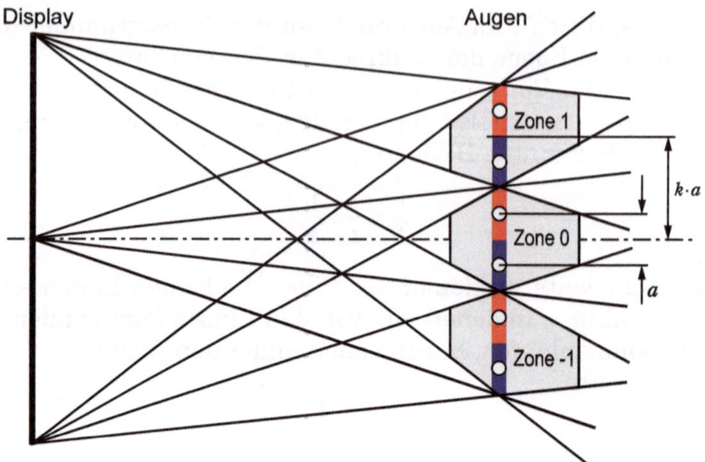

Abb. 7.3. Betrachterzonen beim Linsenrasterdisplay (Beispiel mit $k = 2$)

Bedingung, dass das Bild auch noch bei Abweichungen von der nominellen Betrachtungsentfernung auf der gesamten Displaybreite sichtbar bleiben soll. Weitere zulässige Betrachterzonen gibt es im seitlichen Abstand von $p_S e/t = 2a$ (z. B. „Zone -1" und „Zone 1" in Abb. 7.3). Sie kommen zustande durch die Abbildung der Bildstreifen mit *benachbarten* Linsen. Die Strahlengänge durch Nachbarlinsen sind in Abb. 7.2 nicht gezeichnet. Man beachte, dass beim seitlichen Verlassen einer Zone zunächst die Augenzuordnung zum Links- und Rechtsbild vertauscht ist. Hier gibt es ein Umspringen zu einer tiefenverkehrten Wiedergabe (sog. „Pseudoskopie").

Die Einschränkung der Betrachtungspositionen ist der wesentliche Nachteil der Parallax-Stereogramme. Bei den Panaroma-Parallax-Stereogrammen sind die Betrachterzonen erheblich größer. Wie erwähnt kann man anstelle von nur zwei auch viele, allgemein k Aufnahmen machen, jeweils von im Augenabstand horizontal versetzten Standpunkten aus. Unter jeder Linse sind nun in dieser Reihenfolge k Streifen aus den Aufnahmen unterzubringen, jeweils im Abstand a_S, wobei

$$a_S = \frac{p_S}{k}. \tag{7.4}$$

Bei richtiger Wahl des Abbildungsmaßstabs e/t nach Gl. (7.2) werden dann benachbarte Streifen wieder jeweils auf die beiden Augenpupillen abgebildet. Die maximale Breite der Betrachterzonen und der seitliche Abstand benachbarter Zonen werden dadurch vergrößert auf $p_S e/t = ka$, z. B. auf 650 mm bei $k = 10$. Mit solchen Panorama-Stereogrammen kann bei seitlicher Bewegung innerhalb einer Zone auch eine

Bewegungsparallaxe wahrgenommen werden. Das Verfahren wird bei den bekannten Raumbildpostkarten verwendet. Sie können z. B. photographisch hergestellt werden durch Belegung des Films mit dem Linsenraster und Belichtung durch den Linsenraster hindurch über eine Bank von vielen nebeneinander angeordneten Objektiven. Wenn die k Bilder als einzelne Diapositive vorliegen, können diese mit k nebeneinander stehenden Projektoren auf eine große Linsenrasterfläche gleichzeitig übereinander projiziert werden. Sie ist mit einer diffus reflektierenden Metallfolie hinterlegt, auf der das Linsenraster das in Streifen zerlegte Bild erzeugt. Das so durch die Projektion entstandene Stereogramm kann dann durch dasselbe Linsenraster hindurch von Positionen in der Nähe der Projektoren betrachtet werden [7.1]. Beide Anwendungen verwenden – im Gegensatz zur Prinzipdarstellung in Abb. 7.2 – *plankonvexe* Zylinderlinsen wie in Abb. 7.4: Platten oder Folien mit einseitiger Linsenoberfläche, z. B. aus Plexiglas gegossen.

Parallax-Stereogramme – auch von Bewegtbildern – kann man elektronisch mit Flachbild-Displays (Flüssigkristall- oder Plasma-Displays) erzeugen. Diese haben prinzipbedingt eine Pixelaufrasterung des Bildes (s. Abschn. 9.2.3 bzw. 9.2.4), die man hier für die geforderte Streifenstruktur des Stereogramms nutzen kann. Allerdings liegen die R, G, B-Pixel normalerweise horizontal nebeneinander, nicht untereinander, wie es die vertikale Streifenstruktur erfordert. Man kann sie trotzdem verwenden, wenn man sie im Hochformat betreibt [7.2, 7.5]. Ein Beispiel mit nur einem Links/rechts-Streifenpaar unter jeder Linse ($k = 2$) zeigt Abb. 7.4. Zwischen der aufgesetzten Linsenrasterplatte

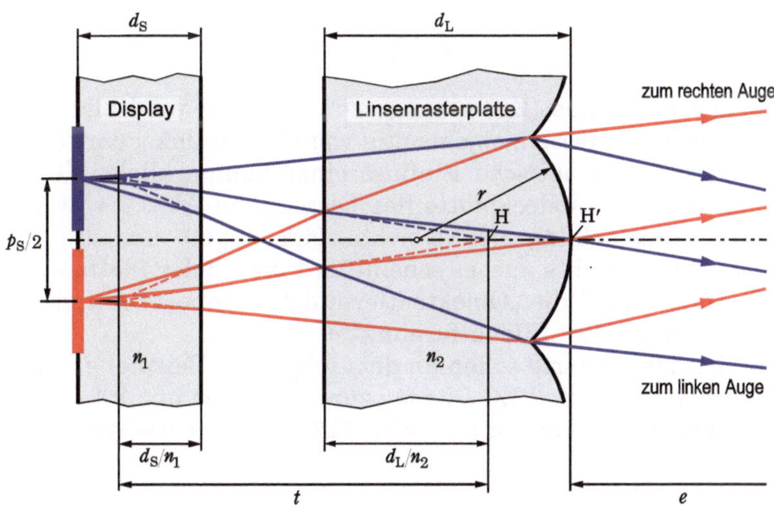

Abb. 7.4. Strahlengang von den Displaypixeln durch die Linsenrasterplatte

und der abschließenden Glasplatte des Displays ist ein Luftspalt vorgesehen.

Die Linsenrasterplatte kann massiv gegossen sein oder aus einer stabilen Glasplatte bestehen, auf die eine dünne Linsenschicht aufgebracht ist. Verwendet werden die optisch hochwertigen thermoplastischen und amorphen Kunststoffe Plexiglas[1] (Polymethylmethakrylat, PMMA) mit einem Brechungsindex von $n = 1{,}493$ bei $\lambda = 588$ nm oder COC (Cyclic Olefin Copolymer, mit Ethylen copolymerisiertes Norbonen) mit $n = 1{,}533$ bei $\lambda = 588$ nm. Bei der Verbindung mit einem Glassubstrat sind Unterschiede im thermischen Ausdehnungskoeffizienten und im Brechungsindex zu beachten. Im Vergleich zu Kronglas mit $9 \cdot 10^{-6}/\mathrm{K}$ und $n = 1{,}523$ ($\lambda = 588$ nm) ist zwar COC im Brechungsindex etwa gleich, aber der Ausdehnungskoeffizient ist ebenso wie bei PMMA etwa um den Faktor 8 größer.

Bei plankonvexen Linsen liegt im Linsenscheitel der eine Hauptpunkt, der andere im Inneren der Linse im Abstand $(n-1)d/n \approx d/3$ vom Scheitel bei einer Linsendicke d. Die Hauptpunkte kann man für die Konstruktion von Strahlengängen verwenden, weil sie hier (Linse beidseitig in Luft) zugleich auch die Knotenpunkte sind. Ein Lichtstrahl, der unter einem bestimmten Winkel den bildseitigen Hauptpunkt H′, also den Linsenscheitel in Abb. 7.4 verlässt, ist unter dem gleichen Winkel in die Linse eingetreten, obwohl er dabei jeweils gebrochen wird. Die Strahlen sind lediglich parallel versetzt um den genannten Abstand der Hauptpunkte, der Eingangsstrahl zielt auf den objektseitigen Hauptpunkt H. Die Brennweite der Kreiszylinderlinsen ist

$$f = \frac{r}{n-1} \tag{7.5}$$

bei einem Kreisradius (Krümmungsradius) r. Sie wird bildseitig von H′ nach rechts gemessen, objektseitig von H nach links; dort liegen die „Brennlinien“[2]. Der optische Einfluss einer planparallelen Glasplatte der Dicke d_S, der Abdeckplatte des Displays in Abb. 7.4, wirkt sich wie eine Verschiebung des Objekts (der Pixel) um die Strecke $(n_1 - 1)d_S/n_1$ nach rechts aus; es scheint im Inneren der Platte zu liegen. Von hier bis H wird die „Objektentfernung“ t gemessen und von H′ bis zur Abbildung die „Bildentfernung“ e.

Typische Zahlenwerte sollen an dem folgenden Beispiel gezeigt werden. Es stehe ein 20-Zoll-LC-Display zur Verfügung mit 1024 Bildstreifen bei Betrieb im Hochformat, also 512 Links/rechts-Streifenpaaren

---

[1] ® Röhm GmbH (seit 1933).

[2] Bei $d > nr/(n-1)$ liegt die objektseitige Brennlinie im Glas, um $nr/(n-1)$ vom Linsenscheitel entfernt; natürlich unabhängig von d.

($k = 2$). Der Display-Pitch ist $p_S = 0{,}624$ mm, die Glasplatte 1,45 mm dick. Die Betrachtungsentfernung soll $e = 800$ mm sein. Der horizontale Pixelabstand ist $a_S = p_S/2 = 0{,}312$ mm, so dass für die Vergrößerung auf $a = 65$ mm ein Verhältnis $e/t = 208{,}3$ gefordert wird (Gl. 7.2). Daraus ergibt sich $t = 3{,}84$ mm und die Brennweite nach Gl. (7.1) zu $f = 3{,}82$ mm. Bei einem Brechungsindex von $n_2 = 1{,}53$ muss dazu der Linsenradius $r = (n_2 - 1)f = 2{,}026$ mm betragen (Gl. (7.5)). Als Linsenrasterpitch wird gefordert $p_L = p_S/(1 + t/e) =$ 0,621 mm (Gl. (7.3)). Das Öffnungsverhältnis der Linsen ist mit $1:(f/p_L) = 1:6{,}16$ so klein, dass die sphärischen Linsenfehler hier keine große Rolle spielen (im Gegensatz zu Abb. 7.4, wo 1:1,5 dargestellt ist). Die Dicke der Linsenrasterplatte betrage $d_L = 3$ mm. Zur Realisierung des berechneten Wertes von t ist dann ein Luftspalt (s. Abb. 7.4)

$$d_0 = t - \frac{d_S}{n_1} - \frac{d_L}{n_2} \tag{7.6}$$

von 0,93 mm erforderlich, wenn auch die Display-Glasplatte den Brechungsindex $n_1 = 1{,}53$ aufweist. Für kleinere Betrachtungsabstände müsste der Luftspalt zu sehr verkleinert werden. Einen größeren Spielraum hat man, wenn die Linsenrasterplatte umgekehrt angeordnet wird, mit der Linsenfläche zum Display hin, so dass

$$d_0 = t - \frac{d_S}{n_1} \tag{7.6a}$$

Mit einer automatischen Nachführung („Tracking") kann man die durch die kleine Betrachterzone gegebene Beschränkung der praktischen Anwendung vermeiden, wenn nur immer ein einziger Beobachter das Display benutzt [7.3]. Über eine kleine Kamera kann seine Kopfposition detektiert werden und daraus die Steuerung der Verstelleinrichtungen abgeleitet werden. Bei einer seitlichen Kopfbewegung wird die Linsenrasterplatte parallel zur Displayfläche entsprechend etwas lateral verschoben, bei einer Kopfbewegung zum oder vom Display wird der Luftspalt etwas verkleinert oder vergrößert, indem die Linsenrasterplatte entsprechend frontal bewegt wird. Natürlich kann man stattdessen auch das gesamte Display einschließlich Linsenrasterplatte verdrehen und hin- oder herschieben.

7.3 Fernsehtechnische Anwendungen

Die Übertragung dreidimensionaler Bilder ist im Unterhaltungsfernsehen nicht eingeführt worden. Nach dem DVB-Standard (Abschn. 6.2.1 und 8.4.2) wäre eine Übertragung in vorhandenen Kanälen zwar leicht möglich, jedoch sind die beschriebenen Display-Verfahren – ob mit oder ohne Brille – im Heimbereich nicht praktikabel. Es gibt auch ein grundsätzliches Problem der Raumbilddarstellung für Unterhaltungszwecke: kleine Bilder führen leicht zu dem Eindruck eines Puppentheaters. Deshalb wären sehr große 3D-Displays erforderlich. Der Grund könnte sein, dass es der hohe Realitätsgrad bei Raumbildern dem visuellen Wahrnehmungssystem nicht mehr ermöglicht, auf die wahre Größe der Objekte zu extrapolieren.

3D-Fernsehen wird hingegen für technische Anwendungen eingesetzt, beispielsweise zur Unterstützung von ferngesteuerten Manipulatoren („Telerobotics"), im militärischen Bereich und in der Medizintechnik.

In USA, Australien und im Jahre 1982 auch in Europa hat es Versuchssendungen im Unterhaltungsfernsehen nach dem Anaglyphen-Verfahren gegeben. Bemerkenswert war das enorme Interesse des Publikums, das man an der Anzahl der verkauften Anaglyphen-Brillen (ca. 15 Mio.) erkennen konnte. Auf dem Bildschirm des Empfängers wurde das Linksbild durch das Farbwertsignal für Rot und das Rechtsbild durch die Farbwertsignale für Blau und Grün wiedergegeben. Die Versuche mussten enttäuschen, einmal bedingt durch die erwähnten grundsätzlichen Mängel des Anaglyphen-Verfahrens, zum anderen, weil anfangs alte, technisch mangelhafte Anaglyphenfilme gezeigt wurden. Auch störte in horizontal fein strukturierten Bildteilen die Bandbegrenzung der Farbdifferenzsignale (s. Abschn. 6.1), wodurch dort Links und Rechts nicht mehr zu trennen waren. Etwas besser wirkten die elektronischen Aufnahmen mit einer Stereo-Farbfernsehkamera, die in einer Zusammenarbeit des Norddeutschen Rundfunks mit der Firma Philips entstanden war. Die beiden PAL-Signale waren mit zwei verkoppelten Magnetbandmaschinen aufgezeichnet worden.

Die Wiedergabe dieser Aufzeichnungen mit einer Projektion in normaler Farbe und Bildtrennung nach dem Polarisationsverfahren brachte dann aber hervorragende und eindrucksvolle Ergebnisse. Sie waren in den Vorträgen von SAND [7.12] vom Institut für Rundfunktechnik (IRT) in München zu sehen und hatten auf den Internationalen Funkausstellungen in Berlin seit 1983 immer einen großen Publikumsandrang. Es wurden zwei handelsübliche CRT-Projektoren mit Polarisationsfolien versehen und ihre Bilder übereinander projiziert. Das IRT hatte schon 1969 eine Experimentalstudie zum stereoskopischen Fernsehen durchgeführt [7.8].

Das autostereoskopische Verfahren mit Linsenraster wurde vor allem beim Heinrich-Hertz-Institut in Berlin in den Jahren 1985–2000 von BÖRNER zur Anwendung in 3D-Bildübertragungssystemen weiterentwickelt (s. seine hierzu in Abschn. 7.2.2 zitierten Veröffentlichungen). Prototypen für die genannten technischen Zwecke wurden u.a. zur Weltausstellung 2000 im Einsatz vorgeführt.

Zwei Experimente sollen hier noch erwähnt werden, die auch mit Fernsehsendungen durchgeführt wurden. Das erste nutzte den Effekt der eingangs beschriebenen einäugigen Raumwahrnehmung durch Bewegungsparallaxe. Dabei wird die Kamera fortwährend etwas hin- und hergekippt und lässt dadurch bei einer normalen 2D-Fernsehübertragung auf dem Bildschirm einen Raumeindruck entstehen, auch bei einäugiger Betrachtung. Natürlich stört das Bildwackeln. Beispiele, die an der Universität von Columbia in USA entstanden waren, wurden 1982 in einer ZDF-Sendung vorgeführt [7.4, 7.13]. Das andere Experiment basierte auf dem *Pulfrich-Phänomen*[1]: Wenn man ein Pendel beobachtet, das von links nach rechts und wieder zurück schwingt, und wenn man dabei die Sicht eines Auges mit einem Graufilter etwas abdunkelt, dann scheint das Pendel auf einer Ellipsenbahn zu schwingen. Die Ursache dieser Täuschung ist die größere Trägheit der Photorezeptoren bei schwächerem Licht (s. Abb. 3.9). Dadurch sieht das abgedunkelte Auge die aktuelle Pendelposition etwas verspätet, so dass eine horizontale Disparation entsteht. Diese täuscht den räumlichen Eindruck vor. In dem Experiment (im September 2000 zur Eröffnung der Olympiade in Sydney und im November und Dezember 2002) wurden Fernsehsendungen gebracht, bei denen sich auffällige Objekte im Vordergrund von einem Bildrand zum anderen horizontal bewegten. Zur Abdunkelung des rechten Auges geeignete Brillen wurden mit den Programmzeitschriften verteilt.

Literatur

[7.1] Börner, R.: 3D-Bildprojektion in Linsenrasterschirmen. FKT **39** (1985), 383–387, 431–435

[7.2] Börner, R.: Neue autostereoskopische Bildschirme. FKT **54** (2000), 440–444

[7.3] Börner, R.: Vier autostereoskopische Einpersonen-Monitore mit Trackingsystemen. FKT **52** (1998), 747–751

[7.4] Bublath, J.: Aus Forschung und Technik. ZDF am 22.11.1982

[1] Nach dem Optiker Carl Pulfrich, *24.9.1858 in Sträßchen (Burscheid), †12.8.1927 in Timmendorfer Strand.

[7.5] Isono, H. et al.: 3D Flat-panel displays without glasses. Proc. SID **31** (1990), 263–266
[7.6] Ives, F. E.: Parallax stereogram and process of making same. US Patent 725567, 1903
[7.7] Kim, I. I.; Korevaar, E.; Hakakha, H.: Three-dimensional volumetric display in rubidium vapor. Proc. SPIE, **2650** (Projection Displays II, 1996) 285–295
[7.8] Mayer, N.; Sand, R.: Stereoskopisches Fernsehen. RTM **13** (1969), 123–134
[7.9] Okoshi, R.: Three-dimensional imaging techniques. Academic Press, 1976.
[7.10] Pastoor, S.; Wöpking, M.: 3-D Displays – A review of current technologies. Displays **17** (1997) 100–110
[7.11] Patterson, R.; Martin, W. L.: Human stereopsis. Human Factors, **34** (1992) 669–692
[7.12] Sand, R.: Dreidimensionales Fernsehen. FKT **37** (1983), 321–328.
[7.13] Weissenborn, B.: Einkanalige Stereo-Farbfernsehverfahren. Diss. TH Graz, Institut für Elektronik, 1974
[7.14] Wheatstone, C.: Contributions to the physiology of vision, Part the first. On some remarkable, and hitherto unobserved, phenomena of binocular vision. Phil. Trans. Royal Soc. London, **128** (1838) 371–394

8 Die Verteilung der Fernsehsignale

Der Fernsehempfänger erhält sein Eingangssignal entweder drahtlos von einer Antenne über die Ausstrahlung terrestrischer Sender oder der Sender an Bord von geostationären Satelliten, oder das Signal kommt über ein Breitbandkabel (Kupferkoaxialkabel) ins Haus. Dieser Vorgang ist eine einseitig gerichtete *Verteilung* (Distribution) von einem Punkt zu praktisch unbegrenzt vielen Empfängern über große Gebiete. Daher kommt die Bezeichnung „Rundfunk“ (engl. *broadcasting*).

Die *Zuführung* (Contribution) der Signale von den Studios zu den Sendern bzw. zu den Kabelkopfstationen geschieht über ein Netz von Punkt-zu-Punkt-Verbindungen zwischen TV-Schaltstellen. Dieses Dauerleitungsnetz verbindet auch Studios untereinander (*Austauschleitungen*). Die Leitung auf dem letzten Streckenabschnitt zwischen einer Schaltstelle und dem Sender nennt man *Modulationsleitung*. Alle „Leitungen“ sind in Wirklichkeit drahtlose Verbindungen, meist über Richtfunk im Mikrowellenbereich (mit den bekannten „Fernsehtürmen“), teils ergänzt durch Lichtwellenleiter (Glasfaserstrecken) und Satelliten (Eurovision, interkontinentale Zubringer). Diese sind ebenso geosynchron wie die Rundfunksatelliten, jedoch mit großen Bodenstationen („Erdfunkstellen“) für Uplink und Downlink.

Zur Verteilung über die terrestrischen Sender und im Breitbandkabel wird bei den analogen Fernsehsystemen der hochfrequente Träger amplitudenmoduliert, wobei ein Seitenband teilweise unterdrückt wird (Restseitenmodulation). Bei der Satellitenübertragung wird Frequenzmodulation eingesetzt. Die Signale des DVB-Fernsehsystems werden mit digitalen Modulationsverfahren übertragen (QPSK oder QAM), wie durch die entsprechenden Normen (DVB-T, DVB-C, DVB-S) festgelegt.

Bei der Zuführung über Richtfunk und Satelliten wurde früher ebenfalls die analoge Frequenzmodulation benutzt. Sie wurde dann (in Deutschland etwa seit 1997) durch eine digitale Signalübertragung abgelöst, wobei eine QPSK-Modulation verwendet wird, beim Richtfunk auch QAM.

Bei der digitalen Übertragung ergibt sich die Möglichkeit – und auch die Notwendigkeit – eines Fehlerschutzes, durch den beim Empfang Übertragungsfehler erkannt und größtenteils auch korrigiert werden können (*Kanalcodierung*). Der Empfang terrestrischer Sender ist vor allem wegen der mehr oder weniger immer vorhandenen Mehrwegeeffekte und bei mobilem Empfang für die Digitalübertragung kritisch. Die Lösung des Problems wurde erreicht durch die Modulation von mehreren tausend dicht benachbarten Trägern mit einer entsprechenden Vielzahl von parallelen Datenströmen, die aus einer Serien-Parallel-Umsetzung des zu übertragenen Signals erhalten werden. Dieses Verfahren des „orthogonal frequency division multiplexing" (OFDM) wird für das terrestrische DVB verwendet.

Im Folgenden werden zunächst die Trägermodulationsverfahren bei analogen und digitalen Fernsehsignalen und OFDM dargestellt, anschließend die bei DVB eingesetzten Kanalcodierungen. Danach wird die Verteilung über terrestrische Sender, Satelliten und Kabel sowie die Zuführung der analogen und digitalen Signale behandelt.

Am Schluss des Kapitels stehen dann zusammen mit Kapitel 6 genügend Informationen für eine Übersicht über die weltweit eingesetzten Fernsehsystemnormen zur Verfügung.

8.1 Trägermodulation durch Fernsehsignale

Allgemein lässt sich der modulierte hochfrequente Träger, sowohl bei analogen wie bei digitalen Modulationsverfahren, darstellen als Cosinussignal mit zeitlich veränderlicher Amplitude und Phase:

$$s_{\mathrm{T}}(t) = a(t)\cos\big(\omega_0 t + \varphi(t)\big)\,. \tag{8.1}$$

Die Trägerfrequenz ist f_0 und $\omega_0 = 2\pi f_0$. Wie schon in Kapitel 6 beim quadraturmodulierten NTSC- oder PAL-Farbträger benutzen wir die Darstellung durch einen zeitabhängigen komplexen Trägerzeiger $z(t)$ als modulierenden Faktor („komplexe Amplitude")

$$z(t) = a(t)\mathrm{e}^{\mathrm{j}\varphi(t)}\,, \tag{8.2}$$

so dass

$$s_{\mathrm{T}}(t) = \mathrm{Re}\, z(t)\mathrm{e}^{\mathrm{j}\omega_0 t}\,. \tag{8.3}$$

Die Inphase-Komponente $p(t)$ des Trägerzeigers ist sein Realteil, die Quadraturkomponente $q(t)$ sein Imginärteil:

$$z(t) = p(t) + \mathrm{j}q(t) \tag{8.4}$$

Die hochfrequente Übertragung beschreiben wir dann als eine Übertragung des Trägerzeigers, wodurch die Charakterisierung und Analyse der Modulationsverfahren besser zu verdeutlichen sind.

Für die Betrachtungen im Frequenzbereich benutzen wir statt des Spektrums $S_T(f)$ des modulierten Trägers die Fourier-Transformierte $Z(f)$ des Trägerzeigers. s_T ist als reales Signal immer eine reelle Funktion der Zeit, und deshalb muss sein Spektrum $S_T(f)$ immer eine „gerade" Funktion der Frequenz sein (symmetrisch zu $f = 0$),

$$\begin{array}{ccc} s_T^*(t) & = & s_T(t) \\ \Downarrow & & \Downarrow \\ S_T^*(-f) & = & S_T(f), \quad \text{also } S_T(-f) = S_T^*(f). \end{array} \tag{8.5}$$

Das fiktive „Signal" $z(t)$ ist dagegen im Allgemeinen komplex, und deshalb ist sein Spektrum $Z(f)$ anders als nach Gl. (8.5) im Allgemeinen auch keine gerade Funktion der Frequenz. Insbesondere bei rein imaginärem Trägerzeiger ist es sogar eine „ungerade" Funktion (antisymmetrisch zu $f = 0$):

$$Z(-f) = -Z^*(f) \text{ falls } p(t) = 0. \tag{8.6}$$

Während sich bei $S_T(f)$ das Spektrum um f_0 und $-f_0$ ausbreitet (s_T ist ein „Bandpass-Signal"), breitet es ich bei $Z(f)$ um die Frequenz $f = 0$ aus; $z(t)$ ist ein „Tiefpass-Signal".

Die Demodulation am Empfänger gewinnt aus dem modulierten Träger die informationstragenden Größen Amplitude $a(t)$ und/oder Phase $\varphi(t)$ zurück. Die idealen Demodulatoren können durch eine auf $z(t)$ angewandte mathematische Operation beschrieben werden. Der ideale Hüllkurvendemodulator (Spitzenwertgleichrichter) liefert durch Betragsbildung

$$a(t) = |z(t)| = \sqrt{p^2 + q^2}. \tag{8.7a}$$

Zwei Synchrondemodulatoren – wie beispielsweise bei NTSC oder PAL – liefern Realteil und Imaginärteil des Trägerzeigers, wenn der Referenzträger mit Nullphasenwinkel 0° und mit Nullphasenwinkel 90° zur Verfügung steht:

$$p(t) = \operatorname{Re} z(t), \quad q(t) = \operatorname{Im} z(t). \tag{8.7b}$$

Wegen $\ln z = \ln a + j\varphi$ kann man die Operation eines idealen Phasendemodulators angeben mit

$$\varphi(t) = \operatorname{Arc} z = \operatorname{Im} \ln z(t). \tag{8.7c}$$

Die „Momentanfrequenz“ des modulierten Trägers (abzüglich f_0) ist definiert durch

$$f_\mathrm{m} =_\mathrm{def} \frac{1}{2\pi}\frac{\mathrm{d}\varphi}{\mathrm{d}t},$$

und ein idealer Frequenzdemodulator liefert somit

$$f_\mathrm{m} = \mathrm{Im}\frac{1}{2\pi z}\frac{\mathrm{d}z}{\mathrm{d}t} = \frac{1}{2\pi}\frac{p\dot{q}-q\dot{p}}{p^2+q^2}. \tag{8.7d}$$

Der übergesetzte Punkt bezeichnet die zeitliche Ableitung.

Die Vorstellung der Modulation eines Trägers durch ein Basisbandsignal, damit es in einen für den Übertragungskanal geeigneten hohen Frequenzbereich verschoben wird, setzt grundsätzlich voraus, dass die Trägerfrequenz deutlich höher liegt als die höchste im Basisbandspektrum vorkommende Frequenz. Beispielsweise bei der Synchrondemodulation muss ein Tiefpass nach dem Multiplizierer dafür sorgen, dass die mit $p(t)$ und $q(t)$ amplitudenmodulierten Signale der doppelten Trägerfrequenz zusammen mit ihren Seitenbändern beseitigt werden (s. Abb. 6.3). Der Tiefpass muss dazu Spektralkomponenten oberhalb von f_0 sperren, und das Spektrum des Trägerzeigers muss bei negativen Frequenzen beschränkt sein,

$$Z(f) = 0 \ \text{ für } f \leq -f_0, \tag{8.8}$$

damit sich nicht das untere Seitenband der $2f_0$-Signale bis in den Durchlassbereich des Tiefpasses ausdehnt. Der Tiefpass unterdrückt auch Nutzfrequenzkomponenten von $Z(f)$ oberhalb von $+f_0$, wenn sie vorhanden sein sollten. Eine einwandfreie Demodulation ist somit nur möglich, wenn das Spektrum des Trägerzeigers beidseitig beschränkt ist:

$$Z(f) = 0 \ \text{ für } |f| \geq f_0. \tag{8.9}$$

Die Beschränkung ist ebenso für die anderen Demodulatoren erforderlich. Die Fehler bei einer Verletzung der Bedingungen (8.8) oder (8.9) sind von der Art der verwendeten Schaltung abhängig. Bei Verteilung und Zuführung der Fernsehsignale liegen die Trägerfrequenzen immer viel höher als die Grenzen des $Z(f)$-Spektrums, so dass die genannten Probleme nicht auftreten. Dagegen kann bei der analogen Magnetbandaufzeichnung mit Heimgeräten, wo eine Frequenzmodulation bei relativ niedriger Trägerfrequenz angewandt werden muss (s. Abschn. 9.3.1), die Bedingung nach Gl. (8.9) nicht eingehalten werden.

Während zu einem gegebenen Trägerzeiger $z(t)$ bei bekannter Trägerfrequenz das reale Signal $s_T(t)$ immer eindeutig aus Gl. (8.3) bestimmt ist, ist die umgekehrte Beziehung nicht eindeutig: Mit $s_T(t)$ ist nur der Realteil von $z\exp(j\omega_0 t)$ festgelegt, der Imaginärteil ist an sich beliebig. Wenn $z(t)$ der nach Gl. (8.2) festgelegte Trägerzeiger ist, so wäre auch

$$z_A(t) = z(t) + j\,g(t)\mathrm{e}^{-j\omega_0 t}$$

für jede *reelle* Funktion $g(t)$ ein ebenso gültiger Trägerzeiger, denn er würde das gleiche Signal $s_T(t)$ ergeben. Allerdings liefern für den so veränderten Trägerzeiger die Demodulationsbeziehungen nach den Gln. (8.7) andere Ergebnisse. Die Veränderung fügt immer Spektralkomponenten im Frequenzbereich unterhalb von $-f_0$ hinzu. Ist die Bedingung (8.8) bei $Z(f)$ erfüllt, so wäre sie es also bei $Z_A(f)$ nicht mehr und die Veränderung deshalb nicht zulässig. Ist andererseits der ursprüngliche Trägerzeiger zu breitbandig, so kann man ihn durch eine geeignete Funktion $g(t)$ so verändern, dass Spektralkomponenten unterhalb von $-f_0$ beseitigt werden:

$$\begin{gathered} j\,g(t) = \zeta(t)\mathrm{e}^{j\omega_0 t} - \zeta^*(t)\mathrm{e}^{-j\omega_0 t} \quad \text{mit} \quad \zeta(t) = -\int_{-\infty}^{-f_0} Z(f)\mathrm{e}^{2\pi j f t}\mathrm{d}f \\ z_A(t) = z(t) + \zeta(t) - \zeta^*(t)\mathrm{e}^{-j2\omega_0 t}. \end{gathered} \tag{8.10}$$

Wenn in

$$s_T(t) = \frac{1}{2}\left(z_A(t)\,\mathrm{e}^{j\omega_0 t} + z_A^*(t)\,\mathrm{e}^{-j\omega_0 t}\right)$$

sichergestellt ist, dass $Z_A(f)$ für f unterhalb von $-f_0$ gleich Null ist, so überlappen sich die zu den beiden Termen gehörigen Spektren nirgends, insbesondere auch nicht beiderseits von $f = 0$, und dann wird das Signalspektrum $S_T(f)$ für positive Frequenzen allein vom ersten Term erzeugt, für negative Frequenzen allein vom zweiten Term. Aus dem ersten Term folgt somit

$$z_A(t) = 2\,\mathrm{e}^{-j\omega_0 t}\int_0^{\infty} S_T(f)\mathrm{e}^{2\pi j f t}\mathrm{d}f. \tag{8.11}$$

$Z_A(f)$ ergibt sich aus dem auf nur positive Frequenzen begrenzten und verdoppelten Signalspektrum bei Verschiebung um f_0 nach links:

$$Z_A(f) = \begin{cases} 2S_T(f+f_0) & \text{falls } f > -f_0 \\ 0 & \text{sonst}. \end{cases} \tag{8.12}$$

Mit dem Realteil $s_T(t)$ einer komplexen Funktion $z\exp(j\omega_0 t)$ ist ihr Imaginärteil nur dann festgelegt, wenn sie ein sogenanntes „analytisches Signal" darstellt (abgeleitet von dem mathematischen Begriff der analytischen Funktion). Ein analytisches Signal ist dadurch gekennzeichnet, dass sein Spektrum auf nur positive Frequenzen beschränkt ist („einseitiges" Spektrum)[1]. Das ist hier der Fall, wenn für $z(t)$ die Bandbeschränkung nach Gl. (8.8) gilt, und deshalb auch immer für $z_A(t)$ nach den Gln. (8.10) bzw. (8.11). Der Imaginärteil eines analytischen Signals ist gleich der *Hilbert-Transformierten* des Realteils. Die Transformation ist durch eine Faltungsoperation definiert:

$$\mathfrak{H}\big(u(t)\big) = v(t) =_{\text{def}} u(t) * \frac{1}{\pi t} \tag{8.13}$$

Die Fourier-Transformation der Beziehung liefert

$$V(f) = \begin{cases} -jU(f) & \text{falls } f > 0 \\ 0 & \text{falls } f = 0 \\ +jU(f) & \text{falls } f < 0. \end{cases} \tag{8.14}$$

Es ist somit

$$z_A(t) = \big(s_T(t) + j\hat{s}_T(t)\big)\,e^{-j\omega_0 t} \quad \text{mit } \hat{s}_T(t) = \mathfrak{H}\big(s_T(t)\big). \tag{8.15}$$

Wir betrachten jetzt den Durchgang eines mit $z_1(t)$ modulierten Trägers durch ein lineares, zeitinvariantes System mit der Übertragungsfunktion $H(f)$ und fragen nach dem resultierenden Trägerzeiger $z_2(t)$:

$$\text{Re}\, z_1(t)e^{j\omega_0 t} \xrightarrow{H(f)} \text{Re}\, z_2(t)e^{j\omega_0 t}.$$

Im Frequenzbereich ergibt sich

[1] Bei Vertauschen von Zeit- und Frequenzbereich gilt: Die Übertragungsfunktion $H(f)$ eines linearen, zeitunabhängigen Systems ist analytisch, wenn ihre inverse Fourier-Transformierte $h(t)$ – das ist also die Impulsantwort des Systems – für negative Zeiten gleich Null ist, wenn es sich also um ein reales und daher „kausales" System handelt. Dann ist der negative Imaginärteil der Übertragungsfunktion durch die Hilbert-Transformation (über f) ihres Realteils bestimmt.

$$S_{2\mathrm{T}}(f) = \frac{1}{2}\left(\mathfrak{F}\left(z_1(t)\mathrm{e}^{\mathrm{j}\omega_0 t}\right) + \mathfrak{F}\left(z_1^*(t)\mathrm{e}^{-\mathrm{j}\omega_0 t}\right)\right)H(f)$$
$$= \frac{1}{2}\left(Z_1(f - f_0) + Z_1^*(-f - f_0)\right)H(f).$$

Mit der Beziehung (8.12) folgt hieraus durch $f \to f + f_0$ das Spektrum des Trägerzeigers $z_2(t)$:

$$Z_2(f) = Z_1(f)H_z(f), \tag{8.16}$$

wobei

$$H_z(f) =_{\mathrm{def}} \begin{cases} H(f + f_0) & \text{falls } f > -f_0 \\ 0 & \text{sonst} \end{cases} \tag{8.17}$$

unter der Voraussetzung der Bandbegrenzung $Z_1(f) = 0$ für $f \leq -f_0$ nach Gl. (8.8). Das Übertragungssystem wirkt also auf den Trägerzeiger mit der Tiefpassübertragungsfunktion $H_z(f)$. Sie ergibt sich aus der Übertragungsfunktion $H(f)$, indem man diese auf nur positive Frequenzen beschränkt und dann um f_0 nach links (zu tieferen Frequenzen) verschiebt (Abb. 8.1). Entsprechend gilt im Zeitbereich

$$z_2(t) = z_1(t) * h_z(t). \tag{8.18}$$

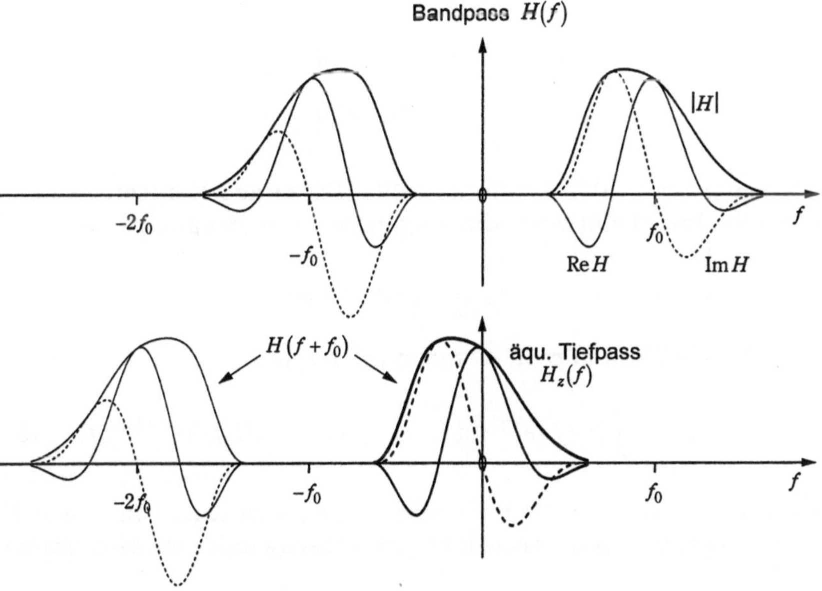

Abb. 8.1. Ableitung der auf den Trägerzeiger wirkenden äquivalenten Tiefpassübertragungsfunktion aus der Bandpassübertragungsfunktion

Hier ist $h_z(t)$ die Impulsantwort des äquivalenten Tiefpass-Systems, die man aus der inversen Fourier-Transformation von $H_z(f)$ erhält.

Man beachte, dass der äquivalente Tiefpass im Gegensatz zu realen Tiefpässen durchaus eine zur Frequenz Null unsymmetrische Übertragungsfunktion besitzen kann, also $H_z(-f) \neq H_z^*(f)$, wenn nämlich der Bandpass bezüglich der Trägerfrequenz nicht symmetrisch ist wie beispielsweise in Abb. 8.1. Die Impulsantwort $h_z(t)$ ist dann komplex.

In der Praxis werden am Bandpassausgang Dämpfung und Phasendrehung, wenn sie bei der Trägerfrequenz auftreten, durch schaltungstechnische Maßnahmen meist wieder rückgängig gemacht. Die dann wirksame äquivalente Tiefpassübertragungsfunktion ist

$$H_{z0}(f) = \frac{H_z(f)}{H_z(0)} \tag{8.19}$$

Ein Beispiel wurde im Zusammenhang mit Gl. (6.7) gegeben.

Zur Untersuchung der Effekte, die durch die Unsymmetrie von Bandpass-Systemen entstehen, ersetzt man die unsymmetrische Übertragungsfunktion $H_{z0}(f)$ durch die Summe aus einer symmetrischen („geraden") Funktion $H_\mathrm{g}(f) = H_\mathrm{g}^*(-f)$ und einer antisymmetrischen („ungeraden") Funktion $H_\mathrm{u}(f) = -H_\mathrm{u}^*(-f)$:

$$\left.\begin{aligned} H_{z0}(f) &= H_\mathrm{g}(f) + H_\mathrm{u}(f) \\ H_\mathrm{g}(f) &= \frac{1}{2}\left(H_{z0}(f) + H_{z0}^*(-f)\right) \\ H_\mathrm{u}(f) &= \frac{1}{2}\left(H_{z0}(f) - H_{z0}^*(-f)\right) \end{aligned}\right\} \tag{8.20}$$

Ein Beispiel ist in Abb. 8.2 dargestellt. Die gerade Komponente liefert eine reelle Impulsantwort, die ungerade eine imaginäre Impulsantwort:

$$h_{z0}(t) = h_p(t) + \mathrm{j}\, h_q(t)\,. \tag{8.21}$$

h_p und h_q – beide sind reell – ergeben sich aus

$$h_p(t) = \int_{-\infty}^{+\infty} H_\mathrm{g}(f)\, \mathrm{e}^{2\pi \mathrm{j} f t} \mathrm{d}f, \qquad h_q(t) = \frac{1}{\mathrm{j}} \int_{-\infty}^{+\infty} H_\mathrm{u}(f)\, \mathrm{e}^{2\pi \mathrm{j} f t} \mathrm{d}f. \tag{8.22}$$

Der von der ungeraden Komponente ausgehende Anteil in einem Einschwingvorgang ist nur „transient", er verschwindet im eingeschwun-

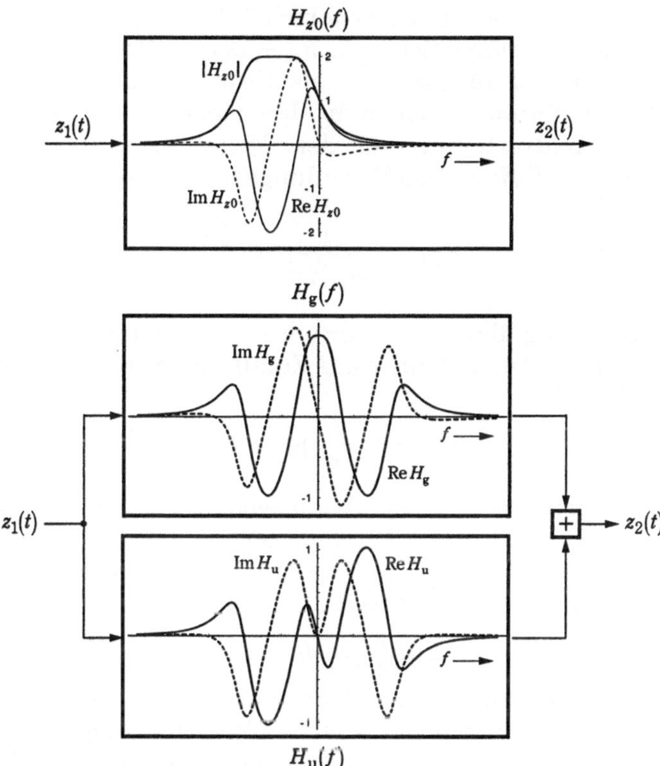

Abb. 8.2. Zerlegung in eine gerade und eine ungerade Übertragungsfunktion

genen Zustand, denn es ist immer $H_u(0) = \mathrm{j}\,\mathrm{Im}\,H_{z0}(0) = 0$. Ein Anwendungsbeispiel ist die Untersuchung des Einschwingens bei Quadraturmodulation und unsymmetrischer Bandpassfilterung beim NTSC-System (Abschn. 6.1.1, Abb. 6.11 bis Abb. 6.13).

Ein dem Bandpass-Signal additiv überlagertes Rauschen kann ebenfalls in der Trägerzeigerdarstellung behandelt werden. Das Rauschen nach einer schmalbandigen Filterung um die Frequenz f_0 herum lässt sich darstellen durch

$$n(t) = n_p(t)\cos\omega_0 t - n_q(t)\sin\omega_0 t\,. \tag{8.23}$$

Dabei sind $n_p(t)$ und $n_q(t)$ „Zufallssignale“, die langsam im Vergleich zur Trägerfrequenz um den Mittelwert Null schwanken. Der Trägerzeiger bei ungestörter Übertragung sei $z_0(t)$. Der Trägerzeiger nach additiver Überlagerung des Rauschens ist dann

$$z(t) = z_0(t) + n_p(t) + \mathrm{j}n_q(t) = z_0(t) + z_n(t)\,. \tag{8.24}$$

Über n_p und n_q sind nur statistische Aussagen möglich.

Angegeben werden kann die Wahrscheinlichkeit $d(n_{p1})\cdot\Delta n_p$ dafür, dass n_p in einem Wertebereich $n_{p1}...n_{p1}+\Delta n_p$ auftritt. Man bezeichnet den Grenzwert von d für $\Delta n_p \to 0$ als *Verteilungsdichtefunktion*[1] von n_p. Die Rauschstörungen haben in den meisten Fällen eine Gauß-Verteilung (Normalverteilung) mit dem Mittelwert Null, gekennzeichnet durch eine Gauß-Kurve als Verteilungsdichtefunktion:

$$d(n_p) = \frac{1}{\sigma_p\sqrt{2\pi}}\,\mathrm{e}^{-n_p^2/\left(2\sigma_p^2\right)} \tag{8.25}$$

σ_p^2 ist die „Streuung" des normalverteilten Zufallssignals $n_p(t)$.

Eine zusätzliche Aussage über das Zufallssignal ist mit seiner *Autokorrelationsfunktion*

$$\psi_{pp}(\tau) = \overline{n_p(t)n_p(t+\tau)} \tag{8.26}$$

möglich. Der übergesetzte Strich kennzeichnet die Mittelwertbildung. Die Mittelung kann zu einer bestimmten Zeit $t = t_1$ über eine große Zahl gleichartig entstandener Zufallssignale geschehen. Das Ergebnis bezeichnet man als *Erwartungswert*

$$E\left(n_p(t_1)n_p(t_1+\tau)\right).$$

Im vorliegenden Fall sind solche Mittelwerte vom gewählten Zeitpunkt t_1 unabhängig, sie hängen nur von der Verschiebung τ ab: der zugrundeliegende Zufallsprozess ist „stationär". Weiterhin ergibt sich im vorliegenden Fall das gleiche Ergebnis, wenn die Mittelung über t, also als *zeitliche* Mittelung bei einem einzigen Zufallssignal aus dem stationären Prozess durchgeführt wird. Man bezeichnet einen solchen Zufallsprozess als „ergodischen" Prozess.

Der quadratische Mittelwert ist gleich der Autokorrelationsfunktion bei $\tau = 0$ und gleich der Streuung:

$$\overline{n_p^2(t)} = \psi_{pp}(0) = \int_{-\infty}^{+\infty} n_p^2\, d(n_p)\,\mathrm{d}n_p = \sigma_p^2. \tag{8.27}$$

Für die beiden Zufallssignale $n_p(t)$ und $n_q(t)$ gilt die gleiche Statistik:

$$d(n_q) = d(n_p),\quad \sigma_q^2 = \sigma_p^2 = \sigma^2,\quad \psi_{qq}(\tau) = \psi_{pp}(\tau). \tag{8.28}$$

Der quadratische Mittelwert des Rauschsignals $n(t)$ nach Gl. (8.23) ist definitionsgemäß gleich dem Quadrat seines Effektivwerts oder gleich

[1] Das übliche Formelzeichen ist p (von „probability density function"), das wir jedoch hier für den Realteil des Trägerzeigers benutzen.

der Rauschleistung N an einem Widerstand von 1 Ohm. Sie legt die Streuung von $n_p(t)$ und $n_q(t)$ fest:

$$\overline{n^2(t)} = N = \frac{\overline{|z_n(t)|^2}}{2} = \frac{\sigma_p^2}{2} + \frac{\sigma_q^2}{2}, \text{ somit } \sigma^2 = \psi_{pp}(0) = \psi_{qq}(0) = N. \quad (8.29)$$

Die spektrale Verteilung der Rauschleistung wird mit dem *Leistungsdichtespektrum* beschrieben. Es ergibt sich durch die Fourier-Transformation der Autokorrelationsfunktion:

$$\Psi_{nn}(f) = \int_{-\infty}^{+\infty} \psi_{nn}(\tau)\, e^{-2\pi j f \tau}\, d\tau \quad (8.30)$$

Dies ist ein „zweiseitiges" Leistungsdichtespektrum, d. h. sowohl für positive wie für negative Frequenzen definiert. Manchmal, aber in diesem Buch niemals, wird das Spektrum als nur im positiven Frequenzbereich befindlich definiert („einseitig") und hat dann dort die doppelte Dichte. $\Psi_{nn}(f)\Delta f$ ist die Leistung (an 1 Ohm) im Frequenzintervall $f \ldots f + \Delta f$ im Grenzfall $\Delta f \to 0$.

Die *Kreuzkorrelationsfunktion* zwischen den Zufallssignalen $n_p(t)$ und $n_q(t)$ wird definiert durch

$$\psi_{pq}(\tau) - \overline{n_p(t)\, n_q(t+\tau)}. \quad (8.31a)$$

Wegen der Stationärität von n_p und n_q (t wird durch $t-\tau$ ersetzt) gilt

$$\psi_{qp}(\tau) = \overline{n_q(t)\, n_p(t+\tau)} = \psi_{pq}(-\tau). \quad (8.31b)$$

Die Autokorrelationsfunktion von $n(t)$ nach Gl. (8.23) ergibt sich zunächst im allgemeinen Fall für einen nicht notwendigerweise stationären Zufallsprozess aus dem Erwartungswert (s. oben)

$$\begin{aligned}\psi_{nn}(t_1, t_1+\tau) &= E\big(n(t_1)n(t_1+\tau)\big)\\ &= \frac{1}{2}\Big[\big(\psi_{pp}(\tau)+\psi_{qq}(\tau)\big)\cos\omega_0\tau + \big(\psi_{qp}(\tau)-\psi_{pq}(\tau)\big)\sin\omega_0\tau\Big]\\ &+ \frac{1}{2}\Big[\big(\psi_{pp}(\tau)-\psi_{qq}(\tau)\big)\cos\omega_0(2t_1+\tau) - \big(\psi_{qp}(\tau)+\psi_{pq}(\tau)\big)\sin\omega_0(2t_1+\tau)\Big].\end{aligned}$$

Die Ausdrücke in der zweiten eckigen Klammer sind von der Zeit t_1 abhängig. Wenn n stationär ist, sind sie deshalb gleich Null. Es muss also gelten $\psi_{qq}(\tau) = \psi_{pp}(\tau)$, woraus auch die Gleichheit der Streuungen für $n_p(t)$ und $n_q(t)$ folgt (s. Gl. (8.28)), und außerdem muss gelten

$\psi_{qp}(\tau) = -\psi_{pq}(\tau)$, woraus mit Gl. (8.31b) folgt, dass die Kreuzkorrelationsfunktion ungerade ist:

$$\psi_{pq}(-\tau) = -\psi_{pq}(\tau). \tag{8.32}$$

Die Autokorrelationsfunktion von $n(t)$ ist dann

$$\psi_{nn}(\tau) = \psi_{pp}(\tau)\cos\omega_0\tau - \psi_{pq}(\tau)\sin\omega_0\tau. \tag{8.33}$$

In einem symmetrischen Bandpass-System ist die Kreuzkorrelationsfunktion gleich null für alle τ:

$$\psi_{pq}(\tau) = 0 \text{ falls } H_\mathrm{u}(f) = 0. \tag{8.34}$$

$n_p(t)$ und $n_q(t)$ sind unkorreliert. Aber nach dem Durchgang durch einen unsymmetrischen Bandpass wird infolge der Faltung

$$z_n(t) * \left(h_p(t) + \mathrm{j}\,h_q(t)\right)$$

ein „Übersprechen" zwischen der Inphase- und der Quadraturkomponente auftreten, so dass eine Kreuzkorrelation besteht und $\psi_{pq}(\tau) \neq 0$ ist. Jedoch gilt wegen des ungeraden Funktionsverlauf (Gl. (8.32)) auch dann

$$\psi_{pq}(0) = 0. \tag{8.35}$$

Die Wahrscheinlichkeit dafür, dass n_p in einem Wertebereich $n_{p1} \ldots n_{p1} + \Delta n_p$ auftritt *und* dass n_q in einem Wertebereich $n_{q1} \ldots n_{q1} + \Delta n_q$ auftritt, sei $d(n_{p1}, n_{q1})\,\Delta n_p\,\Delta n_q$. Hier bezeichnet man den Grenzwert von d für $\Delta n_p \to 0, \Delta n_q \to 0$ als *Dichtefunktion der Verbundverteilung* von n_p, n_q (engl. *joint probability density function*). Für mittelwertfreie Normalverteilungen gilt

$$d(n_p, n_q) = \frac{1}{2\pi\sigma_p\sigma_q\sqrt{1-r^2}} \exp\left(-\frac{1}{2\left(1-r^2\right)}\left(\frac{n_p^2}{\sigma_p^2} - \frac{2 r n_p n_q}{\sigma_p\sigma_q} + \frac{n_q^2}{\sigma_q^2}\right)\right). \tag{8.36}$$

Hier ist r der „Korrelationskoeffizient" von n_p, n_q:

$$r = \frac{\psi_{pq}(0)}{\sigma_p\sigma_q}. \tag{8.37}$$

Nach Gl. (8.35) ist aber immer $r = 0$, auch in einem unsymmetrischen Bandpass-System, so dass mit $\sigma_p = \sigma_q = \sigma$ die Verbundverteilungsdichte in jedem Fall gegeben ist durch die Funktion

$$d\left(n_p, n_q\right) = \frac{1}{2\pi\sigma^2} \exp\left(-\frac{n_p^2 + n_q^2}{2\sigma^2}\right) = d\left(n_p\right) d\left(n_q\right). \tag{8.36a}$$

In der Gaußschen Zahlenebene sind also die Kurven konstanter Verteilungsdichte von z_n Kreise um den Nullpunkt. Wenn – wie hier – die Funktion der Verbundverteilungsdichte gleich dem Produkt der einzelnen Verteilungsdichtefunktionen ist, handelt es sich um „statistisch unabhängige" Zufallssignale. Bei einem zeitlich konstanten Signalzeiger z_0 (Gl. 8.24) gibt eine vektorskopartige Anzeige von p, q auf einem Oszilloskop (vgl. Abb. 6.9) ohne Rauschen einen einzelnen leuchtenden Punkt. Mit Rauschen – Addition von z_n – wird dieser Punkt zu einem kreisförmigen Fleck verwaschen mit einer vom Zentrum her abnehmenden Leuchtdichte entsprechend der Verteilungsdichtefunktion (Abb. 8.4). Der Fleck bleibt auch bei unsymmetrischer Bandbegrenzung kreisförmig.

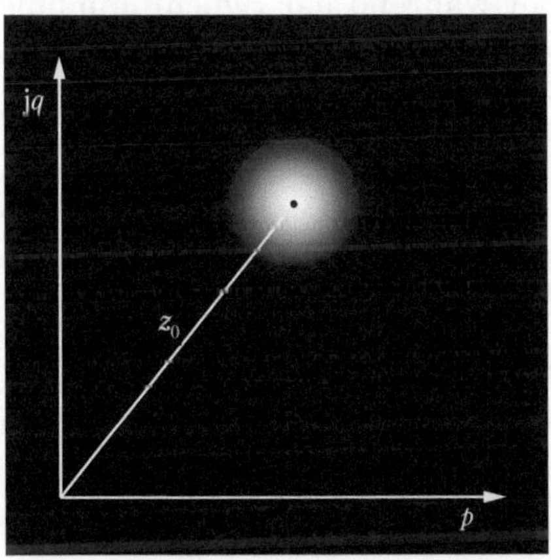

Abb. 8.4. Konstanter Trägerzeigers z_0 mit überlagertem Rauschen (Vektorskopbild)

8.1.1 Restseitenband-Amplitudenmodulation

Für die Verteilung der analogen Fernsehsignale über die terrestrischen Fernsehrundfunksender und im Breitbandkabel wird die Amplitudenmodulation des Trägers eingesetzt. Der HF-Träger der Frequenz f_0 (er habe die Maximalamplitude 1) wird dabei mit dem FBAS-Signal $s(t)$ – Wertebereich nominell 0...1 – so moduliert, dass ein Signal

$$s_T = \left(1 - 0{,}9 s(t)\right) \cos \omega_0 t \tag{8.38}$$

mit dem immer reellen Trägerzeiger

$$z_1(t) = 1 - 0{,}9s(t) \tag{8.38a}$$

entsteht. Wir bezeichnen diese Modulationsart als *Negativmodulation* (s. das Minuszeichen in Gl. (8.38)): Die Maximalamplitude wird jeweils beim Synchronboden erreicht ($s = 0$), die kleinste Amplitude bei Spitzenweiß (beim Weißwert $s = 1$), wie im Oszillogramm in Abb. 8.5 links dargestellt. Beim Weißwert soll noch eine Restamplitude von 10 % der Maximalamplitude übrig bleiben (*Restträger*, s. Faktor 0,9 in Gl. (8.38)), damit keine „Übermodulation" auftritt und eine Hüllkurvendemodulation möglich ist, wie sie früher in den Empfängern üblich war. Der Restträger war in diesen Empfängern zudem zur Gewinnung des Tonsignals erforderlich (s. Abschn. 8.3.1).

Die Negativmodulation bietet eine Reihe von Vorteilen:

- Der Empfänger kann die Maximalamplitude des Signals unabhängig vom Bildinhalt während der Synchronimpulse leicht erkennen und danach die automatische Verstärkungseinstellung (AGC) durchführen („getastete Regelung").
- Wenn der Sender in der Nähe der Maximalamplitude bereits in den Beginn der Übersteuerung (Sättigung) kommt, so dass die Linearität der Modulation nicht mehr gewährleistet ist, sind davon nur die Synchronimpulse betroffen, und bei denen ist eine mäßige Kompression tolerierbar.
- Überlagerte Impulsstörungen erscheinen auf dem Bildschirm bei Negativmodulation auf hellem Hintergrund als schwarze Punkte. Sie stören weniger als weiße Punkte bei dunklem Hintergrund.

Die Negativmodulation ist deshalb weltweit bei den Normen der analogen Fernsehsysteme eingeführt worden. Nur in Frankreich wird im

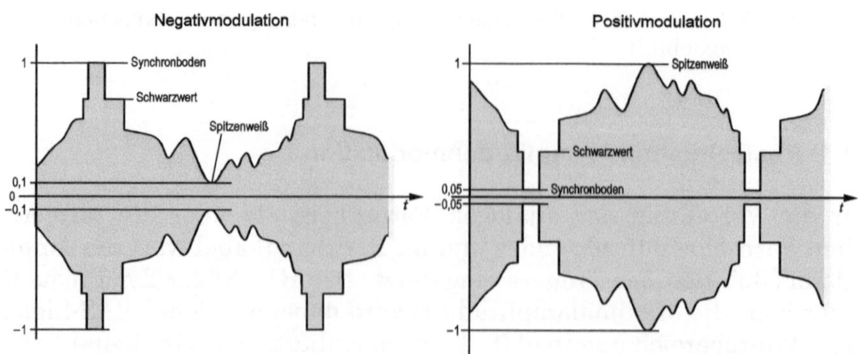

Abb. 8.5. Negativ- und Positivmodulation durch ein FBAS-Signal, Oszillogramm über eine Zeile

Standard L (s. Abschn. 8.4.1) die Positivmodulation benutzt. Das modulierte Trägersignal ist hier (s. Abb. 8.5, rechts)

$$s_T = \left(0{,}05 + 0{,}95 s(t)\right)\cos\omega_0 t\,. \tag{8.39}$$

Bei einem Videosignal von 5 MHz Bandbreite benötigt der nach Gl. (8.38) oder (8.39) modulierte Träger mit seinen beiden Seitenbändern ein 10 MHz breites Band. Nun wäre grundsätzlich die Beschränkung auf nur ein Seitenband denkbar (Single Sideband transmission, SSB), wie ja beispielsweise bei der Sprachübertragung über Kurzwelle üblich. Die SSB-Filterung wäre aber bei der Fernsehsignalübertragung auch nach Beseitigung des Gleichanteils in $s(t)$ schwierig, wenngleich nicht unmöglich, weil das eine Seitenband dann wenigstens bis herunter zu 100 Hz (s. Abschn. 4.4.3) unterdrückt werden müsste. Bei einem derart extrem unsymmetrischen Bandpass sind aber nach Gl. (8.20) und (8.22) große und lange andauernde Quadraturkomponenten des Trägerzeigers bei den impulsartigen Videosignalen zu erwarten. Die Einseitenbandtechnik muss deshalb für derartige Signale ausscheiden.

Das eine Seitenband wird statt dessen bei der Fernsehübertragung nur zum Teil unterdrückt, z. B. nur herunter bis zu 750 kHz, und der Gleichanteil von $s(t)$ wird nicht entfernt. Das Verfahren wird als *Restseitenbandübertragung* (Vestigial Sideband transmission, VSB) bezeichnet. Weil dabei die tieferen Signalfrequenzkomponenten im Zweiseitenband übertragen werden, zeigt der gerade Frequenzganganteil $H_g(f)$ der Übertragungsfunktion H_{z0} (s. Gl. (8.20) und Abb. 8.2) im Allgemeinen einen der Restseitenbandbreite entsprechenden *schmalbandigen* Anteil um $f = 0$, und dieser erzeugt einen überlagerten *langsamen* Übergangsvorgang, Signalverrundungen („Fahnen“) beim Einschwingen an senkrechten Kanten im Bild. Das Problem wurde bereits bei der Restseitenbandfilterung des modulierten Farbträgers beim NTSC-Farbfernsehsystem behandelt. In Abschn. 6.1.1 zeigt Abb. 6.11 die Fahnenbildung und Abb. 6.10 einen schmalbandigen Aufsatz auf dem geraden Frequenzganganteil. Die Störung lässt sich verhindern, wenn der Bandpassfrequenzgang auf der Restseitenbandseite als „Nyquistflanke“ ausgebildet ist, auf deren 50%-Punkt die Trägerfrequenz liegt (s. Abb. 6.12). Dadurch wird ein schmalbandiger Anteil in H_g verhindert.

Wenn beispielsweise das Spektrum im unteren Seitenband von $f = f_0 - f_r$ bis $f = f_0$ als Restseitenband nicht vollständig unterdrückt wird, so muss grundsätzlich im oberen Seitenband von $f = f_0$ bis $f = f_0 + f_r$ das Spektrum entsprechend abgesenkt werden, damit in H_g kein schmalbandiger Anteil auftritt.

Wir nehmen an, dass ein bestimmter gerader Frequenzganganteil $H_g(f)$ der Übertragungsfunktion H_{z0} gefordert wird, d. h. ein bestimmtes Einschwingverhalten des Realteils des Trägerzeigers nach der Übertragung bzw. ein bestimmtes $h_p(t)$ (Gl. (8.21)). Wir suchen diejenige äquivalente Tiefpassübertragungsfunktion $H_{z0}(f)$ mit Restseitenbandbegrenzung bei der Frequenz f_r, die den geforderten geraden Frequenzganganteil besitzt. Wir definieren dazu eine *ungerade*, reelle[1] Verformungsfunktion $W(f) = -W(-f)$:

$$W(f) = \begin{cases} \pm 1 & \text{falls } f < -f_r \\ \mp \sin \dfrac{\pi f}{2 f_r} & \text{falls } -f_r \le f \le +f_r \\ \mp 1 & \text{falls } f > +f_r , \end{cases} \tag{8.40}$$

wobei das obere Vorzeichen bei einer Unterdrückung im oberen Seitenband gilt, das untere bei einer Unterdrückung im unteren Seitenband (Abb. 8.6). Der Verlauf der Verformungskurve im Übergangsbereich $f = -f_r ... +f_r$, ist an sich beliebig, sofern er nur wie gefordert zentralsymmetrisch zum Nullpunkt ist. Ein geradliniger Übergang mit Knickpunkten an den Enden ist in realen Systemen nicht realisierbar. Zweckmäßiger ist der angenommene sinusförmige Übergang.

Mit dieser Verformungsfunktion ergibt sich nun eine zu H_g gehörige Restseitenband-Übertragungsfunktion:

$$H_{z0}(f) = H_g(f)\left(1 + W(f)\right). \tag{8.41}$$

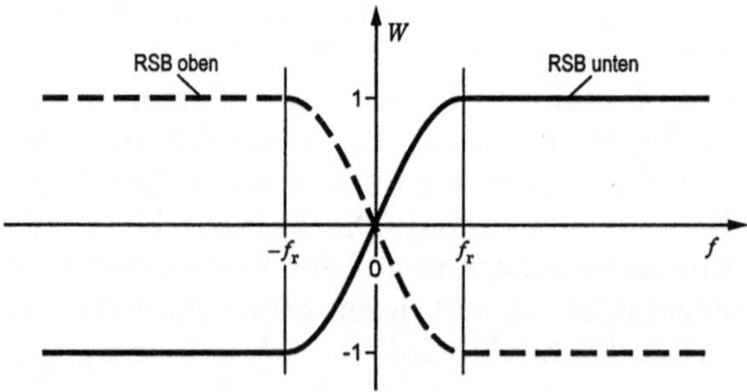

Abb. 8.6. Verformungskurven zur Bildung der Übertragungsfunktion eines Restseitenbandfilters mit vorgeschriebenem geraden Frequenzganganteil.

---

[1] Grundsätzlich ist auch eine komplexe ungerade Funktion mit

$$W(-f) = -W^*(f) \text{ und } W(0) = 0$$

verwendbar. Die Ergebnisse sind dann aber weniger praktikabel.

Sie hat den ungeraden Funktionsanteil

$$H_u(f) = H_g(f)\,W(f)\,. \tag{8.42}$$

Speziell beim Restseitenbandfilter mit Nyquistflanke ist das Ziel ein gerader Frequenzganganteil $H_g(f)$ mit den Eigenschaften eines „idealen“ Tiefpasses der Grenzfrequenz f_c: konstante Dämpfung und konstante Gruppenlaufzeit τ bis zur Grenzfrequenz und unendlich hohe Sperrdämpfung:

$$H_g(f) = \begin{cases} e^{-j\omega\tau} & \text{falls } |\omega| < \omega_c \\ 0 & \text{sonst.} \end{cases}$$

Statt des abrupten Übergangs von $|H_g|$ von 1 nach 0 bei der Grenzfrequenz ist dort eher ein etwa cos²-förmiger „Roll-off“ anzunehmen. Das Restseitenbandfilter mit

$$H_{z0}(f) = H_g(f)\big(1 + W(f)\big)$$

nach Gl. (8.41) hat einen um $f = 0$ zentrierten cos²-förmigen Übergang von $-f_r$ nach $+f_r$ als Nyquistflanke ($f_r < f_c$). Es hat die gleiche konstante Gruppenlaufzeit wie H_g, auch im Bereich der Flanke.

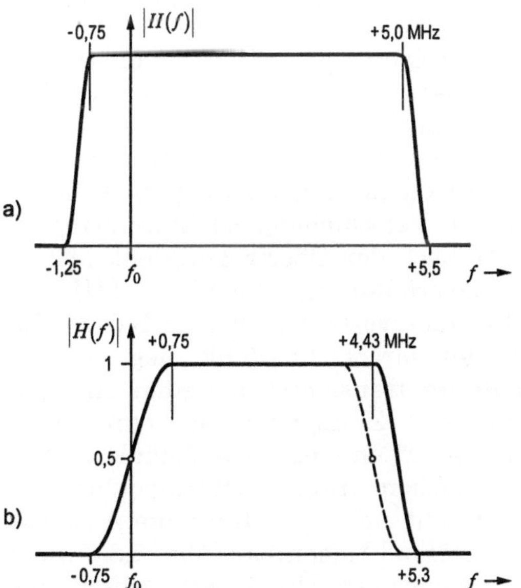

Abb. 8.7. Restseitenbandfilter a) beim Sender, b) beim Empfänger, gestrichelt mit Chrominanzkanal, (Standard B und G)

Der von den Fernsehsendern abgestrahlte amplitudenmodulierte HF-Träger enthält das *untere* Seitenband als Restseitenband. In den europäischen Standards B und G (s. Abschn. 8.4.1) ist eine Restseitenbandbreite von $f_\mathrm{r} = 750$ kHz genormt bei einer Bandbreite des Hauptseitenbands von $f_\mathrm{c} = 5$ MHz. Das senderseitige Restseitenbandfilter lässt das Spektrum von $f_0 - f_\mathrm{r}$ bis $f_0 + f_\mathrm{c}$ ungedämpft (s. Abb. 8.7a). Erst vom Restseitenbandfilter des Empfängers wird die für optimale Einschwingvorgänge erforderliche Nyquistflanke von $f_0 - f_\mathrm{r}$ bis $f_0 + f_\mathrm{r}$ gebildet (Abb. 8.7b). Das Restseitenbandfilter liegt im Zwischenfrequenzteil des Empfängers. Die Bildträgerfrequenz ist hier $f_{0\mathrm{IF}} =$ 38,9 MHz, und die Frequenz des Überlagerungsozillators liegt oberhalb der Empfangsfrequenz, so dass im ZF-Bereich die Seitenbänder in Kehrlage auftreten (Abb. 8.8). Die Nyquistflanke einer Restseitenbandfilterung des PAL-Farbträgers (s. Gl. (6.20) und (6.21)), die im Chrominanzteil des Empfängers gebildet wird, ist in Abb. 8.7b gestrichelt eingezeichnet.

Ein Beispiel für Einschwingvorgänge des demodulierten ZF-Signals im Empfänger zeigt Abb. 8.8. Angenommen wird ein Sprung an senkrechten Kanten im Bild von Spitzenweiß nach Schwarz und wieder zurück: $s(t) = 1 \to 0{,}3 \to 1$. Bei der Negativmodulation ist das ein Trägersprung

$$s_\mathrm{T}(t) = 0{,}1\cos\omega_0 t \;\to\; 0{,}73\cos\omega_0 t \;\to\; 0{,}1\cos\omega_0 t$$

bzw. ein Sprung des Zeigers $z_1(t)$ mit $p_1(t) = 0{,}1 \to 0{,}73 \to 0{,}1$; $q_1(t) = 0$. Die Übertragungsfunktion sei nach Abb. 8.7b ausgebildet, jedoch läuft sie entsprechend der Kehrlage des ZF-Spektrum von rechts nach links. Die konstante Gruppenlaufzeit wird zur Vereinfachung zu $\tau = 0$ angenommen ($H(f)$ reell), ein konstantes $\tau > 0$ eines realen Filters bewirkt lediglich eine zeitliche Verschiebung der Einschwingkurven.

Der Zeiger $z_2(t)$ nach der Übertragung enthält den Realteil $p_2(t)$ mit dem Einschwingverhalten eines idealen, 5 MHz breiten Tiefpasses, wenn das ZF-Filter eine vorschriftsmäßige Nyquistflanke besitzt und der Träger genau auf ihrem 50%-Punkt liegt (Abb. 8.8a). Der Empfangszeiger enthält den transienten Imaginärteil $q_2(t)$. Bei einer Synchrondemodulation des ZF-Signals mit einwandfrei extrahiertem Bildträger der Phase 0° entsteht das Signal $p_2(t)$, und $q_2(t)$ stört nicht. Bei der einfachen Hüllkurvendemodulation entsteht jedoch $|z_2(t)|$, und hierin macht sich $q_2(t)$ durch die Ausbildung von Fahnen im weißen Bereich störend bemerkbar (Abb. 8.8a). Bei fehlerhafter Abstimmung – die Frequenz des Überlagerungsoszillator ist zu tief oder

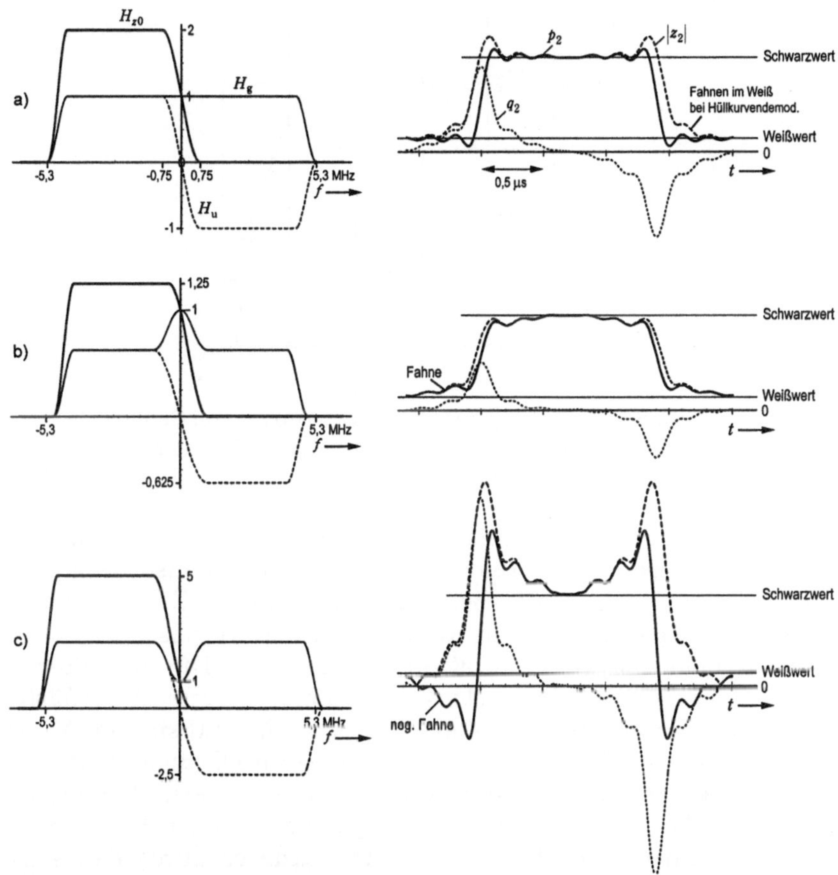

Abb. 8.8. Einfluss der Bildträgerlage beim ZF-Filter des Empfängers auf den Einschwingvorgang beim Sprung von Weiß nach Schwarz und zurück: a) exakte Trägerlage (38,9 MHz) auf dem 50%-Punkt der Nyquistflanke, b) Träger liegt auf dem 80%-Punkt (38,6 MHz, Oszillatorfrequenz zu tief), c) Träger liegt auf dem 20%-Punkt (39,2 MHz, Oszillatorfrequenz zu hoch)

zu hoch – ist der Träger auf der Flanke verschoben, so dass der Filterkurvenverlauf nicht mehr zentralsymmetrisch zur Trägerposition verläuft und ein schmalbandiger Anteil in $H_g(f)$ entsteht, der dann zur Fahnenbildung auch im demodulierten Realteil $p_2(t)$ führt (Bilder 8.8b und 8.8c). Die AGC gibt trotz der Fehlabstimmungen immer gleiche Sprunghöhen. Dadurch kann es bei einer Trägerlage unterhalb des 50%-Punktes (bei zu hoher Oszillatorfrequenz) leicht zu Übersteuerungen kommen, weil die Fahnen „negativ“ verlaufen (es entsteht eine „Plastik“ im Bild, s. Abb. 8.8c).

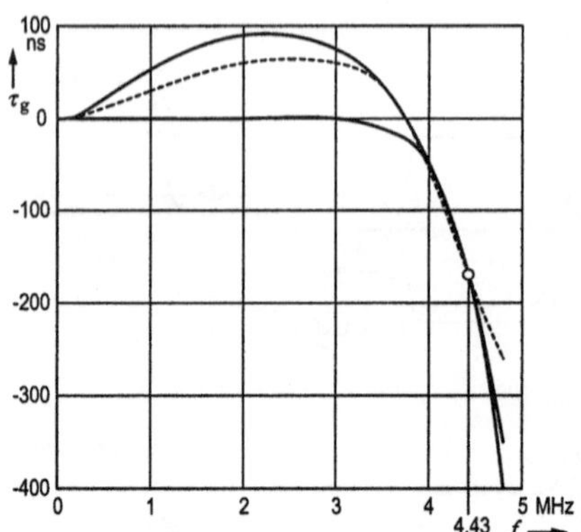

Abb. 8.9. Videofrequente Vorentzerrungen am Sender für die empfängerseitig zu erwartende Laufzeitverzerrung (Rec. ITU-R BT.470)

Die geforderte Frequenzunabhängigkeit der Gruppenlaufzeit ist nicht ohne weiteres realisierbar. Filter „minimaler Phase" zeigen eine zu den Enden des Durchlassbereiches ansteigende Gruppenlaufzeit. Ein Laufzeitausgleich durch in Kette geschaltete Allpässe ist aufwendig und erhöht die Gesamtlaufzeit beträchtlich. Die ZF-Filter der Fernsehempfänger werden allerdings immer durch „Oberflächenwellenfilter" (Surface Acoustic Wave filters, SAW) realisiert (s. Abschn. 8.3.1, Abb. 8.52), und bei ihnen ist eine konstante Gruppenlaufzeit relativ leicht realisierbar. In der Anfangszeit der Fernsehempfängertechnik war aber die Konstanz der Gruppenlaufzeit ein Problem, und mit der Einführung des Farbfernsehens wurde es durch den steilen Flankenverlauf oberhalb der Farbträgerfrequenz noch verschärft. Es sollte deshalb senderseitig eine Vorentzerrung durch einen zum Empfänger umgekehrten Gruppenlaufzeitverlauf durchgeführt werden. Genormt wurde eine videofrequente Vorentzerrung (Laufzeitverzerrung im Basisband) etwa nach Abb. 8.9. Jedoch blieb diese Vorentzerrung immer ein Streitpunkt. Man einigte sich anfangs auf die Vorentzerrung der Hälfte der Empfängerverzerrung. Trotz der Norm werden unterschiedliche Vorentzerrungen zwischen den in Abb. 8.9 angegebenen Kurven durchgeführt. Für die Empfänger gibt es wahlweise SAW-Filter mit konstanter Gruppenlaufzeit und solche mit zur unteren Frequenzgrenze ansteigender Gruppenlaufzeit.

Unter den 625-Zeilensystemen sind einige, die die größere Restseitenbandbreite von $f_r = 1{,}25$ MHz statt 0,75 MHz benutzen (Standard H, I, K1 und L, s. Abschn. 8.4.1). Die transiente Quadraturkomponente $q_2(t)$ ist dann bei den Einschwingvorgängen kleiner und kurzzeitiger. Abbildung 8.10 zeigt $q_2(t)$ beim Einschwingen des geträgerten Ein-

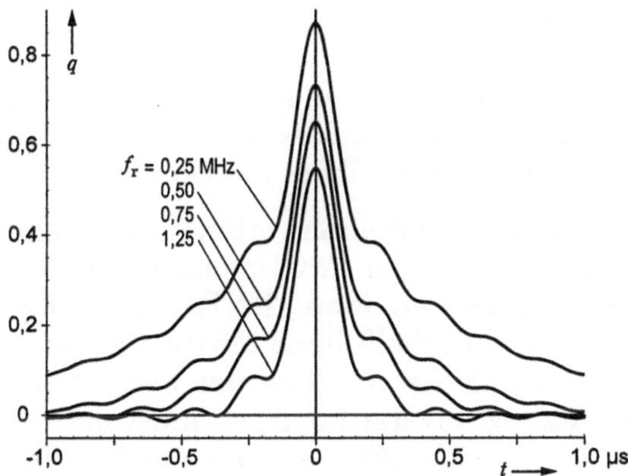

Abb. 8.10. Quadraturkomponente beim Einheitssprung des reellen Trägerzeigers nach einem Restseitenbandfilter mit Nyquistflanke, Unterdrückung des oberen Seitenbands mit Flankenbreite $\pm f_r$

heitssprungs in Abhängigkeit von der Breite des Restseitenbands, wobei ein Filter nach Abb. 8.7b in Kehrlage ($\tau = \text{const} = 0$) angenommen ist.

In USA wird die Amplitudenmodulation mit Restseitenbandfilter auch für die Übertragung digitaler Fernsehsignale (hier DTV genannt) über terrestrische Sender und im Kabel eingesetzt [8.1], s. Abschn. 8.4.2. Nach der MPEG-Quellencodierung wie bei DVB (s. Abschn. 6.2.1) bilden bei DTV die 188 Byte langen TS-Pakete einen Datenstrom von bis zu 19,39 Mb/s. Vor der Modulation werden zur Fehlersicherung ähnlich wie bei DVB je 20 Byte zu jedem Paket hinzugefügt (Kanalcodierung nach Reed-Solomon, s. Abschn. 8.2.1). Bei der Restseitenbandübertragung dürfen die zu übertragenden Symbole aus *nur reellen Trägerzeigern* bestehen. Denn wegen der transienten Quadraturkomponenten enthält nach der Übertragung nur der Realteil $p_2(t)$ nutzbare Information. Eine Übertragung mit Symbolen, die Information sowohl in Amplitude wie Phase enthalten (QPSK oder QAM, s. Abschn. 8.1.3 und 8.1.4) , kann nicht eingesetzt werden. Verwendet wird eine reine Amplitudenmodulation mit *acht Stufen.* Es werden also reelle 3-bit-Symbole benutzt. Dabei werden jeweils 2-bit-Worte nach der Reed-Solomon-Codierung und dem „Interleaver" (s. Abb. 8.40) einem 3-bit-Symbol durch einen Faltungscodierer (Abschn. 8.2.2) zugeordnet (Coderate 2/3). Man bezeichnet diese Modulationsart als „8 level vestigial side band" (8-VSB). Der terrestrische Empfang ohne Außenantenne oder mit tragbaren oder mobilen Empfängern ist mit dem OFDM-Verfahren der DVB-T-Norm (Abschn. 8.1.5) zuverlässiger.

8.1.2 Frequenzmodulation

Für die Zuführung und ebenso für die Verteilung analoger Fernsehsignale über Satelliten oder Richtfunk wird die Frequenzmodulation des HF-Trägers verwendet. Hierfür gibt es zwei Gründe:

- Die Sendeleistungen für Satellitenverbindungen bei den sehr hohen Trägerfrequenzen (>50 W bei 12 GHz) erfordern Wanderfeldröhren (Travelling Wave Tube Amplifiers, TWTA). Diese könnten aber nur bis höchstens 8 dB unterhalb ihrer Maximalleistung linear betrieben werden. Da vor allem an Bord der Satelliten eine maximale Leistungsausnutzung unverzichtbar ist, muss der Verstärker bis in die Sättigung betrieben werden, so dass nur Modulationsverfahren mit konstanter Trägeramplitude infrage kommen. GaAs-Feldeffekttransistoren (Solid State Power Amplifiers, SSPA) können bis etwa 1 dB unterhalb ihrer Maximalleistung linear arbeiten, stehen aber nur für niedrige Sendeleistungen (Richtfunk) oder tiefere Frequenzen zur Verfügung.
- Wegen der geringen Trägerleistung, die beim Empfänger ankommt, – der Satellit ist immerhin etwa 40.000 km entfernt (s. Abschn. 8.3.3) und kann keinen Großsender an Bord betreiben – sind Rauschstörungen ein Problem. Andererseits steht im Gegensatz zu den Kabelkanälen und den terrestrischen Rundfunksendern viel mehr Bandbreite pro Kanal zur Verfügung. Es handelt sich um einen „leistungsbegrenzten“ Kanal. Modulationsverfahren, die auf Kosten höheren Bandbreitenbedarfs eine bessere Störsicherheit bieten, sind also hier angebracht.

Der Träger hat eine konstante Amplitude – wir nehmen die Amplitude 1 an –, und im nicht modulierten Zustand habe er die Frequenz f_0. Das FBAS-Signal $s(t)$ mit seinem nominellen Wertebereich 0...1 moduliere die Frequenz mit einem Spitze-Spitze-Hub Δ, so dass die momentane Frequenzabweichung gegenüber f_0 gegeben ist durch

$$f_{\mathrm{m}}(t) = \Delta \cdot s(t)\,. \tag{8.43}$$

Wegen $2\pi f_{\mathrm{m}} = \mathrm{d}\varphi/\mathrm{d}t$ ist dann die Trägerphase

$$\varphi(t) = 2\pi\Delta \int_{-\infty}^{t} s(\tau)\,\mathrm{d}\tau \tag{8.44}$$

und das ausgestrahlte Signal

$$\begin{aligned} s_{\mathrm{T}} &= \cos\left(\omega_0 t + \varphi(t)\right) \\ z(t) &= \mathrm{e}^{\,\mathrm{j}\,\varphi(t)}. \end{aligned} \tag{8.45}$$

Der Übertragungskanal muss den Hubbereich und wenigstens noch je ein Seitenband beiderseits dieses Bereichs aufnehmen können (Carson-Bandbreite [8.5]). Bei einer Maximalfrequenz f_g im Spektrum des Signals $s(t)$ wird also eine HF-Bandbreite von

$$B = \Delta + 2 f_g \tag{8.46}$$

benötigt. Ein Hub von $\Delta = 16$ MHz wird bei Satellitentranspondern mit Kanalbreiten von $B = 26$ MHz verwendet, ein Hub von $\Delta = 25$ MHz wird bei Transpondern mit $B = 36$ MHz eingesetzt.

Eine Preemphase wurde vom CCIR mit Recommendation 405-1 festgelegt[1]. Das FBAS-Signal wird danach vor dem Eingang zum FM-Modulator bei tiefen Frequenzen um 11 dB abgesenkt, bei hohen Frequenzen um 3 dB angehoben (Abb. 8.11):

$$H_{pr}(f) = \sqrt{2}\,\frac{1 + \mathrm{j}\left(f/f_{pr}\right)}{5 + \mathrm{j}\left(f/f_{pr}\right)} \qquad f_{pr} = 312{,}8\ \text{kHz}\,. \tag{8.47}$$

Die Modulation wird also tatsächlich nicht mit dem Signal $s(t)$ durchgeführt, wie in Gl. (8.43) angegeben, sondern mit dem Signal $\tilde{s}(t) = s(t) * h_{pr}(t)$. Im eingeschwungenen Zustand wird der Hub dadurch mit dem Faktor $H_{pr}(0) = \sqrt{2}/5 = 0{,}283$ reduziert. Differential-Phase-

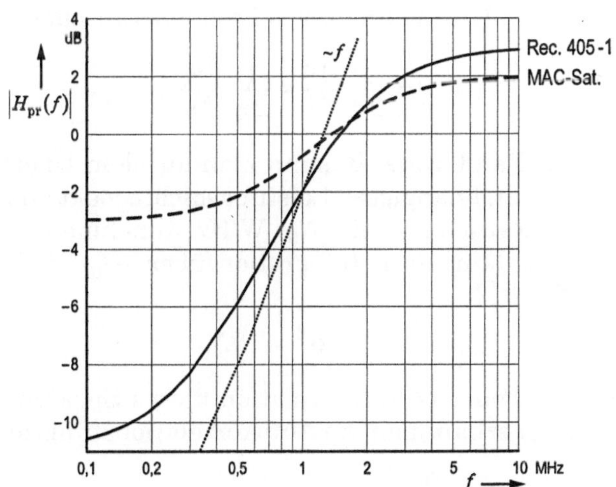

Abb. 8.11. Preemphase der FBAS- und MAC-Signale für FM-Übertragung (bei 625-Zeilen-Systemen)

[1] Rec. ITU-R S.405-1. CCIR = Comité Consultatif International des Radiocommunications, seit 1993 ITU-R (ITU = International Telecommunication Union).

und Differential-Gain-Fehler des Farbträgers (s. Abschn. 6.1.1) infolge hoher Aussteuerung durch das Luminanzsignal bleiben deshalb geringer. Außerdem wird natürlich der Effekt erreicht, der üblicherweise den Einsatz einer Preemphase begründet: Im demodulierten Signal wird im oberen Frequenzbereich – dort wo der Farbträger liegt – das Rauschen durch die Deemphase abgesenkt (s. unten).

Bei der FM-Übertragung von MAC-Signalen (s. Abschn. 6.2.2) ist die Absenkung der tiefen Signalfrequenzen überflüssig, weil kein Farbträger benutzt wird. In Abb. 8.11 ist die für MAC festgelegte Preemphasekurve gestrichelt eingetragen.

Ein dem modulierten Träger additiv überlagertes Rauschen führt in der Zeigerdarstellung (s. Gln. (8.23), (8.24) und Abb. 8.4) zu

$$z(t) = \mathrm{e}^{\mathrm{j}\,\varphi(t)} + n_p(t) + \mathrm{j}\,n_q(t) = \varrho(t)\,\mathrm{e}^{\mathrm{j}\left(\varphi(t)+\theta(t)\right)} . \tag{8.48}$$

Wir untersuchen den Einfluss des Rauschens auf die Trägerphase. Es entsteht ein Phasenrauschen $\theta(t)$. Für $\varphi(t) = 0$ ist es

$$\theta(t) = \arctan\frac{n_q}{1+n_p} \approx n_q(t) . \tag{8.49}$$

Die Näherung gilt für Streuungen $\sigma \ll 1$ und erfasst die normalen Betriebsfälle mit schwachem Rauschen im Vergleich zur Trägeramplitude. Die zeitliche Ableitung ergibt das Frequenzrauschen

$$v(t) = \frac{1}{2\pi}\frac{\mathrm{d}\theta}{\mathrm{d}t} \approx \frac{1}{2\pi}\frac{\mathrm{d}n_q}{\mathrm{d}t} . \tag{8.50}$$

Innerhalb der HF-Bandbreite B kann man auf dem Übertragungskanal ein frequenzunabhängiges Leistungsdichtespektrum des Rauschens („weißes" Rauschen) mit N_0 W/Hz annehmen. Die gesamte Rauschleistung ist dann nach Integration über $-f_0 - B/2 \ldots -f_0 + B/2$ und $f_0 - B/2 \ldots f_0 + B/2$

$$N = \sigma^2 = 2BN_0 . \tag{8.51}$$

Durch die inverse Fourier-Transformation dieses Spektrums (Umkehrung von Gl. (8.30)) erhält man die Autokorrelationsfunktion

$$\psi_{nn}(\tau) = \int_{-f_0-B/2}^{-f_0+B/2} N_0\,\mathrm{e}^{2\pi\mathrm{j}f\tau}\,\mathrm{d}f + \int_{f_0-B/2}^{f_0+B/2} N_0\,\mathrm{e}^{2\pi\mathrm{j}f\tau}\,\mathrm{d}f = 2N_0B\,\mathrm{si}(\pi B\tau)\cos\omega_0\tau . \tag{8.52}$$

Der Träger mit der Amplitude 1 hat eine Leistung von 1/2 (an 1 Ohm). Das Leistungsverhältnis Träger/Rauschen ist somit

$$c/n = \frac{1}{4BN_0} = \frac{1}{2\sigma^2}. \tag{8.53}$$

Nach der Demodulation entsteht aus dem Frequenzrauschen $v(t)$ ein Störsignal $k_d v(t)$, dessen Leistungsdichtespektrum wir jetzt berechnen wollen. k_d sei der Proportionalitätsfaktor (in V/Hz), nach dem der ideale FM-Demodulator eine momentane Frequenzabweichung von f_0 in ein elektrisches Signal umsetzt. Die Autokorrelationsfunktion von $n_q(t)$ ergibt sich aus Gl. (8.52) mit den Gln. (8.33) und (8.28) bei einem symmetrischen Bandpass zu

$$\psi_{qq}(\tau) = \frac{\psi_{nn}(\tau)}{\cos\omega_0\tau} = 2N_0 B\,\mathrm{si}(\pi B\tau) \tag{8.54}$$

entsprechend einem Leistungsdichtespektrum (im äquivalenten Tiefpass, vgl. Gl. (8.12))

$$\Psi_{qq}(f) = \begin{cases} 2N_0 & \text{falls } |f| < \dfrac{B}{2} \\ 0 & \text{sonst}. \end{cases} \tag{8.55}$$

Die Autokorrelationsfunktion des differenzierten Zufallssignals $n_q(t)$ ist [8.32]

$$\psi_{q'q'}(\tau) = -\frac{\mathrm{d}^2\psi_{qq}}{\mathrm{d}\tau^2}$$

und sein Leistungsdichtespektrum

$$\Psi_{q'q'}(f) = (2\pi f)^2 \Psi_{qq}(f).$$

Das Frequenzrauschen nach Gl. (8.50) bei $\sigma \ll 1$ bzw. $c/n \gg 1$ führt also beim Demodulator zu einem Störsignal, dessen Leistungsdichte *quadratisch mit der Frequenz* ansteigt[1]:

$$\Psi_{vv}(f) = \begin{cases} 2N_0 k_d^2 f^2 & \text{falls } |f| < \dfrac{B}{2} \\ 0 & \text{sonst}. \end{cases} \tag{8.56}$$

Wenn am Demodulatorausgang ein Tiefpass liegt, der bis zur Grenzfrequenz f_g ($<B/2$) des Fernsehsignals reicht, ist die gesamte Störleistung nach dem Tiefpass – ohne Deemphase –

[1] Es ist aber bei $c/n \gg 1$ *normalverteiltes* Rauschen wie am Eingang.

$$N_\mathrm{d} = \int_{-f_\mathrm{g}}^{f_\mathrm{g}} 2N_0 k_\mathrm{d}^2 f^2 \,\mathrm{d}f = \frac{4}{3} N_0 k_\mathrm{d}^2 f_\mathrm{g}^3 = \frac{k_\mathrm{d}^2 f_\mathrm{g}^3}{3B\,c/n}\,. \qquad (8.57)$$

Da aber ein Deemphase-Filter verwendet wird, das die Preemphase des Signals mit einer Übertragungsfunktion $1/H_\mathrm{pr}(f)$ (s. Gl. (8.47)) wieder rückgängig macht, verbleibt eine geringere Rauschleistung:

$$\tilde{N}_\mathrm{d} = \int_{-f_\mathrm{g}}^{f_\mathrm{g}} \frac{2N_0 k_\mathrm{d}^2 f^2}{\left|H_\mathrm{pr}(f)\right|^2} \,\mathrm{d}f\,. \qquad (8.58)$$

Sie ist nach dieser Berechnung bei $f_\mathrm{g} = 5$ MHz um 2,0 dB geringer.

Das Signal/Rauschverhältnis bei Videosignalen wird allgemein definiert über das Verhältnis des nominellen maximalen BA-Signals (70% des BAS-Signals) zum Effektivwert des Rauschens[1]. Das Leistungsverhältnis bei dem auf 1 normierten Signal $s(t)$ ist dann mit Gl. (8.57)

$$s/n = \frac{(0{,}7 k_\mathrm{d} \Delta)^2}{N_\mathrm{d}} = \frac{0{,}3675\,\Delta^2}{N_0 f_\mathrm{g}^3} = \frac{1{,}47 B \Delta^2}{f_\mathrm{g}^3}\, c/n \qquad (8.59)$$

ohne Deemphase. Durch die Deemphase wird es nach Gl. (8.58) bei $f_\mathrm{g} = 5$ MHz noch um 2,0 dB besser. Für diese Grenzfrequenz des Demodulatortiefpasses ergibt sich *mit* Deemphase:

Der Signal/Rauschabstand am Demodulatorausgang liegt bei einer HF-Bandbreite von $B = 26$ MHz und $\Delta = 16$ MHz Hub um 21 dB oberhalb des Träger/Rauschabstands, bei einer HF-Bandbreite von 36 MHz und 25 MHz Hub um 26 dB.

Dabei ist angenommen, dass die Leistung des Videorauschens unabhängig davon ist, ob ein Videonutzsignal vorhanden ist oder nicht, wie anfangs vorausgesetzt. Die Annahme ist bei großem c/n zulässig. Das Rauschen ist nicht visuell bewertet. Eine derartige Bewertung wäre bei Schwarzweißfernsehen sinnvoll. Sie berücksichtigt, dass hochfrequentes Rauschen im Bild weniger störend empfunden wird als niederfrequentes. Als Richtwert des unbewerteten s/n für ein als nahezu rauschfrei erscheinendes Bild kann man 38 dB annehmen. Die Forderungen für Zubringerverbindungen liegen um etwa 10 dB höher.

[1] Früher war es eine übliche Laborpraxis, einen scheinbaren „Spitze-Spitze-Wert des Rauschens" am Oszilloskop zu schätzen und diesen mit dem BA-Signal zu vergleichen. Die Schätzung hängt natürlich von der Helligkeitseinstellung des Oszilloskops ab.

Ist die Streuung des normalverteilten Rauschens, das dem Träger überlagert ist, nicht sehr viel kleiner als die Trägeramplitude, dann kann es gelegentlich vorkommen, dass ein momentaner Rauschwert größer als die Trägeramplitude auftritt und dabei unter Umständen die Trägerphase für diesen Moment um 180° ändert. Dadurch führt der Trägerzeiger in sehr kurzer Zeit einen vollen 360°-Umlauf um den Nullpunkt aus, entweder in positiver oder in negativer Drehrichtung. Die Folge ist ein sehr kurzer, aber maximal großer Störimpuls („Spike") am Ausgang des FM-Demodulators, entweder positiv oder negativ. Es zeigen sich die für FM-Empfang bei schlechtem c/n charakteristischen hellen und dunklen Punkte, die im Bild unregelmäßig verteilt aufblitzen. Durch das Deemphasefilter werden sie nach rechts etwas in die Länge gezogen. Sie sind das Pendant zum Knacken oder Knistern bei der FM-Tonübertragung. Der c/n -Wert, bei dem die Impulsstörungen merkbar werden, bezeichnet man als „FM-Schwelle". Darunter wird der Empfang unbrauchbar.

Die Bedingung für das Auftreten der beschriebenen Störung zu einem Zeitpunkt t_1 ist $n_p(t_1) < -1$ *und* gleichzeitig $n_q(t_1) = 0$. Die Wahrscheinlichkeit für die Erfüllung der ersten Teilbedingung ergibt sich aus der Gaußschen Verteilungsdichtefunktion $d(n_p)$ nach Gl. (8.25) zu

$$\int_{-\infty}^{-1} d(n_p)\,\mathrm{d}n_p = \frac{1}{2}\left(1 - \operatorname{erf}\left(\frac{1}{\sqrt{2}\sigma}\right)\right).$$

Hier ist $\operatorname{erf}(x)$ die „Fehlerfunktion"

$$\operatorname{erf}(x) =_{\text{def}} \frac{2}{\sqrt{\pi}} \int_0^x e^{-\xi^2}\,\mathrm{d}\xi .$$

Die Häufigkeit oder mittlere Frequenz von Nulldurchgängen des Zufallssignals $n_q(t)$ in positiver oder negativer Richtung ist nach [8.39] gleich $B/\sqrt{3}$. So erhält man mit Gl. (8.53) die mittlere Spike-Frequenz

$$\overline{\nu}_{\text{SP}} = \frac{B}{2\sqrt{3}}\left(1 - \operatorname{erf}\left(\sqrt{c/n}\right)\right). \qquad (8.60)$$

Die Anzahl der im Mittel in einem Teilbild – in 20 ms – auftretenden Spikes ist hiernach für eine HF-Bandbreite von $B = 26$ MHz in Abb. 8.12 in Abhängigkeit vom Träger/Rauschabstand dargestellt. Bei $c/n = 10$ dB ist ein Spike im Teilbild zu erwarten, und zwar auf dem Hintergrund eines normalen Rauschens mit $s/n = 31$ dB (s. oben). Damit etwa liegt die FM-Schwelle fest. Für die FM-Satellitenübertragung wird ein Mindestwert von $c/n = 14$ dB verlangt. Dann sind Spikes

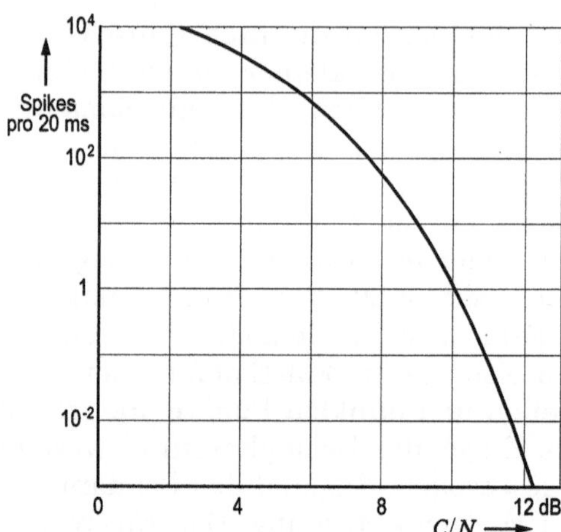

Abb. 8.12. Mittlere Anzahl der Spikes in einem Teilbild bei FM-Übertragung über einen 26 MHz breiten Kanal.

praktisch ausgeschlossen, und der Signal/Rauschabstand ist 35 dB (bei 26 MHz Transponderbreite).

8.1.3 QPSK

Ebenso wie bei der Satellitenübertragung analoger Fernsehsignale muss auch zur Übertragung digitaler Fernsehsignale im leistungsbegrenzten Satellitenkanal ein Modulationsverfahren eingesetzt werden, das eine hohe Störsicherheit bietet – auf Kosten eines hohen Bandbreitenbedarfs. Außerdem sollte wegen der Nichtlinearität des HF-Leistungsverstärkers im Transponder die Information nicht in der Amplitude, sondern nur in der Phase des Trägers liegen. Bei den analogen Signalen wird deshalb, wie beschrieben, die Frequenzmodulation benutzt. Für die digitalen Signale bieten sich die Verfahren der Phasenumtastung (Phase-Shift Keying, PSK) bei konstanter Amplitude an.

Für die digitale Satellitenübertragung, insbesondere auch für DVB, wird die *Vierphasenumtastung* (4-PSK, Quadrature Phase-Shift Keying, QPSK) eingesetzt. Sie lässt sich einfach realisieren. Verwendet wird ein Quadraturmodulator wie zur analogen Modulation des Farbträgers beim NTSC- oder PAL-Verfahren. QPSK ist auch noch bei schlechtem Träger/Rauschabstand brauchbar, benötigt aber im Vergleich zu anderen Modulationsverfahren eine große Bandbreite im Verhältnis zur übertragenen Bitrate.

Das gesendete Signal

$$s_\mathrm{T}(t) = \mathrm{Re}\, z(t)\mathrm{e}^{\mathrm{j}\omega_0 t} \qquad (8.61\mathrm{a})$$

hat eine Trägerzeigersequenz

$$z(t) = \sum_k z_k g_s(t - kT) \tag{8.61b}$$

mit den *vierwertig komplexen* Symbolwerten, es sind um 90° gegeneinander versetzte Zeiger (Abb. 8.13),

$$z_k = p_k + \mathrm{j} q_k \qquad p_k, q_k \in \{-1, +1\} \tag{8.61c}$$

und den reellen Basisimpulsen $g_s(t)$, die im Zeittakt T aufeinander folgen. Sie sind jeweils mit z_k amplitudenmoduliert. $1/T$ ist die *Symbolrate*, angegeben in Symbolen pro Sekunde (S/s) oder Baud[1].

Die Gaußsche Zahlenebene in Abb. 8.13 mit den eingetragenen Symbolwerten bezeichnet man als „Signalraum". Die Darstellung wird auch „Konstellationsdiagramm" genannt (von engl. constellation = Sternbild).

Der serielle binäre Datenstrom am Eingang wird zu Bitpaaren („Dibits") $b_1 b_0$ gruppiert, und diese werden nach einer bestimmten Vorschrift den vier komplexen Symbolwerten zugeordnet. Den Vorgang nennt man „Mapping". Für DVB ist folgende Zuordnung festgelegt (s. Abb. 8.13):

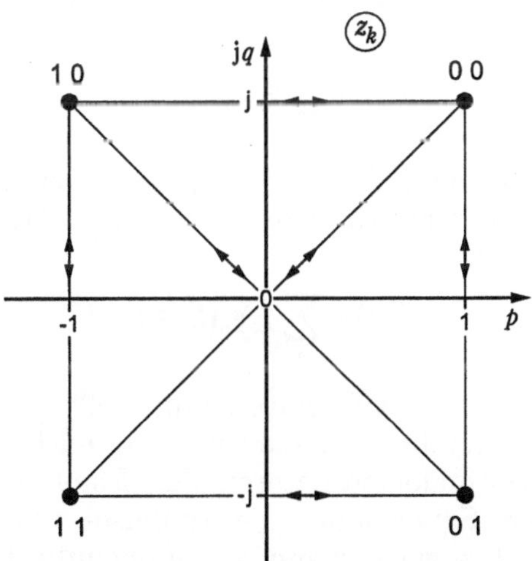

Abb. 8.13. Die vierwertig komplexen Symbolwerte z_k und die vorkommenden Übergänge bei QPSK

[1] Abgekürzt Bd, ursprünglich als Maß für die „Schrittgeschwindigkeit" der Telegrafie. Nach ÉMILE BAUDOT, *11. 9. 1845 in Magneux (Frankreich), †28. 3. 1903 in Sceaux.

$$\left.\begin{array}{l} 00 \rightarrow +1+j \\ 01 \rightarrow +1-j \\ 10 \rightarrow -1+j \\ 11 \rightarrow -1-j \end{array}\right\} \qquad (8.62)$$

Hiernach bestimmt das im Dibit zuerst eingebrachte Bit b_1 die Inphase-Komponente p_k, das darauf folgende Bit b_0 die Quadraturkomponente q_k, jeweils mit der Umsetzung in Signalwerte nach $0 \rightarrow +1$, $1 \rightarrow -1$. Wenn die Bits im Eingangsdatenstrom im Zeittakt T_b aufeinander folgen (Bitrate $1/T_b$), dann ist die Symboltaktzeit $T=2T_b$; die Symbolrate ist gleich der halben Bitrate. Man beachte, dass die im Signalraum am nächsten benachbarten Symbolwerte nach der Zuordnung Gl. (8.62) zu Dibits gehören, die sich jeweils nur in einem Bit unterscheiden (Gray-Mapping, Gray-Codierung[1]). Das bringt den Vorteil, dass die bei Rauschstörungen wahrscheinlichsten Symbolfehler jeweils nur zu einem Bitfehler führen (s. unten).

Das Prinzipschaltbild des QPSK-Modulators ist in Abb. 8.14a dargestellt. Die beiden Tiefpässe mit der Übertragungsfunktion $H_s(f)$ formen die an ihren Eingängen liegenden, mit p_k bzw. q_k multiplizierten Impulse (z. B. NRZ-Signale) so um, dass sie den gewünschten Verlauf des Basisimpulses $g_s(t)$ erhalten, wie weiter unten erläutert. Das entstehende Signal

$$I(t) = \sum_k p_k g_s(t-kT) \qquad (8.63a)$$

wird in dem nachfolgenden Analogmultiplizierer mit dem Träger beim Nullphasenwinkel Null multipliziert, der zweite Analogmultiplizierer erhält das Signal

$$Q(t) = \sum_k q_k g_s(t-kT) \qquad (8.63b)$$

und den Träger mit dem Nullphasenwinkel 90° (vgl. Abschn. 6.1.1). Nach der Addition entsteht das Sendesignal s_T nach Gl. (8.61).

Die beiden Synchrondemodulatoren des Empfängers (Abb. 8.14b) gewinnen aus dem Sendesignal die Inphase- und die Quadraturkomponente separat zurück, wenn der unmodulierte Referenzträger phasenrichtig zur Verfügung steht. Die Aufgabe des Trägerregenerators CR ist es, diesen Referenzträger aus dem ankommenden Signal abzuleiten.

[1] Benannt nach FRANK GRAY, einem Ingenieur bei Bell Labs, USA, der 1953 eine technische Anwendung patentieren ließ [8.18]. Der Code war aber schon viel früher bekannt. 1878 wurde er von Baudot bei einem Telegrafen vorgeführt.

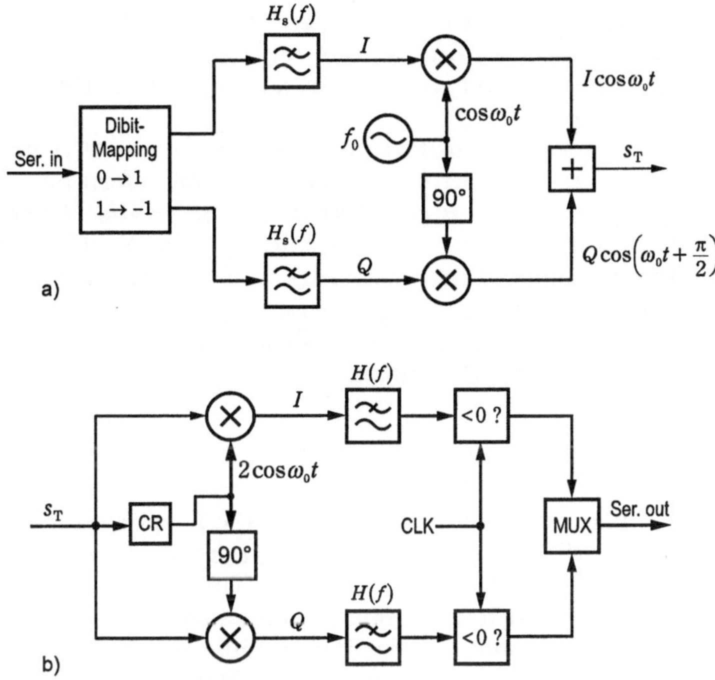

Abb. 8.14. Modulator (a) und Demodulator (b) für QPSK

Die beiden Tiefpässe mit der Übertragungsfunktion $H(f)$ sollen einerseits Spektralanteile bei der doppelten Trägerfrequenz beseitigen, die bei der Multiplikation von Träger und Signal entstehen. Vor allem aber haben sie die wichtige Aufgabe, die Rauschstörung soweit möglich zu reduzieren, ohne dadurch das Nutzsignal zu beeinträchtigen. Sie verändern dabei die Basisimpulse $g_s(t)$. Darauf gehen wir zunächst ein.

Wir bezeichnen die entstandenen Basisimpulse mit $g(t)$. Die Ausgangssignale

$$\begin{aligned}\tilde{I}(t) &= \sum_k p_k g(t-kT)\\ \tilde{Q}(t) &= \sum_k q_k g(t-kT)\end{aligned} \tag{8.64}$$

werden je einer Entscheiderschaltung zugeführt. Dort werden sie zu den Zeitpunkten $t=kT$ abgetastet. Das Abtasttaktsignal CLK muss dazu aus dem ankommenden Signal korrekt synchron abgeleitet worden sein. Ein Komparator mit der Entscheidungsschwelle beim Signalwert 0 stellt fest, ob der jeweilige Abtastwert negativ ist. Dann liefert er eine „1“, sonst eine „0“. Die so aus dem I- und dem Q-Zweig im Zeitabstand T anfallenden Bits werden nun wieder zu dem seriellen Datenstrom mit dem Bittakt $T_b = T/2$ zusammengesetzt (Multiplexer „MUX“ in Abb. 8.14).

Die amplitudenmodulierten Basisimpulse in $\tilde{I}(t)$ bzw. $\tilde{Q}(t)$ überlappen sich gegenseitig. Das stört normalerweise nicht, sofern nur sichergestellt ist, dass jedenfalls *zu den Abtastzeitpunkten die Nachbarimpulse keinen Einfluss haben.* Die Vermeidung von Nachbarsymbolstörungen (Intersymbol Interference, ISI) trotz Bandbegrenzung des Kanals ist eine Fundamentalaufgabe bei jeder Digitalübertragung (z. B. [8.29]) . Es müssen dazu also die Basisimpulse am Entscheider ($g(0) = 1$ angenommen) die Bedingung

$$g(kT) = \begin{cases} 1 & \text{für } k = 0 \\ 0 & \text{für } k \neq 0 \end{cases} \quad k \in \mathbb{Z} \tag{8.65}$$

erfüllen. Es ist klar, dass dies bei allen auf $|t| < T$ zeitbegrenzten Impulsen der Fall ist. Sie haben jedoch grundsätzlich ein unbegrenzt ausgedehntes Spektrum. Andererseits sind bei Bandbegrenzung die Impulse grundsätzlich zeitlich unbegrenzt. Wenn auch in diesem Fall die Bedingung (8.65) erfüllt sein soll, der Basisimpuls also Nulldurchgänge im Abstand T aufweisen soll, muss das Spektrum dem „ersten Nyquist-Kriterium“ genügen[1]. Zur Ableitung schreiben wir die Bedingung (8.65) in der Form

$$g(t) \sum_k \delta(t - kT) = \delta(t) .$$

Die Fourier-Transformation ergibt

$$G(f) * \frac{1}{T} \sum_n \delta\left(f - \frac{n}{T}\right) = 1 .$$

Hieraus erhält man die gesuchte Bedingung im Frequenzbereich:

$$\sum_n G\left(f - \frac{n}{T}\right) = T . \tag{8.66}$$

Die periodische Fortsetzung des Basisimpulsspektrums mit der Periode $1/T$ (Addition aller um n/T auf der Frequenzskala verschobenen Versionen des Basisimpulsspektrums) muss also eine Konstante ergeben. Hieraus folgt für das Spektrum insbesondere

[1] Nach HARRY NYQUIST (s. Fußnote in Abschn. 4.3.1) [8.31].

$$\sum_n G\left(\frac{n}{T}\right) = T \quad \text{und} \quad \int_{-\infty}^{+\infty} G(f)\,\mathrm{d}f = g(0) = 1\,. \tag{8.67}$$

Es gibt eine Vielzahl von Spektralfunktionen, die bei ihrer periodischen Fortsetzung die Bedingung (8.66) erfüllen. Spektralfunktionen, die auf $|f| < 1/T$ begrenzt sind, liefern das gewünschte Ergebnis, wenn sie symmetrisch am oberen und unteren Ende (d. h. im positiven und im negativen Frequenzbereich) jeweils eine Nyquistflanke aufweisen, wie sie in Abschn. 8.1.1 für die Restseitenband-Amplitudenmodulation (dort nur auf der Restseitenbandseite) definiert wurde. Die Flanken müssen zentralsymmetrisch zu den −6-dB-Punkten des Spektrums laufen, und diese müssen bei

$$|f_{6\mathrm{dB}}| = f_\mathrm{N} =_\mathrm{def} \frac{1}{2T} \tag{8.68}$$

liegen. Die 6-dB-Bandbreite des Impulsspektrums, von $-f_\mathrm{N}$ bis $+f_\mathrm{N}$ gemessen, sollte also gleich der Symbolrate $R_\mathrm{s} = 1/T$ sein. Man bezeichnet die halbe Symbolrate f_N als *Nyquist-Frequenz*. Meist wird der $\cos^2$-Rolloff („raised cosine“) für die Nyquistflanken verwendet:

$$G(f) = \begin{cases} T & \text{für } |f| < (1-\alpha) f_\mathrm{N} \\ \dfrac{T}{2}\left(1 + \sin\dfrac{\pi\left(f_\mathrm{N} - |f|\right)}{2\alpha f_\mathrm{N}}\right) & \text{für } (1-\alpha) f_\mathrm{N} \le |f| \le (1+\alpha) f_\mathrm{N} \\ 0 & \text{sonst.} \end{cases} \tag{8.69}$$

Die Breite der Nyquistflanken ist $\pm\alpha f_\mathrm{N}$, α ist der „Rolloff-Faktor“ ($\alpha = 0\ldots1$). Für die Gesamtbandbreite des Impulsspektrums folgt

$$B = \frac{1+\alpha}{T} = (1+\alpha)\,R_\mathrm{s}\,. \tag{8.70}$$

Aus dem Spektrum nach Gl. (8.69) ergibt sich der Basisimpuls

$$g(t) = \frac{1}{\pi t/T} \frac{\sin(\pi t/T)\cos(\pi\alpha t/T)}{1 - 4\alpha^2 (t/T)^2}\,. \tag{8.71}$$

Für die Satellitenübertragung der DVB-Signale ist der Rolloff-Faktor

$$\alpha = 0{,}35 \tag{8.72}$$

festgelegt. Abbildung 8.15 (ausgezogene Kurven) zeigt den zugehörigen Basisimpuls und sein Spektrum. Die beiden Empfangsfilter müssen

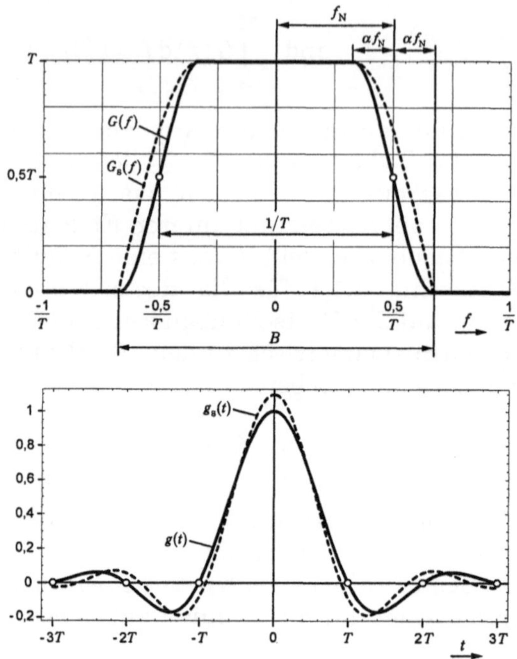

Abb. 8.15. Der Basisimpuls und sein Spektrum bei einem Rolloff-Faktor von 0,35, vor (gestrichelt) und nach den Empfangsfiltern (ausgezogen)

mit ihren Übertragungsfunktionen $H(f)$ dafür sorgen, dass aus dem Spektrum $G_s(f)$ der ankommenden Basisimpulse das geforderte Spektrum $G(f)$ wird, also aus $g_s(t)$ Nyquistimpulse $g(t)$ entstehen. Es wird deshalb gefordert

$$H(f) = \frac{G(f)}{G_s(f)} . \tag{8.73}$$

Wir befassen uns jetzt mit der Verbesserung des Signal/Rausch-abstands durch die Empfangsfilter. Das Signal enthält normalerweise additiv überlagertes Rauschen infolge der Störung durch die Übertragungsstrecke. Wir nehmen weißes Rauschen mit Gauß-Verteilung an. Der Trägerzeiger des ankommenden Signals ist also (vgl. Gl. (8.23) und (8.24)) $z(t) + n_p(t) + \mathrm{j} n_q(t)$, und nach der Demodulation entstehen die Komponenten mit überlagertem Rauschen

$$I(t)+n_p(t)=\sum_k p_k g_s(t-kT)+n_p(t)$$

$$Q(t)+n_q(t)=\sum_k q_k g_s(t-kT)+n_q(t).$$

Das Leistungsdichtespektrum des Rauschens auf der Übertragungsstrecke sei frequenzunabhängig gleich N_0 innerhalb der HF-Bandbreite B_{HF} am Demodulatoreingang („Rauschbandbreite“, Bandpass mit rechteckiger Durchlasskurve bei $-f_0-B_{\mathrm{HF}}/2\ldots-f_0+B_{\mathrm{HF}}/2$ und $f_0-B_{\mathrm{HF}}/2\ldots f_0+B_{\mathrm{HF}}/2$, s. Gl. (8.51)). Dann sind nach den Gln. (8.52), (8.29) und (8.55) die Leistungsspektren $\Psi_{pp}(f)=\Psi_{qq}(f)=2N_0$ im Frequenzbereich $|f|<B_{\mathrm{HF}}/2$, sonst Null. Wir zeigen die mögliche Verbesserung im I-Zweig. Für den Q-Zweig gilt das gleiche.

Das Quadrat eines Abtastwertes bei $t=kT$ – seine „Momentanleistung“ – am Entscheider ist ohne ISI und ohne Rauschen

$$p_k^2\,|g(0)|^2=p_k^2\left|\int_{-\infty}^{\infty}G_s(f)H(f)\,\mathrm{d}f\right|^2$$

Wir beziehen diese Nutzleistung auf die Leistung N_I des gefilterten Rauschens. Sie ist

$$N_I=2N_0\int_{-B_{\mathrm{HF}}}^{+B_{\mathrm{HF}}}|H(f)|^2\,\mathrm{d}f.$$

Wir können die Integrationsgrenzen ins Unendliche erstrecken unter der Annahme $H(f)=0$ für $|f|>B_{\mathrm{HF}}/2$.

Am Eingang des Demodulators ist die Energie eines geträgerten Symbols im Mittel

$$E_s=\frac{\overline{|z_k|^2}}{2}\int_{-\infty}^{\infty}|G_s(f)|^2\,\mathrm{d}f. \tag{8.74}$$

Wenn alle Symbolwerte gleich häufig auftreten, ist nach der Zuordnung Gl. (8.62)

$$\frac{\overline{|z_k|^2}}{2}=1. \tag{8.75}$$

Zur Kennzeichnung des Signal/Rauschabstands am Demodulatoreingang beziehen wir E_s auf die *einseitige* Rauschleistungsdichte $2N_0$ vor dem Demodulator[1]. Das Verhältnis nennen wir ϱ:

$$\varrho =_{\text{def}} \frac{E_s}{2N_0}. \tag{8.76}$$

Gesucht wird nun eine Übertragungsfunktion $H(f)$ derart, dass der auf ϱ bezogene Signal/Rauschabstand am Ausgang des Empfangsfilters maximal wird:

$$\frac{p_k^2 \left|g(0)\right|^2 / N_I}{\varrho} = p_k^2 \frac{2}{\overline{\left|z_k\right|^2}} \frac{\left|\int_{-\infty}^{\infty} G_s(f) H(f) \mathrm{d}f\right|^2}{\int_{-\infty}^{\infty} \left|G_s(f)\right|^2 \mathrm{d}f \int_{-\infty}^{\infty} \left|H(f)\right|^2 \mathrm{d}f}. \tag{8.77}$$

Der rechte Bruch kann höchstens gleich 1 sein[2]. Man erreicht dieses Maximum mit

$$H(f) = \frac{c}{T} G_s^*(f). \tag{8.78}$$

Dabei ist c ein beliebiger frequenzunabhängiger Faktor[3]. Ein solches an das empfangene Impulsspektrum angepasstes („matched") Filter (z.B. [8.29]) gibt bei Frequenzen mit kleinen Spektralwerten eine große Dämpfung, bei Frequenzen mit großen Werten des Impulsspektrums eine geringe Dämpfung. Dadurch wird die Nutzsignalleistung nur geringfügig verringert, während andererseits die Rauschleistung – weil sie eine konstante Spektralverteilung hat – deutlich abgesenkt wird. Man erhält die minimierte Rauschleistung nach dem Filter

$$N_I = \sigma_I^2 = \frac{1}{\varrho} \frac{\overline{\left|z_k\right|^2}}{2} \quad (\text{wenn } \left|g(0)\right| = 1). \tag{8.79a}$$

Im Q-Zweig erhält man bei gleichem Filter ebenso

[1] Häufig wird diese mit N_0 bezeichnet, s. Anmerkung zu Gl. (8.30).

[2] Nach der den Mathematikern bekannten Ungleichung von Cauchy-Schwarz-Bunjakowski.

[3] Statt c kann auch $c \cdot \mathrm{e}^{-\mathrm{j}\omega\tau}$ verwendet werden. Dann verschieben sich lediglich die Abtastzeitpunkte für den Entscheider um die konstante Gruppenlaufzeit τ.

$$N_Q = \sigma_Q^2 = \frac{1}{\varrho}\frac{\overline{|z_k|^2}}{2}. \tag{8.79b}$$

Wenn die Filter zugleich die Nyquistimpulsformung und die Rauschminimierung bewerkstelligen sollen, müssen ihre Übertragungsfunktionen sowohl der Gl. (8.73) wie auch der Gl. (8.78) genügen. Das gelingt bei einem nach Gl. (8.69) vorgegebenem Spektrum $G(f)$ nur dann, wenn das Spektrum $G_s(f)$ der vom Sender gelieferten Basisimpulse einen bestimmten Verlauf hat:

$$\frac{G(f)}{G_s(f)} \stackrel{!}{=} \frac{c}{T} G_s^*(f) \quad \therefore \quad \left|G_s(f)\right|^2 = \frac{T}{c} G(f). \tag{8.80}$$

Daraus folgt mit Gl. (8.73) oder Gl. (8.78) die Vorschrift für die Übertragungsfunktion der Empfangsfilter

$$\left|H(f)\right|^2 = \frac{c^*}{T} G(f). \tag{8.81}$$

Man beachte, dass hier ebenso wie in Gl. (8.80) $G(f)/c$ reell und positiv sein muss. Das ist bei den oben angegebenen Nyquistimpulsen der Fall, wenn die Konstante c reell und positiv ist. Mit $c = 1$ folgt

$$\left|H(f)\right| = \begin{cases} 1 \quad \text{für } |f| < (1-\alpha) f_N \\ \sqrt{\frac{1}{2}\left(1 + \sin\frac{\pi\left(f_N - |f|\right)}{2\alpha f_N}\right)} & \text{für } (1-\alpha) f_N \le |f| \le (1+\alpha) f_N \\ 0 \quad \text{sonst.} \end{cases} \tag{8.82}$$

Die beiden Filter vor dem Modulator der Sendeseite (Abb. 8.14a) müssen dafür sorgen, dass Basisimpulse $g_s(t)$ mit dem nach Gl. (8.78) geforderten Spektrum $G_s(f) = T H^*(f)/c^*$ entstehen. Sie müssen deshalb bei $c = 1$ Übertragungsfunktionen

$$H_s(f) = H^*(f) \tag{8.83}$$

realisieren, wenn sie *aus Dirac-Impulsen* die Basisimpulse formen sollen. Betragsmäßig ist das der gleiche Frequenzgang wie bei den Empfängertiefpässen (Gl. (8.32), Abb. 8.16 für $\alpha = 0{,}35$, ausgezogene Kurve). Die Nyquistimpulsformung geschieht dann durch $H_s(f) \cdot H(f)$ „je zur Hälfte" auf der Sendeseite und auf der Empfangsseite, jeweils durch die Quadratwurzel aus dem Nyquistfrequenzgang (square root raised cosine filter, „half Nyquist filter"). Statt der Dirac-Impulse sind

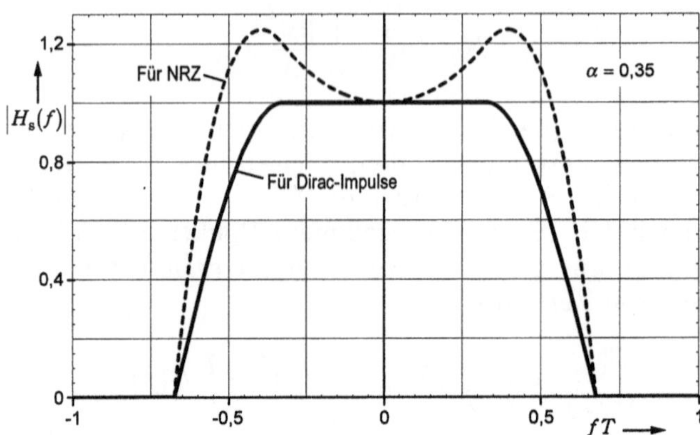

Abb. 8.16. Frequenzgang der Tiefpässe am Modulatoreingang zur Formung der Basisimpulse des Senders aus Dirac-Impulsen (ausgezogene Kurve, auch Empfängertiefpässe) oder NRZ-Signalen (gestrichelt)

allerdings normalerweise NRZ-Signale mit ihrem $\mathrm{si}(\pi f T)$ - Spektrum in die Basisimpulse $g_s(t)$ umzuformen. Dazu werden Sendertiefpässe gefordert mit einer Übertragungsfunktion

$$H_s(f) = \frac{H^*(f)}{\mathrm{si}(\pi f T)} \tag{8.83a}$$

Diese Filterkurve ist in Abb. 8.16 gestrichelt dargestellt.

Abbildung 8.15 zeigte den Basisimpuls und sein Spektrum im Vergleich zum Nyquistimpuls nach den Empfängertiefpässen.

Wenn somit das Spektrum $G_s(f)$ der gesendeten Basisimpulse die Forderung nach Gl. (8.80) erfüllt, dann ist für $c = 1$ (s. auch Gl. (8.67))

$$\int_{-\infty}^{\infty} |G_s(f)|^2 \mathrm{d}f = T \int_{-\infty}^{\infty} G(f) \mathrm{d}f = Tg(0) = T ,$$

und die geträgerten Symbole haben im Mittel eine Energie (Gl. (8.74))

$$E_s = \frac{\overline{|z_k|^2}}{2} T . \tag{8.74a}$$

Die Leistung E_s/T des Trägersignals ist dann *gleich der mittleren Leistung der Symbolwerte.*

Man beachte, dass die Impulse gerade Funktionen der Zeit sind und ihr Spektrum deshalb keinen Imaginärteil besitzt. Ebenso wurde vorausgesetzt, dass die Reaktion der Tiefpässe auf Dirac-Impulse gerade

Funktionen der Zeit sind. Deshalb sind sie nicht kausale und daher nicht realisierbare Filter. Ihre Übertragungsfunktion ist reell (Phase Null). Selbst wenn $H(f)$ realisierbar wäre, könnte $H_s(f)$ nach Gl. (8.83) nicht realisiert werden, denn Filter mit dem konjugiert komplexen Frequenzgang eines kausalen Filters kann es nicht geben. Eine Realisierung ist dennoch in allen Fällen mit hinreichender Näherung möglich, wenn man jeweils eine genügend große, aber *konstante* Gruppenlaufzeit (linear abfallende Phase) zulässt, so dass Kausalität entsteht. Die gefilterten Signale kommen dann lediglich um diese Gruppenlaufzeit verzögert, und man muss nur das Abtasttaktsignal CLK ebenso verzögern.

Die Sendeimpulse $g_s(t)$ erfüllen die Bedingung (8.65) nicht, weil hier noch kein Nyquistspektrum vorliegt, sondern die Quadratwurzel daraus. Somit entstehen – hier also gewollt – Nachbarsymbolstörungen im Trägersignal. Man erkennt das aus dem zeitlichen Ablauf des Trägerzeigers $z(t)$ in der komplexen Ebene[1], gemessen bei einer QPSK-Übertragung (Abb. 8.17 links in einer Simulation). Zum Vergleich ist in Abb. 8.17 rechts der Ablauf gezeigt, falls bereits bei der Übertragung die Nyquistimpulse $g(t)$ benutzt würden. Der Träger wird immer in die Mitte des symmetrischen HF-Kanals gelegt. So sollte man die Übergänge ausschließlich auf den geraden Verbindungslinien der Konstellationspunkte erwarten (Abb. 8.13). Trotz des gegenteiligen Eindrucks, den die Bilder vermitteln, gibt es in beiden Fällen aber tat-

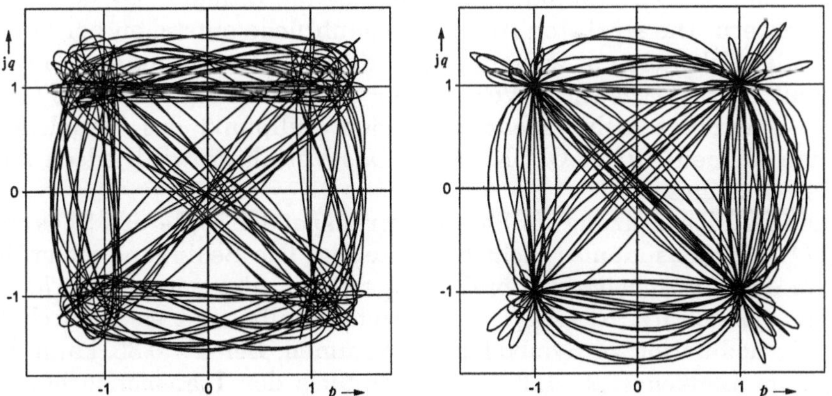

Abb. 8.17. Der Trägerzeigerverlauf („Augendiagramm im Signalraum“) bei einer QPSK-Übertragung, links bei den korrekten Basisimpulsen mit „square root raised cosine spectrum“ ($\alpha = 0{,}35$), rechts bei Nyquistimpulsen

[1] Die Darstellung ist das zweidimensionale Pendant zum Augendiagramm von ungeträgerten Digitalsignalen (wie z. B. in Abb. 6.71).

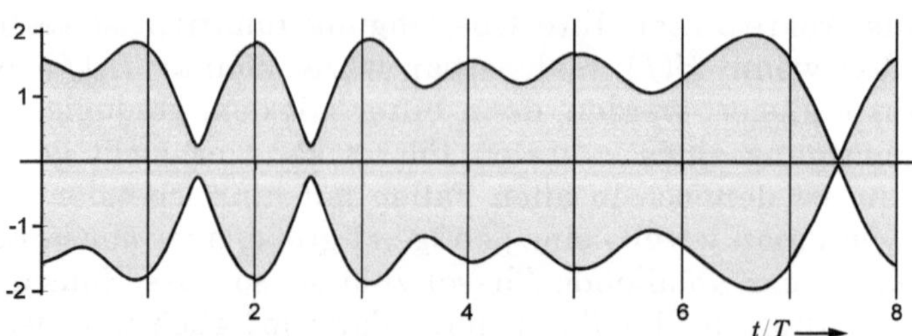

Abb. 8.18. Typisches Oszillogramm eines QPSK-Signals

sächlich kein gegenseitiges Übersprechen der Übergänge von I und Q. Würden nur I-Übergänge gesendet, dann bliebe $q(t)$ konstant. Ebenso würde ohne I-Übergänge $p(t)$ konstant bleiben. Die gekrümmten Übergangslinien entstehen durch die zeitliche Überlappung der in I und Q gleichzeitig, aber unabhängig voneinander ablaufenden Übergänge.

Auf dem Oszilloskop hat das QPSK-Signal – dem Abb. 8.17 entsprechend – das in Abb. 8.18 dargestellte typische Aussehen. Entgegen der eingangs genannten Zielsetzung hat der Träger keine konstante Amplitude, aber die Information liegt doch nur in der Phase. Immerhin verändert die Nichtlinearität des Transponders den Verlauf der Einhüllenden, und dadurch können unregelmäßige Verschiebungen der optimalen Abtastzeitpunkte entstehen, die die Bitfehlerrate (s. u.) verschlechtern. Die stärksten Amplitudeneinbrüche entstehen bei den diagonalen Übergängen zwischen den Konstellationspunkten. Ein Gegenmittel ist der zeitliche Versatz der I- und Q-Signale um $T/2$, so dass Übergänge nicht mehr durch den Nullpunkt des Signalraums laufen können (Offset QPSK, [8.4]). Das Verfahren wird jedoch nicht für DVB eingesetzt.

Die Bandbegrenzung im Satellitentransponder sollte das Spektrum $G_s(f)$ der Basisimpulse nicht beeinflussen. Die Bedingung ist erfüllt, wenn die Transponderbandbreite $B_{Tr} \geq B$ ist, also nach Gl. (8.70) bei einer Symbolrate $R_s \leq B_{Tr}/(1+\alpha)$. Anderenfalls wird es dadurch bei der Demodulation zu Symbolfehlern kommen. Bei $\alpha = 0{,}35$ kann dennoch im Bereich $(1{,}2 \ldots 1{,}35)R_s$ ein Einfluss der Transponderbandbegrenzung zugelassen werden, denn dann kommt es noch nicht zu nennenswerten Erhöhungen der Symbolfehlerrate. Die von SES-Astra für ihre Satelliten angegebenen „nominellen Bandbreiten“ sind die −1dB-Bandbreiten (nicht die −3dB-Bandbreiten), und man kann zulassen

$$R_s \leq \frac{B_{1\text{dBTr}}}{1{,}2}\,. \tag{8.84}$$

So wird bei den 33 MHz breiten Transpondern die Symbolrate von 27,5 MBaud benutzt und damit eine Brutto-Bitrate von 55 Mb/s übertragen (s. Abschn. 8.3.3).

Das Leistungsdichtespektrum des QPSK-Signals $s_T(t)$ oder das der Trägerzeigersequenz $z(t)$ lässt sich aus Gl. (8.61b) berechnen. Es ist (z. B. [8.34])

$$\Psi_{zz}(f) = \frac{1}{T}\left|G_s(f)\right|^2 \cdot \sum_n \psi_{kk}(n)\,e^{-j\omega nT}\,. \tag{8.85}$$

Wegen der in Gl. (8.80) angegebenen Beziehung kann man dafür auch schreiben

$$\Psi_{zz}(f) = \left|G(f)\right| \cdot \sum_n \psi_{kk}(n)\,e^{-j\omega nT}\,. \tag{8.85a}$$

Hier bezeichnet $\psi_{kk}(n)$ die Autokorrelationsfolge der gesendeten Folge z_k von Symbolwerten:

$$\psi_{kk}(n) = \frac{\overline{z_k\, z_{k+n}^*}}{2}\,. \tag{8.86}$$

Speziell für $n = 0$ handelt es sich um die mittlere Trägerleistung der Symbolwerte, die zuvor schon (Gl. (8.75)) aus der Dibit-Zuordung nach Gl. (8.62) berechnet wurde:

$$\psi_{kk}(0) = \frac{\overline{\left|z_k\right|^2}}{2} = 1\,. \tag{8.87}$$

Weiterhin ist

$$\psi_{kk}(n) = 0 \quad \text{für } n \neq 0,$$

falls der Mittelwert der Symbolwerte gleich Null ist und die aufeinander folgenden Symbolwerte *nicht korreliert* sind. Dann stimmt das Leistungsdichtespektrum mit dem Spektrum $G(f)$ des verwendeten Nyquistimpulses nach den Empfangstiefpässen überein[1] (Abb. 8.19). Nicht berücksichtigt wurde eine Einschränkung durch den Transponderfrequenzgang. Diese gleichmäßige Leistungsverteilung tritt nur auf, wenn in der Symbolwertfolge keine korrelierten Abläufe vorhanden sind. Sonst wird die Leistung mehr oder weniger ausgeprägt auf bestimmte Frequenzen konzentriert. Der Effekt ist bei Satellitenübertragung unerwünscht, weil Störungen benachbarter Satelliten im glei-

[1] Integriert man das Spektrum, so erhält man eine Gesamtleistung, die sich auch aus der durch T dividierten mittleren Symbolenergie nach Gl. (8.74) ergibt, s. auch Gl. (8.74a).

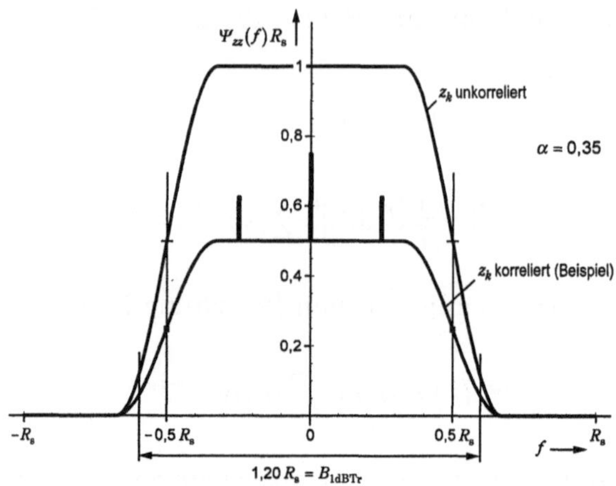

Abb. 8.19. Leistungsdichtespektrum eines QPSK-Signals $z(t)$ bei unkorrelierten und korrelierten Symbolsequenzen. Bei den Spektrallinien ist die Leistung angegeben.

chen Frequenzbereich auftreten könnten. Hat insbesondere die Autokorrelationsfolge Gl. (8.86) in n periodische Anteile, dann überlagert sich dem kontinuierlichen Spektrum ein Linienspektrum. Ein Beispiel ist in Abb. 8.19 gezeigt. Hier wurde angenommen, dass auf jeweils vier Symbole nur zwei rein zufällige entfallen, während die anderen zwei immer gleich sind. Solche Effekte werden vermieden, indem zu der zu übertragenden Bitfolge vorsichtshalber eine Pseudozufallsfolge addiert wird (modulo 2), die nach dem Decoder wieder beseitigt wird („Energieverwischung", s. Abschn. 8.3.3).

Die Störsicherheit einer digitalen Übertragung wird durch die „Bitfehlerrate" (BER) angegeben, die sich in Abhängigkeit vom Träger/Rauschabstand ergibt. Angegeben wird die Wahrscheinlichkeit oder relative Häufigkeit[1] von Fehlentscheidungen der Entscheiderschaltungen nach der Demodulation. Wir betrachten hier nur Fehler durch additiv überlagertes weißes Rauschen mit Normalverteilung und setzen die durch Matched-Filter minimierte Rauschleistung voraus (Gln. (8.79)).

Fehlentscheidungen kommen unabhängig voneinander im I-Zweig oder im Q-Zweig oder in beiden Zweigen zugleich vor (s. Blockschaltbild des Demodulators, Abb. 8.14b). Ein Symbolfehler entsteht in diesen drei Fällen. Die Verteilungsdichtefunktion des Rauschens am Eingang des Entscheiders im I-Zweig erhält man aus der Rauschleistung

[1] Die Bezeichnung „Fehlerrate" ist an sich irreführend, weil *nicht* die Anzahl der Fehler pro Zeiteinheit gemeint ist.

$N_I = \sigma_I^2$ nach Gl. (8.79a). Parameter ist das Verhältnis aus mittlerer Symbolenergie zu einseitiger Rauschleistungsdichte am Demodulatoreingang (Gl. (8.76)). Für die mittlere Symbolwertleistung = 1 (Gl. (8.75)) ergibt sich aus Gl. (8.25):

$$d(n_I) = \sqrt{\frac{\varrho}{2\pi}}\, \mathrm{e}^{-n_I^2 \varrho/2}\,. \tag{8.88}$$

Die gleiche Rauschleistung tritt vor dem Entscheider des Q-Zweiges auf ($N_Q = \sigma_Q^2$ nach Gl. (8.79b)) und damit auch die gleiche Verteilungsdichtefunktion für n_Q. Wir betrachten die drei Fälle zuerst für den Konstellationspunkt im ersten Quadranten des Signalraums, $p_k = 1$, $q_k = 1$. Fehlentscheidungen durch Unterschreiten der Entscheiderschwelle Null treten bei $n_I < -1$ bzw. bei $n_Q < -1$ auf. Die Wahrscheinlichkeit für eine solche Fehlentscheidung folgt aus Gl. (8.88):

$$P_\mathrm{e} = \sqrt{\frac{\varrho}{2\pi}} \int_{-\infty}^{-1} \mathrm{e}^{-n_I^2 \varrho/2} \mathrm{d}n_I = \frac{1}{2}\left(1 - \mathrm{erf}\left(\sqrt{\varrho/2}\right)\right)$$

- Fall 1:
  p_k falsch $(1 \to -1)$, P_e. q_k richtig (1 bleibt), $1 - P_\mathrm{e}$.
  Wahrscheinlichkeit für Fall 1 ist $P_1 = P_\mathrm{e}(1 - P_\mathrm{e})$.
- Fall 2:
  p_k richtig (1 bleibt), $1 - P_\mathrm{e}$. q_k falsch $(1 \to -1)$, P_e.
  Wahrscheinlichkeit für Fall 2 ist $P_2 = (1 - P_\mathrm{e})P_\mathrm{e}$.
- Fall 3:
  p_k falsch $(1 \to -1)$, P_e. q_k falsch $(1 \to -1)$, P_e.
  Wahrscheinlichkeit für Fall 3 ist $P_3 = P_\mathrm{e}^2$.

Die drei anderen Konstellationspunkte gibt es mit gleicher Wahrscheinlichkeit, und für ihre Verfälschungen erhält man die gleichen Ergebnisse. Somit ist die Symbolfehlerrate

$$\begin{aligned} P_\mathrm{es} &= P_1 + P_2 + P_3 = 2P_\mathrm{e}(1 - P_\mathrm{e}) + P_\mathrm{e}^2 \approx 2P_\mathrm{e} \\ P_\mathrm{es} &= 1 - \frac{1}{4}\left(1 + \mathrm{erf}\left(\sqrt{\varrho/2}\right)\right)^2 \approx 1 - \mathrm{erf}\left(\sqrt{\varrho/2}\right) \end{aligned}\,. \tag{8.89}$$

Die Näherungen sind zulässig, weil praktisch immer $P_\mathrm{e}^2 \ll 1$. Deshalb tritt auch die Verfälschung zu einem diagonal gelegenen Konstellationspunkt (Fall 3) viel seltener auf als die anderen Fälle. Zu dem Ergebnis der Symbolfehlerrate kommt man einfacher, indem man zunächst die Wahrscheinlichkeit dafür ermittelt, dass *kein* Symbolfehler auftritt. Dazu muss beim Konstellationspunkt im ersten Quadranten $n_I > -1 \wedge n_Q > -1$ sein. Die Wahrscheinlichkeit dafür ist $(1-P_e)^2$, und das ist gleich $1-P_{es}$.

Die gesuchte Bitfehlerrate ist außer durch die Symbolfehlerrate bedingt durch das Mapping und davon, ob die Bits im Mittel gleich häufig und unkorreliert auftreten. Letzteres setzen wir voraus. Für das Gray-Mapping ergibt sich dann für Fall 1 und Fall 2 jeweils nur ein Bitfehler, nur für den sehr seltenen Fall 3 entstehen zwei Bitfehler. Die Häufigkeit in Bezug auf die Anzahl der Dibits muss durch zwei dividiert werden, um die Häufigkeit in Bezug auf die Anzahl der Bits, die Bitfehlerrate, zu bekommen. Als Parameter benutzen wir nun das Verhältnis aus mittlerer Bitenergie (gleich der halben Symbolenergie wegen $T_b = T/2$) zur einseitigen Rauschleistungsdichte:

$$\varrho_b =_{def} \frac{E_b}{2N_0} = \frac{\varrho}{2}. \tag{8.76a}$$

Man erhält daher

$$\begin{aligned} P_{eb} &= \frac{1}{2}(P_1 + P_2 + 2P_3) = P_e \\ P_{eb} &= \frac{1}{2}\left(1 - \mathrm{erf}\left(\sqrt{\varrho_b}\right)\right). \end{aligned} \tag{8.90}$$

Zur Veranschaulichung des Vorteils, den man durch das Gray-Mapping bekommen hat, nehmen wir jetzt ein Mapping an, bei dem im Fall 1 zwei Bitfehler entstehen, in den beiden anderen Fällen jeweils nur einer:

$$00 \rightarrow 1,1;\ 01 \rightarrow 1,-1;\ 10 \rightarrow -1,-1;\ 11 \rightarrow -1,1.$$

Dann erhält man

$$P_{eb} = \frac{1}{2}(2P_1 + P_2 + P_3) = P_e\left(\frac{3}{2} - P_e\right) \approx 1{,}5\, P_e. \tag{8.90a}$$

Die Bitfehlerrate ist also um den Faktor 1,5 größer als beim Gray-Mapping. Abbildung 8.20 zeigt die BER bei QPSK mit und ohne Gray-Mapping, berechnet nach den Gln. (8.90).

Der Träger/Rauschabstand kann in Beziehung gesetzt werden zu ϱ_b. Die Trägerleistung ist E_s/T oder E_b/T_b und die Rauschleistung am Demodulatoreingang $2N_0 B_{HF}$. Dabei soll B_{HF} die schon weiter oben eingeführte Rauschbandbreite bezeichnen (s. auch Gl. (8.51)). Aus Gl. (8.70) folgt

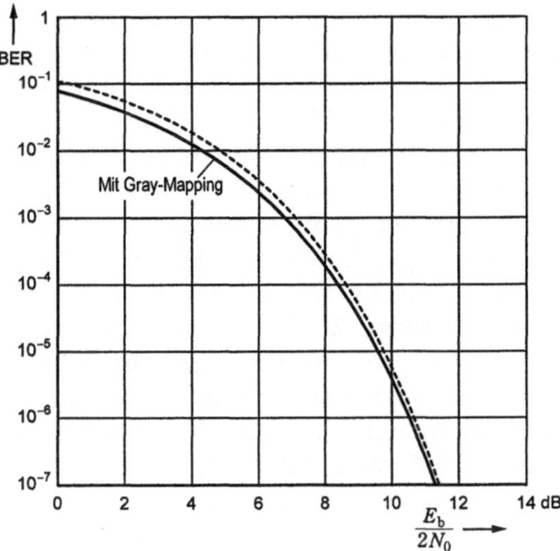

Abb. 8.20. Bitfehlerrate bei QPSK

$$c/n = \frac{\varrho}{1+\alpha}\frac{B}{B_{\text{HF}}} = \varrho_{\text{b}}\frac{m}{1+\alpha}\frac{B}{B_{\text{HF}}} \tag{8.91}$$

Dies gilt allgemein für m bit je Symbol. Bei $m = 2$, $\alpha = 0{,}35$ und $B_{\text{HF}} \approx B$ ist c/n um 1,7 dB höher als ϱ_{b}.

Bitfehler wirken sich bei DVB wegen der anschließenden MPEG-Decodierung gravierender auf das wiedergegebene Bild aus als etwa die gelegentlich und isoliert auftretenden Spikes an der FM-Schwelle einer Übertragung analoger Fernsehsignale. Als „quasi fehlerfrei" wird bei DVB das Signal am Eingang des MPEG-Decoders erst mit einer Bitfehlerrate von höchstens $1 \cdot 10^{-11}$ angesehen. Bei 55 Mb/s bedeutet das im Mittel 2 Fehler pro Stunde. Nach Gl. (8.90) würde dafür ϱ_{b} größer als 13,5 dB gefordert, also ein Träger/Rauschabstand von besser als 15,2 dB. Nach der DVB-S-Norm EN 300421 von ETSI[1] [8.11] geht jedoch eine Fehlerkorrektur nach Reed-Solomon der MPEG-Decodierung voran (s. Abschn. 8.2.1). Sie reduziert eine Bitfehlerrate von ca. $2 \cdot 10^{-4}$ auf den geforderten Wert von $1 \cdot 10^{-11}$. Dann würde man nur noch ein ϱ_{b} von 8 dB (s. Abb. 8.20), also ein c/n von 9,7 dB, benötigen. Zuvor aber, direkt nach der Demodulation, wird bei DVB-S noch eine weitere Fehlerkorrektur durch einen Faltungsdecodierer (Viterbi-Decoder) ausgeführt. Er gibt die Bitfehlerrate von ca. $2 \cdot 10^{-4}$ schon bei einem Träger/Rauschabstand von 6–7 dB. Das reicht also für ein quasi fehlerfreies DVB-Bild bereits aus ([8.11], Annex D), im Gegensatz zu 14 dB bei der analogen FM-Übertragung.

---

[1] ETSI = European Telecommunications Standards Institute.

Den Referenzträger für die beiden Synchrondemodulatoren aus dem ankommenden Signal zu regenerieren (CR in Abb. 8.14b) ist problematisch, wenn dazu vom Sender keine Hilfe kommt. Die vier Phasen des QPSK-Signals sind unvorhersehbar und gleich wahrscheinlich. Eine Frequenzvervierfachung des QPSK-Signals (z. B. durch zwei Quadrierer) beseitigt die Phasensprünge, das $4f_0$-Signal hat eine konstante Phase, und so erhält man nach einer anschließenden Frequenzteilung durch 4 einen Referenzträger konstanter Phase. Diese Phase ist jedoch um Vielfache von 90° unsicher, was natürlich auch nicht anders zu erwarten war. Es gibt mehrere Methoden der Trägerregenerierung bei QPSK, grundsätzlich kann keine die Phasenunsicherheit vermeiden. Nach dem Einschalten oder nach Unterbrechungen stellt sich eine konstante Phase sein, die den richtigen Wert haben kann, ebenso gut aber auch um +90°, –90° oder 180° falsch sein kann. Bei den 90°-Fehlern werden I und Q vertauscht, bei einem 180°-Fehler sind beide Signale umgepolt. Das Problem ist zu lösen durch eine den Synchrondemodulatoren folgende Analyse des resultierenden Bitstroms. Die I-Q-Vertauschung wird im Viterbi-Decoder durch eine massive Fehlermenge erkannt. Er vertauscht dann die I- und Q-Zweige wieder. Eine Umpolung wird an der falschen Polarität der Sync-Bytes erkannt, die zum Rückgängigmachen der „Energieverwischung" (s. oben) übertragen werden [6.19].

Der Faltungscodierer bei DVB-S geht dem QPSK-Modulator unmittelbar voran und wird praktisch in das Blockschaltbild (Abb. 8.14a) einbezogen. Er gibt bereits von sich aus die Aufteilung auf zwei parallele Datenströme. Entsprechend folgt im Demodulator der Faltungsdecodierer unmittelbar auf die beiden Empfangsfilter, und er übernimmt auch selbst die Funktion der beiden Entscheider (Abb. 8.14b, s. Abschn. 8.2.2). In der Praxis wird die gesamte weitere Verarbeitung der von den Synchrondemodulatoren gelieferten I- und Q-Signale mit digitalen Schaltungen durchgeführt. Dazu werden die beiden Signale durch je einen A/D-Wandler digitalisiert, z. B. mit einer 6-bit-Quantisierung und einer Abtastfrequenz $> 2R_s$ (z. B. 65 MHz). Die Empfangsfilter sind dann als digitale Filter ausgebildet und können dadurch leicht an unterschiedliche Symbolraten angepasst werden. Eine integrierte Schaltung kann diese Funktionen zusammen mit dem gesamten Viterbi-Decoder und der Reed-Solomon-Fehlerkorrektur auf einem einzigen Chip unterbringen.

8.1.4 QAM

Der Quadraturmodulator (Abb. 8.14a) erhält bei QPSK nur zwei mögliche Werte im Inphase- und im Quadraturpfad. Lässt man dagegen beispielsweise je vier mögliche Werte zu, so entsteht ein Konstellationsdiagramm mit 16 Punkten, z. B. in der quadratischen und symmetrischen Anordnung wie im linken Teil von Abb. 8.21. Hier erfolgt eine kombinierte Amplituden- und Phasenumtastung, eine Quadraturamplitudenmodulation (QAM) durch digitale Signale. Die Trägerzeigersequenz in Gl. (8.61b)

$$z(t) = \sum_k z_k g_s(t - kT)$$

verwendet nun *16-wertig komplexe* Symbole („16-QAM")

$$z_k = p_k + \mathrm{j}q_k \qquad p_k, q_k \in \{-3, -1, +1, +3\}. \tag{8.92a}$$

Die im Signalraum am nächsten benachbarten Konstellationspunkte haben bei dieser Wahl der p_k, q_k-Werte den gleichen Abstand wie bei QPSK, nämlich $d = 2$, aber die maximale Trägeramplitude ist jetzt $3\sqrt{2}$. Bei gleicher Trägeramplitude schrumpft der Abstand auf ein Drittel, und entsprechend schlechter ist die Störsicherheit. Dafür nimmt ein Symbol nun eine 4-bit-Information auf, es ist $T = 4T_b$, und der Bandbreitenbedarf ist bei gleicher Bitrate nur noch halb so groß wie bei QPSK. Die QAM bietet sich also an für Kanäle mit gutem

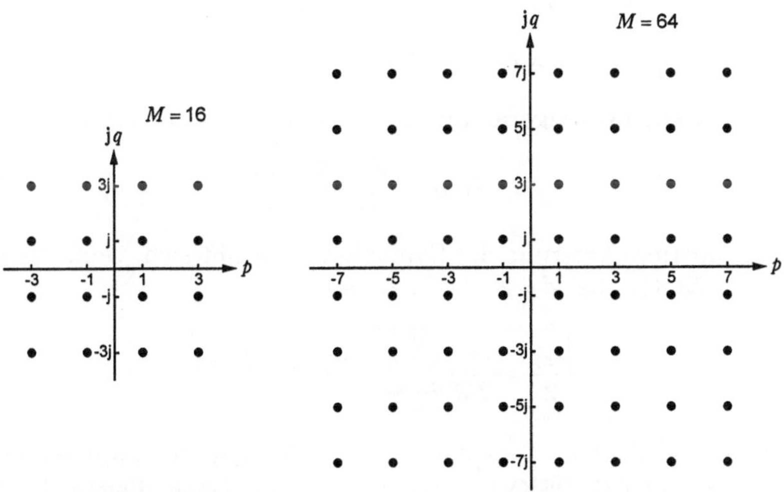

Abb. 8.21. Konstellationsdiagramm bei 16-QAM (links) und bei 64-QAM (rechts)

Träger/Rauschabstand, aber beschränkter Bandbreite. Da die Information nicht nur in der Trägerphase, sondern auch in der Trägeramplitude liegt, muss zudem ein linearer Übertragungskanal gefordert werden, oder ein nichtlinearer Kanal muss gut entzerrt werden. Das gilt im verstärktem Maße bei höherstufiger QAM, z. B. bei 64-QAM. DVB wird im Kabel mit QAM übertragen, in Verbindung mit OFDM auch terrestrisch. Bei der 64-QAM mit 64-wertigen Symbolen (s. Abb. 8.21 rechts)

$$z_k = p_k + \mathrm{j} q_k \qquad p_k, q_k \in \{-7,-5,-3,-1,+1,+3,+5,+7\} \tag{8.92b}$$

nimmt jedes Symbol eine 6-bit-Information auf, und der Bandbreitenbedarf geht bei gleicher Bitrate nochmals um den Faktor 1,5 zurück. Aber die maximale Trägeramplitude steigt um den Faktor 7 im Vergleich zu QPSK, d. h. der Minimalabstand d der Konstellationspunkte geht bei gleicher Trägeramplitude auf 1/7 zurück. 64-QAM wird für die Kabelübertragung von DVB benutzt.

Bei einer QAM mit allgemein M-wertig komplexen Symbolen kann eine quadratische Anordnung aus $\sqrt{M} \times \sqrt{M}$ Konstellationspunkten gewählt werden, wie in Abb. 8.21, wenn M eine Quadratzahl ist. Wir setzen das im Folgenden voraus. Bei einem Informationsgehalt von m bit je Symbol ist

$$M = 2^m, \tag{8.93}$$

und m ist geradzahlig. Für den Abstand $d = 2$ sind die Symbole

$$\begin{aligned} z_k &= p_k + \mathrm{j} q_k \qquad & p_k, q_k &\in \{n_i\} \\ n_i &= 2i - 1 - \sqrt{M} \qquad & i &= 1, 2, \ldots, \sqrt{M}, \end{aligned} \tag{8.94}$$

und die maximale Trägeramplitude eines Symbols beim Abstand d ist

$$a_{\max} = \frac{d}{\sqrt{2}} \left(\sqrt{M} - 1 \right). \tag{8.95}$$

Für die mittlere Leistung der Symbolwerte ergibt sich, wenn sie gleich häufig auftreten, bei $d = 2$ aus Gl. (8.94)

$$\frac{\overline{|z_k|^2}}{2} = \frac{1}{2M} \sum_{i=1}^{\sqrt{M}} \sum_{j=1}^{\sqrt{M}} n_i^2 + n_j^2 = \frac{M-1}{3}. \tag{8.96}$$

M unterschiedliche komplexe Symbole können auch mit reiner Phasenumtastung (M-PSK) übertragen werden. Dabei liegen die Konstellationspunkte im Signalraum auf einem Kreis um den Nullpunkt. Bei gleicher Trägeramplitude ist aber ihr Abstand kleiner als bei QAM.

Tabelle 8.1. Maximale Trägeramplitude eines Symbols und Leistung des Trägers bei QAM und PSK

	a_{max}/d in dB		Trägerleistg./d^2 in dB	
M	QAM	PSK	QAM	PSK
4	-3,0	-3,0	-6,0	-6,0
16	6,5	8,2	1,0	5,2
64	13,9	20,2	7,2	17,2
256	20,5	32,2	13,3	29,2

Bei gleichmäßiger Verteilung auf dem Kreis ist für einen Abstand d die Trägeramplitude eines M- PSK-Symbols

$$a_{max} = a = \frac{d}{2\sin(\pi/M)}\,. \tag{8.97}$$

Die Trägerleistung ist $a^2/2$, bei QAM ist sie gleich der mittleren Leistung der Symbolwerte (Gln. (8.96) und (8.74a)). Tabelle 8.1 zeigt den Vergleich zwischen QAM und PSK jeweils bei gleichem d. (4-QAM, 4-PSK und QPSK sind definitionsgemäß identisch.)

Die Gesamtbandbreite des Signalspektrums bei QAM mit den Basisimpulsen nach Abb. 8.15 folgt aus Gl. (8.70):

$$B = (1+\alpha)R_s = (1+\alpha)\frac{R_b}{m}\,. \tag{8.98}$$

Für die Kabelübertragung von DVB ist ein Rolloff-Faktor von

$$\alpha = 0{,}15 \tag{8.99}$$

festgelegt. Damit ergibt sich in einem 8 MHz breiten Kabelkanal mit $B = 8$ MHz eine Symbolrate von $R_s = 6{,}96$ MBaud und bei 64-QAM ($m = 6$) eine übertragbare Brutto-Bitrate von 41,8 Mb/s.

Die Schaltungen des Modulators und des Demodulators für QAM sind die gleichen wie für QPSK (s. Abb. 8.14), nur das Mapping ist anders. Der serielle binäre Datenstrom am Eingang wird zunächst in Gruppen von jeweils m Bit aufgeteilt („m- tuple conversion"). Bei 16-QAM sind es Vierergruppen $b_3b_2b_1b_0$, wobei das MSB b_3 zuerst kommt, bei 64-QAM Sechsergruppen $b_5b_4b_3b_2b_1b_0$, allgemein $b_{m-1}b_{m-2}...b_1b_0$. Der darauf folgende Mapper ordnet den 2^m unterschiedlichen Gruppen die nach Gl. (8.94) vorgesehenen Signalwerte zu, je $2^{m/2}$ Inphasewerte p_k und Quadraturwerte q_k. Diese Zuordnung geschieht gemäß einer Tabelle, beispielsweise wie in Abb. 8.22a bei 16-QAM und Abb. 8.23a bei 64-QAM. Verwendet wird hier wie bei QPSK das Gray-Mapping, so

b_3, b_2, b_1, b_0

q_k \ p_k	-3	-1	1	3
3	1000	1010	0010	0000
1	1001	1011	0011	0001
-1	1101	1111	0111	0101
-3	1100	1110	0110	0100

a) bei DVB-T

b'_3, b'_2, b_1, b_0

q_k \ p_k	-3	-1	1	3
3	1011	1001	0010	0011
1	1010	1000	0000	0001
-1	1101	1100	0100	0110
-3	1111	1110	0101	0111

b) bei DVB-C

Abb. 8.22. Zuordnungstabellen für 16-QAM

$b_5, b_4, b_3, b_2, b_1, b_0$

q_k \ p_k	-7	-5	-3	-1	1	3	5	7
7	100000	100010	101010	101000	001000	001010	000010	000000
5	100001	100011	101011	101001	001001	001011	000011	000001
3	100101	100111	101111	101101	001101	001111	000111	000101
1	100100	100110	101110	101100	001100	001110	000110	000100
-1	110100	110110	111110	111100	011100	011110	010110	010100
-3	110101	110111	111111	111101	011101	011111	010111	010101
-5	110001	110011	111011	111001	011001	011011	010011	010001
-7	110000	110010	111010	111000	011000	011010	010010	010000

a) bei DVB-T

$b'_5, b'_4, b_3, b_2, b_1, b_0$

q_k \ p_k	-7	-5	-3	-1	1	3	5	7
7	101100	101110	100110	100100	001000	001001	001101	001100
5	101101	101111	100111	100101	001010	001011	001111	001110
3	101001	101011	100011	100001	000010	000011	000111	000110
1	101000	101010	100010	100000	000000	000001	000101	000100
-1	110100	110101	110001	110000	010000	010010	011010	011000
-3	110110	110111	110011	110010	010001	010011	011011	011001
-5	111110	111111	111011	111010	010101	010111	011111	011101
-7	111100	111101	111001	111000	010100	010110	011110	011100

b) bei DVB-C

Abb. 8.23. Zuordnungstabellen für 64-QAM

dass die im Signalraum am nächsten benachbarten Symbolwerte zu Gruppen gehören, die sich nur in einem Bit unterscheiden, und die wahrscheinlichsten Symbolfehler daher nur zu einem Bitfehler führen. Man beachte, dass bei dieser Zuordnung die beiden MSBs den Quadranten des Signalraumes genau so bestimmen wie beim QPSK-Mapping nach Abb. 8.13.

Die Regenerierung des phasenrichtigen Referenzträgers für die Demodulation aus dem ankommenden Signal erscheint bei QAM-Übertragung noch schwieriger als bei QPSK, wenn dazu kein Pilotträger vom Sender geliefert wird. Falls alle Symbolwerte gleich häufig auftreten, kann man aber wegen der vierfachen Symmetrie des Konstellationsdiagramms trotz der vielen unterschiedlichen Phasen des Signals auch hier mit einer Frequenzvervierfachung zum Ziel kommen. Zwei Quadrierer liefern ein Signal

$$\left[\mathrm{Re}\, z(t)\, \mathrm{e}^{\mathrm{j}\omega_0 t}\right]^4 .$$

Seine Komponente mit der vierfachen Trägerfrequenz ist allerdings weiterhin phasen- und amplitudenmoduliert, der Trägerzeiger ist $z^4/8$:

$$s_{T4}(t) = \mathrm{Re}\frac{z^4(t)}{8}\mathrm{e}^{\mathrm{j}4\omega_0 t} .$$

Für die Abtastzeitpunkte $t = kT$ ist wegen Gl. (8.65) $z^4(kT) = z_k^4$. Über diese Werte kann mit einer PLL gemittelt werden, und man erhält bei gleich häufigem Auftreten z. B. bei 64-QAM nach Gl. (8.92)

$$\frac{\overline{z_k^4}}{8} = -\frac{273}{2} ,$$

also die Phase 180°. Nach Frequenzteilung durch 4 ergibt sich ein Referenzträger mit konstanter Phase, aber zwangsläufig mit der Phasenunsicherheit von 90°-Vielfachen ebenso wie bei QPSK.

Für die Kabelübertragung wird bei DVB auf die Faltungscodierung verzichtet. Wegen des guten Träger/Rauschabstands ist hier im Gegensatz zur Satellitenübertragung eine solche zusätzliche Fehlerkorrekturmöglichkeit nicht erforderlich, so dass man eine höhere Nutzbitrate[1] im Verhältnis zur Kanalbandbreite gewinnt. Ein Viterbi-Decoder wie bei DVB-S steht dann dem Empfänger zur Erkennung von 90°-Fehlern nicht zur Verfügung. Trotz der Phasenunsicherheit des Referenzträgers ist aber eine richtige Decodierung möglich, wenn statt der

[1] Bei 64-QAM trotz der geringeren Brutto-Bitrate (41,8 Mb/s) etwa die gleiche wie im Satellitenkanal bei einer Coderate von $3/4$ mit einer Brutto-Bitrate von 55 Mb/s (s. Schluss von Abschn. 8.3.2).

absoluten Zeigerphase die *Phasendifferenz zweier aufeinander folgenden Symbole* zur Übermittlung der zwei MSBs in den Gruppen aus m Bit (b_3, b_2 bei 16-QAM oder b_5, b_4 bei 64-QAM) herangezogen wird. Wir bezeichnen die MSBs im Folgenden mit A und B:

$$A_k =_{\text{def}} b_{m-1,k} \qquad B_k =_{\text{def}} b_{m-2,k} \,. \tag{8.100}$$

Liegen zwei aufeinander folgende Symbole in demselben Quadranten – gleichgültig in welchem –, so soll der Empfänger das als $\{A_k, B_k\} = \{0, 0\}$ interpretieren. Für $\{A_k, B_k\} = \{1, 0\}$ liegt das aktuelle Symbol in dem um 90° benachbarten Quadranten, für $\{A_k, B_k\} = \{0, 1\}$ in dem um –90° benachbarten Quadranten. Liegen die aufeinander folgenden Symbole in gegenüber liegenden Quadranten, so ist $\{A_k, B_k\} = \{1, 1\}$. Im Coder muss dazu dem Mapping eine Umcodierung der MSBs vorangehen – $\{A_k, B_k\} \rightarrow \{A'_k, B'_k\}$, Abb. 8.24a –, so dass im Zusammenwirken mit dem Mapping nach Abb. 8.22b bzw. 8.23b die genannte Drehung zustande kommt (differentielle Codierung). Im Decoder erfolgt zunächst die Umsetzung der erkannten Signalwerte p_k, q_k in die m-Bit-Gruppen, bei 64-QAM in $b'_{5,k}, b'_{4,k}, b_{3,k}, b_{2,k}, b_{1,k}, b_{0,k}$ („Demapping“, Abb.

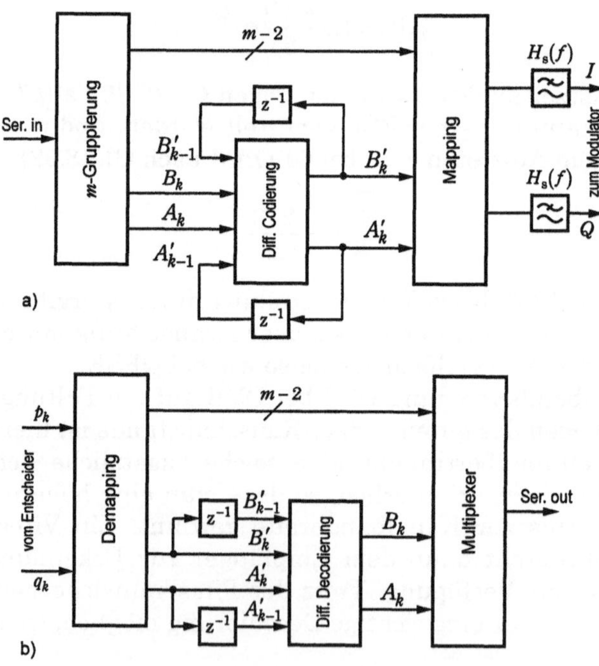

Abb. 8.24. Differentielle Codierung und Decodierung bei der QAM-Übertragung von DVB-C

Decoder:	Eingang				Ausgang	
Coder:	Ausgang		Eingang			
Drehung	A'_k	B'_k	A'_{k-1}	B'_{k-1}	A_k	B_k
0°	0	0	0	0	0	0
	0	1	0	1	0	0
	1	0	1	0	0	0
	1	1	1	1	0	0
90°	0	0	0	1	1	0
	0	1	1	1	1	0
	1	0	0	0	1	0
	1	1	1	0	1	0
-90°	0	0	1	0	0	1
	0	1	0	0	0	1
	1	0	1	1	0	1
	1	1	0	1	0	1
180°	0	0	1	1	1	1
	0	1	1	0	1	1
	1	0	0	1	1	1
	1	1	0	0	1	1

Abb. 8.25. Wahrheitstabelle für die differentielle Codierung oder Decodierung der MSBs bei DVB-C

8.24b). Dann werden die beiden MSBs A_k, B_k wiederhergestellt (differentielle Decodierung), und schließlich wird aus ihnen und den restlichen $m-2$ LSBs der aktuellen Gruppe der ursprüngliche serielle Datenstrom gebildet. Die Unabhängigkeit der LSB-Decodierung von der 90°-Phasenunsicherheit des Referenzträgers wird durch das gewählte Mapping erreicht: die LSB-Zuordnung in einem Quadranten findet sich im nächsten um 90° gedreht wieder (s. Abb. 8.22b bzw. Abb. 8.23b).

Die Vorschrift für die differentielle Codierung und Decodierung der MSBs ergibt sich aus der Wahrheitstabelle in Abb. 8.25. Wir beginnen mit der Decodierung, d. h. mit der Auswertung des Quadrantenvergleichs.

Die vier möglichen Fälle, in denen A'_k, B'_k und A'_{k-1}, B'_{k-1} nach der Zuordnungstabelle zu demselben Quadranten gehören, müssen nach Voraussetzung alle zu $\{A_k, B_k\} = \{0, 0\}$ führen. Die weiteren Voraussetzungen zu Veränderungen der Quadrantenposition liefern entsprechend die folgenden jeweils vier Zeilen der Wahrheitstabelle. Die vier Tabellenspalten A'_k, B'_k, A'_{k-1}, B'_{k-1} geben die Eingangszustände der Decodierschaltung, die zwei Tabellenspalten A_k, B_k die Ausgangszustände. Daraus können nach bekannten Verfahren (z. B. [8.30]) die beiden Booleschen Gleichungen für A_k, B_k abgeleitet werden, die die logischen Verknüpfungen beschreiben und die Synthese der Decoderschaltung erlauben. Von den vielen äquivalenten Formen geben wir drei an:

$$
\begin{aligned}
A_k &= A'_k.B'_k.\overline{B'_{k-1}} \vee \overline{A'_k}.\overline{B'_k}.B'_{k-1} \vee A'_k.\overline{B'_k}.\overline{A'_{k-1}} \vee \overline{A'_k}.B'_k.A'_{k-1} \\
&= \overline{(A'_k \oplus B'_k)}.(A'_k \oplus B'_{k-1}) \vee (A'_k \oplus B'_k).(A'_k \oplus A'_{k-1}) \\
&= (A'_k \oplus B'_{k-1}).\overline{(B'_k \oplus A'_{k-1})} \vee (A'_k \oplus A'_{k-1}).(B'_k \oplus B'_{k-1}) \\
B_k &= A'_k.B'_k.\overline{A'_{k-1}} \vee \overline{A'_k}.\overline{B'_k}.A'_{k-1} \vee A'_k.\overline{B'_k}.B'_{k-1} \vee \overline{A'_k}.B'_k.\overline{B'_{k-1}} \\
&= \overline{(A'_k \oplus B'_k)}.(B'_k \oplus A'_{k-1}) \vee (A'_k \oplus B'_k).(B'_k \oplus B'_{k-1}) \\
&= \overline{(A'_k \oplus B'_{k-1})}.(B'_k \oplus A'_{k-1}) \vee (A'_k \oplus A'_{k-1}).(B'_k \oplus B'_{k-1}).
\end{aligned}
\tag{8.101}
$$

Hier bezeichnet der Punkt die UND-Verknüpfung (mit der stärksten Bindung), $\vee$ das ODER, $\oplus$ das XOR, und die Negation wird durch den Überstrich gekennzeichnet. Die Decodierschaltung benötigt außer den beiden aktuellen MSBs A'_k, B'_k auch die beiden A'_{k-1}, B'_{k-1} aus dem vorangegangenen Symbol. Die Verzögerung um einen Symboltakt ist in Abb. 8.24 mit z^{-1} bezeichnet.

Die erforderliche differentielle Codierung ist ebenfalls aus der Wahrheitstabelle in Abb. 8.25 abzuleiten, wobei nun die letzten vier Tabellenspalten $A'_{k-1}, B'_{k-1}, A_k, B_k$ die Eingangszustände und die beiden ersten Tabellenspalten A'_k, B'_k die Ausgangszustände angeben. Es ergeben sich beispielsweise die folgenden Booleschen Gleichungen für die zu realisierende Verknüpfung:

$$
\begin{aligned}
A'_k &= A_k.B_k.\overline{A'_{k-1}} \vee \overline{A_k}.\overline{B_k}.A'_{k-1} \vee A_k.\overline{B_k}.\overline{B'_{k-1}} \vee \overline{A_k}.B_k.B'_{k-1} \\
&= \overline{(A_k \oplus B_k)}.(A_k \oplus A'_{k-1}) \vee (A_k \oplus B_k).(A_k \oplus B'_{k-1}) \\
&= (A_k \oplus A'_{k-1}).\overline{(B_k \oplus B'_{k-1})} \vee (A_k \oplus B'_{k-1}).(B_k \oplus A'_{k-1}) \\
B'_k &= A_k.B_k.\overline{B'_{k-1}} \vee \overline{A_k}.\overline{B_k}.B'_{k-1} \vee A_k.\overline{B_k}.A'_{k-1} \vee \overline{A_k}.B_k.\overline{A'_{k-1}} \\
&= \overline{(A_k \oplus B_k)}.(B_k \oplus B'_{k-1}) \vee (A_k \oplus B_k).(B_k \oplus A'_{k-1}) \\
&= \overline{(A_k \oplus A'_{k-1})}.(B_k \oplus B'_{k-1}) \vee (A_k \oplus B'_{k-1}).(B_k \oplus A'_{k-1}).
\end{aligned}
\tag{8.102}
$$

Jeweils die zweite Gleichung hat die Form, wie sie in der Norm für DVB-C zu finden ist [8.12]. Die Codierschaltung benötigt außer den beiden aktuellen MSBs A_k, B_k auch die beiden *codierten* MSBs A'_{k-1}, B'_{k-1} aus dem vorangegangenen Symbol. Die Schaltung arbeitet also *rekursiv* (s. Abb. 8.24a).

Die Zuordnungstabelle erlaubt, wie beschrieben, die richtige Decodierung der LSBs trotz der 90°-Phasenunsicherheit des regenerierten Referenzträgers. Man erkennt aber aus Abb. 8.22b bzw. Abb. 8.23b, dass bei dieser Zuordnung das Gray-Mapping nicht mehr durchgehend möglich ist. Es ist jeweils nur noch in einem Quadranten realisiert. Symbolfehler mit Überschreiten der Quadrantengrenzen führen also zu mehr als nur einem Bitfehler. Die dadurch bedingte BER-Verschlechterung ist allerdings nicht bedeutend (s. unten).

Zur Berechnung der Bitfehlerrate bei M- QAM ermitteln wir zunächst die Wahrscheinlichkeit dafür, dass kein Symbolfehler auftritt, also $1-P_{es}$. Im Gegensatz zu der einfacheren Situation bei QPSK ist hier zu unterscheiden, ob der gestörte Signalwert vor dem Entscheider des I- Zweiges (bzw. dem des Q- Zweiges) an einem Ende der p_k- bzw. q_k- Skala liegt oder inmitten der Skala. Wir nehmen wieder $d=2$ an. Kein Fehler tritt dann im I- Zweig am oberen Ende auf, wenn $n_I > -1$ ist (s. Gl.(8.25)):

$$P_{au} = P(n_I > -1) = \frac{1}{\sqrt{2\pi\sigma_I^2}} \int_{-1}^{\infty} e^{-n_I^2/(2\sigma_I^2)} \, dn_I = \frac{1}{2}\left(1 + \operatorname{erf}\left(\frac{1}{\sqrt{2\sigma_I^2}}\right)\right). \quad (8.103)$$

Die gleiche Wahrscheinlichkeit für eine richtige Entscheidung ergibt sich am unteren Ende der Skala mit $n_I < +1$. Bei Signalwerten dazwischen muss der Störwert auf 1 begrenzt bleiben:

$$P_{in} = P(-1 < n_I < 1) = \frac{1}{\sqrt{2\pi\sigma_I^2}} \int_{-1}^{1} e^{-n_I^2/(2\sigma_I^2)} \, dn_I = \operatorname{erf}\left(\frac{1}{\sqrt{2\sigma_I^2}}\right). \quad (8.104)$$

Die Anzahl der möglichen p_k- Werte ist gleich $\sqrt{M}$, also gibt es nach Abzug der zwei Randwerte $\sqrt{M}-2$ Innenwerte. Somit ist die mittlere Häufigkeit einer richtigen I- Zweigentscheidung

$$\left(2P_{au} + \left(\sqrt{M}-2\right)P_{in}\right) / \sqrt{M}.$$

Das gleiche Ergebnis erhält man für den Q- Zweig. Die gesuchte Wahrscheinlichkeit, dass in beiden Zweigen zugleich kein Fehler auftritt, ergibt sich durch Multiplikation der beiden Ergebnisse:

$$\begin{aligned} 1 - P_{es} &= \frac{1}{M}\left(2P_{au} + \left(\sqrt{M}-2\right)P_{in}\right)^2 \\ &= \frac{1}{M}\left(1 + \left(\sqrt{M}-1\right)\operatorname{erf}\left(\sqrt{\frac{3\varrho}{2(M-1)}}\right)\right)^2. \end{aligned} \quad (8.105)$$

Als Parameter haben wir wieder das Verhältnis ϱ aus mittlerer Energie E_s eines geträgerten Symbols zur einseitigen Rauschleistungsdichte $2N_0$ vor dem Demodulator eingesetzt (Gl. (8.76)) und die durch Matched-Filter minimierte Rauschleistung an den Entscheidereingängen nach Gl. (8.79) sowie die mittlere Leistung der Symbolwerte für $d=2$ nach Gl. (8.96) angenommen:

$$N_I = N_Q = \sigma_I^2 = \sigma_Q^2 = \frac{1}{\varrho}\frac{\overline{|z_k|^2}}{2} = \frac{1}{\varrho}\frac{M-1}{3}. \tag{8.106}$$

Wenn aus jedem Symbolfehler immer nur ein Bitfehler resultieren würde, wäre die Anzahl der Bitfehler in Bezug auf die Anzahl der Symbole (m- Bit-Gruppen) gleich der Symbolfehlerrate, also die Anzahl der Bitfehler in Bezug auf die Anzahl der Bits, die Bitfehlerrate P_{eb}, gleich P_{es}/m. Das setzt ein durchgehendes Gray-Mapping voraus und außerdem relativ kleines Rauschen, so dass praktisch nur Verfälschungen zu den im Konstellationsdiagramm unmittelbar benachbarten Punkten auftreten.

Eine genauere Bestimmung der Bitfehlerrate aus der Symbolfehlerrate ergibt sich aus folgender Überlegung [6.19]. Die Wahrscheinlichkeit dafür, dass kein Bitfehler auftritt, ist $1-P_{\text{eb}}$. Ein Symbol ist fehlerfrei, wenn *alle* m Bits der Gruppe fehlerfrei sind. Die Wahrscheinlichkeit dafür ist gleich $(1-P_{\text{eb}})^m$, wenn diese Bits *statistisch unabhängig* voneinander fehlerfrei auftreten. Beispielsweise müsste die Fehlerfreiheit von Bit $b_{5,k}$ unabhängig davon sein, ob Bit $b_{4,k}$ fehlerfrei ist. Nur unter dieser Bedingung ergibt sich die Wahrscheinlichkeit für UND-verknüpfte Ereignisse aus dem Produkt ihrer Wahrscheinlichkeiten. Ob die Bedingung erfüllt ist, hängt von dem gewählten Mapping ab. Unter Voraussetzung der statistischen Unabhängigkeit erhält man

$$P_{\text{eb}} = 1-(1-P_{\text{es}})^{1/m}.$$

Als Parameter benutzen wir das Verhältnis aus mittlerer Bitenergie $E_\text{b} = E_\text{s}/m$ (wegen $T_\text{b} = T/m$) zur einseitigen Rauschleistungsdichte:

$$\varrho_\text{b} =_{\text{def}} \frac{E_\text{b}}{2N_0} = \frac{\varrho}{m}. \tag{8.76b}$$

Mit $M = 2^m$ erhält man dann aus Gl. (8.105)

$$P_{\text{eb}} = 1 - \frac{1}{2}\left(1+\left(2^{m/2}-1\right)\operatorname{erf}\left(\sqrt{\frac{3m\varrho_\text{b}/2}{2^m-1}}\right)\right)^{2/m}. \tag{8.107}$$

Abb. 8.26 zeigt die hiernach berechnete Bitfehlerrate bei 16-QAM und 64-QAM in Abhängigkeit von ϱ_b. Zum Vergleich ist noch einmal die Kurve für QPSK $(M=4)$ aus Abb. 8.20 eingetragen. Die tatsächlichen Werte liegen etwas höher. Die zuvor beschriebenen Abweichungen vom Gray-Mapping wegen der differentiellen Codierung bei DVB-C wurden mit einer detaillierten Berechnung am Beispiel der 16-QAM berücksichtigt. Die Rechnung wird hier nicht wiedergegeben, sie folgt dem bei QPSK gezeigten Vorgehen (Gl. (8.90a)). Das Ergebnis ist in Abb. 8.26

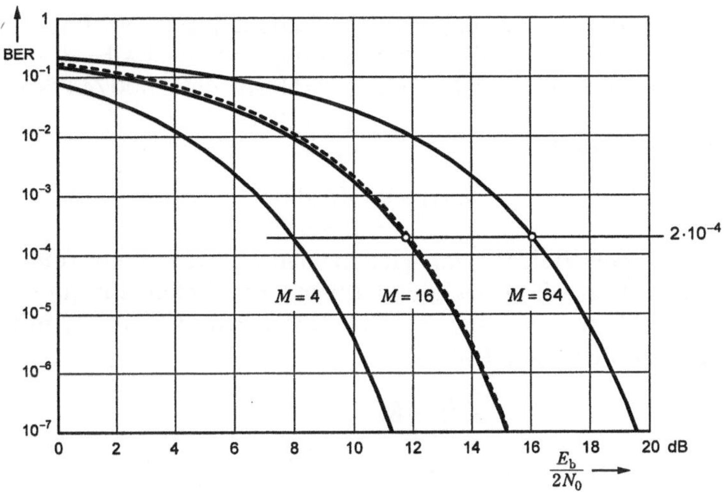

Abb. 8.26. Bitfehlerrate bei M -QAM, gestrichelt bei Mapping nach Abb. 8.22b

gestrichelt eingezeichnet. Die Bitfehlerrate liegt bei 16-QAM durch die Abweichung vom Gray-Mapping etwa um den Faktor 1,2 höher.

Weil bei DVB-C, wie erwähnt, keine Faltungscodierung benutzt wird, darf die Bitfehlerrate höchstens $2 \cdot 10^{-4}$ erreichen, damit der nachfolgende Reed-Solomon-Decodierer den für „quasi fehlerfreien" Empfang spezifizierten Wert von $1 \cdot 10^{-11}$ liefern kann (s. am Schluss von Abschn. 8.1.3). Dafür wird nach Abb. 8.26 bei 64-QAM ein ϱ_b von $> 16{,}1$ dB und bei 16-QAM von $> 11{,}8$ dB gefordert. Die Umrechnung in den Träger/Rauschabstand nach Gl. (8.91) ergibt für $\alpha = 0{,}15$ und $B_{HF} \approx B$ bei 64-QAM einen um 7,2 dB höheren Wert, bei 16-QAM einen um 5,4 dB höheren Wert: $c/n > 23{,}3$ dB bzw. $c/n > 17{,}2$ dB.

8.1.5 OFDM

Die Verteilung digitaler Fernsehsignale ist mit terrestrischen Sendern am schwierigsten. Im Gegensatz zur Satelliten- oder Kabelübertragung gibt es fast immer Echostörungen durch Mehrwegeeffekte oder Gleichwellensender. Sie können ohne weitere Maßnahmen einen Empfang verhindern. Eine Gegenmaßnahme ist das „Orthogonal Frequency-Division Multiplexing"[1]. Es ergibt durch eine hochgradige Parallelisie-

[1] Das OFDM-Verfahren entstand in den USA aus Untersuchungen zur Vielträgermodulation für militärische Anwendungen und wurde zuerst von CHANG [8.8] angegeben.

rung in tausenden von Teilsignalen sehr lange Symbolzeiten, bis zu einer Millisekunde, so dass dagegen die Echozeiten meist klein bleiben. Für die terrestrische DVB-Übertragung ist deshalb die OFDM-Verwendung genormt worden (DVB-T-Norm EN 300744 von ETSI [8.13]).

Das OFDM-Signal

$$s_{\mathrm{T}}(t) = \operatorname{Re} z(t) \mathrm{e}^{\mathrm{j}\omega_0 t}$$

besteht aus einer Vielzahl von gleichzeitig übertragenen Teilsignalen. Es sind modulierte Trägersignale unterschiedlicher Frequenz, gruppiert um die Mittenfrequenz f_0. Ein Teilsignal stellen wir mit seiner komplexen Amplitude $z_n(t)$ dar,

$$s_n(t) = \operatorname{Re} z_n(t) \mathrm{e}^{\mathrm{j}\omega_0 t},$$

und das Gesamtsignal als Summe der K Teilsignale

$$s_{\mathrm{T}}(t) = \sum_{n=0}^{K-1} s_n(t) = \operatorname{Re} \sum_{n=0}^{K-1} z_n(t) \mathrm{e}^{\mathrm{j}\omega_0 t}, \quad z(t) = \sum_{n=0}^{K-1} z_n(t). \tag{8.108}$$

Die komplexen Amplituden der Teilsignale haben die Form

$$z_n(t) = c_n(t) \mathrm{e}^{2\pi \mathrm{j} \Delta f_n t} \tag{8.109}$$

bei einem Frequenzabstand Δf_n zur Mittenfrequenz. Alle Frequenzen haben untereinander den gleichen Abstand $1/T_{\mathrm{u}}$:

$$\Delta f_n = \left(n - \frac{K-1}{2}\right) \frac{1}{T_{\mathrm{u}}} \quad n = 0,1,\ldots K-1. \tag{8.110}$$

K sei eine ungerade Zahl, so dass eine symmetrische Verteilung der Frequenzen um die Mittenfrequenz entsteht und eine Frequenz – nämlich die bei $n = (K-1)/2$ – mit der Mittenfrequenz zusammenfällt. Die Summenbildung der komplexen Teilamplituden nach Gl. (8.108) hat die Form einer Fourier-Reihe, und man erkennt daraus, dass $z(t)$ periodisch ist mit der Periodendauer T_{u}, falls die Koeffizienten c_n konstant sind.

Wenn eine Quadraturamplitudenmodulation benutzt wird, ergibt sich für ein Teilsignal die Trägerzeigersequenz (vgl. Gl. (8.61b)) bei einer Symboldauer T_{s}

$$z_n(t) = \sum_k c_{n,k}\, g_n(t - kT_s) \tag{8.111}$$

mit den *komplexwertigen* Basisimpulsen

$$g_n(t) = e^{2\pi j\, \Delta f_n t} \operatorname{rect}\left(\frac{t}{T_s} - \frac{1}{2}\right). \tag{8.112}$$

Hier bezeichnet rect die „Rechteckfunktion“

$$\operatorname{rect}(x) =_{\text{def}} \begin{cases} 1 & \text{falls } -1/2 < x < +1/2 \\ 0 & \text{sonst.} \end{cases} \tag{8.113}$$

Die Symbole in jedem Teilsignal folgen somit im Zeitabstand T_s nahtlos und ohne Überlappung aufeinander. Man beachte, dass wir mit k die *Zeit*abschnitte T_s abzählen und mit n die *Frequenz*abschnitte $1/T_u$. k ist unbegrenzt, n ist begrenzt auf $0,\ldots, K-1$.

Die Basisimpulse genügen für $T_s = T_u$ der *Orthogonalitätsbedingung*:

$$\int_{-\infty}^{\infty} g_n(t)\, g_m^*(t)\, \mathrm{d}t = \begin{cases} 0 & \text{falls } m \neq n \\ T_s & \text{falls } m = n \end{cases}. \tag{8.114}$$

Daher kommt die Bezeichnung „*orthogonal* frequency-division multiplox“[1] für dieses Vielträgerverfahren. Bei Orthogonalität können die Daten $c_{n,k}$ aus dem Gesamtsignal $s_T(t)$ durch „Korrelationsempfang“ wiedergewonnen werden, wenn dem Empfänger die Folge $\{g_n\}$ der K Basisimpulse bekannt ist:

$$\frac{1}{T_s} \int_{kT_s}^{(k+1)T_s} \sum_{n=0}^{K-1} z_n(t)\, \left\{g_n^*(t)\right\} \mathrm{d}t = \left\{c_{n,k}\right\}. \tag{8.115}$$

Bei DVB-T wird wahlweise QPSK, 16-QAM oder 64-QAM eingesetzt (M = 4, 16 oder 64) mit dem Mapping nach Abb. 8.13, 8.21a oder 8.22a. Die M-wertig komplexen Amplituden $c_{n,k}$ werden hier so normiert, dass ihr Betragsquadrat bei Mittelung über k (entsprechend dem Erwartungswert) unabhängig von M immer gleich groß ist:

$$\overline{\left|c_{n,k}\right|^2}^{\,k} = 1. \tag{8.116}$$

[1] Die Bezeichnung OFDM wird auch für das „*optical* frequency division multiplex“ bei der Signalübertragung über Glasfasern verwendet.

Die im Signalraum am nächsten benachbarten Konstellationspunkte haben dann nicht mehr den von M unabhängigen Abstand $d=2$, wie er sich bei Verwendung der p_k, q_k- Werte nach Gl. (8.94) ergibt; der Abstand wird bei größerem M kleiner. Die Umrechnung ergibt sich aus Gl. (8.96):

$$c_{n,k}=\frac{p_{n,k}+\mathrm{j}\,q_{n,k}}{\sqrt{2(M-1)/3}}\,. \tag{8.117}$$

Den Trägerzeiger eines OFDM-Signals nach Gl. (8.108) veranschaulichen wir mit einem Beispiel, bei dem dieser sich aus nur $K=13$ Teilen $z_n(t)$ (s. Gl. (8.109)) zusammensetzt. Abbildung 8.27 zeigt den zeitlichen Ablauf. Man erkennt die Periodendauer T_u. Zur Überwindung des Problems der Echostörungen wird beim OFDM-Verfahren die Symboldauer T_s – die Breite des Rechteckfensters in Gl. (8.112) – immer größer als die Periodendauer T_u gewählt, es wird ein „Schutzintervall" (*guard interval*) hinzugefügt:

$$T_\mathrm{s}=T_\mathrm{u}+T_\mathrm{g}\,. \tag{8.118}$$

Es wird dem Nutzintervall T_u vorangestellt und enthält eine Replikation des Symbolverlaufs aus dem T_g langen Abschnitt gegen Ende des Nutzintervalls. Dadurch wird immer ein Signalsprung am Übergang vom Schutz- zum Nutzintervall vermieden, s. Abb. 8.27. Das Rechteckfenster beginnt jeweils bei $t=kT_\mathrm{s}$ (Gl. (8.111)), so dass wegen der Voranstellung des Schutzintervalls die Zeitskala für den Trägerzeigerverlauf um T_g nach links verschoben werden muss (in Abb. 8.27 muss $t=0$ an den linken Fensterrand verschoben werden). Der vollständige Ausdruck für das OFDM-Signal ist somit

$$s_\mathrm{T}(t)=\mathrm{Re}\left[\sum_k\sum_{n=0}^{K-1}c_{n,k}\,\mathrm{e}^{2\pi\mathrm{j}\Delta f_n\left(t-T_\mathrm{g}-kT_\mathrm{s}\right)}\mathrm{rect}\left(\frac{t-kT_\mathrm{s}}{T_\mathrm{s}}-\frac{1}{2}\right)\right]\mathrm{e}^{\mathrm{j}\omega_0 t} \tag{8.119}$$

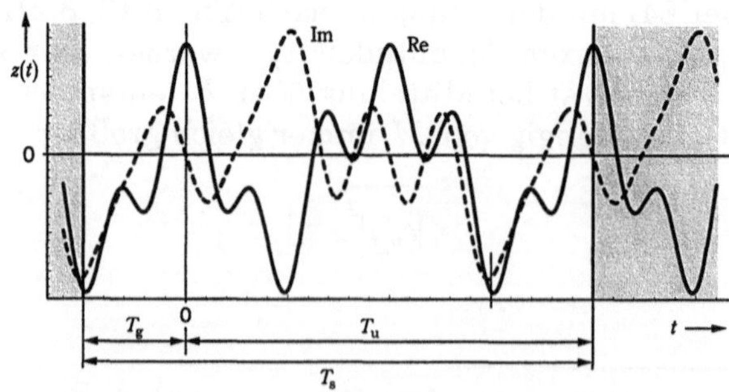

Abb. 8.27. Beispiel eines OFDM-Symbols für $K=13$

mit Δf_n und rect nach Gln. (8.110), (8.113). Der hier durch das zweite Summenzeichen gegebene Ausdruck wird als OFDM-Symbol bezeichnet. Es wird während der Zeit $t = kT_s \ldots (k+1)T_s$ übertragen.

Bei DVB-T werden entweder $K = 6817$ oder $K = 1705$ Teilsignale eingesetzt mit Nutzintervallen von 896 µs bzw. 224 µs („8K-Modus" bzw. „2K-Modus", s. unten). Der Frequenzabstand $1/T_u$ der Teilsignale beträgt also nur 1,116 kHz bzw. 4,464 kHz. Das Schutzintervall ist höchstens $T_g = T_u/4$, also 224 µs bzw. 56 µs. Nach der Norm können aber auch kleinere Werte eingesetzt werden ($T_g/T_u = 1/8, 1/16, 1/32$), die eventuell verwendbar sind, wenn nur Echos durch Reflexionen, aber keine weiter entfernten künstlichen „Echos" in einem Gleichwellensendernetz (Single-Frequency Network, SFN) zu erwarten sind.

Ein Signalumweg von 0,3 km bewirkt eine Verzögerung um 1 µs. Durch die Verzögerung dringen die Signale des vorangegangenen Symbols in den Anfang des gegenwärtigen ein (Intersymbol Interference durch Echos). Wenn sie dabei im Bereich des Schutzintervalls bleiben, stört das nicht. Denn der Inhalt des Schutzintervalls wird beim Empfang immer verworfen. Bei $T_s > T_u$ ist die Orthogonalitätsbedingung der Basisimpulse nach Gl. (8.114) nicht mehr erfüllt. Trotzdem kann der Empfänger die Daten einwandfrei getrennt wiedergewinnen; beim Korrelationsempfang nach Gl. (8.115), wenn die untere Integrationsgrenze von kT_s auf $kT_s + T_g$ gesetzt wird.

Das Spektrum eines Basisimpulses, Gl. (8.112), hat wegen der rechteckigen zeitlichen Begrenzung einen si-Verlauf, dessen erste Nullstellen beiderseits des Maximums einen Frequenzabstand $1/T_s$ aufweisen. Die Spektren der K Basisimpulse folgen im Abstand $1/T_u$ aufeinander (Gl.(8.123)). Abbildung 8.28 zeigt drei benachbarte Spektren, $n = n_1$, $n_1 + 1$, $n_1 + 2$. Man beachte ihre Überlappung. Wie beschrieben erhält man dennoch die Daten aus dem Frequenzmultiplex zurück. Im Maximum des Spektrums eines Basisimpulses haben die Nachbarspektren einen Nulldurchgang, falls die Symboldauer gleich dem Nutzintervall ist. Wird ein Schutzintervall hinzugefügt, werden die si-Impulse schmaler und die Überlappungen verringert (Abb. 8.28 rechts). Störungen durch Übersprechen im Frequenzbereich (Intercarrier Interference, ICI), also durch Übersprechen der Teilsignale, kann der Übertragungkanal verursachen, beispielsweise durch Frequenzverschiebung bei Mobil-Empfang (Doppler-Effekt) oder bei bereits geringfügiger Nichtlinearität infolge von Intermodulationen.

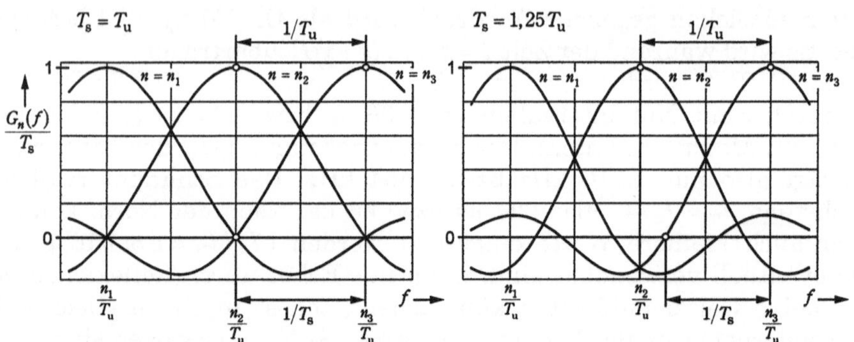

Abb. 8.28. Die Spektren von drei frequenzmäßig benachbarten OFDM-Basisimpulsen, links ohne Schutzintervall, rechts mit Schutzintervall $T_g = T_u/4$

Zur Synchronisation der Demodulation und zur laufenden Ausmessung von frequenzselektivem Fading werden dem DVB-T-Empfänger zusammen mit den Daten verschiedene Pilotträger mit erhöhter Amplitude geliefert. Sie liegen teils in allen Symbolen an der gleichen Frequenzposition („continuous pilots“), teils sind sie nach einem bestimmten Schema im Symbol verstreut („scattered pilots“), von Symbol zu Symbol versetzt (Abb. 8.29, [8.13]). Die Piloten haben alle entweder den Nullphasenwinkel 0° oder 180°. Ihre komplexe Amplitude ist

$$c_{p,k} = \pm\frac{4}{3} + \mathrm{j}0,$$

wobei p die Frequenzposition des Piloten innerhalb eines Symbols bezeichnet und der Vorzeichenwechsel positionsabhängig durch eine in allen Symbolen gleiche, mit n ablaufende Pseudozufallsfolge gesteuert wird. Im 8K-Modus werden in jedem Symbol 701 Pilotträger übertragen, davon sind 177 kontinuierlich; im 2K-Modus 176 Pilotträger, davon 45 kontinuierliche. Die Pilotträger sollen dem Empfänger eine adaptive Kanalschätzung für jeden Subträger eines Symbols und eine entsprechende Entzerrung im Frequenzbereich ermöglichen. Zusätzlich werden 68 Teilsignale (bei 8K) bzw. 17 Teilsignale (bei 2K) übertragen, die dem Empfänger die benutzten Übertragungsparameter signalisieren sollen. Sie werden als „TPS-Träger“ bezeichnet, TPS = Transmission Parameter Signalling. Sie enthalten parallel alle die gleiche Information und haben die Amplituden $\pm 1 + \mathrm{j}0$. Ihre Position ist in Abb. 8.29 grau schattiert dargestellt. In 68 aufeinander folgenden

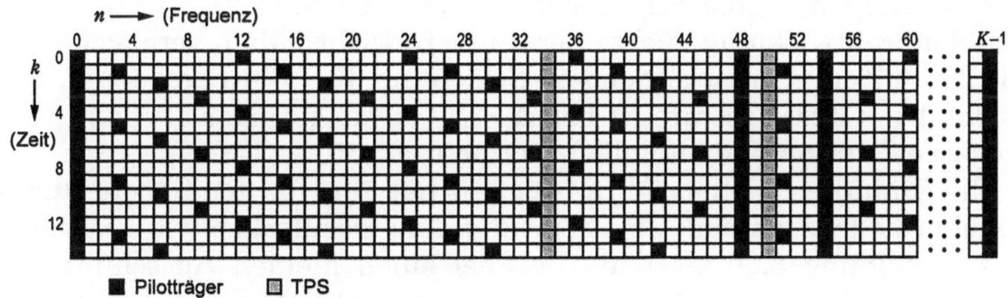

Abb. 8.29. Pilotträger und TPS-Träger in aufeinander folgenden OFDM-Symbolen

Symbolen, durch das Vorzeichen jeweils mit einem Bit in einem Symbol (dort also gleichzeitig 68mal bzw. 17mal vorhanden), wird eine 68-bit-TPS-Information übertragen, gültig für diesen Block von 68 Symbolen. Damit ist eine „Rahmenstruktur" definiert [8.13].

Jedes OFDM-Symbol nimmt somit beim 8K-Modus $K' = 6817 - 769 = 6048$ QAM-Symbolwerte auf. Die aus dem seriellen Datenstrom durch Gruppierung und Mapping gebildeten QAM-Symbole (s. Abschn. 8.1.4) werden dazu in einem Serien-Parallel-Wandler (Demultiplexer) in Gruppen zu je 6048 gleichzeitig vorhandenen Werten $c_{n,k}$ zusammengefasst, jeweils als die Subsymbole des k-ten OFDM-Symbols. Bei 16-QAM sind damit in der Symboldauer T_s 4×6048 bit zu übertragen, mit $T_g = T_u/4$ und $T_s = 1{,}25 \cdot 896$ µs also eine Bitrate von 21,6 Mb/s. Bei einer Gesamtbandbreite des OFDM-Signals von $B = K/T_u$ und mit der relativen Schutzintervallgröße $\Delta = T_g/T_u$ ergibt sich allgemein für M-QAM ($M = 2^m$) eine Bruttobitrate (Tabelle 8.2)

$$R_b = m \frac{K'}{K} \frac{B}{1+\Delta}. \tag{8.120}$$

Da das Verhältnis K'/K beim 8K- und beim 2K-Modus etwa gleich ist (s. oben), nämlich gleich 0,887, ist die Bitrate vom Modus unabhängig. Der Vorteil des 8K-Modus ist das vierfach längere Schutzintervall,

Tabelle 8.2. Bruttobitrate bei 7,61 MHz Bandbreite eines DVB-T-Signals, 8K- oder 2K-Modus, $\Delta = T_g/T_u$

		R_b	
	m	$\Delta = 1/4$	$\Delta = 1/8$
16-QAM	4	21,6 Mb/s	24,0 Mb/s
64-QAM	6	32,4 Mb/s	36,0 Mb/s

der Nachteil des größeren Aufwandes fällt beim heutigen Stand der Halbleiterentwicklung nicht mehr ins Gewicht. Man vergleiche Gl. (8.120) mit der entsprechenden Beziehung für Einträger-QAM, Gl. (8.98). Die OFDM-Bitrate ist bei $\Delta = 1/4$ etwas geringer als beim Einträgerverfahren mit dem Rolloff-Faktor $\alpha = 0{,}35$.

Die Einhüllende eines OFDM-Signals hat eine für den Sender unangenehm hohe „Dynamik"; sie sieht auf dem Oszilloskop wie Rauschen aus. Abbildung 8.30 zeigt als Beispiel einen kleinen Ausschnitt des zeitlichen Ablaufs der Amplitude aus einem OFDM-Symbol. Tatsächlich ist das nach dem „zentralen Grenzwertsatz" der Statistik auch so zu erwarten. Danach ergibt die additive Überlagerung einer großen Zahl von statistisch unabhängigen Zufallssignalen – wie eben der Teilsignale bei OFDM – immer ein Zufallssignal mit mittelwertfreier *Normalverteilung*, unabhängig davon, welche Verteilungsdichtefunktion die Teilsignale aufweisen, wenn die Verteilungen nur alle gleich sind und den Mittelwert Null haben. Die M möglichen komplexen Amplituden $c_{n,k}$ eines Teilsignals n treten über k gleich häufig und mit dem Mittelwert Null auf, ihre Statistik kann durch eine Gleichverteilung beschrieben werden. Eine Ausnahme machen die Pilotsignale und die TPS-Signale, die aber auch alle unter sich eine gleichartige Verteilung besitzen. Der Realteil p und der Imaginärteil q des OFDM-Trägerzeigers z haben daher beide in sehr guter Näherung eine mittelwertfreie Normalverteilung mit gleicher Streuung σ^2 (s. Gl. (8.25)). Diese ist nach Gl. (8.29) gleich der Leistung des OFDM-Signals und damit gleich der Summe der Teilsignalleistungen:

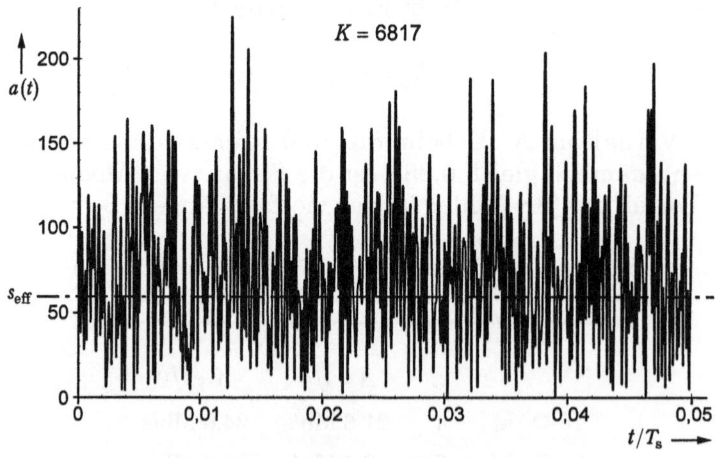

Abb. 8.30. Oszillogramm der Einhüllenden eines OFDM-Signals (Simulation)

$$\sigma^2 = \sum_{n=0}^{K-1} \frac{\overline{\left|c_{n,k}\right|^2}^k}{2}. \qquad (8.121)$$

Mit der Normierung der Teilsignalamplituden nach Gl. (8.116) und unter Berücksichtigung der höheren Leistungen der kontinuierlichen Pilotsignale und der Teilsignale mit eingelagerten verstreuten Piloten ist diese Gesamtleistung eines OFDM-Signals gleich 3528,3 im 8K-Modus und gleich 882,7 im 2K-Modus. Die Wurzel daraus ist der Effektivwert des Signals, $s_{\text{eff}} = \sigma = 59{,}4$ bzw. 29,7. Aus den beiden Normalverteilungen von p und q ergibt sich für die Signalamplitude

$$a = \sqrt{p^2 + q^2}$$

eine Verteilungsdichtefunktion nach *Rayleigh*[1] (s. z. B. [8.32])

$$d(a) = \begin{cases} a\,\mathrm{e}^{-a^2/\left(2\sigma^2\right)} & \text{für } a \geq 0 \\ 0 & \text{sonst.} \end{cases} \qquad (8.122)$$

Mit Bezug auf den jeweiligen Effektivwert ist diese Funktion in beiden Betriebsmoden gleich. Sie ist in Abb. 8.31 dargestellt. Abbildung 8.32 zeigt die daraus berechnete Wahrscheinlichkeit[2] für das Überschreiten eines Amplituden/Effektivwert-Verhältnisses (vgl. Abb. 8.31). Nimmt

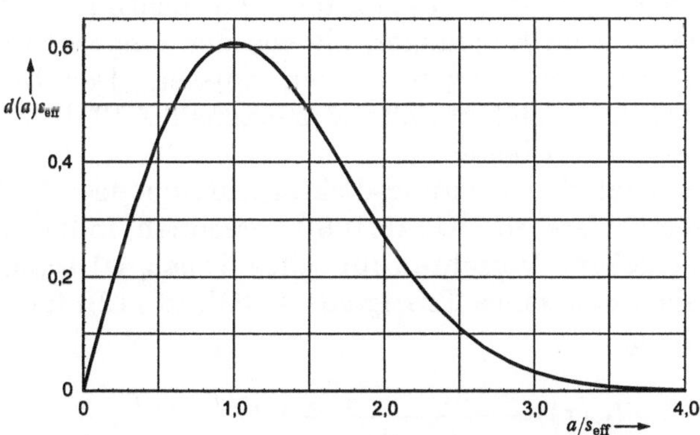

Abb. 8.31. Rayleigh-Verteilungsdichte der OFDM-Signalamplituden

[1] J. W. RAYLEIGH, britischer Physiker, *12. 11. 1842 in Langford, †30. 6. 1919 in Terling Place

[2] Der Mittelwert des Quadrates der auftretenden Amplituden ist nach Gl. (8.122) $\overline{a^2} = 2s_{\text{eff}}^2 = 2\sigma^2$. Die Hälfte davon ist gleich der Signalleistung.

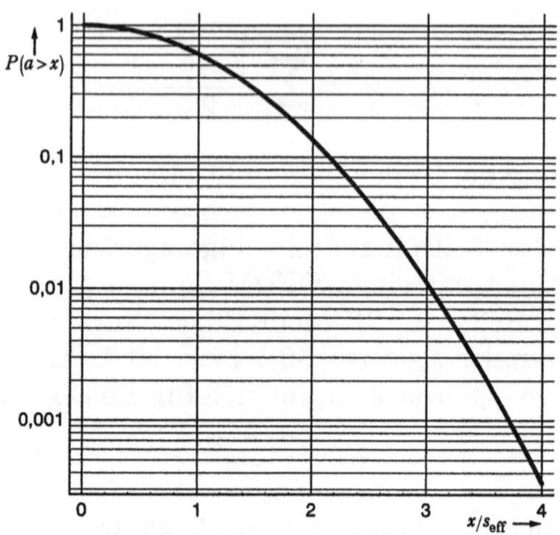

Abb. 8.32. Wahrscheinlichkeit für das Überschreiten eines Signalamplitudenwertes x bei OFDM

man für das Signal beispielsweise einen Scheitelfaktor (crest factor) $a_{\max}/s_{\text{eff}}$ von 3 an, so erkennt man, dass dieser Wert entgegen der Annahme doch in etwa 1 % der Beobachtungszeit überschritten wird. Die hohe Signaldynamik ist ein prinzipieller Nachteil des OFDM-Verfahrens. Da man in der Praxis natürlich keine beliebig große Aussteuerungsreserve („back-off") des Senders vorhalten kann, werden die selten auftretenden Spitzen abgeschnitten. Die nichtlineare Verzerrung führt zu Bitfehlern im Empfänger, die von den eingesetzten Kanalcodierungsverfahren aufgefangen werden müssen. Der Leistungsverstärker eines OFDM-Senders sollte wenigstens bis 10 dB oberhalb des Effektivwertes linear arbeiten.

Wir wollen jetzt das Leistungsdichtespektrum des OFDM-Signals oder des Trägerzeigers $z(t)$ (Gl. (8.108)) berechnen, indem wir das mit Gl. (8.85) angegebene Verfahren für jedes Teilsignal separat anwenden. Der Basisimpuls eines Teilsignals n (Gl. (8.112)) hat das Spektrum (s. Abb. 8.28)

$$G_n(f) = \frac{\sin \pi(f - \Delta f_n)T_s}{\pi(f - \Delta f_n)} \mathrm{e}^{-\mathrm{j}\pi(f-\Delta f_n)T_s}, \tag{8.123}$$

und für das Leistungsdichtespektrum von $z_n(t)$ folgt

$$\Psi_{n,zz}(f) = \frac{1}{T_s} \left| G_n(f) \right|^2 \sum_m \psi_{n,kk}(m) \mathrm{e}^{-2\pi \mathrm{j} m f T_s}. \tag{8.124}$$

Die Autokorrelationsfolge der Teilsymbolwerte ist

$$\psi_{n,kk}(m) =_{\text{def}} \frac{1}{2}\,\overline{c_{n,k}c^*_{n,k+m}}^{\,k} = \begin{cases} \dfrac{\overline{c_{n,k}c^*_{n,k}}^{\,k}}{2} = \dfrac{1}{2} & \text{für } m = 0 \\ 0 & \text{für } m \neq 0 \end{cases}$$

bei Teilsignalen *ohne* Pilotträger.

Ist dagegen ein kontinuierlicher Pilot vorhanden, so gilt (s. oben) $c_{n,k} = 4/3$ oder $-4/3$ für alle k, also

$$\psi_{n,kk}(m) = \frac{1}{2}\cdot\frac{16}{9} \quad \text{für alle } m.$$

In dem Fall ergibt Gl. (8.124) das Leistungsdichtespektrum

$$\Psi_{n,zz}(f) = \frac{1}{T_\text{s}}\left|G_n(f)\right|^2\cdot\frac{8}{9}\sum_m \mathrm{e}^{-2\pi \mathrm{j} mfT_\text{s}} = \frac{1}{T_\text{s}^2}\left|G_n(f)\right|^2\cdot\frac{8}{9}\sum_\mu \delta\left(f-\frac{\mu}{T_\text{s}}\right), \quad (8.125)$$

es besteht nur aus Dirac-Impulsen. Die Integration über f liefert die Spektrallinien mit den Effektivwerten

$$a_\text{eff}(\mu) = \frac{\sqrt{8}}{3}\cdot\frac{1}{T_\text{s}}\left|G_n\left(\frac{\mu}{T_\text{s}}\right)\right| \qquad \mu \in \mathbb{Z}.$$

Wenn ein Pilotträger mit der Frequenz Δf_n die Symboldauer T_s mit ganzen Perioden ausfüllt, erhält man, wie erwartet, nur eine Linie, nämlich bei $\mu = \Delta f_n T_\text{s}$. Sonst tritt eine Aufspaltung auf mehrere Linien ein.

Teilsignale mit verstreuten Piloten enthalten diese in Zeitabständen von $4T_\text{s}$, ansonsten normale Daten (s. Abb. 8.29). So ist hier die Autokorrelationsfolge gegeben durch

$$\psi_{n,kk}(m) = \begin{cases} \dfrac{1}{4}\cdot\dfrac{8}{9}+\dfrac{3}{4}\cdot\dfrac{1}{2} = \dfrac{2}{9}+\dfrac{3}{8} & \text{für } m = 0 \\ \dfrac{1}{4}\cdot\dfrac{8}{9} = \dfrac{2}{9} & \text{für } m = \pm 4, \pm 8, \pm 12, \ldots \\ 0 & \text{sonst} \end{cases}$$

und damit das Leistungsdichtespektrum

$$\begin{aligned} \Psi_{n,zz}(f) &= \frac{1}{T_\text{s}}\left|G_n(f)\right|^2\left(\frac{3}{8}+\frac{2}{9}\sum_m \mathrm{e}^{-2\pi \mathrm{j} 4mfT_\text{s}}\right) \\ &= \frac{1}{T_\text{s}}\left|G_n(f)\right|^2\left(\frac{3}{8}+\frac{1}{18T_\text{s}}\sum_\nu \delta\left(f-\frac{\nu}{4T_\text{s}}\right)\right). \end{aligned} \quad (8.126)$$

Es besteht aus einem kontinuierliche Spektrum wie bei einem reinen Datenteilsignal, jedoch auf 75 % reduziert, das mit einem Linienspektrum überlagert ist bei einem Linienabstand von $1/(4T_s)$. Dieser Fall tritt bei jedem dritten Teilsignal auf (s. Abb. 8.29).

Die Summe der Leistungsdichtespektren aller Teilsignalzeiger ist gleich dem gesuchten Leistungsdichtespektrum des gesamten OFDM-Trägerzeigers,

$$Z_P(f) = \sum_{n=0}^{K-1} \Psi_{n,zz}(f) . \tag{8.127}$$

Je nach der Art des Teilsignals n ist hier das Spektrum nach Gl. (8.124) (nur Daten), nach Gl. (8.125) (nur Pilotträger) oder nach Gl. (8.126) (Piloten und Daten) einzusetzen. Das Ergebnis, an der Unterkante des spektralen Bereichs, zeigt Abb. 8.33. An den Stellen der Pilotträgerlinien hat das kontinuierliche Spektrum Einbrüche, aber auch durch die Überlappung der Spektren von Teilsignalen ohne Piloten ergibt sich kein konstanter Verlauf. Dieser würde sich ohne Schutzintervall ausbilden (Teilspektren nach Abb. 8.28 links, quadriert), mit Schutzintervall sind die Teilspektren dazu zu schmal (Abb. 8.28 rechts, quadriert). Man beachte, dass in Abb. 8.33 die Linien mit

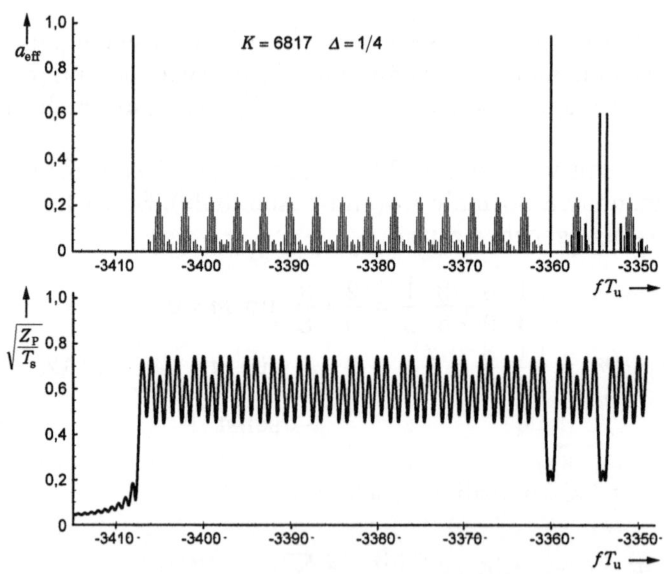

Abb. 8.33. Ausschnitt aus dem Spektrum eines OFDM-Trägerzeigers (8K-Modus, Schutzintervall $T_u/4$). oben: Linienanteil, unten: kontinuierlicher Anteil (Leistungsdichte)

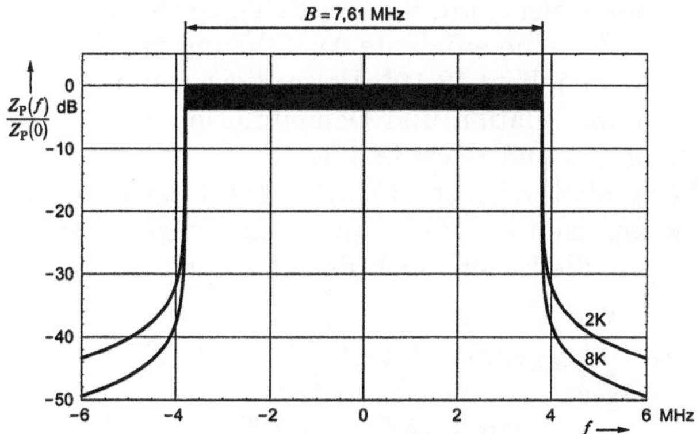

Abb. 8.34. Leistungsdichtespektrum eines DVB-T-Signals in einem 8-MHz-Kanal (Schutzintervall $T_u/4$)

ihrem Effektivwert dargestellt sind und entsprechend das kontinuierliche Spektrum mit der Quadratwurzel aus der Leistungsdichte. Dies entspricht der linearen Anzeige eines Spektralanalysators.

Der gesamte spektrale Bereich ist in Abb. 8.34 dargestellt. Die Frequenzen gelten für T_u = 896 µs im 8K-Modus oder für 224 µs im 2K-Modus (wie oben für Tabelle 8.2). Die Berechnung erfolgte nach Gl. (8.127) ohne Berücksichtigung von Pilotsignalen,

$$Z_P(f) \approx \frac{1}{2T_s} \sum_{n=0}^{K-1} \left(\frac{\sin \pi (f - \Delta f_n) T_s}{\pi (f - \Delta f_n)} \right)^2 . \tag{8.127a}$$

Charakteristisch für ein OFDM-Spektrum ist seine nahezu ideal rechteckige Begrenzung auf den Bereich $B = K/T_u$. Der Abfall an den Kanten (die „Schulter“) ist so steil, dass er nur in der logarithmischen Darstellung zu verfolgen ist. Tatsächlich ist in der Praxis die Schulterdämpfung allerdings geringer. Die Ursache dafür sind Nichtlinearitäten, aus denen die Außerbandanteile entstehen.

Das hier vorgestellte Modulationsverfahren erscheint auf den ersten Blick utopisch. Der Sender muss im 8K-Modus 6817 Modulatoren gleichzeitig betreiben (nach Gl. (8.108)), und jeder Empfänger benötigt 6817 synchron arbeitende Demodulatoren (nach Gl. (8.115)). Eine Realisierung ist nun doch möglich geworden – einerseits durch die ehemals unvorstellbare Weiterentwicklung der Hochintegrationstechnik, die zu sehr komplexen und sehr schnell arbeitenden Halbleiterbausteinen geführt hat, – andererseits durch den FFT-Algorithmus (Fast Fourier Transformation), der eine effiziente Ausführung der Diskreten Fourier-Transformation ermöglicht [8.10]. Denn diese kann, wie wir jetzt zeigen werden, zur Modulation und Demodulation benutzt werden (Vorschlag von Weinstein und Ebert [8.47]).

Ein OFDM-Symbol $z_k(t)$ $(t = kT_s \ldots (k+1)T_s)$ ist eine Reihendarstellung aus K komplexen e-Funktionen – aus Trägern mit gleichabständigen Frequenzen. Sie haben die Teilsymbolwerte als Koeffizienten:

$$z_k(t) = \sum_{n=0}^{K-1} c_{n,k} \exp\left(2\pi \mathrm{j}\left(n - \frac{K-1}{2}\right)\frac{1}{T_\mathrm{u}}\left(t - T_\mathrm{g} - kT_\mathrm{s}\right)\right) \quad \text{mit } t = kT_\mathrm{s} \ldots (k+1)T_\mathrm{s}. \tag{8.128}$$

Die Diskrete Fourier-Transformation (DFT) ist definiert durch

$$X_m = \frac{1}{\sqrt{N}} \sum_{\mu=0}^{N-1} x_\mu \,\mathrm{e}^{-2\pi \mathrm{j} m\mu/N} \qquad m = 0,1,\ldots N-1. \tag{8.129a}$$

Sie transformiert eine Folge von N komplexen Werten $\{x_\mu\}$, z. B. über N Zeitstellen μ, in eine Folge von N komplexen Werten $\{X_m\}$, z. B. über N Frequenzstellen m.[1] Die Umkehrung, die Inverse Diskrete Fourier-Transformation (IDFT)

$$x_\mu = \frac{1}{\sqrt{N}} \sum_{m=0}^{N-1} X_m \,\mathrm{e}^{2\pi \mathrm{j} m\mu/N} \qquad \mu = 0,1,\ldots N-1 \tag{8.129b}$$

transformiert die Folge $\{X_m\}$ in die Folge $\{x_\mu\}$. Wir vergleichen diese IDFT mit dem OFDM-Symbol nach Gl. (8.128) für $k = 0$.

Gemeinsam ist eine diskretisierte Frequenzskala, jedoch ist die Zeit beim OFDM-Symbol eine kontinuierliche Größe. Die IDFT kann aber N Abtastwerte $z_0\left(\mu \cdot \Delta t + T_\mathrm{g}\right)$ berechnen mit gleichen Zeitabständen

$$\Delta t = \frac{T_\mathrm{u}}{N}, \tag{8.130}$$

womit das gesamte Nutzintervall erfasst wird. Allgemein:

[1] Im Gegensatz zur DCT muss eine DFT-Schaltungsrealisierung *zwei* Eingänge zur Aufnahme der Eingangsfolge haben, einen für den Realteil der Daten, den anderen für den Imaginärteil. Ebenso sind zur Abgabe der komplexen Ausgangsfolge zwei Ausgänge erforderlich. Für einen weiteren Vergleich zwischen DCT und DFT s. Abschn. 6.2.1.

$$z_k\left(kT_s + T_g + \mu\frac{T_u}{N}\right) = x_\mu \quad \mu = 0,1,\ldots,N-1\,. \tag{8.131}$$

Eine Kopie der letzten NT_g/T_u Werte ($\mu = N-N{\cdot}\Delta,\ldots,N-2, N-1$) in dieser Folge stellt man dann ihrem Anfang voran, um auch die Abtastwerte des Schutzintervalls zu erhalten („guard insert").

Eine anschließende Interpolation der Abtastwerte kann den richtigen Verlauf von z_k über das Zeitkontinuum $t = kT_s\ldots(k+1)T_s$ liefern, wenn Δt genügend klein gewählt wurde, wenn also das Abtasttheorem eingehalten wurde. Bei der z_k-Bandbreite $B = K/T_u$ muss dazu $\Delta t < T_u/K$ sein und deshalb

$$N > K\,. \tag{8.132}$$

Die DFT oder die IDFT mit N „Punkten" erfordern komplexe Multiplikationen mit den N^2 Werten $\exp(2\pi j\, m\mu/N)$. Bei der FFT wird die Aufgabe zunächst auf zwei Tranformationen mit $N/2$ Punkten reduziert, die dann wieder in je zwei Transformationen mit $N/4$ Punkten gespalten werden, und so fort, bis man zur 2-Punkt Transformation kommt. Mit Hinblick auf die FFT-Realisierung sollte deshalb N eine *ganzzahlige Zweierpotenz* sein, $N = 2^r$. Die Anzahl der erforderlichen Multiplikationen verringert sich auf $rN/2$ und die der Additionen auf rN. Für $K = 6817$ ist die nächst größere Zweierpotenz $N = 2^{13} = 8192$. Es wird deshalb eine IDFT mit 8192 Punkten gewählt (8K, K= $2^{10} = 1024$; daher die Bezeichnung „8K-Modus"). Entsprechend wird für $K = 1705$ beim 2K-Modus $N = 2^{11} = 2048$ verwendet.

Alle N Ausgangswerte der IDFT werden benutzt (Gl. (8.131)), aber von den N Eingangswerten kommen nur K von den Teilsymbolwerten $c_{n,k}$: das OFDM-Symbol enthält nur K Frequenzen, nicht N. Die $N-K$ Eingangswerte, die die IDFT-Schaltung zusätzlich benötigt, müssen als Nullen eingegeben werden. Weiterhin ist zu beachten, wie die IDFT die negativen Frequenzen im OFDM-Symbol realisieren kann. Weil

$$\exp\left(2\pi\mathrm{j}\,(-m\mu)/N\right) = \exp\left(2\pi\mathrm{j}\,(N-m)\,\mu/N\right),$$

können die Frequenzen unterhalb von null auch als Frequenzen unterhalb von N generiert werden. Somit ergibt sich folgende Zuordnung der IDFT-Koeffizienten zu den Teilsymbolwerten (ohne Berücksichtigung des Faktors $\sqrt{N}$, Index k weggelassen):

$$X_{n-(K-1)/2} = c_n \quad \text{für } n = \frac{K-1}{2},\ldots,K-1$$

$$X_{N+n-(K-1)/2} = c_n \quad \text{für } n = 0,\ldots,\frac{K-1}{2}-1$$

$$X_m = 0 \quad \text{für } \frac{K-1}{2} < m < N - \frac{K-1}{2}\,.$$

Tabelle 8.3. Zuordnung der K Teilsymbolwerte c_n zu den N Koeffizienten X_m der IDFT

X_0	$c_{(K-1)/2}$
X_1	$c_{(K-1)/2+1}$
$\vdots$	$\vdots$
$X_{(K-1)/2}$	c_{K-1}
$X_{(K-1)/2+1}$	0
$\vdots$	$\vdots$
$X_{N-(K-1)/2-1}$	0
$X_{N-(K-1)/2}$	c_0
$X_{N-(K-1)/2+1}$	c_1
$\vdots$	$\vdots$
X_{N-1}	$c_{(K-1)/2-1}$

Hieraus folgt die Tabelle 8.3. Die Abtastfrequenz

$$f_{\mathrm{CLK}} =_{\mathrm{def}} \frac{1}{\Delta t}$$

ist so zu wählen, dass der Spektralbereich der Breite B,

$$B = \frac{K}{N} f_{\mathrm{CLK}}, \tag{8.133}$$

in den Übertragungskanal hineinpasst. Für die DVB-T-Übertragung in einem 8 MHz breiten UHF-Kanal (s. Abschn. 8.3.1) ist

$$f_{\mathrm{CLK}} = 64/7 \text{ MHz}$$

festgelegt worden, die Bandbreite ist dann nach Gl. (8.133) $B = 7{,}6082...$ MHz im 8K-Modus und $B = 7{,}6116...$ MHz im 2K-Modus (s. Abb. 8.34). An sich sollte die Bandbreite in beiden Fällen gleich sein, es müsste dazu also $K_{8\mathrm{K}} = 4K_{2\mathrm{K}}$ sein. Aber K muss auch ungerade sein, und außerdem muss $K-1$ durch 12 ohne Rest teilbar sein wegen der Zwölferperiode des Auftretens der Piloten in einem OFDM-Symbol (Abb. 8.29). Bei $K_{2\mathrm{K}} = 1705$ ist also 6820 für $K_{8\mathrm{K}}$ nicht zulässig, der nächstgelegene zulässige Wert ist 6817. Durch die Festlegung

Tabelle 8.4. OFDM-Parameter für DVB-T

		K	K'	N	f_{CLK} MHz	T_u µs	$T_{s,1/4}$ µs	$T_{s,1/8}$ µs	Δf kHz	B MHz
8-MHz-Kanäle	8K	6817	6048	8192	64/7	896	1120	1008	1,1161..	7,6083..
	2K	1705	1512	2048	64/7	224	280	252	4,4643..	7,6116..
7-MHz-Kanäle	8K	6817	6048	8192	64/8	1024	1280	1152	0,9766..	6,6572..
	2K	1705	1512	2048	64/8	256	320	288	3,9063..	6,6602..

der Abtastfrequenz als rationale Zahl ist mit Umschalten eines einfachen Frequenzteilers im Verhältnis 7:8 die richtige Abtastfrequenz für 7 MHz breite VHF-Kanäle zu bekommen: $f_{CLK} = 64/8$ MHz. Zudem ergeben sich immer, weil N jedenfalls durch 64 ohne Rest teilbar ist, ganzzahlige µs-Werte für das Nutzintervall $T_u = N/f_{CLK}$. Diese OFDM-Parameter sind in der Tabelle 8.4 zusammengestellt.

Das vereinfachte Blockschaltbild des beschriebenen OFDM-Modulators, der die inverse Diskrete Fourier-Transformation einsetzt, zeigt das Abb. 8.35a. Der Demodulator (Abb. 8.35b) macht die Verarbeitungsschritte in umgekehrter Reihenfolge wieder rückgängig. Nach der Heruntersetzung in das Basisband wird durch einen A/D-Wandler die nachfolgende digitale Verarbeitung in dem FFT-Schaltkreis vorbereitet. Die Daten innerhalb des Schutzintervalls werden beseitigt, und aus den Nutzdaten des OFDM-Symbols gewinnt die DFT die komplexen Frequenzkoeffizienten $X_{m,k}$ und damit die Teilsymbolwerte $c_{n,k}$.

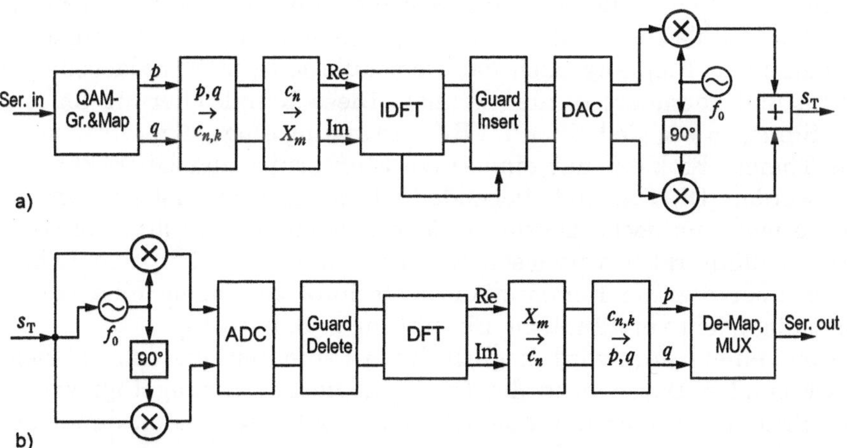

Abb. 8.35. Vereinfachte Blockschaltbilder von Modulator und Demodulator, die die Diskrete Fourier-Transformation für OFDM nutzen

Eine Entzerrung im Frequenzbereich nach der aus den Piloten abgeleiteten adaptiven Kanalschätzung schließt sich an (in Abb. 8.35b nicht enthalten).

Für die terrestrische Übertragung von DVB wird der gleiche doppelte Fehlerschutz wie für die Satellitenübertragung eingesetzt. Nach der Reed-Solomon-Codierung folgt unmittelbar vor dem Modulator der Faltungscodierer. Im Empfänger werden nach der Demodulation die Fehlerkorrektur aus der Faltungsdecodierung (Viterbi-Decoder) und dann die Reed-Solomon-Fehlerkorrektur durchgeführt (s. Abschn. 8.3.1). Diese Kombination aus OFDM und Kanalcodierung wird häufig auch als „COFDM" bezeichnet (Coded orthogonal frequency-division multiplex).

8.2 Kanalcodierung für digitale Fernsehsignale

Die Übertragung digitaler Daten erfordert eine Anpassung des Codes und der Signalelemente an die Kanaleigenschaften. Wenn beispielsweise kein Gleichstromanteil übertragen werden kann (etwa bei der Magnetbandaufzeichnung), müssen mittelwertfreie Signalelemente gewählt werden, oder die Codierung muss so verändert werden, dass kein Gleichstromanteil entstehen kann („Leitungscodierung"). Wenn keine Basisbandübertragung infrage kommt, ist eine Anpassung an den Übertragungsfrequenzbereich des Kanals durch eine geeignete Modulation eines Trägers notwendig, wie im vorangegangenen Abschnitt dargestellt.

Zur Kanalcodierung zählt aber vor allem der *Fehlerschutz* der Daten vor der Modulation, so dass Übertragungsfehler durch Störungen des Kanals beim Empfang nach der Demodulation (im Kanaldecoder) erkannt und korrigiert werden können. Diese Kanalcodierung im engeren Sinne, so wie sie bei der DVB-Übertragung eingesetzt wird, ist hier das Thema. Es kann nur eine kurze Einführung und Übersicht gegeben werden. Die zugrunde liegende Codierungstheorie ist eine umfangreiche mathematische Disziplin; für ein genaueres Studium muss auf die Spezialliteratur verwiesen werden. Ansätze sind in den Lehrbüchern über digitale Kommunikationstechnik zu finden, eine verhältnismäßig leicht verständliche Einführung z. B. in [8.43].

Der Fehlerschutz wird möglich durch Prüfdaten, die den informationstragenden Daten nach der Quellencodierung hinzugefügt werden. Der Prüfalgorithmus muss dem Empfänger bekannt sein, damit er eventuelle Fehler, die bei der Übertragung entstanden sind, *erkennen* kann und dann möglichst auch *korrigieren* kann. Mit den Prüfdaten wird somit Redundanz hinzugefügt. Die Quellencodierung hingegen verfolgt das Ziel, die Redundanz aus dem Quellensignal möglichst vollständig zu entfernen und damit zusammen mit einer Irrelevanzreduktion die Datenrate soweit zu reduzieren, dass die Signalübertragung praktikabel wird (MPEG-2, s. Abschn. 6.2.1). Aber wegen der weitgehenden Redundanzreduktion durch die effiziente Quellencodierung wird nun die Fehlerschutzcodierung unerlässlich. Denn schon ein einziger Fehler kann bei der Quellendecodierung einen ausgedehnten Schaden verursachen, bei MPEG-2 mindestens einen ganzen Makroblock verfälschen; ohne Quellencodierung wäre immer nur ein einzelnes Bildelement betroffen.

Die Möglichkeit der Fehlererkennung und Fehlerkorrektur verleiht der digitalen Übertragung einen Vorzug, der einer analogen Übertragung versagt bleibt: Das Originalsignal kann auch bei Übertragungsstörungen praktisch fehlerfrei wiedergewonnen werden. Ohne die Kanalcodierung wäre das erst bei viel höheren Träger/Rauschabständen möglich („Codierungsgewinn"). Wird allerdings die Bitfehlerrate nach der Demodulation zu groß oder fällt gar die Synchronisation des Empfängers aus, dann bricht der Empfang schlagartig zusammen.

Die Kanalcodierung fügt dem Signal die Redundanz *gezielt* hinzu, es ist viel weniger notwendig, als durch die Quellencodierung entfernt wurde. Effiziente und dann allerdings auch komplizierte Fehlerschutzverfahren (die Algorithmen müssen in Echtzeit laufen!) können mit wenig Redundanz eine große Fehlerrate bewältigen. Als *Coderate* wird das Verhältnis der Nettobitrate (nur Nutzdaten) zur Bruttobitrate (Daten mit Fehlerschutz) bezeichnet:

$$R =_{\text{def}} \text{Nettobitrate/Bruttobitrate}\,.$$

Nach Bildung von *Blöcken* einer bestimmten, immer gleichen Länge aus dem seriellen Datenstrom könnte man im einfachsten Fall jedem Block jeweils eine „Paritätsstelle" so hinzufügen, dass beispielsweise die aus dem Datenblock und der Paritätsstelle gebildete Zahl immer geradzahlig ist, die Zahl also durch 2 ohne Rest teilbar ist, oder dass sie durch eine andere verabredete Primzahl ohne Rest teilbar ist. Bei Binärdaten muss man eine 1 hinzufügen, wenn die Anzahl der Einsen im Datenblock ungerade ist, sonst eine 0 („gerade Parität"). Der Datenblock zusammen mit der angehängten Redundanzstelle bildet ein in diesem Kanalcode zulässiges *Codewort.* Das ist das einfachste Beispiel einer *Blockcodierung.* Durch die Verlängerung um eine Stelle wird die Anzahl der möglichen Codewörter verdoppelt, und nur die Hälfte davon ist zulässig. Nun kann der Empfänger *einen* Fehler erkennen: Ist ein Bit verfälscht, ist keine gerade Parität mehr vorhanden, das Codewort wird als unzulässig erkannt. Bei zwei Fehlern entsteht allerdings wieder ein zulässiges Codewort, die Fehler werden nicht erkannt. Eine Korrektur ist immer nicht möglich: Man kann nicht feststellen, an welcher Stelle im Codewort der Fehler eingetreten ist. Bei Punkt-zu-Punkt-Übertragungen mit laufendem Rückkanal kann nach Fehlererkennung eine Wiederholung angefordert werden (Automatic Repeat Request, ARQ), beispielsweise bei Telegrafieverbindungen. Bei Bild- oder Tonübertragungen kann man den als fehlerhaft erkannten Block verwerfen und durch eine Interpolation oder Extrapolation aus Nachbarblöcken ersetzen (error concealment), aber natürlich nur dann, wenn das Signal noch genügend Redundanz enthält.

Zur Übertragung nach vorangegangener datenreduzierender Quellencodierung kommt nur die Strategie der „Vorwärtsfehlerkorrektur" (*Forward Error Correction*, FEC) in Betracht. Die Fehlerschutzcodierung muss es dem Empfänger nicht nur ermöglichen, den Fehler zu erkennen. Er muss ihn durch Auswertung der Codierung auch selbst korrigieren können. Bei binären Daten muss man ermitteln können, an welcher Stelle im Codewort der Fehler aufgetreten ist. Diese Stelle wird dann invertiert. Bei mehrwertigen Codeelementen ist außer der Stelle auch der richtige Wert aus der Codierung zu bestimmen. Die Vorschrift zur Umcodierung der Datencodewörter in längere Codewörter ist ein verabredeter *Algorithmus*, Codierung und Decodierung werden rechnerisch („algebraisch") durchgeführt.

Der Algorithmus kann durch Addition, Multiplikation und Division von *Polynomen* beschrieben werden. Dabei werden die Codewörter durch Polynome dargestellt. Daneben ist die Beschreibung mit Matrizen möglich, die Codewörter werden dann durch Vektoren dargestellt. Wir benutzen hier nur die Polynomdarstellung. Ein Codewort $\{ b_i \}$ der Länge n mit den Elementen $b_{n-1}, b_{n-2}, \dots b_1, b_0$ wird durch ein Polynom repräsentiert, dessen Koeffizienten die Codeelemente sind:

$$C = \{b_{n-1}, b_{n-2}, \dots, b_1, b_0\}$$
$$c(x) = b_{n-1}x^{n-1} + b_{n-2}x^{n-2} + \dots + b_1 x + b_0 \,.$$

x hat nur eine formale Bedeutung. Bei binären Elementen und $n = 4$ hat beispielsweise das Codewort 1 1 0 1 das Polynom $x^3 + x^2 + 1$ und das Codewort 0 0 1 0 das Polynom x. Bei Addition der Polynome müssen die Koeffizienten modulo 2 reduziert werden, so dass nur die Werte 0 oder 1 verbleiben. Es ist z. B. $2 \equiv 0$ und $-1 \equiv 1$, die Addition ist die Exklusiv-Oder-Verknüpfung und äquivalent zur Subtraktion.

Als Beispiel beschreiben wir jetzt einen Code, der aus einem Block von binären Daten der Länge $k = 4$ binäre Codewörter der Länge $n = 7$ bildet. Es werden also jeweils $r = 3$ Prüfbits hinzugefügt. Dies soll so erfolgen, dass alle gültigen Codewortpolynome durch ein verabredetes Polynom $g(x)$ vom Grad $r = 3$ *ohne Rest teilbar* sind, die Codewortpolynome deshalb $g(x)$ als Faktor enthalten. Die Polynomdivision ist die bei der algebraischen Codierung am häufigsten eingesetzte Rechnung, insbesondere die Ermittlung des Divisionsrestes, die modulo-Operation bezüglich eines Polynoms. Für gültige Codewörter soll also gelten

$$c(x) \bmod g(x) = 0. \tag{8.134}$$

Das Polynom $g(x)$ wird als „Generatorpolynom“ bezeichnet. Es soll in diesem Beispiel *nicht* in Faktoren aus Polynomen niedrigen Grades zerlegbar sein (es soll *irreduzibel* sein). Bei einem Grad r soll es außerdem in $x^{\nu}+1$ als Faktor enthalten sein, wobei $\nu = 2^r - 1$, *jedoch nicht* bei einem kleineren ν (es soll ein „*primitives*“ Polynom sein[1]). Es kann dann die bei gegebenem Grad maximal mögliche brauchbare Codewortlänge erzeugen (s. unten):

$$n_{\text{max}} = 2^r - 1. \tag{8.135}$$

Es gibt bei binären Koeffizienten zwei primitive Polynome vom Grad 3, x^3+x+1 und x^3+x^2+1. Allgemein ist die Anzahl a der primitiven Polynome vom Grad r mit binären Koeffizienten (genauer: „über GF(2)“, siehe Abschn. 8.2.1) zu berechnen aus

$$a = \frac{1}{r}\,\varphi\left(2^r - 1\right) \tag{8.136}$$

mit

$$\varphi(n) = \prod_i (p_i - 1)\,p_i^{w_i - 1},$$

wenn man die Zahl n vollständig in Produkte von Primzahlen p_i zerlegt, wobei w_i angibt, wie oft die Primzahl p_i als Faktor auftritt. Wegen der weiter reichenden Bedeutung dieser primitiven Polynome ist eine Auswahl bis zum Grad 11 in Tabelle 8.5 zusammengestellt, bis zum Grad 4 vollständig, bis Grad 7 nur bei 3 Eins-Koeffizienten, darüber nur bei höchstens 5 Eins-Koeffizienten und ohne die jeweils zugehörigen, ebenfalls primitiven „reziproken“ Polynome mit den Koeffizienten in umgekehrter Reihenfolge.

Wir benutzen für unser Beispiel als Generatorpolynom

$$g(x) = x^3 + x + 1.$$

[1] Diese Bedingung ist allein schon ausreichend, denn ein primitives Polynom ist immer irreduzibel.

Tabelle 8.5. Primitive Polynome über GF(2) – eine Auswahl bis zum Grad 11

r	n	a	Polynome	
2	3	1	x^2+x+1	--
3	7	2	x^3+x+1	x^3+x^2+1
4	15	2	x^4+x+1	x^4+x^3+1
5	31	6	x^5+x^2+1	x^5+x^3+1
6	63	6	x^6+x+1	x^6+x^5+1
7	127	18	x^7+x+1 x^7+x^3+1	x^7+x^6+1 x^7+x^4+1
8	255	16	$x^8+x^4+x^3+x^2+1$ $x^8+x^5+x^3+x^2+1$ $x^8+x^6+x^5+x+1$	$x^8+x^5+x^3+x+1$ $x^8+x^6+x^3+x^2+1$ $x^8+x^7+x^2+x+1$
9	511	48	x^9+x^4+1 $x^9+x^4+x^3+x+1$ $x^9+x^5+x^4+x+1$ $x^9+x^7+x^2+x+1$ $x^9+x^7+x^5+x+1$	 $x^9+x^5+x^3+x^2+1$ $x^9+x^6+x^4+x^3+1$ $x^9+x^7+x^4+x^2+1$ $x^9+x^8+x^4+x+1$
10	1023	60	$x^{10}+x^3+1$ $x^{10}+x^4+x^3+x+1$ •••••••••	 $x^{10}+x^5+x^2+x+1$ •••••••••
11	2047	176	$x^{11}+x^2+1$ $x^{11}+x^4+x^2+x+1$ •••••••••	 $x^{11}+x^5+x^3+x+1$ •••••••••

Aus einem Datenblock $d(x)$ der Länge $k=4$ kann man durch Multiplikation mit diesem Polynom ein Codewort bilden:

$$c(x)=d(x)g(x)\,. \tag{8.137}$$

Dadurch erfüllt das Codewort zwangsläufig die Bedingung, dass es durch $g(x)$ ohne Rest teilbar ist. Es hat die Länge $n=k+r=7$. So entstehen 2^4 Codewörter dieser Länge (Tab. 8.6, mittlere Spalte). Nur sie sind unter den 2^7 möglichen Binärwörtern der Länge 7 die zulässigen Codewörter. Man beachte, dass eine Addition (modulo 2) von zwei von ihnen wieder ein gültiges Codewort liefert. Man erkennt das aus Gl. (8.137) oder durch Ausprobieren in Tabelle 8.6. Ein Blockcode mit dieser Eigenschaft wird *„Linearcode"* genannt. Aus der Tabelle kann man auch leicht verifizieren, dass der Code *„zyklisch"* ist: Eine Ver-

Tabelle 8.6. (7,4)-Code beim Generatorpolynom $g(x) = x^3 + x + 1$

$d(x)$	$d(x)g(x)$	$x^r d(x) + x^r d(x) \bmod g(x)$
0000	0000000	0000000
0001	0001011	0001011
0010	0010110	0010110
0011	0011101	0011101
0100	0101100	0100111
0101	0100111	0101100
0110	0111010	0110001
0111	0110001	0111010
1000	1011000	1000101
1001	1010011	1001110
1010	1001110	1010011
1011	1000101	1011000
1100	1110100	1100010
1101	1111111	1101001
1110	1100010	1110100
1111	1101001	1111111

schiebung der Codestellen nach links oder rechts mit Ansetzen der herausfallenden Stellen auf der anderen Seite des Wortes ergibt immer gültige Codewörter.

Beim Vergleich der Daten mit den zugehörigen Codewörtern in Tabelle 8.6 fällt auf, dass es keine Aufteilung in den Datenblock und einen angehängten Block mit Prüfbits gibt. Erst durch eine Division des Codepolynoms durch das Generatorpolynom kommt der Datenblock beim Empfänger wieder zum Vorschein. Codewörter mit der genannten Aufteilung können jedoch auch gebildet werden. Man hängt dazu an die Daten zunächst r Stellen mit Nullen an. Es sollen die Platzhalter für die anschließend zu ermittelnden r Prüfstellen sein. Das entsprechende Polynom $x^r d(x)$ ist durch das Generatorpolynom im Allgemeinen nicht ohne Rest teilbar. Der Rest ist ein r-stelliges Polynom (d. h. vom Grad $r-1$). Es liefert die Prüfstellen. Wenn es zu $x^r d(x)$ modulo 2 addiert wird, entsteht ein durch $g(x)$ ohne Rest teilbares Polynom, also ein gültiges Codewort:

$$c(x) = x^r d(x) + x^r d(x) \bmod g(x). \tag{8.138}$$

In der dritten Spalte in Tabelle 8.6 sind diese Codewörter aufgelistet. Die jetzt separat auftretenden Prüfstellen sind grau hinterlegt. Die Codewörter sind natürlich die gleichen wie in Spalte 2, jedoch ist ihre Zuordnung zu den Daten anders, nämlich so, dass die ersten 4 Stellen mit den Daten übereinstimmen. Einen derartigen Blockcode nennt man „*systematisch*". Die systematische Codierung nach Gl. (8.138) wird der nicht-systematischen nach Gl. (8.137) meist vorgezogen.

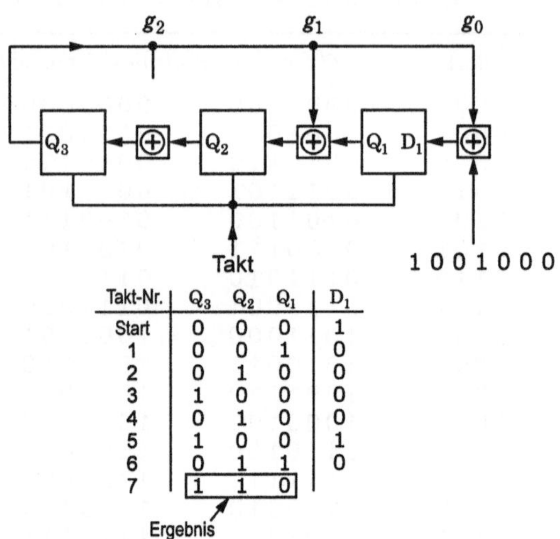

Takt-Nr.	Q_3	Q_2	Q_1	D_1
Start	0	0	0	1
1	0	0	1	0
2	0	1	0	0
3	1	0	0	0
4	0	1	0	0
5	1	0	0	1
6	0	1	1	0
7	1	1	0	

Abb. 8.36. Prüfstellenermittlung für ein Generatorpolynom $g(x) = x^3 + g_2x^2 + g_1x + g_0$

Die Prüfstellenermittlung, allgemein die modulo-Operation bezüglich eines Polynoms, lässt sich einfach durch ein rückgekoppeltes Schieberegister realisieren, wobei zwischen den Registerzellen jeweils eine Exklusiv-Oder-Schaltung für modulo-2-Additionen vorhanden sein muss. Abb. 8.36 zeigt diese Anordnung für das vorliegende Beispiel: drei D-Flipflops entsprechend dem Grad 3 unseres Generatorpolynoms und Rückführungen zu den Exklusiv-Oder-Schaltungen an den Stellen, die den Eins-Koeffizienten des Polynoms entsprechen (hier $g_0 = g_1 = 1$. g_2 ist null). Aus der Eingangsfolge, aus den Daten mit drei folgenden Nullen, entstehen nach $n =$ 7 Takten die Prüfstellen am Ausgang der Registerzellen.

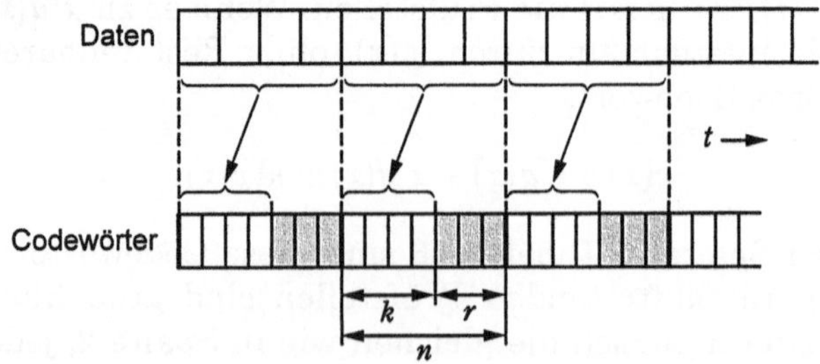

Abb. 8.37. Aufbau der Codewörter bei systematischer Blockcodierung (Beispiel: (7,4)-Code)

Abbildung 8.37 zeigt, wie nach der Aufteilung des Datenstromes in Blöcke der Länge $k=4$ und nach Anhängen der r Prüfbits der kanalcodierte Datenstrom in der Form von Blöcken der Länge $n=k+r$ entsteht.

Die empfangenen Codewörter $\tilde{c}(x)$ können in einer oder in mehreren Stellen verfälscht sein. Wenn dadurch kein anderes gültiges Codewort entstanden ist, wird man die Verfälschung erkennen können. Die Division durch das Generatorpolynom ergibt dann einen Rest, das sog. *„Syndrom“* (das „Krankheitsbild“). Die modulo-$g(x)$-Operation kann man wieder mit der Schaltung nach Abb. 8.36 ausführen. Nach n Takten stehen die Werte der r Syndromstellen am Ausgang der Registerzellen zur Verfügung. Bei einem fehlerfreien Block haben alle Stellen den Wert Null. Es gibt 2^r-1 von Null verschiedene Syndrome.

Die Verfälschung eines Codewortes kann man durch die modulo-2-Addition eines Fehlerwortes E der Länge n beschreiben, wobei ein Eins-Element das entsprechende Codewortelement invertiert; in der Polynomschreibweise

$$\tilde{c}(x)=c(x)+e(x).$$

Bei der Prüfung entsteht das Syndrom

$$s(x)=\big(c(x)+e(x)\big) \bmod g(x)=e(x) \bmod g(x). \tag{8.139}$$

Es ist also unabhängig vom gesendeten Codewort *nur vom Fehlermuster* abhängig. Der Zusammenhang zwischen Syndrom und Fehler nach Gl. (8.139) kann somit in einer Tabelle dargestellt werden, die nur so viele Einträge wie mögliche Fehlermuster enthält. Bei einem einzigen Fehler in einem Codewort gibt es je nach Fehlerposition n verschiedene Fehlermuster. Sie können wegen $n=2^r-1$ (Gl. (8.135)) umkehrbar eindeutig den 2^r-1 Syndromen zugeordnet werden (Tabelle 8.7). Aus der Tabelle kann daher zu einem Syndrom die Fehlerposition abgelesen werden und der Fehler dann durch Inversion der Codewortstelle korrigiert werden[1].

Tabelle 8.7. Syndrome bei Einzelfehlern, $g(x)=x^3+x+1$

Fehlermuster	Syndrom
1 0 0 0 0 0 0	1 0 1
0 1 0 0 0 0 0	1 1 1
0 0 1 0 0 0 0	1 1 0
0 0 0 1 0 0 0	0 1 1
0 0 0 0 1 0 0	1 0 0
0 0 0 0 0 1 0	0 1 0
0 0 0 0 0 0 1	0 0 1

[1] Ohne Nachschlagen in einer Tabelle ist die Fehlerkorrektur auch durch Berechnung möglich (s. z. B. [8.43]).

Die Codewörter dieses Beispiels (Tab. 8.6) unterscheiden sich in *mindestens drei Eins-Stellen*. Man bezeichnet den Unterschied in der Anzahl der Eins-Stellen (den Unterschied im „Gewicht") als „Abstand"[1]. Der Minimalabstand d bestimmt die in dem Code mögliche Anzahl t der korrigierbaren Fehler:

$$t = \begin{cases} \dfrac{d-1}{2} & \text{falls } d \text{ ungeradzahlig} \\ \dfrac{d-2}{2} & \text{falls } d \text{ geradzahlig.} \end{cases} \tag{8.140}$$

Die Anzahl der erkennbaren Fehler in einem Codewort ist

$$t_\mathrm{d} = d - 1 . \tag{8.141}$$

Der hier mit dem Beispiel beschriebene zyklische (n,k)-Binärcode – $g(x)$ ist ein primitives Polynom, Codewortlänge ist $2^r - 1$ – heißt „Hamming-Code"[2] [8.19]. Er hat immer den Minimalabstand $d = 3$. Ein Fehler pro Codewort ist korrigierbar, zwei Fehler sind erkennbar. Die Coderate ist $R = k/n$.

Bei der DVB-Übertragung wird ein systematischer zyklischer Blockcode verwendet, dessen Elemente nicht binär, sondern 256-wertig sind. Sie beziehen sich jeweils auf ein Byte (8-bit-Symbol). Diese *Reed-Solomon-Codierung* wird im folgenden Abschnitt erläutert.

Neben der Blockcodierung wird ein grundsätzlich anderes Codierverfahren eingesetzt, die *Faltungscodierung*. Hier wird ein fortlaufender Ausschnitt aus dem seriellen Datenstrom mit einigen zeitlich vorangegangenen Ausschnitten linear kombiniert – bei Binärelementen modulo 2 –, wobei mindestens zwei Linearkombinationen parallel durchgeführt werden. Meist wird jeweils nur ein einziges Bit codiert, die Ausschnittlänge („Eingangsrahmenbreite") ist $k = 1$, und es werden nur zwei Linearkombinationen benutzt, d. h. zwei serielle Datenströme ausgegeben („Ausgangsrahmenbreite" $n = 2$). Die Coderate ist dann $R = k/n = 1/2$. Immer ist $n > k$. Die Anzahl der in den Linearkombinationen verwendeten Ausschnitte, der gegenwärtige Ausschnitt und die vorangegangenen Ausschnitte zusammengezählt, wird als „Beeinflussungslänge" (*constraint length*) K bezeichnet. Es entsteht ein „(n, k, K)-Code".

---

[1] Er wird häufig auch als „*Hamming-Abstand*" bezeichnet, um Verwechselungen zu vermeiden mit dem „euklidischen Abstand" der Konfigurationspunkte im Signalraum bei QAM (s. Abschn. 8.1.4).

[2] Nach Richard Wesley Hamming (bei Bell Labs. USA), *11.2.1915 in Chicago, †7.1.1998 in Monterey.

Die beiden Ausgangsdatenströme bei $n = 2$, die Binärfolgen $\{c_{x,i}\}$ und $\{c_{y,i}\}$ (i unbegrenzt), brauchen nicht wieder zu einem gemeinsamen vereint zu werden, wenn ein QPSK-Modulator folgt. Sie liefern dann unmittelbar die Dibits (s. Abschn. 8.1.3). Für $k = 1$ entstehen die zwei Ausgangsfolgen aus der Eingangsdatenfolge $\{d_i\}$ durch die beiden Linearkombinationen modulo 2

$$\begin{aligned} c_{x,i} &= \sum_{j=0}^{K-1} g_{x,j} d_{i-j} \bmod 2 \\ c_{y,i} &= \sum_{j=0}^{K-1} g_{y,j} d_{i-j} \bmod 2. \end{aligned} \tag{8.142}$$

mit den Koeffizientenfolgen[1] ($\in\{0,1\}$) $G_x = \{g_{x,j}\}$ und $G_y = \{g_{y,j}\}$, wobei $j = 0,1,\ldots,K-1$. Die Rechenvorschrift ist die einer diskreten Faltung – daher der Name „Faltungscodierung“ – oder die eines digitalen FIR-Filters, allerdings hier mit der modulo-2-Operation. Verwendet wird ein Schieberegister mit parallelen Ausgängen zu den modulo-2-Additionen. Ein Beispiel zeigt Abb. 8.38 mit einer Beeinflussungslänge $K = 4$, d. h. mit 3 Speicherzellen. Entsprechend den verwendeten Koeffizienten $G_x = \{g_{x,3}, g_{x,2}, g_{x,1}, g_{x,0}\} = \{1,1,1,1\}$ für die Erzeugung der oberen Ausgangsfolge $\{c_{x,i}\}$ und $G_y = \{1,1,0,1\}$ für die Erzeugung der unteren Ausgangsfolge $\{c_{y,i}\}$ sind die Verbindungen zu den Exklusiv-Oder-Schaltungen entweder vorhanden oder nicht.

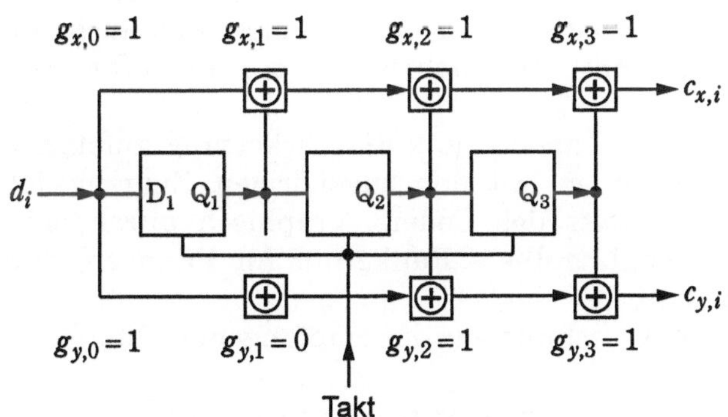

Abb. 8.38. Ein (2,1,4)-Faltungscodierer

[1] Häufig auch als Koeffizienten von Generatorpolynomen aufgefasst.

Tabelle 8.8. Zustandsübergänge des (2,1,4)-Coders von Abb. 8.38

Ein D_1	von → Q_1 Q_2 Q_3	nach Q_1 Q_2 Q_3	Aus c_x c_y
0	0 0 0	0 0 0	0 0
1		1 0 0	1 1
0	0 0 1	0 0 0	1 1
1		1 0 0	0 0
0	0 1 0	0 0 1	1 1
1		1 0 1	0 0
0	0 1 1	0 0 1	0 0
1		1 0 1	1 1
0	1 0 0	0 1 0	1 0
1		1 1 0	0 1
0	1 0 1	0 1 0	0 1
1		1 1 0	1 0
0	1 1 0	0 1 1	0 1
1		1 1 1	1 0
0	1 1 1	0 1 1	1 0
1		1 1 1	0 1

Der Registerinhalt kennzeichnet einen „Zustand" (im Sinne der Automatentheorie) des Coders. Von einem Zustand aus gibt es, abhängig vom Eingang, zwei mögliche Zustände, die beim nächsten Takt entstehen können, und jeder Zustand kann von zwei bestimmten vorangegangenen Zuständen erreicht werden, wie die Tabelle 8.8 für den Codierer nach Abb. 8.38 zeigt.

Der nächste Schritt (Takt) kann nur von dem jeweils zuvor erreichten Zustand ausgehen. Wegen dieser Verkettung kann der Coder bei gegebener Übergangstabelle *nur ganz bestimmte mögliche Dibitfolgen* ausgeben. Deshalb kann ein Decoder Übertragungsfehler durch Analyse einer genügend langen Sequenz erkennen und auch korrigieren. Die Analysenlänge sollte ein Mehrfaches der Beeinflussungslänge sein, etwa $\geq 5K$.

Statt durch die Tabelle kann die Verkettung aufeinander folgender Zustände, zusammen mit den zugehörigen Eingangsdaten und den ausgegebenen Dibits des Coders, graphisch durch ein „*Trellis*-Diagramm" (von engl. trellis = Rankgitter für Pflanzen) dargestellt werden, s. Abb. 8.39.

Ist etwa ein Ausschnitt aus der empfangenen Dibitfolge unseres Beispielcoders

... 00 10 01 01 11 10 01 11 00 ...,

so erkennt man durch Vergleich mit Tab. 8.8 oder Abb. 8.39, dass die beiden ersten Dibits nur richtig sein können, wenn das erste aus dem Zustand 001 (durch Eingabe einer Eins) oder aus dem Zustand 010 (wiederum durch Eingabe einer Eins) entstanden ist. So sind dann zwei Zustandsketten (Pfade) zu verfolgen:

001 100 010 ? und 010 101 110 011 ? .

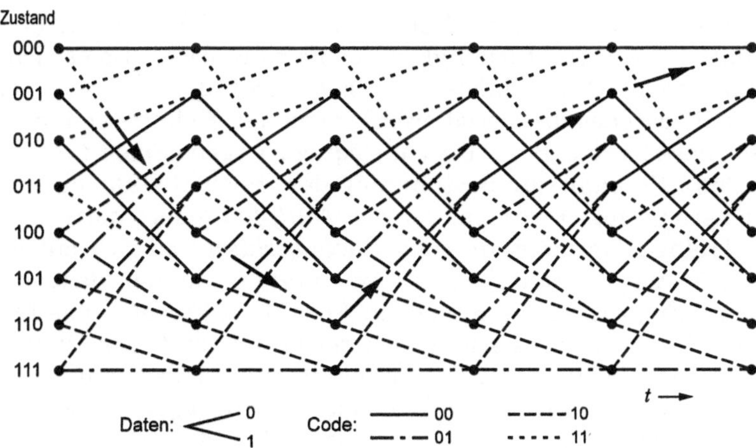

Abb. 8.39. Trellis-Diagramm für den (2,1,4)-Code. Ein freier Pfad ist durch Pfeile markiert

Im ersten Fall kann schon das dritte Dibit nicht möglich sein, im zweiten Fall stößt man erst beim vierten Dibit auf das Problem. Dort sind nun jeweils zwei Alternativen zu probieren und danach zu bewerten, ob sie in einer oder in beiden Stellen ein von dem empfangenen Dibit unterschiedliches Ergebnis liefern (Hamming-Abstand). Bei der Fortsetzung der Analyse mit weiterer Aufspaltung der Pfade ist am Ende schließlich die Summe der entlang eines Pfades aufgetretenen Hamming-Abstände dafür entscheidend, welcher Pfad als der vermutlich richtige ausgewählt wird: derjenige mit der kleinsten Abstandssumme (Maximum-Likelihood-Decodierung). Er war zuvor – wie auch andere Erfolg versprechende Pfade – gespeichert und wird nun bis zum Anfang zurückverfolgt. Anhand der Übergangstabelle wird dabei die originale Eingangsbitfolge des Coders rekonstruiert. Nach der Erkenntnis von VITERBI[1] [8.46] kann von zwei Pfaden, die einen Zustand erreichen, bereits während der Analyse der eine verworfen werden und damit der Decodieraufwand erheblich reduziert werden (*Viterbi-Decoder*). Trotzdem ist der Aufwand der Decodierung auf der Empfangsseite zur Fehlerkorrektur viel größer als der der Codierung auf der Sendeseite. Das gilt allgemein für FEC. Bei der Quellencodierung ist es umgekehrt.

In Abschnitten der empfangenen Codesequenz können die Übertragungsfehler dazu führen, dass dort der Viterbi-Decoder einen falschen Pfadteil auswählt, weil dieser einen kleineren Abstand aufweist als der richtige Pfad. Der Decoder gibt dadurch eine Reihe von fehlerhaften Bits aus. Entscheidend für derartige Ereignisse ist der kleinste mögliche Hamming-Abstand zwischen zwei zulässigen Codesequenzen, die

---

[1] Andrew J. Viterbi (Uni. of Calif. Los Angeles), *9.3.1935 in Bergamo (Italien).

„freie Distanz“ d_{free}. Wie der Minimalabstand bei Blockcodes (s. oben) bestimmt er die Korrekturfähigkeit des Faltungscodes. Da es sich auch hier um lineare Codes handelt (nach Gl. (8.142)), sind wie bei den linearen Blockcodes die Decodierfehler von der Sollcodesequenz unabhängig. Diese kann z. B. als die Nullsequenz angenommen werden (vgl. Gl. (8.139)). So kann zur Bestimmung der freien Distanz ein Pfadabschnitt herangezogen werden, der *den Nullpfad* (obere horizontale Linie im Trellis-Diagramm) *an einer Stelle verlässt* und sich mit ihm *zu einem späteren Zeitpunkt wieder vereinigt,* wenn der dazugehörige Code bei diesem Exkurs die kleinste Anzahl an Einsen – das kleinste Gewicht – aufweist. Dieses ist gleich der gesuchten freien Distanz des Codes. Im Abb. 8.39 ist der Pfadabschnitt mit Pfeilen markiert. Man erkennt, dass der (2,1,4)-Code die freie Distanz $d_{\text{free}} = 6$ besitzt. Die Korrekturfähigkeit ist um so größer, je größer d_{free} ist. Einzelheiten werden im Abschn. 8.2.2 behandelt.

Die kleine Coderate 1/2, d. h. die relativ große Redundanz für die Fehlerkorrektur, wird nur bei sehr ungünstigen Empfangsverhältnissen wirklich benötigt. Eine Coderate von 3/4 ist meist ausreichend, eventuell kommen auch $R = 2/3$ oder $R = 5/6$ in Betracht (s. Tabelle 8.11). Grundsätzlich könnte man $R = 3/4$ dadurch erreichen, dass man die Eingangsrahmenbreite auf 3 erhöht und die Ausgangsrahmenbreite auf 4. Der Schaltungsaufwand für Codierung und Decodierung würde dadurch aber viel größer. Man bleibt deshalb lieber bei der beschriebenen Schaltung mit der Eingangsrahmenbreite 1 und der Ausgangsrahmenbreite 2 und erzeugt die höhere Coderate durch planmäßiges Auslassen (*„Punktieren“*) von Bits in der vom Coder gelieferten Dibitfolge. Es bleibt dann auch bei den zwei parallelen Kanälen für die folgende I/Q-Modulation, und eine Umschaltung auf andere Coderaten ist je nach Bedarf leicht möglich. Die bei DVB-S und DVB-T eingesetzte Faltungscodierung wird im Abschn. 8.2.2 beschrieben.

Wenn die Faltungscodierung bei der DVB-Übertragung eingesetzt wird, dann wird sie immer mit der Blockcodierung nach Reed-Solomon kombiniert (Abb. 8.40). In dieser Hintereinanderschaltung („concatenation“) folgt nach der Demodulation zunächst der Viterbi-Decoder. Er hat gegenüber einem RS-Decoder den Vorteil, dass man hier leicht eine „Soft Decision“ einsetzen kann (s. Abschn. 8.2.2) anstelle einer einzigen, „harten“ Entscheiderschwelle. Damit erreicht man einen um bis zu 2 dB größeren Codierungsgewinn. Andererseits hat der Faltungsdecodierer den Nachteil, dass die Restfehler, die er bei stark verrauschtem Signal ausgibt, meist als Fehlerbündel (*„Burstfehler“*) auftreten. Wegen der byteweisen Codierung kann der folgende RS-Decoder nun Burstfehler ohne weiteres korrigieren, sofern sie sich auf ein einzelnes

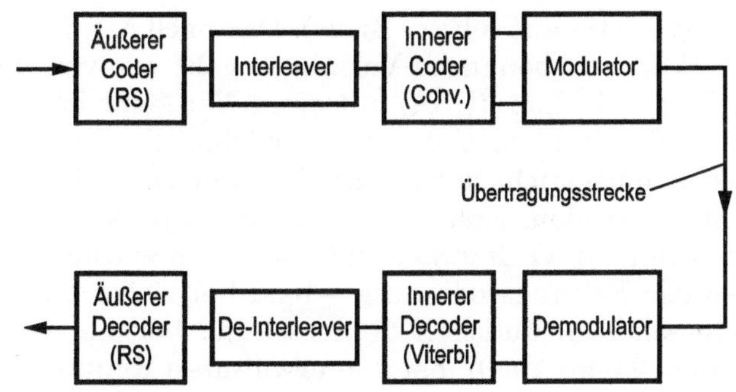

Abb. 8.40. Kombination aus Reed-Solomon- und Faltungscodierung

Byte beschränken. Dies lässt sich durch „Verschachteln" (*Interleaving*) der vom Viterbi-Decoder gelieferten Bytefolge sicherstellen: die Burstfehler werden durch das Verstreuen über einen größeren Bereich in einzelne Bytefehler aufgelöst. Das wird zulässig durch einen entsprechend umgekehrt laufenden Interleaver auf der Senderseite zwischen RS-Coder und Faltungscoder (Abb. 8.40). Man bezeichnet den unmittelbar vor dem Modulator liegenden Faltungscoder als *„inneren"* Coder, entsprechend den unmittelbar am Demodulatorausgang liegenden Viterbi-Decoder als inneren Decoder. Die durch Interleaver getrennte RS-Codierung bzw. Decodierung liegt dann „außen". Bei der DVB-Übertragung soll der Viterbi-Decoder eine Bitfehlerate von höchstens $2 \cdot 10^{-4}$ ausliefern, und diese wird dann durch den RS-Decoder auf $1 \cdot 10^{-11}$ reduziert, den „quasi fehlerfreien" Empfang (s. Schluß von Abschn. 8.1.3).

Die beschriebene zweistufige („hybride") Codierung war schon vor der DVB-Normung mit größtenteils gleichen Parametern als „NASA/-ESA-Standard" (Rec. CCSDS[1] 101.0-B [8.6]) etabliert: für die Datenübertragung bei Raumflugmissionen. Der erste Einsatz war ab 1985 bei Voyager 2, als Bilder vom Planeten Uranus und später auch vom Neptun übertragen wurden.

8.2.1 Reed-Solomon-Codierung

Im Unterschied zu den in der Einführung vorgestellten binären Blockcodes bezieht sich die Reed-Solomon-Codierung – ebenfalls eine Blockcodierung – nicht auf binäre Elemente, sondern auf mehrwertige Elemente in den Daten und den erzeugten Codewörtern, vorzugsweise auf

[1] Consultative Committee for Space Data Systems, 1982 gegründet von einer Arbeitsgruppe der NASA und der ESA.

8-bit-Symbole (Oktetts aus 8 Bits, Bytes). Das nach den Erfindern[1] I. S. REED und G. SOLOMON benannte Verfahren geht aus von ihren Arbeiten beim MIT Lincoln Lab. (USA) mit einer Veröffentlichung aus dem Jahre 1960 [8.38]. Problematisch war zunächst die Decodierung. Zur Fehlerkorrektur muss nicht nur die Stelle, sondern auch die Größe des Fehlers ermittelt werden. Erst ab 1967 standen praktisch einsetzbare Decodierverfahren zur Verfügung, und von da ab wurde die RS-Codierung – neben der Faltungscodierung – bald bei vielen digitalen Übertragungssystemen zum üblichen Fehlerschutz, beispielsweise bei der digitalen Audio-CD (ab 1980), bei den erwähnten Raumflugmissionen, bei digitaler Videoaufzeichnung (s. Abschn. 9.3) auf Magnetband, bei der „Digital Versatile Disk" (DVD) und eben bei allen DVB-Übertragungsarten.

Die RS-Codierung basiert auf „endlichen algebraischen Körpern". Ein „Körper" ist eine Menge von Elementen, zu denen zwei Verknüpfungsvorschriften für Paare von Elementen definiert sind – man kann sie „Addition" und „Multiplikation" nennen – wobei die Verknüpfungsvorschriften kommutativ sind und auch die aus der konventionellen Arithmetik bekannten Assoziativ- und Distributivgesetze gelten. Bei den endlichen Körpern gibt es nur eine begrenzte Anzahl von bestimmten Elementen, und die Verknüpfung darf kein weiteres, sondern nur ein Element aus dem definierten Vorrat liefern. Die endlichen Körper nennt man nach seinem Erforscher GALOIS[2] meistens *Galois-Felder* (von *field,* der englischen Bezeichnung für algebraische Körper), ein Galois-Feld mit q Elementen GF(q). Entgegen der üblichen Darstellung erläutern wir die RS-Codierung hier ohne expliziten Bezug zur Theorie der Galois-Felder. Das ist für den vorliegenden Zweck ausreichend.

In dem Codewort der Länge n

$$C = \{B_{n-1}, B_{n-2}, \dots B_1, B_0\}$$

und den Koeffizienten des entsprechenden Polynoms

$$c(x) = B_{n-1}x^{n-1} + B_{n-2}x^{n-2} + \dots + B_1 x + b_0$$

nehmen wir jetzt also nicht mehr binäre, sondern allgemein q- wertige Codeelemente B an mit $q = 2^m$. Diese Codeelemente stellen wir nun ihrerseits *auch durch Polynome* dar. Es sind Polynome vom Grad $\leq m-1$ mit den binären Koeffizienten 0 oder 1. Zur Unterscheidung

[1] Irving S. Reed, *12.11.1923 in Seattle. Gustave Solomon, *27.10.1930 in New York, †31.1.1996 in Beverly Hills.

[2] Évariste Galois, *25.10.1811 in Bourg-la-Reine (Paris), †31.5.1832 in Paris.

gegenüber den Codewortpolynomen benutzen wir in den Codeelementpolynomen anstelle von x die unbestimmte Variable X:

$$B \to b(X) = \beta_{m-1}X^{m-1} + \beta_{m-2}X^{m-2} + \ldots + \beta_1 X + \beta_0 \quad \beta_i \in \{0,1\}.$$

Die Zuordnung zu den Codeelementen geschieht über die Dualzahlendarstellung ihrer Werte, wobei das MSB den Koeffizienten der höchsten X-Potenz gibt:

$$B = \beta_{m-1}\,2^{m-1} + \beta_{m-2}\,2^{m-2} + \ldots + \beta_1\,2^1 + \beta_0\,2^0\,.$$

Ein Beispiel für $m = 3$ zeigt Tabelle 8.9.

Bei Additionen dieser Polynome müssen die Koeffizienten modulo 2 reduziert werden. Multiplikationen der Polynome sollen der modulo-Operation bezüglich eines *„Feldpolynoms"* $f(X)$ unterworfen werden:

$$b_i(X) \cdot b_j(X) \equiv \big(b_i(X) \cdot b_j(X)\big) \bmod f(X)\,. \tag{8.143}$$

Die Feldpolynome sind primitive Polynome vom Grad m, beispielsweise für $m = 3$ (s. Tabelle 8.5)

$$f(X) = X^3 + X + 1\,.$$

Die Multiplikation von z. B. $X^2 + X$ (1 1 0) mit X^2 (1 0 0) ergibt

$$(X^4 + X^3) \bmod (X^3 + X + 1) = X^2 + 1 \quad (1\ 0\ 1).$$

Man beachte, dass $(X^3 + X + 1) \bmod (X^3 + X + 1) = 0$.

Die durch eine RS-Codierung erzeugten Codewörter haben die Länge

$$n = 2^m - 1 = q - 1 \tag{8.144}$$

Tabelle 8.9. Polynomdarstellung für 3-bit-Codeelemente

Codeelement (MSB links)	Polynom
000	0
001	1
010	X
011	$X+1$
100	X^2
101	X^2+1
110	X^2+X
111	X^2+X+1

aus q- wertigen Codeelementen. Sie weisen sich als gültige Codewörter dadurch aus, dass ihre Polynomdarstellung $c(x)$ durch das RS-Generatorpolynom[1] (vom Grad r in x)

$$g(x) = \prod_{i=1}^{r} \left(x + X^i\right) \tag{8.145}$$

ohne Rest teilbar ist (Gl. (8.134)). Dabei ist $r\ (<n)$ die gewählte Anzahl der Prüfstellen: die Anzahl der Codeelemente, die zum Informationsblock der Länge k hinzukommen. So ist dann

$$k = n - r\,. \tag{8.146}$$

Die Codewortpolynome müssen also die r Faktoren $(x + X^i)$ (mit $i = 1,\ldots,r$) enthalten. Man beachte den Unterschied der Begriffe Generatorpolynom (über x) und Feldpolynom (über X).

Unter den q^n möglichen Wörtern der Länge n sind q^{n-r} gültige Codewörter. Sie unterscheiden sich in mindestens $r+1$ Stellen, der Minimalabstand ist

$$d = r + 1\,. \tag{8.147}$$

Die Anzahl der korrigierbaren Codeelemente in einem empfangenen Codewort ist bei der RS-Codierung daher (s. Gl. (8.140))

$$t = \begin{cases} \dfrac{r}{2} & \text{falls } r \text{ geradzahlig} \\ \dfrac{r-1}{2} & \text{falls } r \text{ ungeradzahlig.} \end{cases} \tag{8.147}$$

Der Minimalabstand $r+1$ ist der bei gegebenem r maximal mögliche (nach Singleton [8.41]). Der Reed-Solomon-Code ist der wichtigste Vertreter solcher Codes mit optimalen Fehlerkorrektureigenschaften, d. h. von Codes, die eine gewünschte Anzahl korrigierbarer Fehler mit einem Minimum an Redundanz ermöglichen („Maximum Distance Separable“).

Als Beispiel nehmen wir einen möglichst einfachen Fall: achtwertige Codeelemente (Tab. 8.9) und $r = 2$ Prüfstellen, so dass ein (nur ein) falsches Codeelement in einem Codewort korrigiert werden kann. Das Generatorpolynom ist dazu nach Gl. (8.145) ($X^3 \equiv X + 1$)

---

[1] $X^i \bmod f(X)$ liefert mit $i = 0, 1, \ldots, q-2$ alle Codeelementpolynome für ein gegebenes m (alle Elemente des $\mathrm{GF}(2^m)$) außer dem Nullelement, und es ist

$$X^i \bmod f(X) = X^{i-q+1} \bmod f(X)$$

(periodisch in i mit Periode $q-1$). Außer X gibt es noch weitere Codeelementpolynome mit dieser Eigenschaft. Sie könnten ebenfalls ein Generatorpolynom entsprechend Gl. (8.145) aufbauen.

$$g(x) = x^2 + g_1 x + g_0 = x^2 + \left(X^2 + X\right)x + (X+1)x^0.$$

Ein Block aus 7 Elementen (Gl. (8.144)) setzt sich aus 5 Datenelementen und den 2 Prüfstellen zusammen. Es entsteht ein (7,5)-RS-Code. Wir benutzen die systematische Codierung, die Prüfstellen werden an den Datenblock angehängt. Aus einem Datenblock mit dem Polynom $d(x)$ ist also das Codewort $c(x)$ nach der Gl. (8.138) zu bilden. Die Prüfstellen können wie im binären Fall (Abb. 8.36) wieder mit rückgekoppelten Schieberegistern der Länge r ermittelt werden. Die Register müssen jedoch jetzt q- stufige Elemente aufnehmen, und für die Rückführungen zu den modulo-2-Addieren ist eine Multiplikation modulo $f(X)$ des zurückgeführten Signals mit den q- stufigen Koeffizienten $g_0, g_1, \ldots g_{r-1}$ des Generatorpolynoms durchzuführen. Die Schaltung ist in Abb. 8.41 für die Codierung des Datenworts 111 001 111 101 010 gezeigt. Es werden zwei Nullelemente 000 angehängt. Die Schaltung führt mit diesen Eingangswerten die modulo- $g(x)$- Operation aus. Das Ergebnis steht nach 7 Takten am Ausgang der beiden Registerzellen: 010 110. Das Codewort ist somit 111 001 111 101 010 010 110. Eine

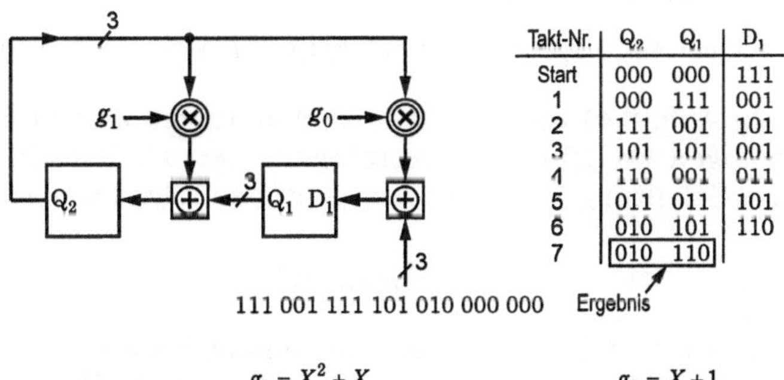

Takt-Nr.	Q_2	Q_1	D_1
Start	000	000	111
1	000	111	001
2	111	001	101
3	101	101	001
4	110	001	011
5	011	011	101
6	010	101	110
7	010	110	

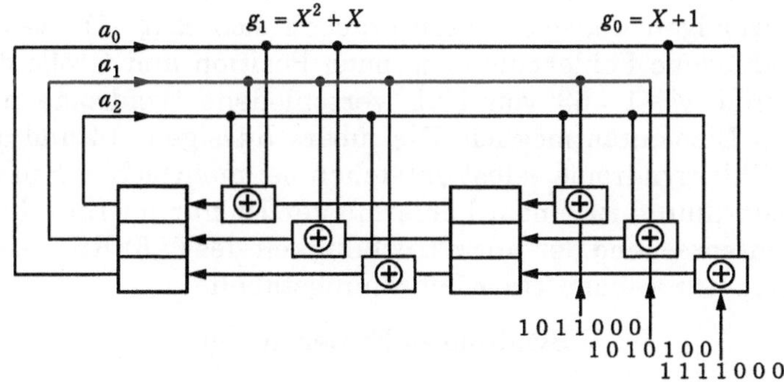

Abb. 8.41. Prüfstellenermittlung eines RS-(7,5)-Codes für ein Generatorpolynom $g(x) = x^2 + g_1 x + g_0$ mit $g_0 = 011$, $g_1 = 110$

Realisierung mit binären Schaltelementen ist im unteren Teil von Abb. 8.41 gezeigt. Es sind $m = 3$ parallele, binär arbeitende Zweige notwendig. Der eine nimmt die MSBs β_2 auf, die anderen β_1 und β_0. Das zurückgeführte Signal sei mit einem Polynom $a(x)$ dargestellt, das Koeffizienten in der Form

$$a_2X^2 + a_1X + a_0 \quad a_0, a_1, a_2 \in \{0,1\}$$

besitze, mit a_2 als MSB. Die Multiplikation mit g_1 liefert

$$\begin{aligned}&\left(a_2X^2 + a_1X + a_0\right)\left(X^2 + X\right) \bmod \left(X^3 + X + 1\right)\\&= (a_2 + a_1 + a_0)X^2 + (a_1 + a_0)X + a_2 + a_1.\end{aligned}$$

Daraus ergeben sich die Anschlüsse an die Exklusiv-Oder-Schaltung des β_2-Zweigs zwischen den beiden Registerzellentripeln von a_2, a_1 und a_0 aus, an die Exklusiv-Oder-Schaltung des β_1-Zweigs von a_1 und a_0 aus, an die Exklusiv-Oder-Schaltung des β_0-Zweigs von a_2 und a_1 aus. Die Multiplikation von $a(x)$ mit g_0 ergibt

$$\begin{aligned}&\left(a_2X^2 + a_1X + a_0\right)(X + 1) \bmod \left(X^3 + X + 1\right)\\&= (a_2 + a_1)X^2 + (a_2 + a_1 + a_0)X + a_2 + a_0,\end{aligned}$$

so dass die in Abb. 8.41 dargestellten Verbindungen zu den Exklusiv-Oder-Schaltungen am Schieberegistereingang herzustellen sind.

Die gleiche Schaltung kann empfangsseitig zur Syndromberechnung durch

$$s(x) = \tilde{c}(x) \bmod g(x)$$

benutzt werden (vgl. Gl. (8.139)). Bei nur einem Fehler in einer Folge aus n q-wertigen Codeelementen ergeben sich $n \cdot (q-1) = n^2 = 49$ von Null verschiedene Fehlermuster je nach Position und Größe des Fehlers. Es sind $q^2 - 1 = 63$ von Null verschiedene Syndrome mit zwei q-wertigen Elementen möglich. Die „überschüssigen“ 14 und auch die 49 Einzelfehlersyndrome selbst entstehen bei mehrfachen Fehler. Eine richtige Zuordnung zu einem Fehlermuster ist nur im Einzelfehlerfall möglich, entsprechend der Korrekturfähigkeit des (7,5)-RS-Codes.

Die Korrektur anhand einer Zuordnungstabelle

$$\text{Syndrom} \leftrightarrow \text{Fehlermuster}$$

ist nur bei dem hier vorgeführten extrem einfachen Beispiel praktikabel. Allgemein ist die Anzahl der möglichen von Null verschiedenen Syndrome gleich $q^r - 1$, beispielsweise bei $q = 256$ $(m = 8)$ und $r = 16$ gleich $3{,}4 \cdot 10^{38}$. Es werden daher geeignete Algorithmen für eine algebraische Decodierung benötigt. Sie stehen, wie erwähnt, erst seit 1967 zur Verfügung, weitere wurden danach und werden auch heute noch entwickelt. Übliche Verfahren sind z. B. in [8.48] beschrieben worden. Sie sind alle ziemlich kompliziert und können hier nicht vorgestellt werden.

Die Reed-Solomon-Codierung mit 256-wertigen Codeelementen und 16 Prüfstellen wird zur Kanalcodierung bei DVB-S, DVB-C und DVB-T eingesetzt. Bei diesem (255, 239)-RS-Code können somit bis zu $t=8$ fehlerhafte Codeelemente je Codewort der Länge $n=255$ korrigiert werden (Gl. (8.147)). Die Codeelemente mit ihren $q=2^8$ Werten sind 8-bit-Symbole, die den Bytes des MPEG-Transportstroms (Abb. 6.68) direkt zugeordnet werden können. Als Feldpolynom wird – den DVB-Normen entsprechend – aus Tabelle 8.5 unter den primitiven Polynomen vom Grad 8 das erste dort aufgeführte gewählt:

$$f(X)=X^8+X^4+X^3+X^2+1. \tag{8.148}$$

Das Generatorpolynom ist nach Gl. (8.145)

$$\begin{aligned} g(x) &= \prod_{i=1}^{16}(x+X^i) \bmod f(X) \\ &= 1\cdot x^{16}+\left(X^6+X^5+X^4+X^2+X\right)x^{15}+\left(X^5+X^4+X^2\right)x^{14} \\ &\quad+\left(X^6+X^5+X^2+X+1\right)x^{13}+\left(X^4+X^3+X^2+X+1\right)x^{12} \\ &\quad+\left(X^6+X^5+X^3\right)x^{11}+\left(X^6+X^5+X^4+X^3+X^2+X\right)x^{10} \\ &\quad+\left(X^7+X^5+X^4+X^3+X+1\right)x^9+\left(X^7+X^6+X^5+X^3\right)x^8 \\ &\quad+\left(X^4+1\right)x^7+\left(X^5+X^4+X^3\right)x^6+\left(X^7+X^5+X^4+X^2+X+1\right)x^5 \\ &\quad+\left(X^5+X^4+1\right)x^4+\left(X^6+X^5+X^2\right)x^3+\left(X^6+X^4+1\right)x^2 \\ &\quad+\left(X^5+X^3+X^2\right)x+\left(X^6+X^3+X^2+X+1\right)x^0. \end{aligned} \tag{8.149}$$

Seine Koeffizienten sind Elemente aus dem Galois-Feld GF(2^8) ebenso wie es die Codeelemente sind. Eine im Vergleich zur Darstellung durch Polynome kürzere Form der Koeffizienten erhält man durch eine Zahlendarstellung der Elemente, beispielsweise durch Hexadezimalzahlen:

$$\begin{aligned} g(x) &= 01x^{16}+76x^{15}+34x^{14}+67x^{13}+1\mathrm{F}x^{12} \\ &\quad+68x^{11}+7\mathrm{E}x^{10}+\mathrm{BB}x^9+\mathrm{E}8x^8+11x^7+38x^6 \\ &\quad+\mathrm{B}7x^5+31x^4+64x^3+51x^2+2\mathrm{C}x+4\mathrm{F}x^0. \end{aligned} \tag{8.149a}$$

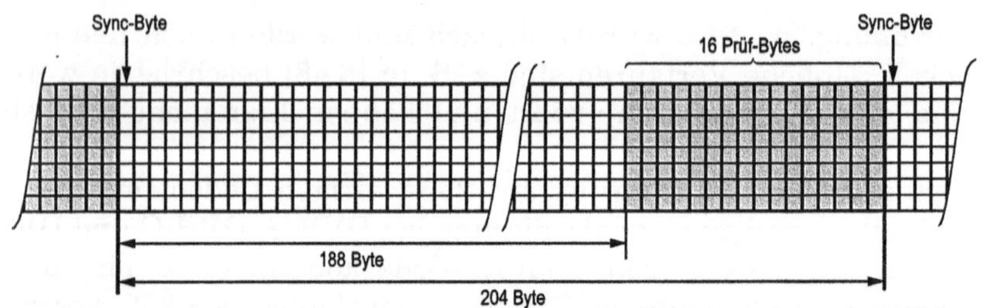

Abb. 8.42. Der Aufbau eines durch Reed-Solomon-Codierung fehlergeschützten Transportstrompaketes bei DVB (Bit-parallel, Byte-seriell dargestellt)

Die Paketstruktur des MPEG-Transportstromes (Abb. 6.68) sollte bei der Codierung erhalten bleiben. An die 188 Byte des Datenpakets sind die 16 Byte der Prüfstellen anzuhängen. Die fehlergeschützten Pakete haben die Länge 204. Der (255,239)-RS-Code muss dazu um 51 Byte verkürzt werden, *es wird ein verkürzter (204,188)-RS-Code verwendet* (Abb. 8.42)[1]. Die Bedingungen der originalen Reed-Solomon-Codierung können trotzdem erhalten bleiben. Man setzt zur Codierung 51 Null-Bytes vor den Paketanfang und beseitigt sie wieder nach der Codierung. Wie schon beim Kommentar zu Abb. 8.19 erwähnt, ist dem Transportstrom zur „Energieverwischung" (s. Abschn. 8.3.3) vor der Codierung eine binäre Pseudozufallsfolge modulo-2 addiert worden (nach 8 Paketen jeweils neu beginnend).

Die maximal korrigierbare Codeelementanzahl von $t = 8$ in einem Codewort bedeutet, dass 8 Bits korrigiert werden können, wenn jedes fehlerhafte Codeelement nur einen Bitfehler aufweist, und dass maximal 64 Bits korrigiert werden können, wenn nämlich alle 8 Bits aller fehlerhaften Codeelemente falsch sind. Es sei w die Anzahl der falschen Codeelemente eines Codewortes. Übersteigt nun diese Anzahl die Grenze t der Korrekturfähigkeit des Codes, so wird der Decoder zusätzlich zu den nicht korrigierten w Fehlern noch weitere, selbst produzierte Fehler ausgeben, deren Anzahl im ungünstigsten Fall den Wert t erreichen kann. Wir wollen zunächst ermitteln, wie groß die Symbolfehlerwahrscheinlichkeit P_{es2} am Decoderausgang sein wird, wenn an seinem Eingang eine Symbolfehlerwahrscheinlichkeit P_{es1} auftritt. Die Wahrscheinlichkeit dafür, dass w Elemente in einem Codewort der Länge n falsch sind und somit $n - w$ richtig sind, ist

$$P_{es1}^{w}(1 - P_{es1})^{n-w}.$$

[1] Ein RS-Code kann auch verlängert werden, z. B. von der Wortlänge $q-1$ auf q (s. Abschn. 8.4.2).

Es gibt $\binom{n}{w}$ derartige Fehlermuster. Die Fehleranzahl in einem Codewort am Decoderausgang, hervorgerufen durch $w > t$, in Bezug auf die Gesamtzahl n der Codeelemente ergibt P_{es2}:

$$P_{es2} = \frac{1}{n} \sum_{w=t+1}^{n} (w+t) \binom{n}{w} P_{es1}^{w} (1 - P_{es1})^{n-w} . \quad (8.150)$$

Hieraus kann auch die entsprechende Beziehung für die Bitfehlerwahrscheinlichkeit P_{eb2} am Decoderausgang in Abhängigkeit von der Bitfehlerwahrscheinlichkeit P_{eb1} am Eingang abgeleitet werden. Ein Symbol ist fehlerfrei, wenn alle seine m Bits fehlerfrei sind. Die Wahrscheinlichkeit dafür ist gleich $(1 - P_{eb1})^m$, wenn die Bits statistisch unabhängig voneinander fehlerfrei auftreten (vgl. die Ableitung von Gl. (8.107)). Wenn allerdings ein Faltungsdecodierer vorangeht und dieser Burstfehler ausgibt, gibt es nach dem Interleaver einzelne Bytefehler, in denen die Bitfehler nicht unabhängig voneinander sind. Allgemein ist

$$1 - P_{es1} \geq (1 - P_{eb1})^m, \quad P_{es1} \approx \varkappa P_{eb1} \text{ mit } \varkappa \leq m,$$

wobei das Gleichheitszeichen bei statistischer Unabhängigkeit gilt. Nur bei den vom Decoder selbst produzierten Symbolfehlern ist (s. [8.43])

$$P_{eb2} = \frac{2^{m-1}}{2^m - 1} P_{es2} .$$

Damit folgt aus Gl. (8.150) die gesuchte Bitfehlerwahrscheinlichkeit am Ausgang des RS-Decoders:

$$P_{eb2} = \frac{1}{n} \sum_{w=t+1}^{n} \left(\frac{w}{\varkappa} + t \frac{2^{m-1}}{2^m - 1} \right) \binom{n}{w} (\varkappa P_{eb1})^w (1 - \varkappa P_{eb1})^{n-w} . \quad (8.151)$$

Für den (255,239)-RS-Code und den verkürzten (204,188)-RS-Code der DVB-Normen ist dieser Zusammenhang mit $m = 8$, $t = 8$ und $\varkappa = m$ in Abb. 8.43 dargestellt. Man erkennt, wie zuvor schon verschiedentlich erwähnt, dass man durch die Codierung einen „quasi fehlerfreien" Betrieb mit $P_{eb2} = 1 \cdot 10^{-11}$ noch bei einer Eingangsbitfehlerrate von $P_{eb1} \approx 2 \cdot 10^{-4}$ erreichen kann. Markiert ist der Punkt, an dem Ausgangs- und Eingangsbitfehlerrate gleich sind. Das ist bei $P_{eb1} =$ $2{,}9 \cdot 10^{-3}$ der Fall. Bei solchen und höheren Eingangsfehlerraten versagt der Fehlerschutz.

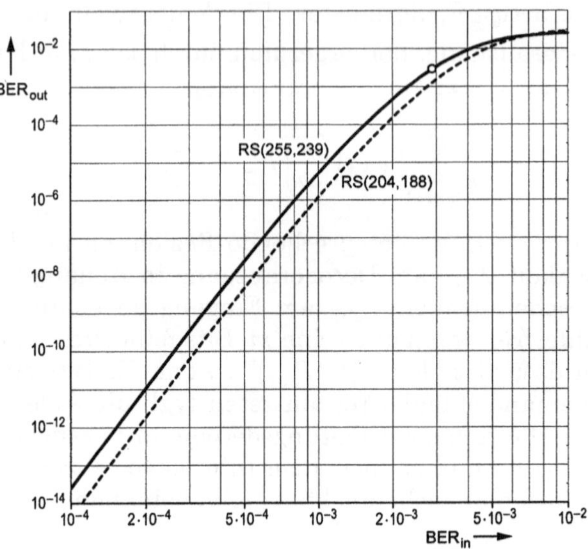

Abb. 8.43. Reduktion der Bitfehlerrate durch Reed-Solomon-Codierung, berechnet nach Gl. (8.151)

8.2.2 Faltungscodierung

Die Faltungscodierung für die Satellitenübertragung und für die terrestrische Übertragung von DVB erzeugt einen (2, 1, 7)-Code: die Eingangsrahmenbreite ist 1, die Ausgangsrahmenbreite ist 2 und die Beeinflussungslänge ist 7, d. h. der Coder benutzt 6 Schieberegisterspeicher (Abb. 8.44). Die beiden Ausgangsdatenströme dienen bei DVB-S direkt zur I/Q-Ansteuerung des QPSK-Modulators (s. Abb. 8.14a), bei DVB-T werden sie zu einem seriellen Datenstrom zusammengesetzt, der dann über einen „inneren" Interleaver den QAM/-OFDM-Modulator ansteuert (s. Abschn. 8.3.1). Entsprechend den 6 Speichern nimmt der Coder nach jedem Takt einen von $2^6 = 64$ möglichen Zuständen an. Das in Abb. 8.44 dargestellte Anschlussschema für die Exklusiv-Oder-Schaltungen liefert bei $R = 1/2$ einen Code mit maximaler freier Distanz, also mit maximaler Korrekturfähigkeit bei der Beeinflussungslänge 7. Es ist $d_{\text{free}} = 10$.

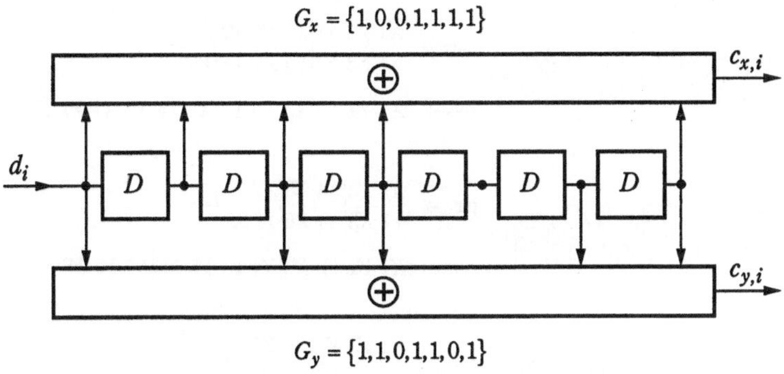

Abb. 8.44. Der für DVB benutzte Faltungscodierer

Die Vektoren der Anschlusskoeffizienten werden meist durch eine Oktalzahl dargestellt:

$$\begin{aligned} G_x &= \{1,0,0,1,1,1,1\} \mathrel{\hat{=}} 117_{\text{oct}} \\ G_y &= \{1,1,0,1,1,0,1\} \mathrel{\hat{=}} 155_{\text{oct}} \end{aligned} \tag{8.152}$$

Manchmal werden die Anschlusskoeffizienten auch in umgekehrter Reihenfolge notiert, d. h. mit $g_{x,0}$ zuerst. Dann ist

$$\begin{aligned} G'_x &= \{1,1,1,1,0,0,1\} \mathrel{\hat{=}} 171_{\text{oct}} \\ G'_y &= \{1,0,1,1,0,1,1\} \mathrel{\hat{=}} 133_{\text{oct}} \end{aligned} \tag{8.152a}$$

Andererseits liefert eine Codierschaltung mit umgekehrter Reihenfolge der Anschlüsse einen Code mit den gleichen Eigenschaften.

In der DVB-Norm sind zur Anpassung an günstigere Empfangsverhältnisse alternativ höhere Coderaten durch Punktierung des 1/2-„Muttercodes“ vorgesehen. Abb. 8.45 zeigt das Punktierungsschema für die Erzeugung der Coderaten 2/3, 3/4 oder 5/6. Daneben ist in der Norm auch noch die Coderate 7/8 zur Auswahl gestellt. Für $R = 2/3$ wird in jedem zweiten Dibit am Muttercoderausgang ein Bit gelöscht, so dass von jeweils 4 Bit nun 3 übrigbleiben und dadurch die Coderate $(1/2)\cdot(4/3)$ entsteht. Für $R = 3/4$ werden in einer Periode von 3 Dibits 2 Bit gelöscht, für $R = 5/6$ werden in einer Periode von 5 Dibits 4 Bit gelöscht. Der resultierende Dibit-Datenstrom für DVB-S und das Multiplexergebnis für den seriellen Datenstrom, der bei DVB-T benötigt wird (s. oben), sind in Abb. 8.45 ebenfalls dargestellt.

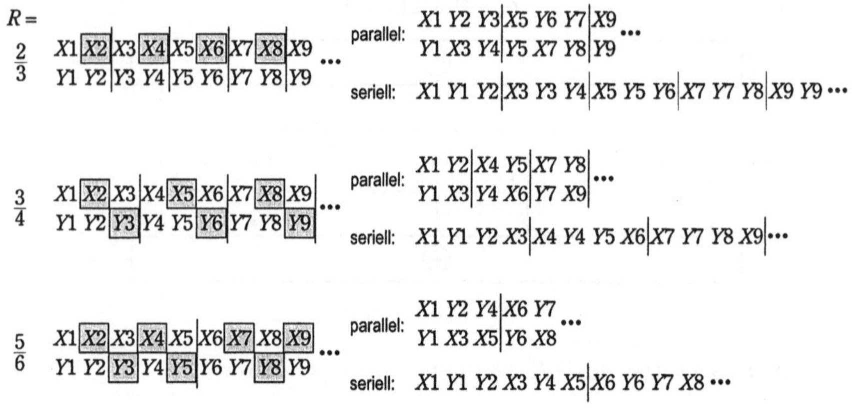

R =

2/3
X1 X2 X3 X4 X5 X6 X7 X8 X9 ...
Y1 Y2 Y3 Y4 Y5 Y6 Y7 Y8 Y9
parallel: X1 Y2 Y3 | X5 Y6 Y7 | X9 ...
Y1 X3 Y4 | Y5 X7 Y8 | Y9
seriell: X1 Y1 Y2 | X3 Y3 Y4 | X5 Y5 Y6 | X7 Y7 Y8 | X9 Y9 ...

3/4
X1 X2 X3 X4 X5 X6 X7 X8 X9 ...
Y1 Y2 Y3 Y4 Y5 Y6 Y7 Y8 Y9
parallel: X1 Y2 | X4 Y5 | X7 Y8 | ...
Y1 X3 | Y4 X6 | Y7 X9 |
seriell: X1 Y1 Y2 X3 | X4 Y4 Y5 X6 | X7 Y7 Y8 X9 | ...

5/6
X1 X2 X3 X4 X5 X6 X7 X8 X9 ...
Y1 Y2 Y3 Y4 Y5 Y6 Y7 Y8 Y9
parallel: X1 Y2 Y4 | X6 Y7 ...
Y1 X3 X5 | Y6 X8
seriell: X1 Y1 Y2 X3 Y4 X5 | X6 Y6 Y7 X8 ...

Abb. 8.45. Die Punktierung des (2,1,7)-Muttercodes bei DVB-S und DVB-T

Die Decodierung der höherratigen Codes gestaltet sich wegen des Punktierungsverfahrens nicht viel aufwendiger als bei $R = 1/2$. Allerdings sollte die Analysenlänge größer sein, statt 35 $(= 5K)$ etwa 100...200. Der Decoder ermittelt selbst (durch Ausprobieren: Minimum der erkannten Fehler), welche der genormten Coderaten ankommt. Dem entsprechend werden in einem vorangehenden „*Depunktierer*“ die ausgelassenen Bits durch neutrale Signalwerte ersetzt, die im folgenden Viterbi-Decoder keinen Einfluss haben auf die Abstandssumme bei der Pfadsuche, etwa durch 0, wenn die Signalwerte +1 und –1 die beiden Binärwerte repräsentieren.

Die beiden Signale $I(t)$ und $Q(t)$ die der Quadraturdemodulator ausliefert, sind analoge Signale, die – wie in Abb. 8.14 dargestellt – über je eine Ja-Nein-Entscheiderschaltung in Binärdatenfolgen umgesetzt werden. Wenn diese dem Viterbi-Decoder zur Verfügung stehen, wird er zur Ermittlung des wahrscheinlich richtigen Pfades die entlang des Pfades auftretende Summe der geringsten Hamming-Abstände als Maß heranziehen (s. oben). Die Ermittlung wird jedoch bedeutend zuverlässiger, wenn dem Decoder die abgetasteten I/Q- Signale direkt zur Verfügung stehen. Er kann dann die Summe der minimalen *euklidischen* Distanzen als Entscheidungsmaß heranziehen („Soft Decision“), die natürlich viel genauer ist als die Summe der Abstände zu den nur mit 1 bit quantisierten Signalen („Hard Decision“). Viterbi-Decoder arbeiten daher meist mit Soft Decision. Da allerdings die Verarbeitung im Decoder immer mit digitalen Schaltungen erfolgt, müssen zur Soft Decision die I/Q- Signale doch noch zuvor über A/D-Wandler umgesetzt werden. Für diesen Zweck reicht bereits eine 3- oder 4-bit-Quantisierung aus. Die Verschlechterung der Entscheidungszuverlässigkeit im Vergleich zu den idealen unquantisierten I/Q-Signalen ist dabei unbedeutend.

Im Gegensatz zu Blockcodes gibt es zu Faltungscodes keine genauen Aussagen zu ihrer Korrekturfähigkeit. Ein entscheidendes Merkmal ist aber die zuvor erläuterte freie Distanz. Die Eigenschaften eines Faltungscodes, beispielsweise die Bitfehlerrate und Burstfehler am Decoderausgang in Abhängigkeit vom Träger/Rauschabstand am Demodulatoreingang, können am besten durch Simulationen ermittelt werden. Formelmäßig darstellbar sind nur Abschätzungen oder obere Schranken für die Bitfehlerrate, die allerdings bei niedrigen Bitfehlerraten mit den Simulationsergebnissen schon gut übereinstimmen können.

Die Berechnung einer oberen Schranke für die Bitfehlerrate geht aus von der Wahrscheinlichkeit $P(w)$ für die Auswahl eines falschen Pfades, der gegenüber dem richtigen die Abstandssumme w aufweist. Dann ist eine obere Schranke für die Bitfehlerrate [8.28, 8.34, 8.43]

$$P_{\text{eb2}} \leq \frac{1}{k} \sum_{w=d_{\text{free}}}^{\infty} A_w P(w) \tag{8.153}$$

Hierin ist A_w die Anzahl der fehlerhaften Datenbits, die alle Pfade mit der Abstandssumme w liefern, d. h. die Anzahl der Einsen, die zusammen alle Pfade ausgeben, die den Nullpfad verlassen und später zu ihm zurückkehren und deren zugehöriger Code das Gewicht w besitzt. Tabellen mit den A_w-Werten üblicher Faltungscodes, auch für die punktierten, sind in den genannten Quellen veröffentlicht worden. Das Gleichheitszeichen in der Beziehung würde gelten, wenn die Wahrscheinlichkeiten $P(w)$ zu sich gegenseitig ausschließenden Ereignissen gehören, so dass für die Oder-Verknüpfung die Wahrscheinlichkeiten – wie in Gl. (8.153) geschehen – nur einfach summiert werden müssten.

Bei einem mit Hard Decision arbeitenden Viterbi-Decoder ist $P(w)$ nach Proakis [8.34] gegeben durch

$$P(w) = \begin{cases} \displaystyle\sum_{i=(w+1)/2}^{w} \binom{w}{i} P_{\text{eb1}}^{i} (1-P_{\text{eb1}})^{w-i} & \text{falls } w \text{ ungerade} \\ \displaystyle\sum_{i=w/2+1}^{w} \binom{w}{i} P_{\text{eb1}}^{i} (1-P_{\text{eb1}})^{w-i} & \\ \displaystyle\quad + \frac{1}{2} \binom{w}{w/2} P_{\text{eb1}}^{w/2} (1-P_{\text{eb1}})^{w/2} & \text{falls } w \text{ gerade.} \end{cases} \tag{8.154}$$

Die Wahrscheinlichkeit ist nach dieser Beziehung abhängig von der Bitfehlerwahrscheinlichkeit P_{eb1} nach den Entscheiderschaltungen. Sie ist bei QPSK nach Gl. (8.90) :

$$P_{eb1} = \frac{1}{2}\left(1 - \operatorname{erf}\left(\sqrt{\frac{E_r}{2N_0}}\right)\right). \tag{8.155}$$

Hier ist E_r die Energie bezogen auf alle empfangenen bits, Daten- und Fehlerschutzbits. Wir haben sie bisher immer mit E_b bezeichnet. Da aber in der Informationstheorie und häufig auch sonst in der Literatur mit E_b die ausschließlich auf die Informationsbits bezogene Energie gemeint ist, benutzen wir jetzt E_r, um Verwechselungen zu vermeiden. Es ist damit

$$E_r = R \cdot E_b. \tag{8.156}$$

Bei Soft Decision innerhalb des Decoders gilt für $P(w)$ grundsätzlich die gleiche Beziehung wie für P_{eb1}, jedoch ist E_r um den Faktor w zu vergrößern [8.43], d. h. bei QPSK:

$$P(w) = \frac{1}{2}\left(1 - \operatorname{erf}\left(\sqrt{w\frac{E_r}{2N_0}}\right)\right). \tag{8.157}$$

Nach dieser Gleichung bzw. nach Gl. (8.154) wurde aus Gl. (8.153) für QPSK die obere Schranke der Bitfehlerwahrscheinlichkeit bei Hard und Soft Decision am Ausgang des Viterbi-Decoders berechnet. Das Ergebnis ist in Abb. 8.46 dargestellt. Berücksichtigt wurden nur die ersten vier Summenglieder in Gl. (8.153), die weiteren liefern keinen nennenswerten Beitrag mehr. In der Tabelle 8.10 sind die verwendeten Parameter zusammengestellt.

In der Tabelle sind die Werte von $E_r/(2N_0)$ eingetragen, die nach der Rechnung bei Soft Decision gefordert werden, wenn der zugelassene Höchstwert der Bitfehlerrate von $2 \cdot 10^{-4}$ am Ausgang des Viterbi-Decoders nicht überschritten werden soll, beim Muttercode und bei den punktierten Codes (in Abb. 8.46 markiert). Der zugehörige Träger/Rauschabstand, nach Gl. (8.91) um 1,7 dB höher, ist ebenfalls angegeben. Zum Vergleich enthält die letzte Spalte die in der DVB-S-Norm (Annex D) empfohlenen C/N-Werte. Dort wurden verschiedene Zuschläge (etwa 2,2 dB) berücksichtigt, die im praktischen Betrieb bei der Satellitenübertragung beachtet werden sollten [8.11] [6.19].

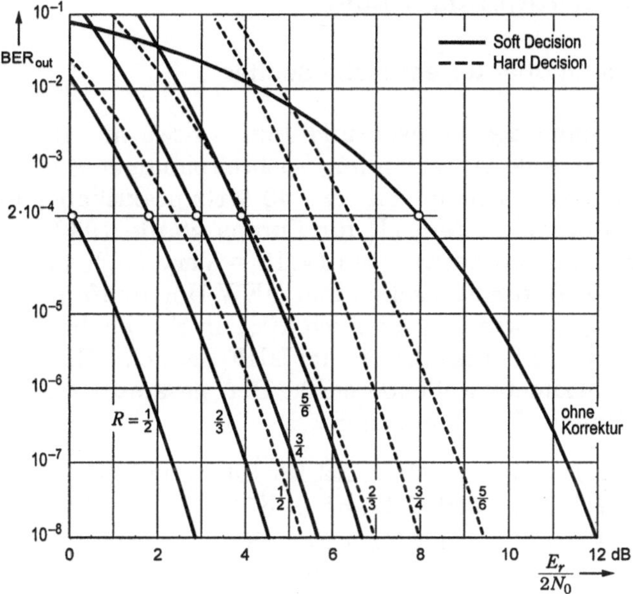

Abb. 8.46. Obere Schranke der Bitfehlerrate nach dem Viterbi-Decoder bei DBV-S

Tabelle 8.10. Störabstandsforderungen für DVB-S (Soft Decision Decoder)

R	k	d_{free}	A_w $w = d_{\mathrm{free}},\ldots,d_{\mathrm{free}}+3$	$E_r/(2N_0)$ für BER= $2{\cdot}10^{-4}$	C/N für BER= $2{\cdot}10^{-4}$	C/N aus Norm BER= $2{\cdot}10^{-4}$
1/2	1	10	36, 0, 211, 0	0,1 dB	1,8 dB	4,1 dB
2/3	2	6	3, 70, 285, 1276	1,8 dB	3,5 dB	5,8 dB
3/4	3	5	42, 201, 1492, 10391	2,9 dB	4,6 dB	6,8 dB
5/6	5	4	92, 528, 8572, 77158	3,9 dB	5,6 dB	7,8 dB

Die bei Auswahl eines falschen Pfades entlang des Pfades vom Decoder ausgegebenen Fehler sind während dieser Sequenz nicht voneinander unabhängig. Wie erwähnt, entstehen Burstfehler. Die Burstlänge ist groß bei den Codes mit großer Beeinflussungslänge, was am (2,1,7)-Code deutlich wird. Der Satellitenkanal selbst liefert durch additives weißes Gauß-Rauschen nur verteilte Einzelfehler. Die Burstfehler entstehen erst durch den Viterbi-Decoder. Der nach einem Interleaver folgende Reed-Solomon Decoder ist deshalb, wie zuvor erläutert, notwendig.

8.3 Die Übertragungsstrecken

8.3.1 Verteilung über terrestrische Sender

Schon am Anfang des Fernsehrundfunks – etwa ab 1935 – zeigte es sich bald, dass eine Ausstrahlung so breitbandiger Signale nur mit Trägerfrequenzen oberhalb von etwa 40 MHz praktikabel sein konnte. Ein erster Wellenplan der ITU für Europa wurde 1952 in Stockholm für den VHF-Bereich beschlossen (VHF = Very High Frequency, Meterwellenbereich), für Fernsehen und UKW-Hörrundfunk. Der endgültige Frequenzplan wurde schließlich 1961 in Stockholm festgelegt. Er definierte auch die Fernsehkanäle im UHF-Bereich (UHF = Ultra High Frequency, Dezimeterwellenbereich). Der gesamte Frequenzbereich wird in die Bänder I bis V eingeteilt:

Band	Frequenz	Kanäle	
Band I:	47 – 68 MHz	K2, K3, K4	11 VHF-Kanäle, je 7 MHz breit
Band III:	174 – 230 MHz	K5 ... K12	
Band IV:	470 – 614 MHz	K21 ... K38	49 UHF-Kanäle, je 8 MHz breit
Band V:	614 – 862 MHz	K39 ... K69	

Band II, 87,5–108 MHz, ist der FM-Tonrundfunkübertragung zugewiesen. Die Kanäle sind in den Bändern nahtlos aneinander gereiht. Kanal 12 (223–230 MHz) steht nicht mehr für die Fernsehübertragung zur Verfügung, er wird für digitalen Tonrundfunk nach dem DAB-Verfahren benutzt (DAB = Digital Audio Broadcasting). In Deutschland sind auch die neun oberen UHF-Kanäle 61 bis 69 (790–862 MHz) nicht verwendbar, weil sie für militärische Zwecke reserviert sind. Trotzdem dürfen hiervon die Kanäle 64 bis 66 in die Planungen zur Umstellung von PAL auf DVB-T einbezogen werden.

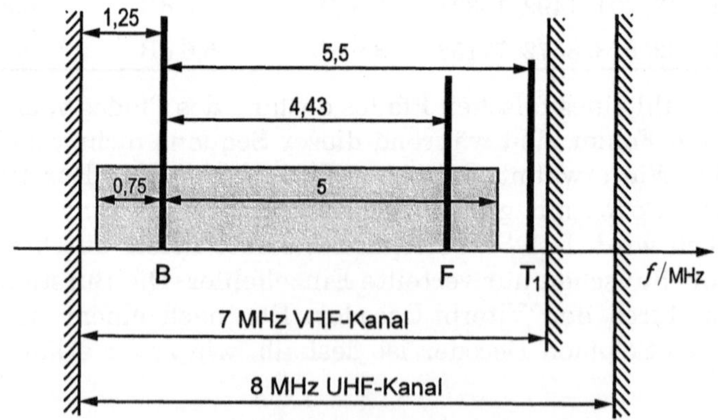

Abb. 8.47. Die Kanalbelegung bei terrestrischer Übertragung analoger Fernsehsignale

Die Kanalbelegung bei *analogen* Fernsehsignalen zeigt Abb. 8.47 (Standard B und G). Verwendet wird die Restseitenband-Amplitudenmodulation (Abschn. 8.1.1). Der Bildträger liegt 1,25 MHz über der unteren Kanalkante. Das untere Seitenband wird nach Abb. 8.7a auf 0,75 MHz beschränkt (bei Standard I im UK und Standard L in Frankreich auf 1,25 MHz, s. auch Erläuterungen zu Abb. 8.10 und Abschn. 8.4). Der Spektralbereich des Signals ist in Abb. 8.47 markiert.

Mit einem separaten Sender, dessen Frequenz 5,5 MHz höher liegt als die Bildträgerfrequenz (T_1 in Abb. 8.47), wird der Ton in Frequenzmodulation übertragen. Seine Leistung liegt um 13 dB unter der nominellen Spitzenleistung des Bildsenders, die dieser während der Synchronsignale des FBAS-Signals liefern muss (bei Negativmodulation). Das Tonsignal gibt nach einer „50 µs"-Preemphase[1] einen Frequenzhub von maximal ±50 kHz. Im Standard L wird der Ton in Amplitudenmodulation übertragen, und der Träger liegt 6,5 MHz höher als der Bildträger. Weitere Einzelheiten der verschiedenen Standards sind in Abschn. 8.4 zusammengestellt.

Zur Stereotonübertragung oder für einen Begleitton in anderer Sprache wird ein weiterer Träger hinzugefügt (in Abb. 8.47 nicht dargestellt). Seine Leistung soll 20 dB unter der nominellen Spitzenleistung des Bildsenders liegen. Beim IRT-Verfahren (IRT = Institut für Rundfunktechnik in München) liegt dieser Träger um 242,1875 kHz ($=15{,}5\,f_H$) höher als der erste Tonträger und wird bei Stereo mit dem Signal des rechten Tonkanals frequenzmoduliert, während der erste Tonträger mit (L+R)/2 (wie bei UKW-FM) moduliert wird. Zur Identifikation der Betriebsart wird der zweite Tonträger mit einem Hilfsträger von 54,6875 kHz ($=3{,}5\,f_H$) frequenzmoduliert (Hub: ±2,5 kHz). Der Hilfsträger ist bei stereophonischer Übertragung mit 117,5 Hz ($=f_H/133$) amplitudenmoduliert, zur Kennzeichnung einer Zweitonübertragung mit 274,1 Hz ($=f_H/57$).

Beim NICAM-Verfahren (NICAM = Near-Instantaneous Companding and Multiplexing) wird der zweite Tonträger mit *digitalen* Tonsignalen moduliert und unabhängig vom ersten zur Verfügung gestellt. Entweder werden die Signale des linken und rechten Tonkanals im Multiplex übertragen oder zwei unabhängige Monosignale. Der Träger wird mit QPSK moduliert, wobei eine differentielle Codierung benutzt wird. Für die Digitalisierung der Tonsignale ist die Abtastfrequenz 32 kHz bei einer anfänglichen 14-bit-Quantisierung, die dann auf 10 bit komprimiert wird. 11 bit je Sample (für beide Kanäle also 704 bit pro Millisekunde) sind zu übertragen, zusammen mit Signalisierungsbits in einem 728-bit-Rahmen je Millisekunde („NICAM 728"). Die

[1] Frequenzgang $\sim \sqrt{(1+(\omega\tau)^2)}$ mit $\tau = 50\ \mu s$.

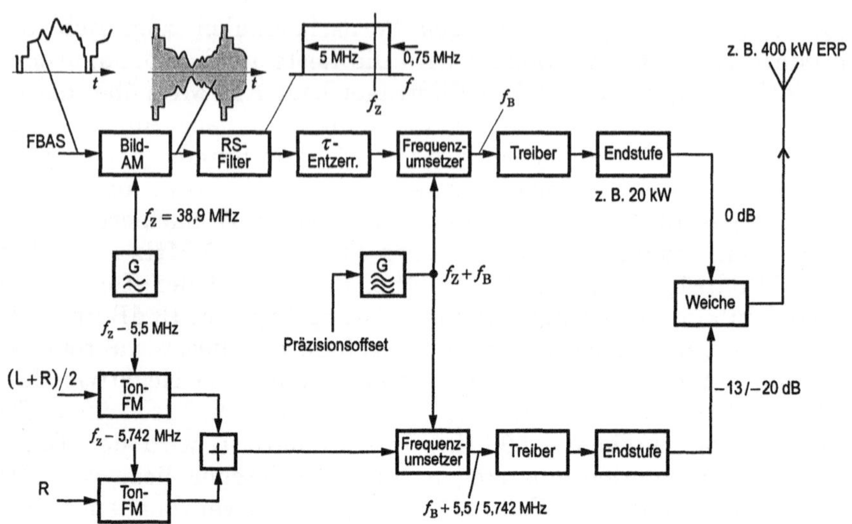

Abb. 8.48. Vereinfachtes Blockschaltbild eines Senders für terrestrische Übertragung analoger Fernsehsignale (Standard B/G, IRT-Zweitonträgerverfahren)

Trägerfrequenz liegt 5,85 MHz (bei Standard I 6,552 MHz) höher als der Bildträger.

Die Mehrtonnormen sind in Recommendation ITU-R BS.707 festgelegt [8.35]. Das IRT-Verfahren wird in Deutschland, Österreich, Italien, den Niederlanden und der Schweiz und auch in Australien eingesetzt. In den übrigen europäischen Ländern wird NICAM verwendet.

Das Blockschaltbild eines Senders für analoges Fernsehen ist in Abb. 8.48 vereinfacht dargestellt. Die Steuereinheiten arbeiten unabhängig von der jeweiligen Betriebsfrequenz des Senders einheitlich in allen Anlagen bei einer bestimmten niedrigen Bildträgerfrequenz f_Z = 38,9 MHz, die gleich der Zwischenfrequenz ist, die in den Fernsehempfängern verwendet wird. Die Umsetzung auf die gewünschte Bildträgerfrequenz f_B des Senders geschieht über einen Oszillator, dessen Frequenz um f_Z *höher* liegt. Die Restseitenbandfilterung muss deshalb in der Kehrlage durchgeführt werden (Restseitenband liegt oben). Wie im Empfänger werden hierfür SAW-Filter eingesetzt, wenn notwendig mit Gruppenlaufzeit-Vorentzerrung, wie im Zusammenhang mit Abb. 8.9 zuvor erwähnt. Eine nachfolgende Treiberstufe stellt die Leistung zur Verfügung, die zur Steuerung der Endstufe des Senders benötigt wird. Bis zu 20 kW VHF- oder UHF-Leistung muss eine solche Endstufe an die Antenne liefern. Es werden Tetroden, Klystrons oder auch Transistoren verwendet. Zur Sicherung gegen Ausfälle wird entweder eine „aktive Reserve" benutzt – zwei Sender jeweils mit der halben

Abb. 8.49. VHF-Fernsehantenne und UKW-Antenne auf dem 1838 m hohen Wendelstein in Südbayern (Werkphoto Rohde & Schwarz)

Gesamtleistung werden parallel geschaltet – oder eine „passive Reserve“: Der Reservesender wird schnell hochgefahren, wenn der Betriebssender ausfällt. Eine Stromversorgung mit z. B. 100 kVA muss einer Großsenderanlage zur Verfügung stehen.

In den meisten Fällen soll die Antenne horizontal eine Rundstrahlcharakteristik aufweisen. Dennoch ist ein *Gewinn* möglich, also eine Vergrößerung der Strahlungsdichte in Hauptabstrahlrichtung gegenüber einem isotropen Kugelstrahler gleicher Eingangsleistung. Man erreicht das durch die Bündelung der Strahlung auf einen schmalen Winkelbereich in *vertikaler* Richtung. So kann beispielsweise ein Sender mit „400 kW ERP“ entstehen, wenn die Endstufe 20 kW in die Antenne einspeist. ERP bedeutet Effective Radiated Power, d. i. die Leistung, die man in einen *Halbwellendipol* einspeisen müsste, wenn er die gleiche Strahlungsdichte wie die vorhandene Richtantenne in der Hauptabstrahlrichtung erzeugen sollte. Wird als Vergleichsantenne der isotrope Kugelstrahler herangezogen, so ist das Leistungsverhältnis gleich dem Gewinn. Man spricht dann von „equivalent isotropically radiated power“ = EIRP. Der Gewinn des Halbwellendipols ist 1,64 (2,15 dB), so dass der EIRP-Wert um diesen Faktor größer ist als der ERP-Wert.

Nur in einigen wenigen Fällen strahlen die Sender in vertikaler Polarisation ab, fast immer wird die horizontale Polarisation benutzt. Ein Grund dafür ist die überwiegend vertikale Polarisation von Störfeldern. Man beachte: Als Polarisation wird die Richtung des Vektors der elektrischen Feldstärke bezeichnet, während für die Richtcharakteristik das Amplitudenquadrat des Betrags der elektrischen oder magnetischen Feldstärke maßgebend ist.

Wegen der quasioptischen Wellenausbreitung bei den verwendeten Frequenzen werden die Sendeantennen sehr hoch an exponierten Stellen positioniert: auf hohen Türmen oder an einem Mast auf Berggipfeln (Abb. 8.49). Die vertikale Bündelung erreicht man durch gleichartige und gleichphasig gespeiste Antennenanordungen in mehreren (z. B. 4–8) Ebenen übereinander. Die Rundstrahlcharakteristik erhält man durch drei oder vier Antennenfelder in jeder Ebene, am Mastumfang gleichmäßig verteilt, wie z. B. bei den abgewinkelten UKW-Dipolen am unteren Mastteil der Anlage von Abb. 8.49 zu erkennen. Dagegen ist hier wegen der speziellen Lage des Versorgungsgebiets für den Fernsehsender (Kanal 10, 209–216 MHz) keine Rundstrahlcharakteristik implementiert (oberer Mastteil, die Antennen sind zum Wetterschutz durch Radoms verdeckt). Bei zwei Feldern je Ebene würde mit den acht Ebenen ein Gewinn von 15,4 dB erreicht, bei drei Feldern 13,2 dB. Das Fernsehsignal wird dem Sender über eine Richtfunkverbindung zugeführt (s. Abschn. 8.3.4), im vorliegenden Fall von München aus.

Zur flächendeckenden terrestrischen Fernsehversorgung in Deutschland werden mehrere hundert Sender hoher Leistung („Grundnetzsender“ > 10 kW ERP) eingesetzt. Daneben werden mehrere tausend Umsetzer (Transponder) als „Füllsender“ betrieben, um auch die abgeschatteten Täler im gebirgigen Gelände zu erreichen. Dazu wird auf einem benachbarten Berg der Grundnetzsender empfangen und auf einer anderen Frequenz von dort ins Tal abgestrahlt. Die Sendeanlagen für das „erste Programm“ der ARD (Arbeitsgemeinschaft der öffentlich-rechtlichen Rundfunkanstalten der Bundesrepublik Deutschland) gehören den Rundfunkanstalten, alle anderen sind Eigentum der Deutschen Telekom.

Für die Vollversorgung mit terrestrischen Analogfernsehsignalen innerhalb Deutschlands werden etwa 100 Grundnetzsender je Programm benötigt. Nur 10 VHF-Kanäle und 40 UHF-Kanäle stehen zur Verfügung. Sie müssen daher alle mehrfach belegt werden, aber mehr als vier Programme kann man trotzdem flächendeckend nicht verteilen. Kritisch sind Empfangsgebiete, an denen auf einem Kanal zwei Sender eintreffen. Die Frequenzplanung muss dafür sorgen, dass sie dabei möglichst aus entgegengesetzter Richtung kommen, so dass man einen durch eine Richtantenne abschwächen kann. Sie sollten dann auch dasselbe Programm abstrahlen. Der „Schutzabstand“ (protection ratio) darf kleiner sein, wenn die beiden Bildträger exakt miteinander synchronisiert sind oder einen bestimmten Frequenzversatz gegeneinander aufweisen, der die Feinstruktur des Videospektrums (s. Abschn. 4.4.4 und Abb. 6.43) berücksichtigt (*Präzisionsoffset*, s. Abb. 8.48). Üblich ist ein Versatz etwa um Zwölftel der Zeilenfrequenz mit einem Feinabgleich, so dass Vielfache von 25 Hz auftreten. So erreicht man z. B. bei $4f_H/12$ durch $\Delta f_B = 209 \cdot 25\,\text{Hz}$ ein Minimum des notwendigen Schutzabstandes (ca. 28 dB), s. Rec. ITU-R BT.655 [8.36].

Der Fernsehempfänger benötigt für den terrestrischen Empfang meist eine Dachantenne. Verwendet werden Richtantennen („Yagi“):

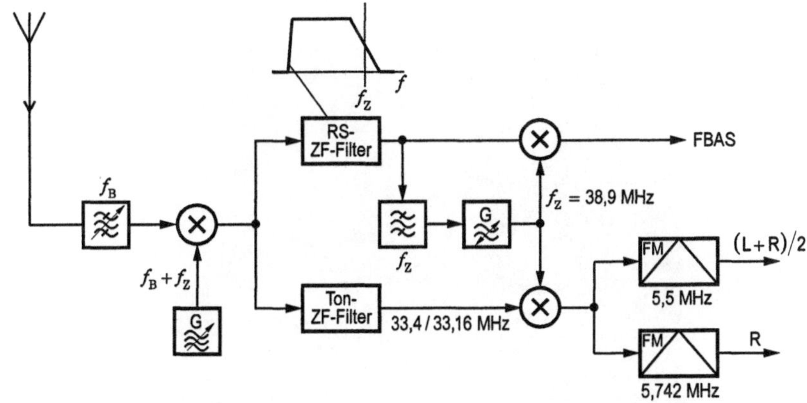

Abb. 8.50. Blockschaltbild eines Tuners mit Zwischenfrequenzteil bei einem Empfänger für Analogfernsehen

Dipole mit in Senderrichtung vorgesetzten Stäben als „Direktoren" und einem hintergesetzten Reflektor. Mit vier Direktorstäben erreicht man einen Gewinn von 8 dB gegenüber dem $\lambda/2$-Dipol und ein Vor-Rück-Verhältnis von 18 dB. Die dem Tuner zugeführte Trägerspannung liegt im Normalfall im Millivoltbereich. Nach einer Vorselektion des gewünschten Kanals und einer HF-Verstärkung wird im Mischer mit einem Überlagerungsoszillator, abgestimmt auf die Frequenz $f_B + f_Z$, die Bildträgerfrequenz auf die Zwischenfrequenz $f_Z = 38{,}9$ MHz heruntergesetzt (Abb. 8.50). Die eigentliche Selektion erfolgt nun hier im Zwischenfrequenzbereich durch das Restseitenbandfilter mit Nyquist-Flanke, wie in Abb. 8.7b dargestellt. Weil die Überlagerungsfrequenz oberhalb der Empfangsfrequenz liegt, ist das Zwischenfrequenzspektrum in Kehrlage, und das obere Seitenband ist das Restseitenband, wie bei den Steuerstufen des Senders. Das FBAS-Signal kann danach durch eine Synchrondemodulation gewonnen werden, wozu ein unmodulierter Träger der Frequenz f_Z aus dem ankommenden Signal mit einer PLL-Schaltung regeneriert werden muss. Die durch das Restseitenbandverfahren entstehenden Quadraturkomponenten stören dann nicht (s. Abschn. 8.1.1, Abb. 8.8). Ein einwandfrei regenerierter Träger sollte keine vom Bildsignal verursachte Phasenmodulation mehr enthalten. Dann darf er auch zugleich zur Gewinnung der beiden frequenzmodulierten Tonträger in der „Intercarrier"-Frequenzlage 5,5 MHz bzw. 5,742 MHz benutzt werden („Quasi-Paralleltonverfahren", QSS = quasi separate sound). Eine direkte Demodulation der beiden Tonträger bei 33,4 MHz bzw. 33,16 MHz (Paralleltonverfahren) wäre kritisch, weil dann bereits bei geringfügigen Abstimmfehlern die FM-Demodulation gestört würde.

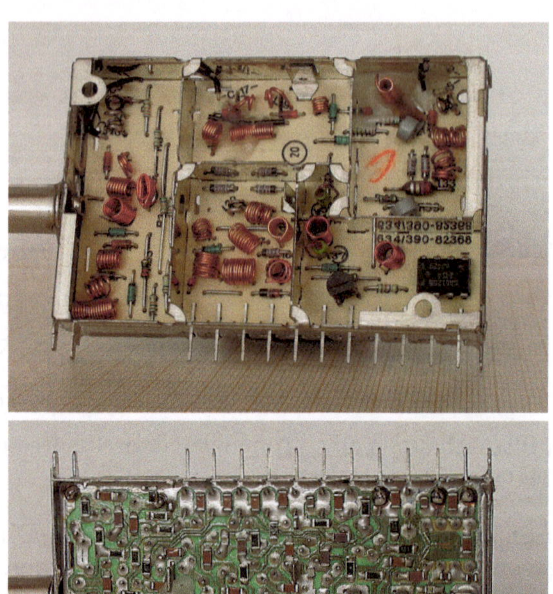

Abb. 8.51. Tuner eines Fernsehempfängers

Die Bildzwischenfrequenz von 38,9 MHz wird in allen europäischen Empfängern verwendet. In USA ist dagegen $f_Z = 45{,}75$ MHz üblich, in Japan $f_Z = 58{,}75$ MHz. Diese Frequenzen sind so gewählt worden, dass Interferenzen möglichst vermieden werden. Sie können durch Sender oder Oszillatoreinstrahlungen anderer Empfänger bei den „Spiegelfrequenzen" $f_B + 2f_Z$ auftreten. Der Empfänger kann auch selbst Interferenzen erzeugen, etwa durch Harmonische der Zwischenfrequenz. Der beste Kompromiss ist von den in der jeweiligen Region geltenden Kanalfrequenzen abhängig.

Den Aufbau eines Tuners zeigen die beiden Photos in Abb. 8.51. Fast alle Bauelemente sind auf der Lötseite ohne Anschlussdrähte montiert (Surface Mounted Devices, SMD). An sich handelt es sich um zwei Tuner, den VHF- und den UHF-Tuner. Oft wird sogar eine Aufteilung auf drei Frequenzbereiche durchgeführt. Zwischen ihnen wird mit pin-Dioden umgeschaltet. Zur HF-Vorverstärkung wird für jeden Frequenzbereich ein Dual-Gate-MOSFET benutzt, wobei ein Gate zur automatischen Verstärkungsregelung (AGC) verwendet wird. Diese sollte jedoch mit Rücksicht auf den Rauschabstand erst bei großen Eingangssignalen einsetzen („verzögerte" Regelung), wenn die AGC des ZF-Verstärkers allein nicht mehr ausreicht. Die Abstimmung der Vorkreise und des Oszillators geschieht durch Spannungen, die die Kapazität einer Diode (Kapazitätsdiode, Varaktor) verändern. Die Oszillatorfrequenz kann mit einem Quarzoszillator verkoppelt werden und dann z. B. in Feinabstimmschritten von 62,5 kHz geschaltet werden. Früher, als es noch keine geeigneten Halbleiterdioden gab, mussten VHF/UHF-Umschaltung und Abstimmung mechanisch erfolgen, und der Tuner war eine große Baugruppe.

Die ZF-Filter (Abb. 8.50), also das Restseitenbandfilter und das Quasi-Paralleltonfilter, werden durch Oberflächenwellenfilter (Surface Acoustic Wave filters, SAW) realisiert, wie in Abschn. 8.1.1 im Zusammenhang mit Abb. 8.9 bereits erwähnt. Die akustischen Oberflächenwellen werden auf einer dünnen Scheibe aus einem Lithiumniobat-Einkristall ($LiNbO_3$) durch das ZF-Signal erregt. Das Material ist

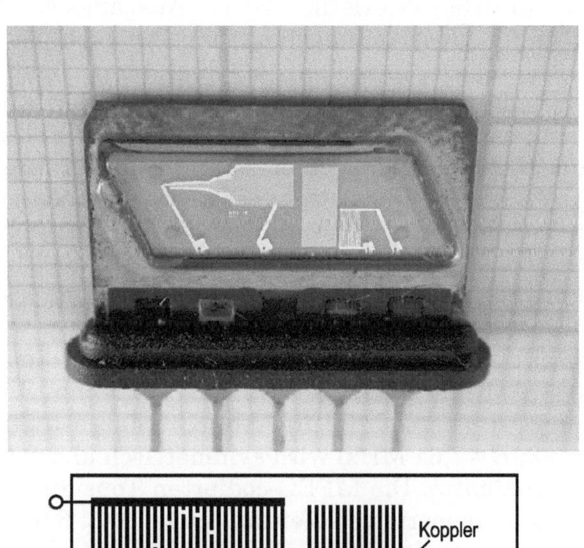

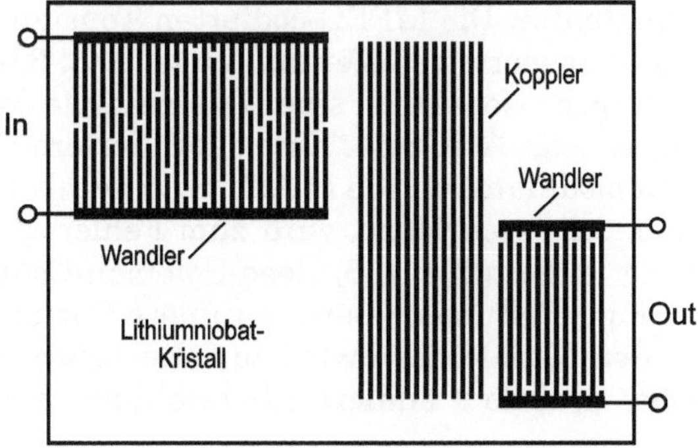

Abb. 8.52. Oberflächenwellenfilter als ZF-Filter im Fernsehempfänger

piezoelektrisch, und eine dort photolithographisch aufgebrachte Struktur aus fingerartigen, verkämmten Elektroden arbeitet als elektroakustischer Wandler (Interdigital Transducer, IDT). Abbildung 8.52 zeigt oben ein Photo des SAW-Filters, darunter ein vereinfachtes schematisches Bild. Durch das elektrische Feld zwischen zwei entgegengesetzt gepolten und sich mehr oder weniger überlappenden Fingern entsteht jeweils eine Welle, deren Intensität durch die Überlappungslänge und die Feldstärkeamplitude bestimmt wird. Die Ausbreitungsgeschwindigkeit ist $v \approx 3{,}5$ km/s, die Wellenlänge bei der Mittenfrequenz des Filters von etwa 35 MHz daher $\lambda = 0{,}1$ mm. Ein Fingerabstand von $\lambda/4$ wird verwendet. Die superponierten Wellen, die der Ausgangswandler empfängt und als elektrisches Signal abgibt, sind somit um $\lambda/4$ gegeneinander versetzt, und sie haben unterschiedliche Amplituden, weil im Eingangswandler, wie in Abb. 8.52 unten zu erkennen, nach einem bestimmten Plan unterschiedliche Überlappungslängen eingesetzt werden. Die Superponierung der gewichteten und versetzten Emissionen führt wie bei einem Transversalfilter zu der gewünschten Filtercharakteristik. Beim Ausgangswandler werden meistens konstante Überlappungslängen verwendet. Für steile und komplizierte Filtercharakteristiken wie hier beim Fernseh-ZF-Filter werden sehr viele Finger im Eingangswandler erforderlich. Beim Filter in Abb. 8.52 sind es 135, von denen etwa ein Drittel im linken Bereich liegen, der zur Unterdrückung einer Abstrahlung in dieser Richtung eingezogen ist (s. Photo). Der Ausgangswandler befindet sich nicht in gleicher Höhe mit dem Eingangswandler, die Verbindung erfolgt über die Koppelstreifen (multistrip coupler, MSC). Mit dieser Maßnahme erreicht man die hohen Sperrdämpfungen, wie sie vom ZF-Filter gefordert werden. Einzelheiten findet man in [8.17, 8.40].

Für die Verteilung der *digitalen* Fernsehsignale wird nach der DVB-T-Norm [8.13] QAM mit OFDM verwendet (s. Abschn. 8.1.5). Die Kanalbelegung im UHF-Bereich ist in Abb. 8.53 dargestellt. Das Spektrum (s. Abb. 8.33, $B = 7{,}61$ MHz) wird symmetrisch übertragen, f_0 liegt genau in der Kanalmitte. Die MPEG-codierten Tonsignale sind bereits im Multiplex des Transportstroms enthalten (s. Abb. 6.68), so dass keine weiteren Tonträger erforderlich sind. Das gesamte System aus Sender und Empfänger zeigt Abb. 8.54. Eine detailliertere Darstellung von Modulator und Demodulator wurde in Abb. 8.35 gegeben.

Wie im Abschn. 8.2 beschrieben, wird zum Fehlerschutz die Hintereinanderschaltung einer (204, 188)-Reed-Solomon-Codierung (äußere Codierung) und einer Faltungscodierung (innere Codierung) eingesetzt (Abb. 8.40). Vor den Kanalcodern wird zur „Energieverwischung" eine Pseudozufallsfolge modulo 2 addiert („Scrambling", s. Erläuterung zu

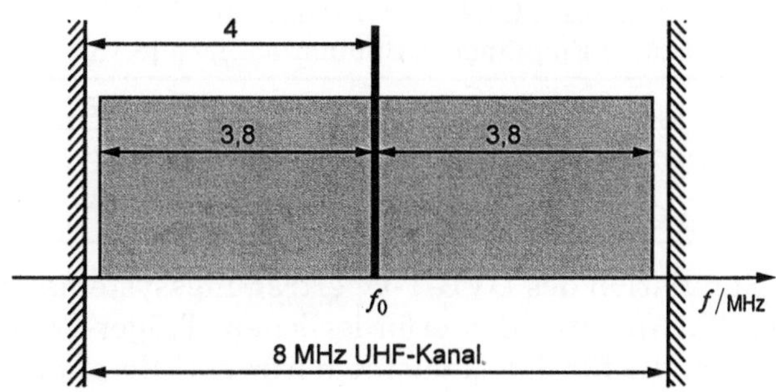

Abb. 8.53. Kanalbelegung bei terrestrischer Übertragung digitaler Fernsehsignale

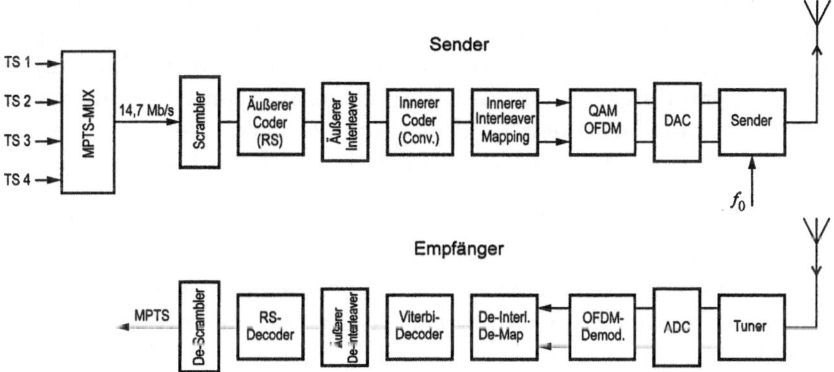

Abb. 8.54. Funktionsblöcke der Sende- und Empfangsseite des DVB-T-Systems

Abb. 8.19 im Abschn. 8.1.3), was nach den Kanaldecodern im Empfänger wieder rückgängig gemacht wird. Diese Maßnahme ist ursprünglich für die Satellitenübertragung (s. Abschn. 8.3.3) eingeführt worden, wurde aber trotz OFDM bei der terrestrischen Übertragung beibehalten. Bei DVB-T kommt lediglich noch ein „innerer Interleaver" hinzu, ansonsten wird die gleiche Kanalcodierung benutzt. Der innere Interleaver verteilt nach einem genormten Schema [8.13] die vom Faltungscoder seriell gelieferten Bits (s. Abschn. 8.2.2, Abb. 8.45) für 2^m-QAM auf m parallele Datenströme, eine Sequenz von m-Bit-Worten. Diese werden dann über die 6048 bzw. 1512 Trägerfrequenzen der OFDM-Symbole verstreut. Dadurch werden die Auswirkungen von im Decoder nicht hinreichend ausgeglichenen frequenzselektiven Störungen nach dem De-Interleaver verwischt [6.19]. Der innere Interleaver übernimmt die Funktion des in Abb. 8.35 mit „QAM-Gr. & Map" bezeichneten Blocks.

Tabelle 8.11. C/N-Forderungen für DVB-T (portable Empfänger), Simulation nach [8.13]

	$R = 2/3$	$R = 3/4$	$R = 5/6$
16-QAM	14,2 dB	16,7 dB	19,3 dB
64-QAM	19,3 dB	21,7 dB	25,3 dB

Mit einer Simulation des DVB-T-Übertragungssystems (Annex A der DVB-T-Norm [8.13]) sind die erforderlichen Träger-Rauschabstände ermittelt worden, die für den „quasi fehlerfreien" Empfang erforderlich sind, also für eine BER $< 2 \cdot 10^{-4}$ nach dem Viterbi-Decoder und damit eine BER $< 1 \cdot 10^{-11}$ nach der Reed-Solomon-Fehlerkorrektur. Die geringsten Anforderungen ergeben sich natürlich aus einem Kanalmodell mit Gaußschem Rauschen ohne Mehrwegeempfang und Fading. Der stationäre Empfang mit Außenantenne ist durch Mehrwegeempfang schon kritischer. DVB-T ist aber auch für den drahtlosen Empfang mit tragbaren Empfängern ohne Außenantenne, nur mit Stabantenne, gedacht („Überall-Fernsehen"). Hier kommt noch frequenzselektives Fading hinzu, und die c/n-Anforderungen sind am höchsten. Die für diesen Fall ermittelten Ergebnisse sind in Tabelle 8.11 angegeben, abhängig von der Coderate R der Faltungscodierung (s. Abschn. 8.2.2).

Bruttobitraten R_b bei DVB-T-Übertragung wurden für den UHF-Kanal in Tabelle 8.2 (Abschn. 8.1.5) angegeben. Nach Abzug der Redundanz für die Fehlerkorrektur ergibt sich die nutzbare Bitrate (Nettobitrate)

$$R_u = \frac{188}{204} R \cdot R_b \,. \tag{8.158}$$

Die bei 16-QAM für UHF- und VHF-Kanäle in Betracht kommenden Werte sind nach Gl. (8.120) mit den Parametern aus Tabelle 8.4 und Gl. (8.158) in Tabelle 8.12 zusammengestellt.

Mit den 13–15 Mb/s können bis zu 4 Programme in einem Kanal übertragen werden, wie in Abb. 8.54 angedeutet. Das ist bei der terrestrischen Übertragung der entscheidend wichtige Vorteil gegenüber der

Tabelle 8.12. Nettobitraten R_u bei DVB-T mit 16-QAM

	B	Guard Δ	R_b	R_u $R=2/3$	R_u R=3/4
8-MHz-Kanäle	7,61 MHz	1/4	21,6 Mb/s	13,3 Mb/s	14,9 Mb/s
		1/8	24,0 Mb/s	14,7 Mb/s	16,6 Mb/s
7-MHz-Kanäle	6,66 MHz	1/4	18,9 Mb/s	11,6 Mb/s	13,1 Mb/s
		1/8	21,0 Mb/s	12,9 Mb/s	14,5 Mb/s

analogen PAL-Übertragung. Denn im Vergleich zum Satelliten und zum Kabel, die selbst bei analoger Übertragung schon viel mehr als die flächendeckend terrestrisch verteilbaren Programme bieten können – und das ohne eine aufwendige Antennenanlage, sind die terrestrischen Sender in den Hintergrund getreten. In Deutschland werden sie nur noch von durchschnittlich 10 % der Haushalte genutzt. So erhofft man sich mit DVB-T, die terrestrische Übertragung wieder attraktiv zu machen. Dafür existieren jedoch kaum noch freie Kanäle, so dass die PAL-Übertragungen abgeschaltet werden müssen und der bisherige Empfang nun vollends zum Erliegen kommt. Der Empfang des nicht kompatiblen Verfahrens erfordert die „DVB-Set-Top-Box". Sie ist allerdings verhältnismäßig preisgünstig und benötigt nicht viel Platz. Ihr Ausgangssignal kann – wie beim Videorecorder oder beim Satellitenreceiver – über die „Scart"-Buchse (s. Abschn. 9.2.6) an den vorhandenen Fernsehempfänger angeschlossen werden.

Der gesamte Demodulator nach Abb. 8.35b einschließlich Kanalschätzung und Entzerrung und zusätzlich der Viterbi-Decoder und der RS-Decoder sind zusammen auf einem einzigen CMOS-Chip (0,2-µm-Technik) für DVB-T-Empfänger realisiert worden [8.33]. Die Schaltung wertet die TPS-Träger aus und schaltet sich damit automatisch um auf den 8K-Modus oder den 2K-Modus, auf die Größe der Schutzintervalle, auf QPSK, 16-QAM oder 64-QAM und auf die verwendete Coderate der Faltungscodierung. In der Massenfertigung ist eine derartige Universalschaltung preisgünstiger als etwa eine Sonderentwicklung nur für den einfacheren 2K-Modus.

8.3.2 Verteilung über Breitbandkabel

Die Deutsche Bundespost begann nach langjährigen Vorarbeiten etwa 1980 mit dem Aufbau eines Kupferkoaxialkabelnetzes zur Verteilung von Fernsehsignalen und Tonrundfunk, der gleichen Signale, die schon drahtlos im VHF- und UHF-Bereich und auf UKW über die Antenne zu empfangen waren. Damit sollte auch in Stadtvierteln mit Hochhausabschattungen und Reflexionen ein einwandfreier Empfang möglich werden, und außerdem konnte der weiteren Ausdehnung der „Antennenwälder" auf den Dächern entgegengewirkt werden. Etwa zehn Jahre später, als über die Kabelkopfstellen viel mehr Programme eingespeist wurden, als man terrestrisch über Hausantennen empfangen konnte, und als auch ländliche Gebiete erschlossen waren, begann der Durchbruch des „Kabelfernsehens". Bis auf einige abgelegene Gebiete, die man wirtschaftlich vertretbar nicht erreichen kann, steht nun flächendeckend der Kabelanschluss zur Verfügung und wird von den meisten Haushalten in Deutschland auch genutzt. Denn mehr als 30 PAL-

Sendungen und zusätzlich eine noch größere Zahl von DVB-C-Programmen können praktisch rauschfrei und ohne Reflexionen empfangen werden. Konkurrierend ist allerdings der Satellitenempfang mit seinem noch größeren Programmangebot, das man zudem ohne zusätzliche Kosten bekommt, wenn erst einmal Antenne und Receiver installiert sind (s. Abschn. 8.3.3). Wenn kein Kabelanschluss vorhanden ist, ist dies jedenfalls die Alternative.

Zunächst wurde das Breitbandkabelnetz für Frequenzen bis 300 MHz gebaut (BK300). In diesem Bereich sind die Kanäle genauso eingerichtet wie bei der terrestrischen Verteilung in den Bändern I bis III. Zwischen Band II und Band III und oberhalb von Band III gibt es im Kabel jedoch zusätzlich noch „Sonderkanäle“. Alle Fernsehkanäle haben im BK300 das 7-MHz-Kanalraster wie im terrestrischen VHF-Bereich (Abb. 8.55). Die Kanäle S2 und S3 wurden bis 1998 für die Sendungen des ehemaligen „Digitalen Satellitenrundfunks“ (DSR) benutzt und sind seither deaktiviert. Es stehen damit hier 28 Kanäle zur Verfügung. Bei guter Schirmung aller Koaxleitungen dürften sich keine Interferenzen mit den drahtlosen Kanälen ergeben. Abstrahlungen aus fehlerhaften Hausinstallationen können jedoch gelegentlich sensible Funkdienste stören.

Schon nach wenigen Jahren erweiterte die Bundespost das Netz bis zu 446 MHz (BK450). An die oberen Sonderkanäle wurde das „Hyperband“ (offiziell: Erweiterter Sonderkanalbereich) mit 18 weiteren Kanälen angehängt. Die Kanalbreite ist hier nun 8 MHz. Im Jahr 2001 begann die letzte Ausbaustufe bis 862 MHz (BK860). Damit stehen dann die terrestrischen UHF-Bereiche IV und V mit 49 Kanälen im 8-MHz-Raster auch im Kabel zur Verfügung. Der größte Teil des Hyperbandes wird etwa seit 1999 zur Übertragung der digitalen Fernsehsignale genutzt. Im BK450 ist für die Rückwärtsübertragung von Daten – vom Teilnehmer zur Zentrale – der Frequenzbereich von 5 bis 30 MHz vorgesehen. Im BK860 ist der Rückkanalbereich bis 65 MHz erweitert (Abb. 8.55). Deshalb gibt es hier die Kanäle 2 bis 4 (Bereich I)

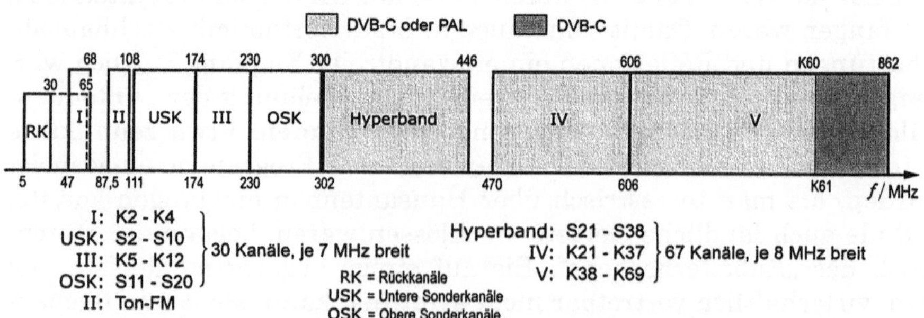

Abb. 8.55. Frequenzplan und Nutzung der Kanäle im Kabelnetz BK450 und BK860

nicht mehr.

Die Dämpfung der Kabel ist proportional zur Länge ℓ und steigt mit der Quadratwurzel der Frequenz:

$$|H(f)| \approx \mathrm{e}^{-\varkappa \ell \sqrt{f}} .$$

Das Dämpfungsmaß in dB pro 100 m Länge ist für die vier Koaxtypen, die die Bundespost bzw. die Deutsche Telekom für ihr Kabelnetz eingebaut hat, als Funktion der Frequenz in Abb. 8.56 dargestellt. Die charakteristischen Daten sind in der Tabelle 8.13 zusammengestellt[1]. Der Wellenwiderstand beträgt 75 Ohm. Der Innenleiter ist ein massiver Kupferdraht, der Außenleiter besteht aus einem verschweißten Kupferband. Als Isolator wird Polyethylen benutzt, bis auf den Typ ikx in der Form von Stützscheiben in einem Schlauch („Bambus-Isolierung").

Die Signalverteilung geschieht über viele regionale, unterirdisch verlegte Kabelnetze, die sog. Netzebene 3. Die Netze haben eine *Baumstruktur*, die an der Kopfstelle beginnt und an den „Übergabepunkten" in den Kellern der Häuser endet (Abb. 8.57).

Den Kopfstellen – oft bei den Ortsvermittelungsstellen des Telefonnetzes – werden die Signale über Glasfaserkabel zugeführt („Netzebene 2"), zusätzlich auch über Richtfunk oder Satelliten, dort auf das

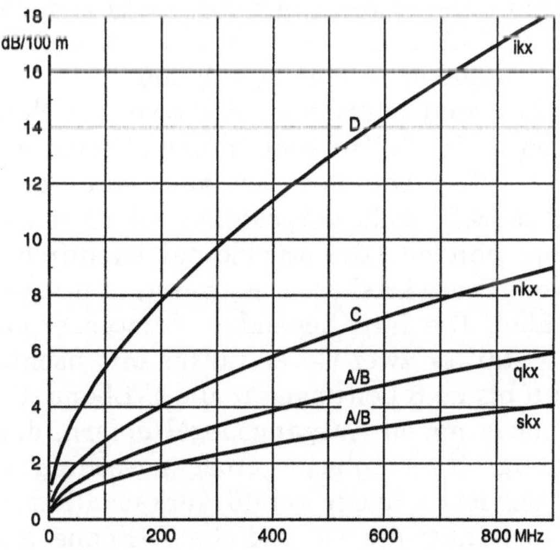

Abb. 8.56. Kabeldämpfungen im BK-Netz

[1] Nach den Technischen Lieferbedingungen DBP-FTZ TL 6145-3300 (FTZ = Fernmeldetechnisches Zentralamt in Darmstadt, dann Forschungs- und Technologiezentrum der Deutschen Telekom, existiert nicht mehr).

Tabelle 8.13. Kabeltypen in deutschen BK-Netzen

Typ	d mm	D mm	D_M mm	Dämpfung dB/100 m @300 MHz	@450 MHz	@860 MHz	v/c_0
skx	4,9	20,0	24,5	2,3	2,8	4,0	0,89
qkx	3,3	14,0	17,0	3,3	4,1	5,8	0,89
nkx	2,2	9,3	12,5	5,0	6,2	8,8	0,89
ikx	1,1	7,8	11,0	9,7	12,2	17,7	0,66

d = ØInnenleiter D_M = ØMantel
D = ØAußenleiter v/c_0 = Verkürzungsfaktor

Frequenzmultiplex der Kabelkanäle umgesetzt und in das Netz eingespeist. Die Netzstruktur wird in die Ebenen A, B, C und D eingeteilt. Die von der Kopfstelle ausgehenden Grundleitungen (Trunks) sind die A-Leitungen. Verwendet werden hier Koaxialkabel der Typen qkx oder auch skx. Zum Ausgleich der Dämpfung müssen in regelmäßigen Abständen Verstärker mit Frequenzgangentzerrung betrieben werden. Am Eingang werden die Pegel am unteren Frequenzende entsprechend der „Schräglage" des Kabelfrequenzgangs (Abb. 8.56) im vorangegangenen Kabelabschnitt abgesenkt. Der Verstärker hebt dann den Pegel auf den für den nächsten Abschnitt notwendigen Wert an, meist unter Vergleich mit Pilotträgern (80,15 MHz, bei BK860 z. B. 610 MHz). Die Verstärker müssen entsprechend der mit ihnen erreichbaren Verstärkung beim qkx-Kabel in Abständen von etwa 400 m, beim skx-Kabel in Abständen von etwa 600 m aufeinander folgen.

Die A-Verstärker sind zusammen mit zwei gleichartigen Verstärkern zur Abzweigung in die B-Ebene in den „Verstärkerpunkten" vereinigt (Abb. 8.57). Hier befindet sich auch ein Verstärker für den Rückkanal (im Abb. 8.57 nicht dargestellt), sofern es sich um ein rückkanalfähiges Netz handelt. Der Rückkanal ist durch Hochpass/Tiefpass-Weichen vom Vorwärtskanal getrennt. Die B-Leitungen sind ebenfalls qkx-Kabel. Die hier liegenden Verstärkerpunkte enthalten neben dem B-Verstärker zwei C-Verstärker mit nachfolgenden passiven Verteilern auf bis zu 8 Leitungen in die C-Ebene. Die C-Verstärker müssen einen relativ hohen Ausgangspegel liefern, der zu den hohen Frequenzen ansteigt (Preemphase, „Ausgangsschräglage"). Denn der C-Verstärker ist der letzte in der Verstärkerkaskade von der Kopfstelle bis zum Übergabepunkt; die C- und die D-Ebene sind rein passiv. Insgesamt dürfen mit Rücksicht auf Intermodulationsstörungen und Rauschen (s. unten) auf dem Weg zu einem Übergabepunkt höchstens 20 Verstärker in der Kaskade liegen.

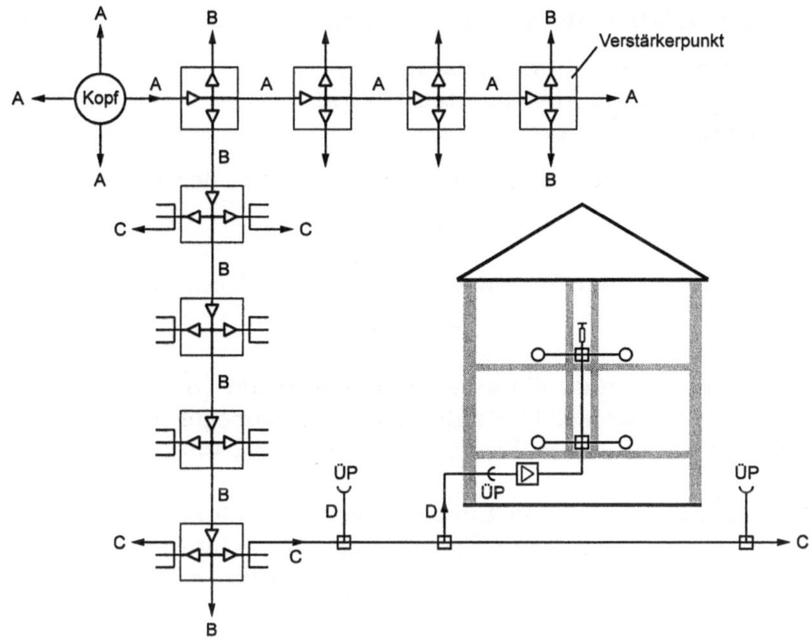

Abb. 8.57. Das örtliche BK-Verteilnetz

Die C-Kabel (Typ nqk) liegen in den Straßenzügen vor den Häusern. Diese bekommen von hier über einen passiven Abzweig mit einer D-Leitung (ikx-Kabel) ihren Anschluss. Am Übergabepunkt sollte ein Pegel von 1,5...15 mV (63...83 dBμV) abgeliefert werden. Ein danach für die Hausverteilung eingesetzter Verstärker sollte dafür sorgen, dass an der Anschlussdose dem Fernsehempfänger ein Trägersignal von 60...80 dBμV an 75 Ohm *in jedem aktiven Kanal* zur Verfügung steht (Effektivwert beim Synchronboden). Bei gleich großen Trägern in n_K Kanälen ist der Effektivwert des Summensignals um den Faktor $\sqrt{n_K}$ größer. Normalerweise sind alle Kanäle gleichzeitig belegt, so dass beispielsweise bei 34 PAL-Programmen der Gesamtpegel um $10 \log n_K = 15$ dB höher als der Kanalpegel ist, also 75...95 dBμV betragen sollte.

Die Verstärkung vieler Kanäle im Frequenzmultiplex mit einem gemeinsamen Verstärker stellt höchste Anforderungen an seine Linearität. *Intermodulationen*, die dabei schon durch geringfügige Nichtlinearitäten auftreten, erlauben nur eine kleine Aussteuerung. *Tatsächlich liegt hier die kritische Grenze der Breitbandkabelübertragung.* Das Verhältnis der Intermodulationsprodukte zum Nutzsignal steigt um 2 dB, wenn der Pegel um 1 dB erhöht wird. Der Störabstand sollte mindestens 60 dB betragen. Nach der FTZ-Richtlinie 1R8-15 garantiert die Deutsche Telekom am Übergabepunkt 72 dB.

Der Intermodulationsstörabstand bei gegebenem Verstärkertyp steigt

- mit dem Signalpegel, wie genannt,
- mit der Anzahl der kaskadierten Verstärker,
- mit der Anzahl der Kanäle.

Ist n_V die Verstärkeranzahl, so verschlechtert sich der Störabstand um

$$\Delta_V = 20 \log n_V \text{ dB}.$$

Ebenso wird er mit der Anzahl n_K der Kanäle schlechter:

$$\Delta_K = 20 \log n_K \text{ dB}.$$

Dementsprechend muss dann der Signalpegel um $(\Delta_V + \Delta_K)/2$ dB zurückgenommen werden. Der zulässige Maximalpegel am Verstärkerausgang ist dadurch zur Einhaltung der Störabstandsforderung begrenzt.

Das unabhängig von den Intermodulationsprodukten von den Verstärkern allein, schon ohne Signal erzeugte „Hintergrundrauschen" steigt ebenfalls mit ihrer Anzahl. Das Träger/Rauschverhältnis verschlechtert sich nach

$$\Delta_H = 10 \log n_V \text{ dB}.$$

Das Signal darf also auch nicht zu klein sein. Hierdurch und durch Δ_V wird die Anzahl der im Netz insgesamt bis zum Übergabepunkt kaskadierbaren Verstärker begrenzt. An der Anschlussdose sollte das C/N-Verhältnis mindestens 44 dB betragen (bei einer Rauschbandbreite von 4,75 MHz). Nach der FTZ-Richtlinie 1R8-15 ist am Übergabepunkt C/N mindestens 49 dB.

Die große Zahl von kaskadierten Verstärkern mit ihren hohen Verstärkungsfaktoren, die man zum Ausgleich der im BK860 beträchtlichen Kabeldämpfungen benötigt, lassen sich vermeiden durch den Einsatz von Glasfaserleitungen auch in der Netzebene 3. Die optische Übertragung über Glasfaserleitungen benötigt über viele Kilometer hinweg keine Repeater-Verstärker, auch nicht bei 862 MHz. Das vorhandene Koax-Netz kann dabei grundsätzlich beibehalten werden, wird aber in mehrere „Cluster" aufgetrennt. Diese werden an der Trennstelle durch Glasfaserverstärkerpunkte versorgt, die ihr Signal über lange Glasfaserleitungen von der z. B. 5 km entfernten Kopfstation empfangen. An diesen Knoten wird das ankommende optische Signal in ein elektrisches Signal umgewandelt, das dann wie bei den anderen Verstärkerpunkten über A/B- und C-Verstärker in das dortige Koax-Netz eingespeist wird. So entsteht ein *hybrides* Glasfaser-Koaxialkabelnetz (HFC862, HFC = Hybrid Fiber Coax).

Die PAL-Signale werden im Breitbandkabel genauso wie bei der drahtlosen Übertragung durch terrestrische Sender mit der Restseitenband-Amplitudenmodulation nach Abschn. 8.1.1 übertragen. Ebenso ist auch die Tonübertragung identisch. Die Belegung der 7-MHz- und der 8-MHz-Kanäle ist wie bei den terrestrischen VHF- bzw. UHF-Kanälen (Abb. 8.47). Zum Empfang wird derselbe Tuner benutzt wie beim Empfang über die Antenne (Bilder 8.50 und 8.51). Natürlich kann der Tuner auch auf die Frequenzbereiche der Sonderkanäle abgestimmt werden.

Die Anforderung an die Nachbarkanaltrennung ist allerdings höher. Obwohl theoretisch nicht ausgeschlossen, gibt es durch eine entsprechende Frequenzplanung beim Antennenempfang an einem Empfangsort keine Sender auf unmittelbar benachbarten Kanälen. Es sind zwar dafür „Fallen" (Sperrkreise) gegen den unteren Nachbartonträger, der den Bildträger stören könnte, und gegen den oberen Nachbarbildträger, der den Tonträger stören könnte, im Zwischenfrequenzteil des Empfängers eingebaut (in Abb. 8.50 nicht dargestellt). Sie werden aber erst für den Kabelempfang, wo jeder Nachbarkanal aktiv ist, unerlässlich. Die Pegeldifferenz zwischen benachbarten Kanälen sollte deshalb auch nicht größer als 3 dB sein.

Die Übertragung der *digitalen* Fernsehsignale im Breitbandkabel ist in der ETSI-Norm DVB-C festgelegt [8.12]. Verwendet wird QAM, wie in Abschn. 8.1.4 beschrieben. Für das Spektrum der Basisimpulse ist der Rolloff-Faktor $\alpha = 0{,}15$ festgelegt (Gl. (8.99)), und mit einer Symbolrate von 6,9 MBaud ergibt sich daher die Kanalbelegung nach Abb. 8.58. Das Spektrum (vgl. Abb. 8.15 und Abb. 8.19) wird symmetrisch übertragen, die Trägerfrequenz liegt in der Kanalmitte.

Wie in Abschn. 8.1.4 bereits erwähnt, wird bei DVB-C der Fehlerschutz allein mit dem Reed-Solomon-Code (204, 188) (s. Abschn. 8.2.1) durchgeführt; auf die *Faltungscodierung wird verzichtet.* Nach Abb. 8.25 wird für die dann zulässige Bitfehlerrate $\leq 2 \cdot 10^{-4}$ bei 64-QAM ein

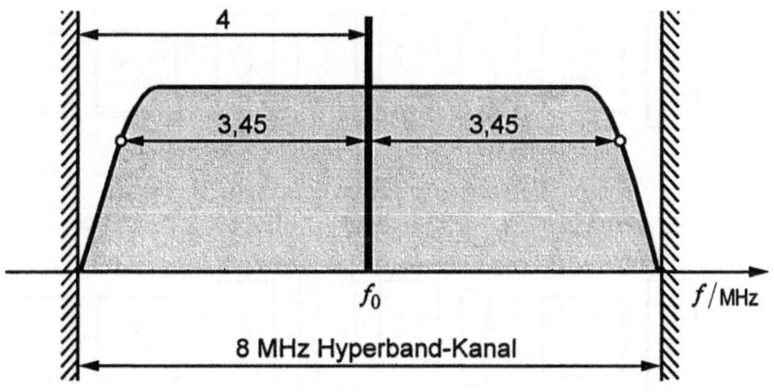

Abb. 8.58. Belegung eines Kabelkanals durch digitale Fernsehsignale nach DVB-C

C/N-Wert von mindestens 17,2 dB gefordert. Wenn für die PAL-Übertragung der genannte Wert von 49 dB eingehalten wird, könnte somit der Träger der QAM-Übertragung um fast 32 dB niedriger eingespeist werden. Praktisch wird er um 26 dB abgesenkt. Bei diesem niedrigen Pegel wird selbst durch sehr viele digitale Fernsehkanäle der Intermodulationsstörabstand nicht merklich verschlechtert.

Die gesamte Übertragungskette ist im Abb. 8.59 dargestellt. Auch hier wird wieder die Energieverwischung durch Scrambling eingesetzt und das Interleaving zur Auflösung von Burstfehlern. Im Abschn. 8.1.4 wurde erläutert, wie man auch ohne den Viterbi-Decoder der empfängerseitigen Phasenunsicherheit des Referenzträgers durch eine differentielle Codierung und Decodierung der QAM-Übertragung begegnen kann (Abb. 8.23). Die deshalb bei DVB-C zusätzlichen Funktionsblöcke sind in Abb. 8.59 eingefügt.

Grundsätzlich könnte nach der DVB-C-Norm 16-, 32-, 64-, 128- oder 256-QAM eingesetzt werden. In der Praxis wird jedoch nur 64-QAM im Breitbandkabel verwendet. Man hat damit nämlich die gleiche Nutzbitrate wie in den üblichen digitalen Satellitenkanälen (Abschn. 8.3.3) zur Verfügung, kann wie dort bis zu 10 Programme pro Kanal übertragen (Abb. 8.59, vgl. Abb. 6.68), und die Einspeisung in das Kabelnetz wird einfach. Bei der Satellitenübertragung mit QPSK und einer Symbolrate von 27,5 MBaud (s. Gl. (8.84)) wird eine Bruttobitrate von 55 Mb/s erreicht, und bei einer Coderate 3/4 des Faltungscoders und (204, 188)-RS-Codierung bleibt eine Nutzbitrate von 38,015 Mb/s. Bei DVB-C, also ohne Faltungscodierung, ergibt sich für diese Nutzbitrate durch die RS-Codierung allein eine Bruttobitrate von 41,250 Mb/s und deshalb bei 64-QAM eine Symbolrate von 6,875 MBaud. Diese kann in einem 8-MHz-Hyperbandkanal übertragen werden (Abb. 8.58). Wenn DVB-Signale aus verschiedenen Satellitenkanälen an der Kabelkopfstelle eingespeist werden sollen, müssen alle synchron getaktet wer-

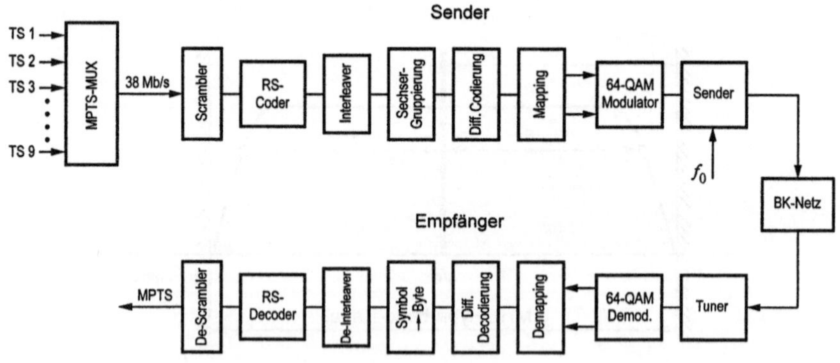

Abb. 8.59. Funktionsblöcke des DVB-C-Systems

den. Zur Angleichung führt man in diejenigen Transportströme, die mit etwas geringerer Datenrate ankommen, sog. „Stopfbits“ ein. Deshalb wurde die nominelle Symbolrate für die Kabeleinspeisung auf 6,900 MBaud erhöht [6.19].

Die DVB-C Kanäle liegen alle im Empfangsbereich des Tuners eines konventionellen PAL-Fernsehempfängers, wie im Abschn. 8.3.1 beschrieben, und nach Abstimmung auf einen solchen Kanal würde im ZF-Teil die QAM-Trägerfrequenz 36,15 MHz entstehen, statt 38,9 MHz bei PAL, weil sie im Kabelkanal um 2,75 MHz höher liegt als die Bildträgerfrequenz bei PAL (4 MHz statt 1,25 MHz oberhalb der Kanalunterkante, vgl. Abb. 8.58 mit Abb. 8.47). Die Set-Top-Box, die man für den digitalen Kabelempfang benötigt, hat jedoch ihren eigenen Tuner. Er setzt den Träger auf den genannten Wert, bevor die weiteren im unteren Teil von Abb. 8.59 aufgeführten Funktionen durchgeführt werden. Nach der Auswahl des gewünschten Transportstroms (Programms) schließt sich dann die MPEG-2-Decodierung an. Die resultierenden R, G, B-Signale und das Tonsignal liefert die Set-Top-Box über den Scart-Anschluss an den Fernsehempfänger.

Als ab 1999 die ersten Kabel-Set-Top-Boxen auf den Markt kamen, war die Auswahl gering (die Deutsche Telekom ließ nur ein Fabrikat für ihr BK-Netz zu), und sie wurden meist im Zusammenhang mit einem Abonnement für die Pay-TV-Programme angeboten. Zu der Zeit gab es bereits eine große Zahl unterschiedlicher Boxen-Fabrikate für den inzwischen etablierten digitalen Satellitenempfang.

8.3.3 Verteilung über Satelliten

Die Idee einer weltweiten Kommunikation mit Hilfe von künstlichen Erdsatelliten stammt von ARTHUR C. CLARKE[1], allgemein eher bekannt als Autor von Science-Fiction-Romanen. Im Jahre 1945, als künstliche Satelliten noch als Utopie erscheinen mussten, veröffentlichte er seinen Vorschlag in der Zeitschrift Wireless World [8.9], s. Abb. 8.60. Ein Satellit, der die Erde genau in derselben Zeit und in derselben Richtung von Westen nach Osten umkreist, in der sie sich einmal um sich selbst dreht (ein *geosynchroner* Satellit) wird immer über einem bestimmten Punkt auf der Erde feststehen (ein *geostationärer* Satellit), wenn die Umlaufbahn eine Kreisbahn in der Äquatorebene ist („Clarke-Orbit“). Dazu muss dieser Satellit die Erde in einer Höhe von 35787 km umkreisen. Es könnten drei derartige Satelliten, mit 120° Abstand über dem Äquator verteilt, als „extraterristrische Relais“ die

[1] Arthur Charles Clarke, *16.12.1917 in Minehead (Somerset, UK).

October 1945 Wireless World 305

EXTRA-TERRESTRIAL RELAYS

Can Rocket Stations Give World-wide Radio Coverage?

By ARTHUR C. CLARKE

ALTHOUGH it is possible, by a suitable choice of frequencies and routes, to provide telephony circuits between any two points or regions of the earth for a large part of the time, long-distance communication is greatly hampered by the peculiarities of the ionosphere, and there are even occasions when it may be impossible. A true broadcast service, giving constant field strength at all times over the whole globe would be invaluable, not to say indispensable, in a world society.

Unsatisfactory though the telephony and telegraph position is, that of television is far worse, since ionospheric transmission cannot be employed at all. The service area of a television station, even on a very good site, is only about a hundred miles across. To cover a small country such as Great Britain would require a network of transmitters, connected by coaxial lines, waveguides or VHF relay links. A recent theoretical study[1] has shown that such a system would require repeaters at intervals of fifty miles or less. A system of this kind could provide television coverage, at a very considerable cost, over the whole of a small country. It would be out of the question to provide a large continent with such a service, and only the main centres of population could be included in the network.

The problem is equally serious when an attempt is made to link television services in different parts of the globe. A relay chain several thousand miles long would cost millions, and transoceanic services would still be impossible. Similar considerations apply to the provision of wide-band frequency modulation and other services, such as high-speed facsimile which are by their nature restricted to the ultra-high-frequencies.

Many may consider the solution proposed in this discussion too far-fetched to be taken very seriously. Such an attitude is unreasonable, as everything envisaged here is a logical extension of developments in the last ten years—in particular the perfection of the long-range rocket of which V2 was the prototype. While this article was being written, it was announced that the Germans were considering a similar project, which they believed possible within fifty to a hundred years.

Before proceeding further, it is necessary to discuss briefly certain fundamental laws of rocket propulsion and "astronautics." A rocket which achieved a sufficiently great speed in flight outside the earth's atmosphere would never return. This "orbital" velocity is 8 km per sec. (5 miles per sec), and a rocket which attained it would become an artificial satellite, circling the world for ever with no expenditure of power—a second moon, in fact. The German transatlantic rocket A10 would have reached more than half this velocity.

It will be possible in a few more years to build radio controlled rockets which can be steered into such orbits beyond the limits of the atmosphere and left to broadcast scientific information back to the earth. A little later, manned rockets will be able to make similar flights with sufficient excess power to break the orbit and return to earth.

There are an infinite number of possible stable orbits, circular and elliptical, in which a rocket would remain if the initial conditions were correct. The velocity of 8 km/sec. applies only to the closest possible orbit, one just outside the atmosphere, and the period of revolution would be about 90 minutes. As the radius of the orbit increases the velocity decreases, since gravity is diminishing and less centrifugal force is needed to balance it. Fig. 1 shows this graphically. The moon, of course, is a particular case and would lie on the curves of Fig. 1 if they were produced. The proposed German space-stations would have a period of about four and a half hours.

It will be observed that one orbit, with a radius of 42,000 km, has a period of exactly 24 hours. A body in such an orbit, if its plane coincided with that of the

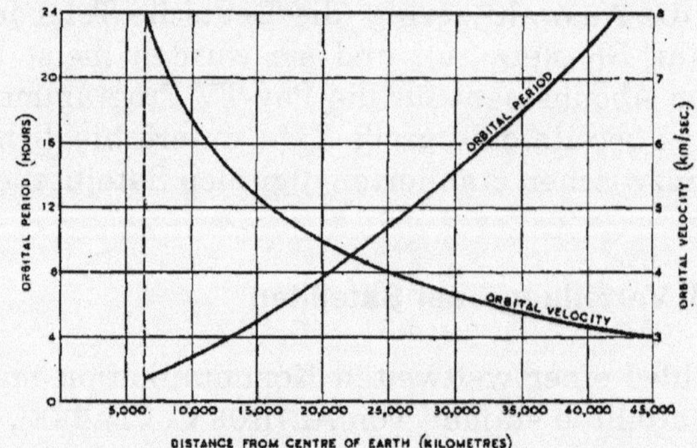

Fig. 1. Variation of orbital period and velocity with distance from the centre of the earth.

Abb. 8.60. Die Vision von Arthur C. Clarke begründet die Satellitenübertragung.

gesamte Erde – bis auf die Polarzonen – abdecken. Eine Erdstation müsste scharf gebündelt zum Satelliten senden (Uplink). Dort müsste das Signal verstärkt werden und dann in einem Kegel von 17,2° Öffnung zur Erde zurückgestrahlt werden (Downlink), s. Abb. 8.62. Wenn auch noch direkte Verbindungen zwischen den Satelliten hinzukämen, könnte eine erdumspannende Kommunikation realisiert werden. Als dann im Oktober 1957 erstmals ein Satellit in eine Erdumlaufbahn gebracht wurde, rückte die Verwirklichung der Clarke-Vision in greifbare Nähe. Es war der russische „Sputnik". Er hatte schon eine Masse von 83 kg, überlebte die Mission aber nur bis zum Januar 1958 und hatte eine relativ erdnahe, elliptische Bahn (einen Low Earth Orbit, LEO, nach heutiger Terminologie) mit einer Inklination von 65,1° zur Äquatorebene. Im erdnächsten Punkt (Perigäum) war seine Höhe 215 km, im erdfernsten Punkt (Apogäum) 947 km. Dementsprechend war seine Umlaufzeit auch nur 96,2 Minuten. Der erste geostationäre Satellit war Syncom 3, gestartet am 19. 8. 1964 von Cape Canaveral aus mit einer Trägerrakete Thor Delta. Der von Hughes Aircraft gebaute Satellit hatte eine Masse von 35 kg und enthielt zwei Transponder mit einer Sendeleistung von je 2 W bei 1815 MHz. Nach Positionierung über dem Pazifik konnte er beweisen, dass eine globale Fernsehübertragung nach dem Vorschlag von Clarke realisierbar ist: Die Olympischen Spiele wurden live von Tokyo nach Kalifornien übertragen.

Derzeit umkreisen etwa 8200 Satelliten die Erde. Eine Simulation der Weltraumansicht mit einer Auswahl der 1700 größten zeigt Abb. 8.61. In dieser vergrößerten Darstellung der Satellitenkörper verdecken die zahlreichen LEO-Satelliten die Erde nahezu. Man erkennt den Orbit der geostationären Satelliten (GEO) an seiner 0°-Inklination. Erderkundungs-, Vermessungs- und Überwachungssatelliten haben im Gegensatz zu den Kommunikationssatelliten meist die Aufgabe, alle Gebiete der Erde zu überfliegen. Hierzu bieten sich Bahnen in niedri-

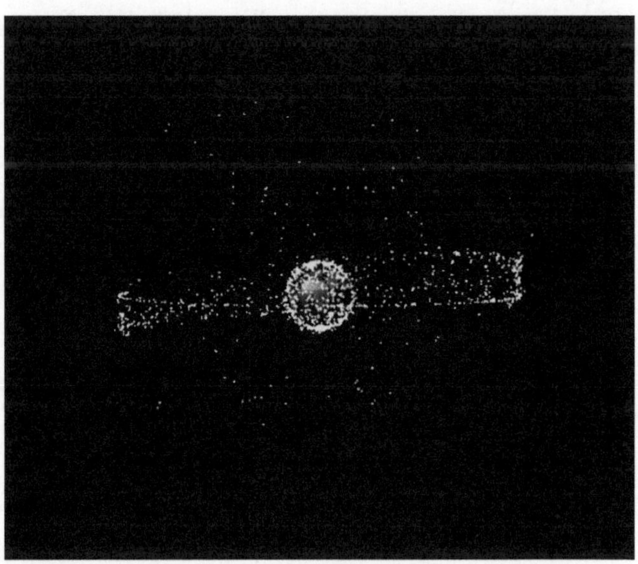

Abb. 8.61. Die Erde und ihre künstlichen Satelliten

ger oder mittlere Höhe über den Polen an (Inklination 90°). Die Satelliten des „Global Positioning System“ (GPS) – derzeit 34 Stück – sind auf sechs Kreisbahnen mit einer Inklination von im Mittel 55° verteilt und fliegen in einer Höhe von 20200 km. Das Hubble Space Telescope fliegt in einer Höhe von 593 km (LEO) auf einer Kreisbahn mit einer Inklination von 28,5°.

Die Flugbahn

Auf einen antriebslosen Flugkörper in einer stabilen Kreisbahn um die Erde wirken im Idealfall nur zwei im Gleichgewicht stehende Kräfte: die Gravitation der Erde und die Zentrifugalkraft der Satellitenbewegung. Die Gravitationskraft zeigt immer vom Satelliten zum Massenmittelpunkt der Erde (*Zentralkraft*) und hat bei einem Abstand r zu diesem Mittelpunkt die Größe

$$F_{\text{grav}} = G\frac{m_{\text{S}}\,m_{\text{E}}}{r^2}\,.$$

Hier ist G die Gravitationskonstante,

$$G = 6{,}67259 \cdot 10^{-11}\,\frac{\text{Nm}^2}{\text{kg}^2}\,,$$

m_{S} die Satellitenmasse und m_{E} die Erdmasse,

$$m_{\text{E}} = 5{,}9742 \cdot 10^{24}\,\text{kg}\,.$$

Die Zentrifugalkraft, die auf den Satelliten bei einer Bahngeschwindigkeit v wirkt, ist

$$F_{\text{fug}} = \frac{m_{\text{S}} v^2}{r} = m_{\text{S}}\,\omega^2 r\,.$$

Hier ist ω die Winkelgeschwindigkeit. In der Kreisbahn ist die Zentrifugalkraft immer gleich und entgegengesetzt zur Gravitationskraft, $F_{\text{fug}} = F_{\text{grav}}$, woraus für den Bahnradius folgt

$$r = \left(G\frac{m_{\text{E}}}{\omega^2}\right)^{1/3}\,.$$

Zur Abkürzung führen wir hier den „Gravitationsparameter“ μ ein:

$$\mu =_{\text{def}} G m_{\text{E}} = 3{,}98634 \cdot 10^{14}\,\frac{\text{m}^3}{\text{s}^2}\,.$$

Für die Umlaufzeit des Satelliten in der Kreisbahn erhalten wir somit die Beziehung

$$T_S = \frac{2\pi}{\omega} = 2\pi\sqrt{\frac{r^3}{\mu}}\,. \tag{8.159}$$

Die Zeit, in der sich die Erde einmal um ihre Achse dreht (ein „Sterntag"), ist

$$T_E = 86164{,}1\,\mathrm{s} = 23\,\mathrm{h}\;56\,\mathrm{min}\;4{,}1\,\mathrm{s}\,.$$

Man beachte, dass die Umdrehungszeit nicht genau gleich 24 Sunden ist. Die Zeit zwischen zwei aufeinander folgenden Meridiandurchgängen der Sonne ist definitionsgemäß im Mittel 24 Stunden. Da sich die Erde zwischen den beiden Meridiandurchgängen aber schon etwas in ihrer Bahn um die Sonne weiterbewegt hat, ist diese Zeit um etwa 4 Minuten länger als T_E.

Ein geostationärer Satellit muss die Umlaufzeit

$$T_S = T_E \tag{8.160}$$

besitzen, und das erfordert nach Gl. (8.159) den Bahnradius

$$r_{GEO} = \left(\mu\left(\frac{T_E}{2\pi}\right)^2\right)^{1/3} = 42165{,}4\ \mathrm{km}\,. \tag{8.161}$$

Im Vergleich zum Erdradius am Äquator,

$$r_E = 6378{,}14\ \mathrm{km}\,,$$

ergibt sich das Verhältnis $r_{GEO}/r_E = 6{,}6109$ und die Höhe

$$h_{GEO} = r_{GEO} - r_E = 35787\ \mathrm{km}.$$

Uplink und Downlink

Aus der Entfernung r_{GEO} erscheint, wie schon erwähnt, die Erde unter einem Winkel von 17,2°. Für globale Verbindungen – etwa interkontinentale Fernsehsignal*zubringer* – muss der Satellit seine Sendeleistung in einen Kegel mit diesem Öffnungswinkel abstrahlen. Das ist ein Raumwinkel von $\Omega = 0{,}139$ sr (s. Gl. (2.4)). Der Kegel tangiert die Erde derart, dass die Strahlung einen Bereich von $\pm 81{,}3°$ um den Satellitenfußpunkt abdeckt. Ein über dem Äquator stehender Satellit liegt deshalb an Orten mit einer geographischen Breite von 81,3° am Horizont.

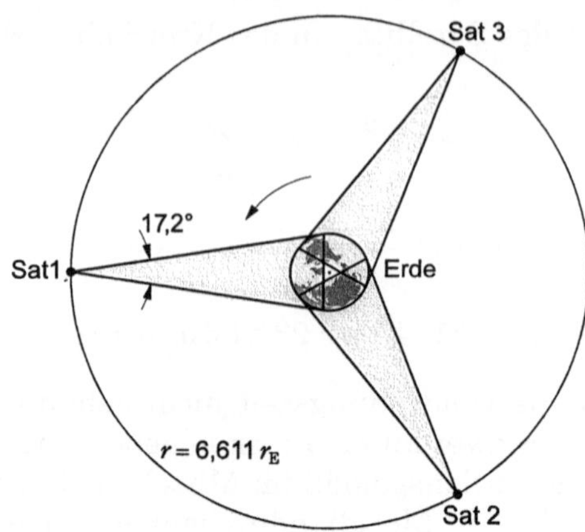

Abb. 8.62. Globale Bedeckung mit drei geostationären Satelliten

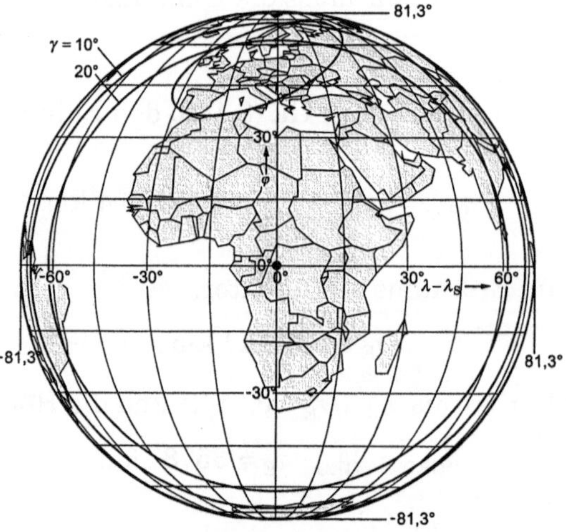

Abb. 8.63. Die Erde aus der Sicht eines geostationären Satelliten mit maximalen Ausleuchtzonen für den globalen Betrieb und einer regionalen Ausleuchtung

Praktisch ist schon bei einem Erhebungswinkel von etwa 10° über dem Horizont die Versorgungsgrenze erreicht. Unebenheiten der Erdoberfläche und die lange Passage durch die Atmosphäre machen kleinere Erhebungswinkel unbrauchbar. Bei 10° ergibt sich ein Bereich von ±71,4° (nach Gl. (8.170)), in der in Abb. 8.63 dargestellten orthographischen Projektion der Erde eine kreisförmige Bedeckung. Drei geostationäre Satelliten, je einer über Atlantik, Pazifik und Indischem Ozean, können die Kontinente – mit Ausschluss der Polarregionen – nach dem Vorschlag von Clarke miteinander verbinden (Abb. 8.62). Zur

Verteilung der Fernsehsignale und für ihre Zuführung zu Kabelkopfstationen werden schärfer bündelnde Antennen eingesetzt, die die Sendeleistung der Transponder auf kleinere Gebiete konzentrieren und dann dort auch mit kleinen Antennen den direkten Heimempfang möglich machen. Abbildung 8.63 zeigt eine typische „Ausleuchtung" (Bedeckungszone, „Footprint") durch die ASTRA-Satelliten bei λ_S = 19,2° Ost (über dem Westen der Demokratischen Republik Kongo, ehemals Zaire).

Bei globaler Ausleuchtung für die interkontinentalen Fernsprechverbindungen und Fernsehzubringer, z. B. über die seit 1965 dazu entstandenen Satelliten der INTELSAT[1]-Reihe, ist die Leistungsflussdichte am Boden wegen des relativ geringen Bündelungsgewinns der Globalantenne an Bord des Satelliten bei zudem auch nur geringer Sendeleistung ziemlich gering. Die EIRP beträgt 21–24 dBW, erst bei

Abb. 8.63. Eine Antenne der Erdfunkstelle Raisting für Uplink und Downlink im C-Band zu INTELSAT-Satelliten über dem Atlantik oder dem Indischen Ozean (Baujahr 1981). Der Durchmesser beträgt 32 m, die Elevationsachse liegt 22 m über dem Boden.

[1] International Telecommunications Satellite Consortium, gegründet 1964 mit Beteiligung staatlicher und privater Telekommunikationsunternehmen aus zunächst 11 Ländern. Heute gehören über 140 Staaten dazu, 2001 aufgespalten in den nun privaten Satellitenbetreiber Intelsat Ltd. (Bermuda) und die internationale Aufsicht durch die International Telecommunications Satellite Organization ITSO (Washington DC).

der neuen Intelsat-9-Reihe 10 dB mehr. Die Bodenstation, die *Erdfunkstelle*, benötigt deshalb Empfangsantennen mit riesigen Reflektoren, etwa mit einem Durchmesser von 32 m für einen Downlink bei 4 GHz. Eine der ersten (1965) und größten Erdfunkstellen, betrieben von der Deutschen Telekom, liegt in Raisting an der Südspitze des Ammersees in der Nähe von München. Abbildung 8.63 zeigt eine dortige Antenne mit den genannten Abmessungen. Sie hat einen Gewinn von 61,4 dBi bei 4 GHz und von 65,3 dBi bei 6 GHz (Uplink).

Für den Satellitendirektempfang und die Kabelkopfzubringer haben die Rundfunkanstalten eigene Uplink-Stationen, oder ihre Signale werden über Glasfaserverbindungen oder Richtfunk zu Bodenstationen der Satellitenbetreiber geführt.

Launch

Ein großer Kommunikationssatellit mit vielen Transpondern an Bord hat zusammen mit dem für Bahnkorrekturen notwendigen Treibstoff eine Masse von mehreren Tonnen. Ihn in den Clarke-Orbit zu bringen, erfordert einen enormen Aufwand. Es wird eine mehrstufige Trägerrakete benötigt.

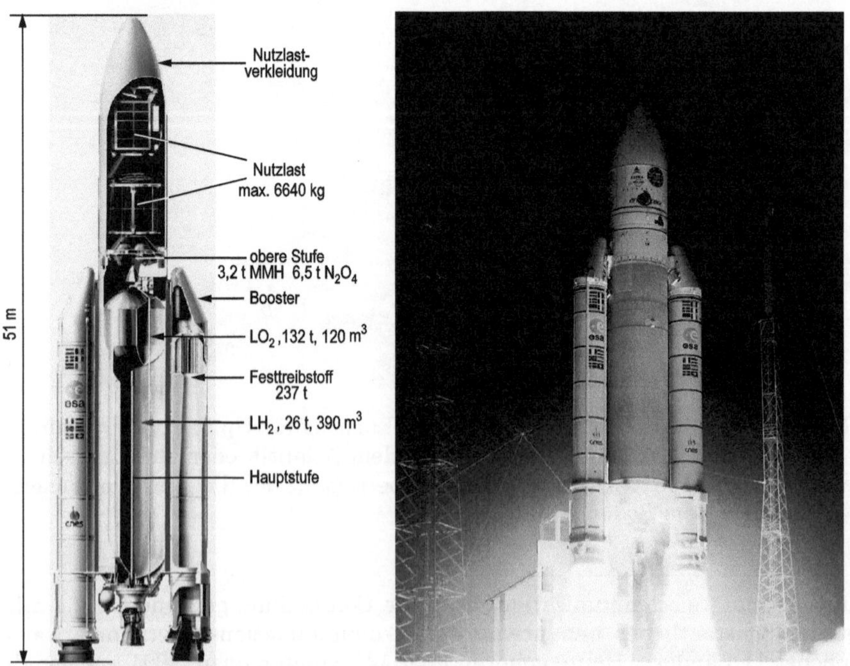

Abb. 8.64. Die Trägerrakete Ariane 5G, rechts beim Start am 19.12.2000 in Kourou zum Launch der Satelliten Astra 2D und GE-8 (Photo: SES-Astra)

Die Launch-Aktion mit der Ariane 5 (Abb. 8.64) kostet beispielsweise derzeit etwa 140 Millionen Euro. Dafür können zwei Satelliten direkt in einen „geostationären Transferorbit“ (GTO, s. Abb. 8.65) transportiert werden. Die „kryogene“ Hauptstufe der etwa 50 m hohen Rakete besteht aus einem 30,5 m langen Zylinder (Ø 5,4 m) mit flüssigem Wasserstoff (Temperatur 20 K) als Treibstoff und mit flüssigem Sauerstoff (91 K). Er verbrennt den Wasserstoff in dem Triebwerk unter hohem Druck, etwa innerhalb von 10 Minuten. Das Triebwerk entwickelt beim Start einen Schub von 900 kN (im Vakuum 1100 kN). Der größte Schub wird jedoch von den zwei beiderseits angebrachten „Booster“-Raketen geliefert, je 5300 kN. Es sind Feststoffraketen, die innerhalb von 130 Sekunden ihren Treibstoff verbrennen. Verwendet wird in einem Bindemittel aus synthetischem Gummi Aluminiumpulver mit dem Oxidator Ammoniumperchlorat NH_4ClO_4. Die Booster werden erst 7 Sekunden nach dem Start des Haupttriebwerks gezündet, sofern dieser Start problemlos beginnt, denn nach dem Zünden könnten die Feststoffraketen im Notfall nicht mehr abgeschaltet werden. Nun hebt die Rakete ab. Beim Ausbrennen und Abtrennen der Booster ist eine Geschwindigkeit von etwa 2,5 km/s erreicht und eine Höhe von 68 km. Etwa eine Minute später in einer Höhe von 110 km wird die Nutzlastverkleidung abgeworfen, die bis dahin gegen den Luftstrom schützen musste und auch aerodynamisch nötig war. Beim Ausbrennen und Abtrennen der Hauptstufe ist eine Höhe von etwa 170 km erreicht bei einer Geschwindigkeit von 8,2 km/s. Nach einigen Sekunden zündet die obere Stufe durch Zusammenführen der beiden hier verwendeten Flüssigtreibstoffe: Monomethylhydrazin („MMH“, $CH_3N_2H_3$) und Distickstofftetroxid (N_2O_4) als Oxidator. Das Triebwerk dieser Stufe entwickelt einen Schub von 28 kN bei einer Brenndauer von 18 Minuten. Die Geschwindigkeit steigt bis zum Brennschluss nur noch allmählich auf 9,15 km/s, die Höhe aber erheblich auf 1600 km. Damit schwenkt die Rakete in den gewünschten Transferorbit ein (Abb. 8.65). Das Triebwerk kann dabei durch Dosierung der Treibstoffzufuhr mit computergesteuerten Schub arbeiten, sogar bei Bedarf vorübergehend ausgeschaltet werden.

Mit der oberen Stufe sind die Geräte zur automatischen Steuerung der Raketenfunktionen, zur Lagehaltung und Telemetrie (Vehicle Equipment Bay) verbunden, ringförmig angeordnet um vier Treibstofftanks und das Triebwerk. Von hier aus werden auch die letzten Manöver ausgeführt, wenn der Flugkörper nach Brennschluss nun antriebslos („ballistisch“) den Transferorbit beginnt. Das System zur Fluglagesteuerung (Attitude Control System) stellt die vorgesehene Orientierung ein, und zur gyroskopischen Stabilisierung der eingestellten Orientierung wird der gesamte Flugkörper in eine Rotation um

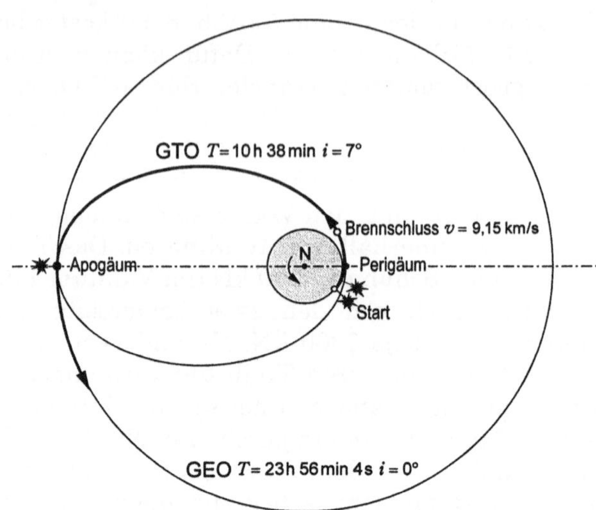

Abb. 8.65. Launch eines Satelliten für den geostationären Orbit, Trägerrakete Ariane 5G

seine Längsachse versetzt (Drall, Spin), z. B. mit einer Umdrehung pro Minute. Diese Vorgänge dauern etwa 10 Minuten. Dann wird der Satellit freigegeben, die obere Stufe abgetrennt und zur Vermeidung einer nachfolgenden Kollision auf eine andere Fluglage ohne Spin gebracht. Mit dem Einschuss der Nutzlast in den Transferorbit ist der Auftrag für den Trägerraketenunternehmer abgeschlossen.

Nun wird der Satellit über sein eigenes System zur Telemetrie und Fernsteuerung (Tracking, Telemetry, Command: TTC) von einem weltweiten Netz von Bodenstationen übernommen. Er fliegt jetzt auf einer elliptischen Bahn auf das Apogäum zu. Dieses liegt, wie beabsichtigt, in der Höhe einer geostationären Bahn, bei 35800 km, das Perigäum etwa bei 560 km Höhe. Der Erdmittelpunkt liegt in einem Brennpunkt der Ellipse (erstes Keplersches Gesetz).

Die Bahn eines Raumflugkörpers im zentralen Kraftfeld einer großen Masse wird in den Lehrbüchern der Physik im Zusammenhang mit den Keplerschen Gesetzen der Planetenbewegungen abgeleitet. Immer ergibt sich eine Kegelschnittkurve. Welche Bahn der Körper annimmt, entscheidet sich beim Brennschluss, wenn er antriebslos wird. Die zukünftige Bahn wird bestimmt durch die in diesem Moment vorhandene Geschwindigkeit $\vec{v}_0$ des Körpers und seinen Abstand r_0 zum Massenmittelpunkt der Erde, und zwar durch Größe und Richtung der Geschwindigkeit in Bezug zur Richtung des Radiusvektors $\vec{r}_0$ (vom Zentrum zum Körper gerichtet): Maßgebend ist der Drehimpuls $m_S\vec{H}$ aus dem Vektorprodukt

$$\vec{H} = \vec{r}_0 \times \vec{v}_0 . \tag{8.162}$$

Dieser Drehimpuls bleibt bei Zentralbewegungen bei allen nachfolgenden $\vec{r}$ und $\vec{v}$ immer konstant. Es entsteht daher eine ebene Bahn, die Ebene wird durch die Vektoren $\vec{r}_0$ und $\vec{v}_0$ aufgespannt. Die gesamte Energie $m_S E$ des Körpers bleibt fortan ebenfalls konstant. Der potentielle Anteil in E ist gegeben durch $-\mu/r$, wenn er für $r \to \infty$ zu Null angenommen wird. Es ist also

$$E = \frac{v_0^2}{2} - \frac{\mu}{r_0} = \frac{v^2}{2} - \frac{\mu}{r} . \tag{8.163}$$

Eine geschlossene Bahn (Ellipse, Kreis) ergibt sich bei $E < 0$, und zwar ist

$$E = -\frac{\mu}{2a} . \tag{8.164}$$

Hier ist a die große Halbachse der Ellipse, der Mittelwert aus Apogäums- und Perigäumsabstand:

$$a = \frac{r_a + r_p}{2} .$$

Der Drehimpulsbetrag der Ellipsenbahn ist (bei $m_S = 1$)

$$H = \sqrt{a\left(1 - \varepsilon^2\right)\mu} . \tag{8.165}$$

ε bezeichnet die Exzentrizität der Ellipse,

$$\varepsilon = \frac{r_a - r_p}{r_a + r_p} .$$

Die Umlaufzeit in der Ellipsenbahn ist

$$T_S = 2\pi\sqrt{\frac{a^3}{\mu}} . \tag{8.159a}$$

Bei einer Kreisbahn ist in diesen Formeln $\varepsilon = 0$ und $a = r$ zu setzen.

Der von der Ariane 5 gelieferte GTO hat nach den obigen Angaben die Daten:

$$r_a = r_E + 35800 \text{ km} = 42178 \text{ km}$$
$$r_p = r_E + 560 \text{ km} = 6938 \text{ km}$$
$$a = 24558 \text{ km}$$
$$\varepsilon = 0{,}7175$$
$$H = 6{,}892 \cdot 10^{10} \text{ m}^2/\text{s} \quad \text{nach Gl. (8.165)}$$
$$E = -8{,}1162 \cdot 10^6 \text{ m}^2/\text{s}^2 \quad \text{nach Gl. (8.164)}$$
$$T_S = 38300 \text{ s} = 10\text{h}\, 38\text{min}\, 20\text{s} \quad \text{nach Gl. (8.159a)}.$$

Wenn also nach etwa fünf Stunden das Apogäum der Transferbahn erreicht wird, muss der Satellit – jetzt aus eigener Kraft – seine Bahn so verändern, dass sie zu einer geostationären Bahn wird: aus der elliptischen muss eine Kreisbahn werden, die in der Äquatorebene liegt. Zu diesem Zweck hat er ein Triebwerk an Bord, den „Apogäumsmotor", der nach mehreren Zündungen für eine bestimmte Dauer die Bahngeschwindigkeit auf die Kreisbahngeschwindigkeit erhöht und die Inklination auf 0° bringt (s. Abb. 8.65). Als Treibstoff wird wieder MMH verwendet mit N_2O_4 als Oxidator. Die Geschwindigkeit in der Transferbahn errechnet sich für das Apogäum zu

$$v_a = H/r_a = 1{,}634 \text{ km/s}.$$

Beim Perigäum wäre

$$v_p = H/r_p = 9{,}934 \text{ km/s}.$$

Die Bahngeschwindigkeit muss erhöht werden auf die geforderte Kreisbahngeschwindigkeit:

$$v_{GEO} = \frac{2\pi r_{GEO}}{T_E} = \sqrt{\frac{\mu}{r_{GEO}}} = 3{,}075 \text{ km/s}. \tag{8.166}$$

Der Drehimpuls wird vergrößert, er muss nahezu verdoppelt werden, so dass (s. Gl. (8.165)

$$H_{GEO} = \sqrt{\mu\, r_{GEO}} = 12{,}9648 \cdot 10^{10} \text{ m}^2/\text{s}. \tag{8.167}$$

Entsprechend wird auch die Energie beim Übergang vom GTO zu GEO vergrößert, nach Gl. (8.164)

$$E_{GEO} = -\frac{\mu}{2 r_{GEO}} = -4{,}7270 \cdot 10^6 \text{ m}^2/\text{s}^2. \tag{8.168}$$

Damit entsteht die Kreisbahn, das Perigäum wird „angehoben" von r_p auf r_{GEO}. Jedoch kann die äquatoriale Bahnebene nicht direkt erreicht werden. Ariane 5 erzeugt eine Bahnebene mit einer Inklination von 7°, bedingt durch die geographische Breite des Startortes ($\varphi = 5°14'$ N). Zur Veränderung der Bahnebene muss der Apogäumsmotor auch die Geschwindigkeitsrichtung ändern.

Ideal ist ein Startort der Trägerrakete am Äquator aus zwei Gründen:

- für das Trägerraketenunternehmen, weil durch die Erddrehung bereits eine Anfangsgeschwindigkeit in Ostrichtung gegeben ist und diese am größten am Äquator ist, 465 m/s.
- für den Satellitenbetreiber, weil eine Transferbahn mit 0° Inklination zur Verfügung steht, so dass kein zusätzlicher Treibstoffverbrauch des Apogäumsmotors für eine Bahnebenenänderung anfällt.

Das „Centre Spatial Guyanais“ (C.S.G.) in Kourou ($\lambda = 52°46'$ W) liegt an der Küste von Französisch-Guyana 65 km nordwestlich der Hauptstadt Cayenne. Die Raketen werden mit einem Kurs von typisch 91,5° (90° = Osten) über den Atlantik geschossen. Die Erddrehung gibt ihnen hier noch eine Geschwindigkeit von 436 m/s. Ungünstiger ist der Startplatz Cape Canaveral. Wegen der nördlicheren Lage ($\varphi = 28°30'$ N) kann eine Inklination geringer als 28° nicht erreicht werden. Die Erdrotation liefert hier 409 m/s. Von der NASA wird ein Satellit meist mit dem wieder verwendbaren „Space Shuttle“ zunächst in eine Kreisbahn in einer Höhe von 280 km gebracht. Von hier aus muss er dann mit eigenem Antrieb die Transferbahn aufbauen.

Abb. 8.65. Astra 2A im Orbit (Bild: Boeing)

Mehr als die Hälfte der Startmasse eines Satelliten besteht aus dem Treibstoff für den Apogäumsmotor. Bei dem in Abb. 8.65 gezeigten Satelliten Astra 2A betrug die Startmasse 3630 kg. Bei Arbeitsbeginn im GEO – mehrere Tage nach dem Start – waren nur noch 2470 kg vorhanden, 1160 kg Treibstoff hatten die Manöver des Apogäumsmotors (Schub 490 N) verbraucht. Der Rest wird anschließend für die immer wieder notwendigen kleineren Bahnkorrekturen benötigt. Der Satellit hat für diese Positionshaltung 12 kleine Düsenantriebe an Bord, die bei Bedarf von der überwachenden Bodenstation aus gezündet werden. Obwohl in der Flughöhe atmosphärische Einflüsse nicht mehr vorhanden sind, wird die ideale Kreisbahn doch fortwährend gestört. Die Gravitationskräfte von Mond und Sonne verändern die Inklination. Der Erdquerschnitt am Äquator ist leicht elliptisch verformt. Dadurch entstehen Positionsschwankungen in Ost-Westrichtung. Schließlich wirkt auf die großen Panelflächen der Strahlungsdruck der Sonne. Dadurch wird die Bahn etwas exzentrisch. Geht der Treibstoff für Korrekturen zur Neige, wird der Satellit aus dem Orbit genommen, das Ende des Satelliten (typisch nach 15 Jahren) ist dann gekommen.

Nach dem Erreichen des geostationären Orbits werden die Solarzellenpanels zur Stromversorgung (bis dahin nur Batteriebetrieb) und die zwei seitlichen Parabolantennen (Abb. 8.65) ausgeklappt[1]. Der Satellit driftet nun auf seiner Bahn. Wenn er die vorgesehene Position λ_S erreicht hat, wird er dort „verankert". Die Antennen haben bei Astra 2A einen Durchmesser von 2,7 m. Über die Panelrahmen gemessen hat der Satellit eine Länge von 26 m. Die Solarzellen liefern eine Leistung von 7 kW. Zur Lagestabilisierung wird das Verfahren der *Dreiachsenstabilisierung* mit einem Schwungrad (oder auch mit drei Schwungrädern) eingesetzt. Man unterscheidet wie beim Flugzeug die drei zueinander senkrechten Achsen:

- Hochachse, um die „Gierbewegungen" (Yaw) ausgeführt werden. Sie zeigt zur Erde.
- Längsachse, um die die „Rollbewegungen" ausgeführt werden. Sie zeigt in Flugrichtung.
- Querachse, um die die Neigung der Flugrichtung (Pitch) verändert wird. Sie ist in Nord-Südrichtung ausgerichtet. Die Solarzellenpanels liegen in dieser Achse.

Die Solarzellen werden ständig zur Sonne ausgerichtet und vor allem muss die Fluglage immer so eingestellt sein, dass die Antennen genau

[1] Bei den Satelliten der Baureihe HS-601 und HS-601HP von Boeing Satellite Systems (vormals Hughes Space & Communications). Fast alle Astra-Satelliten haben diese Konstruktion.

auf das Zielgebiet ausgerichtet sind (vgl. Abb. 8.63). Pro Tag muss der Satellit dazu einmal um seine Querachse gedreht werden.

In der Zeit der Äquinoktien, wenn Sonne, Erde und Satellit etwa auf einer Geraden liegen, kommt es zu „Satellitenverfinsterungen“, der Satellit liegt im Erdschatten. Dann liefern die Solarzellen keinen Strom. Das geschieht jeweils an 45 Tagen während dieser Zeit. Die Ausfallzeit ist am Äquinoktium maximal, 72 Minuten, jeweils um Mitternacht (Ortszeit der Satellitenposition). Der Betrieb wird dann durch die Akkumulatoren aufrechtgehalten, die ja auch schon in der Anfangsphase unerlässlich waren. Verwendet werden Nickel-Wasserstoffzellen. Wichtig ist eine lange Lebensdauer und eine möglichst hohe Energiedichte (Energie/Masse). Deshalb wird hier dieser Batterietyp den Nickel-Metallhydrid-Akkumulatoren vorgezogen, obwohl er ein relativ großes Volumen beansprucht und die Zellen unter hohem Innendruck stehen.

Die Satellitenposition

Die Richtung („Position“), unter der ein bei der geographischen Länge $\lambda = \lambda_S$ über dem Äquator stehender Satellit am Himmel zu finden ist, soll in Abhängigkeit vom Beobachtungsort P an Hand der Skizze Abb. 8.66 berechnet werden. Die Positionskoordinaten im Horizontsystem sind die Winkel Azimut und Elevation („Höhe“). Das Azimut α bestimmt die „Himmelsrichtung“ (Richtung am Horizont), ein im Uhrzeigersinn von der Nordrichtung aus gezählter Winkel von 0° bis 360° (N 0°, O 90°, S 180°, W 270°). In Abb. 8.66 wird der Winkel $\alpha' = \alpha - 180°$ benutzt. Die Elevation γ ist der beim Azimut auftretende Erhebungswinkel des Objekts über dem Horizont, ein Winkel von 0° bis 90°, gezählt vom Horizont aus. $\gamma = 90°$ bezeichnet den Zenit. Die geographischen Koordinaten von P sind die Breite φ (nördliche Breiten positiv, südliche negativ) und die Länge λ, ein vom Greenwich-Meridian gezählter Winkel von 0° bis 180°, positiv für östliche Längen, negativ für westliche.

Aus dem sphärischen Dreieck PP′S folgt

$$\tan\alpha' = \frac{\tan(\lambda - \lambda_S)}{\sin\varphi} \tag{8.169}$$

und der Hilfswinkel β mit

$$\cos\beta = \cos\varphi \cos(\lambda - \lambda_S)\,.$$

Mit diesem Winkel erhält man aus dem ebenen Dreieck MSatP für die Elevation

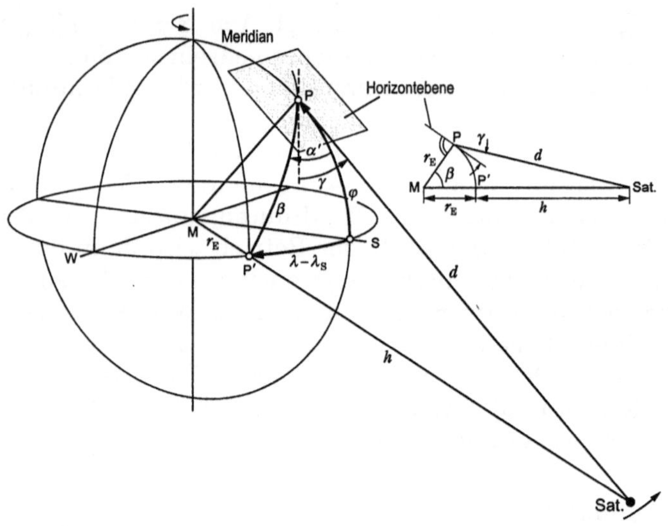

Abb. 8.66. Zur Berechnung von Azimut und Elevation geostationärer Satelliten

$$\tan\gamma = \frac{\cos\beta - \varkappa}{\sin\beta}. \tag{8.170}$$

Hier bezeichnet $\varkappa$ das Verhältnis r_E / r_{GEO} :

$$\varkappa =_{\text{def}} \frac{r_E}{r_{GEO}} = \frac{1}{6{,}6109} \tag{8.171}$$

wie oben aus Gl. (8.161) abgeleitet. Ebenfalls kann man in dem Dreieck die Entfernung zum Satelliten berechnen:

$$d = r_{GEO}\sqrt{1+\varkappa^2-2\varkappa\cos\beta}\,. \tag{8.172}$$

Beispielsweise ergibt sich für einen Ort bei $\varphi = 48°$, $\lambda = 12°$ eine Entfernung zu den Astra-Satelliten bei $\lambda_S = 19{,}2°$ von $d = 38230$ km. Die Auswertung der Positionsformeln mit den Parametern φ und $\lambda - \lambda_S$ zeigt Abb. 8.67, mit den Parametern α und γ die Abb. 8.68. Diese Abbildung gilt speziell für die bei $\lambda_S = 19{,}2°$ stehenden sieben Astra-Satelliten, die für den Direktempfang in Europa am häufigsten benutzt werden. Das Gradnetz verschiebt sich über der Landkarte nach rechts oder links für andere Satelliten.

Grundsätzlich ist es möglich, die Satelliten mit einem astronomischen Teleskop mittlerer Größe nachts zu beobachten, man sieht sie mit einer Helligkeit der „Magnitude“ 11 bis 14 [8.42]. Die Nachführung, die man für Sternenbeobachtungen benötigt, muss dabei natür-

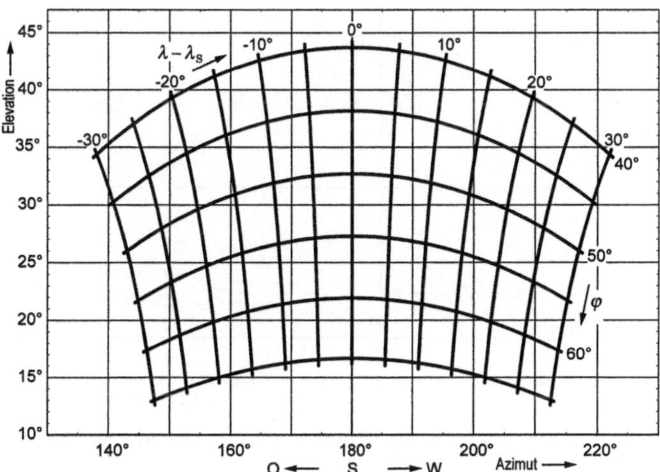

Abb. 8.67. Die Himmelsposition eines bei λ_S über dem Äquator stehenden Satelliten

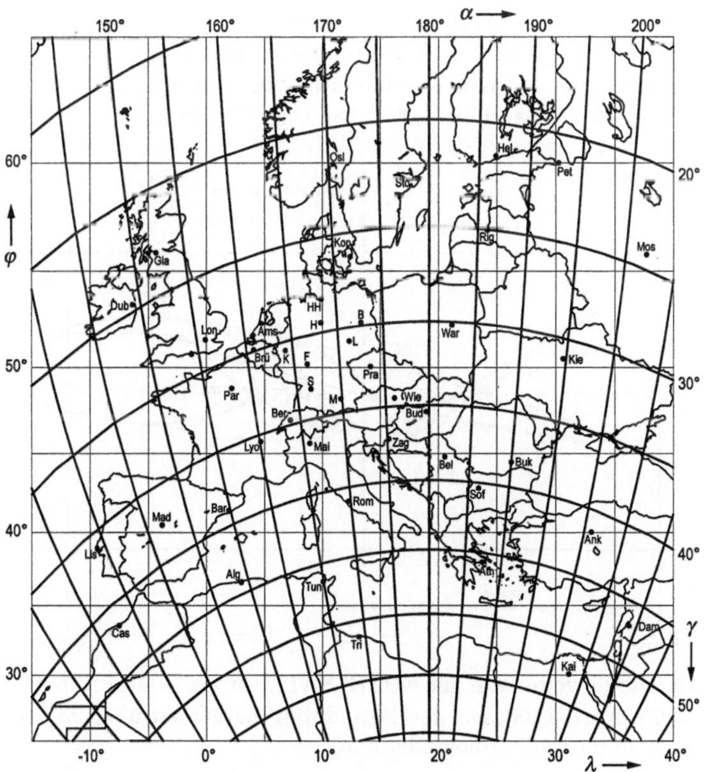

Abb. 8.68. Azimut und Elevation eines geostationären Satelliten bei $\lambda_S = 19{,}2°$ in Europa und Nordafrika

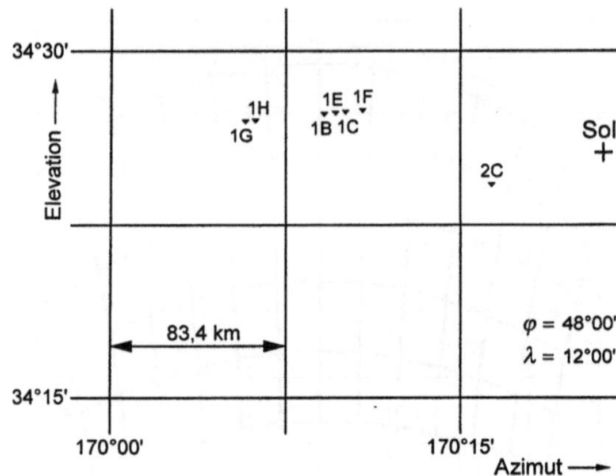

Abb. 8.69. Die sieben ASTRA-Satelliten bei 19,2° Ost am 26. April 2003

lich ausgeschaltet werden. Obwohl die Satelliten über dem Äquator stehen, befinden sie sich wegen ihres relativ geringen Abstands zur Erde unter dem „Himmelsäquator", sie erscheinen mit einer negativen astronomischen Deklination bei Beobachtung aus nördlichen Breiten. Abbildung 8.69 zeigt einen Anblick (berechnet) des Astra-Satelliten-Clusters bei $\lambda_S = 19{,}2°$, wie er sich aus der Gegend von München im April 2003 ergab. Die sieben Satelliten standen in diesem Fall sehr eng

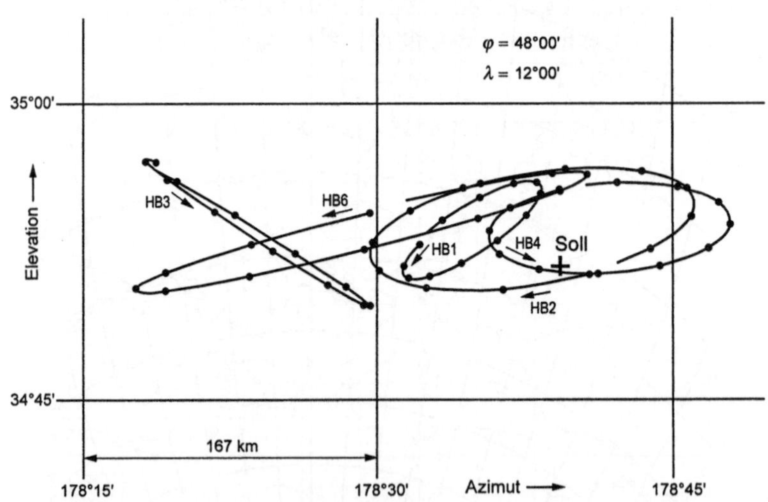

Abb. 8.70. Die Bewegungen der EUTELSAT „Hotbird"-Satelliten bei 13° Ost am 26. bis 27. April 2003, aus den Bahndaten[1] berechnet über 23 Stunden (Markierungen im Zweistundenabstand)

[1] Von NASA Orbital Information Group (OIG), im Internet zugänglich.

zusammen. Wegen der beschriebenen Bahnstörungen verändern sich die genauen Satellitenpositionen ständig, in erster Näherung mit einer Periode von 24 Stunden. Abbildung 8.70 ist ein Beispiel solcher Positionsänderungen, gezeigt für die „Hotbird"-Satelliten von Eutelsat bei $\lambda_S = 13°$. Wenn die Gefahr besteht, dass ein Satellit aus der Toleranzbox (z. B. $\pm 0{,}5°$) um die Sollposition auswandert und dann nicht mehr optimal von der Hauptkeule einer nicht nachgeführten Empfangsantenne aufgegriffen werden könnte, wird das Korrekturmanöver von der überwachenden Bodenstation eingeleitet.

Transponder, Kanäle

Der Zweck des Satelliten ist die Funktion einer Relaisstation. Sie wird von den an Bord befindlichen Transpondern, der eigentlichen Nutzlast, ausgeführt. Ein vereinfachtes Blockschaltbild zeigt Abb. 8.71. Neuere Satelliten haben $n = 32$ Transponder, die mit Bandbreiten (–1 dB) von 26, 33 und 36 MHz arbeiten (s. Abb. 8.72). Die von der Bodenstation im Frequenzmultiplex ausgestrahlten n Kanäle werden in dem zugewiesenen Frequenzband, selektiert durch einen breitbandigen Bandpass, empfangen und durch einen sehr rauscharmen Verstärker (Low noise amplifier, LNA) gemeinsam verstärkt. Eine weitere Verstärkung direkt bis auf den notwendigen Sendepegel kann nicht infrage kommen. Der Ausgang lässt sich nicht hinreichend entkoppeln, es käme zur Selbsterregung, und wegen der Nichtlinearität der Endstufen dürfen die Kanäle nicht gemeinsam weiter verstärkt werden. Der Trägerfrequenzblock im Downlink muss also gegenüber der Uplinkfrequenz versetzt sein. Er wird durch einen Mischer herabgesetzt, z. B. von der Mitte bei 17,6 GHz auf 12 GHz. Der Block wird dann durch einen Satz von n schmalbandigen Bandpässen in die Kanäle aufgespalten (dieser

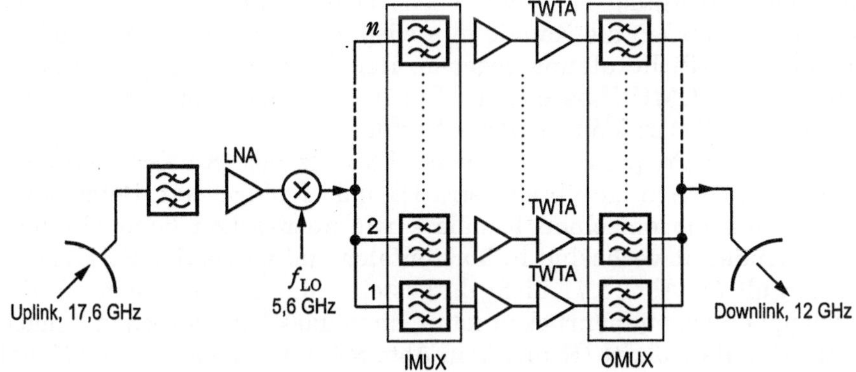

Abb. 8.71. Die Nutzlast an Bord des Satelliten: viele Transponder

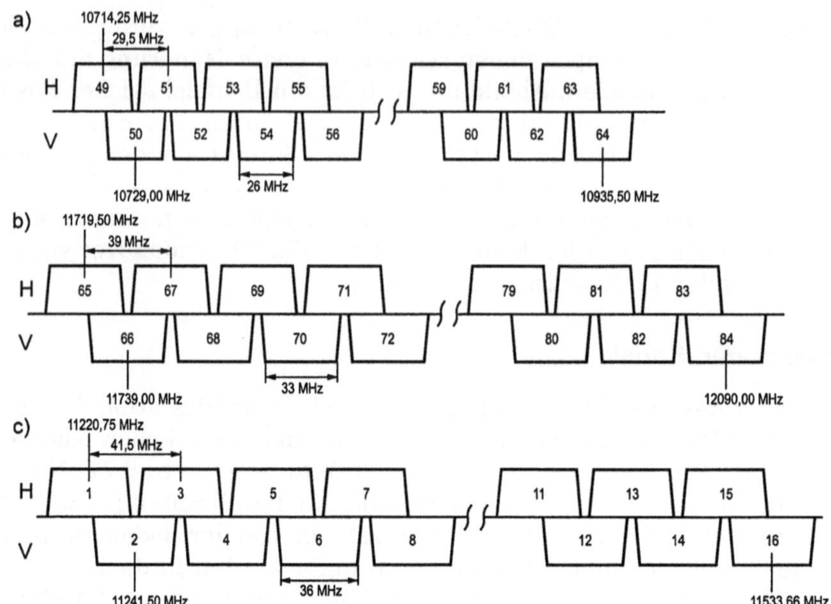

Abb. 8.72. Beispiele für Frequenzpläne von Satellitenkanälen im Ku-Band: a) 26 MHz breite Kanäle, das „D-Band“ von ASTRA, b) 33 MHz breite Kanäle, das „E-Band“ von ASTRA, c) 36 MHz breite Kanäle, „Hot Bird 1“ von EUTELSAT

Demultiplexer ist im Abb. 8.71 als „IMUX“ bezeichnet). Mit diesen Signalen werden nun über Treiberverstärker die einzelnen Endverstärker ausgesteuert. Verwendet werden Wanderfeldröhren (Traveling Wave Tube Amplifiers, TWTA), die zu ihrer vollen Ausnutzung bis nahe an die Sättigung ausgesteuert werden (s. Abschn. 8.1.2). Sie liefern eine Ausgangsleistung von jeweils z. B. etwa 100 W (bei Astra 1H, 2A-2C) bei einer Versorgung mit etwa 7 kW. Über einen weiteren Satz von Bandfiltern werden die Kanäle nun wieder zusammengeführt und auf die Downlink-Richtantenne gegeben. Der Ausgangsmultiplexer ist im Abb. 8.71 als „OMUX“ bezeichnet. In der Ausleuchtzone stehen dann je Kanal 51 dBW (126 kW) EIRP zur Verfügung.

Der Uplink-Frequenzbereich von 17,3 GHz bis 18,1 GHz wird beispielsweise bei den Satelliten Astra 1E und 1F eingesetzt. Beim Downlink werden die einzelnen Kanäle – wie auch schon beim Uplink – nacheinander abwechselnd in horizontaler und vertikaler Polarisation abgestrahlt (in Abb. 8.71 nicht dargestellt), damit man sie zur Hälfte überlappend zusammenrücken kann, ohne dass Übersprechen benachbarter Kanäle auftritt (H und V in Abb. 8.72). Oft stehen mehr Kanalfilter als Transponder zur Verfügung (z. B. 56 bei Astra 1H, 2B, 2C). Nach Bedarf kann dann auf andere Kanalfrequenzen umgeschaltet werden. Außerdem stehen immer Reserveverstärker bereit (in Abb. 8.71 ebenfalls weggelassen). Der beschriebene Transponder ist „transparent“, d. h. er führt außer der Leistungsverstärkung und dem Frequenzversatz keine weitere Signalbearbeitung durch und kann grundsätzlich beliebig modulierte Träger akzeptieren. Manche Satelliten können aber auch Signalverarbeitungen ausführen, insbesondere für DVB-Übertragungen aus den Uplinks verschiedener Bodenstationen nach Demodulation ein Multiplex aus mehreren Transportströmen (nach Abb. 6.68) selbst zusammenstellen.

Frequenzzuweisungen

Frequenzbereiche für drahtlose Übertragung sind – grundsätzlich international verbindlich – bestimmten „Funkdiensten“ (radio-communication services) zugewiesen. Zuständig dafür ist die International Telecommunication Union (ITU) in Genf. Verantwortlich für die Einhaltung der Zuweisungen sind die in den ITU-Mitgliedsstaaten vorhandenen Aufsichtsbehörden. Der Zweck der Regelungen ist die Vermeidung gegenseitiger Störungen. Maßgebend sind die von der ITU herausgegebenen „Radio Regulations“. Diese fassen das Ergebnis der Vereinbarungen vorangegangener Tagungen (World Radio Conferences) zusammen.

Erstmals 1977 wurde von der „World Administrative Radio Conference“ (WARC-77) ein Rundfunksatellitendienst („Broadcasting-Satellite Service“, BSS) definiert und ihm ein Frequenzbereich im „Ku-Band“ zugewiesen, zur Verteilung von Fernsehsignalen mit direktem Heimempfang: 11,7–12,5 GHz für den Downlink (in „Region 1“ = Europa und Afrika, in Region 3, Asien und Ozeanien, 11,7–12,2 GHz, ab 1983 auch in Region 2, Amerika, 12,2–12,7 GHz). Bis dahin kannte man nur die interkontinentalen Verbindungen – auch für Fernsehen, aber hauptsächlich für die Telefonübertragung – mit den global ausleuchtenden INTELSAT-Satelliten (s. oben). Diese arbeiteten alle im „C-Band“, d. h. 3,7–4,2 GHz im Downlink und 5,9–6,4 GHz im Uplink. In diesem Frequenzbereich wird immer die *zirkulare* Polarisation eingesetzt, und die Kanäle werden durch rechtsdrehende und linksdrehende Polarisation getrennt. Lineare Polarisation könnte durch den *Faraday-Effekt* beim Durchgang durch die Ionosphäre unregelmäßig schwankend verdreht werden, so dass die Polarisationstrennung nicht mehr gelingt. Bei 12 GHz dagegen ist der Effekt zu vernachlässigen. Die Satelliten benutzen Wanderfeldröhren geringer Leistung: anfangs je Transponder nur 6 W, dann 8,5 und 13,5 W. Ein direkter Heimempfang wäre wegen des geringen EIRP-Wertes jedenfalls nicht möglich.

Die WARC-77 war schon im Vorfeld durch politische Querelen belastet („Jedes Land hat das Recht auf gleich viele Kanäle“, „Die Ausleuchtzonen dürfen Ländergrenzen nicht überschreiten"). Zudem waren 1977 auch die technischen Voraussetzungen für eine Einführung des Satellitenfernsehens noch nicht ausreichend. So wurden dann nach dem damaligen Stand der Technik und den politischen Vorgaben die Frequenzen, die Orbitpositionen, die Ausleuchtzonen, die Polarisation und der maximale EIRP-Wert festgelegt. Jeder Satellit sollte 5 Transponder in zirkularer Polarisation tragen, entweder alle rechtsdrehend oder alle linksdrehend. 8 derartige Satelliten waren für eine Orbitposition vorgesehen, mit insgesamt 40 Kanälen der Breite 27 MHz im Abstand von 19,18 MHz in abwechselnd rechts- und linksdrehender Polarisation. 6 Orbitpositionen waren geplant. Ein EIRP von etwa 63 dBW pro Kanal wurde für den Heimempfang mit einem 60-cm-Spiegel für notwendig gehalten. Jede Nation durfte *einen* solchen Rundfunksatelliten (Direct Broadcasting Satellite, DBS) betreiben. Zum Beispiel für Frankreich und Deutschland wurde die Satellitenposition $\lambda_S = -19°$ (West!) zugewiesen. Dort ist Mitternacht etwa um 2 Uhr MEZ, so dass die äquinoktialen Ausfälle der Solarzellen nicht unbedingt durch Akkumulatoren aufgefangen werden mussten. Denn diese hätten damals mit der erforderlichen Kapazität für die vorgesehenen Transponder hoher Leistung und unter der Massebeschränkung des Satelliten nicht zur Verfügung gestanden. Entsprechend waren auch die anderen Positionen weit westlich ihres Zielgebietes vorgesehen.

Hinsichtlich der Nutzung unterscheidet die ITU seit der WARC-77 zwischen BSS und FSS, „fixed satellite service". FSS war als Zuführungsstrecke für terrestrische Sender gedacht und ist auf EIRP < 53 dBW begrenzt. Es wurden hierfür u. a. die Frequenzbänder 10,7–11,7 GHz und 12,50–12,75 GHz im Downlink zugewiesen. Diese Bänder dürfen jedoch auch zur terrestrischen Übertragung, d. h. für Richtfunk verwendet werden. Ein exklusive, geschützte Nutzung wie bei den Rundfunksatelliten wird von der ITU für die „Fernmeldesatelliten" grundsätzlich nicht geboten; bei dem vorgesehenen Nutzerkreis kann man von einer internen Koordination ausgehen.

Der WARC-77-Plan für Rundfunksatelliten wurde im Laufe der Zeit nur von ganz wenigen Staaten tatsächlich genutzt. Es dauerte auch 11 Jahre, bis überhaupt der erste „staatliche" Satellit dieser Art im Orbit war: Frankreich startete den TDF1 1988 mit 5 Transpondern von je 230 W Ausgangsleistung. Deutschland folgte 1989 mit dem TV-SAT-2. Mit den wenigen, zudem auch terrestrisch empfangbaren Programmen war ein Satellitenempfang allerdings keine attraktive Alternative (s. Abschn. 6.2.2).

Der direkte Heimempfang von Fernsehprogrammen über Satelliten kam dann aber schließlich doch zum Durchbruch, dank einer anderen, nun durch den Fortschritt der Technik realisierbaren Konzeption: Die private Société Européenne des Satellites (SES) in Luxemburg eröffnete 1988 die Orbitposition 19,2° *Ost* mit ihrem Satelliten „Astra 1A" *im FSS-Band* (11,20-11,45 GHz), zwar entsprechend den ITU-Vorgaben, jedoch diente dieser „Fernmeldesatellit" in Wirklichkeit dem direkten Heimempfang. Durch seine vielen Transponder mittlerer, aber ausreichender Leistung (16 mal 45 W) mit entsprechend vielen Programmen aus ganz Europa fand er bald Zuspruch. Zu der Zeit bereits reichte 52 dBW EIRP für den Heimempfang mit einer 80-cm-Parabolantenne im Ku-Band völlig aus. Es wurde nun auch *lineare* Polarisation verwendet. Obwohl mit der WRC-97 noch eine Anpassung an den Stand der Technik erfolgte, ist die BSS-Konzeption inzwischen bedeutungslos geworden. Der Heimempfang unter Einschluss der FSS-Bänder wird jetzt mit „DTH" abgekürzt, von Direct-to-Home.

Auch EUTELSAT begann etwa ab 1990 im FSS-Bereich des Ku-Bandes einige Transponder ihrer Satelliten an Rundfunkgesellschaften für DTH zu vermieten, ebenso wie SES, schließlich ab 1995 im vollen Umfang mit der Serie der „Hotbird-Satelliten" in der Orbitposition 13° Ost. Hotbird 1 (s. Abb. 8.72c und Tabelle 8.15) arbeitet beispielsweise mit 16 70-W-Transpondern und erreicht Europa mit 49 dBW EIRP in einem „Super-Wide Beam". EUTELSAT (European Telecommunications Satellite Organisation) wurde 1977 von 17 europäischen Ländern nach dem Vorbild von INTELSAT für Europa gegründet, mit regionalen, europäischen Ausleuchtzonen. Der Betrieb begann mit einem Satelliten im Jahre 1983 zunächst hauptsächlich für den europäischen Telefonverkehr. Die Anwendung fürs Fernsehen folgte und lieferte die Zuführung der *Eurovisionssendungen* zu den nationalen Richtfunknetzen. Dann kamen die Zuführungen zu den Kabelkopfstationen hinzu. Im Jahre 2001 wurde EUTELSAT ebenso wie INTELSAT (s. oben) privatisiert. Es entstand Eutelsat SA mit Sitz in Paris. Die inzwischen 48 europäischen Mitgliedsstaaten führen die Aufsicht mit der Organisation „Eutelsat NGO", ebenfalls in Paris.

In den Tabellen 8.14 und 8.15 sind für die Satelliten bei 19,2° Ost und 13° Ost die Frequenzbereiche der Kanäle bzw. Transponder im Downlink und Uplink zusammengestellt. Die Einteilung in die Astra-Bänder A bis G geht auf die Bezeichnung des ursprünglich jeweils nur in einem dieser Bänder betriebenen Satelliten zurück, jedoch sind jetzt Transponder von mehreren Satelliten für ein Band im Einsatz.

Für DTH-Ausstrahlungen im Ku-Band (alle in DVB) nach Großbritannien und Irland – mit „Spotbeam" – wurde von SES-Astra ab 1998 auch die Orbitposition 28,2° Ost belegt mit den Satelliten Astra 2A, 2B und 2D, und von EUTELSAT mit „Eurobird 1" im Jahre 2001. DTH-Ausstrahlungen im C-Band sind in Europa nicht üblich. Die Wellenlänge des Trägers ist dort bis zu dreimal größer, und entsprechend

Tabelle 8.14. DTH-Kanäle: SES-Astra, 19,2° Ost, EIRP 51 dBW

Astra-Band	Down GHz	Up GHz	FSS/BSS	B (–1 dB) MHz	Kanäle Nr.
D	10,70–10,95	12,75–13,00	FSS	26	49–64
C	10,95–11,20	13,00–13,25	FSS	26	33–48
A	11,20–11,45	14,25–14,50	FSS	26	1–16
B	11,45–11,70	14,00–14,25	FSS	26	17–32
E	11,70–12,11	17,30–17,71	BSS	33	65–84
F	12,09–12,50	17,69–18,10	BSS	33	85–104
G	12,50–12,75	13,75–14,00	FSS	26	105–120

Tabelle 8.15. DTH-Kanäle: Eutelsat-Hotbird, 13° Ost, EIRP 49–53 dBW

Satellit	Down GHz	Up GHz	FSS/BSS	B (–1 dB) MHz	Kanäle Nr.
HB 4 / 6	10,70–10,95	18,10–18,35	FSS	33	110–122
HB 6	10,95–11,20	14,25–14,50	FSS	36	123–134
HB 1	11,20–11,55	12,90–13,25	FSS	36	1–16
HB 6	11,55–11,70	14,00–14,15	FSS	33	153–159
HB 2	11,70–12,10	17,30–17,70	BSS	33	50–69
HB 3	12,10–12,50	17,70–18,10	BSS	33	70–89
HB 4 / 6	12,50–12,75	14,15–14,25 13,85–14,00	FSS	33	90–101

müssen die Reflektoren der Sende- und Empfangsantennen einen dreimal größeren Durchmesser haben, um den gleichen Gewinn zu realisieren (s. unten). Das C-Band wird jedoch in tropischen Gebieten benötigt, wo häufig sehr starke Regenfälle auftreten. Denn die Regendämpfung ist bei 4–6 GHz nur geringfügig, während sie im Ku-Band so hoch ist, dass die Übertragungsstrecke ausfallen kann.

Satellitenantennen

Für eine globale Ausleuchtung (Abb. 8.62 und 8.63) ist die Sendeantenne des Satelliten ein *Hornstrahler*. Die Antennen der Bodenstationen und der Satelliten für regionale Ausleuchtung müssen dagegen eine viel höhere Bündelung haben. Erreicht wird dies durch *Reflektorantennen*: Ein metallischer Parabolspiegel wird von seinem Brennpunkt aus von einem Hornstrahler ausgeleuchtet. Der Reflektor wirft diese Strahlung wie die parallelen Lichtstrahlen eines Scheinwerfers in den Raum. Entsprechend nimmt der Reflektor der Empfangsantenne die parallel einfallenden Strahlen auf und reflektiert und konzentriert sie auf den Brennpunkt. Dort befindet sich die Hornantenne des

Empfängers. Wenn die Abmessungen des Reflektors wesentlich größer als die Wellenlänge ist, kann man die Vorgänge mit den Verfahren der geometrischen Optik erfassen. Im Downlinkbereich des Ku-Bandes mit im Mittel 2,6 cm Wellenlänge kann ab Reflektordurchmessern von etwa 30 cm die quasioptische Näherung verwendet werden, im C-Band bei 7,5 cm Wellenlänge ab etwa 90 cm Durchmesser.

Von der geometrischen Optik her ist es bekannt, dass ein Hohlspiegel achsenparallel einfallende Strahlen (wie bei der Empfangsantenne) nur dann *alle* in einem einzigen Punkt sammelt, wenn die Reflektorfläche ein Paraboloid ist, also eine Fläche, die durch Rotation einer Parabel um ihre Symmetrieachse entsteht. Wird dagegen eine Kugelfläche (aus einer Kugel mit dem Radius R) verwendet, so ist ein definierter Brennpunkt nur für achsennah einfallende Strahlen, also für sehr kleine relative Öffnungen D/f näherungsweise anzugeben[1]:

$$f \to f_0 = R/2 \text{ für } D/f_0 \to 0$$

bei einem Hohlspiegel mit dem Durchmesser D und der Brennweite f. Bei größeren Öffnungen kommen die äußeren Strahlen viel näher am Spiegel zum Schnittpunkt (Abb. 8.73). Für Reflektorantennen werden deshalb immer Paraboloide verwendet.

Das ideale Verhalten des Parabolspiegels setzt allerdings genau achsenparallele Einstrahlung voraus. Sobald die parallelen Strahlen auch nur ein wenig schräg einfallen, gibt es wieder keinen einheitli-

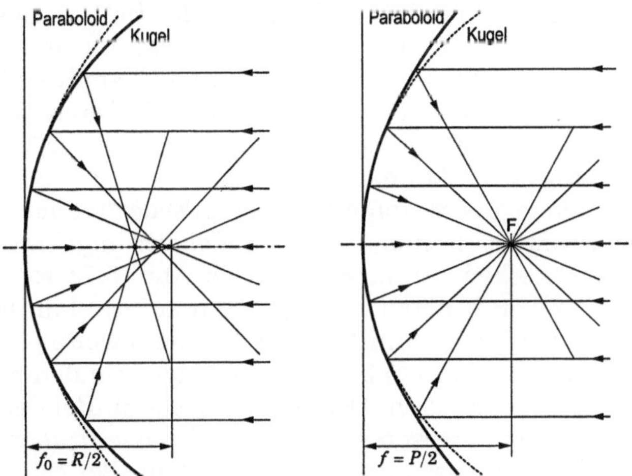

Abb. 8.73. Der Vorteil des Parabolspiegels (rechts) gegenüber dem Kugelspiegel (links)

[1] Wir benutzen hier f vorübergehend nicht für die Frequenz, sondern für die Brennweite.

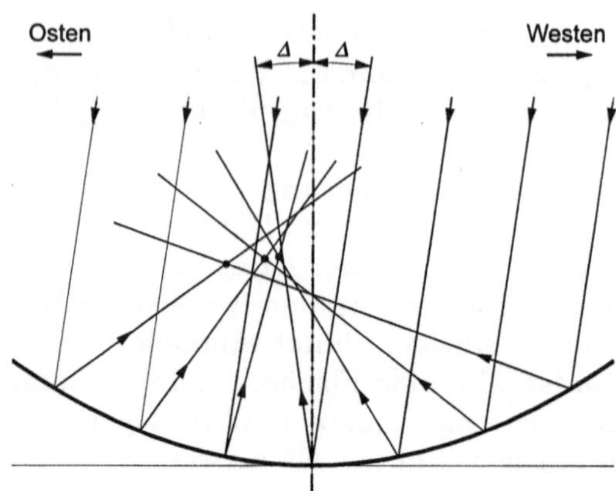

Abb. 8.74. Der Koma-Fehler eines Parabolspiegels bei um den Winkel Δ schräg einfallenden Parallelstrahlen (z. B. gemeinsamer Empfang von Hotbird- und Astra-Satelliten)

chen Brennpunkt mehr. Nur die achsennah einfallenden Strahlen werden in dem erwarteten, zu F (Abb. 8.73 rechts) seitlich versetzten Punkt gesammelt, die äußeren Strahlen kommen weiter seitlich versetzt zu Schnittpunkten (Abb. 8.74). Die optischen Parabolspiegel liefern dann statt eines Punktes ein Bild, das ähnlich aussieht wie der Schweif eines Kometen, dessen Kern der ideale Brennpunkt ist. Diesen Abbildungsfehler nennt man daher wie den Kometenschweif „Koma". Abbildung 8.74 zeigt den Fall beim Empfang der Hotbird-Satelliten bei 13° Ost mit einer Parabolspiegelantenne, die auf die Astra-Satelliten bei 19,2° Ost ausgerichtet ist. Für die Hotbird-Satelliten wird dazu eine zweite Hornantenne in dem versetzten Idealbrennpunkt angebracht. Man braucht einen größeren Spiegeldurchmesser, um den Verlust durch den Koma-Effekt auszugleichen.

Die Hornantenne als Empfänger oder „Feeder" muss mit ihrem Strahlungszentrum im Brennpunkt des Reflektors angebracht werden. Bei dem symmetrischen Strahlengang nach Abb. 8.73 rechts werden mehrere Haltestreben benötigt, die das Horn auf der Paraboloidachse in der Mitte vor dem Spiegel im Abstand der Brennweite positionieren. Die Konstruktion liegt im einfallenden oder abgehenden Strahlungsfeld und behindert es dadurch. Das ist der Nachteil. Bei den Sendeantennen muss das Signal wegen seiner hohen Frequenz über Hohlleiter zugeführt werden, die zusätzlich Platz brauchen. Bei sehr großen C-Band-Antennen der Erdfunkstellen wird deshalb der Strahlengang durch einen *zweiten Spiegel* umgelenkt. Der Hauptspiegel ist in der Mitte durchbohrt. Dort liegt die sendende Hornantenne, jetzt in Abstrahlrichtung ausgerichtet auf den in der Spiegelachse liegenden Sekundärspiegel. Dieser kann ein Hyperboloid sein, konvex in Richtung auf den Hauptspiegel. Sein virtueller Brennpunkt hinter ihm sollte im Hauptspiegelfokus (*Primärfokus*) liegen, der Sekundärspiegel also entsprechend etwas näher am Hauptspiegel. Es entsteht ein *Sekundärfokus* im Strahlungszentrum des Hornstrahlers. Dies ist die von den astronomischen Spiegelteleskopen her bekannte *Cassegrain*-Konstruktion. Ein Beispiel zeigt das Photo in Abb. 8.63 rechts. Die andere, weniger häufige *Gregory*-Konstruktion benutzt als Sekundärspiegel die Innenfläche eines Ellipsoids, konkav in Richtung auf den Hauptspiegel. Der erste Brennpunkt des Ellipsoids fällt mit dem Primärfokus zusammen, der zweite liefert schließlich den Sekundärfokus. Hier ist der zweite Spiegel also etwas weiter vom Hauptspiegel entfernt als der Primärfokus.

Die Behinderung des Strahlungsfeldes durch das Horn (oder den Sekundärspiegel), seine Halterung und Signalleitungen kann man vermeiden, wenn man als Reflektor einen außeraxialen Ausschnitt, z. B. kreisförmig oder oval, aus dem Paraboloid verwendet, so dass der Brennpunkt und damit die erforderliche Hornposition außerhalb der einfallenden bzw. abgehenden Strahlung liegt. Der Ausschnitt liegt dazu knapp oberhalb des Paraboloidscheitels (Abb. 8.75). Diese asymmetrische Konstruktion bezeichnet man als „Offset-Antenne". Sie kann auch bei Strahlumlenkung durch Sekundärspiegel verwendet werden. Bei sehr großen Antennen wird die Konstruktion aufwendig. Bei den Heimempfangsantennen hat sie sich hingegen durchgesetzt, es sind fast ausschließlich mit Primärfokus arbeitende Offset-Antennen.

Das Funktionsprinzip einer Offset-Antenne zeigt die Querschnittsskizze in Abb. 8.76. Man beachte, dass trotz der unsymmetrischen Anordnung von Horn und Spiegel die Strahlen wie in Abb. 8.73 rechts weiterhin genau parallel zur (verborgenen) Achse des Ursprungsparaboloids verlaufen, so dass die idealen Fokuseigenschaften wie bei der

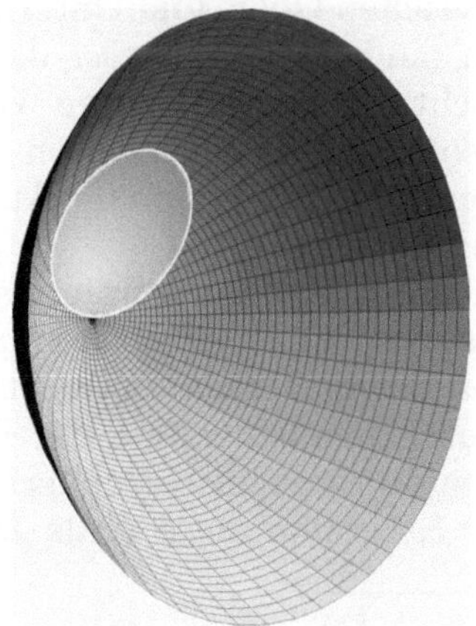

Abb. 8.75. Reflektor einer Offset-Antenne: Ausschnitt aus einem Paraboloid

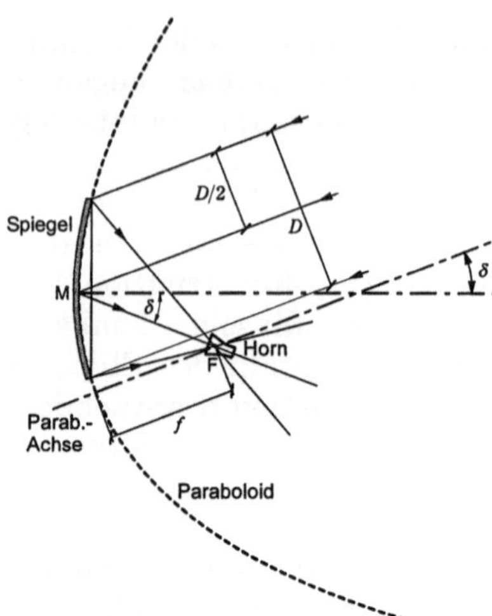

Abb. 8.76. Offset-Antenne mit Horn im Primärfokus, δ ist der Offset-Winkel

achsensymmetrischen Parabolantenne erhalten bleiben, wenn das Strahlungszentrum des Horns im Brennpunkt F auf jener Achse liegt. Für eine möglichst gleichmäßige Strahlungsaufnahme vom Reflektor bzw. Ausleuchtung des Reflektors muss die Hornachse (in Abb. 8.76 nicht gezeichnet) auf einen Punkt etwas unterhalb der Spiegelmitte zeigen, so dass sie die Winkelhalbierende zwischen den von Ober- und Unterkante des Spiegels kommenden Strahlen bildet.

Im Abb. 8.76 ist ein ovaler Ausschnitt aus dem Paraboloid angenommen, derart dass die Projektion des Ausschnitts in die Hauptstrahlrichtung – d. i. also in Richtung der Paraboloidachse – kreisförmig ist mit einem Durchmesser D und dem Mittelpunkt M. Die Spiegelrichtung ist im Bild horizontal, d. h., eine Senkrechte auf der Verbindungsgeraden zwischen Ober- und Unterkante liegt waagerecht. Die beiden Richtungen sind um den *Offset-Winkel* δ gegeneinander versetzt. Die Achsenrichtung ist um diesen Winkel angehoben. Die Spiegelrichtung muss somit für eine Elevation γ nur um den Winkel $\gamma - \delta$ angehoben werden.[1] Der angenommene Ausschnitt hat eine Höhe von $D_0 = D/\cos\delta$ und eine Breite D.

Wir haben hier den Offset-Winkel definiert als den halben Winkel zwischen der Achse des Ursprungsparaboloids und der Geraden durch die Punkte M und F. Manchmal wird der Offset-Winkel auch definiert als die Neigung der Hornachse gegenüber der Parboloidachse für den Fall der zuvor genannten optimalen Hornausrichtung. Dieser Winkel ist etwa um den Faktor 1,8 größer als δ (falls $D/f = 1{,}5$). Die Definiti-

[1] Vorteil: In der steiler aufgestellten „Schüssel“ kann sich kein Schnee sammeln.

on wird jedoch in der Praxis nicht benutzt. Der Offset-Winkel ist von der relativen Öffnung D/f abhängig. Liegt die Unterkante des Ausschnitts um den Abstand C („Clearance") oberhalb der Paraboloidachse, so ist

$$\delta = \arctan\frac{D+2C}{4f}\,. \tag{8.173}$$

Die Ableitung dieser Beziehung wird hier übergangen. Sie ist einfach, wenn man von der Polargleichung der Parabel ausgeht. Für die bei Heimempfangsantennen üblichen relativen Öffnungen $D/f = 1:0{,}7$ bis $1:0{,}6$ und $C = 0{,}05D$ ergeben sich Offset-Winkel von 21,4° bis 24,6°.

Der Hornstrahler der Sendeantenne kann nicht seine gesamte abgestrahlte Leistung P_t dem Reflektor übergeben. Eine einigermaßen gleichmäßige Ausleuchtung, um seine Fläche A voll auszunutzen, gelingt nur mit einer erheblichen „Überstrahlung" (spill-over), d. h., ein großer Teil geht dann nutzlos am Reflektor vorbei, weil der Strahlungskegel des Horns grundsätzlich nicht abrupt am Reflektorrand enden kann. Der beste Kompromiss, der höchste „Wirkungsgrad" η der Antenne, wird mit einer zum Reflektorrand um etwa 10 dB abfallenden Ausleuchtung erreicht.

Der von der Antenne in ein Raumwinkelelement $\mathrm{d}\Omega$ ausgestrahlte Leistungsfluss, die *Strahlstärke* (s. Gl. (2.5)),

$$I = \frac{\mathrm{d}\Phi}{\mathrm{d}\Omega}$$

ist in der Hauptabstrahlrichtung bei einer Wellenlänge λ (im Fernfeld und bei $A >> \lambda^2$)

$$I_0 = \eta P_\mathrm{t}\frac{A}{\lambda^2}\,, \tag{8.174}$$

wie in Lehrbüchern der Hochfrequenztechnik gezeigt wird. Der Wirkungsgrad liegt etwa bei $\eta = 0{,}6\ldots0{,}75$.

Wäre die Sendeantenne ein isotroper Kugelstrahler (fiktiv), so wäre die Strahlstärke von der Wellenlänge unabhängig und in allen Richtungen gleich (4π sr ist der Raumwinkel der Vollkugel):

$$I_\mathrm{i} = \frac{P_\mathrm{t}}{4\pi}\,. \tag{8.175}$$

Der *Gewinn* der Antenne gegenüber diesem Kugelstrahler ist somit

$$G_{\mathrm{t}0} = \frac{I_0}{I_\mathrm{i}} = 4\pi\eta\frac{A}{\lambda^2}\,. \tag{8.176}$$

Die Antenne liefert in der Hauptabstrahlrichtung eine so hohe Strahlstärke, wie sie der isotrope Kugelstrahler erst mit einer Sendeleistung

$$P_{\mathrm{ti}} = G_{\mathrm{t0}} P_{\mathrm{t}} \tag{8.177}$$

erreichen würde. Diese Leistung ist die zuvor schon definierte EIRP. Ist die Reflektorfläche – in Hauptstrahlrichtung projiziert – kreisförmig mit dem Durchmesser D (s. Abb. 8.76), dann hat die Antenne den Gewinn

$$G_{\mathrm{t0}} = \eta \left(\frac{\pi D}{\lambda} \right)^2 . \tag{8.176a}$$

Beispielsweise wird für die 32-m-Antenne der Erdfunkstelle Raisting (Abb. 8.63) ein Gewinn von 65,3 dBi („i" von isotrop) bei 6 GHz angegeben (s. oben). Mit $D = 32\ \mathrm{m}$, $\lambda = 0{,}05\ \mathrm{m}$ und $G_{\mathrm{t0}} = 3{,}39 \cdot 10^6$ hat diese Antenne nach Gl. (8.176a) einen Wirkungsgrad von $\eta = 0{,}84$. Man beachte, dass bei einer doppelt so hohen Frequenz die Antenne nur den halb so großen Durchmesser haben müsste, um den gleichen Gewinn zu erzielen.

Der Antennengewinn entsteht durch die Richtungsabhängigkeit der Strahlstärke. Zur Kennzeichnung dieser Abhängigkeit werden Kugelkoordinaten benutzt mit dem Winkel ϑ, der Abweichung von der Hauptabstrahlrichtung (engl.: *boresight*), und dem Winkel φ in der dazu senkrechten Ebene (vgl. Abb. 2.4, dort wird ε statt ϑ und α statt φ verwendet):

$$I = I(\vartheta, \varphi).$$

$\vartheta = 0$ gibt die Strahlstärke I_0 nach Gl. (8.174). Das Verhältnis I/I_0 wird als *Richtcharakteristik* bezeichnet. Eine rotationssymmetrische Richtcharakteristik ist definitionsgemäß vom Winkel φ unabhängig. Das trifft zu auf eine axialsymmetrische Parabolantennen mit einer kreisförmigen Abstrahlfläche A (Durchmesser D), die rotationssymmetrisch ausgeleuchtet wird. Sie liefert eine Strahlstärke

$$I(\vartheta) = I_0 E^2(\vartheta) \tag{8.178}$$

mit

$$E(\vartheta) = \frac{\displaystyle\int_0^{D/2} E_{\mathrm{a}}(\varrho) \mathrm{J}_0\!\left(\frac{2\pi\varrho}{\lambda} \sin\vartheta \right) \varrho \,\mathrm{d}\varrho}{\displaystyle\int_0^{D/2} E_{\mathrm{a}}(\varrho) \varrho \,\mathrm{d}\varrho} . \tag{8.179}$$

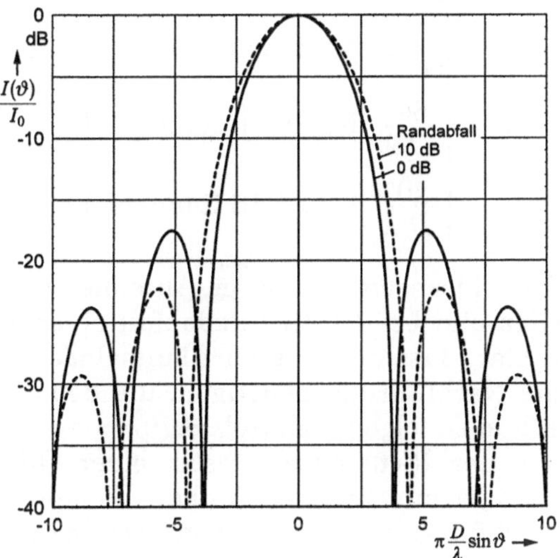

Abb. 8.77. Richtcharakteristik einer axialsymmetrischen Parabolantenne, nach Gl. (8.179) berechnet

Hier ist $E_a(\vartheta)$ die Feldverteilung in der Abstrahlfläche infolge der Ausleuchtung des Reflektors durch den Hornstrahler[1]. Bei einer gleichmäßigen Ausleuchtung, $E_a(\varrho) = 1$, ergibt sich aus Gl. (8.179) die Richtcharakteristik

$$\frac{I(\vartheta)}{I_0} = E^2(\vartheta) = \left(\frac{2\,J_1(u)}{u}\right)^2 \quad \text{mit } u = \pi \frac{D}{\lambda} \sin\vartheta \,. \qquad (8.180)$$

J_0 und J_1 sind die Besselfunktionen nullter bzw. erster Ordnung. Diese Charakteristik ist im Abb. 8.77 dargestellt. Für eine mehr realistische Ausleuchtfunktion mit dem erwähnten 10 dB Randabfall, etwa nach der Formel

$$E_a(\varrho) = 1 - \left(1 - \sqrt{0{,}1}\right) \frac{\varrho^2}{(D/2)^2} \,,$$

ergibt sich nach Gl. (8.179) die in Abb. 8.77 gestrichelt gezeichnete Richtcharakteristik. Die Hauptkeule ist etwas breiter, die Nebenkeulen sind deutlich stärker gedämpft.

Die erreichte Bündelung gibt man durch die Öffnung der Hauptkeule bei halber Leistung an, ausgedrückt durch den Winkel $\Delta\vartheta_{3\mathrm{dB}}$. Die nach Gl. (8.179) berechneten Werte sind, abhängig vom Randabfall,

---

[1] Wie in der Optik bei der Berechnung der Fraunhofer-Beugung durch eine kreisförmige Lochblende mit der Transmissionsfunktion $E_a(\varrho)$: Es wird die Fourier-Tranformierte der Transmissionsfunktion gebildet (vgl. auch Gl. (4.19)).

$$\Delta\vartheta_{3\mathrm{dB}} = \begin{cases} \dfrac{59^\circ}{D/\lambda} & \text{ohne Randabfall} \\ \dfrac{65^\circ}{D/\lambda} & \text{bei 10 dB Randabfall} \\ \dfrac{70^\circ}{D/\lambda} & \text{bei 20 dB Randabfall.} \end{cases} \tag{8.181}$$

Beispielsweise hat hiernach die 32-m-Antenne der Erdfunkstelle Raisting bei 6 GHz und bei 10 dB Randabfall einen Öffnungswinkel von 0,10°. Es ist klar, dass derart scharf bündelnde Antennen immer eine automatische Nachführung benötigen, um den Positionsschwankungen des Satelliten zu folgen (vgl. Abb. 8.70).

Die Berechnung der Richtcharakteristik einer Offset-Antenne ist wegen des nicht-axialsymmetrischen Aufbaus komplizierter. Ein Beispiel zeigt Abb. 8.78 für einen 90-cm-Spiegel ($D = 82$ cm) im Ku-Band. Der Öffnungswinkel der üblichen Heimempfangsantennen liegt, wie hier, bei 2°. Bedingt durch den asymmetrischen Aufbau entstehen deutliche *Kreuzpolarisationsfehler*: Bei Linearpolarisation, z. B. horizontal polarisiert in Hauptabstrahlrichtung, wird in Nebenkeulen auch vertikal polarisiert abgestrahlt. Bei einer Empfangsantenne kann Übersprechen aus der orthogonalen Polarisation auftreten. Die dafür maßgebenden zwei Nebenkeulen liegen auf den Flanken der Hauptkeule, in Abb. 8.78 (gestrichelt) mit etwa 22 dB Dämpfung beim 5 dB-Abfall der Hauptkeule. Das ist der Nachteil der Offset-Antennen.

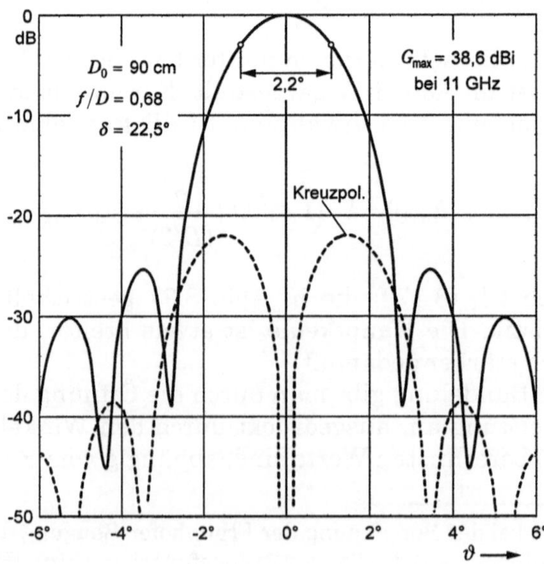

Abb. 8.78. Richtcharakteristik einer Offset-Parabolantenne (berechnet)

Auf eine *zum Sender ausgerichtete* Empfangsantennenfläche A_r fällt bei einer ungedämpften Freiraumausbreitung in einer Entfernung d die Leistung

$$P = I_0 \frac{A_r}{d^2} = \frac{P_{ti}}{4\pi} \frac{A_r}{d^2}. \tag{8.182}$$

Hier ist A_r/d^2 der Raumwinkel und P_{ti} die EIRP des Senders (s. Gl. (8.177)). Bei 51 dBW EIRP von einem Transponder eines Astra-Satelliten in der Entfernung $d = 38230$ km (s,. oben, Gl.(8.172)) fällt auf 1 m^2 eine Leistung von 6,85 pW (-112 dBW/m^2). Die Leistung pro m^2 bezeichnet man als *Leistungsdichte* (auch „Leistungsflussdichte" oder „Strahlungsflussdichte")

$$S =_{def} \frac{P}{A_r} = \frac{I_0}{d^2}. \tag{8.183}$$

Die Hornantenne des Parabolspiegels nimmt auch bei optimaler Ausrichtung nicht die gesamte Leistung P, sondern nur P_{r0} auf, dem Verhalten beim Betrieb als Sendeantenne entsprechend: Von den Randbezirken des Reflektors wird weniger aufgenommen, und der Empfangskegel des Horns geht über die Reflektorfläche hinaus. Analog zur Sendeantenne wird damit ein Wirkungsgrad η_r der Empfangsantenne definiert:

$$P_{r0} = \eta_r S A_r. \tag{8.184}$$

Eine fiktive, isotrope „Kugelantenne" würde aus dem Strahlungsfeld richtungsunabhängig, aber von der Wellenlänge abhängig die Leistung

$$P_{ri} = S \frac{\lambda^2}{4\pi} \tag{8.185}$$

aufnehmen. Der Gewinn der Empfangsantenne gegenüber dieser Kugelantenne ist somit

$$G_{r0} = \frac{P_{r0}}{P_{ri}} = 4\pi \eta_r \frac{A_r}{\lambda^2}. \tag{8.176a}$$

Die empfangene Leistung ist zwar nur von der Antennenfläche, nicht von der Wellenlänge abhängig (Gl. (8.184) im Gegensatz zu Gl. (8.174)), dafür ist hier die Bezugsgröße, die isotrope Empfangsantenne, von λ abhängig, so dass sich für den Gewinn doch wieder die gleiche Beziehung wie bei der Sendeantenne ergibt (Gl. (8.176)). Ebenso stimmt die Richtcharakteristik $P_r(\vartheta,\varphi)/P_{r0}$ der Antenne mit der bei Sendebetrieb überein („Reziprozität", Gln. (8.178) bis (8.180) und Abb. 8.76 und 8.77 gelten entsprechend auch für den Empfang).

Übertragungsweg

Es ist üblich, das Verhältnis der Leistung, die die isotrope Empfangsantenne bei dämpfungsloser Freiraumausbreitung aufnimmt, zur Leistung der isotropen Sendeantenne als „Freiraumdämpfung" zu bezeichnen:

$$L_0 =_{\text{def}} \frac{P_{\text{ri}}}{P_{\text{ti}}} = \left(\frac{\lambda}{4\pi d}\right)^2 . \tag{8.186}$$

Die Bezeichnung könnte irreführend sein: es ist keine Leistung verloren gegangen, der Raumwinkel nimmt mit $1/d^2$ ab. Die Freiraumdämpfung beim genannten Astra-Empfang beträgt 205 dB für 11 GHz.

Der Idealfall der dämpfungslosen Freiraumausbreitung nach Gl. (8.182) kann nicht auf der gesamten Übertragungsstrecke vom Satelliten zur Erde oder umgekehrt angenommen werden. Beim Durchgang durch die Atmosphäre, besonders ausgeprägt also bei geringer Elevation, treten Verluste durch Resonanzabsorption der Wasserdampfmoleküle (Maximum bei 22,2 GHz) und Sauerstoffmoleküle (Maximum bei 60 GHz) auf. Vor allem aber Regenfälle können zu erheblichen Dämpfungen führen, wie schon erwähnt. Sie steigen zu hohen Frequenz stark an und können im Ku-Band vorübergehend z. B. 10 dB erreichen und auch zum Ausfall der Übertragung führen. Im dB-Maß steigen die Dämpfungen proportional zur Länge der durchlaufenen Dämpfungsstrecke an. Wir berücksichtigen sie nachfolgend zusammenfassend mit dem Faktor $\varkappa < 1$, der exponentiell mit der Länge abfällt. Im Mittel sollte man in Zentraleuropa etwa mit 1,5 dB im Ku-Band rechnen. Die Leistung am Ausgang der Empfangsantenne ist somit

$$P_{r0} = \varkappa \eta_{\text{r}} \frac{P_{\text{ti}}}{4\pi} \frac{A_{\text{r}}}{d^2} = \varkappa P_{\text{ti}} L_0 G_{\text{r0}} . \tag{8.187}$$

Neben der extrem hohen Freiraumdämpfung bringt die große Satellitenentfernung auch eine manchmal problematisch lange Signalverzögerung mit sich: Der Weg von $d = 38230$ km wird in 127 ms durchlaufen, so dass für etwa gleich lange Uplink- und Downlinkstrecken eine Verzögerung von 254 ms unvermeidbar ist. Bei einer interaktiven Kommunikation kann eine Antwort nicht vor einer halben Sekunde erwartet werden. Bei digitaler Übertragung kommen noch die Verzögerungen für Codierung und Decodierung hinzu.

Außer dem Nutzsignal nimmt die Antenne auch die Strahlung breitbandig emittierender Rauschquellen auf. Bei thermischen Quellen ist diese Rauschleistung

$$N_{\text{ext}} = kTB_{\text{HF}} .$$

T ist die absolute Temperatur der Quelle, k die Boltzmann-Konstante ($k = 1{,}3807 \cdot 10^{-23}$ Ws/Kelvin) und B_{HF} die Rauschbandbreite des Empfängers (s. Gl. (8.51) und Ableitung von Gl. (8.77)). Die absorbierende Materie, die im Weg der Nutzstrahlung liegt, *emittiert zugleich auch Rauschen.* Gemessene Werte in Abhängigkeit von der Frequenz und dem Elevationswinkel wurden von der ITU veröffentlicht [8.37]. Weiterhin werden umgebende Quellen über die Nebenkeulen empfangen. Hier macht sich die Richtwirkung der Empfangsantenne nützlich. Aber die Hornantenne nimmt auch außerhalb des Reflektors liegende Quellen auf, wie zuvor beschrieben. Dies kann hinsichtlich des Rauschens beachtlich sein, weil der Erdboden oder die Hauswand etwa die vergleichsweise hohe Umgebungstemperatur als Rauschtemperatur hat.

Die gesamte aufgenommene Rauschleistung – ob von thermischen oder anderen Quellen stammend – kennzeichnet man pauschal durch eine äquivalente „Antennen-Rauschtemperatur“ T_{a}. Sie hängt von der Antennenkonstruktion ab und ist bei niedriger Elevation größer. Bei 30° Elevation liefern typische Satellitenantennen für DTH Rauschleistungen entsprechend einer Temperatur von etwa 40 Kelvin. Eine Empfangsantenne an Bord des Satelliten, die zur Erde ausgerichtet ist, „sieht“ eine Rauschtemperatur von etwa 300 K.

Die Sonne als Rauschquelle wirkt sich natürlich immer katastrophal aus, wenn sie vom Empfangsort gesehen direkt hinter dem Satelliten steht. In der Zeit wird die Antenne „geblendet“, die Übertragung kann durch das aufgenommene Rauschen ausfallen („solar outage“). Das Sonnenrauschen nimmt zu hohen Frequenzen ab. Bei 11 GHz ist die Rauschtemperatur noch etwa 10^4 K, bei hoher Sonnenfleckenaktivität auch doppelt so hoch. Füllt die Sonne den ganzen Öffnungswinkel der Hauptkeule aus (0,5°), steigt die Antennentemperatur auf diesen Wert, bei 2° Öffnungswinkel entsprechend auf 1/16 dieses Wertes. Dieser Fall tritt zweimal jährlich für einige Minuten kurz vor Mittag auf (falls $\lambda_{\mathrm{S}} > \lambda$), an einigen Tagen vor Frühlingsanfang und nach Herbstanfang, weil dann die Sonne noch bzw. schon wieder etwas unter dem Himmelsäquator steht. Bei Betrachtung aus nördlichen Breiten sieht man dort nämlich die Satelliten, wie zuvor erläutert. Die Azimutänderung der Sonne ist 0,25°/min, die Höhenänderung zu den genannten Zeiten etwa 0,38°/Tag. Die Sonne erscheint unter einem Durchmesser von 0,5°. Bei 2° Öffnungswinkel wird die Störung daher maximal 10 Minuten andauern und an 6 aufeinander folgenden Tagen auftreten. Beim Empfang der Astra-Satelliten in der Position nach Abb. 8.69 ($\varphi = 48°$, $\lambda = 12°$) sind es die Tage um den 2. März, etwa um 11:50 MEZ, und um den 12. Oktober, etwa um 11:25 MEZ.

Zum Rauschen der Antenne kommt das Rauchen des Empfangsverstärkers hinzu, störend vor allem vom Eingangsverstärker, weil dort das Signal noch sehr klein ist. Jedenfalls dieser Verstärker muss also besonders rauscharm sein („Low noise amplifier“, LNA). Seine Ausgangsrauschleistung im Verhältnis zum Rauschen, das allein von einem Eingangswiderstand bei einer Bezugstemperatur von $T_0 = 290$ K kommt, gibt man durch die „Rauschzahl“ (noise figure) F an, also als ob das Verstärkerrauschen von einer am Eingang liegenden Rauschquelle mit der Leistung $(F-1)kT_0B_{\mathrm{HF}}$ kommen würde. Extrem rauscharme Transistoren wurden für Verstärker im GHz-Bereich entwickelt und stehen seit etwa 1985 zur Verfügung. Es sind vor allem die „High Electron Mobility Transistoren“ (HEMT), spezielle GaAs-Feldeffekttransistoren in einer Heterostruktur. Sie ereichen bei 12 GHz eine Rauschzahl von etwa 0,7 dB und eine Leistungsverstärkung von 12 dB.

Das Signal und das Antennenrauschen wird auf dem Weg von der Hornantenne zum LNA-Eingang in einem kurzen Hohlleiterabschnitt und einer Mikrostreifenleitung etwas gedämpft. Wir kennzeichnen diesen Leistungsabfall mit dem Faktor $\varkappa_{\mathrm{f}} < 1$. Von dieser Dämpfung geht eine am Verstärkereingang liegende Rauschleistung $(1-\varkappa_{\mathrm{f}})kT_{\mathrm{f}}B_{\mathrm{HF}}$ aus. Hier ist T_{f} die Betriebstemperatur, z. B. 295 K. Insgesamt kann man daher die auf den Eingang der ersten Verstärkerstufe gerechnete Rauschleistung – ohne Berücksichtigung von Anteilen folgender Stufen – durch eine Rauschtemperatur

$$\varkappa_{\mathrm{f}}T_{\mathrm{a}} + (1-\varkappa_{\mathrm{f}})T_{\mathrm{f}} + (F-1)T_0 = \varkappa_{\mathrm{f}}T_{\mathrm{s}} \tag{8.188}$$

kennzeichnen. Man bezeichnet T_{s} als „Systemtemperatur“. Mit $T_{\mathrm{a}} = 40\,\mathrm{K}$, $F = 0{,}7\,\mathrm{dB}$ und $\varkappa_{\mathrm{f}} = -0{,}2\,\mathrm{dB}$ ergibt sich beispielsweise $T_{\mathrm{s}} = 107\,\mathrm{K}$.

Die am Verstärkereingang liegende Trägerleistung ist mit Gl. (8.187)

$$C = \varkappa\varkappa_{\mathrm{f}}P_{\mathrm{ti}}L_0G_{r0}$$

und somit das Träger/Rauschverhältnis

$$\frac{C}{N} = \varkappa P_{\mathrm{ti}}L_0\frac{G_{r0}}{T_s}\frac{1}{kB_{\mathrm{HF}}}. \tag{8.189}$$

Man beachte, dass absorbierende Materie im Übertragungsweg das Träger/Rauschverhältnis doppelt beeinträchtigt: Sie reduziert das Nutzsignal und wirkt, wie erwähnt, grundsätzlich zugleich als Rauschquelle.

$G_{\mathrm{r}0}/T_{\mathrm{s}}$ wird als *„Systemgütefaktor“* bezeichnet (entsprechend $G_{\mathrm{r}0}/T_{\mathrm{a}}$ als „Antennengütefaktor“). Soll beispielsweise von den Astra-Satelliten mit EIRP von 51 dBW und $L_0 = -205\,\mathrm{dB}$ das für die analoge FM-Übertragung mindestens geforderte $C/N = 14\,\mathrm{dB}$ erreicht werden

(s. Abschn. 8.1.2), so erhält man bei $\varkappa = -1{,}5\,\text{dB}$ und $B_{\text{HF}} \approx 28\,\text{MHz}$ ($k B_{\text{HF}} = -154{,}1\,\text{dBW/K}$) die Forderung

$$\frac{G_{r0}}{T_s} \geq 14\,\text{dB} + 1{,}5\,\text{dB} - 51\,\text{dB} + 205\,\text{dB} - 154{,}1\,\text{dB} = 15{,}4\,\text{dB/K}.$$

Nehmen wir die Systemtemperatur von 107 K (= 20,3 dBK) an, so muss der Gewinn 35,7 dBi betragen. Dazu ist bei 11 GHz und einem Wirkungsgrad von $\eta_{\text{r}} = 0{,}7$ nach Gl. (8.176a) ein Antennendurchmesser von 63 cm erforderlich. Bei QPSK ist $C/N = 7\,\text{dB}$ ausreichend, wie in Abschn. 8.1.3 (Abb. 8.20 und Gl. (8.91)) und 8.2.2 (Tabelle 8.11, $R = 3/4$) gezeigt, und dann genügt bereits unter sonst gleichen Bedingungen ein Gewinn von 28,7 dBi, d. h. ein Antennendurchmesser von 28 cm.

Entsprechende Rechnungen müssen für die Uplink-Planung einer Bodenstation durchgeführt werden. Die Satellitenbetreiber geben ihren Kunden dazu den Systemgütefaktor der Empfangsanlage des Satelliten an, abhängig vom Standort der Bodenstation des Kunden, beispielsweise für die Hotbird-Satelliten mit Uplink-Frequenzen im Ku-Bereich (s. Tab. 8.15) $G/T_s = 3...7$ dB/K. Für die optimale Aussteuerung der Leistungsendstufe des Transponders (s. Abb. 8.71) muss der Sender der Bodenstation eine bestimmte, vom Satellitenbetreiber spezifizierte EIRP liefern, hier beispielsweise etwa 68 dBW. Man beachte: Der charakteristische Wert des Senders ist dessen EIRP, der des Empfängers sein Systemgütefaktor.

Der Heimempfang

Bei den Heimempfangsanlagen ist der LNA unmittelbar am Ausgang der Hornantenne angebracht. Nach der Verstärkung wird das Signal durch einen Mischer (z. B. eine Schottky-Diode) auf einen tieferen Frequenzbereich umgesetzt, so dass der weitere Transport zum „Satelliten-Receiver“ im Haus mit einem üblichen Koaxialkabel möglich ist.

Der gesamte „Block“ aller DTH-Kanäle von 10,70 GHz bis 12,75 GHz (s. Tab. 8.14 oder 8.15) wird auf den Zwischenfrequenzbereich von 950 MHz bis 2150 MHz umgesetzt. Die wetterfest gekapselte Einheit, kombiniert mit dem Hornkegel, wird als „Low Noise Block Converter“ (LNB) bezeichnet (Abb. 8.79). Sie wird am Parabolreflektor in seinem Brennpunkt montiert (Abb. 8.76). Im Abb. 8.79 sind oben die zwei Sonden in der Mikrostreifenleitertechnik zu sehen. Sie nehmen dort die vom dahinter liegenden Hohlleiter des Horns ankommenden, horizontal und vertikal polarisierten Wellen getrennt auf. Je ein HEMT folgt darauf als erste Verstärkerstufe. Es ist jeweils nur einer der beiden Transistoren eingeschaltet; die Polarisationsauswahl geschieht über

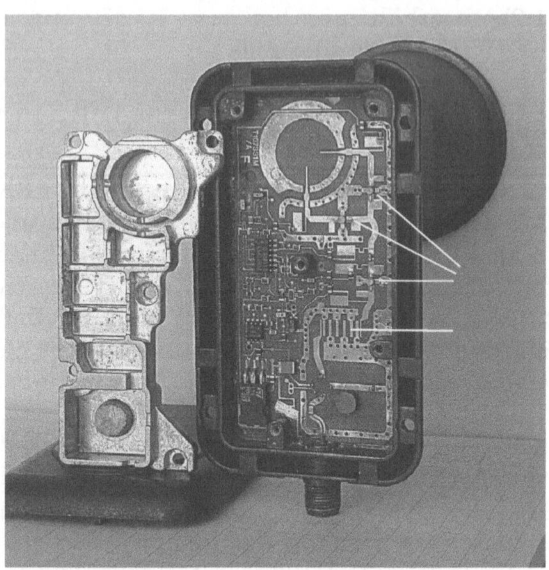

Abb. 8.79. Ein einfacher „Low Noise Block Converter" (LNB) für eine DTH-Satellitenantenne

die Versorgungsspannung, z. B. 14 V für vertikale und 18 V für horizontale Polarisation. Diese Versorgungsspannung kommt vom Satelliten-Receiver über das Koaxialkabel. Nach der zweiten Verstärkerstufe und einem Bandpass (BP) wird das Signal dem Mischer übergeben. Der Überlagerungsoszillator (LO) verwendet einen dielektrischen Resonator (dielectric resonator oscillator, DRO), d. i. ein kleiner zylindrischer Körper (Durchmesser z. B. 5,8 mm, Höhe 2,4 mm) aus einem verlustarmen Keramikmaterial mit mittlerer Dielektrizitätskonstante (z. B. $\varepsilon_r = 40$). Eine werksseitige Feineinstellung der Frequenz ist mit einer Schraube im Abschirmkäfig (dieser ist *kein* Hohlraumresonator!) möglich. Tatsächlich werden *zwei* Frequenzen benötigt, 9,75 GHz und 10,60 GHz, damit der gesamte 2,05 GHz breite Block in den 1,2 GHz breiten ZF-Bereich umgesetzt werden kann: die erste für den unteren Empfangsbereich (*Low Band*) von 10,7 GHz bis 11,7 GHz (ZF = 950 MHz bis 1950 MHz), die zweite für den oberen Empfangsbereich (*High Band*) von 11,7 GHz bis 12,75 GHz (ZF = 1100 MHz bis 2150 MHz)[1]. Auf die obere Oszillatorfrequenz wird mit einem über die Koaxialleitung vom Receiver kommenden 22-kHz-Signal umgeschaltet. Bei der Oszillatorfrequenz von 9,75 GHz ist der Spiegelfrequenzbereich 7,6 GHz bis 8,8 GHz, bei 10,60 GHz ist er 8,45 GHz bis 9,65 GHz. Der

[1] Der einfache LNB in Abb. 8.79 hat nur einen 10-GHz-Oszillator, was früher ausreichend war.

Bandpass BP soll Signale und Rauschen aus diesen Bereichen unterdrücken.

Der folgende ZF-Verstärker sorgt dafür, dass insgesamt vom Eingang bis zum Koaxialkabelanschluss am LNB-Ausgang eine Verstärkung von z. B. 55 dB auftritt. Bei der Leistungsdichte von 6,85 $\mathrm{pW/m^2}$ in einem Kanal (s. oben), einem Reflektordurchmesser von $D = 82\,\mathrm{cm}$ ($A_r = 0{,}53\,\mathrm{m}^2$) und $\eta = 0{,}7$ liefert die Antenne eine Leistung von $2{,}5\,\mathrm{pW}$ (s. Gl. (8.184)) und der ZF-Verstärker dann 0,8 µW. An 75 Ohm ergibt sich eine Spannung von 7,7 mV für den Kanal. Wegen der hohen Frequenz kann das folgende Koaxialkabel vom LNB zum Satelliten-Receiver eine erhebliche Dämpfung bringen. Verwendet werden hier Kabel mit einem Wellenwiderstand von 75 Ohm (nicht 50 Ohm, wie sonst in diesem Frequenzbereich üblich). Sind längere Verbindungsstrecken nicht zu vermeiden, so muss ein dämpfungsarmes Kabel verlegt werden: erst mit einem Innenleiter von 1,1 mm Durchmesser erhält man eine noch erträgliche Dämpfung von etwa 18 dB/100 m bei 950 MHz und etwa 29 dB/100 m bei 2150 MHz (vgl. auch Abb. 8.56). Der Dämpfungsanstieg kann durch einen gegenläufigen Frequenzgang („Slope") des ZF-Verstärkers ausgeglichen werden.

Der Tuner des Satelliten-Receivers selektiert nach einer weiteren Umsetzung auf die zweite Zwischenfrequenz (480 MHz) den gewünschten Kanal. Nach Demodulation und Decodierung werden Video- und Tonsignal über den „Scart"-Anschluss (s. Abschn. 9.2.6) an den Fernsehempfänger geliefert, entweder als FBAS-Signal oder als E_Y, C_R, C_B-Signale.

Analog- und Digitalübertragung

Die *analogen* Fernsehsignal werden über die Satellitenstrecken mit *Frequenzmodulation* des Trägers übertragen, s. Abschn. 8.1.2. Verwendet wird senderseitig eine Preemphase des Videosignals nach Recommendation ITU-R S.405-1, empfängerseitig eine entsprechende Deemphase (s. Abb. 8.11 und Gl. (8.47)). In den 26 MHz breiten Astra-Kanälen im Low-Band, in dem FM-Übertragung eingesetzt wird, ist der Hub $\Delta = 16\,\mathrm{MHz}$, in 36 MHz breiten Eutelsat-Kanälen wird auch $\Delta = 25\,\mathrm{MHz}$ verwendet, wie schon im Zusammenhang mit Gl. (8.46) erwähnt. Die Satellitenbetreiber verlangen eine „Energieverwischung": Auch bei überwiegend dunklem oder hellem Standbild sollen nicht einzelne bevorzugte Frequenzen mit hoher Amplitude abzustrahlen sein. Dies wäre hinsichtlich der Aussteuerung des TWTA und der Störung benachbarter Kanäle oder Satelliten ungünstig. Es wird dazu dem Videosignal ein dreieckförmiges Signal überlagert mit einer Frequenz von 25 Hz bzw. 30 Hz (Bildfrequenz), synchronisiert mit der Vertikalablenkung. Es soll einen Verwischungshub erzeugen. Im Allgemeinen reicht ein Hub von 1 MHz aus, ohne Modulation durch ein Videosignal muss der Hub auf 4 MHz erhöht werden. Nach der Demodulation kann die überlagerte Dreieckspannung durch die Klemmschaltungen (Abb. 4.33) des Empfängers wieder beseitigt werden.

Mehrere frequenzmodulierte Tonträger sind dem Videosignal am Eingang des Frequenzmodulators überlagert. Für diese Tonträger ist ein Frequenzbereich von 5,5 bis 8,8 MHz vorgesehen. Bei einem Stereoton werden meist die Mittenfrequenzen 7,02 MHz und 7,20 MHz verwendet. Weitere Stereopaare (bei mehrsprachigem Begleitton oder auch für separaten Hörfunk) sind z. B. 7,38/7,56 MHz, 7,74/7,92 MHz und 8,10/8,28 MHz. Im Jahre 1995 wurde zur zusätzlichen *digitalen* Hörfunkübertragung in den analogen Fernsehkanälen der Astra-Satelliten das „Astra Digital Radio“ (ADR) eingeführt. Hier werden maximal 12 Tonträger im 180-kHz-Raster mit QPSK-Modulation verwendet. Die Tonsignale werden mit 48 kHz abgetastet. Zur Quellencodierung wird MPEG-1 Layer II benutzt (= „MUSICAM“, s. z. B. [6.19]) bei einer Datenrate von 192 kb/s pro Stereokanal. Im Sat-Receiver muss dann ein entsprechender ADR-Decoder enthalten sein.

Im Jahre 1996 wurde mit dem Satelliten Astra 1E im Frequenzbereich 11,7–12,1 GHz die Übertragung *digitaler* Fernsehsignale nach der DVB-S-Norm [8.11] aufgenommen. Zur Trägermodulation wird QPSK verwendet, wie im einzelnen in Abschn. 8.1.3 dargestellt. Es wird zur Kanalcodierung die Faltungscodierung (innere Codierung) mit dem verkürzten (204,188)-Reed-Solomon-Code (äußere Codierung) kombiniert, s. Abb. 8.40 und Abschnitte 8.2.1 und 8.2.2; in Übereinstimmung mit DVB-T, jedoch ohne den inneren Interleaver (vgl. Abb. 8.54). Wie in allen DVB-Normen sind die MPEG-codierten Tonsignale bereits im Multiplex des Transportstroms enthalten (Abb. 6.68), so dass keine weiteren Tonträger erforderlich sind. Abbildung 8.80 zeigt die Übertragungskette des DVB-S-System. Zur Energieverwischung wird das allen DVB-Normen gemeinsame „Scrambling“ mit dem entsprechenden „De-Scrambling“ nach dem Kanaldecoder eingesetzt. Das Verfahren wurde zuvor im Abschn. 8.1.3 (Abb. 8.19) und Abschn. 8.3.1 erwähnt.

Bei dem für DVB-S genormten Rolloff-Faktor $\alpha = 0{,}35$ nimmt das Spektrum des QPSK-Signals den Übertragungskanal nach Abb. 8.15 ein, und nach Gl. (8.84) kann eine Symbolrate

$$R_s \leq \frac{B_{1\mathrm{dBTr}}}{1{,}2}$$

übertragen werden. Für die 33 MHz breiten Kanäle (Astra Bänder E und F, Eutelsat Hotbird, s. Tabelle 8.14 und 8.15) ergeben sich 27,5 MBaud (Bruttobitrate $R_b = 55$ Mb/s), für die 26 MHz breiten Kanäle

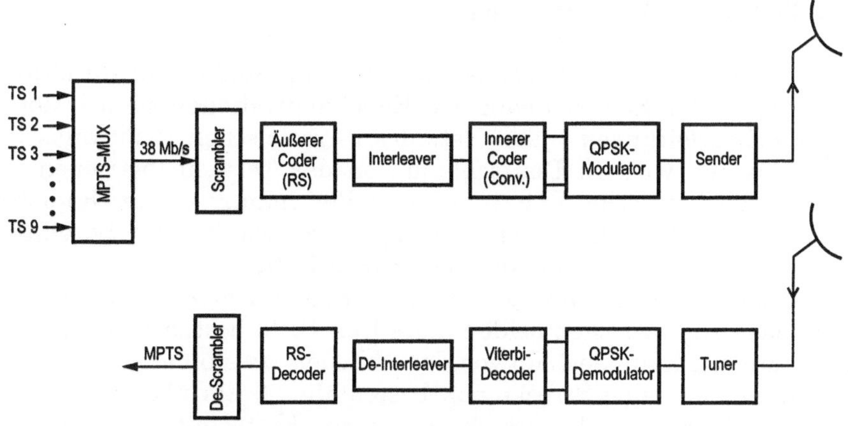

Abb. 8.80. Funktionsblöcke des DVB-S-Systems.

(Astra Bänder A–D) 21,7 MBaud. Hier werden in der Praxis 22,0 MBaud verwendet (Bruttobitrate 44 Mb/s). In den breiteren Kanälen wird die Faltungscodierung meist mit der Coderate $R = 3/4$ durchgeführt, in den schmaleren mit $R = 5/6$. So ergibt sich nach Gl. (8.158),

$$R_u = \frac{188}{204} R \cdot R_\mathrm{b},$$

eine Nettobitrate von 38,015 Mb/s (Abb. 8.80) über die 33-MHz-Transponder und von 33,79 Mb/s über die 26-MHz-Transponder.

Analoge Fernsehsignale werden nur noch über relativ wenige Transponder übertragen (in PAL, nur beim Satelliten Telecom 2C bei 5° West in SECAM). Im Februar 2003 ergab sich eine Bilanz nach Tabelle 8.16. Die verbliebenen PAL-Programme über Astra kamen alle aus Deutschland.

Tabelle 8.16. DVB-S vs. PAL, Stand Februar 2003

		Analog (PAL)	Digital (DVB-S)	
		Kanäle	Kanäle	Progr.
Astra 19,2° Ost	Low Band	46	13	82
	High Band	–	42	284
Hotbird 13° Ost	Low Band	9	38	206
	High Band		49	337

8.3.4 Zuführung über Richtfunk

Für die Zuführung der Fernsehsignale von den Studios der Rundfunkanstalten zu den Sendern oder den Kabelkopfstationen steht – neben den Glasfaserleitungen – das Netz des terrestrischen Richtfunks zur Verfügung. Es wird in Deutschland von der Telekom betrieben. Es werden quasi-optische Punkt-zu-Punkt-Verbindungen mit Radiofrequenzen im GHz-Bereich hergestellt, ähnlich wie bei der Satellitenübertragung mit scharf bündelnden Parabolreflektorantennen, jedoch bei horizontaler Abstrahlung von einem Sendeturm zum zugehörigen Empfangsturm. Zwischen beiden muss freie Sicht bestehen. Wegen der Erdkrümmung kann deshalb von den üblichen etwa 50 m hohen Richtfunktürmen nur eine Strecke von bestenfalls 50 km überbrückt werden. Eine lange Strecke besteht aus einer Kette mit vielen Relais-Zwischenstellen. Hier wird jeweils das Signal empfangen und nach Verstärkung weitergegeben.

Richtfunkstrecken für den zivilen Einsatz wurden in Deutschland schon kurz nach dem Zweiten Weltkrieg aufgebaut, unter Verwendung von Geräten aus Wehrmachtsbeständen. Diese Strecken wurden von der Post für den Telefonfernverkehr („Weitverkehrstechnik“) verwendet. Einen großräumigen Einsatz fürs Fernsehen gab es erstmals 1951 in USA mit einer transkontinentalen Zuführungstrecke. Als am 25. Dezember 1952 in Deutschland das öffentliche Fernsehen wieder aufgenommen wurde, konnte das in Hamburg produzierte Programm auch gleichzeitig in Hannover ausgestrahlt werden, ab 1. Januar 1953 auch über die Sender Langenberg und Köln. Möglich wurde das mit einer bei 2 GHz eingerichteten Richtfunkstrecke der Deutschen Bundespost. Die spektakuläre Premiere einer europäischen Live-Übertragung – als Vorläufer der „Eurovision“ –, die von der BBC in London aufgenommene Krönung von Königin Elisabeth II am 2. Juni 1953, gelang mit einer Richtfunkstrecke über den Ärmelkanal und mit anschließenden Richtfunkverbindungen in Frankreich, den Benelux-Ländern und in Deutschland. Das „Dauerleitungsnetz“ für die TV-Zuführung mit Richtfunk entwickelte sich dann schnell. 1985 ereichte es allein in der Bundesrepublik Deutschland eine Länge von etwa 35000 km. Nach der Entwicklung der optischen Nachrichtenübertragungstechnik hat es an Bedeutung verloren; der Weitverkehr wird nun überwiegend mit Glasfaserstrecken durchgeführt.

Als Beispiel für ein TV-Richtfunknetz ist in Abb. 8.81 ein vereinfachtes Schema der ARD-Dauerleitungen mit dem zentralen „Sternpunkt“ in Frankfurt/Main dargestellt. Es dient zur Versorgung der terrestrischen Sender und zur Verbindung der Studios untereinander. Dieses Netz der Deutschen Telekom zwischen TV-Schaltstellen besteht aus den *Zuführungsleitungen* zum und vom Sternpunkt, den *Aus-*

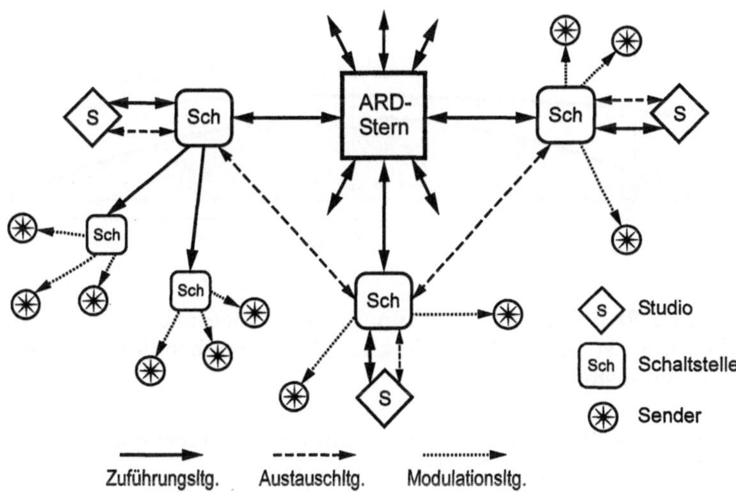

Abb. 8.81. Vereinfachtes Schema des TV-Richtfunknetzes für die ARD

tauschleitungen zwischen den Studios und den *Modulationsleitungen* zu den Sendern. Vor allem auf den Strecken zwischen Studio und Schaltstelle werden häufig auch Glasfaserverbindungen eingesetzt.

Im Gegensatz zur Satellitenübertragung muss beim terrestrischen Richtfunk auf der gesamten Strecke mit dem Einfluss der Troposphäre und mit Hindernissen im Strahlengang gerechnet werden. Selbst bei einer ideal glatten, hindernisfreien Erdoberfläche kann durch die Höhe der Erdkrümmung der „Funkstrahl" behindert werden. In der Mitte zwischen Sender und Empfänger im Abstand d ist diese Überhöhung:

$$h_{\mathrm{E}} = r_{\mathrm{E}\varphi} - \sqrt{r_{E\varphi}^2 - \left(\frac{d}{2}\right)^2} \approx \frac{d^2}{8 r_{\mathrm{E}}} . \tag{8.190}$$

Mit $r_{\mathrm{E}\varphi}$ wird hier der Erdradius bei der geographischen Breite φ bezeichnet. Beispielsweise ist bei $d = 50$ km die Überhöhung $h_{\mathrm{E}} = 49$ m. Für diese Entfernung müssen daher bei geradliniger Ausbreitung die Sende- und Empfangsantenne wenigstens 50 m über dem Erdboden stehen.

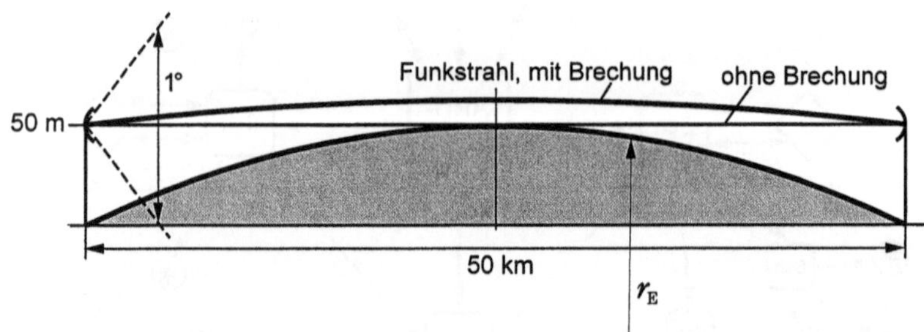

Abb. 8.82. Richtfunk mit Brechung in der Troposphäre. Die vertikale Ausdehnung ist hier um den Faktor 150 gegenüber der horizontalen gedehnt dargestellt.

Der Brechungsindex n der Luft nimmt normalerweise mit der Höhe h über dem Erdboden ab. Im Mittel ist etwa mit

$$\frac{\mathrm{d}n}{\mathrm{d}h} \approx -40 \cdot 10^{-6}\ \mathrm{km}^{-1}$$

zu rechnen. Der Funkstrahl wird dadurch ebenso wie ein Lichtstrahl in der Troposphäre kontinuierlich *gebrochen*, anfangs von der Erdoberfläche weg, dann zu ihr hin, wie in Abb. 8.82 dargestellt.[1] Dadurch können „Überreichweiten“ (Blick hinter den Horizont) entstehen. Der Effekt lässt sich ersatzweise darstellen durch eine exakt geradlinige Ausbreitung über einer Erde mit dem scheinbar vergrößerten Radius $r'_E = k r_E$ und dadurch verringerter Krümmung. Eine Berechnung mit den Methoden der geometrischen Optik ergibt

$$k = \frac{1}{1 + r_E \dfrac{\mathrm{d}n}{\mathrm{d}h}}.$$

Bei dem angegebenen mittleren Brechungsindexgradienten kann man danach mit einem effektiven Erdradius

$$r'_E \approx \frac{4}{3} r_E \tag{8.191}$$

rechnen. Die Überhöhung durch die Erdkrümmung erscheint nach Gl. (8.190) somit auf 75 % verkleinert, bei dem angenommenen Abstand von 50 km also auf 36,8 m. Der gebrochene Strahl hat daher bei den 50 m hohen Türmen in der Mitte der Übertragungsstrecke noch einen Freiraum von 13,2 m über dem Erdboden (Abb. 8.82).

[1] In dem Bild sind die Ordinatenwerte gegenüber den Abszissenwerten um den Faktor 150 vergrößert. Man beachte insbesondere die Ausdehnung eines Abstrahlkegels von 1°.

Die Ausbreitung kann durch Reflexionen und durch *Beugung* an Hindernissen beeinträchtigt werden. Bei dadurch auftretendem Mehrwegeempfang kann es zu Dämpfungen und Schwunderscheinungen (Fading) kommen. Die Beugungseffekte folgen den aus der Wellenoptik bekannten Gesetzen der Fresnel-Beugung. Dort benutzt man für eine Abschätzung vielfach das einfache Hindernismodell einer undurchlässigen unteren Halbebene – senkrecht zur Verbindungslinie Sender-Empfängerantenne – mit scharfer, gerader Oberkante. Rauigkeiten der Kante werden als klein gegen die Wellenlänge angenommen. Infolge der Beugung gibt es keinen scharfen Kantenschatten. Maßgebend ist der Abstand Δh der Kante von dem gebrochenen Funkstrahl. Wenn beispielsweise ein Objekt der Höhe H über dem Erdboden in der Mitte der Übertragungsstrecke steht, so ist unter Berücksichtigung der dortigen effektiven Erdüberhöhung nach Gl. (8.190)

$$\Delta h = H + \frac{d^2}{8 r_E'^2} - h_{S,E},$$

wobei $h_{S,E}$ die Höhe der Sende- oder Empfangsantenne angibt, wenn sie gleich hoch sind (50 m in Abb. 8.82). Die Beugung liefert am Empfangsort eine Feldstärkeamplitude E im Verhältnis zur Feldstärkeamplitude E_0 bei ungestörter Übertragung

$$\frac{E}{E_0} = \frac{1}{2}\left| 1 - (1 - \mathrm{j})\big(C(v) + \mathrm{j} S(v)\big)\right|. \tag{8.192}$$

Hier bezeichnet v die „normierte Streckenfreiheit“,

$$v =_{\text{def}} \sqrt{2}\,\frac{\Delta h}{r_F}.$$

$C(v)$, $S(v)$ sind die Fresnel-Integrale

$$C(v) = \int_0^v \cos\left(\pi t^2/2\right)\mathrm{d}t, \qquad S(v) = \int_0^v \sin\left(\pi t^2/2\right)\mathrm{d}t.$$

Die Bezugsgröße r_F ist der Radius der „ersten Fresnel-Zone“ an der Hindernisstelle. Wenn diese von der Sendeantenne um die Strecke d_S und von der Empfangsantenne um d_E entfernt ist, so ist

$$r_F = \sqrt{\frac{\lambda}{\frac{1}{d_S} + \frac{1}{d_E}}}. \tag{8.193}$$

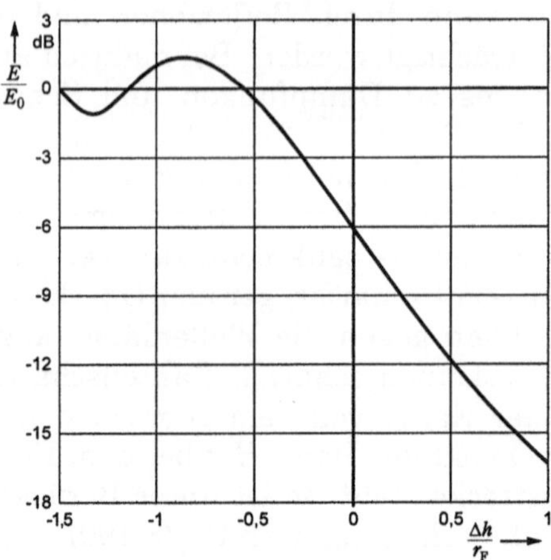

Abb. 8.83. Dämpfung durch ein Hindernis auf der Übertragungsstrecke, abhängig vom Abstand Δh seiner Oberkante zum Funkstrahl (Modell: Halbebene mit scharfer Kante).

Dieser Größe liegt die Vorstellung eines einmal geknickten Strahlengangs zugrunde, der dadurch einen Umweg um den Betrag $\lambda/2$ gegenüber der direkten Verbindung macht (also z. B. ein Umweg von nur 2,5 cm auf einer Strecke von 50 km bei 6 GHz). Nach der Konstruktionsvorschrift einer Ellipse liegen solche Knickpunkte auf einem Ellipsoid, in dessen Brennpunkten die Sende- und Empfangsantenne stehen. Die kreisförmige Schnittlinie des Ellipsoids mit einer Ebene senkrecht zur direkten Verbindungslinie begrenzt die erste Fresnel-Zone.[1] In der Mitte der 50 km langen Strecke ergibt sich aus Gl. (8.193) mit $d_S = d_E = d/2 = 25\,\text{km}$ ein Radius $r_F = 25\,\text{m}$ für $\lambda = 5\,\text{cm}$. Bei der Planung einer Richtfunkstrecke achtet man meist darauf, dass das Ellipsoid der ersten Fresnel-Zone bei $k = 4/3$ überall frei von Hindernissen ist ($\Delta h < -r_F$). Um dies im vorliegenden Fall mit 50 m hohen Türmen zu erreichen, müssen sie auf erhöhten Geländepunkten errichtet werden. Ein Beispiel zeigt Abb. 8.84. Nach Möglichkeit werden hohe Bergkuppen genutzt, wenn sie eine freie Sicht zum nächsten Richtfunkturm bieten, damit man mit mäßigen Turmhöhen auskommt.

Ragt ein Hindernis gerade bis zum direkten Funkstrahl in die Strecke hinein ($\Delta h = 0$), so entsteht dadurch nach Abb. 8.83 eine Dämpfung von 6 dB. Wird die gesamte Fresnel-Zone abgeschattet ($\Delta h = r_F$), ist die Dämpfung 16,3 dB. Ist das Hindernis die Erdoberfläche ($H = 0$), bedingt durch die Erdüberhöhung, so ergibt sich eine größere Beu-

[1] Die Ellipsoiden zu Umwegen von $m\lambda/2$ liefern entsprechend die Begrenzung für die m-ten Fresnel-Zonen (vgl. auch das Zonenplattentestbild in Abb. 6.47).

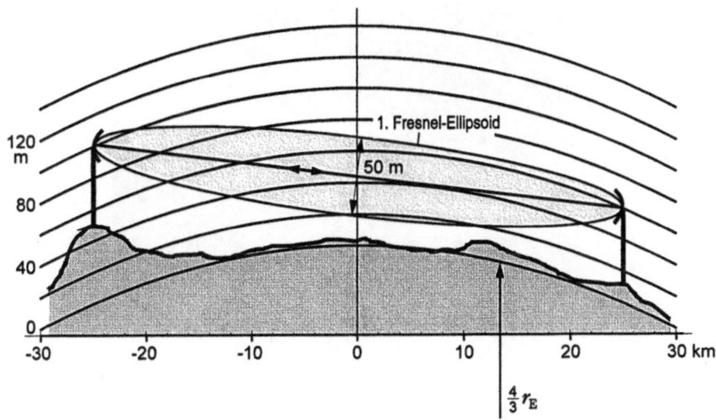

Abb. 8.84. Berücksichtigung und Nutzung des Geländeprofils bei einer 6-GHz-Richtfunkverbindung.

gungsdämpfung als nach der Modellrechnung in Gl. (8.192). Messungen ergaben eine Dämpfung von etwa 10 dB bei $\Delta h = 0$ [8.45].

Innerhalb oder in der Nähe großer Städte sind sehr hohe „Fernsehtürme" gebaut worden, zur Kombination von Richtfunkempfang und Rundstrahlsender. Die Zuführung endet hier (Modulationsleitung) und liefert dem Sender im Turm die Signale zur Ausstrahlung über den aufgesetzten Antennenmast. Der höchste Fernsehturm – die höchste selbsttragende, freistehende Konstruktion – steht in Toronto. Dieser „CN-Tower" wurde im Auftrag der Canadian National Railways gebaut und 1976 in Betrieb genommen. Die Antennenspitze hat eine Höhe von 553 m. Die Richtfunkantennen für den Empfang befinden sich in einer Höhe von 338 m in einem aufgeblasenen ringförmigen Radom-Schlauch, dem Kragen unterhalb des Restaurants und der Aussichtsräume (Abb. 8.85). Richtfunksendeantennen sind hiervon getrennt oberhalb dieser Anlagen installiert.

Neben Brechung und Beugung des Funkstrahls ist die *Absorption* in der Atmosphäre – vor allem bei hohen Frequenzen – zu beachten, wie sie im Zusammenhang mit der Satellitenübertragung zuvor beschrieben wurde. Wegen der 0°-Elevation ist der Effekt beim terrestrischen Richtfunk größer.

Die Dämpfung durch atmosphärische Gase (Wasserdampf, Sauerstoff) ist etwa $6 \cdot 10^{-3}$ dB/km bei 6 GHz und $14 \cdot 10^{-3}$ dB/km bei 13 GHz. Der Anstieg zu höheren Frequenzen ist bei Absorption durch Regen und dichten Nebel stärker ausgeprägt. Bei kräftigem Regen (15 mm/h) ist beispielsweise die Dämpfung bei 6 GHz 0,07 dB/km, bei 13 GHz aber schon 0,7 dB/km. Die langen Richtfunkstrecken (etwa 50 km) arbeiten deshalb bei Frequenzen unter 13 GHz. Frequenzbereiche, die zwischen 15 GHz und 38 GHz dem Richtfunk zugeteilt sind, können wegen der hohen atmosphärischen Dämpfung nur auf Kurzstrecken

Abb. 8.85. Der höchste Fernsehturm: der CN-Tower in Toronto

(etwa 10 km) eingesetzt werden. Hier ist er weit verbreitet als Zubringer für den Mobilfunk.

Die Sendeleistung für die TV-Zuführung liegt etwa im Bereich von 1 bis 10 Watt. Diese Leistung wurde früher fast ausschließlich durch Wanderfeldröhren erbracht, wie danach auch in den Satellitentranspondern. Für Frequenzen unter 13 GHz stehen jetzt Transistorendverstärker in dem Leistungsbereich zur Verfügung (GaAs-Heterostruktur FETs). Beim digitalen Richtfunk mit QAM-Übertragung (s. unten) ist die Linearität des Verstärkers wesentlich (s. auch Einleitung zu Abschn. 8.1.2).

Die üblichen Parabolantennen im C-Band-Richtfunk erbringen eine Bündelung auf einen Öffnungswinkel von etwa $\Delta\vartheta_{3dB} = 1°...2°$. Nach Gl. (8.181) ist für 1,5° ein Durchmesser von 2,2 m bei 6 GHz notwendig. Eine derartige Antenne hat nach Gl. (8.176a) einen Gewinn von 41,3 dB bei $\eta = 0{,}7$. Die Freiraumdämpfung auf einer Strecke von 50 km ist bei 6 GHz nach Gl. (8.186) $L_0 = 142$ dB. Hinzu kommt die Dämpfung durch atmosphärische Absorption, hier nur 0,3 dB (bei starkem Regen zusätzlich z. B. 3,5 dB). Ohne Hindernisse, bei freiem ersten Fresnel-Ellipsoid, liegt somit die Empfangsleistung am Antennenausgang um etwa 60 dB unter der Sendeleistung, eine Empfangsantenne mit ebenfalls 41,3 dB Gewinn vorausgesetzt.

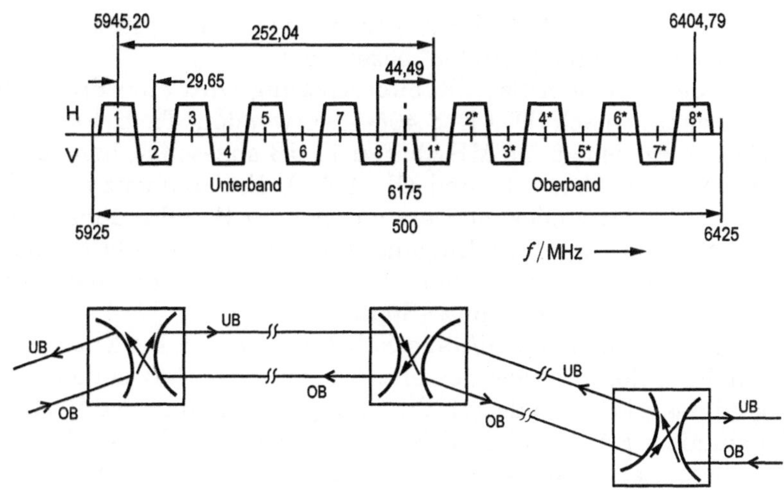

Abb. 8.86. Die Richtfunkkanäle im unteren 6-GHz-Bereich und Anordnung der Relaisstellen

Abb. 8.86 zeigt den Frequenzplan der 16 Kanäle im unteren 6-GHz-Bereich, die dort von 5925 MHz bis 6425 MHz dem Richtfunk zugewiesen sind (ITU-R F.383 und [8.7]). Der Kanalabstand beträgt 29,65 MHz. Die Kanäle folgen abwechselnd in horizontaler und vertikaler Polarisation aufeinander, so dass grundsätzlich auch Überlappungen zulässig sind. Es ist normalerweise ein *Duplex*betrieb eingerichtet, d. h. jede Strecke wird in Hin- und Rückrichtung betrieben. Senden und Empfangen kann mit derselben Antenne geschehen. Die Kanäle der acht Paare (1,1′; 2,2′;... usw.) liegen jeweils um 252 MHz auseinander und sind zueinander orthogonal polarisiert. Der Frequenzbereich ist damit eingeteilt in das „Unterband“ und das um den Duplexabstand höhere „Oberband“. So wird an einer Relaisstelle im Oberband gesendet und im Unterband empfangen, an der benachbarten Relaisstelle ist es umgekehrt. Störungen durch nicht vorgesehene Überreichweiten über mehrere Relaisstellen hinweg kann man durch eine abgewinkelte Trassenführung vermeiden (Abb. 8.86 unten).

Über Jahrzehnte wurden die Richtfunkstrecken mit der analogen *Frequenzmodulation* betrieben, ebenso und aus dem gleichen Grunde wie bei der Satellitenübertragung (s. Abschn. 8.1.2): Wegen der Nichtlinearität voll ausgesteuerter Wanderfeldröhren wäre die Information nicht gut durch die Trägeramplitude zu repräsentieren. In einem analogen Richtfunkkanal des 6-GHz-Bereichs können 1800 Telefonsignale mit je 4 kHz Bandbreite übertragen werden. Das Frequenzmultiplex durch Einseitenbandmodulation der Signale (wie bei der klassischen „Trägerfrequenztechnik“) moduliert die Sendefrequenz (SSB/FDM/FM). Alternativ kann in dem Kanal das FBAS-Signal eines analogen

Fernsehprogramms in FM übertragen werden. Das System wird entsprechend als „FM 1800-TV/6200“ bezeichnet.

Wie bei der analogen Satellitenübertragung wird eine Preemphase des Videosignals nach ITU-R S.405-1 verwendet: Tiefe Frequenzen werden im Vergleich zu 1,5 MHz bis zu 11 dB abgesenkt, hohe bis zu 3 dB angehoben (s. Abb. 8.11 und Gl. (8.47)). Ein frequenzmodulierter Tonträger bei 7 MHz oder mehrere wie bei der Satellitenübertragung werden dem Videosignal am Eingang des Frequenzmodulators überlagert, ebenso noch ein Pilotsignal von 8,5 MHz. Der Frequenzhub ist normalerweise $\Delta = 8$ MHz Spitze-Spitze.

An Bandbreite und Signal/Rauschabstand werden bei Zubringerleitungen hohe Anforderungen gestellt: 5 Hz bis 5,5 MHz sollen für das Basisband des Videosignals zur Verfügung stehen, und das Verhältnis von maximalem BA-Signal zu Effektivwert des Rauschens soll – unbewertet – besser als 48 dB sein. Entsprechend groß muss der Rauschabstand an den Relaisstellen sein. Hier wird das ankommende Signal auf eine Zwischenfrequenz von 70 MHz oder 140 MHz heruntergesetzt, verstärkt und auf einer um 252 MHz gegenüber der Empfangsfrequenz versetzten Sendefrequenz zum nächsten Richtfunkturm wieder ausgestrahlt.

Die Richtfunkstrecken sind nun allgemein auf *digitale* Trägermodulation (QAM) umgestellt worden. Seit etwa 1997 wird digitaler Richtfunk von der Deutschen Telekom auch für die TV-Zuführung eingesetzt. Am Übergabepunkt des Studios werden dabei normalerweise die digitalen Komponentensignale nach Rec. ITU-R BT.601/656 im 4:2:2-Format erwartet, und zwar mit der 10-bit-Quantisierung in serieller Form (SDI, s. Abschn. 6.2.1). Die übergebene Bitrate beträgt dann 270 Mb/s (s. Abb. 6.57). Das digitale Richtfunksystem – z. B. in dem 6-GHz-Bereich als DRS 155/6200 bezeichnet – benutzt die „Synchrone Digitale Hierarchie“ (SDH) mit dem Multiplexrahmen des „Synchronen Transportmoduls der Stufe 1“ (STM-1) [8.23, 8.27]. Er setzt sich aus neun „Zeilen“ zu je 270 Byte (davon 261 Nutzbytes) zusammen, die eine Dauer von 125 μs haben, besitzt somit eine Übertragungsrate von 155,52 Mb/s. Er kann mit Nutzsignalen verschiedener Bitraten gefüllt werden, beispielsweise mit einem 140-Mb/s-TV-Signal und mehreren 2-Mb/s-Signalen für den Begleitton oder Hörfunk.

Zur Übertragung der STM-1-Signale in Richtfunkkanälen mit einem Raster von 29,65 MHz, wie im unteren 6-GHz-Bereich nach Abb. 8.86, wird 128-QAM verwendet (Abschn. 8.1.4). Bei Kanalabständen von 40 MHz oder 56 MHz, wie sie in einigen höheren Frequenzbereichen genormt sind, genügt 64-QAM bzw. 16-QAM. Die Anforderungen an die Linearität des Endverstärkers im Richtfunksender sind entsprechend hoch. Bei Wanderfeldröhren können schon bei 8 dB unterhalb der Sättigung Störungen des Konstellationsdiagramms durch pegelabhängige Verstärkung und Phasenverschiebung eintreten. Die Digitalübertragung ist auch gegen Fading empfindlich, weil es meist frequenzselektiv auftritt, wodurch Nachbarsymbolstörungen (Intersymbol Interference, s. Abschn. 8.1.3) entstehen können.

Um ein digitales Komponentensignal mit 140 Mb/s zu bekommen, wird nach dem Übergabepunkt das Studiosignal von 270 Mb/s einer schwachen Datenreduktion unterzogen. Zunächst werden die redundanten Daten der Austastlücken weggelassen. Dann verbleiben 207,36 Mb/s (s. Abschn. 6.2.1). Zur Quellencodierung wird eine – für E_Y, C_R und C_B gleiche – zweidimensionale Intra-Field-DPCM eingesetzt. Sie bewirkt die *örtliche* Dekorrelation im Bild. Die Codierung ist nicht adaptiv, eine Bewegungskompensation und eine VLC werden nicht verwendet (vgl. dagegen die Quellencodierung bei MPEG-2, Abschn. 6.2.1). Die Differenzsignale werden auf eine *6-bit-Quantisierung* umgesetzt. So entsteht die Videobitrate $0{,}6 \cdot 207{,}36 = 124{,}416$ Mb/s. Hinzugefügt werden Tonsignale mit $2 \times 2{,}048$ Mb/s. Darauf folgt eine Kanalcodierung, die eine Redundanz von 3,89 % hinzufügt. Verwendet wird eine „zweidimensionale" Reed-Solomon-Codierung, bezogen auf Bytes ($m = 8$, s. Abschn. 8.2.1), in einem Rahmen aus 110 Spalten und 102 Zeilen, jeweils mit 2 Byte Redundanz. Es wird also ein verkürzter (110, 108)-RS-Code in den Zeilen und ein verkürzter (102, 100)-RS-Code in den Spalten benutzt. Somit kann jeweils ein (nur ein) Bytefehler pro Zeile und Spalte korrigiert werden (s. Gl.(8.147)). Der Rahmen wird mit einer Frequenz von 1500 Hz wiederholt, so dass eine Bitrate von 134,64 Mb/s entsteht. Nach Hinzufügen weiterer Daten werden schließlich 138,24 Mb/s an den STM-1-Rahmen übergeben. Einzelheiten der Codierung und der Multiplexierung sind in ITU-T J.80 festgelegt worden [8.25].

Die 140-Mb/s-Verbindungen werden auf den Zuführungs- und Austauschleitungen eingesetzt. Für die Modulationsleitungen wird dagegen eine Codierung auf 34 Mb/s durchgeführt, die eine Untermenge des SMT-1 belegen. Das Verfahren wird in [8.14] beschrieben. Die Quellencodierung ist sehr ähnlich wie bei MPEG-2. Zur Kanalcodierung wird ein (255, 239)-RS-Code verwendet, im Gegensatz zu DVB also nicht verkürzt. Er fügt eine Redundanz von 6,69 % hinzu. Zusammen mit bis zu zwei 2,048-Mb/s-Tonsignalen und Teletextsignalen wird ein Rahmen aus 530 Byte mit einer Frequenz von 8 kHz, also 33,92 Mb/s, an den STM-1-Rahmen übergeben.

Am Übergabepunkt kann statt des 270-Mb/s-Komponentensignals auch das Signal eines MPEG-2-Transportstroms (Abb. 6.68) akzeptiert werden, z. B. für eine Richtfunkübertragung zu einer Satellitenbodenstation [8.24]. Dabei können die 188 Byte langen Pakete mit einer (204, 188)-RS-Kanalcodierung – wie bei DVB – auf die Länge von 204 Byte erweitert werden. Der „Netzwerkadapter", der den Übergang zum

STM-1-Rahmen eines SDH-Netzes bewerkstelligen soll, ist in ETS 300814 genormt [8.15].

Beim digitalen Richtfunk kann das an den Relaisstellen ankommende Signal nach Umsetzung auf eine Zwischenfrequenz, Demodulation der QAM und Neumodulation vor der Weitergabe vollständig vom Rauschen befreit werden – der Vorteil der Digitalübertragung. Bei gutem Störabstand genügt das, so dass dann an den Relaisstellen auf eine Bitfehlerkorrektur durch Kanaldecodierung verzichtet werden kann.

8.4 Fernsehsystemnormen

Die weltweit eingesetzten Fernsehsysteme haben keine grundlegenden Unterschiede. Sie folgen alle – sowohl bei analoger wie bei digitaler Übertragung – dem in Abb. 6.1 gegebenen Schema. Alle benutzen die zeilenweise Zerlegung und Rekonstruktion des Bildes von links nach rechts und von oben nach unten. Dabei wird der Zeilensprung 2/1 verwendet, und das Bildseitenverhältnis B/H ist meist 4/3. Anstelle der drei Farbwertsignale werden ein Luminanzsignal und zwei Chrominanzsignale übertragen.

Die Systeme unterscheiden sich durch die Anzahl der Zeilen, in die das Bild zerlegt wird, durch die Bildfrequenz und durch die Bandbreite, die dem Videosignal zugestanden wird. Hier gibt es die zwei Varianten: 625 Zeilen mit 50 Hz Teilbildfrequenz und 525 Zeilen mit 60 Hz Teilbildfrequenz. Es sind die Systeme für einen vertikalen Gesichtsfeldwinkel von bis zu 10° bzw. 8,5° („Standard-TV"), während für einen vertikalen Gesichtsfeldwinkel von bis 20° ein System mit 1250 Zeilen erforderlich wird („HDTV", Bildseitenverhältnis 16/9), s. Abschn. 4.3.2. Bei analoger Übertragung gibt es daneben die Unterschiede in der Chrominanzsignalübertragung (PAL, SECAM, NTSC) und kleine Unterschiede in den Parametern der Restseitenbandmodulation zur drahtlosen und kabelgebundenen terrestrischen Übertragung. Daneben kann die Tonübertragung etwas unterschiedlich sein (Modulation und Trägerabstand zum Bildträger). Bei digitaler Übertragung wird überall die Quellencodierung nach MPEG-2 verwendet, wie in Abschn. 6.2.1 beschrieben. Unterschiede bestehen in der Trägermodulation und der Kanalcodierung, auch abhängig davon, ob die Übertragung über terrestrische Sender, über Kabel oder Satelliten erfolgt, wie in den Abschnitten 8.3.1 bis 8.3.3 beschrieben.

Die Systeme sind genormt durch die ITU-R-Recommendations und durch ETSI-Normen. In der folgenden Übersicht werden die wichtigsten Parameter aus den Normen für analoge und digitale Systeme für Standard-TV (also ohne Berücksichtigung von HDTV) zusammengestellt.

8.4.1 Normung analoger Fernsehsysteme

Bildfrequenz

Ursprünglich ging man davon aus, dass die Teilbildfrequenz mit der in dem jeweiligen Land verwendeten Netzfrequenz der Stromversorgung übereinstimmen müsse. In der Anfangszeit hatte man Synchronisierungsprobleme zwischen Sender und Empfängern, und nach einem Vorschlag von NIPKOW (DRP 498415) sollte hier die Ankopplung der Bildfrequenz an die gemeinsame Frequenz des Verbundnetzes helfen. In der Praxis hat diese Idee jedoch keine Rolle gespielt; die mit dem Videosignal übertragenen Synchronsignale reichten aus. Ein weiteres Argument für die Verkopplung waren Bildstörungen auf dem Empfängerbildschirm durch nicht hinreichend geglättete Gleichspannungen, also „Brummstörungen“ der Gleichrichter. Dabei kann ohne Verkopplung eine vertikal über das Bild laufende Abdunkelung entstehen. Schließlich können die vor allem bei Außenaufnahmen eingesetzten „Tageslichtlampen“ Interferenzen mit der Bildfrequenz bringen, wenn sie direkt aus dem Stromnetz betrieben werden. So wurde von Anfang an die Teilbildfrequenz in Europa auf 50 Hz festgelegt und in USA und Kanada auf 60 Hz. Von hier wurde die Teilbildfrequenz 60 Hz in die Länder Mittel- und Südamerikas gebracht, soweit sie ein 60-Hz-Stromnetz haben, (nach Chile sogar trotz einer Netzfrequenz von 50 Hz) und in Einflussgebiete der USA in Asien. Japan übernahm die amerikanische 60-Hz-Teilbildfrequenz, obwohl dort nur im Süden die Netzfrequenz von 60 Hz vorhanden ist, während im nördlichen Teil (einschließlich Tokyo) das Stromnetz mit 50 Hz betrieben wird. Mit der Einführung des Farbfernsehens wurde die 60-Hz-Teilbildfrequenz um 1 ‰, genau auf 60/1,001 Hz, reduziert (s. Gl. (6.31)). Die 60-Hz-Teilbildfrequenz liefert bei gleicher Leuchtdichte viel geringeres Flimmern bei der Bildwiedergabe als die 50-Hz-Teilbildfrequenz (s. Abschn. 3.3). Diese sollte deshalb mit Hilfe eines Bildspeichers im Empfänger verdoppelt werden („100-Hz-Technik“).

Zeilenzahl, Synchronschema

In Großbritannien begann der Fernsehrundfunk im Jahre 1936 mit 405 Zeilen, in Deutschland 1935 zunächst mit nur 180 Zeilen (noch ohne Zeilensprung), dann ab 1938 mit 441 Zeilen. In USA wurde 1941 von einem ersten „National Television System Committee" (das zweite führte 1953 zum NTSC-Farbfernsehsystem) ein System mit 525 Zeilen zur Normung gebracht. Nach dem Zweiten Weltkrieg setzte Großbritannien ab 1946 das Fernsehen mit 405 Zeilen fort, Frankreich zunächst mit dem während des Krieges in Paris betriebenen deutschen System mit 441 Zeilen, dann ab 1948 mit der hohen Zeilenzahl von 819. In USA wurde das 525-Zeilen-System beibehalten.

Einige Studiogeräte, Sender und Empfänger aus USA wurden 1945 der Sowjetunion übergeben. Sie mussten auf 50 Hz Teilbildfrequenz umgestellt werden, was mit geringstem Aufwand möglich war, wenn ungefähr die gleiche Zeilenfrequenz beibehalten werden konnte, also $Z_{50} \cdot 50 \approx Z_{60} \cdot 60$. Daraus ergab sich der Vorschlag einer Zeilenzahl von 625 für ein 50-Hz-System. Dank der Koordinierungsbemühungen von WALTER GERBER (Schweizer PTT) wurden 625 Zeilen im Jahre 1950 für Europa – mit Ausnahme von Großbritannien und Frankreich – allgemein akzeptiert und vom CCIR festgelegt („Gerber-Norm").

Bei der erwähnten ersten Live-Übertragung von Großbritannien zum Kontinent am 2. Juni 1953 anlässlich der Krönungsfeierlichkeiten waren die drei Zeilensysteme natürlich ein Problem. Eine provisorische Lösung gelang dadurch, dass das mit 405 Zeilen ankommende Bild mit einer 819-Zeilen-Kamera für Frankreich und mit einer 625-Zeilen-Kamera für die übrigen Länder – jeweils mit synchronisierter Vertikalablenkung – vom Bildschirm eines Empfängers aufgenommen wurde. Erst später standen elektronische Standardkonverter zur Verfügung, mit denen die Signale direkt auf andere Zeilenzahlen umgesetzt werden konnten.

Mit der Einführung des Farbfernsehens wurde schließlich einheitlich in Europa das 625-Zeilen-System benutzt. Nur für Schwarzweißfernsehen behielten Großbritannien und Frankreich ihre Systeme noch in einer Übergangszeit bei (s. unten).

Grundsätzlich erfolgte die Normung der Zeilenzahl unter zwei Randbedingungen:

- Die Zeilenzahl soll ungerade sein, damit sich der Zeilensprung leicht realisieren lässt (s. Abschn. 4.1).
- Die Zeilenzahl soll in das Produkt von möglichst *kleinen Primzahlen* zerlegbar sein: $625 = 5^4$, $525 = 3 \cdot 5 \cdot 5 \cdot 7$, $405 = 3^4 \cdot 5$, $819 = 3 \cdot 3 \cdot 7 \cdot 13$. Dann kann die Bildfrequenz durch die Kettenschaltung von einfachen Frequenzteilern aus der Zeilenfrequenz gewonnen werden, womit die notwendige Verkopplung der beiden Frequenzen erreicht wird. Die kleinen Teilungsverhältnisse waren anfangs wichtig. Später, nach der Weiterentwicklung der Schaltungstechnik, hätte man allerdings auch beliebige Teilungsverhältnisse realisieren können.

Die unterschiedlichen, durch Zeilenzahl und Teilbildfrequenz charakterisierten Systeme haben auch etwas unterschiedliche Synchronsignale. Im 525/60-System ist ihre Amplitude gleich 40 % des nominellen BA-Spitzenwertes, im 625/50-System gleich 30 % des nominellen BAS-Signals (Abb. 4.31). Die Horizontalaustastung und die Vertikalaustastlücke (Abb. 4.32) sind unterschiedlich. Jedoch gibt es seit der Einführung des Farbfernsehens in den verschiedenen Varianten des 625/50-Systems diesbezüglich keine Unterschiede mehr (s .unten).

Videobandbreite und Parameter der terrestrischen Übertragung

Im 525/60-System ist die Videobandbreite auf 4,2 MHz festgelegt worden und die Breite der Übertragungskanäle einheitlich auf 6 MHz. Der Tonträger liegt um 4,5 MHz oberhalb des Bildträgers. Das erste 625/50 System, als es für die Sowjetunion festgelegt wurde (s. oben), erhielt die Videobandbreite 6 MHz und 8 MHz breite Übertragungskanäle sowie einen Tonträgerabstand von 6,5 MHz. In der Gerber-Norm einigte man sich für Westeuropa – mit den genannten Ausnahmen Großbritannien und Frankreich – auf eine Videobandbreite von 5 MHz, eine Kanalbreite von 7 MHz und einen Tonträgerabstand von 5,5 MHz.

Die verschiedenen Normen wurden vom CCIR mit Buchstaben bezeichnet. Das 525/60-System hat den Buchstaben „M“ erhalten, die osteuropäische 625/50-Variante den Buchstaben „D“ und die westeuropäische Variante den Buchstaben „B“. In Argentinien, Paraguay und Uruguay wird ein 625/50-System verwendet mit der Videobandbreite und der Kanalbreite von Standard M. Es ist das System „N“. Das 405/50-System in Großbritannien war das System A, das 819/50-System in Frankreich das System E. System A sah eine Videobandbreite von 3 MHz vor, eine Kanalbreite von 5 MHz und einen amplitudenmodulierten Tonträger 3,5 MHz *unterhalb* des Bildträgers. Bei diesem war das *obere* Seitenband das Restseitenband. System E arbeitete mit einer Videobandbreite von 10 MHz und einer Kanalbreite von 14 MHz bei 11,15 MHz Tonträgerabstand. Die Systeme A und E wurden für Farbfernsehen nicht eingesetzt. Seit 1985 bzw. 1984 werden sie nicht mehr verwendet.

Zu der Zeit jener Normungen gab es nur Fernsehübertragungen im VHF-Bereich. Auf diesen beziehen sich alle genannten Kanalbreiten. Als dann der UHF-Bereich hinzukam, wurde hier weltweit die Kanalbreite vom jeweiligen VHF-Bereich übernommen. Westeuropa ist eine Ausnahme: es wurde 8 MHz gewählt wie in Osteuropa und Afrika, und seither gibt es dort den Unterschied zwischen VHF- und UHF-Kanalbreiten: 7 MHz und 8 MHz (Abb. 8.47). Das System B bei Übertragung über UHF wird zur Unterscheidung der Kanalbreite – und nur deshalb – als System „G“ bezeichnet. Das Sytem D bei Übertragung über UHF wird nach diesem Vorbild ebenfalls anders benannt: als System „K“, obwohl hier nun gar kein Unterschied besteht.

Die Chrominanzsignalübertragung nach NTSC wird nur im System M eingesetzt, PAL wird mit den 625/50-Systemen und auch mit M (in Brasilien) verwendet, SECAM mit den Systemen L (Frankreich) und D bzw. K und K1.

Eine vollständige Darstellung aller weltweit benutzten analogen Fernsehsysteme wird seit 1970 durch Recommendation ITU-R BT.470 gegeben, die letzte Ausgabe ist 470-6 von 1998 [6.14]. Hier sind auch die Details der Synchronsignale, der Austastlücken, der senderseitigen Vorentzerrung der Gruppenlaufzeit (Abb. 8.9) und der Chrominanzübertragung nach NTSC, PAL und SECAM dokumentiert. Ein Auszug der wichtigsten Parameter wird nachstehend gegeben.

Zur drahtlosen und kabelgebundenen terrestrischen Übertragung benutzen alle Systeme die Restseitenband-Amplitudenmodulation des Trägers durch das Videosignal (Abschn. 8.1.1), und bei *allen* Systemen liegt die Bildträgerfrequenz um 1,25 MHz oberhalb der Kanalunterkante, das Restseitenband unterhalb des Bildträgers.

In der Zusammenstellung werden folgende Abkürzungen benutzt:

f_g	Videobandbreite,
B_K	Kanalbreite,
RSB	Restseitenbandende minus Bildträgerfrequenz,
B-Mod.	Negativ- oder Positivmodulation des Bildträgers,
B/T	Tonträgerabstand (Tonträgerfrequenz minus Bildträgerfrequenz), Mono-Ton,
T-Mod.	Modulationsart des Tonträgers, Mono-Ton.

Standards B, B1, D, D1, G, H, I, K, K1, L, N

625 Zeilen, 50 Hz Teilbildfrequenz

$$f_H = 625 \cdot 25 = 15625 \text{ Hz}, \quad t_H = 64\ \mu\text{s}$$

Farbträgerfrequenz:

$$\text{PAL} \quad f_0 = \left(\frac{1135}{4} + \frac{1}{625}\right) f_H = 4{,}43361875 \text{ MHz}$$

$$\text{N/PAL} \quad f_0 = \left(\frac{917}{4} + \frac{1}{625}\right) f_H = 3{,}58205625 \text{ MHz}$$

Farbträgermittenfrequenz:

$$\text{SECAM} \quad \begin{aligned} f_{0R} &= 282 f_H = 4{,}406250 \text{ MHz} \\ f_{0B} &= 272 f_H = 4{,}250000 \text{ MHz} \end{aligned}$$

H-Austastung	$a = 12\ \mu s$
H-Sync	$4{,}7\ \mu s$
V-Austastung	$25 t_H + a = 1612\ \mu s$
V-Sync	$2{,}5 t_H = 160\ \mu s$
Ausgleichsimpulse	2×5

		N	B	G, B1	H	D1	I	D, K	K1	L
f_g	MHz	4,2	5	5	5	5	5,5	6	6	6
B_K*	MHz	6	7	8	8	8	8	8	8	8
RSB*	MHz	–0,75	–0,75	–0,75	–1,25	–0,75	–1,25	–0,75	–1,25	–1,25
B-Mod.*		neg.	neg.	neg.	neg.	neg.	neg.	neg.	neg.	pos.
B / T*	MHz	+4,5	+5,5	+5,5	+5,5	+6,5	+6	+6,5	+6,5	+6,5
T-Mod.*		FM**	FM	FM	FM	FM	FM	FM	FM	AM

*) Bei terrestrischer Übertragung
FM: $\Delta = 100$ kHz $\tau = 50\ \mu s$
*FM***: $\Delta = 50$ kHz $\tau = 75\ \mu s$

Standard N/PAL wird in Argentinien, Paraguay und Uruguay eingesetzt, Standard B/PAL (u. a. Westeuropa, Indien, Indonesien) wird in Australien auch in den dort nur 7 MHz breiten UHF-Kanälen verwendet, Standard B/SECAM in nordafrikanischen Ländern und manchen Ländern Vorderasiens, Standard B1/PAL (= G/PAL) in Ungarn und den baltischen Ländern in den dort 8 MHz breiten VHF-Kanälen, Standard H/PAL im UHF-Bereich in Belgien, Standard D1/PAL in Polen, Standard D/PAL in China, Standard D/SECAM bzw. K/SECAM in Russland und anderen Ländern der ehemaligen Sowjetunion, K1/-SECAM in afrikanischen Ländern, Standard I/PAL in Großbritannien (nur UHF), Irland, Südafrika und anderen afrikanischen Länder. Standard L/SECAM wird in Frankreich verwendet.

Standard M

525 Zeilen, 60/1,001 Hz Teilbildfrequenz

$$f_H = 525 \cdot 30/1{,}001 = 15734{,}266 \text{ Hz}, \quad t_H = 63\tfrac{5}{9}\ \mu s$$

Farbträgerfrequenz:

$$\text{NTSC} \quad f_0 = \frac{455}{2} f_H = 3{,}579545 \text{ MHz}$$

$$\text{PAL} \quad f_0 = \frac{909}{4} f_H = 3{,}575612 \text{ MHz}$$

H-Austastung	$a = 10{,}9\ \mu s$
H-Sync	$4{,}7\ \mu s$
V-Austastung	$20 t_H + a = 1271{,}1\ \mu s$
V-Sync	$3 t_H = 190{,}7\ \mu s$
Ausgleichsimpulse	2×6
f_g	4,2 MHz
B_K*	6 MHz
RSB*	–0,75 MHz
B-Mod.*	negativ
B / T*	+4,5 MHz
T-Mod.*	FM, $\Delta = 50$ kHz, $\tau = 75\ \mu s$

*) Bei terrestrischer Übertragung

Standard M/NTSC wird auf dem amerikanischen Kontinent benutzt (mit Ausnahme von Brasilien, Argentinien, Paraguay und Uruguay), in Japan, auf den Philippinen und Taiwan und in Südkorea. Brasilien verwendet M/PAL.

8.4.2 Normung digitaler Fernsehsysteme

Die digitalen Fernsehsysteme gehen alle von der Zeitmultiplexübertragung der Komponenten nach der digitalen Studionorm ITU-R BT.601 [6.13] aus, wie sie ab 1982 mehr und mehr im Studio zum Einsatz kam, und sie benutzen alle die Quellencodierung für Bewegtbildsignale nach der MPEG-2-Norm [6.12], wie sie 1994 eingeführt wurde (Abschn. 6.2.1). Auf dieser Grundlage wurden sehr ähnliche Systeme weitgehend unabhängig voneinander in Europa, USA und Japan entwickelt und zur Normung gebracht.

Europa

Das im September 1993 gegründete DVB-Projekt (Abschn. 6.2.1) ist der Ursprung des europäischen Digitalfernsehens und seiner teils auch weltweit eingesetzten, bei ETSI festgelegten Normen. Das Projekt ist nach Arbeitsgruppen („Modules") organisiert. Die Anforderungen werden in „Commercial Modules" festgelegt, ihre Realisierung vom „Technical Module" übernommen [6.19]. Die Arbeiten begannen nach einem „Perspektivbericht", der unter der Leitung von REIMERS entstand. Er schreibt dazu in [6.19]:

„Der Bericht legte noch verhältnismäßig großen Wert auf die Betrachtung der terrestrischen Ausstrahlung und auf HDTV als mögliches Qualitätsziel. Er war insofern ein Produkt seiner Zeit und berücksichtigte, dass zum Jahresende 1992 die offizielle europäische Entwicklungspolitik im Fernsehen noch die Satellitenausstrahlung von HD-MAC in den Mittelpunkt der Überlegungen stellte.“

Trotzdem entstand als Erstes die Norm für die Satellitenübertragung, und zwar nicht für Kanäle mit wenigen HDTV-Programmen, sondern mit vielen Standard-TV-Programmen: ETSI ETS 300421 wurde im August 1994 angenommen. Diese DVB-S-Norm [8.11] legte – ausgehend vom MPEG-2-Transportstrom – die QPSK-Modulation fest und zur Vorwärtsfehlerkorrektur eine Kanalcodierung durch einen äußeren (204,188)-Reed-Solomon-Coder in Kette mit einem inneren Faltungscoder bei wählbaren Coderaten (Abb. 8.80 und Abschnitte 8.1.3, 8.2.1, 8.2.2 und 8.3.3). In Europa senden die Satelliten inzwischen fast ausschließlich nach DVB-S. Es konnte sich wegen der großen Menge der angebotenen Programme schnell durchsetzen.

Schon im Dezember 1994 folgte die Norm für die Kabelübertragung (ETS 300429), mit QAM und dem (204,188)-Reed-Solomon-Coder (Abb. 8.59 sowie Abschnitte 8.1.4 und 8.3.2). Diese DVB-C-Norm [8.12] kam erst allmählich, etwa ab 1999, in die Breitbandkabelnetze, belegt aber jetzt durchweg die 8 MHz breiten Kanäle des Hyperbandes. Bei Betrieb mit 64-QAM ergibt sich die gleiche Nutzbitrate wie bei Satellitenübertragung (s. Abschn. 8.3.2).

Die umfangreichen und komplizierten Entwicklungen für ein terrestrisches Übertragungssystem führten schließlich 1997 zu der Norm ETS 300744. Verwendet wird eine OFDM-Modulation mit QAM und ein (204,188)-RS-Coder in Kette mit einem Faltungscodierer (Bilder 8.53 und 8.35, Abschnitte 8.1.5 und 8.3.1). Diese DVB-T-Norm [8.13] wird seit 1999 in Großbritannien und Schweden eingesetzt, seit 2000 in Spanien und seit 2001 in Finnland. In Deutschland wurde ab November 2002 mit der Einführung begonnen. In den meisten Fällen ersetzen die mit den digitalen Programmen belegten Kanäle die bisherigen, mit einem einzigen analogen Programm ausgestrahlten Kanäle.

Ein weiteres Ergebnis des DVB-Projektes ist ein als „Multimedia Home Platform“ bezeichnetes umfangreiches Software-Paket, gültig allgemein für alle Multimediaanwendungen von DVB: „Enhanced Broadcast“, „Interactive Broadcast“ und „Internet Access“. Die technischen Spezifikationen wurden zuletzt im Juni 2003 bei ETSI als TS 101812 veröffentlicht [8.16].

USA

Im Gegensatz zu Europa war in USA anfangs HDTV das alleinige Ziel einer Digitalübertragung, nicht die Übertragung vieler Programme in der Qualität von Standard-TV. Ausgangspunkt war ein von der Firma General Instruments 1990 vorgeschlagenes digitales HDTV-System. Diese Firma und sechs weitere bildeten die „Grand Alliance", aus der dann schließlich 1995 der digitale Fernsehstandard A/53 des Advanced Television Systems Committee (ATSC) entstand [8.1]. Für HDTV geht man vom Main Profile @ High Level der MPEG-2-Norm aus (s. Abschn. 6.2.1), jedoch ist die Norm auch auf Standard-TV ausgedehnt worden. Wie am Ende von Abschn. 8.1.1 erwähnt, wird die Restseitenband-AM wie bei Analogübertragung eingesetzt, und zwar mit achtstufigen Signalen (8-VSB). Zur Fehlerkorrektur werden eine (207,187)-Reed-Solomon-Codierung und ein einfacher Faltungscode mit der Rate 2/3 verwendet. Es handelt sich um eine Norm für die *terrestrische* Übertragung in 6 MHz breiten VHF- und UHF-Kanälen. Der ATSC-Standard enthält auch eine 16-VSB-Version (*ohne* Faltungscodierung), die für die Kabelübertragung gedacht ist. In den 6 MHz breiten Kanälen ist die Nutzbitrate 19,39 Mb/s bei 8-VSB und 38,78 Mb/s bei 16-VSB.

Tatsächlich wird in den Breitbandkabelnetzen durchweg nicht die Kabelversion des ATSC-Standards benutzt, sondern ein System, das von dem Forschungs- und Entwicklungskonsortium der Kabelbetreiber (Cable Television Laboratories, CableLabs) stammt. Es wurde als „American National Standard" (ANSI) von der „Society of Cable Telecommunications Engineers" (SCTE) veröffentlicht [8.2]. Die Modulation wird wie bei DVB-C mit 64-QAM (Roll-off $\alpha = 0{,}18$) oder 128-QAM ($\alpha = 0{,}12$) durchgeführt, jedoch wird ein modifizierte MPEG-Transportstrom verwendet, und die Reed-Solomon-Codierung arbeitet mit 7-bit-Symbolen. Die Faltungscodierung wird für eine „trellis-codierte Modulation" (s. unten) eingesetzt. Bei 64-QAM wird eine Nutzbitrate von 26,97 Mb/s erreicht, bei 128-QAM 38,81 Mb/s.

Für die Satellitenübertragung stand ein digitales System in USA etwas früher als in Europa zur Verfügung. Ab 1992 hatte die Firma RCA/Thomson Consumer+ Electronics im Auftrag von Hughes Communications dieses System – das Digital Satellite System (DSS) – entwickelt, und es wurde schon ab 1994 mit den Satelliten DBS-1 und DBS-2 (Position 101° West) von *DirecTV* (gehört zu Hughes Electronics Corp.) eingesetzt. Später sind weitere Satelliten bei 110° W und 119° W hinzugekommen. Man geht zwar auch von der Quellencodierung nach MPEG-2 aus, jedoch wird nicht der genormte MPEG-2-Transportstrom benutzt. Aus dem MPEG-Elementarstrom (Abschn. 6.2.1) werden nur

130 Byte lange Transportstrompakete gebildet[1]. Ebenso wie bei DVB-S wird der Träger mit QPSK moduliert. In den 24 MHz breiten Satellitenkanälen mit $\alpha = 0{,}2$ ist die Symbolrate auf 20 MBaud festgelegt. Zur Fehlerkorrektur wird wieder wie bei DVB-S eine Verkettung von Reed-Solomon-Codierung und Faltungscodierung eingesetzt, allerdings ist entsprechend der Paketlänge von 130 Byte der RS-Code auf (146,130) verkürzt. Die Nutzbitrate ist 30,3 Mb/s bei einer Faltungscoderate von 6/7. Später kam auch für den amerikanischen Kontinent DVB-S hinzu. Es wird von *EchoStar* Communications Corporation auf Satelliten bei 61,5° W, 110° W und 119° W eingesetzt.

Japan

Das digitale Fernsehen läuft in Japan unter dem Begriff „Integrated Services Digital Broadcasting" (ISDB). Entwicklungsarbeiten begannen 1994 in Anlehnung an das europäische DVB-Projekt.

Bei der Satellitenübertragung wird im Ku-Band strikt unterschieden zwischen dem Frequenzbereich für Rundfunksatelliten, Broadcast Satellites (BS), – nach ITU: „BSS", hier 11,7–12,2 GHz, – und den Frequenzbereichen für Fernmeldesatelliten, Communication Satellites (CS), – nach ITU: „FSS" –, s. Abschn. 8.3.3, Frequenzzuweisungen. Digitale Sendungen über CS gibt es seit 1996 unter Verwendung von DVB-S, betrieben von Sky Perfect Communications mit den Satelliten von JSAT auf den Positionen 124° und 128° Ost.

Unter der Führung von NHK (Nippon Hoso Kyokai, staatliche Rundfunkanstalt Japans) wurde eine erweiterte Version von DVB-S unter der Bezeichnung ISDB-S entwickelt. Insbesondere ist der Betriebsmodus mit *trellis-codierter* 8-PSK-Modulation hinzugekommen. Acht Konstellationspunkte liegen hier auf einem Kreis um den Nullpunkt gleichmäßig verteilt, es wird eine reine Phasenumtastung verwendet (s. Gl. (8.97)). Von den zwei Bits eines Dibits für QPSK wird das eine mit einem (2,1,7) Faltungscodierer auf zwei Bits codiert, die dann zusammen mit dem uncodierten Bit einem der komplexen 3-bit-Symbole der 8-PSK zugeordnet werden. Die Coderate ist also 2/3. Damit wird die gleiche Nutzbitrate wie bei QPSK ohne Faltungscodierung erreicht. In einem Satellitenkanal mit der Symbolrate 28,9 MBaud wird – bei der unverändert verwendeten Reed-Solomon-Codierung – eine Nutzbitrate von 52,2 Mb/s erreicht. Es können dann z. B. zwei HDTV-Programme in dem Kanal übertragen werden. Allerdings wird dabei ein um 3 dB höheres C/N gefordert im Vergleich zu einer QPSK mit $R_c = 3/4$. Die trellis-codierte Modulation (TCM) ist eine optimierte

[1] DSS ist ein „proprietärer Standard" von DirecTV und deshalb nicht in allen Einzelheiten dokumentiert.

Kombination aus Faltungscodierung und Mapping für den Modulator. Das Verfahren geht auf UNGERBOECK zurück [8.44] und wird z. B. erläutert in [8.34] und [8.28]. Das ISDB-S-System für die digitale Satellitenübertragung wird in der Recommendation ITU-R BO.1408 dokumentiert und ist dort seit 1999 genormt [8.20]. Es wird im BSS-Bereich seit Dezember 2000 in Japan mit dem Satelliten BSAT 2A auf 110° Ost eingesetzt und nun auch als BS-Variante von Sky Perfect mit dem auf gleicher Position stehenden Satelliten N-SAT.

Für die digitale Übertragung im Breitbandkabel wird ein auf die nur 6 MHz breiten Kanäle adaptiertes DVB-C-System eingesetzt. Die Modulation ist 64 QAM, der Roll-off-Faktor $\alpha = 0{,}13$. Es wird eine Nutzbitrate von 29,16 Mb/s erreicht. Das System wurde 1996 in Recommendation ITU-T J.83 (s. unten) aufgenommen [8.26]. Übertragen werden die an der Kopfstation über eine Satellitenantenne empfangenen digitalen CS-Programme. Überwiegend werden diese jedoch für die Kabelübertragung in das analoge System umgesetzt, Digitalfernsehen im Kabel ist in Japan nicht sehr verbreitet.

Unter der Bezeichnung ISDB-T wurde in Japan ein eigenständiges System für die terrestrische digitale Übertragung im VHF- und UHF-Bereich entwickelt. Es hat die Bestandteile von DVB-T übernommen – MPEG-2-TS, RS (204,188), Faltungscodierung mit den Punktierungsoptionen, Interleaving und insbesondere auch OFDM. Jedoch ist hier das Frequenzband des Kanals in 14 Segmente eingeteilt, im 6-MHz-Kanal also mit der Breite 6/14 MHz = 428,6 kHz. Hiervon werden 13 Segmente benutzt (bandsegmentierte OFDM, BS-OFDM). Bei den im „Modus 3" vorhandenen 5617 Teilsignalen entfallen 432 auf jedes Segment (davon 384 Nutzteilsignale). Der MPEG-Transportstrom wird in 13 Teile zerteilt, mit denen die Signale in den einzelnen Segmenten getrennt moduliert werden. Für die Segmente können unterschiedliche Anwendungen mit unterschiedlichen Modulationsparametern eingesetzt werden. Das System ist dadurch flexibler als DVB-T, aber noch komplizierter. Es wurde dokumentiert als „ARIB-Standard B31" – ARIB = Association of Radio Industries and Businesses, zuletzt in der Version 1.2 im Jahre 2002 [8.3]. Ein abschließender Entwurf des Standards wurde schon 1998 vorgelegt, und Versuchsübertragungen waren vorangegangen.

Die weltweit existierenden Normen des digitalen Fernsehens wurden als Recommendations von der ITU zusammengestellt, wieder nach historischem Vorbild mit Buchstaben A, B, C, ... gekennzeichnet, jedoch getrennt nach Übertragungen mit Satelliten (ITU-R BO.1516 [8.21]), Kabel (ITU-T J.83 [8.26]) und mit terrestrischen Sendern (ITU-R BT.1306 [8.22]). Nachstehend wird ein Auszug der wichtigsten Parameter gegeben.

Folgende Abkürzungen werden benutzt:

TS Transportstrom
B Signalbandbreite,
B_K Kanalbandbreite,
α Roll-off-Faktor,
R_u Nutzbitrate,
R_s Symbolrate,
R_c Coderate der Faltungscodierung.

Satellitennormen

	A	B	D
TS	188 Byte (MPEG-2)	130 Byte (aus MPEG-ES)	188 Byte (MPEG-2)
Modulation	QPSK	QPSK	TC 8-PSK (opt. QPSK)
α	0,35	0,2	0,35
RS-Code	(204,188) aus (255,239)	(146,130) aus (255,239)	(204,188) aus (255,239)
Faltungscode	3/4, 5/6 (opt. 1/2, 2/3, 7/8) aus (2,1,7)	6/7 (opt. 1/2, 2/3) aus (2,1,7)	2/3 für TCM aus (2,1,7) (opt. wie Syst. A)
R_u/R_s Mb/s / MBd	38,0 / 27,5 bei R_c = 3/4 33,8 / 22,0 bei R_c = 5/6	30,3 / 20,0 bei R_c = 6/7	52,2 / 28,9 bei TCM

System A: DVB-S
System B: DSS (DirecTV USA)
System D: ISDB-S

Kabelnormen

	A	B		C	D
TS	188 Byte (MPEG-2)	188 Byte (mod. MPEG-2)		188 Byte (MPEG-2)	188 Byte (MPEG-2)
Modulation	64-QAM (opt. 16, 32, 128, 256)	TC 64-QAM	TC 256-QAM	64-QAM	16-VSB
α	0,15	0,18	0,12	0,13	0,115
B_K MHz	8	6		6	6
RS-Code	(204,188) aus (255,239)	(128,122) aus (127,121)		(204,188) aus (255,239)	(207,187) aus (255,235)
Faltungscode	ohne	4/5 für TCM aus (2,1,5)		ohne	ohne
R_u/R_s Mb/s / MBd	38,1 / 6,89	26,97 / 5,057	38,81 / 5,361	29,16 / 5,27	38,78 / 10,76

System A: DVB-C,
System B: SCTE (CableLabs USA),
System C: DVB-C / Japan,
System D: ATSC A/53 (16-VSB).

Terrestrische Normen

	A	B		C
TS	188 Byte (MPEG-2)	188 Byte (MPEG-2)		188 Byte (MPEG-2)
Modulation	8-VSB	OFDM/16-QAM (opt. 64-QAM)		BS-OFDM/16-QAM (opt. 64-QAM)
Trägerzahl	1	6817 (8K), 1705 (2K)		5617 (opt. 1405, 2809)
B_K MHz	6	7	8	6
B MHz	f_g 5,38, RSB 0,31	6,66	7,61	5,57
RS-Code	(207,187) aus (255,235)	(204,188) aus (255,239)		(204,188) aus (255,239)
Faltungscode	2/3 aus (2,1,3)	2/3 (opt. 1/2, 3/4, 5/6, 7/8) aus (2,1,7)		2/3 (opt. 1/2, 3/4, 5/6, 7/8) aus (2,1,7)

System A: ATSC A/53 (8-VSB),
System B: DVB-T,
System C: ISDB-T (Japan).

Literatur

[8.1] Advanced Television Systems Committee: ATSC Digital Television Standard, Doc. A/53B, Aug. 2001

[8.2] ANSI/SCTE 07: Digital Video Transmission Standard for Cable Television (ehemals SCTE DVS 031)

[8.3] ARIB STD-B31: Transmission System for digital terrestrial television broadcasting

[8.4] Burr, A.: Modulation and coding for wireless communications. Prentice Hall, 2001

[8.5] Carson, J. R.: Notes on the theory of modulation. Proc. IRE **10** (1922), 57

[8.6] CCSDS: Recommendation for space data system standards – Telemetry Channel Coding. Blue Book, 101.0-B, Ausgabe 1 1984, Ausgabe 5 2001

[8.7] CEPT/ERC Rec. 14-01 E: Radio-frequency channel arrangements for high capacity analogue and digital radio-relay systems operating in the band 5925 MHz – 6425 MHz

[8.8] Chang, R. W.: Synthesis of band-limited orthogonal signals for multichannel data transmission. Bell System Techn. J., **45** (1966), 1775–1796

[8.9] Clarke, A. C.: Extra-terrestrial relays. Wireless World, **51** (1945), 305–308

[8.10] Cooley, J. W.; Tukey, J. W.: An algorithm for the machine calculation of complex Fourier series. Math. Comput. **19** (1965), 297–301

[8.11] ETSI EN 300421: Digital Video Broadcasting (DVB); Framing structure, channel coding and modulation for 11/12 GHz satellite services

[8.12] ETSI EN 300429: Digital Video Broadcasting (DVB); Framing structure, channel coding and modulation for cable systems

[8.13] ETSI EN 300744: Digital Video Broadcasting (DVB); Framing structure, channel coding and modulation for digital terrestrial television

[8.14] ETSI ETS 300174 mit Amendment A1: Network Aspects (NA); Digital coding of component television signals for contribution quality applications in the range 34–45 Mbit/s

[8.15] ETSI ETS 300814: Digital Video Broadcasting (DVB); DVB interfaces to Synchronous Digital Hierarchy (SDH) networks

[8.16] ETSI TS 101812: Digital Video Broadcasting (DVB); Multimedia Home Platform (MHP) Specification 1.0.3

[8.17] Feldmann, M.; Hénaff, J.: Surface acoustic waves for signal processing. Artech House, 1989

[8.18] Gray, F.: Pulse Code Communication. U. S. Pat. 2632058, 17.3.1953

[8.19] Hamming, R. W.: Error detecting and correcting codes. Bell System Techn. J. **29** (1950), 147–160

[8.20] ITU-R Rec. BO.1408-1: Transmission system for advanced multimedia services provided by integrated services digital broadcasting in a broadcasting-satellite channel

[8.21] ITU-R Rec. BO.1516: Digital multiprogramme television systems for use by satellites operating in the 11/12 GHz frequency range

[8.22] ITU-R Rec. BT.1306-1: Error-correction, data framing, modulation and emission methods for digital terrestrial television broadcasting
[8.23] ITU-T Rec. G.707: Network node interface for the synchronous digital hierarchy.
ETSI ETS 300147: Transmission and Multiplexing (TM); Synchronous digital hierarchy (SDH); Multiplexing structure
[8.24] ITU-T Rec. J.132: Transport of MPEG-2 signals in SDH networks
[8.25] ITU-T Rec. J.80: Transmission of component-coded digital television signals for contribution-quality applications at bit rates near 140 Mbit/s
[8.26] ITU-T Rec. J.83: Digital multi-programme systems for television, sound and data services for cable distribution
[8.27] Kiefer, R.: Digitale Übertragung in SDH- und PDH-Netzen. expert-Verlag, Renningen 2001.]
[8.28] Lee, L. H. C.: Convolutional coding: fundamentals an applications. Artech House, Norwood 1997
[8.29] Lüke, H. D.: Signalübertragung. 7. Aufl., Springer, Berlin 1999
[8.30] Mange, D.: Analysis and synthesis of logic systems. Artech House, Norwood 1986
[8.31] Nyquist, H.: Certain topics in telegraph transmission theory. Trans. AIEE **47** (1928), 617–644
[8.32] Papoulis, A.; Pillai, S. U.: Probability, Random Variables, and Stochastic Processes. 4th ed., McGraw-Hill, New York 2002
[8.33] Philips Semiconductors: Data Sheet TDA10045H, DVB-T channel receiver, Nov. 2001
[8.34] Proakis, J. G.: Digital communications. 4th ed., McGraw-Hill, 2001, p. 204 f
[8.35] Rec. ITU-R BS.707: Transmission of multisound in terrestrial television systems PAL B, D1, G, H and I, and SECAM D, K, K1 and L
[8.36] Rec. ITU-R BT.655-6: Radio-frequency protection ratios for AM vestigial sideband terrestrial television systems interfered with by unwanted analogue vision signals and their associated sound signals
[8.37] Rec. ITU-R P.372: Radio Noise
[8.38] Reed, I. S.; Solomon, G.: Polynomial codes over certain finite fields. J. SIAM **8** (1960), 300–304
[8.39] Rice, S. O.: Noise in FM receivers. Proc. Symp. Time Series Analysis (M. Rosenblatt, Editor), Kap. 25, J. Wiley, New York 1963
[8.40] Ruppel, C. C. W. et al.: SAW devices for consumer communication applications. IEEE Trans. UFFC **40** (1993), 438–453
[8.41] Singleton, R. C.: Maximum distance q-nary codes. IEEE Trans. Inform. Theory, IT-**10** (1964), 116–118
[8.42] Sposetti, S.; Tilgner, B.: Die ASTRA-Satellitenfamilie. Sterne und Weltraum, 6/1998, 574–575
[8.43] Sweeney, P.: Error control coding – from theory to practice. John Wiley, 2002

[8.44] Ungerboeck, G.: Channel coding with multilevel/phase signals. IEEE Trans. Inform. Theory, IT-**28** (1982), 52–55

[8.45] Vigants, A.: Microwave radio obstruction fading. Bell System Techn. J. **60** (1981) 785–801

[8.46] Viterbi, A. J.: Error bounds for convolutional codes and an asymptotically optimum decoding algorithm. IEEE Trans. Inform. Theory, IT-**13** (1967), 260–269

[8.47] Weinstein, S. B.; Ebert, P. M.: Data transmission by frequency-division multiplexing using the discrete Fourier transform. IEEE Trans. Com. Techn. COM-**19** (1971), 628–634

[8.48] Wicker, S. B.; Bhargava, V. K. (eds.): Reed-Solomon codes and their applications. IEEE Press, New York 1994

9 Grundlagen der Gerätetechnik

In diesem abschließenden Kapitel wird an einigen Beispielen gezeigt, wie die zuvor abgeleiteten Verfahren und Systemanforderungen der Bildaufnahme und Bildwiedergabe in der Praxis realisiert werden. Die Darstellung beschränkt sich auf Einführungen zu den Themen Kamera, Display und Speicherung.

Zur Realisierung der Fundamentalaufgaben der elektrischen Bildübertragung – Bildzerlegung und Wiederaufbau kombiniert mit optoelektronischer und elektro-optischer Wandlung (s. Abschn. 4.1) – hatte man am Anfang eine mechanische Abtastung erdacht und die Wandlungen mit Selenzellen bzw. vom Signal gesteuerte Lichtquellen vorgesehen. Der Vorschlag kam zuerst von dem bereits am Beginn des Buches zitierten PAUL NIPKOW, patentiert ab 6. Januar 1884 [9.38]. Die Abtastung soll danach mit einer rotierenden Scheibe geschehen, in die auf einer Spiralbahn kleine Löcher gleichabständig gestanzt sind (Abb. 9.1). Es dauerte aber dann noch vierzig Jahre, bis die ersten erfolgreichen Experimente zum Fernsehen mit der „Nipkow-Scheibe" begannen, nachdem die elektronischen Voraussetzungen geschaffen waren – trägheitsarme Photozellen und die Elektronenröhre zur Signalverstärkung.

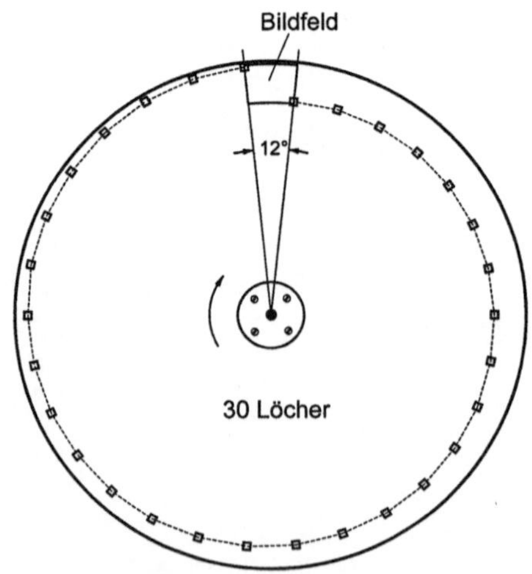

Abb. 9.1. Nipkow-Scheibe für 30 Zeilen

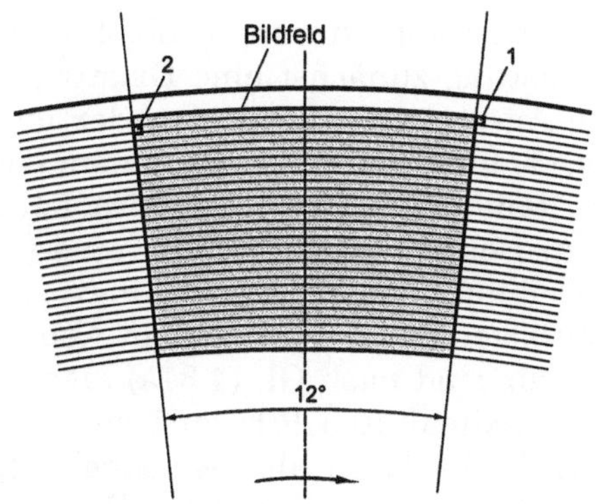

Abb. 9.2. Bildfeldabtastung mit der Nipkow-Scheibe

Abb. 9.1 zeigt eine Nipkow-Scheibe für eine Bildzerlegung in 30 Zeilen. Sie enthält 30 Löcher im Winkelabstand von 360°/30 = 12°, z. B. quadratische mit einer Seitenlänge von 1 mm. Der Abstand zum Mittelpunkt der Scheibe muss dann von Loch zu Loch um genau 1 mm kleiner sein. Wenn sich die Scheibe dreht, wird ein 30 mm hohes und 12° breites Bildfeld durch die Löcher auf jeweils konzentrischen Kreisbögen – nahtlos und nicht überlappend – abgetastet. Das äußerste Loch liefert die erste Zeile. Verlässt es rechts das Bildfeld, so taucht am linken Bildfeldrand 1 mm tiefer das nächste Loch auf. Dieser Fall ist mit dem vergrößerten Ausschnitt im Abb. 9.2 dargestellt. Nach einer Scheibenumdrehung wiederholt sich die Bildfeldabtastung. Für ein Bildseitenverhältnis von 4:3 ist die Bildbreite $B = 40$ mm. Wenn dieser Wert in der halben Bildfeldhöhe gefordert wird, so muss beim Winkel von $360°/Z = 12°$ (Zeilenzahl $Z = 30$) der mittlere Radius $r = B \cdot Z/(2\pi) = 191$ mm betragen und der Scheibendurchmesser dann etwa 420 mm.

Ein Diapositiv oder ein Filmbild wird auf die Bildfeldrückseite projiziert, und durch die jeweils aktive Lochblende fällt das Licht auf eine großflächige *Photozelle*. Ihre lichtempfindliche Fläche muss das gesamte Bildfeld abdecken. Sie liefert das Videosignal, jeweils proportional zu dem kleinen Lichtstrombruchteil, der durch das bewegte Loch hindurchfällt. Wenn die Scheibe mit 12,5 Umdrehungen pro Sekunde rotiert (750 U/min), ist die Bildwiederholfrequenz 12,5 Hz und die Zeilenfrequenz 375 Hz.

Zu jener Zeit wurde der Begriff der „Bildpunktzahl“ als Maß für die Auflösung geprägt. Man verstand darunter das Verhältnis von Bildfeldfläche zu Lochfläche, hier $4Z^2/3 = 1200$. Daraus entstand die falsche Vorstellung (die sich mancherorts bis heute gehalten hat), dass das Bild in diese einzelnen Bildelemente zerlegt werde und diese dann nacheinander übertragen werden (entsprechend Abb. 4.1). Es erfolgt jedoch nur die zeilenweise Aufrasterung (Abb. 4.2). Nach Abschn. 4.3.2 entsteht bei der Abtastung zunächst eine Ortsfrequenzfilterung (Vorfilterung) durch die Aperturtiefpasswirkung der quadratischen Lochblende gemäß Gl. (4.17) und Abb. 4.13a. Bei einem Loch mit der Seitenlänge $b = H/Z$ ist danach die 6-dB-Grenzfrequenz horizontal und vertikal gleich $0{,}6/b$. Bei $Z = 30$ ergibt sich eine Ortfrequenzbegrenzung auf 18 P/H. Der anschließende Samplingvorgang läuft auf den konzentrischen Kreisbögen in der Mitte der in Abb. 9.2 im Bildfeld gezeigten Spuren. Hierfür sind nach Gl. (4.31a) eigentlich nur vertikale Ortsfrequenzen von maximal 10,5 P/H zulässig (falls als Kell-Faktor 0,7 angenommen wird). Es kann also Aliasing auftreten. Die obere Grenzfrequenz des Videosignals ist bei 24 P/B und 375 Hz Zeilenfrequenz gleich 9 kHz.

Auf der Wiedergabeseite wird eine gleiche und synchron rotierende Nipkow-Scheibe verwendet. Der Betrachter sieht durch jeweils ein Loch auf eine hinter der Scheibe montierte großflächige *Glimmlampe*, deren Lichtintensität durch das ankommende verstärkte Videosignal fortwährend gesteuert wird. Die Leuchtfläche der Lampe muss mindestens so groß sein wie das Bildfeld. Die ganze Fläche leuchtet gleichmäßig jeweils in der Intensität, die eigentlich nur für die gerade aktive kleine Lochfläche benötigt wird; der größte Teil (hier 1199/1200) des Lichts geht verloren. Der bewegte Leuchtfleck erscheint dem Betrachter durch die Augenträgheit als eine zusammenhängende Bildfläche. Ein Flimmern ist natürlich bei einer Bildwiederholfrequenz von nur 12,5 Hz deutlich zu bemerken. Man vergleiche das System mit Abb. 4.2.

In Deutschland erklärte das damalige Reichspostzentralamt im Jahre 1929 das Nipkow-Scheibensystem mit 30 Zeilen und 12,5 Bildern pro Sekunde bei einem Bildseitenverhältnis von 4:3 zur vorläufigen Fernsehnorm und verbreitete danach mehrere Jahre lang regelmäßig zu bestimmten Zeiten Versuchssendungen über Radio-Mittelwellensender (Frequenzraster 9 kHz) und auch über Kurzwelle. In USA standen spezielle Versuchssender mit einer Kanalbreite von 100 kHz im Kurzwellenbereich bei 2 bis 3 MHz zur Verfügung. Die Bilder stammten meist von einem mit der Scheibendrehung synchronisierten Kinofilmprojektor.

Ab 1930 konnte man einen Nipkow-Scheibenempfänger für die Versuchssendungen kaufen (Abb. 9.3). Das Eingangssignal musste vom Tonausgang eines separaten Radiogeräts kommen. Das Angebot richtete sich an experimentierfreudige Kunden, die sich für die neuartige Technik interessierten. Daher gab es die mechanischen Teile zusammen mit der Flächenglimmlampe (Elektrode $30 \times 40\ \text{mm}^2$) als Bausatz für Bastler [9.30, 9.32]. Ein Asynchronmotor trieb die Scheibe über

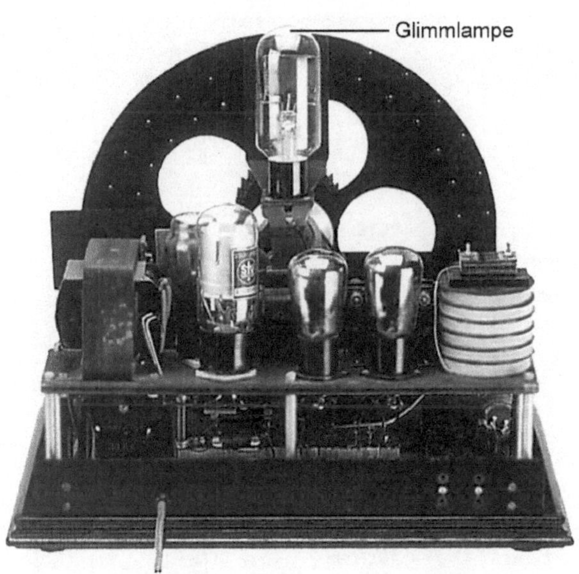

Abb. 9.3. Fernsehempfänger (Tekade) aus dem Jahre 1930 mit Nipkow-Scheibe für 30 Zeilen und 12,5 Hz Bildfrequenz, Ansicht von hinten, ohne Gehäuse (Photo: Deutsches Rundfunk-Museum)

eine Gummischnur an. Die Übersetzung von etwa 1400 U/min auf möglichst genau 750 U/min wurde mit diesem Schnurantrieb und einem von Hand verstellbaren Regelkonus erreicht. Zur Synchronisierung wurde ein mit dem Videosignal verkoppeltes Sinussignal der Zeilenfrequenz 375 Hz durch einen Mitnahmeoszillator erzeugt (sein Resonanzkreis ist in Abb. 9.3 rechts zu sehen). Auf der Achse der Scheibe befand sich dazu ein 30-zähniges „phonisches Rad" (in Abb. 9.3 teilweise durch die Aussparungen in der Scheibe zu erkennen), das an feststehenden Elektromagneten vorbeilief. Sie wurden durch das Sinussignal magnetisiert. Nur für die Synchronisierungsschaltung waren die beiden Verstärkerröhren notwendig. Der Motor ist in Abb. 9.3 nicht zu erkennen, er liegt unter der Schwingspule. Zur vertikalen Bildphasenverstellung konnte man die Glimmlampe zusammen mit der Bildfeldblende verschieben. Das war zulässig, weil die Nipkow-Scheibe dafür die doppelte Lochzahl auf zwei Spiralbahnwindungen hatte (Abb. 9.3).

Abb. 9.4 zeigt ein aus einer Simulation gewonnenes 30-Zeilen-Bild bei Abtastung mit der Nipkow-Scheibe. So konnte damals im Idealfall (präzise Löcher mit exakter Positionierung, genau zentrischer Scheibenlauf) ein Fernsehbild aussehen, vom Flimmern abgesehen. Man beachte, dass aus etwa 50facher Bildhöhe oder mehr praktisch kein

Abb. 9.4. Ein Fernsehtestbild aus dem Jahre 1930, oben: Original, unten: nach einer 30-Zeilen-Abtastung mit der Nipkow-Scheibe (Simulation)

Unterschied zum Original zu erkennen ist (vgl. Gl. (3.6) und Gl. (4.33)). Verwendet wurde hier ein damals in Deutschland übliches Testbild[1].

Die prinzipiellen Grenzen mechanischer Abtastsysteme, auch von Spiegelrädern oder Spiegelschrauben, waren offenkundig, und es wurde schnell klar, dass eine Weiterentwicklung des Fernsehens nur mit elektronischen, trägheitslosen Abtastverfahren möglich werden konnte. Der Übergang zu höheren Zeilenzahlen erfordert bei gleicher Bildgröße proportional größere Scheibendurchmesser, die dann bei Drehzahlen von 1500 U/min (für 25 Hz Bildwiederholfrequenz) nicht mehr ohne weiteres praktikabel sind. Weiterhin verringert sich proportional

[1] Das Original ist ein Diapositiv aus einem Filmstreifen, der sich im Deutschen Museum in München fand – bei den dort gelagerten Versuchsaufbauten von Manfred von Ardenne aus dem Jahre 1931 (s. u.). Die Szene stammt aus dem Stummfilm „Wochenende“, links Imogen Orkutt, rechts Schura von Finkenstein.

zu $1/Z^2$ die Lochfläche und damit der zur Verfügung stehende Lichtstrom. Größere und hellere Bilder mit mehr Zeilen waren also so nicht zu erreichen.

Von Max *Dieckmann* und Gustav *Glage* war schon 1906 die Braunsche Röhre für die Wiedergabe von Schriftzeichen und Strichzeichnungen vorgeschlagen worden [9.16]. Diese sollten durch die Signale eines mit dem Schreibstift verbundenen Koordinatengebers an den Empfänger übermittelt werden. Boris *Rosing* (Russland) gab ein Jahr später die Braunsche Röhre für den Empfänger einer „elektrischen Fernübertragung von Bildern" an, aufnahmeseitig mit Bildfeldabtastung durch Spiegelräder [9.41]. Die „Kathodenstrahlröhre" (CRT) für einen trägheitslosen Oszillographen war 1897 von F. BRAUN[1] erfunden worden: aus einer Kathode im Vakuum austretende Elektronen werden zu einem „Strahl" gebündelt, horizontal und vertikal durch elektrische oder magnetische Felder abgelenkt und durch eine sehr hohe Spannung beschleunigt, so dass sie beim Auftreffen auf eine Leuchtstoffschicht dort einen bewegten Lichtfleck durch „Kathodolumineszenz" erzeugen [9.12]. Bei gleichzeitiger horizontaler und vertikaler Ablenkung durch miteinander verkoppelte periodische Spannungen bzw. Ströme konnte man leicht erreichen, dass der Elektronenstrahl auf dem Bildschirm mit periodisch wiederholter Abrasterung eine scheinbar zusammenhängende rechteckige Leuchtfläche schrieb. Allerdings war die während der Ablenkung erforderliche Intensitätssteuerung des Strahls durch das Videosignal bei der Braunschen Röhre ursprünglich nicht vorgesehen. Erst durch Weiterentwicklungen, vor allem von Wehnelt (s. Abschn. 9.2.1) und von MANFRED VON ARDENNE[2], wurde eine befriedigende Intensitätssteuerung des Strahls und damit der momentanen Lichtfleckintensität möglich, ohne großen Einfluss auf die Strahlfokussierung.

Von Ardenne stellte hiermit 1931 *erstmals eine vollelektronische Filmbildübertragung* vor [9.2]. Er benutzte dabei eine Braunsche Röhre *auch aufnahmeseitig*, hier mit konstanter Strahlintensität. Die rechteckige Leuchtfläche auf dem Schirm wurde auf das zu übertragende Diapositiv projiziert, der bewegte Leuchtfleck als „Lichtquelle" eines Kinoprojektors eingesetzt. Er wurde auf die Rückseite des Positivfilmbildes optisch fokussiert und schrieb hier das Bildfenster aus, so dass die folgende großflächige Photozelle die nun trägheitslos gewonnenen Abtastwerte des Bildes bekam. Die Synchronisierung von Aufnahme und Wiedergabe ist beim rein elektronischen Fernsehsystem einfacher geworden, sie verlangt nur eine Synchronisierung der Strahlablenkungssignale. Die Versuchsanordnung arbeitete mit 60 Zei-

---

[1] Karl Ferdinand Braun, *6.6.1850 in Fulda, †20.4.1918 in New York.

[2] Manfred Baron von Ardenne, *20.1.1907 in Hamburg, †26.5.1997 in Dresden.

len bei einer Bildwiederholfrequenz von 25 Hz. Der beschriebene „Leuchtschirmabtaster“ (*Flying Spot Scanner*) hat sich grundsätzlich unverändert für die Film- oder Diaabtastung im Fernsehen weltweit durchgesetzt und ist erst in den letzten Jahren durch Abtaster mit CCD-Zeilen (s. Abschn. 9.1.1) verdrängt worden.

Eine Live-Übertragung war aber damit noch nicht erreicht. Eine elektronische Kamera mit Nipkow-Scheibe war nur bei extremer Beleuchtungsstärke in der Szene einsetzbar. Der Durchbruch kam hier Anfang der dreißiger Jahre mit der Erfindung der „Ikonoskop“-Röhre durch ZWORYKIN[1] in USA [9.60]. Sie ermöglichte erst die vollelektronische Live-Übertragung, das eigentliche Fernsehen, bei normalem Tageslicht oder aus einem Studio bei erträglicher Beleuchtungsstärke.

Die Nipkow-Scheibe wurde etwa ab 1934 für Empfänger nicht mehr eingesetzt. Fortan wurde die Braunsche Röhre als Display benutzt, mit Bildgrößen von beispielsweise $23 \times 19\,\text{cm}^2$ (180 Zeilen, Bildseitenverhältnis 6:5). Aufnahmeseitig, bei den Filmabtastern, hielt sich die Lochscheibe aber noch mehrere Jahre, allerdings mit den Löchern auf einem Kreis, nicht einer Spirale, bei kontinuierlichem Filmtransport. Höhere Zeilenzahlen waren dann mit höheren Scheibendrehzahlen (z. B. 6000 U/min im Vakuum) zu erreichen. Diese Abtaster wurden beim *Zwischenfilmverfahren* in den ersten „Übertragungswagen“ sogar für Außenaufnahmen eingesetzt. Dabei befand sich auf dem Dach des Wagens eine handelsübliche Kinofilmkamera – kompakt, flexibel und auch bei ungünstigen Lichtverhältnissen geeignet. Der belichtete Film lief durch einen lichtdichten Schacht in das Innere des Wagens, wurde dort schnell entwickelt, fixiert, gewässert und etwa ein bis zwei Minuten nach der Aufnahme mit dem Filmabtaster gesendet.

Im folgenden Abschnitt soll nun das Prinzip der heute verwendeten elektronischen Kameras erläutert werden.

---

[1] Wladimir Kosma Zworykin, *30.7.1889 in Murom (Russland), †29.7.1982 in Princeton (New Jersey).

9.1 Kamera

Für die Kombination aus opto-elektronischem Sensor und einem schnellen, elektronischen Abtastsystem fand man im Laufe der Zeit unterschiedliche Lösungen, die dann in Fernsehkameras zum Einsatz kamen. Sie beruhen auf grundsätzlich unterschiedlichen Prinzipien (Abb. 9.5).

Eine elektronische Nachbildung des Nipkow-Scheibenprinzips wurde von FARNSWORTH entwickelt [9.19]. Diese „Sondenröhre“ (Image Dissector) benutzt eine unstrukturierte Photokathodenfläche im Inneren einer Vakuumröhre, auf die das Bild optisch abgebildet wird (Abb. 9.5a). Die Fläche emittiert durch die Beleuchtung ständig Elektronen mit ortsabhängiger Dichte entsprechend der Beleuchtungsstärkeverteilung. Eine „Raumladungswolke“ bildet sich nicht, weil die Elektronen durch eine Anode abgezogen werden. Auf ihre Abschlussfläche werden die Photoelektronen durch ein axiales Magnetfeld fokussiert (s. Abschn. 9.2.1). In dieser Fläche befindet sich ein kleines Loch (die „Sonde“). Der hier durchtretende Elektronenstrom wird in einem Vervielfacher, der in mehreren Stufen mit Sekundärelektronenemission arbeitet, verstärkt. Auf der Anodenfläche befindet sich also ein „Elektronenbild“, das dem Lichtbild auf der Photokathode entspricht. Das

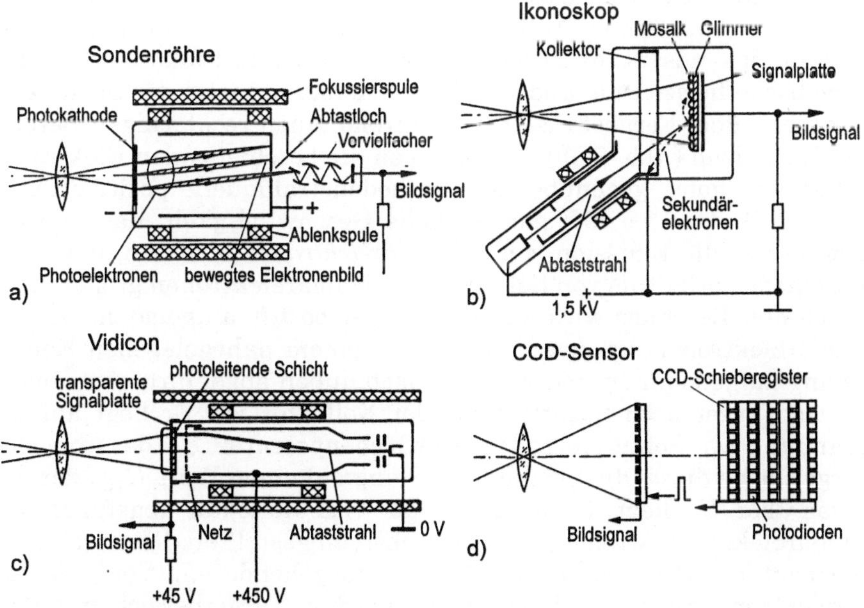

Abb. 9.5. Entwicklungsstufen der Fernsehkamera: von der Sondenröhre zum CCD-Sensor

Elektronenbild wird auf der Anodenfläche vor der feststehenden Lochblende horizontal und vertikal entsprechend dem Fernsehraster *periodisch bewegt.* Dazu werden die Photoelektronen mit vertikalen und horizontalen Magnetfeldern abgelenkt. So werden alle Teile des Bildes über die Lochblende hinweggeführt und dabei von ihr abgetastet. Man beachte, dass fast alle emittierten Photoelektronen ungenutzt von der Anode abgeführt werden und nur der sehr kleine, durch das Loch fallende Anteil zu einem Signal führt, entsprechend der *momentanen* Intensität des Lichtes an dieser Bildstelle. Mit der Sondenröhre hatte man das Trägheitsproblem der mechanischen Nipkow-Scheibenabtastung zwar überwunden, aber der Nachteil der geringen Lichtausnutzung wegen der nur kleinen – für größere Auflösung fast verschwindend kleinen – Blendenapertur blieb bestehen. Eine Farnsworth-Kamera konnte trotz des Elektronenvervielfachers nur bei sehr großer Beleuchtungsstärke der Szene eingesetzt werden (Außenaufnahmen im vollen Sonnenlicht).

Beim Ikonoskop von Zworykin [9.59, 9.60] wird ebenfalls die Emission von Photoelektronen aus der Oberfläche einer lichtempfindlichen Schicht – der *„äußere“* lichtelektrische Effekt – benutzt. Allerdings besteht hier die Schicht aus einem feinen Mosaik. Es sind mikroskopisch kleine Silberkügelchen auf einer Glimmerplatte, mit Cäsium und Sauerstoff aktiviert.. Die Rückseite der Glimmerplatte ist im Vakuum einer Kathodenstrahlröhre *isoliert* auf einer Metallplatte („Signalplatte“) angebracht, die einen Außenanschluss besitzt. Der Kathodenstrahl zielt auf das Mosaik (es ist das „Target“) und ist dort fokussiert. Durch periodische horizontale und vertikale Ablenkung tastet der Strahl entsprechend dem Fernsehraster fortwährend einen rechteckigen Bereich des Targets ab (Abb. 9.5b). Dabei haben die beschießenden Elektronen durch eine hohe, gegenüber der Kathodenstrahlquelle positive Spannung (z. B. $U_C = 1{,}5$ kV) eine so hohe Geschwindigkeit, dass sie auf dem Target die Emission von *Sekundärelektronen* auslösen, und zwar mit einem Verhältnis von Sekundär- zu Primärelektronen größer als 1. Durch den Beschuss wird also das Target *positiv* aufgeladen. Die Sekundärelektronen werden zum Teil von einem nahegelegenen Kollektorring aufgenommen und von dort nach außen abgeführt, etwa solange das Target noch negativer als der Kollektor ist. Er liegt auf der Spannung U_C. Somit steigt das Oberflächenpotential U_T der isolierten Targetfläche durch die Strahlabrasterung auf einen Wert U_{T0}, der nur etwas über U_C liegt. Im Mittel ist der vom Kollektor abgeführte Sekundärelektronenstrom gleich dem fest eingestellten Primärelektronenstrom des Strahls. Der darüber hinausgehende emittierte Sekundärelektronenstrom wird von benachbarten Targetbereichen aufgenommen (Abb. 9.5b) und reduziert dort U_T wieder bis auf einen Wert U_{T1} etwas unterhalb von U_C, sofern das Mosaik kein Licht bekommt.

Auf das lichtempfindliche Mosaik wird das Bild durch ein planes Glasfenster hindurch optisch abgebildet, wodurch abhängig vom Bildinhalt ständig Photoelektronen emittiert werden. So steigt bis zum Moment, in dem der Elektronenstrahl einen bestimmten Targetpunkt erreicht, das Oberflächenpotential an dieser Stelle je nach Beleuchtungsstärke auf einen Wert $U_T = U_{T1}...U_{T0}$. Dazu steht die gesamte Zeit zwischen zwei Abtastwiederholungen zur Verfügung. Es baut sich ein zum optischen Bild analoges *Ladungsbild* auf, das auf der Oberfläche *gespeichert* wird. Ein Querausgleich der Ladung wird durch den Mosaikaufbau verhindert. Im folgenden Abtastmoment wird an der Auftreffstelle des Strahls das Potential schlagartig wieder auf U_{T0} hochgesetzt. Dieser positive Potentialsprung erscheint (wie bei einem Kondensator) in voller Höhe als Bildsignal am Signalplattenanschluss. Das Bildsignal ist also groß bei dunklen Bildstellen und klein bei hellen, es hat negative Polarität. Alle während der Bildzeit T_B emittierten Photoelektronen werden dazu genutzt, im Gegensatz zur Sondenröhre. Es wird über die vor dem Abtastzeitpunkt liegende Zeit T_B integriert wie bei der Belichtungszeit einer Photokamera. Dies ist die zeitliche Apertur der Abtastung (vgl. Abb. 4.27b), die örtliche wird durch die Abmessungen des Elektronenstrahls bestimmt.

Das hier beschriebene *Speicherprinzip* – anstelle der Momentanauswertung einer Bildstelle – wurde erstmals mit dem Ikonoskop eingeführt und brachte im Vergleich zur Sondenröhre oder Nipkow-Scheibe seither eine dramatische Steigerung der Lichtempfindlichkeit der Fernsehkameras, theoretisch um einen Faktor, der gleich der „Bildpunktzahl" $4Z^2/3$ ist. Allerdings konnte beim Ikonoskop nur etwa 5 % dieses Steigerungsfaktor praktisch erreicht werden. Die Potentialunterschiede im Raum zwischen Target und Kollektor sind konstruktionsbedingt zu gering, so dass nur ein Teil der Photoelektronen und Sekundärelektronen den Kollektor erreichen, die anderen fallen auf das Target zurück, bevorzugt auf die hell beleuchteten Stellen wegen des dort höheren Potentials. Damit hängt es auch zusammen, dass das Bildsignal unterproportional mit der Beleuchtungsstärke ansteigt: Das Ikonoskop weist eine Gammaverzerrung auf, es ist $\gamma \approx 0{,}5$ (s. Abschn. 5.2.3).

Der verwendete äußere Photoeffekt liefert Elektronen, die aus einer Metalloberfläche austreten, wenn sie beleuchtet wird. Dazu müssen die Elektronen unter der Oberfläche durch Wechselwirkung mit den Photonen des bestrahlenden Lichts soviel Energie aufnehmen, dass sie die für das Metall charakteristische Schwelle der „Austrittsarbeit" W_A (s. Abschn. 9.2.1) überschreiten können: $h\nu > W_A$, wobei h das Plancksche Wirkungsquantum ist und $\nu = c/\lambda$ die Lichtfrequenz bezeichnet. Die Photonenenergie des sichtbaren Lichts liegt im Bereich von 1,8 eV (rot) bis 3,0 eV (blau).

In den heutigen Kameras wird zur opto-elektronischen Wandlung der „innere“ Photoeffekt benutzt: Nach Absorption der Photonenenergie verlassen die Elektronen das Material nicht, sondern gelangen vom Valenzband in das Leitungsband des Energieniveauschemas, sofern die Energieaufnahme größer als die Bandlücke E_g ist, $h\nu > E_g$. Bei den sperrschichtfreien Halbleitern wird damit die ohmsche, von der Stromrichtung unabhängige Leitfähigkeit durch das Licht erhöht. Man bezeichnet diesen Vorgang als *Photoleitung*. Die Leitfähigkeit reagiert allerdings je nach Material mehr oder weniger träge auf Beleuchtungsänderungen. Ist ein p-n-Übergang eingebaut (*Photodiode*), werden die mit der Beleuchtung entstehenden Elektron/Loch-Paare durch das dort vorhandene elektrische Feld getrennt. Die Diode wird in Sperrrichtung gepolt, der Sperrstrom ist der Photostrom und proportional zur absorbierten Strahlungsleistung.

Die Kameraröhren vom Vidicon-Typ (Abb. 9.5c) verwenden diesen inneren Photoeffekt. Die lichtempfindliche Schicht (das Target) befindet sich auf einem Glasfenster im Vakuum. Zur Glasseite hin hat das Target eine sehr dünne leitende Schicht. Diese „Signalplatte“ ist transparent und besitzt einen äußeren Anschluss. Das Target wird auf seiner anderen Seite von einem Elektronenstrahl abgerastert, der so langsam ist (Spannung an Beschleunigungselektrode z. B. 450 V), dass im Vergleich zu den Primärelektronen nur wenige Sekundärelektronen entstehen. Infolgedessen wird die Targetoberfläche durch den Strahl *auf das Kathodenpotential stabilisiert*, $U_{T0} \approx 0$, wonach er bis auf die Geschwindigkeit Null abgebremst wird und umkehrt. Die auf der Signalplatte liegende Targetrückseite ist z. B. an +45 V angeschlossen. Das Bild wird durch das Glasfenster und die Signalplatte hindurch optisch auf das Target abgebildet. Dadurch entsteht bei Verwendung einer Photoleiterschicht eine von der örtlichen Beleuchtungsstärkeverteilung abhängige Leitfähigkeit, durch die das Potential der inneren Targetoberfläche entsprechend ortsabhängig im Laufe der Zeit zwischen zwei aufeinander folgenden Strahlkontakten zeitproportional ansteigt, auf $0 < U_T << 45$ V; das Ladungsbild wird aufgebaut. Ein lateraler Ladungsausgleich findet dabei praktisch nicht statt, obwohl eine glatte, durchgehende Schicht verwendet wird. Die Querleitfähigkeit ist hier auch schon ohne Mosaikstrukturierung zu vernachlässigen. Beim folgenden Strahlkontakt wird das Potential schlagartig wieder auf U_{T0} reduziert, das Ladungsbild wird an der Kontaktstelle gelöscht. Die negativen Potentialsprünge werden in voller Höhe auf den Signalplattenanschluss übertragen. Sie sind groß bei Abtastung heller Bildstellen, klein bei dunklen Bildstellen. Es entsteht daher am Anschluss das Bildsignal mit negativer Polarität.

Heute werden statt Elektronenröhren fast ausschließlich nur noch Festkörper-Bildaufnehmer für Fernsehkameras eingesetzt. Es sind hochintegrierte Schaltungen, die aus einem zweidimensionalen Array von sehr vielen Halbleiterdioden für die opto-elektronische Wandlung bestehen – also mit örtlich zweidimensionalem Sampling – und getakteten Analogschieberegistern (Charge Coupled Devices, CCDs) zur Auslesung des Ladungsbildes. Die Bildaufnehmer arbeiten grundsätzlich nach dem in Abb. 4.1 dargestellten Zerlegungsverfahren. Ein solcher „CCD-Bildsensor" ist schematisch in Abb. 9.5d dargestellt.

Man beachte, mit welchen unterschiedlichen physikalischen Prinzipien elektronische Bildaufnehmer realisiert worden sind (Tabelle 9.1):

- Photoeffekt: extern (Sondenröhre, Ikonoskop) oder intern (Vidicon-Typ, CCD-Sensor),
- Ladungsaufbau: momentan (Sondenröhre) oder akkumuliert zum gespeicherten Ladungsbild (Ikonoskop, Vidicon-Typ, CCD-Sensor),
- Auslesen: Lochblende (Sondenröhre) oder schneller Elektronenstrahl mit Targetstabilisierung auf Anodenpotential (Ikonoskop) oder langsamer Elektronenstrahl mit Targetstabilisierung auf Kathodenpotential (Vidicon-Typ) oder CCD-Schieberegister (CCD-Sensor).

Tabelle 9.1. Prinzipien der Bildaufnehmer

	Photoeffekt	Ladungsaufbau	Auslesen
Sondenröhre	extern	momentan	Lochblende
Ikonoskop	extern	akkumuliert	E-Strahl schnell
Vidicon-Typ	intern	akkumuliert	E-Strahl langsam
CCD-Sensor	intern	akkumuliert	CCD-Schiebereg.

Eine weitere Kameraröhre mit Verwendung des Speicherprinzips und des externen Photoeffekts, aber mit Auslesen durch einen langsamen Elektronenstrahl war das hier nicht beschriebene „Orthicon". Es kam seit 1940 und in verbesserter Form (als „Image-Orthicon") noch etwa bis 1965 zum Einsatz.

Wir befassen uns nachfolgend mit den CCD-Kameras und den Kameras vom Vidicon-Typ.

9.1.1 CCD-Kameras

Ein CCD-Element besteht im Prinzip aus einem MOS-Kondensator (Abb. 9.6): Eine Metallelektrode liegt auf einer dünnen Isolierschicht aus Siliciumdioxid, die einen mit Akzeptoren dotierten Halbleiterkristall (p-Si) bedeckt (Metal-Oxide Semiconductor, MOS). Die Gegenelektrode ist im ohmschen Kontakt mit dem Halbleiter. Wird an die Metallelektrode eine positive Spannung gelegt, so entsteht unter der Halbleiteroberfläche ein Gebiet mit ortsfester negativer Raumladung infol-

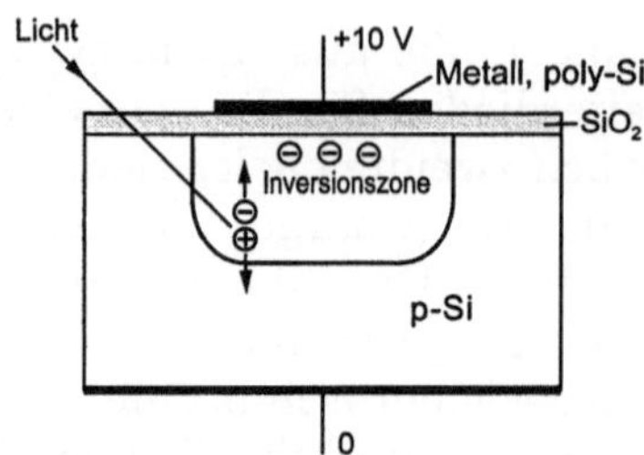

Abb. 9.6. MOS-Kondensator

ge der ionisierten Akzeptoratome. Denn die zugehörigen Löcher kompensieren diese Ladung hier nicht mehr, weil sie durch das elektrische Feld in das Innere des Halbleiters gedrängt werden. Elektronen, die in das Gebiet eingebracht werden, sammeln sich unter der positiven Elektrode. Dies kann nach der Bildung von Elektron/Loch-Paaren geschehen, beispielsweise bei thermischer Anregung oder bei Lichteinfall durch Absorption von Photonen, weil die Paare durch das elektrische Feld getrennt werden und damit eine Rekombination verhindert wird. So kann unter der Oberfläche eine „Inversionszone" entstehen: In dem p-Si sind hier nicht mehr die Löcher die beweglichen Ladungsträger, sondern die Elektronen, wie in einem Halbleiter vom n-Typ.

Wenn eine Vielzahl solcher MOS-Kondensatoren in einer integrierten Schaltung übergangslos aneinander gereiht werden, so kann bei geeigneten Taktsignalen an den Elektroden eine Ladung aus dem ersten Element nacheinander durch alle folgenden Elemente in der Kette bis zu ihrem Ausgang hindurchgeschoben werden, entsprechend einem Analogschieberegister. Daher kommt der Name „Charge Coupled Device" [9.49]. Abb. 9.7 zeigt diesen Vorgang für eine Ladung in dem schraffiert dargestellten Bereich unter drei Elektroden mit positiver

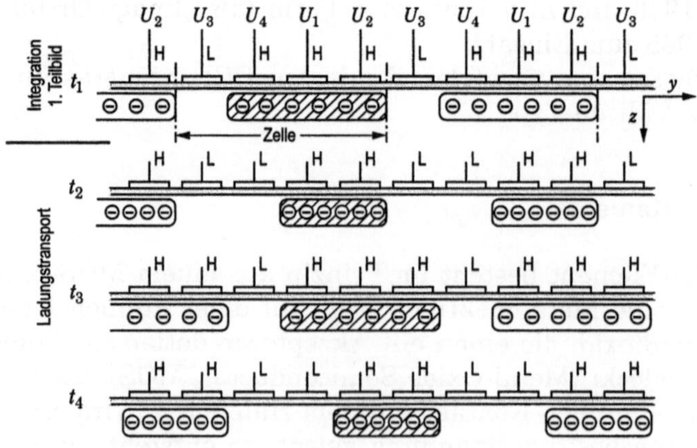

Abb. 9.7. Vierphasen-Ladungstransport in einer CCD-Spalte

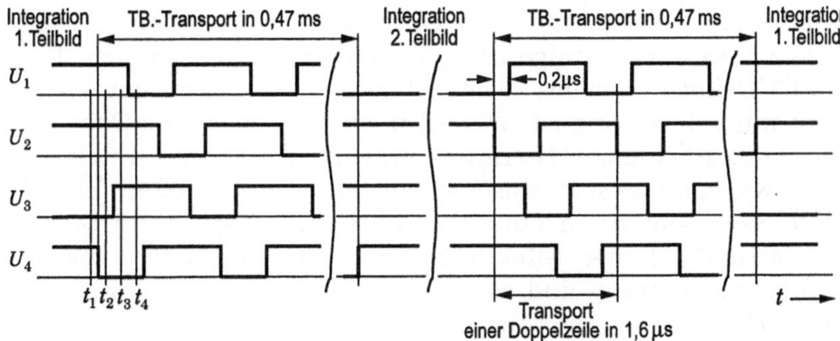

Abb. 9.8. Taktsignale der CCD-Spalten beim FT-Sensor.

Spannung („H", z. B. 10 V)). Die Ladung breitet sich zu benachbarten Elementen hin nicht aus, solange die Elektroden dort eine niedrige Spannung haben („L", z. B. 0 V). Für einen Transport um ein Element nach rechts wird zunächst die linke der drei positiven Elektroden auch auf „L" gesetzt (Zeitpunkt t_2). Dadurch konzentriert sich die Ladung auf die zwei verbliebenen Elemente mit positiver Elektrode. Beim nächsten Takt (t_3) wird die Elektrode des rechts vom Ladungspaket liegenden Elements von „L" auf „H" gesetzt. Das Paket dehnt sich infolgedessen nach dahin auf seine ursprüngliche Größe wieder aus, nun um ein Element nach rechts verschoben. Mit vier periodischen Taktsignalen an einer Gruppe aus vier benachbarten Elementen, einer CCD-Zelle, kann das Ladungspaket sukzessive von Element zu Element weitergeschoben werden. Andere Ladungspakete in der Kette (in Abb. 9.7 nicht markiert) werden dabei gleichzeitig und ohne gegenseitige Beeinflussung transportiert. Das Vierphasen-Taktsignal ist in Abb. 9.8 gezeigt.

Frame Transfer Sensoren

Außer zum Ladungstransport können dieselben Elemente auch zur opto-elektronischen Wandlung als Photosensoren eingesetzt werden, wie in Abb. 9.6 angedeutet. Allerdings dürfen dann die Elektroden nicht aus Metall bestehen. Man muss das lichtdurchlässige polykristalline Silicium (poly-Si) verwenden, das bei hoher Dotierung auch eine genügende elektrische Leitfähigkeit besitzt. Beim Betrieb als Bildaufnehmer wird auf diese Weise durch Belichtung während der aktiven Dauer eines Teilbildes (in Abb. 9.8 bis zum Zeitpunkt t_1, d. h. solange die Taktsignale angehalten werden) die anschließend zu transportierende Ladung angesammelt („integriert").

An der Oberfläche des Halbleiters, an der Grenzfläche zur Oxidschicht, ist die Kristallstruktur des Halbleiters gestört, denn hier stoßen zwei Materialien mit unterschiedlicher Struktur aufeinander. Dadurch entstehen direkt unter der Oberfläche „Haftstellen“ (Traps) für Elektronen, an denen einige beim Transport hängen bleiben. Bei den langen CCD-Ketten ist das nicht zulässig, selbst wenn der Verlust je Element nur sehr gering ist. Weiterhin werden durch die Oberflächenstörung viele Elektronen thermisch erzeugt, die zu den durch die Belichtung während des Photosensorbetriebs entstehenden hinzukommen. Dadurch gibt es in dunklen Bildteilen rauschartige Störungen („Dunkelstrom“). Beide Effekte lassen sich weitgehend vermeiden, wenn die Ansammlung und der Transport von Photoelektronen nicht so wie beschrieben in einer oberflächlichen Inversionszone stattfinden, sondern in einer etwas tiefer liegenden, *„vergrabenen“* n-dotierten Schicht (engl.: buried channel). Dies ist eine in der ganzen Länge der Kette durchgehende Schicht, die bei der CCD-Herstellung eingebracht wird.

Abb. 9.9 zeigt den Aufbau und die Anordnung derartiger CCD-Spalten eines Bildaufnehmers, aufgebracht auf einem Substrat aus n-Si, wie nachstehend noch begründet wird. Es liegen etwa 800 Spalten nebeneinander (in x-Richtung), getrennt durch schmale Streifen aus hochdotiertem p-Si, die als „Channel Stop“ wirken. Alle Spalten erhalten über die poly-Si-Elektroden die gleichen vierphasigen Taktsignale, wie sie in den Bildern 9.7 und 9.8 angegeben sind, mit der dortigen Nummerierung. Die Ausdehnung einer Zelle aus vier Elementen ist schraffiert dargestellt. Sie ist horizontal durch die festliegenden Channel Stops begrenzt, vertikal (in y-Richtung) durch das Potential derjenigen Elektroden, die bei der Integration auf „L“ liegen. Die Funktion der CCD-Elemente wird mit dem Potentialverlauf im Inneren des Bildaufnehmers (in z-Richtung) verdeutlicht, s. Abb. 9.10. Positive Potentiale sind hier – wie üblich – nach unten aufgetragen, so dass anschaulich Elektronen „nach unten fallen“ und ihre potentielle Energie

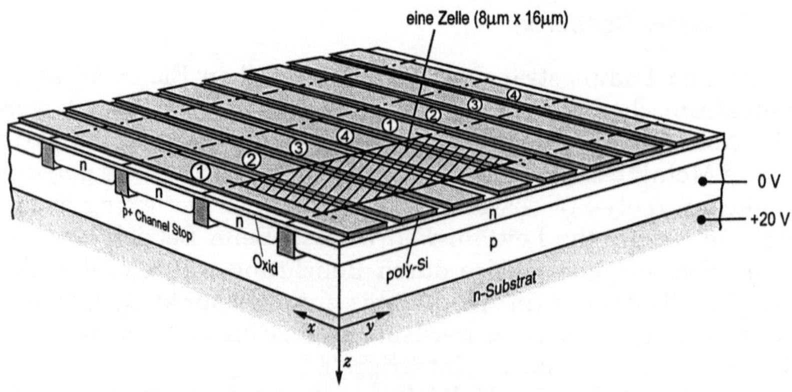

Abb. 9.9. Ausschnitt eines CCD-Bildaufnehmers nach dem Frame-Transfer-Prinzip

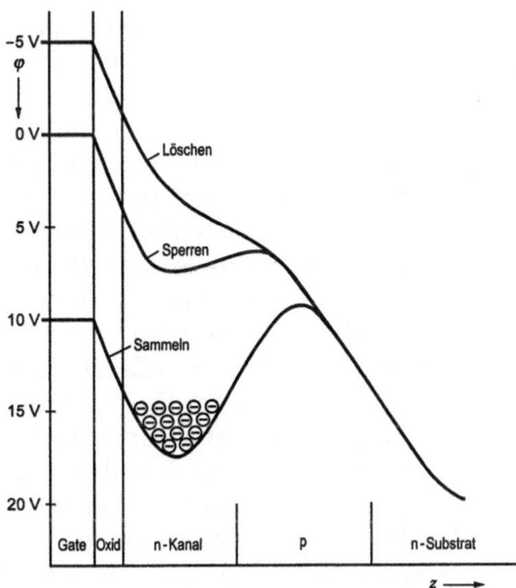

Abb. 9.10. Potentialverläufe in den CCD-Elementen

nach oben steigt. Bei positiver Spannung an einer Elektrode bildet der vergrabene n-Kanal mit dem darunter liegenden p-Si eine Potentialmulde aus. Hier sammeln sich im Laufe der Integrationszeit die Photoelektronen. Unter einer Elektrode mit „L"-Spannung ist die Mulde dagegen nur noch ganz flach und liegt so hoch, dass Elektronen aus der tiefen Mulde vertikal benachbarter Elemente sie nicht erreichen können, wodurch die Zelle abgegrenzt wird. Ähnlich wirkt in horizontaler Richtung die hohe p-Dotierung der Channel Stops.

Bei Überbelichtung (zu großer Beleuchtungsstärke und/oder zu langer Belichtungsdauer) kann die tiefe Potentialmulde durch zu viele Elektronen „überlaufen", und ohne weitere Maßnahmen würden Elektronen in benachbarte Zellen unkontrolliert überfließen. Die helle Bildstelle würde „ausblühen". Man nennt den Effekt *„Blooming"*. Als Gegenmaßnahme dient das z. B. an +20 V liegende n-Substrat. Damit entsteht, wie in Abb. 9.10 dargestellt, im p-Gebiet ein Potentialwall. Elektronen, die beim Überlaufen über ihn hinwegfließen, werden dann in erwünschter Weise in das Substrat abgeleitet, so dass kein Blooming auftritt. Weil die Maßnahme in z-Richtung wirkt, wird sie als „vertical anti-blooming" bezeichnet. Man beachte hier die andere Bedeutung von „vertikal".

Es ist also ein zweidimensionales Zellen-Array vorhanden. Auf dieses wird das aufzunehmende Objekt durch das Kameraobjektiv abgebildet, und während der aktiven Teilbilddauer wird hier das Ladungsbild aufgebaut, vertikal *und* horizontal aufgerastert. Unterhalb dieses

Arrays befindet sich als zweiter Teil des integrierten Bausteins ein Duplikat des Arrays, nicht opto-elektronisch benutzt, zum Schutz gegen Licht mit Aluminium abgedeckt; es dient nur als Speicher. Im nachfolgenden Vertikalaustastintervall wird innerhalb kurzer Zeit durch Aktivierung der Taktsignale nach Abb. 9.8 (z. B. in 0,47 ms bei einer Taktfrequenz von 625 kHz) das gesamte entstandene Ladungsbild mit allen CCD-Spalten zugleich vertikal vom ersten Array in das Speicher-Array transportiert. Das erste Array ist danach vollkommen leer. An der Unterkante des Speicher-Arrays, ebenfalls noch im Baustein integriert, schließt sich eine horizontal transportierende CCD-Zeile an. Es ist ein Schieberegister, in das Zeile für Zeile (also im 64-µs-Takt) der Inhalt aus allen Spalten des Speicher-Arrays zugleich parallel eingelesen wird, jeweils in den Horizontalaustastintervallen der aktiven Zeilen, und dann während der folgenden aktiven Zeilendauer (52 µs) seriell ausgelesen wird, beispielsweise bei 800 Spalten mit einer Taktfrequenz von 15,4 MHz. So entsteht am Ausgang aus dem Ladungsbild des vorangegangenen Halbbildes das Videosignal. In dieser Zeit baut sich im ersten Array das nächste Ladungsbild auf.

Man bezeichnet den hier beschriebenen Bildaufnehmer als „*Frame Transfer Sensor*“ (FT-Sensor). Abb. 9.11 zeigt noch einmal das Prinzip. Einer der ersten Bildaufnehmer dieser Art für den professionellen Einsatz – für Reportage-Kameras (Electronic News Gathering, ENG) – war der NXA 1011 von Philips/Valvo (Abb. 9.12). Der Aufnahmebereich hat hier eine Diagonale von 8 mm. Das ist das Bildfensterformat, das eine Kameraröhre mit einem Durchmesser von ½" bietet (s. Abschn. 9.1.2). Wegen des Speicherbereichs ist die Chip-Größe mindestens doppelt so groß. Es ist üblich, nach dem historischen Vorbild auch die

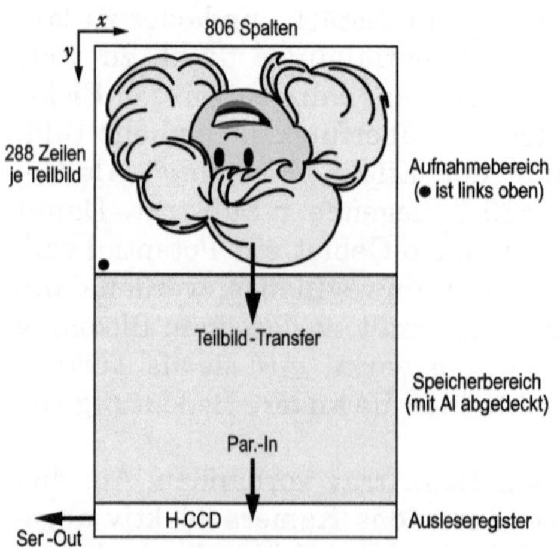

Abb. 9.11. Prinzip eines Frame Transfer Sensors

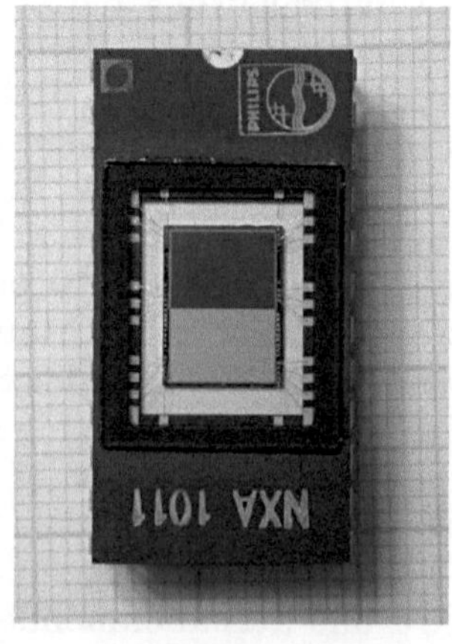

Abb. 9.12. Ein ½" Frame Transfer Sensor aus dem Jahre 1987

Tabelle 9.2. Bildfeldgröße bei Kameras (in mm)

Format	tatsächliche Bilddiagonale	H × V bei 4:3
1"	16,0	12,8 × 9,6
$\frac{2}{3}$"	11,0	8,8 × 6,6
$\frac{1}{2}$"	8,0	6,4 × 4,8
$\frac{1}{3}$"	6,0	4,8 × 3,6
$\frac{1}{4}$"	4,5	3,6 × 2,7
$\frac{1}{6}$"	3,0	2,4 × 1,8

Größen der CCD-Bildaufnehmer zu benennen. Der NXA 1011 ist also ein „$\frac{1}{2}$"-Sensor". Für Studiokameras werden meist $\frac{2}{3}$"-Sensoren, für Überwachungskameras $\frac{1}{3}$"-Sensoren eingesetzt. Ihre Bildgrößen sind aus der Tabelle 9.2 zu entnehmen.

Der Zeilensprung wird durch vertikalen Versatz der CCD-Zellen um den Zeilenabstand d erreicht, wie in einem Ausschnitt in Abb. 9.13 gezeigt. Die vertikale Zellenbegrenzung durch die während der Integrationszeit auf „L" liegenden Taktsignale (Abb. 9.7 und 9.8) erfolgt zu diesem Zweck jeweils im ersten Teilbild durch U_3 und im zweiten Teilbild durch U_1. Bei der opto-elektronisch wirksamen Zellenhöhe $(3/2)d$ und einer Zellenbreite b ergibt sich die Apertur einer rechteckigen Lochblende mit diesen Abmessungen. Die zeitliche Apertur, die Integrationsdauer, sei T_I. Sie ist meistens etwa 19 ms. So ergibt sich entsprechend den Gln. (4.17) und (4.47) ein Aperturfrequenzgang

$$H\left(f_x, f_y, f_t\right) = \frac{\sin(\pi f_x b)}{\pi f_x} \cdot \frac{\sin\left(\pi f_y 3d/2\right)}{\pi f_y} \cdot \frac{\sin(\pi f_t T_\text{I})}{\pi f_t} \mathrm{e}^{-j\pi f_t T_\text{I}}. \tag{9.1}$$

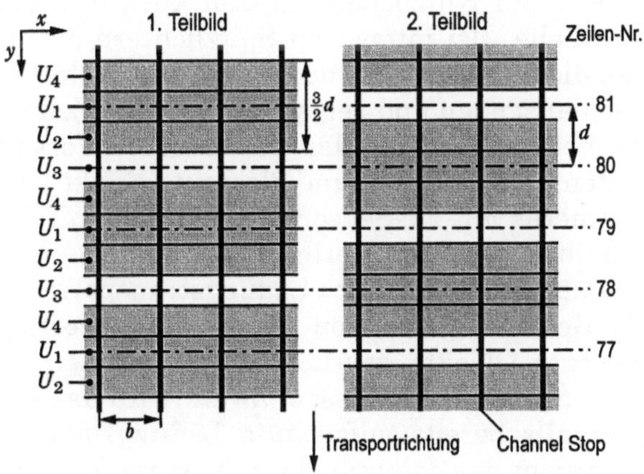

Abb. 9.13. Zeilensprung beim FT-Sensor, dargestellt an einem Ausschnitt

Sein Betrag über den Ortsfrequenzbereich ist für $b = d$ in Abb. 9.20a dargestellt.

Im Gegensatz zu den Kameraröhren wird bei den Halbleiterbildaufnehmern das Bild auch in horizontaler Richtung aufgerastert, bei den FT-Sensoren mit den durch Channel Stops getrennten Spalten. Die örtliche horizontale Abtastfrequenz ist gleich der Spaltenanzahl (horizontale Pixelzahl) dividiert durch die Bildbreite. Für die Grenzfrequenz von 200 P/H des 625-Zeilen-Systems und einen Kell-Faktor von 0,7 (s. Abschn. 4.3.2) werden

$$n_{\mathrm{H}} \geq \frac{2 f_{x\,\max} B}{K} = \frac{400}{0{,}7} \frac{B}{H} = 762 \text{ bei } B/H = 4:3 \tag{9.2}$$

Spalten verlangt. Die Anzahl der opto-elektronisch wirksamen Zellen pro Bildhöhe (vertikale Pixelzahl) muss beim Zeilensprungbetrieb gleich der halben aktiven Zeilenzahl sein, also gleich 288. Man beachte: Die horizontale Pixelzahl n_{H} hat, wie früher schon erläutert, nichts mit den zeitlichen Samples während der aktiven Zeilendauer eines digitalisierten Videosignals (Abb. 6.55) zu tun!

Weil die Diskretisierung hier in allen drei Koordinaten x, y, t erfolgt, also ein dreidimensionaler Samplingvorgang abläuft, müssen Aliasing-Effekte und ihre Beeinflussung durch die Vorfilterwirkung des Aperturtiefpasses nach Gl. (9.1) nun im dreidimensionalen $\{f_x, f_y, f_t\}$-Raum betrachtet werden, wie am Schluss von Abschn. 4.3.3 erwähnt.

Ein grundsätzliches Problem ergibt sich beim FT-Sensor dadurch, dass dieselben Elemente sowohl als Photosensor wie auch zum Ladungstransport verwendet werden. Ohne besondere Maßnahmen werden sie daher auch beim Transportvorgang belichtet. Die dabei entstehenden Photoelektronen werden dem gesamten Ladungsbild während seines Transports als Störung überlagert. Das geschieht zwar nur in einem im Vergleich zur Nutzbelichtungszeit kurzen Intervall von z. B. 0,47/288 ms pro Zelle. Bei intensiven Spitzlichtern auf dunklem Hintergrund liefert die Kamera aber doch vertikale helle Linien, die von den Spitzlichtern ausgehen und zeigen, dass sie die Zellen einer Spalte beim Transport belichtet haben. Man nennt diesen Vorgang *Smearing*. (Man beachte den Unterschied zum Blooming-Effekt.) Das Smearing wird bei den Kameras mit FT-Sensoren durch eine mit der Teilbildfrequenz rotierende und synchronisierte Flügelblende verhindert. Sie unterbricht den Lichtweg während des Ladungstransports.

Die normale Belichtungszeit von $T_{\mathrm{I}} \approx T_{\mathrm{V}}$ kann verringert werden, um schnell bewegte Objekte deutlicher aufzunehmen, wenn die Beleuchtungsstärke ausreicht. Zu diesem Zweck wird das seit Beginn des Belichtungsintervalls bereits aufgebaute Ladungsbild jeweils wieder gelöscht. Man erreicht das dadurch, dass für kurze Zeit alle Elektroden des Bildaufnahme-Arrays z. B. auf –5 V gelegt werden, wodurch die

Photoelektronen zum n-Substrat abgeleitet werden (Abb. 9.10). Erst das sich nun während des verbleibenden Belichtungsintervalls neu aufbauende Ladungsbild wird dem Speicherbereich zugeführt. Man beachte, dass die zeitliche Apertur verkürzt wird und somit die zeitliche Vorfilterung kaum noch wirkt. Zeitliche Aliasingstörungen, insbesondere Stroboskopeffekte, werden dann deutlich sichtbar.

Interline Transfer Sensoren

Einen grundsätzlich anderen Chip-Aufbau verwenden die *Interline-Transfer* Sensoren (IT-Sensoren), wie in einem Ausschnitt in Abb. 9.14 zu sehen. Die CCD-Elemente werden hier ausschließlich zum Speichern und Transportieren der Photoelektronen – nicht auch als Photosensoren – benutzt und sind deshalb alle mit einer Aluminiumschicht (schraffiert in Abb. 9.14) gegen Lichteinfall geschützt. Zur optoelektronischen Wandlung werden Photodioden eingesetzt, je eine pro Pixel, in Zeilen und Spalten zwischen den CCD-Spalten angeordnet. IT-Sensoren wurden schon ab 1973 in USA entwickelt, später dann vor allem in Japan.

Die während einer Teilbilddauer in den Photodioden aufgebaute Ladung wird mit einem kurzen positiven Impuls („HH“, z. B. 15 V für 2,5 µs) auf den Taktsignalen U_1 und U_3 innerhalb des nachfolgenden Vertikalaustastintervalls über ein Auslese-Gate in die daneben liegenden CCD-Spalten transportiert. Danach sollten die Photodioden vollständig geleert sein, damit kein *„Lag“*, d. h. eine Übernahme von Restladungen des vorangegangenen Teilbildes in das neue, auftritt. Bei einem Kameraschwenk oder bei schneller Bewegung würde sonst ein helles Objekt auf dunklem Hintergrund einen Schweif hinter sich herziehen.

Einen vertikalen Versatz von Teilbild zu Teilbild der um $2d$ untereinander liegenden Abtastorte um den Zeilenabstand d entsprechend dem Zeilensprungprinzip, wie beim FT-Sensor nach Abb. 9.13, gibt es beim IT-Sensor nicht. Stattdessen wird in beiden Teilbildern an denselben Abtastorten und mit einem vertikalen Sampleabstand d aufgenommen, wie bei Vollbildabtastung. Es werden aber die Ladungen von zwei übereinander liegenden Photodioden in drei CCD-Elementen der benachbarten Spalte nach dem Auslesen zusammengeführt, also dort *addiert* gespeichert. Die vertikale Transportzelle besteht wie beim FT-Sensor aus vier Elementen, die ein Vierphasen-Taktsignal bekommen (Bilder 9.7 und 9.8), und wie dort wird die Transportzelle durch dasjenige Element begrenzt, dessen Taktsignal auf „L“ liegt und deshalb keine Ladung hält. Im ersten Teilbild liegt U_2 auf „L“ mit U_3, U_4, U_1 auf „H“, im zweiten Teilbild liegt U_4 auf „L“ mit U_1, U_2, U_3 auf „H“ (s. Abb. 9.14). Die paarweise Addition erfolgt dadurch aus *von Teilbild zu*

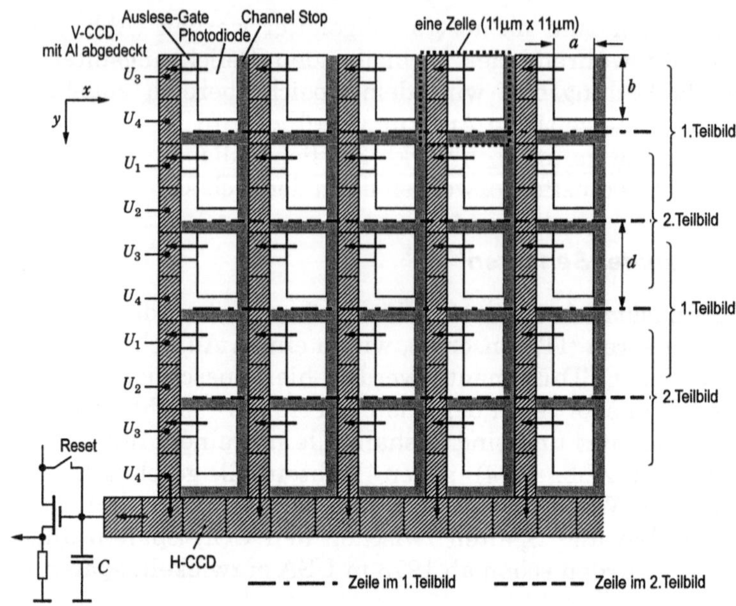

Abb. 9.14. Prinzip eines Interline Transfer Sensors

Teilbild vertauschten Photodiodenzeilen. Die gespeicherten Ladungspakete werden dann durch eine Periode der vier Taktsignale in jeder Horizontalaustastzeit (also alle 64 µs) um eine Transportzelle nach unten verschoben. Dies geschieht in der aktiven Teilbildzeit, während sich in den daneben liegenden Photodioden das neue Ladungsbild aufbaut. Die jeweils am unteren Bildrand angekommenen Ladungspakete werden, wie aus dem Speicherfeld eines FT-Sensors, während der Horizontalaustastung in das horizontale Schieberegister parallel eingelesen und dann im Ablauf der folgenden aktiven Zeilendauer seriell ausgelesen.

Man beachte, dass hier das Taktsignal drei Pegel hat: „HH" zum Auslesen aus den Photodioden, „H" (z. B. 0 V) zum Halten der Ladung in den Transportregistern und „L" (z. B. –10 V) zum Abgrenzen der Transportzellen. Man beachte auch, dass beim IT-Sensor die Anzahl der Photodiodenzeilen trotz des Zeilensprungverfahrens gleich der aktiven Zeilenzahl sein muss, also gleich 576.[1]

Abb. 9.14 zeigt am Ausgang des horizontalen Schieberegisters, als Ersatzschaltbild, die Umsetzung der seriell ausgelesenen Ladungen in die Spannungen des Videosignals. Dies geschieht mit dem Kondensator C, an dem wegen $U = Q/C$ eine negative Spannung nach jedem der

[1] Tatsächlich werden einige mehr benutzt, damit Referenzsignale zur Verfügung stehen.

kurzen H-Auslesetakte (z. B. alle 65 ns) entsteht, wonach der Kondensator durch einen Reset-Impuls jeweils wieder entladen wird. Die gleiche Schaltung ist auch auf dem Chip eines FT-Sensors integriert (wenngleich in Abb. 9.11 nicht dargestellt).

In einem in der xz-Ebene geführten Schnitt durch einen IT-Sensor ist der Aufbau eines V-CCD-Elements mit der daneben liegenden Photodiode in Abb. 9.15 zu sehen.

Die Photodiodenflächen, also die opto-elektronisch wirksamen Flächen mit der Breite a und der Höhe b in Abb. 9.14, können nicht viel mehr als 30 % der Sensorfläche einnehmen, bedingt durch das Interline-Prinzip. Zur Verbesserung des „optischen Füllfaktors" und damit der Lichtausnutzung ist deshalb über jeder Photodiode eine kleine Linse angebracht, die das Licht gesammelt auf die Diodenfläche leitet. So wird die Lichtausnutzung etwa verdoppelt. Das zu den Dioden ausgerichtete Mikrolinsenmosaik (Abb. 9.16) besteht aus durchsichtigem thermoplastischen Kunststoff. Er wird auf die Chip-Oberfläche aufgebracht, photolithographisch in Rechtecke getrennt entsprechend den

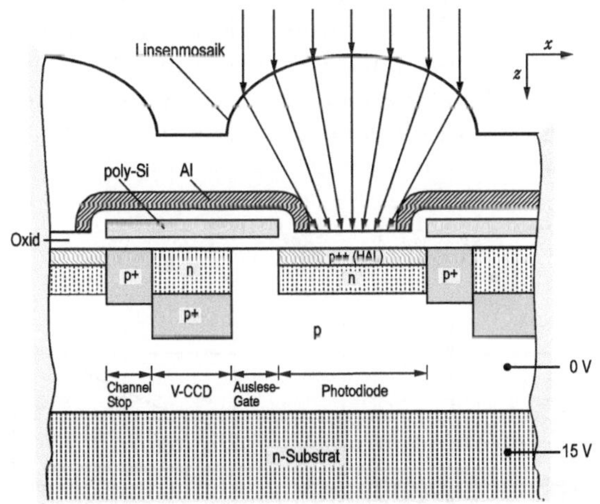

Abb. 9.15. Querschnitt durch eine Zelle des IT-Sensors

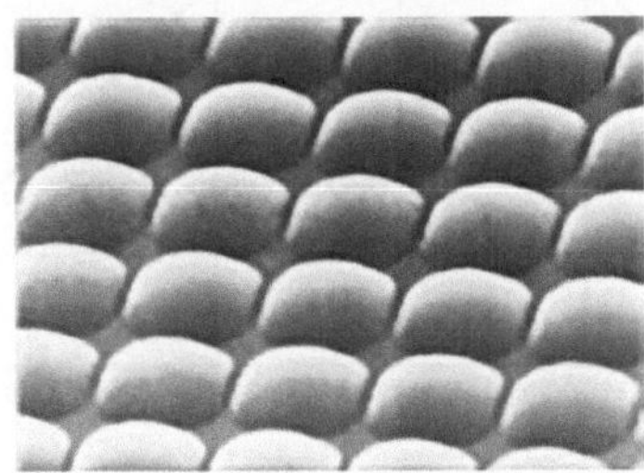

Abb. 9.16. Mikrolinsenmosaik auf einem IT-Sensor (Photo: Sony)

darunter liegenden Zellen und dann erhitzt, wobei sich die Linsenform bildet, die beim Erkalten bestehen bleibt. Damit auch die Randstrahlen richtig erfasst werden, sollte die Linsenform einen Ellipsoidausschnitt bilden. Da hier aber keine optisch einwandfreie Abbildung gefordert wird, sondern nur die Lichtsammlung durch die Linsen, ist eine genaue Form nicht wichtig.

Als Photosensor wurde hier die Konstruktion einer p^+npn-Diode anstelle eines MOS-Kondensators gewählt, um auf eine äußere Elektrode verzichten zu können. Selbst wenn dafür eine nur sehr dünne poly-Si-Schicht benutzt würde, wäre ihre Absorption von blauem Licht merkbar. Die sehr hoch dotierte p-Schicht an der Diodenoberfläche (Hole Accumulation Layer, HAL, Abb. 9.15) verringert den Dunkelstrom und ermöglicht auch ohne die Elektrode immer ein vollständiges Auslesen, so dass kein Lag auftritt.

Die Wellenlängenabhängigkeit der opto-elektronischen Wandlung ist in Abb. 9.17 dargestellt. Die Verbesserung durch Verwendung von Photodioden ist mit der strichpunktierten Kurve „HAD" angedeutet (HAD = Hole Accumulation Diode). Bei den FT-Sensoren erreicht man eine Verbesserung der Blauempfindlichkeit durch Fensterausschnitte in der in Abb. 9.9 gezeigten poly-Si-Bedeckung. Die Rotempfindlichkeit müsste sich in den Infrarotbereich erstrecken, denn die Bandlücke von Silicium ist mit $E_g = 1{,}12$ eV relativ niedrig. Die zugehörige Grenzwellenlänge (s. oben)

$$\lambda_{gr} = \frac{hc}{E_g}, \qquad \lambda_{gr}/\mu m = \frac{1{,}240}{E_g/eV}$$

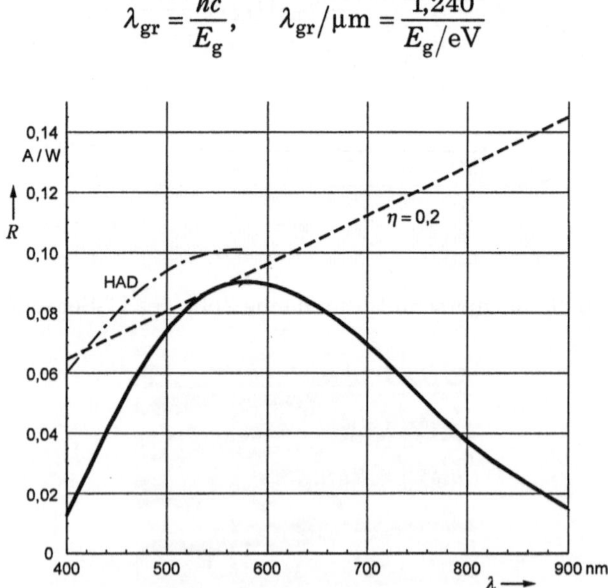

Abb. 9.17. Spektrale Empfindlichkeit von CCD-Sensoren

ist $\lambda_{gr} = 1{,}11$ µm. Tatsächlich fällt aber die Empfindlichkeit schon weit darunter ab (Abb. 9.17). Ein Grund dafür ist, dass die Photonen bei langwelligem Licht erst tief in den Halbleiter eindringen, bevor sie Photoelektronen auslösen. Diese können sich hier schon jenseits des p-Walls befinden, der als Antiblooming-Maßnahme dienen soll (Abb. 9.10). Sie werden dann nicht mehr gesammelt, sondern fließen zum Substrat.

Die in Abb. 9.17 gezeigte spektrale Empfindlichkeit $R(\lambda)$ (engl. „Responsivity") stellt die bei einer bestimmten Wellenlänge λ vom Wandler erzeugte Ladung $Q = I_{ph} t$ im Verhältnis zur Strahlungsenergie $\Phi_e t$ dar, die er in einer Zeit t erhalten hat,

$$R =_{def} \frac{Q}{\Phi_e t} = \frac{I_{ph}}{\Phi_e}. \tag{9.3}$$

Die Maßeinheit ist A/W, Φ_e ist der Strahlungsfluss (die unbewertete Strahlungsleistung in W, siehe Gl. (2.1)). Der maximal mögliche Wert von R ergibt sich, wenn jedes Photon (Strahlungsenergie hc/λ) ein Elektron erzeugt:

$$R_{max} = \frac{e}{hc/\lambda} = 0{,}8066 \frac{\mathrm{A}}{\mathrm{W}} \lambda/\mu\mathrm{m}. \tag{9.4}$$

Das Verhältnis $\eta = R/R_{max}$ bezeichnet man als *Quantenwirkungsgrad*. In Abb. 9.17 ist zum Vergleich die Gerade für $\eta = 0{,}2$ gestrichelt eingezeichnet. Dabei führen erst fünf Photonen zu einem Photoelektron. Als Beispiel nehmen wir eine Beleuchtungsstärke auf dem Chip von 5 Lux an. Bei $\lambda = 555$ nm ist dann die Bestrahlungsstärke $5/683$ $\mathrm{W/m^2}$ (s. Gln. (2.3), (2.13)). Ist die Zellenfläche 11×11 $(\mu\mathrm{m})^2$ (s. Abb. 9.14) und bei Unterstützung durch die Mikrolinsen ein optischer Füllfaktor von 60 % vorhanden, so erhält eine Photodiode die Strahlungsleistung $\Phi_e = 0{,}53$ pW. Nach einer Integrationszeit (Belichtungszeit) von $t = 20$ ms ergeben sich $\Phi_e t/(hc/\lambda) \approx 30000$ Photonen, und bei $\eta = 0{,}2$ entstehen 6000 Photoelektronen in der Diode.

Die Belichtungszeit kann ebenso wie beim FT-Sensor auch beim IT-Sensor auf Werte kleiner als T_V eingestellt werden („Electronic Shutter"). Ein Ladungsbild, dessen Aufbau schon begonnen hat, wird auch hier durch Ableitung zum Substrat gelöscht. Jedoch haben die Photodioden keine eigenen Elektroden, und die in den Spalten gespeicherten Ladungen dürfen nicht betroffen werden. Die Ladungsableitung aus allen Photodioden gleichzeitig erreicht man hier dadurch, dass *das Substrat* kurzfristig auf eine hohe positive Spannung gelegt wird, z. B. von 15 V auf 45 V für die Dauer von 1,8 µs während eines Horizontalaustastintervalls, jeweils um die gewünschte Belichtungszeit vor dem Ende der aktiven Teilbildintervalle. Durch den Impuls wird das p-Wallpotential so weit tiefer gelegt (s. Abb. 9.10), dass die Photoelektronen über den Wall hinwegkommen. Hiergegen sind die V-CCD-Spalten abgeschirmt durch einen unter ihnen mit hoher Dotierung eingebrachten zweiten p-Wall (Abb. 9.15).

Der Smear-Effekt ist beim IT-Prinzip auf den ersten Blick nicht zu erwarten, eine rotierende Flügelblende wie beim FT-Sensor kann und muss nicht eingesetzt werden. Trotzdem ist Smear auch beim IT-Sensor möglich, weil der Ladungstransport in den Spalten wie beschrieben sehr lange dauert, während einer ganzen aktiven Teilbilddauer Zeile für Zeile abläuft. Obwohl die Spalten durch die Aluminiumschicht abgedeckt sind, können daher in ihnen im Laufe der Zeit Photoelektronen durch Störlicht gebildet werden, das seitlich von den Photodioden her eindringt. In tieferen Gebieten durch rotes Störlicht auftretende Photoelektronen werden, wie beschrieben, zum Substrat abgeleitet. Es bleibt das über die Oxidschicht durch mehrfache Reflexion in die Speicherzellen kommende Licht. Zum Schutz wird die Al-Schicht abgeschrägt in den Photodiodenbereich ausgedehnt (Abb. 9.15). Eine weitere erhebliche Verbesserung wurde durch die Lichtkonzentration mit dem Mikrolinsenmosaik erzielt.

In dem Bemühen, den Smear-Effekt praktisch völlig auszuschließen, wurde in Japan ein weiterer Bildaufnehmertyp entwickelt: eine Kombination aus IT-Sensor und FT-Sensor, der „Frame Interline Transfer Sensor“ (FIT-Sensor). Unterhalb des Bildaufnahmebereichs, aufgebaut wie beim IT-Sensor, befindet sich ein lichtgeschützter Bereich, der wie beim FT-Sensor ein ganzes Teilbild speichert. Der Ladungstransport in den Spalten kann nun in kurzer Zeit erledigt werden, wie beim FT-Sensor. Störlicht in den lichtgeschützten Spalten hat in der kurzen Transportzeit keine Bedeutung und ist in den Ruhezeiten durch den „L“-Pegel der Taktsignale unwirksam. FIT-Sensoren werden für die Fernsehkameras im „Broadcast-Bereich“ eingesetzt. Smear wird mit ihnen selbst bei extrem hellen Spitzlichtern nicht mehr sichtbar.

Optischer Tiefpass

Die beim IT- und FIT-Sensor vor allem in vertikaler Richtung, aber auch horizontal bedeutend kleinere Apertur im Vergleich zum FT-Sensor (vgl. Abb. 9.14 mit Abb. 9.13) hat zur Folge, dass eine örtliche Vorfilterung wie beim Frequenzgang nach Gl. (9.1) kaum noch wirksam wird, so dass Aliasing stören kann. Das Zusammenführen der Ladungen aus jeweils zwei übereinander liegenden Photozellen wirkt nicht als Vorfilter, sondern als Nachfilter. Andererseits ist aber auch zu beachten, dass bei dem beschriebenen Zeilensprungauslesen die Samplingpunkte in x, y, t und entsprechend die Versatzzentren der

Spektren in f_x, f_y, f_t anders liegen als beim FT-Sensor (s. Abschn. 4.3.3).

Eine örtliche Vorfilterung mit dem Ergebnis der Alias-Unterdrückung und eines etwas unschärferen Bildes wäre durch eine geringe Defokussierung des Objektivs natürlich leicht möglich. Wird die Blende aber dann kleiner eingestellt, geht der Effekt verloren; außerdem ist er von der Zoom-Einstellung abhängig. Es wird deshalb ein „optischer Tiefpass" (Optical low-pass filter, OPL) zwischen Objektiv und Kamera gesetzt, meist in der Form von doppelbrechenden Quarzplatten.

Quarzkristalle zeigen – wie fast alle Kristalle mit Ausnahme der isometrischen, kubischen – ein optisch anisotropes Verhalten, wodurch das Phänomen der Doppelbrechung entstehen kann. Es gibt bei Quarz (wie allgemein bei Kristallen des tri-, tetra- und hexagonalen Systems) nur eine spezielle Richtung im Kristall, in der sich Licht wie in einem optisch isotropen transparenten Medium ausbreitet. Man nennt irgendeine in dieser Richtung liegende Gerade eine *optische Achse* (Isotropieachse) des Kristalls. Wir bezeichnen in einem rechtwinkligen ξ, η, ζ-Koordinatensystem die optische Achse als die ζ-Achse (Abb. 9.18). Während im isotropen Medium der Zusammenhang zwischen dem Vektor $\vec{D}$ der dielektrischen Verschiebung und dem Feldstärkevektor $\vec{E}$ einfach gegeben ist durch die Beziehung $\vec{D} = \varepsilon_0 n^2 \vec{E}$, wobei n den Brechungsindex bezeichnet, ist hier (s. z. B. [9.10])

$$D_\xi = \varepsilon_0 n_o^2 E_\xi \quad D_\eta = \varepsilon_0 n_o^2 E_\eta \quad D_\zeta = \varepsilon_0 n_o^2 E_\zeta .$$

Der Brechungsindex n_e für die E-Koordinate in der optischen Achse weicht ab von dem Wert n_o für dazu senkrechte Koordinaten. Bei Quarz ist $n_e > n_o$, nämlich $n_e = 1{,}5534$ und $n_o = 1{,}5443$ (bei $\lambda = 589\,\text{nm}$). Dadurch liegt der Vektor $\vec{D}$ in einer etwas anderen Richtung als der Feldstärkevektor, sofern dieser nicht in Richtung der optischen Achse

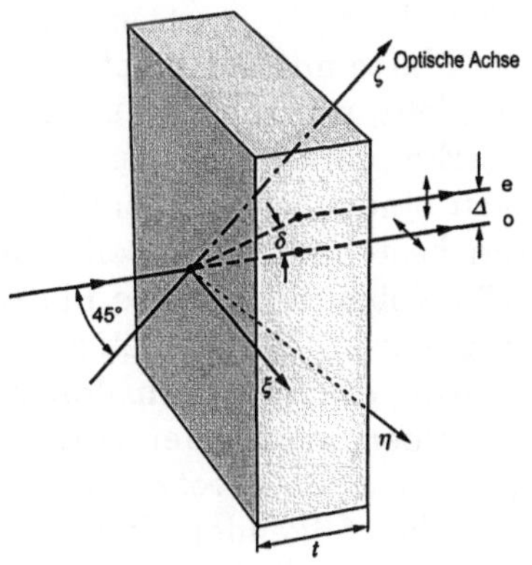

Abb. 9.18. Doppelbrechung in einer Quarzplatte ($\delta = 0{,}34°$)

oder senkrecht dazu steht. Das ist die Ursache für eine Doppelbrechung. Sie ist in Abb. 9.18 an einer Quarzplatte der Dicke t gezeigt. Diese planparallele Platte ist so aus dem Kristall geschnitten, dass die optische Achse mit der Flächennormalen einen Winkel von 45° bildet, so dass für einen senkrecht einfallenden Lichtstrahl eine maximale Doppelbrechung auftritt. Die Ebene, die Flächennormale und optische Achse aufspannen, bezeichnen wir hier als „Hauptschnitt". Es ist die $\eta\zeta$- Ebene in Abb. 9.18.

Das einfallende Licht sei nicht polarisiert, d. h. es setzt sich je zur Hälfte der Intensität aus einem Anteil zusammen, der einen Feldstärkevektor senkrecht zum Hauptschnitt hat ($E_\eta = E_\zeta = 0$), und aus einem zweiten Anteil, dessen Feldstärkevektor im Hauptschnitt ($E_\xi = 0$) und natürlich senkrecht zum Strahl liegt. Für den ersten Anteil gilt nur der Brechungsindex n_o, und er geht deshalb ohne Brechung durch die Platte hindurch, wie wegen des senkrechten Strahleinfalls nach dem Brechungsgesetz zu erwarten. Es ist der „ordentliche" Strahl. Beim zweiten Anteil ist wegen der 45°-Neigung der optischen Achse $E_\eta = -E_\zeta$, und für E_η gilt n_o, für E_ζ aber n_e. Deshalb entsteht trotz des senkrechten Strahleinfalls für diesen Anteil eine Strahlbrechung, im Widerspruch zum Brechungsgesetz. Es bildet sich der „außerordentliche" Strahl. Sein Brechungswinkel sei δ. Er verlässt die Platte parallel zum ordentlichen Strahl in einem Abstand Δ und bleibt ebenfalls im Hauptschnitt (Abb. 9.18). Die beiden Strahlen sind somit linear polarisiert, der ordentliche senkrecht zum Hauptschnitt, der außerordentliche im Hauptschnitt. Die beiden Strahlen „o" und „e" sind in Abb. 9.18 entsprechend gekennzeichnet.

Der Brechungswinkel ist

$$\delta = \arctan\frac{n_e^2 - n_o^2}{n_e^2 + n_o^2} = 0{,}337° . \tag{9.5}$$

Dadurch entsteht ein Strahlversatz $\Delta = t\tan\delta$ von 5,9 µm je mm Plattendicke. Dreht man die Platte mit der Flächennormalen als Drehachse, so verändert sich „o" nicht, während „e" auf einem Kreis um „o" mit dem Radius Δ wandert. Ein „optischer Tiefpass" für eine CCD-Kamera kann beispielsweise nach einem Sony-Patent [9.3] aus drei hintereinander liegenden Platten bestehen, die jeweils um 45° gegeneinander verdreht sind (Abb. 9.19), wobei die mittlere Platte um den Faktor $\sqrt{2}$ dicker ist als die beiden anderen.. Beim Blick auf die Rückseite der ersten Platte (Abb. 9.19 links) erkennt man den ordentlichen Strahl – weißer Kreis – und den außerordentlichen Strahl – schwarzer Kreis – mit ihren Polarisationsrichtungen. Trotz ihrer Polarisation erfahren die beiden Strahlen in der folgenden Platte wieder eine Doppelbrechung, weil sie um 45° verdreht ist. Nach der dritten Platte

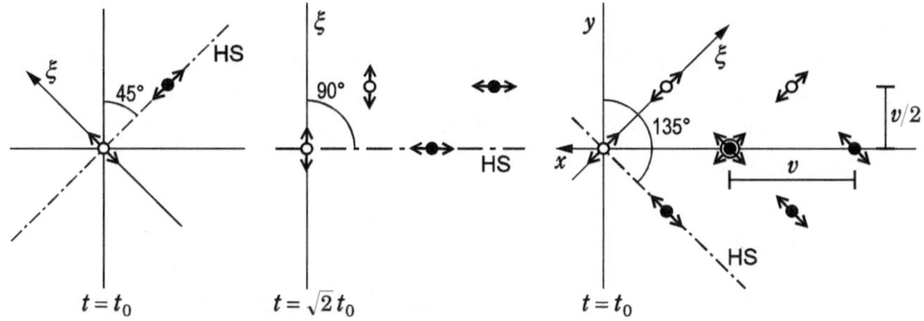

Abb. 9.19. Doppelt gebrochene Strahlen auf der Rückseite von drei hintereinander liegenden Quarzplatten, die um 45° gegeneinander verdreht sind (HS = Hauptschnitt, senkrecht zur Zeichenebene)

ergibt sich eine Aufspaltung in 8 Strahlen, wobei zwei in der Mitte zusammenfallen infolge der speziellen Dickenwahl für die mittlere Platte.

Man kann das gezeigte Punktmuster auffassen als die „Punktverwaschungsfunktion" (s. Schluss von Abschn. 4.2.5) des optischen Tiefpasses. Die Fourier-Transformation ergibt seine Übertragungsfunktion ($v = \sqrt{2}\, t_0 \tan\delta$, Abb. 9.19 rechts):

$$H_{\mathrm{OLP}}(f_x, f_y) = \frac{1}{4}\left(1 + \cos(2\pi f_x v) + 2\cos(\pi f_x v)\cos(\pi f_y v)\right).$$

Wird dieser Tiefpass kombiniert mit einem IT-Sensor bei Aperturabmessungen $a = 0{,}45d$, $b = 0{,}7d$ nach Abb. 9.14, so ergibt sich mit $v = d$ der in Abb. 9.20b dargestellte resultierende Frequenzgang der Vorfilterung. Zum Vergleich ist in Abb. 9.20a der Aperturfrequenzgang des FT-Sensors ohne optischen Tiefpass nach Gl. (9.1) dargestellt. Die

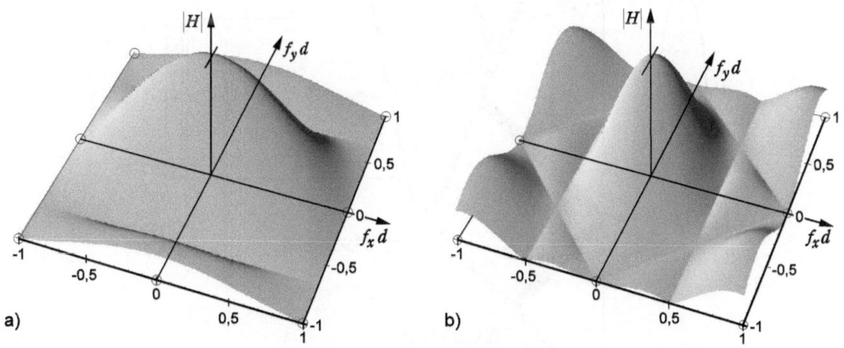

Abb. 9.20. Vorfilterung bei CCD-Bildaufnehmern, a) beim FT-Sensor durch die Apertur allein, b) beim IT-Sensor zusätzlich mit einem optischen Tiefpass nach Abb. 9.19

Versatzzentren bei $f_t = 0$ sind durch Kreise markiert. Der Lichteinzugsbereich der Photodioden beim IT-Sensor wird, wie beschrieben, durch Mikrolinsen größer als die Fläche $a \times b$. Damit wird auch die Vorfilterung durch die Apertur verbessert, was in Abb. 9.20b nicht berücksichtigt wurde.

Farbfernsehkameras

Das vom Kameraobjektiv gelieferte Bild muss in den Rot-, Grün- und Blauauszug aufgespalten werden, die dann normalerweise mit je einem Sensor in die Farbwertsignalen R, G und B umgesetzt werden. Die Vorschriften für farbmetrisch richtige Farbauszüge und ihre Umsetzung sind im Abschn. 5.2.2 abgeleitet worden. Verwendet werden für die 3-Sensor-Kameras Farbteilungsprismen nach Abb. 9.21. Zwei Prismen sind auf einer Fläche dichroitisch verspiegelt: Nur ein Teil des Spektrums wird gespiegelt, der andere Teil wird durchgelassen. Das erste Prisma spiegelt nur blaues Licht und lässt den Rest des Spektrums durch, bei weißem Licht wird gelbes Licht durchgelassen. Das gespiegelte Licht wird über eine interne Totalreflexion einem aufgeklebten Sensor zugeführt. Das zweite Prisma nimmt aus dem gelben Licht den Rotanteil heraus und führt ihn dem zweiten Sensor zu. Der verbleibende Grünanteil geht gerade durch bis zum dritten Sensor. Die spektrale Selektionskurve der Spiegelfläche multipliziert mit der spektralen Empfindlichkeitskurve des Sensors (Abb. 9.17) ergibt meistens noch nicht eine farbmetrisch geeignete Spektralbewertung. Deshalb liegt zwischen Prismenfläche und Sensor noch ein Korrekturfilter. Damit das Bild auf allen drei Sensoren gemeinsam fokussiert werden

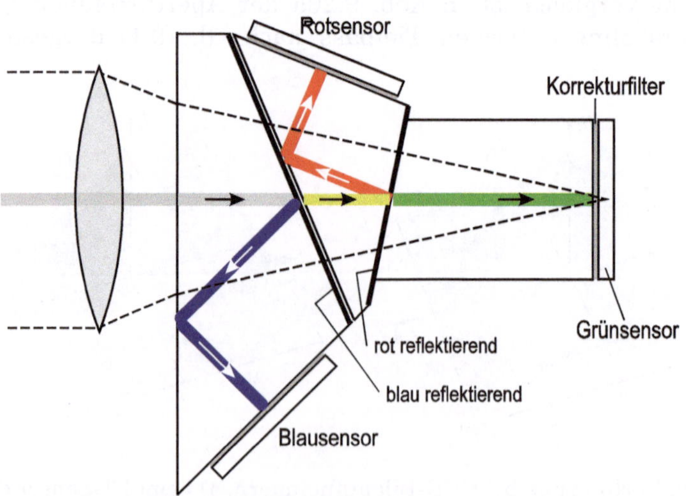

Abb. 9.21. Farbteiler für Farbkameras mit drei Sensoren

kann, müssen die drei Lichtwege genau gleich lang sein. Sehr kritisch ist die genaue Justage der Sensoren zueinander beim Aufkleben: Der Versatzfehler sollte kleiner sein als ein Viertel der Pixelabmessungen. Bei einem ⅔"- Sensor muss also auf besser als 3 µm justiert werden. Die Anforderungen sind viel höher als bei Verwendung von Kameraröhren (Abschn. 9.1.2), wo Deckungsfehler der drei Farbauszugsbilder durch das Abtastraster der Röhren elektronisch minimiert werden können. Damit können teils auch Fehler infolge einer chromatischen Aberration des Kameraobjektivs ausgeglichen werden. Eine derartige Korrekturmöglichkeit gibt es bei Halbleiterbildaufnehmern natürlich nicht. Entsprechend hoch sind die optischen Forderungen an das Kameraobjektiv.

Bei geringeren Qualitätsansprüchen können die drei Farbwertsignale auch mit nur einem Sensor gewonnen werden. Hier ist der Chip bei der Herstellung photolithographisch mit einem zu den Zellen ausgerichteten Farbfiltermosaik überzogen worden. Im einfachsten Fall werden senkrechte Streifentripel aus Rot-, Grün- und Blaufiltern periodisch über den Sensorspalten positioniert, und die drei Spalten erhalten separate horizontale Ausleseregister für die R, G, B- Signale. Dem für das Luminanzsignal und damit für die Auflösung wichtigsten Signal, dem Grünsignal, sollte ein größerer Anteil an den vorhandenen Pixeln zugestanden werden als den beiden anderen. Dazu gibt es verschiedene Konzeptionen des „Ortsmultiplex", d. h. für die Farbfilteranordnung des Mosaiks und das entsprechend getrennte Auslesen der Komponenten. Durch die Aufteilung der Pixel auf drei oder vier Signale ist der Samplingabstand entsprechend vergrößert. Ein optischer Tiefpass ist deshalb bei den Ein-Chip-Kameras unerlässlich.

Zwei typische Fernsehkameras zeigt Abb. 9.22. Sie verwenden beide die ⅔"- FIT- oder IT-Sensoren und unterscheiden sich hauptsächlich durch die Größe des Objektivs. Für den Studiobetrieb wird viel Aufwand für einen großen Zoombereich investiert. Er liegt bei 20-fach bis 86-fach. Die kleinere, tragbare Ausführung für „Electronic Field Production" (EFP) oder ENG hat meist nur einen Zoombereich von 10-fach bis 20-fach.

Bei einer Blendenzahl von 1,4 werden viele Linsen für ein einwandfrei korrigiertes TV-Zoom-Objektiv benötigt [9.13], meist mehr als 20. Sie sind in mehreren Gruppen angeordnet, deren Position für Fokussierung und Zoomen durch Servomotore einzustellen sind. Wichtig ist, dass die Bildlage bei der Brennweitenverstellung unverändert bleibt. Das Maß ist die Entfernung vom letzten Linsenscheitel bis zur Bildebene. Es ist die bildseitige Schnittweite, das „Auflagemaß", für die die Unabhängigkeit vom Zoom gewährleistet wird. Es muss genau gleich

Abb. 9.22. Fernsehkameras für Studiobetrieb (links) und ENG/EFP (Photo: Sony)

dem Lichtweg bis zu den Sensorflächen sein. Durch den Farbteilerblock bedingt, muss das Auflagemaß von TV-Kameraobjektiven ungewöhnlich groß sein.

Die vielen Linsen haben einen erheblichen Lichtverlust zur Folge. Ohne weitere Maßnahmen tritt an jeder Grenzfläche zwischen Luft und Glas ein Reflexionsverlust von 4 % auf, insgesamt gibt es also dann beispielsweise bei 40 Grenzflächen einen Transmissionsfaktor von nur noch $0{,}96^{40} = 0{,}195$. Mit einer guten Entspiegelung aller Linsenflächen kann man den Reflexionsverlust etwa auf jeweils 0,8 % reduzieren, so dass der Transmissionsfaktor des Objektivs auf 0,725 zu halten ist. Das wirkt immerhin noch wie eine Verschlechterung der Blendenzahl von 1,4 auf 1,64. Die „Lichtstärke" des Objektivs sinkt weiterhin bei einer extremen Teleeinstellung, z. B. bei 72-fach etwa wie auf eine Blendenzahl 3,5 trotz voller Blendenöffnung.

Für Vollaussteuerung mit einer Bezugsweißfläche (Remissionsgrad 0,90, s. Weißabgleich in Abschn. 5.2.2) benötigen die Kameras bei einer Blendenzahl 10 eine Beleuchtungsstärke von 2000 Lux mit einer Farbtemperatur von 3200 K. Bei Blende 1,4 und einer Anhebung der Signalverstärkung um 18 dB genügen 5 Lux. Dabei kann allerdings wegen der Verstärkung schon das Rauschen durch den Dunkelstrom stören.

Im Kamerakopf werden die Treibersignale für die Sensoren erzeugt und die von ihnen gelieferten Signale aufbereitet. Aber auch die weiteren Signalverarbeitungen werden hier durchgeführt, bei den neueren Kameras digital (sog. „digitale Kameras"):

- Kniekennlinie:
  Das „Knie" ist eine geknickte Kennlinie, die in überbelichteten Bildteilen nach dem Knickpunkt einen allmählichen Übergang bis zum vollständigen Klippen des Signals bewirkt.
- Elektronische Matrizierung („Maskierung"), s. Abschn. 5.2.2,
- Gammavorverzerrung, s. Abschn. 5.2.3, Gln. (5.37a-c):
  Die opto-elektronische Wandlung der Halbleiterbildaufnehmer arbeitet prinzipbedingt mit einem Gamma von 1, wodurch die Möglichkeit einer farbmetrisch richtigen Aufnahme gegeben ist (s. Abschn. 5.2.2, Gl. (5.29)). Nach der Matrizierung ist daher die in Abschn. 5.2.3 begründete Gammavorverzerrung durchzuführen, für jedes Farbwertsignal nach genau gleichem Verlauf.
- Aperturkorrektur (Konturkorrektur), s. Schluss von Abschn. 4.3.1.

Am Eingang des Signalverarbeitungsblocks werden die drei Signale parallel mit je einem 12-bit-Analog-Digital-Umsetzer digitalisiert und am Ausgang wieder in analoge Farbwertsignale gewandelt. Diese selbst oder die Komponentensignale $E_Y, C_{R,}, C_B$ werden über ein Koaxialkabel („Triax-Kabel") im Frequenzmultiplex in den Raum der „Bildtechnik" geleitet. Dort steht die Steuereinheit für die Kamera (Camera Control Unit, CCU). Sie nimmt die Signale vom Triax-Kabel auf, bearbeitet sie gegebenenfalls und verteilt sie analog in R, G, B und $E_Y, C_{R,}, C_B$ und als digitale Komponentensignale nach ITU-R Rec. BT.656 im SDI-Format (Abschn. 6.2.1). Von der CCU aus ist die Fernbedienung der Kamera möglich, insbesondere die Blendeneinstellung, und die Kommunikation mit dem Kameramann.

9.1.2 Röhrenkameras

Bis Anfang der neunziger Jahre wurden die Fernsehkameras noch überwiegend mit Bildaufnahmeröhren nach dem Vidicon-Prinzip betrieben, wie in der Einleitung beschrieben und mit Abb. 9.5c dargestellt: ein Ladungsbild entsteht auf einer lichtempfindlichen, nicht strukturierten dünnen Schicht, die als Photoleiter oder großflächige Photodiode wirkt, und es wird durch Abtastung mit einem Strahl langsamer Elektronen ausgelesen. Die Halbleiter-Bildaufnehmer waren anfangs nur für den Einsatz im „Consumer-Bereich" geeignet.

Beim ursprünglichen Vidicon besteht das Target aus einer sperrschichtfreien Halbleiterschicht, deren ohmsche Leitfähigkeit durch Licht vergrößert wird. Die Schicht ist aus mehreren Einzelschichten des orangeroten Antimontrisulfids (Sb_2S_3) aufgebaut. Dieses Vidicon

„im engeren Sinne" geht zurück auf eine Entwicklung von WEIMER aus dem Jahre 1950 bei RCA [9.55]. Es hat für Fernsehkameras eine Reihe von Nachteilen:

- Prinzipbedingt ist die Empfindlichkeit der opto-elektronischen Wandlung von der Betriebsspannung abhängig, ebenso die Nichtlinearität der Umwandlungskennlinie ($\gamma = 0{,}55 \ldots 0{,}85$).
- Durch thermisch erzeugte Ladungsträger ist der Dunkelstrom relativ hoch. Er kann z. B. 10% des Signalstroms bei voller Beleuchtung ausmachen, die Leitfähigkeit ohne Beleuchtung nimmt nicht genügend stark ab. Bei einer Temperaturerhöhung um 10° steigt der Dunkelstrom etwa um den Faktor 8.
- Das „Nachziehen" (Lag) beim Übergang von hell nach dunkel ist erheblich, weil nach dem Abschalten der Beleuchtung die Leitfähigkeit erst allmählich zurückgeht (Trägheit der Photoleitung).
- Bei heller Beleuchtung über längere Zeit bleibt nach dem Ausschalten des Lichtes die Leitfähigkeit unter Umständen über Stunden oder Tage erhalten. Ein feststehendes Bild wird „eingebrannt".

Das Antimontrisulfid-Vidicon ist für Farbfernsehkameras ungeeignet. Seine spektrale Empfindlichkeit ist in Abb. 9.26 gezeigt. Wegen der Abhängigkeit von der Betriebsspannung kann nur eine typische Kurve angegeben werden. Mit einem wellenlängenunabhängigen Faktor multiplizierte Empfindlichkeiten sind ebenfalls möglich.

Der nächste und wichtigste Schritt in der Entwicklung von Kameras, der das Image-Orthicon ablöste und erst die Aufnahme von einwandfreien Farbfernsehbildern praktikabel machte, kam 1962 von Philips mit der *Plumbicon*[1]-Röhre [9.15]. Verwendet wird eine als großflächige pin-Photodiode arbeitende, etwa 10...20 µm dicke Schicht aus Bleioxid (PbO). Daher kommt der Name Plumbicon. Es ist ein gelbliches, polykristallines Halbleitermaterial, das hinter dem Eingangsfenster der Röhre im Vakuum auf der durchsichtigen, metallisch leitenden Signalplatte aus Zinnoxid (SnO_2) aufgebracht (Abb. 9.23) ist. Es ist zur Elektronenstrahlseite hin oberflächlich p-dotiert. Dazu wird u. a. Sauerstoff verwendet. Auf der anderen Seite ist durch die Zinnoxidschicht eine n-Dotierung entstanden. Der Halbleiter hat eine Energiebandlücke $E_g \approx 1{,}9$ eV. Die Signalplatte liegt z. B. an +45 V, die Kathode, die den Elektronenstrahl liefert, an 0 V. Die p-Seite des Targets ist nach der Strahlabtastung auf etwa 0 V stabilisiert, dann aber frei – ohne Anschluss – im Vakuum der Röhre. Die Diode ist also mit bis zu 45 V in Sperrrichtung gepolt. Der Sperrstrom – er ist der Photostrom – steigt proportional mit der Beleuchtungsstärke. Er ist von der Sperrspannung nahezu unabhängig. Der Dunkelstrom ist sehr

[1] ® Philips' Gloeilampenfabrieken Eindhoven.

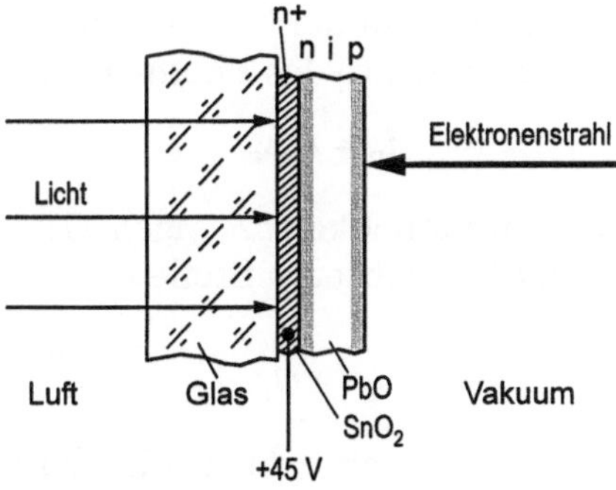

Abb. 9.23. Das Plumbicon-Target

klein, etwa 0,5 % des Wertes bei Maximalbeleuchtung. Abhängig von der örtlichen Beleuchtungsstärkeverteilung auf dem Target wird dessen Oberfläche durch den Photostrom örtlich unterschiedlich aufgeladen. Dafür steht die Zeit bis zur Wiederkehr des Elektronenstrahls zur Verfügung. Bei in dieser Zeit konstanter Beleuchtung steigt die Ladung und damit das Oberflächenpotential zeitproportional an (Abb. 9.24 unten). Ein Querausgleich der Ladungen findet nicht statt (Querleitfähigkeit vernachlässigbar). Der Aufbau des Ladungsbildes und das Auslesen werden anhand von Abb. 9.24 erläutert. Man beachte, dass die Photoströme im äußeren Stromkreis nicht auftauchen.

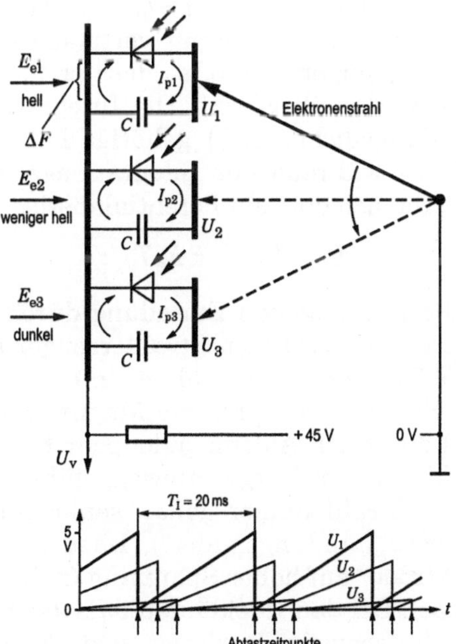

Abb. 9.24. Entstehung und Auslesen des Ladungsbildes beim Plumbicon

An einer bestimmten Stelle auf der Targetoberfläche sei die Bestrahlungsstärke E_e. Die Flächendichte des Photostromes ist dann dort

$$i_p = R E_e$$

bei einer spektralen Empfindlichkeit R nach Gl. (9.3). Die Flächendichte der Ladung an der betrachteten Stelle sei q. Sie ist proportional dem dortigen Potential U:

$$q = c U .$$

Hier bezeichnet c die Flächendichte der Schichtkapazität. Die Kapazität der gesamten Bildfeldfläche F liegt je nach Schichtdicke bei 1...2 nF. In Abb. 9.24 ist die Aufladung kleiner Ausschnitte ΔF der Targetoberfläche gezeigt, wobei $I_p = i_p \Delta F$ und $C = c \Delta F$. Die vom Strahl gelieferten Elektronen löschen mit ihrer negativen Ladung die aufgebaute Photoladung größtenteils, aber nicht vollständig. Nachdem der Elektronenstrahl eine Stelle verlassen hat (Zeitpunkt t_0), hat er dort noch eine Restladungsdichte und entsprechend ein Potential $U_{01} > 0$ hinterlassen. Hiervon ausgehend baut sich nun die Photoladung erneut auf. Zur Zeit t ist

$$q(t) = c U_{01} + \int_{t_0}^{t} i_p \, d\tau .$$

Nach Ablauf einer Teilbilddauer, bei $t = t_0 + T_V$, kehrt der Strahl zurück, wenn auch um den Zeilenabstand vertikal versetzt. Jedoch ist der Strahlquerschnitt genügend groß, so dass er mit seinem Randgebiet die Stelle doch wieder überdeckt. Die Integrationszeit ist daher $T_I = T_V$. Das zur Ladungsdichte $q(T_I)$ gehörige Potential sei U_T, und bei einer an der Stelle während der Integrationszeit konstanten Bestrahlungsstärke ergibt sich dort ein Potentialanstieg

$$U_T - U_{01} = R E_e T_V / c . \qquad (9.6)$$

Wir betrachten die nun folgende Entladung durch den Elektronenstrahl. Ein Strahlstrom I_s wird vom Strahlerzeuger geliefert, ähnlich wie in einem CRT-Display, jedoch ohne Intensitätsmodulation (s. Abschn. 9.2.1). Der Strahl wird durch ein Magnetfeld oder elektrostatisch fokussiert und durch ein Ablenkspulenpaar horizontal und vertikal über das Bildfeld auf dem Target hinweggeführt. Wichtig ist, dass dabei der abgelenkte Strahl immer genau senkrecht auf das Target trifft (Vermeidung von „Landungsfehler"). Dazu ist in geringem Abstand eine „Netzelektrode" auf hoher Spannung (z. B. 700 V oder mehr) angebracht (Abb. 9.5c). Bei den Rückläufen darf der Strahl nicht aktiv sein, weil sonst Bildinformation verloren geht. Er ist deshalb dann ausgeschaltet.

Ein Teil des Strahlstroms, wir nennen ihn I_a, wird vom Target angenommen, der Rest kehrt zur Kathode zurück. I_a ist abhängig von dem Potential, das der Strahl an der jeweiligen Targetstelle vorfindet. Eine erste Näherung ist $I_a \approx U/R_s$. Wir bezeichnen R_s als „Strahlwiderstand". Ein typischer Wert ist 12 $M\Omega$. In hellen Bildteilen ist I_a beispielsweise 0,2 µA. Für eine hinreichende Reserve wird der Strahlstrom I_s etwa auf den doppelten Wert eingestellt.

Durch den zugeführten Elektronenstrom I_a – den Umladestrom – fällt das Potential an der betrachteten Stelle zurück auf einen Wert

$$U_{02} = k\,U_T \quad (k < 1). \tag{9.7}$$

Der Faktor k hängt ab von der Dauer Δt, die der Strahl benötigt, um die Stelle zu überstreichen, von der Strahlstromdichte und von der Kapazität der Schicht. Näherungsweise kann er in der Form

$$k = \mathrm{e}^{-\Delta t/\tau}$$

dargestellt werden. Hier ist τ eine „Umladezeitkonstante", proportional zum Strahlwiderstand und zu c. *Bei „stabilisiertem Target" ist* $U_{02} = U_{01} = U_0$.

Wird die Bestrahlungsstärke sprunghaft verändert, so sind normalerweise mehrere Abtastzyklen bis zur Stabilisierung notwendig. Wird die Beleuchtung vollständig ausgeschaltet, so wird in den hellen Bildteilen erst nach dreimaliger Abrasterung (60 ms) eine Restspannungsreduktion auf beispielsweise 1,8 % ($\approx k^3$) von U_T erreicht, entsprechend $k \approx 0{,}26$. Dies ist der Lag-Effekt beim Plumbicon. Er ist hier ausschließlich durch die Umladeträgheit bedingt, während bei der Antimontrisulfid-Schicht des Vidicons noch die Photoleitungsträgheit hinzukommt.

Tatsächlich ist die Strahlstromannahme des Targets nicht proportional zur Spannung, sondern verläuft eher nach einer e-Funktion. Der effektive Strahlwiderstand ist deshalb nicht konstant, sondern steigt bei niedrigeren Spannungen (kleineren I_a- Werten), und entsprechend ist die Umladeträgheit, also der Lag-Effekt, in dunklen Bildteilen größer.

Der Umladestrom (negativ!) fließt über den Signalplattenanschluss in den äußeren Stromkreis (Abb. 9.24 und Abb. 9.5c). Er liefert dort das Bildsignal. Im stabilisierten Zustand wird die während der Integrationszeit nach Gl. (9.6) durch die Bestrahlungsstärke auf einer Targetstelle aufgetretene Ladungsdichteerhöhung durch Zuführung einer negativen Ladungsdichte gleicher Größe während der Dauer Δt durch den Elektronenstrom wieder zurückgesetzt:

$$R\,E_e T_V = \bar{i}_a \Delta t\,.$$

Hier bezeichnet $\bar{i}_a$ die über diese Zeit gemittelte Strahlstromdichte. Die Querschnittsfläche des Strahls sei A. Dann ist der Signalstrom $\bar{i}_a \cdot A$:

$$\bar{I}_a = \bar{i}_a A = R E_\mathrm{e} T_\mathrm{V} \frac{A}{\Delta t}.$$

Die Querschnittsfläche A wird in der Zeit Δt über eine bestimmte Stelle auf dem Target hinweggeführt, über die gesamte Bildfläche der Größe F in einer Zeit

$$T_\mathrm{r} = T_\mathrm{V} - (T_\mathrm{AH} + T_\mathrm{AV})/2.$$

Hier ist $T_\mathrm{AH} + T_\mathrm{AV}$ die Summe aller Austastzeiten (horizontale und vertikale Rücklaufzeiten) im Vollbild, im 625-Zeilensystem gleich 10,124 ms (s. Bilder 4.31 und 4.32). Dann ist $T_\mathrm{r} = 0{,}747 T_\mathrm{V}$. Weil

$$\frac{A}{\Delta t} = \frac{F}{T_\mathrm{r}},$$

ergibt sich also der Signalstrom zu

$$\bar{I}_a = \frac{T_\mathrm{V}}{T_\mathrm{r}} R E_\mathrm{e} F = 1{,}34\, R E_\mathrm{e} F. \tag{9.8}$$

Hiernach liefert beispielsweise ein 1″- Plumbicon (F=12,8×9,6 mm^2, s. Tabelle 9.1) bei 5 lx Beleuchtungsstärke auf dem Target und $\lambda = 555$ nm ($E_\mathrm{e} = 5/683 = 0{,}00732$ W/m^2) mit einer spektralen Empfindlichkeit $R = 0{,}2$ A/W (Abb. 9.26) einen Signalstrom von $\bar{I}_a = 240$ nA. Nach den Gln. (2.15) und (2.20) entsteht diese Beleuchtungsstärke von 5 lx bei einer Blendenzahl $k = 8$, einer Objektivtransmission von $\tau = 0{,}6$ und einer Szenenbeleuchtung von 2370 lx durch ein Objekt mit dem Reflexionsgrad $\varrho = 0{,}9$.

Bedingt durch das Photodiodenprinzip ist der Signalstrom proportional zur Beleuchtungsstärke auf dem Target: Die Kennlinie der optoelektronischen Wandlung läuft mit $\gamma = 1$, solange ein genügend großer Strahlstrom zum Auslesen zur Verfügung steht. Da außerdem der Dunkelstrom des Plumbicons sehr klein ist, ist es für Farbfernsehkameras hervorragend geeignet.

Die Stromdichte über den Strahlquerschnitt ist nicht konstant, sondern durch eine zweidimensionale Gauß-Funktion zu beschreiben, rotationssymmetrisch mit dem Mittelpunkt $x = 0$, $y = 0$:

$$i_a(x, y) = \frac{I_a}{\pi r^2} \mathrm{e}^{-\left(x^2 + y^2\right)/r^2}.$$

Auf einem Kreis mit dem Radius r ist die Stromdichte auf 1/e ihres Maximalwertes im Mittelpunkt abgesunken (vgl. Gl. (4.21) und Abschn. 4.3.2). Die äquivalente Querschnittsfläche ist

$$A = \int_{-\infty}^{\infty} \int_{-\infty}^{\infty} e^{-\left(x^2+y^2\right)/r^2} \mathrm{d}x\,\mathrm{d}y = \pi r^2.$$

Beim Abtasten des Ladungsbildes bleibt die Strahldichteverteilung allerdings nicht rotationssymmetrisch, weil I_a – wie beschrieben – vom Oberflächenpotential abhängt und dieses über den Querschnitt durch die Entladung von x und y abhängig wird. Dies ist schematisch in Abb. 9.25 angedeutet. Es zeigt eine „Höhenlinie" der Stromdichtefunktion, während der Strahl auf seinem Weg von links nach rechts das Potential von U_T auf U_0 abbaut. Nur der rechte Teil des Strahlquerschnitts findet unter sich noch das hohe Potential U_T vor, nach links nimmt das Potential immer weiter bis auf U_0 ab. Dementsprechend nimmt die Stromdichte von rechts nach links ab. Dadurch entsteht ein sichelförmiges Strahlprofil, vor allem ausgeprägt bei niedriger Umladeträgheit (kleinem k). Die beim Auslesen wirksame Stromdichteverteilung ist daher

$$i_a(x,y) = \frac{f\big(U(x,y)\big)}{\pi r^2}\, e^{-\left(x^2+y^2\right)/r^2}. \tag{9.9}$$

Hier bezeichnet $f(U) = I_a$ die etwa exponentielle Abhängigkeit der Strahlstromannahme vom Oberflächenpotential, in erster Näherung $f(U) \approx U/R_\mathrm{s}$ (s. oben).

Eine genaue Analyse der Signalerzeugung wird offensichtlich komplizierter als durch die zweidimensionale Faltung mit einer kreisförmigen Apertur in Abschn. 4.2.2 (Gl. 4.5) dargestellt. Der Grund ist die Wechselwirkung zwischen abzutastender Vorlage und Apertur.

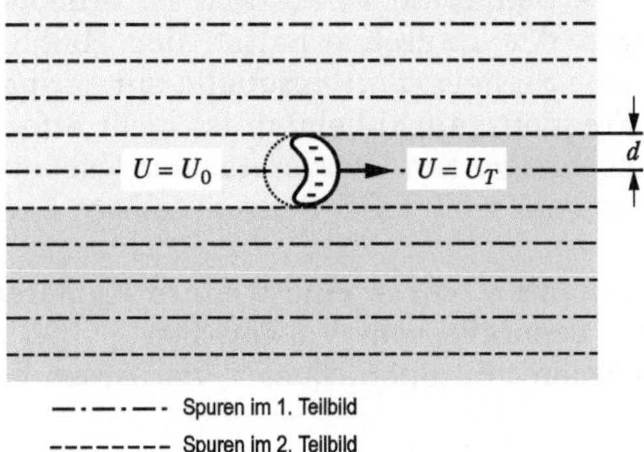

Abb. 9.25. Sichelförmiger Strahlquerschnitt bei der Abtastung

Bei punktförmiger Überbelichtung kann der Strahl zu dem Ort mit hohem Potential hingezogen werden, wodurch die Stelle bei der Wiedergabe „ausblüht". Es ist der Blooming-Effekt beim Plumbicon. Bei Bewegung entsteht hier durch den Lag-Effekt der typische „Kometenschweif".

Bedingt durch die genannte Bandlücke $E_g \approx 1{,}9$ eV des PbO-Halbleiters ist die Grenzwellenlänge der spektralen Empfindlichkeit $\lambda_{gr} = 650$ nm (Abb. 9.26). Das ist für den Rotkanal der Kamera nicht ausreichend. Dafür wurde deshalb eine spezielle PbO-Schicht mit etwas höherer Grenzwellenlänge entwickelt. Sie besitzt auf der zum Elektronenstrahl zugewandten Fläche, dort wo rotes Licht erst zur Wirkung kommen kann, oberflächlich eine Bleisulfidschicht (PbS). Diese zeigt allerdings etwas Photoleitungsträgheit, so dass der Lag-Effekt vergrößert wird (der Kometenschweif ist rötlich).

Die Signalstromquelle zeigt einen nahezu unendlich hohen Innenwiderstand, durch den Strahlwiderstand gegeben. Im äußeren Stromkreis fällt deshalb bei konstantem Strom die Spannung durch die unvermeidlichen Leitungskapazitäten und die Eingangskapazität des Vorverstärkers zu hohen Frequenzen ab, proportional zu $1/f$. Die Kapazität muss möglichst klein gehalten werden. Jedenfalls aber muss zum Ausgleich die Verstärkung proportional zu f steigen. Angesichts der kleinen und zu hohen Frequenzen immer kleiner werdenden Nutzsignalspannung tritt das Verstärkerrauschen als Störung auf. Ursächlich ist es „weißes" Rauschen, das Leistungsdichtespektrum ist frequenzunabhängig. Durch die frequenzproportionale Verstärkungsanhebung steigt die Rauschleistungsdichte quadratisch mit der Frequenz an, die Rauschleistung über den gesamten Frequenzbereich steigt entsprechend mit der dritten Potenz der Frequenz. Dieses für den Signal/Rauschabstand zu hohen Frequenzen ungünstige Verhalten wird dadurch etwas relativiert, dass die Sichtbarkeit von hochfrequenten Rauschstörungen geringer ist als bei niederfrequenten Rauschen. Der subjektiv bewertete Signal/Rauschabstand ist erheblich kleiner. Man vergleiche dagegen das Rauschverhalten der Halbleiter-Bildaufnehmer: Sie stellen eine Signal*spannungs*quelle mit geringem Innenwiderstand dar, eine Frequenzganganhebung ist nicht erforderlich, und das Rauschen des nachfolgenden Vorverstärkers ist unerheblich. Dort kommt das Rauschen vom CCD-Sensor selbst, hauptsächlich vom Dunkelstrom.

Neben dem Plumbicon wurde eine weitere Kameraröhre, das *Saticon*[1], entwickelt – ebenfalls vom Vidicon-Typ – , bei dem das Target größtenteils aus Selen mit einem Zusatz von Arsen besteht. Selen ist

[1] ® NHK (Nippon Hoso Kyokai Corp.) Tokyo.

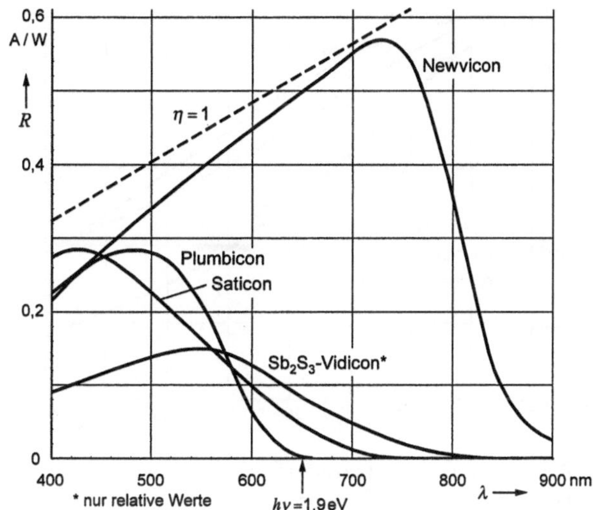

Abb. 9.26. Spektrale Empfindlichkeit der Kameraröhren vom Vidicon-Typ

der älteste bekannte Photoleiter. Jahrzehntelange Forschungen, zunächst in USA bei der RCA, waren angestellt worden, um das Material für Vidicons einsetzen zu können. Die glasartig amorphe Schicht neigte jedoch zum Auskristallisieren und wurde dadurch unbrauchbar. Dieser Effekt konnte durch den Zusatz von Arsen unterbunden werden. Auf der Signalplatte aus Zinnoxid bildet die p-leitende Se-As-Schicht eine pn-Photodiode. Die Bandlücke ist etwa 2 eV, die Rotempfindlichkeit daher nicht ausreichend. Durch das Eindiffundieren einer dünnen Schicht aus Tellur konnte in diesem Bereich die Bandlücke erniedrigt werden und damit die Empfindlichkeit bis über $\lambda = 700$ nm ausgedehnt werden (Abb. 9.26). Die Entwicklungsarbeiten wurden bei der RCA aber schließlich abgebrochen. Sie wurden dann in Japan im Forschungslabor der NHK und bei Hitachi fortgesetzt und führten dort 1974 zum Erfolg [9.25]. Die Schicht wurde insbesondere durch eine p^+-Dotierung mit Antimontrisulfid auf der elektronenstrahlseitigen Oberfläche verbessert.

Im Großen und Ganzen verhalten sich Saticon und Plumbicon sehr ähnlich. Die Elektronenstrahltechnik ist die gleiche. Der Dunkelstrom ist sehr niedrig und über die Targetfläche gleich groß, Gamma ist im Arbeitsbereich gleich 1. Die spektrale Empfindlichkeit ist im Blauen etwas größer, im Grün-Gelbbereich etwas geringer als beim Plumbicon (s. Abb. 9.26). Einen entscheidenden Vorteil hingegen besitzt das Saticon durch die glasartig, amorphe Struktur des Targets. Hier gibt es im Gegensatz zu dem polykristallinen PbO praktisch keine Lichtstreuung, so dass die Auflösung nicht von der Dicke der Schicht, sondern nur von der Fokussierung des Elektronenstrahls begrenzt wird. Ein 2/3″-

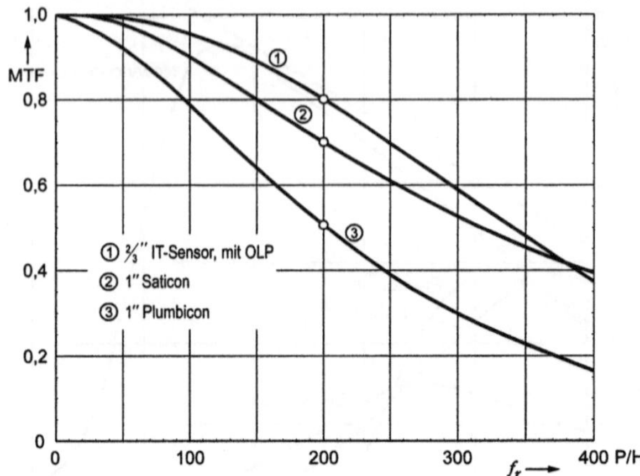

Abb. 9.27. Modulationstransferfunktionen von Kameraröhren im Vergleich zum CCD-Sensor

Saticon kann hinsichtlich der Auflösung für das Standardfernsehsystem schon ausreichend sein. Abb. 9.27 zeigt – nach Herstellerangaben – die Modulationstransferfunktion (MTF, s. Abschn. 4.3.2) eines 1″-Saticons (Hitachi H9379) und eines 1″- Plumbicons (Philips XQ 1500). Die Werte für die Grenzfrequenz des 625-Zeilen-Systems – 200 P/H – sind markiert. Noch etwas besser als beim 1″- Saticon ist allerdings die Auflösung eines 2/3″- CCD-Sensors mit 520000 Pixeln (selbst noch zusammen mit dem optischen Tiefpass).

Ein Nachteil des Saticons ist die grundsätzlich höhere Kapazität der Schicht. Dadurch ergaben sich – zumindest in der ersten Röhrengeneration – Lag-Probleme wegen der Umladeträgheit. Die Kapazität wird größer, weil eine dünnere Schicht im Vergleich zum Plumbicon erforderlich ist. Die Ladungstrennung im Se-As-Halbleiter erfordert nämlich höhere Feldstärken (z. B. 125 kV/cm) als beim PbO, damit noch keine Rekombinationsverluste entstehen. Dazu wird eine höhere Spannung an der Signalelektrode verwendet (z. B. 75 V statt 45 V) und zusätzlich die Schichtdicke etwa nur halb so dick gemacht. Lag-Verbesserungen wurden aber erreicht durch eine geringere Dielektrizitätskonstante sowie durch die auch beim Plumbicon üblichen Verfahren der Vorbelichtung („Auflicht“), um die Trägheit bei kleinen Signalströmen zu vermeiden, und der Verbesserung des Strahlerzeugers, um den Strahlstromwiderstand zu reduzieren.

Abb. 9.28 ist das Photo eines 1″- Saticons im Vergleich zu einem 2/3″- Antimontrisulfid-Vidicon (im Vordergrund). Während beim Vidicon als Signalplattenanschluss der übliche umlaufende Metallring verwendet wird, ist bei dem gezeigten Saticon dafür ein kleiner Pin mit einem dünnen Draht an der Frontseite angebracht. Dadurch wird in

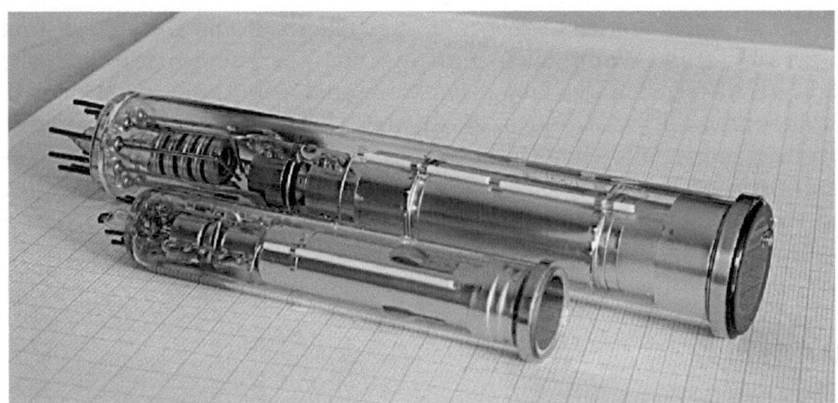

Abb. 9.28. 1″- Saticon und 2/3″- Sb_2S_3 -Vidicon (vorn)

erwünschter Weise die Streukapazität des Anschlusses (s. oben) verringert. Das abgebildete Hitachi-Saticon (H4186) aus dem Jahre 1984 war das erste, das für HDTV-Kameras zur Verfügung stand.

Auch von Bedeutung war für SW-Überwachungskameras und Sicherheitsaufgaben das *Newvicon*[1], eine Kameraröhre vom Vidicon-Typ mit einer aus verschiedenen Zonen zusammengesetzten Schicht, eine auf der Signalplatte aus Zinkselenid (ZnSe), die andere aus einem Gemisch von Zinktellurid (ZnTe) und Cadmiumtellurid (CdTe). Die erste Zone ist n-leitend und dient als Substrat für die eigentliche photoempfindliche Schicht. Letztere ist p-leitend. Das Newvicon zeichnet sich durch eine ungewöhnlich hohe Empfindlichkeit aus, nahe dem physikalisch möglichen Maximum $\eta = 1$, die sich bis über $\lambda = 800$ nm erstreckt (Abb. 9.26). Gamma ist 1 wie bei den anderen Photodioden-Vidicons. Die Schichtkapazität ist aber viel höher, die Umladeträgheit etwa zehnmal größer. Auch der Dunkelstrom ist erheblich höher. Das Newvicon wurde bei Philips und Matsushita entwickelt [9.20] und stand seit 1980 zur Verfügung.

Das Zeilenraster, das der Elektronenstrahl auf das Target schreibt, kann abhängig von den Ablenkfeldern verzeichnet sein, d. h. eine nicht genau rechteckige Bildfläche definieren. Sie kann kissenförmig oder tonnenförmig verzerrt sein. Weitere „Geometrieverzerrungen“ können durch nicht genau zeitproportionale Ablenkung entstehen, rechte oder untere Bildteile erscheinen dann bei der Wiedergabe gestaucht oder gedehnt. Ebenso ist das Bildseitenverhältnis nicht von vornherein fixiert. Entsprechende Einstellungen und elektronische Korrekturen der Ablenkung sind daher immer erforderlich. Schließlich müssen diese Einstellungen bei allen drei Farbkameraröhren separat erfolgen

[1] ® Matsushita Electric Industrial Co.

und genau aufeinander abgestimmt sein, damit keine Rasterdeckungsfehler auftreten. Wenngleich man hierbei Verzeichnungen und chromatische Aberration des Objektivs kompensieren kann, so ist doch der Justageaufwand, den man dazu an der CCU – nicht nur einmalig – betreiben muss, für den Betrieb sehr lästig. Bei den CCD-Sensoren entfällt dieses Problem. Das Raster ist bei ihnen konstruktionsbedingt fest vorgegeben, eine Justage ist nicht erforderlich und auch nicht möglich.

9.2 Display

Die Vorrichtung, mit der am Ende der Übertragungskette das aufgenommene Bild wieder sichtbar wird, bezeichnen wir als „Display“[1]. Bei Computern und in der Fernsehbetriebstechnik ist auch die Bezeichnung „Monitor“ üblich.

Das elektronische Display hat grundsätzlich zwei Aufgaben:

- Die elektro-optische Wandlung: die *Erzeugung von Licht*, dessen Intensität vom ankommenden Videosignal gesteuert wird.
- Die örtliche Zuordnung des momentanen Signalwertes zur zugehörigen Bildstelle, synchron zum aufnahmeseitigen Abtastvorgang, die *„Adressierung“* der Bildstellen.

Die Lichtemission kann vom Display selbst ausgehen – wie bei der Elektronenstrahlröhre (CRT), beim Plasma-Display und beim Elektrolumineszens-Display – oder es emittiert selbst nicht, sondern steuert als „Lichtventil“ orts- und zeitabhängig die Intensität des durchgehenden oder reflektierten Lichts einer externen, konstanten Quelle – wie bei den Flüssigkristalldisplays (LCD). Weiterhin ist zu unterscheiden zwischen Direktsichtdisplays und Projektionsdisplays.

In den folgenden Abschnitten befassen wir uns mit CRT-Display, LCD und Plasma-Display sowie mit Videoprojektoren. Zur Vorbereitung auf die CRT-Technik wird ein Abschnitt über Erzeugung, Fokussierung und Ablenkung von Elektronenstrahlen vorangestellt. Im letzten Abschnitt wird der Betrieb der Bildröhre im Fernsehempfänger erläutert.

[1] Eine deutsche Bezeichnung gibt es in der Fachsprache nicht, abgesehen von der „Anzeige“, die aber auf ihren Ursprung – Anzeigetafeln auf Bahnhöfen oder Flughäfen – beschränkt bleiben sollte.

9.2.1 Elektronenstrahltechnik

Elektronen im Vakuum können durch ein elektrisches Feld eine hohe Geschwindigkeit annehmen und dann durch elektrostatische oder magnetostatische Felder zu Strahlen gebündelt und abgelenkt werden.

Beschleunigung

Die elektrische Feldstärke übt auf ein Elektron infolge seiner Ladung $Q = -e$ eine Kraft aus, die entgegengesetzt zur Feldstärkerichtung wirkt:

$$\vec{F} = -e\vec{E} = e\,\mathrm{grad}\,\varphi. \tag{9.10}$$

Hier bezeichnet φ das elektrostatische Potential. Liegt zwischen zwei Metallplatten eine Spannung U_b und befindet sich an der Oberfläche der negativ gepolten Platte ein Elektron, so bewegt dieses sich unter dem Einfluss der Kraft mit zeitproportional zunehmender Geschwindigkeit auf die positiv geladene Platte zu. Das Elektron hat an seiner Ausgangsposition die potentielle Energie eU_b und die kinetische Energie null. Beim Auftreffen auf der Zielplatte hat es die potentielle Energie null und folglich die kinetische Energie

$$\frac{m}{2}v^2 = eU_\mathrm{b}.$$

Es ist somit von der Geschwindigkeit $v = 0$ auf die Endgeschwindigkeit

$$v = \sqrt{U_\mathrm{b}}\sqrt{2e/m} \tag{9.11}$$

beschleunigt worden. m bezeichnet die Masse eines Elektrons. Es ist

$$\varkappa =_\mathrm{def} \frac{e}{m} = 1{,}75882 \cdot 10^{11}\ \mathrm{As/kg}. \tag{9.12}$$

Man erhält

$$v = 593{,}1\sqrt{U_\mathrm{b}/\mathrm{V}}\ \mathrm{km/s}. \tag{9.11a}$$

Allgemein ist nach dem Energieerhaltungssatz der Mechanik das Betragsquadrat der Elektronengeschwindigkeit beim Durchlaufen einer Stelle mit dem Potential φ

$$|\vec{v}|^2 = |\vec{v}_0|^2 + 2\varkappa(\varphi - \varphi_0), \tag{9.13}$$

wenn das Elektron an einer Stelle (z. B. am Start) mit dem Potential φ_0 die Geschwindigkeit $\vec{v}_0$ besitzt.

Bei einer Beschleunigungsspannung von 30 kV, wie sie z. B. bei Bildröhren in Fernsehempfängern verwendet wird, ergibt sich nach Gl. (9.11a) eine Geschwindigkeit von 103.000 km/s. Das ist immerhin schon ein Drittel der Lichtgeschwindigkeit c. Jedenfalls bei den noch wesentlich höheren Geschwindigkeiten, die in Elektronenmikroskopen vorkommen, ist die mit v/c zunehmende relativistische Massenvergrößerung zu berücksichtigen:

$$m = \frac{m_0}{\sqrt{1-(v/c)^2}} .$$

Hier bezeichnet m_0 die Ruhemasse eines Elektrons, die zuvor angenommen wurde. Die kinetische Energie ist dann

$$\frac{m_0 v^2}{2} \frac{2}{1-(v/c)^2+\sqrt{1-(v/c)^2}} \approx \frac{m_0 v^2}{2} \frac{1}{1-3(v/c)^2/4} .$$

Daraus ergibt sich bei einer Beschleunigungsspannung U_b die tatsächlich erreichte Elektronengeschwindigkeit

$$v = v_{nr} \frac{\sqrt{1+(v_{nr}/c)^2/4}}{1+(v_{nr}/c)^2/2} \quad \text{mit } v_{nr} = \sqrt{2\varkappa U_b} . \qquad (9.11b)$$

v_{nr} ist die nicht relativistisch berechnete Geschwindigkeit nach Gl. (9.11). Abbildung 9.29 zeigt dieses Ergebnis. Man erkennt die durch die Lichtgeschwindigkeit gegebene Begrenzung.

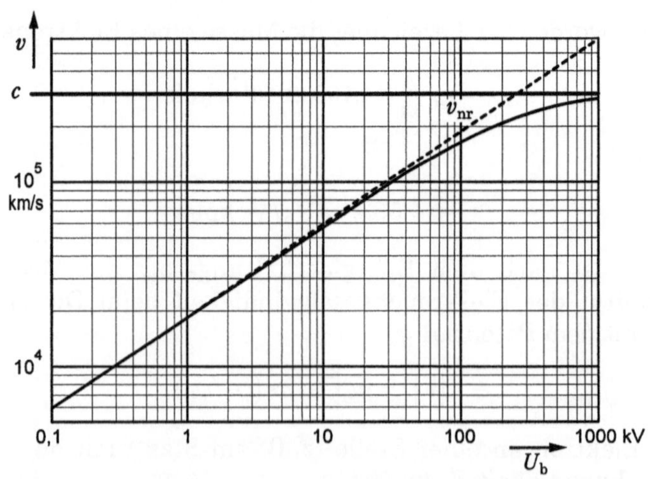

Abb. 9.29. Elektronengeschwindigkeit infolge einer Beschleunigungsspannung

Ablenkung

Gelangt nun das in der beschriebenen Weise beschleunigte Elektron in den Bereich eines elektrischen Querfeldes, so wird es aus seiner geradlinigen Bahn abgelenkt. Abbildung 9.30 zeigt zwei metallische Ablenkplatten, zwischen denen ein zum Vektor der Anfangsgeschwindigkeit $\vec{v}_0$ senkrecht stehendes, homogenes elektrisches Feld aufgebaut ist. Dazu ist die obere Platte auf eine Spannung $U_b + U_{abl}/2$, die untere Platte auf eine Spannung $U_b - U_{abl}/2$ gelegt worden. U_{abl} ist die Ablenkspannung. Die Schnittlinien der Äquipotentialflächen sind gestrichelt gezeichnet.

Vektoren werden hier wie auch im Folgenden mit kartesischen Koordinaten dargestellt. Dabei verläuft die z-Achse horizontal von links nach rechts. Sie ist auch die Achse bei Bildröhren. Die y-Achse verläuft vertikal von unten nach oben, die x-Achse steht bei zweidimensionaler Darstellung senkrecht auf der Zeichenebene. Der Feldstärkevektor ist $\vec{E} = \{0, E_y, 0\}$ mit $E_y < 0$ für eine Ablenkung nach oben. Beim Eintritt in das Ablenkfeld hat das Elektron die Geschwindigkeit $\vec{v}_0 = \{0, 0, v_{z0}\}$. Durch die Feldkraft erhält das Elektron vertikal eine gleichmäßige Beschleunigung, entsprechend

$$m \frac{d\vec{v}}{dt} = \vec{F} , \tag{9.14}$$

so dass eine zeitproportional zunehmende v_y-Komponente entsteht, nach Gl. (9.14)

$$v_y = -\varkappa E_y t ,$$

wenn t vom Zeitpunkt des Eintritts in den Ablenkbereich gerechnet wird. Axial bleibt die Geschwindigkeit unbeeinflusst, $v_z = v_{z0} = \text{const.}$ Somit gilt im Bereich des Ablenkfeldes für die Bahnkurve des Elekt-

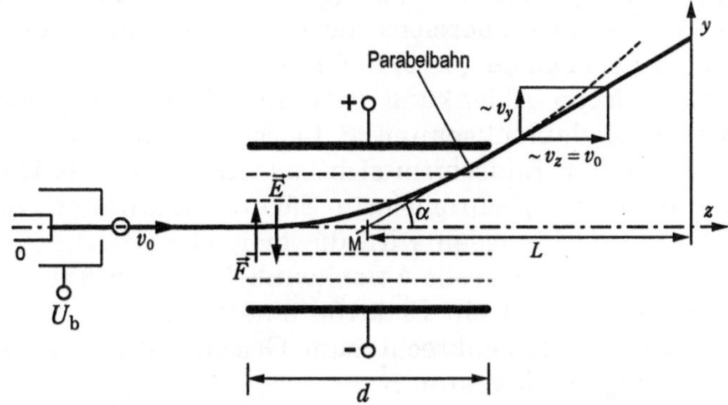

Abb. 9.30. Ablenkung eines Elektronenstrahls durch ein elektrostatisches Feld

rons $y \sim t^2, z \sim t$. Das ist eine *Parabelbahn*, analog zur Wurfparabel im Schwerefeld der Erde. Man beachte, dass die Bahn in der yz-Ebene bleibt ($x = 0$).

Nach dem Verlassen des Ablenkbereichs – im feldfreien Raum – fliegt das Elektron geradlinig mit konstanter Geschwindigkeit in dieser Ebene weiter (Abb. 9.30). Die Gerade ist die Tangente an die Parabel am Ende des Ablenkbereichs. Für ihren Winkel α zur z-Achse gilt

$$\tan\alpha = \frac{v_{yd}}{v_z} = -\varkappa E_y t_d \frac{1}{v_z} = -\varkappa d \frac{E_y}{v_z^2} = -d \frac{E_y}{2U_\mathrm{b}}. \tag{9.15}$$

Hier ist d die Breite des Ablenkbereichs und $t_d = d/v_z$ die Zeitdauer, in der sich das Elektron in diesem Bereich aufhält. Für alle Winkel gehen die Tangenten von einem gemeinsamen Punkt aus, dem „Ablenkmittelpunkt“ M, der genau in der Mitte des Bereichs auf der Achse liegt. Auf einem ebenen, auf der Achse senkrechten Schirm im Abstand L von M landet das Elektron bei

$$y_L = L\tan\alpha = -\frac{Ld}{2}\frac{E_y}{U_\mathrm{b}}. \tag{9.16}$$

Wir nennen α den „Ablenkwinkel“. Die Ablenkstrecke auf einem ebenen Schirm ist dem Tangens des Ablenkwinkels proportional und damit nach Gl. (9.16) bei elektrostatischer Ablenkung auch der Ablenkfeldstärke, d. h. der Ablenkspannung. Für eine unverzerrte Bildwiedergabe in vertikaler Richtung bzw. in horizontaler Richtung sind deshalb zeitproportionale Ablenkspannungen (Sägezahnspannungen) erforderlich. Die Bildgröße ist umgekehrt proportional zur Beschleunigungsspannung. Das liegt daran, dass bei elektrostatischer Ablenkung die Ablenkstrecke quadratisch mit der Axialgeschwindigkeit abnimmt, einmal wegen v_{yd}/v_z und dann deshalb, weil die Aufenthaltsdauer im Ablenkbereich mit v_z abnimmt (Gl. (9.15)). Man beachte, dass nach dem Verlassen des Ablenkbereichs die Bahngeschwindigkeit $|\vec{v}|$ vergrößert ist, nämlich nach Gl. (9.15) auf $v_z/\cos\alpha$.

Die elektrostatische Ablenkung wird für Oszilloskope eingesetzt. Dabei ist die Vertikalablenkspannung die Signalspannung, deren zeitlicher Verlauf auf dem Bildschirm sichtbar wird, wenn als Horizontalablenkspannung eine synchronisierte Sägezahnspannung verwendet wird. Für Bildröhren hingegen wird die magnetostatische Ablenkung benutzt. Damit lassen sich große Ablenkwinkel leichter erreichen.

Ein Magnetfeld übt auf ein Elektron eine Kraft aus, *wenn es sich bewegt*. Die Kraft wirkt senkrecht zum Geschwindigkeitsvektor und senkrecht zum Magnetfeldvektor $\vec{B}$:

$$\vec{F} = -e\left(\vec{v} \times \vec{B}\right). \tag{9.17}$$

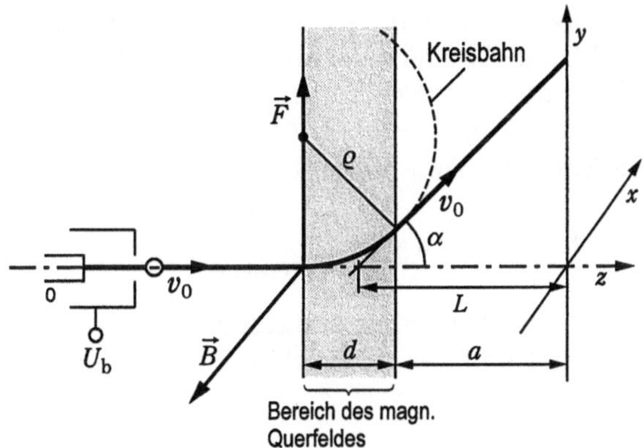

Abb. 9.31. Ablenkung eines Elektronenstrahls durch ein magnetostatisches Feld

B ist die magnetische Flussdichte („Induktion"). Haben Geschwindigkeitsvektor und Magnetfeldvektor die gleiche oder genau entgegengesetzte Richtung, bleibt das Elektron trotz seiner Bewegung unbeeinflusst.

Abb. 9.31 zeigt den Eintritt eines Elektrons, das sich axial mit der Geschwindigkeit v_0 bewegt, in ein homogenes magnetisches Querfeld der Breite d. Der Magnetfeldvektor liegt in der Richtung der negativen x-Achse: $\vec{B} = \{B_x, 0, 0\}$ mit $B_x < 0$. Weil die Kraft immer senkrecht zum Geschwindigkeitsvektor wirkt, gibt es nur senkrecht zur Bahnrichtung eine Beschleunigung. Es entsteht deshalb eine *Kreisbahn* senkrecht zu $\vec{B}$, also in der yz-Ebene, und die Bahngeschwindigkeit bleibt konstant gleich v_0. Die Kraft ist zum Kreismittelpunkt gerichtet und kompensiert die Zentrifugalkraft mv_0^2/ϱ. Daraus ergibt sich der Kreisradius

$$\varrho = \frac{v_0}{\varkappa B}. \tag{9.18}$$

Nach dem Verlassen des Ablenkbereichs bewegt sich das Elektron im feldfreien Raum geradlinig weiter mit der Bahngeschwindigkeit v_0 in der yz-Ebene. Der Ablenkwinkel α ist gleich dem Winkel, den die Tangente an den Kreis am Ende des Ablenkbereichs mit der z-Achse bildet. Es ist

$$\sin\alpha = \frac{d}{\varrho} = -\varkappa d \frac{B_x}{v_0} = -d \frac{B_x}{\sqrt{2U_\mathrm{b}/\varkappa}}. \tag{9.19}$$

Man beachte den Unterschied gegenüber der elektrostatischen Ablenkung (Gl. (9.15)). Nicht der Tangens, sondern der Sinus des Ablenkwinkels ist proportional zur Feldstärke, d. h. zum Ablenkstrom, und er ist umgekehrt proportional zur *Wurzel* aus der Beschleunigungsspannung. Dabei bleibt der Ablenkmittelpunkt bei größeren Winkeln nicht genau in der Mitte des Ablenkbereichs liegen, sondern verschiebt sich auf der z-Achse etwas nach rechts. Aus Abb. 9.31 kann man den Abstand links vom Ende des Ablenkbereichs berechnen:

$$L-a=\frac{d}{2}\left(1-\tan^2\frac{\alpha}{2}\right). \tag{9.20a}$$

Auf einem ebenen, auf der Achse senkrecht stehenden Schirm im Abstand a rechts vom Ende des Ablenkbereichs landet das Elektron daher bei

$$y_a=\left(a+\frac{d}{2}\left(1-\tan^2\frac{\alpha}{2}\right)\right)\tan\alpha\,. \tag{9.20b}$$

Näherungsweise ist diese Strecke wie bei der elektrostatischen Ablenkung dem Tangens und nicht dem Sinus des Ablenkwinkels proportional, wenn man die Verschiebung des Ablenkmittelpunkts wegen $a >> d$ vernachlässigt. Da die Proportionalität zur Magnetfeldstärke aber nach Gl. (9.19) für den Sinus gilt, ist nur bei kleinen Ablenkwinkeln, solange $\sin\alpha \approx \tan\alpha$ anzunehmen ist, die Ablenkstrecke proportional zur Feldstärke. Aus

$$\tan\alpha=\frac{\sin\alpha}{\sqrt{1-\sin^2\alpha}}$$

folgt ein überproportionales Ansteigen der Ablenkstrecke bei größeren Winkeln. Auf dem Schirm wird das Bild dadurch an den Rändern bei sägezahnförmigen Ablenkströmen gedehnt. Wir bezeichnen diesen Effekt der magnetischen Ablenkung als „Tangensfehler". Bei Ablenkwinkeln vertikal und horizontal von $\pm 45°$ (diagonal insgesamt 110°) ergibt sich beispielsweise das in Abb. 9.32b dargestellte verzerrte Bild quadratischer Felder.

Überlagert ist die Kissenverzeichnung, die bei elektrostatischer Ablenkung (Abb. 9.32a) genauso auftritt. Sie ist ein rein geometrisch, nicht physikalisch bedingtes Problem, das sich bei Kombination von Vertikal- und Horizontalablenkung ergibt: Bei einem konstanten Vertikalablenkwinkel α_V verläuft während der Horizontalablenkung der Elektronenstrahl auf dem Mantel eines Kreiskegels mit dem Öffnungswinkel $2\cdot(90°-\alpha_V)$. Der Kegel steht in y-Richtung mit seiner Spitze im Ablenkmittelpunkt und wird durch die Schirmebene geschnitten. Die Schnittlinie ist daher eine Hyperbel. Entsprechendes gilt für die Linien bei Vertikalablenkung.

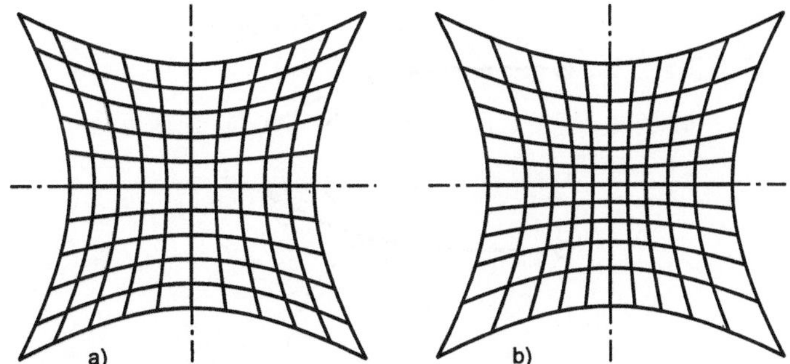

Abb. 9.32. Geometriefehler auf einem ebenen Bildschirm ohne Korrektur:
a) Kissenverzeichnung bei elektrostatischer Ablenkung,
b) Kissenverzeichnung und Tangensfehler bei magnetostatischer Ablenkung

Eine Korrektur der Kissenverzeichnung ist möglich, wenn die Amplitude der Ablenkspannung oder des Ablenkstroms für die Vertikalablenkung vom Signal der Horizontalablenkung gesteuert wird („Nord-Süd-Korrektur") und entsprechend die Horizontalablenkungsamplitude vom Vertikalablenksignal („Ost-West-Korrektur"). Zur Korrektur des Tangensfehlers müssen die Sägezähne der vertikalen und horizontalen Ablenkströme am Anfang und Ende abgeflacht werden.

Elektronenoptik

Die Feldkräfte können auch zur Strahlbildung (Bündelung der Elektronen) und zur Fokussierung der Strahlen eingesetzt werden, wenn die Felder in geeigneter Weise inhomogen sind. Man benutzt rotationssymmetrische Äquipotentialflächen. Ihre Funktion im Falle elektrischer Felder ist in Abb. 9.33 veranschaulicht. Das bewegte Elektron biegt ab zur Gegenrichtung des Feldstärkevektors, bei einer konvexen Äquipotentialfläche zur Rotationsachse hin („konvergent"), bei konkaver Fläche von der Achse weg („divergent"), wenn das Potential in Bahnrichtung zunimmt. Bei abnehmendem Potential ist es umgekehrt.

Man kann sich die Elektronenbahn wie einen Lichtstrahl vorstellen und die Äquipotentialfläche wie die Grenzfläche Luft-Glas. Das inhomogene Feld wirkt nach dieser Vorstellung als „Elektronenlinse". Man spricht deshalb auch von *Elektronenoptik*, obwohl die Analogie zur Lichtoptik nur unvollständig ist. Insbesondere knickt die Elektronenbahn beim „Grenzflächendurchgang" nicht abrupt ab, sondern wird allmählich abgebogen, und beim Abbiegen zum „Einfallslot" hin (zur negativen $\vec{E}$ - Richtung) nimmt die Geschwindigkeit nicht ab, sondern sie nimmt zu. Auch ist zu beachten, dass bei hoher Elektronendichte die Linsenfelder durch die *Raumladung* beeinflusst werden.

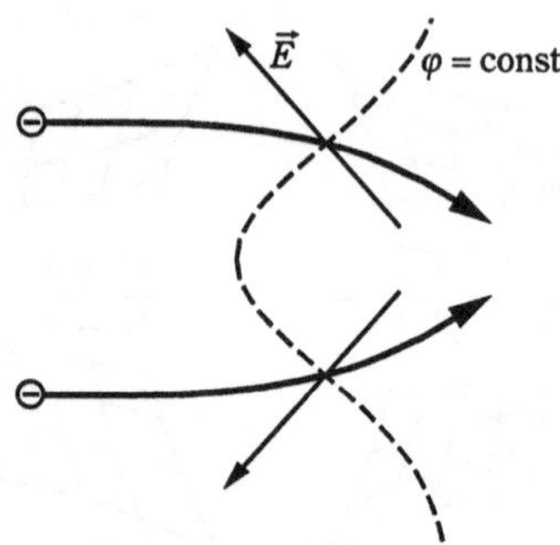

Abb. 9.33. Fokussierung durch eine elektrostatische Elektronenlinse. Gestrichelt: Querschnitt durch rotationssymmetrische Äquipotentialfläche

Die Elektronenoptik wurde zu einer eigenen wissenschaftlichen Disziplin ausgebaut, hauptsächlich in Deutschland in den Jahren 1930 bis 1950 [9.18, 9.22, 9.26], größtenteils für Elektronenmikroskope. In der Zeit waren die Arbeiten mühsam und langwierig, weil es noch keine Computerunterstützung gab und Entwicklungen in der Elektronenoptik meist die numerische Lösung von Differentialgleichunssystemen erfordern.

In Bildröhren werden elektrostatische Elektronenlinsen verwendet. Die rotationssymmetrischen Äquipotentialflächen kann man hierbei durch Lochscheiben oder Zylinder erzeugen, wenn zwischen ihnen eine Spannung liegt. Abbildung 9.34 zeigt ein Beispiel mit zwei Zylindern, die durch einen schmalen Spalt getrennt sind. Elektronen, die auf einer zur Achse parallelen Bahn in den Linsenbereich, d. h. in den Bereich der konvexen Potentialflächen kommen, werden wegen des ansteigenden Potentials zur Achse hin gelenkt. Im zweiten Zylinder wird die Bahn durch die konkaven Potentialflächen dagegen divergent abgelenkt, jedoch nur noch schwach, weil durch das zunehmende Potential

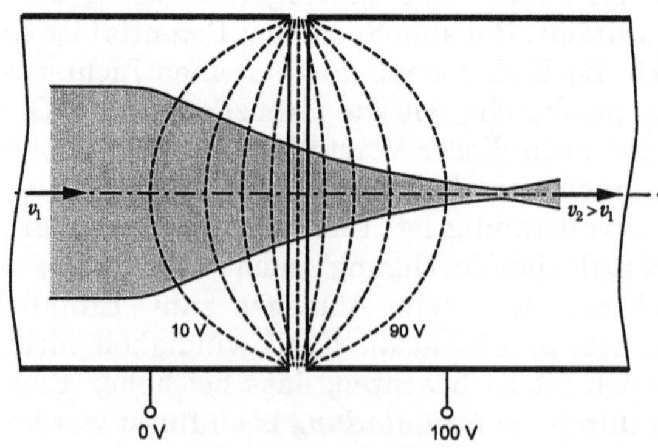

Abb. 9.34. Beschleunigungslinse

die Elektronengeschwindigkeit angestiegen ist. So entsteht danach die gezeigte Fokussierung auf der Achse. Dieser „Brennpunkt“ liegt für Parallelstrahlen in größerem Abstand zur Achse näher an der Linse, ebenso wie bei den Linsen der Lichtoptik durch den Öffnungsfehler der sphärischen Aberration. Die Verschmierung des Brennpunktes zu einem Zerstreuungskreis ist in Abb. 9.34 zu erkennen. Die „Brennweite“[1] wird größer durch eine geringere Spannung zwischen den Elektroden und durch eine höhere Anfangsgeschwindigkeit der Elektronen[2]. Die Brennweite ist abhängig vom Verhältnis Anfangsgeschwindigkeit zu Spannung. Man beachte, dass infolge der Spannung die aus der Linse austretenden Elektronen eine höhere Geschwindigkeit erhalten haben ($v_2 > v_1$). Man bezeichnet die Anordnung deshalb als *Beschleunigungslinse* (auch *Bipotentiallinse*).

Mit drei Elektroden lässt sich die Beschleunigung vermeiden, wenn die äußeren auf dem gleichen Potential liegen. Dieses kann das hohe positive Potential U_b sein, während die mittlere Elektrode auf einem erheblich niedrigeren Potential liegt, wie in Abb. 9.35 am Beispiel von drei Lochscheiben gezeigt. Die Elektronen treten hier in ein Bremsfeld ein, wo sie durch die zunächst konvexen Potentialflächen bei abnehmendem Potential und noch hoher Geschwindigkeit etwas divergent abgelenkt werden. Sie werden dann langsamer, bei zu niedriger Anfangsgeschwindigkeit können sie auch wieder umkehren („elektronen-

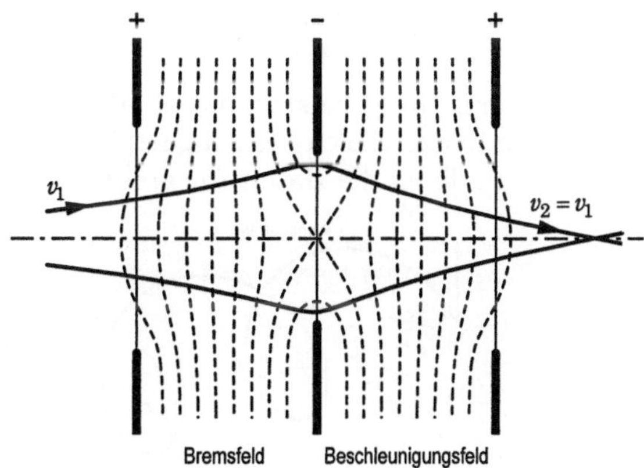

Abb. 9.35. Einzellinse

[1] Die „Hauptebenen“, von denen die Brennweiten gerechnet werden, liegen umgekehrt wie bei der Lichtoptik: die bildseitige Hauptebene zur Objektseite hin, die objektseitige zur Bildseite hin.

[2] Die Geschwindigkeitsabhängigkeit wird in der Elektronenoptik als „chromatische Aberration“ bezeichnet, in Analogie zur Wellenlängenabhängigkeit in der Lichtoptik.

optischer Spiegel“). Ansonsten passieren sie die mittlere Lochscheibe und treten nun in ein Beschleunigungsfeld mit zunächst konvexen Potentialflächen ein, wo sie wegen ihrer anfangs geringen Geschwindigkeit stark konvergent abbiegen, dann aber bei wieder zunehmender Geschwindigkeit an konkaven Potentialflächen etwas divergieren. Danach kann es zur Fokussierung kommen. Wegen der Symmetrie haben die Elektronen beim Verlassen des Linsenbereichs jedenfalls wieder die gleiche Geschwindigkeit wie beim Eintritt ($v_2 = v_1$). Man bezeichnet diese Linse als *Einzellinse* oder *Unipotentiallinse*. Die Bezeichnung „Einzellinse“ (die auch im Englischen so heißt) stammt von dem Vergleich mit einer einzelnen lichtoptischen Linse, die beiderseits von einem Medium (Luft) mit gleichem Brechungsindex umgeben ist.

Eine Elektronenlinse kann auch mit magnetostatischen Feldern verwirklicht werden. Der einfachste Fall – er wurde zur Fokussierung bei Kameraröhren eingesetzt (Abb. 9.5a und 9.5c) – ist das Magnetfeld einer langen Spule. Das im Inneren liegende, axial ausgerichtete homogene Feld kann zwar Elektronen, die sich genau achsenparallel bewegen, nicht beeinflussen. Ist der Axialgeschwindigkeit v_z jedoch eine radiale Komponente v_r überlagert – z. B. bei Emission aus der Kathode (s. unten) –, so bewegt sich das Elektron auf einer Spiralbahn entlang der Achse, wie in Abb. 9.35 gezeigt. Der axialen Bahn ist dann nämlich die Kreisbewegung nach Abb. 9.31 mit dem Radius

$$\varrho = \frac{v_r}{\varkappa B}$$

nach Gl. (9.18) überlagert. Der Kreisradius ist also der radialen Geschwindigkeitskomponente des Elektrons proportional. Diese bleibt auf dem Kreis konstant. Deshalb ist die Dauer für einen Umlauf

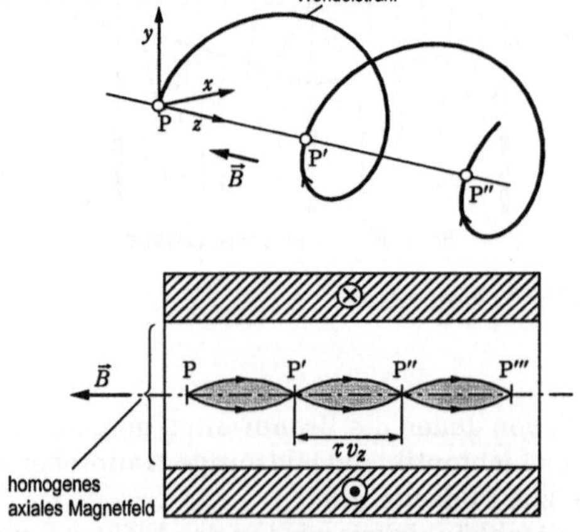

Abb. 9.36. Periodische Abbildung eines Punktes beim Wendelstrahl in einer langen Spule

$$\tau = \frac{2\pi\varrho}{v_r} = \frac{2\pi}{\varkappa B} \qquad (9.21)$$

unabhängig von der Radialgeschwindigkeit, mit der das Elektron vom Ausgangspunkt P ausgeht, immer gleich. Große Kreise werden mit großer Geschwindigkeit umlaufen, kleine mit kleiner Geschwindigkeit. Die Folge ist, das alle Elektronen, die mit unterschiedlicher Radialkomponente, aber gleicher Axialkomponente der Geschwindigkeit von P ausgehen, nach einem Umlauf wieder in einem Punkt zusammentreffen. Es ist der Punkt P′ in Abb. 9.31. Diese Fokussierung wiederholt sich in Abständen τv_z auf der Achse. Die Abstände sind nach Gl. (9.21) umgekehrt proportional zu B. Die Fokuslage lässt sich deshalb mit dem Spulenstrom einstellen. Man beachte aber, dass die lange Spule eigentlich keine Elektronenlinse darstellt. Denn, wie erwähnt, bleiben achsenparallele Bahnen parallel, laufen also nirgends in einem Punkt zusammen.

Durch die Inhomogenität des Magnetfeldes einer *kurzen* Spule kommt jedoch eine Linsenwirkung zustande (Abb. 9.37). In den linken und rechten Randbezirken der Spule ist eine *radiale* Komponente des Magnetfeldes ausgeprägt, von der Achse nach außen zunehmend. Dadurch wird auf ein axial bewegtes Elektron eine Kraft senkrecht zur Achse ausgeübt, und zwar in Abb. 9.37 auf die obere achsenparallele Bahn am Linseneingang in x-Richtung, auf die untere Bahn in entgegengesetzter Richtung. So entsteht eine überlagerte transversale Bewegung. Im weiteren Verlauf nach rechts ist es diese transversale Geschwindigkeitskomponente, die im Zusammenwirken mit dem hier nun überwiegend axialen Magnetfeld eine konvergente Bahn (d. h. in

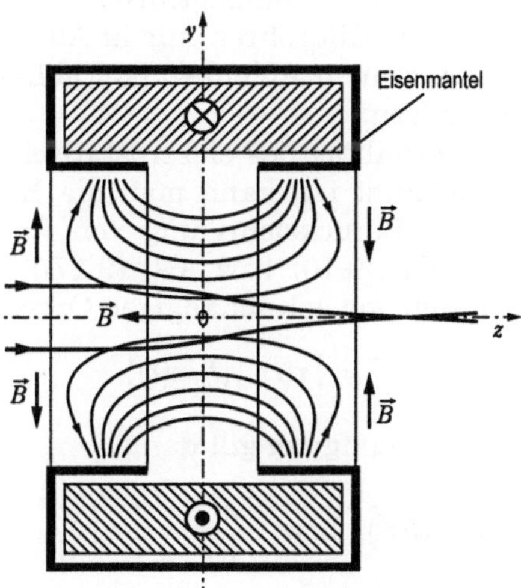

Abb. 9.37. Fokussierung durch eine magnetische Elektronenlinse

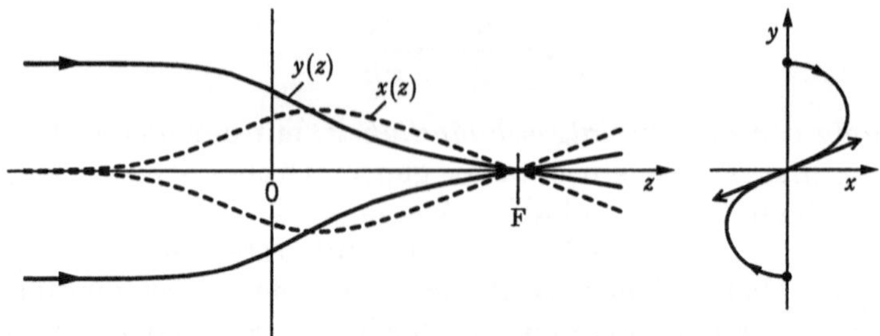

Abb. 9.38. Elektronenbahnen in der Magnetlinse

$-y$-Richtung bzw. in $+y$-Richtung) einleitet. Die axiale Geschwindigkeitskomponente bewirkt schließlich am Linsenausgang mit der dortigen Radialkomponente des Feldes – sie liegt in entgegengesetzter Richtung zu der am Linseneingang – eine umgekehrte Transversalbewegung, d. h. in $-x$-Richtung bei der oberen Bahn und in $+x$-Richtung bei der unteren Bahn. So kommen nach dem Linsenausgang die beiden Elektronen an einer Stelle auf der Achse zusammen. Der für Magnetlinsen typische räumliche Bahnverlauf ist in Abb. 9.38 dargestellt. Man beachte, dass auch die kurze Magnetlinse achsenparallele Eingangsbahnen nirgends zum Überkreuzen bringen kann, sondern dass es nur zur Berührung der Bahnen kommen kann (Abb. 9.38 rechts), und auch das nur bei achsennahen Elektronenstrahlen. Die Bahngeschwindigkeit $|\vec{v}|$ bleibt beim Linsendurchgang fortwährend konstant, im Gegensatz zur elektrostatischen Linse. Zur Konzentration des Magnetfeldes und stärkeren Ausprägung der radialen Komponente wird die Spule einer Magnetlinse meist in Eisen gekapselt, mit einem inneren ringförmigen Spalt (Abb. 9.37). Magnetlinsen werden für Elektronenmikroskope eingesetzt, für Bildröhren nur in Ausnahmefällen zur „dynamischen“ (vom momentanen Ablenkwinkel abhängigen) Nachfokussierung an den Bildrändern.

Wenn die örtliche Verteilung des elektrostatischen bzw. des magnetostatischen Feldes bekannt ist, kann man die Elektronenbahn beim Linsendurchgang (ohne Berücksichtigung von Raumladungseffekten) aus den Feldkräften (Gl. (9.10) bzw. Gl. (9.17)) berechnen. Wir beschreiben die Bahn durch den zeitabhängigen Ortsvektor

$$\vec{r} = \{x(t), y(t), z(t)\}.$$

Für die Elektronenbeschleunigung gilt dann

$$\frac{\mathrm{d}^2\vec{r}}{\mathrm{d}t^2} = -\varkappa\vec{E}(\vec{r}) \quad \text{bzw.} \quad \frac{\mathrm{d}^2\vec{r}}{\mathrm{d}t^2} = -\varkappa\left(\frac{\mathrm{d}\vec{r}}{\mathrm{d}t} \times \vec{B}(\vec{r})\right). \qquad (9.22)$$

Das System aus drei Differentialgleichungen kann mit numerischen Verfahren gelöst werden. Man erhält daraus $\vec{r}(t)$. Das ist die Bahnkurve in einer Parameterdarstellung (Parameter t).

Strahlerzeugung

Die Erzeugung des Elektronenstrahls geht aus von der Glühemission der Metalloberfläche der Kathode. Innerhalb des Metalls bewegen sich die freien Elektronen ungeregelt in allen Richtungen. Die Verteilung ihrer kinetischen Energie E' wird durch die Fermi-Dirac-Statistik beschrieben:

$$w(E') = \frac{1}{1 + \exp\left(\frac{E' - E_F}{kT}\right)}. \quad (9.23)$$

Hier ist T die absolute Temperatur, k die Boltzmann-Konstante. $w(E')$ stellt die Besetzungswahrscheinlichkeit eines Energieniveaus E' mit Elektronen dar (s. Lehrbücher der Physik). Bei $T = 0$ sind alle Niveaus von $E' = 0$ bis zur *Fermi-Energie* E_F besetzt ($w = 1$), darüber unbesetzt ($w = 0$). Bei Temperaturen $T > 0$ verlassen einige Elektronen die Niveaus unterhalb E_F und besetzen statt dessen Niveaus oberhalb von E_F, wie mit Gl. (9.23) beschrieben. Die Fermi-Energie hängt von der Elektronendichte im Metall ab. Bei Wolfram ist beispielsweise die Dichte $15{,}4 \cdot 10^{22}\,\text{cm}^{-3}\,(= 154\,\text{nm}^{-3})$ und $E_F = 10{,}5\,\text{eV}$, bei Barium $3{,}15 \cdot 10^{22}\,\text{cm}^{-3}$ und $E_F = 3{,}64\,\text{eV}$.

Die Metalloberfläche bildet einen Potentialwall, den die Elektronen wegen unzureichender kinetischer Energie größtenteils nicht überwinden können. Zum Verlassen des Metalls benötigen sie eine Energie, die um den Betrag der *Austrittsarbeit* W_A größer als die Fermi-Energie sein muss (Abb. 9.39). Die Elektronenemission durch Energieaufnahme infolge einer Wechselwirkung mit Photonen (Photoemission) wurde im Zusammenhang mit dem äußeren Photoeffekt am Anfang von Abschn. 9.1 bereits beschrieben. Hier bei der Glühemission kommt es durch die erhöhte Temperatur dazu, dass entsprechend der Gl. (9.23) ein – allerdings sehr kleiner – Teil der Elektronen die Austrittsarbeit überwinden kann und ins Vakuum übertritt. Bei Wolfram muss man mit $W_A = 4{,}55\,\text{eV}$ rechnen, bei Barium mit $W_A = 2{,}52\,\text{eV}$. Von Einfluss sind die Oberflächenstruktur und Adsorbate.

Die über $E_F + W_A$ hinausgehende kinetische Energie bezeichnen wir mit E:

$$E =_{\text{def}} E' - (E_F + W_A). \quad (9.24)$$

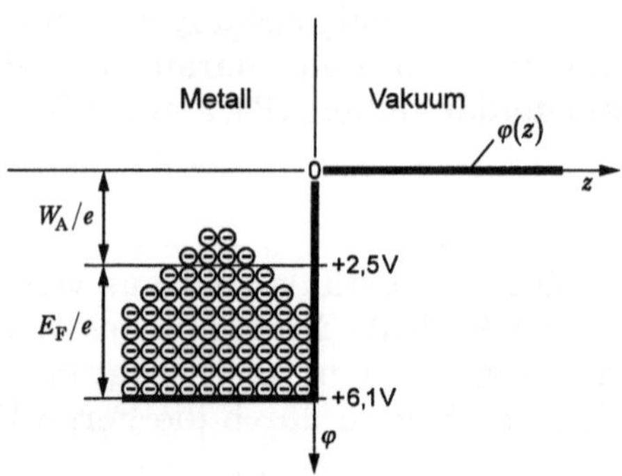

Abb. 9.39. Potentialwall an einer Metalloberfläche (schematisiert). Die Werte gelten für Barium

Weil $W_A >> kT$, geht für die Elektronenenergie außerhalb des Metalls die Fermi-Dirac-Verteilung in die Boltzmann-Verteilung über:

$$w(E) = \exp\left(-\frac{E + W_A}{kT}\right). \tag{9.23a}$$

Die Energie drücken wir durch den *Impulsvektor* $\vec{p} = m\vec{v}$ aus:

$$E = \frac{\left|\vec{p}\right|^2}{2m} = \frac{p_x^2 + p_y^2 + p_z^2}{2m}.$$

Die Volumendichte der Elektronen in einem Impulsbereich

$$p_x \ldots p_x + \mathrm{d}p_x, \; p_y \ldots p_y + \mathrm{d}p_y, \; p_z \ldots p_z + \mathrm{d}p_z$$

ist gegeben durch

$$\frac{\mathrm{d}n}{V} = \frac{2}{h^3} \exp\left(-\frac{1}{kT}\left(\frac{p_x^2 + p_y^2 + p_z^2}{2m} + W_A\right)\right) \mathrm{d}p_x \, \mathrm{d}p_y \, \mathrm{d}p_z. \tag{9.25}$$

Hier ist h das Plancksche Wirkungsquantum. Durch Integration über p_x und p_y von $-\infty$ bis $+\infty$ und über p_z von 0 bis $+\infty$ erhält man die Dichte der ins Vakuum ausgetretenen Elektronen. Beispielsweise ist sie bei einer Bariumoxidkathode (s. unten) mit $T = 1000$ K und $W_A = 1{,}2$ eV gleich $6{,}8 \cdot 10^{13}\,\mathrm{cm}^{-3}$, somit etwa um den Faktor $2 \cdot 10^{-9}$ kleiner als im Metall.

Durch Multiplikation von $\mathrm{d}n/V$ mit ev_z erhält man aus Gl. (9.25) die Flächendichte des emittierten Elektronen*stroms* in dem Impulsbereich:

$$\mathrm{d}i_\mathrm{s} = \frac{2e}{m h^3} p_z w(E)\,\mathrm{d}p_x \mathrm{d}p_y \mathrm{d}p_z\,. \tag{9.26}$$

Die Gesamtstromdichte ergibt sich hieraus durch Integration mit den zuvor genannten Grenzen der Impulskoordinaten. Das Ergebnis ist

$$i_s = \frac{4\pi e m}{h^3}(kT)^2 \exp\left(-\frac{W_\mathrm{A}}{kT}\right) = A\,T^2 \exp\left(-\frac{W_\mathrm{A}}{kT}\right). \tag{9.27}$$

Es wurde 1911 in dieser Form von dem englischen Physiker RICHARDSON[1] zuerst angegeben. A wird als Richardson-Konstante bezeichnet. Sie sollte hiernach bei allen Metallen gleich sein. Die Rechnung ergibt $A = 120 \cdot 10^6\,\mathrm{A\,cm^{-2}K^{-2}}$. Der tatsächliche Wert ist jedoch kleiner und je nach Metall unterschiedlich. Als Grund für die Abweichung werden unerfasste Oberflächeneffekte und eine bei der Messung von W_A nicht berücksichtigte Temperaturabhängigkeit der Austrittsarbeit vermutet.

Die angegebene Stromdichte ist die *Sättigungsstromdichte*. Sie bezeichnet das Maximum der Stromdichte, die man aus der Kathode ziehen kann, wenn die Anodenspannung so hoch ist, dass Raumladungsbegrenzungen überwunden sind. Normalerweise wird aber der Sättigungsbetrieb vermieden.

Von Interesse ist auch die Geschwindigkeitsverteilung der Elektronen in dem gelieferten Strom, falls das elektrische Feld, mit dem sie beschleunigt und von der Kathode abgezogen werden, nicht berücksichtigt wird (wie in Abb. 9.39). Wir betrachten dazu den Anteil, den $\mathrm{d}i_\mathrm{s}$ nach Gl. (9.26) an der Gesamtstromdichte i_s nach Gl. (9.27) hat:

$$\frac{\mathrm{d}i_\mathrm{s}}{i_\mathrm{s}} = \frac{m^2}{2\pi(kT)^2} v_z \exp\left(-\frac{m}{2kT}\left(v_x^2 + v_y^2 + v_z^2\right)\right) \mathrm{d}v_x \mathrm{d}v_y \mathrm{d}v_z\,.$$

Durch Integration über v_x und v_y von $-\infty$ bis $+\infty$ erhalten wir den Stromanteil mit axialen Elektronengeschwindigkeiten im Bereich $v_z \ldots v_z + \mathrm{d}v_z$. Er ist $g_z \mathrm{d}v_z$, wobei

$$g_z(v_z) = \frac{m v_z}{kT} \exp\left(-\frac{m}{2kT} v_z^2\right). \tag{9.28}$$

Entsprechend erhalten wir den Stromanteil $g_x \mathrm{d}v_x$ oder $g_y \mathrm{d}v_y$ mit transversalen Elektronengeschwindigkeiten im Bereich $v_x \ldots v_x + \mathrm{d}v_x$ bzw. $v_y \ldots v_y + \mathrm{d}v_y$ durch Integration über v_y bzw. v_x von $-\infty$ bis $+\infty$ und über v_z von 0 bis $+\infty$. Es ist

[1] Sir Owen Williams Richardson, *26. 4. 1879 in Dewsbury (Yorkshire, England), †15. 2. 1959 Alton (Hampshire).

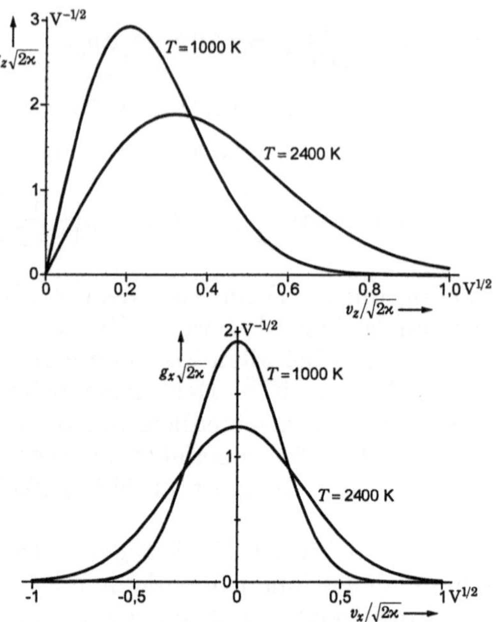

Abb. 9.40. Die Verteilung der axialen und transversalen Elektronengeschwindigkeiten im emittierten Strom

$$g_x(v_x) = \sqrt{\frac{m}{2\pi kT}} \exp\left(-\frac{m}{2kT} v_x^2\right). \tag{9.29}$$

Diese Verteilungsfunktionen sind in Abb. 9.40 für zwei typische Kathodentemperaturen gezeigt, $T = 1000\,\mathrm{K}$ bei Bariumoxidkathoden und $T = 2400\,\mathrm{K}$ bei Wolframkathoden. Die axialen Geschwindigkeiten haben eine Rayleigh-Verteilung (s. Gl. (8.122)), die transversalen eine Gauß-Verteilung. Man erkennt, wie die Verteilungen bei höherer Temperatur auseinander gezogen werden. Aufgetragen sind die mit $\sqrt{2\varkappa}$ normierten Geschwindigkeiten, so dass auf der Skala die Quadratwurzelwerte der Energie in Elektronenvolt erscheinen. Sie liegt in der Größenordnung der „Temperaturspannung"

$$U_\mathrm{T} =_\mathrm{def} \frac{kT}{e}.$$

Die axialen und transversalen Streuungen der Anfangsgeschwindigkeit sind eine unerwünschte, aber unvermeidliche Begleiterscheinung der Emission. Sie überlagern sich der Strahlgeschwindigkeit bei der nachfolgenden Beschleunigung durch elektrische Felder. Der Einfluss der Geschwindigkeit auf die Fokuslage stört die Elektronenoptik, solange die Strahlgeschwindigkeit noch nicht oder nicht mehr wesentlich größer ist als die Anfangsgeschwindigkeit. In den Kameraröhren in der Nähe des Targets, wo der Elektronenstrahl wieder auf seine Anfangsgeschwindigkeit abgebremst ist, bestimmt die Temperaturspannung die Strahlstromannahmekurve („Anlaufstromgebiet"), s. Abschn. 9.1.2., wodurch der Strahlwiderstand umso größer ist, je höher die Kathodentemperatur ist. Die Temperaturspannung ist $U_T = 0{,}086\,\text{V}$ bei $T = 1000\,\text{K}$ und $0{,}207\,\text{V}$ bei $T = 2400\,\text{K}$.

Mit der Verteilung g_z kann der Mittelwert der Axialgeschwindigkeit berechnet werden, mit der Verteilung g_x bzw. g_y der „Effektivwert" (Wurzel aus dem quadratischen Mittelwert, rms-Wert) der Transversalgeschwindigkeit:

$$\bar{v}_z = \int_0^\infty v_z\, g_z(v_z)\,\mathrm{d}v_z = \sqrt{\frac{\pi}{2m}kT} = \sqrt{\frac{\pi}{2}\varkappa U_T} \tag{9.30a}$$

$$v_{x\,\text{eff}} = v_{y\,\text{eff}} = \sqrt{\overline{v_x^2}} = \left(\int_{-\infty}^{\infty} v_x^2\, g_x(v_x)\,\mathrm{d}v_x\right)^{1/2} = \sqrt{\frac{kT}{m}} = \sqrt{\varkappa U_T} \tag{9.30b}$$

Für Elektronenmikroskope und ähnliche Geräte ist die Elektronenquelle der Heizdraht selbst („direkt" geheizte Kathode). Es wird beispielsweise ein Wolframdraht verwendet, der zu einer Spitze gebogen ist und von dieser aus möglichst punktförmig emittieren soll. Für Bildröhren und zum Elektronenstrahlschweißen werden flächenhafte Kathoden verwendet, die „indirekt" geheizt werden, d. h. von einem Heizdraht, der nicht emittiert. Wolfram wurde trotz seiner verhältnismäßig hohen Austrittsarbeit von Anfang an für Glühkathoden eingesetzt, weil es das Metall mit dem höchsten Schmelzpunkt ist und im Vakuum selbst im Dauerbetrieb auf Weißglut bei $T = 2400\,\text{K}$ oder höher erhitzt werden darf. Auch Glühlampen arbeiten deshalb mit Wolframdraht. Mit $T = 2400\,\text{K}$ erreicht man eine Sättigungsstromdichte von 0,1 A/cm^2. Die indirekt geheizte Kathode einer Bildröhre besteht aus einem Nickelröhrchen, das an seiner Frontfläche durch einen innen liegenden, isolierten Heizdraht auf dunkle Rotglut, z. B. auf $T = 1000\,\text{K}$ gebracht wird. Diese Frontfläche ist durch einen Überzug von Bariumoxid (BaO) präpariert. Bei der Herstellung wird zunächst eine Schicht aus Bariumkarbonat aufgebracht, die dann durch Glühen im Vakuum („Formieren") in Bariumoxid umgewandelt wird. Die Kathode wird erst funktionsfähig, wenn sie „aktiviert" worden ist. Dazu wird sie kurze Zeit mit stark überhöhter Temperatur betrieben. Dabei entsteht aus dem Oxid etwas metallisches Barium, das sich auf der rauen Oxidschicht niederschlägt, sofern der Prozess nun beendet wird. Man erreicht mit $T = 1000\,\text{K}$ eine Sättigungsstromdichte von 1...2 A/cm^2 und misst eine Austrittsarbeit von etwa 1,2 eV. Die Oxidkathode geht auf die Arbeiten von Arthur Wehnelt zurück (s. unten). Für hohen Strombedarf oder zur Verlängerung der Lebensdauer wurden sog. „Vorratskathoden" (dispenser cathodes) entwickelt. Sie bestehen aus einem Untergrund von porösem Wolfram, das vom Heizdraht zum Glühen gebracht wird. Dieser Untergrund ist mit Bariumoxid gefüllt, das während des Betriebs fortwährend etwas metallisches Barium an die emittierende Oberfläche abgibt. Bei Heizung auf $T = 1300\,\mathrm{K}$ wird eine Sättigungsstromdichte bis zu $3\,\mathrm{A/cm^2}$ erreicht. Die Austrittsarbeit ist 2,1 eV.

Der Aufbau eines Strahlerzeugers mit der indirekt geheizten Bariumoxidkathode ist in Abb. 9.41 gezeigt. Die emittierten Elektronen werden durch das elektrische Feld einer im Abstand von nur etwa 0,6 mm angebrachten Elektrode mit einer Spannung von z. B. 400 V größtenteils von der Kathode abgezogen, eine Raumladung bleibt immerhin doch noch zurück. Aus der ungerichteten, unregelmäßigen und relativ langsamen Bewegung beim Kathodenaustritt nehmen die Elektronen unter dem Einfluss der Extraktionselektrode axial ausgerichtete Bahnen mit hoher Geschwindigkeit auf. Die Elektrode wird traditionell als „Gitter 2" oder „Schirmgitter" (s. unten) bezeichnet. Sie bildet zusammen mit der gegenüber der Kathode negativen Steuerelektrode eine Beschleunigungslinse sehr kurzer Brennweite. Diese bewirkt eine Fokussierung, eine Überkreuzung (*Crossover*) der axialen Elektronenbahnen in der Nähe der Öffnung der G2-Elektrode. Durch diese gelangt der Elektronenstrom zum Bildschirm, das Schirmgitter nimmt selbst fast nichts davon auf. Weil hier der Linsenbereich, wie in Abb. 9.41 zu erkennen ist, das abzubildende Objekt – den Emissionsspot auf der Kathodenoberfläche – mit einschließt, spricht man oft von einer „Immersionslinse", analog zu Mikroskopen, deren erste Objektivlinse durch

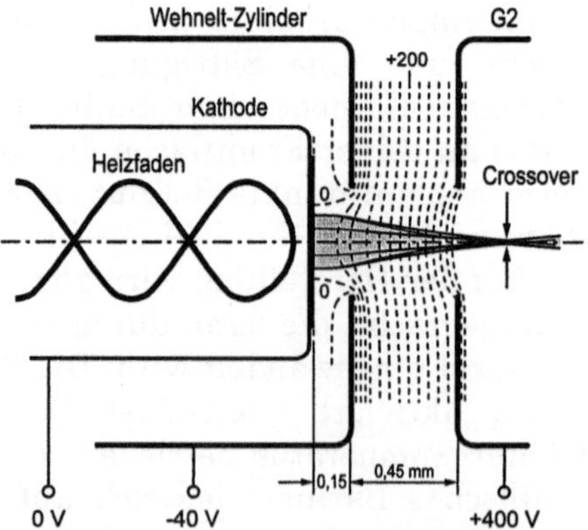

Abb. 9.41. Strahlerzeuger einer Bildröhre. Die gezeigten Potentialflächen haben am Wehnelt-Zylinder einen Abstand von 20 V, sonst 40 V.

eine Immersionsflüssigkeit direkt mit dem Objekt in Kontakt steht[1].

Im Crossover mit einem Durchmesser von beispielsweise nur 50 µm entsteht eine sehr hohe Elektronenkonzentration. Dadurch kommt es zu Zusammenstößen der Elektronen, die ihre Geschwindigkeitsverteilung verbreitern, so als wäre die Elektronenemission aus einer Kathode mit viel höherer Temperatur – z. B. 2500 K statt 1000 K – entstanden (vgl. Abb. 9.40). Der Effekt ist insbesondere bei Kameraröhren unerwünscht, weil er dort – wie erwähnt – den Strahlwiderstand vergrößert und damit den Lag-Effekt.

Die Größe des Strahlstroms muss bei Bildröhren vom Videosignal gesteuert werden können. Eine Steuerung mit der Schirmgitterspannung kommt dafür nicht in Frage, weil sie die Fokussierung zu sehr verändern würde. Die Steuerung geschieht mit der erwähnten ersten, negativ vorgespannten Lochelektrode („Gitter 1"), die in einem Abstand von nur etwa 0,1...0,2 mm direkt vor der Kathode angebracht ist, entweder als kleine Scheibe oder als Zylinder, der die Kathode umschließt (Abb. 9.41). Diese Steuerung im Zusammenwirken mit der Beschleunigungslinse setzte bereits ARDENNE bei seinen Versuchen ein (wie am Anfang dieses Kapitels erwähnt). Sie wurde dann allgemein eingeführt. Die Elektrode heißt zu Ehren von Arthur Wehnelt auch „Wehnelt-Zylinder" oder einfach nur „Wehnelt". Ihre Wirkung wird anhand der Äquipotentialflächen mit Abb. 9.42 verdeutlicht.

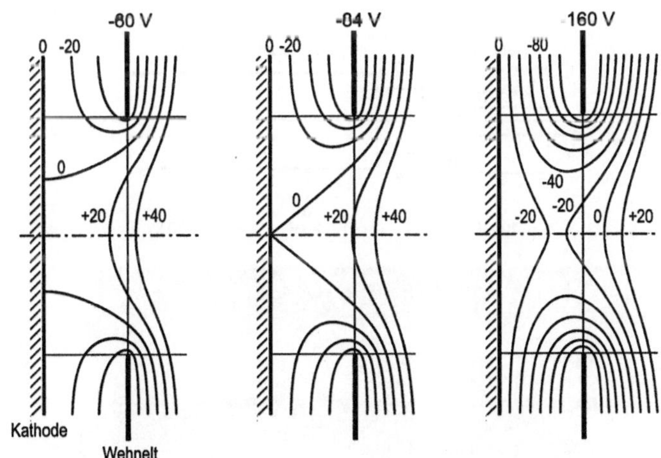

Abb. 9.42. Äquipotentialflächen in der Nähe der Kathode von Abb. 9.41, berechnet für drei Wehnelt-Spannungen (Raumladung nicht berücksichtigt)

[1] Es ist jedoch auch üblich, *alle* Beschleunigungslinsen (Bipotentiallinsen) als Immersionslinsen zu bezeichnen. Man sollte deshalb den Ausdruck möglichst vermeiden.

Man erkennt, wie mit zunehmend negativer Wehnelt-Spannung ein immer kleinerer Teil der Kathodenoberfläche emittieren kann, etwa markiert durch die Null-Volt-Potentialfläche. Gegen ein um die Temperaturspannung noch tieferes Potential können Elektronen aus dem Metall nicht anlaufen. Das mittlere Bild zeigt den Fall, dass die Emissionsfläche etwa auf null zusammengezogen ist, in der vorliegenden Elektrodenkonfiguration nach der Rechnung bei –84 Volt. Darunter ist die Emission gesperrt („Cutoff-Punkt"). Die Vorspannung wird auf den – natürlich von der G2-Spannung abhängigen – Cutoff-Punkt gelegt und von hier aus die positive Signalspannung U_d überlagert. Der Elektronenstrom steigt dann etwa proportional zu U_d^γ mit $\gamma \approx 2{,}8$ (s. Gammaverzerrung, Abschn. 5.2.3).

Nach dem in Abb. 9.41 dargestellten Anfangsteil des Strahlerzeugungssystems folgt die Hauptelektronenlinse. Ihre Wirkung reicht bis zu G2, wie an den Potentialflächen im Lochbereich dieser Elektrode in Abb. 9.41 zu erkennen ist. Es ist meist ebenfalls eine Beschleunigungslinse, deren zweite Elektrode auf der Hochspannung des Bildschirms liegt. Es wird aber manchmal auch eine Einzellinse (Unipotentiallinse) eingesetzt. Bei ihr liegt dann die Hochspannung an den beiden äußeren Elektroden, damit auch in der Nähe von G2, und die niedrige Spannung der mittleren Elektrode wird zur Fokuseinstellung benutzt. Die Schnittzeichnung in Abb. 9.43 oben zeigt das gesamte Strahlerzeugungssystem (auch als *„Elektronenkanone"* bezeichnet) mit einer

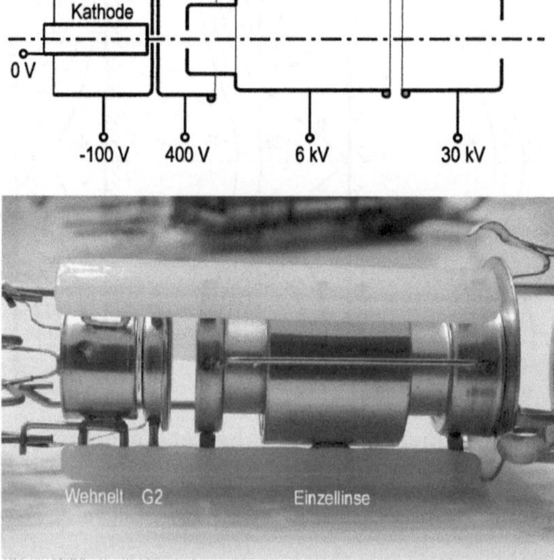

Abb. 9.43. Elektronenkanone, oben mit Bipotentiallinse, unten mit Unipotentiallinse

Beschleunigungslinse. Abbildung 9.43 gibt unten das Photo einer Elektronenkanone mit Einzellinse. Die Aufgabe der Hauptelektronenlinse ist es, den Crossover auf dem Bildschirm scharf abzubilden. Das ist eine vergrößerte Abbildung, weil der Bildschirm relativ weit entfernt ist, die Bildweite also bedeutend größer als die „Gegenstandsweite“ ist. Die Hochspannung von G4 und die Fokuseinstellspannung an G3 haben kaum einen Einfluss auf die Größe des Elektronenstroms, weil ihre Felder infolge der abschirmenden Wirkung von G2 (eben des „Schirmgitters“) nicht bis zur Kathode durchgreifen können.

9.2.2 Bildröhren

In der Farbbildröhre arbeiten gleichzeitig drei Elektronenkanonen. Ihre Strahlen werden von den drei Farbwertsignalen in ihrer Intensität separat gesteuert und gemeinsam entsprechend dem Fernsehzeilenraster horizontal und vertikal magnetisch abgelenkt. Sie treffen fokussiert mit hoher Geschwindigkeit auf die Innenfläche des Bildschirms, wodurch sie dort Leuchtstoffe zur Lichtemission in Rot, Grün und Blau anregen. Durch additive Farbmischung – s. Abb. 5.21 – sieht man auf dem Bildschirm das Farbbild.

Eine übliche Bildröhre zeigt die Schnittzeichnung Abb. 9.44 in einer Ansicht von oben. Im Hals an dem Trichter des großen Vakuumgefäßes aus Glas sind die drei Strahlerzeugungssysteme (nach Abb. 9.43 oben)

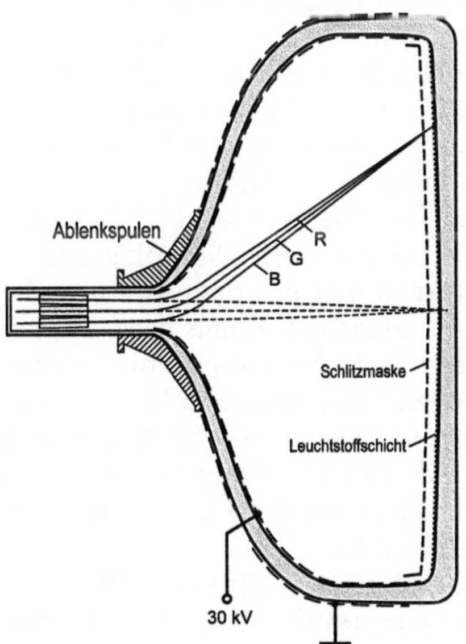

Abb. 9.44. Schnitt durch eine Inline-Bildröhre (vereinfacht), Ansicht von oben

nebeneinander angeordnet, „in-line“ in der horizontalen Ebene durch die Röhrenachse. Die beiden äußeren für Rot und Blau sind gegen die mittlere für Grün etwas geneigt, so dass die Strahlen am Schirm zusammentreffen („konvergieren“). Auf dem Röhrenhals außen, am Trichter anliegend, sitzt das Ablenkspulenpaar. Innen ist der Bildschirm – das „Target“ der Strahlen – mit dem sehr feinen periodischen Muster aus rot, grün und blau emittierenden Leuchtstoffen beschichtet, überzogen von einer sehr dünnen Aluminiumschicht. Davor befindet sich die „*Schattenmaske*". Sie soll mit ihren zu den Leuchtstofftripeln passenden Öffnungen dafür sorgen, dass bei der Abrasterung jeder Elektronenstrahl immer nur die ihm zugeordnete Leuchtstoffart trifft. Die Schirmbeschichtung, die Maske und die Graphitschicht im Inneren liegen an der Hochspannung. Dieser ganze Raum ist also feldfrei. Eine Graphitschicht außen liegt an Masse.

Der Ursprung der Bildröhre, die „Braunsche Röhre“ [9.12], liegt nun schon über hundert Jahre zurück, und doch dominiert auch heute noch die Kathodenstrahlröhre als Display für Fernsehempfänger und Computer. In hunderten Millionen Exemplaren ist sie ständig auf der ganzen Welt im Einsatz.

Historische Entwicklung

Die Braunsche Röhre ist im Laufe jener Zeit fortwährend in vielen kleinen Schritten verbessert und schließlich perfektioniert worden. Der erste Schritt war 1905 die Einführung der Glühkathode durch Wehnelt [9.54]. Die Braunsche Röhre benutzte noch eine kalte Kathode, aus der durch eine extrem hohe Feldstärke die Elektronen emittiert wurden. Insbesondere ermöglichte die Glühemission nun auch die Intensitätssteuerung des Elektronenstrahls durch das elektrische Feld einer Elektrode (Wehnelt-Zylinder, s. oben).

Weiterhin musste das Vakuum erheblich verbessert werden. Erst nach vielen Jahren erreichte man schließlich ein einwandfreies Hochvakuum. Bis dahin war immer mit dem zerstörenden Einfluss von Gasionen zu rechnen. Die negativen Ionen beschädigten im Laufe der Betriebszeit die Leuchtstoffschicht in der Schirmmitte. Sie konzentrierten sich dort, weil sie wegen ihrer größeren Masse weniger als die Elektronen magnetisch abgelenkt werden (s. Gl. (9.19), nicht so bei elektrostatischer Ablenkung, Gl. (9.15)). Die positiven Ionen „bombardierten“ fortwährend die Kathode, soweit sie durch den umgebenden Wehnelt-Zylinder nicht geschützt war.

Der Luftdruck auf das große Vakuumgefäß ist eine Herausforderung an die Glastechnik. Die Implosionsgefahr konnte anfangs nur mit kreisrunden, kugeligen Schirmen großer Krümmung beherrscht werden. Das rechteckige Bild konnte deshalb nur einen Teil der Schirmfläche nutzen. Es waren so nur kleine Bilder möglich, obwohl die Röhrenlänge schon unhandlich groß war. Die erste Rechteckröhre entstand 1939 in Deutschland und wurde damals für den „Einheits-Fernsehempfänger E1“ eingesetzt, mit einer Bildgröße von 195×225 mm^2 und einem Krümmungsradius von 800 mm.

Die Entwicklung einer Farbbildröhre mit drei Elektronenkanonen, Schattenmaske und einem Leuchtstoffschirm mit regelmäßigem Farbtripelmuster gelang 1950 bei der Radio Corporation of America (RCA) in USA [9.37]. Auf dieser Grundlage konnte dann das NTSC-Farbfernsehen eingeführt werden. Wieder war anfangs der Bildschirm noch kreisrund. Alternative Entwicklungen erwiesen sich als ungeeignet für eine Massenfertigung, abgesehen von der grundsätzlich ähnlichen „Trinitron“-Konstruktion bei Sony in Japan (s. unten).

Erst vor wenigen Jahren konnte eine vollkommen ebene Frontfläche, wie in Abb. 9.44 dargestellt, auch bei den großen Fernsehbildschirmen erreicht werden. Die Glasdicke des Schirms musste dazu weiter verstärkt werden. Durch die Lichtbrechung erscheint, aus kurzer Entfernung betrachtet, das Bild dann sogar nach innen gewölbt. Ein ebenes Bild wird bei ebener Frontfläche aus Betrachtungsentfernungen $> 3H$ dann gesehen, wenn der Krümmungsradius der Leuchtstoffschicht nicht kleiner als $40H$ ist (H ist die Bildhöhe) [9.42].

Die nicht angeregten Leuchtstoffe erscheinen im auffallenden Licht leider nicht schwarz, sondern eher gelblich-grünlich. Zur Kontrastverbesserung in nicht abgedunkelten Räumen ist die Schirminnenfläche an den nicht beschichteten Stellen geschwärzt worden („Black Matrix“), und das Frontglas ist dunkel eingefärbt, wodurch zwar auch das emittierte Licht geschwächt wird, aber die Absorptionsstrecke für die störende Aufhellung durch das Umgebungslicht ist doppelt so groß. Eine weitere Verbesserung kann man durch eine Entspiegelung der Frontglasscheibe erreichen. Die Schirme der neueren Bildröhren erscheinen bei ausgeschalteten Empfängern daher nahezu schwarz.

Ein grundsätzlicher Nachteil der Bildröhre ist ihre große Bautiefe. Im Laufe der Zeit wurde deshalb der Ablenkwinkel immer weiter vergrößert, mit entsprechend größeren Schwierigkeiten, eine korrekte Bildgeometrie, Fokussierung, Konvergenz und Farbreinheit über den gesamten Schirm zu erreichen. Noch beherrschbare Ablenkwinkel liegen bei 120° diagonal. Vom Gewicht und der Bautiefe her gibt es somit für die Bildröhre eine obere Grenze einer noch praktikablen Displaygröße. Sie liegt etwa bei einer Diagonalen von einem Meter.

Ablenkung

Die Ablenkspulen (Abb. 9.44) können *Toroidspulen* sein aus einem Ferritring, der den Röhrenhals umschließt, oder *Sattelspulen* als offene Luftspulen, die dem Röhrenhals aufgesattelt sind.

Die Toroidspule besitzt zwei gegenpolig magnetisierende Wicklungen, in Reihe oder parallel geschaltet, so dass sich die Feldlinien nicht im Ring schließen, sondern aus ihm austreten und als Streufeld den Röhrenhals senkrecht zur Achse durchsetzen (Abb. 9.45).

Die Sattelspule besteht ebenfalls aus zwei Wicklungen. Diese liegen an gegenüberliegenden Seiten des Röhrenhalses und werden durch den Ablenkstrom gleichpolig magnetisiert, so dass der gewünschte Feldverlauf senkrecht zur Röhrenachse entsteht, wie im Abb. 9.46 links gezeigt.

Solange die Elektronenstrahlen bei der Ablenkung im homogenen Teil des Feldes verbleiben (wie in den Bildern 9.45 und 9.46 gezeichnet), hat sie keinen elektronenoptischen Einfluss. Bei den Inline-Röhren werden jedoch zur Konvergenzkorrektur die Ablenkfelder ge-

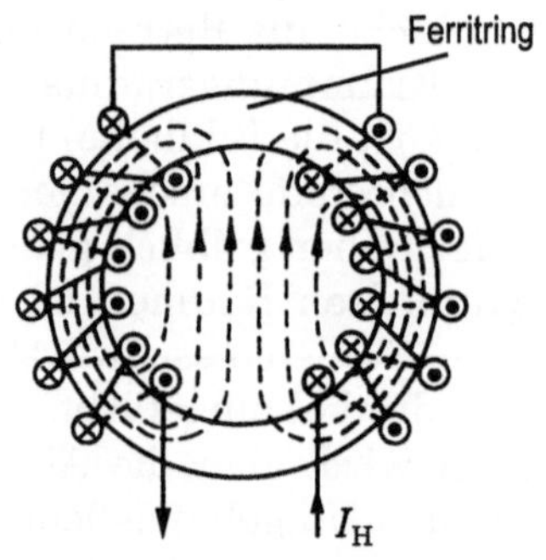

Abb. 9.45. Toroidspule, von der Schirmseite gesehen, bei Ablenkung nach rechts

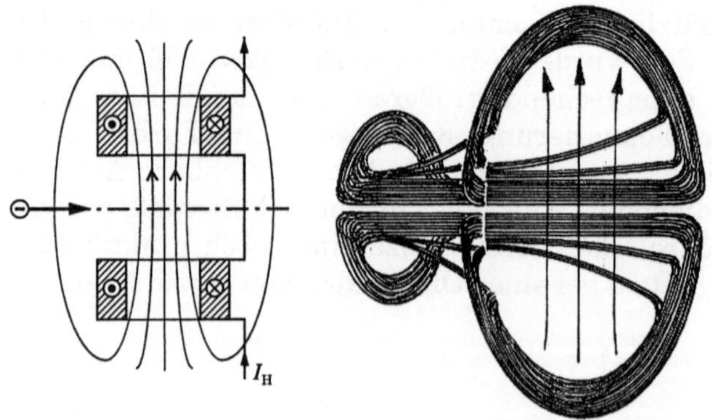

Abb. 9.46. Sattelspule mit Prinzipbild (links), bei Ablenkung nach rechts

Abb. 9.47. Ablenkeinheit aus Toroid- und Sattelspule

zielt inhomogen gestaltet – beispielsweise durch die in Abb. 9.46 rechts dargestellte „Strangwickeltechnik" –, wodurch unerwünschte Veränderungen der Strahlquerschnitte bei der Ablenkung auftreten (s. unten).

Zur gleichzeitigen horizontalen und vertikalen Ablenkung sind zwei gekreuzte Ablenkspulen zu einer Einheit zusammengebaut. Sie können beispielsweise beide als Sattelspulen ausgeführt sein, oder die Vertikalablenkung geschieht mit einer Toroidspule und die Horizontalablenkung mit einer Sattelspule, wie in dem Photo einer Ablenkeinheit in Abb. 9.47 zu sehen ist. Die Einheit muss auf dem Hals genau positioniert sein. Eine Verdrehung verdreht das Bild auf dem Schirm, und eine axiale Verschiebung verlegt den Ablenkmittelpunkt gegenüber der bei der Herstellung der Röhre festgelegten Sollposition, wodurch dann die Farbreinheit nicht mehr gegeben ist (s. unten).

Inline-Röhren mit Schlitzmaske

Die eingangs beschriebenen drei Elektronenkanonen im Hals einer Inline-Bildröhre zeigt das Photo in Abb. 9.48. Jede Kanone ist nach dem Schema in Abb. 9.43 oben aufgebaut und bildet ihren Crossover mit ihrer durch G3 und G4 erzeugten Hauptelektronenlinse auf dem Bildschirm ab. Eine vereinfachte Konstruktion fasst die Elektroden der drei Systeme jeweils zu einer Elektrode zusammen, so dass es nur noch eine Fokusspannung, eine „Schirmgitterspannung" und eine gemeinsame Wehnelt-Spannung gibt. Diese wird dann auf etwa 0 V gelegt, und die Strahlsteuerung erfolgt über die individuellen Kathodenspannungen auf positivem Potential mit invertierten Farbwertsignalen.

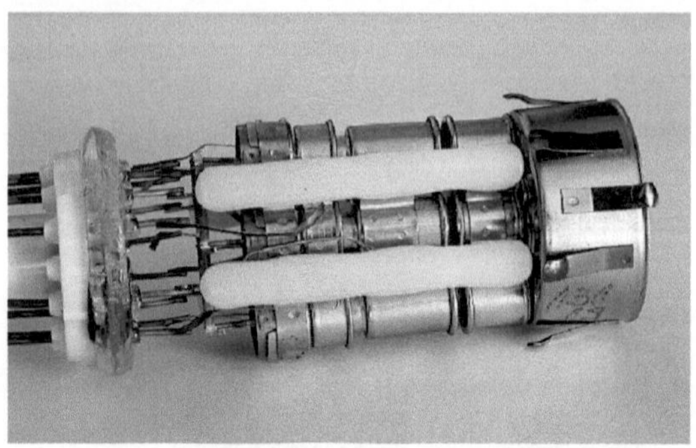

Abb. 9.48. Strahlerzeuger einer Inline-Bildröhre

Die Strahlen erzeugen auf dem Schirm drei horizontal nebeneinander liegende Lichtpunkte in Rot, Grün und Blau. Bildröhren in Fernsehempfängern haben dazu auf der Schirminnenseite senkrechte schmale Streifen aus rot, grün und blau emittierenden Leuchtstoffen in periodischer Wiederholung, mit einer Periode („Pitch") von z. B. 0,7 mm[1]. Jeweils in der Mitte vor einem solchen Streifentripel liegt eine schlitzförmige, senkrechte Öffnung in der Schattenmaske. In dem Abstand von z. B. 10 mm vor der Leuchtstoffschicht sorgt sie dafür, dass jeder der drei Elektronenstrahlen nur auf den für ihn bestimmten Leuchtstoff landet, wenn sich die drei Strahlen *genau in der Schattenmaskenebene überkreuzen.* Der Vorgang wird mit Abb. 9.49 veranschaulicht. Die R, G, B - Strahlen sind hier durch entsprechende Pastellfarben markiert. Man beachte, dass ihr „Durchmesser" (gekennzeichnet z. B. durch einen Abfall der Stromdichte auf $1/e$) mit etwa 1,5 mm, entsprechend dem Zeilenabstand im Teilbild, erheblich größer als eine Streifenbreite ist. Das Photo in Abb. 9.50 rechts zeigt das Schirmbild einer Inline-Röhre mit Schlitzmaske, wenn alle drei Strahlen in Betrieb sind (d. h. in einer weißen Fläche).

Die in Abb. 9.49 angedeutete Aluminiumbeschichtung bringt zwei Vorteile: Ohne eine leitende Verbindung mit der Hochspannung würde sich die Leuchtstoffschicht durch den Elektronenbeschuss negativ aufladen, weil nicht genügend Sekundärelektronen emittiert werden. Weiterhin steigt durch die Reflexion des Aluminiums die Lichtausbeute. Die Elektronengeschwindigkeit ist so groß, dass die dünne Schicht leicht durchdrungen wird.

Die etwa 0,2 mm dicke Maske besteht aus magnetisch weichem Eisen. Sie ist durch ihre Krümmung und durch schmale Stege, die die vertikalen Metallstreifen verbinden (Abb. 9.50 links), gegen Ausbeu-

[1] Für Computerbildschirme und HDTV-Monitore darf der Pitch nicht größer als etwa 0,25 mm sein.

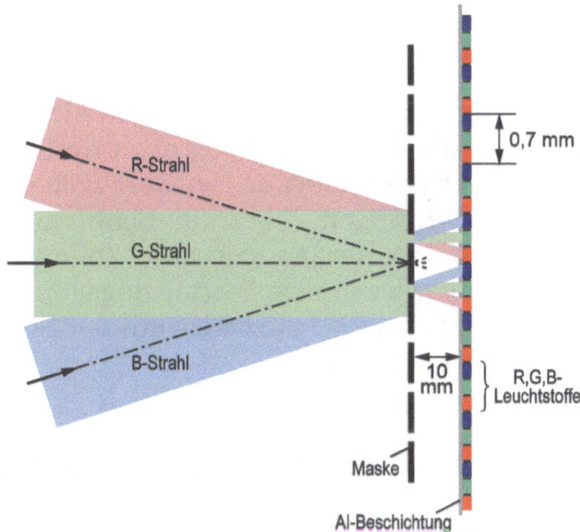

Abb. 9.49. Funktion der Schlitzmaske bei einer Inline-Röhre (Ansicht von oben)

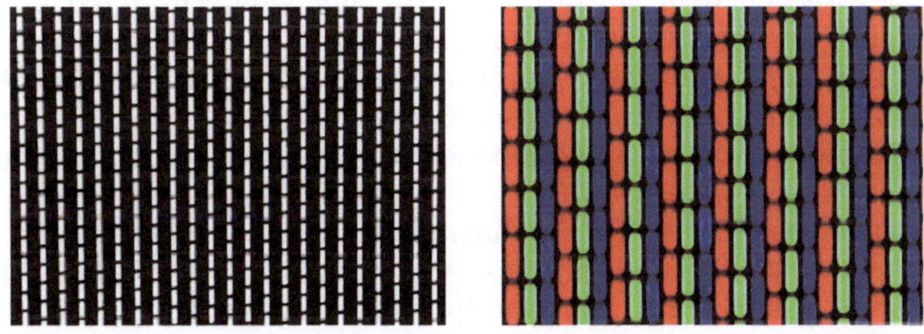

Abb. 9.50. Photo einer Schlitzmaske (links) und einer weißen Fläche auf dem Bildschirm eines Fernsehempfängers (rechts)

lungen stabilisiert. Die Öffnungen sind zur Kanonenseite hin viel schmaler (z. B. 0,13 mm) als zur Schirmseite hin (z. B. 0,3 mm). Damit soll verhindert werden, dass durchtretende Elektronen an den Öffnungswänden gestreut werden und dann zu diffusen Aufhellungen der Leuchtstoffschicht führen. Die Maske wird photolithographisch hergestellt durch gleichzeitiges Ätzen von beiden Seiten [9.37].

Die leider unvermeidliche Schattenmaske bringt zwei Nachteile mit sich:

- Zum einen geht durch die Abschattung der größte Teil der aufgebrachten Elektronenstrahlenergie verloren. Bei der Schlitzmaske sind das mindestens 80 %. In hellen Bildteilen, die längere Zeit bestehen bleiben, kann die Maske dadurch so stark aufgeheizt werden, dass sie sich dort ausbeult. Ein Verziehen der Maske durch die

Hitze kann verhindert werden, wenn man sie aus *Invar*[1] herstellt. Dies ist eine Nickel-Eisenlegierung (36 % Nickel) mit sehr geringer thermischer Ausdehnung.

- Es entsteht eine horizontale Rasterung zusätzlich zur Zeilenrasterung. Allerdings ist die Rasterfrequenz etwa dreimal höher als die höchste horizontale Ortsfrequenz des wiederzugebenden Bildes. Das Muster der Maskenöffnungen – bei der Schlitzmaske sind es die Stege – kann durch Interferenz mit dem Zeilenraster zu Moiré-Effekten führen. Das wirksamste Mittel dagegen ist ein größerer Strahldurchmesser, also ein Kompromiss mit der Schärfe.

Lochmaskenröhren

Bei der ältesten Form der Farbbildröhre befinden sich die drei Strahlerzeuger im Röhrenhals nicht nebeneinander in einer Ebene, sondern auf den Ecken eines gleichseitigen Dreiecks, wie das Photo in Abb. 9.51 zeigt (*Deltaröhre*). Durch diese Anordnung ergibt sich gegenüber der Inline-Röhre der Vorteil eines größeren möglichen Kanonendurchmessers bei vorgegebenem Halsdurchmesser, der Querschnitt ist optimal ausgenutzt. Die Elektronenlinsen haben dann einen größeren Durchmesser und können deshalb schärfer abbilden. Der Halsdurchmesser wird nicht zu groß gewählt (außen 36,5 oder 29 mm), weil die erforderliche Ablenkleistung bei vorgegebenem Ablenkwinkel mit dem Durchmesser steigt.

Das zugehörige Muster der Leuchtstoffe ist eine punktförmige Verteilung, die auf den ersten Blick wie verstreutes Konfetti aussieht (Abb. 9.52). Die R, G, B-Leuchtstoffpunkte sind auf den Ecken gleichseitiger Dreiecke angeordnet. Der Pitch wird hier als Abstand der

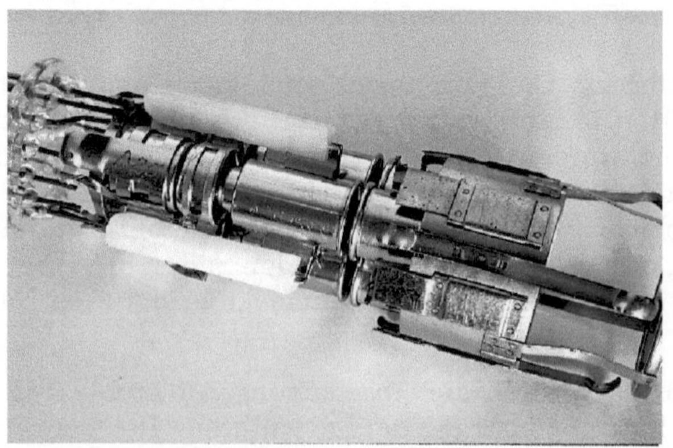

Abb. 9.51. Strahlerzeuger einer Deltaröhre

[1] ®Imphy Ugine Precision S. A.

Abb. 9.52. Bildschirmphoto bei einer Röhre mit Lochmaske

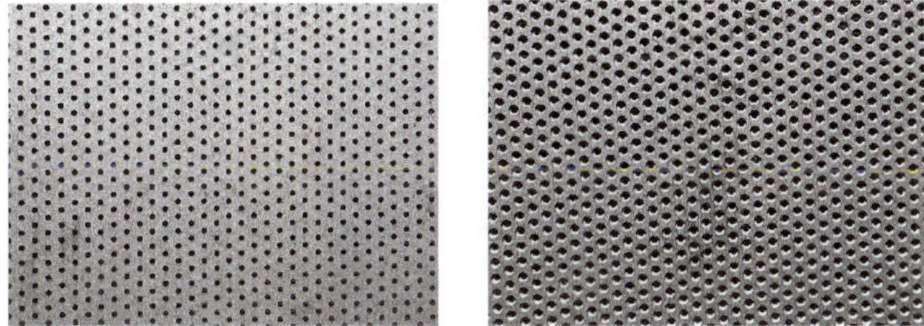

Abb. 9.53. Lochmaske, links von der Kanonenseite gesehen, rechts von der Schirmseite

nächstgelegenen gleichartigen Leuchtstoffpunkte angegeben (d. h. auf einer Linie unter 30° gegen die Horizontale). Vor der Mitte eines jeden Dreiecks liegt die dem Tripel zugeordnete kreisrunde Öffnung der Maske. Die Deltaröhre erfordert eine derartige *Lochmaske*. Die Löcher sind aus dem gleichen Grund wie bei den Schlitzen der Schlitzmaske zur Schirmseite hin etwa dreimal größer im Vergleich zur Kanonenseite (Abb. 9.53 links und rechts). Man erkennt, dass um ein Loch die nächstgelegenen Löcher hexagonal angeordnet sind. Die Transparenz der Lochmaske ist niedriger als die der Schlitzmaske, nur etwa 16 %.

Der Grund für die Einführung der Inline-Röhre waren die komplizierten und aufwendigen Einstellungen zur Konvergenz der drei Strahlen bei der Deltaröhre (s. unten). Weil die Elektronenkanonen nicht in einer Ebene liegen, musste am Fernsehempfänger mit bis zu 30 Einstellern, deren Wirkungen zum Teil auch noch voneinander abhängig waren, in einer iterativen Abgleichprozedur versucht werden, überall auf dem Bildschirm die Konvergenz zu erreichen. Das Ergebnis war danach nicht immer befriedigend und stabil.

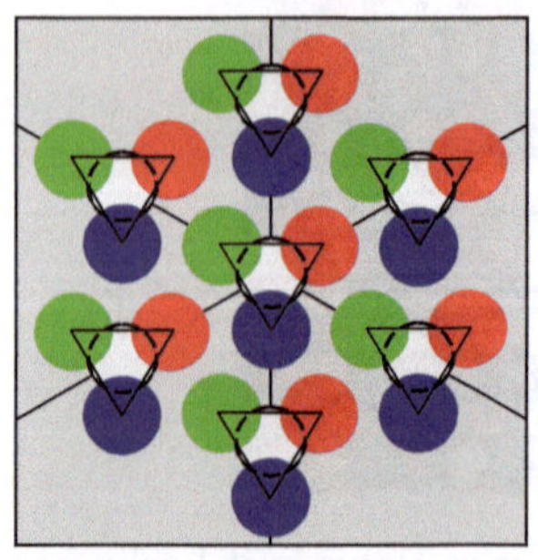
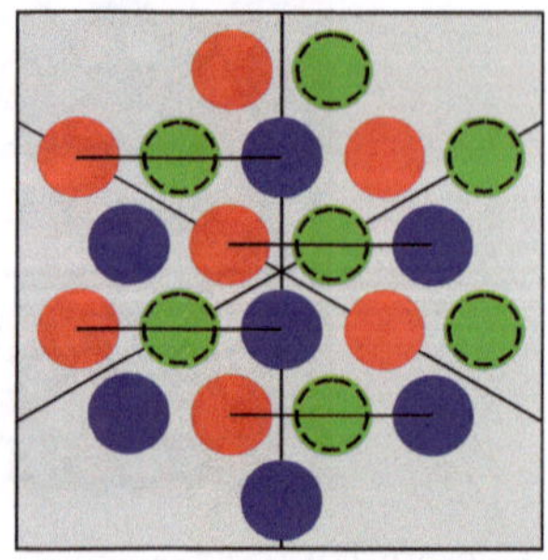

Abb. 9.54. Verwendung der Lochmaske bei der Deltaröhre (links) und bei der Inline-Röhre (rechts), Ansicht von der Schirmseite

Für Computerbildschirme wird die Lochmaske jedoch weiterhin gern benutzt, weil mit ihr Schriften und Linien meist besser als mit der Schlitzmaske wiedergegeben werden können. Es spricht nichts dagegen, dafür die Lochmaske in einer Inline-Röhre zu verwenden. Die Graphik in Abb. 9.54 links zeigt von der Schirmseite einer Deltaröhre her die hexagonale Anordnung der Leuchtstofftripel mit der dahinter liegenden Lochmaske. Rechts ist die gleiche Lochmaske beim Betrieb in einer Inline-Röhre zu sehen. Dabei liegen die Maskenlöcher nun genau hinter den grün emittierenden Leuchtstoffpunkten[1].

Trinitron

In dem Bemühen, die elektronenoptisch ungünstig kleinen Abmessungen der Elektronenkanonen bei ihrer Dreieranordnung im Röhrenhals zu vermeiden, brachte Sony im Jahre 1968 das *Trinitron*[2] heraus, eine Kombination aus drei Inline-Strahlquellen in einer einzigen Kanone mit einer gemeinsamen Hauptelektronenlinse (Abb. 9.55) [9.57].

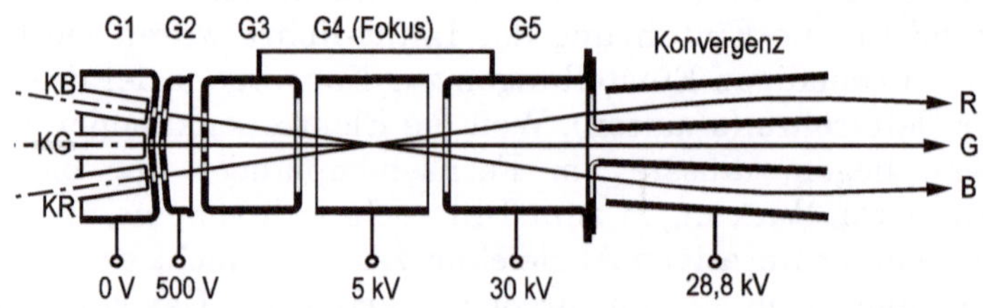

Abb. 9.55. Der Strahlerzeuger einer Trinitron-Bildröhre

[1] Der Tripelaufbau ist horizontal gespiegelt entsprechend der Kanonenanordnung nach Abb. 9.44 und Abb. 9.49.

[2] ®Sony Corporation Japan.

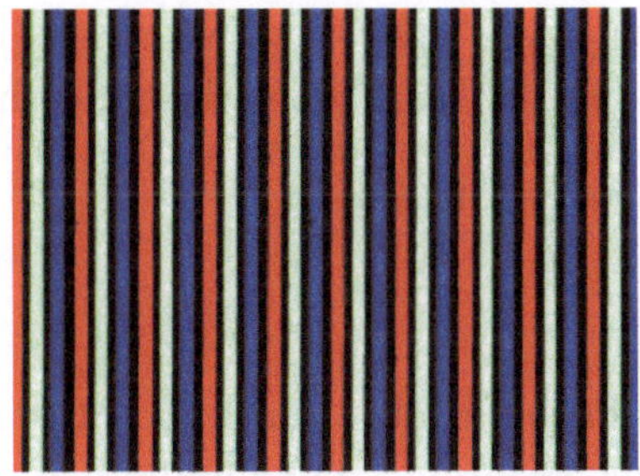

Abb. 9.56. Photo vom Trinitron-Schirm

Außerdem sollte der Energieverlust durch die Maske verringert werden. Die Trinitron-Maske besteht aus senkrecht in einen massiven Rahmen eingespannten Drähten oder Metallstreifen („Apertur-Grill"). Die Maske ist deshalb nicht sphärisch, sondern zylindrisch gekrümmt (ohne vertikale Krümmung) – so auch der Schirm – und doch sehr stabil. Allerdings ist sie durch den Rahmen ziemlich schwer. Mechanische Schwingungen der eingespannten Saiten treten bei Erschütterungen oder Stößen auf. Bei großen Röhren sind deshalb einige sehr dünne Drähte quer über die Maske gespannt. Querverbindungen sind bei dieser Konstruktion aber nicht notwendig. Die Maskentransparenz wird dadurch gegenüber der Schlitzmaske etwas verbessert (liegt aber doch nur wenig über 20 %), und ein Moiré durch das Zeilenraster kann nicht auftreten. Abbildung 9.56 zeigt die Leuchtstoffstreifen in einer weißen Fläche beim Trinitron.

Wie in Abb. 9.55 gezeichnet, sind die außen liegenden Kathoden (für Rot und Blau) stark zur Achse hin geneigt, so dass sich die *Strahlen in der Mitte der Hauptlinse überkreuzen*. Hier werden sie durch die große Linse gemeinsam auf den Schirm fokussiert. Die Neigung der beiden außen liegenden Strahlen muss danach wieder rückgängig gemacht und eine Konvergenz auf dem Schirm eingeleitet werden. Dies geschieht elektrostatisch durch Ablenkplattenpaare für Rot und Blau. Die äußeren Platten benötigen dazu eine Spannung, die etwas kleiner als die Schirmhochspannung ist (Abb. 9.55). Sie wird an dieser Stelle seitlich durch den Hals zugeführt. Die übliche gemeinsame magnetische Horizontal- und Vertikalablenkung folgt danach. Zur Steuerung der Strahlströme werden die Farbwertsignale an die Kathoden gelegt, so dass nur eine Wehnelt-Elektrode und nur eine Schirmgitterelektrode erforderlich sind (wie bei den oben erwähnten vereinfachten Inline-Kanonen).

Die bessere Fokussierung durch den großen Durchmesser der Hauptlinse erlaubt einen Betrieb mit höherem Strahlstrom. Grundsätzlich immer wird der Strahldurchmesser am Schirm, auch bei optimaler Fokuseinstellung, mit zunehmendem Strahlstrom größer. Für einen vorgegebenen Durchmesser (z. B. 1,5–2 mm, s. Abb. 9.49) kann man mit dem Trinitron etwa den doppelten Strahlstrom zulassen im Vergleich zu den üblichen Inline-Röhren. Die Trinitronbilder können entsprechend heller eingestellt werden.

Schirmherstellung

Das RCA-Prinzip der Farbbildröhre für eine industrielle Fertigung einzusetzen, musste zunächst utopisch erscheinen. Wie sollte man die vielen hunderttausend Leuchtstofftripel auf dem Schirm präzise positionieren und dazu die passenden Öffnungen der Schattenmaske genau davorsetzen, nicht in einem Unikat, sondern in bezahlbarer Massenfertigung? Die Lösung wurde bei der RCA von H. B. LAW[1] gefunden [9.34, 9.35, 9.37]. Erst mit seinem Verfahren konnte es zur weltweiten Verbreitung der Farbbildröhre kommen. Es muss zu den beeindruckendsten Glanzleistungen der Fertigungstechnik gezählt werden. Wir haben hier wieder ein Beispiel dafür, dass man niemals am Anfang einer Entdeckung mit dem Argument der offenkundigen Unbezahlbarkeit die weitere Entwicklung unterbinden sollte.

Das Verfahren geht von der Tatsache aus, dass sich Elektronenstrahlen im feldfreien Bereich genauso geradlinig ausbreiten wie Lichtstrahlen. Es wird zunächst die Schattenmaske hergestellt. Ein Leuchtstoff, beispielsweise der rot emittierende, wird mit einem lichtempfindlichen Binder gemischt und das Gemisch in dünner Schicht auf die Innenseite des Schirmglases aufgebracht. Dann wird davor die Maske angebracht, genau in der Position, die sie später bei der fertigen Röhre einnehmen wird. Im zukünftigen Ablenkmittelpunkt (s. Abschn. 9.2.1 und Abb. 9.44)) des Elektronenstrahls für Rot wird nun eine punktförmige *Ultraviolett-Lichtquelle* angebracht (von Law als „Lighthouse“ bezeichnet), die als Kugelstrahler die Schattenmaske bestrahlt und durch ihre Öffnungen hindurch auch die Schicht auf dem Schirm, ebenso wie es der Elektronenstrahl tun würde. Der Binder wird an den belichteten Stellen gehärtet und hält dort den Leuchtstoff fest. Die Maske wird wieder „ausgeknöpft“ und die nicht belichtete Beschichtung ausgewaschen. Nun wird mit einem Gemisch aus Binder und grün emittierendem Leuchtstoff beschichtet, die Maske ein zweites Mal eingesetzt und vom zukünftigen Ablenkmittelpunkt des Elektronenstrahls für Grün belichtet. Die Maske wird wieder entfernt, die nicht belichtete Beschichtung ausgewaschen und der Vorgang ein letztes Mal, jetzt für Blau, wiederholt. Nach dieser Prozedur bleiben Maske und Schirm als ein individuelles Paar in diesem Röhrenexemplar für

---

[1] Harold B. Law, *7. 9. 1911 in Douds (Iowa), †6. 4. 1984 in Princeton (New Jersey).

immer beisammen. Das Paar wird nach der Montage der Strahlerzeuger im Röhrenhals mit der Kombination aus Trichter und Hals verschmolzen. Dann wird die Röhre bis zum Hochvakuum evakuiert und die Verbindung zur Vakuumpumpe abgeschmolzen („abgezogen").

Bei der magnetischen Ablenkung verschiebt sich der Ablenkmittelpunkt bei großem Ablenkwinkel etwas zum Schirm hin, wie mit Gl. (9.20a) angegeben. Dies muss bei der Lichtsimulation der Elektronenbahn berücksichtigt werden. Dazu wird während der beschriebenen Schirmbelichtung eine optische Korrektur des Strahlengangs durchgeführt. Verwendet wird eine Glasplatte mit einem komplizierten asphärischen Profil [9.37].

Konvergenz und Farbreinheit

Das Zusammenfallen der drei Farbauszugsbilder auf dem Schirm ohne Deckungsfehler bezeichnen wir als *Konvergenz*. Dazu müssen die drei Elektronenstrahlen bei jeder Ablenkposition auf dem Schirm zusammentreffen, oder – genauer gesagt – sie sollten sich immer auf der Schattenmaske überkreuzen. Zur Kontrolle der Konvergenz dient ein Testbild aus weißen Gitterlinien auf schwarzem Hintergrund (Abb. 9.57). Bei Konvergenzfehlern sieht man eine Aufspaltung in die R,G,B- Linien.

Wenn die Linien etwas gegeneinander parallel versetzt sind, horizontal oder vertikal, spricht man von einem *„statischen"* Konvergenzfehler (Abb. 9.57a). Das versetzte Gittermuster muss dann als Ganzes verschoben werden. Weil allerdings die Ablenkungspulen auf alle drei Strahlen gemeinsam wirken, müssen zur Konvergenzkorrektur zusätzliche Ablenkmittel eingesetzt werden, die die äußeren Strahlen (für Rot und Blau) unterschiedlich verschieben. Die Einstellung geschieht meist schon fabrikseitig. Verwendet werden bei Inline-Röhren verstellbare Permanentmagnete, z. B. seitlich am Röhrenhals etwa in der Ebene zwischen G3 und G4 (Abb. 9.43 oben). Wenn damit dann die Linien in der Bildmitte zur Konvergenz gebracht sind, streben die vertikalen Linien an den Bildrändern immer noch auseinander, bei der Deltaröhre grundsätzlich auch die horizontalen (Abb. 9.57b). Man spricht von *„dynamischen"*, d. h. von der Ablenkung abhängigen Konvergenzfehlern.

Zur Korrektur müssen die Ablenkfelder in bestimmter Weise inhomogen sein, teils durch ein überlagertes magnetisches Quadrupolfeld, das von den Ablenkströmen gesteuert wird (s. unten). Bei der Deltaröhre muss für die statische und dynamische Konvergenz eine auf die drei Strahlen separat wirkende elektromagnetische Zusatzablenkeinheit eingesetzt werden. Sie wird vor der Hauptablenkeinheit auf dem Röhrenhals angebracht. Mit ihr ist die statische Konvergenz des Strah-

a) Statischer Konvergenzfehler

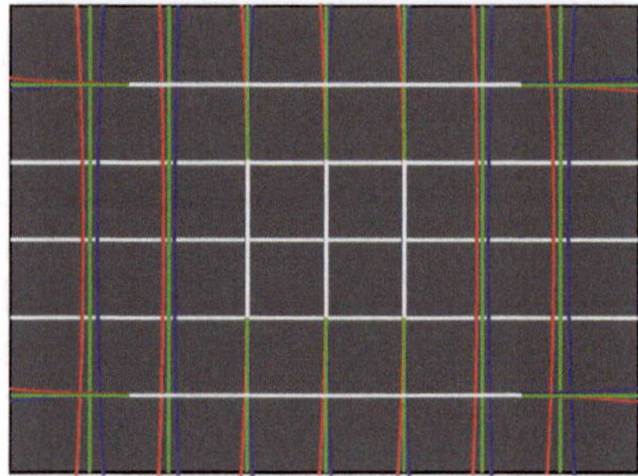

b) Dynamische Konvergenzfehler

Abb. 9.57. Beispiele für Konvergenzfehler beim Gittertestbild

lentripels radial (in Bezug auf die Röhrenachse) und lateral einzustellen. Die dynamische Konvergenzeinstellung der Deltaröhre geschieht mit Hilfe von Magnetisierungsströmen in der Konvergenzeinheit, die von den horizontalen und vertikalen Ablenkströmen abgeleitet werden. Die Einstellung ist, wie erwähnt, sehr kompliziert.

Grundsätzlich von den Konvergenzfehlern zu unterscheiden sind die Fehler der *Farbreinheit* (Purity). Sie entstehen durch *Landungsfehler* der Elektronenstrahlen, d. h. dadurch dass ein Elektronenstrahl nicht oder nicht vollständig auf dem für ihn vorgesehene Leuchtstoff landet, sondern zum Teil auch noch einen benachbarten Leuchtstoff anderer Farbart trifft und zum Leuchten bringt. Das tritt insbesondere dann auf, wenn sein Ablenkmittelpunkt nicht dort liegt, wo er bei der photographischen Beschirmungsprozedur angenommen worden war. Eine gleichmäßig weiße oder sonst wie einfarbige Fläche wird dann nicht mehr gleichmäßig wiedergegeben, sondern zeigt ungleichmäßige Einfärbungen. Als Testbild wird eine rote Fläche verwendet (Abb. 9.58), d. h. es wird $G = B = 0$ eingestellt. Wenn dann der Elektronenstrahl für Rot durch die Maskenöffnung hindurch teilweise z. B. auch auf grün emittierenden Leuchtstoff landet, wird dieser Bereich gelblich verfärbt, bei Landungsfehlern auf blau emittierenden Leuchtstoff entsteht ent-

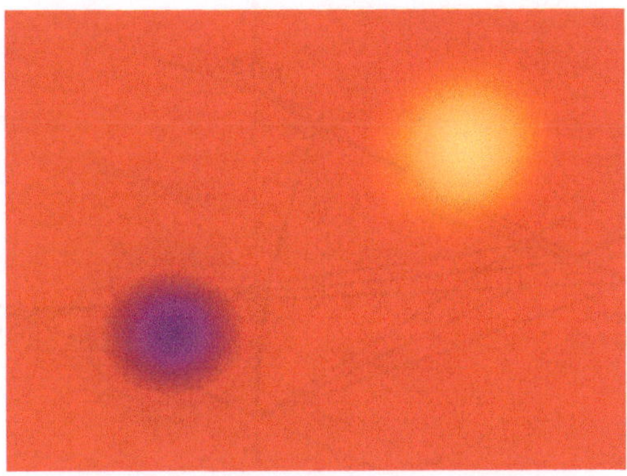

Abb. 9.58. Farbreinheitsfehler

sprechend eine Magentaverfärbung. Man beachte, dass bei der Schlitzmaske und der Trinitron-Maske das Problem nur horizontal auftreten kann. Zur Korrektur muss der Ablenkmittelpunkt etwas verschoben werden, grob durch Verschieben des Ablenksatzes auf dem Röhrenhals (fabrikseitig), fein durch Verstellen von Ringmagneten, die das ganze Strahlentripel horizontal oder vertikal versetzen.

Die Landungsfehler können (vorübergehend) während des Betriebs entstehen, wenn sich die Maske durch eine lokale Überhitzung etwas ausbeult. Das Erdmagnetfeld oder andere externe Streufelder können einen Einfluss auf die Elektronenbahnen und damit auf die Landungsfehler nehmen. Im Inneren des Trichters oder auch außen sind deshalb Bleche zur magnetischen Abschirmung angebracht (in Abb. 9.44 nicht gezeigt). Eine Magnetisierung der Bleche und der Maske sollte vermieden werden. Sie werden daher jedes Mal beim Einschalten des Displays durch ein allmählich abnehmendes Wechselfeld *entmagnetisiert* (engl. „degaussing"). Es wird durch die außen großflächig angebrachten Windungen der Entmagnetisierungsspulen erzeugt, die vom Netzstrom durchflossen werden. Nach einigen Sekunden ist der Vorgang abgeschlossen.

Die Konvergenzschwierigkeiten der Deltaröhre entstehen dadurch, dass bei ihr die Kissenverzeichnungen (Abb. 9.32b) der drei Gittermuster unterschiedlich unsymmetrisch sind, weil die Strahlursprünge nicht in einer Ebene liegen. Trotz des Nachteils des geringeren Kanonendurchmessers (abgesehen von der Trinitron-Lösung) konnte sich daher das Inline-Konzept schnell durchsetzen. Mit den Strahlursprüngen in der horizontalen Ebene ist es möglich, die dynamische Konvergenz mit der Ablenkung zu kombinieren, etwa durch „*selbstkonvergierende*" horizontale und vertikale Ablenkspulen, so dass nur noch kleinere, durch Fertigungstoleranzen bedingte Abweichungen separat zu korrigieren sind.

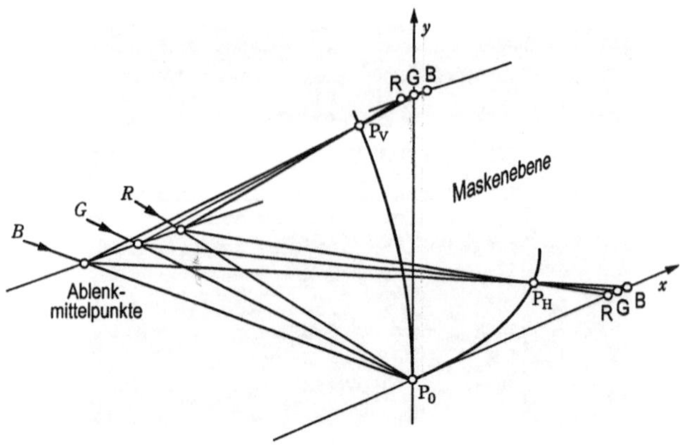

Abb. 9.59. Entstehung dynamischer Konvergenzfehler bei der Inline-Röhre

Ohne korrigierende Maßnahmen liefert eine Inline-Röhre dynamische Konvergenzfehler wie in Abb. 9.57b. Der Effekt wird mit der Graphik in Abb. 9.59 veranschaulicht. Ohne Ablenkung, in der Bildschirmmitte, konvergieren die drei Strahlen genau auf der Maskenebene im Punkt P_0 und sind dort auch fokussiert, nachdem die statische Konvergenz und die Fokussierung eingestellt wurden. Bei einer Horizontalablenkung nach rechts, auf einer Zeile durch die Bildmitte, ist der Konvergenzpunkt in das Innere der Röhre verlegt (Punkt P_H in Abb. 9.59). Dadurch ist auf der Maskenebene und auf dem Bildschirm der Strahl für Rot links neben dem Strahl für Grün und der Blaustrahl liegt rechts von diesem. Die vertikale Gitterlinie des Testbildes wird aufgespalten in horizontal versetzte R, G, B-Linien. Der gleiche, ebenfalls nur horizontale Konvergenzfehler tritt bei Vertikalablenkung auf, beispielsweise bei einer Ablenkung aus der Mitte nach oben mit dem Konvergenzpunkt P_V.

Eine mit der Horizontalablenkung kombinierte Korrektur ist möglich, wenn das Ablenkfeld der Horizontalablenkspule im Gebiet nach den Ablenkmittelpunkten in der in Abb. 9.60a dargestellten Form inhomogen gestaltet wird. Das Feldlinienbild ist *kissenförmig verzerrt.* Für die Korrektur wesentlich ist die Zunahme der horizontal ablenkenden Feldkomponente B_y rechts und links von der Mitte. So wird der Konvergenzfehler beim Punkt P_H dadurch korrigiert, dass der weiter rechts liegende R-Strahl weiter nach rechts abgelenkt wird als der G-Strahl und der links vom G-Strahl liegende B-Strahl weniger ablenkt wird. Damit kann erreicht werden, dass die Strahlen nicht mehr im Punkt P_H konvergieren, sondern in erwünschter Weise erst auf der Maskenebene. Man beachte, dass das dargestellte Feld in seiner Intensität und Polarität vom Horizontalablenkstrom gesteuert wird. Das Feldlinienbild ändert sich dabei nicht, aber das Feld verschwindet,

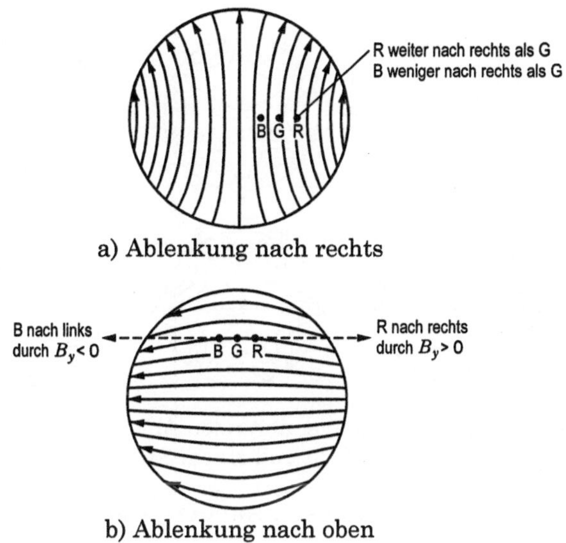

Abb. 9.60. Feldlinienbilder selbstkonvergierender horizontaler (a) und vertikaler (b) Ablenkspulen

wenn der G-Strahl in Bildmitte liegt, und es ist umgepolt im Vergleich zur Darstellung in Abb. 9.60a bei Ablenkung nach links, d. h. wenn der G-Strahl links von der Mitte liegt. In dem Fall wird der B-Strahl weiter nach links abgelenkt als der G-Strahl, und der rechts vom G-Strahl liegende R-Strahl wird weniger abgelenkt, so dass wieder die richtige Korrektur erfolgt.

Ebenso geschieht die mit der Vertikalablenkung kombinierte Korrektur (beim Punkt P_V). Das Feldlinienbild der Vertikalablenkspule muss dazu *tonnenförmig verzerrt* sein, Abb. 9.60b. Wesentlich ist hier die Überlagerung einer zu $x = 0$ antisymmetrischen B_y-Komponente für eine korrigierende Horizontalablenkung der B- und R-Strahlen nach links bzw. rechts.

Die dargestellten Ablenkfelder kann man sich vorstellen als die Überlagerung eines homogenen Feldes mit einem Anteil eines magnetischen Sechspolfeld, wie in Abb. 9.61 dargestellt, wobei beide Felder mit demselben Ablenkstrom I_H bzw. I_V proportional gesteuert werden. Die Sechspolfelder können bei den Sattelspulen durch eine entsprechende Variation der Windungsverteilung längs des Umfangs am Röhrenhals realisiert werden [9.27].

Es können auch die einfachen Ablenkspulen mit homogenen Feldern verwendet werden, und zur Konvergenzkorrektur kann dann das überlagerte Feld einer zusätzlichen Ablenkeinheit in der Form einer Toroidspule mit vier Wicklungen eingesetzt werden. Sie muss einen magnetischen Quadrupol realisieren, und dieser wird mit zeitlich para-

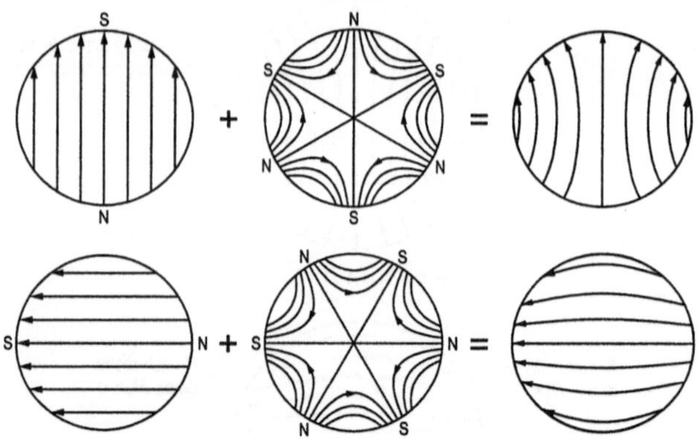

Abb. 9.61. Die selbstkonvergierenden Ablenkfelder als Summe aus einem homogenen Feld und einem Sechspolfeld

belförmig variierenden Strömen gesteuert, die aus I_H und I_V abgeleitet werden.

Grundsätzlich müssen, wie wir gesehen haben, zur Konvergenzkorrektur bei den Inline-Röhren die beiden außen liegenden Strahlen, also die für Rot und Blau, in Bezug auf den mittleren Grünstrahl horizontal etwas divergierend abgelenkt werden, um so mehr, je weiter das Strahlentripel aus der Bildmitte abgelenkt ist. Dieses Auseinanderziehen in horizontaler Richtung wirkt sich zugleich aber auch auf den Querschnitt eines jeden Strahles aus. Das hat zur Folge, dass nicht nur der Konvergenzpunkt vom Inneren der Röhre auf die Maskenebene verlegt wird, sondern auch der Fokuspunkt, jedoch dieser *nur in der horizontalen Ebene.* Vertikal ist der Spot auf der Maske nicht mehr fokussiert. Er hat daher dort die Form einer schmalen, senkrecht stehenden Ellipse (P_M im Abb. 9.62). Der Fokus vertikal verbleibt im Röhreninneren (bei Punkt P_H bzw. P_V in Abb. 9.59). Deshalb ist dort der Strahlquer-

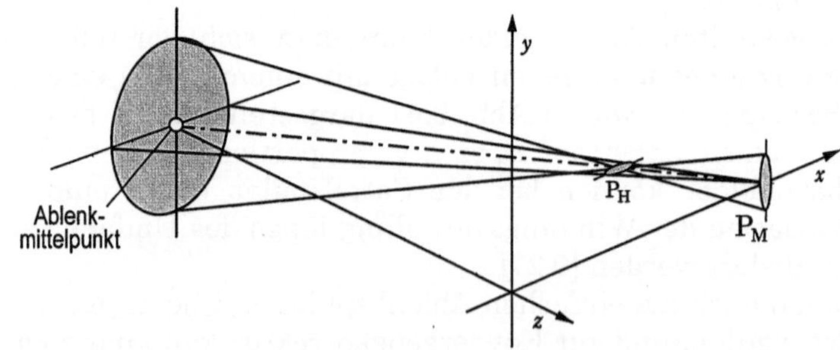

Abb. 9.62. Astigmatischer Spot durch dynamische Konvergenzkorrektur bei der Inline-Röhre. Der Strahlquerschnitt ist stark vergrößert gezeichnet.

schnitt zu einer horizontal liegenden schmalen Ellipse verformt. Wenn aus einem ursprünglich kreisförmigen Strahlquerschnitt eine derartige nicht-punktförmige Abbildung entsteht, wie bei einem optischen System mit unterschiedlicher Brennweite in der horizontalen und der vertikalen Ebene, spricht man von *„Astigmatismus“*. Der Vorgang ist in Abb. 9.62 am Beispiel des horizontal abgelenkten G-Strahls veranschaulicht.

Der Astigmatismus kann durch eine entgegengesetzte Vorverzerrung der drei Strahlquerschnitte kompensiert werden. Dies ist beispielsweise möglich mit einem elektrostatischen Quadrupolfeld in der Ebene der Hauptfokuselektroden. Es wird erzeugt durch ein Lochscheibenpaar mit gekreuzten Rechtecköffnungen [9.4]. Der Quadrupol muss mit parabelförmigen Spannungen gesteuert werden, die aus I_H und I_V abgeleitet werden. Der nun nach der Ablenkung kreisförmige Strahlquerschnitt wird durch eine ebenso ablenkungsabhängige Veränderung der Fokusspannung in jeder Lage auf dem Schirm fokussiert. Beim Trinitron kann man die astigmatische Vorverzerrung mit einer Quadrupolspule durchführen, die am Überkreuzungspunkt der drei Strahlen in der Mitte der Hauptfokuselektrode (Abb. 9.55) wirkt. Die dynamische Astigmatismus- und Fokuskorrektur wird für Displays eingesetzt, bei denen es auf eine gleichmäßige Schärfe über den gesamten Bildschirm ankommt, z. B. bei Computermonitoren.

Kathodolumineszenz

Die verwendeten Leuchtstoffe sind polykristalline Substanzen, die mit einem kleinen Anteil von Metallatomen vermischt sind. Es handelt sich dabei nicht um eine Dotierung, wie sie bei Halbleitern üblich ist, damit eine p- oder n-Leitfähigkeit erreicht wird. Der Anteil an Fremdatomen liegt um einige Größenordnungen höher, bei 0,01–1 %. Die Grundsubstanz ist beispielsweise Zinksulfid (ZnS). In ihrem Kristallgitter – dem *„Wirtsgitter“* – sind unregelmäßig verteilt die *„Aktivator“*-Atome (als Ionen) eingebaut, beispielsweise Silber (Ag) anstelle von Zink. Sie sind die Zentren der Lichtemission.

Die Leuchtstoffe werden zur Lichtemission angeregt durch Energie, die ihnen zugeführt wird und die sie absorbieren. Man bezeichnet diesen Effekt als *Lumineszenz* (s. z B. [9.7]). Die Anregung kann durch Bestrahlung mit kurzwelligem Licht erfolgen (*Photolumineszenz*), wie beispielsweise in den Leuchtstofflampen oder beim Plasmadisplay (s. Abschn. 9.2.4) durch UV-Licht. Die Anregung ist ebenso möglich durch ein starkes elektrisches Feld. Diese *Elektrolumineszenz* wird ebenfalls für Displays eingesetzt. Bei der Bildröhre wird die *„Kathodolumineszenz“* zur elektro-optischen Wandlung genutzt: die Anregung durch den Beschuss mit hochenergetischen Elektronenstrahlen. Die Elektronen, die durch die Maskenlöcher hindurch mit ihrer hohen kinetischen Energie von bis zu 30 keV die Leuchtstoffschicht treffen, werden dabei zum Teil zurückgestreut, zum Teil geben sie ihre Energie ab durch einen unelastischen Stoß mit den Ionen des Kristallgitters. Die Lichtemission beginnt sofort nach der Anregung. Nach dem Ende der Energiezufuhr gibt es ein mehr oder weniger schnell exponentiell abklingendes Nachleuchten. Die Zeit für einen Abfall auf 1/e (36,8 %) der Intensität beträgt z. B. beim blau emittierenden Leuchtstoff (dem genannten ZnS:Ag) etwa 0,3 µs, beim grün emittierenden Leuchtstoff ZnCdS:Cu,Al etwa 2 µs und beim rot emittierenden Leuchtstoff Y_2O_2S:Eu etwa 25 µs. Die „Persistenz" wird meist für einen Abfall auf 10 % angegeben mit einer groben Einteilung nach „Short" für 1 µs bis 10 µs, „Medium-Short" für 10 µs bis 1 ms, „Medium" für 1 ms bis 100 ms und „Long" für 100 ms bis 1 s.

Die beschriebene, praktisch sofort, d. h. bis zu 0,01 µs nach der Anregung eintretende Lumineszenz wird auch als „Fluoreszenz" bezeichnet (nach dem Mineral Fluorit). Setzt die Lichtemission erst erheblich später ein, spricht man von „Phosphoreszenz". Oft wird die Unterscheidung auch nach der Nachleuchtdauer getroffen: Wenn sie „sehr kurz" ist, handelt es sich um Fluoreszenz. Dauert das Nachleuchten sehr lange (bei manchen Leuchtstoffen bis zu mehreren Stunden), handelt es sich um Phosphoreszenz. Die Bezeichnung kommt vom Element Phosphor (griech. phosphoros = lichttragend), weil der weiße Phosphor an der Luft infolge seiner Oxidation dauernd leuchtet („Chemilumineszenz"). Die Trennung nach Fluoreszenz und Phosphoreszenz ist unscharf und nicht einheitlich. Im Englischen werden auch heute noch alle Leuchtstoffe als „Phosphore" bezeichnet, obwohl keiner das Element Phosphor verwendet.

Elektronen im Leuchtstoff werden durch die Energieaufnahme in einen „angeregten", höherenergetischen Zustand versetzt, und durch ihren Rückfall in den Grundzustand wird Licht emittiert. Dabei sind zwei grundsätzlich unterschiedliche Mechanismen möglich:

A: Im Wirtsgitter aus Zinksulfid – als typisches Beispiel – fungieren die Aktivator-Ionen als Akzeptoren oder Donatoren im Energiebandschema des Wirtsgitters. Die Bandlücke bei ZnS beträgt E_g = 3,7 eV. In dieser liegt etwas oberhalb des Valenzbandes die Energie des Akzeptors Silber oder Kupfer, Ag^+ bzw. Cu^+. Die Elemente sind hier zweiwertig wie das Zink des Wirtsgitters, und ihre Akzeptorionisation ist durch Aufnahme eines Elektrons vom Valenzband aus Ag^{2+} bzw. Cu^{2+} entstanden. Etwas unterhalb des Leitungsbandes liegt die Energie eines Donators, etwa Aluminium Al^{3+}, aus Al^{2+} entstanden durch Abgabe eines Elektrons an das Leitungsband.

Durch die Energieaufnahme werden Elektronen aus dem Valenzband des Wirtsgittermaterials in das Leitungsband gehoben. Das Loch im Valenzband wird mit einem Elektron eines nahe gelegenen Akzeptors gefüllt, d. h. die Akzeptoren wirken vorübergehend, während eines „metastabilen Zustandes", als Haftstellen (traps) für Löcher (z. B. $Cu^{+} \rightarrow Cu^{2+}$). Das Elektron im Leitungsband kann von einem nahe gelegenen Donator aufgenommen werden (z. B. $Al^{3+} \rightarrow Al^{2+}$). In dem Fall wirken Donatoren als Haftstellen für die angeregten Elektronen.

Die Lumineszenz tritt nun ein durch den Rückfall der angeregten Elektronen auf die Energieniveaus derjenigen Akzeptoren, die Löcher eingefangen haben. Diese Elektron-Loch-Rekombination zwischen Donatoren und Akzeptoren kann sich selbst noch über weit entfernte Lumineszenzzentren hinweg erstrecken, etwa bis zu 100 Gitterkonstanten, wenngleich die Übergangswahrscheinlichkeit mit der Entfernung abnimmt. Insbesondere aber nimmt die Photonenenergie mit zunehmender Entfernung ab, die Wellenlänge des emittierten Lichts ist größer. Da die Rekombination nun über eine Vielzahl unterschiedlich entfernter Lumineszenzzentren erfolgt, ist die emittierte Lichtenergie über einen Energiebereich verteilt, das *Lumineszenzspektrum ist kontinuierlich.* Die Spektren der genannten blau und grün emittierenden Leuchtstoffe einer Farbbildröhre sind deshalb kontinuierlich, wie in Abb. 9.63 links angegeben. Dargestellt ist hier die Spektralverteilung $\varphi(\lambda)$ der Strahlungsleistung (s. Kapitel 2) in Bezug auf ihren Maximalwert.

B: Der andere bekannte Lumineszenzvorgang geht direkt von den Aktivatorionen aus. Das Wirtsgitter dient hier sozusagen nur als „Aufhängevorrichtung" für den elektro-optischen Wandler. Der Aktivator nimmt die Energie auf. Elektronen aus tiefen Energieniveaus werden dadurch auf höhere Niveaus des Aktivators angeregt, von wo sie unter Lichtemission in den Grundzustand *desselben Zentrums* zurückfallen. Das könnte prinzipiell so auch ablaufen, wenn sich das Ion im freien Raum befinden würde und nicht im Wirtsgitter. Allerdings hat das Gitter schon einen Einfluss. Leuchtstoffe, die als Aktivator ein Element aus der Reihe der Lanthanoiden (Ordnungszahlen 57–71, nicht alle sind brauchbar) verwenden, zeigen diesen Lumineszenzmechanismus. Typisch dafür ist ein *Linienspektrum* der Emission.

So ist bei dem rot emittierenden Leuchtstoff der Farbbildröhren das dreiwertige Europium (Eu) der Aktivator. Als Wirtsgitter sind Verbindungen mit dem chemisch ähnlichen Yttrium (Y) geeignet. Yttrium und Scandium zusammen mit den Lanthanoiden werden als

„Seltenerdmetalle“ bezeichnet.[1] Verwendet wird das Yttriumsulfidoxid (früher Yttriumoxysulfid genannt), Y_2O_2S. An den Lumineszenzzentren ist Y^{3+} durch Eu^{3+} ersetzt. Das Spektrum ist in Abb. 9.63 rechts dargestellt.

Der geringe Einfluss des Wirtsgitters bei Aktivatoren, die nach dem Mechanismus B arbeiten, erklärt sich daraus, dass hier die Energieübergänge zwischen *inneren* Elektronenschalen stattfinden, die gegenüber der Umgebung abgeschirmt sind. Deshalb auch können diese Aktivatoren ohne gegenseitige Beeinträchtigung in größerer Konzentration – etwa 1–10 % – in das Wirtsgitter eingebracht werden als die nach dem Mechanismus A arbeitenden Aktivatoren (0,05 %).

Die drei Leuchtstoffe müssen in den vorgeschriebenen Primärfarbarten leuchten, unabhängig von der Stärke der Anregung (Abschn. 5.2.1 und Tabelle 5.2). Für einen Bildschirm zur Schwarzweißwiedergabe (in einer Bildröhre mit nur einem Strahlerzeuger und ohne Maske) wird eine Leuchtstoffmischung aus dem blau leuchtenden ZnS:Ag und dem gelb leuchtenden ZnCdS:Ag benutzt. Nochmals wird hier wiederholt: Es gibt *keine* Vorschriften für die Spektralverteilung der Lichtemission, sie muss lediglich den geforderten Farbort realisieren.

Weiterhin sollte der Leuchtstoff eine möglichst große „Lichtausbeute“ liefern. Gemeint ist der Wirkungsgrad η_e der Umsetzung der kinetischen Energie des Elektronenstrahls in Lichtenergie, bzw. das Verhältnis der Strahlungsleistung Φ_e (s. Kapitel 2) zur zugeführten elektrischen Leistung N:

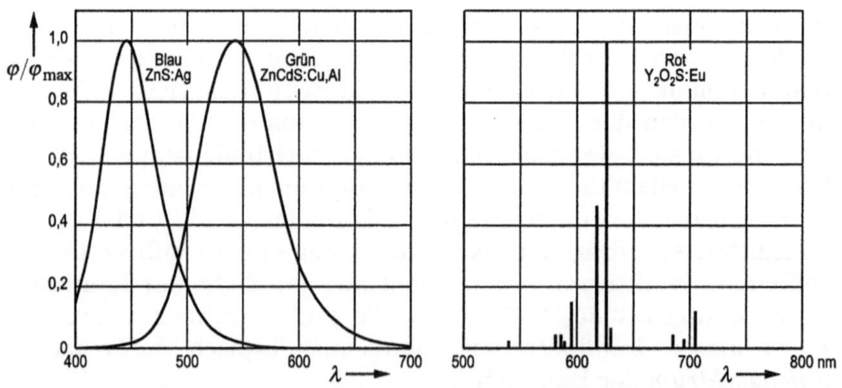

Abb. 9.63. Spektralverteilung der Lumineszenz bei den Leuchtstoffen der Farbbildröhre

[1] Sie sind in Wirklichkeit nicht sehr selten. Die seltensten Lanthanoiden, wie Europium, kommen in der Erdkruste noch häufiger vor als Silber. Yttrium ist häufiger als Blei.

$$\eta_e =_{def} \frac{\Phi_e}{N}. \qquad (9.31a)$$

Oft wird auch noch die spektrale Bewertung des Spektrums durch den Hellempfindlichkeitsgrad des Auges (Abb. 2.1) einbezogen, wenn also der lichttechnische Wirkungsgrad[1] η in Lumen pro Watt von Interesse ist, bei dem der *Lichtstrom* auf die elektrische Leistung bezogen wird:

$$\eta =_{def} \frac{\Phi}{N}. \qquad (9.31b)$$

Hier schneidet natürlich vor allem der blau emittierende Leuchtstoff nicht gut ab, weil die Augenempfindlichkeit für das kurzwellige Licht gering ist. Zur Beurteilung der Wandlungseffizienz ist deshalb nur der unbewertete Wirkungsgrad η_e geeignet. Je nach Leuchtstoffart ist das spezifische Lumen-Äquivalent $k = \Phi/\Phi_e$ unterschiedlich. Es ist

$$\eta = k\eta_e.$$

Im Laufe der Zeit sind die Leuchtstoffe für Farbbildröhren immer weiter entwickelt worden, mit dem Ziel, die Lichtausbeute zu erhöhen und dabei die Wirkungsgrade der drei Leuchtstoffe so aufeinander anzupassen, dass zum Weißabgleich die drei Strahlströme möglichst etwa gleich groß eingestellt werden müssen. Eine weiteres Ziel musste es sein, die Nachleuchtdauer so weit zu verringern, dass keine Nachwir-

Tabelle 9.3. Leuchtstoffe für Farbbildröhren

	Leuchtstoff	Farbart x	Farbart y	η_e	η lm/W	
Rot	$Zn_3(PO_4)_2$:Mn	0,674	0,326	4%	7,0	
	ZnCdS:Ag	0,663	0,337	7%	8,6	ab 1961
	YVO_4:Eu	0,661	0,332	7%	11	ab 1965
	Y_2O_2S:Eu	0,647	0,343	6,5%	17	ab 1967
	Soll	**0,64**	**0,33**			
Grün	Zn_2SiO_4:Mn	0,218	0,712	6%	31	
	ZnCdS:Ag	0,285	0,595	11%	46	ab 1961
	ZnCdS:Cu,Al	0,335	0,598	13%	65	ab 1969
	ZnS:Cu,Au,Al	0,310	0,594			ab 1993
	Soll	**0,29**	**0,60**			
Blau	ZnS:Ag	0,148	0,062	13%	7,5	
	Soll	**0,15**	**0,06**			

[1] Im Englischen manchmal als „efficacy" bezeichnet.

kung des vorangegangenen Teilbildes auf das aktuelle auftritt, was bei Bildern mit schneller Bewegung stören würde. Die Entwicklungsschritte sind in der Tabelle 9.3 zusammengestellt.

Anfangs, etwa ab 1952, stand als Leuchtstoff für Rot das mit Mangan aktivierte Zinkphosphat zur Verfügung und für Grün das ebenfalls mit Mangan aktivierte Zinksilikat. Für Blau wurde ebenso wie noch heute das mit Silber aktivierte Zinksulfid verwendet. Es gab bei diesem zwar zunächst Schwierigkeiten durch Verunreinigungen mit Spuren von Kupfer. Der Herstellungsprozess wurde jedoch bald beherrscht. Farbmetrisch waren das emittierte Rot und Grün hervorragend geeignet. Es standen damit Primärfarben hoher Sättigung zur Verfügung, mit denen ein relativ großes Farbdreieck zu realisieren war. Folglich lieferten sie den Standard für die Primärfarbarten bei der Einführung des Farbfernsehens in USA (FCC-Standard, s. Abb. 5.24). Leider aber war der Wirkungsgrad des roten Leuchtstoffs sehr gering. Es musste daher der Strahlstrom für Rot beim Weißabgleich auf den maximal zulässigen Wert eingestellt werden, Grün und Blau lagen weit darunter. Es konnte so nur ein ziemlich dunkles Farbbild erreicht werden, und die Bildröhre alterte schnell, weil das Material der Rotkathode bald verbraucht war. Zudem hatten die beiden Leuchtstoffe eine erheblich längere Nachleuchtdauer als der blaue, so dass gelbliche Nachziehspuren bei bewegten Bildern entstehen konnten.

Hellere, brillantere Farbbilder wurden ab 1961 möglich, als sowohl der Leuchtstoff für Rot als auch der für Grün durch mit Silber aktivierte Sulfidwirtsgitter ersetzt werden konnte, wie sie schon für Blau im Einsatz waren. Die Mischung von Zinksulfid mit Cadmiumsulfid gab einen Leuchtstoff für Grün mit hohem Wirkungsgrad und genügend kleiner Nachleuchtdauer, und bei Erhöhung des Cadmiumsulfidanteils erhielt man einen Leuchtstoff für Rot mit jetzt nun deutlich höherem Wirkungsgrad und kleiner Nachleuchtdauer. Allerdings ging dieser entscheidende Erfolg auf Kosten der Farbmetrik: Die Primärfarben lieferten ein kleineres Farbdreieck, sie entsprachen nicht mehr der zuvor aufgestellten Norm (s. Abschn. 5.2.1).

Der nächste wichtige Meilenstein der Leuchtstoffentwicklung war 1965 die Einführung der Rot-Leuchtstoffe auf der Basis der Seltenerdmetalle mit ihrem grundsätzlich andersartigem Lumineszensmechanismus und der Emission eines Linienspektrums. Sie haben den Zink-Cadmiumsulfid-Leuchtstoff für Rot verdrängt. Damit ist nun das Verhältnis der drei Strahlströme für Weiß ungefähr ausgeglichen (s. unten). Zunächst wurde das mit Europium aktivierte Yttriumvanadat verwendet, dann seit 1967 in allen Bildröhren das Yttriumsulfidoxid. Mit ihm sind noch etwas hellere Bilder möglich, es zeigt aber dafür auch die größte Abeichung seines Farbortes vom ursprünglichen FCC-Wert. In die gleiche Richtung führte 1969 schließlich noch die Einführung eines neuen Leuchtstoffes für Grün. Im Zink-Cadmiumsulfid werden anstelle von Silber nun Kupfer und Aluminium als Aktivatoren verwendet. Der Leuchtstoff für Blau ist praktisch unverändert geblieben. Ausgehend von dem damit erreichten Stand der Technik wurde die EBU-Norm der Primärfarbarten festgelegt.

Das Cadmium ist eine gesundheitsschädliche Substanz und wird deshalb in technischen Produkten etwa seit 1995 mehr und mehr vermieden. In Schweden wurde von der „Tjänstemannens Central-Organisation“ (TCO), dem dortigen Dachverband von zwanzig Gewerkschaften, ab 1995 für Computer die Verwendung von Cadmium untersagt. Entsprechend dieser TCO95-Norm wird seither das Zink- Cadmiumsulfid für Grün im Allgemeinen nicht mehr verwendet. Es ist durch ein Zinksulfid ersetzt worden, bei dem noch Gold als Aktivator hinzugenommen wird. Der Farbort ist hierdurch wieder etwas besser geworden (s. Tabelle 9.3).

Man sollte erwarten, dass der vom Bildschirm abgegebene Lichtstrom entsprechend Gl. (9.31a) proportional zur Leistung ist, die der Elektronenstrahl an den Leuchtstoff abgibt. Der Lichtstrom sollte also proportional zur Beschleunigungsspannung U_b und zum Elektronenstrom I_a ansteigen. Wird U_b verkleinert, so wird das Bild dunkler (und wegen Gl. (9.19) zugleich größer). Die Proportionalität ist jedoch bei niedrigeren Spannungen nicht mehr gegeben, u. a. durch die Absorption in der Aluminiumbeschichtung des Schirms. Von I_a aber ist der Lichtstrom über den normalen Aussteuerungsbereich – das ist bis etwa 1 mA – mit guter Näherung linear abhängig (s. Abb. 5.36). Wegen $I_a \sim U_d^\gamma$ für $U_d \geq 0$ (s. die Strahlstromkennlinie in Abb. 5.35) ist der Zusammenhang zwischen Lichtstrom und Steuer*spannung* durch eine Gammakennlinie (Abb. 5.34) gegeben.

Die Strahldichte L_e der Lichtemission (Gl. (2.7)) ist proportional der Elektronenstrom*dichte* i_a. Die Anregungszeit eines Leuchtstoffpartikels ist infolge der Ablenkung des Elektronenstrahls nur sehr kurz, in der Größenordnung von 0,1 µs. Die gesehene Leuchtdichte und die für die additive Farbmischung wirksame Strahldichte ergibt sich durch die zeitliche Mittelung der Lichtimpulse, die von den in Abständen von 40 ms wiederholten Anregungen ausgehen. Die Spitzenwerte von L_e in den Lichtimpulsen sind sehr viel höher als die gesehenen Mittelwerte $L_{e\,m}$. Der Zusammenhang zwischen $L_{e\,m}$ und L_e wird durch die Nachleuchtdauer der Leuchtstoffe bestimmt, der Mittelwert ergibt sich aus der Fläche unter der Nachleuchtkurve. Bei Bildröhren für Direktsichtdisplays ist eine *zeitlich gemittelte* Stromdichte von maximal etwa 1 µA/cm^2 anzunehmen, i_a beträgt dabei etwa 50 mA/cm^2. Ohne Strahlablenkung wird die Leuchtstoffschicht (und die Maske) mit dieser Stromdichte sofort zerstört (1,5 kW/cm^2!). Bei Ausfall der Ablenkung muss deshalb eine Schutzschaltung dafür sorgen, dass kein Strahlstrom fließt.

Wie schon in Abschn. 5.2.3 erwähnt und mit Abb. 5.36 dargestellt, neigen die Leuchtstoffe für Grün und Blau zur Sättigung. Dennoch zeigen diese Leuchtstoffe ebenso wie der für Rot *keine* Ansätze einer Sättigung in der Kurve $L_e = f(i_a)$, der Verlauf ist linear. Der im Mittelwert $L_{e\,m}$ beobachtete Beginn einer Sättigung erklärt sich aus der Abnahme der Nachleuchtdauer mit der Zunahme der Stromdichte bei den ZnS-Leuchtstoffen [9.46], wodurch dieser Mittelwert unterproportional mit der Stromdichte zunimmt. Beim Leuchtstoff für Rot ist die Nachleuchtdauer dagegen unabhängig vom Strom, und der Zusammenhang zwischen $L_{e\,m}$ und i_a bleibt linear. Der Effekt hängt offenbar vom Lumineszenzmechanismus ab, beim Mechanismus A (s. oben) tritt er auf, bei B hingegen nicht. Die Bildwiedergabe hat dadurch insgesamt ein etwas kleineres Gamma als die Strahlstromkennlinie. Bis zu den Stromdichten, die bei Direktsichtdisplays vorkommen, stören die γ-Unterschiede in Rot, Grün und Blau nicht. Bei den sehr hohen Stromdichten, die für Projektionsdisplays nötig sind, müssen aber andere Leuchtstoffe mit geringerem Sättigungseffekt verwendet werden (s. Abschn. 9.2.5).

Nach dem Weißabgleich mit den Farbwertsignalen $R = G = B = 1$ setzt sich bei Verwendung von Leuchtstoffen mit den genormten EBU-Farbarten nach Gl. (5.27a) die relative Leuchtdichte Y oder auch der Lichtstrom aus einer weißen Fläche zu 22,2 % aus der Emission des roten Leuchtstoffes, zu 70,7 % aus der Grünemission und zu 7,1 % aus der Blauemission zusammen. Also bei einer Weißfläche, die 100 lm emittiert, ergibt sich die Zusammensetzung

$$100\,\mathrm{lm_W} = 22{,}2\,\mathrm{lm_R} + 70{,}7\,\mathrm{lm_G} + 7{,}1\,\mathrm{lm_B}.$$

Tabelle 9.4. Leistungsbilanz einer Weißfläche mit 100 Lumen

				auf der Maske	
	Φ lm	η lm/W	N W	N_0 W	I_a bei 25 kV mA
Rot	22,2	17	1,31	6,55	0,262
Grün	70,7	65	1,09	5,45	0,218
Blau	7,1	7,5	0,95	4,75	0,190
Σ	100		3,35	16,75	
			→30 lm/W	**→6 lm/W**	

Für dieses Beispiel gibt Tabelle 9.4 eine Leistungsbilanz. Dabei sind die lichttechnischen Wirkungsgrade aus Tabelle 9.3 zugrunde gelegt. Ein Maskenverlust von 80 % führt dann auf einen Gesamtwirkungsgrad von 6 lm/W. Das Verhältnis der Strahlströme für Weiß ist

$$I_{aR}:I_{aG}:I_{aB} = 1{,}2:1:0{,}87.$$

Röntgenstrahlung

Beim Aufprall der Elektronen auf die Maske und die innere Schirmbeschichtung wird die kinetische Energie des Strahls nicht nur in Wärme und Licht umgesetzt, sondern zu einem geringen Teil auch in Röntgenstrahlung. Der Vorgang ist der gleiche wie in einer Röntgenröhre beim Beschuss einer metallischen Anode mit sehr schnellen Elektronen.

Die Intensität der Röntgenstrahlung steigt bei einer Erhöhung der Beschleunigungsspannung sehr stark an. Im kontinuierlichen Spektrum (Spektrum der „Bremsstrahlung") ist das Maximum bei $U_b = 30$ kV etwa doppelt so hoch wie bei 25 kV, und es liegt bei kürzeren Wellenlängen. Die kürzeste mögliche Wellenlänge (die „härteste" Strahlung), bei der das Spektrum endet, entsteht in den Fällen, bei denen die Elektronenenergie vollständig in ein Röntgen-Photon umgesetzt wird[1]:

$$\lambda_{gr} = \frac{hc}{eU_b}, \quad \lambda_{gr}/\text{nm} = \frac{1{,}240}{E_{kin}/\text{keV}}.$$

Bei 30 kV ist $\lambda_{gr} = 0{,}04$ nm, bei 25 kV ist $\lambda_{gr} = 0{,}05$ nm. Dies sind sog. „weiche" Röntgenstrahlen.

Die kurzwelligen Strahlen schädigen durch ihre Ionisationsfähigkeit die lebenden Zellen. Maßgebend ist die vom bestrahlten Material aufgenommene Energie im Verhältnis zu seiner Masse, die „Energiedosis" D in Ws/kg (Einheit Gray, abgekürzt Gy). Eine unterschiedliche biologische Wirksamkeit verschiedener Strahlungsarten wird durch einen Qualitätsfaktor q berücksichtigt und eine *Äquivalentdosis* $H = qD$ definiert, ebenfalls in Ws/kg, die Einheit wird Sievert genannt (abgekürzt Sv). Für Röntgenstrahlen und Gammastrahlen ist $q = 1$. Früher allgemein und heute noch in USA wird die Ionendosis D_I in As/kg benutzt (Einheit Röntgen, abgekürzt R). Erzeugt eine Strahlung in 1 g Luft positive und negative Ionen von je $0{,}258 \cdot 10^{-6}$ As, so ist die Ionendosis 1 R. Sie entspricht der Energiedosis von $8{,}8 \cdot 10^{-3}$ Gy.

---

[1] Vgl. die entsprechende Beziehung für die maximal mögliche Wellenlänge der opto-elektronischen Wandlung (Abschn. 9.1.1, zu Abb. 9.17).

Die maximal zulässige Röntgenstrahlung, die von Bildröhren in Fernsehempfängern oder Computermonitoren ausgehen darf, ist gesetzlich festgelegt. In Deutschland gilt die „Röntgenverordnung" (RöV, § 5.2) [9.53]. Hiernach muss bei Geräten mit Kathodenstrahlröhren bis zu 40 kV Beschleunigungsspannung die Dosisrate im Abstand von 10 cm vom Gerät unter 1 μSv/h liegen.

Bei Bildröhren besteht die dicke Frontscheibe aus Strahlenschutzglas (z. B. Bleiglas). Hiermit wird erreicht, dass die tatsächliche Strahlendosis in 10 cm Abstand weit unter der gesetzlich zulässigen Höchstgrenze bleibt, etwa bei 0,05–0,25 μSv/h. Im Vergleich dazu: Die natürliche Strahlendosisrate der Umwelt liegt bei 0,15 bis 0,3 μSv/h. Diese kommt zu einem Teil von der kosmischen Strahlung, die zwar von der Atmosphäre zurückgehalten wird, aber am Erdboden auf NN doch noch 0,05 μSv/h beträgt, in 3000 m Höhe schon auf etwa 0,17 μSv/h angestiegen ist. Der größte Teil stammt aus der Luft (verantwortlich ist das radioaktive Edelgas Radon) und aus der terrestrischen Gammastrahlung. Im normalen Betrachtungsabstand ist die Strahlenbelastung durch das CRT-Display kleiner als 0,5 % dieser natürlichen Belastung.

Die schon länger geltende Vorschrift aus USA [9.50] begrenzt die Ionendosisrate auf 0,5 mR/h im Abstand von 5 cm von irgendeiner Stelle des Fernsehempfängers. Das entspricht 4,4 μSv/h (s. oben). Wegen der quadratischen Abnahme der Intensität mit der Entfernung ist der Wert etwa dem Grenzwert für 10 cm Abstand der deutschen Röntgenverordnung äquivalent.

9.2.3 Flüssigkristalldisplays

Ein kristalliner Festkörper geht normalerweise durch Erhitzen bei einer bestimmten Temperatur, dem Schmelzpunkt, in den flüssigen Aggregatzustand über. Während im festen Kristall mit der periodischen Anordnung der Gitterbausteine eine dreidimensionale Ordnung der Moleküle und damit eine Anisotropie seiner Eigenschaften gegeben ist, haben in der Flüssigkeit die Moleküle jede Ordnung[1] verloren, und die Flüssigkeit ist isotrop. Es gibt aber auch bestimmte organische Stoffe, die am Schmelzpunkt zwar flüssig werden (gießbar sind), aber dann doch noch eine zweidimensionale und bei weiterer Erwärmung wenigstens noch eindimensionale Ordnung beibehalten. Erst bei noch höherer Temperatur, dem sog. „Klärpunkt", erfolgt der Übergang zu einer echten, ordnungslosen und isotropen Flüssigkeit. Bei Abkühlung werden

[1] Gemeint ist die „Fernordnung". Eine „Nahordnung" über Abstände in der Größenordnung der Molekülabmessungen bleibt erhalten.

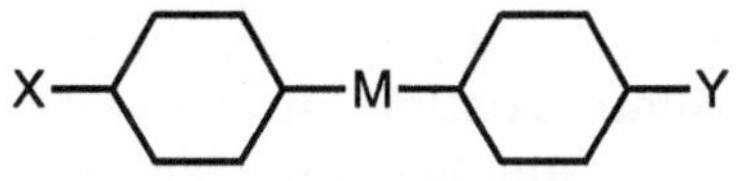

X—M—Y

Abb. 9.64. Struktur eines Flüssigkristallmoleküls

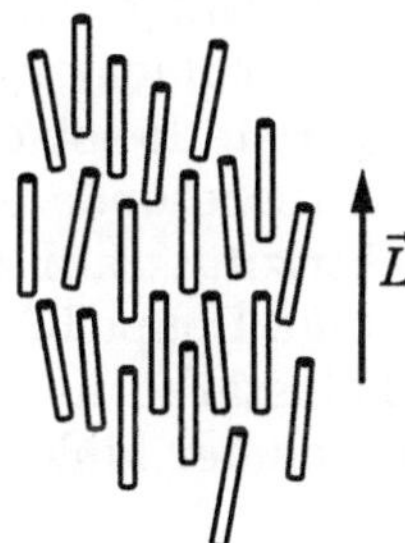

Abb. 9.65. Molekülanordnung bei nematischen Flüssigkristallen

Klärpunkt und Schmelzpunkt bzw. Erstarrungspunkt reversibel durchlaufen. In der Übergangsstufe (*Mesophase*) zwischen dem festen und echt flüssigen Aggregatzustand zeigt das Material entsprechend seiner verbliebenen Ordnung anisotrope Eigenschaften: Die viskoelastischen, die elektrischen, die magnetischen und die optischen Eigenschaften sind richtungsabhängig. Man bezeichnet die Stoffe in dieser Mesophase als *Flüssigkristalle* (Liquid Crystals, LC).

Die Flüssigkristallmoleküle sind schmal und lang, stäbchenförmig. Ihr typischer Aufbau wird aus der Strukturformel in Abb. 9.64 verständlich. Meist sind zwei oder drei ringförmige Kohlenwasserstoffe vorhanden, Benzolringe (Phenyl-Verbindung) und/oder Cyclohexanringe (Cyclohexyl-Verbindung), mit den Endgruppen („Flügelgruppen") X und Y und gegebenenfalls einem Mittelstück M.

Eine Vielzahl unterschiedlicher Flüssigkristalle mit unterschiedlichem Ordnungsverhalten sind synthetisiert, untersucht und praktisch eingesetzt worden. Zur Anwendung für Fernsehdisplays kommen aber nur solche in Frage, die eine *nematische* Phase ausbilden können (von griech. nema, Faden, wegen der fadenförmigen Bilder im Polarisationsmikroskop). Sie besitzt eine eindimensionale Ordnung. Wie in Abb. 9.65 veranschaulicht, richten sich die Längsachsen der Moleküle vorzugsweise parallel zueinander aus, während ihre Schwerpunkte wahllos in der Flüssigkeit verteilt sind. Die Vorzugsrichtung wird mit einem Vektor $\vec{L}$ gekennzeichnet. Man bezeichnet ihn als „Direktor"[1]. Er ist ein Einheitsvektor, und seine Richtung ist wegen der Molekülsymmet-

[1] Er wird in der Literatur überwiegend mit $\vec{n}$ bezeichnet. Zur Vermeidung einer Verwechslung mit dem Brechungsindex benutzen wir hier $\vec{L}$.

rie um 180° unbestimmt ($\vec{L} \equiv -\vec{L}$). Ohne äußere Einflüsse ist jede Richtung gleichwertig. Deshalb existiert die gezeigte Orientierung jeweils nur in extrem kleinen, voneinander unabhängigen „Domänen" mit unterschiedlichen Direktoren. An ihnen wird Licht gestreut. Die Flüssigkeit erscheint dadurch milchig-trübe. Daher stammt der Name „Klärpunkt", bei dem durch den Übergang zur isotropen Flüssigkeit die Streuung und damit die Trübung schlagartig verschwinden.

Die Anisotropie der Flüssigkristalle ist entscheidend für ihre Verwendbarkeit in einem Display. Insbesondere geht es hier um die Richtungsabhängigkeit der Dielektrizitätszahl (relative Permittivität) ε und des Brechungsindexes n (vgl. Doppelbrechung in Quarz, Abb. 9.18 in Abschn. 9.1.1). Für eine Feldstärke in Richtung des Direktors (in Vorzugsrichtung der Längsachsen der Moleküle) ist ε größer als in allen Richtungen senkrecht dazu:

$$\varepsilon_{\parallel} > \varepsilon_{\perp}, \quad \Delta\varepsilon =_{\text{def}} \varepsilon_{\parallel} - \varepsilon_{\perp} > 0 .$$

$\Delta\varepsilon$ wird als dielektrische Anisotropie bezeichnet. Typische Werte sind $\Delta\varepsilon = 4...6$ und $\varepsilon_{\parallel} = 7...10$. Entsprechend ist der Brechungsindex für eine elektrische Feldstärke des Lichtes in der Längsachsenrichtung größer als in allen Richtungen senkrecht dazu:

$$n_{\parallel} = n_{\text{e}}, \quad n_{\perp} = n_{\text{o}}, \quad n_{\text{e}} > n_{\text{o}}, \quad \Delta n =_{\text{def}} n_{\text{e}} - n_{\text{o}} > 0 .$$

Δn ist die optische Anisotropie. Typische Werte sind $\Delta n = 0{,}08...0{,}11$ und $n_{\text{e}} = 1{,}56...1{,}60$. Man beachte beim Vergleich, dass hier immer $\varepsilon > n^2$. Denn die angegebenen Dielektrizitätszahlen gelten für tiefe Frequenzen (im kHz-Bereich). Erst bei hohen Frequenzen und jedenfalls bei den Lichtfrequenzen geht $\varepsilon \to n^2$.

Ein häufig verwendetes Flüssigkristallmaterial ist beispielsweise Pentylcyanobiphenyl. Im Molekül sind zwei Phenylringe direkt, ohne Mittelstück, verbunden, und die Endgruppen sind X = C_5H_{11} (Pentyl-) und Y = CN (Cyano-). Der Schmelzpunkt liegt bei 23 °C und der Klärpunkt bei 35 °C. Das Material wäre deshalb in dieser reinen Form für Displays ungeeignet. Erst in *Mischungen* mit anderen Flüssigkristallmaterialien kommt man auf einen Schmelzpunkt von z. B. –30 C bei einem Klärpunkt von z. B. 90 C. Wie bei Legierungen der Metalle erreicht man durch ein geeignetes Mischungsverhältnis (*eutektische* Mischung) einen Schmelzpunkt, der erheblich niedriger liegt als bei den Komponenten. In der Praxis sind immer nur Mischungen brauchbar. Sie bestehen aus 10 bis 20 Komponenten, die so zusammengestellt sind, dass die gewünschten physikalischen Eigenschaften für den speziellen Anwendungsfall erreicht werden. Die Flüssigkristallmischungen werden von der Firma E. Merck in Darmstadt und Tokyo hergestellt.

In einem Display ist die Flüssigkristallmischung zwischen zwei parallelen Glasplatten eingeschlossen, die in einem Abstand von beispielsweise 5 µm stehen. Die Innenflächen der beiden Platten (dünn beschichtet mit einem Polyimid) sind mit einem leicht rauen Stoff in einer bestimmten Richtung *gerieben* worden. Dadurch werden in der nematischen Phase die Flüssigkristallmoleküle in der Grenzschicht alle in Reibrichtung ausgerichtet, der Direktor (Abb. 9.65) ist über die gesamte Ausdehnung der Glasplatte konstant. Domänen mit unterschiedlicher Orientierung, an denen Licht gestreut werden könnte, sind nun nicht mehr vorhanden; es ist eine einheitlich orientierte Schicht entstanden. Stehen die Reibrichtungen bei den Platten senkrecht zueinander, so stehen auch die Direktoren an den beiden Grenzflächen zueinander senkrecht. Im Übergangsgebiet zwischen den Platten sind die Direktoren – unter Beibehaltung ihrer parallelen Lage zu den Glasflächen – dann gleichmäßig zunehmend von 0° bis zu 90° verdreht (*verdrillt*). In Abb. 9.66 ist oben zu erkennen, wie die Moleküle in den „Rillen" der Grenzflächen (sie sind in Wirklichkeit submikroskopisch klein) verankert sind und zwischen den Platten eine Helix bilden.

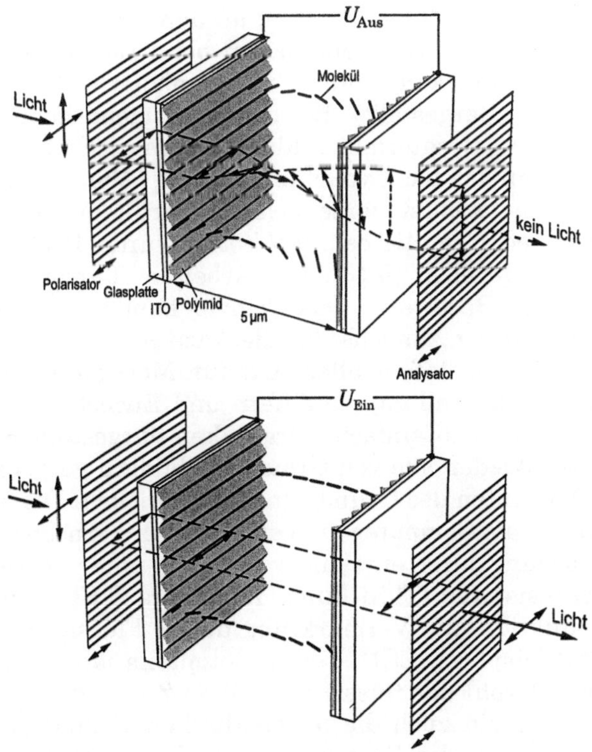

Abb. 9.66. Aufbau und Funktion einer TN-Zelle

Eine derartige Zelle kann als ein elektrisch gesteuertes „Lichtventil“ arbeiten. Dazu wird das einfallende Licht mit einer auf der Außenfläche der Glasplatte aufgebrachten Polarisationsfolie linear polarisiert, und zwar in der Reibrichtung dieser Platte. Diese Polarisationsrichtung wird nun beim Durchgang durch die Zelle kontinuierlich bis zu 90° verdreht, genauso wie die Längsachsen der Moleküle, die *Polarisation folgt den Direktoren* (s. Abb. 9.66 oben). Dieser als „adiabatic following“ oder „Wellenführung“ bezeichnete Effekt [9.56] ist entscheidend für die Funktion der Zelle. Liegt am Ausgang der Zelle eine zweite Polarisationsfolie mit gleicher Ausrichtung wie am Eingang, so wird das durch die Molekülhelix um 90° dazu polarisierte Licht vollständig blockiert.

Dieser Zustand kann durch ein elektrisches Feld zwischen den Platten mehr oder weniger aufgehoben werden. Dazu erhalten die Glasplatten unter der Orientierungsschicht eine dünne leitfähige und lichtdurchlässige Schicht aus Indiumzinnoxid (ITO). Ab einer genügend hohen Spannung an den beiden Elektroden – gleich welcher Polarität – beginnen sich die Moleküle gegenüber ihrer zu den Glasflächen parallelen Lage aufzurichten in Richtung des elektrischen Feldes, am meisten in der Mitte zwischen den Platten; an den Grenzschichten bleiben sie weiterhin verankert. Die Polarisation beim Lichtdurchgang durch die Zelle wird nun streckenabhängig in komplizierter Weise verändert (in Abb. 9.66 nicht dargestellt). Bei einer genügend hohen Spannung kommt sie an der Analysatorfolie schließlich praktisch unverändert an. Die Zelle lässt dann das Licht vollständig durch (Abb. 9.66 unten).

Die beschriebene Lichtsteuerzelle mit verdrillt nematischem Flüssigkristall (Twisted Nematic cell, TN-Zelle) wurde 1971 von SCHADT und HELFRICH angegeben [9.43]. Die Arbeiten führten sie bei Hoffmann-La Roche in Basel aus. Das Prinzip kam dann bald zu einer weltweiten Anwendung, zunächst für die Anzeigen von Armbanduhren, dann auch für Anzeigetafeln aller Art, für Messgeräteanzeigen, Taschenrechner, also überall da, wo Ziffern und Buchstaben auszugeben sind. Bald konnten auch einfache Graphiken dargestellt werden, und es wurde an der Wiedergabe von Graustufenbildern gearbeitet. Hierzu wurden viele Varianten des Grundprinzips entwickelt. Der Durchbruch für Anwendungen als Computer- und später auch Fernsehdisplays kam mit der Ansteuerung durch eine „aktive“ Matrix unter Verwendung von Dünnschichttransistoren (Thin Film Transistors, TFT, s. unten). Entwicklung, Produktion und Vermarktung dieser Flüssigkristalldisplays (Liquid Crystal Displays, LCD) sind größtenteils japanischen Firmen zu verdanken. Obwohl der flüssig-kristalline Zustand schon seit 1888 bekannt war und bald auch die physikalischen Grundlagen erforscht waren, wurden bis zu der Schadt/Helfrich-Veröffentlichung die Flüssigkristalle eher als eine wissenschaftliche Kuriosität ohne praktische Bedeutung angesehen.

Voraussetzung für die Mitnahme der Polarisation durch die Moleküllängsachsen in der spannungslosen TN-Zelle und also dafür, dass die von hinten beleuchtete Zelle schwarz erscheint, ist es, dass der Gangunterschied zwischen dem sich schnell (entsprechend dem kleineren Brechungsindex n_0) und dem sich langsamer (entsprechend n_e) ausbreitenden Licht viel größer als der Twistwinkel ist, also bei einer Zelle mit der Dicke d

$$2\pi \Delta n \frac{d}{\lambda} >> \frac{\pi}{2}.$$

Allgemein gilt für die Durchlässigkeit der spannungslosen Zelle, d. h. für das Intensitätsverhältnis Ausgang/Eingang, bei einem Twistwinkel von 90°:

$$T = \frac{1}{2} \frac{\sin^2\left(\frac{\pi}{2}\sqrt{1+u^2}\right)}{1+u^2} \quad \text{mit } u = \frac{2d}{\lambda}\Delta n \tag{9.32}$$

(nach Gooch, Tarry [9.24]). Bedingt durch die Selektion einer Polarisationsrichtung am Zelleneingang ist das Maximum nicht 1, sondern 0,5. Die Abhängigkeit von dem Parameter u ist hiernach in Abb. 9.67 dargestellt. Normalerweise wird die Zelle im ersten Transmissionsminimum betrieben, also mit

$$u = \sqrt{3} \Rightarrow d = \frac{\sqrt{3}}{\Delta n} \frac{\lambda}{2}. \tag{9.33}$$

Bei $\Delta n = 0{,}097$ und $\lambda = 560$ nm wird eine Zellendicke von 5 µm benötigt. Für einen Betrieb im zweiten Minimum mit $u = \sqrt{15}$ müsste die Zelle entsprechend dicker sein und wäre dadurch träger (s. unten), oder die optische Anisotropie des Materials müsste entsprechend größer sein.

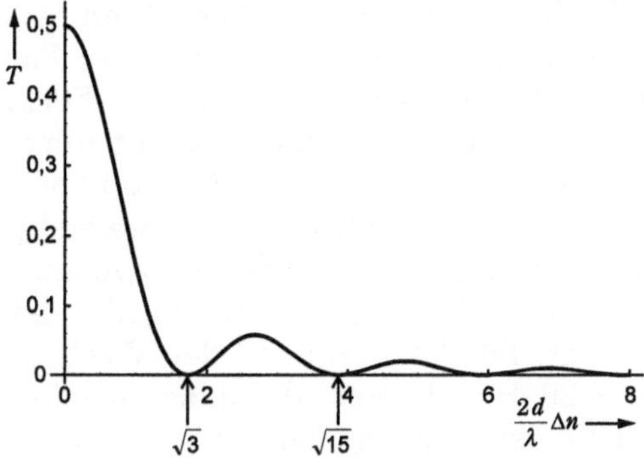

Abb. 9.67. Transmission einer spannungslosen 90°-TN-Zelle

Man beachte, dass nur bei einer bestimmten Wellenlänge die Transmission exakt null sein kann. Liegt diese Wellenlänge im grünen Spektralbereich, dann erscheint die „schwarze“ Zelle doch etwas magentafarbig aufgehellt. Auch ist die optische Anisotropie wellenlängenabhängig. Nach Gl. (9.32) kommt es auf das Verhältnis $\Delta n/\lambda$ an. Weiterhin ist zu bedenken, dass die mit Gl. (9.32) und Abb. 9.67 angegebene Transmission nur für senkrechten Lichteinfall gilt. Bei seitlicher Betrachtung ist die Sperrwirkung der spannungslosen TN-Zelle schlechter. Im Display erscheinen auch dadurch dunkle Bildteile aufgehellt.

Ein elektrisches Feld zwischen den ITO-Elektroden erzeugt in den Molekülen – wie in jedem Isolator – eine Ladungsverschiebung: Negative Ladungen verschieben sich in Richtung zur positiven Elektrode, positive in Richtung zur negativen Elektrode. Es entstehen Dipole. Die Richtung des induzierten Dipolmoments wird von den negativen zu den positiven Ladungen gerechnet. Es hat somit normalerweise dieselbe Richtung wie das verursachende elektrische Feld, so dass dieses keine Kraft auf das Molekül ausübt. Hier aber bildet sich das Dipolmoment wegen der Anisotropie bevorzugt in Richtung der Moleküllängsachsen aus (daher $\varepsilon_{\|} > \varepsilon_{\perp}$). Wenn das Feld also nicht in Richtung der Längsachsen liegt oder nicht genau senkrecht dazu, weicht die Richtung des Dipolmoments von der Richtung des Feldstärkevektors ab (Verschiebungsvektor und Feldstärkevektor haben nicht die gleiche Richtung). Das ist die Ursache für das Ausrichten der Moleküle im Feld. Es wird eine Ausrichtungskraft ausgeübt, die die Moleküle aus ihrer Lage parallel zu den Glasplatten aufrichtet, bis die Achsen in Feldstärkerichtung liegen. Eine Gegenkraft geht dabei von der Verankerung an den Grenzflächen aus und durch elastische Rückstellkräfte (s. unten). Im Gleichgewicht stellen sich ein bestimmter „Erhebungswinkel“ ϑ und ein bestimmter örtlicher Verdrillungswinkel φ („Azimutwinkel“) ein, wie in Abb. 9.68 skizziert. Die z-Achse stehe dabei senkrecht auf den Glasplatten. Sie liegt also in der Anordnung von Abb. 9.66 horizontal, in Abb. 9.68 ist sie jedoch vertikal gezeichnet. Man beachte, dass Größe und Richtung der Ausrichtungskraft *nicht* von der Polarität der Spannung an den Elektroden abhängen. Wenn der Feldstärkevektor um 180° gedreht wird, wird auch das Dipolmoment umgekehrt induziert, so dass wieder die gleiche Kraft ausgeübt wird und die Molekülausrichtung unverändert bleibt. Tatsächlich ist es notwendig, zur Steuerung der Zelle eine *Wechselspannung* – ohne Gleichspannungsanteil – zu verwenden. Durch eine Gleichspannung würde der Flüssigkristall elektrolytisch zersetzt. Ist die Frequenz der Wechselspannung genügend hoch (etwa > 20 Hz), kommt ihr quadratischer Mittelwert zur Wirkung. Maßgebend ist also der Effektivwert U_{eff} der Steuerspannung.

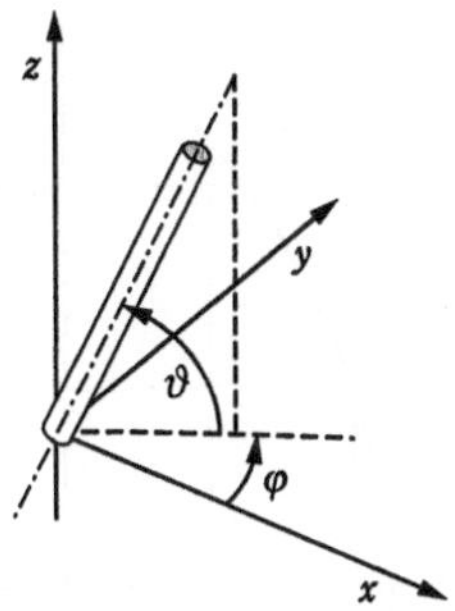

Abb. 9.68. Ausrichtungswinkel der Molekülachse

Die Winkel $\vartheta(z)$ und $\varphi(z)$, die sich bei einer bestimmten Spannung einstellen, hängen von z ab. Ursächlich ist dabei an sich die Feldstärke. Bei einem größeren Plattenabstand d ist bei gegebener Spannung die Feldstärke zwar enstsprechend kleiner, aber sie wirkt über die nun längere Strecke d, so dass das Ergebnis gleich bleibt.

An den Grenzflächen bleiben die Moleküle spannungsunabhängig verankert, so dass

$$\vartheta(0) = \vartheta(d) = 0$$
$$\varphi(0) = 0 \quad \varphi(d) = \pi/2.$$

Im spannungslosen Zustand nimmt der örtliche Verdrillungswinkel $\varphi(z)$ proportional mit z zu. In der Mitte, bei $z = d/2$, ist er 45°. $\vartheta(z)$ ist überall null. Wenn U_{eff} eine bestimmte Schwellenspannung U_{th} überschreitet, steigt der Erhebungswinkel bis zu einem Maximalwert $\vartheta(d/2) = \vartheta_{\max}$ in der Mitte an. $\varphi(z)$ bleibt in der Mitte immer unverändert bei 45°, aber der Verlauf wird bei höheren Spannungen nichtlinear, die Veränderungen konzentrieren sich auf die Mittelschicht (Abb.

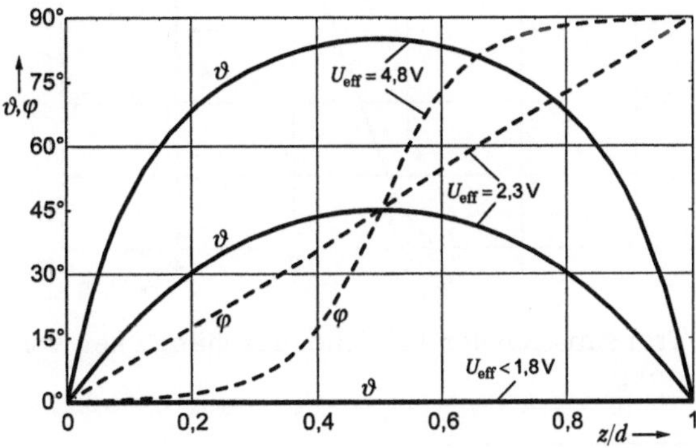

Abb. 9.69. Neigung und Verdrillung zwischen den Glasplatten der TN-Zelle

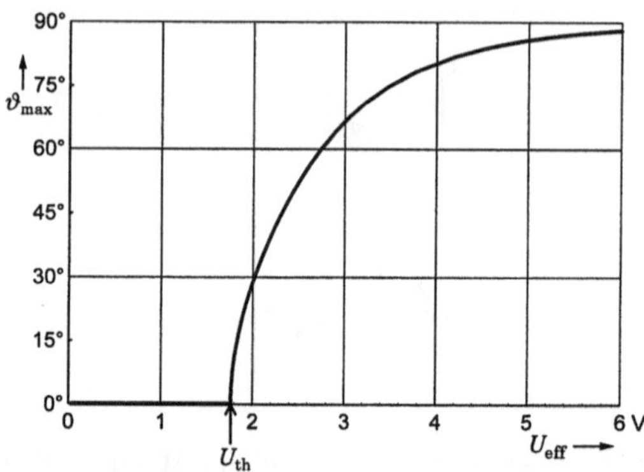

Abb. 9.70. Maximaler Neigungswinkel als Funktion der Spannung (Beispiel)

9.69[1], s. auch Abb. 9.66 unten).

Der maximale Erhebungswinkel steigt oberhalb der Schwellenspannung zunächst steil an, dann geht er in einer immer flacher werdenden Kurve bei höheren Spannungen asymptotisch gegen 90° (Abb. 9.70).

Die durch $\vartheta(z)$ und $\varphi(z)$ bedingten Änderungen der Lichtpolarisation auf dem Weg von $z = 0$ bis $z = d$ führen schließlich nach dem Analysator am Zellenausgang zu der in Abb. 9.71 angegebenen Transmission in Abhängigkeit von der Steuerspannung. Man beachte, dass diese Kennlinie gänzlich anders ist als bei Bildröhren. Die Punkte bei 10 %, 50 % und 90 % der maximalen Durchlässigkeit sind markiert. Der für die Graustufensteuerung zur Verfügung stehende Bereich beträgt nur etwa 1 Volt!

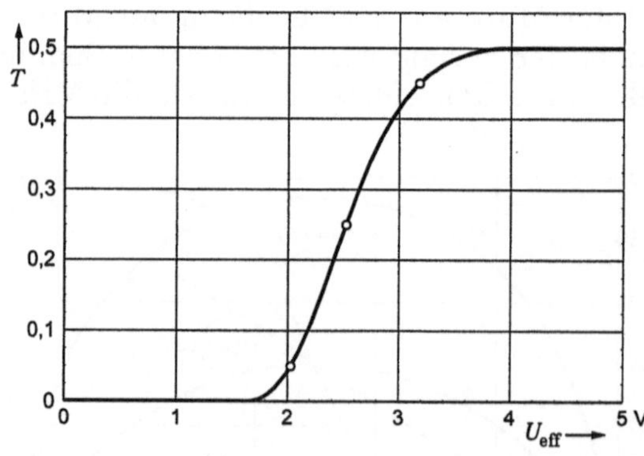

Abb. 9.71. Transmission der TN-Zelle in Abhängigkeit von der Steuerspannung

[1] Die Kurven in Abb. 9.69 bis 9.71 wurden nach dem in [9.56] beschriebenen Algorithmus berechnet, und zwar für die Merck-Mischung ZLI-4792 (die für die Verwendung in Displays mit aktiver Matrix entwickelt worden ist).

Die hier angegebene Transmission gilt wieder nur für den senkrechten Lichteinfall. Bei seitlicher Betrachtung ist sie geringer. Insgesamt nimmt der Kontrast durch diese Abnahme und die Zunahme des Restlichts im Schwarzen bei seitlicher Betrachtung deutlich ab, ein typischer Nachteil der LCDs.

Die um 90° verdrehten Reibrichtungen der Glasplatten können die 90°-Verdrillung sowohl linksdrehend wie auch rechtsdrehend hervorrufen. In Abb. 9.66 oben wurde sie in z- Richtung gesehen linksdrehend angenommen. An sich ist es gleichgültig, welche Verdrillungsrichtung vorhanden ist. Wenn sie dem Zufall überlassen wäre, würden sich aber trotz der einheitlichen Grenzflächen unerwünschte Domänen mit unterschiedlicher Verdrillungsrichtung ausbilden. Es muss also für eine Vorzugsrichtung gesorgt werden. Sie ist durch die beiden Reibrichtungen gegeben, nämlich dadurch, ob sie unter 90° oder 270° zueinander stehen. Jeweils in Reibrichtung gesehen, sind die Längsachsen der Moleküle immer um einen kleinen Winkel auf der Polyimidfläche angehoben (*Pretilt*, z. B. 1°...3°), wodurch die unter 180° zueinander verlaufenden Reibrichtungen unterscheidbar sind. Damit kann z. B. nur eine linksdrehende Verdrillung um 90° oder eine rechtsdrehende um 270° entstehen. Letztere stellt sich jedoch nicht ein, weil zu ihr eine größere Deformationsenergie (s. unten) gehören würde.

Eine Vorzugsrichtung der Verdrillung kann auch durch den Zusatz einer sehr geringen Menge sog. „cholesterischer" Flüssigkristalle[1] zur Mischung entstehen. Diese besitzen neben der Ordnung in der Form paralleler Molekülllängsachsen eine helixartige Anordnung der Direktoren (die Helixachse steht senkrecht auf den Direktoren) in übereinander liegenden Schichten, also bereits eine naturgegebene Verdrillung mit bestimmter „Händigkeit" (Chiralität). Je nach Molekülstruktur kann diese links- oder rechtsdrehend sein. In Kombination mit der Wirkung der Reibrichtungen kann sich in einer solchen Mischung sogar eine 270°-Verdrillung anstelle der 90°-Verdrillung einstellen.[2] Man erhält die „Super-twisted Nematic cell" (STN), die Vorteile für Anzeigen ohne aktive Matrix bringt. Für Fernsehdisplays kommt sie nicht in Frage.

Ebenso wäre ohne besondere Maßnahmen die Richtung nicht eindeutig bestimmt, in der sich die Moleküle aus ihrer Verankerung aufrichten, wenn ein elektrisches Feld genau senkrecht zu ihrer Längsachse wirkt. Sie sind dann zunächst in einem labilen Gleichgewicht,

---

[1] So benannt nach den Cholesterinestern, aus denen solche Flüssigkristalle bestehen können. Der erste beobachtete Flüssigkristall, Cholesterinbenzoat, gehört dazu (1888 von Reinitzer).

[2] Ein höherer Pretilt ist dafür zweckmäßig. Er lässt sich durch eine Schrägbedampfung der Grenzflächen erreichen.

und es kann ϑ positiv oder negativ werden („Kopf" und „Schwanz" sind nicht zu unterscheiden). Es würden dadurch wieder Domänen entstehen, mit entgegengesetztem Vorzeichen des Erhebungswinkels. Nun haben aber, wie beschrieben, die Moleküle bereits in ihrer Verankerung eine kleine Anfangsneigung, wodurch beim Anlegen des elektrischen Feldes nur noch in dieser Richtung ein Erhebungswinkel zu erwarten ist.

Die Neigung der Molekülachsen und die Veränderung der Verdrillung durch die angelegte Spannung, die dann zu der letztlich interessierenden Steuerkennlinie führen, sind in komplizierter Weise bedingt durch die Dielektrizitätszahlen $\varepsilon_{\parallel}$ und $\varepsilon_{\perp}$ sowie durch das anisotrope *elastische* Verhalten des Flüssigkristalls [9.56]. Gegen die durch das elektrische Feld ausgelöste Veränderung des Direktors wirken elastische Rückstellkräfte. Hier ist zu unterscheiden zwischen der Kraft gegen eine Verdrillung, der Kraft gegen eine Verbiegung des Flüssigkristalls, wobei die Biegelinie parallel zu den Moleküllängsachsen liegt, und der Kraft gegen eine Verbiegung, wobei die Biegelinie senkrecht auf den Molekülachsen steht („Spreizung", engl.: splay). Die Deformationsenergie bezogen auf das Volumen ist dadurch (nach OSEEN und FRANK, s. [9.47])

$$\frac{W}{V} = \frac{1}{2}k_1\left(\operatorname{div}\vec{L}\right)^2 + \frac{1}{2}k_2\left(\vec{L}\cdot\operatorname{rot}\vec{L}\right)^2 + \frac{1}{2}k_3\left(\vec{L}\times\operatorname{rot}\vec{L}\right)^2.$$

Hier gibt der erste Term mit der Konstanten k_1 den Anteil durch eine Spreizung, der zweite mit der Konstanten k_2 den Anteil durch eine Verdrillung und der dritte mit der Konstanten k_3 den Anteil durch eine Biegung (mit Direktoren parallel zur Biegelinie). Die Elastizitätskonstanten haben die Einheit Ws/m = Newton, also die Dimension einer Kraft. Ihre Werte liegen je nach Material bei 3...20 pN.

Unter anderen bestimmen die Elastizitätskonstanten den Effektivwert der Schwellenspannung:

$$U_{\mathrm{th}} = \pi\sqrt{\frac{k_1}{\varepsilon_0\Delta\varepsilon}}\sqrt{1+\frac{k_3-2k_2}{4k_1}}\,. \tag{9.34}$$

$\varepsilon_0 = 8{,}8542\cdot10^{-12}\,\mathrm{A\,s/(V\,m)}$ ist die elektrische Feldkonstante. Die Schwellenspannung ist, wie erläutert, von der Zellendicke unabhängig. Der durch die zweite Wurzel gegebene Faktor gibt die Erhöhung durch die 90°-Verdrillung gegenüber einer Zelle ohne Verdrillung.

Für das dynamische Verhalten bei Veränderung der Steuerspannung, insbesondere für die Reaktionszeit auf das Einschalten und Ausschalten, ist die Viskosität des Flüssigkristalls maßgebend. Die Viskosität dieser anisotropen Flüssigkeit ist ebenfalls anisotrop. Wichtig ist insbesondere der Koeffizient γ_1 der *Rotationsviskosität*, die für den

Widerstand gegen eine Drehbewegung verantwortlich ist. Der Koeffizient γ_1 hat die Einheit Pascal-Sekunde (Pa s). Für Wasser bei 20° C ist $\gamma_1 = 1$ mPa s. Übliche Flüssigkristallmischungen haben bei 20° C eine Rotationsviskosität von $\gamma_1 = 90...300$ mPa s. Sie nimmt zu tieferen Temperaturen hin rapide zu. Bei 0° C ist sie schon etwa dreimal größer, obwohl der Erstarrungspunkt dieser Mischungen noch sehr viel tiefer liegt.

Die Schaltzeiten sind proportional zu $\gamma_1 d^2$. Für Fernsehdisplays sind deshalb eine niedrige Rotationsviskosität und möglichst dünne Zellen unerlässlich. Man erreicht Reaktionszeiten (Summe aus Einschalt- und Ausschaltzeit) von etwa 15 ms. Einfache Anzeigen können Ausschaltzeiten von z. B. 0,1 s bei Zimmertemperatur haben.

Ist die Endgruppe Y des Moleküls (Abb. 9.64) eine Cyano-Verbindung, so wird eine hohe dielektrische Anisotropie erreicht und damit nach Gl. (9.34) eine niedrige Schwellenspannung, aber die Viskosität ist ebenfalls hoch. Da außerdem die Leitfähigkeit für Displays mit aktiver Matrix zu hoch ist (s. unten), sind Flüssigkristalle mit der Cyano-Endgruppe für Fernsehdisplays ungeeignet. Niedrige Viskosität und geringe Leitfähigkeit werden mit Fluor-Endgruppen erreicht. Auch lange Ketten in der Endgruppe X können zu einer hohen Viskosität führen.

Das Umschalten zwischen Sperren und Durchlassen von Licht mit einer TN-Zelle nach Abb. 9.66 kann man beispielsweise verwenden für Shutter-Brillen (s. Abschn. 7.2.1) oder bei entsprechender Größe als Gag für eine Schaufensterscheibe. Wird eine der beiden ITO-Schichten aber strukturiert und werden die Strukturen dann umschaltbar an verschiedene Spannungen gelegt, so kann man eine elektrisch steuerbare Anzeige von Ziffern oder Buchstaben erreichen, z. B. mit den Siebensegmentdarstellungen bei Uhren oder anderen Messgeräten.

Strukturiert man beide ITO-Schichten in der Form von schmalen parallelen Streifen, die auf den beiden Schichten senkrecht zueinander liegen, so erhält man jeweils an den Überkreuzungen matrixartig angeordnete Stellen, die separat ansteuerbare Bildelemente darstellen können (Punktmatrix, Abb. 9.72a). Ist die Spannungsdifferenz zwischen den übereinander liegenden Streifen an einer Überkreuzungsstelle betragsmäßig deutlich größer als die Schwellenspannung, so erscheint die Stelle durch die Hintergrundbeleuchtung hell, liegt sie darunter, so ist das Bildelement dunkel. So sind einfache Pixelgraphiken mit binären Kontrasten leicht darstellbar, wenn nur wenige Zeilen und Spalten ausreichen. Man kann sich leicht überlegen, dass bei einer solchen Multiplexierung mit *passiver Matrix* (einer Matrix ohne die Hilfe aktiver Schaltelemente) an den Überkreuzungsstellen die Spannungsdifferenzen betragsmäßig nur noch wenig unterschiedlich sein können, wenn viele Zeilen verwendet werden. Das höchstens erreich-

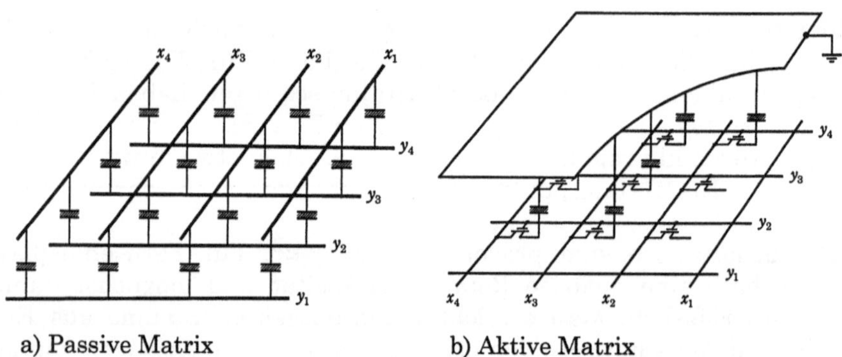

Abb. 9.72. LCD mit passiver Matrix und mit einer aktiven TFT-Matrix

bare Differenzverhältnis ist bei einer Zeilenzahl Z (nach ALT und PLESHKO, s. [9.56])

$$\frac{U_{\text{eff ON}}}{U_{\text{eff OFF}}} = \sqrt{\frac{\sqrt{Z}+1}{\sqrt{Z}-1}}\,.$$

Über lange Zeit war daher ein Hauptanliegen der LCD-Entwicklung, Flüssigkristallmischungen und Zellen herzustellen, die eine möglichst steile, am besten rechteckige Steuerkennlinie der Transmission (Abb. 9.71) erreichen, damit auch noch bei einem Verhältnis $U_{\text{ON}}/U_{\text{OFF}}$ von nahezu eins ein deutlicher Kontrast möglich ist. So ergibt beispielsweise ein Flüssigkristall mit einem niedrigen Verhältnis k_3/k_1 der oben genannten Elastizitätskonstanten eine steile Kennlinie und auch die Verwendung einer STN-Zelle.

Fernsehdisplays benötigen hingegen zur Darstellung der Graustufen eine flache Kennlinie, und zugleich ist die Anzahl der Zeilen viel höher als bei den einfachen Graphikdisplays. Es kommen deshalb nur LCDs mit aktiver Matrix in Frage. Hiermit steht für jedes Bildelement ein steuerbarer Schalter zur Verfügung, über den die Elemente unabhängig voneinander angesteuert werden können [9.31]. Der Schalter ist ein kleiner MOS-Feldeffekttransistor, der sich an einer Ecke eines jeden Bildelements befindet (Abb. 9.72b). Die Transistoren bestehen aus dünnen, übereinander liegenden Schichten (meist dünner als 0,2 µm), die auf das eine Glassubstrat gebracht worden sind.

Den Aufbau eines solchen Dünnfilmtransistors (*Thin Film Transistor*, TFT) zeigt Abb. 9.73. Die Zeilen- und Spaltenelektroden bestehen bei der aktiven Matrix aus Aluminium und dienen als Zuführungsleitungen zu den TFTs. Sie sind an den Überkreuzungen durch eine Isolierschicht (SiO_2 oder Al_2O_3) voneinander getrennt. Die Spaltenelektroden (in Abb. 9.73 rosa) bringen das Bildsignal an die Source-Anschlüsse, die Zeilenelektroden (blau) das Schaltsignal (Zeilenselek-

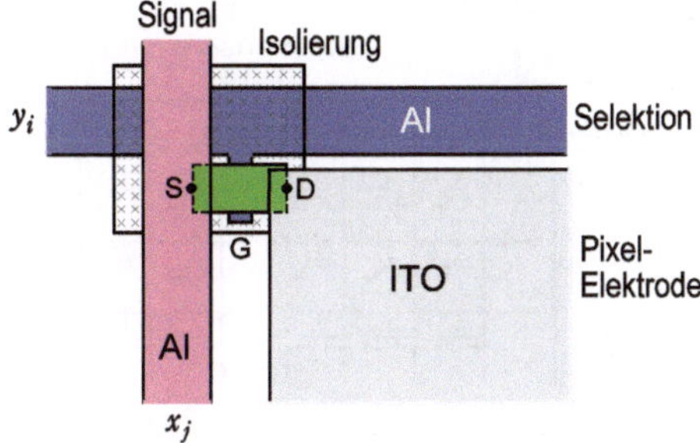

Abb. 9.73. Dünnfilmtransistor einer aktiven Matrix beim LCD

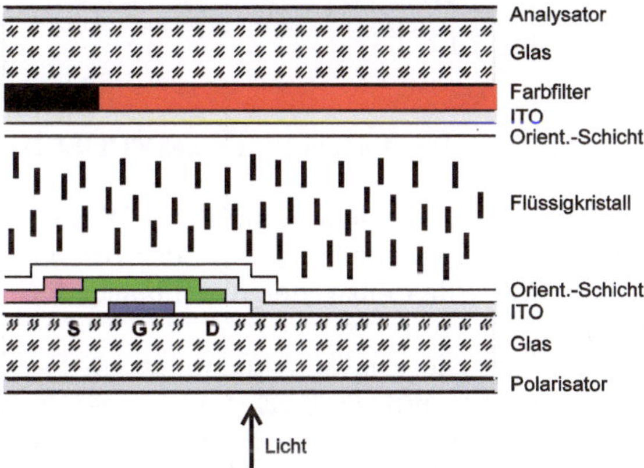

Abb. 9.74. Querschnitt durch ein TFT-LCD

tionssignal) an die Gate-Anschlüsse. Zeilenelektrode und Gate-Elektroden bilden eine zusammenhängende Al-Schicht. Die Oxidschicht liegt darüber. Das Halbleitermaterial ist in Abb. 9.73 grün gezeichnet. Verwendet werden dafür Cadmiumselenid (CdSe), amorphes Silicium (a-Si) oder polykristallines Silicium (poly-Si). Der Drain-Anschluss ist mit einer Ecke der Pixelelektrode verbunden. Sie besteht aus ITO, und nur sie ist deshalb lichtdurchlässig. Die Pixelelektrode bildet, wie in Abb. 9.72b angedeutet, mit der nicht strukturierten ITO-Schicht auf der anderen Glasplatte (Abb. 9.74) einen Kondensator, sein Dielektrikum ist der Flüssigkristall. Der Kondensator wird über den eingeschalteten Transistor vom Bildsignal geladen und hält die Ladung nach dem Ausschalten des Transistors.

Abb. 9.74 zeigt einen Transistor im Querschnitt. Man beachte, dass die Flüssigkristallzelle selbst nicht in Elemente unterteilt ist. Die Pixelaufteilung kommt allein von der Matrix aus Spalten- und Zeilenelektroden und TFTs auf der Innenseite der auf der Beleuchtungsseite liegenden Glasplatte. Der Flüssigkristall befindet sich in einer einzi-

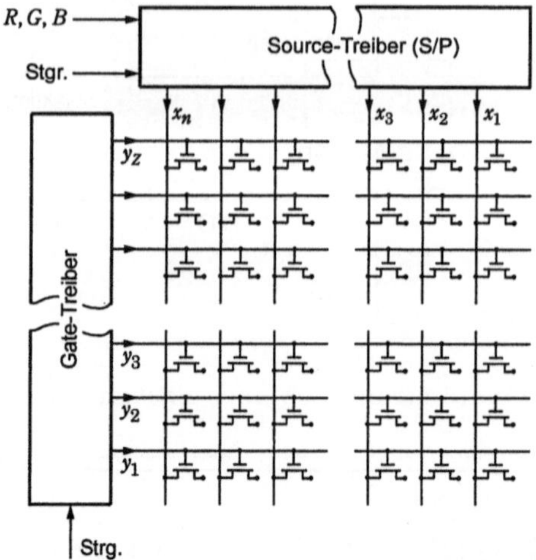

Abb. 9.75. Die Ansteuerung eines TFT-LCDs

gen, z. B. 0,2 m^2 großen Zelle. Jedem auf diese Weise durch die Matrix definierten Bildelement gegenüber liegt auf der Innenseite der anderen Glasseite ein Farbfilter, das entweder durchlässig für Rot, Grün oder Blau ist (s. unten).

Die Zuordnung (Adressierung) der momentanen Farbwertsignale zu den Matrixstellen x_j, y_i – mit $i = 1...Z, j = 1...n$ bei Z Zeilen mit je n Pixel – wird nach dem in Abb. 9.75 angegebenen Schaltungsschema durchgeführt. Die R, G, B-Signale einer Zeile werden in ein Schieberegister seriell eingelesen. Dabei werden sie in $n/3$ Samples zerlegt. Weiterhin wird nacheinander an jeweils einem der Z Ausgänge des Gate-Treibers der Einschaltimpuls – z. B. +20 V – für alle Transistoren in einer Zeile für die Dauer T'_H einer aktiven Zeile ausgegeben. Alle anderen liegen auf der Sperrspannung, z. B. –10 V. Signale an den Source-Eingängen werden durchgeschaltet, wenn die Gate-Spannung positiver ist, sie werden nicht weitergegeben, wenn die Gate-Spannung negativer als das Signal ist. Zuerst werden so alle Transistoren an y_1 eingeschaltet, um T_H später die der nächsten Zeile y_2, synchronisiert mit dem Videosignal. Wird eine Zeile eingeschaltet, stehen an den n Parallelausgängen x_1 bis x_n des Schieberegisters im Source-Treiber jeweils nebeneinander die R, G, B-Tripelwerte der betreffenden Zeile gleichzeitig zur Verfügung und laden über die eingeschalteten Transistoren während der Dauer T'_H die Pixelkondensatoren in der Zeile auf. In dieser Zeit werden die Signale für die folgende Zeile in das Schieberegister eingelesen. Ist der Gate-Impuls ausgeschaltet, die nächste Zeile aber noch nicht eingeschaltet – während der Horizontalaustastzeit – werden die Signalwerte für die neue Zeile an den Parallelausgängen des Source-Treibers bereitgestellt. Anschließend werden sie mit dem Einschaltimpuls am nächsten Gate-Treiberausgang in die Pixelkondensatoren der neuen Zeile aufgenommen.

Dieses Verfahren, bei dem jeweils immer eine ganze Zeile gleichzeitig eingelesen wird (*line-at-a-time addressing*), führt dazu, dass die gesamte Displayfläche dauernd ein Bild zeigt, wie etwa beim Kinofilm, und nicht wie beim CRT-Display nur einen schnell bewegten leuchtenden Fleck, aus dem erst durch die Augenträgheit der Eindruck eines zusammenhängenden Bildes entsteht. Nach Ablauf von 20 ms (Teilbilddauer T_V) wird das Bild „aufgefrischt", der beschriebene Adressierungszyklus wiederholt. Immer werden in dieser Zeit alle Zeilen eines Vollbildes wiedergegeben, wozu ein Konverter das ankommende Zeilensprungsignal in ein Vollbildsignal (non-interlaced-Signal) mit der doppelten Zeilenfrequenz umwandeln muss. Dieser „De-Interlacer" benötigt einen Bildspeicher.

Die Kapazität der Pixelkondensatoren ist wegen ihrer geringen Fläche sehr klein. Sie sollen trotzdem ihre Spannung über die Zeit von 20 ms zwischen den Aufladungen möglichst unverändert halten. Eine Entladung ist nicht völlig zu vermeiden, weil das Flüssigkristallmaterial nicht perfekt isoliert. Für den Betrieb mit einer aktiven Matrix muss jedenfalls eine sehr geringe Leitfähigkeit verlangt werden. Auch kann die Sperrwirkung der ausgeschalteten Transistoren vom durchtretenden Licht beeinträchtigt werden. Dagegen müssen sie abgeschirmt werden.

Wie erwähnt muss die Steuerspannung eine Wechselspannung sein. Dazu werden die Signale bei jeder Auffrischung der Pixelladungen, also alle 20 ms, vom Source-Treiber mit umgekehrter Polarität geliefert, wobei der Spannungsbereich des Gate-Treibers für Sperren und Durchlassen der TFTs zu beachten ist (s. oben). Es kann entweder für alle Pixel die gleiche Polarität benutzt werden, oder benachbarte Zeilen und/oder benachbarte Pixel in einer Zeile erhalten eine jeweils umgekehrte Polarität.

Wie bei der Bildröhre wird zur Farbwiedergabe die additive Farbmischung durch örtliche Verschachtelung der Primärfarbauszüge erreicht. Es wird eine weiße Hintergrundbeleuchtung mit kontinuierlichem Spektrum verwendet, meist mit Leuchtstofflampen an den Seiten einer Lichtleitplatte, dessen Licht nach Durchlaufen des Flüssigkristalls durch Farbfilter für Rot, Grün oder Blau hindurchgeht. Die Filter in den Abmessungen eines Pixels sind auf der Innenseite der gegenüber liegenden Glasplatte angebracht, genau zu den zugehörigen Bildelementen ausgerichtet (Abb. 9.74). Im einfachsten Fall liegen die R, G, B-Tripel in einer Zeile nebeneinander und ohne Versatz in aufeinander folgenden Zeilen untereinander. Zur Herstellung des Filtermosaiks wird die Glasplatte zunächst dünn mit farbloser Gelatine oder mit einem färbbaren Kunststoff beschichtet. In drei aufeinander fol-

Abb. 9.76. Photo eines Farb-LCDs im durchfallenden weißen Licht. Der Pfeil markiert einen Abstandshalter zwischen den Glasplatten

genden photolithographischen Prozessen wird die Schicht dann an den vorgeschriebenen Stellen in rot, grün und blau eingefärbt. Darüber kommt eine Passivierungsschicht, dann die ITO-Schicht und schließlich die Orientierungsschicht. Einen Ausschnitt aus einer weißen Fläche eines Flüssigkristalldisplays zeigen die beiden Photos in Abb. 9.76. Links erkennt man die schwarz eingefärbten Abgrenzungen der Filter („Black Matrix" jeweils über den Zeilen- und Spaltenleitungen und den TFTs, s. Abb. 9.74). Bei diesem Displays sind die Pixel benachbarter Spalten zur Erhöhung der Auflösung gegeneinander versetzt. Damit die beiden Glasplatten über der gesamten Ausdehnung der Zelle den gleichen Abstand halten, sind dem Flüssigkristallmaterial z. B. kurze Bruchstücke einer Glasfaser beigemischt, die bei passendem Durchmesser dafür sorgen können. Ein solcher „Abstandshalter" fand sich in dem Photo, er ist mit einem Pfeil markiert. In dem kleineren Ausschnitt rechts ist ein Teil der TFT-Umgebungen nach Abb. 9.73 zu erkennen.

Auch bei maximaler Lichtdurchlässigkeit kommt nur wenig Licht von der Hintergrundbeleuchtung durch die Zelle hindurch. Schon in einem idealen Polarisator gehen bereits 50 % verloren (s. oben). Tatsächlich kommen aber infolge von Absorptionsverlusten nur etwa 40 % hindurch. Die Leitungen und TFTs halten Licht zurück. Das Öffnungsverhältnis („TFT-Apertur") wird mit der Pixeldichte kleiner, z. B. ist die Öffnung 80 % der Gesamtfläche. Der Flüssigkristall kann einen Absorptionsverlust von 5 % verursachen, die Farbfilter lassen im Mittel etwa nur 25 % durch, und der Analysator bringt wie der Polarisator noch einen Verlust von 20 %. Die Transmissionen der Komponenten sind also

- Polarisator 0,4
- TFT-Apertur 0,8
- Flüssigkristall 0,95
- Farbfilter 0,25
- Analysator 0,8.

Die Multiplikation ergibt, dass insgesamt nur höchstens 6 % der Hintergrundbeleuchtung gesehen werden. Sie muss also beispielsweise eine Leuchtdichte von etwa 7000 cd/m^2 liefern, damit das Display maximal eine Leuchtdichte von 400 cd/m^2 zeigen kann.

LCDs mit aktiver Matrix wurden anfangs vor allem für tragbare Computer („Laptops") gebaut. Für die dann folgende Verwendung als Fernsehdisplays wurden die beim Computer üblichen „Auflösungen" (gemeint ist die Anzahl der Pixel horizontal und vertikal) übernommen: für jede Primärfarbe beispielsweise 1024 (H) x 768 (V) bei den Displays mit dem Bildseitenverhältnis von 4:3 und entsprechend 1366 (H) x 768 (V) beim Bildseitenverhältnis von 16:9. Man beachte, dass diese Rasterung weder mit der auf dem CCD-Chip der Aufnahmekamera (z. B. 768 (H) x 576 (V), Abschn. 9.1.1) übereinstimmt noch mit der (zeitlichen) Rasterung des digitalen Signals (720 (H) x 576 (V), Abb. 6.54). An jeder Schnittstelle findet ein „Resampling" statt. Nachdem nun allerdings für die gesamte Strecke – vom Aufnahmechip über die Übertragungsstrecke bis zur aktiven Matrix des Displays – ein Mosaikraster eingesetzt wird, wäre es beim heutigen Stand der Technik grundsätzlich denkbar, durchgehend, ohne Umsetzungen auf andere Samplingfrequenzen, das Muster des Aufnahmechips zu verwenden und es 1:1 auf dem Display abzubilden, wie in dem prinzipiellen Systemschema nach Abb. 4.1.

Einen Fernsehempfänger mit einem 37"-LCD (Diagonale 94 cm) zeigt Abb. 9.77. Trotz seiner Größe ist es nur 9 cm dick. Die geringe Bautiefe und das vergleichsweise geringe Gewicht sind der entscheidende Vorteil gegenüber der Bildröhre. Mit dieser Technik eines „Flat Panel Displays" lässt sich der alte Traum eines Fernsehbildes, das man an die Wand hängen kann, verwirklichen. Bei der Bildhöhe von 46 cm

Abb. 9.77. Fernsehempfänger mit 37" LCD (Photo: Sharp)

ist wegen des maximal zulässigen vertikalen Gesichtsfeldwinkel von 10° des Standardfernsehens ein Betrachtungsabstand von mindestens 2,6 m einzuhalten, bei HDTV von 1,3 m (Tabelle 4.1). Das Display besitzt bereits das HDTV-Bildseitenverhältnis von 16:9.

Prinzipbedingt gibt es keine Verzeichnungen, Konvergenzfehler und Farbreinheitsfehler, wie sie bei der Bildröhre auftreten können. Ein weiterer Vorteil ist die geringe Versorgungsspannung. Die Hochspannung für eine Elektronenbeschleunigung und die großen, schnell veränderlichen Ströme für Ablenkspulen werden nicht benötigt. Folglich gibt es auch ohne Abschirmung praktisch keine Störstrahlung (elektromagnetische Felder und Röntgenstrahlung).

Ein entscheidender Nachteil beim LCD ist die bereits erwähnte Abhängigkeit vom Blickwinkel. Im Vergleich zur Betrachtung genau senkrecht zur Displayfläche erscheinen schwarze Bildteile aufgehellt und helle Bildteile dunkler, wenn man das Display von der Seite ansieht. Die Leuchtdichte kann beispielsweise bei horizontaler oder vertikaler Schrägbetrachtung von ±40° auf 50% abfallen. Besonders störend ist der Effekt, insbesondere auch die Hintergrundaufhellung, bei zugleich horizontaler und vertikaler Schrägbetrachtung. Die Problematik der Schwarzdarstellung, die bei dunkler Umgebung selbst bei senkrechter Betrachtung stören kann, wurde zuvor im Zusammenhang mit Abb. 9.67 erläutert. Hinzu kommt, dass die gekreuzten Polarisationsfolien das Licht nicht vollständig sperren können. Die Sperrung wird bei Schrägbetrachtung schlechter. Es gibt zwar wirksamere Polarisatoren – allerdings mit merklicher Absorption auch der gewünschten Komponente –, sie sind aber für TN-Zellen nicht verwendbar.

Ein weiterer Nachteil gegenüber Bildröhren ist der prinzipbedingte kleine Aussteuerbereich mit schnell einsetzender Sättigung. Man vergleiche die s-förmige Kennlinie in Abb. 9.71 mit der Steuerkennlinie einer Bildröhre in Abb. 5.34 und Abb. 5.36. Aufnahmeseitig wird die Bildröhrenkennlinie mit $\gamma = 2{,}5...2{,}8$ vorausgesetzt. Die Farbwertsignale müssen also in der Signalaufbereitungselektronik des LCDs mit nichtlinearen Vorverzerrungskennlinien so verändert werden, dass insgesamt eine Wiedergabe wie mit einer Bildröhrenkennlinie approximiert wird. Das kann natürlich nur über einen Teil der s-förmigen Steuerkennlinie gelingen. Gradationsfehler, insbesondere Sättigungsfehler der Aussteuerung, können auch bei gut entzerrten LCDs nicht völlig vermieden werden.

Die Farbwiedergabe erreicht nicht die Qualität einer Bildröhre. Mit den Farbfiltern erscheint Rot etwas nach Orange verschoben und Blau in Richtung Cyan verschoben oder mit zu geringer Sättigung. Die genormten Primärfarben können bei Rot und Blau nicht erreicht werden.

9.2.4 Plasmadisplays

Das Licht der Plasmadisplays entsteht aus Millionen kleiner *Gasentladungen.* Mit „Gasentladung“ meint man nicht die Entladung eines Gases, sondern die Entladung zweier entgegengesetzt geladener Elektroden mit Hilfe des Gases.

An sich ist das Gas nichtleitend. Es ist aber immer eine natürlich gegebene, allerdings sehr geringe Ionenkonzentration vorhanden, so dass nach einiger Zeit die Elektroden doch entladen sind. Die Ionenkonzentration kann beispielsweise durch radioaktive Strahlung vergrößert werden. Erhöht man die Spannung zwischen den Elektroden, dann steigt der Strom zunächst proportional an. Diesen Vorgang nennt man eine „unselbständige“ Gasentladung, weil die Ionen dazu extern erzeugt werden müssen. Licht wird hierbei nicht abgegeben (Dunkelentladung, nach dem britischen Physiker Townsend auch Townsend-Entladung genannt).

Bei weiterer Erhöhung der Spannung steigt die Elektronengeschwindigkeit im Gas so weit an, dass durch Zusammenstöße der Elektronen mit den neutralen Molekülen oder Atomen des Gases aus diesen weitere Elektronen ausgelöst werden und positiv geladene Ionen zurückbleiben. Durch diese *Stoßionisation* steigt der Strom stark an, so dass noch mehr Teilchen ionisiert werden und ihre Konzentration dann lawinenartig anschwillt. Hiermit wird die *selbständige* Gasentladung *gezündet.* Die beim Stoß aufgenommene Energie kann die Elektronen der Gasatome auf ein höheres Energieniveau anregen und bei noch höherer Energiezufuhr schließlich gänzlich vom Atom trennen, so dass die Ionisation eintritt. Beim Rückfall der angeregten neutralen Atome in den Grundzustand wird Licht emittiert. Nach der Zündung entsteht so ein leuchtendes Gemisch aus Ionen, Elektronen und neutralen Atomen. Dieses Gemisch bezeichnet man als *Plasma* und den Vorgang als *Glimmentladung.* Etwa gleich viele positive wie negative Ladungsträger sind vorhanden. Aber auch hier im Plasma sind die neutralen Atome noch weit überwiegend vorhanden. Neben der Stoßionisation ist die Emission von Elektronen aus der negativen Elektrode (der Kathode) durch dort aufprallende positive Ionen eine Quelle für den Durchbruch zur Glimmentladung. Im äußeren Stromkreis muss für eine Begrenzung des Stromes gesorgt werden, beispielsweise durch einen ohmschen Widerstand, weil er sonst unkontrolliert immer weiter ansteigen würde.

Lässt man den Strom ansteigen, dann können sich die Elektroden stark erhitzen. insbesondere die Kathode durch den ständigen Aufprall der schweren, positiven Ionen. Aus dieser wird dann durch Glühemission ein kräftiger Elektronenstrom in das Plasma gebracht. Ohne Strombegrenzung steigt dieser Effekt ebenfalls lawinenartig an, weil die Elektroden immer heißer werden und außerdem eine thermische Ionisation einsetzt. Dies ist die *Bogenentladung*. Das Plasma der Bogenentladung leuchtet sehr hell und ist heiß.

Die Potentialverteilung längs der Entladungsstrecke ist nicht gleichmäßig. Bei der Glimmentladung herrscht die größte Feldstärke in der Nähe der Kathode, danach folgt das Gebiet der Lichtemission, das sog. negative Glimmlicht. Bei genügend langen Entladungsstrecken, z. B. in einer Leuchtröhre, und einem geringen Gasdruck bildet sich in Richtung auf die Anode eine weitere, besonders hell leuchtende Struktur aus, die sog. positive Säule. Solche *Leuchtröhren* gehören zu den ersten Anwendungen der Glimmentladung für Beleuchtungszwecke (Lichtreklame). Verwendet wird vor allem das Edelgas Neon, bei dem die positive Säule mit hoher Lichtausbeute (25 lm/W) rot-orange leuchtet. Helium liefert gelbes Licht. Die mehrere Meter langen Röhren werden mit hohen Wechselspannungen (z. B. 7 kV) betrieben, die Strombegrenzung geschieht durch das Streufeld des Transformators.

Als Alternative zur Glühlampenbeleuchtung haben sich die *Leuchtstofflampen* (Fluoreszenzlampen) wegen ihrer hohen Lichtausbeute durchgesetzt. Die Röhren enthalten mit geringem Druck das Edelgas Argon und einen kleinen Tropfen Quecksilber. Die beiden Elektroden werden über einen „Starter" beim Einschalten vorgeheizt, dann zündet die Argon-Glimmentladung, es bildet sich etwas Quecksilberdampf und die Entladung geht in eine stabile Bogenentladung über, wobei aufprallende Ionen die Elektroden ständig heiß halten. Die Strombegrenzung geschieht (bei Wechselstrombetrieb) durch eine in Reihe liegende Drossel. Das Quecksilber in dem Plasma liefert die nutzbare Lichtenergie, und zwar als Ultraviolettlicht mit $\lambda = 254$ nm. Die Wand der Röhre ist innen mit Leuchtstoff beschichtet. Er wird durch das UV-Licht zum Leuchten im sichtbaren Spektralbereich angeregt (Photolumineszenz). Die Lichtausbeute liegt z. B. bei 50 lm/W und ist damit etwa um den Faktor 5 größer als bei üblichen Glühlampen.

Eine erste Anwendung für Anzeigen fand die Glimmentladung in Neon ab 1955 bei den „Nixie[1]"-Röhren zur Darstellung von alphanumerische Zeichen, z. B. bei Messgeräten. Verwendet wurde das negative Glimmlicht an Drähten, die als Ziffern geformt hintereinander angeordnet waren. Die erste Generation der Plasmadisplays, die etwa ab 1970 entstand, bestand aus monochromen, orange leuchtenden Displays für Computer. Als Gas wird Neon mit einem geringen Zusatz von Argon verwendet. Es sind Matrixdisplays für zwei Graustufen, bei denen die Gasentladung an ausgewählten Überkreuzungen von horizontalen und vertikalen Elektrodenstreifen zündet. Die Streifen liegen sich auf zwei Glasplatten gegenüber, zwischen denen das Gas einge-

[1] ®Burroughs Corporation.

schlossen ist. Der Betrieb geschah ursprünglich mit Gleichstrom (DC-PDP), und zur Strombegrenzung wurden Widerstände verwendet.

Einige Jahre später begann die Entwicklung von Farbdisplays. Das Ultraviolettlicht, das bei der Glimmentladung von *Xenon* in einem Xe-Ne-Gemisch ausgeht, wird zur Photolumineszenz von Leuchtstoffen – wie bei den Leuchtstoffröhren – genutzt, wobei rot, grün und blau emittierende Leuchtstoffe in einem kleinen Zellentripel jeweils nebeneinander liegen, so dass der Farbeindruck in üblicher Weise durch die additive Farbmischung entstehen kann. Die jahrzehntelange Entwicklung mit dem Ziel einer Anwendung in Fernsehempfängern fand vor allem bei japanischen Firmen und in den NHK-Forschungslabors statt. Ein erster Fernsehempfänger mit Plasmadisplay wurde 1993 von Fujitsu vorgestellt. Etwa ab dem Jahr 2000 stehen die Plasmadisplays als großformatige Flachbilddisplays allgemein zur Verfügung.

Im Laufe der Zeit ist eine Vielzahl unterschiedlicher Konstruktionen und Ansteuerungsverfahren entstanden. Letztlich hat sich ein Verfahren mit Wechselstrombetrieb (AC-PDP) durchgesetzt, wobei Paare von „koplanaren“ Elektroden auf der einen Glasplatte und dazu senkrecht verlaufende Adressierungselektroden auf der anderen Glasplatte verwendet werden. Nur dieses Verfahren wird nachstehend beschrieben. Eine ausführliche Darstellung gibt Boeuf [9.9].

Die Konstruktion zeigt Abb. 9.78. Auf der hinteren Glasplatte sind im gleichmäßigen Abstand die senkrecht verlaufenden Metallelektroden „A“ angebracht. Darüber befindet sich die durchgehende Schicht eines Dielektrikums (ε ist z. B. 10). In diese sind – beispielsweise durch „Sandstrahlen“ nach einer photolithographischen Vorbehandlung – senkrechte Furchen mit etwa rechteckigem Profil eingefräst, ebenso viele wie A-Elektroden und jeweils zentriert zu ihnen. Aufeinander folgende Furchen sind periodisch mit dem Rot-, Grün- bzw. Blauleuchtstoff ausgekleidet. Das Dielektrikum bildet trennende Rippen zwischen den Räumen. Der Rippenabstand beträgt beispielsweise 0,36 mm. Darüber, etwa in einem Abstand von 0,1...0,2 mm, liegt die vordere Glasplatte. Auf ihrer Innenseite verlaufen horizontal *für jede Zeile jeweils zwei* parallele Elektrodenstreifen mit einem Zwischenraum von beispielsweise 0,1 mm. Sie bestehen aus dem durchsichtigen Indiumzinnoxid (ITO). Wir bezeichnen sie als B- und C-Elektroden. ITO hat nur eine relativ geringe Leitfähigkeit, die bei den meterlangen Elektroden zur Stromzuführung nicht ausreichen würde. Sie sind deshalb mit einem gut leitenden, aber undurchsichtigen schmalen Metallstreifen bedeckt. Darauf folgt eine hier nun unstrukturierte Beschichtung mit dem Dielektrikum. Es ist zum Inneren noch mit einer dünnen Schicht aus Magnesiumoxid (MgO) bedeckt (Dicke etwa 0,5 µm). Bei manchen Displays sind die Entladungsräume auch noch durch zusätzliche horizontale Rippen im Zeilenabstand getrennt (in Abb. 9.78 nicht

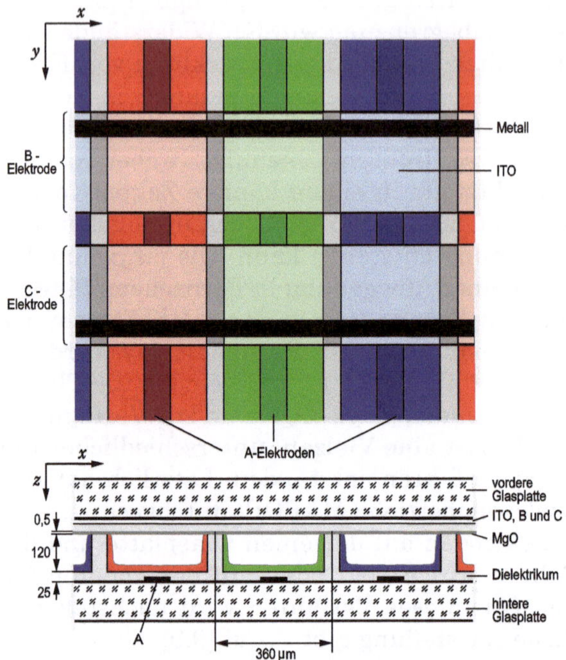

Abb. 9.78. Aufbau einer Plasmadisplayzelle. Die Glasplatten sind mindestens 3 mm dick.

gezeigt). Das Dielektrikum auf der hinteren Glasplatte hat dann waffelartige Vertiefungen. Ein eventuelles Übersprechen in vertikaler Richtung wird dadurch unterdrückt, und es steht mehr Wandfläche zur Auskleidung mit den Leuchtstoffen zur Verfügung. Die Draufsicht auf die quadratische R,G,B-Zelle mit den Abmessungen 1,08 x 1,08 mm^2 ist im oberen Teil von Abb. 9.78 dargestellt.

Der hermetisch abgeschlossene Raum zwischen den Glasplatten ist mit einem Gemisch von Neon mit etwa 5 % Xenon gefüllt, bei einem Druck von z. B. 600 hPa. Bei der Gasentladung liefert das Xenon das für die Photolumineszenz wirksame UV-Licht mit λ = 147 nm und 173 nm. Dabei wird zusätzlich Infrarotlicht mit λ = 823 nm und 828 nm abgegeben, das ungenutzt bleibt. Das Neon dient zur Herabsetzung der notwendigen Zündspannung. Möglich wird das hier durch die große Zahl von Elektronen, die von den Neonionen aus der Magnesiumoxidschicht ausgelöst werden. Diese Schicht hat daneben den Zweck, das Dielektrikum unter der oberen Glasplatte gegen eine „Kathodenzerstäubung“ (Sputter-Effekt) durch das Plasma zu schützen. Unerwünscht, aber nicht vermeidbar ist die Lichtemission des Neonplasmas im Spektralbereich orange-rot (λ = 585 nm), wodurch die Farbart der Bildwiedergabe etwas verfälscht wird. Bei den kleinen Elektrodenab-

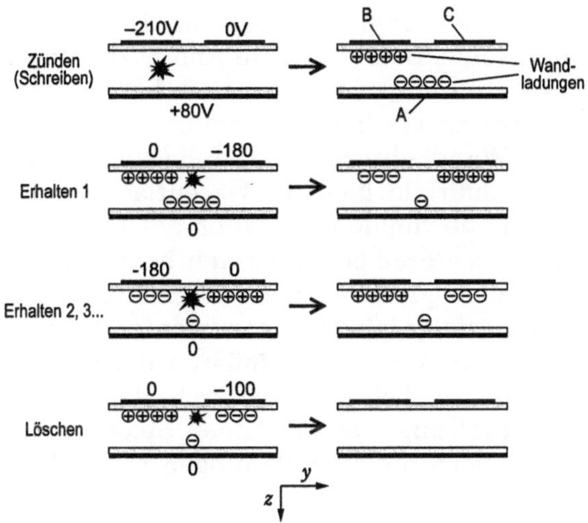

Abb. 9.79. Zünden, Erhalten und Löschen der Gasentladung beim AC-PDP mit koplanaren Displayelektroden

ständen von etwa 0,1 mm und dem angegebenen Gasdruck ist nur eine Glimmentladung möglich, und eine „positive Säule“ kann sich nicht ausbilden. Diese Entladungsart steht im Gegensatz zum Vorgang in der Leuchtstoffröhre (s. oben), nur die Art der Lichterzeugung ist die gleiche.

Die Elektroden sind vom Gas durch das Dielektrikum getrennt. Wird zwischen ihnen eine Spannung angelegt, die höher als die Zündspannung von z. B. 280 V ist, dann setzt infolge der Feldstärke im Gas die selbständige Entladung ein, beispielsweise in Abb. 9.79 zwischen den Elektroden A und B. Jedoch bricht der Strom nach sehr kurzer Zeit (< 0,1 μs) schon wieder zusammen, nur die Erzeugung von UV-Licht dauert danach noch einige Mikrosekunden an. Mit dem Strom wurden die Plasmaelektronen zum Dielektrikum oberhalb der positiv geladenen A-Elektrode befördert und die positiven Ionen zum Dielektrikum unterhalb der negativ geladenen B-Elektrode. Durch diese *Wandladungen* hat sich ein entgegensetzt gerichtetes Feld aufgebaut, das die Entladung zum Verlöschen brachte (Abb. 9.79 oben rechts). Eine neue Entladung kann sogleich wieder gezündet werden, wenn die Spannung umgepolt wird. Die vorhandene Wandladung wirkt nun unterstützend, so dass eine kleinere Spannung ausreicht. In Abb. 9.79 ist diese Spannung zwischen den Elektroden B und C gelegt. Der neue Stromstoß bringt die positive Wandladung von Elektrode B zur Elektrode C und die negative Wandladung von Elektrode A zum Teil zur Elektrode B. Dadurch bricht auch diese Entladung wieder zusammen. Der Vorgang kann ständig wiederholt werden und damit die Folge der kurzen Gasentladungen aufrechterhalten werden („Sustaining“), wenn zwischen

B und C eine *Wechselspannung* gelegt wird. Verwendet wird eine Rechteckspannung von z. B. 100 kHz, in Abb. 9.79 mit einer Amplitude von 180 V. Dabei steht nun jeweils eine noch höhere Feldstärke für die Zündung zur Verfügung als bei der zweiten Zündung, trotz gleicher Spannung, weil die Wandladungen an B und C größer sind.

In einem Ersatzschaltbild liegt die Gasentladungsstrecke zwischen zwei Kondensatoren, die von den Schichten des Dielektrikums gebildet werden. Diese Kondensatoren bewirken hier beim Wechselstrombetrieb die erforderliche Strombegrenzung der Gasentladung.

Soll die Entladungsfolge abgebrochen werden und der Anfangszustand wieder hergestellt werden, so müssen dazu die Wandladungen beseitigt werden. Man erreicht dies dadurch, dass die letzte Zündung mit einer für die Erhaltung viel zu kleinen Spannung ausgelöst wird. Dann haben sich danach die Wandladungen ausgeglichen (Abb. 9.79 unten, „Löschen").

Wenn an die das Display senkrecht durchziehenden A-Elektroden die Spannung von z. B. 80 V gelegt wird, kann es dadurch nur in solchen Zeilen zur Zündung kommen, in denen die kreuzende B-Elektrode an –210 V liegt. Die B-Elektroden dienen damit zunächst zur Selektion („Scanning") einer Zeile, danach dann zusammen mit der C-Elektrode zur Aufrechterhaltung der Entladungsfolge. Mit Hilfe der Spannungen an A und B kann somit ein Bildelement adressiert werden.

Die Leuchtdichte des Plasmas kann nicht durch die Amplitude der Sustain-Spannung gesteuert werden. Man kann aber die vom Auge

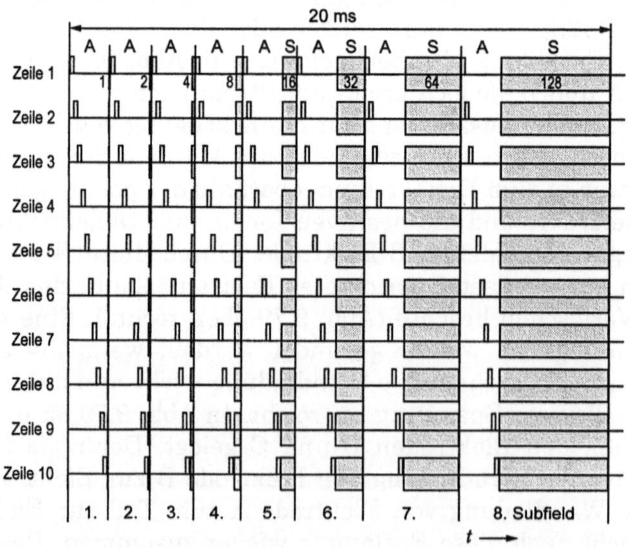

Abb. 9.80. Graustufensteuerung durch binär gestufte Sustain-Dauer in acht Subfields nach Shinoda [9.58], dargestellt für ein10-Zeilen-Display

zeitlich gemittelte Leuchtdichte verändern durch die Steuerung der *Leuchtdauer* pro Teilbild bzw. Vollbild. Die Graustufensteuerung eines Plasmadisplays wurde hiernach 1992 von TSUTAE SHINODA bei der Firma Fujitsu in Japan entwickelt [9.58]. Die Bilddauer T_V = 20 ms wird dabei unterteilt in acht „Subfields", $i = 0,\ldots,7$, , in denen die Bildelemente in allen Zeilen zugleich entweder jeweils mit einer zu 2^i proportionalen Dauer leuchten oder dunkel bleiben. Die Leuchtdauer eines Bildelements in der Zeit T_V und damit die empfundene Leuchtdichte kann auf diese Weise wie bei einer mit 8 Bit dualcodierten Zahl

$$z = \sum_{i=0}^{7} a_i \, 2^i \quad a_i \in \{0,1\}$$

in 256 Stufen eingestellt werden. Das Verfahren wird anhand von Abb. 9.80 an dem Beispiel eines (aus graphischen Gründen) auf 10 Zeilen beschränkten Displays erläutert.

Jedes Subfield beginnt mit einem gleich langen Adressierungsabschnitt, beispielsweise t_a = 1,5 ms lang. Der Abschnitt startet immer zunächst mit einer kurzen Resetphase (in Abb. 9.80 nicht gezeigt), in der an die B-Elektroden aller Zeilen ein Zündimpuls hoher Spannung angelegt wird, wodurch die ganze Displayfläche kurz aufleuchtet („Initialisierung"). Darauf folgt ein entgegengesetzt gepolter, kleiner Löschimpuls. Damit werden für alle Zellen die gleichen Ausgangsbedingungen hergestellt. Der Zündvorgang hinterlässt auch nach dem Löschen noch Ladungsträger im Gas, wodurch der nun gegebenenfalls folgende Adressierungsimpuls mit nur sehr geringer Verzögerung zur Gasentladung führt. Je nach dem Wert a_i für ein Bildelement der ersten Zeile erhalten die A-Elektroden im i-ten Subfield einen etwa δ = 3 µs langen Adressierungsimpuls (falls $a_i = 1$) oder keinen (falls $a_i = 0$). In dieser Zeit ist die B-Elektrode der ersten Zeile an eine entsprechend hohe Spannung gelegt (die Zeile ist dadurch ausgewählt, s. Abb. 9.79 oben). Anschließend, um δ versetzt, kommen die Adressierungsimpulse, alle zur gleichen Zeit, für die Bildelemente der zweiten Zeile (s. Abb. 9.80), wobei diese nun über ihre B-Elektrode ausgewählt ist. Am Ende des Adressierungsabschnitts müssen auf diese Weise die Bildelemente in allen Zeilen adressiert worden sein ($t_a \geq Z \cdot \delta$ bei Z Zeilen erforderlich). Nach der Adressierung in der letzten Zeile beginnt die Displayphase. Es erhalten jetzt *alle Zeilen zugleich* zwischen ihren B- und C-Elektroden die Sustain-Wechselspannung. Dadurch leuchten die zuvor mit $a_i = 1$ adressierten Bildelemente, bei den anderen kommt es trotz der Sustain-Spannung nicht zu Zündungen. Die Sustain-Dauer ist proportional zu 2^i. Danach ist das i-te Subfield beendet, und der Vorgang wird mit der ersten Zeile im nächsten Subfield wiederholt. Die Gesamtdauer des i-ten Subfields ist

$$t_i = t_a + 2^i (T_V - 8t_a)/255 .$$

Man beachte, dass beim Plasmadisplay nur eine *quantisierte* Grauskala dargestellt werden kann, im Gegensatz zum CRT- und LC-Display. Bei der beschriebenen 8-bit-Quantisierung ist die Anzahl der wiedergebbaren Farbwertkombinationen auf $2^{24} = 16{,}8 \cdot 10^6$ begrenzt. Die Steuerkennlinie des Displays ist somit im Aussteuerbereich exakt linear. Eine nichtlineare Vorverarbeitung ist daher erforderlich, damit die vorausgesetzte Gammaverzerrung wie beim CRT-Display entsteht.

Die Graustufensteuerung bringt einige Nachteile mit sich:

- Für die eigentliche Displayphase steht nur der geringe Zeitanteil $1 - 8t_a/T_V$ zur Verfügung, z. B.40 % bei 50-Hz-Systemen und 28 % bei 60-Hz-Systemen, falls $t_a = 1{,}5$ ms. Der Adressierungsabschnitt wird bei hohen Zeilenzahlen zu lang, weil δ aus physikalischen Gründen nicht erheblich verkleinert werden kann.
- In unstrukturierten Bildteilen mit geringen Intensitätsunterschieden (nahezu einfarbigen Flächen) können *bei Bewegung* scheinbare Konturen, auch farbige, gesehen werden, so als wäre eine nur sehr grobe Quantisierung verwendet worden (vgl. Abb. 6.52). Der Effekt ist am deutlichsten an einem Übergang zwischen einem Grauwert entsprechend $z = 127$, bei dem sieben Subfields Licht abgeben, und einem Grauwert entsprechend $z = 128$, bei dem nur ein Subfield (das achte) Licht abgibt. Durch die Bewegung kommt es bei der auf eine Stelle fixierten zeitlichen Mittelung des Auges zu dem empfundenen Übergangssprung.
- Das kurze Aufleuchten des Displays bei der Initialisierung eines jeden Subfields bringt eine unerwünschte Aufhellung in schwarzen Bildteilen, vor allem in dunkler Umgebung. Der Effekt ist aber weniger ausgeprägt als die Hintergrundaufhellung beim LCD (s. Abschn. 9.2.3).

Es sind verschiedene Auswege zur Umgehung der Probleme vorgeschlagen und teils auch verwirklicht worden. So kann man beispielsweise die völlige Trennung der Adressierungs- und Displayabschnitte (Address and Display period Separated, ADS) aufgeben. Gegen die falschen Konturen kann man eine anders codierte Leuchtdauerstufung einsetzen.

Leuchtstoffe für die vorgeschriebenen Primärfarbarten, die mit gutem Wirkungsgrad eine Photolumineszenz unter der UV-Licht-Emission des Xenons liefern, haben eine andere Zusammensetzung als die entsprechenden Leuchtstoffe für die Kathodolumineszenz bei Bildröhren (Tabelle 9.3). Verwendet werden bei Plasmadisplays für Rot als Wirtsgitter Yttriumoxid oder Yttrium-Gadoliniumborat mit dem dreiwertigen Europium als Aktivator:

$$Y_2O_3:Eu^{3+} \text{ oder } (Y,Gd)BO_3:Eu^{3+}.$$

Sie liefern beide eine Linienemission[1]. Der zuletzt genannte Leuchtstoff hat bei Anregung mit 147 nm einen höheren Wirkungsgrad, aber einen etwas nach Orange verschobenen Farbton. Für Grün ist das Wirtsgitter Zinksilikat (wie früher auch bei den Bildröhren) oder Bariumaluminat. Der Aktivator ist hier Mangan:

$$Zn_2SiO_4:Mn^{2+} \text{ oder } BaAl_{12}O_{19}:Mn^{2+}.$$

Beim Zinksilikat ergibt sich der schon von der Kathodolumineszenz her bekannte Nachteil der langsamen Abklingzeit. Für Blau besteht der Leuchtstoff aus Barium-Magnesiumaluminat als Wirtsgitter und dem *zweiwertigen* Europium als Aktivator:

$$BaMgAl_{10}O_{17}:Eu^{2+}.$$

Die Europium-Ionen nehmen hier die Plätze der Ba^{2+}-Ionen im Kristallgitter ein. Das Spektrum der genannten Leuchtstoffe für Grün und Blau ist kontinuierlich, Linien treten nicht auf.

Wenngleich der Wirkungsgrad der Leuchtstoffe mit im Mittel etwa 0,35 relativ gut ist, so ist doch die Lichtausbeute eines Plasmadisplays nur gering. Man erreicht bislang etwa 1,5 lm/W. Das ist ein Viertel der Lichtausbeute bei der Bildröhre (s. Abschn. 9.2.2). Viel Energie geht bei der Gasentladung und bei der UV-Lichterzeugung verloren.

Ein weiterer Nachteil ist die Empfindlichkeit gegen Alterung der Leuchtstoffschichten, zum Teil bedingt durch den Sputter-Effekt des Plasmas. Wird über lange Zeit ein feststehendes helles Objekt auf dem Bildschirm dargestellt, kann es zum „Einbrennen“ kommen: Das Objekt bleibt auch später noch erkennbar. Dagegen und gegen eine Überhitzung wird meist die wiedergegebene Leuchtdichte insgesamt automatisch zurückgenommen, wenn durch große helle Flächen der vom Display abzugebende Lichtstrom zu hoch würde.

Die Farbwiedergabequalität einer Bildröhre wird ohne zusätzliche Farbfilter nicht erreicht. Ebenso wie bei den LCDs ist die Farbart der Primärfarbe Blau unbefriedigend. Hier stört, wie erwähnt, die Lichtemission aus Neon. Dagegen sind Schwarzwiedergabe (s. oben) und Betrachtungsbereich besser als bei den LCDs. Die Leuchtdichte fällt erst bei einer Betrachtungsrichtung von etwa ±70° zur Displayflächennormalen auf 50 % ab.

Die Herstellung eines Plasmadisplays ist teuer. Vor allem schlagen hier die zahlreichen Treiber zu Buche, weil sie für eine ungewöhnlich hohe Spannung und Strombedarf für die Entladungen ausgelegt sein

[1] Der Yttriumoxid-Leuchtstoff wird auch zur Kathodolumineszenz der Rot-CRT beim Videoprojektor benutzt (s. Abschn. 9.2.5).

müssen. Auch ist die Konstruktion der hinteren Glasplatte kostenintensiv. Der Wirkungsgrad der UV-Lichterzeugung ist höher bei größerer Xenonkonzentration im Gasgemisch. Dabei steigt aber die erforderliche Zündspannung, so dass die Treiber noch teuerer würden. So bleibt man eher bei dem Kompromiss mit höchstens 5 % Xenon.

Ein großes Plasmadisplay mit 63" Diagonale im Format 16:9 bei 1366x3 Bildelementen in der Zeile und 768 Zeilen hat beispielsweise einen Leistungsbedarf von insgesamt 650 W (nach Angaben des Herstellers Samsung). Die Bautiefe beträgt selbst bei dieser Größe nur 8,4 cm. Die Zeilenzahl lässt das ursprüngliche Anwendungsziel erkennen, den Computerbildschirm, wie auch bei den LCDs üblich. Wie dort werden in der Bildsignalaufbereitung für die Steuerung Bildspeicher verwendet, mit denen eine Umsetzung des Fernsehsignals auf eine andere Zeilenzahl und eine „progressive" Wiedergabe (d. h. non-interlaced, ohne Zeilensprung) vorgenommen werden kann. Daneben wird auch – um Treiber zu sparen und den Adressierungsabschnitt kleiner zu halten – bei manchen Plasmadisplays der Zeilensprungbetrieb eingesetzt.

Plasmadisplays bieten sich vor allem für Großbildschirme ab 50" Diagonale an. Aus physikalischen Gründen kann eine Gasentladungsstrecke nicht beliebig klein gemacht werden. Elektrodenabstände von 0,1 mm stellen schon etwa das Minimum dar. Eine höhere Auflösungsfähigkeit mit mehr Bildelementen muss deshalb – im Gegensatz zu den Flüssigkristalldisplays – zu einer größeren Displayfläche führen. Das ist aber genau das, was man für ein HDTV-Display braucht: ein größeres Gesichtsfeld *unter Beibehaltung des Betrachtungsabstands* und daher auch der Bildelementgröße (s. Abb. 4.26).

9.2.5 Videoprojektoren

Mit der optischen Vergrößerung durch eine Projektion ist es verhältnismäßig einfach, zu einer Großbilddarstellung zu kommen. Videoprojektoren werden für die Bildwiedergabe vor vielen Zuschauern in einem Saal oder einem „elektronischen Kino" benötigt. Wenn der für Standardfernsehen optimale Gesichtsfeldwinkel eingehalten werden soll, muss beispielsweise bei einer Betrachtungsentfernung von $20\,\text{m} = 5{,}7H$ die Bildhöhe $H = 3{,}5$ m betragen.

Für die Wiedergabe eines HDTV-Bildes mit einem vertikalen Gesichtsfeldwinkel von 20° in einem Wohnzimmer bei einer Betrachtungsentfernung von $2{,}5\,\text{m} = 2{,}8H$ wird eine Bildhöhe von 0,9 m erforderlich, bei dem Bildseitenverhältnis 16:9 also eine Diagonale von etwa 1,8 m (72") (s. Abb. 4.26). Ehe die großformatigen Plasmadisplays zur Verfügung standen, gab es zur HDTV-Wiedergabe kein Direktsichtdisplay für übliche Betrachtungsentfernungen, es blieb nur die Projektion.

Helligkeit, Kontrast und Auflösung sind bei der Projektion problematisch. Die Leuchtdichte, die das Bild bieten kann, ist proportional dem Lichtstrom (s. Kapitel 2), den der Projektor liefert, und hängt außerdem ab von der Projektionsentfernung bzw. der Bildflächengröße sowie von Reflexionsgrad und Bündelungsgewinn der Bildwand, auf die projiziert wird.

Maßgebend für die Leuchtdichte ist die Beleuchtungsstärke E, mit der die Bildwand durch den Projektor beleuchtet wird. Bei einer vollkommen matten, weißen Fläche mit dem Reflexionsgrad ϱ entsteht nach Gl. (2.20) eine Leuchtdichte

$$L = \frac{1}{\pi} \varrho E .$$

Die Bildfläche ist dann ein Lambertscher Strahler: Die Leuchtdichte ist unabhängig von der Betrachtungsrichtung und der Einstrahlrichtung (Abb. 2.5). Zur Erhöhung der Leuchtdichte gibt man der Bildwand eine Bündelungsfähigkeit durch eine spezielle Beschichtung und Strukturierung, teils zusätzlich auch durch eine leicht konvexe Form. Die Leuchtdichte ist dann abhängig vom Winkel ε gegenüber der Flächennormalen und von der Einstrahlrichtung (vgl. Gl. (2.21)). Wird senkrecht auf die Fläche projiziert, sieht man bei senkrechter Betrachtung ($\varepsilon = 0$) die größte Leuchtdichte $L_0 = gL$. Wir bezeichnen g als Bündelungsgewinn. Es muss ein Kompromiss gefunden werden zwischen dem erwünschten Bündelungsgewinn und dem damit verbundenen, unerwünschten Leuchtdichteabfall bei seitlicher Betrachtung. Die vertikale Bündelung darf den größeren Gewinn erbringen, weil vertikal die Einschränkung des Betrachtungswinkels am ehesten toleriert wird.

Bringt der Projektor beispielsweise einen Lichtstrom von $\Phi = 500$ Lumen auf die Bildwandfläche von $A = 1{,}7\,\mathrm{m}^2$ (2 m Diagonale bei 16:9), so ist die Beleuchtungsstärke

$$E = \frac{\Phi}{A} = 294\,\text{Lux},$$

und bei einem Reflexionsgrad $\varrho = 0{,}8$ und einem Gewinn von $g = 2$ sieht man eine maximale Leuchtdichte von

$$L_0 = \frac{g}{\pi} \varrho E = 150\,\mathrm{cd/m^2}.$$

Wenn das Bild eine gleichmäßig weiße Fläche darstellen sollte, so ist in der Praxis die Ausleuchtung trotzdem nicht gleichmäßig. Die Beleuchtungsstärke ist im Zentrum am größten, außerhalb tritt ein mehr oder weniger großer Randabfall auf. Zur Spezifikation des maximalen

Projektorlichtstroms wird nach ANSI (American National Standards Institute [9.1]) bei der Wiedergabe eines derartigen Spitzenweißbildes die Beleuchtungsstärke an 9 gleichmäßig verteilten Stellen auf der Bildfläche gemessen und der Mittelwert der Messwerte bestimmt. Dieser Mittelwert wird mit der Bildfläche multipliziert. Das Ergebnis sind die sog. „ANSI-Lumen" des Projektors:

$$\Phi_{\mathrm{ANSI}} = \frac{A}{9}\sum_{i=1}^{9} E_i .$$

Die Messstellen liegen in der Mitte von 3x3 gleich großen Rechtecken, in die man sich die gesamte Bildfläche eingeteilt denkt.

Wir haben hier die *Aufprojektion* angenommen, Projektor und Bildwand sind getrennte Einheiten. In kleineren Räumen kann der Projektor unter der Decke montiert werden. Statt der Aufprojektion kann man das Bild auch auf die Rückseite einer mattierten Fläche projizieren und das Bild von ihrer Vorderseite betrachten. Die Mattierung ist notwendig, damit das reelle Bild, das der Projektor auf die Fläche fokussiert, aufgefangen wird und durch Lichtstreuung sichtbar wird. Ein reelles Bild wäre in staubfreier Luft oder einer klaren Glasplatte unsichtbar. Bei dieser *Rückprojektion* kann man den Projektionsstrahlengang z. B. mit zwei Spiegeln falten und so ein verhältnismäßig kompaktes Gerät aus Projektor und Rückprojektionsschirm aufbauen (Abb. 9.81). Die Spiegel müssen „Oberflächenspiegel" sein, damit keine versetzten Spiegelbilder durch Glasflächen entstehen.

Je nach dem Zerstreuungsgrad des Schirmes erscheint das von der Vorderseite abgegebene Licht um die Einstrahlrichtung mehr oder weniger stark gebündelt. In der Mitte bleibt die leuchtende Objektivfläche des Projektors andeutungsweise erkennbar („Hot Spot"). Der Schirm

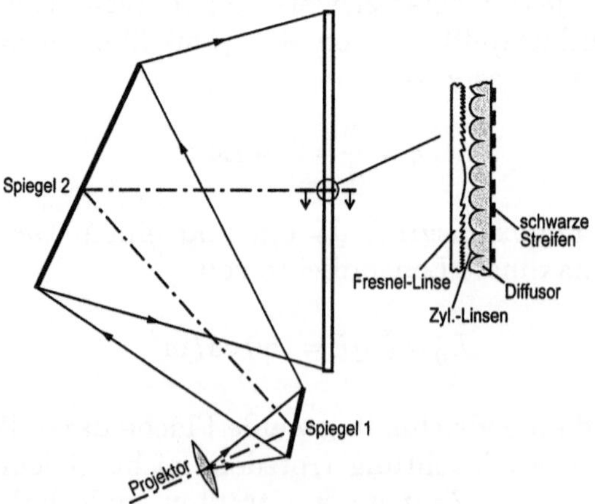

Abb. 9.81. Rückprojektion

wird erst brauchbar durch eine unmittelbar davor gesetzte Feldlinse. Sie korrigiert den starken Randabfall und sorgt für eine gleichmäßigere Leuchtdichte. Die Feldlinse ist als *Fresnel-Linse* ausgeführt. Sie hat etwa die gleiche Wirkung wie eine gewöhnliche plankonvexe Linse, ist aber eine nur dünne Scheibe in der Ausdehnung der gesamten Schirmfläche. Sie besteht aus ringförmigen Zonen gleicher Dicke, so als wäre die plankonvexe Linse in diese Ringe zerschnitten worden, wie in dem Schirmquerschnitt in Abb. 9.81 zu erkennen.

Ein wesentlicher Nachteil der Projektion ist die Aufhellung der Projektionsfläche durch Umgebungslicht und durch Streulicht, das das projizierte Bild selbst verursacht. In der Aufprojektion wird die Bildwand durch Umgebungslicht ebenso erhellt wie durch die Projektion, dunkle Bildteile bleiben nicht dunkel. Schwarze Flächen können deshalb nur in stark abgedunkelten Räumen gut wiedergegeben werden. Auch die Wände des Vorführraumes sollten schwarz sein, damit von ihnen kein Streulicht ausgehen kann. Das sind Voraussetzungen für einen brauchbaren Kontrast bei Aufprojektion, wenn der Lichtstrom nicht sehr hoch ist. Bei einem Rückprojektionsgerät ist die Situation günstiger. Man kann hier den Schirm mindestens zur Hälfte seiner Fläche mit senkrechten schwarzen Streifen bedecken und das Licht mit Zylinderlinsen durch die Öffnungen hindurchleiten (Abb. 9.81). Dadurch erscheint der Schirm selbst im Umgebungslicht bei einer Schwarzwiedergabe noch dunkel. Die senkrechten Zylinderlinsen verteilen zudem das Projektionslicht horizontal, so dass in dieser Richtung größere Betrachtungswinkel möglich sind. So ist etwa bei ±30° Abweichung von der senkrechten Betrachtung die Leuchtdichte auf die Hälfte reduziert, während in vertikaler Richtung, also ohne die Hilfe der Linsen, schon bei ±10° nur noch die halbe Leuchtdichte zu sehen ist.

Unabhängig von der gewählten Projektionsart ist grundsätzlich zu unterscheiden zwischen Projektoren, bei denen das Licht von einer durch das Videosignal gesteuerten Quelle ausgeht, und den *Lichtventilprojektoren*, bei denen das Licht wie bei einem Kinoprojektor von einer Lampe geliefert wird und eine Steuerschicht gewissermaßen wie ein elektronisch erzeugtes Diapositiv dafür sorgt, dass für jeden Bildpunkt ein bestimmter Bruchteil des Lichtes gesperrt wird, d. h. aus dem Projektionsstrahlengang herausgenommen wird:

- CRT-Projektoren projizieren vergrößert die auf kleinen Kathodenstrahlröhren mit sehr hoher Leuchtdichte geschriebenen Bilder. Laserprojektoren liefern ihr Licht auch von Quellen (abgelenkten Laserstrahlen), die vom Videosignal gesteuert werden. Sie sind aber nach Versuchen der Firmen Dwight Cavendish (Großbritannien, 1986) und Schneider (Deutschland, 1993) erfolglos geblieben.

- Lichtventilprojektoren sind nach Art und Funktion ihrer Steuerschichten zu unterscheiden:
  - Mikrospiegelanordnungen, die durch Kippen der Spiegel das Licht aus dem Strahlengang herausnehmen,
  - Flüssigkristallschichten, die wie die LCDs mit Polarisationskontrastierung arbeiten,
  - Beugungsgitterschichten, die nur gebeugtes Licht zur Projektion bringen.

CRT-Projektoren

Im CRT-Projektor werden drei kleine, monochromatische Kathodenstrahlröhren mit jeweils nur einem Strahlerzeuger verwendet. Die eine liefert rotes Licht mit der genormten Farbart und wird vom R-Signal angesteuert, die zweite liefert vom G-Signal gesteuertes grünes Licht und die dritte das vom B-Signal gesteuerte blaue Licht. Ihre Schirmdiagonalen liegen z. B. bei 20 cm. Vor jedem Schirm befindet sich je ein entsprechend großes Projektionsobjektiv. Die drei Primärfarbbilder werden auf der Bildwand übereinander projiziert, wodurch die additive Farbmischung eintritt. Sie müssen dabei natürlich genau deckungsgleich sein. Bei anderer Aufstellung der Bildwand muss also nicht nur die Fokussierung, sondern auch die Konvergenz neu eingestellt werden.[1]

Ein großer Vorteil gegenüber der Direktsicht-Bildröhre ist es, dass keine Schattenmaske benötigt wird und dadurch die gesamte Elektronenstrahlenergie die Leuchtstoffschicht erreicht. Das ist hier besonders wichtig. Denn bedingt durch die Bildvergrößerung wird ein verhältnismäßig großer Lichtstrom erforderlich (s. oben). Auf der kleinen Schirmfläche wird dementsprechend eine sehr hohe Leuchtdichte verlangt. Die Leuchtstoffschicht muss dazu eine enorme Stromdichte bzw. Leistungsdichte bewältigen. Die zeitlich gemittelte Leistungsdichte liegt mindestens um den Faktor 100 höher (z. B. bei 2 W/cm^2) als bei üblichen Bildröhren. Bei großen Projektoren werden die Leuchtstoffschirme durch eine Flüssigkeit zwischen Objektiv und Schirm gekühlt.

Wie im Abschn. 9.2.2 erwähnt, steigt die zeitlich gemittelte Leuchtdichte der ZnS-Leuchtstoffe zu hohen Strahlstromdichten unterproportional an, was sich bei den Bildröhren gerade nur andeutet. Aber bei den etwa huntertmal größeren Leuchtdichten, die Projektionsröhren liefern müssen, liegen diese Leuchtstoffe im Sättigungsbereich. Für Projektionsröhren werden daher andere Leuchtstoffe benötigt als bei Direktsicht-Bildröhren.

---

[1] Es gab auch CRT-Projektoren, in denen mit dichroitischen Spiegeln die drei Strahlengänge bereits intern zusammengefasst wurden.

Für Grün wird als Aktivator das Seltenerdmetall Terbium verwendet, womit sich ähnlich wie für Rot mit dem Europium eine Linienemission (Lumineszenzmechanismus B, Abschn. 9.2.2) ohne wesentlichen Sättigungseffekt ergibt. Als Wirtsgitter dient meist Yttrium-Aluminium-Galliumgranat:

$$Y_3(Al,Ga)_5O_{12}:Tb^{3+}\,.$$

Allerdings muss man bei diesem Leuchtstoff eine viel höhere Nachleuchtdauer als beim ZnS-Leuchtstoff der Bildröhren in Kauf nehmen, und die Farbart ist merklich nach Gelb verschoben. Es wird deshalb zur Farbkorrektur häufig das mit gesättigtem Grün leuchtende Zn_2SiO_4:Mn beigemischt, das – wie erwähnt – von den ersten Farbbildröhren her bekannt ist und eine nicht tolerierbar lange Nachleuchtzeit besitzt. Der Anteil sollte deshalb höchstens 10 % betragen.

Für Rot wird meist das mit Europium aktivierte Yttriumoxid benutzt (Y_2O_3:Eu). Es hat ein etwas besseres Temperaturverhalten und eine noch etwas bessere Linearität als das Yttriumsulfidoxid der Bildröhren, wobei allerdings der Wirkungsgrad geringer und die Nachleuchtdauer größer ist. Für Blau steht weiterhin leider nur das übliche, mit Silber aktivierte Zinksulfid zur Verfügung, das man lediglich durch Aluminium als Donator etwas verbessern konnte.

Der Elektronenstrahldurchmesser muss mindestens zehnmal kleiner sein als bei der Bildröhre, damit der Strahl auf der kleinen Schirmfläche mit der erforderlichen Auflösung schreiben kann. Entsprechend anspruchsvoller sind die Forderungen an die Elektronenoptik der Projektionsröhren. Zur Fokussierung müssen magnetische Elektronenlinsen hinzugenommen werden. Abgesehen von den thermischen Problemen steht einer Erhöhung des Lichtstroms das „Aufblühen" des Leuchtflecks u. a. durch schlechtere Fokussierung bei Strahlstromstromvergrößerung entgegen. Mehr Licht bei gleicher Schärfe erreicht man nur mit dem Prinzip der Lichtventilprojektoren.

Eine für die Leuchtstoffe unzulässig hohe Wärmeentwicklung könnte leicht auftreten, wenn eine große weiße Fläche mit maximaler Leuchtdichte wiederzugeben ist. Die Aussteuerung muss daher bei den CRT-Projektoren ebenso wie bei den Plasmadisplays automatisch zurückgenommen werden, wenn der Weißflächenanteil zu groß ist. Zeigt das gesamte Bildfeld Spitzenweiß, dann wird die Leuchtdichte mindestens um den Faktor drei reduziert im Vergleich zu einem Bild, bei dem nur 10 % des Bildfeldes mit einer Spitzenweißfläche gefüllt ist.

Das Photo in Abb. 9.82 zeigt einen typischen Projektor mit den drei getrennten Projektionsobjektiven für Rot, Grün und Blau. Die ersten CRT-Projektoren für HDTV kamen 1985 von Sony.

Abb. 9.82. Ein CRT-Projektor (Breite 59 cm, Tiefe 108 cm), Photo: Barco

Lichtventilprojektoren mit Mikrospiegelchips

Ein helles und zugleich großes Bild kann projiziert werden, wenn man die Lichterzeugung von dem Vorgang der Adressierung von Bildelementen trennt. Dies geschieht bei den Lichtventilprojektoren. Mit diesem Prinzip sind Leuchtdichte und Auflösung unabhängig voneinander zu steigern.

Die Steuerschicht kann wie beim Diapositiv transmissiv arbeiten. Dann können aber die Adressierungselemente das Bild stören. Reflektiv arbeitende Steuerschichten werden daher bevorzugt. Erst 1987, als andere Verfahren schon im Einsatz waren, kam von LARRY HORNBECK bei Texas Instruments in USA der Vorschlag, viele mikroskopisch kleine, kippbare Spiegel auf der Oberfläche eines Halbleiterchips anzubringen – je einen für jedes Bildelement – und ihre Kippwinkel von den darunter liegenden Halbleiterelementen zu steuern. Die Spiegel können in zwei entgegengesetzte Richtungen gekippt werden, und das auffallende Licht einer Projektionslampe wird bei der einen Spiegelposition in den Projektionsstrahlengang gebracht, in der anderen Position aus dieser Richtung herausgespiegelt. Dieses „Digital Mirror Device" (DMD[1]) arbeitet dann als *Lichtschalter* separat für jedes Bildelement. Trotz dieser nur binär arbeitenden Steuerung konnte mit dem Verfahren der Pulsdauermodulation – wie bei den Plasmadisplays – die geforderte Graustufensteuerung realisiert werden [9.28, 9.51]. Etwa ab 1996 kamen die ersten Videoprojektoren nach diesem Prinzip (Digital Light Processing, DLP[1]) auf den Markt. Sie wurden erfolgreich, schließlich auch im Bereich der mittleren und kleinen Projektoren für Präsentationen bei Vorträgen und für den Heimbereich (sog. „Beamer").

Einige von den etwa eine Million Aluminiumspiegeln eines DMD-Chips, in der Draufsicht in neutraler Lage, zeigt der Ausschnitt in Abb. 9.83 mit einem Rasterelektronenmikroskop-Photo. Es sind 1280 x 720

[1] TM Texas Instruments Inc.

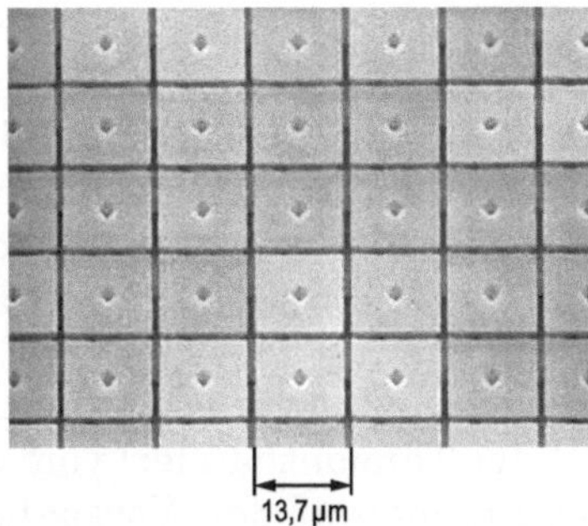

Abb. 9.83. Mikrospiegel auf einem DMD-Chip (Photo: Texas Instruments)

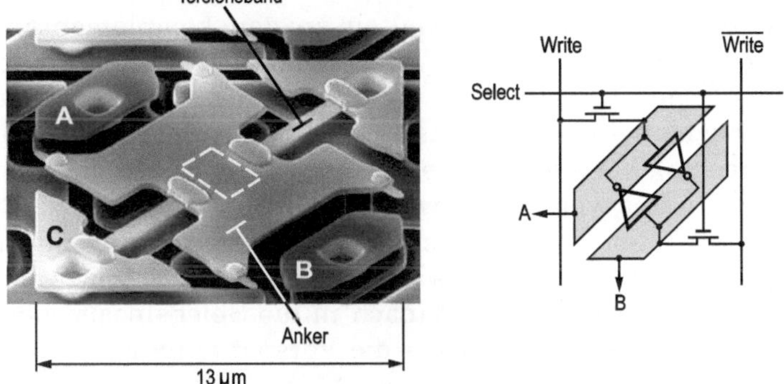

Abb. 9.84. Kippvorrichtung eines Spiegels (links) mit Elektroden, darunter die SRAM-Zelle auf dem CMOS-Chip (Photo: Texas Instruments)

Elemente auf einem Chip mit der Diagonalen von 20 mm untergebracht oder 1920 x 1080 noch kleinere Elemente bei einer Diagonalen von 22 mm. Jeder Spiegel hat in der Mitte einen „Stiel“, durch den er mit seiner darunter liegenden Kippvorrichtung verbunden ist. Sie besteht aus einer Ankerplatte (von Hornbeck als „Yoke“ bezeichnet), die an zwei Torsionsbändern („Gelenken“) aufgehängt ist. In Abb. 9.84 (links) ist die Verbindungsstelle zwischen Stiel und Anker gestrichelt markiert. Alle Anker zusammen mit den Spiegeln liegen über die Elektrode C an einer gemeinsamen Vorspannung. Unter jeder Kippvorrichtung befindet sich ein CMOS-SRAM als Speicherelement. Es besteht – wie üblich – aus zwei über Kreuz verbundenen Invertern aus n- und p-Kanaltransistorpaaren und zwei n-Kanaltransistoren, die die komplementären Schreib-/Leseeingänge zugänglich machen (Abb. 9.84 rechts). Der Speicherinhalt, als komplementäres Paar, ist mit den Elektroden A und B der Kippvorrichtung verbunden. Die in Abb. 9.84 (links) sichtbaren Oberteile dieser Elektroden bilden die Gegenpole zu den Spiegelflächen, die Unterteile die Gegenpole zum Anker. Anker und Spiegel werden durch sie je nach Potentialunterschied angezogen, berühren sie aber nicht. Aus der neutralen Stellung wird der Anker zu der Seite mit dem größeren Potentialunterschied gekippt, bis er auf einer Fläche mit dem C-Potential anschlägt und dadurch zur Ruhe kommt. Der durch den Anschlag festgelegte Kippwinkel beträgt ±12°. In dieser gekippten Stellung verharren Anker und Spiegel auch dann, wenn der Speicherinhalt (die A/B-Spannungen) danach umgepolt werden, solange nur die Vorspannung gehalten wird. Erst wenn die Vorspannung kurzfristig ausgeschaltet wird, lösen sich Anker und Spiegel durch die Rückstellkraft der Torsionsbänder[1] vom Anschlag und kippen dann nach dem Wiedereinschalten der Vorspannung gegebenenfalls (bei einer vorangegangenen A/B-Umpolung) in die entgegengesetzte Richtung.

Die Elemente einer Spalte erhalten an den komplementären Eingängen der SRAMs die aus dem Videosignal abgeleiteten binären Signale jeweils Zeile für Zeile, und diese werden im SRAM gespeichert, sobald ihre beiden Eingangstransistoren durch einen „Select“-Impuls (Abb. 9.84 rechts), bei allen Elementen der betreffenden Zeile gleichzeitig, durchgeschaltet werden. So werden die Speicherzeilen nacheinander für den nächsten Teilbildabschnitt aktualisiert, während in dieser Zeit der Bildinhalt des gegenwärtigen Teilbildabschnitts projiziert wird. Die neuen Werte werden danach in die Spiegelpositionen umgesetzt, nachdem – wie beschrieben – die Vorspannung kurz ausgeschaltet wurde.

Die Graustufensteuerung durch eine Pulslängenmodulation geschieht ähnlich wie beim Plasmadisplay (Abb. 9.80). Das Videosignal wird dazu unter Verwendung von Bildspeichern digital aufbereitet und in Binärwerte umgesetzt. Die Teilbilddauer ist bei einer 8-bit-Quantisierung unterteilt in 8 unterschiedlich lange Abschnitte. Die Abschnittslängen sind proportional zu 2^n mit $n = 0,1,\dots 7$. Je nach Binärwert bleibt der Spiegel eines Bildelements in dem Abschnitt entweder in „Licht-Ein-Richtung“ oder in „Licht-Aus-Richtung“ gekippt. Im Gegensatz zum Plasmadisplay geht in den Abschnitten keine Zeit für die Adressierung verloren. In bewegten Bildflächen können bei dem Verfahren ebenfalls wie beim Plasmadisplay Konturen gesehen werden, die in Wirklichkeit nicht existieren. Dies lässt sich hier aber leicht vermeiden, wenn die mittleren und großen Teilabschnitte noch weiter unterteilt werden, jeweils in kleine Abschnitte gleicher Dauer, die dann über die gesamte Teilbilddauer gleichmäßig verstreut sind [9.51]. Die Zeit, die ein Spiegel benötigt, um in die entgegengesetzte Richtung zu kippen und wieder zur Ruhe zu kommen, beträgt nur etwa 15 µs. Die minimale Abschnittsdauer darf entsprechend kurz sein. Die Steuer-

[1] Sie reicht allein nicht aus. Ein Rückstellimpuls über die Vorspannung ist erforderlich, s. [9.28, 9.51].

kennlinie ist prinzipbedingt im Aussteuerungsbereich exakt linear. Daher muss wie beim Plasmadisplay die Gammaverzerrung im Zuge der Signalaufbereitung erfolgen.

Als Lichtquelle für den Projektor wird – ebenso wie bei den anderen Lichtventilprojektoren – eine Gasentladungslampe verwendet, in der ein sehr kurzer Lichtbogen brennt. Es ist eine Halogen-Metalldampflampe oder eine Quecksilberdampflampe. Im fast kugeligen Zentrum eines massiven kleinen Glasgefäßes stehen sich im Abstand einiger Millimeter zwei Wolframelektroden gegenüber (Abb. 9.85). Zum Zünden ist Hochspannung erforderlich, zum Betrieb wird ein elektronisches Treibergerät verwendet. Metalldampflampen werden mit einer geringen Quecksilberdampffüllung gezündet, und danach verdampfen und dissoziieren Halogensalze im heißen Lichtbogen. Es entsteht ein hoher Betriebsdruck von bis zu 5 MPa (50 bar). Die Metallhalogene (z. B. Natrium- und Scandiumjodid) sorgen für ein kontinuierliches Spektrum im gesamten sichtbaren Bereich, überlagert mit einem Linienspektrum. Bevorzugt werden aber die Quecksilberhöchstdrucklampen, in denen nur Quecksilberdampf verwendet wird. Durch den extrem hohen Druck von z. B. 25 MPa geht das Emissionsspektrum ohne weitere Zusätze in erwünschter Weise in ein Kontinuum im sichtbaren Bereich über, und der Lichtbogen wird nahezu punktförmig. Mit einem geringen Zusatz von Sauerstoff und einem Halogen kann man ähnlich wie bei den Halogenglühlampen den Niederschlag von verdampften Wolfram auf der Glaswand verhindern. Diese Lampen erhalten dadurch eine höhere Lebensdauer (jedenfalls mehr als die üblichen 2000 Stunden Betriebszeit). Sie erreichen schon mit Leistungen von 100 bis 200 W den erforderlichen Lichtstrom und geben eine sehr hohe Leuchtdichte, etwa 1 Gcd/m^2, so wie die Sonne. Die Lampe wird in einen Ellipsoidreflektor eingebaut, so dass der Lichtbogen im ersten Brennpunkt liegt. Das Licht wird damit fast vollständig aufgefangen und außerhalb im zweiten Brennpunkt des Ellipsoids fokussiert (Abb. 9.85). Trotzdem kann immer nur ein Teil des Lichtstroms in den Projektionsstrahlengang gebracht werden [9.48], um so mehr, je kürzer der Lichtbogen ist.

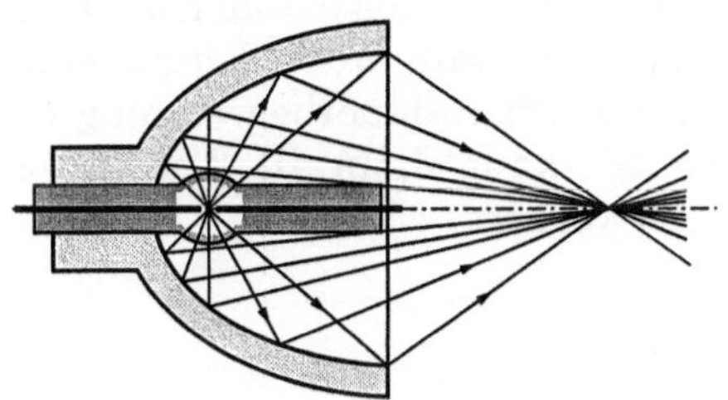

Abb. 9.85. Die Lichtquelle eines Lichtventilprojektors

Abb. 9.86. Ein Lichtventilprojektor nach dem DLP-Verfahren, Breite 47,5 cm (Photo: Sharp)

Das Licht kann nach einem Kondensorsystem mit einem Block aus fünf Farbteilungsprismen, die diochroitische Spiegelflächen besitzen (vgl. Abb. 9.21), in R-, G-, B-Spektralanteile mit den genormten Farbarten zerlegt werden, wonach die Anteile über je einen DMD-Chip gesteuert werden und die reflektierten Anteile über denselben Prismenblock zusammengefasst dem Projektionsobjektiv zugeführt werden.

Für kleinere Projektoren (Abb. 9.86) wird eine zeitsequentielle Farbmischung durchgeführt. Es wird dann nur ein DMD zur Steuerung von R, G und B benötigt. Dazu wird in den Strahlengang der Lichtquelle, nämlich im externen Fokus des Ellipsoidreflektors, ein rotierendes „Farbrad“ mit drei oder sechs Sektoren aus Rot-, Grün- und Blaufiltern betrieben, wodurch die Teilbilddauer in drei bzw. sechs Abschnitte aufgeteilt wird, in denen die R-, G-, B-Steuerungen nacheinander durchgeführt werden. Die „Subfields“ für die beschriebene Graustufensteuerung werden dann sehr kurz. Das Verfahren der sequentiellen Farbmischung mit rotierenden Farbfiltern hat einen lange zurückliegenden historischen Ursprung. Immer wenn eine Displaytechnik für Schwarzweiß realisiert und eingeführt war, versuchte man den Übergang zur Farbwiedergabe zunächst mit diesem einfachsten Weg.

Bei der Einführung der DLP-Technik erwartete man zunächst eine Materialermüdung der bewegten mikromechanischen Teile auf dem DMD, insbesondere bei den Torsionsbändern. Tatsächlich zeigte sich aber, dass selbst nach vielen Milliarden Kippungen der Spiegel keine Ermüdung auftritt. Eine Lebensdauerbegrenzung entsteht eher durch die Projektionslampe. Sie kann dann als Einheit zusammen mit dem Reflektor ausgetauscht werden.

LC-Lichtventilprojektoren

Eine großflächige TFT-Flüssigkristallzelle kann man auf einen Overhead-Projektor auflegen und so in einfachster Weise einen Lichtventilprojektor realisieren. Bringt man allerdings eine LC-Zelle in der Größe eines Kleinbilddias in einen Projektor, dann wird bei dieser kleinen Zelle und einer hohen Pixelzahl ein zu großer Teil des durchtretenden Lichts von der Adressierungsstruktur abgedeckt, weil sie sich nicht beliebig verkleinern lässt. Das Projektionslicht kann dabei auch den Flüssigkristall zu sehr erwärmen, so dass er dann beim Klärpunkt seine Funktion verliert. Flüssigkristallzellen in Projektoren sollten daher reflektiv arbeiten.

Ein Lichtventilprojektor mit reflektiver LC-Zelle wurde ab 1973 bei der Firma Hughes Aircraft in USA entwickelt. Die Flüssigkristallzelle wird mit linear polarisiertem Licht beleuchtet, das auf der Zellenrückseite an einem dielektrischen Spiegel reflektiert wird und dann die Zelle auf demselben Weg wieder verlässt. Zur Ansteuerung wird hinter dem Spiegel eine großflächige Photodiode verwendet, auf die das auf einer *Miniaturkathodenstrahlröhre* geschriebene (monochromatische) Bild gebracht wird, z. B. durch direkten Kontakt über eine Faseroptikplatte. Die lichtempfindliche Schicht besteht aus Cadmiumsulfid (CdS) auf einer lichtblockierenden Schicht aus Cadmiumtellurid (CdTe). Letztere kann Projektionslicht, das den dielektrischen Spiegel durchdringt, von der lichtempfindlichen Schicht fernhalten (Trennung von „Schreib"- und „Lese"-Licht). Zwischen der Zellenoberfläche und der Rückseite der CdS-Schicht wird über je eine ITO-Schicht mit einer Wechselspannungsquelle ein elektrisches Feld aufgebaut, das bei nichtleitender, dunkler CdS-Schicht zum größten Teil über der als Kondensator wirkenden, isolierenden Spiegelschicht liegt. An den vom Kathodenstrahlbild beleuchteten Stellen entsteht hier ein Ladungsbild, und an diesen Stellen kommt eine so hohe Feldstärke an der LC-Schicht zur Wirkung, dass die Schwellenspannung überschritten wird [9.8]. Man beachte, dass bei dieser Adressierungsmethode keine Aufteilung in einzelne Bildelemente stattfindet, keine Schicht ist strukturiert.

Wie beim Direktsichtdisplay werden nematische Flüssigkristalle verwendet. Bei TN-Zellen wird hier z. B. ein Verdrillungswinkel von 45° benutzt, und die Direktoren liegen an der Eingangsfläche in Polarisationsrichtung des Lichtes (s. Abschn. 9.2.3). An der auf dem dielektrischen Spiegel liegenden Orientierungsschicht ist die Polarisationsrichtung dann bei spannungsloser Zelle um 45° verdreht. Nach der Reflexion wird auf dem Rückweg die Polarisation *wieder zurückgedreht*, so dass das gespiegelte Licht die Zelle mit unveränderter Polarisation verlässt. Das Licht der Projektorlampe wird durch einen Polarisationsstrahlenteiler (aus Prismen) linear polarisiert. Das von der Zelle reflektierte Licht fällt auf den Teiler zurück und wird im Falle der unveränderten Polarisation von ihm vollständig auf die Lampe zurückgeführt, so dass kein Licht projiziert wird. Bei um 90° verdrehter Polarisation bringt der Teiler dagegen das gesamte Licht in den Projektionsstrahlengang, und die Bildwand wird maximal beleuchtet. Liegt an der Zelle eine genügend hohe Spannung, so richten sich bei positiver dielektrischer Anisotropie ($\Delta\varepsilon > 0$), wie beschrieben, die LC-Moleküle in Feldrichtung aus, d. h. bis in eine Richtung senkrecht zur Zellenoberfläche. Dann wird die Polarisationsrichtung weder im Hinweg noch im Rückweg durch die Zelle gedreht, und die Bildwand ist wieder dunkel. Aber im Übergangsbereich zwischen diesen Fällen tritt in der Zelle *Doppelbrechung* auf, weil Lichtstrahlrichtung und Direktor einen Winkel bilden, der weder gleich 0° noch gleich 90° ist. Durch den Gangunterschied entsteht eine elliptische Polarisation. In dem Bereich ergibt sich eine mit der Amplitude der Spannung ansteigende Beleuchtungsstärke. Diese Betriebsweise der Zelle ist eine Kombination des Twisteffekts und des Doppelbrechungseffekts (eine „hybride TN-ECB"-Kombination, ECB = Electrically Controlled Birefringence).

Es ist gelungen, die Orientierungsschichten so zu präparieren, dass sich an ihnen die Flüssigkristallmoleküle mit ihrer Längsachse *senkrecht* ausrichten. Man kann das durch eine Beschichtung mit Siliciumorganischen Verbindungen erreichen, deren Moleküle auf der Oberfläche senkrecht stehen. Man erhält damit Zellen *ohne Verdrillung*, in denen die Direktoren ohne ein elektrisches Feld vertikal zur Zellenoberfläche orientiert sind (vertical alignment, VA), eine sog. „homöotrope" Ausrichtung besitzen. Verwendet wird hierfür ein Flüssigkristallmaterial mit *negativer* dielektrischer Anisotropie ($\varepsilon_{\parallel} < \varepsilon_{\perp}$, $\Delta\varepsilon < 0$, z. B. $\Delta\varepsilon = -4{,}2$ bei der Mischung MLC-6608 von Merck). Dadurch wird erreicht, dass sich die Direktoren *senkrecht* zu einem elektrischen Feld ausrichten. Dabei sollte das Abkippen aus der vertikalen Ausrichtung durch das Feld in einer einheitlichen Richtung geschehen und nicht dem Zufall überlassen werden, weil sonst Domänen mit unterschiedlicher Richtung gebildet werden. Erreicht wird das durch eine Orientierungsschicht, die eine kleine Vorneigung definierter Richtung (pretilt, vgl. Abschn. 9.2.3) von etwa 2° gegenüber der Vertikalen einstellt.

Bei der spannungslosen VA-Zelle mit den Direktoren in Ausbreitungsrichtung des Lichtes gibt es keine Doppelbrechung, das reflektierte Licht ist unverändert, und der Polarisationsstrahlenteiler liefert kein Licht zur Projektion. Diese Lichtsperre ist von der Wellenlänge unabhängig, im Gegensatz zur TN-Zelle (Abb. 9.67)[1]. Die gute Schwarz-

[1] Vorausgesetzt, dass die Polarisationstrennung des Strahlenteilers hinreichend unabhängig von der Wellenlänge ist.

wiedergabe ist ein Vorteil des VA-Betriebs. Wird eine Spannung angelegt, werden die Direktoren gegenüber der Ausbreitungsrichtung geneigt, so dass Doppelbrechung auftritt und damit ein Gangunterschied zwischen den beiden Polarisationsrichtungen und eine elliptische Polarisation. Beim maximalen Neigungswinkel 90° sollten die Direktoren unter 45° zur Polarisationsrichtung des einfallenden Lichtes liegen. Der Polarisationsstrahlenteiler gibt dann einen mit der Spannung ansteigenden Anteil des reflektierten Lichts in den Projektionsstrahlengang. Über die Neigung steuert das elektrische Feld die Doppelbrechung und damit die Beleuchtung der Bildwand (eine reine ECB-Steuerung).

Das Lichtventilverfahren von Hughes, mit der Miniatur-CRT-Ansteuerung und der reflektiven LC-Zelle (hybride TN-ECB), wurde etwa ab 1980 für Graphikprojektionen eingesetzt, hauptsächlich im militärischen Bereich. Eine Wiedergabe bewegter Bilder war wegen der zu großen Trägheit der lichtempfindlichen Schicht und der LC-Zelle noch nicht möglich. Dies gelang im Laufe der Jahre in einer Zusammenarbeit mit Japan Victor Company (JVC), aus der dann ab 1993 ein Videoprojektor für Saalprojektionen entstand. Für R,G,B wurden drei getrennte Systeme benutzt. Das Verfahren bekam den Namen „ILA“ (Image Light Amplifier)[1].

Viele Firmen haben erfolgreich versucht, die Ansteuerung durch eine Miniatur-CRT in Verbindung mit einer großflächigen Photodiode zu ersetzen durch eine aktive Halbleitermatrix auf der Rückseite einer in mikroskopisch kleine Elemente zerlegten Spiegelschicht. Damit konnte die Ansteuerung einer reflektiven LC-Zelle ähnlich wie bei den TFT-LCDs möglich werden. Diese Technik wird als „Liquid Crystal on Silicon“ (LCOS) bezeichnet. Verwendet wird eine integrierte Schaltung aus CMOS-Transistoren, die wie bei den TFT-LCDs Zeile für Zeile die Bildsignale jeweils zu einem Speicherkondensator durchschalten. Er besteht hier aus dem kleinen darüber liegenden metallischen Spiegelelement (Al) in Verbindungen mit der unstrukturierten ITO-Gegenelektrode auf der gegenüberliegenden Glasfläche der Flüssigkristallschicht. Die Drainelektroden der Transistoren sind mit den zugehörigen Spiegelelementen verbunden. Im Gegensatz zum DLP-Verfahren liegen hier die Spiegel unbeweglich fest auf der Oberfläche der Halbleiterschaltung.

Das nach diesem Prinzip von der Firma JVC entwickelte Lichtventilelement erhielt den Namen „Direct Drive Image Light Amplifier“ (D-ILA[2]) [9.33]. Hiermit kamen die ersten Videoprojektoren ab 1998 auf den Markt. Konstruktionsbedingt können solche Projektoren nun auch

[1] ®Hughes-JVC Technology Corp., Carlsbad, Calif.

[2] ™Victor Company of Japan Ltd., Yokohama

für Anwendungen im Bereich mittlerer und kleinerer Bildwände gebaut werden.

Die Flüssigkristallzelle beim D-ILA-Verfahren arbeitet in dem oben beschriebenen VA-Modus. Dieser hatte sich zuvor schon bei der Weiterentwicklung des ILA-Verfahrens bewährt. Die Schichtdicke beträgt etwa 3 µm, sie wird durch einige Abstandshalter eingehalten. Von oben, d. h. von der Eintritts- und Austrittsfläche des Lichts, sieht die Zelle fast genauso aus wie beim Blick auf die Mikrospiegel – in der Neutralstellung – eines DLP-Elements (Abb. 9.38). Allerdings liegt hier noch die LC-Schicht darüber. Auch die Spiegelabmessungen sind etwa gleich (quadratisch z. B. mit Seitenlänge 13 µm). Es werden beispielsweise Lichtventile mit 1400x1050 Elementen auf einem 0,7"-Chip oder mit 2048x1536 Elementen auf einem 1,3"-Chip hergestellt.

Die Lichtsteuerkennlinie hat die durch das Flüssigkristallprinzip bedingte S-Form und muss daher, wie bei den TFTs, im Rahmen der Signalvorverarbeitung auf die vorgeschriebene Gammakennlinie verzerrt werden. Im Gegensatz zu DLP und Plasmadisplay ist die Ansteuerung nicht quantisiert, sondern kontinuierlich (analog).

Die Projektion geschieht für alle drei Primärfarben durch ein einziges Objektiv, es werden aber drei Lichtventile benutzt. Das Licht der Projektorlampe wird dazu beispielsweise über einen Farbteiler in Kombination mit einem Polarisationsstrahlenteiler oder mit drei Polarisationsstrahlenteilern in Kombination mit dichroitischen Spiegeln auf die drei Lichtventile aufgeteilt und nach der Reflexion von dort kommend wieder im Objektiv vereinigt. Die Farbwiedergabe kann hiermit – im Aussteuerungsbereich – ausgezeichnet sein: Die vorgeschriebenen Primärfarbarten können alle erreicht werden, der darstellbare Farbartbereich kann sogar noch etwas größer sein.

Beugungsgitter-Lichtventile

Die Steuerschicht eines Lichtventilprojektors kann auch ein Lichtbeugungsgitter sein, bei dem die Gitteramplitude vom Videosignal gesteuert wird. Ein Gerät nach diesem Prinzip war der „Eidophor"-Projektor der Firma Gretag (Regensdorf/Zürich) für Kinovorführungen oder Großveranstaltungen.

Das Verfahren geht auf die Idee von FRITZ FISCHER zurück, die er an der Technischen Hochschule Zürich im Jahre 1939 entwickelte und dann bis zu seinem Tod im Jahre 1947 immer weiter ausbaute [9.5]. Schließlich entstand daraus bei Gretag der Videogroßprojektor, der seit 1958 auf den Markt kam.

Die Steuerschicht wird mit einer dünnen „Ölschicht" (kein Mineralöl!) auf der Innenfläche eines Kugelspiegels gebildet. Sie entsteht durch einen Elektronenstrahl, der dort eine rechteckige Fläche von

z. B. 72 x 54 mm^2 fernsehzeilenmäßig periodisch abrastert. Die Zeilenspuren hinterlassen auf dem Ölfilm elektrische Ladung, wodurch die Filmoberfläche wellblechartig (sinusförmig) verformt wird. Je größer die Ladungsdichte an einer Stelle, um so mehr wird dort durch elektrostatische Kräfte die Schicht zusammengepresst. Weil die Flüssigkeit aber inkompressibel ist, wird in der Nachbarschaft der Stelle die Schicht entsprechend aufgewölbt. Diese Steuerschicht ist durchsichtig, absorbiert also das Licht nicht, wirkt aber durch die örtlich periodische Verformung als optisches Phasengitter mit örtlich sinusförmiger Lichtphasenvariation. Im auffallenden Licht einer Projektionslampe und nach der Reflexion durch den Spiegel entsteht eine Beugung senkrecht zu den Zeilen mit Beugungswinkeln etwa proportional zu $k\lambda/d$, wobei d die durch den Zeilenabstand gegebene Gitter*periode* ist und $k = 0,1,2,\ldots$ die Beugungsordnung. Projiziert wird nur das in der ersten Ordnung, evt. auch noch das in der zweiten Ordnung gebeugte Licht („Schlierenprojektion", s. unten).

Die fortwährende Abrasterung mit einem *konstanten* Strahlstrom ergibt auf der Targetfläche über eine gewisse Leitfähigkeit des Ölfilms eine mittlere Grundladungsdichte, die eine mittlere Dicke der Steuerschicht einstellt. Die Ladungsverteilung konzentriert sich dabei auf die Zeilenspuren umso mehr und die Verformungsamplitude ist entsprechend um so größer, je schärfer der Elektronenstrahl (bei konstanter Ablenkgeschwindigkeit) fokussiert ist. Zur Steuerung der Gitter*amplitude* wird die Fokussierung mit dem Videosignal moduliert. Sie wird so eingestellt, dass beim Signal Null die Defokussierung gerade so groß ist und dadurch der Strahl benachbarte Zeilen gerade so weit überdeckt, dass die Ladung örtlich gleichmäßig verteilt bleibt.

Die Amplitude $\hat{\varphi}$ der Phasendrehung des Lichtes ist bei einer Verformungsamplitude $\hat{a}$ gegeben durch

$$\hat{\varphi} = 4\pi \frac{\hat{a}}{\lambda}(n-1).$$

n ist der Brechungsindex der Flüssigkeit. Die Intensität des Lichtes in der ersten Beugungsordnung ist proportional zu $J_1^2(\hat{\varphi})$, wobei J_1 die Bessel-Funktion erster Ordnung ist. Sie hat ihr erstes Maximum bei $\hat{\varphi} = 1{,}8$. Es wird hiernach erreicht durch eine Verformungsamplitude von 0,16 µm bei $\lambda =$ 560 nm und $n = 1{,}5$. Im Anfangsbereich ist die Steuerkennlinie quadratisch.

Das Licht der Projektorlampe fällt über parallel zu den Zeilenspuren ausgerichtete schmale Spiegelstreifen, die es um 90° umlenken, auf die Steuerschicht. Die Streifen sind seitlich und nach oben so gegeneinander parallel versetzt, dass das gesamte Lampenlicht lückenlos erfasst wird, aber von der Steuerschicht aus gesehen Lücken zwischen den Streifen vorhanden sind. Das am Kugelspiegel reflektierte Licht ohne

Beugung fällt dann auf die Spiegelstreifen und dadurch wieder in die Lampe zurück, aber das gebeugte Licht geht durch die Lücken geradeaus weiter über das Projektionsobjektiv auf die Bildwand. Der Elektronenstrahl verläuft unter 45° dazu. Bei vollständig glatter Ölschicht bleibt die Bildwand dunkel. Es handelt sich also um eine „Dunkelfeldprojektion". Man nennt sie auch „Schlierenprojektion"[1]. Die Oberfläche der Steuerschicht wird mit dem Projektionsobjektiv unter Ausblendung des nicht gebeugten Lichtes scharf abgebildet.

Der Kugelspiegel mit der Ölschicht und die Elektronenkanone befinden sich gemeinsam im Vakuumgefäß. Eine Flüssigkeit im Vakuum einzusetzen, ist natürlich grundsätzlich problematisch. Die Flüssigkeit muss jedenfalls einen extrem niedrigen Dampfdruck aufweisen und sie darf sich durch den ständigen Elektronenstrahlbeschuss nicht zersetzen, d. h. Moleküle in das Vakuum bringen. Tatsächlich musste das Vakuumgefäß beim Betrieb des Eidophor-Projektors ständig an einer laufenden Vakuumpumpe hängen, und die Kathode musste jeweils nach etwa 100 Betriebsstunden ausgetauscht werden. Eine Auffrischung der Steuerschicht durch neues Öl wird durch eine langsame Rotation des Kugelspiegels erreicht, wobei durch ein „Abstreifblech" eine Voreinstellung der Schichtdicke erfolgt. Weitere wichtige Materialparameter, die die Flüssigkeit einhalten muss, sind die Oberflächenspannung (wegen der Benetzung des Kugelspiegels) und die Viskosität (hinsichtlich des Zeitverhaltens der Verformung). Die richtige Viskosität wird nach Einstellung der Flüssigkeit auf die Arbeitstemperatur erreicht.

Nach dem „bildtragenden" Kugelspiegel hat das Verfahren aus dem Griechischen seinen Namen bekommen (Eidos = Bild, phor = tragend).

Für die Farbbildprojektion werden drei Projektionssysteme parallel betrieben – mit Konvergenz auf der Bildwand. Sie erhalten ihr Licht über einen R,G,B-Farbteiler aus einer gemeinsamen Projektionslampe. Eingesetzt wurden Xenon-Hochdrucklampen mit Leistungen bis zu 5 kW. Die wohl größte Videoprojektion gab es auf der Weltausstellung 1993 in Sevilla: Zwei Projektoren gaben aus einer Entfernung von 210 m ein 30 m breites und 22 m hohes Bild. Seit 1997 liefert Gretag keine Eidophor-Projektoren mehr.

Eine Kompaktversion nach dem Eidophor-Verfahren, ein Einröhrenlichtventil ohne Anschluss an eine Vakuumpumpe, wurde nach Erfindungen von WILLIAM GLENN aus den Jahren 1958 und 1970 [9.23] bei

[1] Schlieren sind Domänen unterschiedlicher Dichte in einem durchsichtigen Material, die im durchfallenden Licht nur einen Phasenkontrast zeigen. Er kann durch eine Dunkelfeldmethode in einen Amplitudenkontrast umgewandelt und damit sichtbar gemacht werden.

General Electric in Syracuse (USA) entwickelt und ab 1975 als „Talaria-Projektor“ auf den Markt gebracht.

Die Flüssigkeitsschicht befindet sich hier auf einer in einem Vakuumgefäß senkrecht stehenden, durch einen Flüssigkeitsvorrat langsam (mit drei Umdrehungen pro Stunde) rotierenden Glasscheibe, die mit einer ITO-Schicht überzogen ist [9.36]. Die Steuerschicht (Abmessungen 28 x 21 mm^2) wird durch einen parallel zum optischen Strahlengang laufenden Elektronenstrahl abgerastert. Sie wird transmissiv betrieben. Der Elektronenstrahl schreibt auf der Schicht gleichzeitig *drei Phasengitter*: ein horizontal liegendes, das wie beim Eidophor durch die Zeilenrasterung entsteht und für die Steuerung des grünen Lichts benutzt wird, und zwei senkrecht stehende, die durch eine periodische Variation der horizontalen Ablenkgeschwindigkeit entstehen und zur Steuerung des roten und blauen Lichts benutzt werden. Die Amplitude des horizontalen Phasengitters wird dabei vom Grünsignal über eine schnelle Strahlwobbelung gesteuert. Das vertikale Phasengitter mit einer Periode von $d_{v1} = 44$ µm wird durch eine der Sägezahnablenkspannung überlagerte und mit ihr phasenverkoppelte Sinusspannung von 24 MHz erzeugt und in seiner Amplitude durch Amplitudenmodulation der Sinusspannung mit dem Blausignal gesteuert. Das andere Vertikalgitter mit einer Periode von $d_{v2} = 33$ µm entsteht durch eine überlagerte Sinusspannung von 32 MHz, deren Amplitude vom Rotsignal moduliert wird.

Die Dunkelfeldprojektion kommt durch zwei komplementäre Schlitzblenden im Strahlengang zustande. Die „Eingangsblende“ in der Nähe des Lampenkondensors wird durch die Lichtventilröhre hindurch mit einer „Schlierenlinse“ auf die Ebene der kleineren, aber sonst gleichen „Ausgangsblende“ entsprechend verkleinert abgebildet, und wenn diese richtig justiert ist, wird ungebeugtes Licht dort blockiert (Dunkelfeldabgleich). Die Schlierenlinse befindet sich zwar außerhalb der Lichtventilröhre, aber doch so nahe wie möglich an der Steuerschicht im Inneren. Die Blenden bestehen aus horizontalen Schlitzen in der Mitte und vertikalen Schlitzen darüber und darunter. Das Licht der Projektorlampe wird vor der Eingangsblende durch Farbfilter geführt, die für den Bereich der horizontalen Schlitze Grün durchlassen und für den Bereich der vertikalen Schlitze Magenta. Vertikal versetzte Beugungsbilder der Eingangsblende – infolge der horizontalen Phasengitter – bringen dadurch grünes Licht durch die Ausgangsblende, aber kein Magentalicht, und horizontal versetzte Beugungsbilder – infolge der beiden vertikalen Phasengitter – lassen entweder rotes oder blaues Licht durch den oberen und unteren Teil der Ausgangsblende durch. Das hängt von den unterschiedlichen Beugungswinkeln des Rot- und Blauanteils im Magentalicht ab, entsprechend λ_r/d_{v1}, λ_b/d_{v1} und λ_r/d_{v2}, λ_b/d_{v2}. Das mit λ_r/d_{v1} und λ_b/d_{v2} gebeugte Licht wird blockiert, bei λ_b/d_{v1} und λ_r/d_{v2} sind die Schlitzbeugungsbilder gerade so weit versetzt, dass blaues bzw. rotes Licht die Ausgangsblende verlässt. Das Projektionsobjektiv bildet die Steuerschicht mit dem durchgelassenen Licht auf die Bildwand ab.

Eine allmähliche Verschlechterung des Vakuums durch Ausgasen und Zersetzen der Flüssigkeit beim Elektronenstrahlbeschuss konnte beim Talaria-Projektor durch eine „Ionengetterpumpe“ vermieden werden. Sie ist in Wirklichkeit keine an das Vakuumgefäß angeschlossene mechanische Pumpe, sondern eine Elektrodenanordnung mit Glühkathode im Inneren der Röhre, die Atome und Moleküle ionisiert und diese dann auffängt. So konnte eine „abgezogene“ Lichtventilröhre und eine ausreichende Kathodenlebensdauer des Strahlerzeugers realisiert werden.

Der Talaria-Projektor wurde hauptsächlich für kleinere und mittelgroße Säle und große Besprechungsräume eingesetzt. Er stand in Konkurrenz mit den CRT-Projektoren und dann auch mit LCD-Projektoren. Seine Fertigung wurde 1994 eingestellt.

Es ist auch versucht worden, eine Dunkelfeldprojektion mit signalgesteuertem Phasengitter ohne Elektronenstrahltechnik, nämlich durch eine CMOS-Ansteuerungsmatrix möglich zu machen. Dazu wurde eine metallisch verspiegelte dünne Elastomerschicht (aus einem viskoelastischem Material wie z. B. Siliconkautschuk) auf die Halbleitermatrix aufgebracht. Auf ihr gibt es für jedes Bildelement mehrere, z. B. zwei oder vier alternierend gepolte Streifenelektroden, deren Spannung von dem darunter liegenden CMOS-Element geliefert wird. Das elektrische Feld, das sich von den Elektroden in Richtung auf die darüber liegende Spiegelschicht ausbildet, bewirkt eine etwa sinusförmige Verformung der Elastomeroberfläche, wenn eine genügend hohe Vorspannung vorhanden ist. So entsteht ein reflektives Beugungsgitter, dessen Amplitude von Bildelement zu Bildelement über die Ansteuerungsmatrix unterschiedlich eingestellt werden kann. Untersuchungen und Entwicklungen zu den viskoelastischen Steuerschichten wurden in USA am New York Institute of Technology und in Deutschland am Heinrich-Hertz-Institut in Berlin durchgeführt. Ein Videoprojektor ist jedoch daraus nicht entstanden.

9.2.6 Fernsehempfänger mit Bildröhre

Der Fernsehempfänger besitzt zum Betrieb der Bildröhre einen *Signalteil*, der die Farbwertsignale zur Steuerung der Strahlströme zur Verfügung stellt, und einen *Ablenkteil*, der die Ströme für Horizontal- und Vertikalablenkung des Elektronenstrahls sowie die Spannungen zur

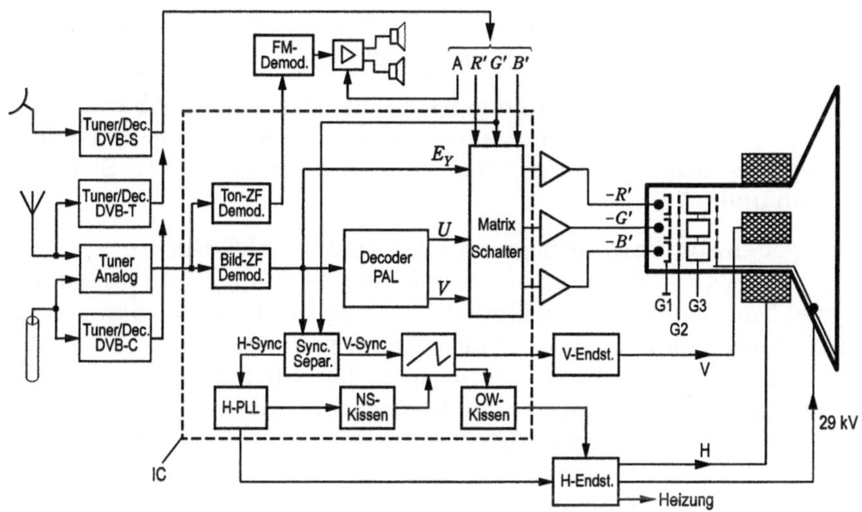

Abb. 9.87. Vereinfachtes Blockschaltbild eines Fernsehempfängers mit Bildröhre

Strahlerzeugung und die Hochspannung liefert. Abbildung 9.87 zeigt ein vereinfachtes Blockschaltbild.

Im Ablenkteil werden für die Ablenkspulen sehr hohe Ströme erzeugt, mehrere Ampere, die zudem (zum Strahlrücklauf bei der Horizontalablenkung) innerhalb von wenigen Mikrosekunden umgepolt werden müssen. Dabei entstehen Spannungen bis zu 1,5 kV. Hieraus wird die Bildschirmspannung von bis zu 30 kV abgeleitet. Im Signalteil hingegen, jedenfalls wenn er auch noch – wie bislang für den Empfang in analogen Fernsehsystemen üblich – den Tuner (Abb. 8.51) und den Farbsignaldecoder enthält, geht es um Signale im Millivoltbereich. Störungen aus dem Ablenkteil zu vermeiden, war deshalb schon immer eine schwierige Herausforderung an die Fernsehgerätekonstrukteure.

Der Signalteil besteht im Wesentlichen aus einer integrierten Schaltung, die den Bild- und Ton-ZF-Demodulator enthält (Abb. 8.50) und den vollständigen PAL-Decoder (Abb. 6.30) einschließlich der zwei videofrequenten Verzögerungsleitungen. Es können zusätzlich noch ein SECAM- und ein NTSC-Decoder (Abb. 6.35 und Abb. 6.6) im IC vorhanden sein, und zwischen den Systemen wird dann nach automatischer Erkennung umgeschaltet. Aus einer Matrixschaltung liefert das IC die drei Farbwertsignale. Aus ihnen entstehen im Endverstärker die drei Steuersignale für die Bildröhre, mit etwa 150 V Spitze-Spitze. Die Ansteuerung erfolgt über die Kathoden, also mit negativer Polung auf einer positiven Vorspannung. Die Wehneltzylinder (G1) liegen dabei normalerweise auf Masse.

Für den Empfang von DVB-Signalen stehen externe Tuner mit den entsprechenden Decodern zur Verfügung:

- an der terrestrischen Antenne nach DVB-T, s. Abb. 8.35b und 8.53,
- am Breitbandkabelanschluss nach DVB-C, s. Abb. 8.23b und 8.58,
- am LNB-Ausgang von der Satellitenantenne nach DVB-S, s. Abb. 8.14b und 8.79.

Diese geben die Farbwertsignale über eine SCART-Buchse am Empfänger (SCART = Syndicat des Constructeurs d'Appareils Radiorécepteurs et Téléviseurs) an die Matrixschaltung im IC, wo sie dann zu den R, G, B-Ausgängen des ICs durchgeschaltet werden.

In Abb. 9.87 weggelassen wurde u. a. der „Microcontroller", der die Steuerungen, Einstellungen und Überwachungen am Gerät automatisch nach einem abgespeicherten Programm durchführt, insbesondere auch die Sequenzen zum „Hochfahren" und Ausschalten des Gerätes. Der Benutzer kann Befehle und Einstellungsoptionen (menügeführt) dem Microcontroller mit der Fernbedienung zuführen. Sie überträgt diese Daten mit infraroten Lichtimpulsen. Für den Datenaustausch sind die Baugruppen des Gerätes durch ein serielles Bussystem untereinander verbunden (Inter-IC-Bus, I²C-Bus[1], bei Philips ab 1985 entstanden [9.39]). Eine wichtige automatische Funktion ist die richtige Einstellung und Überwachung (Bildröhrenalterung!) der Vorspannung (Cut-off-Punkt, s. Abschn. 5.2.3) und der Verstärkung (Weißabgleich, Gl. (5.25)) für die Farbwertsignale, abgeleitet aus Strahlstrommessungen während des Vertikalrücklaufs.

Im Ablenkteil werden in den Endstufen für die Horizontal- und Vertikalablenkung die Ströme für die Ablenkspulen der Bildröhre erzeugt. Die Treibersignale für die Endstufen haben ihren Ursprung im beschriebenen IC des Signalteils. Sie gehen aus vom Synchronsignalgemisch, das im ankommenden FBAS-Signal vorhanden ist (Abb. 4.31 und Abb. 4.32) oder – bei den Signalen über die SCART-Buchse – dem G-Signal überlagert ist oder auf einem separaten SCART-Eingang geliefert wird. Eine *Impulsabtrennstufe* mit der Funktion eines „Amplitudensiebes" holt die unterhalb des Schwarzpegels hängenden Synchronimpulse heraus. Aus dem Gemisch werden die V-Sync-Impulse abgefiltert, und aus ihnen das Sägezahnsignal für die Vertikalablenkung gebildet. Die H-Sync-Impulse werden nicht direkt zur Horizontalablenkung benutzt, sondern zur Unterdrückung von Phasenjitter durch Rauschen zunächst als Führungsgröße einer PLL-Schaltung verwendet. Der dort mit der Zeilenfrequenz schwingende Oszillator (der Voltage Controlled Oscillator, VCO) ist im freilaufenden Betrieb – wenn kein brauchbares Signal ankommt – mit dem Quarzoszillator des Farb-

[1] ™ Philips Electronics N. V., Eindhoven

trägerregenerators entsprechend dem Farbträgeroffset verkoppelt. Steht die Führungsgröße zur Verfügung, stimmt nach dem Einfangen der Regelschleife die Zeilenfrequenz exakt mit der des ankommenden Signals überein, und die Phasenlage wird an den Vorderflanken des Synchronsignals ausgerichtet. Je nach der Abweichung der Freilauffrequenz von der geforderten Zeilenfrequenz benötigt der VCO eine mehr oder weniger große Steuerspannung zur Korrektur, die über den Phasenvergleicher der PLL-Schleife geliefert werden muss. Je nach Schleifenverstärkung ist dazu eine mehr oder weniger große Phasenverschiebung und damit – ohne weitere Maßnahmen – eine kleine horizontale Bildverschiebung auf dem Displayfeld verbunden.

Wir befassen uns jetzt mit der Erzeugung des Horizontalablenkstromes in der Endstufe. Das Ziel ist im Idealfall ein jeweils innerhalb der Strahlhinlaufzeit von 52 µs linear ansteigender Strom, der dann innerhalb von 12 µs, in der Rücklaufzeit, auf seinen Anfangswert zurückfällt. Benötigt wird bei einer Ablenkspule mit einer Induktivität von etwa $L_H = 1$ mH ein Strom von –3 A bis –4 A für eine Ablenkung aus der Bildmitte zum linken Displayfeldrand und entsprechend ein Strom von +3 A bis +4 A für die Ablenkung zum rechten Displayfeldrand.

Ein zeitlich linear ansteigender Strom entsteht nach der Beziehung

$$u_L = L_H \frac{\mathrm{d}i}{\mathrm{d}t}$$

durch eine *konstante Spannung* an der Induktivität. In der Prinzipschaltung nach Abb. 9.88 wird dieser Anstieg veranlasst, wenn der Schalter S geschlossen und damit die konstante Batteriespannung an die Ablenkspule gelegt wird: $u_L = U_b$. Innerhalb der aktiven Zeilendauer $T'_H = 52$ µs gibt es dann einen Stromanstieg $\Delta i_L = 2I_0$:

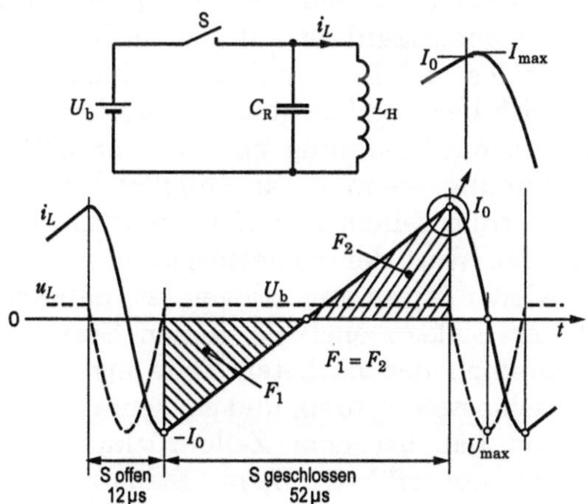

Abb. 9.88. Prinzip der H-Endstufe

$$\Delta i_L = U_\mathrm{b} \frac{L_\mathrm{H}}{T'_\mathrm{H}}. \qquad (9.35)$$

$I_0 = 4$ A wird bei einer Ablenkspuleninduktivität von 1 mH erreicht durch U_b=150 V. Danach muss der Schalter wieder geöffnet werden. Wir haben die Spule als reine Induktivität vorausgesetzt. Ein Verlustwiderstand R (in Reihenschaltung) ist natürlich vorhanden, jedoch tritt an ihm ein im Vergleich zu U_b nur geringer Spannungabfall auf, so dass die Voraussetzung in erster Näherung zulässig ist. R ist beispielsweise etwa 1 Ohm.

Nach dem Öffnen des Schalters ist ein freier Schwingkreis vorhanden. Als Kondensator wirkt zumindest die Eigenkapazität der Spule. Jedoch wird eine bestimmte Eigenfrequenz verlangt. Dazu wird parallel zur Spule der „Rücklaufkondensator" C_R gelegt, so dass sich eine Resonanzfrequenz

$$f_\mathrm{r} = \frac{1}{2\pi\sqrt{L_\mathrm{H} C_\mathrm{R}}} \qquad (9.36)$$

ergibt. Es beginnt die Schwingung des Kreises mit sinusförmigem Strom- und Spannungsverlauf. Der Strom in der Spule fließt nach dem Öffnen des Schalters weiter. Ausgehend von seinem Wert I_0 steigt er zunächst noch etwas an bis zu einem Maximalwert I_max. Er lädt den Rücklaufkondensator, wobei positive Ladung zum unteren Anschluss fließt (Abb. 9.88). Die Spannung an Kondensator und Spule, anfangs gleich $+U_\mathrm{b}$, wird kleiner, durchläuft den Wert Null in dem Zeitpunkt, in dem der Strom den Maximalwert ereicht. Dann – bei cosinusförmig abfallendem Strom – wird die Spannung negativ und erreicht mit sinusförmigem Verlauf ihren Spitzenwert $-U_\mathrm{max}$ beim Nulldurchgang des Spulenstromes. Über dem Schalter liegt jetzt die hohe Spannung $U_\mathrm{max}+U_\mathrm{b}$. Der Elektronenstrahl ist auf seinem Rücklauf vom rechten Rand des Displayfeldes auf der vertikalen Bildmittenlinie angekommen. Nun entlädt sich der Kondensator wieder, der Spulenstrom fließt umgekehrt (negativ), die Spannung geht wieder zurück. Beim Nulldurchgang der Spannung, wenn sie anschließend wieder positiv wird, erreicht der Spulenstrom seinen negativen Spitzenwert $-I_\mathrm{max}$. Wenn die Spannung auf den Wert der Batteriespannung zurückkommt und der Strom schon wieder etwas angestiegen ist, nämlich auf den Wert $-I_0$, und damit der Elektronenstrahl seinen Startpunkt am linken Bildrand zum Schreiben der nächsten Zeile erreicht hat, muss der Schalter wieder geschlossen werden, und es beginnt ein neuer Zyklus.

Der Schwingkreis hat bei dem Zeilenrücklauf eine *halbe* freie Schwingungsperiode ausgeführt. Beim Strommaximum ($i_L = I_\mathrm{max}$, $u_L = u_C = 0$) ist die gesamte Energie im Magnetfeld der Spule, beim

Stromnulldurchgang ($i_L = 0,\ u_C = -U_{\max}$) liegt diese Energie allein im elektrischen Feld des Kondensators:

$$\frac{1}{2} C_R U_{\max}^2 = \frac{1}{2} L_H I_{\max}^2 . \tag{9.37}$$

Die Energie bleibt vollständig erhalten. Am Ende der halben Schwingung, wenn $u_C = 0$ und $i_L = -I_{\max}$ ist, liegt sie wieder allein als magnetische Energie in der Spule, und nach dem Schließen des Schalters, während der ersten Hälfte des Zeilenhinlaufs, wird sie in die Batterie zurückgeliefert. Die in Abb. 9.88 schraffiert gezeichneten Flächen F_1 und F_2 unter der Stromkurve sind wegen der vollständigen Energierückgewinnung gleich; der mittlere Batteriestrom ist null. In der Praxis ist $F_2 < F_1$, unter anderem wegen der Verluste im ohmschen Widerstand der Ablenkspule.

Aus dem sinusförmigen Verlauf von Strom und Spannung nach dem Öffnen des Schalters ergibt sich mit dem kleinen Zeitabschnitt δ, der bis zum Erreichen des Maximalstromes vergeht,

$$\cos \omega_r \delta = I_0 / I_{\max} \quad \text{und} \quad \sin \omega_r \delta = U_b / U_{\max}$$

und daraus die Beziehung

$$\frac{I_0^2}{I_{\max}^2} + \frac{U_b^2}{U_{\max}^2} = 1 . \tag{9.38}$$

Die hohe „Rückschlagspannung“ ergibt sich aus der Energiebeziehung Gl. (9.37) zu

$$U_{\max} = \sqrt{\frac{L_H}{C_R}}\, I_{\max} . \tag{9.39}$$

Bei vorgegebener Dauer T_r für die halbe Schwingungsperiode der Spannung ist die erforderliche Kapazität (Gl. (9.36))

$$C_R = \frac{1}{L_H} \frac{T_r^2}{\pi^2} . \tag{9.40}$$

Die gesamte Rücklaufdauer $T_A = T_r + 2\delta$ sollte gleich der Dauer der Horizontalaustastung, also gleich 12 µs sein. Nach einigen elementaren Rechnungen erhält man unter Verwendung der Abkürzung

$$\varkappa =_{\text{def}} \frac{2}{\pi} \frac{T_r}{T_H'} : \tag{9.41}$$

$$\left.\begin{aligned} T_\mathrm{A} &= T_\mathrm{r}\left(1+\frac{2}{\pi}\arctan\varkappa\right) \\ U_\mathrm{max} &= \frac{U_\mathrm{b}}{\varkappa}\sqrt{1+\varkappa^2} \\ I_\mathrm{max} &= I_0\sqrt{1+\varkappa^2} \end{aligned}\right\} \quad (9.42)$$

Hieraus ergibt sich für unser Beispiel mit T_r = 11 µs der Wert $\varkappa$ = 0,135 und damit:

$$C_\mathrm{R} = 12{,}3\ \mathrm{nF},\ T_\mathrm{A} = 11{,}9\ \mu\mathrm{s},\ U_\mathrm{max} = 1120\ \mathrm{V}.$$

Der in Abb. 9.88 gezeigte elektronische Schalter S wird durch einen speziell für diesen Zweck entwickelten, sehr schnell schaltenden Hochvolt-Leistungstransistor vom npn-Typ (früher BU 208) zusammen mit einer parallel dazu liegenden Diode realisiert. Das im Signalteil aus den Horizontalsynchronimpulsen gewonnene Rechtecksignal wird der Basis des Transistors zugeführt und schaltet ihn ein, wenn es positiv ist. Er wird ausgeschaltet, sobald das Steuersignal ins Negative springt (Pfeile in Abb. 9.89), womit der Zeilenrücklauf ausgelöst wird.

Der in Reihe zur Ablenkspule geschaltete Kondensator C_T übernimmt die Rolle der Batterie aus der Ersatzschaltung in Abb. 9.88. Bei $C_\mathrm{T}\to\infty$ liegt an ihm die konstante Batteriespannung U_b. Man beachte, dass jetzt in Abb. 9.89 der positive Pol am Fußpunkt der Spule liegt, also im zweiten Teil des Hinlaufs, wenn $i_L > 0$ ist, der Strom aus der Spule in den Kollektor des Transistors fließt. Der Transistor muss dabei als geschlossener Schalter funktionieren, also möglichst den Widerstand null bieten. Dazu arbeitet er infolge eines genügend hohen Basisstroms im Sättigungsbetrieb. Die Kollektor-Emitter-Sättigungsspannung beträgt beispielsweise 1,5 V. Dabei hat er den Strom von bis zu 4 A auszuhalten. Wird nun die Basisspannung negativ, so kann die

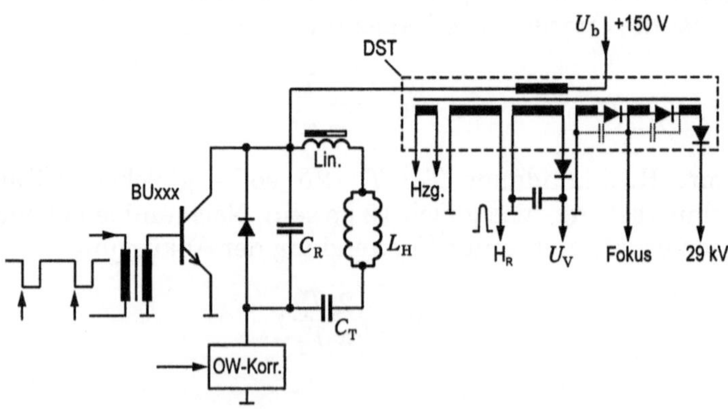

Abb. 9.89. Endstufe einer Horizontalablenkschaltung mit Diodensplittransformator (DST)

Emitter-Basisstrecke des Transistors nicht sofort sperren. Zuvor müssen erst die Majoritätsladungsträger (Löcher) im Basisgebiet durch einen kurzen negativen Basisstromimpuls „ausgeräumt“ werden. Dazu sind etwa 2 µs notwendig. In dieser Zeit bleibt die Kollektor-Emitter-Strecke noch durchgeschaltet. Erst dann wird die Strecke innerhalb sehr kurzer Zeit (etwa 0,5 µs) gesperrt, der Rücklauf beginnt, und am Kondensator C_R und damit auch an der Kollektor-Emitter-Strecke baut sich die Rückschlagspannung auf. Sie erreicht maximal den Wert $U_{max}+U_b$. Das sind in dem durchgerechneten Beispiel 1,2 kV. Der positive Pol liegt am Kollektor. Der Transistor muss in der Rücklaufphase als geöffneter Schalter funktionieren, also möglichst den Widerstand Unendlich bieten. Dabei muss er die Hochspannung aushalten. Der Übergang vom Sättigungsbetrieb mit hohem Strom in den Sperrbetrieb mit hoher Spannung ist sehr kritisch. Geschieht der Übergang nicht genügend schnell, ist die Verlustleistung am Transistor viel zu hoch, und er wird sofort zerstört. Wichtig sind Größe und Form des steuernden Basisstromes.

Wenn nun am Ende des Rücklaufs die Spannung am Kondensator C_R ihren Nulldurchgang erreicht, müsste der Transistor wieder einen geschlossenen Schalter realisieren, jedoch jetzt, in der ersten Hälfte des Hinlaufs, mit umgekehrt laufendem Strom. Der Transistor müsste im *inversen* Betrieb in die Sättigung gehen, die Funktionen von Emitter und Kollektor müssten also vertauscht sein. Der Transistor ist aber nicht symmetrisch aufgebaut, so dass die Stromverstärkung im inversen Betrieb erheblich geringer ist als im Normalbetrieb. Es wird deshalb meistens die Hilfe einer parallel geschalteten Diode („Inversdiode“, engl.: damper diode, Abb. 9.89) herangezogen. Sie nimmt, wenn sie genügend niederohmig ist, anstelle des Transistors den negativen Strom der ersten Hinlaufhälfte auf, wirkt also in dieser Zeit als geschlossener Schalter. Sie schaltet sich beim Polaritätswechsel der Spannung selbst ein. Später erst, aber noch rechtzeitig vor Beginn der zweiten Hinlaufhälfte, muss die Steuerspannung an der Basis wieder positiv werden.

In Reihe mit der Versorgungsspannung liegt die Primärwicklung eines Transformators (Abb. 9.89). Wenn, wie zuvor angenommen, die Spannung am Kondensator C_T mit dieser Versorgungsspannung übereinstimmt, dann liegt an der Primärseite des Transformators die Spulenspannung u_L. Sie wird auf die Sekundärseite hochtransformiert, und daraus wird die Hochspannung zum Betrieb der Bildröhre durch Gleichrichtung gewonnen. Die dazu notwendigen Dioden sind mit der Sekundärwicklung zusammengebaut (früher waren sie separat), wobei die Wicklung in drei oder vier Teile mit je einer Diode aufgeteilt ist. Zusammen mit den als „Ladekondensatoren“ arbeitenden Eigenkapazitäten der Wicklungen entstehen die aufeinander aufgestockten Gleich-

Abb. 9.90. Diodensplittransformator mit Hochspannungsanschluss

spannungen, deren Summe dann die Hochspannung von beispielsweise 29 kV ergibt. Wegen der hohen Frequenzen der Transformatorströme wird ein Ferritkern benutzt. Den Aufbau eines solchen „Diodensplittransformators" (DST) zeigt das Photo in Abb. 9.90. Früher, als es noch keine geeigneten Transistoren für die Horizontalendstufe gab und eine Elektronenröhre als Schalter arbeiten musste, lag auch die Horizontalablenkspule auf der Sekundärseite des Transformators; er hieß seither „Zeilentransformator". An einem Abzweig der Diodensplitanordnung wird die Fokusspannung (z. B. 6 kV) für G3 abgenommen und aus ihr, über einen Spannungsteiler, auch die „Schirmgitterspannung" für G2. Weitere „Schmarotzer" der Horizontalendstufe sind die Vertikalendstufe (s. unten) und die Heizung der Bildröhrenkathoden. Ihre Spannungen stehen also nur dann zur Verfügung, wenn die Horizontalablenkung läuft. Schließlich wird auf der Sekundärseite des DST auch noch der Rückschlagimpuls (H_R) direkt abgenommen. Nach seiner Spannungsbegrenzung wird er auf den Signalteil zurückgeführt. Dort regelt er in einer zweiten Phasenvergleichsschaltung, der H-PLL nachgeschaltet, die richtige Phasenlage des Steuersignals für die Basis des Endstufentransistors und damit die horizontale Bildlage.

Der Kondensator C_T in Reihe mit der Ablenkspule ist der sog. „Tangenskondensator" (auch S-Kondensator genannt). Er heißt so, weil er den Tangensfehler der magnetischen Ablenkung korrigieren soll (s. Abb. 9.32b und Gl. (9.20b)). C_T und L_H bilden einen Reihenschwingkreis. Einen kleinen Ausschnitt aus dem Sinusverlauf seiner Schwingung sehen wir – anstelle des linearen Verlaufs für den Idealfall bei $C_T \rightarrow \infty$ – als Ablenkstrom beim Hinlauf. Es entsteht die erwünschte s-förmige Verzerrung, die den Tangensfehler in guter Näherung kompensieren kann. Bei $L_H = 1$ mH wird beispielsweise eine Kapazität von 0,5 µF verwendet.

Eine weitere horizontale „Geometrieverzerrung“ ist zu erwarten, weil in Reihe mit L_H ein Verlustwiderstand R auftritt, der sich aus dem ohmschen Widerstand der Ablenkspule und dem Kollektor-Emitterwiderstand des Endtransistors beim Hinlauf zusammensetzt. Weil deshalb die Zeitkonstante L_H/R nicht unendlich groß ist, würde gegen Ende des Hinlaufs eine Abweichung des e-Funktionenverlaufs vom linearen Verlauf bemerkbar werden, wodurch das Bild zum rechten Rand hin etwas auseinander gezogen würde. Zur Korrektur wird in Reihe zur Ablenkspule eine kleine abgleichbare Spule mit *permanentmagnetischem* Eisenkern geschaltet. Bei richtiger Polung dieser „Linearitätsspule“ (Lin. in Abb. 9.89) läuft der Eisenkern beim hohem positiven Ablenkstrom, gegen Ende des Hinlaufs, in die Sättigung, wodurch die Induktivität abnimmt und somit der Strom steiler ansteigt.

Ebenfalls muss natürlich die Kissenverzeichnung (Abb. 9.32) korrigiert werden. Zur Korrektur in horizontaler Richtung („Ost-West“) muss die Ablenkstromamplitude mit dem Vertikalablenkstrom moduliert werden: sie muss zum oberen und unteren Bildrand kleiner werden. Es wird eine aus der Vertikalablenkung abgeleitete parabelförmige Spannung benötigt (s. „OW-Kissen“ in Abb. 9.87), die eine in Reihe zum L_H,C_R-Kreis liegende Korrekturschaltung („OW-Korrektur“ in Abb. 9.89) steuert.

Die Aufgabe der Vertikalablenkschaltung ist an sich die gleiche wie bei der Horizontalablenkung: Erzeugung eines sägezahnförmigen Stromes, synchronisiert mit dem ankommenden Fernsehsignal. Trotzdem ergibt sich ein fundamentaler Unterschied:

- Eine Periode der Horizontalablenkung läuft in nur 64 µs ab, wodurch die Spannung an der Spule immer viel höher ist als am Verlustwiderstand,

$$L\frac{\mathrm{d}i}{\mathrm{d}t} >> iR\,,$$

  beispielsweise 150 V im Vergleich zu 4 V. Der Sägezahnstrom muss also durch eine in erster Näherung *induktive Last* getrieben werden.
- Eine Periode der Vertikalablenkung läuft in 20 ms ab, wodurch die Spannung an der Spule – jedenfalls beim Hinlauf – erheblich kleiner ist als der Spannungsabfall am Spulenwiderstand:

$$L\frac{\mathrm{d}i}{\mathrm{d}t} << iR\,.$$

  Ist beispielsweise die Induktivität der Vertikalablenkspule L_V = 15 mH und ihr Widerstand 6 Ω und muss ein Sägezahnstrom mit einem Spitze-Spitze-Wert von $\Delta i = 2$ A hindurchfließen, so ergibt sich während der Hinlaufdauer von 18,4 ms eine Spannung von 1,6 V an der Induktivität, am Widerstand hingegen eine Spannung von –6 V bis +6 V. Der Strom muss also in erster Näherung durch eine *ohmsche Last* getrieben werden.

Die Endstufe für die Vertikalablenkung besteht deshalb prinzipiell aus einem linearen Verstärker. Er muss aus einer sägezahnförmigen Eingangsspannung einen sägezahnförmigen Strom erzeugen. Allerdings ist dabei die Induktivität der Ablenkspule doch zu berücksichtigen. Man erreicht das am einfachsten, wenn man in Reihe zur Spule einen kleinen „Messwiderstand" für den Strom legt. Der Verstärker ist ein Differenzverstärker. An seinem +-Eingang liegt die im Signalteil erzeugte, synchronisierte Steuerspannung (Abb. 9.87), die den gewünschten Sägezahnverlauf hat, und an seinen –-Eingang wird die Spannung vom Messwiderstand zurückgeführt. Dadurch wird erzwungen, dass der Ablenkstrom den gleichen Verlauf hat wie die Steuerspannung.

Während des Rücklaufs, in der Zeit T_{AV} = 1,6 ms, erzeugt der von +1 A nach –1 A linear zurückfallende Strom an der Induktivität eine Spannung von $-L_V \Delta i / T_{AV} = -18{,}75$ V. Sie überlagert sich der von +6 V bis –6 V abfallenden Spannung am Spulenwiderstand. Insgesamt ergibt sich der in Abb. 9.91 dargestellte Verlauf der Spulenspannung. Während des Rücklaufs wird dem Vertikalendverstärker deshalb eine erhöhte Versorgungsspannung zur Verfügung gestellt. Diese wird, ebenso wie die normale Versorgungsspannung während des Hinlaufs, aus dem Diodensplittransformator der Horizontalendstufe geliefert (s. Abb. 9.89).

Die Tangenskorrektur muss für die Vertikalablenkung direkt durch eine entsprechend s-förmige Verzerrung der Sägezahn-Steuerspannung durchgeführt werden. Außerdem wird die vertikale Kissenverzeichnung durch eine Amplitudenmodulation der Steuerspannung kompensiert, ebenfalls im Signalteil („NS-Kissen" in Abb. 9.87). Sie erfolgt mit einer aus der Horizontalablenkung abgeleiteten parabelförmigen Spannung, so dass die Amplitude am linken und rechten Bildrand kleiner ist als in Zeilenmitte.

Unbedingt muss verhindert werden, dass ein Strahlstrom fließt, wenn die Ablenkung noch nicht oder nicht mehr läuft. Ein unabgelenkter, ruhender Leuchtfleck würde die Leuchtstoffschicht durch Einbren-

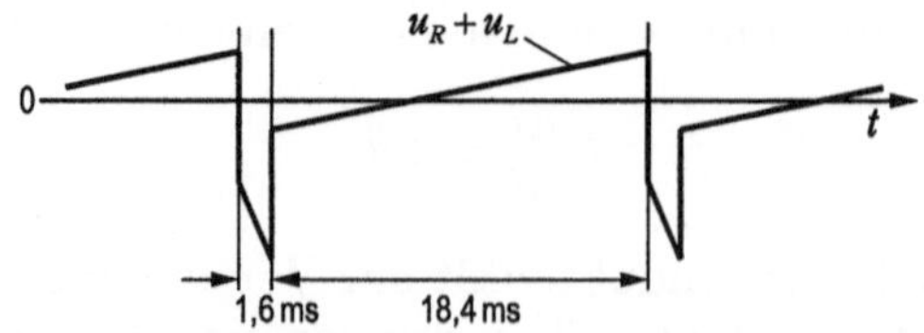

Abb. 9.91. Spannung an der Vertikalablenkspule bei sägezahnförmigem Strom

nen sofort zerstören. Auch wenn nur eine Ablenkung läuft und dann ein Strich geschrieben würde, wäre die Intensität viel zu hoch. Prinzipiell ist eine Sicherheit schon dadurch gegeben, dass – wie beschrieben – die Hochspannung für die Bildröhre und die Versorgungsspannung der Vertikalendstufe nur entstehen, wenn die Horizontalablenkung arbeitet. Beim Ausschalten des Gerätes bleiben allerdings die Hochspannung (durch die Ladung auf der Innenbeschichtung der Bildröhre) und die Heizung (durch die thermische Trägheit) noch einige Zeit bestehen. Eine Spannung von z. B. –200 V aus einem noch geladenen Kondensator wird dann für etwa eine Minute anstelle des Massepotentials auf die Wehneltzylinder gegeben, wodurch die Bildröhre sofort gesperrt und der Leuchtfleck sicher unterdrückt wird.

9.3 Aufzeichnung

Neben der Kamera sind die Aufzeichnungsgeräte für die Bild- und Tonsignale die wichtigsten Geräte im Studio. Fast alle gesendeten Produktionen kommen von Magnetband-Aufzeichnungsmaschinen (MAZ), nur noch wenige von Filmabtastern. Die Kamerasignale werden im Übertragungswagen oder im Studio auf Band genommen, und das Material wird später zu dem vorgesehenen Programm „zusammengeschnitten", überarbeitet und mit anderen Bandaufnahmen kombiniert. Für dieses *Editieren* sind viele „Generationen" von Aufzeichnungen und Überspielungen bis zum sendefähigen Programm notwendig. Danach steht das Ergebnis für wiederholte Sendungen im *Archiv* zur Verfügung.

Für die „elektronische Berichterstattung" (Electronic News Gathering, *ENG*) muss die Kamera mit einem tragbaren Aufzeichnungsgerät kombiniert sein („Camcorder"), denn nur selten wird eine Direktübertragung zum Studio über einen Satelliten eingesetzt. In diesem Bereich hat man schon früh versucht, das Magnetband durch kompaktere Medien zu ersetzen. Verwendet werden dann die in Computern üblichen Festplatten, Halbleiterspeicher oder Platten mit Laserlichtaufzeichnung.

Eine parallele Entwicklung – mit kleineren und preisgünstigeren Geräten – gab es von Anfang an auch für den Heimbereich, zur Aufzeichnung von Sendungen und Wiedergabe dieser Aufnahmen oder gekaufter oder geliehener Bandkassetten oder Platten mit dem Display des Fernsehempfängers. Dabei waren manchmal diese Entwicklungen für den „Consumer-Bereich" technisch schon weiter fortgeschritten, so dass die professionelle Technik danach von den Erfahrungen profitieren konnte.

Im Folgenden wird eine Einführung in die analoge und digitale Magnetbandaufzeichnung gegeben. Die Aufzeichnung auf andere Medien wird kurz erwähnt.

9.3.1 Magnetbandtechnik

Die Aufzeichnung auf Magnetband geht zurück auf E. SCHÜLLER[1], der 1935 bei der AEG das „Magnetophon" (™AEG) zur Tonaufzeichnung auf ferromagnetisch beschichtete Bänder erfand. Verwendet wird zur Aufzeichnung und Wiedergabe ein kleiner Elektromagnet („Kopf") mit einem ringförmigen Eisenkern, der durch einen schmalen Spalt unterbrochen ist. Das aus dem Spalt austretende Streufeld erzeugt eine bleibende Längsmagnetisierung in dem am Kopf schnell vorbeilaufenden Band. Bei der Wiedergabe induziert das „beschriebene" Band durch die Polaritätswechsel seiner Magnetisierung im Kopf eine Spannung, wenn es an ihm vorbeiläuft (Abb. 9.92).

Das Band aus Polyester (Polyethylenterephthalat, PET) ist beispielsweise 20 μm dick, hat eine 3 μm dicke magnetische Beschichtung und trägt auf der Rückseite eine sehr dünne elektrisch leitende Schicht zur Vermeidung von elektrostatischen Aufladungen beim Transport. Abbildung 9.93 zeigt eine Hystereseschleife der Magnetschicht. Das bei der Aufzeichnung vom Kopfstrom gelieferte, in Längsrichtung des Bandes ausgerichtete Magnetfeld H nahe der Bandoberfläche erzeugt eine magnetische Flussdichte B nach der „Neukurve" von Abb. 9.93,

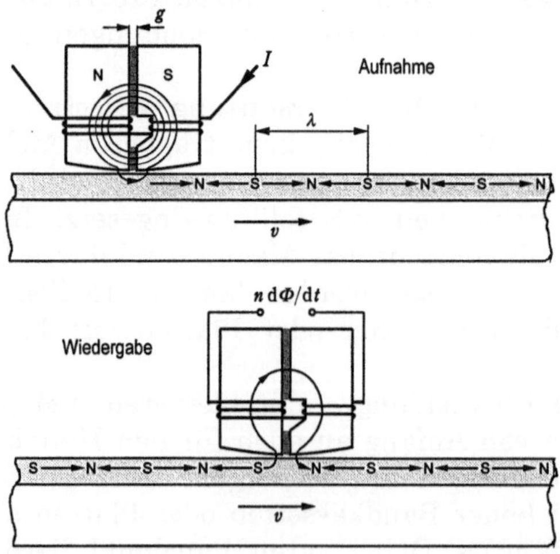

Abb. 9.92. Aufnahme und Wiedergabe beim Magnetband

[1] Eduard Schüller, *13.1.1904 in Liegnitz (Schlesien), †19.5.1976 in Wedel.

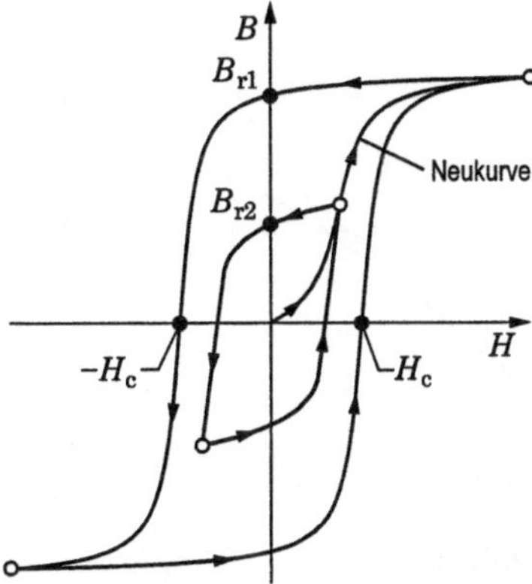

Abb. 9.93. Hysteresekurve der Bandbeschichtung

wenn das Band – wie in Abb. 9.92 angenommen – vor der Aufzeichnung gelöscht war. Nach dem Rückgang der Feldstärke auf Null beim Verlassen des Spaltbereichs verbleibt an der Bandstelle eine remanente Flussdichte B_r. Sie ist – wie gezeigt – vom Maximalwert des Magnetfeldes beim Durchlaufen des Spaltbereichs abhängig, sofern die dabei erreichte Flussdichte noch unterhalb der Sättigung bleibt. Der Zusammenhang ist aber auch dann stark nichtlinear. Für Tonaufzeichnungen (ohne Trägerfrequenz) ist daher eine „Hochfrequenz-Vormagnetisierung“ erforderlich. Soll ein nicht gelöschtes Band überschrieben werden, muss die Koerzitivfeldstärke H_c überschritten werden.

Die Ausgangsspannung des Wiedergabekopfs ist proportional zu $n\,\mathrm{d}\Phi/\mathrm{d}t$, wobei Φ der Fluss ist, den der Kopf aus dem Band aufnimmt und mit den n Windungen seiner Wicklung verkettet. Sie ist daher abhängig vom örtlichen Verlauf des Magnetisierungswechsels im Band und von der Bandgeschwindigkeit. Die Spannung steigt umgekehrt proportional zur „Wellenlänge“ (Periode) λ des Magnetisierungsverlaufs (sog. ω - Gang, Gleichanteile können nicht ausgelesen werden). Andererseits gibt es zu kürzeren Wellenlängen einen Abfall, wenn sie in die Größenordnung der Kopfspaltbreite g kommen. Maßgebend ist die si-Funktion, die sich bei Abtastung durch einen Spalt ergibt (vgl. Gl. (4.8)):

$$\frac{\sin(\pi g_e/\lambda)}{\pi g_e/\lambda}.$$

Die hier wirksame Spaltbreite g_e ist etwas größer als die tatsächliche Breite: $g_e \approx 1{,}1\,g$. Bei $\lambda = g_e$ liegt die erste Nullstelle der Übertragungsfunktion. Weitere Verluste bei kurzen Wellenlängen kommen hinzu. Insbesondere ist die exponentielle Abnahme infolge des Kopfabstands d vom Band und zur tiefsten unter der Bandoberfläche liegen-

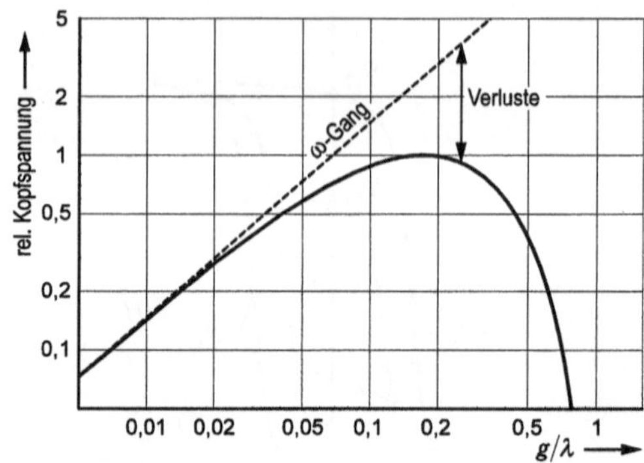

Abb. 9.94. Wiedergabespannung abhängig von Wellenlänge und Kopfspaltbreite

den Magnetisierung zu nennen. Maßgebend ist das Verhältnis d/λ. Die Abnahme ist proportional zu $\exp(-2\pi d/\lambda)$ (Einzelheiten in [9.6]). Der Kopfabstand stellt sich durch eine dünne, etwas schwankende Luftschicht ein, wenn das Band läuft. Es ergibt sich die in Abb. 9.94 dargestellte Abhängigkeit der Kopfspannung von dem Verhältnis g/λ. Dies stellt zugleich auch den Frequenzgang dar, denn die Wellenlänge ist zur Frequenz des Signals umgekehrt proportional,

$$\lambda = \frac{v_{BK}}{f}.$$

Hier bezeichnet v_{BK} die Relativgeschwindigkeit zwischen Band und Kopf.

Für die Magnetbandaufzeichnung von Videosignalen ergeben sich somit grundsätzlich folgende Probleme:

- Das Basisfrequenzband des Videosignals hat ein sehr hohes Verhältnis f_{max}/f_{min}. Eine direkte Analogaufzeichnung ist daher nicht praktikabel. Es sind trägerfrequente Verfahren erforderlich.
- Die hohen Signalfrequenzen (durch die Trägerfrequenz weiter erhöht) erfordern eine extrem hohe Abtastgeschwindigkeit v_{BK}, damit die Wellenlänge im Verhältnis zur Spaltbreite nicht zu klein wird. Als kleinste Spaltbreite ist etwa 0,3 µm anzunehmen. Noch kleinere Spaltbreiten würden ein zu schwaches Streufeld liefern. Entsprechend Abb. 9.94 sollten die Wellenlängen nicht kleiner als etwa $3g$ werden. So wird beispielsweise bei f_{max}=10 MHz eine Geschwindigkeit von v_{BK} = 9 m/s benötigt. Eine Lösung ist die Verwendung schnell rotierender Köpfe, an denen das Band langsam vorbeigezogen wird (s. unten).
- Abstandsschwankungen zwischen Kopf und Band ergeben unregelmäßige Amplituden („multiplikatives Rauschen“). Als analoges Mo-

dulationsverfahren kommt daher FM in Betracht. Gegen einen momentanen Totalausfall („Drop-Out") sind Kompensationsmaßnahmen nötig.

- An die Laufstabilität werden extreme Anforderungen gestellt. Eine elektronische Regelung des mechanischen Systems, eine Jitterkompensation und eine zusätzliche Phasenkorrektur bei Farbträgeraufzeichnung sind erforderlich.

Als 1956 die erste MAZ auf den Markt kam, verwendete man zur Verwirklichung der hohen Relativgeschwindigkeit ein *senkrecht zum Band* mit 250 Umdrehungen pro Sekunde rotierendes „Kopfrad" mit vier Köpfen, gleichabständig auf dem Radumfang verteilt, wodurch bei einem Raddurchmesser von 52,5 mm eine Geschwindigkeit von 41,2 m/s erreicht wurde. Mit einem Spalt der Breite $g = 0{,}9\ \mu m$ war dadurch eine Aufzeichnung bis zu 15 MHz möglich. Diese *Querspuraufzeichnung* wurde von GINSBURG[1] bei der Firma Ampex in USA entwickelt [9.21]. Sie wurde über zwanzig Jahre hinweg weltweit in den Fernsehstudios eingesetzt.

Mit dem Ziel, zu kleineren und weniger aufwendigen Maschinen zu kommen, die möglicherweise sogar tragbar sein sollten, versuchte man etwa ab 1960 Entwicklungen mit der *Schrägspuraufzeichnung* (Helical Scan), bei der das langsam bewegte Band eine schnell rotierende Kopftrommel schraubenförmig umschlingt. Damit werden lange, dicht nebeneinander liegende, leicht schräge Spuren von der Bandunterkante zur Bandoberkante geschrieben. Der Vorschlag – aus dem Jahre 1953 – stammt wieder von Schüller [9.45]. Das Verfahren konnte sich gegen das Querspurverfahren bis etwa 1970 nicht durchsetzen, kam danach aber für „semiprofessionelle" Anwendungen und für die Heimvideorecorder zum Einsatz und löste schließlich etwa ab 1978 die Querspuraufzeichnung auch im Studiobereich ab. Seither wird ausschließlich die Schrägspuraufzeichnung – in zahllosen Varianten – verwendet.

Die Regelung von Kopftrommel- und Bandantrieb bei einem Schrägspurrecorder zeigt Abb. 9.95. Das Band wird wie bei Tonbandgeräten mit einer Rolle gegen eine vom Antriebsmotor betriebene dünne Welle (*Capstan*, von der englischen Bezeichnung für Schiffswinden) gedrückt und dadurch transportiert. Der Antrieb der Aufwickelspule ist für die Bandgeschwindigkeit ohne Wirkung. Der Bandantriebsmotor ist ein quarzgesteuerter Gleichstrommotor. Ein zweiter Motor mit schräg gestellter Achse lässt die Kopftrommel rotieren. Ein Sensor („Trommelkopf" in Abb. 9.95) ermittelt die momentane Lage der Köpfe, und im

[1] Charles P. Ginsburg, *27.7.1920 in San Francisco, †9.4.1992 in Eugene (Oregon).

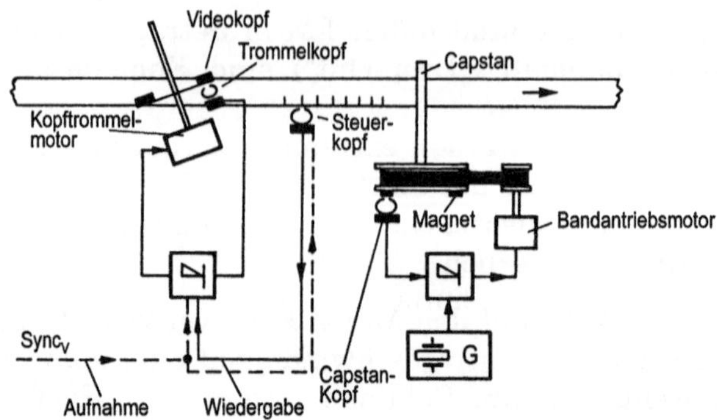

Abb. 9.95. Servosystem einer Schrägspurmaschine

Phasenvergleich mit den als Führungsgröße dienenden Synchronimpulsen des aufzuzeichnenden Signals stellt die Regelschleife für den Motor die richtigen Spuranfänge ein. Zugleich werden die Impulse in einer schmalen Längsspur (Steuerspur) an der unteren Bandkante mit einem „Steuerkopf" aufgezeichnet. Bei der Wiedergabe wird die Steuerspur ausgelesen, und die Impulse regeln Frequenz (Drehzahl) und Phase des Kopftrommelmotors und damit die richtigen Kopfpositionen. Dieses Servosystem reduziert die Transportfehler bis auf einige Mikrosekunden. Zusätzlich sind bei der Wiedergabe elektronische Signalkorrekturen erforderlich. Eine Jitterkorrektur ist mit einer steuerbaren Verzögerung möglich. Ist ein Farbträger aufgezeichnet, muss sich eine Phasenkorrektur mit einem steuerbaren Phasenschieber anschließen.

Die Aufzeichnungsköpfe müssen in der Lage sein, mit dem aus dem Spalt austretenden Streufeld im Band ein Längsfeld zu erzeugen, das die Koerzitivfeldstärke der Bandmagnetschicht übersteigt. Deshalb muss die Sättigungsflussdichte des Kopfkerns genügend groß sein. Bei den hohen Frequenzen der Aufzeichnungsströme darf das Kernmaterial nicht zu große Wirbelstromverluste verursachen. Seine Koerzitivfeldstärke sollte mit Rücksicht auf den Aufzeichnungsprozess möglichst klein sein (*weichmagnetisches* Material wird gefordert). Für die Wiedergabe sollte das Kopfmaterial eine möglichst große Permeabilität besitzen. Viele unterschiedliche Materialien und Kopfkonstruktionen mussten im Laufe der Zeit zur Anpassung an die höheren Koerzitivfeldstärken neu entwickelter Bänder erprobt werden. Bewährt hat sich eine Legierung aus Eisen mit 10 % Silicium und 5 % Aluminium. Das Material ist sehr spröde und kann nur als Pulver verarbeitet werden. Es wurde an der Tohoku Universität in Sendai (Japan) entwickelt und erhielt daher den Namen „Sendust". Die Sättigungsflussdichte ist $B_s = 1$ Tesla (Vs/m^2, Weber/m^2, 10000 Gauß). Für Bänder mit relativ geringer Koerzitivfeldstärke können Köpfe aus Mangan-Zink-Ferrit verwendet werden, das geringere Wirbelstromverluste verursacht und eine hohe Permeabilität besitzt. Die Sättigungsflussdichte ist jedoch nur 0,4 Tesla. Die Köpfe werden aus zwei Hälften zusammengesetzt, die z. B. durch ein dünnes Kupferblech getrennt sind, das den Spalt bildet (Abb. 9.92).

Das Magnetmaterial für die Bandbeschichtung sollte vor allem eine hohe Koerzitivfeldstärke besitzen, damit eine hohe Aufzeichnungsdichte (kleine Wellenlängen, kleine Spurbreiten) möglich wird. Es wird *hartmagnetisches* Material gefordert, das die Erzeugung stabiler, fein verteilter „Dauermagnete“ erlaubt. Eine Selbstentmagnetisierung ist um so weniger zu befürchten, je größer die Koerzitivfeldstärke ist. Außerdem müssen die magnetischen Partikel möglichst klein sein (< 0,2 µm). Sie werden zur Bandbeschichtung eingebettet in Polyurethan als Bindemittel. Die Partikelstruktur ist eine Ursache für Rauschstörungen im Wiedergabesignal. Anfangs wurde ferromagnetisches Eisenoxid (γ-Fe_2O_3) verwendet, wie es von den Tonbandgeräten her bekannt war. Die Koerzitivfeldstärke ist allerdings mit etwa 25 kA/m ($= 4\pi \cdot 25$ Oerstedt) ziemlich gering. Sie konnte jedoch durch Adsorption von Kobalt auf Werte zwischen 40 kA/m (500 Oe) bis etwa 80 kA/m (1000 Oe) vergrößert werden. Eine sehr hohe Koerzitivfeldstärke (70–100 kA/m) verbunden mit hohen Werten von B_r konnte schließlich mit Metallbedampfung der Bänder erreicht werden. Die Beschichtung benötigt keinen Binder, eine Kobalt-Nickellegierung wird im Vakuum direkt aufgedampft.

Aufzeichnung analoger Fernsehsignale

Das Funktionsschema der genannten ersten Studio-MAZ, der *Quadruplex*-Maschine, zeigt Abb. 9.96.

Ein 2” breites Magnetband wird mit 39,7 cm/s an dem rotierenden Kopfrad vorbeigezogen. Der direkte Kontakt mit den Köpfen wird durch das Bandführungssegment erreicht, an das das Band angesaugt wird, womit es dort über seine gesamte Breite genau passend zum Radumfang gekrümmt wird. Jeder Kopf schreibt beim Kontakt mit seinem 0,25 mm langen Spalt eine Magnetspur dieser Breite von oben nach unten auf das Band. Verlässt ein Kopf die untere Kante des Aufzeichnungsbereichs – dieser hat eine Breite von 46,2 mm –, beginnt der nächste an der oberen Kante mit seiner Spur. Diese ist infolge des Bandtransports um 0,4 mm versetzt. Das so entstandene Magnetspurbild zeigt Abb. 9.97, mit Blick auf die Schichtseite.

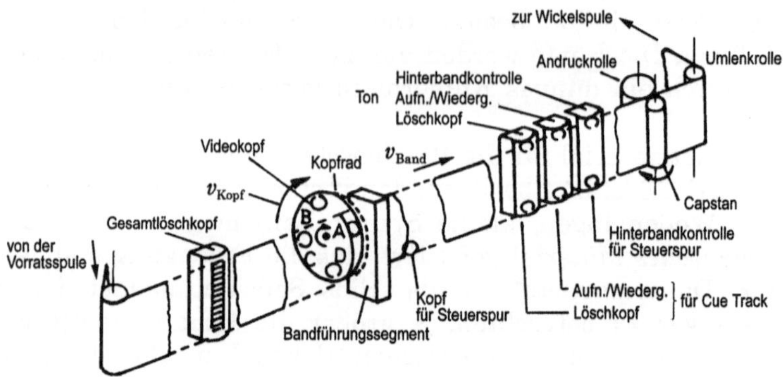

Abb. 9.96. Funktion einer Quadruplex-Maschine

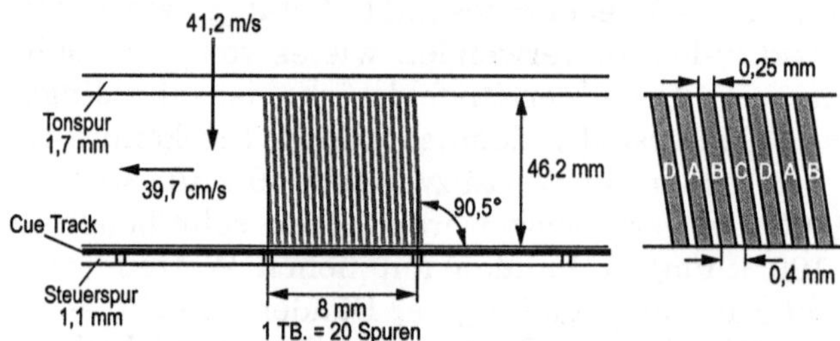

Abb. 9.97. Spurbild einer Quadruplex-Aufzeichnung (auf die Schichtseite des Bandes gesehen). Der horizontale Maßstab ist links gegenüber dem vertikalen um den Faktor 6 gedehnt, rechts um den Faktor 18.

Man beachte, dass die Spuren einen Schutzabstand („*Rasen*“) von 0,15 mm haben. Die vier im 90°-Abstand auf dem Kopfrad verteilten Köpfe sind in Abb. 9.96 mit A, B, C und D bezeichnet und so auch die von ihnen geschriebenen Spuren in Abb. 9.97 rechts. Trotz der genau vertikalen Rotation sind die Spuren infolge des Bandtransports etwas geneigt, etwa um 0,5° zur Senkrechten. Während der 20 ms einer Teilbildaufzeichnung rotiert das Kopfrad genau (synchronisiert) fünfmal, so dass 20 Spuren geschrieben werden, die eine Bandlänge von 8 mm belegen (andere Werte für das 525/60-System s. Tabelle 9.5). Pro Teilbild werden durch die Videospuren also 370 mm^2 Band belegt.

An der unteren Bandkante wird in einer Längsspur das Steuersignal (250 Hz Sinus) für die Bandantriebsregelung der Wiedergabe aufgezeichnet. Darüber werden für das Editieren in einer „Cue“-Spur Signale für das Auffinden bestimmter Bandstellen aufgezeichnet. Auch der Ton wird „longitudinal“ aufgezeichnet, und zwar in einer oder zwei Spuren an der oberen Bandkante (Abb. 9.97).

Die *Frequenzmodulation* für die Aufzeichnung der Videosignale mit der Quadruplex-Maschine zu verwenden, geht ebenfalls auf den Vorschlag (und ein Patent) von Ginsburg zurück. Es muss sich angesichts der naturgegebenen Frequenzbandbeschränkung um eine Modulation mit einem kleinen Hub in Bezug auf die höchste Signalfrequenz handeln (kleiner Modulationsindex, „Schmalband-FM"), so dass praktisch nur die ersten Seitenbänder oberhalb und unterhalb des Hubbereichs auftreten (wie bei der analogen Übertragung über Satellitenkanäle, s. Gl. (8.46)). Eine weitere Besonderheit dieser Frequenzmodulation ist die – notwendigerweise – niedrige Trägerfrequenz im Vergleich zur spektralen Ausdehnung des modulierten Trägerzeigers (vgl. Gl. (8.9)). Verwendet wird ein Hub von 2,14 MHz, nämlich von 7,16 MHz am Synchronboden bis zu 9,3 MHz bei Spitzenweiß. Moduliert wird direkt mit dem gesamten FBAS-Signal (Composite Video), also zusammen mit dem PAL-modulierten Farbträger. Setzt man hierfür (im Studiobereich) 6 MHz Basisbandbreite an, wird ein Spektrum von 1,16 MHz bis 15,3 MHz belegt.

Als Beispiel für eine analoge Schrägspuraufzeichnung soll nachfolgend das „Video Home System" (VHS[1]) der Firma JVC (Victor Company of Japan) beschrieben werden. Es war 1976 auf den Markt gekommen und setzte sich bald gegen ähnliche Systeme von Sony („Betamax[2]") und Grundig/Philips („Video 2000") durch, obwohl diese – insbesondere Video 2000 – technisch besser ausgerüstet waren. Für den Heimvideorecorder wurden gegenüber der teueren und großen Quadruplexmaschine vor allem folgende Maßnahmen verwirklicht:

- Das Band hat nur noch eine Breite von ½", und Vorrats- und Aufwickelspule befinden sich gemeinsam in einer *Kassette*, aus der das Band beim Einschieben der Kassette in das Gerät automatisch in den Transportmechanismus geladen wird. Im Studiobetrieb, auch noch bei den ersten Nachfolgern der Quadruplexmaschine, wurden „offene" Spulen verwendet.
- Die Magnetspur ist viel schmaler, nur noch 49 µm breit, und es gibt keinen Schutzabstand (keinen Rasen). Die Kopfgeschwindigkeit beträgt nur noch 4,84 m/s, die kleinste Wellenlänge ist auf etwa 1 µm verkleinert (Spaltbreite höchstens 0,5 µm), die obere Grenzfrequenz liegt bei 5 MHz. Das Band wird sehr langsam transportiert, mit 2,34 cm/s. Mit dieser *Dichtspeichertechnik* ist der Bandverbrauch für das Videosignal auf etwa 5 mm^2 pro Teilbild gesenkt worden.
- Es wird ein Spurwinkel von 6° zur Bandkante benutzt, und damit ergeben sich 97 mm lange Spuren. Die Kopftrommel rotiert, synchron zum Fernsehsignal, mit 25 Umdrehungen pro Sekunde und trägt *zwei* gegenüberliegende Köpfe. Das Band umschlingt den Kopf

[1] ™Victor Company of Japan, Yokohama.

[2] „Beta" kommt hier nicht aus dem Griechischen, es bedeutet im Japanischen „dicht".

auf 180°. Damit nimmt eine einzige Spur jeweils ein ganzes Teilbild auf: die Spur eines Teilbildes ist *nicht „segmentiert“* (im Gegensatz zu den zwanzig Segmenten der Quadruplexmaschine). Ein Vorteil ist die einfache Realisierung der Standbildwiedergabe und Zeitlupe (Slow Motion) über den Bandtransport.

- Der Hubbereich der Frequenzmodulation geht von 3,8 MHz am Synchronboden bis zu 4,8 MHz bei Spitzenweiß. Nur das untere Seitenband kann aufgezeichnet werden, und die mögliche Basisbandbreite beträgt höchstens 3 MHz. Der originale Farbträger kann daher gar nicht aufgezeichnet werden. Die Farbträgerfrequenz wird vor der Aufzeichnung auf 627 kHz ($= 40\,{}^1\!/_8 f_H$) heruntergesetzt, und dieses weiterhin nach PAL amplitudenmodulierte Signal wird zu dem mit dem BAS-Signal frequenzmodulierten Signal addiert. Die Aufzeichnung des Farbartsignals unterhalb des Spektrums des FM-BAS-Signals wird als *„Colour-Under“*-Verfahren bezeichnet. Die mögliche Bandbreite der Farbdifferenzsignale ist dadurch natürlich erheblich eingeschränkt.

Die unter 6° schräg gestellte Kopftrommel mit einem waagerecht geführten Band ist links in Abb. 9.98 skizziert. Die beiden Köpfe (A und B) befinden sich im rotierenden Oberteil und ragen durch eine kleine Öffnung etwas heraus, so dass es zum Bandkontakt kommt. Den Verlauf des Bandes durch das Transportsystem nach dem Einfädeln aus der Kassette zeigt Abb. 9.98 rechts. Die Kassette kann ein 20 µm dickes Band für eine Spieldauer von 2 Stunden aufnehmen oder ein 13 µm dickes Band für 4 Stunden. Der skizzierte, über die gesamte Breite des Bandes gehende Löschkopf sorgt mit seinem sehr breiten Spalt dafür, dass beim Vorbeilauf des Bandes sukzessive kleiner werdende Hystereseschleifen durchlaufen werden und nach dem Verlassen des Löschbereichs keine remanente Magnetisierung übrig bleibt.

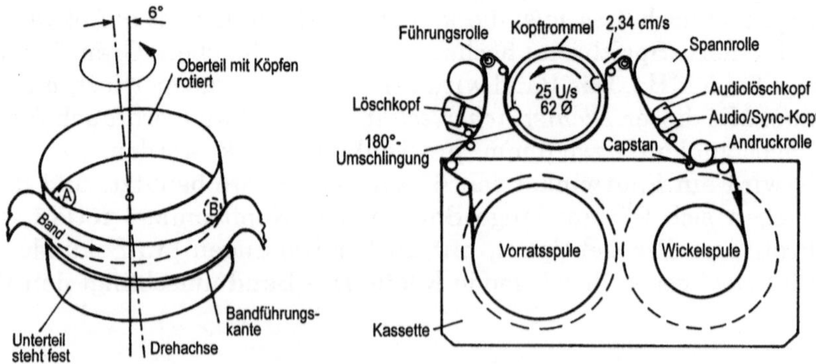

Abb. 9.98. Kopftrommel und Kassette beim VHS-System

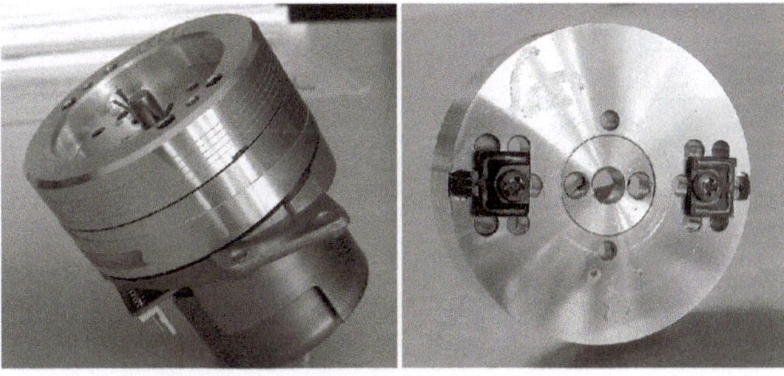

Abb. 9.99. Kopftrommel eines VHS-Recorders mit Motor, rechts die beiden Videoköpfe am Oberteil

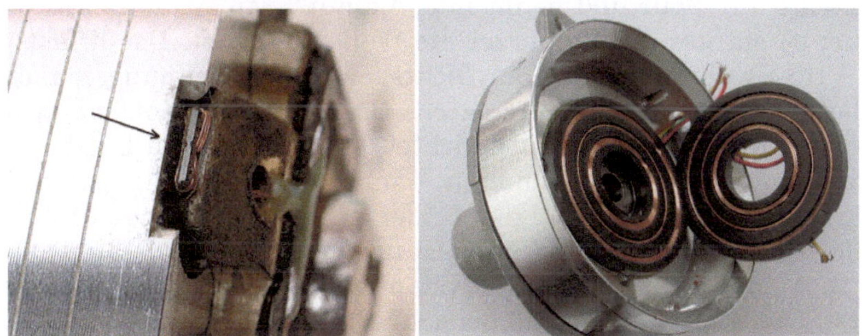

Abb. 9.100. Kopfspiegel (links) und rotierender Übertrager (rechts)

Die Kopftrommel eines VHS-Recorders mit dem Trommelmotor zeigt das Photo links in Abb. 9.99. Man erkennt die kleine Öffnung am Oberteil für den einen Kopf. Rechts sind beim Blick auf die untere Fläche des abgenommenen Oberteils die montierten Videoköpfe zu sehen.

Die Signale zu und von den Köpfen zwischen dem feststehenden Unterteil und dem rotierenden Oberteil gehen über einen rotierenden Übertrager. Die Konstruktion ist rechts in Abb. 9.100 an der zerlegten Kopftrommel zu sehen, wobei der Übertragerteil im Oberteil ohne dieses abgebildet ist.

Das Spurbild eines VHS-Bandes (auf die Schichtseite gesehen, nicht maßstäblich) zeigt die Abb. 9.101. Die Steuerspur liegt unten (s. Abb. 9.95). Der Ton wird in ein oder zwei Spuren longitudinal oben aufgezeichnet.

Beim Auslesen können die Köpfe nicht exakt den Spuren folgen (Trackingfehler), und auch bei der Aufzeichnung lässt sich die Idealspur nicht genau einhalten. Da es beim VHS-System keinen Schutzabstand gibt, sind deshalb Maßnahmen gegen Übersprechen erforderlich. Es ist bekannt und normalerweise unerwünscht, dass das Signal bei der Wiedergabe mehr oder weniger erheblich zurückgeht, wenn dabei der Kopfspalt nicht genau zur „Wellenfront“ der aufgezeichneten Mag-

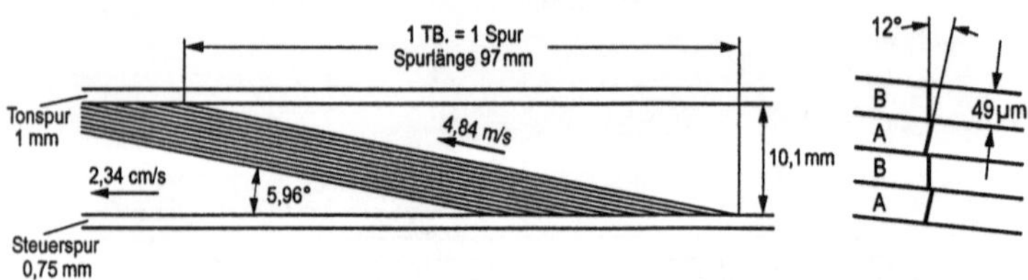

Abb. 9.101. Spurbild einer VHS-Aufzeichnung (auf die Schichtseite des Bandes gesehen, nicht maßstäblich), rechts: Azimut benachbarter Spuren

netisierung ausgerichtet ist, also mit dem Kopfspaltwinkel bei der Aufzeichnung übereinstimmt. Man misst diesen Winkel in Bezug auf die Senkrechte zur Spur und nennt ihn „Azimut". Ein Azimutfehler wirkt sich um so stärker aus, je kürzer die Wellenlänge ist. Der Effekt wird beim VHS-System und anderen Dichtspeicheraufzeichnungen genutzt, um das Übersprechen zu verringern. Dazu sind die Kopfspalte nicht genau senkrecht zur Spur ausgerichtet, sondern werden bei der Kopfherstellung um einen bestimmten Winkel, den sog. „Azimutwinkel", schräg gestellt, und zwar bei den beiden gegenüberliegenden Köpfen A und B *entgegengesetzt* (Abb. 9.102, s. auch das Photo eines Kopfspiegels links in Abb. 9.100). Beim VHS-System wird ein Azimutwinkel von 6° benutzt. Die Wellenfronten auf benachbarten Spuren haben deshalb einen Winkel von 12° zueinander, wie in Abb. 9.101 rechts dargestellt. Wenn beim Übersprechen der Kopf A einen Teil der benachbarten, vom Kopf B geschriebenen Spur ausliest (und umgekehrt), wird das Übersprechen entsprechend einem Azimutfehler von 12° gedämpft. Die Dämpfung ist ausreichend für die Wellenlängen des FM-BAS-Signals, nicht aber für die langen Wellenlängen des Colour-Under-Trägers. Hier ist eine Trennung durch Kammfilter möglich.

Wegen des sehr langsamen Bandtransports ist die Tonqualität aus der Längsspuraufzeichnung nur mäßig. Für höhere Ansprüche können mit zwei zusätzlichen Köpfen (mit breitem Spalt und großen Azimutwinkeln) auf der Kopftrommel *frequenzmodulierte* Tonsignale in über-

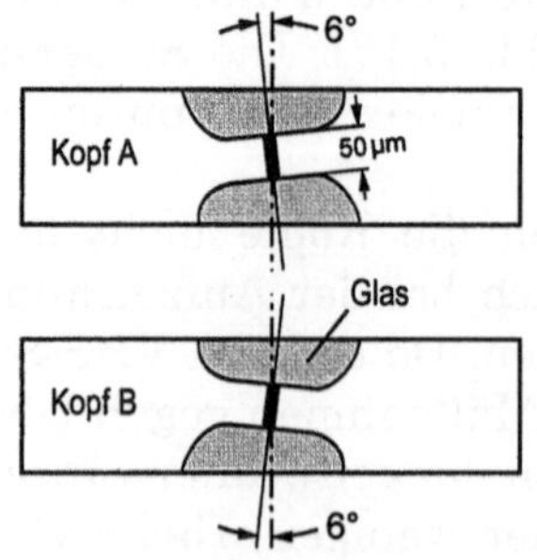

Abb. 9.102. Kopfspiegel der zwei VHS-Köpfe mit schräg gestellten Spalten

Tabelle 9.5. Recorderdaten für 625- und 525-Zeilensysteme

	Quadruplex		VHS	
	625/50	525/60	625/50	525/60
Band	2"		½"	
Kassette?	nein		ja	
Spurwinkel	89,5°		5,96°	5,97°
Spurlänge mm	46,2		97	
Spurbreite µm	250		49	58
Rasen µm	150		0	
Azimutwinkel	0°		±6°	
Kopfrad Ø mm	52,5		62	
Drehzahl U/s	250	240	25	30
Videoköpfe	4		2	
Kopfgeschw., rel. m/s	41,2	39,6	4,84	5,81
Bandgeschw. cm/s	39,7	38,1	2,34	3,33
Spuren/TB.	20	16	1	
Speicherfläche mm²/TB	370	300	4,7	5,6
Modulation	FM		FM/C-U	
$f$sync MHz	7,16	7,06	3,8	3,4
$f$weiß MHz	9,3	10,0	4,8	4,4
Farbträger kHz	Original		627	629

lagerten Schrägspuren aufgezeichnet werden. Die Trägerfrequenzen liegen im unteren Bereich des FM-BAS-Spektrums, und zwar bei 1,4 MHz für den linken Tonkanal und bei 1,8 MHz für den rechten.

In der Tabelle 9.5 sind die charakteristischen Daten des VHS- und des Quadruplexsystems zusammengestellt.

Von den Schrägspurmaschinen für den Studiobetrieb ist vor allem das *C-Format* zu nennen, das seit 1978 von den Firmen Sony und Ampex herausgebracht wurde, und die Quadruplexmaschinen ablöste. Es arbeitete mit einem 1"-Band – weiterhin auf offenen Spulen – und mit nichtsegmentierten, sehr langen Spuren (411 mm unter 2,6°), die deshalb nur mit automatischer Kopfnachführung zu halten waren. Beim B-Format der Firma Bosch (BTS) wurden dagegen in 6 bzw. 5 Segmente zerlegte Spuren von nur 85 mm Länge verwendet. Seit 1981 gab es mit dem Betacam[1]-Verfahren (L-Format) der Firma Sony erstmals die analoge *Komponenten*aufzeichnung. Verwendet wurde ½"-Band in Kassetten. Das Leuchtdichtesignal und die Farbdifferenzsignale (diese komprimiert im Zeitmultiplex, vgl. MAC-System, Abschn. 6.2.2) wur-

[1] ™Sony Corp.

den auf zwei parallelen Schrägspuren unter Verwendung von „Doppelköpfen“ (s. unten) aufgezeichnet. Betacam wurde nicht nur für ENG, sondern auch im Studiobetrieb eingesetzt. In der verbesserten „SP“-Version konnte es sich schließlich weltweit im professionellen Bereich durchsetzen. Für Camcorder im Consumer-Bereich wurde die Schrägspuraufzeichnung auf 8 mm breite Bänder entwickelt („Video 8“). Sie stand ab 1984 zur Verfügung.

Aufzeichnung digitaler Fernsehsignale

In einer Kette von Abspielungen und anschließender erneuter Aufnahme kommt es selbst bei den hochwertigen analogen Studiomaschinen zur störenden Kumulation der Signaldegradationen, insbesondere durch Rauschen, wenn viele Generationen erforderlich werden, wie normalerweise beim Editieren. Man hat deshalb schon früh versucht, im Studiobetrieb eine *digitale* Signalaufzeichnung zu verwirklichen, mit der durch Fehlerschutzcodierungen praktisch fehlerfreie Replikationen zu erwarten sind. Es war ursprünglich dieser Hintergrund, weshalb die Studionorm Rec. ITU-R BT.601 für digitale Komponentensignale geschaffen wurde (s. Abschn. 6.2.1). Hiernach gelang es erstmals 1986, eine digitale MAZ – mit 19-mm-Band ($\frac{3}{4}$”) im Schrägspurverfahren und Kassette – auf den Markt zu bringen. Das Verfahren ist als „*D1-Format*“ genormt [9.29]. Die Norm legt Spurbild und Bandgeschwindigkeit fest und spezifiziert die Signale. Wie die Maschine diese Festlegungen realisiert, bleibt dem Hersteller überlassen.

Bei der direkten Aufzeichnung binärer Signale auf Magnetband muss beachtet werden, dass – wie erläutert – Gleichanteile systembedingt zu vermeiden sind. Wenn die Binärwerte durch einen positiven und einen gleich großen, aber negativen Signalwert realisiert werden, ist trotzdem natürlich nicht zu erwarten, dass der Gleichanteil null ist. Wenn eine Pseudozufallsfolge modulo 2 addiert wird („Scrambling“, wie bei den DVB-Übertragungen, s. Abschn. 8.3), kann man den Gleichanteil grundsätzlich vermeiden. Dennoch kann es auch beim „scrambled NRZ“ (SNRZ), wie es bei D1 eingesetzt wird, zu langen Eins- oder Nullfolgen kommen, so dass Korrekturen erforderlich werden.

Pro Teilbild werden 300 Zeilen (im 525/60-System 250 Zeilen) ohne Austastlücken aufgezeichnet, im 4:2:2-Format nach Abb. 6.54 bei einer 8-bit-Quantisierung also $720 \cdot 8 \cdot 300 \cdot 50 = 86{,}4$ Mb/s für E_Y und je 43,2 Mb/s für C_R und C_B, zusammen also 172,8 Mb/s. Weiterhin werden vier Tonkanäle (zwei Stereokanäle) aufgezeichnet, die mit 48 kHz Abtastfrequenz und 16 bit oder auch 20 bit Quantisierung digitalisiert sind, zusammen 3,84 Mb/s. Die Videosignale werden durch Reed-Solomon-Codierung (s. Abschn. 8.2.1) gegen Fehler geschützt. Verwendet werden zwei verkürzte RS-Codes für Byte-Symbole. Die Signale werden zunächst mit dem „äußeren" (32,30)-Code codiert, dann verschachtelt (Interleaving) und schließlich nochmals mit dem „inneren" (64,60)-RS-Code codiert. Zwei 64-Byte-Worte mit je 60 Nutz-Bytes und sechs Bytes für Sync und Identifikation bilden einen Block. Insgesamt müssen 206,17 Mb/s für Video aufgezeichnet werden. Der Fehlerschutzaufwand für die digitalen Tonsignale ist größer: Zur äußeren Codierung wird (10,7)-RS benutzt, und jeweils fünf Blöcke werden *wiederholt,* so dass zusätzlich zur Codierungsredundanz eine Verdoppelung des Kapazitätsbedarfs entsteht. Die vier Tonkanäle benötigen 13,56 Mb/s. Für Video und Ton zusammen sind also 219,7 Mb/s aufzuzeichnen.

Als Aufzeichnungsdichte in den Spuren wird etwa 2,2 bit/µm angenommen, entsprechend einer kleinsten Wellenlänge von 0,9 µm, wie sie bei einer Spaltbreite von etwa 0,3 µm möglich ist. Daraus würde sich eine Spurlänge von 2 m ergeben, wenn die Spuren nicht segmentiert sein sollten. Es ist also nur eine segmentierte Aufzeichnung praktikabel. Das genormte D1-Spurbild zeigt Abb. 9.103.

Das Band wird mit 28,69 cm/s transportiert (28,66 cm/s beim 525/60-System), und der Spurwinkel beträgt arcsin(16/170) = 5,40°. Die Spuren sind 170 mm lang und belegen eine Bandbreite von 16 mm. Der Spurpitch beträgt 45 µm, die Spurbreite 40 µm. So ergeben sich genau 12 Spuren pro Teilbild beim 625/50-System und 10 Spuren pro Teilbild beim 525/60-System. Die Videosignale werden in einem jeweils 77,7 mm langen Sektor mit 160 Blöcken im unteren und oberen Spurteil

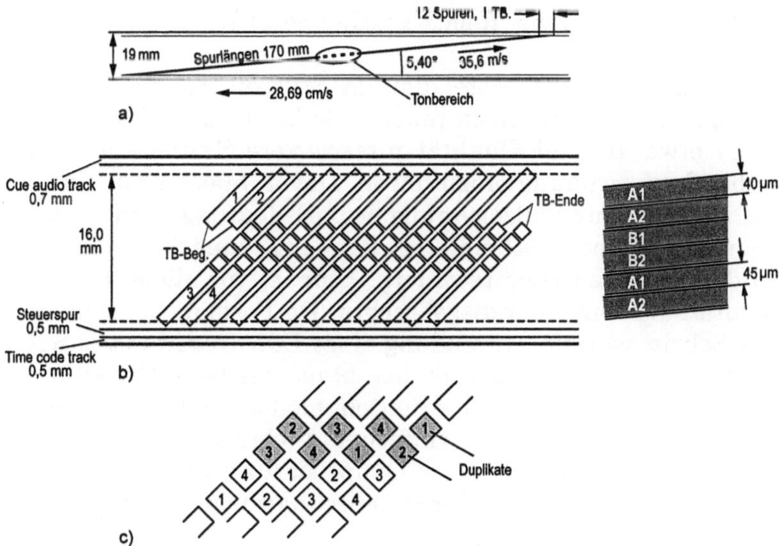

Abb. 9.103. Spurbild der D1-Aufzeichnung (auf die Schichtseite des Bandes gesehen), a) maßstäblich, b) schematisch, c) Tonkanäle

aufgezeichnet. In der Mitte dazwischen liegen vier, durch einen Abstand getrennte Tonsektoren mit den zuvor genannten fünf Blöcken. Alle Sektoren beginnen mit einer 30 Byte langen „Präambel“ und enden mit einer 6 Byte langen „Postambel“. Die Tonsektoren aus den vier Kanälen und ihre Duplikate sind auf vier aufeinander folgende Spuren verteilt, wie in Abb. 9.103c gezeigt. Beginn und Ende eines Teilbildes werden an den Schluss eines Tonabschnitts gelegt (Abb. 9.103b). An der oberen Bandkante gibt es in einer Längsspur eine analoge Tonaufzeichnung, die jedoch nur zum akustischen Auffinden einer Bandstelle beim Editieren dienen soll. Der digital aufgezeichnete Ton wäre dabei nicht zu hören. Die größte D1-Kassette mit den Abmessungen 366×206×33 mm erlaubt mit einem 13 µm dicken Band eine Aufzeichnungsdauer von 94 Minuten. Die D1-Aufzeichnung benötigt 92 mm^2 Bandfläche für Video und Ton während eines Teilbildes.

Das Spurbild wird mit einer Kopftrommel von 75 mm Durchmesser realisiert, die mit 150 Umdrehungen pro Sekunde rotiert. Es werden *zwei parallele* Spuren nebeneinander gleichzeitig geschrieben. Dazu benutzt man zwei unmittelbar übereinander montierte Köpfe, die seitlich etwa um 0,5 mm versetzt sind (Sony). Zwei derartige Doppelköpfe (A1/A2 und B1/B2) sind am Trommelrand im 180°-Abstand montiert. Ihre Spuren sind in Abb. 9.103b rechts entsprechend bezeichnet. Die Bandumschlingung beträgt 260°. Dadurch sind während einer Umdrehung zeitweise beide Doppelköpfe zugleich im Bandkontakt und in Betrieb. In Abb. 9.103b links sind mit 1 bis 4 die vier Videosektoren bezeichnet, die von den beiden Doppelköpfen am Anfang des Teilbildes geschrieben werden. Die Relativgeschwindigkeit Kopf/Band beträgt 35,6 m/s.

Die D1-MAZ war die erste digitale Studiomaschine. Sie galt als hochwertigste, allerdings auch teuerste MAZ. In der Folge wurde versucht, bei etwa gleicher Qualität preiswertere Systeme der digitalen Magnetbandaufzeichnung einzuführen. Davon blieben nur die Verfahren mit Komponentenaufzeichnung von Bedeutung. Ein Schritt war der Übergang zu noch schmaleren Bändern, zunächst zum ½”-Band wie bei den analogen Heimrecordern. Hier ist vor allem das 1994 von Matsushita/Panasonic herausgebrachte D5-Format zu nennen. Ein weiterer Schritt war die Anwendung einer *Datenreduktion* durch Quellencodierung, wenn auch nicht in dem Maße wie bei MPEG-2, zumal ja immer die Editiermöglichkeit erhalten bleiben musste. So entstand „Digital Betacam“[1] mit einer einfachen Intraframe-Codierung durch DCT mit ortsfrequenzabhängiger Quantisierung und Huffman-Codierung (VLC, s. Abschn. 6.2.1). Der Datenreduktionsfaktor ist 1 : 2.

[1] ™Sony Corp., Tokyo.

Schließlich wurde mit dem „DV-Format" ein noch schmaleres Band eingeführt – ¼" (6,35 mm) – und die Datenreduktion auf 1:5 verstärkt. Benutzt werden beim 625/50-System das Abtastratenverhältnis „4:2:0", beim 525/60-System 4:1:1. Letzteres bedeutet, dass für Farbdifferenzsignale die Abtastfrequenz nur 3,375 MHz beträgt, während bei 4:2:0 die Abtastfrequenz von 6,75 MHz für C_R, C_B zwar beibehalten wird, aber nur in jeder zweiten Zeile eines Teilbilds abgetastet wird (wie beim Eingangssignal der MPEG-2-Codierung nach Main Profile @ Main Level, s. Abschn. 6.2.1). Das Format wurde in Hinblick auf Camcorder-Anwendungen entwickelt, wo ein sehr kompakter Aufbau erforderlich ist. Die Kopftrommel hat einen Durchmesser von nur 21,7 mm. Bei den digitalen Camcordern für den ENG-Einsatz und vor allem für den Heimanwender ist das DV-Format sehr erfolgreich geworden, insbesondere mit den sehr kleinen Kassetten („MiniDV"), bei denen man trotz der Kleinheit mit einem 8,8 µm dicken Band eine Spielzeit von einer Stunde erreicht. Weitere Einzelheiten und viele andere Formate werden in [9.44] beschrieben.

9.3.2 Aufzeichnung auf andere Medien

Die Aufzeichnung der Videosignale auf eine Scheibe nach dem Vorbild der Schallplatte ist mehrmals nach unterschiedlichen Verfahren versucht worden – mit beachtlichen, genialen Erfindungen –, aber die mit großem finanziellen Aufwand bis zur Marktreife geführten Ergebnisse endeten früher oder später alle mit einem Fiasko. Die „Bildplatte" für den Consumerbereich blieb am Markt erfolglos.

Schon 1970 gab es von den Firmen Telefunken (Elektronik) und Teldec (Schallplattentechnik) eine Bildplatte in der Form einer dünnen, flexiblen Folie mit einer eingepressten schmalen Spiralrille, in der ein sehr feiner Diamantstichel geführt wurde. Das Signal wurde in Frequenzmodulation wie bei den Bandaufzeichnungen moduliert, mit der oberen Hubgrenze bei 4,2 MHz. Eine herkömmliche elektromechanische Wiedergabe wie bei der Schallplatte war natürlich physikalisch unmöglich. Es wurde das neue Prinzip der „*Druckabtastung*" erfunden: Der durch seine mechanische Trägheit vertikal nur sehr langsam bewegliche Stichel gleitet über die unter ihm in der Rille liegenden Erhebungen und Vertiefungen hinweg (über mehrere zugleich) und drückt sie beim Kontakt zusammen. Schlagartige Druckänderungen entstehen, wenn der kufenförmige Stichel mit seiner hinteren scharfen Kante die letzte Erhebung verlässt. Die Druckänderungen werden in dem mit dem Stichel verbundenen piezo-keramischen Wandler in Spannungen umgesetzt. Zur Spurhaltung muss für den Stichel eine Zwangsführung eingesetzt werden, die mechanische Führung durch die Rille kann nur

Korrekturen ausführen. Auf der Platte konnte ein Farbfernsehsignal von 10 Minuten Dauer gespeichert werden.

Nach dem Misserfolg der Teldec-Bildplatte versuchte RCA mit enormen Aufwand mit dem Verfahren der *kapazitiven Abtastung* und mit einer vermeintlich besseren Strategie auf den Markt zu kommen. Wieder wurde ein mit Rillenunterstützung geführter Stichel benutzt. Seine Hinterkante und das Rillenprofil waren jedoch metallisiert, und die Spannung entstand durch die Kapazitätsvariation zwischen den beiden Elektroden. Es wurde eine feste, doppelseitig bespielte Platte verwendet mit einem Durchmesser von 302 mm und einer Dicke von 2,2 mm. Die Aufzeichnungszeit für jede Seite betrug eine Stunde. Es konnten insgesamt immerhin eine halbe Million CED-Spieler (CED= Capacitive Electronic Disc) abgesetzt werden, aber 1984 starb auch diese Bildplatte.

Philips erfand die *laseroptische Aufzeichnung* auf einer reflektierenden Platte. Das Verfahren wurde 1972 erstmals vorgestellt, und zunächst in USA, ab 1982 auch in Europa, wurden Bildplatten und Abspielgeräte nach diesem „LaserVision“ genannten Verfahren auf den Markt gebracht. Die Platte hat einen Durchmesser von 300 mm (Abb. 9.104), der Spurabstand der Spiralrille beträgt 1,6 µm. Mit dem FBAS-Signal wird ein Träger frequenzmoduliert bei einem Hub von 6,76 MHz bis 7,9 MHz. Dem FM-Videosignal werden zwei frequenzmodulierte Tonträger (mit kleinerer Amplitude) bei 0,684 MHz und 1,066 MHz additiv überlagert. Nach dem Clippen des Gesamtsignals auf niedrigem Pegel entsteht ein Signal mit Pulslängenmodulation. Von diesem Signal werden in einer „Master-Platte“ in der Spur längliche Löcher („Pits“) konstanter Tiefe (0,1 µm) und Breite (0,4 µm) erzeugt, deren Länge der Pulsdauer proportional sind. Von der Master-Platte werden im Gießverfahren die Bildplatten repliziert. Verwendet wird ein optisch hochwertiger thermoplastischer Kunststoff (vgl. Abschn. 7.2.2) in einer Dicke von etwa 1,3 mm, der auf der Seite der Pits *verspiegelt* ist. Diese Seite wird mit einer ebenfalls 1,3 mm dicken Scheibe aus dem gleichen Kunststoff abgedeckt (Sandwich-Konstruktion). Die fertige Platte hat eine Dicke von 2,7 mm.

Das Auslesen geschieht *berührungslos* mit einem Laserstrahl. Ursprünglich wurde ein Helium-Neon-Laser benutzt. Er liefert rotes Licht mit $\lambda = 633$ nm, im Plastikmaterial beim Brechungsindex von 1,5 ist die Wellenlänge reduziert auf $\lambda = 420$ nm. Der Strahl ist von unten senkrecht auf die Platte gerichtet, geht durch das Material hindurch und wird genau in der reflektierenden Ebene der Pits fokussiert. Trifft er dort auf einen der etwa $\lambda/4$ tiefen Pits, so hat der reflektierte Strahl einen Gangunterschied von 180°, falls er bei Stellen ohne Vertiefung („Lands“) keinen Unterschied hat. Im Beugungsbild am Photodetektor (Diode) entsteht dann infolge der Interferenz eine dunkle Stelle [9.52].

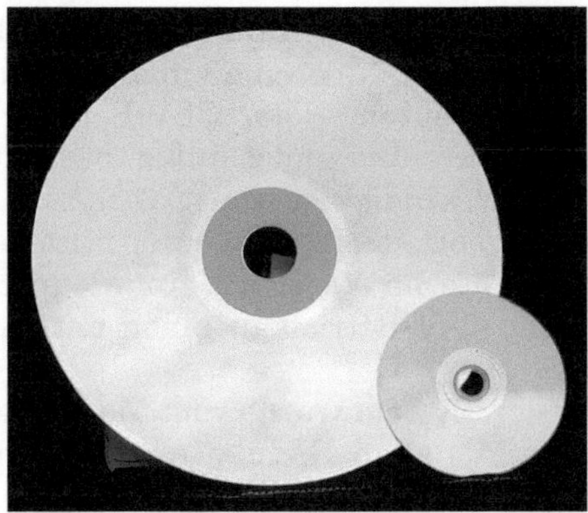

Abb. 9.104. „LaserVision“-Platte aus dem Jahre 1982 (links) und DVD

Zur automatischen Feinkorrektur der Spurlage und der Fokussierung werden zusätzlich zum Hauptstrahl noch zwei weitere, von ihm durch Beugung abgezweigte Strahlen verwendet und das reflektierte Licht von einer Anordnung aus vier Photodioden empfangen. Aus einem Vergleich der vier Signale wird die Servoregelung abgeleitet [9.11].

Aufzeichnung bzw. Wiedergabe beginnen mit der inneren Spur bei einem Durchmesser von etwa 110 mm und enden auf der äußeren Spur bei einem Durchmesser von 290 mm. Es sind etwa 55000 Spuren vorhanden. Die ganze Spirale ist 35 km lang. Es gibt einen Betrieb mit konstanter Winkelgeschwindigkeit und einen mit konstanter Umfangsgeschwindigkeit (Constant angular velocity, CAV, und Constant linear velocity, CLV). Beim CAV-Betrieb rotiert die Platte mit 25 U/s synchron zum aufgezeichneten Videosignal. Man erkennt dann bei streifendem Lichteinfall auf der Platte die radial verlaufenden Begrenzungen der Signalaustastungen, im 180°-Abstand die zwei Teilbildaus-

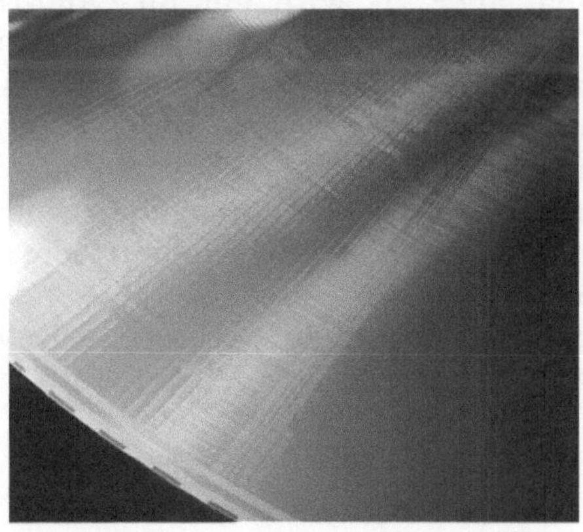

Abb. 9.105. Auf einer LaserVision-Platte erkennbare Zeilen- und Teilbildaustastung beim CAV-Modus

tastungen (Abb. 9.105). Die Aufzeichnungsgeschwindigkeit ist auf der inneren Spur 8,6 m/s, auf der äußeren 23 m/s. Insgesamt ergibt sich so eine Spielzeit von 36 Minuten. Beim CLV-Betrieb beginnt die Aufzeichnung innen mit 25 U/s und endet außen bei 9 U/s, damit ständig eine Aufzeichnungsgeschwindigkeit von 8,6 m/s gehalten wird. Dadurch ergibt sich eine Spielzeit von etwa einer Stunde. Man beachte die viel höhere Speicherdichte im Vergleich zur Magnetbandtechnik: Ein Teilbild benötigt beim CAV-Betrieb in einer mittleren Spur nur 0,5 mm^2.

Auch das LaserVision-System wurde vom Markt nicht angenommen. Es verschwand 1985. Mit allen Bildplattensystemen hatte man aber zeigen können, dass eine Aufzeichnung von Signalen hoher Bandbreite (etwa bis 10 MHz) auf rotierenden Platten möglich ist. Alle Firmen, die Bildplatten entwickelt hatten, versuchten deshalb ihre Technik für eine *digitale* Tonaufzeichnung höchster Qualität zu nutzen. Von diesen Versuchen setzte sich sehr bald die Laserstrahlaufzeichnung von Philips durch. Die „Compact Disc" (CD) [9.14] mit Polykarbonat-Scheiben von 12 cm Durchmesser wurde in einer Zusammenarbeit mit Sony ab 1980 – obwohl völlig inkompatibel zur etablierten Schallplatte – zu einem weltweiten Erfolg und konnte die Schallplatte schließlich vollständig verdrängen. Es wird ein *Halbleiterlaser* mit Emission im Infraroten – 780 nm – verwendet und ein CLV-Betrieb mit einer Abtastgeschwindigkeit von 1,2 m/s, wozu die Drehzahl von 8 U/s innen auf 3,5 U/s außen abfällt. Insgesamt erreicht man damit bei dem Spurpitch von 1,6 μm eine zweikanalige Tonaufzeichnung bis zu 73 Minuten. Die CD hat eine Dicke von 1,2 mm, durch die hindurch der Laserstrahl von unten auf die Pits und Lands fokussiert wird. Oben (auf der Label-Seite) hat die Platte nur eine sehr dünne Schutzschicht über der Spiegelschicht.

Zur Aufzeichnung einer „1" wird ein Pit-Land-*Übergang* erzeugt, während Pit oder Land eine „0" repräsentieren. Es muss deshalb ein „Lauflängen begrenzender Code[1]" zur Kanalcodierung eingesetzt werden, der dafür sorgt, dass jede „1" von zwei Nullen eingerahmt wird. Die kürzeste Nullfolge soll zwei Nullen besitzen, die längste zehn. Die Codierung wird nach einer Tabelle durchgeführt. Jeweils 8 Datenbits werden 14 Kanalbits zugeordnet (eight-to-fourteen modulation, EFM) und die so entstehenden Wörter werden durch 3 weitere Kanalbits getrennt. Zur Fehlerkorrektur wird ein „Cross-interleaved Reed-Solomon Code" (CIRC) [9.40] eingesetzt. Die Kanalbitrate beträgt insgesamt 4,32 Mb/s, während die Quelle 1,41 Mb/s liefert.

[1] Die Anzahl der aufeinander folgenden Nullen oder Einsen bezeichnet man als Lauflänge (s. Abschn. 6.2.1).

Die enorm hohe Speicherdichte, die mit einer Plattenaufzeichnung erwiesenermaßen zu erzielen ist, legte es nahe, das CD-Medium auch zur Speicherung digitaler Daten in der Computertechnik einzusetzen, als CD-ROM. Das gelang sehr bald. Es können bis zu 700 MByte („netto") auf einer CD gespeichert werden. Die Disketten mit einer Kapazität bis 1,4 MByte sind dadurch allmählich verdrängt worden. Der nächste Schritt zum Erfolg war die Möglichkeit der einfachen Aufzeichnung durch „Brennen". Auf vorgefertigten Rillen eines „Rohlings" kann der Laser bei dazu erhöhter Leistung die Pits und Lands erzeugen, so dass jeder mit einem Recorder auch CD-Aufzeichnungen selbst anfertigen kann.

Mit der Weiterentwicklung der CD zur „Digital Versatile Disc" (*DVD*) mit einer Speicherkapazität von 4,7 GByte ergaben sich nicht nur für die Computertechnik neue Möglichkeiten, sondern nun erlebte mit digitalen Fernsehsignalen und einer *Quellencodierung nach MPEG -2* die Konzeption einer Bildplatte für den Heimbereich ein Come-back und blieb diesmal erfolgreich.

Die höhere Speicherkapazität bei gleichen Abmessungen wird durch den kleineren Spurabstand von nun nur noch 0,74 µm und durch kürzere Pits and Lands erreicht. Die *mittlere* Länge pro bit beträgt 0,133 µm. Dazu musste die Laserwellenlänge auf 650 nm reduziert werden. Sie liegt also jetzt wieder im sichtbaren roten Spektralbereich, aber natürlich wird kein Gaslaser, sondern ein Halbleiterlaser verwendet. Weiterhin wurde die maximal mögliche Kanalbitrate durch eine etwa verdreifachte Abtastgeschwindigkeit von 3,5 m/s (bei 24 U/s innen und 9,5 U/s außen, CLV) auf 26 Mb/s erhöht.

Die Bild- und Tonsignale sind – wie bei DVB – nach MPEG-2, Main Profile @ Main Level, codiert (s. Abschn. 6.2.1). Sie erhalten zum Fehlerschutz eine Reed-Solomon-Codierung, und zwar RS (182,172) als innere Codierung und RS (208,192) als äußere Codierung. Zur Kanalcodierung werden ähnlich wie bei EFM 8 Datenbits in 16 Kanalbits umgesetzt, wobei hier die Wortgrenzen aus der Bitfolge abzuleiten sind. Diese verbesserte EFM („EFM+") kommt dadurch mit einem Bit je Wort weniger aus. Man erhält eine Nutzdatenrate von maximal 10,08 Mb/s.

Die Aufzeichnung beginnt bei einem Radius von 24 mm, nachdem ein Einlauf mit einem Radiusbedarf von etwa 1,5 mm vorangegangen ist. Die Aufzeichnung endet spätestens bei einem Radius von 58 mm, wonach noch ein Auslauf über 0,5 mm folgt. Insgesamt liegt im Aufzeichnungsbereich eine Spirallänge von 11,8 km, die etwa 90 Gb Kanalbits aufnehmen kann. Bei der Maximalgeschwindigkeit ist die zugehörige Spielzeit 57 Minuten. Bei einer mittleren Bitrate des MPEG-Datenstroms von 4,3 Mb/s und entsprechend herabgesetzter Abtastgeschwindigkeit erhält man die Spielzeit von 133 Minuten.

Die DVD besteht aus zwei zusammengeklebten je 0,6 mm dicken Scheiben. Auf der Rückseite der ersten befinden sich die verspiegelten Pits und Lands. Die zweite ist ein „Dummy". Der Lichtweg durch den Kunststoff ist also nur halb so lang wie bei der CD. Dies ist der „Typ A" (DVD-5). Es gibt auch eine Konstruktion, bei der die eine Scheibe in zwei übereinander liegenden Ebenen zwei Pits/Lands-Schichten enthält, wobei die dem Laser näher liegende halbdurchlässig verspiegelt ist. Durch Fokusverstellung kann man von der einen zur anderen Schicht wechseln. Die Speicherkapazität der Dual-Layer-Version (Typ B, DVD-9) ist fast doppelt so hoch: 8,5 GByte. Die Sandwich-Konstruktion erlaubt auch einen zweiseitigen Betrieb. Zwischen den beiden Scheiben können also bis zu vier Pits/Lands-Schichten untergebracht werden (Typen C und D). Für alle Versionen gilt die Norm ECMA-267 [9.17].

Wie bei der CD sind beschreibbare und mehrfach wiederbeschreibbare DVDs entwickelt worden. Sie sind ebenfalls bei Ecma genormt. Mit einem DVD-Recorder kann jeder auf solche Rohlinge selbst aufzeichnen. In Kombination mit einem Tuner kann auch aus dem laufenden Fernsehprogramm aufgezeichnet werden. Der VHS-Magnetbandrecorder wird im Heimbereich durch diese DVD-Recorder verdrängt. Je nach gewünschter Bildqualität ist eine Aufzeichnungsdauer von 1–6 Stunden auf eine wiederbeschreibbare DVD möglich.

Neben der optischen Aufzeichnung hat die Aufzeichnung auf Magnetplatten, nach dem gleichen Prinzip wie bei der Aufzeichnung auf Magnetband, große Bedeutung bekommen, vor allem zunächst im professionellen Bereich für die Nachbearbeitung und für ENG (Camcorder). Diese Entwicklung wurde möglich durch die erstaunlichen Fortschritte, die im Laufe der Zeit in der Technik der *Festplatten* für Computer erzielt wurden. Sehr preiswert und zuverlässig können mit den kleinen kompakten Festplattenlaufwerken (Hard Disk Drives, HDD), wie sie in jedem Computer vorhanden sind, 80 GByte und mehr aufgezeichnet werden. Das Speichermedium besteht aus Aluminiumscheiben, die beidseitig mit ferromagnetischem Material beschichtet sind. Sie werden von verschiebbaren Zangen umschlossen, auf denen sich die Köpfe – dicht über den Platten schwebend – befinden. Diese Anordnungen sind in einem Stapel mehrfach übereinander angebracht. Die Platten rotieren z. B. mit 120 U/s. Die Spuren werden dabei als konzentrische Kreise geschrieben.

Bandgestützte Systeme haben für die Produktion den Nachteil, dass die Signale „linear" aufgezeichnet sind. Sie werden nacheinander auf das Band geschrieben, und zur Wiedergabe und Bearbeitung einer bestimmten Szene muss das gesamte Band hin- und hergespult werden. Mit einer Festplattenaufzeichnung ist „non-linear editing" möglich, ein direkter wahlfreier Zugriff zu irgendeiner Szene ohne Umspulen. Diese

Art der Aufzeichnung wurde zunächst nur zur Nachbearbeitung genutzt, seit 1996 auch für Camcorder. Mit einer an die Kamera angesetzten Festplatte kann bei einer Kapazität von beispielsweise 20 GB eine Aufzeichnungsdauer von 45 Minuten erreicht werden. Dabei wird das DV-Format wie bei der Bandaufzeichnung verwendet (s. oben) oder ein „IMX-Format" (D10, MPEG nur mit Intraframe-Codierung).

Die Festplattenspeicherung hat schließlich auch im Heimvideorecorder Einzug gehalten. Beispielsweise können auf einer 80-GB-Festplatte je nach gewünschter Bildqualität (Kompression durch MPEG-2-Codierung) 17–68 Stunden aufgezeichnet werden. Von besonderem Interesse ist dabei die Möglichkeit einer *zeitversetzten Wiedergabe*, während die Aufnahme noch läuft („Time Slip").

Eine Aufzeichnung ganz ohne mechanischen Betrieb ist mit Festkörperspeichern möglich. Die „Speicherkarten" für die Digitalphotographie sind ein Beispiel. Sie werden nun auch für Camcorder eingesetzt. Im Laufe der Entwicklung sind hier ebenso wie bei den Festplatten immer höhere Speicherdichten erreicht worden und noch zu erwarten, so dass sich voraussichtlich die Anwendung der Festkörperspeicher für die Aufzeichnung von Fernsehsignalen zukünftig ausweiten wird.

Literatur

[9.1] ANSI: Audiovisual systems – electronic production – variable (fixed) resolution projectors. IT7.227 (IT7.228), New York 1998

[9.2] Ardenne, M. v.: Über neue Fernsehsender und Fernsehempfänger mit Kathodenstrahlröhren. Fernsehen, **2** (1931), 65–80

[9.3] Asaida, T.: Optical low-pass filter including three crystal plates for a solid-state color TV camera. US Patent 4761682, 27.5.1986 (Japan: 27.5.1985), erteilt 2.8.1988

[9.4] Ashizaki, S. et al.: In-line gun with dynamic astigmatism and focus correction. Proc. SID **29** (1988), 33–39

[9.5] Baumann, E.: The Fischer large-screen projection system. J. Brit. IRE 12 (1952), 69–78

[9.6] Bertram, H. N.: Theory of magnetic recording. Cambridge University Press, 1994

[9.7] Blasse, G.; Grabmaier, B. C.: Luminescent Materials. Springer-Verlag, 1997

[9.8] Bleha, W. P. et al.: Application of the liquid crystal light valve to real-time optical data processing. Optical Eng. **17** (1978), 371–384

[9.9] Boeuf, J. P.: Plasma display panels: physics, recent developments and key issues. J. Phys. D: Appl. Phys. **36** (2003), 53–79

[9.10] Born, M.: Optik. 3. Aufl., Springer-Verlag, 1985, 218 ff

[9.11] Braat, J. J. M.; Bouwhuis, G.: Position sensing in video disk readout. Appl. Opt. **17** (1978), 2013–2021

[9.12] Braun, F.: Über ein Verfahren zur Demonstration und zum Studium des zeitlichen Ablaufs variabler Ströme. Annalen der Physik und Chemie, 3. Folge, **60** (1897), 552–559

[9.13] Canon: TV Optik II. 2. Aufl., Canon Euro Photo, Willich

[9.14] Carasso, M. G. et al.: The compact disc digital audio system. Philips Techn. Rev. **40** (1982), 151–156

[9.15] de Haan, E. F.; van der Drift, A.; Schampers, P. P. M: The Plumbicon: a new television camera tube. Philips Tech. Rev. **25** (1963), 133–151

[9.16] Dieckmann, M.; Glage, G.: Verfahren zur Übertragung von Schriftzeichen und Strichzeichnungen unter Benutzung der Kathodenstrahlenröhre. DE Patent 190102, ausgegeben 9.9.1907

[9.17] Ecma-International: 120 mm DVD – Read-only disk. ECMA-267, April 2001

[9.18] El-Kareh, A. B.; El-Kareh, J. C. J.: Electron beams, lenses, and optics. Academic Press, New York 1970

[9.19] Farnsworth, P. T.: Television by electron image scanning. Journ. Franklin Inst. **218/4** (1934), 411–444

[9.20] Fujiwara, S. et al.: High sensitivity camera tube – Newvicon. Natl. Tech. Rep. (Japan), **25** (1979), 286–297

[9.21] Ginsburg, C. P.; Henderson, S. F.: Magnetic tape recording and reproducing system. US Patent 2866012, angemeldet 1955, erteilt 1958

[9.22] Glaser, W.: Grundlagen der Elektronenoptik. Springer, Berlin 1952

[9.23] Glenn, W. E.: Principles of simultaneous color projection televesion using fluid deformation. J. SMPTE **79** (1970) 788–794

[9.24] Gooch, C. H.; Tarry, H. A.: The optical properties of twisted nematic liquid crystal structure with twist angles $\leq 90°$. J. Phys. D: Appl. Phys. **8** (1975), 1575–1584

[9.25] Goto, N. et al.: Saticon, a new photoconductive camera tube with Se-As-Te target. IEEE Trans. Electron Devices, **ED-21** (1974), 662

[9.26] Hawkes, P. W.; Kasper, E.: Principles of electron optics. Academic Press, 1996

[9.27] Heijnemans, W. A. L. et al.: Die Ablenkeinheit des Farbbildsystems 30AX. Philips techn. Rdsch. **39** (1980/81), 158–175

[9.28] Hornbeck, L. J.: DLP (Digital Light Processing) für ein Display mit Mikrospiegel-Ablenkung. FKT 50 (1996), 555–564

[9.29] IEC: Helical scan digital component video cassette recording system using 19 mm magnetic tape (format D-1). IEC 61016 Ed. 1.0, 1989

[9.30] Kadena, E.: Fernseh-Baukasten. Fernsehen **3** (1932), 108–115

[9.31] Kaneko, E.: Liquid crystal TV displays: Principles and applications of liquid crystal displays. KTK Scientific Publishers, Tokyo 1987

[9.32] Kette, G.: Fernsehen auf der Berliner Funkausstellung 1930. Fernsehen **1** (1930), 433–446

[9.33] Kurogane, H. et al.: Reflective AMLCD for projection displays: D-ILA. SID Digest **29** (1998), 33 ff
[9.34] Law, H. B.: Art of making color-kinescopes, etc. US Patent 2625734, 28.4.1950, erteilt 20.1.1953
[9.35] Law, H. B.: Photographic methods of making electron-sensitive mosaic screens. US Patent 3406068, 1968
[9.36] Mahler, G.: Wiedergabe von HDTV-Bildern mit Lichtventilprojektion. FKT **38** (1984) 11–16
[9.37] Morrell, A. M. et al.: Color television picture tubes. Academic Press, 1974
[9.38] Nipkow, P.: Elektrisches Teleskop. DE Patent 30105, ausgegeben 15.1.1885
[9.39] Paret, D.; Fenger, C.: The I^2C-bus: From theory to practice. John Wiley, 1997
[9.40] Peek, J. B. H.: Communications aspects of the Compact Disc digital audio system. IEEE Comm. Mag. **23** (1985), 7–15
[9.41] Rosing, B.: Verfahren zur elektrischen Fernübertragung von Bildern. DE Patent 209320, ausgegeben 24.4.1909
[9.42] Saito, T.: A study of the virtual screen image of flat-faced CRTs. Journal SID, **7** (1999), 177–182
[9.43] Schadt, M.; Helfrich, W.: Voltage-dependent optical activity of a twisted nematic liquid crystal. Appl. Phys. Lett. **18** (1971), 127–128
[9.44] Schmidt, U.: Professionelle Videotechnik, Kapitel 8. Springer-Verlag, 3. Aufl. 2003
[9.45] Schüller, E.: Vorrichtung zur magnetischen Aufzeichnung und Wiedergabe von Fernsehbildern. DE Patent 927999, ausgegeben 1955, patentiert ab 1.7.1953
[9.46] Stevens, M. et al.: Phosphors and picture-tube performance. IEEE Trans. CE-**21** (1975),1–8
[9.47] Stewart, I. W.: The static and dynamic continuum theory of liquid crystals. Taylor & Francis, London 2004
[9.48] Stupp, E. H.; Brennesholtz, M. S.: Projection Displays. Wiley, 1999
[9.49] Theuwissen, A.: Solid-state imaging with charge-coupled devices. Kluwer Academic Publ., Dordrecht 1995
[9.50] U. S. Food and Drag Administration: Performance standards for ionizing radiation emitting products – Television receivers, 21CFR1020.10
[9.51] van Kessel, P. F. et al.: A MEMS-based projection display. Proc. IEEE **86** (1998), 1687–1704
[9.52] Velzel, C. H. F.: Laser beam reading of video records. Appl. Opt. **17** (1978), 2029–2036
[9.53] Verordnung über den Schutz vor Röntgenstrahlen (Röntgenverordnung – RöV). 8.1.1987, BGBl. I S. 114, und 18.6.2002, BGBl. I S. 1869
[9.54] Wehnelt, A.: Empfindlichkeitssteigerung der Braunschen Röhre durch Benutzung von Kathodenstrahlen geringer Geschwindigkeit. Phys. Zeitschr. **6** (1905), 732

[9.55] Weimer, P. K.; Forgue, S. V.; Goodrich, R. R.: The Vidicon. RCA Rev. **12** (1951), 306–313

[9.56] Yeh, P.; Gu, C.: Optics of liquid crystal displays. John Wiley, New York 1999

[9.57] Yoshida, S. et al.: The Trinitron – a new color tube. IEEE Trans. BTR-14, **2** (July 1968), 19–27

[9.58] Yoshikawa, S. et al.: Full-color AC plasma display with 256 gray scale. Japan Display **92** (1992), 605–608

[9.59] Zworykin, V. K. et al.: Theory and performance of the iconoscope. Proc. IRE **25** (1937), 1071ff

[9.60] Zworykin, V. K.: The Iconoscope. Proc. IRE, **22** (1934), 16–32

Sachverzeichnis